코디

개념 C.O.D.I

+ 개념을 명쾌하게 정리해서   Clear
+ 수학 공부의 어려움을 극복하고   Overcome
+ 현재의 수준을 뛰어넘어 발전하여   Develop
+ 고등 수학 전체의 흐름을 통합한다   Integrate

고등 수학
상

저자 송해선

BOOK1   개념서 + 유형문제 마스터

한국
교사학회
인증도서

한국
수학교사모임
인증도서

BM (주)도서출판 성안당

개념 C.O.D.I 코디 고등 수학(상)

- 개념을 명쾌하게 정리해서 **C**lear
- 수학 공부의 어려움을 극복하고 **O**vercome
- 현재의 수준을 뛰어넘어 발전하여 **D**evelop
- 고등 수학 전체의 흐름을 통합한다 **I**ntegrate

> "개념 C.O.D.I와 실전 C.O.D.I로 개념을 정리하고,
> Basic + Trendy + Final 3단계 문제로 완벽하게
> 고등 수학(상)을 마스터합니다."

개념 CODI 코디 학습 시스템

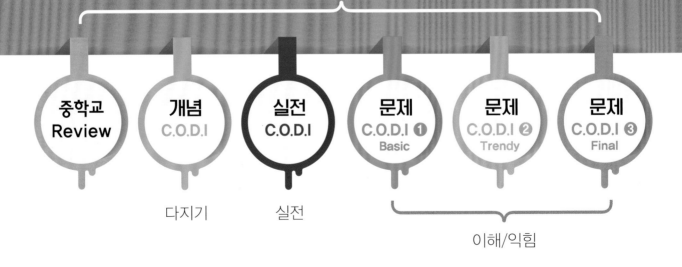

중학교 Review | 개념 C.O.D.I | 실전 C.O.D.I | 문제 C.O.D.I ❶ Basic | 문제 C.O.D.I ❷ Trendy | 문제 C.O.D.I ❸ Final

다지기　　　실전　　　　　　　　이해/익힘

이 책을 지으신 선생님

저자 송해선 | **검토** 김보미, 유은비, 최우성

수학 스타일리스트

코디

개념 C.O.D.I

고등 수학(상)

BM (주)도서출판 성안당

개념 C.O.D.I 코디 Structure & Feature

1 개념서+유형서!

개념서 따로, 유형서 따로?
No! 기본 유형서 안에 완벽한 개념 정리까지!

본책

중등 총정리+완벽 개념

연계되는 중학 개념까지
체계적으로 구성하고 친절하게
설명하는 개념 C.O.D.I!
핵심 개념과 원리를 세분화하여
설명하였습니다.

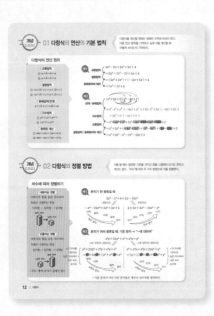

2 중등 총정리!!

중학 수학을 많이 잊어버렸어도 OK!
고등 수업과 연결되는 중등 개념을
각 단원 학습 전 복습!

3단계 문제

개념 C.O.D.I, 실전 C.O.D.I별 유형문제로 완전 학습!!
기본뿐만 아니라 변형, 응용 문제까지, 3단계의 다양한 문제로 구성하여 고등 수학(상)을 완벽 마스터할 수 있습니다.

딱딱하고 지루하지 않은 참고서!!!

잡지처럼 한눈에 정리한 개념!
각 단원에서 익혀야 할 개념이
1등급 학생의 비밀 개념 노트처럼 정리!

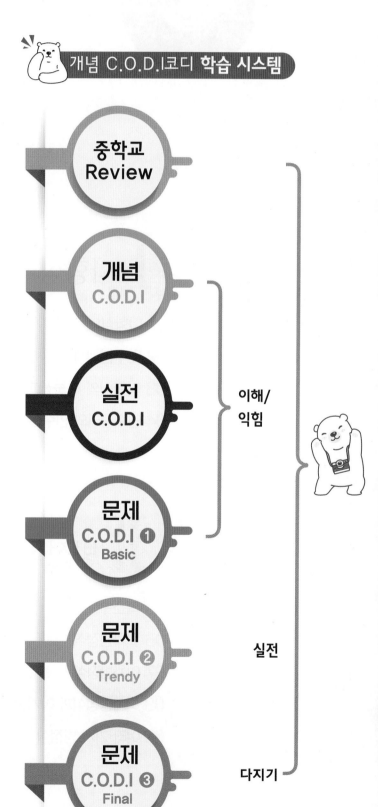

개념 C.O.D.I코디 학습 시스템

중학교 Review

개념 C.O.D.I

실전 C.O.D.I

이해/익힘

문제 C.O.D.I ① Basic

문제 C.O.D.I ② Trendy

실전

문제 C.O.D.I ③ Final

다지기

워크북

실력을 Level up 할 수 있는
문제들로 구성하였습니다.

정답 및 해설

이해하기 쉽도록 자세하고 친절한
풀이를 제시하였습니다.

개념 C.O.D.I 코디 Contents

I 다항식

II 방정식

개념 **C.O.D.I** 코디

I. 다항식

수학의 본질은
그 자유로움에 있다

-칸토르-

01 다항식의 연산

영어는 알파벳,

국어는 한글을 이용하여

생각을 표현하고 이해한다.

수학적 생각은 식을 이용하여 나타낸다.

즉, '식'은 수학의 언어이다.

수학의 언어를 이해하면

수학이 편해진다.

중학교 과정의 개념들을

복습하고 시작하자.

1 지수법칙

m, n이 자연수일 때

(1) $a^m \times a^n = a^{m+n}$

(2) $(a^m)^n = a^{mn}$

(3) $(ab)^n = a^n b^n$

(4) $a^m \div a^n = \begin{cases} a^{m-n} & (m > n) \\ 1 & (m = n) \\ \dfrac{1}{a^{n-m}} & (m < n) \end{cases}$ (단, $a \neq 0$)

(5) $\left(\dfrac{a}{b}\right)^n = \dfrac{a^n}{b^n}$ (단, $b \neq 0$)

2 다항식의 덧셈과 뺄셈

(1) 덧셈: 괄호를 풀고, 동류항끼리 모아서 계산하다.

예 $(5x+2y)+(2x-7y)=(5x+2x)+(2y-7y)=7x-5y$

(2) 뺄셈: 빼는 식의 각 항의 부호를 바꾸고, 동류항끼리 모아서 계산한다.

예 $(3x+4y)-(6x-2y)=3x+4y-6x+2y$
$$=(3x-6x)+(4y+2y)$$
$$=-3x+6y$$

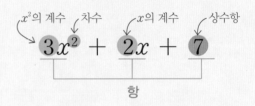

다항식_이차식

$3x^2$: x^2의 계수, 차수 / $2x$: x의 계수 / 7 : 상수항 — 항

3 다항식의 곱셈

지수법칙과 분배법칙을 이용하여 식을 전개한 다음 동류항끼리 더하거나 뺀다.

예 $a(2b+4)-3b(a-5)=2ab+4a-3ab+15b=-ab+4a+15b$
(동류항)

예 $3x(2x-3)+5x(x+1)=6x^2-9x+5x^2+5x=11x^2-4x$
(동류항)(동류항)

• 용어의 뜻 알아보기

• **단항식**: 수 또는 문자의 곱셈으로만 이루어진 식
• **다항식**: 하나 이상의 단항식의 합으로 이루어진 식
• **항의 차수**: 하나의 항에서 특정한 문자가 곱해진 개수
• **다항식의 차수**: 다항식에서 차수가 가장 큰 항의 차수
• **상수항**: 특정한 문자를 포함하지 않는 항 또는 수만 있는 항
• **동류항**: 문자와 차수가 같은 항

👉 확인문제

1 다음 식을 간단히 하시오.

(1) $(3ab^2)^2 \times (-ab)$

(2) $(-x^2y)^3 \times (5y^2)$

(3) $(2a^2b)^3 \div (-2ab)^3 \times \left(-\dfrac{ab^2}{3}\right)^2$

(4) $\left(-\dfrac{1}{2}x^3\right)^2 \times (3x)^3 \div \left(-\dfrac{x}{6}\right)^2$

2 다음 식을 간단히 하시오.

(1) $(7x+5)-(4x-2)$

(2) $(-2x^2+8x-4)+(5x^2+x+9)$

(3) $(3x^2-xy+7y^2)+(x^2-4xy-2y^2)$

(4) $(5x^2+2x-5)-(-2x^2+7)$

3 다음 식을 간단히 하시오

(1) $3y(-y+4)-2(y^2+2y-3)$

(2) $x(2x-3)+4(x^2-5x+2)$

(3) $a(b^2-2ab-3b)+b(ab+a^2-5a)$

(4) $ab(a+3b)-2(a^2b+4b-2)$

4 다음 식을 전개하시오.

(1) $(-12xyz+16x^2y^2z) \div (-4xy)$

(2) $(9x^2y-3xy^2) \div (3y)$

(3) $(4x^2z^2+3x^2yz) \div \dfrac{x^2}{y}$

(4) $(20x^2-35x) \div \left(-\dfrac{5x}{3}\right)$

4 다항식의 나눗셈

각 다항식을 내림차순으로 정리한 후 자연수의 나눗셈과 같은 방법으로 계산한다.

예 $(15xyz - 10x^2yz) \div 5x = \dfrac{15xyz - 10x^2yz}{5x} = \dfrac{15xyz}{5x} - \dfrac{10x^2yz}{5x} = 3yz - 2xyz$

예 $(3x^2 - 7xy) \div \dfrac{1}{2}x = (3x^2 - 7xy) \times \dfrac{2}{x} = 6x - 14y$

5 곱셈 공식

(1) $(a+b)^2 = a^2 + 2ab + b^2$

(2) $(a-b)^2 = a^2 - 2ab + b^2$

(3) $\underset{\text{합}}{(a+b)}\underset{\text{차}}{(a-b)} = \underset{\text{제곱의 차}}{a^2 - b^2}$

(4) $(x+a)(x+b) = x^2 + (a+b)x + ab$

(5) $(ax+b)(cx+d) = acx^2 + (ad+bc)x + bd$

> 분배법칙을 이용하여 전개한 후 동류항끼리 모아서 정리한다.

6 곱셈 공식의 변형

(1) $(a+b)^2 = a^2 + 2ab + b^2 \Rightarrow a^2 + b^2 = (a+b)^2 - 2ab$

(2) $(a-b)^2 = a^2 - 2ab + b^2 \Rightarrow a^2 + b^2 = (a-b)^2 + 2ab$

$$\begin{cases} (a+b)^2 = (a-b)^2 + 4ab \\ (a-b)^2 = (a+b)^2 - 4ab \end{cases}$$

(3) $\left(x+\dfrac{1}{x}\right)^2 = x^2 + 2 + \dfrac{1}{x^2} \Rightarrow x^2 + \dfrac{1}{x^2} = \left(x+\dfrac{1}{x}\right)^2 - 2$

(4) $\left(x-\dfrac{1}{x}\right)^2 = x^2 - 2 + \dfrac{1}{x^2} \Rightarrow x^2 + \dfrac{1}{x^2} = \left(x-\dfrac{1}{x}\right)^2 + 2$

확인문제

5 다음 식을 전개하시오.

(1) $(a+3b)(c-d)$

(2) $(x-2)(x+3)$

(3) $(a+3)^2$

(4) $(3x-5)^2$

(5) $(2x-7)(2x+7)$

(6) $(p-5)(p+3)$

6 x, y의 조건이 다음과 같을 때, 식의 값을 구하시오.

(1) $x+y=5$, $xy=2$일 때, x^2+y^2의 값은?

(2) $x-y=6$, $xy=3$일 때, x^2+y^2의 값은?

(3) $x+y=3$, $xy=2$일 때, $(x-y)^2$의 값은?

(4) $x-y=4$, $xy=3$일 때, $(x+y)^2$의 값은?

(5) $x+\dfrac{1}{x}=2$일 때, $x^2+\dfrac{1}{x^2}$의 값은?

개념 C.O.D.I 01 **다항식**의 **연산**의 **기본 법칙**

다항식을 계산할 때에는 정해진 규칙에 따라야 한다. 다음 연산 법칙을 기억하고 실제 식을 계산할 때 어떻게 쓰이는지 기억하자.

다항식의 연산 원리

교환법칙
① $a+b=b+a$
② $a \times b = b \times a$

결합법칙
① $(a+b)+c=a+(b+c)$
② $(a \times b) \times c = a \times (b \times c)$

분배법칙(전개)
$a \times (b+c) = ab + ac$

지수법칙
① $a^m \times a^n = a^{m+n}$
② $(a^m)^n = a^{mn}$

동류항 계산
① $ma + na = (m+n)a$
② $ma - na = (m-n)a$

예1

교환법칙
$$3x^2 - 2x + 2x^2 + 5x + 4$$
$$= 3x^2 + 2x^2 - 2x + 5x + 4$$

결합법칙
$$= (3x^2 + 2x^2) + (-2x + 5x) + 4$$

동류항끼리 계산
$$= 5x^2 + 3x + 4$$

예2

전개 · 분배법칙
$$(x^2 + 2x + 3)(x^3 - 4x + 1)$$

지수법칙
$$= x^2 \cdot x^3 + x^2 \cdot (-4x) + x^2 \cdot 1 + 2x \cdot x^3 + 2x \cdot (-4x) + 2x \cdot 1$$
$$+ 3x^3 + 3 \cdot (-4x) + 3 \cdot 1$$

교환법칙
$$= x^5 - 4x^3 + x^2 + 2x^4 - 8x^2 + 2x + 3x^3 - 12x + 3$$

결합법칙 · 동류항끼리 계산
$$= x^5 + 2x^4 + (-4x^3 + 3x^3) + (x^2 - 8x^2) + (2x - 12x) + 3$$
$$= x^5 + 2x^4 - x^3 - 7x^2 - 10x + 3$$

개념 C.O.D.I 02 **다항식**의 **정렬 방법**

식을 쓸 때는 일정한 기준을 가지고 항을 나열해야 보기도 편하고 계산도 쉽다. '차수'에 따라 두 가지 방법으로 식을 정렬한다.

차수에 따라 정렬하기

내림차순 정렬
다항식의 항을 높은 차수부터 차례로 나열하는 방법
이차항 → 일차항 → 상수항

높은 차수 → 낮은 차수

오름차순 정렬
다항식의 항을 낮은 차수부터 차례로 나열하는 방법
상수항 → 일차항 → 이차항

낮은 차수 → 높은 차수

• 차수: 항에 문자가 곱해진 횟수

예1 문자가 한 종류일 때

$$3x^2 - x^4 + 4 + 2x - 10x^3$$

내림차순 / \ 오름차순

$-x^4 - 10x^3 + 3x^2 + 2x + 4$ │ $4 + 2x + 3x^2 - 10x^3 - x^4$

사차 삼차 이차 일차 상수 │ 상수 일차 이차 삼차 사차

차수 감소 │ 차수 증가

예2 문자가 여러 종류일 때: 기준 문자 ⇒ "〜에 대하여"

$$x^2 y + 2xy^2 + x^3 + x^3 y + y^3$$

y에 대하여 내림차순 / \ x에 대하여 내림차순

$y^3 + 2xy^2 + x^2 y + x^3 y + x^3$ │ $x^3 + x^3 y + x^2 y + 2xy^2 + y^3$
$= y^3 + 2xy^2 + (x^2 + x^3)y + x^3$ │ $= (y+1)x^3 + x^2 y + 2xy^2 + y^3$

삼차 이차 일차 상수 │ 삼차 이차 일차 상수

y의 차수를 기준으로 높은 차수에서 낮은 차수 순으로 │ x의 차수를 기준으로 높은 차수에서 낮은 차수 순으로

y차수 감소 │ x차수 감소

• 기준 문자가 아닌 다른 문자들은 계수나 상수처럼 생각하자.

[0001–0009] 다음 식을 전개하여 정리하시오.

0001

$20x\left(\dfrac{1}{4}x-\dfrac{1}{5}\right)$

0002

$3(2x+y)-(x-y)$

0003

$a(a+b)+b(a-b)$

0004

$x^2y(x^2+3xy+y^2)$

0005

$(2x-y)(x+3y+1)$

0006

$(a+b)(a^2-ab+b^2)$

0007

$(a+b+c)(a^2+b^2+c^2)$

0008

$(x^2+x+1)(x^2-x+1)$

0009

$x^3(-x^2-2x+3)+(x^2+1)(x^3+3x+1)$

[0010–0011] 아래 식을 다음 기준에 따라 정렬하시오.

$$1+x^5+2x^4+6x^2+x^3+3x$$

0010

x에 대하여 오름차순

0011

x에 대하여 내림차순

[0012–0013] 다음 다항식을 전개하고 물음에 답하시오.

$$x^3(-x^2-2x+3)+(x^2+1)(x^3+3x+1)$$

0012

x에 대한 오름차순으로 정렬하시오.

0013

x에 대한 내림차순으로 정렬하시오.

[0014–0017] 아래 식을 다음 기준에 따라 정렬하시오.

$$-1-3x^2y+x^3+3xy^2$$

0014

x에 대하여 오름차순

0015

y에 대하여 오름차순

0016

x에 대하여 내림차순

0017

y에 대하여 내림차순

03 곱셈 공식

> 자주 쓰는 다항식의 계산 결과를 정리해 놓은 것이 곱셈 공식이다.
> 중학교 때 배운 곱셈 공식 5개에 이어 8개를 추가로 배운다.
> 기억해 두면 다항식을 일일이 전개해서 정리할 필요가 없어 편리하다.
> 단순히 외우지 말고 식의 구조를 파악해 보자.

01 항이 세 개인 완전제곱식

$$(a+b+c)^2$$
$$=a^2+b^2+c^2+2ab+2bc+2ca$$

- 문자 한 번씩 제곱
- 문자 2개씩 곱하고 2배

$(a+b+c)^2$ ㄴ 제곱을 풀어서 쓴다.
$=(a+b+c)(a+b+c)$ ㄴ 모두 전개한다.
$=a^2+ab+ca+ab+b^2+bc+ca+bc+c^2$
ㄴ 동류항을 정리한다.
$=a^2+b^2+c^2+2ab+2bc+2ca$

예1 $(a+2b+3c)^2$ 한 번씩 제곱
$=a^2+(2b)^2+(3c)^2$ ← 2개씩 곱하고 2배
$+2 \cdot a \cdot (2b)+2 \cdot (2b) \cdot (3c)+2 \cdot (3c) \cdot a$
$=a^2+4b^2+9c^2+4ab+12bc+6ca$

예2 $(a-3b+c)^2$
$=\{a+(-3b)+c\}^2$ 한 번씩 제곱
$=a^2+(-3b)^2+c^2$ ← 2개씩 곱하고 2배
$+2a(-3b)+2(-3b)c+2ca$
$=a^2+9b^2+c^2-6ab-6bc+2ca$

02 삼차식 전개

$$(x+a)(x+b)(x+c)$$
$$=x^3+(a+b+c)x^2+(ab+bc+ca)x+abc$$

- x^2계수: 상수 한 번씩 +
- x계수: 상수 두 개씩 곱해서 +
- 상수항: 상수 모두 곱

$(x+a)(x+b)(x+c)$ ㄴ 2개 먼저 전개하기
$=(x+a)\{x^2+(b+c)x+bc\}$ ㄴ $(x+a)$ 추가로 전개하기
$=x^3+(b+c)x^2+bcx+ax^2$
$+(ab+ca)x+abc$ ㄴ 동류항 정리
$=x^3+(a+b+c)x^2$
$+(ab+bc+ca)x+abc$

예1 $(x+1)(x+2)(x+3)$
상수 더하기
$=x^3+(1+2+3)x^2$
두 개씩 곱해서+　　모두 곱
$+(1 \cdot 2+2 \cdot 3+3 \cdot 1)x+1 \cdot 2 \cdot 3$
$=x^3+6x^2+11x+6$

예2 $(x+2)(x-2)(x-4)$
상수 더하기
$=x^3+(2-2-4)x^2$
두 개씩 곱해서+
$+\{2 \cdot (-2)+(-2) \cdot (-4)+(-4) \cdot 2\}x$
모두 곱
$+2 \cdot (-2) \cdot (-4)$
$=x^3-4x^2-4x+16$

03 세제곱식 전개

(1) $(a+b)^3=a^3+3a^2b+3ab^2+b^3$
(2) $(a-b)^3=a^3-3a^2b+3ab^2-b^3$

(1) 계수는 1 3 3 1 (모두 +)　　(2) 계수는 1 -3 3 -1 (+ - + - 교대로)

a의 차수는 줄어들고
b의 차수는 늘어나고

$(a+b)^3$ ㄴ 지수법칙: $\triangle^3=\triangle \cdot \triangle^2$
$=(a+b)(a+b)^2$ ㄴ 완전제곱식 전개
$=(a+b)(a^2+2ab+b^2)$
$(a+b)$ 추가로 전개
$=a^3+2a^2b+ab^2+a^2b+2ab^2+b^3$
ㄴ 동류항 정리
$=a^3+3a^2b+3ab^2+b^3$

$(a-b)^3$ ㄴ 지수법칙: $\triangle^3=\triangle \cdot \triangle^2$
$=(a-b)(a-b)^2$ ㄴ 완전제곱식 전개
$=(a-b)(a^2-2ab+b^2)$
$(a-b)$ 추가로 전개
$=a^3-2a^2b+ab^2-a^2b+2ab^2-b^3$
ㄴ 동류항 정리
$=a^3-3a^2b+3ab^2-b^3$

예1 $(a+3b)^3$
$=a^3+3 \cdot a^2 \cdot (3b)+3 \cdot a \cdot (3b)^2+(3b)^3$
$=a^3+9a^2b+27ab^2+27b^3$

예2 $(3a-2b)^3$
$=(3a)^3-3 \cdot (3a)^2 \cdot (2b)+3 \cdot (3a) \cdot (2b)^2-(2b)^3$
$=27a^3-54a^2b+36ab^2-8b^3$

04 일차식×이차식 (문자 2개)

(1) $(a+b)(a^2-ab+b^2)=a^3+b^3$
(2) $(a-b)(a^2+ab+b^2)=a^3-b^3$

(1)	(2)
$(\triangle+\square)$	$(\triangle-\square)$
$(\triangle^2-\triangle\times\square+\square^2)$	$(\triangle^2+\triangle\times\square+\square^2)$
‖	‖
$\triangle^3+\square^3$	$\triangle^3-\square^3$
(세제곱+세제곱)	(세제곱-세제곱)

(1) $(a+b)(a^2-ab+b^2)$ ⟶ 분배법칙으로 전개
$=a^3-a^2b+ab^2+a^2b-ab^2+b^3$
$=a^3+b^3$ ← 동류항 정리(소거됨)

(2) $(a-b)(a^2+ab+b^2)$ ⟶ 분배법칙으로 전개
$=a^3+a^2b+ab^2-a^2b-ab^2-b^3$
$=a^3-b^3$ ← 동류항 정리(소거됨)

예1 $(a+2b)(a^2-2ab+4b^2)$
$=(a+2b)\{a^2-a\cdot(2b)+(2b)^2\}$
$=a^3+(2b)^3$
$=a^3+8b^3$

예2 $(2a-3b)(4a^2+6ab+9b^2)$
$=(2a-3b)\{(2a)^2+(2a)\cdot(3b)+(3b)^2\}$
$=(2a)^3-(3b)^3$
$=8a^3-27b^3$

05 일차식×이차식 (문자 3개)

$(a+b+c)(a^2+b^2+c^2-ab-bc-ca)$
$=a^3+b^3+c^3-3abc$

- 한 번씩 세제곱
- 모두 곱하고 3배

$$\triangle^3+\square^3+\bigcirc^3-3\triangle\square\bigcirc$$

$(a+b+c)(a^2+b^2+c^2-ab-bc-ca)$
$=a(a^2+b^2+c^2-ab-bc-ca)$ ⟶ 전개 ①
$\quad+b(a^2+b^2+c^2-ab-bc-ca)$
$\quad+c(a^2+b^2+c^2-ab-bc-ca)$ ⟶ 전개 ②
$=a^3+ab^2+ac^2-a^2b-abc-ca^2$
$\quad+a^2b+b^3+bc^2-ab^2-b^2c-abc$
$\quad+ca^2+b^2c+c^3-abc-bc^2-c^2a$
$=a^3+b^3+c^3-3abc$ ← 동류항 정리한다

예 $(a+b+2c)(a^2+b^2+4c^2-ab-2bc-2ca)$
$=(a+b+2c)\{a^2+b^2+(2c)^2-ab-b(2c)-(2c)a\}$
$=a^3+b^3+(2c)^3-3a\cdot b\cdot(2c)$
$=a^3+b^3+8c^3-6abc$

06 이차식×이차식

$(a^2+ab+b^2)(a^2-ab+b^2)=a^4+a^2b^2+b^4$

- 중간항의 부호가 각각 +, -
- 네제곱+제곱×제곱+네제곱

$$\triangle^4+\triangle^2\square^2+\square^4$$

$(a^2+ab+b^2)(a^2-ab+b^2)$ ⟶ 항 순서 바꾸기 (교환법칙)
$=(a^2+b^2+ab)(a^2+b^2-ab)$ ← 합차 공식으로 전개
$=(a^2+b^2)^2-(ab)^2$ ← 완전제곱식 전개
$=a^4+2a^2b^2+b^4-a^2b^2$ ← 동류항 정리
$=a^4+a^2b^2+b^4$

예 $(a^2+2ab+4b^2)(a^2-2ab+4b^2)$
$=\{a^2+a(2b)+(2b)^2\}\{a^2-a(2b)+(2b)^2\}$
$=a^4+a^2\cdot(2b)^2+(2b)^4$
$=a^4+4a^2b^2+16b^4$

[0018~0025] 곱셈 공식을 직접 전개하여 정리하시오.

0018
$(a+b+c)^2$

0019
$(x+a)(x+b)(x+c)$

0020
$(a+b)^3$

0021
$(a-b)^3$

0022
$(a+b)(a^2-ab+b^2)$

0023
$(a-b)(a^2+ab+b^2)$

0024
$(a+b+c)(a^2+b^2+c^2-ab-bc-ca)$

0025
$(a^2+ab+b^2)(a^2-ab+b^2)$

[0026~0033] 곱셈 공식을 완성하시오.

0026
$(a+b+c)^2=$

0027
$(x+a)(x+b)(x+c)=$

0028
$(a+b)^3=$

0029
$(a-b)^3=$

0030
$(a+b)(a^2-ab+b^2)=$

0031
$(a-b)(a^2+ab+b^2)=$

0032
$(a+b+c)(a^2+b^2+c^2-ab-bc-ca)=$

0033
$(a^2+ab+b^2)(a^2-ab+b^2)=$

[0034~0041] 곱셈 공식을 이용하여 식을 전개하시오.

0034
$(2a-b-2c)^2$

0035
$(x-2)(x-3)(x-4)$

0036
$(3x+1)^3$

0037
$(3a-2b)^3$

0038
$(a+2b)(a^2-2ab+4b^2)$

0039
$(2a-3b)(4a^2+6ab+9b^2)$

0040
$(a+b-2c)(a^2+b^2+4c^2-ab+2bc+2ca)$

0041
$(4a^2+2a+1)(4a^2-2a+1)$

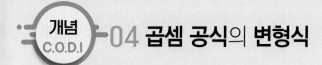
기본적인 식의 값만 가지고 더 복잡한 식의 값을 구해야 할 때가 있다. 변형식은 그런 상황에 필요하다. 곱셈 공식의 변형식의 증명은 어렵지 않다. 곱셈 공식에서 몇 개의 항을 이항하여 정리하면 된다.

01

$$a^2+b^2+c^2=(a+b+c)^2-2(ab+bc+ca)$$

$$(a+b+c)^2=a^2+b^2+c^2+2ab+2bc+2ca$$
2로 묶기
$$=a^2+b^2+c^2+2(ab+bc+ca)$$
이항
$$(a+b+c)^2-2(ab+bc+ca)=a^2+b^2+c^2$$

예
$a+b+c=3$, $ab+bc+ca=2$이면
$$a^2+b^2+c^2=(a+b+c)^2-2(ab+bc+ca)$$
$$=9-4=5$$

02

$$a^3+b^3=(a+b)^3-3ab(a+b)$$

$$(a+b)^3=a^3+3a^2b+3ab^2+b^3$$
공통인수 $3ab$로 묶기
$$=a^3+3ab(a+b)+b^3$$
이항
$$(a+b)^3-3ab(a+b)=a^3+b^3$$

예
$a+b=2$, $ab=1$이면
$$a^3+b^3=(a+b)^3-3ab(a+b)$$
$$=8-6=2$$

03

$$a^3-b^3=(a-b)^3+3ab(a-b)$$

$$(a-b)^3=a^3-3a^2b+3ab^2-b^3$$
공통인수 $-3ab$로 묶기
$$=a^3-3ab(a-b)-b^3$$
이항
$$(a-b)^3+3ab(a-b)=a^3-b^3$$

예
$a-b=-1$, $ab=2$이면
$$a^3-b^3=(a-b)^3+3ab(a-b)$$
$$=-1-6=-7$$

04

$$x^3+\frac{1}{x^3}=\left(x+\frac{1}{x}\right)^3-3\left(x+\frac{1}{x}\right)$$
$$x^3-\frac{1}{x^3}=\left(x-\frac{1}{x}\right)^3+3\left(x-\frac{1}{x}\right)$$

02, 03에 $a=x$, $b=\frac{1}{x}$ 을 대입하면
$$x^3+\left(\frac{1}{x}\right)^3=\left(x+\frac{1}{x}\right)^3-3\cdot x\cdot\frac{1}{x}\left(x+\frac{1}{x}\right)$$
$$=\left(x+\frac{1}{x}\right)^3-3\left(x+\frac{1}{x}\right)$$
$$x^3-\left(\frac{1}{x}\right)^3=\left(x-\frac{1}{x}\right)^3+3\cdot x\cdot\frac{1}{x}\left(x-\frac{1}{x}\right)$$
$$=\left(x-\frac{1}{x}\right)^3+3\left(x-\frac{1}{x}\right)$$

예
• $x+\frac{1}{x}=3$이면
$$x^3+\frac{1}{x^3}=\left(x+\frac{1}{x}\right)^3-3\left(x+\frac{1}{x}\right)=18$$
• $x-\frac{1}{x}=2$이면
$$x^3-\frac{1}{x^3}=\left(x-\frac{1}{x}\right)^3+3\left(x-\frac{1}{x}\right)=14$$

05

$$a^3+b^3+c^3$$
$$=(a+b+c)\times$$
$$(a^2+b^2+c^2-ab-bc-ca)+3abc$$

$$(a+b+c)(a^2+b^2+c^2-ab-bc-ca)$$
$$=a^3+b^3+c^3-3abc$$
에서 $-3abc$를 좌변으로 이항하면 된다.

예
$a+b+c=4$, $ab+bc+ca=2$, $abc=1$이면
$a^2+b^2+c^2=12$이므로
$$a^3+b^3+c^3$$
$$=(a+b+c)(a^2+b^2+c^2-ab-bc-ca)+3abc$$
$$=4\times(12-2)+3\cdot1=43$$

06

$$a^2+b^2+c^2+ab+bc+ca$$
$$=\frac{1}{2}\{(a+b)^2+(b+c)^2+(c+a)^2\}$$

$$a^2+b^2+c^2+ab+bc+ca$$
2를 곱하고 2로 나눈다.
$$=\frac{1}{2}(2a^2+2b^2+2c^2+2ab+2bc+2ca)$$
a^2, b^2, c^2이 2개씩이므로 다음과 같이 나열
$$=\frac{1}{2}\begin{pmatrix}a^2+2ab+b^2\\b^2+2bc+c^2\\c^2+2ca+a^2\end{pmatrix}=\frac{1}{2}\{(a+b)^2+(b+c)^2+(c+a)^2\}$$
완전제곱식 3개로 인수분해

예
$a+b=3$, $b+c=4$, $c+a=1$이면
$$a^2+b^2+c^2+ab+bc+ca$$
$$=\frac{1}{2}(3^2+4^2+1^2)=13$$

07

$$a^2+b^2+c^2-ab-bc-ca$$
$$=\frac{1}{2}\{(a-b)^2+(b-c)^2+(c-a)^2\}$$

$$a^2+b^2+c^2-ab-bc-ca$$
2를 곱하고 2로 나눈다.
$$=\frac{1}{2}(2a^2+2b^2+2c^2-2ab-2bc-2ca)$$
a^2, b^2, c^2이 2개씩이므로 다음과 같이 나열
$$=\frac{1}{2}\begin{pmatrix}a^2-2ab+b^2\\b^2-2bc+c^2\\c^2-2ca+a^2\end{pmatrix}=\frac{1}{2}\{(a-b)^2+(b-c)^2+(c-a)^2\}$$
완전제곱식 3개로 인수분해

예
$a-b=-1$, $b-c=2$, $c-a=-1$이면
$$a^2+b^2+c^2-ab-bc-ca$$
$$=\frac{1}{2}\{(-1)^2+2^2+(-1)^2\}=3$$

[0042-0047] 다음 곱셈 공식의 변형식을 직접 유도하시오.

0042

$a^2+b^2+c^2=(a+b+c)^2-2(ab+bc+ca)$

0043

$a^3+b^3=(a+b)^3-3ab(a+b)$

0044

$a^3-b^3=(a-b)^3+3ab(a-b)$

0045

$a^3+b^3+c^3$
$=(a+b+c)(a^2+b^2+c^2-ab-bc-ca)+3abc$

0046

$a^2+b^2+c^2-ab-bc-ca$
$=\dfrac{1}{2}\{(a-b)^2+(b-c)^2+(c-a)^2\}$

0047

$a^2+b^2+c^2+ab+bc+ca$
$=\dfrac{1}{2}\{(a+b)^2+(b+c)^2+(c+a)^2\}$

[0048-0055] 다음 곱셈 공식의 변형식을 완성하시오.

0048

$a^2+b^2+c^2=$

0049

$a^3+b^3=$

0050

$x^3+\dfrac{1}{x^3}=$

0051

$a^3-b^3=$

0052

$x^3-\dfrac{1}{x^3}=$

0053

$a^2+b^2+c^2-ab-bc-ca=$

0054

$a^3+b^3+c^3=$

0055

$a^2+b^2+c^2+ab+bc+ca=$

Style 01 **다항식의 연산** (1) : 덧셈, 뺄셈

0056

$A=2x^2-x+3$, $B=x^2+4x-2$일 때,
$3A-(2B-A)$를 계산하시오.

0057

$A=x^2+2$, $B=x^2-x-3$일 때, $(A+1)(B+x)$를
계산하시오.

0058

$A=3a^2+ab-b^2$, $B=a^2+2ab+2b^2$, $C=5ab+4b^2$
일 때, $B-2\{A+C-3(A-B+C)\}$를 계산한 식이
$pa^2+qab+rb^2$이다. $pr-q$의 값은?

(단, p, q, r는 상수)

① 0 　　　　② 1 　　　　③ 2
④ 3 　　　　⑤ 4

0059

두 다항식 $P=x^3+4x-1$, $Q=2x^2-3x+2$에 대하여
$X+P-2Q=2P$를 만족시키는 다항식 X는?

① x^3-2x+3 　　　　② x^3+4x^2-2x+3
③ x^3+2x^2+3 　　　　④ $2x^3-4x^2+1$
⑤ $2x^3-4x^2+2x-3$

Style 02 **다항식의 연산** (2) : 곱셈과 전개

0060

다항식 $(x+2y)(x^2-xy+3y^2)$을 전개하여 x에 대한
내림차순으로 정렬했을 때 첫 번째 항의 계수를 a, y에
대한 내림차순으로 정렬했을 때 첫 번째 항의 계수를 b
라 할 때, $b-a$의 값은?

① 1 　　　　② 2 　　　　③ 3
④ 4 　　　　⑤ 5

0061

$(5x^2-3x+2)(-x^3-2x+4)$의 전개식에서 x^4의 계수
를 a, x의 계수를 b라 할 때, $a+b$의 값은?

① -7 　　　　② -9 　　　　③ -11
④ -13 　　　　⑤ -15

0062

$(x^2-3x+k)(2x+5)$의 전개식에서 상수항이 10일 때,
x의 계수를 구하시오. (단, k는 상수)

0063

$(a-3b)(a^2+6ab+4b^2)$의 전개식에서 a^2b의 계수를 p,
ab^2의 계수를 q라 할 때, $p+q$의 값은?

① -7 　　　　② -9 　　　　③ -11
④ -13 　　　　⑤ -15

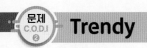

Style **03** 곱셈 공식 (1)

0064

다음 중 $(-a+b+c)^2$의 전개 결과와 같은 식은?

① $(a-b+c)^2$ ② $(a+b-c)^2$

③ $(a-b-c)^2$ ④ $(a+b+c)^2$

⑤ $(-a-b-c)^2$

0065

$(a+pb+c)^2=a^2+4b^2+c^2-4ab+qbc+2ca$가 성립할 때, $\dfrac{q}{p}$의 값은? (단, p, q는 상수)

① -2 ② $-\dfrac{1}{2}$ ③ $\dfrac{1}{2}$

④ 1 ⑤ 2

0066

$(2x-y+3)^2=ax^2+y^2+bxy+cx+dy+e$일 때, $a+b+c+d+e$의 값은? (단, a, b, c, d, e는 상수)

① -15 ② -10 ③ 5

④ 10 ⑤ 15

0067

$(x^2-x+2)^2=x^4+ax^3+bx^2+cx+4$이다. $a+b+c$의 값은? (단, a, b, c는 상수)

① -2 ② -1 ③ 0

④ 1 ⑤ 2

Style **04** 곱셈 공식의 변형식 (1)

0068

$a+b+c=-4$, $ab+bc+ca=-2$일 때, $a^2+b^2+c^2$의 값은?

① 0 ② 10 ③ 20

④ 30 ⑤ 40

0069

$\triangle ABC$의 세 변의 길이를 각각 a, b, c라 할 때, $a^2+b^2+c^2=151$, $ab+bc+ca=9$이다. $\triangle ABC$의 둘레의 길이는?

① 9 ② 10 ③ 11

④ 12 ⑤ 13

0070

$a+b+c=5$, $a^2+b^2+c^2=17$일 때, $ab+bc+ca$의 값은?

① 2 ② 4 ③ 6

④ 8 ⑤ 10

0071

$a+b+c=1$, $a^2+b^2+c^2=3$, $abc=-1$일 때, $a^3+b^3+c^3$의 값은?

① -2 ② -1 ③ 0

④ 1 ⑤ 2

Style 05 곱셈 공식 (2)

0072

다항식 $(2a+b)^3-2(a-b)^3$을 간단히 하시오.

0073

다항식 $(a-b)^3+(-a+b)^3$을 간단히 하시오.

0074

$(x+2)^3=x^3+ax^2+bx+c$일 때, $a+b+c$의 값은?

(단, a, b, c는 상수)

① 30   ② 26   ③ 22

④ 18   ⑤ 14

0075

$(3x+a)^3=27x^3-54x^2+bx+c$일 때, $a-b+c$의 값은? (단, a, b, c는 상수)

① -46 ② -45 ③ -23

④ 15   ⑤ 40

Style 06 곱셈 공식의 변형식 (2)

0076

$a+b=2$, $ab=1$일 때, $\dfrac{b}{a}+\dfrac{a}{b}$의 값을 p, a^3+b^3의 값을 q라 하자. $p-q$의 값은?

① 0   ② 1   ③ 2

④ 4   ⑤ 6

0077

$a-b=3$, $ab=-1$일 때, a^2+b^2의 값을 p, a^3-b^3의 값을 q라 하자. $q-p$의 값은?

① 11   ② 21   ③ 31

④ 41   ⑤ 51

0078

$x+\dfrac{1}{x}=3$일 때, $x^3+\dfrac{1}{x^3}$의 값은?

① 18   ② 19   ③ 20

④ 21   ⑤ 22

0079

$x-\dfrac{1}{x}=2$일 때, $x^3-\dfrac{1}{x^3}$의 값은?

① 11   ② 12   ③ 13

④ 14   ⑤ 15

0080

$x>0$인 실수 x에 대하여 $x^2+\dfrac{1}{x^2}=7$일 때, $x^3+\dfrac{1}{x^3}$의 값은?

① 18　　　　② 19　　　　③ 20

④ 21　　　　⑤ 22

Level up

0081

$a+b=5$, $ab=4$일 때, a^3-b^3의 값을 구하시오.

(단, $a>b$)

Level up

0082

$a-b=3$, $ab=4$일 때, a^3+b^3의 값을 구하시오

(단, $a<0$, $b<0$)

0083

$x>1$인 실수 x에 대하여 $x^2+\dfrac{1}{x^2}=6$일 때, $x^3-\dfrac{1}{x^3}$의 값은?

① 11　　　　② 12　　　　③ 13

④ 14　　　　⑤ 15

0084

$x+\dfrac{1}{x}=3$일 때, 다음 식의 값을 구하시오.

$$x^3+x^2+x+\frac{1}{x}+\frac{1}{x^2}+\frac{1}{x^3}$$

Style 07 곱셈 공식 (3)

0085

$(x+py)(x^2-pxy+p^2y^2)=x^3+64y^3$이 성립할 때, $(a+pb)(a-pb)$의 전개식에서 b^2의 계수는?

(단, p는 상수)

① -16　　　② -9　　　③ -4

④ -1　　　⑤ 9

0086

$(ax+by)(a^2x^2-abxy+b^2y^2)=216x^3-27y^3$이 성립할 때, $\dfrac{a}{b}$의 값은? (단, a, b는 상수)

① -2　　　② $-\dfrac{1}{2}$　　　③ $\dfrac{1}{2}$

④ 1　　　⑤ 2

정답 및 해설 • 20쪽

0087

$a+b=3$, $ab=2$일 때, $(a+b)(a^2-ab+b^2)$의 값은?

① 1   ② 3   ③ 5

④ 7   ⑤ 9

0088

$a-b=2$, $ab=2$일 때, $(a-b)(a^2+ab+b^2)$의 값은?

① 10   ② 15   ③ 20

④ 25   ⑤ 30

0089

$(a+b)(a^2-ab+b^2)=4$, $a+b=1$일 때, ab의 값은?

① -2 ② -1 ③ 0

④ 1   ⑤ 2

Level up

0090

$(x+2)(x-2)(x^2+2x+4)(x^2-2x+4)=x^n-m$일 때, $m+n$의 값은? (단, m, n은 자연수)

① 50   ② 60   ③ 70

④ 80   ⑤ 90

Style 08 곱셈 공식 (4)

0091

$(x+2)(x+3)(x+p)=x^3+6x^2+ax+b$일 때, abp의 값은? (단, a, b, p는 상수)

① 44   ② 55   ③ 66

④ 77   ⑤ 88

0092

$(x-1)(x+2)(x+p)=x^3+ax^2+bx+6$일 때, $a+b-p$의 값은? (단, a, b, p는 상수)

① -4 ② -2 ③ 0

④ 2   ⑤ 4

0093

$(x-a)(x-b)(x-c)=x^3+2x^2+5x-3$일 때, $a^2+b^2+c^2+2abc$의 값은? (단, a, b, c는 상수)

① -4 ② -2 ③ 0

④ 2   ⑤ 4

Level up

0094

$a+b+c=2$, $ab+bc+ca=3$, $abc=-1$일 때, $(a+b)(b+c)(c+a)$의 값은?

① 6   ② 7   ③ 8

④ 9   ⑤ 10

Style **09** 곱셈 공식의 변형식 (3)

0095

$a+b=5$, $b+c=2$, $c+a=3$일 때,
$a^2+b^2+c^2+ab+bc+ca$의 값을 구하시오.

0096

$a-b=2$, $b-c=2$, $c-a=-4$일 때,
$a^2+b^2+c^2-ab-bc-ca$의 값을 구하시오.

0097

세 양수 a, b, c에 대하여 $a+b=1$, $b+c=3$,
$a^2+b^2+c^2+ab+bc+ca=7$일 때, $c+a$의 값은?

① 1   ② 2   ③ 3

④ 4   ⑤ 5

0098

$b-c=2$, $c-a=-1$, $a^2+b^2+c^2-ab-bc-ca=3$일
때, $a-b$의 값은? (단, $a<b$)

① -1 ② -2 ③ -3

④ -4 ⑤ -5

Style **10** 곱셈 공식의 활용 (1)

0099

$(x-1)(x+1)(x^2+1)(x^4+1)=x^m-n$일 때, mn의
값은? (단, m, n은 자연수)

① 10   ② 8   ③ 6

④ 4   ⑤ 2

0100

$(x-2)(x+2)(x^4+4x^2+16)=x^m-n^m$일 때, $m-n$
의 값은? (단, m, n은 자연수)

① 4   ② 8   ③ 12

④ 16   ⑤ 20

0101

x에 대한 다항식 $(x^2+2x-1)(x^2+2x+2)$의 전개식에
서 x와 x^3의 계수의 차는?

① 1   ② 2   ③ 3

④ 4   ⑤ 5

0102

다음 중 $(x+1)(x+2)(x+3)(x+4)$를 전개한 식으로
옳은 것은?

① $x^4+10x^3+25x^2+50x+24$

② $x^4+10x^3+35x^2+5x+25$

③ $x^4+10x^3+35x^2+50x+24$

④ $x^4+20x^3+30x^2+50x+20$

⑤ $x^4+20x^3+25x^2+5x+20$

Style 11 곱셈 공식의 활용 (2) : 수 계산하기

0103

$(2+1)(2^2+1)(2^4+1)=2^m-1$일 때, 자연수 m의 값은?

① 2   ② 4   ③ 6

④ 8   ⑤ 10

0104

$(4+3)(4^2+3^2)(4^4+3^4)=2^m-3^n$일 때, $m-n$의 값은? (단, m, n은 자연수)

① 6   ② 8   ③ 10

④ 12   ⑤ 14

0105

곱셈 공식 $(a+b)^3=a^3+3a^2b+3ab^2+b^3$을 이용하여 102^3을 계산했을 때, 각 자릿수들의 합은?

① 12   ② 15   ③ 18

④ 21   ⑤ 24

Level up

0106

$9 \times 11 \times 101$을 계산하시오.

Style 12 곱셈 공식의 활용 (3) : 도형

0107

오른쪽 그림과 같은 직육면체의 가로, 세로, 높이의 길이가 각각 a, b, c이다. 모든 모서리의 길이의 합이 16, 겉넓이가 6일 때, $a^2+b^2+c^2$의 값은?

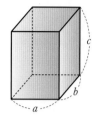

① 2   ② 4

③ 6   ④ 8

⑤ 10

0108

오른쪽 그림과 같이 반지름의 길이가 2인 원에 직사각형이 내접하고 있다. 직사각형의 둘레의 길이가 10일 때, □ABCD의 넓이는?

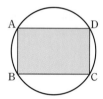

① $\dfrac{1}{2}$ ② $\dfrac{3}{2}$

③ $\dfrac{5}{2}$ ④ $\dfrac{7}{2}$

⑤ $\dfrac{9}{2}$

Level up

0109

그림과 같이 세 개의 정육면체가 있다.

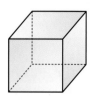

세 정육면체의 모든 모서리의 길이의 합이 36, 겉넓이의 합이 42이다. 세 정육면체 각각의 한 모서리의 길이의 곱이 2일 때, 세 정육면체의 부피의 합은?

① 20   ② 24   ③ 28

④ 32   ⑤ 36

0110

다항식 $(2x+3)(x^2-2x+5)+2$의 전개식에서 이차항의 계수와 상수항의 합은?

① 8   ② 10   ③ 12

④ 14   ⑤ 16

0111

$(2x^2-x-3)(3x^2+2x-1)$의 전개식을 x에 대한 내림차순으로 정렬했을 때 왼쪽에서 두 번째 항의 계수를 a, x의 계수를 b라 하자. ab의 값은?

① -1 ② -2 ③ -3

④ -4 ⑤ -5

0112

다음 중 $(x+2)^3-(x-2)^3$의 전개식은?

① $2x^3+24x$ ② $12x^2+16$

③ $6x^2+8$ ④ $-12x^2-16$

⑤ $-2x^3-24x$

0113

$(x^2-4y^2)(x^2-2xy+4y^2)(x^2+2xy+4y^2)$을 전개한 식은?

① x^6-y^6 ② x^6+y^6

③ x^6+64y^6 ④ x^6-64y^6

⑤ $x^6-16x^3y^3+64y^6$

0114

$a+b+c=1$, $ab+bc+ca=2$, $(a+b)(b+c)(c+a)=3$일 때, abc의 값은?

① -2 ② -1 ③ 0

④ 1 ⑤ 2

0115

$a+b=1$, $b+c=2$, $c+a=3$, $ab+bc+ca=2$일 때, $a^2+b^2+c^2$의 값은?

① 1 ② 2 ③ 3

④ 4 ⑤ 5

0116

$(x+1)(x-1)(x-5)(x-3)+15$를 전개하시오.

0117

모의고사 기출

$\dfrac{2005(2004^2-2003)}{2003\times2004+1}$을 계산하면?

① 2001   ② 2002   ③ 2003

④ 2004   ⑤ 2005

정답 및 해설 • 23쪽

0118

$a+b+c=0$일 때, $\dfrac{2a^2+3}{bc}+\dfrac{2b^2+3}{ca}+\dfrac{2c^2+3}{ab}$의 값은? (단, $abc\neq0$)

① 0 　　　② 2 　　　③ 4

④ 6 　　　⑤ 8

0119

$x+y=2$, $xy=2$일 때, 다음 식의 값을 구하시오.

(1) x^5+y^5

(2) $(x+1)^3+(y+1)^3$

0120

$x+\dfrac{1}{x}=2\sqrt{2}$, $x-\dfrac{1}{x}=2$일 때,

$\left(x^2-\dfrac{1}{x^2}\right)\left(x^2+\dfrac{1}{x^2}+1\right)\left(x^2+\dfrac{1}{x^2}-1\right)$의 값을 구하시오.

0121

$2x^2-3x+2=0$일 때, $x^3+\dfrac{1}{x^3}=-\dfrac{p}{q}$이다. $p-q$의 값은? (단, p, q는 서로소인 자연수)

① 0 　　　② 1 　　　③ 2

④ 3 　　　⑤ 4

모의고사 기출

0122

$x+y+z=0$, $x^2+y^2+z^2=5$일 때,

$x^2y^2+y^2z^2+z^2x^2=\dfrac{q}{p}$이다. $p+q$의 값을 구하시오.

(단, p, q는 서로소인 자연수)

0123

$a+b+c=1$, $a^2+b^2+c^2=7$, $abc=\dfrac{1}{2}$일 때, $a^4+b^4+c^4$의 값을 구하시오.

수학은 다른 사물에 같은
이름을 붙이는 기술이다

-푸앵카레-

02 인수분해 (1)

익숙한 내용일수록 기본으로 돌아가자.

문제를 푸는 방법보다 왜 배워야 하는지를

납득하는 것이 더 중요하다.

하나의 식은 그보다 작은 식이 모여서

만들어진다고 볼 수 있다. 인수분해라는

것은 복잡한 하나의 식을 여러 개의

간단한 식의 곱으로 나타내는 것으로 식의

구성 요소를 찾는 것이라 생각해도 좋다.

무엇으로 구성되었는지

알아내면 다항식을 더 정확히,

깊이 이해할 수 있다.

1 인수분해

하나의 다항식을 두 개 이상의 인수의 곱으로 나타내는 것을 그 다항식을 인수분해한다고 한다.

$$x^2+3x+2 \underset{\text{전개}}{\overset{\text{인수분해}}{\rightleftarrows}} (x+2)(x+1)$$

곱을 이루는 각각의 다항식 $x+2$, $x+1$을 인수라고 한다.

예 $x-xy=\underbrace{x}_{\text{인수}}(1-y)$ ⟶ 인수 : x, $1-y$

예 $2a^2-4a=\underbrace{2a}_{\text{인수}}(a-2)$ ⟶ 인수 : 2, a, $a-2$

2 인수분해의 기본 공식

(1) $ma+mb=m(a+b)$

(2) $a^2+2ab+b^2=(a+b)^2$ ⎫
(3) $a^2-2ab+b^2=(a-b)^2$ ⎬ 완전제곱식을 이용한 인수분해

(4) $a^2-b^2=(a+b)(a-b)$ — 합, 차의 곱을 이용한 인수분해

(5) $x^2+(a+b)x+ab=(x+a)(x+b)$

(6) $acx^2+(ad+bc)x+bd=(ax+b)(cx+d)$

예 $5x^2-7x+2=(5x-2)(x-1)$

$$
\begin{array}{ccccc}
5x & & -2 & \rightarrow & -2x \\
 & \times & & & \\
x & & -1 & \rightarrow & -5x \\
\hline
 & & & & -7x
\end{array}
$$

예 $x^2-2xy-8y^2=(x-4y)(x+2y)$

$$
\begin{array}{ccccc}
x & & -4y & \rightarrow & -4xy \\
 & \times & & & \\
x & & +2y & \rightarrow & +2xy \\
\hline
 & & & & -2xy
\end{array}
$$

👉 확인문제

1 다음 식의 공통인수를 구하시오.

(1) $ax+bx$

(2) a^2b-3ab^2

(3) $4x^2y+6xy$

(4) $ay-by+cy$

(5) $10x+5y-15z$

(6) $px-qx+3rx$

(7) $a^2bc+ab^2c-abc^2$

(8) x^2-7xy^2+x

2 다음 식을 인수분해하시오.

(1) $2x+6$

(2) $3a^2b-6ab$

(3) a^2+2a+1

(4) x^2-9y^2

(5) $x^2+6xy+8y^2$

(6) $x^2-5xy-14y^2$

(7) $4x^2+8x+3$

(8) $10y^2-6y-4$

3 복잡한 식의 인수분해

(1) 치환형

공통부분이 있는 다항식은 공통부분을 한 문자로 치환한다.

> **예** $3(x+y)^2-4(x+y)-15$ $\qquad x+y=A$
>
> $\quad =3A^2-4A-15$
>
> $\quad =(3A+5)(A-3)$
>
> $\quad =(3x+3y+5)(x+y-3)$

(2) 항이 4개인 식의 인수분해

① 공통인수가 드러나도록 2개의 항씩 묶는다.

② (3항)+(1항) 또는 (1항)+(3항)과 같이 3개의 항이 완전제곱식이면 A^2-B^2 꼴이 생기도록 묶는다.

> **예** $a^2-b^2+3a+3b$
>
> $\quad =(a^2-b^2)+3(a+b)$
>
> $\quad =(a+b)(a-b)+3(a+b)$
>
> $\quad =(a+b)(a-b+3)$

> **예** $x^2+2x+1-y^2$
>
> $\quad =(x^2+2x+1)-y^2$
>
> $\quad =(x+1)^2-y^2$
>
> $\quad =(x+y+1)(x-y+1)$

(3) 항이 5개 이상인 식의 인수분해

항이 5개 이상이고 문자가 2개 이상이면 한 문자에 대하여 내림차순으로 정리한 후 인수분해한다.

> **예** $x^2+xy-5x-2y+6=xy-2y+x^2-5x+6$
>
> $\qquad\qquad\qquad\qquad\quad =y(x-2)+(x-2)(x-3)$
>
> $\qquad\qquad\qquad\qquad\quad =(x-2)(x+y-3)$

확인문제

3 다항식 $(x^2-2x)(x^2-2x-4)-12$를 인수분해하시오.

4 다항식 $(2x+1)^2-(x-4)^2$을 인수분해하시오.

5 다음 식을 인수분해하시오.

(1) $ab-a-b+1$

(2) $a^2-b^2-5a+5b$

(3) $x^2+2xy+y^2+x+y-2$

(4) $x^2+xy-5x-3y+6$

01 **인수분해**의 **원리**와 **공식**

기본 원리 : 공통인수로 묶는다.

- $ap+bp-cp=p(a+b-c)$ (공통인수: p)
- $ax+ay+bx+by=(ax+ay)+(bx+by)$

$$=a(x+y)+b(x+y)=(a+b)(x+y)$$ (공통인수: $x+y$)

- $x^3y+x^2y+xy^2+xy=xy(x^2+x+y+1)$ (공통인수: xy)

$$(x+1)(x+2)=x^2+3x+2$$
풀어서 전개

$$x^2+3x+2=(x+1)(x+2)$$
묶어서 인수분해

인수분해 공식

01 $a^3+3a^2b+3ab^2+b^3$
$=(a+b)^3$

 예 $8a^3+12a^2b+6ab^2+b^3$
$=(2a)^3+3\cdot(2a)^2\cdot b+3\cdot2a\cdot b^2+b^3$
$=(2a+b)^3$

02 $a^3-3a^2b+3ab^2-b^3$
$=(a-b)^3$

예 $27a^3-54a^2b+36ab^2-8b^3$
$=(3a)^3-3\cdot(3a)^2\cdot2b+3\cdot3a\cdot(2b)^2-(2b)^3$
$=(3a-2b)^3$

03 $a^3+b^3+c^3-3abc$
$=(a+b+c)\times$
$(a^2+b^2+c^2-ab-bc-ca)$

예 $8a^3+b^3+64c^3-24abc$
$=(2a)^3+b^3+(4c)^3-3\cdot2a\cdot b\cdot4c$
$=(2a+b+4c)\{(2a)^2+b^2+(4c)^2-2a\cdot b-b\cdot4c-4c\cdot2a\}$
$=(2a+b+4c)(4a^2+b^2+16c^2-2ab-4bc-8ca)$

04 $a^2+b^2+c^2+2ab+2bc+2ca$
$=(a+b+c)^2$

예 $4a^2+9b^2+c^2+12ab+6bc+4ca$
$=(2a)^2+(3b)^2+c^2+2\cdot2a\cdot3b+2\cdot3b\cdot c+2\cdot c\cdot2a$
$=(2a+3b+c)^2$

05 a^3+b^3
$=(a+b)(a^2-ab+b^2)$

예 $a^3+27b^3=a^3+(3b)^3$
$=(a+3b)\{a^2-a\cdot3b+(3b)^2\}$
$=(a+3b)(a^2-3ab+9b^2)$

06 a^3-b^3
$=(a-b)(a^2+ab+b^2)$

예 $8a^3-125b^3=(2a)^3-(5b)^3$
$=(2a-5b)\{(2a)^2+2a\cdot5b+(5b)^2\}$
$=(2a-5b)(4a^2+10ab+25b^2)$

07 $a^4+a^2b^2+b^4$
$=(a^2+ab+b^2)(a^2-ab+b^2)$

예 $16a^4+36a^2b^2+81b^4$
$=(2a)^4+(2a)^2\cdot(3b)^2+(3b)^4$
$=\{(2a)^2+2a\cdot3b+(3b)^2\}\{(2a)^2-2a\cdot3b+(3b)^2\}$
$=(4a^2+6ab+9b^2)(4a^2-6ab+9b^2)$

인수분해를 빠르고 쉽게 하기 위해 공식을 사용하는 것이지만 이 공식도 '공통인수로 묶는다'는 원리를 통해 나온 것이다.
다음 페이지의 문제에서 확인해 보자.

[0124~0126] 다음 식의 공통인수를 쓰고 인수분해하시오.

0124
a^3+3a^2b

0125
$(a-b)p+(a-b)q$

0126
$a^2(x-y)+a(y-x)$

[0127~0131] 다음은 인수분해 공식을 공통인수로 묶어 증명하는 과정이다. 빈칸에 알맞은 것을 구하시오.

0127
$a^2+b^2+c^2+2ab+2bc+2ca$
$=a^2+b^2+c^2+ab+ab+bc+bc+ca+ca$
$=(a^2+ab+ca)+(b^2+ab+bc)+(c^2+bc+ca)$
$=a(\boxed{(가)})+b(\boxed{(가)})+c(\boxed{(가)})=(\boxed{(가)})(\boxed{(나)})$
$=(a+b+c)^2$

0128
$a^3+3a^2b+3ab^2+b^3$
$=(a^3+a^2b)+(2a^2b+2ab^2)+(ab^2+b^3)$
$=a^2(\boxed{(가)})+2ab(\boxed{(가)})+b^2(\boxed{(가)})$
$=(\boxed{(가)})(\boxed{(나)})=(\boxed{(가)})(\boxed{(다)})^2$
$=(a+b)^3$

0129
$a^3-3a^2b+3ab^2-b^3$
$=(a^3-a^2b)+(\boxed{(가)})+(ab^2-b^3)$
$=a^2(\boxed{(나)})-2ab(\boxed{(나)})+b^2(\boxed{(나)})$
$=(\boxed{(나)})(a^2-2ab+b^2)=(\boxed{(나)})(\boxed{(다)})^2$
$=(a-b)^3$

0130
$a^3-b^3=\boxed{\quad (가) \quad}=(a-b)(\boxed{(나)})$

0131
$a^3+b^3=\boxed{\quad (가) \quad}=(a+b)(\boxed{(나)})$

[0132~0144] 인수분해 공식을 이용하여 다음 식을 인수분해하시오.

0132
$a^2+9b^2+c^2+6ab+6bc+2ca$

0133
$x^2+4y^2+9z^2+4xy-12yz-6zx$

0134
$x^2+y^2+2xy+4x+4y+4$

0135
$x^3+12x^2+48x+64$

0136
$x^3+6x^2y+12xy^2+8y^3$

0137
$x^3-9x^2+27x-27$

0138
$8x^3-12x^2y+6xy^2-y^3$

0139
$125a^3+27b^3$

0140
$2x^3+16$

0141
$8a^3-27b^3$

0142
$64x^3-8$

0143
$a^3+b^3+8c^3-6abc$

0144
$x^3+y^3+9xy-27$

복잡한 식의 인수분해

공통인수로 묶거나 공식을 이용해도 인수분해가 잘 되지 않는 다항식들이 있다. 이렇게 복잡한 다항식은 다음과 같은 방법으로 인수분해할 수 있다.

01 치환하여 인수분해하기

> 치환 : 식의 일부분을 간단한 문자로 바꾸는 것

1 식에서 반복되는 부분을 치환한다.

⇒ 식이 간단해지고 인수분해할 것이 보인다.

예 $(x^2+1)^2-2(x^2+1)-15$

$\downarrow t=x^2+1$ (치환)

$=t^2-2t-15$

$=(t-5)(t+3)$

$\downarrow$ 원래 문자로 되돌림

$=(x^2-4)(x^2+4)$

$\downarrow$ 추가 인수분해

$=(x-2)(x+2)(x^2+4)$

2 반복 부분을 만들어서 치환하기

⇒ 같은 부분이 생기도록 묶어서 전개하다.

예 $(x+1)(x-2)(x+3)(x-4)+24$

$=\underset{t}{(x^2-x-2)}\underset{t}{(x^2-x-12)}+24$

$\downarrow$ 치환하고 인수분해

$=(t-2)(t-12)+24$

$=t^2-14t+48$

$=(t-6)(t-8)$

$\downarrow$ 원래 문자로 되돌림

$=(x^2-x-6)(x^2-x-8)$

$\downarrow$ 추가 인수분해

$=(x+2)(x-3)(x^2-x-8)$

02 복이차식의 인수분해

> 복이차식 : 항의 차수가 모두 짝수인 식
> ax^4+bx^2+c의 꼴은 x^2을 치환하자.

1 치환하면 바로 인수분해될 때

예 x^4-6x^2+8

$=(x^2)^2-6x^2+8$

$\downarrow x^2=t$로 치환

$=t^2-6t+8$

$\downarrow$ 인수분해

$=(t-2)(t-4)$

$\downarrow$ 원래 문자로 되돌림

$=(x^2-2)(x^2-4)$

$\downarrow$ 추가 인수분해

$=(x^2-2)(x+2)(x-2)$

2 바로 안되면? 적당히 더하고 빼자.

예 x^4+3x^2+4

$=(x^2)^2+3x^2+4$

$\downarrow x^2=t$로 치환

$=t^2+3t+4$

$\downarrow$ 완전제곱식이 되도록 더하고 뺀다.

$=t^2+4t+4-t$

$=(t+2)^2-t$

$\downarrow$ 원래 문자로 되돌림

$=(x^2+2)^2-x^2$

$\downarrow$ 합차 공식으로 인수분해

$=(x^2+2+x)(x^2+2-x)$

$=(x^2+x+2)(x^2-x+2)$

03 여러 종류의 문자가 있는 식

식을 한 문자를 기준으로 내림차순으로 정렬하고 나머지 문자는 계수로 생각하고 인수분해!
↳ 차수가 낮은 문자를 기준으로 잡는 것이 좋다.

예1 $x^2+xy-2y^2-x-5y-2$

↓ x차수 2, y차수 2로 같을 때는 아무거나
x에 대한 내림차순으로 정렬

$=x^2+xy-x-2y^2-5y-2$

↓

$=x^2+(y-1)x-(2y^2+5y+2)$

↓ 인수분해

$=x^2+(y-1)x-(y+2)(2y+1)$

$1 \quad\nearrow\quad -y-2$
$1 \quad\searrow\quad 2y+1$

y를 계수로 생각하고,
곱해서 $-(y+2)(2y+1)$, 더해서 $y-1$이 되게!

$=(x-y-2)(x+2y+1)$

예2 $a^2b+ab^2+b^2c+bc^2+c^2a+ca^2+2abc$

↓ a에 대한 내림차순으로 정렬

$=(b+c)a^2+(b^2+2bc+c^2)a+b^2c+bc^2$

완전제곱식 ↓ 공통인수 ↓

$=(b+c)a^2+(b+c)^2a+bc(b+c)$

↓ 공통인수로 인수분해

$=(b+c)\{a^2+(b+c)a+bc\}$

$a \quad\searrow\quad b$
$a \quad\nearrow\quad c$

b, c를 계수로 보고 인수분해

$=(b+c)(a+b)(a+c)$
$=(a+b)(b+c)(c+a)$

0145

식의 일부분을 간단한 문자로 바꾸는 것을 [   ]이라 한다.

0146

다음 식을 보고 물음에 답하시오.

$$(x^2+1)^2-2(x^2+1)-15$$

(1) 반복되는 부분의 식을 쓰시오.

(2) 반복되는 식을 t로 치환한 식을 쓰시오.

(3) 치환한 식을 인수분해하시오.

(4) t를 원래의 식으로 바꾸고 인수분해를 마무리하시오.

0147

다음 식을 보고 물음에 답하시오.

$$(x+1)(x-2)(x+3)(x-4)+24$$

(1) 반복되는 부분이 생기도록 2개씩 묶어 전개하시오.

(2) 반복되는 식을 t로 치환한 식을 쓰시오.

(3) 치환한 식을 인수분해하시오.

(4) t를 원래의 식으로 바꾸고 인수분해를 마무리하시오.

0148

다음 식을 보고 물음에 답하시오.

$$x^4-x^2-6$$

(1) x^2을 t로 치환하여 인수분해하시오.

(2) t를 원래의 식으로 바꾸고 인수분해를 마무리하시오.

0149

다음 식을 보고 물음에 답하시오.

$$2x^4-3x^2+1$$

(1) x^2을 t로 치환하여 인수분해하시오.

(2) t를 원래의 식으로 바꾸고 인수분해를 마무리하시오.

0150

다음 식을 보고 물음에 답하시오.

$$x^4+3x^2+4$$

(1) x^2을 t로 치환하고 식의 일부가 완전제곱식이 되도록 변형하시오.

(2) t를 원래의 식으로 바꾸고 인수분해를 마무리하시오.

0151

다음은 인수분해 공식

$$a^4+a^2b^2+b^4=(a^2+ab+b^2)(a^2-ab+b^2)$$

을 증명하는 과정이다. (개)~(래)에 알맞은 것을 구하시오.

좌변의 일부가 완전제곱식이 되도록 $\boxed{\text{(가)}}$ 를 더하고 빼면

$$a^4+\boxed{\text{(나)}}+b^4-\boxed{\text{(가)}}$$
$$=(\boxed{\text{(다)}})^2-(\boxed{\text{(라)}})^2$$
$$=(a^2+ab+b^2)(a^2-ab+b^2)$$

0152

다음 식을 보고 물음에 답하시오.

$$x^2+xy-2y^2-x-5y-2$$

(1) 식을 x에 대하여 내림차순으로 정렬하시오.

(2) 합과 곱을 맞춰서 인수분해하시오.

 **Trendy**

Style **01** 공식을 이용한 인수분해 (1)

0153

두 식 $x^3+6x^2+12x+8=\{f(x)\}^3$,

$x^3-9x^2+27x-27=\{g(x)\}^3$이 성립할 때, 두 일차식 $f(x)$, $g(x)$에 대하여 $f(1)+g(1)$의 값은?

① 1   ② 2   ③ 3

④ 4   ⑤ 5

0154

다음 중 $x^6+3x^4y^2+3x^2y^4+y^6$을 바르게 인수분해한 식은?

① $(x+y)^6$ ② $(x-y)^6$

③ $(x+y)^3(x-y)^3$ ④ $(x^2+y^2)^3$

⑤ $(x^3+y^3)^2$

0155

다음 중 $x^6-3x^4y^2+3x^2y^4-y^6$을 바르게 인수분해한 식은?

① $(x+y)^6$ ② $(x-y)^6$

③ $(x+y)^3(x-y)^3$ ④ $(x^2+y^2)^3$

⑤ $(x^3+y^3)^2$

0156

$2x+3y=\sqrt{5}$일 때, $8x^3+36x^2y+54xy^2+27y^3$의 값은?

① $3\sqrt{3}$ ② 8   ③ $5\sqrt{5}$

④ $6\sqrt{5}$ ⑤ $7\sqrt{3}$

Style **02** 공식을 이용한 인수분해 (2)

0157

다음 중 x^3+1을 바르게 인수분해한 식은?

① $(x+1)(x^2-x+1)$ ② $(x+1)(x^2+x+1)$

③ $(x+1)(x^2-x-1)$ ④ $(x-1)(x^2+x+1)$

⑤ $(x-1)(x^2-x+1)$

0158

$x^3-1=(x-1)\times A$일 때, 다음 중 다항식 A로 옳은 것은?

① x^2+2x+1 ② x^2+x+1

③ x^2-x+1 ④ x^2-2x+1

⑤ x^2+x-1

0159

다음은 a^6-b^6을 인수분해하는 과정이다. ㈎, ㈏, ㈐에 알맞은 식을 차례로 나열한 것은?

$$a^6-b^6$$
$$=(a^3)^2-(b^3)^2=(\boxed{㈎})(a^3+b^3)$$
$$=(\boxed{㈏})(a^2+ab+b^2)(a+b)(\boxed{㈐})$$

	㈎	㈏	㈐
①	a^2-b^2	$a+b$	a^2+ab+b^2
②	a^3-b^3	$a+b$	a^2-ab+b^2
③	a^3-b^3	$a-b$	a^2-ab+b^2
④	a^3+b^3	$a-b$	a^2+ab+b^2
⑤	a^3-b^3	$a-b$	a^2+ab+b^2

0160

$x^3+p=(x+2)(x^2+qx+4)$일 때, $p+q$의 값은?

(단, p, q는 상수)

① 6   ② 7   ③ 8

④ 9   ⑤ 10

0161

다음 인수분해 과정에서 ㈎, ㈏, ㈐에 알맞은 수나 식을
차례로 나열한 것은?

$$9x^2+4y^2+12xy+30x+20y+25$$
$$=9x^2+4y^2+25+12xy+20y+30x$$
$$=(3x)^2+(\boxed{㈎}\,y)^2+5^2+2\cdot(3x)\cdot(\boxed{㈎})y$$
$$\quad+2\cdot2y\cdot(\boxed{㈏})+2\cdot3x\cdot5$$
$$=(\boxed{㈐})^2$$

	㈎	㈏	㈐
①	2	5	$3x+2y+5$
②	2	5	$3x-2y+5$
③	-2	5	$3x-2y+5$
④	1	3	$2x+5y+3$
⑤	2	3	$3x+2y+3$

0162

$a^2+b^2+4c^2-2ab-4bc+4ca=(a+pb+qc)^2$일 때,
pq의 값은? (단, p, q는 상수)

① -2 ② -1 ③ 0
④ 1 ⑤ 2

0163

$x^2+4y^2-4xy+2x-4y+1=(\boxed{㈎})^2$일 때, ㈎에 알맞
은 식은?

① $2x-y+1$ ② $2x-y+2$
③ $x+2y+2$ ④ $x-2y+1$
⑤ $x+2y-1$

0164

$2x^2+8y^2+18z^2+8xy+24yz+12zx=k(x+ay+bz)^2$
일 때, $k(a+b)$의 값은? (단, a, b, k는 상수)

① 8 ② 10 ③ 12
④ 14 ⑤ 16

0165

다음은 a^6-b^6의 인수분해 과정이다.

$$a^6-b^6$$
$$=(a^3)^2-(b^3)^2 \quad ㈎$$
$$=(a^3+b^3)(a^3-b^3) \quad ㈏$$
$$㈐ \qquad ㈑$$
$$=(a+b)(a^2-ab+b^2)(a-b)(a^2+ab+b^2)$$
$$=(a+b)(a-b)(a^2+ab+b^2)(a^2-ab+b^2)$$

㈎~㈑의 과정의 원리가 적용된 공식으로 옳지 않은 것은?

① ㈎: $(a^m)^n=a^{mn}$
② ㈏: $x^2-y^2=(x+y)(x-y)$
③ ㈏: $x^3-y^3=(x-y)(x^2+xy+y^2)$
④ ㈐: $x^3+y^3=(x+y)(x^2-xy+y^2)$
⑤ ㈑: $x^3-y^3=(x-y)(x^2+xy+y^2)$

모의고사 기출

0166

다음 중 $(x^2+x-4)^2-4$의 인수가 아닌 것은?

① $x-2$ ② $x-1$ ③ $x+1$
④ $x+2$ ⑤ $x+3$

Level up

0167

다음 중 $a^4+2a^3b-2ab^3-b^4$을 바르게 인수분해한 식은?

① $(a-b)^4$ ② $(a+b)(a-b)^3$
③ $(a+b)^2(a-b)^2$ ④ $(a+b)^3(a-b)$
⑤ $(a+b)^4$

Style 05 치환을 이용한 인수분해

0168

다음 중 $(x^2-x)^2-8(x^2-x)+12$의 인수가 아닌 것은?

① $x-3$ ② $x-2$ ③ $x-1$

④ $x+1$ ⑤ $x+2$

0169

$(x^2-2x)(x^2-2x-2)-3=(x+a)^2(x+b)(x+c)$일 때, abc의 값은? (단, a, b, c는 상수이고 $b>c$)

① -9 ② -3 ③ 1

④ 3 ⑤ 9

Level up

0170

$(x+1)(x+2)(x+3)(x+4)+1=(x^2+ax+b)^2$일 때, $a+b$의 값을 구하시오. (단, a, b는 상수)

Level up

0171

$x(x-2)(x-4)(x-6)+k=(x^2+ax+b)^2$일 때, $a+b+k$의 값은? (단, a, b, k는 상수)

① 10 ② 12 ③ 14

④ 16 ⑤ 18

0172

$(a+b)^2+2(a+b)(a-2b)-3(a-2b)^2$이 두 일차식으로 인수분해될 때, 이 두 일차식의 합은?

① $2a$ ② $6b$ ③ $a+2b$

④ $4a-2b$ ⑤ $4a+8b$

0173

x, y에 대한 등식

$$(x-2y)^2+2(x-2y)(2x+y)+4x^2+4xy+y^2$$
$$=(ax+by)^2$$

이 성립하도록 하는 상수 a, b에 대하여 $a+b$의 값은?

① 1 ② 2 ③ 3

④ 4 ⑤ 5

Style 06 복이차식의 인수분해

0174

다음 중 x^4-10x^2+9의 인수가 아닌 것은?

① $x+1$ ② $x-3$ ③ x^2+1

④ x^2-1 ⑤ x^2+2x-3

0175

$3x^4+x^2-4=(x+a)(x+b)(cx^2+d)$일 때, $abcd$의 값은? (단, a, b, c, d는 상수이고 $a>b$)

① -24 ② -12 ③ 1

④ 12 ⑤ 24

0176

x^4+5x^2+9가 두 이차식으로 인수분해될 때, 이 두 이차식의 합은?

① $2x^2+6$ ② x^2+3 ③ $2x^2-6$

④ $2x^2+2x+6$ ⑤ $2x^2$

Level up

0177

x^4-3x^2+9를 인수분해하시오.

Style 07 여러 문자가 있는 식의 인수분해

0178

$x^2+2xy-3y^2-x-7y-2$가 두 일차식으로 인수분해될 때, 이 두 일차식의 합은?

① $2x+2y+1$ ② $2x+2y-1$

③ $x+2y+2$ ④ $2x-y-1$

⑤ $2x+y+1$

0179

$x^2+3xy+2y^2-2x-5y-3=(x+y+a)(x+by+1)$

일 때, a^2+b^2의 값은? (단, a, b는 상수)

① 5 ② 10 ③ 13

④ 20 ⑤ 25

0180

$x^2-2y^2-xy+4x+y+3$을 인수분해하시오.

0181

$2x^2+7xy+3y^2+3x-y-2$
$$=(ax+by+c)(a'x+b'y+c')$$

이 성립할 때, 다음 연립방정식의 해를 구하시오.

$$\begin{cases} ax+by+c=0 \\ a'x+b'y+c'=0 \end{cases}$$

0182

다음 중 $a^2+bc+ab-c^2$을 바르게 인수분해한 식은?

① $(a+c)(a+b-c)$

② $(a+c)(a-b-c)$

③ $(a-c)(a+b-c)$

④ $(a+b)(a+b+c)$

⑤ $(c-a)(a-b+c)$

Level up

0183

다음 중 $a^2b+ab^2+b^2c+bc^2+c^2a+ca^2+2abc$를 바르게 인수분해한 식은?

① $(a-b)(b-c)(c-a)$

② $(a+b)(b+c)(c-a)$

③ $(a-b)(b+c)(a-c)$

④ $(a+b)(b+c)(c+a)$

⑤ $(a-b)(b-c)(a+c)$

Style 08 **인수분해의 활용 : 수를 쉽게 계산하기**

0184

$a^3-3a^2b+3ab^2-b^3=(a-b)^3$을 이용하여
$13^3-9\times13^2+27\times13-27$의 값을 구하시오.

0185

$10^2-9^2+8^2-7^2+6^2-5^2+4^2-3^2+2^2-1^2$을 계산한 값은?

① 50　　　　② 55　　　　③ 60

④ 65　　　　⑤ 70

0186

$\dfrac{101^3-1}{101\times102+1}$을 계산한 값을 구하시오.

0187

$\sqrt{10\times11\times12\times13+1}-1$의 값을 계산하려고 한다. 다음 물음에 답하시오.

⑴ $x=10$으로 치환하여 식을 쓰고 정리하시오.

⑵ 식의 값을 구하시오.

0188

$a=\dfrac{4}{3}$일 때, $27a^3-27a^2+9a-1$의 값은?

① 1   ② 8   ③ 27

④ 64   ⑤ 125

Level up

0189

세 실수 a, b, c에 대하여

$4a^2+9b^2+c^2+12ab-6bc-4ca=0$일 때,

$c=pa+qb$가 성립한다. pq보다 작은 자연수의 개수는?

① 3   ② 4   ③ 5

④ 6   ⑤ 7

0190

x^6-1을 인수분해하시오.

0191

다음 중 $(x+1)^2(x-1)(x+3)+4$를 바르게 인수분해
한 식은?

① $(x+1)^2(x-1)(x-3)$

② $(x+1)(x-1)^3$

③ $(x-1)^2(x+1)(x-3)$

④ $(x-1)^4$

⑤ $(x^2+2x-1)^2$

0192

$x^4-25x^2+144=(x+a)(x+b)(x+c)(x+d)$일 때,
$ac+bd$의 값은?

(단, a, b, c, d는 상수이고 $a<b<c<d$)

① -96 ② -24 ③ 12

④ 48   ⑤ 144

0193

두 다항식 A, B에 대하여 $4x^4+3x^2+1=A\times B$일 때,
다음 중 $A-B$가 될 수 있는 것을 모두 고르면?

(정답 2개)

① $-2x$ ② $2x$ ③ $4x$

④ $2x^2+1$ ⑤ $4x^2+2$

0194

$x^2+4xy+4y^2-2x-4y+1=(x+ay+b)^2$일 때,
$x+ay+b=0$의 그래프와 x축, y축으로 둘러싸인 도형
의 넓이는? (단, a, b는 상수)

① $\dfrac{1}{2}$ ② $\dfrac{1}{4}$ ③ $\dfrac{1}{8}$

④ $\dfrac{1}{16}$ ⑤ $\dfrac{1}{32}$

0195

인수분해 공식을 이용하여 다음 식의 값을 구하면?

$$98^3+6\times98^2+12\times98+8$$

① 10^3 ② 10^4 ③ 10^5

④ 10^6 ⑤ 10^7

정답 및 해설 • 29쪽

0196

인수분해 공식을 이용하여 다음 식의 값을 구하면?

$$\dfrac{10^3+5^3}{10^2-5^2}$$

① 10   ② 15   ③ 20

④ 25   ⑤ 30

0197

$(a+b)^3+(a-b)^3$을 인수분해하시오.

0198

$a^2(b-c)+b^2(c-a)+c^2(a-b)$를 인수분해하시오.

0199

다음은 복이차식의 인수분해 과정이다.

$$4a^4+81b^4$$
$$=(2a^2)^2+(9b^2)^2$$
$$=(2a^2)^2+(\boxed{\text{(가)}})+(9b^2)^2+(\boxed{\text{(나)}})$$
$$=(\boxed{\text{(다)}})^2+(\boxed{\text{(나)}})$$
$$=(2a^2+6ab+9b^2)(\boxed{\text{(라)}})$$

(가), (나), (다), (라)에 알맞은 것을 구하시오.

0200

$\triangle ABC$의 세 변의 길이가 $\overline{AB}=c$, $\overline{BC}=a$, $\overline{CA}=b$이고 $a^3-a^2b+ab^2-c^2a-b^3+bc^2=0$을 만족시킬 때, $\triangle ABC$는 어떤 삼각형인가? (단, $a<b<c$)

① $a=b$인 이등변삼각형

② $b=c$인 이등변삼각형

③ $a=b=c$인 정삼각형

④ $\angle C=90°$인 직각삼각형

⑤ $\angle A=90°$인 직각삼각형

수학은 지극히 뻔한 사실을,
전혀 뻔하지 않게
증명하는 것으로 이루어진다

-조지 폴리아-

03 다항식의 나눗셈과 항등식, 나머지정리

다항식끼리 곱할 수 있다면 반대로 나눌 수도 있다.
이 단원에서는 다항식끼리 나누는 방법과
이를 이용하여 나눗셈의 관계식을 세우는
방법을 배운다.
다항식의 나눗셈은 항등식이라는 개념과 연결이 되고
이를 응용한 나머지정리로 이어진다.

01 다항식의 나눗셈 (다항식÷다항식): 기본

다항식끼리 곱할 수 있다면 나눌 수도 있다. 다음 방법을 기억하자.

> 나눌 식, 나누는 식 모두 내림차순으로 정렬한다.

> 수의 나눗셈과 같은 틀로 쓴다.
>
> 몫
> 나누는 식) 나눌 식

> (나누는 식의 최고차항)과 (나눌 식의 최고차항)이 같아 지도록 몫을 만들어 뺀다.

아래의 예를 보면 자연수의 나눗셈과 비슷하다는 것을 알 수 있다.

예1 $(2x^3+x^2-3x+4)\div(x-2)$

최고차항이 같아지도록 몫을 만들어 곱하자.

$$\begin{array}{r}
① \quad ② \quad ③ \\
2x^2+5x+7 \\
x-2 \overline{)\ 2x^3+x^2-3x+4} \quad \rightarrow \text{내림차순}\\
\underline{2x^3-4x^2} \quad \leftarrow ①\ 2x^2\times(x-2)\\
5x^2-3x \\
\underline{5x^2-10x} \quad \leftarrow ②\ 5x\times(x-2)\\
7x+4 \\
\underline{7x-14} \quad \leftarrow ③\ 7\times(x-2)\\
18
\end{array}$$

① 2x²×(x−2) 빼다
② 5x×(x−2) 빼다
③ 7×(x−2) 빼다

남은 식의 차수가 나누는 식보다 더 낮아서 더 이상 나눌 수가 없으므로 나머지가 된다.

몫: $2x^2+5x+7$,
나머지: 18

예2 $(4x^3-4x^2-7x+4)\div(2x^2-x+1)$

$$\begin{array}{r}
2x-1 \\
2x^2-x+1 \overline{)\ 4x^3-4x^2-7x+4}\\
\underline{4x^3-2x^2+2x}\\
-2x^2-9x+4\\
\underline{-2x^2+\ x-1}\\
-10x+5
\end{array}$$

몫: $2x-1$, 나머지: $-10x+5$

• 예로 공부한 내용을 정리해 보자.
  ① 최고차항이 같아지도록 몫의 항을 만든다.
  ② 나누는 식과 몫을 곱한 뒤에 뺀다.
  ③ 빼고 남은 식은 차수가 줄어든다.
  ④ 남은 식이 나누는 식의 차수보다 낮아질 때까지 반복한다.

다항식의 나눗셈을 계산한 뒤
나누는 식과 나머지의 차수를 비교해 보자.

항상 나머지의 차수가 작다!
• 일차식으로 나누면 나머지는 상수항
• 이차식으로 나누면 나머지는 일차식 또는 상수항
• 삼차식으로 나누면 나머지는 이차식 이하

> 나누는 식 차수 > 나머지 차수

나누는 식이 n차식이면
나머지의 차수는 $(n-1)$차식 이하이다.

02 **다항식**의 **나눗셈** (다항식÷다항식): 응용

다른 경우도 연습해 보자.

x^2-2x+3과 같이 차수별로 항이 모두 있는 경우도 있지만 x^2+3과 같이 일부 차수의 항이 빠진 식도 있다.

이럴 때는 빠진 항의 자리를 비워 놓고 나누면 된다. 예를 통해 알아보자.

예1 $(-2x^3+5x^2-x+3)\div(x^2+2)$

$$
\begin{array}{r}
-2x+5 \\
x^2+\boxed{}+2\,)\overline{\,-2x^3+5x^2-\ x+3} \\
\underline{-2x^3\qquad -4x} \\
5x^2+3x+3 \\
\underline{5x^2\qquad +10} \\
3x-7
\end{array}
$$

일차항의 자리를
비워 둔다.

계산 방법은
동일

몫: $-2x+5$, 나머지: $3x-7$

예2 $(x^3+4x+4)\div(x^2+x+1)$

$$
\begin{array}{r}
x-1 \\
x^2+x+1\,)\overline{\,x^3+\boxed{}+4x+4} \\
\underline{x^3+x^2\ +\ x} \\
-x^2\ +3x+4 \\
\underline{-x^2\ -\ x-1} \\
4x+5
\end{array}
$$

이차항의 자리를
비워 둔다.

몫: $x-1$, 나머지: $4x+5$

03 **나눗셈**의 **관계식**

초등학교때 나눗셈을 제대로 했는지 검산식을 세워서 확인해 봤을 것이다.
나눗셈의 관계식은 다항식의 나눗셈의 검산식이라고 생각하면 된다.

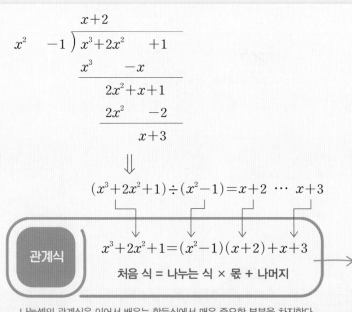

$$
\begin{array}{r}
x+2 \\
x^2\quad -1\,)\overline{\,x^3+2x^2\qquad +1} \\
\underline{x^3\qquad -x} \\
2x^2+x+1 \\
\underline{2x^2\qquad -2} \\
x+3
\end{array}
$$

$\Downarrow$

$(x^3+2x^2+1)\div(x^2-1)=x+2\ \cdots\ x+3$

관계식

$x^3+2x^2+1=(x^2-1)(x+2)+x+3$

처음 식 = 나누는 식 × 몫 + 나머지

나눗셈의 관계식은 이어서 배우는 항등식에서 매우 중요한 부분을 차지한다.
잘 정리하자.

수의 나눗셈

$$
\begin{array}{r}
17 \\
15\,)\overline{\,258} \\
\underline{15} \\
108 \\
\underline{105} \\
3
\end{array}
$$

$258\div15=\underset{몫}{17}\ \cdots\ \underset{나머지}{3}$

$\Downarrow$

검산식: $258=\underset{}{15}\times\underset{}{17}+\underset{}{3}$

처음 수 = 나누는 수 × 몫 + 나머지

수의 검산식과 마찬가지로 나눗셈의 관계식도
우변을 전개하면 처음 식과 같아진다.
$(x^2-1)(x+2)+x+3$
$=x^3+2x^2-x-2+x+3$
$=x^3+2x^2+1\ (처음\ 식)$

다항식 $f(x)$를 다항식 $g(x)$로 나눈 몫이 $Q(x)$, 나머지가 $R(x)$이면

$$f(x)=g(x)Q(x)+R(x)$$

($g(x)$의 차수 > $R(x)$의 차수)

[0201–0204] 다음 다항식의 나눗셈을 계산하고 몫과 나머지를 구하시오.

0201

$-x^2+2x+3 \overline{\smash{\big)}\ 2x^3-6x^2+x+3}$

0202

$2x+1 \overline{\smash{\big)}\ 4x^3-2x^2+6x+8}$

0203

$x^2\ \ +1 \overline{\smash{\big)}\ x^4\ \ +x^2\ \ +1}$

0204

$x-2 \overline{\smash{\big)}\ x^3-6x^2+12x-8}$

[0205–0208] 다음 다항식의 나눗셈을 계산하여 나눗셈의 관계식을 구하시오.

0205

$(x^3-x^2-2x+1)\div(x+2)$

0206

$(3x^3+2x^2+x-1)\div(x^2-2x+1)$

0207

$(2x^4-x^3+3x+4)\div(x^2+x)$

0208

$(x^4+x^2+1)\div(x^2-x+1)$

개념 C.O.D.I

04 조립제법: 다항식의 나눗셈 쉽게 하기

나누는 식이 일차식일 때에는 직접 나누는 것보다 조립제법을 쓰는 것이 편하다. 조립제법은 계수만 따로 써서 나누는 방법으로 다음과 같다.

조립제법으로 나누는 법

① 나눌 식을 내림차순으로 정렬한 뒤 각 항의 계수를 차례로 쓴다.
② 나누는 식(일차식)이 0이 되는 값을 구하여 계수의 왼쪽 옆에 쓴다.
③ 최고차항의 계수를 아래로 내린다.
④ 내린 수와 왼쪽 수를 곱하여 대각선 위로 돌린다.
⑤ 올린 수와 계수를 더해서 내린다.
⑥ 내린 수와 왼쪽 수를 곱하여 다시 올린다.
⑦ 이 과정을 반복한다.

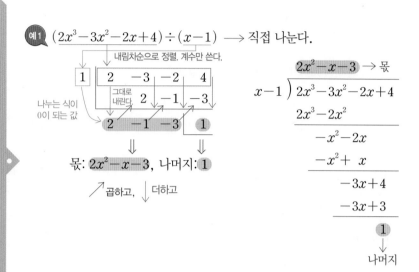

예1 $(2x^3-3x^2-2x+4)\div(x-1)$ → 직접 나눈다.

몫: $2x^2-x-3$, 나머지: 1

조립제법을 이용한 결과와 직접 나눈 결과가 같다는 것을 알 수 있다.

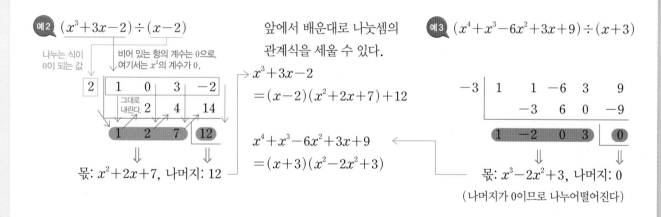

예2 $(x^3+3x-2)\div(x-2)$

몫: x^2+2x+7, 나머지: 12

앞에서 배운대로 나눗셈의 관계식을 세울 수 있다.

x^3+3x-2
$=(x-2)(x^2+2x+7)+12$

$x^4+x^3-6x^2+3x+9$
$=(x+3)(x^2-2x^2+3)$

예3 $(x^4+x^3-6x^2+3x+9)\div(x+3)$

몫: x^3-2x^2+3, 나머지: 0
(나머지가 0이므로 나누어떨어진다)

예4 익숙해지면 조립제법을 다항식의 나눗셈으로 바꿀 수도 있다.

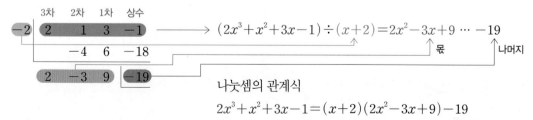

나눗셈의 관계식
$2x^3+x^2+3x-1=(x+2)(2x^2-3x+9)-19$

01 조립제법의 응용

조립제법은 x의 계수가 1인 일차식으로 나눌 때에만 쓸 수 있다. x의 계수가 1이 아닐 때 조립제법을 쓰면 실제로 나눌 때와 다른 결과과 나온다.

왜 이런 차이가 생길까?

조립제법은 계수가 1인 일차식으로 나눌 때 쓰도록 만들어졌기 때문이다. 즉, 옆의 조립제법은 $2x^2-6x+8$을 $2x-4$로 나눈 것이 아니라 $(2x^2-6x+8) \div (x-2)$를 계산한 것이다. 따라서 나눗셈의 결과도 당연히 달라진다. 그렇다면 x의 계수가 1이 아닐 경우 나눗셈을 할 때 조립제법을 쓸 수 없는 것일까? 나눗셈의 관계식을 변형하여 이 문제를 해결할 수 있다.

$(2x^2-6x+8) \div (2x-4)$를 계산해 보자.

<직접 나누기>

$$2x-4 \overline{\smash{)}\begin{array}{r} x-1 \\ 2x^2-6x+8 \\ \underline{2x^2-4x} \\ -2x+8 \\ \underline{-2x+4} \\ 4 \end{array}}$$

몫: $x-1$
나머지: 4

<조립제법 쓰기>

나누는 식이 0이 되는 값

$$\begin{array}{r|rrr} 2 & 2 & -6 & 8 \\ & & 4 & -4 \\ \hline & 2 & -2 & \boxed{4} \end{array}$$

몫: $2x-2=2(x-1)$
나머지: 4

$2x^2-6x+8$

$=(x-2)(2x-2)+4$

↓ 몫을 2로 묶기

$=(x-2) \times 2(x-1)+4$

$=2(x-2)(x-1)+4$

$=(2x-4)(x-1)+4$

조립제법으로 구한 식
① 나누는 식: $x-2$
② 몫: $2x-2$, 나머지: 4

바꾼 식
① 나누는 식: $2x-4$
② 몫: $x-1$, 나머지: 4

나누는 식의 x의 계수가 2이면 조립제법으로 계산한 몫이 실제로 계산한 몫보다 2배 커지는 것을 알 수 있다.
따라서 몫을 다음과 같이 조정해 줘야 한다.

$$\dfrac{2(x-1) \rightarrow \text{조립제법의 몫}}{2 \rightarrow x\text{의 계수}} \Rightarrow \begin{array}{l} x-1 \\ \text{정확한 몫} \end{array}$$

x의 계수가 1이 아니면 조립제법의 몫을 x의 계수로 나눠라.

이것을 일반화해 보자.

다항식 $f(x)$를 $x+\dfrac{b}{a}$로 나눈 몫이 $Q(x)$, 나머지가 r이면 다항식 $f(x)$를 $ax+b$로 나눈 몫은 $\dfrac{1}{a}Q(x)$, 나머지는 r이다.

→ 나머지는 같다.

$$f(x)=\left(x+\dfrac{b}{a}\right) \cdot Q(x)+r$$

$$=a\left(x+\dfrac{b}{a}\right) \cdot \dfrac{1}{a}Q(x)+r$$

$$=(ax+b)\left\{\dfrac{1}{a}Q(x)\right\}+r$$

[0209–0212] 다음 나눗셈을 조립제법을 이용하여 계산하고 몫과 나머지, 나눗셈의 관계식을 구하시오.

0209

$(2x^3-3x^2+x+2)\div(x+2)$

0210

$(x^4-5x^3+6x^2-x-1)\div(x-1)$

0211

$(x^4+3x+2)\div(x+3)$

0212

$(8x^3-8x^2+2x)\div\left(x-\dfrac{1}{2}\right)$

[0213–0214] 다음 나눗셈의 관계식이 성립하도록 빈칸에 알맞은 것을 구하시오.

0213

$$2x^2-3x+6=\left(x-\dfrac{1}{2}\right)(2x-2)+5$$
$$=2\left(x-\dfrac{1}{2}\right)\times\left\{\boxed{}(2x-2)\right\}+5$$
$$=(2x-1)\times\left(\boxed{}\right)+5$$

0214

$$x^3+\dfrac{1}{2}x^2+2x+3=\left(x+\dfrac{1}{2}\right)(x^2+2)+2$$
$$=(2x+1)\times\left(\boxed{}\right)+2$$

[0215–0216] 조립제법을 이용하여 다음 나눗셈을 계산하고 몫과 나머지를 구하시오.

0215

$(x^3+2x+1)\div(2x+4)$

0216

$(3x^3+2x^2-x+1)\div(3x-1)$

개념 C.O.D.I — 05 항등식과 방정식

등호(=)가 들어간 등식은 '왼쪽(좌변)과 오른쪽(우변)이 같다'는 의미를 가지고 있다. 미지수가 들어간 등식은 방정식과 항등식이 있다.

01 항등식 값을 가리지 않는 등식

항등식은 단어 그대로 해석하면 '항상 같은 식'이란 뜻이다. 즉, 항등식이란

- 미지수의 값에 관계없이 항상 성립하는 식
- 미지수에 어떤 값을 대입해도 「좌변＝우변」인 식

$$x^2 - 5x + 6 = (x-2)(x-3)$$

<좌변>   <우변>

$x=2$: $(4-10+6=0) = (0 \cdot (-1) = 0)$: 같다

$x=1$: $(1-5+6=2) = ((-1) \cdot (-2) = 2)$: 같다

$\vdots$

※ 어떤 값을 대입해도 양변의 값이 같아진다.
  ⇒ 해를 구할 필요가 없다.

※ 우변을 전개하면 좌변의 식과 같다.

02 방정식 값을 가리는 등식

방정식은 '항상 같지' 않다. 미지수에 대입하는 값에 따라 성립할 때도 성립하지 않을 때도 있다.
즉, 방정식이란

- 미지수의 값에 따라 식의 참과 거짓이 달라지는 등식
- 미지수에 알맞은 값을 대입할 때에만 「좌변＝우변」이 성립하는 식

$$x^2 - 2x = 3$$

<좌변>   <우변>

$x=1$: $(1-2=-1) \neq (3)$: 같지 않다

$x=3$: $(9-6=3) \;\; = (3)$: 같다

※ 등식이 성립하는 값이 정해져 있고, 그 값을 해라고 한다.
  ⇒ 해를 찾는 것이 중요하다.

03 항등식의 표현 항상, 임의의, 모든, 관계없이

항등식을 뜻하는 표현은 다양하지만 잘 읽어보면 두 가지 내용이 들어가 있다.

① 기준 문자 지정: ~에 대하여

- x에 대하여: x를 기준으로 하는 항등식
- x, y에 대한: x, y가 기준인 항등식

② 항등식임을 나타내기

- **항상** 성립할 때
- **임의의/모든** 실수에 대하여   ⇒ 이런 표현이 있으면 항등식
- x의 값에 **관계없이**

위의 말들은 '어떤 값을 대입해도 성립한다.'는 의미를 다르게 표현한 것이다.

예 x, y에 대한 다항식이 모든 실수에 대하여
   성립할 때
   ⇒ x와 y에 어떤 값을 대입해도 성립
   ⇒ x, y에 대한 항등식

04 항등식의 성질

① 문자(미지수)에 어떤 값을 대입해도 등식이 성립

미지수에 0, 1, 2, …, 100, …, -1, -2 등 어떤 수를 대입해서 계산해도 식이 참이 된다는 것을 기억하자.

항등식에 적절한 값을 대입하면 식이 간단해지면서 원하는 결과를 쉽게 찾을 수 있다.

② 식을 정리하면 양변의 식이 일치

$$(좌변의 식) = (우변의 식)$$

항등식이 되기 위해서는 결국 양변의 식이 같아야 한다.

$$x^2 - 4 = (x+2)(x-2)$$

와 같이 우변을 전개하거나 좌변을 인수분해하면 식이 서로 같아진다.

양쪽의 식이 같으므로 어떤 값을 대입해도 성립하게 된다.

개념 C.O.D.I 06 미정계수법

미정계수법은 항등식에서 값을 모르는 계수를 구하는 방법이다.
항등식의 두 가지 성질을 이용하면 미정계수의 값을 구할 수 있다.

01 계수비교법 항등식은 양변의 식이 일치

항등식을 정리하고 동류항의 계수끼리 비교하여 미정계수를 구하는 방법

식의 양변을 전개하고 정리하여 동류항끼리 비교한다.

 예

$ax^2+bx+c=(x-2)(x+4)$가 x에 대한 항등식이면 x가 문자이고 a, b, c는 미정계수이므로 우변을 전개하여 비교한다.

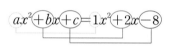

$$ax^2+bx+c=1x^2+2x-8$$

$$a=1,\ b=2,\ c=-8$$

02 수치대입법 항등식에는 어떤 값을 대입해도 성립

미지수에 여러 값을 대입하여 미정계수를 구하는 방법

적당한 값을 대입하여 미정계수를 소거, 연립하여 푼다.

 예

모든 실수 x에 대하여

$a(x-1)+b(x-4)=2x+1$이 성립할 때

(ⅰ) $x=3$을 대입: $2a-b=7$

  $x=5$를 대입: $4a+b=11$

  두 식을 연립하여 풀면 $a=3$, $b=-1$

(ⅱ) $x=4$를 대입: $3a=9$에서 $a=3$

  $x=1$을 대입: $-3b=3$에서 $b=-1$

(식의 일부분이 0이 되는 값을 대입하면 계산이 편하다.)

개념 C.O.D.I 07 미정계수의 성질

주어진 식들이 x, y에 대한 항등식이면 다음이 성립한다.

01 $ax+b=a'x+b \longrightarrow a=a'$, $b=b'$

예 $(a-2)x+b+1=x-2$가 항등식이면 $a=3$, $b=-3$

02 $ax+b=0 \xrightarrow{ax+b=0\cdot x+0} a=0$, $b=0$

예 $(a+1)x+b-2=0$이 항등식이면 $a=-1$, $b=2$

03 $ax+by+c=a'x+b'y+c' \longrightarrow a=a'$, $b=b'$, $c=c'$

예 $ax-y+c+1=2x+(b-2)y+1$이 항등식이면

$a=2$, $b=1$, $c=0$

04 $ax+by+c=0 \xrightarrow{ax+by+c=0\cdot x+0\cdot y+0} a=0$, $b=0$, $c=0$

예 $(a+2)x+(b-3)y+c=0$이 항등식이면

$a=-2$, $b=3$, $c=0$

05 $ax^2+bx+c=a'x^2+b'x+c' \longrightarrow a=a'$, $b=b'$, $c=c'$

예 $(a-1)x^2+2bx+3c=x^2+4x+9$가 항등식이면

$a=2$, $b=2$, $c=3$

06 $ax^2+bx+c=0 \xrightarrow{ax^2+bx+c=0\cdot x^2+0\cdot x+0} a=0$, $b=0$, $c=0$

예 $(a+1)x^2+(b+2)x+c-4=0$이 항등식이면

$a=-1$, $b=-2$, $c=4$

좌변과 우변을 비교할 수도 있지만 '미지수가 어떤 값이어도 성립한다'는 항등식의 기본 성질을 이용해도 증명할 수 있다.

01 $ax+b=a'x+b'$

$x=0$을 대입: $0\cdot a+b=0\cdot a'+b'$이므로

$$b=b'$$

$x=1$을 대입: $a+b=a'+b'$이므로

$$a=a'$$

06 $ax^2+bx+c=0$

$x=0$을 대입: $0\cdot a+0\cdot b+c=0$에서

$$c=0$$

$x=2$를 대입: $4a+2b=0$에서

$$2a+b=0 \qquad \cdots \text{㉠}$$

$x=1$을 대입: $a+b=0 \qquad \cdots \text{㉡}$

㉠, ㉡을 연립하여 풀면 $a=0$, $b=0$

02~05의 항등식도 같은 방법으로 증명할 수 있으니 확인해 보자.

※ 삼차, 사차 등의 항등식에서도 성립한다.

0217
미지수의 값에 따라 참, 거짓이 달라지는 등식을
[   ]이라고 한다.

0218
미지수의 값에 관계없이 항상 참이 되는 등식을
[   ]이라고 한다.

[0219–0224] 다음 식이 항등식이면 ○, 항등식이 아니면 ×로 표시하시오.

0219
$x=1$ (   )

0220
$(x+2)(x-3)=0$ (   )

0221
$x^2-9=(x+3)(x-3)$ (   )

0222
$x^2+8x+13=(x+3)(x+5)-2$ (   )

0223
$3x+6y=2$ (   )

0224
$2x+3y+1=2(x-1)+3(y+1)$ (   )

0225
미정계수법 중에서 동류항의 계수를 비교하는 방법을
[   ], 적당한 수를 대입하여 구하는 방법을
[   ]이라 한다.

[0226–0235] 다음 x, y에 대한 항등식의 미정계수를 구하시오.

0226
$6x-2=ax+b$

0227
$2x^2+3x+1=ax^2+bx+c$

0228
$x^2+ax+3=bx^2-2x+c$

0229
$ax^2+bx+1=x^2+c$

0230
$x^3+ax^2+bx+c=(x-2)^3+4$

0231
$2x-3y+1=ax+by+c$

0232
$(a-1)x^2+(b+4)x+c=0$

0233
$ax+(b+1)y+c-2=0$

0234
$x^2+ax+b=(x-2)(x-3)$

0235
$x^3+ax^2+bx+c=(x-1)(x-2)(x-3)+2$

08 항등식과 나눗셈의 관계식

> 다항식 $f(x)$를 $x-a$로 나눈 몫이 $Q(x)$, 나머지가 r일 때, 나눗셈의 관계식은 $f(x)=(x-a)Q(x)+r$이다. 이 '나눗셈의 관계식'이 바로 항등식이다.

다항식의 나눗셈
$(x^3-x^2-2x+1) \div (x-2)$

조립제법을 이용해서 계산하면

$$
\begin{array}{r|rrrr}
2 & 1 & -1 & -2 & 1 \\
  &   & 2 & 2 & 0 \\
\hline
  & 1 & 1 & 0 & \,1\, \\
\end{array}
$$

몫: x^2+x, 나머지: 1

나눗셈의 관계식
x^3-x^2-2x+1
$=(x-2)(x^2+x)+1$

우변을 전개하여 정리하면
$(x-2)(x^2+x)+1$
$\qquad\qquad =x^3-x^2-2x+1$
이므로 좌변과 우변의 식이 일치한다. 양쪽의 식이 같으므로 미지수에 관계 없이 성립하는 항등식인 것이다.

나눗셈의 관계식도 항등식이므로 어떤 값을 대입해도 성립한다.
(좌변＝우변)

x^3-x^2-2x+1
$=(x-2)(x^2+x)+1$

        ＜좌변＞   ＜우변＞
- $x=1$을 대입: $\quad-1\qquad\quad-1$
- $x=2$를 대입: $\quad\ 1\qquad\qquad 1$
- $x=3$을 대입: $\quad 13\qquad\quad 13$

이 외에 다른 값을 대입해도 성립함을 알 수 있다.

09 나머지정리

> 나머지정리는 말 그대로 나머지를 구하는 원리이다. 정확히는 '일차식으로 나눈 나머지'를 구하는 것인데 항등식의 성질을 이용한다.

다항식을 일차식으로 나눈 나머지는 상수항이므로 조건에 맞게 나눗셈의 관계식만 세우면 직접 나누거나 조립제법을 쓰지 않고도 구할 수 있다.

예1 $f(x)=(x-1)Q_1(x)+r_1$
- $f(x)$를 $x-1$로 나눈 몫이 $Q_1(x)$, 나머지는 r_1
- 이 식은 항등식이므로 $x=1$을 대입하면
  $f(1)=r_1 \Rightarrow r_1$(나머지)은 $f(x)$에 1을 대입한 값

예2 $f(x)=(x+2)Q_2(x)+r_2$
- $f(x)$를 $x+2$로 나눈 몫이 $Q_2(x)$, 나머지는 r_2
- 이 식은 항등식이므로 $x=-2$를 대입하면
  $f(-2)=r_2 \Rightarrow r_2$(나머지)는 $f(x)$에 -2를 대입한 값

예3 x^3-x^2-2x+1을 $x-2$로 나눈 나머지 구하기
- 몫과 나머지를 구하지 말고 각각 $Q(x)$, r로 두자.
- 관계식을 세우자.

  $x^3-x^2-2x+1=(x-2)Q(x)+r$

  $x=2$를 대입: $8-4-4+1=0 \cdot Q(2)+r \Rightarrow r=1$
  즉, x^3-x^2-2x+1을 $x-2$로 나눈 나머지는 1이다.

다항식 $f(x)$를
① $x+1$로 나눈 나머지 : $f(-1)$ ← 식에 -1을 대입
② x로 나눈 나머지 : $f(0)$ ← 식에 0을 대입
③ $x-\dfrac{1}{2}$로 나눈 나머지 : $f\left(\dfrac{1}{2}\right)$ ← 식에 $\dfrac{1}{2}$을 대입
                       $\vdots$

이를 정리해 보자.
$f(x)$를 $x-a$로 나눈 몫을 $Q(x)$, 나머지를 r라 하면
$f(x)=(x-a)Q(x)+r$ $x=a$ 대입
$f(a)=(a-a) \cdot Q(a)+r$ 몫 부분이 0이 되어 우변에
$\quad\ \ =r$ r(나머지)만 남음

(나머지)＝(a를 대입한 값)

나눗셈의 관계식에 적당한 값을 대입하면 일차식으로 나눈 나머지를 바로 구할 수 있다. 여기서 적당한 값이란 나누는 식이 0이 되는 값이라는 것을 알 수 있다.

다항식 $f(x)$를 $x-a$로 나눈 나머지는 $f(a)$이다

 **02 나머지정리의 응용(1)**

$f(x)$를 $x-\dfrac{b}{a}$로 나눈 나머지와 $ax-b$로 나눈 나머지는 $f\left(\dfrac{b}{a}\right)$로 같다.

나누는 식을 0으로 만드는 값이 같으면 나머지도 같다.

 • $g(x)$를 $x-3$으로 나눈 나머지 : $g(3)$
　• $g(x)$를 $3x-9$로 나눈 나머지 : $g(3)$

50쪽의 **실전 C.O.D.I 01**의 내용을 복습해 보자.

$$f(x)=\left(x-\frac{b}{a}\right)\underset{몫}{Q(x)}+\underset{나머지}{r} \quad \rightarrow f(x)를 \ x-\frac{b}{a}로 \ 나눈 \ 관계식$$

$$=(ax-b)\underset{몫}{\left\{\frac{1}{a}Q(x)\right\}}+\underset{나머지}{r} \quad \rightarrow f(x)를 \ ax-b로 \ 나눈 \ 관계식$$

위의 관계식에서 알 수 있듯이 몫은 변형되어 차이가 나지만 나머지는 같은 것을 알 수 있다.

 **03 나머지정리의 응용(2): 이차식으로 나눈 나머지**

나머지정리는 '일차식'으로 나눈 나머지를 구할 때 쓰지만 응용하면 이차식으로 나눈 나머지도 구할 수 있다.

다항식을 이차식으로 나눈 나머지 구하기

① 몫을 $Q(x)$로 잡는다.
② 이차식으로 나누었으므로 나머지는 일차식의 꼴인 $ax+b$로 둔다.
③ 나눗셈의 관계식을 세운다.
④ 나누는 이차식을 인수분해한다.
⑤ 몫 부분이 0이 되는 값들을 대입하고 연립하여 a, b의 값을 구한다.

예1 x^4-2x+4를 x^2-3x+2로 나눈 나머지를 구하여라.

　　　　　　　　　　　　→ 나머지만 구하면 되니
　　　　　　　　　　　　　 몫은 $Q(x)$로 두자.
$x^4-2x+4=(x^2-3x+2)Q(x)+\boxed{ax+b}$

　　↓ 인수분해　이차식으로 나눴으니 나머지의
　　　　　　　　 식은 일차식으로 놓자.
$=(x-1)(x-2)Q(x)+ax+b$

　　↓ 항등식이므로 적절한 값을 대입
　　　(몫 부분이 0이 되는 값)

$x=2$를 대입: $16-4+4=0\cdot Q(2)+2a+b$
$x=1$을 대입: $1-2+4=0\cdot Q(1)+a+b$
두 식 $2a+b=16$, $a+b=3$을 연립하여 풀면
$a=13$, $b=-10$
$\therefore$ 나머지: $13x-10$

$f(x)$를 x^2+px+q로 나눈 나머지 구하기

　　↓ 나눗셈의 관계식
$f(x)=(x^2+px+q)Q(x)+ax+b$

　　↓ 인수분해
$f(x)=(x-\alpha)(x-\beta)Q(x)+ax+b$

　　↓ 0이 되는 x의 값 대입
$x=\alpha$를 대입: $f(\alpha)=a\alpha+b$
$x=\beta$를 대입: $f(\beta)=a\beta+b$

　　↓ 두 식을 연립하여 나머지 구하기

예2 x^3+3x^2+2x-4를 x^2+x로 나눈 나머지를 구하여라.
$x^3+3x^2+2x-4=(x^2+x)Q(x)+ax+b$
$=x(x+1)Q(x)+ax+b$
$x=-1$을 대입: $-4=0\cdot Q(-1)-a+b$
$x=0$을 대입: $-4=0\cdot Q(0)+b$
두 식 $-a+b=-4$, $b=-4$를 연립하여 풀면
$a=0$, $b=-4$
$\therefore$ 나머지: -4

[0236–0238] 다항식 $-2x^3+7x^2+4x-5$를 $x-2$로 나눈 나머지를 구하려고 한다. 다음 물음에 답하시오.

0236
직접 나누어 나머지를 구하시오.

0237
조립제법을 이용하여 나머지를 구하시오.

0238
$-2x^3+7x^2+4x-5$에 $x=2$를 대입하여 계산한 결과와 $x-2$로 나눈 나머지를 비교하시오.

0239
다음 빈칸에 알맞은 것을 구하시오.

> $3x^2+5x+2$를 $x+2$로 나눈 나머지는 $3x^2+5x+2$에
> $x=\boxed{}$를 대입한 값과 같고, 다항식 $f(x)$를 $x-p$로
> 나눈 나머지는 식에 $x=\boxed{}$를 대입한 값과 같다.
> 이를 $\boxed{}$라 한다.

[0240–0243] 나머지정리를 이용하여 다음 다항식을 [ ]의 식으로 나눈 나머지를 구하시오.

0240
$3x^3+2x^2-x+1$ $[3x-1]$

0241
x^3-4x^2+2x-1 $[x-3]$

0242
x^3+x^2+x+1 $[x-2]$

0243
$x^4+2x^3-x^2+x+6$ $[x+2]$

[0244–0246] 다항식 $16x^4-8x^2+4x-3$에 대하여 다음 물음에 답하시오.

0244
$x-\dfrac{1}{2}$로 나눈 나머지를 직접 나눠서 구하시오.

0245
$2x-1$로 나눈 나머지를 직접 나눠서 구하시오.

0246
$16x^4-8x^2+4x-3$을 $x-\dfrac{1}{2}$, $2x-1$로 나눈 나머지는
$16x^4-8x^2+4x-3$에 $x=\boxed{}$을 대입한 값으로 서로
같다.

0247
x^3+3x^2+2x-4를 x^2+x로 나눈 나머지를 구하시오.

0248
x^4-2x+4를 x^2-3x+2로 나눈 나머지를 구하시오.

Trendy

0249

$3x^3-x^2+3x+4$를 x^2+3x+1로 나눈 몫을 $Q(x)$, 나머지를 $R(x)$라 할 때, 다음 중 $Q(x)+R(x)$의 식은?

① $x^2+30x+4$ ② $33x^2+4$

③ $33x+4$ ④ $-27x+24$

⑤ $-27x-24$

0250

오른쪽은 다항식의 나눗셈을 계산한 것이다. 이 계산이 바르게 되도록 계수와 상수항을 정할 때, abc의 값은?

$$
\begin{array}{r}
x^2+x+b \\
x-1\,\overline{)\,x^3+2x+3} \\
\underline{x^3-x^2} \\
ax^2+2x+3 \\
\underline{x^2-x} \\
bx+3 \\
\underline{bx-b} \\
c
\end{array}
$$

① 0

② 12

③ 18

④ 24

⑤ 27

0251

$2x^3-7x+1$을 x^2+x+1로 나눈 몫을 $ax+b$, 나머지를 $cx+d$라 할 때, $a+b+c+d$의 값은?

(단, a, b, c, d는 상수)

① -4 ② -2 ③ 0

④ 2 ⑤ 4

0252

$x^4-2x^3-3x^2+3x+a$가 $x+1$로 나누어떨어질 때, 상수 a의 값을 구하시오.

0253

$x^3-2x^2+3x+4=(x^2+3x-3)Q(x)+R(x)$가 성립할 때, $Q(1)+R(1)$의 값은?

① 5   ② 6   ③ 7

④ 8   ⑤ 9

0254

다항식 $8x^3-2x+1$에 대하여 다음 물음에 답하시오.

(1) $x-\dfrac{1}{2}$로 나눈 몫을 $Q(x)$, 나머지를 a라 할 때, $Q(a)$의 값을 구하시오.

(2) $2x-1$로 나눈 몫을 $Q'(x)$, 나머지를 a'이라 할 때, $Q(a')$의 값을 구하시오.

0255

다항식 $f(x)$를 $x+\dfrac{2}{3}$로 나눈 몫을 $Q(x)$, 나머지를 r라 할 때, 다음 중 $f(x)$를 $3x+2$로 나눈 몫과 나머지는?

① $Q(x)$, r ② $3Q(x)$, r ③ $3Q(x)$, $\dfrac{2}{3}r$

④ $\dfrac{1}{3}Q(x)$, $\dfrac{1}{3}r$ ⑤ $\dfrac{1}{3}Q(x)$, r

Level up

0256

x^3+4x^2-2x-1을 다항식 $f(x)$로 나눈 몫이 $x+5$, 나머지가 $2x-6$일 때, 다음 중 $f(x)$의 식으로 옳은 것은?

① x^2-1 ② x^2+x+1 ③ x^2-x+1

④ x^2+1 ⑤ x^2-x-1

Style 03 조립제법

0257

$3x^3-2x^2+x$를 $x-1$로 나눈 몫을 $f(x)$,
$x^4+x^3-2x^2-4x-10$을 $x-2$로 나눈 나머지를 a라 할 때, $f(a)$의 값은?

① 10   ② 12   ③ 14

④ 16   ⑤ 18

0258

$5x^3-x^2-7x+3$을 $x-1$로 나눈 나머지가 a일 때,
$5x^3-x^2-7x+3$을 $x-a$로 나눈 몫은 px^2+qx+r이다.
$a(p+q+r)$의 값은? (단, p, q, r는 상수)

① -4 ② -2 ③ 0

④ 2   ⑤ 4

Level up

0259

다음은 조립제법을 이용하여 $x^4+2x^3-ax^2-x+b$를 $x-2$로 나눈 몫과 나머지를 구하는 과정이다.

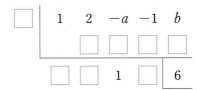

$(a-b)^2$의 값은? (단, a, b는 상수)

① 0   ② 1   ③ 4

④ 9   ⑤ 16

Level up

0260

$3x^3-x^2+9x+1$을 $x-\dfrac{1}{3}$로 나눈 몫을 $P(x)$, $3x-1$로 나눈 몫을 $Q(x)$라 할 때, $\dfrac{P(1)}{Q(1)}$의 값은?

① 1   ② 2   ③ 3

④ 4   ⑤ 5

Style 04 미정계수 구하기 — 계수비교법

0261

임의의 실수 x에 대하여 등식
$$x^2-5x+2=(x+1)^2+a(x-1)+b$$
가 항상 성립할 때, $|a-b|$의 값은? (단, a, b는 상수)

① 1   ② 2   ③ 3

④ 4   ⑤ 5

0262

등식 $a(x+2y)+b(x-y)+3=4x+2y+c$가 항상 성립할 때, $a-b+c$의 값은? (단, a, b, c는 상수)

① 1   ② 2   ③ 3

④ 4   ⑤ 5

0263

등식 $x^4-2x^3-2x-1=(x^2+a)(bx^2+cx-1)$이 x의 값에 관계없이 항상 성립할 때, $a+b+c$의 값은?

(단, a, b, c는 상수)

① -4 ② -2 ③ 0

④ 2   ⑤ 4

Level up

0264

$(k+2)x+(2k-3)y-8=3x+y$가 k에 대한 항등식일 때, x^2+y^2의 값은?

① 25   ② 61   ③ 65

④ 80   ⑤ 84

Style **05** 미정계수 구하기─수치대입법

0265

$4x-10=a(x-1)+b(x-3)$이 x의 값에 관계없이 항상 성립할 때, ab의 값은? (단, a, b는 상수)

① 2   ② 3   ③ 6

④ 8   ⑤ 12

0266

다음은 $2x^2-3x+4=a(x-1)^2+b(x+2)$가 x에 대한 항등식일 때, 상수 a, b의 값을 구하는 과정이다.

> $x=$ (가) 를 대입하면 $a=$ (나)
>
> $x=$ (다) 를 대입하면 $b=$ (라)

(가)~(라)에 알맞은 수들의 합은?

① -1 ② 0   ③ 1

④ 2   ⑤ 3

0267

$(x+1)^2(x-1)^2=x^4+ax^3+bx^2+c$가 x에 대한 항등식일 때, $a+b+c$의 값은? (단, a, b, c는 상수)

① -1 ② 0   ③ 1

④ 2   ⑤ 3

`Level up`

0268

모든 실수 x에 대하여 등식

$$3x^2-7x+4$$
$$=ax(x-1)+b(x-1)(x-2)+cx(x-2)$$

가 성립할 때, 상수 a, b, c의 값을 구하시오.

Style **06** 미정계수법─응용: 계수의 합

0269

항등식 $(2x+3)^3=a_0x^3+a_1x^2+a_2x+a_3$에서 각 항의 계수의 합을 구하려고 한다. 다음 물음에 답하시오.

⑴ 곱셈 공식을 이용하여 좌변을 전개하고 각 항의 계수를 구하여 계수의 합을 구하시오.

⑵ $x=1$을 대입하여 계수의 합을 구하고 ⑴의 결과와 비교하시오.

0270

다음은 전개식의 짝수차항의 계수의 합을 구하는 과정이다.

> $(x+1)^5=a_5x^5+a_4x^4+a_3x^3+a_2x^2+a_1x+a_0$
> 은 항등식이므로
>
> (i) $x=1$을 대입하면 $2^5=$ (가)   … ㉠
>
> (ii) $x=-1$을 대입하면 $0=$ (나)   … ㉡
>
> ㉠+㉡을 하면 $2^5=$ (다)
>
> $\therefore a_0+a_2+a_4=$ (라)

(가), (나), (다), (라)에 알맞은 것을 구하시오.

0271

$(x^2-2x+2)^3$의 전개식에서 짝수차항의 계수를 p, 홀수차항의 계수를 q라 할 때, $p-q$의 값은?

① 1   ② 8   ③ 27

④ 64   ⑤ 125

Style 07 나머지정리 — 일차식으로 나눈 나머지

0272

다항식 $f(x)=2x^4+3x^3-x^2+ax+3$을 $x-1$로 나눈 나머지가 5일 때, $f(a)$의 값은? (단, a는 상수)

① 3   ② 5   ③ 7

④ 9   ⑤ 11

0273

다항식 x^3+3x^2+ax+1을 $x+2$로 나눈 나머지와 $x-2$로 나눈 나머지가 같을 때, 상수 a의 값을 구하시오.

0274

다항식 $-x^3+ax^2+bx+7$을 $x-2$로 나눈 나머지가 9, $x+1$로 나눈 나머지도 9일 때, $10a+b$의 값은?

(단, a, b는 상수)

① 12   ② 19   ③ 21

④ 24   ⑤ 31

0275

다항식 $f(x)$를 $x-3$으로 나눈 나머지를 r라 할 때, 다음 중 $x-3$으로 나눈 나머지가 r인 것은? (정답 2개)

① $xf(x)$ ② $f(6-x)$ ③ $(x-3)f(x)$

④ $(x-4)f(x)$ ⑤ $(x-2)f(x)$

Level up

0276

x^3-5x^2+3x+a를 $x+1$로 나눈 몫이 $Q(x)$, 나머지가 1일 때, $Q(x)$를 $x-1$로 나눈 나머지는? (단, a는 상수)

① 4   ② 6   ③ 8

④ 10   ⑤ 12

Style 08 나머지정리 — 변형된 다항식의 나머지

0277

다항식 $f(x)$를 $x+2$로 나눈 나머지가 3일 때, 다항식 $(2x+3)f(x)$를 $x+2$로 나눈 나머지는?

① -3 ② -1 ③ 1

④ 3   ⑤ 5

0278

다항식 $f(x)$를 $x-3$으로 나눈 나머지가 1, 다항식 $xf(x)+(x+1)g(x)$를 $x-3$으로 나눈 나머지가 -5일 때, 다항식 $g(x)$를 $x-3$으로 나눈 나머지는?

① -4 ② -2 ③ 0

④ 2   ⑤ 4

0279

두 다항식 $f(x)$, $g(x)$에 대하여 $f(x)+g(x)$를 $x-\dfrac{2}{3}$로 나눈 나머지가 2, $f(x)-g(x)$를 $x-\dfrac{2}{3}$로 나눈 나머지가 8일 때, $f(x)$를 $3x-2$로 나눈 나머지는?

① 3   ② 5   ③ 10

④ 15   ⑤ 25

0280

다항식 $f(x)$를 $x-3$으로 나눈 몫이 $Q(x)$, 나머지가 -3이고 $Q(x)$를 $x-2$로 나눈 나머지가 1일 때, $f(x)$를 $x-2$로 나눈 나머지는?

① -4 ② -2 ③ 0

④ 2   ⑤ 4

0281

다음은 $8x^3-12x^2+6x-1$을 $(x-1)(x-2)$로 나눈 나머지를 구하는 과정이다.

> 이차식으로 나누므로 나머지를 (가) (으)로 놓으면
>
> $8x^3-12x^2+6x-1=(x-1)(x-2)Q(x)+$ (가)
>
> 가 성립하고 이 관계식은 항등식이므로
>
> $x=2$를 대입하면 $27=$ (나) … ㉠
>
> $x=1$을 대입하면 $1=$ (다) … ㉡
>
> ㉠, ㉡을 연립하여 풀면 나머지는 (라) 이다.

(가)~(라)에 알맞은 식을 구하시오.

0282

다항식 $f(x)$를 $x-5$로 나눈 나머지가 7이고 $x-1$로 나눈 나머지가 -1일 때, $f(x)$를 x^2-6x+5로 나눈 나머지를 $R(x)$라 하자. $R(2)$의 값은?

① 0   ② 1   ③ 2

④ 3   ⑤ 4

0283

$f(0)=3$, $f(-1)=1$을 만족시키는 다항식 $f(x)$를 x^2+x로 나눈 나머지는 $ax+b$이다. a^2+b^2의 값은? (단, a, b는 상수)

① 5   ② 10   ③ 13

④ 25   ⑤ 41

0284

$x^4+px^3+qx^2+2x-5$를 $x-3$, $x-1$로 나눈 나머지가 각각 -8, -6이고 $(x-3)(x-1)$로 나눈 나머지가 $R(x)$일 때, $R(p+q)$의 값은? (단, p, q는 상수)

① -1 ② 0   ③ 1

④ 2   ⑤ 3

0285

다음은 x^5-x^4+x-4를 $x(x-1)(x-2)$로 나눈 나머지를 구하는 과정이다.

> 삼차식으로 나누므로 나머지를 (가) 로 놓으면
>
> $x^5-x^4+x-4=x(x-1)(x-2)Q(x)+$ (가)
>
> 가 성립하고 이 관계식은 항등식이므로
>
> $x=2$를 대입하면 $14=$ (나) … ㉠
>
> $x=1$을 대입하면 $-3=$ (다) … ㉡
>
> $x=0$을 대입하면 $-4=$ (라) … ㉢
>
> ㉠, ㉡, ㉢을 연립하여 풀면 나머지는 (마) 이다.

(가)~(마)에 알맞은 식을 구하시오.

0286

다항식 $f(x)$가 $x+3$으로 나누어떨어지고 $x-1$, $x-2$로 나눈 나머지가 각각 -12, -10일 때, $f(x)$를 $(x+3)(x-1)(x-2)$로 나눈 나머지를 $R(x)$라 하자. $R(x)=0$의 모든 근의 합은?

① -2 ② -1 ③ 0

④ 1   ⑤ 2

0287

다항식 $f(x)$를 x^2-4로 나눈 나머지가 $-5x+5$이고 $x-3$으로 나눈 나머지가 -5일 때, 다항식 $f(x)$를 $(x-3)(x^2-4)$로 나눈 나머지를 구하시오.

Style 11 $f(ax+b)$의 나머지 구하기

0288
다항식 $f(x)=5x^3+11x^2-4x+9$에 대하여 다음 물음에 답하시오.

(1) $f(x)$를 $x+3$으로 나눈 나머지를 구하시오.

(2) $f(-2x+1)$을 $x-2$로 나눈 나머지를 구하시오.

0289
다항식 $f(x)$를 $(x-4)(x+2)$로 나눈 나머지가 $2x-5$일 때, $f(x+5)$를 $x+1$로 나눈 나머지는?

① 1   ② 2   ③ 3
④ 4   ⑤ 5

0290
다항식 $P(x)=x^4-2x^3+ax+b$에 대하여 $P(2x)$를 $x-1$로 나눈 나머지가 4이고 $P(x+60)$은 $x+59$로 나누어떨어질 때, $a+b$의 값은? (단, a, b는 상수)

① 1   ② 2   ③ 3
④ 4   ⑤ 5

Style 12 나머지정리와 수의 나눗셈

0291
다음은 7^6을 5로 나눈 나머지를 다항식의 나눗셈과 나머지정리를 이용하여 구하는 과정이다.

> $7=x$라 하면 $5=\boxed{(가)}$로 놓을 수 있다.
>
> 수의 나눗셈의 검산식을 문자로 바꿔 보면
> $7^6=5\times Q+r$ (Q는 몫, r는 나머지)
>
> $\downarrow$
>
> $\boxed{(나)}=(\boxed{(다)})\times Q(x)+r$
>
> 나머지정리에 의하여 $x=\boxed{(라)}$를 대입하면 $r=\boxed{(마)}$
>
> 이를 다시 수로 바꾸면
> $7^6=5\times Q+\boxed{(마)}$, $7^6=5\times(Q+\boxed{(바)})+\boxed{(사)}$
>
> 따라서 나머지는 $\boxed{(사)}$이다.

(가)~(사)에 알맞은 것을 구하시오.

0292
11^{25}을 10으로 나눈 나머지를 구하시오.

0293
13^8을 15로 나눈 나머지를 구하시오.

0294

다항식 $f(x)$에 대한 나눗셈의 관계식

$$f(x)=(3x-1)Q(x)+r$$

가 성립할 때, $f(x)$를 $x-\dfrac{1}{3}$로 나눈 몫과 나머지를 차례로 나열한 것은?

① $Q(x)$, $3r$ ② $3Q(x)$, r ③ $\dfrac{1}{3}Q(x)$, r

④ $3Q(x)-1$, r ⑤ $\dfrac{1}{3}Q(x)$, $\dfrac{1}{3}r$

0295

x^3+2x-2를 $f(x)$로 나눈 몫이 $x-1$, 나머지가 $2x-1$일 때, $f(x)$를 $x-1$로 나눈 나머지는?

① -1 ② 0 ③ 1

④ 2 ⑤ 3

0296

다음 등식이 x에 대한 항등식이 되도록 하는 상수 a, b, c의 값을 구하시오.

(1) $2x^2+ax-3=(2x-1)(bx+c)$

(2) $3x^3+(2a+b)x^2+(a-b)x+3a=3x^3+5x^2+x+c$

0297

등식

$$a(x-1)(x-2)+b(x-2)(x-3)+c(x-3)(x-1)$$
$$=x^2+3x+2$$

가 모든 실수 x에 대하여 성립할 때, $a+b+c$의 값은? (단, a, b, c는 상수)

① -2 ② -1 ③ 1

④ 2 ⑤ 4

Level up

0298

$2x+y=3$을 만족시키는 모든 실수 x, y에 대하여 $ax+by=6$이 항상 성립할 때, $|ab|$의 값은? (단, a, b는 상수)

① 2 ② 4 ③ 6

④ 8 ⑤ 10

0299

x^3+ax^2+bx-6은 $x-2$로 나누어떨어지고, $x+1$로 나누면 나머지가 -3일 때, $a+b$의 값은? (단, a, b는 상수)

① -2 ② -4 ③ -6

④ -8 ⑤ -10

0300

다항식 $f(x)$는 다음 조건을 만족시킨다.

> ㈎ $f(1)=8$, $f(-3)=12$
> ㈏ $f(x)=(x^2+2x-3)Q(x)+R(x)$

방정식 $R(x)=0$을 만족시키는 해를 구하시오. (단, $R(x)$는 일차 이하의 다항식)

Level up

0301

다항식 $f(x)$를 x, $x-3$, $x-1$로 나눈 나머지가 각각 1, 10, 2일 때, $f(x)$를 $x(x-3)(x-1)$로 나눈 나머지를 $R(x)$라 하자. 함수 $y=R(x)$의 그래프의 꼭짓점의 좌표는?

① $(0, 0)$ ② $(1, 0)$ ③ $(1, 1)$

④ $(0, 1)$ ⑤ $(1, 2)$

정답 및 해설 ▶ 39쪽

0302

$2x^3-x^2+ax+b$가 $2x^2+x-1$로 나누어떨어질 때, a^2+b^2의 값은? (단, a, b는 상수)

① 1   ② 2   ③ 3

④ 4   ⑤ 5

Level up

0303

다항식 $P(x)$에 대하여 $(x^2-1)P(x)=x^4+ax^3+b$가 항상 성립할 때, $P(1)$의 값을 구하시오.

(단, a, b는 상수)

0304

$\dfrac{ax^2-8x+b}{2x^2-4x+c}$ 가 x의 값에 관계없이 항상 일정한 값을 가질 때, $a+\dfrac{b}{c}$ 의 값은? (단, a, b, c는 상수)

① 2   ② 4   ③ 6

④ 8   ⑤ 10

0305

임의의 실수 x에 대하여
$$(2x-1)^5=a_0+a_1x+a_2x^2+a_3x^3+a_4x^5+a_5x^5$$
이 성립할 때, $a_0+2a_1+2^2a_2+2^3a_3+2^4a_4+2^5a_5$의 값은?

① 64   ② 81   ③ 128

④ 243   ⑤ 256

Level up

0306

다항식 $P(x)$를 $x-3$으로 나눈 나머지가 16, x^2+4x-5로 나눈 나머지가 $-16x+16$일 때, $P(x)$를 $(x-3)(x^2+4x-5)$로 나눈 나머지를 $R(x)$라 하자. $R(x)$를 $x+1$로 나눈 나머지는?

① 2   ② 4   ③ 6

④ 8   ⑤ 10

0307

$$(x^2-2x-1)^5=a_{10}(x-2)^{10}+a_9(x-2)^9+\cdots$$
$$+a_1(x-2)+a_0$$

가 x에 대한 항등식일 때, $a_0+a_1+\cdots+a_9+a_{10}$의 값은?

① 1   ② 2^5 ③ 3^5

④ 4^5 ⑤ 5^5

0308

두 다항식 $f(x)$, $g(x)$에 대하여 $2f(x)+g(x)$를 $x+5$로 나눈 나머지가 1, $f(x)g(x)$를 $x+5$로 나눈 나머지가 -6일 때, $8\{f(x)\}^3+\{g(x)\}^3$을 $x+5$로 나눈 나머지를 구하시오.

0309

최고차항의 계수가 1인 삼차 다항식 $f(x)$가 다음 조건을 만족시킨다.

> ㈎ $f(2)=2$
> ㈏ 모든 실수 x에 대하여 $f(x)+f(-x)=0$

$f(x)$를 x^2-2x-8로 나눈 나머지를 $x+3$으로 나눈 나머지는?

① -1 ② -6 ③ -11

④ -16 ⑤ -21

수학적 발전의 원동력은
논리적인 추론이 아니고
상상력이다

-드모르간-

√MATH²

04 인수정리와 인수분해(2)

앞에서 배운 다양한 공식과 인수분해 방법을
동원해도 인수분해가 잘 되지 않는 다항식들이 있다.
이런 다항식들은
　① 문자는 한 종류이고
　② 차수가 삼차 이상의 고차식
이라는 공통점이 있다.
이런 다항식들은 나눗셈의 관점에서 봐야 한다.
다항식이 인수분해된다는 것은 나머지가 없는,
나누어떨어지는 상황을 의미하며 이때
나누는 식과 몫이 곧 인수가 된다.
이 단원에서는 이에 대해 배울 것이다.

개념 C.O.D.I 01 인수정리

나머지정리

다항식 $f(x)$를 $x-a$로 나눈 나머지는 $f(a)$

> $f(a)=1$이면 나머지가 1
> $f(a)=2$이면 나머지가 2
> $f(a)=r$이면 나머지가 r

$f(a)=0$이면?

나머지가 $0 \Rightarrow$ 나누어떨어진다.

$$\therefore f(x)=\underline{(x-a)Q(x)}$$

다항식의 곱셈으로만 나타낼 수 있다.

나머지정리에서 나머지가 0인 상황은 인수정리로 따로 배운다.

인수정리

다항식 $f(x)$에 대하여

(1) $f(x)$가 $x-a$로 나누어떨어지면 $f(a)=0$이다.

(2) $f(a)=0$이면 $f(x)$는 $x-a$로 나누어떨어진다.

예1 $f(1)=0$이면 $f(x)=(x-1)Q(x)$

예2 $g(-4)=0$이면 $g(x)=(x+4)P(x)$

인수정리의 기본 내용을 이해했다면 진짜 의미를 배워 보자.

> $f(a)=0$이다.
> $\Rightarrow f(x)$는 $x-a$로 나누어떨어진다.
> $\Rightarrow f(x)$는 $\begin{cases} x-a로\ 인수분해된다. \\ x-a를\ 인수로\ 갖는다. \end{cases}$

다항식을 0으로 만드는 값을 찾으면 그 식을 인수분해할 수 있는 인수를 알게 된다.

$f(x)=x^2-5x+6=(x-2)(x-3)$에서

$f(2)=4-10+6=0$이므로 $x-2$가 인수

한 문자로 된 삼차 이상의 다항식을 인수분해할 때 인수정리를 쓰면 편리하다.

식을 특별히 변형하지 않아도 식이 0이 되는 문자의 값만 찾으면 쉽게 인수분해할 수 있다.

자세한 내용은 다음 페이지에서 공부하자.

x^3-2x^2-x+2 인수분해하기

1 공통인수로 묶기

$$x^3-2x^2-x+2$$
$$=x^2(x-2)-(x-2)$$
$$=(x-2)(x^2-1)$$
$$=(x-2)(x+1)(x-1)$$

2 인수정리로 풀기

$x=2$를 대입: $8-8-2+2=0$

$x=1$을 대입: $1-2-1+2=0$

$x=-1$을 대입: $-1-2+1+2=0$

$$\therefore (x-2)(x-1)(x+1)$$

02 인수정리 + 조립제법 = 쉽게 인수분해하기

다항식 $f(x)$ 인수분해하기

• 인수정리 $\longrightarrow$ 0이 되는 값 찾는 법 : 상수항의 약수를 대입해 보자. (상수항이 2이면 $-2, -1, 1, 2$를 대입) $f(a)=0$ $\Rightarrow (x-a)$로 인수분해	**01** $f(a)=0$인 a의 값을 찾는다.	$f(x)=x^3+4x^2+x-6$ $f(1)=0$ $=(x-1)Q(x)$ 이므로
• 조립제법 사용 일차식으로 나눌 때는 직접 나누는 것보다 조립제법이 편하다.	**02** $f(x)$를 $x-a$로 나눠 몫$(Q(x))$을 구한다.	$1\ \begin{array}{cccc} 1 & 4 & 1 & -6 \\ & 1 & 5 & 6 \\ \hline 1 & 5 & 6 & 0 \end{array}$ $\longrightarrow Q(x)$
• 더 이상 쪼갤 수 없을 때까지 인수분해하고 필요하면 인수정리와 조립제법을 반복 사용한다.	**03** 몫을 추가로 인수분해한다.	$f(x)=(x-1)(x^2+5x+6)$ $=(x-1)(x+2)(x+3)$

좀 더 복잡한 식도 연습해 보자.

x^4-x^2-4x-4

① $x=-1$을 대입: $1-1+4-4=0$
식의 값이 0이므로 $x+1$이 인수!

$=(x+1)Q(x)$

② 이제 조립제법으로 $Q(x)$를 구한다.

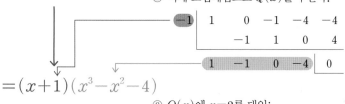

$-1\ \begin{array}{ccccc} 1 & 0 & -1 & -4 & -4 \\ & -1 & 1 & 0 & 4 \\ \hline 1 & -1 & 0 & -4 & 0 \end{array}$

$=(x+1)(x^3-x^2-4)$

③ $Q(x)$에 $x=2$를 대입:
$Q(2)=8-4-4=0$이므로
$x-2$가 인수!

$=(x+1)(x-2)Q'(x)$

④ 조립제법으로 $Q'(x)$ 구하기

$2\ \begin{array}{cccc} 1 & -1 & 0 & -4 \\ & 2 & 2 & 4 \\ \hline 1 & 1 & 2 & 0 \end{array}$

$=(x+1)(x-2)(x^2+x+2)$

인수정리를 이용한 인수분해의 핵심은

식이 0이 되는 값 찾기

이다. 이 값만 찾으면 조립제법으로 쉽게 정리할 수 있다.

0이 되는 값은 대부분 상수항의 약수 중에 있다. 1이나 -1과 같은 간단한 수부터 대입해 보면 찾을 수 있다.

상수항의 약수를 모두 대입해도 0이 되지 않을 때가 있다. 이때는

$$\frac{(상수항의\ 약수)}{(최고차항\ 계수의\ 약수)}$$

를 대입하면 된다.

예 $8x^3-12x^2+6x-1$에서
$x=\dfrac{(-1의\ 약수)}{(8의\ 약수)}$, 즉 $x=\dfrac{1}{2}$을 대입하면 0이 된다.

0310

인수정리를 이용하여 x^3-2x^2+x+a가 다음 일차식으로 나누어떨어지도록 하는 상수 a의 값을 구하시오.

(1) $x-1$

(2) $x+1$

(3) $x-2$

(4) $x-3$

(5) x

0311

다음은 다항식 $x^3-6x^2+11x-6$의 인수를 찾는 과정이다.

> $f(x)=x^3-6x^2+11x-6$이라 하고
> $f(x)=0$이 성립하는 x의 값을 찾는다.
> 상수항 6의 약수는 $\boxed{\ \ (가)\ \ }$ 이고
> 이 값들을 작은 값부터 $f(x)$에 대입하면
> $f(\boxed{(나)})=0$, $f(\boxed{(다)})=0$, $f(\boxed{(라)})=0$
> 이므로 다항식 $f(x)$의 인수는 $\boxed{(마)}$, $\boxed{(바)}$, $\boxed{(사)}$ 이다.

(가)~(사)에 알맞은 것을 구하고, $x^3-6x^2+11x-6$을 인수분해하시오.

0312

인수정리와 조립제법을 이용하여 다항식 x^3+x^2+x+6을 인수분해하려고 한다. (가)~(사)에 알맞은 것을 구하시오.

> $x=\boxed{(가)}$를 대입하면 주어진 다항식의 값이 0이 되므로 x^3+x^2+x+6의 인수는 $\boxed{(나)}$ 이다.
> 이 인수로 조립제법을 쓰면
>
> | (가) | 1 | 1 | 1 | 6 |
> |---|---|---|---|---|
> | | | (다) | (바) | −6 |
> | | 1 | (라) | (바) | 0 |
>
> 이고 몫은 더이상 인수분해되지 않으므로
> $x^3+x^2+x+6=(\boxed{(나)})\times(\boxed{(사)})$

0313

$2x^4-x^2-1$을 두 가지 방법으로 인수분해하려고 한다. 다음 물음에 답하시오.

(1) 복이차식의 인수분해 방법으로 인수분해하시오.

(2) 주어진 다항식이 0이 되는 x의 값을 구하고 조립제법을 이용하여 인수분해하시오.

	2	0	−1	0	−1
					0

인수정리와 나머지정리로 다항식 구하기

항등식과 인수정리의 성질을 이용해서 식을 세우는 것은 방정식, 함수 등의 단원에서 폭넓게 활용되니 잘 정리해 두자.

01

최고차항의 계수가 a인 삼차식 $f(x)$가
$f(p)=f(q)=f(r)=0$이면
$f(x)=a(x-p)(x-q)(x-r)$

인수정리에 의하여 $f(x)$를 0이 되게 하는 값을 이용해 인수를 찾을 수 있다.
$f(p)=0$, $f(q)=0$, $f(r)=0$이므로
$f(x)$의 인수는 $x-p$, $x-q$, $x-r$이고
$f(x)$는 삼차식이므로
$$f(x)=\triangle \times (x-p)(x-q)(x-r)$$
의 꼴로 놓을 수 있다.
이때 식에 곱해진 $\triangle$는 전개하면 x^3의 계수가 되므로 최고차항의 계수가 a이면 $\triangle \to a$로 바꾸어 주면 된다.

예1 최고차항의 계수가 -1인 삼차식 $f(x)$가
$f(-2)=f(3)=f(4)=0$이면
$f(x)=-(x+2)(x-3)(x-4)$

예2 $f(-5)=f(3)=f(5)=0$, $f(0)=150$이면
$x+5$, $x-3$, $x-5$가 $f(x)$의 인수이고
최고차항의 계수를 a라 하면
$f(x)=a(x+5)(x-3)(x-5)$
$f(0)=75a=150$이므로 $a=2$
$\therefore f(x)=2(x+5)(x-3)(x-5)$

02

최고차항의 계수가 a인 삼차식 $f(x)$가
$f(p)=f(q)=0$이면
$f(x)=(x-p)(x-q)(ax+b)$

$f(x)$가 삼차식이고 $x-p$, $x-q$를 인수로 가지므로
$$f(x)=(x-p)(x-q)\times Q(x) \text{ (일차식)}$$
이때 x^3의 계수가 a이면 $Q(x)$의 x의 계수가 a이므로 $Q(x)=ax+b$로 놓는다.

예 최고차항의 계수가 2인 삼차식 $f(x)$가
$f(1)=f(2)=0$, 상수항이 6이면
$x-1$, $x-2$가 인수이고 나머지 일차식을
$ax+b$라 하면
$$f(x)=(x-1)(x-2)(ax+b)$$
최고차항의 계수가 2이므로 $a=2$
상수항이 6이므로 $b=3$
$\therefore f(x)=(x-1)(x-2)(2x+3)$

03

최고차항의 계수가 a인 삼차식 $f(x)$가
$f(p)=f(q)=f(r)=k$ (k는 상수)이면
$f(x)=a(x-p)(x-q)(x-r)+k$

01과 같은 원리이다.
$f(x)$가 삼차식이고
$f(p)=f(q)=f(r)=k$이면
$f(x)$를 $x-p$, $x-q$, $x-r$로 나눈 나머지가 k로 모두 같으므로
$$f(x)=a(x-p)(x-q)(x-r)+k$$
와 같이 식을 세울 수 있다.

예 최고차항의 계수가 1인 삼차식 $f(x)$가
$f(0)=f(2)=f(4)=3$이면
$f(x)=x(x-2)(x-4)+3$

0314

ax^2+x-1의 인수가 $x+1$일 때, 상수 a의 값과 이 식을 인수분해한 것을 차례로 나열한 것은?

① -2, $(x+1)(-2x+1)$

② 2, $(x+1)(2x-1)$

③ 2, $(x+1)(2x+1)$

④ 1, $(x+1)(x-1)$

⑤ -1, $(x+1)(-x+1)$

0315

x^3+2ax^2+ax+2가 $x-2$로 나누어 떨어질 때, 상수 a의 값은?

① -2　　　② -1　　　③ 0

④ 1　　　⑤ 2

0316

$2x^4+3x^3-2x^2+ax+4$가 $x+2$를 인수로 가질 때, 상수 a의 값은?

① -2　　　② -1　　　③ 0

④ 1　　　⑤ 2

Level up

0317

$x^4+px^3-2px^2-4x-8$의 인수인 것은? (단, p는 상수)

① $x+2$　　　② $x+1$　　　③ $x-1$

④ $x-2$　　　⑤ $x-3$

0318

$x^3+x^2-p^2x+p$가 $x-1$로 나누어떨어지도록 하는 상수 p의 값을 각각 α, β라 할 때, $\alpha^2+\beta^2$의 값은?

① 1　　　② 2　　　③ 3

④ 4　　　⑤ 5

0319

$-2x^3+ax^2+bx+3$을 $x-1$로 나눈 나머지가 12이고 $x-3$을 인수로 가질 때, $b-a$의 값은?

(단, a, b는 상수)

① 1　　　② 2　　　③ 3

④ 4　　　⑤ 5

0320

$x^4+x^3-3x^2+ax+b$가 x^2-4로 나누어떨어질 때, 이 다항식을 $x-1$로 나눈 나머지는? (단, a, b는 상수)

① -9　　　② -6　　　③ -3

④ 3　　　⑤ 6

0321

다항식 $P(x)=ax^3+bx^2+x+6$이 $(x+1)(x-3)$으로 나누어떨어질 때, $P(|a+b|)$의 값은?

(단, a, b는 상수)

① -2　　　② -1　　　③ 0

④ 1　　　⑤ 2

Style 03 인수정리와 조립제법으로 인수분해 (1)

0322

다항식 x^3+x^2+2x-4를 인수분해하시오.

0323

x^3-2x^2-x+2가 세 개의 일차식으로 인수분해된다.
이 세 일차식을 모두 더한 다항식을 $f(x)$라 할 때, $f(2)$의 값은?

① 1　　　　② 2　　　　③ 3

④ 4　　　　⑤ 5

0324

등식 $x^3+7x^2-20=P(x)\times Q(x)$가 x에 대한 항등식일 때, $Q(x)$를 $P(x)$로 나눈 나머지는?

（단, $Q(x)$의 차수＞$P(x)$의 차수）

① -16　　　② -8　　　③ 0

④ 8　　　　⑤ 16

0325

x^3+x^2-5x+3이 $(x+a)^2(x+b)$로 인수분해될 때, $a+b$의 값은? (단, a, b는 상수)

① 1　　　　② 2　　　　③ 3

④ 4　　　　⑤ 5

Style 04 인수정리와 조립제법으로 인수분해 (2)

0326

인수정리와 조립제법을 이용하여 다음 식을 인수분해하시오.

$$x^4+2x^3-x^2-2x$$

0327

인수정리와 조립제법을 이용하여 다음 식을 인수분해하시오.

$$x^4+2x^3+2x^2-2x-3$$

0328

x^4+2x^3+ax-2가 $x-1$을 인수로 가질 때, 이 다항식의 인수 중 $x-1$을 제외한 두 인수를 각각 $f(x)$, $g(x)$라 하자. $f(a)+g(a)$의 값은?

（단, $f(x)$, $g(x)$는 이차 이하의 다항식이고, a는 상수）

① 1　　　　② 2　　　　③ 3

④ 4　　　　⑤ 5

0329

x^3+px^2+qx-9가 $(x+3)^2$을 인수로 가질 때, $|p-q|$의 값은? (단, p, q는 상수)

① 1　　　　② 2　　　　③ 3

④ 4　　　　⑤ 5

Style 05 **인수정리를 이용하여 다항식 구하기**

0330

최고차항의 계수가 1인 삼차 다항식 $P(x)$에 대하여
$P(0)=0$, $P(2)=0$, $P(-3)=0$일 때, $P(x)$를 x^2-1
로 나눈 나머지를 구하시오.

0331

삼차식 $f(x)$에 대하여
$$f(-2)=f(-1)=f(1)=0, f(3)=80$$
일 때, $f(x)$의 상수항은?

① 4   ② 2   ③ 1

④ -2 ⑤ -4

0332

삼차식 $g(x)$가 x^2-x-12를 인수로 갖고 $g(1)=0$이다.
$g(x)$의 상수항이 1일 때, x^3의 계수는?

① 1   ② $\dfrac{1}{3}$ ③ $\dfrac{1}{6}$

④ $\dfrac{1}{12}$ ⑤ $\dfrac{1}{24}$

Level up

0333

최고차항의 계수가 1인 삼차 다항식 $f(x)$를 $x+1$로 나
눈 몫이 $Q(x)$, 나머지가 2이다. $f(3)=f(5)=2$일 때,
$Q(2)$의 값은?

① 3   ② 6   ③ 9

④ 12   ⑤ 15

Style 06 **나머지정리를 이용하여 다항식 구하기**

0334

최고차항의 계수가 2인 삼차식 $f(x)$에 대하여
$$f(1)=f(2)=0, f(0)=2$$
일 때, $f(x)=(x+p)(x+q)(ax+b)$이다. $pq+ab$의
값은? (단, a, b, p, q는 상수)

① 2   ② 3   ③ 4

④ 5   ⑤ 6

0335

최고차항의 계수가 1인 삼차식 $f(x)$에 대하여
$f(1)=f(2)=f(3)=-1$이 성립할 때, $f(0)$의 값은?

① -9 ② -7 ③ -5

④ -3 ⑤ -1

0336

최고차항의 계수가 1인 삼차식 $P(x)$에 대하여
$P(2)=P(4)=P(6)$이 성립할 때, $P(3)-P(1)$의 값
을 구하시오.

0337

$x^3+(k+3)x^2+4x-4$가 $x+1$을 인수로 가질 때, 상수 k의 값은?

① 2 ② 3 ③ 4

④ 5 ⑤ 6

Level up

0338

다음은 x^3+ax^2+b가 $(x-2)^2$으로 나누어떨어지도록 하는 상수 a, b의 값을 구하는 과정이다.

$$x^3+ax^2+b=(x-2)^2Q(x)$$
$$=(x-2)\{(x-2)Q(x)\}$$

이므로 조립제법을 2번 이용하여 계산하면

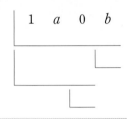

$$\begin{array}{c|cccc} & 1 & a & 0 & b \end{array}$$

조립제법을 완성하고 상수 a, b의 값을 구하시오.

0339

$x^4+ax^3+bx^2-2x+1$이 $(x-1)^2$을 인수로 가질 때, $a+b$의 값은? (단, a, b는 상수)

① -2 ② -1 ③ 0

④ 1 ⑤ 2

0340

x^3+x^2-9x-9의 모든 일차식의 인수의 합을 $f(x)$, x^4-5x+4의 인수 중 삼차식을 $g(x)$라 할 때, $f(0)\times g(1)$의 값은?

① -2 ② -1 ③ 0

④ 1 ⑤ 2

0341

다항식 $6x^4+x^3+5x^2+x-1$을 인수분해하시오.

0342

최고차항의 계수가 1인 두 삼차식 $p(x)$, $q(x)$에 대하여 다음 조건을 만족시킨다.

> ㈎ $p(0)=p(3)=p(6)$
> ㈏ $q(0)=q(3)=q(6)=0$
> ㈐ $p(x)-q(x)=10$

$p(4)$의 값은?

① 2 ② 3 ③ 4

④ 5 ⑤ 6

Level up

0343

사차 다항식 $f(x)$는 모든 실수 x에 대하여 $f(x)=f(-x)$가 성립하고, $f(\sqrt{2})=f(-\sqrt{3})=0$, $f(0)=12$일 때, $f(1)$의 값은?

① 1 ② 2 ③ 3

④ 4 ⑤ 5

Level up

0344

최고차항의 계수가 1인 삼차식 $f(x)$를 $x-2$로 나눈 몫이 $Q(x)$, 나머지가 -3이다. 함수 $y=Q(x)$의 그래프의 꼭짓점의 좌표가 $(2, -4)$일 때, $f(x)$는 $x-a$를 인수로 갖는다. 실수 a의 값은?

① 1 ② 2 ③ 3

④ 4 ⑤ 5

개념 C.O.D.I 코디

II. 방정식

시인 기질을 갖추지 못한
수학자는 결코 완벽한 수학자가
못 된다는 것이 진실이다

-바이어슈트라우스-

05 복소수

중학교 때 근의 공식을 이용해 이차방정식을
풀다보면 다음과 같은 경우가 있다.

$$x^2 + x + 1 = 0, \; x = \frac{-1 \pm \sqrt{-3}}{2}$$

지금까지는 $\sqrt{}$ 안에 음수가 들어가는,
즉 제곱하여 음수가 되는 수는 없기 때문에
'해가 없다'고 배웠지만 이런 수를
허수라고 한다.
이제 허수라는 새로운 수를 배우고
수의 범위를 확장해 보자.

1　제곱근

(1) 음이 아닌 수 a에 대하여 어떤 수 x를 제곱하여 a가 될 때, x를 a의 **제곱근**이라 한다.

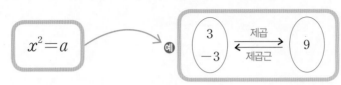

(2) $a>0$일 때, a의 제곱근은 양수와 음수 2개이고, 그 절댓값은 서로 같다.

(3) 제곱하여 0이 되는 수는 0뿐이므로 0의 제곱근은 1개이다.

2　제곱근의 표현

(1) 제곱근은 $\sqrt{}$ 를 사용하여 나타내는데 이것을 **근호**라 하며, '제곱근' 또는 '루트'라고 읽는다.

　　예 $\sqrt{a}$를 '제곱근 a' 또는 '루트 a'라고 읽는다.

(2) 양수 a의 제곱근 중에서 양수인 것을 **양의 제곱근**, 음수인 것을 **음의 제곱근**이라 한다.

$$\text{양의 제곱근: } \sqrt{a}, \text{ 음의 제곱근: } -\sqrt{a}$$

(3) a의 제곱근은 $\pm\sqrt{a}$이고, 제곱근 a는 $\sqrt{a}$이다.

3　제곱근의 성질

(1) 제곱근의 성질

　① $a>0$일 때, $(\sqrt{a})^2=a$, $(-\sqrt{a})^2=a$ ⟶ **예** $(\sqrt{3})^2=3$, $(-\sqrt{3})^2=3$

　② 근호 안의 수가 어떤 수의 제곱이면 근호를 없앨 수 있다.

　　$a>0$일 때, $\sqrt{a^2}=a$, $\sqrt{(-a)^2}=a$ ⟶ **예** $\sqrt{5^2}=5$, $\sqrt{(-5)^2}=5$

(2) $\sqrt{a^2}$의 성질

　① $a\geq0$이면 $\sqrt{a^2}=a$

　② $a<0$이면 $\sqrt{a^2}=-a$

👉 확인문제

1 다음 수의 제곱근을 구하시오.

(1) 49　　　　　　(2) 0

(3) 144　　　　　 (4) 0.09

(5) $\dfrac{16}{81}$　　　　 (6) 1.21

2 다음을 구하시오.

(1) 5의 양의 제곱근

(2) 5의 음의 제곱근

(3) 11의 제곱근

(4) 제곱근 11

3 다음을 구하시오.

(1) $(\sqrt{3})^2+(-\sqrt{7})^2$

(2) $-\sqrt{4^2}+\sqrt{49}$

(3) $(\sqrt{5})^2-(-\sqrt{10})^2$

(4) $\sqrt{24^2}\div(-\sqrt{16})$

(5) $\sqrt{7^2}\times\sqrt{(-7)^2}$

(6) $\sqrt{100}-\sqrt{(-15)^2}+(-\sqrt{3})^2$

4 **유리수와 무리수**

(1) 유리수: 분자와 분모가 정수인 분수로 나타낼 수 있는 수   분수 $\dfrac{a}{b}$ (a, b는 정수, $b \neq 0$)

> 예 -2, $\dfrac{3}{5}=0.6$, $\dfrac{1}{4}=0.25$, $0.\dot{3}=\dfrac{1}{3}$, $\sqrt{9}=3$

(2) 무리수: 유리수가 아닌 수, 즉 순환하지 않은 무한소수로 나타내어지는 수

> 예 $\sqrt{2}=1.4142135\cdots$, $\pi=3.141592\cdots$, $\sqrt{5}+2$

5 **실수**

(1) 유리수와 무리수를 통틀어 실수라 한다.

(2) 실수의 분류

$$
\text{실수}\begin{cases} \text{유리수}\begin{cases} \text{정수}\begin{cases} \text{양의 정수(자연수): } 1, 2, 3, \cdots \\ 0 \\ \text{음의 정수: } -1, -2, -3, \cdots \end{cases} \\ \text{정수가 아닌 유리수: } \dfrac{1}{2}, -\dfrac{3}{5}, 0.7, -1.9, 0.\dot{2}, \cdots \end{cases} \\ \text{무리수(순환하지 않는 무한소수): } \sqrt{2}, -\sqrt{5}, \pi, \sqrt{3}-1, \cdots \end{cases}
$$

소수의 분류	소수

$$
\text{소수}\begin{cases} \text{유한소수} \longrightarrow \text{유리수} \\ \text{무한소수}\begin{cases} \text{순환소수} \longrightarrow \text{유리수} \\ \text{순환하지 않는 무한소수} \longrightarrow \text{무리수} \end{cases} \end{cases}
$$

👉 **확인문제**

4 다음 중 유리수는 '유'를, 무리수는 '무'를 (   ) 안에 써넣으시오.

(1) $\sqrt{5}$ (   )   (2) 0 (   )

(3) $1.2\dot{7}$ (   )   (4) $\sqrt{64}$ (   )

(5) π (   )   (6) $\sqrt{8.1}$ (   )

(7) $2+\sqrt{8}$ (   )   (8) $3-\sqrt{5}$ (   )

(9) $\sqrt{0.49}$ (   )

5 다음 설명 중 옳은 것은 'O'를, 옳지 않은 것은 '×'를 (   ) 안에 써넣으시오.

(1) 순환소수는 유리수이다. (   )

(2) 0과 1 사이에는 무수히 많은 무리수가 있다. (   )

(3) 근호를 사용하여 나타낸 수는 모두 무리수이다.

(   )

(4) 무한소수는 유리수이다. (   )

(5) 유리수도 무리수도 아닌 실수가 있다. (   )

(6) $\sqrt{7}$은 분모($\neq 0$), 분자가 정수인 분수로 나타낼 수 있다.

(   )

01 실수와 허수

이 단원은 수의 종류와 그 수들이 등장한 배경을 이해하는 것이 많은 도움이 된다.

01 실수 : Real Number(실제로 존재하는 수)

초등학교부터 중학교까지

자연수 → 정수 → 유리수 → 무리수

의 순서로 배우면서 수의 범위를 확장해 왔다.
이 수들을 통틀어 실수라고 했다.
실수의 가장 큰 특징은 제곱하면 0 이상의 수가
되는다는 것, 즉 음수가 될 수 없다는 것이다.

$$(실수)^2 \geq 0$$

참고 $\sqrt{}$ (제곱근)와 새로운 수

가장 나중에 배운 무리수에는 제곱근이 있는데, 중학교에서는 근호($\sqrt{}$) 안에 0 이상의 수만 가능하다고 했다. 어떤 실수든 제곱하면 음수가 나올 수 없으므로 $\sqrt{-2}$ 와 같은 수는 존재하지 않는다고 배웠다. 그런데 근의 공식을 이용하여 이차방정식의 해를 구하면 $\sqrt{}$ 안에 음수가 나올 때가 있다.
이와 같이 제곱하여 음수가 되는 새로운 종류의 수를 배워 보자.

02 허수의 개념 : Imaginary Number(가상의 수)

제곱하면 음수가 되는 수를 「허수」라고 정의하자.
$a^2 = -2$, $b^2 = -16$, $c^2 = -\dfrac{1}{4}$과 같이 제곱한 결과가 음수가 되는 a, b, c와 같은 수들이 허수이다.

실수	서로 반대의 성질 ↔	허수
• 실제 존재하는 수		• 가상의 수
• $(실수)^2 \geq 0$		• $(허수)^2 < 0$
: 제곱하면 0 또는 양수		: 제곱하면 음수

03 허수단위 i

허수는 새로 정의된 수라서 기존의 수 표시 방법으로 나타낼 수 없다. 따라서 새로운 기호인 허수단위라는 것을 정하여 쓰기로 한다.
허수단위는 제곱하여 -1이 되는 수이고 i로 표시한다.

허수단위의 식
$$i^2 = -1 \longleftrightarrow i = \sqrt{-1}$$

허수단위 i는 가장 간단한 허수로 이것을 이용하여 다른 허수들을 표현한다.
• 제곱하여 -3이 되는 수
: $x^2 = -3 = 3 \times (-1) = 3i^2$ $[i^2 = -1]$
$\Rightarrow x = \sqrt{3}i, -\sqrt{3}i$
• 제곱하여 -4가 되는 수
: $x^2 = -4 = 4 \times (-1) = 4i^2$
$\Rightarrow x = 2i, -2i$

우리는 수의 범위가 확장될 때마다 새로운 기호를 도입해서 사용해 왔다.
• 자연수: $1, 2, 3, \cdots$ (아라비아 숫자 도입)
• 정수: $-2, 0, +5, \cdots$ ($+, -$ 기호와 0 도입)
• 유리수: $\dfrac{2}{3}, -\dfrac{1}{5}, \cdots$ ($\dfrac{\square}{\square}$의 형태 도입)
• 무리수: $\sqrt{3}, -\sqrt{5}, \cdots$ (제곱근 $\sqrt{}$ 기호 도입)
• 허수: i 도입

1 음수의 제곱근(근호 안에 음수가 들어간 수)이 허수였다는 것을 알 수 있다.

예 $(\sqrt{-3})^2 = -3$

→ 제곱하여 -3이 되므로 $\sqrt{-3}$은 허수

2 음수의 제곱근을 허수단위 i를 써서 나타낼 수 있다.

예 $\sqrt{-3} = \sqrt{3 \times (-1)} = \sqrt{3} \times \sqrt{-1} = \sqrt{3}i$

 **개념 C.O.D.I** 02 모든 수를 통합한다! **복소수**

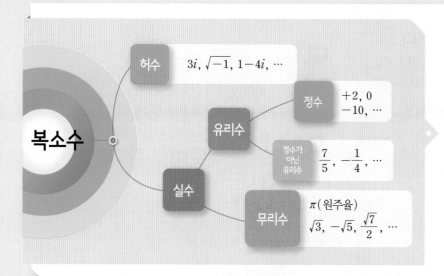

자연수, 0, 음의 정수를 묶어서 정수, 유리수와 무리수를 묶어서 실수라고 하듯 실수와 허수를 묶어서 복소수라고 부르기로 한다.

 **개념 C.O.D.I** 03 **복소수**의 **표기법**

복소수는 실수도 나타낼 수 있어야 하고, 허수도 나타낼 수 있어야 한다.
이 문제를 수학자들은 다음과 같이 해결하였다.

복소수의 표기법

$$ ⚫ + b\,i \quad (a, b\text{는 실수}) $$

실수부분 허수부분

복소수를 i가 없는 부분(a)과 i가 있는 부분(bi)으로 나눌 수 있다.

a를 실수부분, b(i의 계수)를 허수부분이라 하고 a, b에 적당한 실수를 대입하면 실수가 될 수도, 허수가 될 수도 있다.

복소수에 이름을 붙일 때는 문자 z를 쓸 때가 많다. 여러 개의 복소수는 z에 번호를 붙이기도 한다. $\left(z_1=1+i,\ z_2=-\dfrac{\sqrt{3}}{2}i\right)$

1 $b=0$이면 실수!

예 $a=3,\ b=0 \Rightarrow \underbrace{3+0\cdot i=3}_{i\text{가 없어진다.}}$: 실수

2 $b\neq0$이면 허수!

예 $a=1,\ b=-2 \Rightarrow 1-2i$: 허수

(i가 있으면 실수가 아니다. 즉, 허수)

→ $a=0,\ b\neq0$인 수는 순허수라고 한다.

예 $2i,\ -\sqrt{3}i,\ \cdots$

3 복소수의 실수부분과 허수부분

• $-5-2i$ (허수) ⇒ 실수부분: -5, 허수부분: -2

• $\dfrac{1}{2}$ (실수) ⇒ 실수부분: $\dfrac{1}{2}$, 허수부분: 0

• i (허수) ⇒ 실수부분: 0, 허수부분: 1 (순허수)

04 두 복소수가 서로 같을 조건

이제 두 개 이상의 복소수를 비교해서 복소수끼리의 관계를 공부해 보자. 복소수를 다룰 때는 실수부분과 허수부분을 구분해서 관찰하고 정리해야 한다.

실수와 허수는 다른 종류의 수이므로 같을 수 없다. 따라서 두 복소수가 같으려면 실수끼리 같고 허수끼리 같아야 한다.

$$a+bi=c+di \begin{cases} a \neq di \Rightarrow a=c \\ \text{(실수)} \text{(허수)} \\ bi \neq c \Rightarrow b=d \\ \text{(허수)} \text{(실수)} \end{cases}$$

a, b, c, d가 실수일 때,

두 복소수 $\begin{cases} z_1=a+bi \\ z_2=c+di \end{cases}$가 $a=c$이고 $b=d$이면

$$z_1=z_2 \ (a+bi=c+di)$$

실수부분끼리 같고 허수부분끼리 같으면 두 복소수가 같다.

예1 $3-6i=a+bi$ (a, b는 실수)이면

실수부분이 같아야 하므로 $a=3$

허수부분이 같아야 하므로 $b=-6$

예2 $x-y+5i=1+(x+y)i$ (x, y는 실수)이면

$x-y=1$, $x+y=5$에서

$x=3$, $y=2$

예3 $p+qi=0$ (p, q는 실수)이면

$p+qi=0+0 \cdot i$

$\therefore p=0$, $q=0$

05 켤레복소수의 뜻

예1 $3+i$의 켤레복소수: $3-i$

실수부분: 그대로　　　허수부분: $+ \to -$

예2 $z=-5i$일 때 $\bar{z}=5i$ $\begin{pmatrix} \text{실수부분: } 0 \to 0 \\ \text{허수부분: } -5 \to 5 \end{pmatrix}$

z가 순허수이면 $\bar{z}=-z$

예3 $\bar{2}=2$

$2+0 \cdot i \xrightarrow{\text{켤레복소수}} 2-0 \cdot i=2$

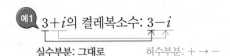

실수부분은 같고 허수부분의 부호가 반대인 복소수를 켤레복소수라 한다.

즉, $a+bi$의 켤레복소수는 $a-bi$이다.

켤레복소수의 표현

$\overline{a+bi}=a-bi \leftarrow a+bi$의 켤레복소수

$z=c+di \longrightarrow \bar{z}=\overline{c+di}=c-di$

z의 켤레복소수

[0345–0351] 빈칸에 알맞은 것을 구하시오.

0345
제곱하여 0 또는 양수가 되는 수를 ☐라 한다.

0346
제곱하여 음수가 되는 수를 ☐라 한다.

0347
제곱하여 −1이 되는 수를 허수단위 ☐라 하고, 식으로 ☐로 나타낸다.

0348
실수와 허수를 합하여 ☐라 한다.

0349
복소수는 $a+bi$ (a, b는 ☐)의 꼴로 나타내고 a를 ☐, b를 ☐이라 한다.

0350
복소수 $a+bi$에서 $b=0$이면 ☐가 되고 $a=0$, $b\neq0$이면 ☐가 된다.

0351
실수부분은 같고 허수부분의 절댓값이 같고 부호가 반대인 두 복소수는 ☐ 관계이다.

[0352–0360] 다음 수들을 실수와 허수로 구분하시오.

0352
$\dfrac{2}{3}$

0353
π

0354
$-\sqrt{-3}$

0355
$2-\sqrt{3}$

0356
$x^2=-\dfrac{1}{2}$을 만족하는 x

0357
$x^2=(-3)^2$을 만족하는 x

0358
$\dfrac{\sqrt{7}}{\sqrt{2}}$

0359
$(3i)^2$

0360
$\dfrac{1-i}{2}$

[0361–0368] 다음 복소수의 실수부분과 허수부분을 찾아 쓰시오.

0361
$7+3i$

0362
$-4+5i$

0363
$\dfrac{3-2i}{4}$

0364
-6

0365
0

0366
$3i$

0367
$-\dfrac{i}{2}$

0368
i^2

[0369–0373] 다음 등식을 만족시키는 실수 x, y의 값을 구하시오.

0369
$x+yi=1+4i$

0370
$x+yi=\dfrac{3-5i}{2}$

0371
$2x+(y-1)i=-2+2i$

0372
$x^2+(-y+3)i=8i$

0373
$(x-8)+(2y+4)i=-6$

[0374–0377] 다음 복소수의 켤레복소수를 구하시오.

0374
$2-i$

0375
$-1+\sqrt{3}\,i$

0376
12

0377
$3i$

> 복소수의 덧셈, 뺄셈, 곱셈, 나눗셈은 다음과 같은 방법으로 계산한다.

01 덧셈과 뺄셈

- $(a+bi)+(c+di)$
  $=(a+c)+(b+d)i$
- $(a+bi)-(c+di)$
  $=(a-c)+(b-d)i$

(i) 실수부분끼리, 허수부분끼리 묶어서 더하고 뺀다.

(ii) i를 문자로 생각하고 계수끼리 더하고 뺀다.

예1 $(2+3i)+(5+i)$

$=(2+5)+(3i+i)$

실수부분끼리 더한다. ↓

i를 문자로 보고 계수 3, 1을 더한다. ↓

$= \quad 7 \quad + \quad 4i$

예2 $(1-2i)-(6-5i)$

$=1-2i-6+5i$

$=(1-6)+(-2i+5i)$

↓ ↓

$= \quad -5 \quad + \quad 3i$

일차식의 덧셈, 뺄셈을 생각해 보자.
문자를 x에서 i로 바꾸면 계산 방법이 똑같다는 것을 알 수 있다.

$(5x+7)-(6x-9)$
$=5x+7-6x+9=-x+16$

$(5i+7)-(6i-9)$
$=5i+7-6i+9=16-i$

02 곱셈

$(a+bi)(c+di)$
$=ac+adi+bci+bdi^2$
$=(ac-bd)+(ad+bc)i$

(i) i를 문자로 생각하고 i에 대한 다항식을 전개한다.
  (분배법칙 이용)

(ii) $i^2=-1$로 바꾼다.

(iii) 실수부분끼리, 허수부분끼리 더하고 뺀다.

예1 $(3+2i)(1+3i)$ 전개

$=3+9i+2i+6i^2$ ⟩$i^2=-1$
$=3+9i+2i-6$
$=-3+11i$

예2 $(1-2i)(-2+i)$

$=-2+i+4i-2i^2$ ⟩$i^2=-1$
$=-2+i+4i+2$
$=5i$

다항식의 전개와 매우 비슷하다.

$(x+1)(x+3)$
$=x^2+3x+x+3$
$=x^2+4x+3$

$(i+1)(i+3)$
$=i^2+3i+i+3$
$=-1+4i+3=2+4i$

i는 문자처럼 계산하지만 실제로는 허수단위이므로 i^2은 -1로 바꿔주자.

03 나눗셈

- $\dfrac{a+bi}{ci}=\dfrac{-b+ai}{-c}$
- $\dfrac{a+bi}{c+di}$
  $=\dfrac{(ac+bd)+(bc-ad)i}{c^2+d^2}$

(i) 나눗셈은 분수꼴로 고친다.

(ii) 식을 변형하여 분모에 있는 허수를 실수로 바꾼다.

(iii) 계산 방법은 분모의 식에 따라 두 가지 경우로 구분한다.

- 분모가 순허수 ⇨ i를 곱한다. ($i^2=-1$을 이용)

$(a+bi)\div ci=\dfrac{a+bi}{ci}=\dfrac{ai+bi^2}{ci^2}=\dfrac{-b+ai}{-c}$

예 $\dfrac{3-2i}{i}=\dfrac{3i-2i^2}{i^2}=\dfrac{2+3i}{-1}=-2-3i$

- 분모가 $\triangle+\square i$ 꼴 ⇨ 켤레복소수를 곱한다.

$(a+bi)\div(c+di)=\dfrac{a+bi}{c+di}=\dfrac{(a+bi)(c-di)}{(c+di)(c-di)}$

$=\dfrac{ac-adi+bci-bdi^2}{c^2-d^2i^2}=\dfrac{(ac+bd)+(bc-ad)i}{c^2+d^2}$

예 $\dfrac{3+i}{1-2i}=\dfrac{(3+i)(1+2i)}{(1-2i)(1+2i)}=\dfrac{3+6i+i+2i^2}{1-4i^2}=\dfrac{1+7i}{5}$

켤레복소수를 잘 활용하면 복소수의 계산이 쉬워진다. 이 부분은 뒤에서 다룬다.

개념 C.O.D.I ─ 07 **복소수**의 **연산법칙**

> 실수의 계산에서 성립하는 교환법칙, 결합법칙, 분배법칙이 복소수의 계산에서도 동일하게 적용된다.

임의의 복소수 z_1, z_2, z_3에 대하여 다음이 성립한다.

교환법칙	결합법칙	분배법칙
$z_1+z_2=z_2+z_1$	$(z_1+z_2)+z_3=z_1+(z_2+z_3)$	$z_1(z_2+z_3)=z_1z_2+z_1z_3$
$z_1z_2=z_2z_1$	$(z_1z_2)z_3=z_1(z_2z_3)$	$z_1(z_2-z_3)=z_1z_2-z_1z_3$

직관적으로 이해가 가능하므로 문제를 풀면서 성립하는 것을 확인해 보자.

실전 C.O.D.I ─ 01 **켤레복소수**의 **성질**

01 켤레복소수의 합과 곱은 실수

$z=a+bi$ (a, b는 실수)이면 $\overline{z}=a-bi$이므로

$z+\overline{z}=(a+bi)+(a-bi)=2a$

합: 실수부분×2

$z\overline{z}=(a+bi)(a-bi)=a^2-b^2i^2=a^2+b^2$

곱: 실수부분^2+허수부분^2

02 켤레의 켤레는 자기 자신

$z=a+bi$ (a, b는 실수)이면 $\overline{z}=a-bi$이므로

$$\overline{(\overline{z})}=\overline{a-bi}=a+bi=z$$

03 $+$, $-$, $\times$, $\div$와 켤레복소수

$z_1=a+bi$, $z_2=a'+b'i$라 하면 z_1과 z_2를 계산한 뒤 켤레복소수를 구한 것과 z_1과 z_2의 켤레복소수를 먼저 구한 뒤 계산한 결과는 같다.

계산 먼저, 켤레 나중
=
켤레 먼저, 계산 나중

1 $\overline{z_1+z_2}=\overline{z_1}+\overline{z_2}$

① $\overline{z_1+z_2}=\overline{(a+a')+(b+b')i}=(a+a')-(b+b')i$

② $\overline{z_1}+\overline{z_2}=(a-bi)+(a'-b'i)=(a+a')-(b+b')i$

2 $\overline{z_1-z_2}=\overline{z_1}-\overline{z_2}$

① $\overline{z_1-z_2}=\overline{(a-a')+(b-b')i}=(a-a')-(b-b')i$

② $\overline{z_1}-\overline{z_2}=(a-bi)-(a'-b'i)=(a-a')-(b-b')i$

3 $\overline{z_1z_2}=\overline{z_1}\,\overline{z_2}$

① $\overline{z_1z_2}=\overline{(a+bi)(a'+b'i)}=\overline{(aa'-bb')+(a'b+ab')i}$
$=(aa'-bb')-(a'b+ab')i$

② $\overline{z_1}\,\overline{z_2}=(a-bi)(a'-b'i)=(aa'-bb')-(a'b+ab')i$

4 $\overline{\left(\dfrac{z_1}{z_2}\right)}=\dfrac{\overline{z_1}}{\overline{z_2}}$

① $\overline{\left(\dfrac{z_1}{z_2}\right)}=\overline{\left(\dfrac{a+bi}{a'+b'i}\right)}=\overline{\left(\dfrac{(a+bi)(a'-b'i)}{(a'+b'i)(a'-b'i)}\right)}$

$=\overline{\left(\dfrac{(aa'+bb')+(a'b-ab')i}{(a')^2+(b')^2}\right)}$

$=\dfrac{(aa'+bb')-(a'b-ab')i}{(a')^2+(b')^2}$

② $\dfrac{\overline{z_1}}{\overline{z_2}}=\dfrac{a-bi}{a'-b'i}=\dfrac{(a-bi)(a'+b'i)}{(a'-bi)(a'+b'i)}$

$=\dfrac{(aa'+bb')+(-a'b+ab')i}{(a')^2+(b')^2}$

$=\dfrac{(aa'+bb')-(a'b-ab')i}{(a')^2+(b')^2}$

02 음수의 제곱근의 계산

허수와 허수단위 i의 개념을 다시 생각해 보자. 허수란 제곱하면 음수가 되는 수라고 했다.

허수＝음수의 제곱근

이라는 관계가 성립하는 것이다. 예를 들어 $\sqrt{-5}$(-5의 제곱근)는 $(\sqrt{-5})^2=-5$, 즉 제곱해서 음수가 되므로 허수이다.

허수는 허수단위 i를 이용하여 나타낼 수 있으므로

$$\sqrt{-5}=\sqrt{5\times(-1)}=\sqrt{5}\sqrt{-1}=\sqrt{5}\,i$$

$$\sqrt{-\frac{2}{3}}=\sqrt{\frac{2}{3}\times(-1)}=\sqrt{\frac{2}{3}}\sqrt{-1}=\sqrt{\frac{2}{3}}\,i$$

> $a<0$이면 $\sqrt{a}=\sqrt{-a}\,i$
>
> ⇨ $\sqrt{\ }$ 안의 수를 양수로 바꾸고 i
>
> 반대로 변환도 가능하다.
>
> ⇨ $\sqrt{2}\,i=\sqrt{2}\sqrt{-1}=\sqrt{-2}$

이제 $\sqrt{\ }$ 안의 수가 음수일 때에도 제곱근의 계산이 가능하다.

$$\sqrt{2}\sqrt{-3}=\sqrt{2}\sqrt{3}\,i=\sqrt{6}\,i=\sqrt{-6}$$

$$\frac{\sqrt{-6}}{\sqrt{5}}=\frac{\sqrt{6}\,i}{\sqrt{5}}=\sqrt{\frac{6}{5}}\,i=\sqrt{-\frac{6}{5}}$$

단, 다음의 경우에는 결과가 달라진다.

① $a<0,\ b<0$이면 ← 둘 다 음수면

$$\sqrt{a}\sqrt{b}=-\sqrt{ab}$$ ← 합치고 $-$

> $a<0,\ b<0$이므로
> $$\sqrt{a}\sqrt{b}=\sqrt{-a}\,i\sqrt{-b}\,i=\sqrt{ab}\,i^2=-\sqrt{ab}$$

② $a>0,\ b<0$이면 ← 분모만 음수면

$$\frac{\sqrt{a}}{\sqrt{b}}=-\sqrt{\frac{a}{b}}$$ ← 합치고 $-$

> $a>0,\ b<0$이므로
> $$\frac{\sqrt{a}}{\sqrt{b}}=\frac{\sqrt{a}}{\sqrt{-b}\,i}=\frac{\sqrt{a}\,i}{\sqrt{-b}\,i^2}=-\sqrt{\frac{a}{-b}}\,i=-\sqrt{\frac{a}{b}}$$

①, ② 외에는 원래대로 제곱근을 계산한다.

$$\sqrt{a}\sqrt{b}=\sqrt{ab},\ \frac{\sqrt{a}}{\sqrt{b}}=\sqrt{\frac{a}{b}}$$

03 허수단위 i의 주기성

> $i^2=-1$이라는 것을 배웠다. 여기서 조금만 확장해 보자.
> $i^4=(i^2)^2=(-1)^2=1,\ i^8=(i^4)^2=1,\ i^{12}=(i^4)^3=1,$
> …와 같이 i의 지수가 4의 배수이면 1이 된다.

4의 배수 제곱
$$i^{4n}=1$$

이 주기성을 이용하면 i의 거듭제곱의 계산이 쉬워진다.

예1 $i+i^2+i^3+i^4=i-1-i+1=0$

예2 $i^9+i^{10}+i^{11}+i^{12}$
$$=i^8i+i^8i^2+i^8i^3+i^8i^4$$
$$=i+i^2+i^3+i^4=i-1-i+1=0$$
↳ 처음과 동일하게 반복된다.

이것을 이용하여 i를 거듭제곱해 보면 주기적으로 반복되는 성질을 찾을 수 있다.

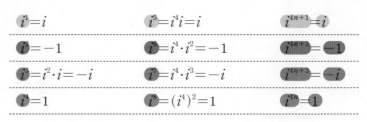

$i^1=i$	$i^5=i^4i=i$	$i^{4n+1}=i$
$i^2=-1$	$i^6=i^4\cdot i^2=-1$	$i^{4n+2}=-1$
$i^3=i^2\cdot i=-i$	$i^7=i^4\cdot i^3=-i$	$i^{4n+3}=-i$
$i^4=1$	$i^8=(i^4)^2=1$	$i^{4n}=1$

- 4개가 1주기이다. ⇒ 4개마다 똑같은 결과가 나온다.
- 1주기의 합은 0이다. ⇒ 4개씩 묶어서 더하면 소거된다.

[0378-0384] 다음을 계산하시오.

0378
$(3+2i)+(2+4i)$

0379
$(2-i)-(1+i)$

0380
$(7-3i)-(3-3i)$

0381
$3(5-3i)$

0382
$4i\left(\dfrac{1}{2}-\dfrac{3}{4}i\right)$

0383
$(2+i)(5+2i)$

0384
$(1-2i)(3+4i)$

[0385-0387] 다음은 분모의 실수화 계산 과정이다. ㈎~㈕에 알맞은 것을 구하시오.

0385
$$\dfrac{1-2i}{3i}=\dfrac{(1-2i)\times\boxed{\text{㈎}}}{3i\times\boxed{\text{㈎}}}=\dfrac{\boxed{\text{㈏}}}{\boxed{\text{㈐}}}=\boxed{\text{㈑}}-\boxed{\text{㈒}}i$$

0386
$$\dfrac{1+i}{1-i}=\dfrac{(1+i)\times\boxed{\text{㈎}}}{(1-i)\times\boxed{\text{㈎}}}=\dfrac{\boxed{\text{㈏}}}{\boxed{\text{㈐}}}=\boxed{\text{㈑}}+\boxed{\text{㈒}}i$$

0387
$$\dfrac{5-2i}{2+i}=\dfrac{(5-2i)\times\boxed{\text{㈎}}}{(2+i)\times\boxed{\text{㈎}}}=\dfrac{\boxed{\text{㈏}}}{\boxed{\text{㈐}}}=\boxed{\text{㈑}}-\boxed{\text{㈒}}i$$

[0388-0396] $z_1=2-i$, $z_2=4+3i$일 때, 다음 물음에 답하시오.

0388
$z_1+\overline{z_1}$를 계산하시오.

0389
$z_2\overline{z_2}$를 계산하시오.

0390
$\overline{z_1+z_2}$를 계산하시오.

0391
$\overline{z_1}+\overline{z_2}$를 계산하시오.

0392
0390과 0391에서 알 수 있는 성질을 쓰시오.

0393
$\overline{z_1z_2}$를 계산하시오.

0394
$\overline{z_1}\,\overline{z_2}$를 계산하시오.

0395
0393과 0394에서 알 수 있는 성질을 쓰시오.

0396
$\overline{\left(\dfrac{z_2}{z_1}\right)}=\dfrac{\overline{z_2}}{\overline{z_1}}$를 각각 계산하여 비교하시오.

[0397~0402] 다음 수를 허수단위 i를 사용하여 나타내시오.

0397
$\sqrt{-3}$

0398
$\sqrt{-20}$

0399
$\sqrt{-\dfrac{16}{9}}$

0400
$-\sqrt{-6}$

0401
$\sqrt{2}\sqrt{-6}$

0402
$\dfrac{\sqrt{-6}}{\sqrt{3}}$

[0403-0405] 다음 복소수를 계산하여 간단히 하시오.

0403
i^{48}

0404
i^{102}

0405
i^{2021}

Style 01 **실수와 허수**: 복소수

0406

다음 설명 중 옳은 것은?

① 1은 복소수가 아니다.

② $\sqrt{2}i$는 제곱하여 2가 되는 수이다.

③ $3+2i$의 허수부분은 $2i$이다.

④ 순허수의 실수부분은 0이다.

⑤ $1+i$는 실수이다.

0407

다음 중 복소수 $a+bi$가 실수일 조건은?

(단, a, b는 실수)

① $a=0$, $b=0$ ② $b=0$

③ $a\neq0$, $b\neq0$ ④ $a\neq0$, $b=0$

⑤ $a=0$, $b\neq0$

0408

다음 중 복소수 $(a-1)+(b+4)i$가 순허수일 조건은?

(단, a, b는 실수)

① $a=1$, $b\neq-4$ ② $b=-4$

③ $a=1$, $b=-4$ ④ $a=1$

⑤ $b\neq-4$

Level up

0409

$x=a$일 때, $(x^2-1)+(x^2+2x-3)i$가 순허수 bi가 된다. ab의 값은 (단, x, a, b는 실수)

① 1   ② 2   ③ 3

④ 4   ⑤ 5

Style 02 **복소수의 계산**: 덧셈, 뺄셈

0410

$(4+i)+(-2-3i)$의 값은?

① $2-2i$ ② $2-i$ ③ $3-i$

④ $2+2i$ ⑤ $4+i$

모의고사 기출

0411

$-2i+(2+3i)$의 값은? (단, $i=\sqrt{-1}$)

① $2-i$ ② $2+i$ ③ $3-i$

④ $3+i$ ⑤ $4-i$

0412

두 복소수 $z_1=5-i$, $z_2=5+i$에 대하여 z_1+z_2를 구하시오.

0413

두 복소수 $z_1=2-3i$, $z_2=-1+4i$에 대하여 다음 물음에 답하시오.

(1) z_1+z_2를 구하시오.

(2) $3z_1-2z_2$를 구하시오.

Style 03 복소수의 계산: 곱셈

0414

$(2+i)(1+i)$의 값은? (단, $i=\sqrt{-1}$)

① $1+3i$ ② $1+4i$ ③ $2+3i$

④ $3+3i$ ⑤ $3+4i$

0415

$(7+2i)(7-2i)$의 값을 구하시오. (단, $i=\sqrt{-1}$)

0416

$(1+2i)^2$의 실수부분과 허수부분의 합은?

① 1 ② 2 ③ 3

④ 4 ⑤ 5

0417

$i(4-i)+(1+2i)(2+i)=a+bi$일 때, $a+b$의 값은?

(단, a, b는 실수)

① 2 ② 4 ③ 6

④ 8 ⑤ 10

Style 04 복소수의 계산: 나눗셈

0418

$\dfrac{i}{1+2i}=a+bi$일 때, $5(a+b)$의 값은?

(단, a, b는 실수)

① 1 ② 2 ③ 3

④ 4 ⑤ 5

0419

$\dfrac{3-i}{3+i}=\dfrac{a+bi}{5}$일 때, $a+b$의 값은? (단, a, b는 실수)

① 1 ② 2 ③ 3

④ 4 ⑤ 5

0420

$\dfrac{2-i}{3+2i}$를 계산하시오.

Style 05 복소수의 혼합 계산

0421

$(1-i)^2 + \dfrac{2}{1+i}$ 의 값은? (단, $i=\sqrt{-1}$)

① $-1+3i$ ② $-1+2i$ ③ $-1+i$

④ $1-2i$ ⑤ $1-3i$

0422

$\dfrac{1-i}{1+i} + \dfrac{1+i}{1-i}$ 를 계산하시오.

0423

$\dfrac{1+3i}{-4+2i} \div \dfrac{i}{5-i}$ 를 계산하시오.

0424

$(1+i)\left(1-\dfrac{1}{i}\right)$ 의 값은?

① $-2i$ ② $-i$ ③ 0

④ i ⑤ $2i$

Style 06 복소수 z^2이 실수가 될 조건

0425

복소수 $z=a+bi$에 대하여 z^2이 양의 실수가 되기 위한 조건은? (단, a, b는 실수)

① $a \neq 0$, $b=0$ ② $b=0$

③ $a=0$, $b=0$ ④ $a \neq 0$, $b \neq 0$

⑤ $a=0$, $b \neq 0$

0426

복소수 $z=a+bi$에 대하여 z^2이 음의 실수가 되기 위한 조건은? (단, a, b는 실수)

① $a \neq 0$, $b=0$ ② $b=0$

③ $a=0$, $b=0$ ④ $a \neq 0$, $b \neq 0$

⑤ $a=0$, $b \neq 0$

0427

복소수 $z=x+3+xi$에 대하여 $z^2<0$를 만족시키는 실수 x의 값은?

① -9 ② -3 ③ 0

④ 3 ⑤ 9

0428

복소수 $z=(1+i)x^2-(3+5i)x+(2+6i)$에 대하여 z^2이 양의 실수가 되기 위한 실수 x의 값은?

① 1 ② 2 ③ 3

④ 4 ⑤ 5

Style 07 복소수의 값이 주어진 식

0429

다음은 $x=\dfrac{1+i}{2}$일 때, $4x^2-4x+2$의 값을 구하는 과정이다. ㈎, ㈏, ㈐에 알맞은 것을 구하시오.

(i) 등식을 i에 대하여 정리한다.

$$\boxed{㈎}=i$$

(ii) 양변을 제곱한다.

$$4x^2-4x+1=\boxed{㈏}$$

(iii) 우변의 상수항을 이항한다.

$$\therefore 4x^2-4x+2=\boxed{㈐}$$

0430

$x=\dfrac{-1+\sqrt{3}i}{2}$일 때, x^2+x-1의 값은?

① -2 ② -1 ③ 0

④ 1 ⑤ 2

Level up

0431

$x=1+i$일 때, x^3-x^2+3의 값은?

① 0 ② 1 ③ 2

④ 3 ⑤ 4

Style 08 서로 같은 복소수

0432

등식 $(2+i)x+(1-i)y=-6-6i$를 만족시키는 실수 x, y에 대하여 $x+y$의 값은?

① -2 ② -1 ③ 0

④ 1 ⑤ 2

모의고사 기출

0433

등식 $\dfrac{x}{1-i}+\dfrac{y}{1+i}=4+5i$가 성립하도록 하는 실수 x, y에 대하여 x^2-y^2의 값은? (단, $i=\sqrt{-1}$)

① 65 ② 72 ③ 80

④ 84 ⑤ 91

모의고사 기출

0434

등식 $(3+2i)x^2-5(2y+i)x=8+12i$를 만족시키는 두 정수 x, y에 대하여 $x+y$의 값은?

① 1 ② 2 ③ 3

④ 4 ⑤ 5

Style **09** 켤레복소수의 성질과 계산

모의고사 기출

0435

복소수 $z=2-3i$에 대하여 $(1+2i)\overline{z}$의 값은?

(단, $i=\sqrt{-1}$이고, $\overline{z}$는 z의 켤레복소수)

① $-4+7i$ ② $-4+4i$ ③ $3-4i$

④ $3+7i$ ⑤ $7-4i$

0436

두 복소수 z_1, z_2에 대하여 $\dfrac{z_1}{z_2}=\dfrac{1}{6+3i}$일 때, $\dfrac{\overline{z_2}}{\overline{z_1}}$의 값을 구하시오.

Level up

0437

두 복소수 z_1, z_2에 대하여 $\overline{z_1+z_2}=2-7i$, $\overline{z_1 z_2}=-11-7i$일 때, $(z_1-1)(z_2-1)$의 값은?

① 0 ② -4 ③ -8

④ -12 ⑤ -16

0438

다음은 두 복소수 α, β에 대하여 $\alpha\overline{\alpha}=\beta\overline{\beta}=10$, $\alpha+\beta=4-2i$일 때, $10\left(\dfrac{1}{\alpha}+\dfrac{1}{\beta}\right)$의 값을 구하는 과정이다.

$\alpha\overline{\alpha}=10$, $\beta\overline{\beta}=10$이므로 $\overline{\alpha}=$ (가) , $\overline{\beta}=$ (나)

$10\left(\dfrac{1}{\alpha}+\dfrac{1}{\beta}\right)=\dfrac{10}{\alpha}+\dfrac{10}{\beta}=$ (다) $=\overline{\alpha+\beta}=4+2i$

(가), (나), (다)에 알맞은 식을 구하시오.

Style **10** 복소수 z 구하기

0439

복소수 z에 대하여 $2z+\overline{z}=6+i$일 때, z는?

① $3-2i$ ② $2-i$ ③ $2+i$

④ $3+2i$ ⑤ $1-2i$

0440

복소수 z에 대하여 $iz+2\overline{z}=-1-5i$일 때, $z\overline{z}$의 값은?

① 2 ② 5 ③ 8

④ 10 ⑤ 13

모의고사 기출

0441

복소수 z에 대하여 등식 $(2+i)z+3i\overline{z}=2+6i$가 성립할 때, $z\overline{z}$의 값은?

① 2 ② 5 ③ 8

④ 10 ⑤ 13

Level up

0442

복소수 z에 대하여 $z+\overline{z}=4$, $z\overline{z}=7$일 때, $(z-\overline{z})^2$의 값을 구하시오.

Style 11 음수의 제곱근

모의고사 기출

0443

$\sqrt{-2}\sqrt{-18}+\dfrac{\sqrt{12}}{\sqrt{-3}}$ 의 값은?

① $6+2i$ ② $6-2i$ ③ $-8i$

④ $-6+2i$ ⑤ $-6-2i$

모의고사 기출

0444

$\sqrt{2}\sqrt{-2}+\dfrac{\sqrt{2}}{\sqrt{-2}}$ 의 값은?

① $-2i$ ② $-i$ ③ 0

④ i ⑤ $2i$

Style 12 i의 거듭제곱

0445

$i^{1003}+i^{1005}$의 값은?

① -1 ② 0 ③ 1

④ i ⑤ $2i$

모의고사 기출

0446

$(1+i)^8$의 값을 구하시오.

0447

$i+i^2+i^3+i^4+i^5+\cdots+i^{49}$의 값은?

① i ② $-1+i$ ③ -1

④ 0 ⑤ $-1-i$

0448

$\dfrac{1}{i}+\dfrac{1}{i^2}+\dfrac{1}{i^3}+\dfrac{1}{i^4}+\cdots+\dfrac{1}{i^{2010}}$ 의 값은?

① i ② $-1+i$ ③ -1

④ 0 ⑤ $-1-i$

0449

$(1+i)^{16}=2^m$이 성립할 때, 자연수 m의 값은?

① 1 ② 2 ③ 4

④ 8 ⑤ 16

Level up

0450

$\left(\dfrac{1+i}{\sqrt{2}}\right)^{100}$ 을 간단히 하시오.

0451
복소수 $z = (x^2 - 2x - 3) + (x^2 - x - 2)i$에 대하여 $z^2 > 0$, $z^2 = 0$, $z^2 < 0$을 만족시키는 실수 x의 값을 각각 a, b, c라 할 때, $100a + 10b + c$의 값을 구하시오.

0452
$-i(1-2i) + \dfrac{1+i}{1-i} = a + bi$일 때, ab의 값은?

(단, a, b는 실수)

① -2 ② -1 ③ 0

④ 2 ⑤ 4

0453
다음 중 $(2+i)^3$을 간단히 한 것은?

① $2 + 11i$ ② $2 - 11i$ ③ $-2 + 11i$

④ $-6 + 2i$ ⑤ $6 - 2i$

0454
보기 중 옳은 것을 모두 고른 것은?

> **보기**
> ㄱ. $z = \bar{z}$이면 z는 순허수이다.
> ㄴ. $z\bar{z}$는 항상 실수이다.
> ㄷ. $z^2 < 0$이면 $(\bar{z})^2 < 0$이다.

① ㄱ   ② ㄷ   ③ ㄱ, ㄴ

④ ㄴ, ㄷ   ⑤ ㄱ, ㄴ, ㄷ

0455
$x = -1 + 2i$일 때, $x^3 + 3x^2 + 4x + 2$의 값은 $a + bi$이다. $|a+b|$의 값은? (단, a, b는 실수)

① 0 ② 2 ③ 4

④ 6 ⑤ 8

0456
$z = 4 + 3i$일 때, $\dfrac{z}{z+1} + \dfrac{\bar{z}}{\bar{z}+1} = \dfrac{p}{q}$이다. p와 q가 서로소인 자연수일 때, $|p-q|$의 값은?

① 6 ② 12 ③ 18

④ 24 ⑤ 30

0457
$xy < 0$인 두 실수 x, y가 등식 $|x-y| + (x-1)i = 3 - 2i$를 만족시킬 때, $x+y$의 값은?

① -2 ② -1 ③ 0

④ 1 ⑤ 2

0458
$i^{200} + i^{202} + i^{204} + \cdots + i^{222}$의 값은?

① i ② $-1 + i$ ③ -1

④ 0 ⑤ $-1 - i$

0459

두 복소수 α, β에 대하여 $\alpha\overline{\beta}=1$, $\alpha+\dfrac{1}{\alpha}=2i$일 때, $\beta+\dfrac{1}{\beta}$의 값은?

① -2 ② 2 ③ $-2i$

④ i ⑤ $2i$

0460

복소수 z가 다음 조건을 만족시킬 때, $\dfrac{1}{2}(z+\overline{z})$의 값은?

> (가) $z+(1-2i)$는 양의 실수
> (나) $z\overline{z}=7$

① 1 ② $\sqrt{2}$ ③ $\sqrt{3}$

④ 2 ⑤ $\sqrt{5}$

0461

$\alpha=3-7i$, $\beta=-4+5i$일 때, $\alpha\overline{\alpha}+\overline{\alpha}\beta+\alpha\overline{\beta}+\beta\overline{\beta}$의 값은?

① 5 ② 7 ③ 9

④ 11 ⑤ 13

0462

$\dfrac{\sqrt{x+2}}{\sqrt{x-1}}=-\sqrt{\dfrac{x+2}{x-1}}$ 를 만족시키는 실수 x 중에서 정수의 개수를 구하시오.

0463

$\sqrt{a}\sqrt{b}=-\sqrt{ab}$를 만족시키는 실수 a, b에 대하여 $\sqrt{a^2}-\sqrt{b^2}+\sqrt{(a+b)^2}$을 간단히 하시오.

모의고사 기출

0464

$i^3+i^6+i^9+\cdots+i^{51}$을 간단히 하면?

① $-i$ ② i ③ -1

④ 0 ⑤ 1

모의고사 기출

0465

$z=\dfrac{\sqrt{2}}{1+i}$일 때, z^{2010}의 값은?

① $2i$ ② $-2i$ ③ 1

④ i ⑤ $-i$

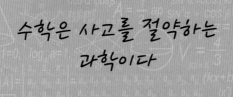

수학은 사고를 절약하는
과학이다

-푸앙카레-

06 일차방정식

G.O.D.I

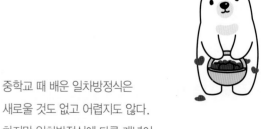

중학교 때 배운 일차방정식은
새로울 것도 없고 어렵지도 않다.
하지만 일차방정식에 다른 개념이
결합되어 나온다면?
생각보다 만만치 않다.
이 단원에서는 절댓값과 가우스 기호를
공부하고 이것을 일차방정식에 접목하여
문제를 해석하고 해결하는 방법을 배운다.

1 방정식

(1) 방정식: 식에 있는 <u>특정한 문자의 값</u>에 따라 참이 되기도 하고 거짓이 되기도 하는 등식
$\quad$ =미지수의 값

(2) 방정식의 해 : 방정식이 참이 되게 하는 특정한 문자의 값을 그 방정식의 **해** 또는 근이라 하고,
$\quad$ 방정식을 푼다는 것은 해를 구한다는 것이다.

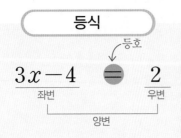

• **$a=b$일 때, 등식의 성질**

① $a+c=b+c$ (등식의 양변에 같은 수를 더해도 등식은 성립한다.)
② $a-c=b-c$ (등식의 양변에서 같은 수를 빼도 등식은 성립한다.)
③ $ac=bc$ (등식의 양변에 같은 수를 곱해도 등식은 성립한다.)
④ $\dfrac{a}{c}=\dfrac{b}{c}$ (단, $c\neq0$) (등식의 양변을 0이 아닌 같은 수로 나누어도 등식은 성립한다.)

예 $2x+7=11$ $\xrightarrow{\text{양변에서 7을 뺀다}}$ $2x=4$ $\xrightarrow{\text{양변을 2로 나눈다}}$ $x=2$

2 일차방정식의 해법

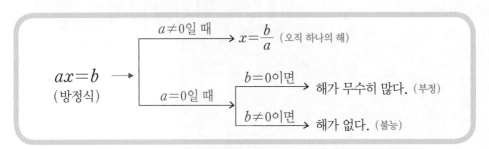

예 $4x+2=-2x-10$
$\quad 4x+2x=-10-2$
$\quad\quad\quad 6x=-12$
$\quad\quad \therefore x=-2$

예 $3x+4=3x-6$
$\quad 3x-3x=-6-4$
$\quad\quad 0\cdot x=-10$
$\quad \therefore$ 해는 없다.

예 $5x+2=8x-(3x-2)$
$\quad 5x+2=8x-3x+2$
$\quad 5x+2=5x+2$
$\quad\quad 0\cdot x=0$
$\quad \therefore$ 해가 무수히 많다.

🔎 확인문제 ▶

1 다음 방정식을 푸시오.

(1) $2x+3=3x+7$

(2) $x-1=2x+8$

(3) $-3(x+2)=-6$

(4) $-3(x-4)+2=7x+4$

(5) $2(x-2)+2=-(x+7)$

(6) $3(x-1)=3x+5$

(7) $\dfrac{3x+2}{3}=\dfrac{x+1}{2}$

(8) $\dfrac{x-1}{2}-\dfrac{2x+1}{3}=-1$

2 x에 대한 방정식 $a(x-1)=2x+3$을 푸시오.

3 절댓값

(1) 수직선 위에서 어떤 수를 나타내는 점과 원점 사이의 거리를 그 수의 **절댓값**이라 한다.

(2) 절댓값의 기호 $|a|$: 어떤 수 a의 절댓값

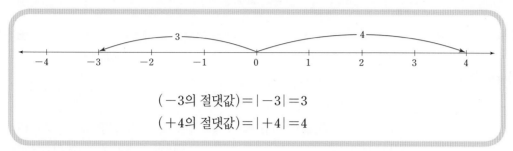

$(-3$의 절댓값$)=|-3|=3$

$(+4$의 절댓값$)=|+4|=4$

절대값 기호를 없애는 방법

$$|x|=\begin{cases} x & (x \geq 0) \\ -x & (x < 0) \end{cases}$$

x가 0 또는 양수이면 그대로 나오고, x가 음수이면 '$-$'를 붙이고 나온다.

예 $|2|=2$, $|-5|=-(-5)=5$, $|-13|=-(-13)=13$

4 절댓값의 성질

(1) 0의 절댓값은 0이다. → $|0|=0$

(2) 절댓값은 거리를 나타내므로 0 또는 양수이다.

(3) 원점에서 멀리 떨어질수록 절댓값이 크다.

(4) 절댓값이 $a(a>0)$인 수는 $+a$, $-a$의 2개이다.
　　　　　　　$+a$와 $-a$는 원점에서 같은 거리에 있다.

🔍 확인문제 ▶

3 다음을 구하시오.

(1) $|-7|$　　(2) $\left|+\dfrac{4}{3}\right|$　　(3) $|-0.5|$

(4) $\left|-\dfrac{2}{9}\right|$　　(5) $|+1.3|$　　(6) $|0|$

4 다음을 구하시오.

(1) 절댓값이 2인 수　　(2) 절댓값이 8인 수

(3) 절댓값이 $\dfrac{1}{3}$인 음수　　(4) 절댓값이 0인 수

(5) 절댓값이 $\dfrac{11}{5}$인 음수　　(6) 절댓값이 1.7인 양수

5 등식을 만족시키는 x의 값을 구하시오.

(1) $|x|=5$

(2) $|x|=\dfrac{1}{2}$

(3) $|x|=0.4$

(4) $|x|=0$

개념 C.O.D.I 01 $ax=b$의 해

중학교에서는 해가 한 개인 일차방정식을 배웠지만 a, b의 값에 따라 해가 없거나 무수히 많은 방정식이 될 수도 있다. 어떤 수든 0을 곱하면 0이 된다는 것을 알아두자.
$0 \times 1 = 0$, $0 \times 2^{100} = 0$, $\cdots$, $0 \times x = 0$

$a \neq 0$이면 해는 한 개 $\left(x = \dfrac{b}{a}\right)$

a가 0이 아닌 상수이므로 양변을 a로 나누면 x의 값은 하나로 결정된다.

$$ax = b \Rightarrow x = \dfrac{b}{a}$$

$a = 0$, $b = 0$이면 해가 무수히 많다.

$$ax = b$$
$$\downarrow {\scriptstyle a=0,\ b=0}$$
$$0 \cdot x = 0$$

이므로 x에 어떤 값을 대입해도 등식이 성립한다.

(항상 성립하므로 이 등식은 사실 항등식이다.)

$a = 0$, $b \neq 0$이면 해가 없다.

$$ax = b$$
$$\downarrow {\scriptstyle a=0,\ b\neq 0}$$
$$0 \cdot x = b$$

이므로 x에 어떤 값을 대입해도 좌변과 우변이 같을 수 없어 등식이 성립하지 않는다.

예1 x에 대한 방정식 $(a-3)x = b+2$에서 (a, b는 상수)

① $a \neq 3$이면 $x = \dfrac{b+2}{a-3}$ $\longrightarrow$ x의 계수가 0이 아닌 경우

② $a = 3$, $b = -2$이면 $0 \cdot x = 0$이므로 해가 무수히 많다. $\longrightarrow$ x의 계수가 0인 경우

③ $a = 3$, $b \neq -2$이면 $0 \cdot x = (0$이 아닌 수$)$이므로 해가 없다.

예2 x에 대한 방정식 $(a-1)x = a-2$에서 (a는 상수)

① $a \neq 1$이면 $x = \dfrac{a-2}{a-1}$ $\longrightarrow$ x의 계수가 0이 아닌 경우

② $a = 1$이면 $0 \cdot x = -1$이므로 해가 존재하지 않는다. $\longrightarrow$ x의 계수가 0인 경우

예3 x에 대한 방정식 $(a+2)x = a+2$에서 (a는 상수)

① $a \neq -2$이면 $x = \dfrac{a+2}{a+2} = 1$ $\longrightarrow$ x의 계수가 0이 아닌 경우

② $a = -2$이면 $0 \cdot x = 0$이므로 해가 무수히 많다. $\longrightarrow$ x의 계수가 0인 경우

예4 x에 대한 방정식 $(a+1)(a-2)x = a(a+1)$에서 (a는 상수)

① $a \neq -1$, $a \neq 2$이면 $x = \dfrac{a(a+1)}{(a+1)(a-2)} = \dfrac{a}{a-2}$ $\longrightarrow$ x의 계수가 0이 아닌 경우

② $a = -1$이면 $0 \cdot x = 0$이므로 해가 무수히 많다. $\longrightarrow$ x의 계수가 0인 경우

③ $a = 2$이면 $0 \cdot x = 6$이므로 해가 없다.

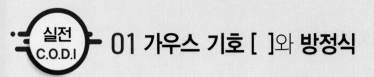
[△]=정수
⇨ 결과는 항상 정수

가우스 기호의 정의를 잊지 말자.
$[x]$는 x 이하의 범위에서 가장 큰 정수를 의미한다.

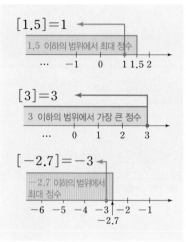

$[1.5]=1$
1.5 이하의 범위에서 최대 정수
$\cdots \quad -1 \quad 0 \quad 1 \ 1.5 \ 2$

$[3]=3$
3 이하의 범위에서 가장 큰 정수
$\cdots \quad 0 \quad 1 \quad 2 \quad 3$

$[-2.7]=-3$
-2.7 이하의 범위에서 최대 정수
$-6 \ -5 \ -4 \ -3 \ -2 \ -1$
$\qquad\qquad -2.7$

$[0]=0$
$[0.1]=0$
$\left[\dfrac{2}{3}\right]=0 \quad \Rightarrow \quad$ $0 \leq x < 1$이면 $[x]=0$
$[0.999]=0$
$\vdots$
$[5]=5$
$[5.01]=5$
$\left[\dfrac{21}{4}\right]=5 \quad \rightarrow \quad$ $5 \leq x < 6$이면 $[x]=5$
$[5.89]=5$
$\vdots$

$n \leq x < n+1$이면
$[x]=n$
결과는 항상 정수이다.

[x]는 x의 정수부분
⇨ 정수 1단위로 끊어볼 것

$\dfrac{7}{3}=2.33\cdots=\underset{\text{정수부분}}{2}+\underset{\text{실수부분}}{0.3\cdots}$

$\rightarrow 2 < \dfrac{7}{3} < 3 \qquad \therefore \left[\dfrac{7}{3}\right]=2$

$\sqrt{2}=1.4\cdots=\underset{\text{정수부분}}{1}+\underset{\text{실수부분}}{0.4\cdots}$

$\rightarrow 1 < \sqrt{2} < 2 \qquad \therefore [\sqrt{2}]=1$

(1) 가우스 기호의 계산 결과는 그 수의 정수부분을 나타낸다.
(2) 정수부분이 같으면 가우스 값은 같다.

정수를 기준값으로 범위를 구분하여 가우스 값을 계산한다.

• $10 \leq x < 12$일 때

$10 \qquad 11 \qquad 12$

① $10 \leq x < 11$이면 $[x]=10$
② $11 \leq x < 12$이면 $[x]=11$

• $\dfrac{1}{2} < x < \dfrac{5}{3}$일 때

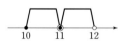

$0 \quad \dfrac{1}{2} \quad 1 \quad \dfrac{5}{3} \quad 2$

① $\dfrac{1}{2} \leq x < 1$이면 $[x]=0$

② $1 \leq x < \dfrac{5}{3}$이면 $[x]=1$

$$[x+n]=[x]+n$$
(n은 정수)

예 $x=3.1$일 때
$[x+2]=[5.1]=5$
$[x]+2=[3.1]+2=3+2=5$
$\therefore [x+2]=[x]+2$
$[x-1]=[2.1]=2$
$[x]-1=[3.1]-1=3-1=2$
$\therefore [x-1]=[x]-1$

가우스+방정식
⇨ [ ] 안에 미지수!

가우스 기호가 포함되어도 방정식의 본질은 같다.
「등식을 만족시키는 미지수의 값을 찾는다.」

1 $[x]=n$ (n은 정수)
$\therefore n \leq x < n+1$

정수부분이 n인 모든 실수가 이 등식을 만족시키므로 위와 같이 해를 범위로 나타낸다.

예 방정식 $[x]=3$의 해는
$x=3,\ 3.02,\ 3.14,\ 3.8,\ \cdots$
과 같이 무수히 많다.
이 수들은 모두 정수부분이 3인 수이므로
$[x]=3$의 해는 $3 \leq x < 4$

2 $[x]=p$
(p는 정수가 아닌 실수)
$\therefore$ 해가 존재하지 않는다.

가우스 기호의 정의에 의해 $[x]$의 결과는 항상 정수가 된다.
따라서 위의 식 자체가 모순이므로 어떤 값도 식을 만족시키지 못한다.

예 $[x]=\dfrac{1}{2}$을 만족시키는 해는 없다.

02 절댓값 기호를 포함한 일차방정식

01 $|x-p|=q$의 꼴

(i) 범위를 나누어 풀기

$x \geq p$일 때, $x=p+q$

$x < p$일 때, $x=p-q$

(ii) $|A|=n$이면 $A=n$ 또는 $A=-n$을 이용하기:

$x-p=q$ 또는 $x-p=-q$

$\Rightarrow x=p+q$ 또는 $x=p-q$

예 $|x-2|=3$

(i) 절댓값 안의 식이 양수인 경우와 음수인 경우로 나눠 푼다.

$x-2 \geq 0$, 즉 $x \geq 2$이면 $x-2=3$ $\quad \therefore x=5$

$x-2 < 0$, 즉 $x < 2$이면 $-x+2=3$ $\quad \therefore x=-1$

(ii) 절댓값이 3인 수는 3과 -3이므로

$x-2=3$에서 $x=5$

$x-2=-3$에서 $x=-1$

02 $|x-p|=ax+b$의 꼴

(i) 범위를 나눠 2가지로 방정식을 정리한다.

(ii) 각각의 방정식의 해를 구한다.

(iii) 구한 해가 범위를 벗어나는지 확인한다.

예 $|x|=3x+2$

$\boxed{x \geq 0}$이면 $x=3x+2$에서 $-2x=2$ $\quad \therefore \underline{x=-1}$

0 이상에서 해를 찾았는데 결과가 음수이므로 해가 될 수 없다.

$\boxed{x < 0}$이면 $-x=3x+2$에서 $-4x=2$ $\quad \therefore \underline{x=-\dfrac{1}{2}}$

범위에서 벗어나지 않으므로 올바른 해이다.

03 $|x-\alpha|+|x-\beta|$의 꼴 $(\alpha < \beta)$

(i) 다음과 같이 범위를 나눈다.

• $x < \alpha$

• $\alpha \leq x < \beta$

• $x \geq \beta$

(ii) 범위별로 방정식을 세워 해를 구한다.

(iii) 구한 해가 범위를 벗어나는지 확인한다.

예 $|x+2|+|x-2|=4$

$|x+2|$는 $x < -2$, $x \geq -2$인 경우로 나누고 $|x-2|$는 $x < 2$, $x \geq 2$인 경우로 나눠 생각한다. 이를 수직선에 나타내면 다음과 같다.

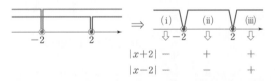

(i) $x < -2$일 때, $-x-2-x+2=4$에서

$-2x=4$ $\quad \therefore x=-2$ (범위에서 벗어나므로 해가 아니다.)

(ii) $-2 \leq x < 2$일 때, $x+2-x+2=4$에서

$0 \cdot x+4=4$, $0 \cdot x=0$ $\quad \therefore -2 \leq x < 2$

($0 \cdot x=0$은 항상 성립하므로 범위 안의 모든 수가 해이다.)

(iii) $x \geq 2$일 때, $x+2+x-2=4$에서

$2x=4$ $\quad \therefore x=2$ (범위에서 벗어나지 않으므로 해이다.)

(i), (ii), (iii)에서 $-2 \leq x \leq 2$

위의 내용을 공부했으면 느꼈을 것이다. 절댓값을 이용하면 여러 가지 경우별로 나타내야 하는 식을 압축, 요약해서 나타낼 수 있다. 그래서 편리하지만 동시에 어렵기도 하다. 절댓값은 방정식, 부등식, 함수 등 모든 단원에서 등장한다.

수학(하) 함수에서 더 심도있게 다루니 이 단원을 먼저 확실히 정리해 놓자.

Basic

[0466–0468] x에 대한 방정식 $ax+b=0$에 대하여 다음 물음에 답하시오.

0466
$a\neq0$일 때 방정식을 푸시오.

0467
$a=0$, $b=0$일 때 방정식을 푸시오.

0468
$a=0$, $b\neq0$일 때 방정식을 푸시오.

[0469–0475] $x=\dfrac{1}{2}$, $y=\dfrac{3}{4}$일 때, 다음 식의 값을 구하시오.

0469
$[x]$

0470
$[y]$

0471
$[x]+[y]$

0472
$[x+y]$

0473
$[x-y]$

0474
$[x+5]$

0475
$[x]+5$

0476
$3\leq x<4$일 때, $[x]$의 값을 구하시오.

0477
$1\leq x\leq3$일 때, $[x]$의 값을 구하시오.

[0478–0487] 다음 방정식의 해를 구하시오.

0478
$[x]=0$

0479
$[x]=-2$

0480
$|x|=2$

0481
$|x|=0$

0482
$|x|=-1$

0483
$|x+1|=3$

0484
$|2x-1|=5$

0485
$2|x+1|=x+2$

0486
$|x|=3x+2$

0487
$|x+2|+|x-2|=4$

Trendy

Style 01 **방정식 $ax=b$의 해**

0488

x에 대한 방정식 $(a-1)x=a$에 대하여 다음 물음에 답하시오. (단, a는 상수)

(1) 방정식의 해가 하나만 존재하도록 하는 a의 조건과 그때의 해를 구하시오.

(2) 방정식의 해가 존재하지 않을 때 a의 값을 구하시오.

0489

x에 대한 방정식 $(a^2-4)x-a^2-a+2=0$의 해가 무수히 많을 때의 a의 값을 p, 해가 존재하지 않을 때의 a의 값을 q라 할 때, $p+q$의 값은? (단, a는 상수)

① -4 ② -1 ③ 0

④ 3 ⑤ 4

Level up

0490

x에 대한 방정식 $(x-1)a^2-(2x-4)a-3x-3=0$의 해를 구하시오. (단, a는 상수)

Style 02 **[ ]의 뜻과 성질**

0491

연립부등식 $\begin{cases} 5x \geq 2(x-3) \\ \dfrac{2}{3}x-1 > \dfrac{1}{2}(2x-1) \end{cases}$ 을 만족시키는 x에 대하여 $[x]$의 값은?

① -2 ② -1 ③ 0

④ 1 ⑤ 2

0492

다음을 계산하시오.

$$[\sqrt{1}\,]+[\sqrt{2}\,]+[\sqrt{3}\,]+\cdots+[\sqrt{9}\,]+[\sqrt{10}\,]$$

0493

$[x]$는 x보다 크지 않은 가장 큰 정수일 때, 보기 중 옳은 것을 모두 고른 것은?

보기

ㄱ. $\sqrt{5}$의 정수부분은 $\sqrt{5}-[\sqrt{5}\,]$이다.

ㄴ. $[x-3]=[x]-3$

ㄷ. $2 \leq x < 4$일 때, $\left[\dfrac{1}{2}x\right]=1$

① ㄱ   ② ㄱ, ㄴ   ③ ㄱ, ㄷ

④ ㄴ, ㄷ   ⑤ ㄱ, ㄴ, ㄷ

Style 03 [ ]와 방정식

0494
방정식 $2[x-3]=[x-2]$의 해가 $\alpha \leq x < \beta$일 때, $\alpha\beta$의 값은?

① 2   ② 6   ③ 12

④ 20   ⑤ 30

0495
$1 \leq x < 3$일 때, $2x-[x]=1$의 해를 구하시오.

0496
$\dfrac{a+1}{2} < x < a-3$일 때, $[x]=4$를 만족시키는 실수 a의 최댓값과 최솟값의 차는?

① 0   ② 1   ③ 2

④ 3   ⑤ 4

Style 04 $|x-p|=q$ 꼴의 일차방정식

0497
다음은 x에 대한 일차방정식 $|x+2|=4$의 해를 구하는 과정이다. ㈎, ㈏, ㈐, ㈑에 알맞은 것을 구하시오.

> (ⅰ) $x \geq -2$일 때 $\boxed{㈎}=4$, $x=\boxed{㈏}$
>
> (ⅱ) $x < -2$일 때 $\boxed{㈐}=4$, $x=\boxed{㈑}$
>
> $\therefore x=\boxed{㈏}$ 또는 $x=\boxed{㈑}$

0498
다음은 x에 대한 일차방정식 $|3x-3|=6$의 해를 구하는 과정이다. (단, a, b, c, d는 실수)

> $|3x-3|=6$에서 $3|x-1|=6$
>
> $|x-1|=2$
>
> (ⅰ) $x-1=a$에서 $x=b$
>
> (ⅱ) $x-1=c$에서 $x=d$
>
> $\therefore x=b$ 또는 $x=d$

$b+d$의 값은?

① 1   ② 2   ③ 3

④ 4   ⑤ 5

0499
방정식 $\left|\dfrac{1}{2}x-1\right|-1=\dfrac{3}{2}$의 해를 구하시오.

Style 05 $|x-p|=ax+b$ 꼴의 일차방정식

0500
다음은 x에 대한 일차방정식 $|x-2|=\dfrac{1}{2}x+1$의 해를 구하는 과정이다.

> (i) $x \geq 2$일 때 $\boxed{(가)}=x+2$에서 $x=\boxed{(나)}$
>
> (ii) $x<2$일 때 $2x-4=\boxed{(다)}$에서 $x=\boxed{(라)}$
>
> $\therefore x=\boxed{(나)}$ 또는 $x=\boxed{(라)}$

(가)에 들어갈 식을 $f(x)$, (다)에 들어갈 식을 $g(x)$, (나), (라)에 들어갈 값을 각각 p, q라 할 때 $f(p)+g(3q)$의 값은?

① -2 ② 0 ③ 2
④ 4 ⑤ 6

0501
x에 대한 일차방정식 $2|x-1|=x+1$의 모든 근의 합은 $\dfrac{q}{p}$이다. p, q는 서로소인 자연수일 때, pq의 값은?

① 10 ② 15 ③ 20
④ 25 ⑤ 30

Level up
0502
x에 대한 일차방정식 $|x-2|=3x+2$의 해를 구하시오.

Style 06 절댓값이 2개인 일차방정식

0503
방정식 $|x+1|+|x-1|=4$의 모든 근의 합은?

① -4 ② -2 ③ 0
④ 2 ⑤ 4

0504
방정식 $|x+3|+|x-2|=5$의 해를 구하시오.

0505
방정식 $|x-1|=|3-x|$의 해의 개수를 a, 모든 근의 합을 b라 할 때, ab의 값은?

① -4 ② -2 ③ 0
④ 2 ⑤ 4

Level up
0506
방정식 $|x|+|x-2|=a$의 해는 실수 a의 값에 따라 다음과 같이 달라진다.

> • $a>p$일 때 해는 q개이다.
> • $a=p$일 때 해는 무수히 많다.
> • $a<p$일 때 해가 존재하지 않는다.

$p+q$의 값은? (단, p, q는 실수)

① 1 ② 2 ③ 3
④ 4 ⑤ 5

0507

x에 대한 방정식 $(a-b)x=a^2-b^2$의 해를 구하시오.

(단, a, b는 실수)

0508

$[2x]=3$을 만족시키는 x의 값의 범위는?

① $3 \leq x < 4$

② $6 \leq x < 8$

③ $\dfrac{3}{2} \leq x < 2$

④ $1 \leq x < \dfrac{3}{2}$

⑤ $2 \leq x < \dfrac{5}{2}$

0509

$1 \leq x < 3$일 때, x에 대한 방정식 $x[x]+x=2x+2$의 해를 구하시오.

0510

방정식 $||2x-3|+1|=4$의 해는?

① $x=-3$ 또는 $x=0$

② $x=0$ 또는 $x=3$

③ $x=-3$ 또는 $x=3$

④ $x=0$ 또는 $x=6$

⑤ $x=1$ 또는 $x=3$

0511

방정식 $\sqrt{x^2-4x+4}=2x+5$의 해는?

① $x=-7$

② $x=-5$

③ $x=-3$

④ $x=-1$

⑤ $x=1$

0512

방정식 $|2x-3|-|x-4|=0$의 근의 개수를 a, 음수인 근을 b라 할 때, a, b의 값으로 알맞은 것은?

① $a=1$, $b=-2$

② $a=2$, $b=-\dfrac{7}{3}$

③ $a=2$, $b=-1$

④ $a=3$, $b=-1$

⑤ $a=3$, $b=-2$

인간의 어떠한 탐구도
수학적으로 보일 수 없다면
참된 과학이라 부를 수 없다

-레오나르도 다빈치-

07 이차방정식

이차방정식은 중학교, 고등학교에서 배우는
모든 방정식의 중심이다.

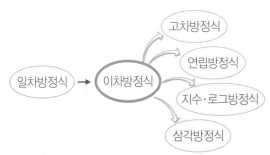

이차방정식은 일차방정식의 풀이의 원리를 포
함하고 있고 다른 방정식을 해결하는 실마리를
제공한다.
여기서 제대로 다져 놓은 밑천은 고등학교 내내
요긴하게 써먹을 것이다.

1 이차방정식의 뜻

등식의 항을 모두 좌변으로 이항했을 때

$$(x에 \ 대한 \ 이차식)=0$$

의 꼴로 정리되는 방정식을 x에 대한 이차방정식이라 한다.

$$ax^2+bx+c=0 \ (a\neq0, \ a, \ b, \ c는 상수)$$

2 이차방정식의 해(근)

이차방정식을 성립하게(참이 되게) 만드는 미지수의 값

		〈좌변〉		〈우변〉	
예 $x^2-3x+2=0$	$x=0$ 대입:	2	$\neq$	0	: 근이 아니다
	$x=1$ 대입:	0	$=$	0	: 근이다
	$x=2$ 대입:	0	$=$	0	: 근이다
	$x=-1$ 대입:	6	$\neq$	0	: 근이 아니다
	⋮				

3 이차방정식의 풀이법 (1): 인수분해 이용하기

원리

$$AB=0이면 \ A=0 \ 또는 \ B=0$$

→ 두 식의 곱이 0이면 둘 중 하나는 0이 된다.

예 $x^2-3x+2=0 \xrightarrow{\text{인수분해}} \underset{A}{(x-1)}\underset{B}{(x-2)}=0 \rightarrow x-1=0 \ 또는 \ x-2=0$

$$\therefore \ x=1 \ 또는 \ x=2$$

🔍 확인문제

1 다음 식이 이차방정식이면 ○, 아니면 ×로 표시하시오.

(1) $x^2+x-1=\dfrac{1}{2}(4+2x^2)$ ( )

(2) $2x^3-x=-x+x^3-x^2+1$ ( )

(3) $3x^2-4x+1$ ( )

(4) $2=1-(x-3)^2$ ( )

2 [ ] 안의 수가 이차방정식의 해이면 ○, 아니면 ×로 표시하시오.

(1) $x^2=4 \ [2]$ ( )

(2) $x^2+x-2=0 \ [0]$ ( )

(3) $x^2+1=0 \ [-1]$ ( )

(4) $x^2-3=0 \ [-\sqrt{3}]$ ( )

3 인수분해를 이용하여 다음 이차방정식의 해를 구하시오.

(1) $4x^2+12x+9=0$

(2) $2x^2-32=0$

(3) $x^2-\dfrac{1}{4}x-\dfrac{1}{8}=0$

(4) $6x^2-7x+2=0$

4 이차방정식의 중근

(1) x에 대한 이차식 x^2+ax+b가 완전제곱식이 될 조건: $b=\left(\dfrac{a}{2}\right)^2$ 반의 제곱

(2) 이차방정식의 근이 중복되어 같은 값이 될 때를 중근이라 한다.

> 중근일 조건: $(px+q)^2=0$의 꼴로 인수분해된다.
> 완전제곱식

예 $x^2-10x+25=0 \rightarrow (x-5)^2=0 \rightarrow (x-5)(x-5)=0$

$\therefore$ 해가 5로 중복(중근)

5 이차방정식의 풀이법 (2): 제곱근의 성질 이용하기

$m \geq 0$인 실수일 때,

(1) $x^2=m$이면 x는 m의 제곱근이므로 $x=\sqrt{m}$ 또는 $x=-\sqrt{m}$

(2) $(x+p)^2=m$이면 $x+p$는 m의 제곱근이므로 $x+p=\pm\sqrt{m}$ $\therefore x=-p+\sqrt{m}$ 또는 $x=-p-\sqrt{m}$

6 이차방정식의 풀이법 (3): 완전제곱식 만들기

(1) 좌변이 완전제곱식이 되도록 변형한다.
(2) 제곱근의 성질을 이용하여 근을 구한다.

예 $2x^2-8x+1=0$

$x^2-4x=-\dfrac{1}{2}$ ⟩ 양변을 2로 나누고 상수항 이항

$x^2-4x+4=\dfrac{7}{2}$ ⟩ 양변에 $+4$ (일차항 계수의 반의 제곱)

$(x-2)^2=\dfrac{7}{2}$ ⟩ 완전제곱식으로 인수분해

$x-2=\pm\dfrac{\sqrt{14}}{2}$ ⟩ 제곱근 $\therefore x=2\pm\dfrac{\sqrt{14}}{2}$

👉 확인문제

4 다음 이차방정식이 중근을 갖기 위한 실수 k의 값과 그 때의 중근을 구하시오.

(1) $x^2-10x+k=0$

(2) $9x^2+kx+16=0$

(3) $x^2+x+k=0$

(4) $x^2-3x+k=0$

5 다음 이차방정식의 해를 구하시오.

(1) $2x^2-5=0$

(2) $3(x+2)^2=5$

6 완전제곱식을 이용하여 다음 이차방정식의 해를 구하시오.

(1) $x^2-2x-2=0$

(2) $2x^2-4x-3=0$

(3) $x^2+x-1=0$

(4) $2x^2-x-2=0$

개념 C.O.D.I 01 근의 공식과 판별식

> 이차방정식의 많은 개념들이 근의 공식에 기반하고 있다.
> 중학교에서 배운 근의 공식을 다시 점검하자.
> 유도 과정까지 모두 숙지해야 한다.

01 근의 공식 (1): 일반 공식

$$ax^2+bx+c=0 의 근은$$
$$x=\frac{-b\pm\sqrt{b^2-4ac}}{2a}$$

이항, 통분

1 $ax^2+bx+c=0$

양변을 a로 나누고 상수항 이항

2 $x^2+\dfrac{b}{a}x=-\dfrac{c}{a}$

완전제곱식이 되도록 양변에
$+$ (일차항 계수의 반의 제곱)

3 $x^2+2\cdot\dfrac{b}{2a}x+\left(\dfrac{b}{2a}\right)^2=-\dfrac{c}{a}+\left(\dfrac{b}{2a}\right)^2$

좌변은 완전제곱식으로, 우변은 통분

4 $\left(x+\dfrac{b}{2a}\right)^2=\dfrac{b^2-4ac}{4a^2}$

제곱근의 성질 이용:
$A^2=m$이면 $A=\pm\sqrt{m}$

5 $x+\dfrac{b}{2a}=\pm\dfrac{\sqrt{b^2-4ac}}{2a}$

02 근의 공식 (2): 짝수 공식

$$ax^2+2b'x+c=0 의 근은$$
$$x=\frac{-b'\pm\sqrt{b'^2-ac}}{a}$$

근의 공식 (1)에 대입하면

$$x=\frac{-2b'\pm\sqrt{(2b')^2-4ac}}{2a}$$
$$=\frac{-2b'\pm\sqrt{4(b'^2-ac)}}{2a}$$
$$=\frac{-2b'\pm2\sqrt{b'^2-ac}}{2a}$$
$$=\frac{-b'\pm\sqrt{b'^2-ac}}{a}$$

짝수 공식은 x의 계수가 짝수일 때 쓴다.
계수가 간단해지기 때문에 편리하다.

개념 C.O.D.I 02 근의 개수와 종류

> 이차방정식의 근의 종류를 결정하는 것은 근의 공식에서
> $\sqrt{}$ 안의 부분이다. 이를 판별식 이라 한다.
> 근이 실수이면 실근, 허수이면 허근이라 한다.

01 판별식

(1) 일반 공식의 판별식
$$x=\frac{-b\pm\sqrt{b^2-4ac}}{2a}$$
$$D: b^2-4ac$$

(2) 짝수 공식의 판별식
$$x=\frac{-b'\pm\sqrt{b'^2-ac}}{a}$$
$$\frac{D}{4}=b'^2-ac$$

이차방정식의 계수가 실수일 때만
성립하므로 주의하자.
$x^2-ix-1=0$과 같이 계수가 허
수이면 $D: (-i)^2+4=3$과 같이
$D>0$이지만 근은 $x=\dfrac{i\pm\sqrt{3}}{2}$으
로 허근이 나올 수 있다.

02 $\sqrt{}$ 안이 양수

$x^2-3x+1=0$에서
$$x=\frac{3\pm\sqrt{5}}{2}$$
⬇
근이 실수이고 $\dfrac{3+\sqrt{5}}{2}$,
$\dfrac{3-\sqrt{5}}{2}$의 두 개가 존재한다.

서로 다른 두 실근

$D>0$

해는 실수가 되고 $\dfrac{\square+\bigcirc}{\triangle}$,
$\dfrac{\square-\bigcirc}{\triangle}$의 두 개의 다른 값이
나온다.

03 $\sqrt{}$ 안이 0

$4x^2+12x+9=0$에서
$$x=\frac{-6\pm\sqrt{0}}{4}$$
⬇
근이 실수이고 $-\dfrac{3}{2}$으로 중복
되어 사실상 한 개이다.

한 개의 실근(중근)

$D=0$

해는 실수이고 $\dfrac{\square+0}{\triangle}$, $\dfrac{\square-0}{\triangle}$
은 둘 다 $\dfrac{\square}{\triangle}$로 같다. 따라서 중
복되는 근(중근)이다.

04 $\sqrt{}$ 안이 음수

$x^2+x+2=0$에서
$$x=\frac{-1\pm\sqrt{-7}}{2}$$
$$=\frac{-1\pm\sqrt{7}i}{2}$$
⬇
두 개의 허수를 근으로 갖는다.

서로 다른 두 허근

$D<0$

음수의 제곱근이므로 허수이고
$\dfrac{\square+\bigcirc i}{\triangle}$, $\dfrac{\square-\bigcirc i}{\triangle}$의 꼴로
켤레복소수인 근이 나온다.

0513

다음은 이차방정식 $ax^2+bx+c=0$ $(a\neq0)$의 근의 공식을 유도하는 과정이다. ㈎~㈑에 알맞은 것을 구하시오.

$$ax^2+bx+c=0$$

↓ 양변을 ㈎ 로 나눈다.

$$x^2+\frac{b}{a}x+\frac{c}{a}=0$$

↓ 상수항 이항, 양변에 + ㈏

$$x^2+\frac{b}{a}x+\boxed{㈏}=-\frac{c}{a}+\boxed{㈏}$$

↓ 좌변 인수분해, 우변 통분

$$(\boxed{㈐})^2=\boxed{㈑}$$

↓ 제곱근의 성질 이용 $A^2=m \to A=\pm\sqrt{m}$

$$\boxed{㈐}=\pm\sqrt{\boxed{㈑}}=\pm\boxed{㈒}$$

↓ x에 대하여 정리

$$x=\boxed{㈓}$$

0514

근의 공식 중 짝수 공식에 대하여 다음 물음에 답하시오.

(1) 짝수 공식을 쓸 수 있는 조건을 구하시오.

(2) 짝수 공식을 유도하시오.

[0515–0520] 다음 이차방정식의 해를 구하시오.

0515

$10x^2-x-3=0$

0516

$3x^2-5x-1=0$

0517

$2x^2-4x-3=0$

0518

$4x^2-12x+9=0$

0519

$x^2+x+1=0$

0520

$x^2-2x+3=0$

[0521–0524] 다음 이차방정식의 근을 판별하시오.

0521

$2x^2+3x+\frac{1}{2}=0$

0522

$x^2-4x+6=0$

0523

$x^2+x+\frac{1}{4}=0$

0524

$x^2-5x+5=0$

01 조건에 맞는 **이차방정식 세우기**

여기서부터 이차방정식의 응용편이다.

해를 구하는데 만족하지 말고 조금만 더 생각해 보자.

이차방정식의 성질을 활용하면 조건에 맞는 이차방정식을 세울 수 있고,

중학교 때에는 변형되지 않던 이차식을 자유자재로 인수분해할 수 있게 된다.

01

$$a(x-\alpha)(x-\beta)=0$$ 이면

$\downarrow$ $AB=0$이면
$A=0$ 또는 $B=0$

$$x=\alpha \ 또는 \ x=\beta$$

인수분해가 되면 이차방정식의 해를 알 수 있다.

이차방정식이 (일차식)×(일차식)=0 으로 인수분해되면 일차식을 0으로 만드는 x의 값이 근이라고 배웠다.

즉, 이차방정식이 $(x-\triangle)(x-\square)=0$ 꼴로 정리되면 해는 $x=\triangle$ 또는 $x=\square$ 가 되는 것이다.

예1 $x^2-2x-8=0$에서

$(x+2)(x-4)=0$ $\quad \therefore x=-2$ 또는 $x=4$

이와 같이 인수분해된 각각의 일차식들은 이차방정식의 근과 밀접한 관계가 있다.

예2 $2x^2-x-1=0$에서

$(2x+1)(x-1)=0$

$2\left(x+\dfrac{1}{2}\right)(x-1)=0$ $\quad \therefore x=-\dfrac{1}{2}$ 또는 $x=1$

02

x^2의 계수가 a이고, 두 근이 α, β 인 이차방정식은

$$a(x-\alpha)(x-\beta)=0$$

최고차항의 계수와 근을 알면 이차방정식을 세울 수 있다.

01의 개념을 역으로 생각하면 된다.

예1 x^2의 계수가 1이고 두 근이 $\dfrac{1}{3}$, -2인 이차방정식은

$\left(x-\dfrac{1}{3}\right)(x+2)=0$에서 $x^2+\dfrac{5}{3}x-\dfrac{2}{3}=0$

이와 같이 근과 계수의 조건을 알면 이차방정식을 세울 수 있다.

또, x^2의 계수가 1이고 두 근이 $2\pm\sqrt{2}$인 이차방정식은

$\{x-(2+\sqrt{2})\}\{x-(2-\sqrt{2})\}=0$에서

$(x-2-\sqrt{2})(x-2+\sqrt{2})=0$

$\therefore x^2-4x+2=0$

즉, 복잡한 근일 때도 식을 어렵지 않게 세울 수 있다.

예2 x^2의 계수가 3이고 두 근이 $\dfrac{1}{3}$, -2인 이차방정식은

$3\left(x-\dfrac{1}{3}\right)(x+2)=0$에서 $(3x-1)(x+2)=0$

$\therefore 3x^2+5x-2=0$

02 이차방정식을 이용한 **인수분해**

01
이차방정식 $ax^2+bx+c=0$의 근이 α, β이면 이차식은 다음과 같이 인수분해된다.

$$ax^2+bx+c$$
$$=a(x-\alpha)(x-\beta)$$

이차식을 이차방정식으로 바꾸고 근을 구하면 인수분해할 수 있다.

예1 x^2-6x+4는 인수분해가 잘 되지 않는다.

이때 이 식을 이차방정식으로 바꿔서 생각해 보면

$$x^2-6x+4=0 \xrightarrow[\text{근의 공식}]{} x=3+\sqrt{5} \text{ 또는 } x=3-\sqrt{5}$$

$3+\sqrt{5}$, $3-\sqrt{5}$를 두 근으로 갖고 x^2의 계수가 1인 이차방정식은

$$\{x-(3+\sqrt{5})\}\{x-(3-\sqrt{5})\}=0$$에서

$$(x-3-\sqrt{5})(x-3+\sqrt{5})=0$$이므로

$$x^2-6x+4=(x-3-\sqrt{5})(x-3+\sqrt{5})$$와 같이 인수분해가 가능하다.

인수분해한 식의 계수가 무리수이므로 실수 범위에서 인수분해했다고 한다.

예2 $2x^2-2x+5$도 같은 방법으로 인수분해한다.

$$2x^2-2x+5=0$$에서 $$x=\frac{1\pm\sqrt{-9}}{2}=\frac{1\pm3i}{2}$$이므로

$$2x^2-2x+5=2\left(x-\frac{1+3i}{2}\right)\left(x-\frac{1-3i}{2}\right)$$

계수에 허수가 포함되므로 복소수 범위에서 인수분해한 것이다.

02
이차방정식 $ax^2+bx+c=0$이 α를 중근으로 가지면 이차식은 다음과 같이 인수분해된다.

$$ax^2+bx+c=a(x-\alpha)^2$$

이차방정식이 중근을 가지면 이차식은 완전제곱식으로 인수분해된다.

중근은 같은 근이 2개 존재하는 것이다.

x^2의 계수가 a이고 근이 α, α(중근)인 이차방정식은

$$ax^2+bx+c=0$$에서 $a(x-\alpha)(x-\alpha)=0$

$$\therefore a(x-\alpha)^2=0$$

즉,

완전제곱식 $\longleftrightarrow$ 중근 $\longleftrightarrow$ 판별식 $D=0$

이 같은 의미임을 기억하자.

예 x^2의 계수가 4이고 $\frac{1}{2}$을 중근으로 갖는 이차방정식은

$$4\left(x-\frac{1}{2}\right)\left(x-\frac{1}{2}\right)=0$$에서 $2^2\left(x-\frac{1}{2}\right)^2=0$

$$(2x-1)^2=0 \qquad \therefore 4x^2-4x+1=0$$

즉, $4x^2-4x+1$은 완전제곱식 $(2x-1)^2$으로 인수분해된다.

개념 C.O.D.I — 03 근과 계수와의 관계

> 판별식 b^2-4ac의 부호를 확인하면 근을 직접 구하지 않고 근의 개수와 실근, 허근을 알 수 있다. 이와 비슷하게 이차방정식의 근과 계수 사이의 관계를 알면 근의 합과 곱을 바로 구할 수 있다.

이차방정식 $ax^2+bx+c=0$의 두 근이 α, β일 때

두 근의 합

$$\alpha+\beta=-\frac{b}{a}\left(-\frac{일차항\ 계수}{이차항\ 계수}\right)$$

두 근의 곱

$$\alpha\beta=\frac{c}{a}\left(\frac{상수항}{이차항\ 계수}\right)$$

증명1 $ax^2+bx+c=0$을 풀면 $x=\dfrac{-b\pm\sqrt{b^2-4ac}}{2a}$

- 두 근의 합: $\dfrac{-b+\sqrt{b^2-4ac}}{2a}+\dfrac{-b-\sqrt{b^2-4ac}}{2a}=-\dfrac{b}{a}$

- 두 근의 곱: $\dfrac{-b+\sqrt{b^2-4ac}}{2a}\times\dfrac{-b-\sqrt{b^2-4ac}}{2a}$

$$=\frac{b^2-(b^2-4ac)}{4a^2}=\frac{4ac}{4a^2}=\frac{c}{a}$$

증명2 $ax^2+bx+c=0$의 두 근을 α, β라 하면

$ax^2+bx+c=a(x-\alpha)(x-\beta)$이므로 양변을 a로 나누면

$$x^2+\frac{b}{a}x+\frac{c}{a}=(x-\alpha)(x-\beta)=x^2-(\alpha+\beta)x+\alpha\beta$$

$\therefore \alpha+\beta=-\dfrac{b}{a}$, $\alpha\beta=\dfrac{c}{a}$

예 $2x^2-3x-1=0$의 두 근을 α, β라 하면

$$\alpha+\beta=-\frac{-3}{2}=\frac{3}{2},\ \alpha\beta=\frac{-1}{2}=-\frac{1}{2}$$

직접 근을 구해서 확인해 보자.

$x=\dfrac{3\pm\sqrt{17}}{4}$이므로

두 근의 합: $\dfrac{3+\sqrt{17}}{4}+\dfrac{3-\sqrt{17}}{4}=\dfrac{6}{4}=\dfrac{3}{2}$

두 근의 곱: $\dfrac{3+\sqrt{17}}{4}\times\dfrac{3-\sqrt{17}}{4}$

$$=\frac{9-17}{16}=-\frac{8}{16}=-\frac{1}{2}$$

로 근과 계수와의 관계가 성립함을 알 수 있다.

실전 C.O.D.I — 03 켤레근의 성질

> $1+2i$, $1-2i$와 같이 두 근이 켤레복소수이거나 $2+\sqrt{3}$, $2-\sqrt{3}$과 같이 무리수 부분의 부호가 반대인 두 근일 때를 켤레근이라 한다.

이차방정식 $ax^2+bx+c=0$에서

a, b, c가 유리수이고 한 근이 $p+q\sqrt{m}$이면 다른 한 근은 $p-q\sqrt{m}$

(p, q는 유리수, $\sqrt{m}$은 무리수)

계수가 유리수이고 한 근이 무리수이면 다른 근은 켤레근!

예 유리수 a, b, c에 대하여 $ax^2+bx+c=0$의 한 근이 $3-\sqrt{2}$이면 다른 근은 $3+\sqrt{2}$이다.

a, b, c가 실수이고 한 근이 $p+qi$이면 다른 한 근은 $p-qi$ (p, q는 실수)

계수가 실수이고 한 근이 허수이면 다른 근은 켤레근!

예 실수 a, b, c에 대하여 $ax^2+bx+c=0$의 한 근이 $\dfrac{1+3i}{2}$이면 다른 근은 $\dfrac{1-3i}{2}$이다.

증명 $ax^2+bx+c=0$의 해는 $b^2-4ac\neq 0$일 때

$$x=\frac{-b\pm\sqrt{b^2-4ac}}{2a}$$

$$x=-\frac{b}{2a}+\frac{1}{2a}\sqrt{b^2-4ac},\ x=-\frac{b}{2a}-\frac{1}{2a}\sqrt{b^2-4ac}$$

- a, b, c가 유리수이고 $b^2-4ac>0$이면 두 근이 유리수＋무리수, 유리수－무리수의 켤레 관계이므로 한 근이 $p+q\sqrt{m}$이면 다른 근은 $p-q\sqrt{m}$이 된다.

- a, b, c가 실수이고 $b^2-4ac<0$이면 두 근이 실수＋허수, 실수－허수의 켤레 관계이므로 한 근이 $p+qi$이면 다른 근은 $p-qi$가 된다.

켤레근 개념의 핵심은 한 근이 주어지면 바로 다른 근을 알 수 있다는 것이다.

[0525–0529] 다음 조건을 만족시키는 이차방정식을 $ax^2+bx+c=0$의 꼴로 나타내시오.

0525
x^2의 계수: 1,   근: -5, 3

0526
x^2의 계수: 2,   근: $\dfrac{1}{2}$, 2

0527
x^2의 계수: -1,   근: -2 (중근)

0528
x^2의 계수: $\dfrac{1}{2}$,   근: $\sqrt{2}$, $-3\sqrt{2}$

0529
x^2의 계수: 1,   근: $\pm i$

[0530–0532] 근의 공식을 이용하여 다음 이차식을 인수분해하시오.

0530
x^2-3

0531
x^2+2

0532
x^2+x-3

[0533–0535] x에 대한 이차방정식 $ax^2+bx+c=0$의 근을 α, β라 할 때, 다음 물음에 답하시오.

0533
α, β를 구하시오.

0534
$\alpha+\beta$를 구하시오.

0535
$\alpha\beta$를 구하시오.

[0536–0539] 다음 이차방정식의 근을 α, β라 할 때, $\alpha+\beta$, $\alpha\beta$를 구하시오.

0536
$6x^2-5x+1=0$

0537
$x^2-4x+2=0$

0538
$4x^2-3=0$

0539
$-x^2+5x=0$

0540
계수가 모두 유리수인 이차방정식의 한 근이 $3-\sqrt{2}$일 때, 나머지 근을 구하시오.

0541
계수가 모두 실수인 이차방정식의 한 근이 $1+2i$일 때, 나머지 근을 구하시오.

Style 01 이차방정식의 풀이

0542

이차방정식 $\frac{1}{3}x^2-2x+3=0$을 푸시오.

0543

이차방정식 $(2x-1)(x+5)=3(x-1)+2$를 푸시오.

0544

이차방정식 $x^2-2x=\frac{1}{2}(x^2-x-4)$의 근이

$x=\dfrac{a\pm\sqrt{b}\,i}{2}$ 일 때, $a+b$의 값은?

(단, a, b는 상수이고 $b>0$)

① -4 ② -2 ③ 4

④ 7 ⑤ 10

Level up

0545

이차함수 $y=x^2-4x+1$의 그래프의 꼭짓점의 좌표를 (a, b)라 할 때, 이차방정식 $2x^2+ax+b=0$의 근은?

① $x=\dfrac{3\pm\sqrt{5}}{4}$ ② $x=\dfrac{1\pm\sqrt{5}}{2}$

③ $x=\dfrac{-1\pm\sqrt{7}}{2}$ ④ $x=\dfrac{-4\pm\sqrt{7}}{4}$

⑤ $x=-1\pm\sqrt{7}$

Style 02 한 근이 주어진 이차방정식과 미정계수

0546

이차방정식 $x^2-10x+a=0$의 한 근이 2일 때, 다른 한 근을 b라 하자. 두 실수 a, b의 합 $a+b$의 값을 구하시오.

0547

이차방정식 $x^2+(p-2)x-2p=0$의 한 근이 -4이고, 이차방정식 $(k-1)x^2-3kx+k+1=0$의 한 근이 p일 때, $p+k$의 값은? (단, k, p는 실수)

① 1 ② 3 ③ 5

④ 7 ⑤ 9

0548

이차방정식 $ax^2-2x+b=0$의 두 해가 -1, m이고 이차방정식 $bx^2-2x+a=0$의 두 해가 $\frac{1}{3}$, n일 때, mn의 값은? (단, a, b, m, n은 실수)

① -3 ② -1 ③ 1

④ 3 ⑤ 5

0549

$x^2-(a+2)x-a^2=0$의 한 근이 -2일 때, 다른 한 근을 b라 하자. ab의 값은? (단, a, b는 실수이고 $a>0$)

① -32 ② -15 ③ 15

④ 24 ⑤ 32

Style 03 절댓값 기호를 포함한 이차방정식

0550

이차방정식 $x^2+|x|-6=0$의 모든 근의 합은?

① -1 ② 0 ③ 1

④ 2 ⑤ 3

0551

이차방정식 $x^2-4x+3=|x-2|$의 모든 근의 합은?

① 1 ② 2 ③ 3

④ 4 ⑤ 5

0552

이차방정식 $x^2+2x-\sqrt{x^2+2x+1}=0$의 모든 근의 합은?

① -2 ② -1 ③ $\sqrt{5}$

④ $-2+\sqrt{5}$ ⑤ $-2-\sqrt{5}$

Style 04 이차방정식의 판별식 (1)

0553

x에 대한 이차방정식 $x^2-3x+1-k=0$이 $k>a$일 때 서로 다른 두 실근, $k=a$일 때 중근, $k<a$일 때 서로 다른 두 허근을 갖는다. a의 값을 구하시오.

(단, a, k는 실수)

모의고사기출

0554

x에 대한 이차방정식 $x^2+2(k-1)x+k^2-20=0$이 서로 다른 두 실근을 갖도록 k의 값을 정할 때, 자연수 k의 개수를 구하시오.

0555

x에 대한 이차방정식 $x^2+4x+k=0$이 서로 다른 두 실근을 갖고, $kx^2-3x+1=0$은 서로 다른 두 허근을 갖는 실수 k의 값의 범위는 $a<k<\beta$이다. $a\beta$의 값은?

① 3 ② 6 ③ 9

④ 12 ⑤ 15

0556

x에 대한 이차방정식 $4x^2+(k+3)x+k=0$이 중근을 가질 때, 모든 실수 k의 값은?

① $0, 10$ ② $1, 9$ ③ $2, 8$

④ $3, 7$ ⑤ $4, 6$

Style 05 이차방정식의 판별식 (2)

0557

4 이하의 두 자연수 a, b에 대하여 이차방정식
$x^2+ax+b=0$이 서로 다른 두 실근을 갖도록 하는 순서
쌍 (a, b)의 개수는?

① 5 　　　　　　② 6 　　　　　　③ 7

④ 8 　　　　　　⑤ 9

0558

x에 대한 이차방정식 $(a+1)x^2+2ax+a+1=0$이 서
로 다른 두 실근을 가질 때, 실수 a의 값의 범위를 구하
시오.

0559

x에 대한 이차방정식 $4x^2+2(2k+m)x+k^2-k+n=0$
이 실수 k의 값에 관계없이 중근을 가질 때, $m+n$의 값
은? (단, m, n은 실수)

① $-\dfrac{3}{4}$ 　　　　② $-\dfrac{1}{4}$ 　　　　③ 0

④ $\dfrac{1}{4}$ 　　　　⑤ $\dfrac{3}{4}$

Style 06 근의 공식과 인수분해

0560

$3x^2-2x-2$를 실수 범위에서 인수분해하시오.

0561

x^2-2x+5를 복소수 범위에서 인수분해하시오.

0562

다음은 삼차식 x^3+x^2+4를 복소수 범위에서 인수분해
하여 세 일차식의 곱으로 나타내는 과정이다.

> $f(x)=x^3+x^2+4$라 하면
> $f(-2)=0$이므로 인수정리에 의하여
> $f(x)=(x+2)(\boxed{(가)})$이고
> $\boxed{(가)}=0$을 근의 공식으로 해를 구하여 인수분해하면
> $x^3+x^2+4=(x+2)(\boxed{(나)})(\boxed{(다)})$

(가), (나), (다)에 알맞은 것을 구하시오.

Style 07 완전제곱식과 판별식

0563

x에 대한 이차식 $x^2+2x+k-2$가 완전제곱식이 되도록
하는 실수 k의 값은?

① 1   ② 2   ③ 3

④ 4   ⑤ 5

0564

x에 대한 이차식 $x^2-kx+k-1$이 완전제곱식으로 인수
분해될 때, 실수 k의 값은?

① 1   ② 2   ③ 3

④ 4   ⑤ 5

Style 08 근의 계수와의 관계 (1)

0565

이차방정식 $3x^2-4x+2=0$의 두 근이 α, β일 때,
$\dfrac{1}{\alpha}+\dfrac{1}{\beta}$의 값을 구하시오.

모의고사 기출

0566

이차방정식 $x^2-ax+a-3=0$의 두 근의 합이 10일 때,
두 근의 곱을 구하시오. (단, a는 실수)

0567

이차방정식 $x^2+3x+4=0$의 두 근을 α, β라 할 때,
$\alpha^2+\beta^2$의 값은?

① 1   ② 2   ③ 3

④ 4   ⑤ 5

0568

이차방정식 $2x^2-x-4=0$의 두 근을 α, β라 할 때,
$\dfrac{\beta}{\alpha}+\dfrac{\alpha}{\beta}=-\dfrac{p}{q}$이다. $p-q$의 값은?

(단, p, q는 서로소인 자연수)

① -9 ② -3 ③ 3

④ 9   ⑤ 10

모의고사 기출

0569

이차방정식 $2x^2-4x+k=0$의 서로 다른 두 실근 α, β
가 $\alpha^3+\beta^3=7$을 만족시킬 때, 상수 k에 대하여 $30k$의 값
을 구하시오.

Level up

0570

이차방정식 $x^2-2x-4=0$의 두 실근을 α, β라 할 때,
$\dfrac{\alpha}{\alpha^2-2\alpha-3}+\dfrac{\beta}{\beta^2-2\beta-3}$의 값은?

① 1   ② 2   ③ 3

④ 4   ⑤ 5

Style 09 근과 계수와의 관계 (2)

0571

x에 대한 이차방정식 $x^2+(k+1)x-3=0$의 두 근의 차가 4가 되도록 하는 실수 k의 값을 모두 구하시오.

Level up

0572

x에 대한 이차방정식 $x^2+kx+k-1=0$의 두 근의 차가 3이고 두 근이 모두 음수일 때, 실수 k의 값은?

① 1   ② 2   ③ 3
④ 4   ⑤ 5

0573

x에 대한 이차방정식 $x^2-6x+k=0$의 두 근의 비가 $1:2$일 때, 상수 k의 값은?

① 6   ② 8   ③ 10
④ 12   ⑤ 14

0574

서로 다른 두 양의 실근을 갖는 x에 대한 이차방정식 $x^2+kx+24=0$의 두 근의 비가 $2:3$일 때 두 근의 합은? (단, k는 상수)

① 6   ② 8   ③ 10
④ 12   ⑤ 14

Style 10 조건에 맞는 이차방정식 세우기

0575

다음은 이차방정식 $x^2-5x+3=0$의 두 실근을 α, β라 할 때, x^2의 계수가 1이고 2α, 2β를 해로 갖는 이차방정식을 구하는 과정이다.

> 근과 계수와의 관계를 이용하여 합과 곱을 구하면
> $$\alpha+\beta=p,\ \alpha\beta=q$$
> 이고, x^2의 계수가 1, 두 근이 2α, 2β인 이차방정식은 $(x-2\alpha)(x-2\beta)=0$이므로 전개하여 계수를 구하면 $x^2+mx+n=0$

실수 p, q, m, n의 합 $p+q+m+n$의 값은?

① 6   ② 8   ③ 10
④ 12   ⑤ 14

0576

이차방정식 $x^2-5x+3=0$의 두 실근을 α, β라 할 때, $\dfrac{1}{\alpha}$, $\dfrac{1}{\beta}$을 두 근으로 갖는 이차방정식이 $3x^2+ax+b=0$이다. $|a+b|$의 값은? (단, a, b는 실수)

① 1   ② 2   ③ 3
④ 4   ⑤ 5

0577

이차방정식 $2x^2-4x-3=0$의 두 근을 α, β라 할 때, 두 근이 $2\alpha-1$, $2\beta-1$이고 x^2의 계수가 1인 이차방정식을 구하시오.

Style 11 이차방정식 $f(ax+b)=0$의 해

0578

이차방정식 $f(x)=0$의 두 근의 합이 2, 곱이 3일 때, 이차방정식 $f(2x)=0$의 두 근의 합과 곱을 구하시오.

0579

이차방정식 $f(x)=0$의 두 근의 합이 2, 곱이 3일 때, 이차방정식 $f\left(\dfrac{x}{2}\right)=0$의 두 근의 합과 곱을 구하시오.

Level up

0580

x에 대한 이차식 $f(x)=ax^2+bx+c$에서 $a:b=1:4$, $b:c=2:1$일 때, $f(x-1)=0$의 두 근의 곱은? (단, a, b, c는 실수)

① -1 ② -2 ③ -3
④ -4 ⑤ -5

모의고사 기출

0581

이차방정식 $f(x)=0$의 두 근 α, β에 대하여 $\alpha+\beta=1$, $\alpha\beta=6$일 때, 이차방정식 $f(2x-1)=0$의 두 근의 곱을 구하시오.

Style 12 켤레근의 응용

0582

x에 대한 이차방정식 $x^2-ax+a-3=0$의 한 근이 $1-\sqrt{6}$일 때, 유리수 a의 값을 구하시오.

0583

x에 대한 이차방정식 $x^2+ax+b=0$의 한 근이 $2+i$일 때, 두 실수 a, b의 합 $a+b$의 값은?

① -1 ② 1 ③ -4
④ 5 ⑤ 9

0584

x에 대한 이차방정식 $x^2+mx+1=0$의 한 근이 $2+\sqrt{n}$일 때, 유리수 m, n의 값을 구하시오. (단, $\sqrt{n}$은 무리수)

0585

이차방정식 $2x^2-\sqrt{2}x-1=0$의 해를 구하시오.

0586

이차방정식 $x^2-2x+3=0$의 한 근을 α라 할 때, $\alpha+\dfrac{3}{\alpha}$ 의 값은?

① -3 ② -2 ③ 1

④ 2 ⑤ 3

0587

x에 대한 방정식 $|2x^2-4x-3|=1$의 모든 실근의 개수를 구하시오.

0588

x에 대한 두 이차방정식

$$(k+3)x^2-2(k+1)x+k=0,$$

$$x^2-kx+\frac{1}{4}k^2-2k+4=0$$

이 모두 허근을 갖도록 하는 실수 k의 값의 범위는?

① $1\le k<2$ ② $1<k\le 2$ ③ $1<k<2$

④ $k<-1$ ⑤ $k>2$

0589

x에 대한 이차방정식

$x^2+(1-3m)x+2m^2-4m-7=0$의 두 근의 차가 4가 되도록 하는 모든 실수 m의 값의 곱을 구하시오.

0590

x에 대한 이차방정식 $x^2-(m+2)x+m+5=0$이 양의 실수를 중근으로 가질 때, 실수 m의 값과 중근의 합은?

① 1 ② 3 ③ 5

④ 7 ⑤ 9

0591

x에 대한 이차방정식 $x^2-(m+1)x+m=0$의 두 근의 비가 $2:3$이 되도록 하는 실수 m의 값을 $\dfrac{q}{p}$라 할 때, $p+q$의 값은? (단, p, q는 서로소인 자연수)

① 3 ② 4 ③ 5

④ 6 ⑤ 7

0592

x에 대한 이차방정식 $f(x)=0$의 두 근이 α, β이고, $f\left(\dfrac{2x+1}{3}\right)=0$의 두 근의 합이 5, 곱이 $\dfrac{7}{4}$일 때, $\alpha^3+\beta^3$ 의 값을 구하시오.

0593

x에 대한 이차방정식 $x^2+(a^2-3a-4)x-a+2=0$의 두 실근의 절댓값이 같고 부호가 서로 다를 때, 실수 a의 값을 구하시오.

0594

다음 방정식의 실근을 모두 구하시오.

$$x^2-4x+5=|x|+|x-3|$$

0595

세 실수 a, b, c에 대하여 이차방정식 $ax^2+bx+c=0$의 한 근이 $2+i$일 때, $cx^2+bx+a=0$의 두 근을 α, β라 하자. $(\alpha+1)(\beta+1)$의 값은?

① 1　　　　　② 2　　　　　③ 3
④ 4　　　　　⑤ 5

0596

이차방정식 $x^2+5x-2=0$의 두 근을 α, β라 할 때, $\alpha^2-5\beta$의 값을 구하시오.

0597

$1 \leq x < 3$일 때, 방정식 $x^2-2[x]=1$의 해를 구하시오.

0598

방정식 $2[x]^2-5[x]+2=0$의 해를 구하시오.

0599

세 유리수 a, b, c에 대하여 이차방정식 $ax^2+bx+c=0$의 두 근이 α, $\dfrac{1}{\alpha}$일 때, 다음 중 무리수 α의 값이 될 수 있는 것은?

① $2+\sqrt{2}$　　　② $1+\sqrt{2}$　　　③ $3+2\sqrt{2}$
④ $\sqrt{3}$　　　　　⑤ $3-\sqrt{3}$

0600

다항식 $f(x)=x^2+px+q$가 다음 두 조건을 만족시킨다.

> ㈎ 다항식 $f(x)$를 $x-1$로 나눈 나머지는 1이다.
> ㈏ 실수 a에 대하여 이차방정식 $f(x)=0$의 한 근은 $a+i$이다.

$p+2q$의 값은? (단, $i=\sqrt{-1}$이고 p, q는 실수)

① 2　　　　　② 4　　　　　③ 6
④ 8　　　　　⑤ 10

계산이라는 과정은
그저 직관을 일깨운다
계산은 실험이 아니다

-비트겐슈타인-

√MATH²

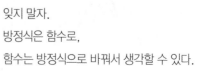

08 이차방정식과 이차함수

수학의 꽃은 함수다.

방정식, 부등식도 결국 함수로 통합된다.

이 단원에서는 방정식과 함수의

밀접한 관계를 배울 것이다.

잊지 말자.

방정식은 함수로,

함수는 방정식으로 바꿔서 생각할 수 있다.

1 이차함수의 뜻과 식

다음과 같이 x에 대한 이차식으로 표현되는 y나 $f(x)$의 식을 이차함수라 한다.

$$y=ax^2+bx+c \quad \text{또는} \quad f(x)=ax^2+bx+c$$

$$(a, b, c는 상수, a \neq 0)$$

● **용어의 뜻 알아보기**

• **축**: 대칭이 되는 선
  이차함수의 그래프는 축을 기준으로 좌우대칭이다.
• **꼭짓점**: 이차함수의 그래프(포물선)와 축의 교점

2 이차함수 $y=ax^2$의 그래프 (기본형)

(1) 포물선 모양

(2) y축에 대칭 ⇒ 축의 방정식: $x=0$

(3) 원점 $(0, 0)$이 꼭짓점

(4) a의 절댓값이 클수록 폭이 좁다.

(5) $y=ax^2 \xleftrightarrow{\ x축 \ 대칭 \ 관계\ } y=-ax^2$

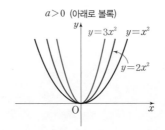

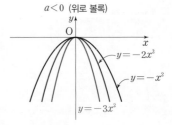

3 $y=a(x-m)^2+n$의 그래프 (표준형)

이차함수 $y=ax^2$의 그래프를 평행이동한 것

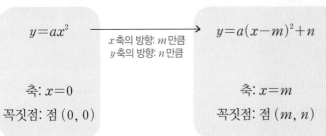

$y=ax^2$
x축의 방향: m만큼
y축의 방향: n만큼
$y=a(x-m)^2+n$

축: $x=0$
꼭짓점: 점 $(0, 0)$

축: $x=m$
꼭짓점: 점 (m, n)

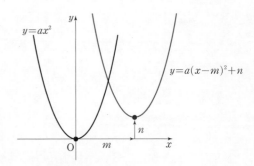

🖐 확인문제

1 함수 $y=(3x+1)^2-ax(x+1)$이 이차함수가 되기 위한 실수 a의 조건은?

① $a>3$ ② $a>9$ ③ $a \neq 9$

④ $a<9$ ⑤ $a=9$

2 두 이차함수 $y=ax^2$, $y=-2x^2$의 그래프가 그림과 같을 때, 실수 a의 값의 범위를 구하시오.

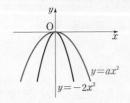

3 다음 물음에 답하시오.

(1) $y=3x^2$의 그래프를 x축의 방향으로 -1만큼, y축의 방향으로 3만큼 평행이동한 그래프를 나타내는 함수의 식과 꼭짓점의 좌표를 구하시오.

(2) $y=\dfrac{1}{2}x^2$의 그래프를 x축의 방향으로 2만큼, y축의 방향으로 1만큼 평행이동한 그래프가 점 $(0, k)$를 지날 때, 실수 k의 값을 구하시오.

모의고사 기출

(3) 이차함수 $y=2x^2+4x$의 그래프는 $y=2x^2$의 그래프를 x축의 방향으로 a만큼, y축의 방향으로 b만큼 평행이동한 것이다. $a+b$의 값을 구하시오.

4 $y=ax^2+bx+c$의 그래프 (일반형)

이차함수 $y=a(x-m)^2+n$의 꼴로 바꿔서 그래프를 그린다.

$$y=ax^2+bx+c \Rightarrow y=a\left(x+\frac{b}{2a}\right)^2-\frac{b^2-4ac}{4a}$$

(1) 축의 방정식: $x=-\dfrac{b}{2a}$

(2) 꼭짓점: 점 $\left(-\dfrac{b}{2a},\ -\dfrac{b^2-4ac}{4a}\right)$

(예) $y=2x^2-4x+1$
$$=2(x^2-2x)+1=2(x^2-2x+1-1)+1$$
$$=2(x^2-2x+1)-2+1$$
$$\therefore y=2(x-1)^2-1$$
 ─ 아래로 볼록
 ─ 축의 방정식: $x=1$
 ─ 꼭짓점: 점 $(1,\ -1)$

5 이차함수의 그래프와 축의 교점

(1) y축과의 교점(y절편): $x=0$일 때의 y의 값을 구한다.

(2) x축과의 교점(x절편): $y=0$일 때의 x의 값을 구한다.

(예) $y=x^2-x-2$의 그래프와

① y축과의 교점: $x=0$일 때 $y=-2$ 　 $\therefore (0,\ -2)$

② x축과의 교점: $y=0$일 때 $x^2-x-2=0$에서
$$(x-2)(x+1)=0,\ x=-1 \text{ 또는 } x=2$$
$$\therefore (-1,\ 0),\ (2,\ 0)$$

6 $y=ax^2+bx+c$의 그래프와 계수의 부호

a의 부호: 그래프 모양	c의 부호: y축과의 교점의 위치	b의 부호: 축의 위치 $\left(x=-\dfrac{b}{2a}\right)$

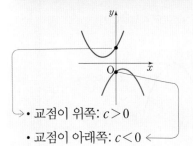

・$a>0$: 아래로 볼록

・$a<0$: 위로 볼록

・교점이 위쪽: $c>0$
・교점이 아래쪽: $c<0$

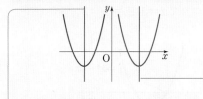

・축이 y축 왼쪽: a, b는 같은 부호
・축이 y축 오른쪽: a, b는 다른 부호

확인문제

4 다음 이차함수의 그래프의 꼭짓점의 좌표와 축의 방정식을 구하시오.

(1) $f(x)=x^2-4x+5$ 　　(2) $y=-x^2-6x$

(3) $f(x)=x^2+x+\dfrac{1}{4}$ 　　(4) $y=-2x^2+3x+1$

5 다음 이차함수의 그래프와 x축, y축과의 교점을 구하시오.

(1) $y=-2x^2+5x-2$ 　　(2) $y=9x^2-6x+1$

6 이차함수 $y=ax^2+bx+c$의 그래프가 그림과 같을 때, 상수 a, b, c의 부호를 구하시오.

(1)

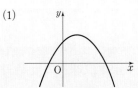

(2)

01 함수의 그래프의 교점 개수＝방정식의 실근 개수

$y=ax^2+bx+c$의 그래프와 x축 　　　　　 $ax^2+bx+c=0$

우선 좌표평면의 점은 좌우(x축), 상하(y축)의 위치를 나타내기 때문에 좌표값들은 모두 실수라는 것을 기억하자.
즉, $(1+i,\ -i)$와 같은 좌표는 없다.
이차함수 $y=ax^2+bx+c$의 그래프와 x축의 교점을 구해 보자.
x축 위의 점들은 y좌표가 모두 0이므로 $y=0$을 대입하여 $0=ax^2+bx+c$의 해를 구하면 교점을 구할 수 있다.

01 서로 다른 두 실근 ⟺ x축과의 교점 2개	02 중근 (실근 1개) ⟺ x축과의 교점 1개 (접한다.)	03 허근 (실근 0개) ⟺ 교점이 없다. (만나지 않는다.)

$y=x^2-4x+3$의 그래프와 x축과의 교점

$\downarrow y=0$ 대입

$x^2-4x+3=0$
$(x-1)(x-3)=0$
$\therefore x=1$ 또는 $x=3$

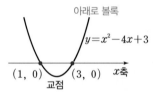

x축과의 교점을 구하려고 이차방정식을 풀었더니 실근이 2개가 나왔다. 따라서 그림과 같이 교점도 2개!

$y=-x^2+4x-4$의 그래프와 x축과의 교점

$\downarrow y=0$ 대입

$-x^2+4x-4=0$
$-(x-2)^2=0$
$\therefore x=2$ (중근)

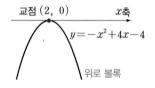

실근이 하나이므로 교점도 하나! 곡선과 직선이 한 점에서 만날 때 '접한다'라고 하고 그림처럼 직선이 스치고 지나가는 모양이 된다.

$y=x^2+x+1$의 그래프와 x축과의 교점

$\downarrow y=0$ 대입

$x^2+x+1=0$
$\therefore x=\dfrac{-1\pm\sqrt{3}i}{2}$ (허근)

실근이 없으면 교점도 없다! 교점의 좌표의 값은 실수여야 하므로 허근이 나왔다면 교점이 없다는 뜻이다. 따라서 그림처럼 x축과 만나지 않는다.

이차함수 $y=ax^2+bx+c$의 그래프와 x축과의 교점의 개수는 이차방정식 $ax^2+bx+c=0$의 실근의 개수와 같다.

02 D(판별식)와 교점의 개수

이차함수 $y=ax^2+bx+c$의 그래프와 x축과의 교점의 개수는 이차방정식 $ax^2+bx+c=0$의 실근의 개수와 같다.
따라서 판별식 $D=b^2-4ac$의 부호를 이용하여 교점의 개수를 구할 수 있다.

• $y=ax^2+bx+c$의 그래프와 x축과의 교점 • $ax^2+bx+c=0$의 실근	$D>0$	$D=0$	$D<0$
실근의 개수	2 (서로 다른 두 실근)	1 (중근)	0 (서로 다른 두 허근)
위치 관계	두 점에서 만난다 (교점 2개)	한 점에서 만난다 (교점 1개, 접한다)	만나지 않는다 (교점 0개)
그래프 ($a>0$, 아래로 볼록)			
그래프 ($a<0$, 위로 볼록)			

01 이차함수의 그래프와 직선의 교점 (1)

이차함수 $y=ax^2+bx+c$의 그래프와 직선 $y=k$의 교점의 개수는 이차방정식 $ax^2+bx+c-k=0$의 실근의 개수와 같다.

$y=ax^2+bx+c$의 그래프와 직선 $y=k$의 교점의 y좌표는 k이다.
직선 $y=k$ 위의 점들은 $(\square,\ k)$의 꼴로 y좌표가 모두 k이므로 이차함수의 그래프와 직선이 만나는 점에서는 $y=ax^2+bx+c$의 y의 값도 k가 되어야 한다.

두 식을 연립한다.
$$ax^2+bx+c=k$$

이항하여 정리하면
$$ax^2+bx+c-k=0$$
$\Rightarrow$ 판별식의 부호 확인
$$D=b^2-4a(c-k)$$

$D>0$	$D=0$	$D<0$
서로 다른 두 실근	중근	허근
$\Downarrow$	$\Downarrow$	$\Downarrow$
교점 2개	교점 1개 (접한다)	교점 0개 (만나지 않는다.)

$D>0$
$y=ax^2+bx+c$
$y=k$

$D=0$
$y=ax^2+bx+c$
$y=k$

$D<0$
$y=ax^2+bx+c$
$y=k$

(예) $y=x^2-x-2$의 그래프와 직선 $y=4$의 교점:
$x^2-x-2=4$에서
$x^2-x-6=0$
$D: (-1)^2-4\cdot1\cdot(-6)>0$
$(x=-2$ 또는 $x=3)$

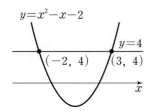

(예) $y=-4x^2+12x$의 그래프와 직선 $y=9$의 교점:
$-4x^2+12x=9$에서
$4x^2-12x+9=0$
$\dfrac{D}{4}: 6^2-4\cdot9=0 \left(x=\dfrac{3}{2}\right)$

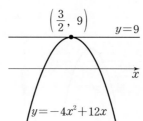

(예) $y=-x^2+x-2$의 그래프와 직선 $y=-1$의 교점:
$-x^2+x-2=-1$에서
$x^2-x+1=0$
$D: (-1)^2-4\cdot1\cdot1<0$
$\left(x=\dfrac{1\pm\sqrt{3}i}{2}\right)$

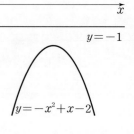

02 이차함수의 그래프와 직선의 교점 (2)

이차함수 $y=ax^2+bx+c$의 그래프와 직선 $y=mx+n$의 교점의 개수는 이차방정식 $ax^2+(b-m)x+c-n=0$의 실근의 개수와 같다.

| $y=ax^2+bx+c$의 그래프와 직선 $y=mx+n$의 수많은 점들 중에서 x좌표, y좌표가 같은 점이 교점이다. | 두 식을 같다고 놓으면(연립하면) 교점을 구할 수 있다. $$ax^2+bx+c=mx+n$$ | 이항하여 정리하면 $$ax^2+(b-m)x+c-n=0$$ ⇒ 판별식의 부호 확인 $$D=(b-m)^2-4a(c-n)$$ |

$D>0$	$D=0$	$D<0$
서로 다른 두 실근	중근	허근
⇓	⇓	⇓
교점 2개	교점 1개 (접한다.)	교점 0개 (만나지 않는다.)
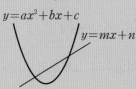	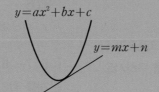	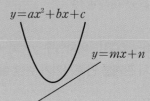

 예 $y=x^2+x-1$의 그래프와 직선 $y=2x+1$의 교점:
$x^2+x-1=2x+1$에서
$x^2-x-2=0$
$D:(-1)^2-4\cdot1\cdot(-2)>0$
  ($x=-1$ 또는 $x=2$)

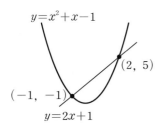

예 $y=x^2-x-1$의 그래프와 직선 $y=x-2$의 교점:
$x^2-x-1=x-2$에서
$x^2-2x+1=0$
$\dfrac{D}{4}:(-1)^2-1=0\ (x=1)$

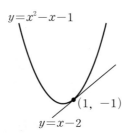

예 $y=-x^2+1$의 그래프와 직선 $y=-x+3$의 교점:
$-x^2+1=-x+3$에서
$x^2-x+2=0$
$D:(-1)^2-4\cdot1\cdot2<0$
  $\left(x=\dfrac{1\pm\sqrt{7}\,i}{2}\right)$

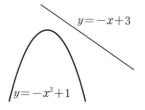

[0601–0605] 다음 이차함수의 그래프와 x축과의 교점을 구하시오.

0601
$f(x)=x^2-3x-10$

0602
$y=-\dfrac{1}{2}x^2+2$

0603
$y=\sqrt{2}x^2$

0604
$f(x)=-x^2-14x-49$

0605
$f(x)=x^2+6x+10$

[0606–0608] 이차함수 $y=x^2+4x-2k$의 그래프가 다음 위치 관계를 만족시키기 위한 실수 k의 조건을 구하시오.

0606
x축과 두 점에서 만난다.

0607
x축과 접한다.

0608
x축과 만나지 않는다.

[0609–0611] 다음 이차함수의 그래프와 직선의 위치 관계를 확인하시오.

0609
$y=-x^2+3x,\ y=3$

0610
$f(x)=2x^2-7x+1,\ g(x)=2$

0611
$y=3x^2-2x,\ y=-\dfrac{1}{3}$

[0612–0614] 이차함수 $y=2x^2-2x+1$의 그래프가 다음 위치 관계를 만족시키기 위한 실수 k의 조건을 구하시오.

0612
직선 $y=k$와 두 점에서 만난다.

0613
직선 $y=k$와 한 점에서 만난다.

0614
직선 $y=k$와 만나지 않는다.

[0615–0616] 다음 이차함수의 그래프와 직선의 교점을 구하시오.

0615
$y=x^2-3x+1,\ y=x-2$

0616
$f(x)=-x^2-8x-5,\ g(x)=-2x+4$

[0617–0619] 다음 이차함수의 그래프와 직선의 위치 관계를 확인하시오.

0617
$f(x)=x^2+1,\ g(x)=4x-1$

0618
$y=x^2+x,\ y=x-5$

0619
$y=4x^2-2x+1,\ y=2x$

[0620–0622] 이차함수 $y=x^2-4x+1$의 그래프와 직선 $y=x+k$의 그래프가 다음 위치 관계를 만족시키기 위한 실수 k의 조건을 구하시오.

0620
두 점에서 만난다.

0621
접한다.

0622
만나지 않는다.

개념 C.O.D.I ─ 03 **함숫값**

기본이 중요하다. 함숫값부터 다시 공부하자.
함숫값을 정확히 구하고 그래프와 연결하여 생각하는 것은
모든 함수에서 기본이 된다.

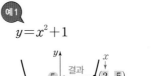

대입	⇨	함수	⇨	결과
x의 값		$y=f(x)$		y의 값=함숫값

→x에 대한 식

함수 $y=\boxed{f(x)}$에 x 대신 어떤 값을 대입했을 때
나오는 y의 값 또는 $f(\triangle)$의 값이 함숫값이다.

예1 함수 $y=x^2+1$에
$x=2$를 대입하면 $y=5$
∴ $x=2$일 때 함숫값 5

예2 함수 $f(x)=-x^2+2x$에
$x=-1$을 대입하면 $f(-1)=-3$
∴ $x=-1$일 때 함숫값 -3

그래프와 함숫값

함숫값은 그래프로 확인하는 경우가 많다.
그래프와 좌표를 정확히 읽을 줄 알아야 한다.

x는 가로 눈금, y는 세로 눈금

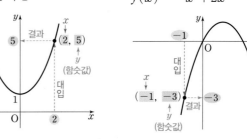

예1 $y=x^2+1$

예2 $f(x)=-x^2+2x$

개념 C.O.D.I ─ 04 **이차함수**의 **최댓값·최솟값 구하기**

최댓값·최솟값도 함숫값이라는 것을 기억하자.

최댓값
가장
큰
함숫값

최솟값
가장
작은
함숫값

함수의 식에 수많은 값을 대입할 수 있고 그에 대응하는 함숫값도 무수히 많기 때문에 일일이 대입하여 그 중에서 가장 큰 값, 가장 작은 값을 찾기는 어렵다. 따라서

Graph!
그래프를 그려서
생각한다.

최댓값
그래프에서 가장 높은 점의 함숫값

최솟값
그래프에서 가장 낮은 점의 함숫값

꼭짓점을 찾아라

그래프가 아래로 볼록한 이차함수

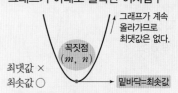

그래프가 계속
올라가므로
최댓값은 없다.

최댓값 ×
최솟값 ○

밑바닥=최솟값

$x=m$에서 최솟값 n을 갖는다.
그래프가 아래로 볼록할 때 이차함수의
그래프는 꼭짓점이 가장 낮은 점이다.

그래프가 위로 볼록한 이차함수

꼭대기=최댓값

최댓값 ○
최솟값 ×

그래프가 계속
내려가므로
최솟값은 없다.

$x=m$에서 최댓값 n을 갖는다.
그래프가 위로 볼록할 때 이차함수의
그래프는 꼭짓점이 가장 높은 점이다.

05 정해진 범위에서 최대 · 최소 구하기

> 범위가 없으면 그래프 전체를, 범위가 있으면 정해진 범위만 본다.
> $\alpha \leq x \leq \beta$와 같은 범위에서는 이차함수가 최댓값, 최솟값을 모두 갖는다.

$0 \leq x \leq 3$에서 이차함수 $y = x^2 - 2x + 3$의 최댓값과 최솟값 구하기

① 전체 그래프를 그린다.

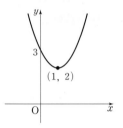

- y축과의 교점(y절편) $\Rightarrow (0, 3)$
- $\dfrac{D}{4} = (-1)^2 - 3 < 0$
  $\Rightarrow x$축과 만나지 않는다.
- $y = (x^2 - 2x + 1) + 2$
  $= (x-1)^2 + 2$
  $\Rightarrow$ 꼭짓점: $(1, 2)$

② 범위에 해당하는 부분 표시

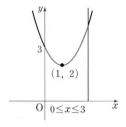

- x는 0부터 3까지
- 그림처럼 그래프에 표시
- 주어진 범위만큼 그래프를 자른다고 생각하자.

③ 시작값, 끝값, 꼭짓점 확인

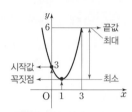

- 그래프에서 보듯 이차함수의 최댓값과 최솟값은 범위의 시작값과 끝값, 꼭짓점 중에 있다.
- 최댓값 (그래프의 맨 윗 부분)
  $\Rightarrow x = 3$에서 6
- 최솟값 (그래프의 맨 아랫 부분)
  $\Rightarrow x = 1$에서 2

03 꼭짓점과 최대 · 최소

> 이차함수 $f(x) = ax^2 + bx + c$의 그래프의 꼭짓점 (m, n)이 범위 $\alpha \leq x \leq \beta$에 포함되는지 아닌지에 따라 경우별로 어떻게 최댓값과 최솟값이 나오는지 알아보자.

$a > 0$: 아래로 볼록

꼭짓점이 범위 안

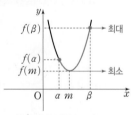

- 최소는 꼭짓점
- 최대는 $f(\alpha), f(\beta)$ 중 큰 값

꼭짓점이 범위 밖

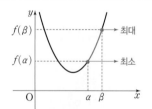

$f(\alpha), f(\beta)$ 중
큰 것이 최댓값, 작은 것이 최솟값

$a < 0$: 위로 볼록

꼭짓점이 범위 안

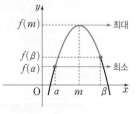

- 최대는 꼭짓점
- 최소는 $f(\alpha), f(\beta)$ 중 작은 값

꼭짓점이 범위 밖

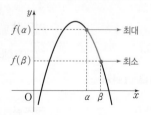

$f(\alpha), f(\beta)$ 중
큰 것이 최댓값, 작은 것이 최솟값

0623

$f(x)=x^2-3x$에서 $f(2)$의 값을 구하시오.

0624

$y=-x^2-2x$에서 $x=1$일 때 함숫값을 구하시오.

[0625~0626] 오른쪽 그림은 함수 $y=f(x)$의 그래프의 일부이다. 물음에 답하시오.

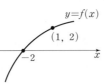

0625

$f(1)$의 값을 구하시오.

0626

$y=f(x)$의 그래프와 x축과의 교점의 좌표를 구하시오.

0627

이차함수 $f(x)=-2x^2+ax$의 그래프가 점 $(2,\ 0)$을 지날 때, 상수 a의 값을 구하시오.

0628

오른쪽은 이차함수 $y=a(x-2)^2+1$의 그래프이다. 상수 a의 값을 구하시오.

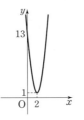

[0629~0633] 다음 이차함수의 그래프를 그리고, 최댓값과 최솟값을 구하시오.

0629

$y=x^2-4x+3$

0630

$y=x^2-4x+6$

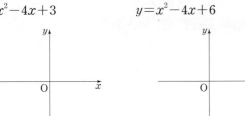

0631

$y=2x^2-8x+8$

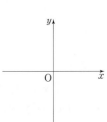

0632

$y=-\dfrac{1}{2}(x+2)(x-2)$

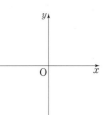

0633

$y=-x^2-x-2$

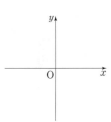

[0634~0636] 이차함수 $y=x^2-3x$의 그래프를 그리고, 주어진 범위에서 최댓값과 최솟값을 구하시오.

0634

$1\leq x\leq 3$

0635

$2\leq x\leq 4$

0636

$-3\leq x\leq -1$

[0637~0639] 이차함수 $y=-2x^2-4x+3$의 그래프를 그리고, 주어진 범위에서 최댓값과 최솟값을 구하시오.

0637

$0\leq x\leq 3$

0638

$-2\leq x\leq 0$

0639

$-3\leq x\leq -1$

Style 01 이차함수의 식과 그래프

0640
꼭짓점의 좌표가 $(1, 2)$인 이차함수 $y=f(x)$의 그래프가 점 $(0, 3)$을 지난다. $f(2)$의 값은?

① 1 ② 3 ③ 5
④ 7 ⑤ 9

0641
꼭짓점의 좌표가 $(2, -1)$인 이차함수 $y=ax^2+bx+c$의 그래프를 평행이동하면 $y=-x^2$의 그래프와 포개어질 때, $a+b+c$의 값은? (단, a, b, c는 상수)

① -2 ② -1 ③ 0
④ 1 ⑤ 2

0642
이차함수 $y=x^2-4x+k$의 꼭짓점이 직선 $y=x+1$ 위에 있을 때, 상수 k의 값은?

① 1 ② 3 ③ 5
④ 7 ⑤ 9

Level up
0643
이차함수 $y=2x^2+4x+1$의 그래프의 꼭짓점을 A, y축과의 교점을 B라 할 때, 두 점 A, B를 지나는 직선의 기울기는?

① -2 ② -1 ③ 0
④ 1 ⑤ 2

Style 02 이차함수의 그래프의 대칭성

0644
다음은 축의 방정식이 $x=2$인 이차함수 $y=f(x)$에 대하여 $f(3)$과 같은 함숫값을 구하는 과정이다.

> $y=f(x)$의 그래프를 오른쪽 그림과 같이 그려도 일반성을 잃지 않는다.
> 이 그래프는 $x=2$에 대하여 대칭이므로 축을 기준으로 좌우 같은 거리에 있는 두 함숫값 $f(3)(=f(2+1))$과 $f(\boxed{(가)})(=f(2-\boxed{(나)}))$는 같다.
> $\therefore f(3)=\boxed{(다)}$

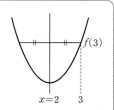

(가), (나), (다)에 알맞은 것을 구하시오.

0645
이차함수 $f(x)=-x^2+2x+1$에 대하여 $f(3)$의 값과 같은 것은?

① $f(-2)$ ② $f(-1)$ ③ $f(0)$
④ $f(1)$ ⑤ $f(2)$

Level up
0646
$f(-1)=f(3)$인 이차함수 $y=f(x)$의 그래프의 꼭짓점의 좌표가 $(m, -1)$이고 점 $(2, 1)$을 지날 때, $m+f(0)$의 값은? (단, m은 실수)

① 1 ② 2 ③ 3
④ 4 ⑤ 5

Style **03** 이차함수의 그래프와 축의 교점

0647
이차함수 $y=x^2-4x+3$의 그래프와 x축과의 두 교점을 A, B, y축과의 교점을 C라 할 때, $\triangle$ABC의 넓이는?
① 1 　　② 2 　　③ 3
④ 4 　　⑤ 5

0648
이차함수 $y=f(x)$의 그래프와 x축과의 두 교점이 점 $(-1, 0)$, $(1, 0)$이고 y축과의 교점이 점 $(0, 2)$일 때, $f(2)$의 값은?
① -6 　　② -3 　　③ 2
④ 3 　　⑤ 6

0649
이차함수 $y=f(x)$에 대하여 $f(-2)=f(1)=0$이고 $f(0)=2$일 때, 이 이차함수의 꼭짓점의 좌표는 $\left(-\dfrac{1}{2}, \dfrac{p}{q}\right)$이다. $p-q$의 값은?
(단, p, q는 서로소인 자연수)
① 1 　　② 2 　　③ 3
④ 4 　　⑤ 5

Level up
0650
이차함수 $y=x^2+x+1$의 그래프를 평행이동하여 포개어질 수 있는 그래프를 나타내는 이차함수의 축이 $x=0$이고, x축과 두 점에서 만나며 두 교점 사이의 거리가 4일 때, 이 두 교점의 좌표를 구하시오.

Style **04** 판별식과 x축과의 교점의 개수

0651
이차함수 $y=x^2-6x+2k+1$의 그래프가 x축과 두 점에서 만나기 위한 실수 k의 값의 범위는?
① $k>4$ 　　② $k<4$ 　　③ $k\geq4$
④ $k<5$ 　　⑤ $k>5$

Level up
0652
이차함수 $f(x)=(k-2)x^2+(k-1)x+\dfrac{1}{4}(k+2)$의 그래프가 x축과 만나지 않도록 하는 실수 k의 값의 범위를 구하시오.

0653
이차함수 $y=x^2+(4k-2)x+3k^2-k+1$의 그래프의 꼭짓점이 x축 위에 있을 때, 꼭짓점 중 x좌표가 양수인 점의 좌표는?
① $(1, 0)$ 　　② $(2, 0)$ 　　③ $(3, 0)$
④ $(4, 0)$ 　　⑤ $(5, 0)$

Level up
0654
이차함수 $y=(k+1)x^2-2kx+k-2$의 그래프가 x축과 만나기 위한 실수 k의 값의 범위를 구하시오.

Style 05 판별식과 $y=k$의 교점의 개수

0655
이차함수 $y=x^2+2x+a$의 그래프와 직선 $y=10$의 교점의 좌표가 $(-5, 10)$, $(b, 10)$일 때, $a+b$의 값은?

(단, a, b는 실수)

① -4 ② -2 ③ 0
④ 2 ⑤ 4

0656
이차함수 $y=-2x^2+x+a$의 그래프와 직선 $y=2$가 만나지 않도록 하는 실수 a의 값의 범위를 구하시오.

0657
이차함수 $y=kx^2+2kx+1$의 그래프와 직선 $y=k$가 접할 때, 실수 k의 값을 구하시오.

Level up
0658
이차함수 $f(x)=x^2-4x+10$의 그래프와 직선 $y=k$의 교점의 개수를 a_k라 하자. 예를 들어 $y=f(x)$의 그래프와 직선 $y=1$은 만나지 않으므로 $a_1=0$이다.
$a_1+a_2+\cdots+a_9+a_{10}$의 값은?

① 1 ② 3 ③ 5
④ 7 ⑤ 9

Style 06 이차함수의 그래프와 직선의 교점

0659
이차함수 $f(x)=2x^2-3x+1$의 그래프와 직선 $y=mx-2$의 두 교점의 x좌표가 3과 p일 때, $|mp|$의 값은? (단, m, p는 실수)

① 1 ② 2 ③ 3
④ 4 ⑤ 5

0660
직선 $y=mx+1$과 이차함수 $f(x)=-x^2+2x-2$의 그래프가 두 점에서 만나고 교점 중 하나는 $y=f(x)$의 그래프의 꼭짓점일 때, 다른 교점의 좌표는 (p, q)이다. $|p+q|$의 값은? (단, m, p, q는 실수)

① 1 ② 2 ③ 3
④ 4 ⑤ 5

모의고사 기출
0661
이차함수 $y=x^2+ax+3$의 그래프와 직선 $y=2x+b$가 서로 다른 두 점에서 만나고 두 교점의 x좌표가 -2와 1일 때, $2b-a$의 값을 구하시오. (단, a, b는 상수)

Style 07 판별식과 $y=mx+n$의 교점의 개수

모의고사기출

0662

이차함수 $y=3x^2-4x+k$의 그래프와 직선 $y=8x+12$가 한 점에서 만날 때, 실수 k의 값을 구하시오.

모의고사기출

0663

이차함수 $y=-2x^2+5x$의 그래프와 직선 $y=2x+k$가 적어도 한 점에서 만나도록 하는 실수 k의 최댓값은?

① $\dfrac{3}{8}$ ② $\dfrac{3}{4}$ ③ $\dfrac{9}{8}$

④ $\dfrac{3}{2}$ ⑤ $\dfrac{15}{8}$

Level up

0664

직선 $y=-x+a$는 이차함수 $y=x^2+1$의 그래프와는 만나지 않고 이차함수 $y=x^2-4x$의 그래프와는 두 점에서 만날 때, 정수 a의 개수는?

① 1   ② 2   ③ 3

④ 4   ⑤ 5

Style 08 교점과 근과 계수와의 관계

0665

이차함수 $y=2x^2-3x-1$의 그래프와 x축과의 교점의 좌표가 $(\alpha, 0)$, $(\beta, 0)$이다. $\alpha+\beta=p$, $\alpha\beta=q$라 할 때, $p+q$의 값은?

① 1   ② 2   ③ 3

④ 4   ⑤ 5

0666

이차함수 $y=3x^2-7x+1$의 그래프와 직선 $y=k$의 교점의 x좌표가 α, β이다. $\alpha\beta=-1$일 때, 실수 k의 값은?

① 1   ② 2   ③ 3

④ 4   ⑤ 5

0667

최고차항의 계수가 1인 이차함수 $y=f(x)$의 그래프와 x축이 두 점 $(\alpha, 0)$, $(\beta, 0)$에서 만난다. $\alpha+\beta=4$, $\alpha\beta=1$일 때, $y=f(x)$의 그래프의 꼭짓점의 좌표를 구하시오.

Level up

0668

이차함수 $y=-x^2+x+a$의 그래프와 x축이 두 점 A, B에서 만난다. $\overline{AB}=5$일 때, 상수 a의 값은?

① 2   ② 4   ③ 6

④ 8   ⑤ 10

Style **09** 이차함수의 그래프의 접선

0669

이차함수 $y=4x^2-2x+4$의 그래프의 접선 중 기울기가 2인 직선의 y절편은?

① 1   ② 2   ③ 3

④ 4   ⑤ 5

0670

이차함수 $y=x^2+2x$의 그래프의 접선 $y=mx+n$이 점 $(1, 3)$을 지날 때, m^2+n^2의 값은? (단, m, n은 상수)

① 5   ② 13   ③ 17

④ 25   ⑤ 29

0671

이차함수 $y=-x^2+4$의 그래프의 접선 중 y절편이 5인 직선은 두 개이다. 이 두 접선과 x축으로 둘러싸인 도형의 넓이를 S라 할 때, $4S$의 값을 구하시오.

0672

두 직선 $y=x+n$, $y=mx-11$이 모두 이차함수 $y=3x^2-5x+1$의 그래프에 접할 때, $m+n$의 최댓값은?

(단, m, n은 상수)

① 5   ② 9   ③ 15

④ 17   ⑤ 21

Style **10** 이차함수 $y=f(x)$와 방정식 $f(ax+b)=0$

0673

다음은 이차함수 $y=f(x)$의 그래프와 x축과의 교점의 좌표가 $(\alpha, 0)$, $(\beta, 0)$이고 $\alpha+\beta=3$, $\alpha\beta=2$일 때, 방정식 $f(-2x+3)=0$의 두 근의 합과 곱을 구하는 과정이다.

> $f(-2x+3)=0$의 두 근은
> $-2x+3=\alpha$ 또는 $-2x+3=\beta$
> $\therefore x=\boxed{(가)}$ 또는 $x=\boxed{(나)}$
> (i) 두 근의 합: $\dfrac{6-(\boxed{(다)})}{2}=\boxed{(라)}$
> (ii) 두 근의 곱: $\dfrac{\boxed{(마)}-3(\alpha+\beta)+9}{4}=\boxed{(바)}$

㈎~㈐에 알맞은 것을 구하시오.

0674

오른쪽 그림은 최고차항의 계수가 1이고 $f(-2)=f(4)=0$인 이차함수 $y=f(x)$의 그래프이다. 방정식 $f(2x-1)=0$의 두 근의 합은?

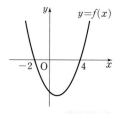

① 1   ② 2

③ 3   ④ 4

⑤ 5

0675

두 함수 $f(x)=x^2-x-5$와 $g(x)=x+3$의 그래프가 만나는 두 점을 각각 A, B라 하자. 방정식 $f(2x-k)=g(2x-k)$의 두 실근의 합이 3일 때, 실수 k의 값은?

① 1   ② 2   ③ 3

④ 4   ⑤ 5

Style 11 이차함수의 최대·최소 (1)

모의고사기출

0676

좌표평면에서 점 (1, 13)을 지나는 이차함수
$y = -x^2 + ax + 10$의 최댓값을 M이라 할 때, $a + M$의
값을 구하시오. (단, a는 상수)

0677

다음은 이차함수 $y = (3x+1)^2 + 4(3x+1) + 1$의 최솟값
을 구하는 과정이다.

방법 1

우변의 식을 전개하여 정리하면

$y = 9x^2 + \boxed{(가)}$ (일반형)

$\quad = \boxed{(나)}$ (표준형)

이므로 $x = \boxed{(다)}$에서 최솟값 $\boxed{(라)}$를 갖는다.

이 방법은 번거로우므로 치환을 이용해 간단히 풀자.

방법 2

$t = 3x+1$이라 하면

$y = (3x+1)^2 + 4(3x+1) + 1$

$\quad = t^2 + 4t + 1$

$\quad = \boxed{(마)} \rbrack$ x로 바꾼다.

$\quad = \boxed{(나)} \rbrack$

이므로 $x = \boxed{(다)}$에서 최솟값 $\boxed{(라)}$를 갖는다.

(가)~(라)에 알맞은 것을 구하시오.

0678

이차함수 $f(x) = x^2 - 2ax + 2a + 3$의 최솟값을 $g(a)$라
할 때, $g(a)$의 최댓값은? (단, a는 실수)

① 1   ② 2   ③ 3

④ 4   ⑤ 5

Style 12 이차함수의 최대·최소 (2)
– 범위가 주어진 경우

모의고사기출

0679

$0 \leq x \leq 3$에서 정의된 이차함수 $f(x) = x^2 - 4x + a$의 최
댓값이 12일 때, $f(x)$의 최솟값은? (단, a는 상수)

① 2   ② 4   ③ 6

④ 8   ⑤ 10

모의고사기출

0680

$-2 \leq x \leq 2$에서 정의된 이차함수 $f(x) = x^2 - 2x + a$의
최댓값과 최솟값의 합이 21일 때, 상수 a의 값은?

① 6   ② 7   ③ 8

④ 9   ⑤ 10

모의고사기출

0681

이차함수 $f(x) = x^2 + ax + b$의 그래프는 직선 $x = 2$에
대하여 대칭이다. $0 \leq x \leq 3$에서 함수 $f(x)$의 최댓값이 8
일 때, $a + b$의 값은? (단, a, b는 상수)

① 4   ② 6   ③ 8

④ 10   ⑤ 12

0682

$-3 \leq x \leq 0$에서 정의된 이차함수 $f(x) = -x^2 + ax + b$는 $x = -2$에서 최댓값 3을 갖는다. $|ab|$의 값은?

(단, a, b는 상수)

① 1   ② 2   ③ 3

④ 4   ⑤ 5

0683

$-3 \leq x \leq a$에서 이차함수 $y = x^2 + 4x + 2$의 최댓값이 7일 때, 실수 a의 값은?

① -2 ② -1 ③ 0

④ 1   ⑤ 2

0684

$a-1 \leq x \leq a+1$에서 이차함수 $y = -2x^2 + 8x + 1$의 최댓값이 9가 되기 위한 실수 a의 값의 범위는 $\alpha \leq x \leq \beta$이다. $\alpha\beta$의 값은?

① 2   ② 3   ③ 4

④ 6   ⑤ 8

Level up

0685

이차함수 $y = f(x)$가 다음 조건을 만족시킨다.

> (가) $y = f(x)$의 그래프는 위로 볼록한 포물선이다.
>
> (나) $y = f(x)$의 그래프와 x축과의 두 교점의 좌표는 $(0, 0)$, $(2, 0)$이다.
>
> (다) $2 \leq x \leq 4$에서 $f(x)$의 최솟값은 -24이다.

$y = f(x)$의 그래프의 꼭짓점의 y좌표를 구하시오.

Style 13 | **이차함수의 최대·최소** (3)
− 치환 및 변형

0686

다음은 $-1 \leq x \leq 1$에서 이차함수 $y = (3x+1)^2 + 2(3x+1) - 1$의 최댓값과 최솟값을 구하는 과정이다.

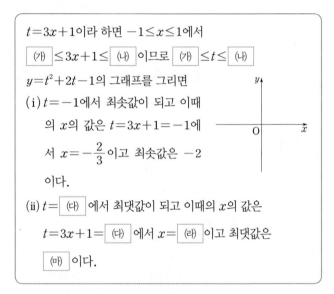

> $t = 3x+1$이라 하면 $-1 \leq x \leq 1$에서
> (가)$\leq 3x+1 \leq$(나) 이므로 (가)$\leq t \leq$(나)
> $y = t^2 + 2t - 1$의 그래프를 그리면
> (ⅰ) $t = -1$에서 최솟값이 되고 이때
> 의 x의 값은 $t = 3x+1 = -1$에
> 서 $x = -\dfrac{2}{3}$이고 최솟값은 -2
> 이다.
> (ⅱ) $t =$(다) 에서 최댓값이 되고 이때의 x의 값은
> $t = 3x+1 =$(다) 에서 $x =$(라) 이고 최댓값은
> (마) 이다.

(가)~(마)에 알맞은 것을 구하시오.

Level up

0687

다음은 $0 \leq x \leq 3$에서 $y = (x^2 - 2x)^2 - 2(x^2 - 2x) + 2$의 최댓값과 최솟값을 구하는 과정이다.

> $t = x^2 - 2x$라 하면 $t = (x-1)^2 - 1$
> 이므로 오른쪽 그림과 같은 그래프를
> 그릴 수 있다.
> $0 \leq x \leq 3$에서 (가)$\leq t \leq$(가)
> 이므로
> $y = (x^2 - 2x)^2 - 2(x^2 - 2x) + 2$
> $= t^2 - 2t + 2$
> 의 그래프를 그리면
> 최댓값은 (다),
> 최솟값은 (라) 이다.

(가)~(라)에 알맞은 것을 구하시오.

0688

$-1 \leq x \leq 3$에서 이차함수

$y = \left(\dfrac{1}{2}x+1\right)^2 - 6\left(\dfrac{1}{2}x+1\right) + 3$의 최댓값과 최솟값의 차는?

① 2   ② 4   ③ 6

④ 8   ⑤ 10

Level up

0689

$1 \leq x \leq 2$에서 $y = 2(x^2-4x+2)^2 - 4(x^2-4x+2) - 1$의 최댓값을 m, 최솟값을 n이라 할 때, $\dfrac{m}{n}$의 값은?

① 2   ② 3   ③ 4

④ 5   ⑤ 6

0690

$-2 \leq x \leq 0$에서 $y = (x^2+2x+3)^2 - 4x^2 - 8x$의 최댓값과 최솟값의 차는?

① 1   ② 2   ③ 3

④ 4   ⑤ 5

Level up

0691

$1 \leq x \leq 3$에서 $y = -(x^2-1)^2 + 2x^2 + 3$은 $x=a$일 때 최댓값 b를 갖는다. ab의 값을 구하시오.

Style 14 **문자가 두 개인 이차식의 최대·최소**

0692

다음은 $x \geq 0$, $y \geq 0$, $2x+y=4$를 만족시키는 두 실수 x, y에 대하여 $x^2 + \dfrac{1}{2}y^2$의 최댓값과 최솟값을 구하는 과정이다.

> $y = -2x+4 \geq 0$이므로 $0 \leq x \leq$ ⬚(가) 이고
> $x^2 + \dfrac{1}{2}y^2 = x^2 + \dfrac{1}{2}(-2x+4)^2 = 3x^2 + $ ⬚(나)
> 의 최댓값은 ⬚(다) , 최솟값은 ⬚(라) 이다.

(가)~(라)에 알맞은 것을 구하시오.

0693

다음은 두 실수 x, y에 대하여 $2x^2+y^2-4x+6y+10$의 최솟값을 구하는 과정이다.

> $(주어진 식) = 2x^2 - 4x + y^2 + 6y + 10$
> $\qquad = 2($ ⬚(가) $)^2 + ($ ⬚(나) $)^2 - 1$
> 이므로 $x=a$, $y=b$일 때 최솟값 -1을 갖는다.

(가)에 들어갈 식을 $f(x)$, (나)에 들어갈 식을 $g(y)$라 할 때, $f(b) + g(a)$의 값은?

① -4 ② 0   ③ 4

④ 6   ⑤ 8

0694

두 실수 x, y에 대하여 $x^2+y^2+x-3y+\dfrac{1}{2}$의 최솟값은?

① -2 ② 2   ③ 4

④ 6   ⑤ 10

0695

이차함수 $y=x^2-2x+4$의 그래프가 이차함수 $y=x^2-4x+k+2$의 그래프의 꼭짓점을 지날 때, 실수 k의 값을 구하시오.

Level up

0696

이차함수 $y=-x^2+4x-k$의 그래프와 x축과의 교점의 개수를 a_k라 하자. 예를 들어 $k=0$이면 $y=-x^2+4x$의 그래프와 x축은 두 점에서 만나므로 $a_0=2$이다. $a_1+a_2+\cdots+a_9+a_{10}$의 값을 구하시오.

0697

이차함수 $y=3x^2-x-1$의 그래프와 직선 $y=5x+k$가 접할 때, 접점의 좌표는? (단, k는 상수)

① $(1, 1)$ ② $(0, 1)$ ③ $(-1, 2)$
④ $(2, 6)$ ⑤ $(-2, 4)$

0698

이차함수 $y=2x^2+x-10$의 그래프와 직선 $y=mx+n$의 두 교점의 x좌표가 -2, 3일 때, $m+n$의 값은?

(단, m, n은 상수)

① 5 ② 6 ③ 7
④ 8 ⑤ 9

0699

이차항의 계수가 -1인 이차함수 $y=f(x)$의 그래프와 직선 $y=g(x)$가 만나는 두 점의 x좌표는 2와 6이다. $h(x)=f(x)-g(x)$라 할 때, 함수 $h(x)$는 $x=p$에서 최댓값 q를 갖는다. $p+q$의 값은?

① 8 ② 9 ③ 10
④ 11 ⑤ 12

0700

이차함수 $y=2x^2+kx-3$의 그래프가 점 $(2, 9)$를 지날 때, 이 함수의 최솟값은 $-\dfrac{q}{p}$이다. $p+q$의 값은?

(단, k는 상수이고 p, q는 서로소인 자연수)

① 8 ② 9 ③ 10
④ 11 ⑤ 12

Level up

0701

$0\leq x\leq a$에서 이차함수 $y=-x^2+2x+3$의 최솟값이 -5일 때, 양수 a의 값은?

① 2 ② 3 ③ 4
④ 5 ⑤ 7

Level up

0702

직선 $y=ax+a-3$이 실수 k의 값에 관계없이 이차함수 $y=x^2+2kx+k^2-2k$의 그래프에 접할 때, 실수 a의 값은?

① 2 ② 3 ③ 4
④ 6 ⑤ 8

모의고사기출
0703

오른쪽 그림과 같이 이차함수
$y=2-x^2$의 그래프와 직선 $y=kx$
가 만나는 두 점을 각각 A, B라
하자. $\overline{OA}:\overline{OB}=2:1$이 되도록
하는 양수 k의 값은?

(단, O는 원점)

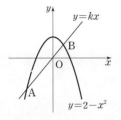

① $\dfrac{2}{3}$ ② $\dfrac{3}{4}$ ③ 1

④ $\dfrac{4}{3}$ ⑤ $\dfrac{3}{2}$

모의고사기출
0704

그림과 같이 두 이차함수 $y=x^2-3x+1$과
$y=-x^2+ax+b$의 그래프가 만나는 두 점을 각각 P, Q
라 하자. 점 P의 x좌표가 $1-\sqrt{2}$일 때, $a+3b$의 값은?

(단, a, b는 유리수)

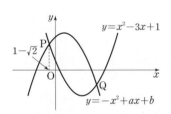

① 6   ② 7   ③ 8

④ 9   ⑤ 10

Level up
0705

두 이차함수 $y=x^2+2x-1$, $y=x^2-2x+3$의 그래프의
공통접선의 식을 구하시오.

Level up
0706

세 함수 $f(x)=x^2+3x+3$, $g(x)=-2x^2-5x-5$,
$h(x)=x+k$에 대하여 모든 실수에서
$g(x)<h(x)<f(x)$가 성립하도록 하는 실수 k의 값의
범위가 $\alpha<k<\beta$일 때, $\alpha\beta$의 값은?

① -3 ② -1 ③ 1

④ 3   ⑤ 4

모의고사기출
0707

이차함수 $y=x^2+ax+b$의 그래프가 두 직선
$y=-x+4$와 $y=5x+7$에 동시에 접할 때, 두 상수 a,
b의 곱 ab의 값을 구하시오.

0708

$a\le x\le a+2$에서 $y=x^2-2x+2$의 최솟값이 5가 되도록
하는 실수 a의 값을 모두 구하시오.

Level up
0709

이차함수 $f(x)=x^2+ax+b$의 그래프가 직선 $x=1$에
대하여 대칭이고 $2\le x\le4$에서 최솟값이 -1일 때,
$a+b$의 값은? (단, a, b는 상수)

① -5 ② -4 ③ -3

④ -2 ⑤ -1

신은 자연수를 만들었고
그 밖의 모든 것은 사람이
만든 것이다

-레오폰드 크로네커-

09 여러 가지 방정식

방정식은 모르는 값(미지수)을 구하는 목적으로
세운 식이다. 이렇게 만든 방정식은 그 특징에
따라 종류를 구분할 수 있다.
이 중 일차방정식, 이차방정식은 앞에서 배웠다.
이 단원에서는

① 이차방정식보다 차수가 높은 방정식
② 미지수가 여러 개인 방정식

을 배울 것이다. 방정식의 종류가 다르니 푸는
방법도 다르다.
하지만 방정식을 푼다는 것은 등식을 참이 되게
하는 미지수의 값을 구하는 것이라는 점은 같다.

1 미지수가 2개인 연립일차방정식

미지수가 2개인 두 일차방정식을 한 쌍으로 묶어서 나타낸 것

예 $\begin{cases} x+y=6 \\ 3x-y=2 \end{cases}$　$\begin{cases} 2x+3y=-5 \\ y=-2x+1 \end{cases}$　$\begin{cases} 2(x+y)+3x=1 \\ 7x-3(x-2y)=14 \end{cases}$

2 연립방정식을 푼다: 연립방정식의 해를 구하는 것

(1) 연립방정식의 해: 두 일차방정식을 동시에 만족시키는 x, y의 값 또는 순서쌍 (x, y)

(2) **가감법**: 연립방정식에서 두 방정식을 변끼리 더하거나 빼어서 한 미지수를 소거하여 연립방정식의 해를 구하는 방법

예 연립방정식 $\begin{cases} x+y=8 & \cdots\cdots\ \bigcirc \\ 3x-2y=4 & \cdots\cdots\ \bigcirc \end{cases}$ 을 가감법을 이용하여 푸시오.

(i) x를 소거하는 방법

$\bigcirc\times3-\bigcirc$을 하면

$\begin{array}{r} 3x+3y=24 \\ -\underline{)\ 3x-2y=4\ } \\ 5y=20 \end{array}$　$\therefore y=4$

$\bigcirc$에 $y=4$를 대입하여 풀면 $x=4$

따라서 연립방정식의 해는 $x=4$, $y=4$

(ii) y를 소거하는 방법

$\bigcirc\times2+\bigcirc$을 하면

$\begin{array}{r} 2x+2y=16 \\ +\underline{)\ 3x-2y=4\ } \\ 5x\ \ =20 \end{array}$　$\therefore x=4$

$\bigcirc$에 $x=4$를 대입하여 풀면 $y=4$

따라서 연립방정식의 해는 $x=4, y=4$

(3) **대입법**: 연립방정식에서 한 방정식을 다른 방정식에 대입하여 연립방정식의 해를 구하는 방법

예 연립방정식 $\begin{cases} y=2x-5 & \cdots\cdots\ \bigcirc \\ 4x+y=-11 & \cdots\cdots\ \bigcirc \end{cases}$ 을 대입법을 이용하여 푸시오.

$\bigcirc$을 $\bigcirc$에 대입하면 $4x+2x-5=-11$, $6x=-6$　$\therefore x=-1$

$\bigcirc$에 $x=-1$을 대입하면 $y=-7$

따라서 연립방정식의 해는 $x=-1$, $y=-7$

확인문제

1 다음 연립방정식을 가감법으로 푸시오.

(1) $\begin{cases} 2x-y=14 \\ x+y=4 \end{cases}$

(2) $\begin{cases} 3x+y=7 \\ x-3y=-1 \end{cases}$

(3) $\begin{cases} 4x+y=7 \\ -x+4y=11 \end{cases}$

(4) $\begin{cases} 2x+3y=-6 \\ 3x-y=2 \end{cases}$

2 다음 연립방정식을 대입법으로 푸시오.

(1) $\begin{cases} y=x+3 \\ x+y=7 \end{cases}$

(2) $\begin{cases} 2x+y=3 \\ x-2y=4 \end{cases}$

(3) $\begin{cases} x+y=20 \\ y=x+2 \end{cases}$

(4) $\begin{cases} x=y-4 \\ 2x=2-3y \end{cases}$

3 복잡한 연립방정식의 풀이

(1) 괄호가 있는 연립방정식

⟹ 분배법칙을 이용하여 괄호를 풀고, 동류항끼리 정리한 후 푼다.

예 $\begin{cases} 2(x-y)+5y=3 \\ 7x-3(x-y)=9 \end{cases}$ $\xrightarrow{\text{괄호를 푼다.}}$ $\begin{cases} 2x-2y+5y=3 \\ 7x-3x+3y=9 \end{cases}$ $\xrightarrow{\text{동류항끼리 정리한다.}}$ $\begin{cases} 2x+3y=3 \\ 4x+3y=9 \end{cases}$

(2) 계수가 소수 또는 분수인 연립방정식

① 계수가 소수인 경우: 양변에 10, 100, 1000, …을 곱하여 계수를 정수로 고친 후 푼다.

② 계수가 분수인 경우: 양변에 분모의 최소공배수를 곱하여 계수를 정수로 고친 후 푼다.

예 $\begin{cases} 0.2x+0.3y=-1.4 \\ \dfrac{1}{2}x-\dfrac{1}{10}y=\dfrac{2}{5} \end{cases}$ $\xrightarrow[\text{양변에 분모의 최소공배수 10을 곱한다.}]{\text{양변에 10을 곱한다.}}$ $\begin{cases} 2x+3y=-14 \\ 5x-y=4 \end{cases}$

(3) $A=B=C$ 꼴의 방정식

⟹ 연립방정식 $\begin{cases} A=B \\ A=C \end{cases}$ 또는 $\begin{cases} A=B \\ B=C \end{cases}$ 또는 $\begin{cases} A=C \\ B=C \end{cases}$ 중 가장 간단한 것을 선택하여 푼다.

예 $3x-y=2x+y=5$ $\xrightarrow[\begin{cases} A=C \\ B=C \end{cases}\text{를 푸는 것이 가장 간단하다.}]{A=B=C\ \text{꼴에서}\ C\text{가 상수이므로}}$ $\begin{cases} 3x-y=5 \\ 2x+y=5 \end{cases}$

4 해가 특수한 연립방정식

연립방정식 $\begin{cases} ax+by=c \\ a'x+b'y=c' \end{cases}$ 의 근의 판별법

(1) $\dfrac{a}{a'}=\dfrac{b}{b'}=\dfrac{c}{c'}$ 이면 해가 무수히 많다. (두 일차방정식이 서로 같다.)

(2) $\dfrac{a}{a'}=\dfrac{b}{b'}\neq\dfrac{c}{c'}$ 이면 해가 없다.

(3) $\dfrac{a}{a'}\neq\dfrac{b}{b'}$ 이면 오직 한 쌍의 해를 갖는다.

확인문제

3 다음 연립방정식을 푸시오.

(1) $\begin{cases} 0.3x-0.1y=0.3 \\ 0.02x+0.03y=0.13 \end{cases}$

(2) $\begin{cases} \dfrac{x}{6}+\dfrac{y}{3}=\dfrac{1}{2} \\ 0.2x+0.3y=0.5 \end{cases}$

(3) $\dfrac{2x+3}{5}=\dfrac{2x-y}{2}=3$

(4) $\begin{cases} 3x+2y=2(x-2y)-1 \\ 3(x-y)=2x+8 \end{cases}$

4 다음 연립방정식을 푸시오.

(1) $\begin{cases} x-2y=-3 \\ 2x-4y=6 \end{cases}$

(2) $\begin{cases} 3x+y=2 \\ 6x+2y=4 \end{cases}$

(3) $\begin{cases} 3x-15y=3 \\ x-5y=-1 \end{cases}$

(4) $\begin{cases} 2x-y=5 \\ 6x-3y=15 \end{cases}$

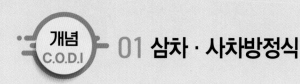

01 삼차 · 사차방정식

'세제곱하여 8이 되는 수는 얼마인가?'라는 질문을 식으로 바꾸면 $x^3=8$이 되는데 이는 미지수의 차수가 삼차인 방정식이다. 여기서는 식의 차수가 삼차, 사차인 방정식을 배운다.

- 삼차방정식: (삼차식)$=0$의 꼴 $\Rightarrow x^3-2x^2+x-2=0 : ax^3+bx^2+cx+d=0 \ (a\neq0)$
- 사차방정식: (사차식)$=0$의 꼴 $\Rightarrow x^4-2x^3+1=0 : ax^4+bx^3+cx^2+dx+e=0 \ (a\neq0)$

풀이법 ⇨ 인수분해한다.

- $AB=0$이면 $A=0$ 또는 $B=0$
- $ABC=0$이면 $A=0$ 또는 $B=0$ 또는 $C=0$
- $ABCD=0$이면
  $A=0$ 또는 $B=0$ 또는 $C=0$ 또는 $D=0$

Ⅰ 여러 식을 곱한 결과가 0이면 그중 하나는 0이다.
Ⅱ 삼차식 또는 사차식을 여러 식의 곱으로 바꿔
  └ 인수분해
  각 식이 0이 되는 값을 찾는다.
앞에서 배운 다양한 인수분해 방법을 이용하여 방정식을 풀어 보자.

01 공통인수로 묶기, 공식 사용하기

예1 $x^3-8=0$
$\underset{A}{(x-2)}\underset{B}{(x^2+2x+4)}=0 \leftarrow a^3-b^3=(a-b)(a^2+ab+b^2)$
$A: x-2=0, \ B: x^2+2x+4=0$
$\therefore x=2$ 또는 $x=-1\pm\sqrt{3}i$

예2 $x^3-x=0$
$x(x^2-1)=0 \qquad$ 공통인수로 묶기
$\underset{A}{x}\underset{B}{(x+1)}\underset{C}{(x-1)}=0 \leftarrow a^2-b^2=(a+b)(a-b)$
$A: x=0, \ B: x+1=0, \ C: x-1=0$
$\therefore x=0$ 또는 $x=-1$ 또는 $x=1$

예3 $8x^3-36x^2+54x-27=0$
$(2x)^3-3\cdot(2x)^2\cdot3+3\cdot(2x)\cdot3^2-3^3=0$
$(2x-3)^3=0 \quad a^3-3a^2b+3ab^2-b^3=(a-b)^3$
$\therefore x=\dfrac{3}{2}$
(세 개의 근이 모두 $\dfrac{3}{2}$으로 중복이며 이를 삼중근이라 한다.)

02 인수정리 사용하기

예1 $x^3-4x^2+x+6=0$
$f(x)$에 대하여 $f(a)=0$이면 $f(x)=(x-a)Q(x)$, 즉 $x-a$로 인수분해된다.
$f(x)=x^3-4x^2+x+6$이라 하면
$f(2)=8-16+2+6=0$이므로 $\rightarrow f(x)=(x-2)Q(x)$

2	1	−4	1	6
		2	−4	−6
	1	−2	−3	0

$f(x)=(x-2)(x^2-2x-3)$ 인수분해
$=(x-2)(x+1)(x-3)$
$\therefore x=2$ 또는 $x=-1$ 또는 $x=3$

예2 $x^4-x^3+x-1=0$
$f(x)=x^4-x^3+x-1$이라 하면
$f(1)=0, \ f(-1)=0$이므로

1	1	−1	0	1	−1
		1	0	0	1
−1	1	0	0	1	0
		−1	1	−1	
	1	−1	1	0	

$f(x)=(x-1)(x^3+1)=(x-1)(x+1)(x^2-x+1)$
$\therefore x=1$ 또는 $x=-1$ 또는 $x=\dfrac{1\pm\sqrt{3}i}{2}$

03 치환하여 풀기

식에서 반복되는 부분을 문자로 치환한다.

예1 $(2x-1)^3-4(2x-1)=0$
$t^3-4t=0 \qquad t=2x-1$
$t(t^2-4)=0, \ t(t+2)(t-2)=0$
$(2x-1)(2x-1+2)(2x-1-2)=0 \leftarrow x$로 바꿈
$(2x-1)(2x+1)(2x-3)=0$
$\therefore x=\dfrac{1}{2}$ 또는 $x=-\dfrac{1}{2}$ 또는 $x=\dfrac{3}{2}$

예2 $(x^2-x)^2-2(x^2-x)=0$
$t^2-2t=0, \ t(t-2)=0 \qquad t=x^2-x$
$(x^2-x)(x^2-x-2)=0 \leftarrow x$로 바꿈
$x(x-1)(x+1)(x-2)=0 \leftarrow$ 인수분해
$\therefore x=0$ 또는 $x=1$ 또는 $x=-1$ 또는 $x=2$

삼차, 사차방정식은 결국 식을 인수분해해서 푸는 것이다.
인수분해를 잘 한다면 크게 어렵지 않다.

01 복잡한 사차방정식의 풀이

01 복이차방정식 풀기

- 복이차식: 항의 차수가 모두 짝수인 다항식
- 복이차방정식: 복이차식으로 된 방정식

복이차식을 인수분해한다.

예1
$x^4 - 5x^2 + 4 = 0$　　$t = x^2$
$t^2 - 5t + 4 = 0$　　인수분해
$(t-1)(t-4) = 0$　　x로 바꿈
$(x^2-1)(x^2-4) = 0$　　인수분해
$(x+1)(x-1)(x+2)(x-2) = 0$
$\therefore x = \pm 1$ 또는 $x = \pm 2$

예2
$x^4 + 3x^2 + 4 = 0$　　$t = x^2$
$t^2 + 3t + 4 = 0$　　완전제곱식이 되도록 변형
$t^2 + 4t + 4 - t = 0$
$(t+2)^2 - t = 0$　　x로 바꿈
$(x^2+2)^2 - x^2 = 0$　　인수분해
$(x^2+x+2)(x^2-x+2) = 0$
$\therefore x = \dfrac{-1 \pm \sqrt{7}\,i}{2}$ 또는 $x = \dfrac{1 \pm \sqrt{7}\,i}{2}$

02 대칭형 사차방정식

예
$x^4 + 3x^3 - 2x^2 + 3x + 1 = 0$　　양변 $\div x^2$
$x^2 + 3x - 2 + \dfrac{3}{x} + \dfrac{1}{x^2} = 0$
$\left(x^2 + \dfrac{1}{x^2}\right) + 3\left(x + \dfrac{1}{x}\right) - 2 = 0$　　식의 변형
$\left(x + \dfrac{1}{x}\right)^2 - 2 + 3\left(x + \dfrac{1}{x}\right) - 2 = 0$　　$x^2 + \dfrac{1}{x^2} = \left(x + \dfrac{1}{x}\right)^2 - 2$
$\left(x + \dfrac{1}{x}\right)^2 + 3\left(x + \dfrac{1}{x}\right) - 4 = 0$　　$t = x + \dfrac{1}{x}$
$t^2 + 3t - 4 = 0$
$(t-1)(t+4) = 0$
$\therefore t = 1$ 또는 $t = -4$　　x로 바꿈
즉, $x + \dfrac{1}{x} = 1$ 또는 $x + \dfrac{1}{x} = -4$이므로　　양변 $\times x$
$x^2 - x + 1 = 0$ 또는 $x^2 + 4x + 1 = 0$
$\therefore x = \dfrac{1 \pm \sqrt{3}\,i}{2}$ 또는 $x = -2 \pm \sqrt{3}$

인수분해 공식을 쓸 수도 없고 인수정리를 시도해도 인수를 찾지 못하는 사차방정식이 있다. 이 경우 식을 관찰해 보면 **계수가 좌우 대칭 구조** 이므로 다음과 같이 푼다.

(ⅰ) 계수가 x^2항 기준으로 좌우 대칭인지 확인

(ⅱ) 양변을 x^2으로 나누기

(ⅲ) $t = x + \dfrac{1}{x}$로 치환

(ⅳ) t의 값을 구한 뒤 x로 바꿔 이차방정식 풀기

[0710–0717] 다음 방정식의 해를 구하시오.

0710
$x^3 - 8 = 0$

0711
$x^3 - 4x = 0$

0712
$8x^3 - 36x^2 + 54x - 27 = 0$

0713
$x^3 + 1 = 0$

0714
$x^3 - 4x^2 + x + 6 = 0$

0715
$x^3 - 4x^2 + 9 = 0$

0716
$x^4 - x^3 + x - 1 = 0$

0717
$x^4 + x^3 - 3x^2 - x + 2 = 0$

[0718–0723] 다음 방정식의 해를 구하시오.

0718
$(x-2)^3 - x + 2 = 0$

0719
$(x^2 - x + 1)^2 - 16(x^2 - x + 1) + 39 = 0$

0720
$x^4 - 3x^2 + 2 = 0$

0721
$x^4 + x^2 + 1 = 0$

0722
$x^4 + 3x^3 - 2x^2 + 3x + 1 = 0$

0723
$x^4 + 4x^3 - 3x^2 + 4x + 1 = 0$

02 삼차방정식의 근과 계수와의 관계

삼차방정식도 근과 계수 사이에 일정한 규칙이 성립한다. 이를 잘 활용하면 근이나 계수를 쉽게 구할 수 있다. 아울러 07단원의 이차방정식의 근과 계수와의 관계도 복습하자.

삼차방정식 $ax^3+bx^2+cx+d=0$의 세 근이 α, β, γ일 때

합	곱의 합	곱
$\alpha+\beta+\gamma=-\dfrac{b}{a}$	$\alpha\beta+\beta\gamma+\gamma\alpha=\dfrac{c}{a}$	$\alpha\beta\gamma=-\dfrac{d}{a}$
$\dfrac{\text{이차항 계수}}{\text{삼차항 계수}}$	$\dfrac{\text{일차항 계수}}{\text{삼차항 계수}}$	$\dfrac{\text{상수항}}{\text{삼차항 계수}}$

예 삼차방정식 $2x^3-4x^2+3x+1=0$의 세 근을 α, β, γ라 하면

(i) $\alpha+\beta+\gamma=-\dfrac{-4}{2}=2$

(ii) $\alpha\beta+\beta\gamma+\gamma\alpha=\dfrac{3}{2}$

(iii) $\alpha\beta\gamma=-\dfrac{1}{2}$

γ는 그리스 문자로 '감마'라고 읽는다.

증명 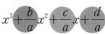 $ax^3+bx^2+cx+d=0$의 세 근이 α, β, γ이고 $f(x)=ax^3+bx^2+cx+d$라 하면

$f(\alpha)=f(\beta)=f(\gamma)=0$이므로

$f(x)$는 $x-\alpha$, $x-\beta$, $x-\gamma$를 인수로 갖는다.

즉, $ax^3+bx^2+cx+d=a(x-\alpha)(x-\beta)(x-\gamma)$가 성립하므로 양변을 a로 나누고 계수를 비교해 보자.

$x^3+\dfrac{b}{a}x^2+\dfrac{c}{a}x+\dfrac{d}{a}$

$=(x-\alpha)(x-\beta)(x-\gamma)$

$=x^3-(\alpha+\beta+\gamma)x^2+(\alpha\beta+\beta\gamma+\gamma\alpha)x-\alpha\beta\gamma$

(i) $-(\alpha+\beta+\gamma)=\dfrac{b}{a}$에서 $\alpha+\beta+\gamma=-\dfrac{b}{a}$

(ii) $\alpha\beta+\beta\gamma+\gamma\alpha=\dfrac{c}{a}$

(iii) $-\alpha\beta\gamma=\dfrac{d}{a}$에서 $\alpha\beta\gamma=-\dfrac{d}{a}$

03 세 근으로 삼차방정식 세우기

x^2의 계수가 a이고 α, β를 근으로 하는 이차방정식을

$$a(x-\alpha)(x-\beta)=0$$

으로 세울 수 있는 것처럼 삼차방정식에도 같은 원리를 적용할 수 있다.

x^3의 계수가 a이고 α, β, γ가 근인 삼차방정식은 다음과 같다.

$$a(x-\alpha)(x-\beta)(x-\gamma)=0$$

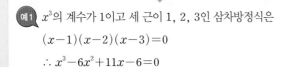

예1 x^3의 계수가 1이고 세 근이 1, 2, 3인 삼차방정식은

$(x-1)(x-2)(x-3)=0$

$\therefore x^3-6x^2+11x-6=0$

예2 x^3의 계수가 2이고 세 근이 -1, $1+i$, $1-i$인 삼차방정식은

$2(x+1)(x-1-i)(x-1+i)=0$

$2x^3-2(-1+1+i+1-i)x^2$

$+2\{-1-i-1+i+(1+i)(1-i)\}x$

$-2\cdot(-1)\cdot(1+i)(1-i)=0$

$\therefore 2x^3-2x^2+4=0$

04 삼차방정식과 켤레근

삼차방정식 $ax^3+bx^2+cx+d=0$ $(a\neq0)$에서

a, b, c, d는 유리수이고 한 근이 $p+q\sqrt{m}$이면 다른 한근은 $p-q\sqrt{m}$	a, b, c, d는 실수이고 한 근이 $a+bi$이면 다른 한근은 $a-bi$
계수가 모두 유리수인데 근이 무리수이면 다른 근이 무리수인 켤레근이다.	계수가 모두 실수인데 근이 허수이면 다른 근이 허수인 켤레근이다.

정확한 증명은 매우 복잡하므로 예제를 통해 성립함을 확인하자.

예1 $x^3-x^2-2x+2=0$ → $x=\pm\sqrt{2}$

$(x-1)(x^2-2)=0$

$x=1$ 삼차식이 (일차)×(이차)로 인수분해되고 계수가 모두 유리수이므로 무리수가 나오면 켤레근이 된다.

예2 $2x^3+4x^2+3x+1=0$ → $x=\dfrac{-1\pm i}{2}$

$(x+1)(2x^2+2x+1)=0$

$x=-1$ 삼차식이 (일차)×(이차)로 인수분해되고 계수가 모두 실수이므로 허근이 나오면 켤레근이 된다.

02 삼차방정식 $x^3=1$의 허근 w

01 기본 성질

우선 방정식을 풀자.

$x^3=1$에서

$x^3-1=0$

$(x-1)(x^2+x+1)=0$

$\therefore\ x-1=0$ 또는

$\quad x^2+x+1=0$

여기서 허근이 나오는 부분은 이차방정식 $x^2+x+1=0$이다. $(D=1-4\cdot1<0)$ 계수가 모두 실수이므로 허수인 켤레근을 갖는다.

이 두 근을 w, $\overline{w}$라 하면 다음 성질이 성립한다.

$\boxed{1}$ $\quad w^3=1,\ \overline{w}^3=1$

$\Rightarrow w$, $\overline{w}$는 삼차방정식 $x^3=1$의 근이다.

$\boxed{2}$ $\quad w^2+w+1=0,\ \overline{w}^2+\overline{w}+1=0$

$\Rightarrow w$, $\overline{w}$는 $x^2+x+1=0$의 근이다.

$\boxed{3}$ $\quad w+\overline{w}=-1,\ w\overline{w}=1$

$\Rightarrow x^2+x+1=0$의 근과 계수와의 관계이다.

> w는 그리스 문자로 '오메가'라고 읽는다.

02 응용

w, $\overline{w}$의 기본 성질을 변형하여 다양한 결과를 얻을 수 있다. 특히

$\quad w^3=1,\ \overline{w}^3=1$

임을 기억하자.

$\boxed{1}$ $\quad w^{3n}=1 \Rightarrow w^3=1,\ w^6=(w^3)^2=1,\ w^9=(w^3)^3=1,\ \cdots$

$\quad \overline{w}^{3n}=1 \Rightarrow \overline{w}^3=1,\ \overline{w}^6=(\overline{w}^3)^2=1,\ \overline{w}^9=(\overline{w}^3)^3=1,\ \cdots$

$\boxed{2}$ $\quad w^{3n+2}+w^{3n+1}+w^{3n}=0$ ($\overline{w}$로 바꿔도 동일하다.)

$\Rightarrow w^{3n}\cdot w^2+w^{3n}\cdot w+w^{3n}=w^2+w+1=0$ (기본 성질 $\boxed{2}$)

$\boxed{3}$ $\quad w+\dfrac{1}{w}=-1$

$\Rightarrow w^2+w+1=0 \xrightarrow{\text{이항}} w^2+1=-w \xrightarrow{\div w} w+\dfrac{1}{w}=-1$

$\quad \overline{w}+\dfrac{1}{\overline{w}}=-1$

$\Rightarrow \overline{w}^2+\overline{w}+1=0 \xrightarrow{\text{이항}} \overline{w}^2+1=-\overline{w} \xrightarrow{\div \overline{w}} \overline{w}+\dfrac{1}{\overline{w}}=-1$

$\boxed{4}$ $\quad w=\overline{w}^2$

$\Rightarrow w\overline{w}=1 \xrightarrow{\div \overline{w}} w=\dfrac{1}{\overline{w}}=\dfrac{\overline{w}^3}{\overline{w}}=\overline{w}^2$

$\quad \overline{w}=w^2$

$\Rightarrow w\overline{w}=1 \xrightarrow{\div w} \overline{w}=\dfrac{1}{w}=\dfrac{w^3}{w}=w^2$

[0724–0729] 삼차방정식 $x^3-2x^2+4x+1=0$의 세 근을 α, β, γ라 할 때, 다음을 구하시오.

0724
$\alpha+\beta+\gamma$

0725
$\alpha\beta+\beta\gamma+\gamma\alpha$

0726
$\alpha\beta\gamma$

0727
$\dfrac{1}{\alpha}+\dfrac{1}{\beta}+\dfrac{1}{\gamma}$

0728
$\alpha^2+\beta^2+\gamma^2$

0729
$\alpha^3+\beta^3+\gamma^3$

[0730–0733] 다음 조건을 만족시키는 방정식을 구하여 $ax^3+bx^2+cx+d=0$의 꼴로 나타내시오.

0730
x^3의 계수가 1, 세 근이 -3, 1, 3인 삼차방정식

0731
x^3의 계수가 2, 세 근이 $-\dfrac{1}{2}$, -1, 2인 삼차방정식

0732
x^3의 계수가 1, 세 근이 4, $1\pm\sqrt{2}$인 삼차방정식

Level up

0733
x^4의 계수가 1, 네 근이 $\pm\sqrt{2}$, $\pm i$인 사차방정식

[0734–0736] 삼차방정식 $x^3+ax^2+bx+c=0$이 다음 조건을 만족시킬 때, 유리수 a, b, c의 값을 구하시오.

0734
두 근이 1, $2-\sqrt{3}$

0735
두 근이 -2, $3+\sqrt{2}$

0736
두 근이 -4, $1+\sqrt{2}$

[0737–0739] 삼차방정식 $x^3+ax^2+bx+c=0$이 다음 조건을 만족시킬 때, 실수 a, b, c의 값을 구하시오.

0737
두 근이 4, $1+i$

0738
두 근이 0, $1-2i$

0739
두 근이 -5, $2+i$

[0740–0745] 삼차방정식 $x^3=1$의 두 허근을 w, $\overline{w}$라 할 때, 다음을 구하시오.

0740
w^3

0741
w^2+w+1

0742
$w+\overline{w}$

0743
$w\overline{w}$

0744
w^{99}

0745
$w^{100}+w^{101}+w^{102}$

05 연립이차방정식

> 미지수가 2종류이고 최소 1개의 식이 이차인 연립방정식을 연립이차방정식이라 한다. 연립이차방정식은 유형에 따라 식을 변형하는 방법이 다르므로 잘 구분해 풀어야 한다.

01 $\begin{cases} \text{일차식} \\ \text{이차식} \end{cases} \Rightarrow$ 대입

(ⅰ) 일차식을 한 문자에 대하여 정리
(ⅱ) 이차식에 대입

 예 $\begin{cases} x-y=1 & \cdots ㉠ \\ x^2+y^2=5 & \cdots ㉡ \end{cases}$

㉠을 x에 대하여 정리하면 $x=y+1$

이 식을 ㉡에 대입하면 $(y+1)^2+y^2=5$

$y^2+2y+1+y^2=5$, $2y^2+2y-4=0$, $y^2+y-2=0$

$(y+2)(y-1)=0$ ∴ $y=-2$ 또는 $y=1$

이 값을 $x=y+1$에 대입하면 $x=-1$ 또는 $x=2$

∴ $\begin{cases} x=2 \\ y=1 \end{cases}$ 또는 $\begin{cases} x=-1 \\ y=-2 \end{cases}$

02 $\begin{cases} \text{이차식} \\ \text{이차식} \end{cases} \Rightarrow$ 인수분해

(ⅰ) 상수항이 0인 이차식을 인수분해
  $\Rightarrow$ (일차식)×(일차식)=0
(ⅱ) 각 일차식을 이차식에 대입

예 $\begin{cases} 4x^2-y^2=0 & \cdots ㉠ \\ x^2+y^2=5 & \cdots ㉡ \end{cases}$

㉠의 좌변을 인수분해하면 $(2x-y)(2x+y)=0$

∴ $y=2x$ 또는 $y=-2x$

(ⅰ) $y=2x$를 ㉡에 대입하면 $x^2+(2x)^2=5$

$x^2=1$ ∴ $x=\pm1$

이 값을 $y=2x$에 대입하면 $y=\pm2$ (복부호동순)

(ⅱ) $y=-2x$를 ㉡에 대입하면 $x^2+(-2x)^2=5$

$x^2=1$ ∴ $x=\pm1$

이 값을 $y=-2x$에 대입하면 $y=\mp2$ (복부호동순)

∴ $\begin{cases} x=1 \\ y=2 \end{cases}$ 또는 $\begin{cases} x=-1 \\ y=-2 \end{cases}$ 또는 $\begin{cases} x=1 \\ y=-2 \end{cases}$ 또는 $\begin{cases} x=-1 \\ y=2 \end{cases}$

03 $\begin{cases} \text{이차식} \\ \text{이차식} \end{cases} \Rightarrow$ 이차항 소거

(ⅰ) 두 식을 더하거나 빼서 이차항을 제거
  $\Rightarrow$ (일차식)=0의 꼴
(ⅱ) 일차식을 한 문자에 대하여 정리
(ⅲ) 이차식에 대입

 예 $\begin{cases} x^2-y^2+2x=0 & \cdots ㉠ \\ x^2-y^2-y=-1 & \cdots ㉡ \end{cases}$

두 개의 방정식 중 어느 것도 인수분해되지 않는다.

㉠−㉡을 하여 이차항을 소거하면 $2x+y=1$

이 식을 한 문자에 대해 정리하면 $y=-2x+1$

이 식을 ㉠에 대입하면 $x^2-(-2x+1)^2+2x=0$

$3x^2-6x+1=0$ ∴ $x=\dfrac{3\pm\sqrt{6}}{3}$

이 값을 $y=-2x+1$에 대입하면

$y=\dfrac{-3\mp2\sqrt{6}}{3}$ (복부호동순)

∴ $\begin{cases} x=\dfrac{3+\sqrt{6}}{3} \\ y=\dfrac{-3-2\sqrt{6}}{3} \end{cases}$ 또는 $\begin{cases} x=\dfrac{3-\sqrt{6}}{3} \\ y=\dfrac{-3+2\sqrt{6}}{3} \end{cases}$

04 $\begin{cases} \text{이차식} \\ \text{이차식} \end{cases} \Rightarrow$ 상수항 소거

(ⅰ) 두 식을 더하거나 빼서 상수항을 제거
  $\Rightarrow$ 상수항이 0인 이차식
(ⅱ) 상수항이 0인 이차식을 인수분해
  $\Rightarrow$ (일차식)×(일차식)=0
(ⅲ) 각 일차식을 이차식에 대입

 예 $\begin{cases} x^2-xy=12 & \cdots ㉠ \\ xy-y^2=4 & \cdots ㉡ \end{cases}$

두 개의 방정식 중 어느 것도 인수분해되지도 않고, 이차식을 소거할 수도 없다. 이 경우 상수항을 소거한다.

㉠−㉡×3을 하면 $x^2-4xy+3y^2=0$

$(x-y)(x-3y)=0$ ∴ $x=y$ 또는 $x=3y$

(ⅰ) $x=y$를 ㉠에 대입하면 $y^2-y^2=12$, $0\cdot y^2=12$

∴ 해가 없다.

(ⅱ) $x=3y$을 ㉠에 대입하면 $9y^2-3y^2=12$, $y^2=2$

∴ $y=\pm\sqrt{2}$

이 값을 $x=3y$에 대입하면 $x=\pm3\sqrt{2}$ (복부호동순)

∴ $\begin{cases} x=3\sqrt{2} \\ y=\sqrt{2} \end{cases}$ 또는 $\begin{cases} x=-3\sqrt{2} \\ y=-\sqrt{2} \end{cases}$

03 미지수가 3개인 **연립일차방정식**

- 미지수가 x, y, z의 3종류
- 식이 3개
- 식의 차수가 모두 일차

가감법 ⇒ 한 문자 소거

> 예

$$\begin{cases} x+2y+z=4 & \cdots ㉠ \\ x+y-z=0 & \cdots ㉡ \\ 2x+y+2z=2 & \cdots ㉢ \end{cases}$$

가감법을 써서 z를 소거해 보자.

(i) ㉠+㉡을 하면

$$\begin{array}{r} x+2y+z=4 \\ +)\ x+y-z=0 \\ \hline 2x+3y=4 \quad \cdots ㉣ \end{array}$$

(ii) ㉡$\times 2$+㉢을 하면

$$\begin{array}{r} 2x+2y-2z=0 \\ +)\ 2x+y+2z=2 \\ \hline 4x+3y=2 \qquad \cdots ㉤ \end{array}$$

z가 소거된 ㉣, ㉤을 연립하여 x, y의 값을 구한다.

$$\begin{array}{r} 4x+3y=2 \\ -)\ 2x+3y=4 \\ \hline 2x=-2 \end{array} \longrightarrow x=-1,\ y=2 \xrightarrow{㉠에\ 대입} -1+4+z=4에서 \\ z=1$$

$$\therefore x=-1,\ y=2,\ z=1$$

04 대칭형 연립이차방정식

- 대칭형: x, y를 바꿔도 처음 식과 같은 식
- $x+y$, xy의 값을 구한다.
- 합과 곱을 이용하여 이차방정식을 세워 근을 구한다.

> 예1

$$\begin{cases} x+y=3 \\ xy=2 \end{cases}$$

x, y를 바꿔도 동일하고, x, y의 합이 3, 곱이 2이므로 x, y는 두 근의 합이 3, 곱이 2인 t에 대한 이차방정식 $t^2-3t+2=0$의 근이라고 볼 수 있다.

$t^2-3t+2=0,\ (t-1)(t-2)=0$

즉, $t=1$, 또는 $t=2$이므로 $\begin{cases} x=1 \\ y=2 \end{cases}$ 또는 $\begin{cases} x=2 \\ y=1 \end{cases}$

> 예2

$$\begin{cases} 2x+2y-xy=5 \\ x+y+xy=7 \end{cases}$$

x, y를 바꿔도 동일한 대칭형이므로 $x+y=a$, $xy=b$로 치환하면

$$\begin{cases} 2a-b=5 \\ a+b=7 \end{cases}$$

위 두 식을 연립하여 풀면 $a=4$, $b=3$

즉, $x+y=4$, $xy=3$이므로 x, y는 합이 4, 곱이 3인 이차방정식 $t^2-4t+3=0$의 두 근이다.

$(t-1)(t-3)=0$에서 $t=1$ 또는 $t=3$이므로 $\begin{cases} x=1 \\ y=3 \end{cases}$ 또는 $\begin{cases} x=3 \\ y=1 \end{cases}$

> t^2의 계수가 1이고 x, y를 근으로 갖는 이차방정식은
> $$(t-x)(t-y)=0$$
> 이 된다는 것을 07 이차방정식에서 배웠다.
> 이 방정식을 전개하면
> $$t^2-\underset{합}{(x+y)}t+\underset{곱}{xy}=0$$

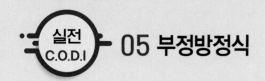

05 부정방정식

방정식 $x+y=3$의 해의 순서쌍은 $(3, 0)$, $(2, 1)$, $(1, 2)$, $(0, 3)$, $(-1, 4)$, $\cdots$와 같이 무수히 많다.
이처럼 문자의 개수가 방정식의 개수보다 많은 방정식을 부정방정식이라 한다.
이때 조건을 정해주면 해가 유한 개로 제한된다.

01 정수 조건 부정방정식

인수분해
$\Rightarrow$ (일차식) $\times$ (일차식) $=$ (정수) 꼴

예1 x, y가 정수일 때
$xy-x-y-2=0$의 해 구하기
$xy-x-y-2=0$에서 ← 상수항 이항
$xy-x-y=2$ ← 양변 $+1$
$xy-x-y+1=3$ ← 두 개씩 공통인수로 묶기
$x(y-1)-(y-1)=3$ ← 좌변 인수분해
$(x-1)(y-1)=3$

x, y가 정수이므로 $x-1$, $y-1$도 정수이다.
따라서 곱해서 3이 되는 두 정수를 모두 구한다.

$x-1$	$y-1$		x	y
1	3		2	4
3	1	$\Rightarrow$	4	2
-1	-3		0	-2
-3	-1		-2	0

예2 x, y가 정수일 때
$xy+2x+y+1=0$의 해 구하기
$xy+2x+y+1=0$에서 ┐ 양변 $+1$
$xy+2x+y+2=1$ ← 두 개씩 공통인수로 묶기
$x(y+2)+(y+2)=1$ ← 좌변 인수분해
$(x+1)(y+2)=1$

$x+1$	$y+2$		x	y
1	1	$\Rightarrow$	0	-1
-1	-1		-2	-3

02 실수 조건 부정방정식

완전제곱식
$\Rightarrow$ ($\quad$)^2 $+$ ($\quad$)^2 $=0$ 꼴

다음 성질을 이용한다.
- (실수)$^2 \geq 0$이므로
  $A^2=0$이면 $A=0$, $B^2=0$이면 $B=0$
- A, B가 실수이고 $A^2+B^2=0$이면
  $A=0$, $B=0$

예1 x, y가 실수일 때
$x^2+y^2-2x+4y+5=0$의 해 구하기:
$x^2+y^2-2x+4y+5=0$에서
$x^2-2x+1+y^2+4y+4=0$
$(x-1)^2+(y+2)^2=0$
x, y가 실수이므로 $x-1$, $y+2$도 실수이고
실수 제곱끼리 더해서 0이 되려면 둘 다 0이다.
$\therefore x=1$, $y=-2$

예2 x, y가 실수일 때
$4x^2+y^2-4x-6y+10=0$의 해 구하기:
$4x^2+y^2-4x-6y+10=0$에서
$4x^2-4x+1+y^2-6y+9=0$
$(2x-1)^2+(y-3)^2=0$
$\therefore x=\dfrac{1}{2}$, $y=3$

[0746-0756] 다음 연립방정식의 해를 구하시오.

0746
$$\begin{cases} x-y=1 \\ x^2+y^2=5 \end{cases}$$

0747
$$\begin{cases} 2x+y=5 \\ x^2+y^2=25 \end{cases}$$

0748
$$\begin{cases} 4x^2-y^2=0 \\ x^2+y^2=5 \end{cases}$$

0749
$$\begin{cases} x^2-y^2=0 \\ x^2+xy+y^2=6 \end{cases}$$

0750
$$\begin{cases} x^2-y^2+2x=0 \\ x^2-y^2-y=1 \end{cases}$$

0751
$$\begin{cases} x^2+y^2+x=2 \\ x^2+y^2+y=1 \end{cases}$$

0752
$$\begin{cases} x^2-xy=12 \\ xy-y^2=4 \end{cases}$$

0753
$$\begin{cases} x+2y+z=4 \\ x+y-z=0 \\ 2x+y+2z=2 \end{cases}$$

0754
$$\begin{cases} x+y=4 \\ y+z=3 \\ z+x=3 \end{cases}$$

0755
$$\begin{cases} xy=-6 \\ x+y=1 \end{cases}$$

0756
$$\begin{cases} 2x+2y+xy=5 \\ x+y+xy=7 \end{cases}$$

[0757-0760] 다음 부정방정식의 해를 구하시오.

0757
$xy-x-y-1=0$ (x, y는 정수)

0758
$xy+3x+y-8=0$ (x, y는 정수)

0759
$x^2+y^2-2x+4y+5=0$ (x, y는 실수)

0760
$9x^2+4y^2-12x+4y+5=0$ (x, y는 실수)

Style **01** 삼차·사차방정식의 해 (1)

모의고사기출

0761

삼차방정식 $x^3-x^2+x-1=0$의 두 허근의 합은?

① -4 ② -2 ③ 0

④ 2 ⑤ 4

0762

삼차방정식 $x^3-ax^2+ax-2=0$의 한 근이 2일 때, 나머지 두 근을 α, β라 하자. $a+\alpha+\beta$의 값은?

(단, a는 상수)

① -4 ② -2 ③ 0

④ 4 ⑤ 5

모의고사기출

0763

x에 대한 사차방정식 $x^4-x^3+ax^2+x+6=0$의 한 근이 -2일 때, 네 실근 중 가장 큰 것을 b라 하자. $a+b$의 값은? (단, a는 상수)

① -7 ② -6 ③ -5

④ -4 ⑤ -3

Level up

0764

사차방정식 $x^4+x^3-6x^2-14x-12=0$의 모든 근의 합은?

① -5 ② -4 ③ -3

④ -2 ⑤ -1

Style **02** 삼차·사차방정식의 해 (2)

모의고사기출

0765

사차방정식 $(x^2-5x)(x^2-5x+13)+42=0$의 모든 실근의 곱을 구하시오.

Level up

0766

사차방정식 $x(x+1)(x+2)(x+3)-8=0$의 모든 실근의 합은?

① -7 ② -6 ③ -5

④ -4 ⑤ -3

모의고사기출

0767

사차식 x^4+ax^2+b가 이차식 $(x-1)(x-\sqrt{2})$로 나누어떨어질 때, 사차방정식 $x^4+ax^2+b=0$의 네 근의 곱은? (단, a, b는 상수)

① $-2\sqrt{2}$ ② -2 ③ $\sqrt{2}$

④ 2 ⑤ 4

Style 03 삼차방정식의 중근 조건

0768

삼차방정식 $(x-2)(x^2+2x+k)=0$의 실근의 개수가 한 개가 되도록 하는 실수 k의 값의 범위를 구하시오.

0769

다음은 삼차방정식 $(x+1)(x^2+kx+4)=0$의 근이 모두 실근이고 중근을 가질 때, 상수 k의 값을 구하는 과정이다.

> (i) 삼중근이 되려면 $(x+1)^3=0$의 꼴이 되어야 하므로 가능하지 않다.
> (ii) $x^2+kx+4=0$이 중근을 가지면 되므로
> $D=$ ⑦ $=0$에서 $k=4$ 또는 $k=$ ⑭
> ㉠ $k=4$일 때, 중근 -2와 다른 실근 -1
> ㉡ $k=$ ⑭ 일 때, 중근 ⑭ 와 다른 실근 ⑭
> (iii) $x^2+kx+4=0$이 $x=-1$을 근으로 가지면 $k=5$ 이므로 대입하여 삼차방정식을 풀면
> 중근 ⑭ 와 다른 실근 -4

⑦~⑭에 알맞은 것을 구하시오.

Level up

0770

삼차방정식 $x^3-kx^2+(1+k)x-2=0$의 실근의 개수가 2개가 되도록 하는 모든 실수 k의 값의 합은?

① 2 ② 4 ③ 6
④ 8 ⑤ 10

Style 04 복이차방정식의 근이 모두 실수일 조건

0771

다음은 사차방정식 $x^4-4x^2+k=0$의 모든 근이 실수가 되는 실수 k의 값의 범위를 구하는 과정이다.

> $t=x^2$이라 하면 $x^4-4x^2+k=0$에서
> $t^2-4t+k=0$ (t에 대한 이차방정식)
> 이때 t가 실수이어야 x도 실수가 되므로
> $\dfrac{D}{4}=$ ⑦ 에서 $k\le$ ⑭
> 또한 $t\ge 0$이어야 한다.
> 예를 들어 $t=-1$이면 $x^2=-1$로 허근이 된다.
> 즉, $t^2-4t+k=0$의 두 근이 모두 0 이상의 실근이다.
> 두 근을 α, β라 하면 $\alpha\ge 0$, $\beta\ge 0$이므로
> $\alpha+\beta\ge 0$에서 $\alpha+\beta=4>0$ (성립)
> $\alpha\beta$ ⑭ 0에서 $\alpha\beta=k\ge 0$
> $\therefore 0\le k\le$ ⑭

⑦, ⑭, ⑭에 알맞은 것을 구하시오.

모의고사 기출

0772

x에 대한 사차방정식 $x^4-9x^2+k-10=0$의 모든 근이 실수가 되도록 하는 자연수 k의 개수를 구하시오.

Level up

0773

사차방정식 $x^4+ax^2+16=0$의 근이 실근만 2개를 갖도록 하는 상수 a의 값을 구하시오.

Style 05 삼차방정식의 근과 계수와의 관계

0774

삼차방정식 $2x^3-3x^2+x-1=0$의 세 근을 α, β, γ라 할 때, $\dfrac{1}{\alpha^2\beta^2}+\dfrac{1}{\beta^2\gamma^2}+\dfrac{1}{\gamma^2\alpha^2}$의 값은?

① 0 ② 1 ③ 3

④ 5 ⑤ 7

Level up

0775

삼차방정식 $x^3+x^2+x-3=0$의 두 허근을 α, β, 실근을 γ라 할 때, $\alpha+\beta+2\gamma$의 값은?

① -1 ② 0 ③ 1

④ 2 ⑤ 3

0776

삼차방정식 $x^3-6x-2=0$의 세 근을 α, β, γ라 할 때, $\alpha^3+\beta^3+\gamma^3$의 값은?

① 2 ② 4 ③ 6

④ 8 ⑤ 10

Level up

0777

삼차방정식 $x^3-3x^2-5x+2=0$의 세 근을 α, β, γ라 할 때, $(1+\alpha)(1+\beta)(1+\gamma)$의 값은?

① -3 ② -1 ③ 1

④ 2 ⑤ 3

Style 06 삼차방정식의 켤레근과 식 세우기

모의고사 기출

0778

x에 대한 삼차방정식 $x^3+ax^2+bx+1=0$의 한 근이 $-1+\sqrt{2}$일 때, 유리수 a, b의 합 $a+b$의 값은?

① 0 ② -1 ③ -2

④ -3 ⑤ -4

모의고사 기출

0779

계수가 실수인 x에 대한 삼차방정식 $x^3+ax^2+bx-8=0$의 한 근이 $1-\sqrt{3}i$일 때, $a+b$의 값은? (단, $i=\sqrt{-1}$)

① 4 ② 5 ③ 6

④ 7 ⑤ 8

Level up

0780

삼차방정식 $x^3+4x^2+8x-16=0$의 세 근을 α, β, γ라 할 때, x^3의 계수가 1이고 $\dfrac{\alpha}{2}$, $\dfrac{\beta}{2}$, $\dfrac{\gamma}{2}$를 세 근으로 갖는 삼차방정식은 $x^3+ax^2+bx+c=0$이다. 상수 a, b, c의 합 $a+b+c$의 값은?

① -1 ② 0 ③ 1

④ 2 ⑤ 3

Style 07 $x^3=1$의 허근 w, $\overline{w}$

0781

다음은 $x^3=1$의 허근 w에 대하여
$$1+w+w^2+w^3+\cdots+w^9$$
의 값을 구하는 과정이다.

$w^2+w+1=0$, $w^{3n}=1$을 이용하자.

$1+w+w^2=0$

$w^3+w^4+w^5=\boxed{(가)}=0$

$w^6+w^7+w^8=\boxed{(가)}=0$

$w^9=\boxed{(나)}$이므로

$1+w+w^2+\cdots+w^9=\boxed{(다)}$

(가), (나), (다)에 알맞은 것을 구하시오.

Level up

0782

삼차방정식 $x^3=1$의 허근 w에 대하여
$1+w+w^2+\cdots+w^{20}$의 값은?

① -2　　　　② -1　　　　③ 0

④ 1　　　　⑤ 2

Level up

0783

삼차방정식 $x^3=1$의 허근 w에 대하여
$\dfrac{1}{w+1}+\dfrac{1}{w^2+1}+\dfrac{1}{w^3+1}=\dfrac{q}{p}$이다. $p+q$의 값은?

　　　　　　　　　　　　(단, p, q는 서로소인 자연수)

① 3　　　　② 4　　　　③ 5

④ 6　　　　⑤ 7

Style 08 연립이차방정식: 일차＋이차 → 대입형

모의고사기출

0784

연립방정식
$$\begin{cases} y=2x+3 \\ x^2+y=2 \end{cases}$$
의 해를 $x=a$, $y=b$라 할 때, $a+3b$의 값은?

① -2　　　　② -1　　　　③ 0

④ 1　　　　⑤ 2

모의고사기출

0785

두 양수 α, β에 대하여 $x=\alpha$, $y=\beta$가 연립이차방정식
$$\begin{cases} 2x-y=-3 \\ 2x^2+y^2=27 \end{cases}$$
의 해일 때, $\alpha\beta$의 값은?

① 1　　　　② 2　　　　③ 3

④ 4　　　　⑤ 5

Level up

0786

x, y에 대한 연립방정식
$$\begin{cases} 2x+y=1 \\ 3x^2-y^2=k \end{cases}$$
가 오직 한 쌍의 해 $x=\alpha$, $y=\beta$를 가질 때, $\alpha+\beta+k$의 값은? (단, k는 상수)

① 1　　　　② 2　　　　③ 3

④ 4　　　　⑤ 5

Style 09 **연립이차방정식**: 이차＋이차 → 인수분해형

0787
다음 연립방정식의 해 중에서 정수해를 모두 구하시오.

$$\begin{cases} 2x^2 - xy - y^2 = 0 \\ x^2 + y = 3 \end{cases}$$

모의고사기출
0788
연립방정식

$$\begin{cases} x^2 + y^2 = 40 \\ 4x^2 + y^2 = 4xy \end{cases}$$

의 해를 $x=\alpha$, $y=\beta$라 할 때, $\alpha\beta$의 값은?

① 16   ② 17   ③ 18
④ 19   ⑤ 20

모의고사기출
0789
연립방정식

$$\begin{cases} x^2 - 4xy + 3y^2 = 0 \\ 2x^2 + xy + 3y^2 = 24 \end{cases}$$

의 해를 $\begin{cases} x=\alpha_i \\ y=\beta_i \end{cases}$ $(i=1, 2, 3, 4)$라 할 때, $\alpha_i\beta_i$의 최댓값은?

① 3   ② 4   ③ 6
④ 8   ⑤ 9

Style 10 **연립이차방정식**: 이차＋이차 → 소거형

0790
다음 연립방정식의 해를 구하시오.

$$\begin{cases} x^2 + 2x - y = 7 \\ x^2 + y = 5 \end{cases}$$

0791
연립방정식

$$\begin{cases} x^2 + y^2 + 2x - y = 11 \\ 2x^2 + 2y^2 + x + y = 16 \end{cases}$$

의 정수해를 $x=\alpha$, $y=\beta$라 할 때, $\alpha+\beta$의 값은?

① 0   ② -1 ③ -2
④ -3 ⑤ -4

Level up
0792
다음 연립방정식의 해를 구하시오.

$$\begin{cases} x^2 - xy = 6 \\ xy - y^2 = -3 \end{cases}$$

Style **11** **연립이차방정식** → 대칭형

0793

다음 연립방정식의 해를 구하시오.

$$\begin{cases} x+y=2 \\ xy+x+y=-6 \end{cases}$$

0794

다음은 연립방정식

$$\begin{cases} xy+x+y=-5 \\ x^2+y^2=13 \end{cases}$$

의 해를 구하는 과정이다.

이 방정식은 x, y를 바꿔도 식이 같은 대칭형이다.

$x+y=a$, $xy=b$라 하면

$$\begin{cases} xy+x+y=\boxed{(가)}=-5 \\ x^2+y^2=\boxed{(나)}=13 \end{cases}$$

두 식을 연립하면

(i) $a=\boxed{(다)}$, $b=\boxed{(라)}$일 때

$t^2-\boxed{(다)}t+(\boxed{(라)})=0$의 두 근이 x, y

(ii) $a=\boxed{(마)}$, $b=\boxed{(바)}$일 때

$t^2-(\boxed{(마)})t+(\boxed{(바)})=0$의 두 근이 x, y

이므로 t에 대한 이차방정식을 풀면 된다.

(가)~(바)에 알맞은 것을 구하고, 방정식의 근을 모두 구하시오.

Style **12** **부정방정식**

0795

두 자연수 x, y에 대하여 $xy-x-y-2=0$의 근을 $x=\alpha$, $y=\beta$라 할 때, $\alpha+\beta$의 값은?

① 3   ② 4   ③ 5

④ 6   ⑤ 7

0796

두 정수 x, y에 대하여 $2xy-x-2y=0$의 해를 구하시오.

Level up

0797

두 실수 x, y에 대하여 $x^2+y^2-4x+4y+k=0$의 해가 $x=\alpha$, $y=\beta$ 오직 한 쌍일 때, $k+\alpha+\beta$의 값은?

(단, k는 상수)

① 3   ② 4   ③ 6

④ 8   ⑤ 9

Level up

0798

두 실수 x, y에 대하여 $x^2-4xy+5y^2-2y+1=0$의 해를 구하시오.

0799

삼차방정식 $x^3-x^2-3x+6=0$의 허근을 α, $\overline{\alpha}$라 할 때, $\dfrac{\overline{\alpha}}{\alpha}+\dfrac{\alpha}{\overline{\alpha}}$의 값은?

① -1 ② $-\dfrac{1}{2}$ ③ $\dfrac{1}{2}$

④ 1 ⑤ 2

0800

사차방정식 $x^4+x^3-4x^2+5x-3=0$의 실근의 합을 a, 허근의 합을 b라 할 때, $b-a$의 값은?

① 3 ② 4 ③ 5

④ 6 ⑤ 7

0801

사차방정식 $x^4-6x^2+k-5=0$이 실근 2개와 허근 2개를 갖도록 하는 자연수 k의 개수는?

① 9 ② 8 ③ 6

④ 4 ⑤ 3

Level up

0802

삼차방정식 $x^3-2x^2+x+3=0$의 세 근을 α, β, γ라 할 때, x^3의 계수가 1이고 $\alpha+1$, $\beta+1$, $\gamma+1$을 근으로 갖는 삼차방정식을 $f(x)=0$이라 하자. $f(1)$의 값은?

① 0 ② 1 ③ 2

④ 3 ⑤ 4

Level up

0803

$x^3=1$의 허근을 w라 할 때, 다음 식의 값은?

$$\frac{1}{w}+\frac{1}{w^2}+\frac{1}{w^3}+\cdots+\frac{1}{w^{13}}+\frac{1}{w^{14}}$$

① -2 ② -1 ③ 0

④ 1 ⑤ 2

0804

연립방정식

$$\begin{cases} x-y=k \\ x^2+y^2=2 \end{cases}$$

가 오직 한 쌍의 해를 갖도록 하는 양수 k의 값과 그 때의 해를 구하시오.

0805

연립방정식

$$\begin{cases} x^2-y^2=0 \\ x^2-2xy+y^2=4 \end{cases}$$

의 근을 $x=\alpha$, $y=\beta$라 할 때, $\alpha^2+\beta^2$의 값은?

① 1 ② 2 ③ 3

④ 4 ⑤ 5

0806

음이 아닌 두 정수 x, y에 대하여 $xy+x+y-2=0$의 해를 좌표로 나타내면 $A(x_1, y_1)$, $B(x_2, y_2)$일 때, $\triangle AOB$의 넓이는? (단, O는 원점)

① 1 ② 2 ③ 3

④ 4 ⑤ 5

0807

삼차방정식 $x^3=1$의 한 허근을 w라 할 때,

$\dfrac{1}{w+1}+\dfrac{1}{w^2+1}+\dfrac{1}{w^3+1}+\cdots+\dfrac{1}{w^{30}+1}$ 의 값을 구하시오.

0808

삼차방정식 $x^3+ax^2+bx+c=0$의 세 근을 α, β, γ라 하면 $\dfrac{1}{\alpha}$, $\dfrac{1}{\beta}$, $\dfrac{1}{\gamma}$을 세 근으로 하는 삼차방정식이 $x^3-3x^2+2x+1=0$일 때, abc의 값은?

(단, a, b, c는 상수)

① -3 ② -4 ③ -5

④ -6 ⑤ -7

0809

연립방정식

$$\begin{cases} x^2+xy=8 \\ y^2-x+y=4 \end{cases}$$

의 해 중에서 $x=\alpha$, $y=\alpha$인 실수 α의 값은? (정답 2개)

① -2 ② -1 ③ 1

④ 2 ⑤ 3

0810

연립방정식

$$\begin{cases} x^2-y^2=6 \\ (x+y)^2-2(x+y)=3 \end{cases}$$

을 만족시키는 두 양수 x, y에 대하여 $20xy$의 값을 구하시오.

0811

이차방정식 $x^2-(m+5)x-m-1=0$의 두 근이 정수가 되도록 하는 모든 정수 m의 값의 곱을 구하시오.

0812

x, y가 실수일 때, $x^2+y^2-4x+8x+k=0$의 근이 존재하지 않도록 하는 정수 k의 최솟값을 구하시오.

개념 **C.O.D.I** 코디

III. 부등식

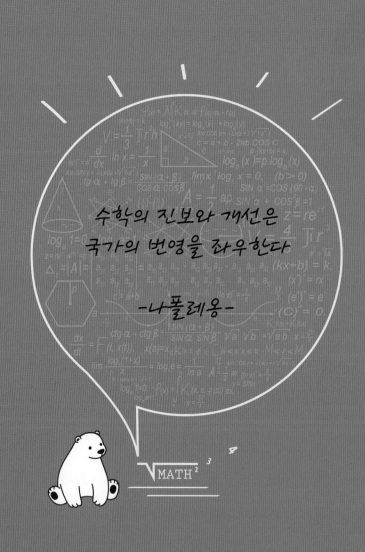

수학의 진보와 개선은
국가의 번영을 좌우한다

-나폴레옹-

C.O.D.I — **10** 일차부등식

1<3과 같이 부등호는 어느 값이 더 큰지 나타낼
때 사용한다.
또 부등식에 미지수가 들어가면 부등식을 풀어 해를
구한다.
부등식의 해를 구한다는 것은 '미지수의 범위'를
구한다는 말과 같다. 조건에 맞는 범위를 정해 주는
것은 수학에서 매우 중요하다. 예를 들어
'x는 분모가 3인 기약분수'라고 하면

$$\cdots, \ -\frac{4}{3}, \ -\frac{2}{3}, \ -\frac{1}{3}, \ \frac{1}{3}, \ \frac{2}{3}, \ \cdots$$

와 같이 무수히 많지만
'$-1 \leq x \leq 1$에 대하여 분모가 3인 기약분수 x'는

$$-\frac{2}{3}, \ -\frac{1}{3}, \ \frac{1}{3}, \ \frac{2}{3}$$

의 네 개만 존재한다.
이처럼 미지수의 범위는 생각할 범위를 줄여 준다.
일차부등식부터 다시 공부해 보자.

1 부등식

부등호 $>$, $<$, $\geq$, $\leq$를 사용하여 수 또는 식의 대소 관계를 나타낸 식

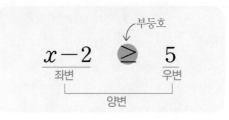

2 부등식의 기본 성질 (세 실수 a, b, c에 대하여 다음이 성립한다.)

(1) 부등식의 양변에 같은 수를 더하거나 같은 수를 빼어도 부등호의 방향은 변하지 않는다.

$$a<b이면 a+c<b+c, \ a-c<b-c$$

(2) 부등식의 양변에 같은 양수를 곱하거나 같은 양수로 나누어도 부등호의 방향은 변하지 않는다.

$$a>b일 때, \ c>0이면 ac>bc, \ \frac{a}{c}>\frac{b}{c}$$

(3) 부등식의 양변에 같은 음수를 곱하거나 같은 음수로 나누면 부등호의 방향이 바뀐다.

$$a>b일 때, \ c<0이면 ac<bc, \ \frac{a}{c}<\frac{b}{c}$$

👉 확인문제

1 다음 중 부등식인 것에는 ○표, 부등식이 아닌 것에는 ×표를 ( ) 안에 써넣으시오.

(1) $2x+7$ 　　　　　　　　　　(　)

(2) $3+4\geq9$ 　　　　　　　　(　)

(3) $x<5$ 　　　　　　　　　　(　)

(4) $x-6=2$ 　　　　　　　　(　)

2 다음 ☐ 안에 알맞은 부등호를 써넣으시오.

(1) $a+7<b+7$ 　➡　 $a \boxed{\phantom{<}} b$

(2) $3a>3b$ 　➡　 $a \boxed{\phantom{<}} b$

(3) $a-2 \leq b-2$ 　➡　 $a \boxed{\phantom{<}} b$

(4) $-\dfrac{a}{5} \geq -\dfrac{b}{5}$ 　➡　 $a \boxed{\phantom{<}} b$

(5) $-4a \leq -4b$ 　➡　 $a \boxed{\phantom{<}} b$

3 $x\geq3$일 때, 다음 식의 값의 범위를 구하시오.

(1) $x+4$

(2) $x-1$

(3) $2x-5$

(4) $-\dfrac{1}{3}x+7$

3 일차부등식

부등식의 모든 항을 좌변으로 이항하여 정리하였을 때, 다음 중 어느 하나의 꼴로 나타낼 수 있는 부등식

$$(\,일차식\,)>0,\ (\,일차식\,)<0,\ (\,일차식\,)\geq0,\ (\,일차식\,)\leq0$$

4 일차부등식의 풀이

$$3x-1 > x+7$$

① 미지수 x를 포함한 항은 좌변으로, 상수항은 우변으로 정리한다.

$$2x > 8$$

② x의 계수로 양변을 나눈다. (이때 x의 계수가 음수이면 부등호의 방향이 바뀐다.)

$$x > 4$$

5 부등식의 해를 수직선 위에 나타내기

(1) $x>a$

(2) $x<a$

(3) $x\geq a$

(4) $x\leq a$

확인문제

4 다음 일차부등식을 푸시오.

(1) $2x\leq x-5$

(2) $x-1>2x+5$

(3) $3x>2(x-1)+7$

(4) $2(1-x)+4x\leq6$

(5) $3x-(x+2)<5x-14$

(6) $1.2x+4\leq0.6x-0.8$

(7) $\dfrac{x+1}{2}-\dfrac{x}{5}>\dfrac{1}{2}$

5 다음 부등식을 부등식의 성질을 이용하여 풀고, 그 해를 수직선 위에 나타내시오.

(1) $x+1\leq3x-5$

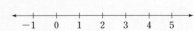

(2) $2(x+4)<10$

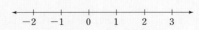

(3) $2x+8\geq5+3x$

(4) $-3x+5>-1$

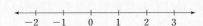

01 특수한 일차부등식

> 일차부등식을 풀다 보면 x가 소거되는 경우가 있다.
> 이때는 x를 지우지 말고 $0 \cdot x$로 두고 네 가지 경우로 나누어 생각하자.
> $$2x+1>2(x-1)$$
> $$2x-2x>-2-1$$
> $$0 \cdot x > -3$$

일차부등식에서 x의 계수가 0이면 해가 무수히 많거나 해가 존재하지 않는다.

즉, $ax>b$, $ax \geq b$, $ax<b$, $ax \leq b$에서 $a=0$일 때 해가 특수한 경우가 된다.

$a=0$이면 ax가 0이므로 결국 0과 b 중 무엇이 더 큰지, 작은지를 생각하면 된다.

결국 b의 값에 따라 해가 결정된다.

01 $ax>b$

$a=0$, $b<0$일 때 ⇨ 해는 모든 실수

예 $2x+1>2(x-1)$에서 $2x+1>2x-2$, $0 \cdot x > -3$

$a=0$, $b \geq 0$일 때 ⇨ 해가 없다.

예 $2x-3>2(x-1)$에서 $2x-3>2x-2$, $0 \cdot x > 1$

(1) $0 \cdot x >$ 음수의 꼴
  ⇨ 0은 음수보다 큰 값이므로 x에 어떤 값을 대입해도 부등식은 참이 된다.

(2) $0 \cdot x > 0$의 꼴
  ⇨ 0은 0보다 크다라는 의미이므로 x에 어떤 값을 대입해도 부등식은 거짓이다.

(3) $0 \cdot x >$ 양수의 꼴
  ⇨ 0은 양수보다 클 수 없다. 따라서 어떤 x의 값도 식을 만족시킬 수 없다.

02 $ax<b$

$a=0$, $b>0$일 때 ⇨ 해는 모든 실수

예 $x-1<x+1$에서 $0 \cdot x < 2$

$a=0$, $b \leq 0$일 때 ⇨ 해가 없다.

예 $x-1<x-3$에서 $0 \cdot x < -2$

(1) $0 \cdot x <$ 양수의 꼴
  ⇨ 0은 양수보다 작은 값이므로 x에 어떤 값을 대입해도 부등식은 참이 된다.

(2) $0 \cdot x < 0$의 꼴
  ⇨ 0은 0보다 작다는 의미이므로 x에 어떤 값을 대입해도 부등식은 거짓이다.

(3) $0 \cdot x <$ 음수의 꼴
  ⇨ 0은 음수보다 작을 수 없다. 따라서 어떤 x의 값도 식을 만족시킬 수 없다.

03 $ax \geq b$

$a=0$, $b \leq 0$일 때 ⇨ 해는 모든 실수

예 $2x+1 \geq 2\left(x+\dfrac{1}{2}\right)$에서 $0 \cdot x \geq 0$

$a=0$, $b>0$일 때 ⇨ 해가 없다.

예 $2x+1 \geq 2(x+2)$에서 $0 \cdot x \geq 3$

(1) $0 \cdot x \geq 0$ (0은 0과 같거나 크다.)
  ⇨ 0은 0과 같으므로 항상 성립한다.

(2) $0 \cdot x \geq$ 음수 (0은 음수와 같거나 크다.)
  ⇨ 0은 음수보다 크므로 항상 성립한다.

(3) $0 \cdot x \geq$ 양수 (0은 양수와 같거나 크다.)
  ⇨ 0은 양수와 같지도 크지도 않으므로 성립하는 x의 값이 존재하지 않는다.

04 $ax \leq b$

$a=0$, $b \geq 0$일 때 ⇨ 해는 모든 실수

예 $2x+1 \leq 2\left(x+\dfrac{1}{2}\right)$에서 $0 \cdot x \leq 0$

$a=0$, $b<0$일 때 ⇨ 해가 없다.

예 $x-1 \leq x-3$에서 $0 \cdot x \leq -2$

(1) $0 \cdot x \leq 0$ (0은 0과 같거나 작다.)
  ⇨ 0은 0과 같으므로 항상 성립한다.

(2) $0 \cdot x \leq$ 양수 (0은 양수와 같거나 작다.)
  ⇨ 0은 양수보다 작으므로 항상 성립한다.

(3) $0 \cdot x \leq$ 음수 (0은 음수와 같거나 작다.)
  ⇨ 0은 음수와 같지도 작지도 않으므로 성립하는 x의 값이 존재하지 않는다.

02 연립일차부등식

여러 개의 일차부등식을 묶은 것이 연립일차부등식이다.
연립일차부등식을 만족시키는 범위, 즉 해는 다음과 같이 구한다.

(i) 각각의 부등식을 푼다. $\longrightarrow$ (ii) 공통 범위를 찾는다.
수직선에서 겹치는 부분

01 해가 범위

일정 범위의 모든 실수가 해가 된다.

예1
$$\begin{cases} 2x-1<5 & \to \quad x<3 \\ -x+1<3 & \to \quad x>-2 \end{cases}$$

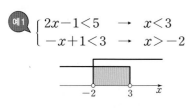

$-2<x<3$

예2
$$\begin{cases} 2x-1>5 & \to \quad x>3 \\ -x+1\leq3 & \to \quad x\geq-2 \end{cases}$$

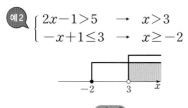

$x>3$

예3
$$\begin{cases} 2x-1<5 & \to \quad x<3 \\ x+1<3 & \to \quad x<2 \end{cases}$$

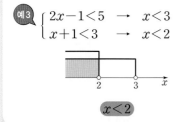

$x<2$

02 해가 한 개

일차식 $f(x)$, $g(x)$에 대하여
$$\begin{cases} f(x)\leq0 & \to \quad x\geq a \\ g(x)\geq0 & \to \quad x\leq a \end{cases}$$

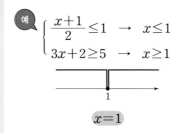

$x=a$

예
$$\begin{cases} \dfrac{x+1}{2}\leq1 & \to \quad x\leq1 \\ 3x+2\geq5 & \to \quad x\geq1 \end{cases}$$

$x=1$

공통 범위(겹치는 부분)가 한 점뿐
이다.

∴ 해가 한 개

03 해가 없다

예1
$$\begin{cases} 2x-1\geq5 & \to \quad x\geq3 \\ -x+1\geq3 & \to \quad x\leq-2 \end{cases}$$

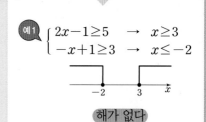

해가 없다

예2
$$\begin{cases} \dfrac{x+1}{2}<1 & \to \quad x<1 \\ 3x+2\geq5 & \to \quad x\geq1 \end{cases}$$

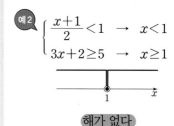

해가 없다

공통 범위(겹치는 부분)가 없으므로
부등식을 동시에 만족시키는 x의 값
은 존재하지 않는다.

∴ 해가 없다.

01 조건을 만족하는 부등식의 범위

> 문제에서 주어진 해가 나오려면 수직선에서 공통 범위가 어떻게 그려져야 하는지 그에 따른 미정계수의 범위를 따져 준다.

01 연립부등식의 해가 존재하지 않을 조건

이 유형의 문제는 한 쪽 부등식의 범위가 미정계수로 나타낸 경우가 많다. 조건에 맞도록 수직선을 그려 보자.

> 예1 연립부등식 $\begin{cases} x \le 1 & \cdots \text{㉠} \\ x \ge \dfrac{a+1}{2} & \cdots \text{㉡} \end{cases}$ 의 해가 존재하지 않을 실수 a의 값의 범위:
>
> 해가 존재하지 않으려면 그림과 같이 겹치지 않아야 한다. 즉, $1 < \dfrac{a+1}{2}$ 이므로 해가 존재하지 않을 실수 a의 값의 범위는 $a > 1$

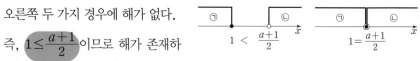

이를 반대로 생각하면 해가 존재할 조건이 된다.

> 예2 연립부등식 $\begin{cases} x \le 1 & \cdots \text{㉠} \\ x > \dfrac{a+1}{2} & \cdots \text{㉡} \end{cases}$ 의 해가 존재하지 않을 실수 a의 값의 범위:
>
> 오른쪽 두 가지 경우에 해가 없다.
> 즉, $1 \le \dfrac{a+1}{2}$ 이므로 해가 존재하지 않을 실수 a의 값의 범위는 $a \ge 1$

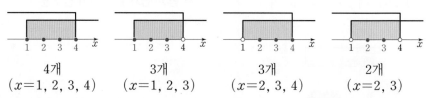

02 정수의 개수와 범위 설정

연립부등식의 해의 범위 안에 정수가 몇 개 있는지 세는 유형은 다양한 응용 문제로 변형되어 출제된다.
여기서 확실히 정리하자.

> 예1 다음 연립부등식을 만족시키는 정수의 개수를 구하시오.
>
> (1) $\begin{cases} x \ge 1 \\ x \le 4 \end{cases}$ (2) $\begin{cases} x \ge 1 \\ x < 4 \end{cases}$ (3) $\begin{cases} x > 1 \\ x \le 4 \end{cases}$ (4) $\begin{cases} x > 1 \\ x < 4 \end{cases}$
>
> 수직선을 그리고 공통 범위의 양 끝 점이 포함되는지 주의하면서 세어 보자.
>
> | 4개 | 3개 | 3개 | 2개 |
> |---|---|---|---|
> | ($x=1, 2, 3, 4$) | ($x=1, 2, 3$) | ($x=2, 3, 4$) | ($x=2, 3$) |

> 예2 다음 연립부등식을 만족시키는 정수가 4개일 때, 실수 a의 값의 범위를 구하시오.
>
> (1) $\begin{cases} x \ge a \\ x \le 4 \end{cases}$
> 해가 $a \le x \le 4$이고 이 안에 4개의 정수가 들어 있어야 하므로 범위 안에 1, 2, 3, 4가 포함되어야 한다.
>
> (2) $\begin{cases} x > a \\ x \le 4 \end{cases}$
> 해가 $a < x \le 4$이고 이 안에 4개의 정수가 들어 있어야 하므로 범위 안에 1, 2, 3, 4가 포함되어야 한다.
>
> 수직선에서 a가 어디에서 어디까지 움직일 수 있을까?
>
>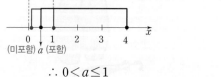
>
> $\therefore 0 < a \le 1$
>
>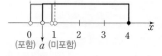
>
> $\therefore 0 \le a < 1$
>
> 해의 범위에 a가 포함되는지 아닌지에 따라 등호가 어디에 적용되는지 확인하자.

0813
부등식 $ax > b$의 해가 무수히 많을 조건을 구하시오.

0814
부등식 $ax > b$의 해가 존재하지 않을 조건을 구하시오.

0815
부등식 $(a-1)x \leq b+1$의 해가 무수히 많을 조건을 구하시오.

0816
부등식 $(a-1)x \leq b+1$의 해가 없을 조건을 구하시오.

[0817–0821] 다음 연립부등식의 해를 구하시오.

0817
$$\begin{cases} 2x+5 \leq 3x+4 \\ x-4 < 6-3(x+2) \end{cases}$$

0818
$$\begin{cases} 5x \leq 2(x+3) \\ \dfrac{2}{3}x-1 \leq \dfrac{1}{2}(2x+1) \end{cases}$$

0819
$$\begin{cases} 9-x < 6 \\ 2x+1 \leq 5 \end{cases}$$

0820
$$\begin{cases} 2(x+1) \geq -x+5 \\ \dfrac{1}{2}x-1 > 2x-7 \end{cases}$$

0821
$$\begin{cases} 3x-1 \geq x+1 \\ 4x \leq x+3 \end{cases}$$

[0822–0825] 다음 연립부등식의 해가 없도록 실수 a의 값의 범위를 구하시오.

0822
$$\begin{cases} x \leq 1 \\ x > a \end{cases}$$

0823
$$\begin{cases} x \leq 2 \\ x \geq a \end{cases}$$

0824
$$\begin{cases} x < a \\ x \geq -3 \end{cases}$$

0825
$$\begin{cases} x \leq a \\ x \geq 0 \end{cases}$$

[0826–0829] 수직선을 이용하여 다음 조건을 만족시키는 실수 a의 값의 범위를 구하시오.

0826
$a \leq x \leq 2$를 만족시키는 정수가 3개

0827
$a < x \leq 2$를 만족시키는 정수가 3개

0828
$-2 < x \leq a$를 만족시키는 정수가 5개

0829
$-2 \leq x < a$를 만족시키는 정수가 5개
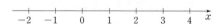

02 절댓값과 일차부등식

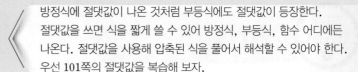
01 |일차식| $<a$, |일차식| $>a$ (단, $a>0$)

$$|x|<a \iff -a<x<a$$
$$|x|\leq a \iff -a\leq x\leq a$$

x는 $-$와 $+$ 값 사이

증명 (i) $x\geq 0$일 때, $|x|<a$에서
$$x<a \quad \therefore 0\leq x<a$$
(ii) $x<0$일 때, $|x|<a$에서
$$-x<a, \; x>-a \quad \therefore -a<x<0$$
(i), (ii)에서 $-a<x<a$

$$|x|>a \iff x<-a \text{ 또는 } x>a$$
$$|x|\geq a \iff x\leq -a \text{ 또는 } x\geq a$$

x는 $-$보다 작거나 $+$보다 크다

증명 (i) $x\geq 0$일 때, $|x|>a$에서
$$x>a$$
(ii) $x<0$일 때, $|x|>a$에서
$$-x>a \quad \therefore x<-a$$
(i), (ii)에서 $x<-a \text{ 또는 } x>a$

절댓값의 개념으로 생각할 수도 있다.

$|x|<2 \Rightarrow$ 원점과의 거리가 2보다 작은 수들

$$\therefore -2<x<2$$

$|x|\geq 3 \Rightarrow$ 원점과의 거리가 3 이상인 수들

$$\therefore x\leq -3 \text{ 또는 } x\geq 3$$

---

02 |일차식| $\leq$ 일차식

- 절댓값 안의 식이 양수일 때와 음수일 때의 경우별로 부등식을 푼다.
- 부등식의 해가 범위에 적합한지 확인

예1 부등식 $|2x-1|\leq x$를 풀어라.

(i) $x\geq \dfrac{1}{2}$일 때, $2x-1\leq x$에서 $x\leq 1$
$$\longrightarrow \frac{1}{2}\leq x\leq 1$$

(ii) $x<\dfrac{1}{2}$일 때, $-2x+1\leq x$에서 $x\geq \dfrac{1}{3}$
$$\longrightarrow \frac{1}{3}\leq x<\frac{1}{2}$$

(i), (ii)에서 $\dfrac{1}{3}\leq x\leq 1$

예2 부등식 $|x-1|>\dfrac{1}{2}x+1$을 풀어라.

(i) $x\geq 1$일 때, $x-1>\dfrac{1}{2}x+1$에서 $x>4$

(ii) $x<1$일 때, $-x+1>\dfrac{1}{2}x+1$에서 $x<0$

(i), (ii)에서 $x<0 \text{ 또는 } x>4$

---

03 절댓값이 2개인 부등식

세 개의 범위로 나누어 절댓값을 정리한 후 푼다.
$$|x-\alpha|+|x-\beta|\leq k \; (\alpha<\beta)$$

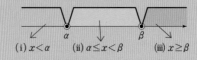

(i) $x<\alpha$ (ii) $\alpha\leq x<\beta$ (iii) $x\geq \beta$

절댓값이 2개인 식을 정리하는 방법은 06단원 절댓값 기호를 포함한 일차방정식 104쪽에서 자세히 배웠다.

예 부등식 $|x|+|x-2|\leq 3$을 풀어라.

(i) $x<0$일 때, $-x-x+2\leq 3$에서
$$-2x\leq 1, \; x\geq -\frac{1}{2} \quad \therefore -\frac{1}{2}\leq x<0$$

(ii) $0\leq x<2$일 때, $x-x+2\leq 3$에서
$$0\cdot x\leq 1 \quad \therefore 0\leq x<2$$
(항상 성립하는 특수한 일차부등식으로 주어진 범위가 모두 해이다.)

(iii) $x\geq 2$일 때, $x+x-2\leq 3$에서
$$2x\leq 5, \; x\leq \frac{5}{2} \quad \therefore 2\leq x\leq \frac{5}{2}$$

(i), (ii), (iii)에서 $-\dfrac{1}{2}\leq x\leq \dfrac{5}{2}$

03 그래프와 일차부등식

모든 식은 함수로 생각할 수 있다. 방정식도 함수로 바꿔 생각하듯 부등식도 함수의 관점에서 보자. 함수는 그래프로 나타낼 수 있고 이는 그림으로 쉽게 이해할 수 있다는 뜻이다.

01 $f(x)>g(x)$ $f(x), g(x)$는 다항식

(i) 함수로 생각하면 $y=f(x)$, $y=g(x)$

(ii) 함수 $f(x)$가 $g(x)$보다 크다.

(iii) $f(x)$의 그래프가 $g(x)$의 그래프보다 위쪽에 있는 x의 값의 범위를 구한다.

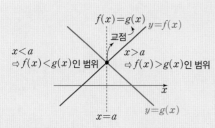

<함수의 그래프 그리기>

① 두 함수의 그래프의 교점의 x좌표를 찾는다.
  ⇨ $f(x)=g(x)$ 풀기

② 교점과 기울기 등을 고려하여 하나의 좌표평면에 $y=f(x)$, $y=g(x)$의 그래프를 함께 그린다.

예1 $2x-1>x+1$

⇨ $y=2x-1$의 그래프가 $y=x+1$의 그래프보다 위에 있는 x의 값의 범위

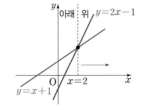

<교점의 x좌표 구하기>
$2x-1=x+1$에서 $x=2$

∴ $x>2$
(x가 2보다 클 때 직선 $y=2x-1$이 직선 $y=x+1$ 보다 위에 있다.)

예2 $3x+1\le-2$

⇨ $y=3x+1$의 그래프가 $y=-2$의 그래프와 같거나 아래에 있는 x의 값의 범위

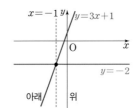

<교점의 x좌표 구하기>
$3x+1=-2$에서 $x=-1$

∴ $x\le-1$

예1 $|x|<2$

⇨ 직선 $y=|x|$가 직선 $y=2$보다 아래에 있는 x의 값의 범위

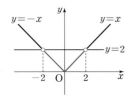

∴ $-2<x<2$

예3 $|x-1|<\dfrac{1}{2}x+1$

⇨ 직선 $y=|x-1|$이 직선 $y=\dfrac{1}{2}x+1$보다 아래에 있는 x의 값의 범위

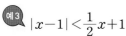

∴ $0<x<4$

예2 $|x+1|\ge1$

⇨ 직선 $y=|x+1|$이 직선 $y=1$보다 같거나 위에 있는 x의 값의 범위

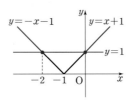

∴ $x\le-2$ 또는 $x\ge0$

02 $y=|x-a|$의 그래프

범위에 따라 함수의 식을 구하면
$$y=\begin{cases} x-a & (x\ge a) \\ -x+a & (x<a) \end{cases}$$
이를 그래프로 나타내면 아래와 같다.

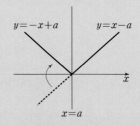

이 그래프는 $y=x-a$의 그래프 중 x축 아래 부분을 x축을 기준으로 위로 접어올린 모양(x축에 대하여 대칭이동)이다.
또한 직선 $x=a$를 기준으로 좌우 대칭이다.

[0830~0835] 다음 부등식을 푸시오.

0830

$|x| \leq 3$

0831

$|x| \geq 1$

0832

$|x-1| < 2$

0833

$|x+2| > 1$

0834

$|2x-1| < x$

0835

$|x-1| \geq \dfrac{1}{2}x+1$

0836

부등식 $|x|+|x-2| \leq 3$에 대하여 다음 물음에 답하시오.

(1) $x < 0$일 때, 부등식의 해를 구하시오.

(2) $0 \leq x < 2$일 때, 부등식의 해를 구하시오.

(3) $x \geq 2$일 때, 부등식의 해를 구하시오.

(4) 각 범위별 해를 합하여 주어진 부등식의 해를 구하시오.

[0837~0838] 다음 부등식을 함수의 그래프를 이용하여 푸시오.

0837

$2x-1 < x+1$

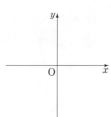

0838

$-x+2 \leq 5$

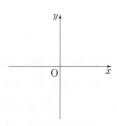

[0839~0840] 다음 함수의 그래프를 그리시오.

0839

$y = |2x-1|$

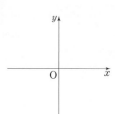

0840

$y = -|x-1|$

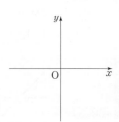

0841

함수의 그래프를 이용하여 부등식 $|2x-1| < -x+2$의 해를 구하시오.

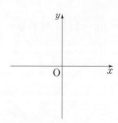

Style 01 특수한 일차부등식

0842

x에 대한 부등식 $ax > 2x+1$의 해를 구하시오.

(단, a는 실수)

0843

두 실수 a, b에 대하여 x에 대한 부등식
$(a-b)x \leq a^2-b^2$의 해를 a, b를 이용하여 나타내시오.

0844

x에 대한 부등식 $2(x+1) \geq 2x+p$에 대하여 다음을 구하시오. (단, p는 실수)

(1) 해가 무수히 많을 조건

(2) 해가 존재하지 않을 조건

Level up
0845

x에 대한 부등식 $(a^2-1)x \geq a^2-3a+2$의 해가 없도록 하는 실수 a의 값과 해가 무수히 많도록 하는 실수 a의 값을 차례로 나열한 것은?

① $1, -1$ ② $-1, 1$ ③ $-1, 2$

④ $2, 1$ ⑤ $2, -1$

Style 02 연립일차부등식

모의고사 기출
0846

연립부등식

$$\begin{cases} 4x > x-9 \\ x+2 \geq 2x-3 \end{cases}$$

을 만족시키는 정수 x의 개수를 구하시오.

0847

x에 대한 연립부등식

$$\begin{cases} 2x-6 \leq -(x-3) \\ -x+2a \leq 2x-a+1 \end{cases}$$

의 해가 $1 \leq x \leq b$일 때, ab의 값은? (단, a, b는 실수)

① 1 ② 2 ③ 3

④ 4 ⑤ 5

Level up
0848

x에 대한 연립부등식

$$\begin{cases} -x+2a < x-a-1 \\ \dfrac{x-1}{2} \leq -x+b \end{cases}$$

의 해가 $-4 < x \leq 1$일 때, $|a+b|$의 값은?

(단, a, b는 실수)

① 1 ② 2 ③ 3

④ 4 ⑤ 5

0849

x에 대한 연립부등식

$$\begin{cases} -x+1 \le 2x-5 \\ \dfrac{1}{2}x \le a \end{cases}$$

의 해가 $x=b$일 때, $a+b$의 값은? (단, a, b는 실수)

① 1 ② 2 ③ 3
④ 4 ⑤ 5

0850

x에 대한 연립부등식

$$\begin{cases} 2x-1 \ge x+1 \\ x-1 < a \end{cases}$$

의 해가 없을 때, 실수 a의 값의 범위는?

① $a<1$ ② $a \le 1$ ③ $a>1$
④ $a>2$ ⑤ $a \le 2$

Level up

0851

x에 대한 연립부등식

$$\begin{cases} 2x+1 \ge a \\ -2x+1 \ge x-2 \end{cases}$$

의 해가 존재하기 위한 실수 a의 값의 범위는?

① $a \le 3$ ② $a>3$ ③ $a \ge 3$
④ $a<2$ ⑤ $a \le 2$

0852

연립부등식

$$\begin{cases} -x+6 \le 3x-2 \\ x < 2a-1 \end{cases}$$

을 만족시키는 정수 x의 개수가 2개일 때, 실수 a의 값의 범위가 $\alpha < a \le \beta$이다. $\alpha\beta$의 값은?

① 1 ② 2 ③ 3
④ 4 ⑤ 5

0853

연립부등식

$$\begin{cases} 4x > x-9 \\ \dfrac{x-1}{3} > x+a \end{cases}$$

를 만족시키는 정수 x의 개수가 3개일 때, 실수 a의 최솟값은?

① -2 ② $-\dfrac{4}{3}$ ③ -1
④ $-\dfrac{2}{3}$ ⑤ $-\dfrac{1}{3}$

Level up

0854

부등식 $\dfrac{1}{2}(x-a+1) \le \dfrac{1}{3}(x-a)$를 만족시키는 정수 x의 최댓값이 -1일 때, $\sqrt{a^2-4a+4}+\sqrt{a^2-6a+9}$을 간단히 하면?

① $-2a+5$ ② 1 ③ $2a-5$
④ -1 ⑤ $2a+1$

Style 05 절댓값과 부등식 (1)

모의고사 기출
0855
부등식 $|x-1| \leq 5$를 만족시키는 정수 x의 개수를 구하시오.

0856
부등식 $3|x+1| < 7$을 만족시키는 정수 x의 개수는?
① 2 　　　　② 3 　　　　③ 4
④ 5 　　　　⑤ 6

모의고사 기출
0857
부등식 $|x-a| < 3$의 해가 $4 < x < 10$일 때, 실수 a의 값은?
① 6 　　　　② 7 　　　　③ 8
④ 9 　　　　⑤ 10

0858
x에 대한 일차부등식 $|2x-3| \geq -3x+2$를 만족시키는 x의 최솟값은?
① -1 　　　② 0 　　　　③ 1
④ 2 　　　　⑤ 3

Style 06 절댓값과 부등식 (2)

0859
부등식 $|x+1| + |x-2| \leq 3$을 만족시키는 정수 x의 개수는?
① 2 　　　　② 3 　　　　③ 4
④ 5 　　　　⑤ 6

0860
부등식 $|x-1| + |x-2| < 4$를 만족시키는 정수 x의 최댓값과 최솟값의 합은?
① -1 　　　② 0 　　　　③ 1
④ 2 　　　　⑤ 3

Level up
0861
부등식 $|x+2| + |x-3| \geq 7$의 해를 구하시오.

0862

x에 대한 일차부등식 $(a^2+a-2)x<a^2-3a$의 해가 양의 실수 전체가 되도록 하는 실수 a의 값을 α, 해가 없거나 무수히 많도록 하는 실수 a의 값을 각각 β, γ라 할 때, α, β, γ를 세 근으로 하는 삼차방정식은 $x^3+px^2+qx+r=0$이다. $p+q+r$의 값은?

(단, p, q, r는 상수)

① -2 ② -1 ③ 1

④ 2 ⑤ 4

모의고사 기출

0863

연립부등식

$$\begin{cases} 3x-5<4 \\ x\geq a \end{cases}$$

를 만족시키는 정수 x의 값이 2개일 때, 실수 a의 값의 범위는?

① $0\leq a<1$ ② $0<a\leq 1$ ③ $1<a<2$

④ $1\leq a<2$ ⑤ $1<a\leq 2$

Level up

0864

연립부등식

$$\begin{cases} 5x-4\leq -x+8 \\ ax\geq a-2 \end{cases}$$

의 해가 $-1\leq x\leq 2$일 때, 실수 a의 값은?

① -2 ② -1 ③ 1

④ 2 ⑤ 3

모의고사 기출

0865

x에 대한 부등식 $|x-a|<5$를 만족시키는 정수 x의 최댓값이 12일 때, 정수 a의 값은?

① 4 ② 6 ③ 8

④ 10 ⑤ 12

0866

x에 대한 부등식 $|x-a|\geq b$의 해가 $x\leq -5$ 또는 $x\geq 1$일 때, ab의 값은? (단, a, b는 실수)

① -8 ② -6 ③ -4

④ 2 ⑤ 4

Level up

0867

부등식 $|x+3|+|x|>0$의 해를 구하시오.

0868

부등식 $|3x-1| \leq 2$를 만족시키는 x에 대하여 $2x-1$의 최댓값과 최솟값을 구하시오.

Level up

0869

부등식 $1 < |x-1| < 2$의 해는 $a < x < b$, $c < x < d$이다. $a+b+c+d$의 값은? (단, $a < b < c < d$)

① 2　　　　② 3　　　　③ 4

④ 5　　　　⑤ 6

모의고사 기출

0870

$a > 0$일 때, 부등식 $|ax-1| < b$의 해가 $-1 < x < 2$이다. ab의 값은? (단, a, b는 실수)

① -6　　　② -3　　　③ 2

④ 3　　　　⑤ 6

Level up

0871

x에 대한 부등식 $\dfrac{a+1}{2} < x < a+1$을 만족시키는 정수 x가 3, 4, 5일 때, 실수 a의 값의 범위를 구하시오.

0872

부등식 $|2x+4| \leq |x-1|$의 해를 구하려고 한다. 다음 물음에 답하시오.

(1) x의 범위를 나누어 푸시오.

(2) 그래프를 그려서 푸시오.

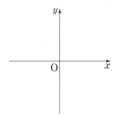

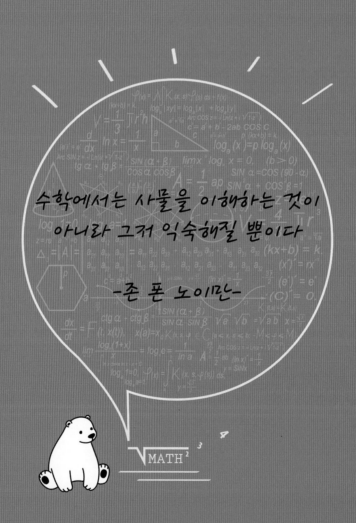

수학에서는 사물을 이해하는 것이
아니라 그저 익숙해질 뿐이다

-존 폰 노이만-

C.O.D.I 11 이차부등식과 이차함수

$x^2 - 5x + 4 \leq 0, 3x^2 - x - 1 > 0$과 같이 식의
차수가 이차인 부등식을 이차부등식이라 한다.
이차부등식은 어떻게 풀까?
일차부등식처럼 이항하고 식을 정리한다고
해가 나오지 않는다.
이차부등식을 이차함수의 그래프로 바꿔보면
해법이 보인다.
식을 그래프로 해석하는 것은 매우 중요하며
고등학교 수학의 핵심이라고 할 수 있다.

 결국은 함수다.
방정식도, 부등식도 함수의 관점에서 생각하여
그래프를 그리자.

이항하고 정리했을 때 다음과 같이 식의 차수가 이차인 부등식을 이차부등식이라고 한다.

$$ax^2+bx+c>0, \ ax^2+bx+c<0$$
$$ax^2+bx+c\geq0, \ ax^2+bx+c\leq0$$
$$(a, \ b, \ c는 \ 상수, \ a\neq0)$$

이차부등식의 해는 이차함수의 그래프로 구한다.

이차부등식을 이차함수로 생각하기

$f(x)=ax^2+bx+c$의 그래프로 해 구하기

x축 위쪽 범위	$f(x)>0$	$f(x)\geq0$	x축과 만나거나 위쪽 범위
x축 아래쪽 범위	$f(x)<0$	$f(x)\leq0$	x축과 만나거나 아래쪽 범위

$y=f(x)$의 그래프와 $y=0$(x축)을 비교!

• $f(x)>0$: $f(x)$가 0보다 크다.
  ⇒ x축 윗쪽
• $f(x)<0$: $f(x)$가 0보다 작다.
  ⇒ x축 아랫쪽

01

$ax^2+bx+c>0$
⇨ x축 위

 $a>0$ (아래로 볼록)
$x<\alpha$ 또는 $x>\beta$

 $a<0$ (위로 볼록)
$\alpha<x<\beta$

02

$ax^2+bx+c\geq0$
⇨ x축과 x축 위

 $a>0$ (아래로 볼록)
$x\leq\alpha$ 또는 $x\geq\beta$

 $a<0$ (위로 볼록)
$\alpha\leq x\leq\beta$

03

$ax^2+bx+c<0$
⇨ x축 아래

 $a>0$ (아래로 볼록)
$\alpha<x<\beta$

 $a<0$ (위로 볼록)
$x<\alpha$ 또는 $x>\beta$

04

$ax^2+bx+c\leq0$
⇨ x축과 x축 아래

 $a>0$ (아래로 볼록)
$\alpha\leq x\leq\beta$

 $a<0$ (위로 볼록)
$x\leq\alpha$ 또는 $x\geq\beta$

이렇게 정리하자.

(ⅰ) x축과의 교점을 찾아라. (ⅱ) 그래프를 그려라. (ⅲ) x축보다 위인지 아래인지 확인하라.

예1 $x^2-5x+6>0$

$y=x^2-5x+6$의 그래프가 x축보다 위에 있는 x의 값의 범위

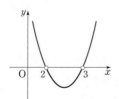

x축과 교점의 x좌표는
$x^2-5x+6=0$에서
$x=2$ 또는 $x=3$
∴ $x<2$ 또는 $x>3$

예2 $x^2-4\geq0$

$y=x^2-4$의 그래프가 x축과 만나거나 위에 있는 x의 값의 범위

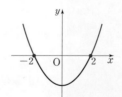

x축과 교점의 x좌표는
$x^2-4=0$에서
$x=-2$ 또는 $x=2$
∴ $x\leq-2$ 또는 $x\geq2$

예3 $x^2-2x-1<0$

$y=x^2-2x-1$의 그래프가 x축보다 아래에 있는 x의 값의 범위

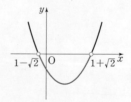

x축과 교점의 x좌표는
$x^2-2x-1=0$에서
$x=1\pm\sqrt{2}$
∴ $1-\sqrt{2}<x<1+\sqrt{2}$

예4 $x^2-5\leq0$

$y=x^2-5$의 그래프가 x축과 만나거나 아래에 있는 x의 값의 범위

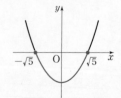

x축과 교점의 x좌표는
$x^2-5=0$에서
$x=\pm\sqrt{5}$
∴ $-\sqrt{5}\leq x\leq\sqrt{5}$

개념 C.O.D.I **02 해가 특수한 이차부등식**

> 이차부등식은 함수로 생각하여 x축과의 교점을 찾고, 그래프를 그린 후, x축 위인지 아래인지 확인하여 푼다.
> 그런데 그래프가 x축과 접하거나(교점이 1개) 만나지 않을 경우 조금 더 깊이 생각해 보아야 한다.

01 $f(x)=ax^2+bx+c$의 그래프가 x축과 접할 때 ($D=0$)

	$a>0$ (아래로 볼록)	$a<0$ (위로 볼록)
그래프	(그래프)	(그래프)
$ax^2+bx+c>0$	$x\neq\alpha$인 모든 실수 ($x=\alpha$를 제외한 모든 부분에서 x축보다 위)	해가 없다. (x축 위쪽 부분이 없다.)
$ax^2+bx+c\geq0$	모든 실수 (x축과 만나거나 위쪽에 있다.)	$x=\alpha$ (해가 한 개) (x축 위는 없고 x축과 만나는 점은 한 개)
$ax^2+bx+c<0$	해가 없다. (x축 아래 부분이 없다.)	$x\neq\alpha$인 모든 실수 ($x=\alpha$를 제외한 모든 부분에서 x축보다 아래)
$ax^2+bx+c\leq0$	$x=\alpha$ (해가 한 개) (x축 아래는 없고 x축과 만나는 점은 한 개)	모든 실수 (x축과 만나거나 아래쪽에 있다.)

(예) $f(x)=x^2-6x+9$에서
$\dfrac{D}{4}=9-9=0$이므로
x축에 접한다.

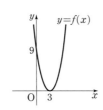

(1) $x^2-6x+9>0$
x축보다 위에 있는 부분
$\therefore\ x\neq3$인 모든 실수

(2) $x^2-6x+9\leq0$
x축과 만나거나 아래에 있는 부분
$\therefore\ x=3$

02 $f(x)=ax^2+bx+c$의 그래프가 x축과 만나지 않을 때 ($D<0$)

	$a>0$ (아래로 볼록)	$a<0$ (위로 볼록)
그래프	(그래프)	(그래프)
$ax^2+bx+c>0$	모든 실수 (모든 부분에서 x축보다 위)	해가 없다. (x축 위쪽 부분이 없다.)
$ax^2+bx+c\geq0$	모든 실수 (모든 부분에서 x축보다 위)	해가 없다. (x축과 교점도 위쪽 부분도 없다.)
$ax^2+bx+c<0$	해가 없다. (x축 아래 부분이 없다.)	모든 실수 (모든 부분에서 x축보다 아래)
$ax^2+bx+c\leq0$	해가 없다. (x축과 교점도 아래쪽 부분도 없다.)	모든 실수 (모든 부분에서 x축보다 아래)

(예) $f(x)=-x^2-4x-7$
$\dfrac{D}{4}=4-7=-3<0$이므로
x축과 만나지 않는다.

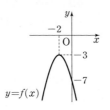

(1) $-x^2-4x-7>0$
x축보다 위에 있는 부분
$\therefore\ $ 해가 없다.

(2) $-x^2-4x-7\leq0$
x축과 만나거나 아래에 있는 부분
$\therefore\ $ 모든 실수

03 항상 **성립**하는 **이차부등식**

앞에서 배운 여러 경우의 이차부등식 중 '항상 성립하는' 이차부등식의 의미와 조건을 생각해 보자.

항상 성립한다 = 어떤 값을 대입해도 참이다 = 해가 모든 실수이다

이 의미를 함수의 그래프로 해석해 볼 것이다.

---

01 $ax^2+bx+c>0$이 항상 성립: $a>0$, $D<0$

x에 어떤 값을 대입해도 식의 값이 0보다 커야 한다.
따라서 오른쪽 그림과 같이
이차함수 $y=ax^2+bx+c$의 그래프가 항상 x축 위에 있어야 하므로

[아래로 볼록 : $a>0$
[x축과 만나지 않는다 : $D<0$

예 $x^2-4x+6>0$
(i) x^2의 계수가 양수
(ii) $\dfrac{D}{4}=4-6=-2<0$
이므로 항상 성립

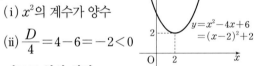
그래프가 항상 x축 위에 있다.

---

02 $ax^2+bx+c\geq0$이 항상 성립: $a>0$, $D\leq0$

x에 어떤 값을 대입해도 식의 값이 0 이상이 되어야 한다.
따라서 오른쪽 그림과 같이
이차함수 $y=ax^2+bx+c$의 그래프가 x축과 접하거나 항상 x축 위에 있어야 하므로

[아래로 볼록 : $a>0$
[x축과 교점이 하나 또는 없다 : $D\leq0$

예 $x^2-6x+9\geq0$
(i) x^2의 계수가 양수
(ii) $\dfrac{D}{4}=9-9=0$
이므로 항상 성립

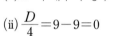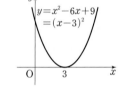
그래프가 x축에 접하므로 항상 0 이상의 값이 나온다.

---

03 $ax^2+bx+c<0$이 항상 성립: $a<0$, $D<0$

x에 어떤 값을 대입해도 식의 값이 0보다 작아야 한다.
따라서 오른쪽 그림과 같이
이차함수 $y=ax^2+bx+c$의 그래프가 항상 x축 아래에 있어야 하므로

[위로 볼록 : $a<0$
[x축과 만나지 않는다 : $D<0$

예 $-x^2-2x-2<0$
(i) x^2의 계수가 음수
(ii) $\dfrac{D}{4}=1-2=-1<0$
이므로 항상 성립

그래프가 항상 x축 아래

---

04 $ax^2+bx+c\leq0$이 항상 성립: $a<0$, $D\leq0$

x에 어떤 값을 대입해도 식의 값이 0 이하가 되어야 한다.
따라서 오른쪽 그림과 같이
이차함수 $y=ax^2+bx+c$의 그래프가 x축과 접하거나 항상 x축 아래에 있어야 하므로

[위로 볼록 : $a<0$
[x축과 교점이 하나 또는 없다 : $D\leq0$

예 $-2x^2+8x-8\leq0$
(i) x^2의 계수가 음수
(ii) $\dfrac{D}{4}=16-16=0$
이므로 항상 성립

그래프가 x축에 접하므로 항상 0 이하의 값이 나온다.

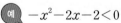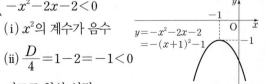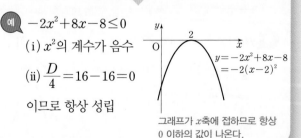

[0873–0883] 다음 이차부등식의 해를 구하시오.

0873
$x^2 - 9 \leq 0$

0874
$x^2 - 2x - 15 < 0$

0875
$-2x^2 + 5x - 2 > 0$

0876
$-x^2 - 2x + 3 \leq 0$

0877
$x^2 + \dfrac{5}{6}x + \dfrac{1}{6} \geq 0$

0878
$2(x-1)^2 \leq 8$

0879
$x^2 + 4x + 4 \geq 0$

0880
$-9x^2 + 6x - 1 < 0$

0881
$x^2 - x + \dfrac{1}{4} \leq 0$

0882
$x^2 + 6x + 10 \leq 0$

0883
$-4x^2 + 12x - 9 > 0$

[0884–0889] x에 대한 이차부등식에 대하여 다음 조건을 만족시키는 실수 a의 값이나 범위를 구하시오.

0884
$x^2 - 2x + a \leq 0$의 해가 없다.

0885
$ax^2 + 6x - 1 > 0$의 해가 없다.

0886
$x^2 + ax + 16 \leq 0$의 해가 하나이다.

0887
$-x^2 + ax - 9 \geq 0$의 해가 하나이다.

0888
$-3x^2 + 4x + a < 0$은 항상 성립한다.

0889
$ax^2 + x + 1 \geq 0$이 모든 실수에 대해 성립한다.

01 이차부등식과 그래프

> 일차부등식 단원에서 부등식을 일차함수로 생각하여 그래프를 이용해 풀었다. 이차부등식도 같은 원리로 생각하면 된다.

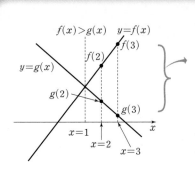

그림에서 $f(2)>g(2)$, $f(3)>g(3)$, $\cdots$, 즉 $f(x)$의 값이 $g(x)$의 값보다 큰 범위는 $x>1$이다.

일차부등식 $f(x)>g(x)$의 해는 $y=f(x)$의 그래프가 $y=g(x)$의 그래프보다 위에 있는 x의 값의 범위를 구하면 된다.

일차부등식은 일차함수의 그래프를, 이차부등식은 이차함수의 그래프를 그려서 무엇이 위이고 아래인지 구분해 주면 된다.

다음의 예를 보자.

01 이차+일차

예 $-x^2+x>2x-6$

(i) 좌변으로 모두 이항하여 기본적인 이차부등식으로 푼다.

$-x^2-x+6>0$
$x^2+x-6<0$
$(x+3)(x-2)<0$
$\therefore\ -3<x<2$

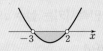

(ii) 좌변과 우변의 식을 각각 하나의 함수로 보고 두 함수의 그래프를 그린다.

$f(x)=-x^2+x$ (위로 볼록인 이차함수)

$g(x)=2x-6$ (기울기가 양수인 일차함수)

두 식을 연립하여 교점의 x좌표를 구하면
$x=-3$ 또는 $x=2$
$f(x)>g(x)$, 즉 $f(x)$가 위쪽인 x의 값의 범위는
$-3<x<2$

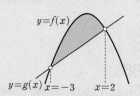

02 이차+이차

예 $x^2-2x+1\leq -x^2-4x+5$

(i) 좌변으로 모두 이항하여 기본적인 이차부등식으로 푼다.

$2x^2+2x-4\leq 0$
$x^2+x-2\leq 0$
$(x+2)(x-1)\leq 0$
$\therefore\ -2\leq x\leq 1$

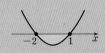

(ii) 좌변과 우변의 식을 각각 하나의 함수로 보고 두 함수의 그래프를 그린다.

$f(x)=x^2-2x+1$ (아래로 볼록인 이차함수)

$g(x)=-x^2-4x+5$ (위로 볼록인 이차함수)

두 식을 연립하여 교점의 x좌표를 구하면
$x=-2$ 또는 $x=1$
$f(x)\leq g(x)$, 즉 $g(x)$가 위쪽에 있거나 $f(x)$와 만나는 x의 값의 범위는 $-2\leq x\leq 1$

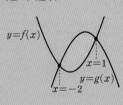

03 그래프를 보고 범위 구하기

그래프가 주어지면 조건에 맞는 범위를 구하는 것은 생각보다 쉽다. 다음 그림을 살펴보자.

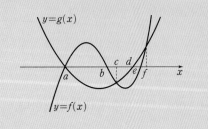

예1 $g(x)>0$
⇨ $y=g(x)$의 그래프가 x축 위에 있는 x의 값의 범위
$\therefore\ x<a$ 또는 $x>d$

예2 $f(x)\leq 0$
⇨ $y=f(x)$의 그래프가 x축과 만나거나 아래인 x의 값의 범위
$\therefore\ x\leq a$ 또는 $b\leq x\leq e$

예3 $f(x)>g(x)$
⇨ $y=f(x)$의 그래프가 $y=g(x)$의 그래프보다 위에 있는 x의 값의 범위
$\therefore\ a<x<c$ 또는 $x>f$

02 조건에 맞는 **부등식** 세우기

> 이차부등식을 풀어서 해(미지수의 범위)를 구할 수 있다.
> 이 과정을 반대로 생각하면 미지수의 범위를 만족하는
> 이차부등식을 만들 수도 있다. 상황에 맞는 이차함수의
> 그래프를 떠올려 보자. 생각보다 쉽다.

01 해가 $\alpha < x < \beta$인 이차부등식

x^2의 계수가 양수일 때
→ 아래로 볼록인 이차함수의
  그래프의 x축 아랫부분

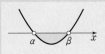

x^2의 계수가 양수이고 $\alpha < x < \beta$를 해로 갖는 부등식은 위 그림처럼 x축과의 교점이 α, β이고 아래로 볼록인 이차함수의 그래프의 x축 아랫부분이므로 식은

$a(x-\alpha)(x-\beta) < 0$ (단, $a > 0$)

(예) x^2의 계수가 1이고 해가
$-2 \le x \le 1$인 이차부등식은
$(x+2)(x-1) \le 0$
$x^2 + x - 2 \le 0$

x^2의 계수가 음수일 때
→ 위로 볼록인 이차함수의
  그래프의 x축 윗부분

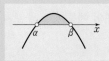

x^2의 계수가 음수이고 $\alpha < x < \beta$를 해로 갖는 부등식은 위 그림처럼 x축과의 교점이 α, β이고 위로 볼록인 이차함수의 그래프의 x축 윗부분이므로 식은

$a(x-\alpha)(x-\beta) > 0$ (단, $a < 0$)

(예) x^2의 계수가 -1이고 해가
$-\sqrt{3} < x < \sqrt{3}$인 이차부등식은
$-(x+\sqrt{3})(x-\sqrt{3}) > 0$
$-x^2 + 3 > 0$

02 해가 $x < \alpha$ 또는 $x > \beta$인 이차부등식 ($\alpha < \beta$)

x^2의 계수가 양수일 때
→ 아래로 볼록인 이차함수의
  그래프의 x축 윗부분

x^2의 계수가 양수이고 $x < \alpha$ 또는 $x > \beta$를 해로 갖는 부등식은 위 그림처럼 x축과의 교점이 α, β이고 아래로 볼록인 이차함수의 그래프의 x축 윗부분이므로 식은

$a(x-\alpha)(x-\beta) > 0$ (단, $a > 0$)

 x^2의 계수가 $\dfrac{1}{2}$이고 해가 $x < -4$
또는 $x > -3$인 이차부등식은
$\dfrac{1}{2}(x+4)(x+3) > 0$, $\dfrac{1}{2}x^2 + \dfrac{7}{2}x + 6 > 0$

(양변에 2를 곱하여 계수를 정리해도 된다.)

x^2의 계수가 음수일 때
→ 위로 볼록인 이차함수의
  그래프의 x축 아랫부분

x^2의 계수가 음수이고 $x < \alpha$ 또는 $x > \beta$를 해로 갖는 부등식은 위 그림처럼 x축과의 교점이 α, β이고 위로 볼록인 이차함수의 그래프의 x축 아랫부분이므로 식은

$a(x-\alpha)(x-\beta) < 0$ (단, $a < 0$)

(예) x^2의 계수가 -3이고 $x \le \dfrac{1}{3}$
또는 $x \ge 3$인 이차부등식은
$-3\left(x-\dfrac{1}{3}\right)(x-3) \le 0$
$-3x^2 + 10x - 3 \le 0$

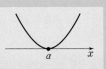

03 해가 $x = \alpha$인 이차부등식(해가 오직 하나) : x축에 접하는 이차함수의 그래프를 생각할 것

x^2의 계수가 양수인 이차함수를 $y = f(x)$라 할 때 그림과 같이 그래프가 x축에 접하는 상황을 생각해야 한다. 이때 그래프가 x축과 만나거나 아랫부분인 범위는 $x = a$ 하나뿐이다.

$\therefore a(x-\alpha)^2 \le 0$ (단, $a > 0$)
\underline{완전제곱식}

(예) x^2의 계수가 1이고 해가
$x = 3$인 이차부등식은
$(x-3)^2 \le 0$
$x^2 - 6x + 9 \le 0$

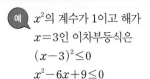

x^2의 계수가 음수인 이차함수를 $y = f(x)$라 할 때 그림과 같이 그래프가 x축에 접하는 상황을 생각해야 한다. 이때 그래프가 x축과 만나거나 윗부분인 범위는 $x = \alpha$ 하나뿐이다.

$\therefore a(x-\alpha)^2 \ge 0$ (단, $a < 0$)
\underline{완전제곱식}

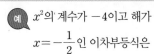

(예) x^2의 계수가 -4이고 해가
$x = -\dfrac{1}{2}$인 이차부등식은
$-4\left(x+\dfrac{1}{2}\right)^2 \ge 0$, $-4x^2 - 4x - 1 \ge 0$

04 연립이차부등식

연립일차부등식과 원리는 같다. 부등식의 차수가 이차로 바뀌었을 뿐이다.

① 각각의 부등식을 풀고 ② 부등식들의 공통 범위를 구한다.

아래의 예를 공부해 보자. 눈으로만 보지 말고 직접 풀어보는 것이 좋다.

01 $\begin{cases} 3x+9>0 & \cdots \ \bigcirc \\ x^2+6x+8\leq 0 & \cdots \ \bigcirc \end{cases}$

$\bigcirc$에서 $3x>-9$ $\quad \therefore \ x>-3$

$\bigcirc$에서 $(x+4)(x+2)\leq 0$ $\quad \therefore \ -4\leq x\leq -2$

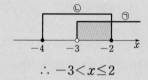

$\therefore \ -3<x\leq 2$

04 $\begin{cases} (x+2)(x-1)\leq 0 & \cdots \ \bigcirc \\ (x+4)(x-1)>0 & \cdots \ \bigcirc \end{cases}$

$\bigcirc$에서 $-2\leq x\leq 1$

$\bigcirc$에서 $x<-4$ 또는 $x>1$

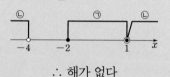

$\therefore$ 해가 없다

02 $\begin{cases} x^2-x-12\leq 0 & \cdots \ \bigcirc \\ x^2-x-6\geq 0 & \cdots \ \bigcirc \end{cases}$

$\bigcirc$에서 $(x-4)(x+3)\leq 0$ $\quad \therefore \ -3\leq x\leq 4$

$\bigcirc$에서 $(x-3)(x+2)\geq 0$ $\quad \therefore \ x\leq -2$ 또는 $x\geq 3$

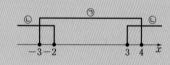

$\therefore \ -3\leq x\leq -2$ 또는 $3\leq x\leq 4$

05 $\begin{cases} (x-1)(x-3)\geq 0 & \cdots \ \bigcirc \\ (x-1)(x-2)\leq 0 & \cdots \ \bigcirc \end{cases}$

$\bigcirc$에서 $x\leq 1$ 또는 $x\geq 3$

$\bigcirc$에서 $1\leq x\leq 2$

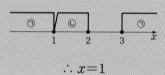

$\therefore \ x=1$

03 $\begin{cases} (x+1)(x-2)\leq 0 & \cdots \ \bigcirc \\ x^2+2x-15\leq 0 & \cdots \ \bigcirc \end{cases}$

$\bigcirc$에서 $-1\leq x\leq 2$

$\bigcirc$에서 $(x-3)(x+5)\leq 0$ $\quad \therefore \ -5\leq x\leq 3$

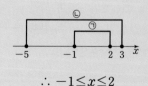

$\therefore \ -1\leq x\leq 2$

06 $-3x+3\leq x^2-5x\leq x-8$

$\begin{cases} -3x+3\leq x^2-5x & \cdots \ \bigcirc \\ x^2-5x\leq x-8 & \cdots \ \bigcirc \end{cases}$

$\bigcirc$에서 $x^2-2x-3\geq 0$

$(x+1)(x-3)\geq 0$ $\quad \therefore \ x\leq -1$ 또는 $x\geq 3$

$\bigcirc$에서 $x^2-6x+8\leq 0$

$(x-2)(x-4)\leq 0$ $\quad \therefore \ 2\leq x\leq 4$

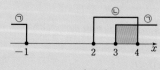

$\therefore \ 3\leq x\leq 4$

이차부등식의 풀이법을 숙달하고 공통 범위를 실수없이 정확하게 구하는 연습을 하자.

[0890–0894] 함수 $y=f(x)$, $y=g(x)$의 그래프를 이용하여 다음 방정식 또는 부등식의 해를 구하시오.

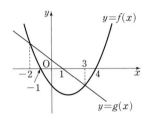

0890
$f(x)\leq 0$

0891
$g(x)<0$

0892
$f(x)=g(x)$

0893
$f(x)>g(x)$

0894
$f(x)<g(x)$

[0895–0899] 다음 조건을 만족시키는 이차부등식을 구하시오.

0895
x^2의 계수: 1, 해: $-1<x<2$

0896
x^2의 계수: 9, 해: $x\leq-\dfrac{1}{3}$ 또는 $x\geq\dfrac{5}{3}$

0897
x^2의 계수: -1, 해: $0\leq x\leq 4$

0898
x^2의 계수: -1, 해: $x\neq 3$인 모든 실수

0899
x^2의 계수: 4, 해: $x=\dfrac{1}{2}$

[0900–0907] 다음 연립이차부등식의 해를 구하시오.

0900
$$\begin{cases} \dfrac{1}{2}x-1<1 \\ x^2-6x\leq 0 \end{cases}$$

0901
$$\begin{cases} 2x-1>0 \\ 2x^2-3x-2>0 \end{cases}$$

0902
$$\begin{cases} x^2-x-12<0 \\ x^2-x-6>0 \end{cases}$$

0903
$$\begin{cases} x^2-x-2<0 \\ x^2+2x-15\leq 0 \end{cases}$$

0904
$$\begin{cases} x^2-4\leq 0 \\ x^2+5x+4\leq 0 \end{cases}$$

0905
$$\begin{cases} x^2-3x+3<0 \\ x^2+x-2\geq 0 \end{cases}$$

0906
$$\begin{cases} x^2+3x-4\geq 0 \\ x^2-1\leq 0 \end{cases}$$

0907
$$\begin{cases} x^2-6x+8<0 \\ x^2+x-6\leq 0 \end{cases}$$

03 부등식의 활용: 이차방정식의 실근의 부호

이차방정식의 근을 직접 구하지 않고 실근의 부호를 확인해야 할 때가 있다. 이차방정식이 실근을 가질 때 두 실근이 ① 모두 양수일 경우 ② 모두 음수일 경우 ③ 부호가 다른 경우 세 가지를 생각할 수 있다.

이차방정식 $ax^2+bx+c=0$의 실근이 α, β일 때

01 두 실근이 모두 양수일 조건

(i) $D \geq 0$

(ii) $\alpha+\beta = -\dfrac{b}{a} > 0$

(iii) $\alpha\beta = \dfrac{c}{a} > 0$

· $D \geq 0$

근이 양수라는 것은 실수라는 뜻이므로 방정식의 실근 조건,

(판별식) ≥ 0

을 만족해야 한다.

· $\alpha+\beta > 0$

양수인 근 두 개를 더한 결과는 양수가 된다.

이를 근과 계수와의 관계와 함께 정리하면

$$\alpha+\beta = -\dfrac{b}{a} > 0$$

· $\alpha\beta > 0$

두 근이 양수로 부호가 같으므로 곱하면 양수이다.

이를 근과 계수와의 관계와 함께 정리하면

$$\alpha\beta = \dfrac{c}{a} > 0$$

02 두 실근이 모두 음수일 조건

(i) $D \geq 0$

(ii) $\alpha+\beta = -\dfrac{b}{a} < 0$

(iii) $\alpha\beta = \dfrac{c}{a} > 0$

· $D \geq 0$

근이 음수라는 것은 실수라는 뜻이므로 방정식의 실근 조건,

(판별식) ≥ 0

을 만족해야 한다.

· $\alpha+\beta < 0$

음수인 근 두 개를 더한 결과는 음수가 된다.

이를 근과 계수와의 관계와 함께 정리하면

$$\alpha+\beta = -\dfrac{b}{a} < 0$$

· $\alpha\beta > 0$

두 근이 음수로 부호가 같으므로 곱하면 양수이다.

이를 근과 계수와의 관계와 함께 정리하면

$$\alpha\beta = \dfrac{c}{a} > 0$$

03 두 실근의 부호가 다를 조건

$$\alpha\beta < 0$$

· $\alpha\beta < 0$

두 실근의 부호가 다르다면 한 근은 음수, 한 근은 양수가 된다.

따라서 두 근을 곱하면 음수가 되므로

$$\alpha\beta = \dfrac{c}{a} < 0$$

이고 근과 계수와의 관계에서 x^2의 계수(a)와 상수항(c)의 부호가 다름을 알 수 있다.

두 근의 부호가 다를 조건은 위의 한 가지만 생각하면 된다.

a, c의 부호가 다르므로

$$ac < 0, \ D = b^2 - 4ac > 0$$

에서 자동으로 실근 조건을 만족하고 $\alpha+\beta$는 양수와 음수의 합이므로 부호가 확정되지 않아 의미가 없다.

01, 02의 판별식 조건이 $D \geq 0$(0 이상)임을 주의하자. 많은 학생들이 실수하는 부분이다.

'서로 다른 두 실근'이라는 조건이 붙는다면 $D > 0$이어야 한다.

하지만 '두 실근'이라는 말은 서로 다른 두 실근일 수도, 값이 같은 중복된 두 근(중근)일 수도 있으니 $D > 0$, $D = 0$을 합쳐 $D \geq 0$인 조건이 된다.

04 부등식의 활용:
이차방정식의 실근의 범위

> 실근의 부호를 확인하는 수준을 넘어서 근의 범위(예를 들어 근이 2보다 크다)를 구해야 할 때는 그래프의 힘을 빌려야 한다. x축과의 교점의 개수, 이차함수의 그래프의 축의 위치, 함숫값을 고려해 조건에 맞는 그래프를 그리면 된다.

이차식 $f(x)=ax^2+bx+c$에 대하여 이차방정식 $f(x)=0$, 즉 $ax^2+bx+c=0$의 두 실근을 α, β라 할 때

01 두 실근이 모두 p보다 클 조건 $(p<\alpha, \ p<\beta)$

조건을 만족시키는 상황을 이차함수로 생각하여 그래프를 그리면 아래와 같다.

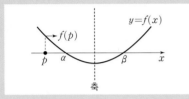

(i) $D \geq 0$
x축과 교점이 존재, 즉 실근을 갖는다.

(ii) 축이 p보다 크다
α, β가 p보다 오른쪽에 있으므로 축도 p보다 오른쪽에 있다.

(iii) $f(p)>0$
조건에 맞는 그래프의 식 $y=f(x)$에 $x=p$를 대입한 값은 양수이다.

02 두 실근이 모두 p보다 작을 조건 $(\alpha<p, \ \beta<p)$

조건을 만족시키는 상황을 이차함수로 생각하여 그래프를 그리면 아래와 같다.

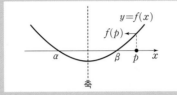

(i) $D \geq 0$
x축과 교점이 존재, 즉 실근을 갖는다.

(ii) 축이 p보다 작다
α, β가 p보다 왼쪽에 있으므로 축도 p보다 왼쪽에 있다.

(iii) $f(p)>0$
조건에 맞는 그래프의 식 $y=f(x)$에 $x=p$를 대입한 값은 양수이다.

03 두 실근 사이에 p가 있을 조건 $(\alpha<p<\beta)$

한 근은 p보다 크고 한 근은 p보다 작다.

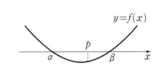

· $f(p)<0$
조건에 맞는 그래프의 식 $y=f(x)$에 $x=p$를 대입한 값은 음수이다.

축은 경우에 따라 p보다 클 수도 작을 수도 있어 의미가 없고, 실근을 가질 조건 $D>0$은 $f(p)<0$을 만족하면 자동으로 성립한다.

이런 유형의 개념을 「근의 분리」라고 부르기도 한다. 근의 분리는 위의 유형 01, 02, 03만 있는 것이 아니다. 이것 외에도 5~6개 이상의 상황으로 응용될 수 있다. 근의 분리의 모든 경우를 다 정리하고 기억하는 것은 비효율적이다. 대신 상황에 맞는 이차함수의 그래프를 그려서 조건을 생각하면 된다.
이때 아래로 볼록인 이차함수의 그래프와 x축과의 교점의 위치를 조건에 맞게 그린 다음

(i) 판별식   (ii) 축의 범위   (iii) 함숫값

을 고려하여 생각하자.

💬 예 이차방정식 $ax^2+bx+c=0$의 두 근이 1과 3 사이에 있을 조건

· x축에 1, 3 표시

· $f(x)=ax^2+bx+c$와 x축과의 교점이 1과 3 사이에 생기도록 그래프 그리기

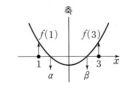

(i) $D \geq 0$ (실근)
(ii) $1<축<3$
(iii) $f(1)>0$
　　$f(3)>0$

다음 페이지의 **문제 C.O.D.I Basic**에서 직접 문제에 적용하여 풀어 보자.

0908

다음은 x에 대한 이차방정식 $x^2-2kx-k+2=0$의 두 실근이 모두 양수가 되기 위한 실수 k의 값의 범위를 구하는 과정이다.

> (i) 판별식의 실근 조건:
>
> $\dfrac{D}{4}=$ (가) 에서 $k\leq$ (나) 또는 $k\geq$ (다)
>
> (ii) 두 근의 합의 조건: (라) 에서 $k>$ (마)
>
> (iii) 두 근의 곱의 조건: (바) 에서 $k<$ (사)
>
> 이므로 두 실근이 양수일 실수 k의 값의 범위는 (아)

(가)~(아)에 알맞은 것을 구하시오.

0909

다음은 x에 대한 이차방정식 $x^2-2kx-k+2=0$의 두 실근이 모두 음수가 되기 위한 실수 k의 값의 범위를 구하는 과정이다.

> (i) 판별식의 실근 조건:
>
> $\dfrac{D}{4}=$ (가) 에서 $k\leq$ (나) 또는 $k\geq$ (다)
>
> (ii) 두 근의 합의 조건: (라) 에서 $k<$ (마)
>
> (iii) 두 근의 곱의 조건: (바) 에서 $k<$ (사)
>
> 이므로 두 실근이 음수일 실수 k의 값의 범위는 (아)

(가)~(아)에 알맞은 것을 구하시오.

0910

이차방정식 $x^2-(a-2)x+a+1=0$의 두 실근이 모두 2보다 클 때의 실수 a의 값의 범위를 구하려고 한다.

(1) 조건에 맞는 그래프를 그리시오.

(2) 판별식을 세워 실수 a의 값의 범위를 구하시오.

(3) 축의 방정식을 세우고, 범위를 구하시오.

(4) $x=2$를 대입한 값과 그 범위를 구하시오.

(5) (2), (3), (4)의 부등식을 연립하여 두 실근이 모두 2보다 클 조건을 구하시오.

0911

이차방정식 $x^2-(a-2)x+a+1=0$의 두 실근이 모두 0과 4 사이에 있을 때의 실수 a의 값의 범위를 구하려고 한다.

(1) 조건에 맞는 그래프를 그리시오.

(2) 판별식의 조건을 구하시오.

(3) 축의 조건을 구하시오.

(4) 함숫값의 조건을 구하시오.

(5) 두 근이 0과 4 사이에 있을 실수 a의 값의 범위를 구하시오.

[0912~0916] 이차방정식이 다음 조건을 만족시키는 실수 k의 값의 범위를 구하시오.

0912

$x^2-4x+k+1=0$의 근이 모두 양수

0913

$x^2+2kx+1=0$의 근이 모두 음수

0914

$3x^2+x+k=0$의 두 근이 서로 다른 부호

0915

$x^2-3x+2k=0$의 두 근이 모두 1보다 클 때

0916

$x^2+4x+k=0$의 두 근이 모두 1보다 작을 때

문제 C.O.D.I ② Trendy

Style 01 그래프와 부등식 (1)

0917

이차함수 $y=f(x)$의 그래프가 오른쪽 그림과 같을 때 부등식 $f(x)>0$의 해를 구하시오.

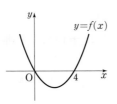

0918

이차함수 $f(x)=x^2-(a+1)x+a$ 의 그래프가 오른쪽 그림과 같을 때, 부등식 $f(x)\leq0$의 해는 $\alpha\leq x\leq\beta$이다. $a+\alpha+\beta$의 값은?

(단, a는 실수)

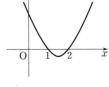

① 1   ② 2   ③ 3

④ 4   ⑤ 5

Level up

0919

이차식 $f(x)$에 대하여 이차함수 $y=f(x)-2$의 그래프가 오른쪽 그림과 같다. 부등식 $f(x)\leq2$를 만족시키는 x의 최댓값과 최솟값의 차는?

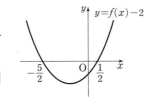

① 1   ② 2   ③ 3

④ 4   ⑤ 5

0920

축의 방정식이 $x=1$인 이차함수 $y=f(x)$의 그래프가 오른쪽 그림과 같을 때, 실수 a의 값과 부등식 $f(x)\leq0$의 해를 구하시오.

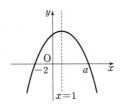

Style 02 이차부등식의 풀이

0921

이차부등식 $x^2-5x-24<0$을 만족시키는 정수 x의 개수는?

① 4   ② 7   ③ 10

④ 13   ⑤ 15

0922

이차부등식 $-3x^2+19x-6\geq0$의 해가 $\alpha\leq x\leq\beta$일 때, $\alpha\beta$의 값은?

① 1   ② 2   ③ 3

④ 4   ⑤ 5

0923

그래프가 제3사분면을 지나고 x축과의 교점의 좌표가 $(2, 0)$ $(7, 0)$인 이차함수 $y=f(x)$에 대하여 이차부등식 $f(x)\leq0$의 해를 구하시오.

Level up

0924

이차부등식 $x^2-2x-4<0$을 만족시키는 정수 x의 개수는?

① 0   ② 2   ③ 3

④ 5   ⑤ 7

0925
이차부등식 $x^2-|x|-6>0$의 해는 $x<\alpha$ 또는 $x>\beta$이다. $\alpha+\beta$의 값은?

① -3 ② -1 ③ 0

④ 1   ⑤ 3

0926
부등식 $x^2-2x-5<|x-1|$을 만족시키는 정수 x의 개수는?

① 4   ② 5   ③ 6

④ 7   ⑤ 8

Level up

0927
연립부등식

$$\begin{cases} 0.1x-0.2\le 0.3x-0.6 \\ \dfrac{1}{5}x+\dfrac{3}{10}\le \dfrac{1}{10}x+\dfrac{1}{2} \end{cases}$$

의 해가 $x=a$일 때, 이차부등식 $x^2-2x\le|x-a|$의 해를 구하시오.

0928
다음은 이차식 $f(x)=4x^2-8x+3$에 대하여 $f(2x+1)\le 0$의 해를 구하는 과정이다.

> $f(x)=4x^2-8x+3\le 0$에서 $\boxed{(가)}\le x\le \boxed{(나)}$ 이고
> $f(2x+1)=4(2x+1)^2-8(2x+1)+3\le 0$에서
> $t=2x+1$이라 하면
> $f(t)=4t^2-8t+3\le 0$
> $\therefore \boxed{(가)}\le t\le \boxed{(나)}$
> 즉, $\boxed{(가)}\le 2x+1\le \boxed{(나)}$ 이므로
> $\boxed{(다)}\le x\le \boxed{(라)}$

㈎~㈑에 알맞은 것을 구하시오.

0929
이차부등식 $f(x)<0$의 해가 $-3<x<2$일 때, $f(-x+1)<0$의 해는 $\alpha<x<\beta$이다. $\beta-\alpha$는?

① 1   ② 2   ③ 3

④ 4   ⑤ 5

Level up

0930
이차함수 $y=f(x)$의 그래프가 오른쪽 그림과 같을 때, 부등식 $f\left(\dfrac{2x-1}{3}\right)>0$의 해는 $\alpha<x<\beta$이다. $\beta-\alpha$의 값을 구하시오.

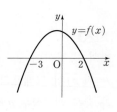

Style 05 이차부등식의 해가 1개일 조건

0931
이차부등식 $x^2-3x+k\leq0$의 해가 한 개일 때, 상수 k의 값을 구하시오.

0932
이차부등식 $kx^2-4x+k\geq0$의 해가 한 개일 때, 상수 k의 값은?

① -4　　　② -2　　　③ 1

④ 2　　　⑤ 4

0933
이차함수 $y=f(x)$의 그래프가 오른쪽 그림과 같고 이차부등식 $f(x)\geq0$의 해가 $x=1$일 때, $f(2)$의 값은?

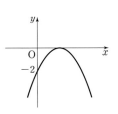

① -4　　　② -2

③ 1　　　④ 2

⑤ 4

Level up

0934
x에 대한 이차부등식 $(k+1)x^2-(k+1)x+k\leq0$의 해가 한 개일 때, 실수 k의 값은?

① $-\dfrac{1}{6}$　　　② $-\dfrac{1}{3}$　　　③ $-\dfrac{1}{2}$

④ $\dfrac{1}{6}$　　　⑤ $\dfrac{1}{3}$

Style 06 $x\neq a$인 모든 실수가 해인 이차부등식

0935
이차식 $f(x)=x^2-6x+9$에 대하여 **보기**에서 해가 $x=3$인 부등식, 해가 $x\neq3$인 모든 실수인 부등식을 순서대로 고르시오.

보기

ㄱ. $x^2-6x+9>0$　　　ㄴ. $x^2-6x+9\geq0$

ㄷ. $x^2-6x+9<0$　　　ㄹ. $x^2-6x+9\leq0$

0936
이차부등식 $2x^2-3x+k>0$의 해가 $x\neq a$인 모든 실수일 때, $\dfrac{k}{a}$의 값은? (단, a, k는 실수)

① $\dfrac{1}{2}$　　　② $\dfrac{3}{4}$　　　③ $\dfrac{9}{8}$

④ $\dfrac{3}{2}$　　　⑤ 2

모의고사 기출

0937
이차함수 $y=f(x)$가 다음 조건을 만족시킨다.

(가) $f(0)=8$

(나) 이차부등식 $f(x)>0$의 해는 $x\neq2$인 모든 실수이다.

$f(5)$의 값은?

① 12　　　② 14　　　③ 16

④ 18　　　⑤ 20

Style 07 이차부등식의 해가 없을 조건

0938

다음 중 해가 존재하지 않는 부등식은? (정답 2개)

① $2x-1<2(x-1)$

② $x^2-x+2\le 0$

③ $x^2-6x+5<0$

④ $x^2+3x+2\ge 0$

⑤ $4x^2+4x+1\le 0$

모의고사 기출

0939

이차함수 $f(x)=x^2-2ax+9a$에 대하여 이차부등식 $f(x)<0$을 만족시키는 해가 없도록 하는 정수 a의 개수는?

① 9　　　　② 10　　　　③ 11

④ 12　　　　⑤ 13

Level up

0940

x에 대한 이차식 $f(x)=-x^2-2x+k$에 대하여 다음 부등식의 해가 존재하지 않을 정수 k의 최댓값을 구하시오.

(1) $f(x)>0$

(2) $f(x)\ge 0$

Style 08 이차부등식이 항상 성립할 조건

0941

다음 중 항상 성립하는 부등식은?

① $x^2-x+1>x$

② $4x^2-4x+1\le 0$

③ $-9x^2+4x<-2x+3$

④ $16x^2-9\ge 0$

⑤ $x^2+3x+4\le 0$

모의고사 기출

0942

모든 실수 x에 대하여 부등식

$$x^2+6x+a\ge 0$$

이 성립하는 실수 a의 최솟값은?

① 1　　　　② 3　　　　③ 5

④ 7　　　　⑤ 9

Level up

0943

x에 대한 이차식 $f(x)=x^2+4x+k$에 대하여 다음 부등식의 해가 모든 실수가 되는 정수 k의 최솟값을 구하시오.

(1) $f(x)>0$

(2) $f(x)\ge 0$

Style 09 **그래프와 부등식 (2)**

0944

이차함수 $y=f(x)$와 일차함수 $y=g(x)$의 그래프가 오른쪽 그림과 같을 때, $f(x)\le g(x)$의 해는?

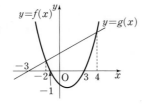

① $-1\le x\le 3$

② $x\le -2$ 또는 $x\ge 4$

③ $-3\le x\le 3$

④ $-2\le x\le 4$

⑤ $x\le -1$ 또는 $x\ge 3$

0945

두 이차함수 $y=f(x)$, $y=g(x)$의 그래프가 오른쪽 그림과 같을 때, $f(x)>g(x)$의 해를 구하시오.

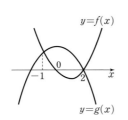

Level up

0946

이차함수 $y=f(x)$와 일차함수 $y=g(x)$의 그래프가 오른쪽 그림과 같을 때, $0\le g(x)<f(x)$의 해는?

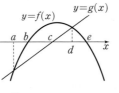

① $a<x\le b$ ② $b\le x<c$

③ $b\le x<d$ ④ $c\le x<d$

⑤ $a<x<d$

Style 10 **이차함수의 그래프, 직선과 부등식**

0947

이차부등식 $-x^2+2x+2<3x-4$의 해를 이용하여 $y=-x^2+2x+2$의 그래프가 $y=3x-4$의 그래프보다 아래에 있는 x의 값의 범위를 구하시오.

0948

다음 두 함수 $y=f(x)$, $y=g(x)$에 대하여 $y=f(x)$의 그래프가 $y=g(x)$의 그래프와 만나거나 위에 있는 x의 값의 범위를 구하시오.

(1) $f(x)=2x^2-x-1$, $g(x)=2x+1$

(2) $f(x)=-3x^2-6x-1$, $g(x)=-2x-2$

(3) $f(x)=-x^2+8x-9$, $g(x)=2x$

0949

두 함수 $f(x)=2x^2+3x+1$, $g(x)=x-4$에 대하여 부등식 $f(x)<g(x)$의 해를 구하고, 두 함수의 그래프의 위치 관계를 설명하시오.

Level up

0950

직선 $y=-2x+k$가 이차함수 $y=x^2+4x$의 그래프보다 위에 있는 부분이 존재하고, $y=-x^2-5x+3$의 그래프보다 아래에 있는 부분이 없도록 하는 정수 k의 최솟값은?

① -9 ② -5 ③ 4

④ 5 ⑤ 6

Style 11 조건에 맞는 이차부등식

0951

x에 대한 이차부등식 $x^2+px+q\geq 0$의 해가 $x\leq -\dfrac{1}{2}$ 또는 $x\geq 3$일 때, $q-p$의 값은? (단, p, q는 상수)

① 1   ② 2   ③ 3
④ 4   ⑤ 5

0952

x에 대한 이차부등식 $x^2+ax+8\leq 0$의 해가 $-4\leq x\leq b$일 때, $a+b$의 값은? (단, a, b는 실수)

① 1   ② 2   ③ 3
④ 4   ⑤ 5

Level up
0953

이차함수 $y=f(x)$의 그래프는 축이 직선 $x=3$이고 점 $(1, 0)$을 지나는 아래로 볼록인 포물선일 때, 이차부등식 $f(x)<0$의 해는 $\alpha<x<\beta$이다. $\alpha\beta$의 값은?

① -3 ② 0   ③ 3
④ 5   ⑤ 6

모의고사 기출
0954

이차부등식 $ax^2+bx+c<0$의 해가 $1<x<3$일 때, 이차부등식 $ax^2-bx+c>0$의 해는? (단, a, b, c는 상수)

① $-3<x<-1$ ② $x<-3$ 또는 $x>-1$
③ $-3<x<1$ ④ $x<1$ 또는 $x>3$
⑤ $-1<x<3$

Style 12 연립이차부등식 (1)

0955

연립부등식 $\begin{cases} |2x-1|\geq 5 \\ x^2-5x-14\leq 0 \end{cases}$ 을 만족시키는 정수 x의 개수는?

① 2   ② 4   ③ 6
④ 8   ⑤ 9

0956

연립부등식
$$\begin{cases} x^2-4x-1\leq 0 \\ \dfrac{1}{4}x^2-\dfrac{3}{2}x+\dfrac{1}{3}>-\dfrac{1}{2}x^2+\dfrac{1}{2}x-\dfrac{2}{3} \end{cases}$$
를 만족시키는 정수 x의 최댓값과 최솟값의 합은?

① -1 ② 0   ③ 2
④ 3   ⑤ 4

0957

연립부등식 $\begin{cases} 3x^2-5x-2<0 \\ 2x^2-9x+9>0 \end{cases}$ 의 해가 $6x^2-ax+b<0$의 해와 같을 때, $a-b$의 값은? (단, a, b는 상수)

① -3 ② 1   ③ 3
④ 7   ⑤ 10

Level up
0958

연립부등식 $3\leq -x^2+4x<2x-1$의 해를 구하시오.

Style 13 연립이차부등식 (2)

0959

연립부등식 $\begin{cases} x+1 \leq a \\ x^2-4x-21 \leq 0 \end{cases}$ 을 만족시키는 정수 x의 개수가 6개일 때, 정수 a의 값은?

① 1   ② 2   ③ 3

④ 4   ⑤ 5

0960

연립부등식 $\begin{cases} x^2+ax+b \geq 0 \\ x^2-5x < 0 \end{cases}$ 의 해가 $0 < x \leq 2$ 또는 $4 \leq x < 5$일 때, $\left[\dfrac{b}{a}\right]$의 값을 구하시오.

(단, a, b는 상수이고, $[x]$는 x보다 크지 않은 최대 정수)

Level up

0961

연립부등식 $\begin{cases} |x-1| \leq k \\ x^2-5x+6 \leq 0 \end{cases}$ 의 해가 오직 하나일 때, 양수 k의 값을 구하시오.

Level up

0962

연립부등식 $\begin{cases} (x-1)(x-a) \leq 0 \\ 2x^2-13x+11 \leq 0 \end{cases}$ 을 만족시키는 정수 x의 개수가 3개일 때, 실수 a의 값의 범위는?

① $2 \leq a < 3$ ② $2 < a < 3$

③ $3 \leq a < 4$ ④ $3 < a < 4$

⑤ $3 \leq a \leq 4$

Style 14 이차방정식의 실근의 부호와 범위
(근의 분리)

0963

x에 대한 이차방정식 $ax^2-x+a-4=0$의 두 실근은 부호가 서로 다르다. 이를 만족시키는 실수 a의 값의 범위가 $p < a < q$일 때, pq의 값은?

① -1 ② 0   ③ 2

④ 3   ⑤ 4

Level up

0964

x에 대한 이차방정식 $x^2-kx+k=0$의 두 실근이 모두 양수이고, $x^2+4x-k+5=0$의 두 실근이 모두 음수일 때, 실수 k의 값의 범위는 $\alpha \leq k < \beta$이다. $\alpha\beta$의 약수의 개수는?

① 2   ② 3   ③ 4

④ 6   ⑤ 8

Level up

0965

x에 대한 이차방정식 $x^2-2kx+k+2=0$의 실근이 다음 조건을 만족시키는 실수 k의 값의 범위를 구하시오.

(1) 서로 다른 두 실근이 모두 1보다 크다.

(2) 두 실근이 모두 1보다 작다.

0966

일차부등식 $ax>b$의 해가 $x<4$일 때, 이차부등식 $ax^2+(a-b)x-b\geq0$의 해를 구하시오.

(단, a, b는 실수)

0967

이차방정식 $x^2+(k+1)x+k^2+k=0$이 실근을 갖도록 하는 실수 k의 값의 범위는 $\alpha\leq k\leq\beta$이다. $3\alpha\beta$의 값은?

① -2 ② -1 ③ 1
④ 2 ⑤ 3

0968

이차부등식 $x^2-2\leq|x+1|+|x-2|$의 해가 $a\leq x\leq b+\sqrt{2}$일 때, $a+b$의 값은? (단, a, b는 정수)

① -2 ② -1 ③ 1
④ 2 ⑤ 3

0969

x에 대한 이차부등식 $x^2+(a+2)x+2a<0$을 만족시키는 정수 x의 최솟값이 -5일 때, 자연수 a의 값은?

① 3 ② 4 ③ 5
④ 6 ⑤ 7

0970

이차부등식 $x^2-ax+12\leq0$의 해가 $\alpha\leq x\leq\beta$이고, 이차부등식 $x^2-5x+b\geq0$의 해가 $x\leq\alpha-1$ 또는 $x\geq\beta-1$일 때, 상수 a, b의 곱 ab의 값을 구하시오.

0971

축의 방정식이 $x=2$인 이차함수 $y=f(x)$의 그래프가 오른쪽 그림과 같을 때, 부등식 $f(x)<0$의 해가 $\alpha<x<\beta$이다. $\alpha+\beta$의 값은?

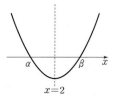

① 0 ② 2
③ 4 ④ 6
⑤ 8

0972

x에 대한 이차부등식 $kx^2+4x+k\leq0$의 해가 모든 실수일 때 실수 k의 최댓값을 α, 해가 한 개일 때 실수 k의 값을 β라 하자. $|\alpha+\beta|$의 값은?

① 0 ② 2 ③ 4
④ 6 ⑤ 8

0973

연립부등식 $\begin{cases} x^2-9x<0 \\ x^2-2x-4<0 \end{cases}$ 을 만족시키는 정수 x의 최솟값을 α, 최댓값을 β라 할 때, x^2의 계수가 1이고 해가 $\alpha\leq x\leq\beta$인 이차부등식을 구하시오.

모의고사 기출

0974

그림은 두 점 $(-1, 0)$, $(2, 0)$을 지나는 이차함수 $y=f(x)$의 그래프이다. 부등식 $f\left(\dfrac{x+k}{2}\right)\leq 0$의 해가 $-3\leq x\leq 3$일 때, 실수 k의 값은?

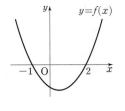

① 0   ② 1   ③ 2
④ 3   ⑤ 4

0975

부등식 $|x^2-3x|\leq 4$의 해를 구하시오.

Level up

0976

두 함수 $y=f(x)$, $y=g(x)$의 그래프가 오른쪽 그림과 같다. 연립부등식

$$\begin{cases} f(x)>g(x) \\ f(x)>0 \\ g(x)<0 \end{cases}$$

의 해가 $x<p$일 때, p^2의 값을 구하시오.

모의고사 기출

0977

x에 대한 두 이차방정식 $x^2-kx+2k=0$, $x^2+2kx+3=0$이 동시에 허근을 가질 때, 실수 k의 값의 범위는?

① $-\sqrt{3}<k<8$ ② $k<3$
③ $k>\sqrt{3}$ ④ $0<k<\sqrt{3}$
⑤ $0<k<3$

Level up

0978

두 함수 $y=f(x)$, $y=g(x)$의 그래프가 그림과 같을 때, 부등식 $f(x)\geq g(x)$의 해는?

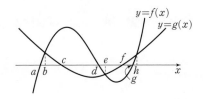

① $a\leq x\leq d$ 또는 $x\geq g$
② $b\leq x\leq e$
③ $b\leq x\leq e$ 또는 $x\geq h$
④ $x\leq b$ 또는 $e\leq x\leq h$
⑤ $c\leq x\leq f$

모의고사 기출

0979

이차항의 계수가 음수인 이차함수 $y=f(x)$의 그래프와 직선 $y=x+1$이 두 점에서 만나고 그 교점의 y좌표가 각각 3과 8이다. 이때 이차부등식 $f(x)-x-1>0$을 만족시키는 모든 정수 x의 값의 합은?

① 14   ② 15   ③ 16
④ 17   ⑤ 18

모의고사 기출

0980

x에 대한 이차방정식 $x^2+(a^2-4a+3)x-a+2=0$이 서로 다른 부호의 두 실근을 가진다. 음의 근의 절댓값이 양의 근보다 클 때, 실수 a의 값의 범위는?

① $a>3$ ② $a>2$
③ $1<a<2$ ④ $2<a<3$
⑤ $a<1$ 또는 $a>3$

개념 **C.O.D.I** 코디

IV. 도형의 방정식

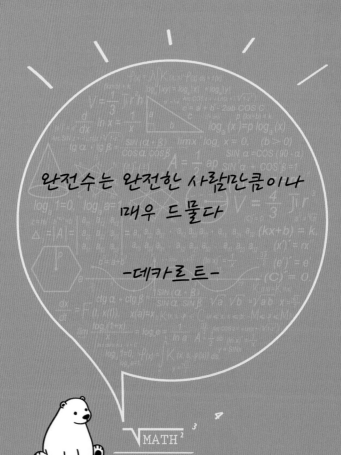

완전수는 완전한 사람만큼이나
1매우 드물다

-데카르트-

중학교의 도형과 고등학교의 도형은 확연히 다르다.

중학교 ⇨ 그림   고등학교 ⇨ 식

$(2, 3), (-5, 0), \cdots$

$2x - 4y + 1 = 0$

$x^2 + y^2 = 4$

그림으로 배웠던 도형들이 이제부터는 식으로 표현된다.
식으로 나타낸다는 것은 정확한 계산이 가능하다는 의
미로, 복잡한 도형의 성질을 쓰지 않고도 식을 풀어서
도형의 길이, 각 등을 구할 수 있게 된다.
도형의 기본 요소들을 식의 관점에서 다시 공부할 것
이다. 이번 단원은 점이다. 점을 좌표평면에 옮겨 계산
하게 되면서 엄청난 변화가 시작된다.

1　삼각형의 외심: 삼각형의 외접원의 중심(O)

⊙ 삼각형의 외심의 성질

① 삼각형의 세 변의 수직이분선은 한 점(외심)에서 만난다.

② 삼각형의 외심에서 세 꼭짓점에 이르는 거리는 같다.

➡ $\overline{OA}=\overline{OB}=\overline{OC}=$(외접원의 반지름의 길이)

2　삼각형의 내심: 삼각형의 내접원의 중심(I)

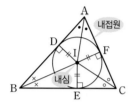

⊙ 삼각형의 내심의 성질

① 삼각형의 세 내각의 이등분선은 한 점(내심)에서 만난다.

② 삼각형의 내심에서 세 변에 이르는 거리는 같다.

➡ $\overline{ID}=\overline{IE}=\overline{IF}=$(내접원의 반지름의 길이)

☆ 삼각형의 내심의 활용 : △ABC에서 내접원의 반지름의 길이를 r라고 하면

➡ $\triangle ABC=\dfrac{1}{2}r(\overline{AB}+\overline{BC}+\overline{CA})$

3　삼각형의 무게중심

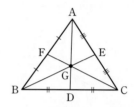

⊙ 삼각형의 무게중심

① 삼각형의 세 중선의 교점을 무게중심이라 한다.

② 삼각형의 무게중심은 세 중선의 길이를 각 꼭짓점으로부터 각각 2 : 1로 나눈다.

➡ 점 G가 △ABC의 무게중심일 때,

$\overline{AG}:\overline{GD}=\overline{BG}:\overline{GE}=\overline{CG}:\overline{GF}=2:1$

🔎 확인문제 ▶

1 다음 그림에서 점 O가 △ABC의 외심일 때, x의 값을 구하시오.

(1)
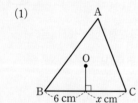

(2)
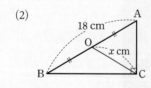

2 다음 그림에서 점 I가 △ABC의 내심일 때, x의 값을 구하시오.

(1)
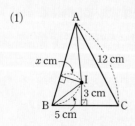

(2)
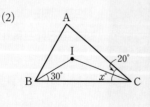

3 다음 그림에서 점 G가 △ABC의 무게중심일 때, x의 값을 구하시오.

(1)
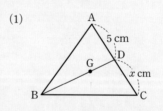

(2)
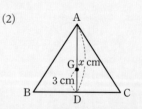

(3)
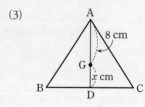

(4)
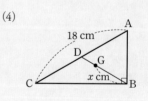

4 삼각형의 중선

중선: 삼각형에서 한 꼭짓점과 그 대변의 중점을 연결한 선

➡ $\triangle ABM = \triangle ACM = \dfrac{1}{2}\triangle ABC$

삼각형의 중선은 그 삼각형의 넓이를 이등분한다.

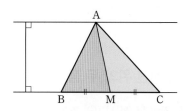

5 삼각형의 각의 이등분선

(1) 삼각형의 내각의 이등분선

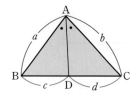

$$a : b = c : d$$

(2) 삼각형의 외각의 이등분선

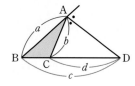

$$a : b = c : d$$

6 피타고라스 정리

직각삼각형에서 직각을 낀 두 변의 길이를 각각 a, b라 하고 빗변의 길이를 c라고 하면 다음이 성립한다.

$$a^2 + b^2 = c^2$$

(변의 길이 a, b, c는 항상 양수이다.)

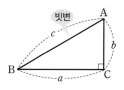

확인문제

4 다음 그림과 같은 △ABC에서 $\overline{AD}$가 ∠A의 이등분선일 때, x의 값을 구하시오.

(1)
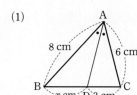

(2)
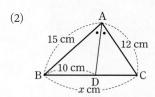

(3)
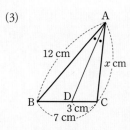

5 다음 그림과 같은 △ABC에서 $\overline{AD}$가 ∠A의 외각의 이등분선일 때, x의 값을 구하시오.

(1)
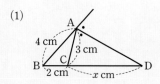

(2)
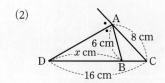

(3)
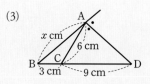

6 다음 그림과 같은 직각삼각형에서 x의 값을 구하시오.

(1)
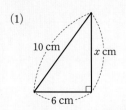

(2)
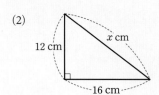

(3)
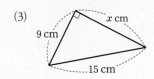

01 두 점 사이의 거리 구하기

두 점을 곧게 이으면 선분이 된다.
이 선분의 양 끝 점을 좌표평면 위에 두면 선분의 길이
(두 점 사이의 거리)를 쉽게 계산할 수 있다.

01 수직선 위의 두 점 사이의 거리

(ⅰ) x축 위의 두 점 사이의 거리

수평으로 그은 선분의 길이로 그림과 같이 두 점 A, B의
x좌표의 차가 두 점 A, B 사이의 거리 또는 $\overline{AB}$의 길이가 된다.

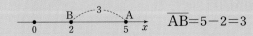

$\overline{AB}=5-2=3$

$\overline{AB}=3-(-1)=4$

$\overline{AB}=x_1-x_2=|x_2-x_1|$

좌표평면 위에서 x축 위의 점이 아니어도 x축과 평행하면 같은 방법으로 구한다.

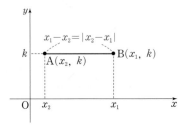

(ⅱ) y축 위의 두 점 사이의 거리

수직으로 그은 선분의 길이로 그림과 같이 두 점 C, D의
y좌표의 차가 두 점 C, D 사이의 거리 또는 $\overline{CD}$의 길이가 된다.

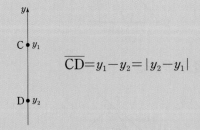

$\overline{CD}=3-2=1$

$\overline{CD}=-2-(-6)$
$\quad\quad=4$

$\overline{CD}=y_1-y_2=|y_2-y_1|$

좌표평면 위에서 y축 위의 점이 아니어도 y축과 평행하면 같은 방법으로 구한다.

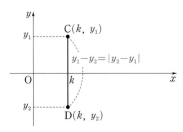

아래 그림과 같이 축과 평행하지 않고 비스듬하게 그은 선분의 길이를 구하는 방법은 조금 다르다.

하지만 원리는 간단하다.

피타고라스 정리를 써 보자.

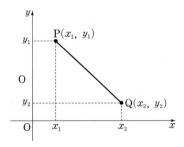

$\Downarrow$

두 점 $P(x_1, y_1)$, $Q(x_2, y_2)$ 사이의 거리는

$$\overline{PQ} = \sqrt{(x_1 - x_2)^2 + (y_1 - y_2)^2}$$

(거리) $= \sqrt{x$끼리 빼서 제곱 $+\, y$끼리 빼서 제곱$}$

02 좌표평면 위의 두 점 사이의 거리

(i) $\overline{PQ}$ 를 빗변으로 하는 직각삼각형을 그린다.

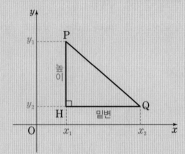

밑변과 높이를 각각 x축, y축과 평행하게 그리면 직각삼각형이 된다.

(ii) **밑변의 길이와 높이를 구한다.**
- 밑변의 길이: x축과 평행한 선분이므로 x좌표의 차가 밑변의 길이

  $$\therefore \overline{QH} = |x_1 - x_2|$$
- 높이: y축과 평행한 선분이므로 y좌표의 차가 높이

  $$\therefore \overline{PH} = |y_1 - y_2|$$

(iii) **피타고라스 정리로 $\overline{PQ}$의 길이를 구한다.**

(빗변의 길이)$^2 =$(밑변의 길이)$^2 +$(높이)^{2}이므로
$$\begin{aligned} \overline{PQ}^2 &= \overline{QH}^2 + \overline{PH}^2 \\ &= |x_1 - x_2|^2 + |y_1 - y_2|^2 \\ &= (x_1 - x_2)^2 + (y_1 - y_2)^2 \end{aligned}$$

예1 직선 $y = -2x + 4$와 x축, y축과의 교점 사이의 거리를 구하여라.
- x축과의 교점: $(2, 0)$
- y축과의 교점: $(0, 4)$

(교점 사이의 거리) $= \sqrt{(2-0)^2 + (0-4)^2}$
$$= \sqrt{20} = 2\sqrt{5}$$

뺀 다음 제곱하므로 뺄셈의 순서는 상관없다.

예2 두 점 $(-1, -4)$, $(4, 8)$ 사이의 거리를 구하여라.
$$\sqrt{(-1-4)^2 + (-4-8)^2} = \sqrt{25 + 144}$$
$$= \sqrt{169} = 13$$

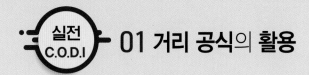

삼각형의 종류 확인하기

고등학교 수학에서 삼각형이 나오면 변의 길이는 잘 알려주지 않는다. 대신 삼각형의 꼭짓점의 좌표가 주어지는 경우가 많다. 두 꼭짓점 사이의 거리가 변의 길이이므로 두 점 사이의 거리 공식을 이용하면 세 변의 길이를 구할 수 있다.

즉, 변의 길이를 알면 어떤 삼각형인지 알 수 있다.

(i) 좌표평면 위에 꼭짓점을 찍어 삼각형을 그린다. (최대한 정확하게 그리자. 어떤 삼각형인지 감을 잡는데 도움이 된다.)

(ii) 거리 공식을 이용해 세 변의 길이를 구한다.

(iii) 길이가 같은 변이 있는지 확인하고, 피타고라스 정리가 성립하는지 확인한다.

아래의 예를 통해 확인해 보자.

---

01 **이등변삼각형**

⇨ 두 변의 길이가 같다.

예 세 꼭짓점이 다음과 같은 △ABC

A(2, 4), B(−3, 4), C(6, 1)

$\overline{AB}=|2-(-3)|=5$

$\overline{BC}=\sqrt{(-3-6)^2+(4-1)^2}=\sqrt{90}=3\sqrt{10}$

$\overline{CA}=\sqrt{(6-2)^2+(1-4)^2}=\sqrt{25}=5$

∴ $\overline{AB}=\overline{CA}$인 이등변삼각형

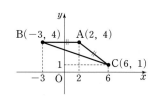

---

02 **정삼각형**

⇨ 세 변의 길이가 모두 같다.

예 세 꼭짓점이 다음과 같은 △ABC

A$(2\sqrt{3}+1, -2\sqrt{3}-2)$, B(−1, −4), C(3, 0)

$\overline{AB}=\sqrt{(2\sqrt{3}+2)^2+(-2\sqrt{3}+2)^2}=\sqrt{32}=4\sqrt{2}$

$\overline{BC}=\sqrt{(-1-3)^2+(-4-0)^2}=\sqrt{32}=4\sqrt{2}$

$\overline{CA}=\sqrt{(2\sqrt{3}-2)^2+(-2\sqrt{3}-2)^2}=\sqrt{32}=4\sqrt{2}$

∴ 세 변의 길이가 같은 정삼각형

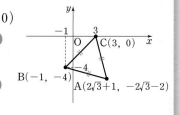

---

03 **직각삼각형**

⇨ 피타고라스 정리가 성립한다.

예 세 꼭짓점이 다음과 같은 △ABC

A(−1, 5), B(1, 1), C(3, 2)

$\overline{AB}=\sqrt{(-1-1)^2+(5-1)^2}=\sqrt{20}=2\sqrt{5}$

$\overline{BC}=\sqrt{(1-3)^2+(1-2)^2}=\sqrt{5}$

$\overline{CA}=\sqrt{(3+1)^2+(2-5)^2}=\sqrt{25}=5$

∴ $\overline{CA}^2=\overline{AB}^2+\overline{BC}^2$이므로 ∠B=90°인 직각삼각형

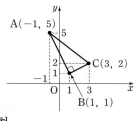

---

04 **직각이등변삼각형**

⇨ 두 변의 길이가 같다.
⇨ 피타고라스 정리가 성립한다.

예 세 꼭짓점이 다음과 같은 △ABC

A(−1, 1), B(−2, 4), C(2, 2)

$\overline{AB}=\sqrt{(-1+2)^2+(1-4)^2}=\sqrt{10}$

$\overline{BC}=\sqrt{(-2-2)^2+(4-2)^2}=\sqrt{20}$

$\overline{CA}=\sqrt{(-1-2)^2+(1-2)^2}=\sqrt{10}$

∴ $\overline{AB}=\overline{CA}$, $\overline{BC}^2=\overline{AB}^2+\overline{CA}^2$인 직각이등변삼각형

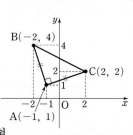

0981

좌표평면 위의 두 점 $A(x_1, p)$, $B(x_2, p)$ 사이의 거리를 구하는 과정이다. (가)~(라)에 알맞은 것을 구하시오.

> 그림과 같이 좌표평면 위에 두 점을 표시한다. 두 점의 (가) 좌표가 같기 때문에 $\overline{AB}$는 x축과 평행하다. 따라서 두 점 사이의 거리인 (나) 의 길이는 두 점의 (다) 의 차와 같다.
> 따라서 $\overline{AB}=$ (라)

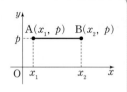

0982

좌표평면 위의 두 점 $A(a, y_1)$, $B(a, y_2)$ 사이의 거리를 구하는 과정이다. (가)~(라)에 알맞은 것을 구하시오.

> 그림과 같이 좌표평면 위에 두 점을 표시한다. 두 점의 (가) 좌표가 같기 때문에 $\overline{AB}$는 y축과 평행하다. 따라서 두 점 사이의 거리인 (나) 의 길이는 두 점의 (다) 의 차와 같다.
> 따라서 $\overline{AB}=$ (라)

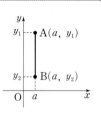

0983

좌표평면 위의 두 점 $A(x_1, y_1)$과 $B(x_2, y_2)$ 사이의 거리를 구하는 과정이다. (가)~(사)에 알맞은 것을 구하시오.

> 그림과 같이 좌표평면 위에 두 점을 표시한다. 점 A에서 (가) 축에 평행한 선을 긋고 점 B에서 (나) 축에 평행한 선을 그어 두 선의 교점을 C라 하자. 이때 △ABC는 (다) 삼각형이므로 (라) 를 이용하여 $\overline{AB}$의 길이를 구한다.
> $\overline{AC}=$ (마) , $\overline{BC}=$ (바) 이고 $\overline{AB}^2=\overline{AC}^2+\overline{BC}^2$이므로
> $\overline{AB}=$ (사)

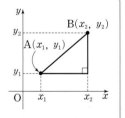

[0984~0991] 좌표평면 위의 두 점 A, B를 이은 선분 AB의 길이를 구하시오.

0984
$A(10, 0)$, $B(3, 0)$

0985
$A(0, 1)$, $B(4, 1)$

0986
$A(2, 0)$, $B(-3, 0)$

0987
$A(1, -1)$, $B(1, -4)$

0988
$A(-3, -3)$, $B(-3, 3)$

0989
$A(1, 0)$, $B(4, 4)$

0990
$A(-1, 1)$, $B(2, 3)$

0991
$A(3, -1)$, $B(1, 4)$

[0992~0995] 좌표평면 위의 세 점 A, B, C를 꼭짓점으로 하는 △ABC가 어떤 삼각형인지 확인하시오.

0992
$A(2, 4)$ $B(-3, 4)$ $C(6, 1)$

0993
$A(0, 0)$ $B(2, 0)$ $C(1, \sqrt{3})$

0994
$A(-1, 1)$ $B(-2, 4)$ $C(2, 2)$

0995
$A(0, 1)$ $B(-2, 5)$ $C(2, -3)$

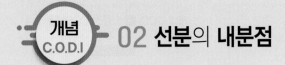
02 선분의 내분점

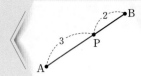

그림처럼 선분 AB 위에 점 P가 있을 때, 점 P를 $\overline{AB}$의 내분점이라고 한다. 즉, 점 P가 $\overline{AB}$를 $\overline{AP}$와 $\overline{BP}$로 나누는 것이다. 두 선분의 비가 $\overline{AP} : \overline{PB} = 3 : 2$이므로 점 P를 '선분 AB를 $3 : 2$로 내분하는 점'이라고 한다.

두 점 $A(x_1, y_1)$, $B(x_2, y_2)$를 이은 선분 AB를 $m : n$으로 내분하는 점 P의 좌표는

$$P\left(\frac{mx_2 + nx_1}{m+n}, \frac{my_2 + ny_1}{m+n}\right)$$

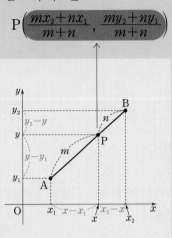

(i) **그래프를 이용하여 다음과 같이 두 개의 직각삼각형을 그리자.**
(높이는 y축과 평행하게, 밑변은 x축과 평행하게 그린다.)

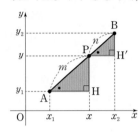

$\triangle APH \backsim \triangle PBH'$(AA 닮음)이므로 대응하는 변끼리의 닮음비는 $m : n$이다.

(ii) **밑변 비교**

$\overline{AH} : \overline{PH'} = m : n$이므로 $(x - x_1) : (x_2 - x) = m : n$

$n(x - x_1) = m(x_2 - x)$, $nx - nx_1 = mx_2 - mx$
　　외항의 곱　　내항의 곱

이항하여 정리하면 점 P의 x좌표는 $x = \dfrac{mx_2 + nx_1}{m+n}$

(iii) **높이 비교**

$\overline{PH} : \overline{BH'} = m : n$이므로 $(y - y_1) : (y_2 - y) = m : n$

$n(y - y_1) = m(y_2 - y)$, $ny - ny_1 = my_2 - my$
　　외항의 곱　　내항의 곱

이항하여 정리하면 점 P의 y좌표는 $y = \dfrac{my_2 + ny_1}{m+n}$

구조 기억하기

(x_1, y_1), (x_2, y_2)
$m \quad : \quad n$

$\left(\dfrac{mx_2 + nx_1}{m+n}, \dfrac{my_2 + ny_1}{m+n}\right)$

→ 분모 : 비율의 합
→ 분자 : 교차해서 곱한 뒤 더해라.

예 두 점 $A(-1, -3)$, $B(4, 7)$에 대하여

$\overline{AB}$를 $3 : 2$로 내분하는 점의 좌표
$A(-1, -3)$, $B(4, 7)$
　　　　$3 : 2$
$\left(\dfrac{12 - 2}{3 + 2}, \dfrac{21 - 6}{3 + 2}\right) = (2, 3)$

$\overline{BA}$를 $2 : 3$으로 내분하는 점의 좌표
$B(4, 7)$, $A(-1, -3)$
　　　　$2 : 3$
$\left(\dfrac{-2 + 12}{2 + 3}, \dfrac{-6 + 21}{2 + 3}\right) = (2, 3)$

$\overline{AB}$를 $m : n$으로 내분하는 점과 $\overline{BA}$를 $n : m$으로 내분하는 점은 같다.

선분 AB의 중점 구하기

$A(x_1, y_1)$, $B(x_2, y_2)$일 때
$\overline{AB}$의 중점: $M\left(\dfrac{x_1 + x_2}{2}, \dfrac{y_1 + y_2}{2}\right)$

$\overline{AM} = \overline{BM}$이므로 중점 M은 $\overline{AB}$를 $1 : 1$로 내분하는 점이다.

$M\left(\dfrac{1 \cdot x_1 + 1 \cdot x_2}{1 + 1}, \dfrac{1 \cdot y_1 + 1 \cdot y_2}{1 + 1}\right)$

$= M\left(\dfrac{x_1 + x_2}{2}, \dfrac{y_1 + y_2}{2}\right)$

(x좌표의 합)$\times \dfrac{1}{2}$, (y좌표의 합)$\times \dfrac{1}{2}$

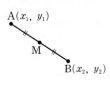

03 선분의 외분점

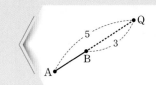

그림처럼 선분 AB의 연장선 위에 점 Q가 있을 때, 점 Q를 $\overline{AB}$의 외분점이라고 한다. 즉, 점 Q가 $\overline{AB}$의 밖에서 일정한 비의 선분 두 개로 나누는 것이다. 두 선분의 비 $\overline{AQ} : \overline{BQ} = 5 : 3$이므로 점 Q를 '선분 AB를 5 : 3으로 외분하는 점'이라고 한다.

두 점 $A(x_1, y_1)$, $B(x_2, y_2)$를 이은 선분 AB를 $m : n$으로 외분하는 점 Q의 좌표는

$$Q\left(\frac{mx_2 - nx_1}{m-n}, \frac{my_2 - ny_1}{m-n}\right)$$

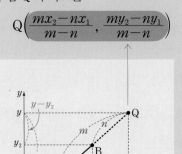

(i) 그래프를 이용하여 다음과 같이 두 개의 직각삼각형을 그리자.
(높이는 y축과 평행하게, 밑변은 x축과 평행하게 그린다.)

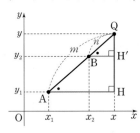

$\triangle AHQ \backsim \triangle BH'Q(AA \ \text{닮음})$이므로 대응하는 변끼리의 닮음비는 $m : n$이다.

(ii) **밑변 비교**

$\overline{AH} : \overline{BH'} = m : n$이므로 $(x - x_1) : (x - x_2) = m : n$

$m(x - x_2) = n(x - x_1)$, $\underset{\text{내항의 곱}}{mx - mx_2} = \underset{\text{외항의 곱}}{nx - nx_1}$

이항하여 정리하면 점 Q의 x좌표는 $x = \dfrac{mx_2 - nx_1}{m - n}$

(iii) **높이 비교**

$\overline{QH} : \overline{QH'} = m : n$이므로 $(y - y_1) : (y - y_2) = m : n$

$m(y - y_2) = n(y - y_1)$, $\underset{\text{내항의 곱}}{my - my_2} = \underset{\text{외항의 곱}}{ny - ny_1}$

이항하여 정리하면 점 Q의 y좌표는 $y = \dfrac{my_2 - ny_1}{m - n}$

구조 기억하기

$(x_1, y_1), (x_2, y_2)$

$m : n$

$\left(\dfrac{mx_2 - nx_1}{m - n}, \dfrac{my_2 - ny_1}{m - n}\right)$

→ 분모: 비율의 차
→ 분자: 교차해서 곱한 뒤 빼라.

예 두 점 $A(-1, -3)$, $B(4, 7)$에 대하여

$\overline{AB}$를 2 : 1로 외분하는 점의 좌표
$$\left(\frac{8+1}{2-1}, \frac{14+3}{2-1}\right) = (9, 17)$$

$m > n$일 때 $\overline{AB}$를 $m : n$으로 외분하는 점은 $\overline{AB}$의 오른쪽 연장선 위에 있다.

$\overline{AB}$를 1 : 2로 외분하는 점의 좌표
$$\left(\frac{4+2}{1-2}, \frac{7+6}{1-2}\right) = (-6, -13)$$

$m < n$일 때 $\overline{AB}$를 $m : n$으로 외분하는 점은 $\overline{AB}$의 왼쪽 연장선 위에 있다.

내분, 외분 전환하여 생각하기

같은 그림을 다르게 생각하자.

(i) 점 P는 $\overline{AB}$를 3 : 2로 내분하는 점

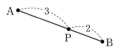

(ii) 점 B는 $\overline{AP}$를 5 : 2로 외분하는 점

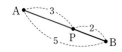

(iii) 점 A는 $\overline{PB}$를 3 : 5로 외분하는 점

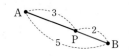

02 삼각형의 무게중심의 좌표

좌표평면 위의 세 점 $A(x_1, y_1)$, $B(x_2, y_2)$, $C(x_3, y_3)$을 꼭짓점으로 하는 $\triangle ABC$의 무게중심 G의 좌표는

$$G\left(\frac{x_1+x_2+x_3}{3}, \frac{y_1+y_2+y_3}{3}\right)$$

세 점의 좌표를 더해서 ÷3

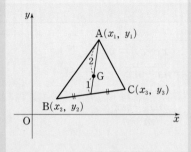

216쪽에서 공부한 삼각형의 무게중심의 성질을 정리하자.

- 무게중심 G는 $\overline{BC}$의 중심 M과 꼭짓점 A를 연결한 중선 위에 있다.
- $\overline{AG} : \overline{GM} = 2 : 1$

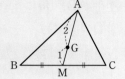

(i) $\overline{BC}$의 중점을 구한다. ⇨ $M\left(\frac{x_2+x_3}{2}, \frac{y_2+y_3}{2}\right)$

(ii) $\overline{AG} : \overline{GM} = 2 : 1$이므로 무게중심 G는 $\overline{AM}$을 2 : 1로 내분하는 점이다.

$A(x_1, y_1)$, $M\left(\frac{x_2+x_3}{2}, \frac{y_2+y_3}{2}\right)$이므로

$$G\left(\frac{2 \cdot \frac{x_2+x_3}{2} + 1 \cdot x_1}{2+1}, \frac{2 \cdot \frac{y_2+y_3}{2} + 1 \cdot y_1}{2+1}\right)$$

$$= G\left(\frac{x_1+x_2+x_3}{3}, \frac{y_1+y_2+y_3}{3}\right)$$

03 내분점을 꼭짓점으로 하는 삼각형의 무게중심

(처음 삼각형의 무게중심)
= (내분점을 연결한 삼각형의 무게중심)

$\triangle ABC$의 무게중심이 G일 때 세 변 $\overline{AB}$, $\overline{BC}$, $\overline{CA}$를 각각 $m : n$으로 내분하는 점 P, Q, R를 꼭짓점으로 하는 $\triangle PQR$의 무게중심도 G이다.

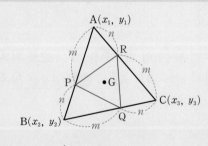

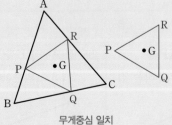

무게중심 일치

$\triangle ABC$의 세 꼭짓점이 $A(x_1, y_1)$, $B(x_2, y_2)$, $C(x_3, y_3)$일 때

$\overline{AB}$를 $m : n$으로 내분하는 점 $P\left(\frac{mx_2+nx_1}{m+n}, \frac{my_2+ny_1}{m+n}\right)$

$\overline{BC}$를 $m : n$으로 내분하는 점 $Q\left(\frac{mx_3+nx_2}{m+n}, \frac{my_3+ny_2}{m+n}\right)$

$\overline{CA}$를 $m : n$으로 내분하는 점 $R\left(\frac{mx_1+nx_3}{m+n}, \frac{my_1+ny_3}{m+n}\right)$

- $\triangle ABC$의 무게중심의 좌표는 $\left(\frac{x_1+x_2+x_3}{3}, \frac{y_1+y_2+y_3}{3}\right)$

- $\triangle PQR$의 무게중심의 좌표는

$$\left(\frac{\frac{mx_2+nx_1}{m+n} + \frac{mx_3+nx_2}{m+n} + \frac{mx_1+nx_3}{m+n}}{3}, \frac{\frac{my_2+ny_1}{m+n} + \frac{my_3+ny_2}{m+n} + \frac{my_1+ny_3}{m+n}}{3}\right)$$

$$= \left(\frac{\frac{(m+n)(x_1+x_2+x_3)}{m+n}}{3}, \frac{\frac{(m+n)(y_1+y_2+y_3)}{m+n}}{3}\right)$$

$$= \left(\frac{x_1+x_2+x_3}{3}, \frac{y_1+y_2+y_3}{3}\right)$$

0996
선분 AB 위에 있는 점을 $\overline{AB}$의 ☐ 이라 한다.

0997
선분 AB의 연장선 위에 있는 점을 $\overline{AB}$의 ☐ 이라 한다.

[0998–0999] 그림을 보고 빈칸을 채우시오.

0998
점 P는 $\overline{AB}$를 ☐ : ☐ 로 ☐ 하는 점이다.

0999
점 P는 $\overline{BA}$를 ☐ : ☐ 로 ☐ 하는 점이다.

[1000–1002] 그림을 보고 물음에 답하시오.

1000
선분 AB에 대하여 점 Q는 어떤 점인가?

1001
선분 BA에 대하여 점 Q는 어떤 점인가?

1002
선분 AQ에 대하여 점 B는 어떤 점인가?

[1003–1004] 그림을 보고 알맞은 점을 고르시오.

1003
$\overline{AB}$를 $m : n$으로 외분하는 점은? (단, $m > n$)

1004
$\overline{AB}$를 $a : b$로 외분하는 점은? (단, $a < b$)

1005
좌표평면 위의 두 점 $A(x_1, y_1)$, $B(x_2, y_2)$를 연결한 선분 AB를 $m : n$으로 내분하는 점의 좌표를 구하시오.

1006
좌표평면 위의 두 점 $A(x_1, y_1)$, $B(x_2, y_2)$를 연결한 선분 AB를 $m : n$으로 외분하는 점의 좌표를 구하시오.

1007
두 점 $A(2, 3)$, $B(5, 0)$을 이은 선분 AB를 $2 : 1$로 내분하는 점의 좌표를 구하시오.

1008
두 점 $A(2, 3)$, $B(5, 0)$을 이은 선분 AB를 $1 : 2$로 내분하는 점의 좌표를 구하시오.

1009
두 점 $A(-1, -3)$, $B(4, 7)$을 이은 선분 AB를 $3 : 2$로 내분하는 점의 좌표를 구하시오.

1010
두 점 $A(5, 1)$, $B(1, 7)$에 대하여 $\overline{AB}$의 중점의 좌표를 구하시오.

1011
두 점 $A(-1, -3)$, $B(4, 7)$에 대하여 $\overline{AB}$를 $2 : 1$로 외분하는 점 P, $1 : 2$로 외분하는 점 Q의 좌표를 각각 구하시오.

1012
두 점 $A(3, -4)$, $B(-2, 3)$에 대하여 $\overline{AB}$를 $4 : 1$로 외분하는 점의 좌표를 구하시오.

1013
세 점 $O(0, 0)$, $A(1, -2)$, $B(2, 11)$을 꼭짓점으로 하는 △OAB의 무게중심의 좌표를 구하시오.

1014
세 점 $A(-4, 1)$, $B(-3, -2)$, $C(2, -6)$을 꼭짓점으로 하는 △ABC의 무게중심의 좌표를 구하시오.

1015
세 점 $A(-4, 1)$, $B(-3, -2)$, $C(2, -6)$에 대하여 $\overline{AB}$, $\overline{BC}$, $\overline{CA}$의 중점을 각각 P, Q, R라 할 때, △PQR의 무게중심의 좌표를 구하시오.

04 도형을 평면좌표로 생각하기

우리가 알고 있는 도형들의 성질을 점과 좌표로 결합하여 생각해 보자.
중학교 때 어려웠던 부분이 쉽게 풀릴 것이다.

◯1 선분의 길이의 합의 최솟값

점 $A(x_1, y_1)$, $B(x_2, y_2)$와 임의의 점 P를 이은 두 선분 $\overline{AP}$, $\overline{BP}$에 대하여 $\overline{AP}+\overline{BP}$의 최솟값 : 꺾인 선을 곧게 펴라.

점 P가 x축 위의 점일 때

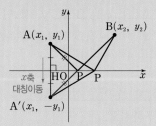

∴ (최솟값)$=\overline{A'B}$의 길이

점 P가 y축 위의 점일 때

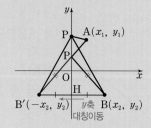

∴ (최솟값)$=\overline{AB'}$의 길이

점 P가 좌표평면 위의 임의 점일 때

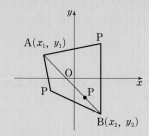

∴ (최솟값)$=\overline{AB}$의 길이

점 P는 x축 위에서 움직이는 점이므로 $\overline{AP}+\overline{BP}$는 x축에서 한 번 꺾이게 된다. 이때 점 A나 B 중 하나를 x축에 대하여 대칭이동시키면 된다. $\overline{AP}=\overline{A'P}$이므로 $\overline{AP}+\overline{BP}=\overline{A'P}+\overline{BP}$가 되고 이 길이가 최소가 될 때는 두 점 A', B를 곧게 이었을 때, 즉 $\overline{A'B}$의 길이가 되고 점 P는 이 선분 위의 점이 된다.

점 P는 y축 위에서 움직이는 점이므로 $\overline{AP}+\overline{BP}$는 y축에서 한 번 꺾이게 된다. 이때 점 A나 B 중 하나를 y축에 대하여 대칭이동시키면 된다. $\overline{BP}=\overline{B'P}$이므로 $\overline{AP}+\overline{BP}=\overline{AP}+\overline{B'P}$가 되고 이 길이가 최소가 될 때는 두 점 A, B'을 곧게 이었을 때, 즉 $\overline{AB'}$의 길이가 되고 점 P는 이 선분 위의 점이 된다.

그림에서 $\overline{AP}+\overline{BP}$의 값이 최소가 되기 위해서는 점 P가 선분 AB 위에 있어야 한다는 것을 알 수 있다. 다음을 기억하자.

$$(꺾은선의 길이) > (곧게 이은 선의 길이)$$

⇓

$$\overline{AP}+\overline{BP} \geq \overline{AB}\ {}^{최솟값}$$

◯2 평행사변형과 마름모의 활용

① 평행사변형의 성질

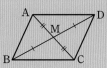

(i) 두 쌍의 대변이 서로 평행하고 길이가 같다.

(ii) 두 대각선은 서로를 이등분한다.

⇒ 점 M은 $\overline{AC}$, $\overline{BD}$의 중점

② 마름모의 성질

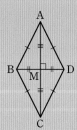

(i) 네 변의 길이가 모두 같은 평행사변형이 마름모이다.

⇒ $\overline{AB}=\overline{BC}=\overline{CD}=\overline{DA}$

(ii) 대각선은 서로를 수직이등분한다.

⇒ 점 M은 $\overline{AC}$, $\overline{BD}$의 중점 $\overline{AC} \perp \overline{BD}$

예1 □ABCD가 평행사변형일 때, 점 D의 좌표 구하기:

(ii)의 성질 이용 (두 대각선의 중점이 같다.)

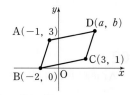

$\overline{AC}$의 중점: $(1, 2)$, $\overline{BD}$의 중점: $\left(\dfrac{a-2}{2}, \dfrac{b}{2}\right)$

∴ D$(4, 4)$

예2 □ABCD가 마름모일 때, 점 A, D의 좌표 구하기: $(a>0, c>0, d>0)$

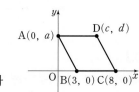

• $\overline{BC}=5$이므로 한 변의 길이가 5로 모두 같다.

$\overline{AB}=\sqrt{9+a^2}=5$에서 $a=4$

• $\overline{AD}\, /\!/\, \overline{BC}$이므로 $\overline{AD}$는 x축과 평행, 즉 점 A와 D의 y좌표가 같다. ∴ $d=4$

• $\overline{AD}=5$이므로 $c=5$ ∴ A$(0, 4)$, D$(5, 4)$

03 삼각형의 외심의 좌표 구하기

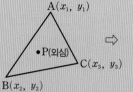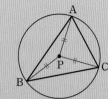

삼각형의 외심은 외접원의 중심이므로 $\overline{AP}=\overline{BP}=\overline{CP}$이고 그림과 같이 세 꼭짓점 A, B, C의 좌표를 알면 외심을 $P(x, y)$로 두고 식을 세울 수 있다.

$$\sqrt{(x-x_1)^2+(y-y_1)^2}$$
$$=\sqrt{(x-x_2)^2+(y-y_2)^2}$$
$$=\sqrt{(x-x_3)^2+(y-y_3)^2}$$

이를 연립하여 풀면 외심의 좌표를 구할 수 있다.

예 세 점 A$(0, 6)$, B$(1, 5)$, C$(-6, -2)$를 꼭짓점으로 하는 △ABC의 외심의 좌표 구하기

(i) 외심을 P(x, y)라 하자.

(ii) 두 점 사이의 거리 공식을 이용하여 $\overline{AP}=\overline{BP}=\overline{CP}$의 식을 세운다.
$$\sqrt{x^2+(y-6)^2}=\sqrt{(x-1)^2+(y-5)^2}=\sqrt{(x+6)^2+(y+2)^2}$$

(iii) 각 변을 제곱하고 전개하여 정리한다.
$$\underbrace{x^2+y^2-12y+36}_{\ominus}=\underbrace{x^2+y^2-2x-10y+26}_{\mathbb{C}}=\underbrace{x^2+y^2+12x+4y+40}_{\mathbb{C}}$$

(iv) 등식을 연립하여 정리한다.

㉠=㉡에서 $x-y=-5$, ㉡=㉢에서 $x+y=-1$

위의 두 식을 연립하여 풀면 $x=-3$, $y=2$

따라서 △ABC의 외심의 좌표는 $(-3, 2)$이다.

04 도형을 식으로 증명하기: 중선 정리

다음을 증명해 보자.

△ABC에서 $\overline{BC}$의 중점을 M이라 할 때,
$$\overline{AB}^2+\overline{AC}^2=2(\overline{AM}^2+\overline{BM}^2)$$

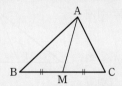

이것을 도형의 성질만 이용해서 증명하는 것은 쉽지 않다. 이럴 때 필요한 것이 평면좌표에 도형을 그려서 생각하는 것이다.
삼각형의 꼭짓점을 적절히 좌표로 나타내고 두 점 사이의 거리, 내분점과 외분점의 공식 등을 이용하면 증명이 가능하다.

오른쪽 그림과 같이 좌표평면 위에 네 점 A, B, C, M의 위치와 좌표를 정하자. 일반적인 삼각형에서 성립함을 보여야 하므로 점의 좌표는 구체적인 숫자가 아닌 문자로 잡자.

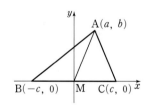

$\overline{BC}$를 x축 위에, 중점 M을 원점에 두자.
$\overline{BM}=\overline{CM}$이므로 M$(0, 0)$, B$(-c, 0)$, C$(c, 0)$이 된다.
나머지 꼭짓점 A는 임의로 (a, b)로 놓고 증명해 보자.
$$\overline{AB}^2+\overline{AC}^2=(a+c)^2+b^2+(a-c)^2+b^2=2a^2+2b^2+2c^2$$
$$2(\overline{AM}^2+\overline{BM}^2)=2(a^2+b^2+c^2)=2a^2+2b^2+2c^2$$
따라서 등식이 성립한다.

좌표 설정 요령

좌표를 어떻게 잡아도 증명이 가능하지만 되도록 간단하고 계산이 쉽게 설정해 주는 것이 좋다. 다음을 기억하자.

(i) 점 하나는 원점에 두는 것이 좋다. ⇨ $(0, 0)$은 계산이 편하다.

(ii) 가능하면 변은 x축, y축에 평행하게 놓자. ⇨ 길이를 구하기가 쉽다.

(iii) 점들을 대칭이 되도록 잡자. ⇨ 대칭이 되게 점을 잡아야 좌표에 쓰는 문자가 적어진다.

1016

다음은 정점 A, B와 동점 P에 대하여 $\overline{AP}+\overline{BP}$의 최솟값을 구하는 과정이다.

점 A, B에서 직선 l에 내린 수선의 발을 H, H'이라 하면 $\overline{HH'}=4$, $\overline{AH}=1$, $\overline{BH'}=3$이다.

점 A를 직선 l에 대하여 대칭이동한 점을 A'이라 하면 △APH≡△A'PH이므로 (가) = (나) 가 성립한다.

따라서

$\overline{AP}+\overline{BP}=$ (다) $+\overline{BP}$이고,

(다) $+\overline{BP}\geq\overline{A'B}$이므로 점 P가 (라) 위에 있을 때 최소가 된다. 이를 △A'BC로 나타내면 $\overline{A'C}=$ (마) , $\overline{BC}=$ (바) 이고, 피타고라스 정리에 의해 $\overline{A'B}=$ (사) 이므로 $\overline{AP}+\overline{BP}$의 최솟값은 (사) 이다.

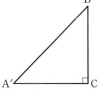

(가)~(사)에 알맞은 것을 구하시오.

1017

다음은 두 점 A(1, 2), B(5, 1)과 x축 위의 동점 P에 대하여 $\overline{AP}+\overline{BP}$의 최솟값을 구하는 과정이다.

점 B를 x축에 대하여 대칭이동한 점 B'의 좌표는 (가) 이다. 두 선분 (나) , (다) 의 길이가 같으므로

$\overline{AP}+\overline{BP}=$ (라) $\geq$ (마)

가 성립한다. 따라서 최솟값은 (바) 이다.

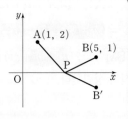

(가)~(바)에 알맞은 것을 구하시오.

1018

다음은 두 점 A(1, 2), B(5, 1)과 y축 위의 동점 P에 대하여 $\overline{AP}+\overline{BP}$의 최솟값을 구하는 과정이다.

점 A를 y축에 대하여 대칭이동한 점 A'의 좌표는 (가) 이다. 두 선분 (나) , (다) 의 길이가 같으므로

$\overline{AP}+\overline{BP}=$ (라) $\geq$ (마) 가 성립한다.

따라서 최솟값은 (바) 이다.

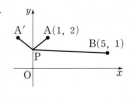

(가)~(바)에 알맞은 것을 구하시오.

1019

다음은 △ABC에서 $\overline{BC}$의 중점을 M이라 할 때,
$$\overline{AB}^2+\overline{AC}^2=2(\overline{AM}^2+\overline{BM}^2)$$
이 성립함을 증명한 것이다.

세 꼭짓점을 좌표로 바꾼다. 좌표는 계산이 편하도록 쉽게 잡도록 한다. $\overline{BC}$를 x축 위에 놓고 M을 원점으로 정하면 오른쪽 그림과 같다.

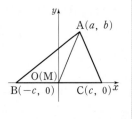

$\overline{AB}^2=$ (가) , $\overline{AC}^2=$ (나)

$\overline{AM}^2=$ (다) , $\overline{BM}^2=$ (라)

$\therefore \overline{AB}^2+\overline{AC}^2=$ (마)

따라서 $2(\overline{AM}^2+\overline{BM}^2)=$ (마) 이므로 주어진 등식이 성립한다.

(가)~(마)에 알맞은 것을 구하시오.

1020

직선 $y=2x-1$ 위의 점 $A(a,\ 3)$과 점 $B(3,\ -1)$ 사이의 거리는?

① $\sqrt{17}$ ② 5 ③ 6

④ $2\sqrt{10}$ ⑤ $3\sqrt{5}$

1021

두 점 $A(a,\ 2)$, $B(-1,\ 1)$ 사이의 거리가 $\sqrt{10}$일 때, 양수 a의 값은?

① 1 ② 2 ③ 3

④ 4 ⑤ 5

모의고사 기출

1022

좌표평면 위의 두 점 $A(a-1,\ 4)$, $B(5,\ a-4)$ 사이의 거리가 $\sqrt{10}$이 되도록 하는 모든 실수 a의 값의 합을 구하시오.

Level up

1023

직선 $y=x+1$ 위의 점 중에서 점 $(-1,\ -4)$와의 거리가 $4\sqrt{5}$인 점은 두 개다. 이 두 점 사이의 거리가 $p\sqrt{2}$일 때, 자연수 p의 값은?

① 4 ② 8 ③ 12

④ 16 ⑤ 18

모의고사 기출

1024

좌표평면 위의 세 점 $A(-1,\ 2)$, $B(2,\ 3)$, $C(a,\ 1)$에 대하여 $\overline{AC}=\overline{BC}$가 성립하도록 하는 실수 a의 값은?

① $\dfrac{1}{\sqrt{2}}$ ② 1 ③ $\sqrt{2}$

④ 2 ⑤ $2\sqrt{2}$

1025

두 점 $A(1,\ 1)$, $B(2,\ 4)$에서 같은 거리에 있는 점 중 x축 위의 점을 P, y축 위의 점을 Q라고 하자. 두 점 P, Q의 좌표를 각각 구하시오.

1026

두 점 $A(-1,\ -3)$, $B(3,\ 7)$과 직선 $y=x+1$ 위의 점 P에 대하여 $\overline{AP}=\overline{BP}$일 때, 점 P의 좌표는 $P(a,\ b)$이다. a^2+b^2의 값은?

① 1 ② 3 ③ 5

④ 7 ⑤ 9

Style **03** 삼각형의 종류 확인하기

1027

세 점 O(0, 0), A(a, 3), B(3, 1)에 대하여 다음 물음에 답하시오.

(1) $\overline{OA}=\overline{OB}$인 예각삼각형이 되도록 하는 실수 a의 값을 구하시오.

(2) $\overline{OA}=\overline{OB}$인 직각삼각형이 되도록 하는 실수 a의 값을 구하시오.

Level up

1028

정삼각형 ABC의 두 꼭짓점이 B(−2, −2), C(2, 2)일 때, 나머지 꼭짓점 A의 좌표를 구하려고 한다.
(개)~(아)에 알맞은 것을 구하시오.

> A(a, b)라 하면
> $\overline{AB}=$ (개)
> $\overline{AC}=$ (나)
> $\overline{BC}=$ (다)
> 이고 △ABC는 정삼각형이므로 $\overline{AB}=\overline{AC}=\overline{BC}$
> (i) $\overline{AB}=\overline{BC}$에서 $\overline{AB}^2=\overline{BC}^2$이므로 식을 정리하면
>   (라) $=24$ …… ㉠
> (ii) $\overline{AC}=\overline{BC}$에서 $\overline{AC}^2=\overline{BC}^2$이므로 식을 정리하면
>   (마) $=24$ …… ㉡
> ㉠−㉡을 하여 정리하면 $b=$ (바) 이고
> ㉠에 대입하여 a, b의 값을 구한다.
> 따라서 △ABC가 정삼각형이 되는 점 A의 좌표는
>   (사) , (아)
> 의 두 개임을 알 수 있다.

Style **04** 내분점 구하기

1029

두 점 A(−3, 2), B(5, −2)에 대하여 $\overline{AB}$를 1 : 3으로 내분하는 점을 P, 3 : 1로 내분하는 점을 Q라 할 때, $\overline{PQ}^2$의 값은?

① 5 ② 45 ③ 20

④ 45 ⑤ 80

1030

두 점 A(3, 3), B(−2, 8)에 대하여 $\overline{AB}$를 1 : 2로 내분하는 점의 좌표는 (a, b)이다. $a+b$의 값은?

① $\dfrac{10}{3}$ ② 4 ③ $\dfrac{16}{3}$

④ 6 ⑤ 7

Level up

1031

두 점 A(−1, 2), B(a, b)를 양 끝 점으로 하는 선분 AB를 2 : 3으로 내분하는 점의 좌표가 (1, 4)일 때, $b−a$의 값은?

① 1 ② 2 ③ 3

④ 4 ⑤ 5

모의고사기출

1032

좌표평면 위의 두 점 A(−1, −2), B(5, a)에 대하여 선분 AB를 2 : 1로 내분하는 점 P의 좌표가 $(b, 0)$일 때, $a+b$의 값은?

① 1 ② 2 ③ 3

④ 4 ⑤ 5

Style 05 외분점 구하기

1033

두 점 $A(-1, 1)$, $B(2, 3)$에 대하여 $\overline{AB}$를 $2 : 1$로 외분하는 점을 C, $1 : 2$로 외분하는 점을 D라 할 때, $\overline{CD}$의 길이를 구하시오.

1034

두 점 $A(4, 3)$, $B(2, 1)$을 양 끝 점으로 하는 선분 AB를 $3 : 1$로 외분하는 점이 (p, q)일 때, p^2+q^2의 값은?

① 1 ② 2 ③ 3
④ 4 ⑤ 5

Level up

1035

두 점 $A(-1, 2)$, $B(a, b)$에 대하여 $\overline{AB}$를 $5 : 3$으로 외분하는 점의 좌표가 $(4, 7)$일 때, $\dfrac{b}{a}$의 값은?

① 4 ② 2 ③ $\dfrac{1}{2}$
④ $\dfrac{1}{4}$ ⑤ $\dfrac{1}{5}$

Level up

1036

두 점 $A(a, 2)$, $B(6, b)$에 대하여 $\overline{AB}$를 $4 : 3$으로 외분하는 점의 좌표가 $(0, 6)$일 때, $a-b$의 값은?

① 1 ② 2 ③ 3
④ 4 ⑤ 5

Style 06 내분점과 외분점의 활용

1037

두 점 $A(3, 2)$, $B(9, a)$를 이은 선분 AB를 $1 : 2$로 내분하는 점이 x축 위에 있을 때, a의 값은?

① -4 ② -6 ③ -8
④ -9 ⑤ -10

1038

두 점 $A(-3, 0)$, $B(6, 12)$에 대하여 $\overline{AB}$를 $1 : 2$로 내분하는 점이 P일 때, $\overline{AP}$를 $3 : 4$로 외분하는 점은 직선 $y=mx$ 위에 있다. 상수 m의 값은?

① -2 ② -1 ③ 1
④ 2 ⑤ 3

1039

좌표평면 위의 네 점 $A(a, -4)$, $B(3, 16)$, $C(3, 2)$, $D(7, b)$에 대하여 $\overline{AB}$의 중점과 $\overline{CD}$를 $3 : 1$로 외분하는 점이 일치할 때, ab의 값을 구하시오.

1040

오른쪽 그림과 같은 △ABC에
서 $\overline{AB}=5$, $\overline{BC}=13$, $\overline{CA}=9$이
고 $\overline{AD}$는 ∠A의 이등분선이다.

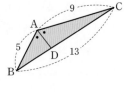

$\overline{BD}$의 길이가 $\dfrac{q}{p}$일 때, $p+q$의 값

을 구하시오. (단, p, q는 서로소인 자연수)

1041

다음은 △OAB에서 ∠A의 이등분신과 $\overline{OB}$의 교점 D
의 좌표를 구하는 과정이다. 이때 원점 O, A(5, 12),
B(9, 9)이다.

삼각형의 내각의 이등분선의
성질에 의해

$\overline{OA}:\overline{AB}=\boxed{(가)}:\boxed{(나)}$이다.

$\overline{OA}=\boxed{(다)}$, $\overline{AB}=\boxed{(라)}$

이므로

$\overline{OA}:\overline{AB}=\boxed{(다)}:\boxed{(라)}=\overline{OD}:\overline{DB}$

즉, 점 D는 $\overline{OB}$를 $\boxed{(마)}:\boxed{(바)}$로 내분하는 점이므로

$D(\boxed{(사)}, \boxed{(아)})$이다.

㉮~㉯에 알맞은 것을 구하시오.

Level up

1042

좌표평면 위의 세 점 A(−1, 3), B(−5, 1), C(1, 2)
를 꼭짓점으로 하는 △ABC에서 ∠A의 이등분선과 $\overline{BC}$
의 교점을 D라 하자. 점 D의 좌표를 구하시오.

1043

△ABC의 세 꼭짓점이 A(−3, 2), B(−1, −1),
C(a, b)일 때, 무게중심 G의 좌표는 $\left(\dfrac{1}{3}, \dfrac{4}{3}\right)$이다.
$(a-b)^2$의 값은?

① 1   ② 4   ③ 9

④ 16   ⑤ 25

1044

△ABC에서 선분 BC의 중점을 M이라 하자. A(2, 5),
M(−1, −4)일 때, △ABC의 무게중심의 좌표는
(p, q)이다. p^2+q^2의 값은?

① 1   ② 2   ③ 5

④ 8   ⑤ 13

1045

세 꼭짓점이 A(a, 3), B(1, b), C(4, 1)인 △ABC의
무게중심의 좌표가 (1, 1)일 때, ab의 값은?

① −4   ② −2   ③ −1

④ 2   ⑤ 4

Level up

1046

세 꼭짓점이 A(a+b, 1), B(2, 1−b), C(a, a)인
△ABC의 무게중심의 좌표가 (3, 2)일 때, $a-b$의 값은?

① 1   ② 2   ③ 3

④ 4   ⑤ 5

Style 09 무게중심 (2)

1047

△ABC의 세 변 $\overline{AB}$, $\overline{BC}$, $\overline{CA}$를 각각 2 : 3으로 내분하는 점이 P(1, 5), Q(3, 1), R(6, 2)일 때, △ABC의 무게중심의 좌표가 (a, b)이다. $a+b$의 값은?

① $\dfrac{10}{3}$ ② 4   ③ $\dfrac{16}{3}$

④ 6   ⑤ 7

1048

세 점 O(0, 0), A(1, −2), B(2, 11)을 꼭짓점으로 하는 △ABC의 세 변 $\overline{AB}$, $\overline{BC}$, $\overline{CA}$의 중점이 각각 P(x_1, y_1), Q(x_2, y_2), R(x_3, y_3)일 때, $(x_1+y_1)+(x_2+y_2)+(x_3+y_3)$의 값을 구하시오.

1049

점 A(1, 6)을 한 꼭짓점으로 하는 삼각형 ABC의 두 변 $\overline{AB}$, $\overline{AC}$의 중점을 각각 M(x_1, y_1), N(x_2, y_2)라 하자. $x_1+x_2=2$, $y_1+y_2=4$일 때, 삼각형 ABC의 무게중심의 좌표는?

① $\left(\dfrac{1}{2}, \dfrac{2}{3}\right)$ ② $\left(\dfrac{1}{2}, 1\right)$ ③ $\left(1, \dfrac{2}{3}\right)$

④ (1, 2)   ⑤ (2, 1)

Style 10 평면좌표와 다각형

1050

다음은 평행사변형 ABCD의 세 꼭짓점의 좌표가 A(−1, 0), B$\left(\dfrac{3}{4}, -\dfrac{7}{4}\right)$, C(2, 2)일 때, 꼭짓점 D의 좌표를 구하는 과정이다.

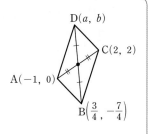

> 평행사변형은 두 대각선이 서로를 이등분하므로 $\overline{AC}$의 중점과 $\overline{BD}$의 중점이 같다.
>
> $\overline{AC}$의 중점의 좌표는 ((가) , (나))이므로 $\overline{BD}$의 중점의 좌표를 구하여 비교한다.
>
> $\dfrac{(\text{다})}{2}$ = (가) , $\dfrac{(\text{라})}{2}$ = (나)
>
> ∴ D((마) , (바))

(가)~(바)에 알맞은 것을 구하시오.

1051

사각형 ABCD가 마름모이고 네 꼭짓점의 좌표가 A(−1, −1), B(a, 2), C(4, b), D(2, c)일 때, $a+b+c$의 값은? (단, $b>0$, $c>0$)

① 3   ② 4   ③ 5

④ 6   ⑤ 7

1052

다음은 두 실수 x, y에 대하여
$$\sqrt{(x+2)^2+(y+3)^2}+\sqrt{(x-2)^2+(y-2)^2}$$
의 최솟값을 구하는 과정이다.

식을 좌표평면 위의 점으로 생각한다.

동점을 $P(x, y)$, 두 정점을 $A(-2, -3)$, $B(2, 2)$
라 하면

$\sqrt{(x+2)^2+(y+3)^2}$는 ⑦ 의 길이,

$\sqrt{(x-2)^2+(y-2)^2}$는 ⑭ 의 길이이고

주어진 식은 ⑦ + ⑭ 이므로

두 선분의 길이의 합의 최솟값을

구하면 된다.

좌표평면에 세 점을 나타내면

그림과 같이 점 P가 ⑭ 위에

있을 때 최소가 되므로 ⑭ 의 길이가 최솟값이다.

즉, $\sqrt{(x+2)^2+(y+3)^2}+\sqrt{(x-2)^2+(y-2)^2}$의

최솟값은 ⑭ 이다.

⑦~⑭에 알맞은 것을 구하시오.

1053

두 실수 a, b에 대하여
$\sqrt{(a-1)^2+(b+1)^2}+\sqrt{(a-3)^2+(b-4)^2}$의 최솟값은?
① 5   ② $2\sqrt{7}$ ③ $\sqrt{29}$
④ $4\sqrt{2}$ ⑤ $5\sqrt{2}$

Level up
1054

실수 a에 대하여 $\sqrt{(a-1)^2+1}+\sqrt{(a-7)^2+4}$의 최솟값
을 구하시오.

1055

좌표평면 위에 제1사분면의 점 $A(1, 5)$, $B(2, 1)$과 x축
위의 점 P, y축 위의 점 Q가 있다. $\overline{AP}+\overline{BP}$의 최솟값을
a, $\overline{AQ}+\overline{BQ}$의 최솟값을 b라 할 때, a^2-b^2의 값은?
① 5   ② 11   ③ 12
④ 13   ⑤ 24

Level up
1056

제4사분면 위의 두 점 $A(a, -2)$, $B(4, -6)$과 x축 위
의 점 P에 대하여 $\overline{AP}+\overline{BP}$의 최솟값이 $\sqrt{73}$이다. 실수
a의 값을 구하시오.

(단, 점 A가 점 B보다 y축에 더 가깝다.)

Level up
1057

좌표평면 위에 제1사분면의 점 $A(1, 5)$, $B(2, 1)$과
x축 위의 점 P, y축 위의 점 Q가 있다.
다음은 $\overline{AQ}+\overline{PQ}+\overline{BP}$의 최솟값을 구하는 과정이다.

전체적인 상황은 다음 그림과 같다. 두 점 A와 B를 적
절히 대칭이동하여 곧은 선이 되도록 하자.

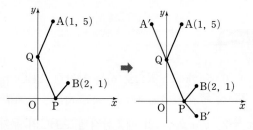

점 A를 ⑦ 축에 대하여 대칭이동한 점을 A' ⑭ ,

점 B를 ⑭ 축에 대하여 대칭이동한 점을 B' ⑭ 라 하면

$\overline{AQ}+\overline{PQ}+\overline{BP}=$ ⑭ $+\overline{PQ}+$ ⑭ 이므로

두 점 P, Q가 $\overline{A'B'}$ 위의 점일 때 최소가 된다.

따라서 $\overline{AQ}+\overline{PQ}+\overline{BP}$의 최솟값은 ⑭ 이다.

⑦~⑭에 알맞은 것을 구하시오.

Style 13 거리의 제곱의 최솟값

1058

두 점 A$(1, 2)$, B$(-3, 4)$와 x축 위의 점 P와 y축 위의 점 Q에 대하여 $\overline{AP}^2+\overline{BP}^2$의 최솟값을 p, $\overline{AQ}^2+\overline{BQ}^2$의 최솟값을 q라 할 때, $p+q$의 값을 구하시오.

Level up
1059

두 점 A$(1, 3)$, B$(3, 1)$과 직선 $y=x+1$ 위의 점 P에 대하여 $\overline{AP}^2+\overline{BP}^2$의 최솟값을 구하시오.

Level up
1060

좌표평면 위에 네 점 A$(-4, -3)$, B$(-1, 2)$, C$(1, -5)$, P(x, y)가 있다. 점 P는 $\overline{AP}^2+\overline{BP}^2+\overline{CP}^2$의 값이 최소가 되는 점일 때, 점 P의 좌표를 구하려고 한다. ㈎~㈐에 알맞은 것을 구하시오.

$$\overline{AP}^2=\boxed{\text{㈎}}\ ,\ \overline{BP}^2=\boxed{\text{㈏}}\ ,\ \overline{CP}^2=\boxed{\text{㈐}}$$

이므로

$$\overline{AP}^2+\overline{BP}^2+\overline{CP}^2=3(\boxed{\text{㈑}})^2+3(\boxed{\text{㈒}})^2+\boxed{\text{㈓}}$$

이고, $x=\boxed{\text{㈔}}$, $y=\boxed{\text{㈕}}$일 때 최소가 되므로

P$(\boxed{\text{㈔}}\ ,\ \boxed{\text{㈕}})$이다.

이때 점 P는 $\triangle ABC$의 $\boxed{\text{㈖}}$임을 알 수 있다.

Style 14 삼각형의 외심 구하기

1061

다음은 세 점 A$(-1, -3)$, B$(2, 0)$, C$(3, -1)$을 꼭짓점으로 하는 $\triangle ABC$의 외심의 좌표를 구하는 과정이다.

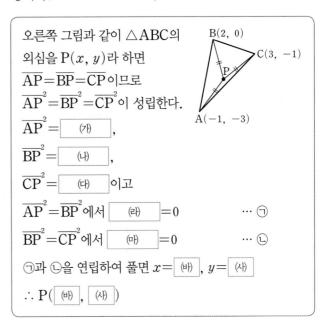

오른쪽 그림과 같이 $\triangle ABC$의 외심을 P(x, y)라 하면 $\overline{AP}=\overline{BP}=\overline{CP}$이므로 $\overline{AP}^2=\overline{BP}^2=\overline{CP}^2$이 성립한다.

$\overline{AP}^2=\boxed{\text{㈎}}$,

$\overline{BP}^2=\boxed{\text{㈏}}$,

$\overline{CP}^2=\boxed{\text{㈐}}$이고

$\overline{AP}^2=\overline{BP}^2$에서 $\boxed{\text{㈑}}=0$ ⋯ ㉠

$\overline{BP}^2=\overline{CP}^2$에서 $\boxed{\text{㈒}}=0$ ⋯ ㉡

㉠과 ㉡을 연립하여 풀면 $x=\boxed{\text{㈓}}$, $y=\boxed{\text{㈔}}$

∴ P$(\boxed{\text{㈓}}\ ,\ \boxed{\text{㈔}})$

㈎~㈔에 알맞은 것을 구하시오.

Level up
1062

세 점 A$(-3, 2)$, B$(2, 0)$, C$(-2, 1)$을 꼭짓점으로 하는 $\triangle ABC$의 외심의 좌표를 구하시오.

1063

직선 $y=2x-1$ 위의 점 A와 점 B$(5, 1)$ 사이의 거리가 $\sqrt{13}$이 되도록 하는 점 A 중 x좌표와 y좌표가 정수인 점은?

① $(-1, -3)$ ② $(0, -1)$ ③ $(1, 1)$

④ $(2, 3)$ ⑤ $(3, 5)$

1064

좌표평면 위의 세 점 A$(-4, 4)$, B$(-1, 5)$, P$(a, a+5)$에 대하여 $\overline{PA}=\overline{PB}$가 성립하도록 하는 실수 a의 값은?

① -2 ② -1 ③ 0

④ 1 ⑤ 2

1065

좌표평면 위의 점 A$(2, 1)$을 한 꼭짓점으로 하는 삼각형 ABC의 외심은 변 BC 위에 있고 좌표가 $(-1, -1)$일 때, $\overline{AB}^2+\overline{AC}^2$의 값은?

① 51 ② 52 ③ 53

④ 54 ⑤ 55

1066

두 점 A$(1, -2)$, B$(3, 2)$를 이은 선분 AB의 중점을 M, $1:3$으로 외분하는 점을 N이라 할 때, $\triangle$OMN의 넓이는? (단, O는 원점)

① 2 ② $\dfrac{5}{2}$ ③ 3

④ $\dfrac{7}{2}$ ⑤ 4

1067

한 직선 위의 세 점 A$(2, 1)$, B$(6, 3)$, C$(8, 4)$에 대하여 다음 빈칸에 알맞은 것을 구하시오.

(1) 점 B는 $\overline{AC}$를 $\boxed{}:\boxed{}$로 $\boxed{}$하는 점이다.

(2) 점 C는 $\overline{AB}$를 $\boxed{}:\boxed{}$로 $\boxed{}$하는 점이다.

1068

두 점 A(a, b), B(c, d)를 이은 선분 위에 점 P(x, y)가 있다. $\overline{AB}=40$이고 $5x=3a+2c$, $5y=3b+2d$가 성립할 때, 선분 AP의 길이를 구하시오.

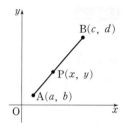

1069

좌표평면 위에 두 점 A$(-4, 2)$, B$(-1, 3)$이 있다. x축 위의 점 P, y축 위의 점 Q에 대하여 $\overline{AP}+\overline{BP}$의 최솟값을 p, $\overline{AQ}+\overline{BQ}$의 최솟값을 q라 할 때, p^2-q^2의 값은?

① 4 ② 6 ③ 8

④ 10 ⑤ 12

1070

세 점 A$(a, 6)$, B$(1, b)$, C$(7, 0)$을 꼭짓점으로 하는 삼각형 ABC의 무게중심의 좌표가 $(2, 3)$일 때, $a+b$의 값은?

① -2 ② -1 ③ 0

④ 1 ⑤ 2

1071

두 점 A$(1, 4)$, B(a, b)를 이은 선분 AB를 $2 : 1$로 내분하는 점이 x축 위에 있고, $1 : 4$로 외분하는 점이 y축 위에 있을 때, $a+b$의 값은?

① 1   ② 2   ③ 3

④ 4   ⑤ 5

1072

좌표평면 위의 세 점 O$(0, 0)$, A$(3, 0)$, B$(0, 6)$을 꼭짓점으로 하는 삼각형 OAB의 내부에 점 P가 있다. $\overline{\mathrm{OP}}^2+\overline{\mathrm{AP}}^2+\overline{\mathrm{BP}}^2$의 최솟값은?

① 18   ② 21   ③ 24

④ 27   ⑤ 30

1073

좌표평면 위의 두 점 P$(3, 4)$, Q$(12, 5)$에 대하여 $\angle$POQ의 이등분선과 선분 PQ와의 교점의 x좌표를 $\dfrac{b}{a}$라 할 때, $a+b$의 값을 구하시오.

(단, O는 원점이고, a와 b는 서로소인 자연수)

1074

두 실수 a, b에 대하여
$$\sqrt{a^2+b^2+2a-4b+5}+\sqrt{a^2+b^2-6a+4b+13}$$
의 최솟값은 $m\sqrt{2}$이다. 자연수 m의 값은?

① 1   ② 2   ③ 3

④ 4   ⑤ 5

1075

두 점 A$(3, 2)$, B$(4, 3)$과 직선 $y=x+2$ 위의 점 P에 대하여 $0 \le x \le 3$에서 $\overline{\mathrm{AP}}^2+\overline{\mathrm{BP}}^2$의 최댓값과 최솟값을 구하시오.

1076

오른쪽 그림과 같이 $\triangle$ABC의 세 꼭짓점이 A$(2, 4)$, B$(-3, -8)$, C$(6, 1)$이고 $\angle$A의 이등분선과 $\overline{\mathrm{BC}}$의 교점이 D일 때, 점 D의 좌표를 구하시오.

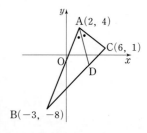

우리는 우리의 판단력보다는
대수적 계산에 신뢰를
두어야 한다

- 오일러 -

√MATH²

13 직선의 방정식

모든 도형은 점에서 시작한다. 점이 모여서 직선, 다각형, 원과 같은 도형이 만들어진다.

가장 단순한 도형인 직선도 수많은 점으로 이루어져 있다. 점은 좌표로 표시할 수 있으니 하나의 직선은 수많은 좌표들의 모음이라 할 수 있다.

하지만 하나의 도형을 수많은 좌표를 나열하여 표현하는 것은 효율적이지 않다.

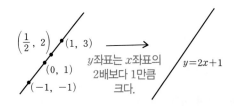

좌표평면에 표시되는 도형은 x좌표와 y좌표 사이에 일정한 규칙(관계)이 성립하는 점들의 모임이다. 이 규칙을 식으로 나타내면 그 도형의 점들을 대표하게 된다. 이를 도형의 방정식이라고 한다.

수많은 도형의 방정식 중에서 여기서는 직선의 방정식을 배운다.

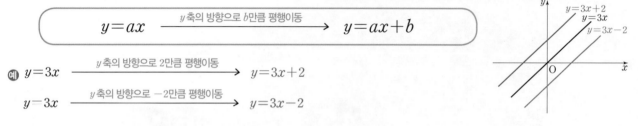

1　일차함수의 뜻

함수 $y=f(x)$에서 y가 x에 대한 일차식일 때, 이 함수를 x에 대한 **일차함수**라고 한다.

$$y=ax+b \ (a,\ b는 \ 상수,\ a\neq 0)$$

2　일차함수의 그래프

(1) 평형이동: 한 도형을 일정한 방향으로 일정한 거리만큼 이동하는 것

(2) 일차함수 $y=ax+b \ (a\neq 0)$의 그래프

⇨ 일차함수 $y=ax$의 그래프를 y축의 방향으로 b만큼 평행이동한 직선이다.

$$y=ax \xrightarrow{\ y축의 \ 방향으로 \ b만큼 \ 평행이동\ } y=ax+b$$

예 $y=3x \xrightarrow{\ y축의 \ 방향으로 \ 2만큼 \ 평행이동\ } y=3x+2$

$y=3x \xrightarrow{\ y축의 \ 방향으로 \ -2만큼 \ 평행이동\ } y=3x-2$

3　일차함수의 그래프의 기울기

$$(기울기)=\frac{(y의 \ 값의 \ 증가량)}{(x의 \ 값의 \ 증가량)}=a$$

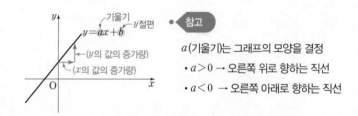

참고

a(기울기)는 그래프의 모양을 결정
- $a>0 \to$ 오른쪽 위로 향하는 직선
- $a<0 \to$ 오른쪽 아래로 향하는 직선

예 두 점 $(-5,\ 1)$, $(1,\ 4)$를 지나는 직선의 기울기는

➡ $\dfrac{1-4}{-5-1}=\dfrac{-3}{-6}=\dfrac{1}{2}$
　　　　　　　　　　기울기

🖐 확인문제

1 y축의 방향으로 [　] 안의 수만큼 평행이동한 함수의 식을 구하시오.

(1) $y=-4x \ [3]$

(2) $y=\dfrac{1}{3}x \ [-2]$

(3) $y=x-5 \ [4]$

(4) $y=-2x+7 \ [-3]$

2 다음 두 점을 지나는 일차함수의 그래프의 기울기를 구하시오.

(1) $(3,\ 2)$, $(4,\ -5)$

(2) $(-1,\ 5)$, $(2,\ -4)$

(3) $(0,\ 1)$, $(2,\ 7)$

(4) $(1,\ 6)$, $(-3,\ 2)$

3 두 점 $(2,\ -2)$, $(1,\ k)$를 지나는 일차함수의 그래프의 기울기가 -2일 때, 실수 k의 값을 구하시오.

4 기울기와 한 점이 주어진 경우

(1) 기울기와 y절편이 주어진 경우 $\Rightarrow$ $\boxed{y=ax+b}$

　예 기울기가 3이고, y 절편이 -5인 직선을 그래프로 하는 일차함수의 식은 $y=3x-5$이다.

(2) 기울기와 한 점이 주어진 경우

　$\Rightarrow$ 기울기가 a이고, 한 점 (p, q)를 지나는 직선을 그래프로 하는 일차함수의 식은

　① 일차함수의 식을 $y=ax+b$로 놓는다.

　② $x=p$, $y=q$를 $y=ax+b$에 대입하여 b의 값을 구한다.

　예 기울기가 -1이고, 점 $(2, 3)$을 지나는 직선을 그래프로 하는 일차함수의 식은

　　㉠ 기울기가 -1이므로 식을 $y=-x+b$로 놓는다.

　　㉡ $x=2$, $y=3$을 $y=-x+b$에 대입하면 $3=-2+b$　∴ $b=5$

　　따라서 구하는 일차함수의 식은 $y=-x+5$이다.

5 서로 다른 두 점이 주어진 경우

(1) 서로 다른 두 점이 주어진 경우

　$\Rightarrow$ 서로 다른 두 점 (x_1, y_1), (x_2, y_2)를 지나는 직선을 그래프로 하는 일차함수의 식은

　① 기울기 a를 구한다. $\longrightarrow$ $\boxed{a=\dfrac{y_2-y_1}{x_2-x_1}=\dfrac{y_1-y_2}{x_1-x_2}}$

　② 일차함수의 식을 $y=ax+b$로 놓는다.

　③ $y=ax+b$에 $x=x_1$, $y=y_1$ 또는 $x=x_2$, $y=y_2$를 대입하여 b의 값을 구한다.

　예 두 점 $(1, -1)$, $(2, 1)$을 지나는 직선을 그래프로 하는 일차함수의 식은

　　㉠ (기울기)$=\dfrac{1-(-1)}{2-1}=\dfrac{2}{1}=2$

　　㉡ $y=2x+b$에 $x=1$, $y=-1$을 대입하면 $-1=2+b$　∴ $b=-3$

　　따라서 구하는 일차함수의 식은 $y=2x-3$이다.

(2) x절편과 y절편이 주어진 경우

　$\Rightarrow$ 두 점 $(m, 0)$, $(0, n)$을 지나는 직선을 그래프로 하는 일차함수의 식은

　　(기울기)$=\dfrac{n-0}{0-m}=-\dfrac{n}{m}$이므로 $\boxed{y=-\dfrac{n}{m}x+n}$

☞ 확인문제

4 다음 직선을 그래프로 하는 일차함수의 식을 구하시오.

(1) 기울기가 $\dfrac{1}{2}$이고, y절편이 5인 직선

(2) 기울기가 -3이고, y축과 점 $(0, 4)$에서 만나는 직선

(3) 기울기가 4이고, 점 $(-2, -2)$를 지나는 직선

5 다음 두 점을 지나는 직선을 그래프로 하는 일차함수의 식을 구하시오.

(1) $(2, 3)$, $(-1, 9)$

(2) $(3, 3)$, $(0, -1)$

(3) $(2, 0)$, $(0, -6)$

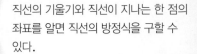
개념 C.O.D.I 01 한 점과 기울기로 직선의 방정식 구하기

점 $A(x_1, y_1)$을 지나고 기울기가 m인 직선의 방정식은

$$y - \underline{y_1} = m(x - \underline{x_1})$$

y좌표 기울기 x좌표

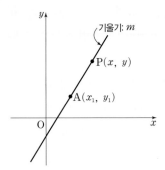

예1 점 $(2, 1)$을 지나고 기울기가 3인 직선의 방정식은

$$y - 1 = 3(x - 2)$$
$$\therefore y = 3x - 5$$

예2 점 $(-1, 3)$을 지나고 기울기가 -1인 직선의 방정식은

$$y - 3 = -(x + 1)$$
$$\therefore y = -x + 2$$

증명 조건을 만족시키는 직선의 임의의 점을 $P(x, y)$라 하면 점 P가 직선 위 어느 곳에 있더라도 점 A와 연결한 기울기는 m이 되므로

$$\frac{y - y_1}{x - x_1} = m \xrightarrow{\text{양변} \times (x - x_1)} y - y_1 = m(x - x_1)$$

개념 C.O.D.I 02 두 점을 이용해 직선의 방정식 구하기

직선이 지나는 두 점을 알면 기울기를 아는 것과 같다. 기울기와 한 점을 알면 직선의 방정식이 나온다.

두 점 $A(x_1, y_1)$, $B(x_2, y_2)$를 지나는 직선의 방정식은

$$y - \underline{y_1} = \underline{\frac{y_2 - y_1}{x_2 - x_1}}(x - x_1)$$

기울기   지나는 점

예 두 점 $A(-1, 6)$, $B(1, 2)$를 지나는 직선의 방정식은

(i) 점 A를 이용

$$y - 6 = \frac{2 - 6}{1 - (-1)}(x + 1)$$에서
$$y - 6 = -2(x + 1)$$
$$\therefore y = -2x + 4$$

(ii) 점 B를 이용

$$y - 2 = \frac{2 - 6}{1 - (-1)}(x - 1)$$에서
$$y - 2 = -2(x - 1)$$
$$\therefore y = -2x + 4$$

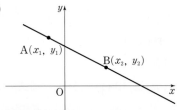

증명 주어진 두 점을 이용해 기울기를 구한다.

$\Rightarrow$ (기울기) $= \dfrac{y_2 - y_1}{x_2 - x_1}$

기울기와 점을 이용해 **개념 C.O.D.I 01**과 같이 식을 세운다.

$\Rightarrow y - y_1 = \dfrac{y_2 - y_1}{x_2 - x_1}(x - x_1)$

이 식에서는 두 점 A, B 중 점 A를 이용해 식을 세웠다. 점 B로 직선의 방정식을 구해도 식은 동일하다.

01 직선의 방정식의 표준형: $y=mx+n$의 개형 (개형: 대략적인 형태, 모양)

$y=mx+n$의 꼴을 직선의 방정식의 표준형이라고 한다. 표준형에서 x의 계수 m이 기울기, 상수항 n이 y절편인 것은 이미 알고 있다. 이 기울기와 y절편의 값에 따라 직선의 모양, 위치가 달라진다. m, n의 부호에 따라서 좌표평면에서 직선이 지나는 사분면이 정해진다.

01 $m>0$, $n>0$
- 기울기가 양수: 오른쪽 위를 향한다.
- y절편이 양수: x축 위쪽에서 y축과 만난다.

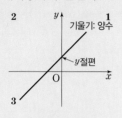

제1, 2, 3사분면을 지나는 직선

02 $m>0$, $n<0$
- 기울기가 양수: 오른쪽 위를 향한다.
- y절편이 음수: x축 아래쪽에서 y축과 만난다.

제1, 3, 4사분면을 지나는 직선

03 $m<0$, $n>0$
- 기울기가 음수: 오른쪽 아래를 향한다.
- y절편이 양수: x축 위쪽에서 y축과 만난다.

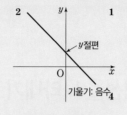

제1, 2, 4사분면을 지나는 직선

04 $m<0$, $n<0$
- 기울기가 음수: 오른쪽 아래를 향한다.
- y절편이 음수: x축 아래쪽에서 y축과 만난다.

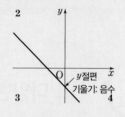

제2, 3, 4사분면을 지나는 직선

예 직선 $y=(m-1)x+n+2$가 제1, 2, 4사분면을 지날 조건

(i) 조건에 맞는 직선의 그래프를 그리자.

(ii) 오른쪽 아래를 향하므로 기울기는 음수이다. 즉, $m-1<0$에서 $m<1$

(iii) y절편이 x축 위에 있으므로 양수이다. 즉, $n+2>0$에서 $n>-2$

02 기울기와 삼각비의 관계

직각삼각형에서 $\tan$의 값을 구하는 과정을 생각해 보자.

$$\tan\theta=\frac{(높이)}{(밑변)}=\frac{b}{a}$$

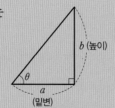

직선의 기울기를 구하는 과정을 생각해 보자.

$$(기울기)=\frac{(y의\ 증가량)}{(x의\ 증가량)}$$
$$=\frac{y_2-y_1}{x_2-x_1}$$

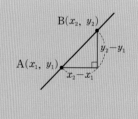

그림과 같이 직선 위의 두 점 A, B를 이은 선분을 빗변으로 하는 직각삼각형을 그려 보면 <u>기울기의 값이 $\tan$의 값과 같다</u>는 것을 알 수 있다.

직선이 x축과 반시계 방향으로 θ의 각을 이룰 때

$$(기울기)=\tan\theta$$

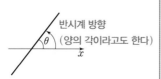

예 x축과 양의 방향으로 이루는 각이 60°인 직선의 기울기는

$$(기울기)=\tan 60°=\sqrt{3}$$

개념 C.O.D.I 03 절편과 직선의 방정식

x절편과 y절편을 알면 직선의 방정식을 바로 구할 수 있다.

x절편이 a, y절편이 b인 직선의 방정식은

$$\frac{x}{a}+\frac{y}{b}=1$$

x절편 y절편

예 x절편이 2, y절편이 3인 직선의 방정식은

$$\frac{x}{2}+\frac{y}{3}=1 \qquad \therefore y=-\frac{3}{2}x+3$$

증명 x절편이 a: 직선은 점 $(a, 0)$을 지난다.

y절편이 b: 직선은 점 $(0, b)$를 지난다.

두 점 $(a, 0)$, $(0, b)$를 지나는 직선의 방정식은

$$y-b=\frac{0-b}{a-0}(x-0)$$에서

$$y-b=-\frac{b}{a}x, \quad \frac{b}{a}x+y=b \qquad \text{양변} \div b$$

$$\therefore \frac{x}{a}+\frac{y}{b}=1 \quad \leftarrow$$

개념 C.O.D.I 04 다양한 직선을 나타내기

01 비스듬한 직선: 표준형

$y=mx+n \ (m\neq 0)$의 꼴

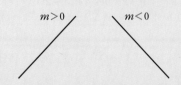

$m>0$ $\qquad$ $m<0$

02 x축에 평행한 직선

$y=n \ (n$은 상수$)$의 꼴

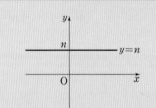

이 직선은 기울기가 0인 직선으로 생각할 수 있다.

03 y축에 평행한 직선

$x=p \ (p$는 상수$)$의 꼴

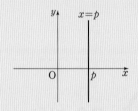

04 직선의 방정식의 일반형

지금까지 배운 직선의 방정식의 표준형은 비스듬한 직선은 나타낼 수 있으나 $y=2$, $x=-1$과 같이 축에 평행한 직선을 나타내는 데는 제약이 있다.
이를 해결할 수 있는 것이 일반형이다.

$ax+by+c=0 \ (a, b, c$는 상수$)$와 같이 좌변을 x, y에 대한 일차식으로 나타낸 것을 직선의 방정식의 일반형이라 한다. 일반형은 좌표평면 위의 모든 직선을 나타낼 수 있다.

필요에 따라 직선의 방정식의 일반형을 표준형으로, 표준형을 일반형으로 자유롭게 변형할 수 있어야 한다.

(1) $a=0$, $b\neq 0 \Rightarrow x$축에 평행한 직선

$$0\cdot x+by+c=0$$에서 $by=-c \rightarrow y=-\frac{c}{b}$

(2) $a\neq 0$, $b=0 \Rightarrow y$축에 평행한 직선

$$ax+0\cdot y+c=0$$에서 $x=-\frac{c}{a}$

(3) $a\neq 0$, $b\neq 0 \Rightarrow$ 표준형 직선

$$ax+by+c=0$$에서 $y=-\frac{a}{b}x-\frac{c}{b}$

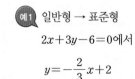

예1 일반형 → 표준형

$2x+3y-6=0$에서

$$y=-\frac{2}{3}x+2$$

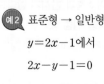

예2 표준형 → 일반형

$y=2x-1$에서

$$2x-y-1=0$$

[1077-1083] 다음 조건을 만족시키는 직선의 방정식을 표준형으로 나타내시오.

1077
기울기는 3이고, 점 $(1, 2)$를 지나는 직선

1078
기울기는 -2이고, 점 $(-3, 1)$을 지나는 직선

1079
기울기는 -1이고, 점 $(4, -4)$를 지나는 직선

1080
두 점 $(-2, 0)$, $(1, 3)$을 지나는 직선

1081
두 점 $(-3, 7)$, $(-1, 6)$을 지나는 직선

1082
x절편이 -3, y절편이 2인 직선

1083
x절편이 4, y절편이 6인 직선

[1084-1086] 다음 조건을 만족시키는 직선의 기울기를 구하시오.

1084
x축과 양의 방향으로 이루는 각이 $30°$인 직선

1085
x축과 양의 방향으로 이루는 각이 $45°$인 직선

1086
$\tan\theta = \dfrac{3}{4}$인 직선

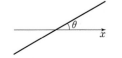

[1087-1090] 직선 $y=mx+n$이 다음 사분면을 지나도록 하는 상수 m, n의 조건을 구하시오.

1087
제1, 2, 3사분면

1088
제1, 3, 4사분면

1089
제1, 2, 4사분면

1090
제2, 3, 4사분면

[1091-1096] 다음 직선의 방정식을 표준형은 일반형으로, 일반형은 표준형으로 변형하시오.

1091
$y = -\dfrac{2}{3}x + 2$

1092
$y = \dfrac{2}{5}x$

1093
$y = \dfrac{1}{2}x - \dfrac{1}{3}$

1094
$2x + y - 1 = 0$

1095
$5x - 3y + 4 = 0$

1096
$6x + 5y = 0$

개념 C.O.D.I 05 두 직선의 위치 관계

도형의 위치 관계란 여러 도형을 한 평면에 같이 나타날 때 이 도형들이 만나는지, 만난다면 교점이 몇 개인지, 만나지 않는 지에 대한 상태를 뜻한다. 여기서는 직선 두 개의 위치 관계를 알아보자.

위치 관계는 우선 그림을 통해 상황을 파악하고 도형의 방정식으로 바꿔서 생각하는 것이 좋다.

	1 평행하다.	2 한 점에서 만난다.	3 일치한다.
01 그림으로 파악하기		교점	

02 표준형으로 생각하기

두 직선을 각각
$$y = mx + n$$
$$y = m'x + n'$$
으로 놓고 상황에 맞는 조건을 정리한다.

1 평행하다	2 한 점에서 만난다	3 일치한다
• 두 직선이 평행하면 기울어진 정도, 즉 기울기가 같다. • y절편은 달라야 직선이 겹치지 않고 평행을 유지한다.	• 기울기가 다르면 직선이 서로 교차하게 되어 한 점에서 만나게 된다.	• 두 직선이 일치하면 식도 일치해야 한다. 따라서 기울기와 y절편이 같다.
$m = m'$, $n \neq n'$ 기울기는 같고, y절편은 같지 않다.	$m \neq m'$ 기울기가 같지 않다.	$m = m'$, $n = n'$ 기울기가 같고, y절편도 같다.

03 일반형으로 생각하기

일반형 직선의 방정식은 표준형으로 바꿔서 생각한다.

$$ax + by + c = 0$$
$$\Rightarrow y = -\frac{a}{b}x - \frac{c}{b}$$
$$a'x + b'y + c' = 0$$
$$\Rightarrow y = -\frac{a'}{b'}x - \frac{c'}{b'}$$

1 평행하다	2 한 점에서 만난다	3 일치한다
• 기울기가 같다. $-\dfrac{a}{b} = -\dfrac{a'}{b'}$ $\Rightarrow \dfrac{a}{a'} = \dfrac{b}{b'}$ • y절편이 같지 않다. $-\dfrac{c}{b} \neq -\dfrac{c'}{b'}$ $\Rightarrow \dfrac{b}{b'} \neq \dfrac{c}{c'}$	• 기울기가 다르다. $-\dfrac{a}{b} \neq -\dfrac{a'}{b'}$ $\Rightarrow \dfrac{a}{a'} \neq \dfrac{b}{b'}$	• 기울기가 같다. $-\dfrac{a}{b} = -\dfrac{a'}{b'}$ $\Rightarrow \dfrac{a}{a'} = \dfrac{b}{b'}$ • y절편이 같다. $-\dfrac{c}{b} = -\dfrac{c'}{b'}$ $\Rightarrow \dfrac{b}{b'} = \dfrac{c}{c'}$
$\dfrac{a}{a'} = \dfrac{b}{b'} \neq \dfrac{c}{c'}$ $\Rightarrow$ (x의 계수의 비) $=$(y의 계수의 비) $\neq$ 상수항의 비	$\dfrac{a}{a'} \neq \dfrac{b}{b'}$ $\Rightarrow$ (x의 계수의 비) $\neq$(y의 계수의 비)	$\dfrac{a}{a'} = \dfrac{b}{b'} = \dfrac{c}{c'}$ $\Rightarrow$ (x의 계수의 비) $=$(y의 계수의 비) $=$(상수항의 비)

06 두 직선이 수직일 조건

두 직선이 수직이면 기울기의 곱은 -1이다. 즉, 두 직선의 기울기가 각각 m, m'일 때

$$mm' = -1$$

이면 두 직선은 수직이다.

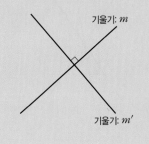

기울기: m

기울기: m'

예1 기울기가 -3인 직선과 수직인 직선의 기울기를 구하여라.

구하려는 직선의 기울기를 m이라 하면

$-3m = -1$이므로 $m = \dfrac{1}{3}$

예2 $y = \dfrac{1}{2}x - 1$과 수직인 직선의 기울기를 구하여라.

구하려는 직선의 기울기를 m이라 하면

$\dfrac{1}{2}m = -1$이므로 $m = -2$

예3 직선 $3x - 2y + 1 = 0$과 수직인 직선의 기울기를 구하여라.

일반형의 방정식을 표준형으로 바꾸면 $y = \dfrac{3}{2}x + \dfrac{1}{2}$, 즉 기울기가

$\dfrac{3}{2}$이므로 이 직선과 수직인 직선의 기울기는 $-\dfrac{2}{3}$이다.

 오른쪽 그림과 같이 원점을 지나고 서로 수직인 두 직선을
$y = mx$, $y = m'x$라 하자.
(일반성을 잃지 않는 범위에서 식을 최대한 간단한
상황으로 설정하면 편리하다.)
(ⅰ) 두 직선이 직선 $x = 1$과 만나는 점을 각각 A, B라 하면
　　$A(1, m)$, $B(1, m')$이다.
(ⅱ) 두 점 사이의 거리 공식으로 다음을 구한다.
　　$\overline{AB} = m - m'$, $\overline{OA} = \sqrt{m^2 + 1}$, $\overline{OB} = \sqrt{m'^2 + 1}$
(ⅲ) △AOB는 직각삼각형이므로 피타고라스 정리에 의해
$$\overline{AB}^2 = \overline{OA}^2 + \overline{OB}^2$$
가 성립하므로 (ⅱ)의 변의 길이를 대입해 정리한다.
$$(m - m')^2 = (\sqrt{m^2 + 1})^2 + (\sqrt{m'^2 + 1})^2$$
$$m^2 - 2mm' + m'^2 = m^2 + m'^2 + 2$$
$$-2mm' = 2 \qquad \therefore\ mm' = -1$$

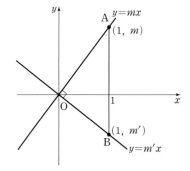

이를 통해 수직인 두 직선의 기울기의 곱은 -1임을 알 수 있다.
직선의 수직 조건은 여러 상황에 응용하여 쓸 수 있는 매우 유용한 개념이니 잘 정리해 두자.

03 직선이 반드시 지나는 점 찾기

직선이 반드시 지나는 점을 파악하는 것은 복잡한 상황을 단순화시켜 문제를 해결하는 데 큰 도움이 된다.

$y=mx-m+2$와 같이 식에 미정계수가 포함된 직선의 방정식을 생각해 보자.

· $m=1$이면 $y=x+1$
  ⇨ 기울기는 1, y절편은 1
· $m=-2$이면 $y=-2x+4$
  ⇨ 기울기는 -2, y절편은 4
  ⋮

이처럼 대입하는 값에 따라 다양한 직선이 되지만 m의 값이 달라져도 이 직선이 반드시 지나는 점이 있다.

m의 값이 변해도 고정된 점을 지난다는 말은 m의 값에 관계없이 직선의 방정식을 만족시키는 점이 있다는 의미가 된다.
발상을 전환하여 직선의 방정식을 m에 대한 항등식이라고 생각하자.
$y=mx-m+2$
  ⇨ $(x-1)m+2-y=0$
이 식이 m이 어떤 값이든 성립하려면
  $x=1$, $y=2$

즉, 이 직선은 그림과 같이 m의 값에 따라 기울기와 y절편이 다양한 직선이 되지만 어떤 직선이든 항상 점 $(1, 2)$를 지난다는 것을 알 수 있다.

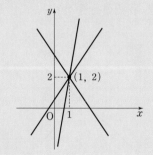

예1 $y=(m+1)x+2m-1$이 m의 값에 관계없이 항상 지나는 점을 구하여라.

직선의 방정식을 m에 대한 항등식으로 정리하면
$y=(m+1)x+2m-1$에서
$(x+2)m+x-y-1=0$
m의 값에 관계없이 성립하려면 $0\cdot m+0=0$의 꼴이어야 하므로
$$\begin{cases} x+2=0 \\ x-y-1=0 \end{cases}$$
이를 연립하여 풀면 $x=-2$, $y=-3$
즉, 직선 $y=(m+1)x+2m-1$은 m의 값에 관계없이 항상 점 $(-2, -3)$을 지난다.
이를 그래프로 확인해 보자.

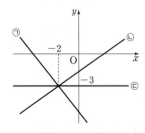

$y=(m+1)x+2m-1$에서 기울기가 $m+1$이므로
· $m<-1$이면 기울기가 음수가 되어 ㉠과 같이 오른쪽 아래를 향하는 직선이 된다.
· $m>-1$이면 기울기가 양수가 되어 ㉡과 같이 오른쪽 위를 향하는 직선이 된다.
· $m=-1$이면 기울기가 0이므로 ㉢과 같이 x축과 평행한 직선이 된다.

예2 직선 $(k-1)x-ky-3k+2=0$이 k의 값에 관계없이 항상 지나는 점을 구하여라.

직선의 방정식을 k에 대한 항등식으로 정리하면
$(k-1)x-ky-3k+2=0$에서
$(x-y-3)k-x+2=0$
k의 값에 관계없이 성립하려면 $0\cdot k+0=0$의 꼴이어야 하므로
$$\begin{cases} x-y-3=0 \\ -x+2=0 \end{cases}$$
이를 연립하여 풀면 $x=2$, $y=-1$
즉, 직선 $(k-1)x-ky-3k+2=0$은 k의 값에 관계없이 항상 점 $(2, -1)$을 지난다.

04 두 직선의 교점을 지나는 직선의 방정식

좌표평면 위에 두 직선 l과 m이 있고 식은 다음과 같다.

$$l : ax+by+c=0$$
$$m : a'x+b'y+c'=0$$

이 두 직선은 한 점에서 만나는 상황이다.

이때 두 직선의 교점을 지나는 직선을 생각해 보자.

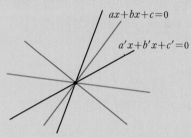

그림과 같이 두 직선의 교점을 지나는 직선은 매우 다양하다. 이 직선들을 표현할 수 있는 방법 역시 항등식의 관점으로 생각하는 것이다.

두 직선 l, m의 식 중 하나에 k를 곱하고 더해 보자.

$$(ax+by+c)k+a'x+b'y+c'=0$$

이 식은 k의 값에 따라 다양한 직선의 방정식이 된다.

k의 값이 변하더라도, 즉 k의 값에 관계없이 지나는 점은 k에 대한 항등식으로 생각하면 되므로

$$\begin{cases} ax+by+c=0 \\ a'x+b'y+c'=0 \end{cases}$$

이 두 식을 연립한 x, y의 값은 두 직선의 교점의 좌표가 된다.

> 두 직선 l, m의 교점을 지나는 직선의 방정식은
> $(l의 식)k+(m의 식)=0$
> 또는 $(l의 식)+(m의 식)k=0$

두 직선 $l : 2x-y+3=0$, $m : x+y-6=0$의 교점을 우선 구해 보자.

두 식을 연립하면 다음과 같다.

$$\begin{cases} 2x-y+3=0 & \cdots ㉠ \\ x+y-6=0 & \cdots ㉡ \end{cases}$$

㉠+㉡을 하면 $3x-3=0$ $\therefore x=1$

이 값을 ㉡에 대입하면 $y=5$

즉, 두 직선 l과 m은 점 $(1, 5)$에서 만난다.

이제 $(2x-y+3)k+x+y-6=0$으로 식을 세우고 정리하자.

$(2k+1)x+(-k+1)y+3k-6=0$

• $k=-1$을 대입하면 $-x+2y-9=0$

$\therefore y=\dfrac{1}{2}x+\dfrac{9}{2}$ $\cdots ㉠$

• $k=2$를 대입하면 $5x-y=0$

$\therefore y=5x$ $\cdots ㉡$

• $k=\dfrac{1}{2}$를 대입하면 $2x+\dfrac{1}{2}y-\dfrac{9}{2}=0$

$\therefore y=-4x+9$ $\cdots ㉢$

㉠, ㉡, ㉢의 직선이 모두 점 $(1, 5)$를 지나므로

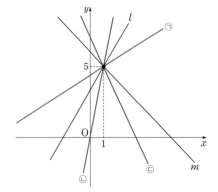

두 직선 l과 m의 교점을 지나는 방정식을

$(2x-y+3)k+x+y-6=0$과 같이 나타낼 수 있다.

이때 문제에서 주어지는 조건에 따라 k의 값을 구할 수도 있다.

[1097-1099] 두 직선 $y=mx+n$, $y=m'x+n'$에 대하여 다음 위치 관계를 만족시킬 조건을 쓰시오.

1097
한 점에서 만난다.

1098
평행하다.

1099
일치한다.

[1100-1102] 두 직선 $ax+by+c=0$, $a'x+b'y+c'=0$에 대하여 다음 위치 관계를 만족시킬 조건을 쓰시오.

1100
한 점에서 만난다.

1101
평행하다.

1102
일치한다.

1103
오른쪽 그림을 이용하여 수직인 두 직선의 기울기의 곱은 -1임을 증명하시오.

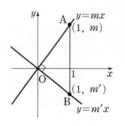

[1104-1107] 다음 직선의 기울기를 구하시오.

1104
기울기가 4인 직선과 수직인 직선의 기울기

1105
$y=-\dfrac{7}{5}x+\dfrac{1}{2}$과 수직인 직선의 기울기

1106
$x-2y-4=0$과 수직인 직선의 기울기

1107
x축의 양의 방향과 이루는 각이 $30°$인 직선과 수직인 직선의 기울기

[1108-1110] 다음 직선이 실수 m의 값에 관계없이 지나는 점을 구하시오.

1108
$y=mx+2m+3$

1109
$y=2mx-m-1$

1110
$2x+(m-1)y+2m=0$

[1111-1112] 다음 두 직선 l, m의 교점을 지나고, l, m과 일치하지 않는 직선의 방정식을 구하시오.

1111
$l : 3x-y+1=0$
$m : x+2y=0$

1112
$l : x+y+1=0$
$m : 4x-2y+7=0$

07 점과 직선 사이의 거리

점과 직선 사이의 거리는 그림과 같이 직선 밖의 점에서 직선에 내린 수선의 발과의 거리로 정한다.

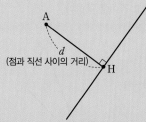

(점과 직선 사이의 거리)

직선과 점이 좌표평면에 식으로 표현되어 있으면 거리는 다음과 같이 계산할 수 있다.

점 (x_1, y_1)과 직선 $ax+by+c=0$ 사이의 거리는

$$d=\frac{|ax_1+by_1+c|}{\sqrt{a^2+b^2}}$$

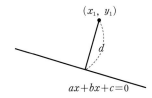

이 공식을 쓰지 않아도 거리를 구할 수 있다.

직선 $l : 3x-4y+2=0$과 점 $(-1, 6)$ 사이의 거리를 공식을 쓰지 않고 구해 보자. 순서는 다음과 같다.

(i) 직선 l과 수직이고 점 $(-1, 6)$을 지나는 직선을 구한다.

(ii) 두 직선의 교점을 구한다.

(iii) 점 $(-1, 6)$과 교점 사이의 거리를 구한다.

(i) l과 수직이므로 기울기가 $-\frac{4}{3}$이고

점 $(-1, 6)$을 지나는 직선은

$y-6=-\frac{4}{3}(x+1)$에서

$4x+3y-14=0$

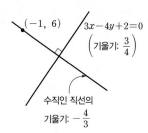

(ii) 두 직선 $3x-4y+2=0$,

$4x+3y-14=0$의 교점은 $(2, 2)$

(iii) 두 점 $(-1, 6)$과 $(2, 2)$ 사이의 거리는

$\sqrt{(-1-2)^2+(6-2)^2}=5$

점 $(-1, 6)$과 직선 l 사이의 거리를 공식으로 풀면

$$\frac{|-3-24+2|}{\sqrt{3^2+(-4)^2}}=\frac{25}{5}=5$$로 결과는 같다.

따라서 공식을 이용하는 것이 효율적이다.

점과 직선 사이의 거리 공식도 위의 방법을 일반화하여 정리한 것이다.

 그림과 같이 점 A에서 직선 l에 내린 수선의 발을 H(x_2, y_2)라 하자.

직선 l과 수직인 직선 AH의 기울기는 $\frac{b}{a}$이므로 $\frac{y_2-y_1}{x_2-x_1}=\frac{b}{a}$

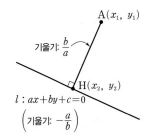

$\frac{y_2-y_1}{b}=\frac{x_2-x_1}{a}=k$라 하면 $\begin{cases} y_2-y_1=bk \\ x_2-x_1=ak \end{cases}$

(i) 점 H는 직선 l 위의 점이므로 $ax_2+by_2+c=0$에서

$a(x_1+ak)+b(y_1+bk)+c=0$, $ax_1+by_1+c+(a^2+b^2)k=0$

$\therefore k=\frac{-(ax_1+by_1+c)}{a^2+b^2}$

(ii) (점 A와 직선 l 사이의 거리)$=\overline{AH}=\sqrt{(x_2-x_1)^2+(y_2-y_1)^2}$

$=\sqrt{a^2k^2+b^2k^2}=\sqrt{a^2+b^2}\times|k|$

$=\sqrt{a^2+b^2}\times\frac{|ax_1+by_1+c|}{\sqrt{(a^2+b^2)^2}}=\frac{|ax_1+by_1+c|}{\sqrt{a^2+b^2}}$

05 삼각형의 넓이 구하기

좌표평면 위의 세 점을 꼭짓점으로 하는 삼각형의 넓이를 구하는 방법은 다음과 같다.

(ⅰ) $\overline{BC}$의 길이를 구한다. ($\overline{BC}$는 삼각형의 밑변이 된다.)

(ⅱ) 직선 BC의 방정식을 구한다.

(ⅲ) 직선 BC와 점 A 사이의 거리 h를 구한다.
   (h는 삼각형의 높이가 된다.)

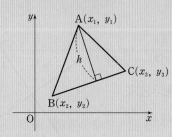

$$\therefore \triangle ABC = \frac{1}{2} \times \underbrace{\overline{BC}}_{\text{두 점 사이의 거리}} \times \underbrace{h}_{\text{점과 직선 사이의 거리}}$$

예 세 점 A$(-2, -1)$, B$(0, 4)$, C$(1, 2)$를 세 꼭짓점으로 하는 삼각형의 넓이를 구하여라.

(ⅰ) $\overline{AC}$를 밑변으로 잡고 길이를 구한다.
$$\overline{AC} = \sqrt{18} = 3\sqrt{2}$$

(ⅱ) 직선 AC의 방정식은
$$y - 2 = \frac{-1-2}{-2-1}(x-1)$$
$$y = x + 1$$
$$\therefore x - y + 1 = 0$$

(ⅲ) (높이)
$$= (\text{점 B와 직선 AC 사이의 거리})$$
$$= \frac{|0-4+1|}{\sqrt{2}} = \frac{3\sqrt{2}}{2}$$
$$\therefore \triangle ABC = \frac{1}{2} \times 3\sqrt{2} \times \frac{3\sqrt{2}}{2} = \frac{9}{2}$$

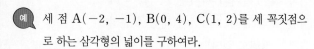

삼각형의 꼭짓점 중 하나가 원점 $(0, 0)$이면 다음 공식을 사용하면 편하다.

> 세 점 O$(0, 0)$, A(x_1, y_1), B(x_2, y_2)를 꼭짓점으로 하는 삼각형의 넓이는
> $$\triangle OAB = \frac{1}{2}|x_1 y_2 - x_2 y_1|$$

증명

(ⅰ) 밑변: $\overline{OA} = \sqrt{x_1^2 + y_1^2}$

(ⅱ) 직선 OA의 방정식은
$$y = \frac{y_1}{x_1}x \text{에서 } y_1 x - x_1 y = 0$$

(ⅲ) 높이: 점 B와 직선 OA 사이의 거리는

$$h = \frac{|y_1 x_2 - x_1 y_2|}{\sqrt{x_1^2 + y_1^2}} = \frac{|x_1 y_2 - x_2 y_1|}{\sqrt{x_1^2 + y_1^2}}$$

$$\triangle OAB = \frac{1}{2} \times \overline{OA} \times h = \frac{1}{2}\sqrt{x_1^2 + y_1^2} \times \frac{|x_1 y_2 - x_2 y_1|}{\sqrt{x_1^2 + y_1^2}}$$

$$= \frac{1}{2}|x_1 y_2 - x_2 y_1|$$

꼭짓점이 원점이 아닐 때 넓이를 구하는 공식도 있지만 공식이 복잡하므로 한 점을 원점으로 옮기는 평행이동을 하여 위의 공식을 쓰자.

예1 두 점 A$(-2, 3)$, B$(4, 1)$에 대하여 $\triangle OAB$의 넓이를 구하여라. (단, O는 원점)

$$\triangle OAB = \frac{1}{2}|(-2) \times 1 - 3 \times 4|$$
$$= \frac{1}{2} \times |-14| = 7$$

예2 세 점 A$(-2, -1)$, B$(0, 4)$, C$(1, 2)$를 세 꼭짓점으로 하는 삼각형의 넓이를 구하여라.

공식을 사용하기 위해 A, B, C 세 점을 평행이동한다. 이때 점 A를 원점으로 옮기려면 x축의 방향으로 2만큼, y축의 방향으로 1만큼 평행이동하면 된다.

A$(-2, -1)$
$\longrightarrow$ O$(0, 0)$

B$(0, 4)$
$\longrightarrow$ B$'(2, 5)$

C$(1, 2)$
$\longrightarrow$ C$'(3, 3)$

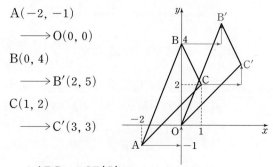

$$\therefore \triangle ABC = \triangle OB'C'$$
$$= \frac{1}{2} \times |6-15|$$
$$= \frac{9}{2}$$

06 자취의 방정식 구하기

01 자취의 개념

일정한 조건을 만족시키는 점들이 모여서 그려지는 도형을 자취라고 한다. 점들이 그리는 궤적이라고 생각해도 된다.

예를 들어 두 점 A와 B에 이르는 거리가 같은 점들은 아래 그림과 같이 무수히 많이 존재한다.

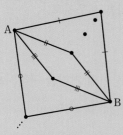

이 점들이 모여서 어떤 도형이 그려지고 이 도형이 자취인 것이다.

이 자취를 식으로 나타낸 것이 자취의 방정식이다.

$$(\text{자취}) = (\text{조건에 맞는 점이 그리는 도형})$$

이므로 자취의 방정식은 사실 도형의 방정식과 같은 말이다.

02 자취의 방정식 구하기

조건을 만족시키는 수 많은 점들을 하나의 식으로 나타낸 것이 도형의 방정식이다.

자취의 방정식도 똑같다.

다음과 같이 단계별로 구하면 된다.

(ⅰ) 자취의 점들은 $P(x, y)$로 둔다.

자취의 여러 점들을 $P(x, y)$라는 점으로 대표하여 표현하는 것이다.

(ⅱ) 조건에 맞게 식을 세운다.

두 점 사이의 거리, 내분점과 외분점, 직선의 성질 등을 이용하여 식을 세운다.

(ⅲ) 식을 정리하고 해석한다.

예

좌표평면 위의 두 점 $A(1, 0)$, $B(3, 4)$에 이르는 거리가 같은 점의 자취의 방정식 구하여라.

그림을 그려 상황을 파악하는 것이 우선이다.

(ⅰ) 자취의 점을 $P(x, y)$로 둔다.

(ⅱ) 조건에 맞게 식을 세운다.

점 P에서 점 A, B에 이르는 거리가 같으므로

$$\overline{AP} = \overline{BP}$$

$\downarrow$ 두 점 사이의 거리

$$\sqrt{(x-1)^2 + y^2} = \sqrt{(x-3)^2 + (y-4)^2}$$

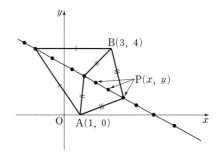

(ⅲ) 식을 정리하고 해석한다.

(ⅱ)에서 세운 식의 양변을 제곱하여 정리하면

$$x^2 - 2x + 1 + y^2 = x^2 - 6x + 9 + y^2 - 8y + 16$$

$$x + 2y - 6 = 0 \quad \therefore y = -\frac{1}{2}x + 3$$

따라서 두 점 A, B에 이르는 거리가 같은 점의 자취는 기울기가 $-\dfrac{1}{2}$, y절편이 3인 직선이다.

[1113-1115] 직선 $l : 2x-y+1=0$과 점 A$(3, 2)$ 사이의 거리를 구하려고 한다. 다음 물음에 답하시오.

1113
직선 l과 수직이고 점 A를 지나는 직선의 방정식 m을 구하시오.

1114
두 직선 l과 m의 교점의 좌표를 구하시오.

1115
직선 l과 점 A 사이의 거리를 구하시오.

1116
점 (x_1, y_1)과 직선 $ax+by+c=0$ 사이의 거리는 □이다.

[1117-1121] 공식을 이용하여 다음 점과 직선 사이의 거리를 구하시오.

1117
점 $(3, 2)$, 직선 $2x-y+1=0$

1118
점 $(-1, 6)$, 직선 $3x-4y+2=0$

1119
점 $(-3, -5)$, 직선 $x+y-4=0$

1120
점 $(0, 0)$, 직선 $y=\dfrac{1}{3}x+\dfrac{2}{3}$

1121
점 $(4, -2)$, 직선 $y=2$

[1122-1125] 좌표평면 위의 세 점 A$(3, -1)$, B$(2, -2)$, C$(-4, 6)$을 꼭짓점을 하는 삼각형의 넓이를 구하려고 한다. 다음 물음에 답하시오.

1122
선분 AB의 길이를 구하시오.

1123
직선 AB의 방정식을 세우시오.

1124
점 C와 직선 AB 사이의 거리를 구하시오.

1125
△ABC의 넓이를 구하시오.

1126
세 점 O$(0, 0)$, A(x_1, y_1), B(x_2, y_2)를 꼭짓점으로 하는 △OAB의 넓이는 □이다.

[1127-1129] 다음 세 점을 꼭짓점을 하는 삼각형의 넓이를 구하시오.

1127
O$(0, 0)$, A$(-2, 3)$, B$(4, 1)$

1128
O$(0, 0)$, A$(-4, -1)$, B$(2, -1)$

1129
A$(1, 3)$, B$(-6, 2)$, C$(-2, -2)$

1130
좌표평면 위의 두 점 A$(1, 0)$, B$(3, 4)$에 이르는 거리가 같은 점의 자취의 방정식을 구하시오.

1131
좌표평면 위의 두 점 C$(-2, 0)$, D$(0, 4)$에 이르는 거리가 같은 점의 자취의 방정식을 구하시오.

Style 01 **기울기와 점이 주어진 직선의 방정식**

1132
기울기가 7이고 점 $(2, 6)$을 지나는 직선이 있다.
점 $(a, 13)$이 이 직선 위의 점일 때, 실수 a의 값은?

① -1 ② 1 ③ 3
④ 5 ⑤ 7

1133
기울기가 $-\dfrac{1}{3}$이고 y절편이 2인 직선의 x절편은?

① 4 ② 6 ③ 8
④ 9 ⑤ 10

1134
두 점 $A(-3, 7)$, $B(1, -1)$에 대하여 선분 AB를
$1 : 3$으로 내분하는 점을 지나고 기울기가 2인 직선의 방정식을 구하시오.

1135
x축의 양의 방향과 이루는 각이 $60°$이고 점 $(\sqrt{3}, 2)$를
지나는 직선이 지나지 않는 사분면은?

① 제1사분면 ② 제2사분면
③ 제2, 4사분면 ④ 제3사분면
⑤ 제1, 3사분면

Style 02 **두 점을 지나는 직선의 방정식**

1136
두 점 $(-2, -1)$, $(3, 9)$를 지나는 직선이 점
$(2a, a+6)$을 지날 때, 실수 a의 값은?

① -2 ② -1 ③ 0
④ 1 ⑤ 2

1137
원점에서 그은 직선이 두 점 $(-5, 0)$, $(-3, 2)$를 이은
선분의 중점을 지날 때, 이 직선의 방정식은
$x+ay+b=0$이다. $a+b$의 값은? (단, a, b는 상수)

① 1 ② 2 ③ 3
④ 4 ⑤ 5

1138
두 점 $(1, 4)$, $(3, 2)$를 지나는 직선과 두 점 $(-1, 4)$,
$(2, -2)$를 지나는 직선의 교점은 (p, q)이다. $p+q$의
값은?

① 1 ② 2 ③ 3
④ 4 ⑤ 5

1139
x절편이 $\dfrac{1}{2}$, y절편이 -3인 직선의 방정식이
$ax+by-3=0$일 때, $|a+b|$의 값은?
(단, a, b는 상수)

① 1 ② 2 ③ 3
④ 4 ⑤ 5

Style 03 **직선이 지나는 사분면**

1140

$\sqrt{a}\sqrt{b}=-\sqrt{ab}$를 만족시키는 0이 아닌 실수 a, b에 대하여 직선 $y=ax+b$가 지나는 사분면을 모두 구하시오.

1141

직선 $y=(m^2-m-6)x+m^2+m-2$가 제1, 2, 4사분면을 지나도록 하는 실수 m의 값의 범위를 구하시오.

Level up
1142

직선 $y=(m^2-6m+8)x+m^2-3m$이 제1, 3사분면을 지나도록 하는 실수 m의 값은?

① 0   ② 1   ③ 2

④ 3   ⑤ 4

1143

이차함수 $y=ax^2+bx+c$의 그래프와 오른쪽 그림과 같을 때, 직선 $ax+by+c=0$이 지나지 않는 사분면을 구하시오.

(단, a, b, c는 상수)

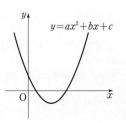

Style 04 **세 점이 한 직선 위에 있을 조건**

1144

세 점 $(0, -1)$, $(2, 0)$, $(p, 3)$이 한 직선 위에 있을 때, 실수 p의 값은?

① 4   ② 6   ③ 8

④ 9   ⑤ 10

1145

서로 다른 세 점 $(-6, 10)$, $(2k-2, -k)$, $(4, -5)$가 삼각형을 이루지 않도록 하는 실수 k의 값은?

① 1   ② 2   ③ 3

④ 4   ⑤ 5

1146

세 점 $(3, -10)$, $(2k-1, -4)$, $(-2, k+4)$가 한 직선 위에 있을 때, 실수 k의 값을 구하시오.

Style 05 삼각형과 직선의 방정식

1147

오른쪽 그림과 같은 △ABC에서 점 A를 지나고 △ABC의 넓이를 이등분하는 직선의 방정식을 구하는 과정이다.

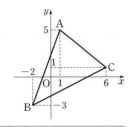

점 A에서 $\overline{BC}$의 (가) 을 지나는 직선을 그을 때, △ABC의 넓이가 이등분된다.
$\overline{BC}$의 (가) 을 M이라 하면 M((나) , (다))이므로 두 점 A와 M을 지나는 직선의 방정식은 (라) 이다.

(가)~(라)에 알맞은 것을 구하시오.

1148

세 점 A$(0, 3)$, B$(-3, -1)$, C$(1, -1)$을 꼭짓점으로 하는 △ABC에 대하여 점 C를 지나고 △ABC의 넓이를 이등분하는 직선의 기울기는 $-\dfrac{p}{q}$이다. pq의 값은? (단, p, q는 서로소인 자연수)

① 5 ② 10 ③ 15
④ 20 ⑤ 25

Level up
1149

세 점 A$(1, 5)$, B$(3, 1)$, C$(6, 2)$를 꼭짓점으로 하는 △ABC의 넓이를 이등분하는 직선 중 점 A를 지나는 직선을 l, 점 B를 지나는 직선을 m이라 하면 두 직선 l과 m의 교점의 좌표는 (a, b)이다. $a+b$의 값은?

① $\dfrac{10}{3}$ ② 4 ③ $\dfrac{16}{3}$
④ 6 ⑤ 7

Style 06 삼각형 내각의 이등분선의 방정식

1150

오른쪽 그림과 같은 △OAB에서 ∠A의 이등분선의 방정식이 $ax+by-91=0$일 때, $a-b$의 값은? (단, a, b는 상수)

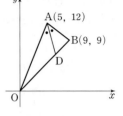

① 4 ② 6
③ 8 ④ 10
⑤ 12

1151

좌표평면 위의 세 점 A$(-1, 3)$, B$(-5, 1)$, C$(1, 2)$를 꼭짓점으로 하는 △ABC에서 ∠A의 이등분선의 방정식이 $x+ay+b=0$이다. $a+b$의 값은?
(단, a, b는 상수)

① 1 ② 2 ③ 3
④ 4 ⑤ 5

Level up
1152

세 꼭짓점이 A$(-2, 3)$, B$(1, -1)$, C$(4, 1)$인 △ABC에서 점 C를 지나는 직선 l과 $\overline{AB}$의 교점을 P라 하자. △PAC : △PBC$=2 : 1$일 때, 직선 l의 방정식을 구하시오.

Style 07 **사각형과 직선의 방정식**

1153
오른쪽 그림의 점 P에서 그은 직선이 직사각형 ABCD의 넓이를 이등분할 때, 이 직선의 방정식은?

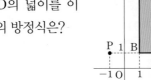

① $2x-3y+5=0$
② $2x+3y-5=0$
③ $2x-3y-5=0$
④ $3x-2y+5=0$
⑤ $3x-2y-5=0$

1154
그림의 두 직사각형의 넓이를 동시에 이등분하는 직선의 x절편과 y절편의 합은?

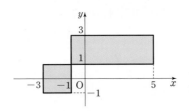

① -2　　② -1　　③ 0
④ 1　　⑤ 2

1155
네 점 A$(-1, -1)$, B$(1, 2)$, C$(4, p)$, D$(2, q)$를 네 꼭짓점으로 하는 마름모 ABCD의 넓이를 직선 $y=x$가 이등분할 때, pq의 값을 구하시오.

Style 08 **두 직선의 위치 관계**: 평행

1156
직선 $2x-y+1=0$과 평행하고 점 $(3, 3)$을 지나는 직선이 점 $(1, k)$를 지날 때, 실수 k의 값은?

① -1　　② -2　　③ -3
④ -4　　⑤ -5

1157
직선 $y=ax+b$는 직선 $y=2x-3$과 서로 평행하고, 직선 $y=x+1$과 y축 위에서 만난다. $a+b$의 값을 구하시오. (단, a, b는 상수)

1158
직선 $4x+2y-3=0$과 평행하고 꼭짓점이 A$(-1, 3)$, B$(-1, -1)$, C$(2, -1)$, D$(2, 3)$인 사각형 ABCD의 넓이를 이등분하는 직선의 x절편과 y절편의 합은?

① 1　　② 3　　③ 5
④ 7　　⑤ 9

1159
점 $(2, 4)$를 지나고 직선 $3ax+2ay-5=0$과 만나지 않는 직선의 방정식을 구하시오. (단, $a\neq0$)

Style 09 두 직선의 위치 관계: 수직

1160
두 점 A$(-3, 1)$, B$(1, -5)$에 대하여 $\overline{AB}$의 수직이등분선의 방정식은?

① $3x-2y+4=0$ 　② $x+2y-3=0$

③ $x-3y+4=0$ 　④ $2x-3y-4=0$

⑤ $2x+3y-2=0$

모의고사기출

1161
직선 $y=mx+3$이 직선 $nx-2y-2=0$과는 수직이고, 직선 $y=(3-n)x-1$과는 평행할 때, m^2+n^2의 값을 구하여라. (단, m, n은 상수)

모의고사기출

1162
점 $(1, 0)$을 지나는 직선과 직선 $(3k+2)x-y+2=0$이 y축에서 수직으로 만날 때, 실수 k의 값은?

① $-\dfrac{5}{6}$ 　② $-\dfrac{1}{2}$ 　③ $-\dfrac{1}{3}$

④ $\dfrac{1}{6}$ 　⑤ $\dfrac{3}{2}$

Level up

1163
5 이하의 자연수 a, b에 대하여 두 직선 $ax-y=0$, $2x+(b-1)y+1=0$이 서로 수직이 되도록 하는 순서쌍 (a, b)의 개수를 구하시오.

Style 10 세 직선의 위치 관계

1164
세 직선 $2x+y-6=0$, $x-2y+2=0$, $ax+(a-2)y-4=0$이 한 점에서 만날 때, 실수 a의 값은?

① 1 　② 2 　③ 3

④ 4 　⑤ 5

1165
다음은 세 직선

　$l: 2x-y+1=0$, $m: x+y-4=0$, $n: kx-y-2=0$

이 삼각형을 이루지 않게 하는 상수 k의 값을 구하는 과정이다.

> 세 직선이 삼각형을 이루지 않으려면 세 직선이 한 점에서 만나거나 직선끼리 평행하면 된다.
> (i) 직선 l과 m의 교점은 A(p, q)이므로
> 　직선 n도 이 점을 지나려면 $k=a$
> (ii) l과 m은 기울기가 같지 않아 평행할 수 없으므로
> 　㉠ l과 n이 평행할 때 $k=b$
> 　㉡ m과 n이 평행할 때 $k=c$

점 A를 지나고 기울기가 $a+b+c$인 직선의 방정식을 구하시오.

1166
세 직선 $y=-2x-2$, $y=3x+3$, $y=mx+2m+1$이 삼각형을 이루지 않게 하는 모든 실수 m의 값의 합은?

① -2 　② -1 　③ 0

④ 1 　⑤ 2

Style **11** 직선이 항상 지나는 점

1167
실수 m의 값에 관계없이 직선 $y=mx-3m-5$가 지나는 점과 원점 사이의 거리를 구하시오.

1168
다음은 직선 $y=mx+2m-1$이 두 점 A$(1, 5)$, B$(2, 3)$을 이은 선분 AB와 교점이 존재하도록 하는 실수 m의 값의 범위를 구하는 과정이다.

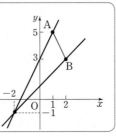

$y=mx+2m-1$은 m의 값에 관계없이 점 $(-2, -1)$을 지나므로 $\overline{\mathrm{AB}}$와 교점이 생기려면 오른쪽 그림과 같은 상황이어야 한다.
따라서 $\alpha \le m \le \beta$

$\alpha\beta$의 값은?
① 2　　　　② 4　　　　③ 6
④ 8　　　　⑤ 10

Level up
1169
직선 $y=mx-4m+2$가 두 점 A$(-3, 5)$, B$(2, 1)$을 이은 선분 AB와 교점이 존재하도록 하는 실수 m의 값의 범위를 구하시오.

Level up
1170
직선 $y=mx+2m$이 세 점 $(2, 7)$, $(0, 3)$, $(5, 4)$를 꼭짓점으로 하는 삼각형과 만날 때, 실수 m의 값의 범위는 $\alpha \le m \le \beta$이다. $\alpha\beta$의 값을 구하시오.

Style **12** 두 직선의 교점을 지나는 직선

1171
두 직선 $y=-x+5$, $y=x-1$의 교점을 지나는 직선 중 y절편이 -3인 직선의 방정식은 $ax+by-9=0$이다. $a+b$의 값은? (단, a, b는 상수)
① 2　　　　② 4　　　　③ 6
④ 8　　　　⑤ 10

모의고사 기출
1172
좌표평면에서 두 직선 $x-2y+2=0$, $2x+y-6=0$의 교점과 점 $(4, 0)$을 지나는 직선의 y절편은?
① $\dfrac{5}{2}$　　　　② 3　　　　③ $\dfrac{7}{2}$
④ 4　　　　⑤ $\dfrac{9}{2}$

1173
두 직선 $3x+y-4=0$, $2x+3y=0$의 교점을 지나고 기울기가 4인 직선의 방정식을 구하시오.

1174
두 직선 $m: x-2y+2=0$, $l: x+y-5=0$의 교점을 지나고 직선 m과 수직인 직선의 x절편과 y절편의 합을 구하시오.

Style 13 점과 직선 사이의 거리 (1)

1175

직선 $x-3y+4=0$과의 거리가 $\sqrt{10}$인 y축 위의 점의 좌표는 $(0, k)$이다. 정수 k의 값은?

① -4 ② -2 ③ 0

④ 2 ⑤ 4

1176

점 $(a, 3)$과 직선 $y=2x-2$ 사이의 거리가 $\sqrt{5}$일 때, 모든 실수 a의 값의 합은?

① -3 ② 1 ③ 5

④ 9 ⑤ 13

Level up

1177

직선 $x-4y-8=0$ 위의 점 중에서 직선 $2x-y+1=0$과의 거리가 $2\sqrt{5}$인 점은 2개다. 이 중 x좌표와 y좌표가 정수인 점을 P라 할 때, $\overline{OP}$의 길이를 구하시오.

(단, O는 원점)

Level up

1178

세 점 A$(-4, 1)$, B$(-3, -2)$, C$(2, -6)$을 꼭짓점으로 하는 △ABC의 무게중심을 G라 할 때, 직선 AB와 점 G 사이의 거리는 $\dfrac{m\sqrt{10}}{n}$이다. mn의 값은?

(단, m, n은 서로소인 자연수)

① 15 ② 45 ③ 165

④ 280 ⑤ 330

Style 14 점과 직선 사이의 거리 (2)

1179

점 $(-2, 3)$과 직선 $6x+8y+k=0$ 사이의 거리가 $\dfrac{3}{2}$일 때, 양수 k의 값은?

① 1 ② 2 ③ 3

④ 4 ⑤ 5

모의고사기출

1180

점 $(1, 1)$을 지나는 직선 $ax+by+2=0$에 대하여 원점 O와 이 직선 사이의 거리가 $\dfrac{\sqrt{10}}{5}$일 때, 상수 a, b의 곱 ab의 값은?

① -5 ② -4 ③ -3

④ 4 ⑤ 5

Level up

1181

점 $(1, 1)$을 지나는 직선 중 점 $(3, -2)$와의 거리가 $\sqrt{13}$인 직선의 기울기는?

① $\dfrac{1}{3}$ ② $\dfrac{2}{3}$ ③ 1

④ $\dfrac{4}{3}$ ⑤ $\dfrac{5}{3}$

Style 15 **평행한 두 직선 사이의 거리**

1182
다음은 평행한 두 직선 $x-3y+4=0$, $x-3y-1=0$ 사이의 거리를 구하는 방법이다.

그림과 같이 평행한 두 직선 사이의 거리는 항상 일정하므로 두 직선 중 한 직선 위의 임의의 점을 골라 다른 직선과의 거리를 구한다.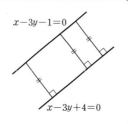

위의 설명을 참고하여 두 직선 사이의 거리를 구하시오.

Level up
1183
두 직선 $3x-4y+1=0$과 $3x-4y+k=0$ 사이의 거리가 $\dfrac{4}{5}$일 때, 실수 k의 값을 모두 구하시오.

Style 16 **삼각형의 넓이** (1)

1184
세 점 $O(0, 0)$, $A(-2, -1)$, $B(a, b)$에 대하여 $\triangle OAB$의 무게중심의 좌표가 $\left(-\dfrac{1}{3}, -1\right)$일 때, 다음 물음에 답하시오.

(1) 점 B의 좌표를 구하시오.

(2) $\overline{OB}$의 길이를 구하시오.

(3) 직선 OB의 방정식을 세워 점 A와의 거리를 구하고 $\triangle OAB$의 넓이를 구하시오.

(4) 삼각형의 넓이 공식을 이용하여 넓이를 구하시오.

1185
세 점 $O(0, 0)$, $A(2, 3)$, $B(4, a)$에 대하여 $\triangle OAB$의 넓이가 5일 때, $\triangle OAB$가 예각삼각형이 되도록 하는 실수 a의 값은?

① 1   ② 4   ③ 7
④ 9   ⑤ 11

1186
세 점 $O(0, 0)$, $A(a, 3a-2)$, $B(7, 3)$을 꼭짓점으로 하는 $\triangle OAB$의 넓이가 11일 때, 양수 a의 값은?

① 1   ② $\dfrac{3}{2}$ ③ 2
④ $\dfrac{5}{2}$ ⑤ 3

Level up
1187
다음 세 직선이 이루는 삼각형의 넓이를 구하시오.

$$y=3x, \quad y=x, \quad y=-x+4$$

Style 17 **삼각형의 넓이 (2)**

1188
좌표평면 위의 세 점 $A(-1, 3)$, $B(-5, 1)$, $C(1, 2)$를 꼭짓점으로 하는 $\triangle ABC$의 넓이를 구하시오.

모의고사 기출
1189
다음은 서로 다른 세 점 $A(x_1, y_1)$, $B(x_2, y_2)$, $C(x_3, y_3)$을 꼭짓점으로 하는 삼각형 ABC의 넓이 S가

$$S = \frac{1}{2} |(x_1 y_2 + x_2 y_3 + x_3 y_1) - (x_1 y_3 + x_2 y_1 + x_3 y_2)|$$

임을 증명하는 과정이다.

> $\overline{AB} = \sqrt{(x_2 - x_1)^2 + (y_2 - y_1)^2}$ 이고, 두 점 A, B를 지나는 직선의 기울기가 (가) 이므로 직선의 방정식은
>
> $y - y_1 = $ (가) $(x - x_1)$ ...... ㉠
>
> 이때 점 C와 직선 ㉠ 사이의 거리 d는
>
> $$d = \frac{|(x_1 y_2 + x_2 y_3 + x_3 y_1) - (x_1 y_3 + x_2 y_1 + x_3 y_2)|}{\text{(나)}}$$
>
> 따라서 삼각형 ABC의 넓이 S는
>
> $$S = \frac{1}{2}|(x_1 y_2 + x_2 y_3 + x_3 y_1) - (x_1 y_3 + x_2 y_1 + x_3 y_2)|$$
>
> 이다.

(가), (나)에 들어갈 내용을 바르게 짝지은 것은?

	(가)	(나)
①	$\dfrac{y_2 - y_1}{x_2 - x_1}$	$\sqrt{(x_1 - y_2)^2 + (x_2 - y_1)^2}$
②	$\dfrac{y_2 - y_1}{x_2 - x_1}$	$\sqrt{(x_2 - y_2)^2 + (x_1 - y_1)^2}$
③	$\dfrac{y_2 - y_1}{x_2 - x_1}$	$\sqrt{(x_2 - x_1)^2 + (y_2 - y_1)^2}$
④	$\dfrac{x_2 - x_1}{y_2 - y_1}$	$\sqrt{(x_2 - x_1)^2 + (y_2 - y_1)^2}$
⑤	$\dfrac{x_2 - x_1}{y_2 - y_1}$	$\sqrt{(x_2 - y_2)^2 + (x_1 - y_1)^2}$

Style 18 **자취의 방정식**

1190
두 점 $(-3, 1)$, $(2, 5)$와 같은 거리에 있는 점의 자취에 수직인 직선의 기울기는 $\dfrac{q}{p}$이다. $p + q$의 값은?

(단, p, q는 서로소인 자연수)

① 1 　　　② 3 　　　③ 5

④ 7 　　　⑤ 9

1191
다음은 두 직선 $3x - 5y + 1 = 0$, $5x + 3y - 2 = 0$과의 거리가 같은 점의 자취의 방정식을 구하는 과정이다.

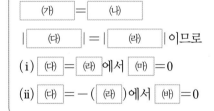

> 조건을 만족시키는 자취의 점을 $P(x, y)$라 하면
> 점 P에서 주어진 두 직선까지의 거리가 같으므로
>
> (가) = (나)
>
> | (다) | = | (라) | 이므로
>
> (i) (다) = (라) 에서 (마) $= 0$
>
> (ii) (다) $= -($ (라) $)$ 에서 (바) $= 0$

(가)~(바)에 알맞은 것을 구하시오.

Level up
1192
두 직선 $2x + y - 3 = 0$, $x - 2y + 4 = 0$이 이루는 각을 이등분하는 직선의 방정식을 구하시오.

1193

점 $(2, 5)$를 지나고 기울기가 $\dfrac{7}{4}$인 직선과 x축, y축으로 둘러싸인 도형의 넓이는 $\dfrac{q}{p}$이다. $p-q$의 값은?

(단, p, q는 서로소인 자연수)

① 1   ② 3   ③ 5

④ 7   ⑤ 9

1194

x에 대한 이차방정식 $2x^2-(2m-4)x+m^2-m-2=0$이 서로 다른 두 실근을 가질 때, 직선 $y=(m-2)x-m^2+16$이 지나는 사분면을 모두 고르면? (단, m은 실수)

㉠ 제1사분면	㉡ 제2사분면
㉢ 제3사분면	㉣ 제4사분면

① ㉠, ㉢   ② ㉡, ㉣   ③ ㉠, ㉡, ㉢

④ ㉠, ㉡, ㉣   ⑤ ㉡, ㉢, ㉣

1195

두 점 $(-3, 1)$, $(5, 5)$를 지나는 직선과 x절편, y절편이 각각 -2, 3인 직선의 교점의 x좌표와 y좌표의 합은?

① $\dfrac{1}{2}$ ② $\dfrac{5}{4}$ ③ $\dfrac{3}{2}$

④ $\dfrac{7}{4}$ ⑤ 2

1196

직선 $(k-1)x+2y+1=0$이 $2x+(k+2)y-2k=0$과 평행하고 $kx-(k-1)y+3=0$과 수직일 때, 실수 k의 값은?

① 2   ② 3   ③ 5

④ 6   ⑤ 9

Level up
1197

세 점 $A(1, 3)$, $B(3, 3)$, $C(7, 5)$에 대하여 $\overline{AB}$의 수직이등분선과 $\overline{BC}$의 수직이등분선의 교점을 구하시오.

1198

세 점 $O(0, 0)$, $A(1, -2)$, $B(2, 11)$이 꼭짓점인 $\triangle OAB$에 대하여 점 B를 지나고 $\triangle OAB$의 넓이를 이등분하는 직선의 방정식을 구하시오.

1199

점 $(-2a+1, a-1)$과 직선 $5x-12y+1=0$ 사이의 거리가 2일 때, 정수 a의 값은?

① 0   ② 1   ③ 2

④ 3   ⑤ 4

Level up
1200

원점 O와 세 점 $A(-1, 3)$, $B(3, 1)$, $C(2, -1)$을 꼭짓점으로 하는 $\square OABC$의 넓이는?

① 6   ② $\dfrac{13}{2}$ ③ 7

④ $\dfrac{15}{2}$ ⑤ 8

1201

점 $(2, -4)$에서 직선 $x-3y+2=0$에 내린 수선의 발의 좌표를 구하시오.

Level up

1202

직선 $mx-y+m-3=0$이 오른쪽 그림과 같은 사각형과 만나지 않기 위한 실수 m의 값의 범위는 $\alpha < m < \beta$이다. $\alpha\beta$의 값을 구하시오.

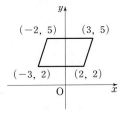

$(-2, 5)$ $(3, 5)$
$(-3, 2)$ $(2, 2)$

1203

다음 네 직선으로 둘러싸인 도형의 넓이를 구하여라.

$$y=2x+1 \qquad y=2x-1$$
$$y=-3x+4 \qquad y=-3x-9$$

Level up

1204

두 직선 $6x-5y+7=0$과 $5x+6y-2=0$에 이르는 거리의 비가 $2:1$인 점의 자취의 방정식을 구하시오.

1205

오른쪽 그림에서 점 $A(-2, 3)$과 직선 $y=m(x-2)$ 위의 서로 다른 두 점 B, C가 $\overline{AB}=\overline{AC}$를 만족시킨다. 선분 BC의 중점이 y축 위에 있을 때, 양수 m의 값은?

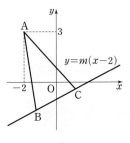

① $\dfrac{1}{3}$ ② $\dfrac{5}{12}$ ③ $\dfrac{1}{2}$

④ $\dfrac{7}{12}$ ⑤ $\dfrac{2}{3}$

1206

오른쪽 그림과 같이 양수 a에 대하여 이차함수 $f(x)=x^2-2ax$의 그래프와 직선 $g(x)=\dfrac{1}{a}x$가 두 점 O, A에서 만난다. $a=2$일 때, 직선 l은 이차함수 $y=f(x)$의 그래프에 접하고 직선 $y=g(x)$와 수직이다. 직선 l의 y절편은?

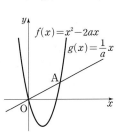

$f(x)=x^2-2ax$
$g(x)=\dfrac{1}{a}x$

① -2 ② $-\dfrac{5}{3}$ ③ $-\dfrac{4}{3}$

④ -1 ⑤ $-\dfrac{2}{3}$

1207

좌표평면 위의 원점에서 직선 $3x-y+2-k(x+y)=0$까지의 거리의 최댓값은? (단, k는 실수)

① $\dfrac{1}{4}$ ② $\dfrac{\sqrt{2}}{4}$ ③ $\dfrac{1}{2}$

④ $\dfrac{\sqrt{2}}{2}$ ⑤ $\sqrt{2}$

수학을 공부하지 않은
대부분 사람들에게는
믿기지 않게 보이는
일들이 있다

-아르키메데스-

C.O.D.I

14 원의 방정식 (1) : 기본

중심과의 거리가 일정한 점들의 자취가 원이다.

원의 정의는 단순하다.

이 단순한 성질의 원을 식으로 표현하게 되면

매우 다양한 응용이 가능해진다.

이 단원에서는 원의 방정식의 기본적인

식과 성질에 대하여 살펴볼 것이다.

01 원의 방정식: 표준형

원이란 중심과의 거리(반지름)가 같은 점들의 자취이다.

위의 설명은 원이라는 도형의 정의이면서 원의 가장 중요한 성질이다.
이를 이용해 원에 대한 식, 즉 원의 방정식을 세울 수 있다.

중심의 좌표가 (a, b), 반지름의 길이가 r인 원의 방정식은

$$(x-a)^2+(y-b)^2=r^2$$

그림과 같이 중심이 $A(a, b)$, 반지름의 길이가 r인 원을 생각해 보자.
원 위의 점을 $P(x, y)$라 하면 원 위의 임의의 점 P와 중심 A 사이의 거리는 항상 r가 된다. 즉,

$$\overline{PA}=r$$

이고 두 점 사이의 거리를 구하면

$$\sqrt{(x-a)^2+(y-b)^2}=r$$

양변을 제곱하면

$$(x-a)^2+(y-b)^2=r^2$$

과 같이 x, y에 대한 완전제곱식의 꼴이 된다.
이를 원의 방정식의 표준형이라 한다.

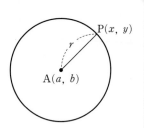

01 조건에 맞는 원의 방정식 세우기

예1 중심의 좌표가 $(4, 3)$, 반지름의 길이가 2인 원의 방정식은

$$(x-4)^2+(y-3)^2=2^2$$

이 원을 좌표평면에 그려 보면 다음과 같다.

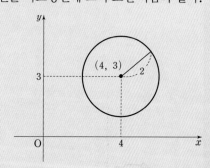

예2 중심의 좌표가 $(-6, 1)$, 반지름의 길이가 3인 원의 방정식은

$$(x+6)^2+(y-1)^2=3^2$$

이 원을 좌표평면에 그려 보면 다음과 같다.

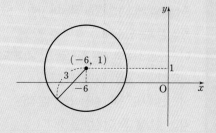

02 식을 보고 중심과 반지름의 길이 구하기

예1 $x^2+y^2=16$에서

$$(x-0)^2+(y-0)^2=4^2$$

따라서 중심의 좌표는 $(0, 0)$, 반지름의 길이는 4이다.

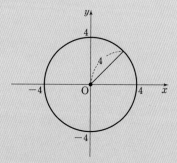

예2 $(x+1)^2+(y+2)^2=7$에서

$$\{x-(-1)\}^2+\{y-(-2)\}^2=(\sqrt{7})^2$$

따라서 중심의 좌표는 $(-1, -2)$, 반지름의 길이는 $\sqrt{7}$이다.

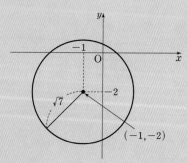

02 원의 방정식: 일반형

원의 방정식의 표준형을 전개하여 내림차순으로 정리한 식을 일반형이라 한다.

> 표준형: $(x-a)^2+(y-b)^2=r^2$
> 일반형: $x^2+y^2+Ax+Bx+C=0$

$\Rightarrow$

표준형으로 나타낸 원의 방정식을 전개해 보자.
$(x-a)^2+(y-b)^2=r^2$에서
$x^2-2ax+a^2+y^2-2by+b^2-r^2=0$
$x^2+y^2\underbrace{-2ax}_{A}\underbrace{-2by}_{B}+\underbrace{a^2+b^2-r^2}_{C}=0$
$\therefore\ x^2+y^2+Ax+By+C=0$

하나의 원을 표준형으로 나타낼 수도, 일반형으로 나타낼 수도 있다.
- 표준형은 원의 중심의 좌표와 반지름의 길이를 쉽게 파악할 수 있고
- 일반형은 교점을 구하는 등의 상황에서 편리하다.

따라서 필요에 따라 일반형과 표준형의 식을 능숙하게 변환할 수 있어야 한다.

---

01 표준형 ⇨ 일반형

(i) 완전제곱식을 전개한다.
(ii) 좌변으로 모든 항을 이항하여 동류항끼리 계산한다.
(iii) x, y에 대하여 내림차순으로 정리한다.

예1 중심의 좌표가 $(3, -2)$, 반지름의 길이가 $\sqrt{3}$인 원의 방정식은
$(x-3)^2+(y+2)^2=3$에서
$x^2-6x+9+y^2+4y+4=3$
$x^2-6x+y^2+4y+9+4-3=0$
$\therefore\ x^2+y^2-6x+4y+10=0$

예2 중심의 좌표가 $(5, 0)$, 반지름의 길이가 $2\sqrt{3}$인 원의 방정식은
$(x-5)^2+y^2=12$에서
$x^2-10x+25+y^2=12$
$x^2-10x+y^2+25-12=0$
$\therefore\ x^2+y^2-10x+13=0$

---

02 일반형 ⇨ 표준형

일반형은 표준형을 전개한 것이므로 완전제곱식으로 묶어 준다고 생각하면 된다.
$x^2+y^2+Ax+Bx+C=0$에서
$x^2+Ax+y^2+By=-C$
$x^2+Ax+\dfrac{A^2}{4}+y^2+By+\dfrac{B^2}{4}=\dfrac{A^2}{4}+\dfrac{B^2}{4}-C$
$\therefore\ \left(x+\dfrac{A}{2}\right)^2+\left(y+\dfrac{B}{2}\right)^2=\dfrac{A^2+B^2-4C}{4}$
즉, 중심의 좌표가 $\left(-\dfrac{A}{2}, -\dfrac{B}{2}\right)$,
반지름의 길이가 $\dfrac{\sqrt{A^2+B^2-4C}}{2}$인 원

(i) 상수항은 우변으로 이항한다.
(ii) x항끼리, y항끼리 모은다.
(iii) 좌변을 (x의 완전제곱식)+(y의 완전제곱식)으로 변형한다.

예 $x^2+y^2+4x-8y+10=0$에서
$x^2+4x+y^2-8y=-10$
$x^2+4x+4+y^2-8y+16=-10+4+16$
$\therefore\ (x+2)^2+(y-4)^2=10$
즉, 중심의 좌표가 $(-2, 4)$,
반지름의 길이가 $\sqrt{10}$인 원

01 조건에 맞는 원의 방정식 구하기

01 지름의 양 끝 점이 주어진 원의 방정식

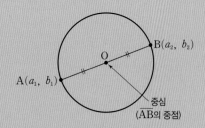

중심의 좌표와 반지름의 길이를 알면 원의 방정식을 구할 수 있다.

그림과 같이 지름의 양 끝 점을 알고 있으면 원의 중심과 반지름의 길이는 다음과 같이 구한다.

(ⅰ) (원의 중심)$=$($\overline{\mathrm{AB}}$의 중점)이므로

$$\mathrm{O}\left(\frac{a_1+a_2}{2},\ \frac{b_1+b_2}{2}\right)$$

(ⅱ) (반지름의 길이)$=$($\overline{\mathrm{OA}}$의 길이)$=$($\overline{\mathrm{OB}}$의 길이)

이므로

$$r=\sqrt{\left(\frac{a_1-a_2}{2}\right)^2+\left(\frac{b_1-b_2}{2}\right)^2}$$

따라서 원의 방정식은 다음과 같다.

$$\left(x-\frac{a_1+a_2}{2}\right)^2+\left(y-\frac{b_1+b_2}{2}\right)^2$$
$$=\left(\frac{a_1-a_2}{2}\right)^2+\left(\frac{b_1-b_2}{2}\right)^2$$

예 두 점 $\mathrm{A}(-1,\ 3)$, $\mathrm{B}(5,\ 7)$이 지름의 양 끝 점인 원의 방정식을 구하여라.

(ⅰ) 원의 중심의 좌표는

$$\mathrm{O}\left(\frac{-1+5}{2},\ \frac{3+7}{2}\right)=(2,\ 5)$$

(ⅱ) 원의 반지름의 길이는

$$\overline{\mathrm{OA}}=\sqrt{\{2-(-1)\}^2+(5-3)^2}$$
$$=\sqrt{9+4}=\sqrt{13}$$

$$\therefore (x-2)^2+(y-5)^2=13$$

02 세 점이 주어진 원의 방정식

지름의 양 끝 점이 아닌 원 위의 세 점을 알고 있는 상황에서는 원의 중심의 좌표나 반지름의 길이를 바로 알아내기 어렵다. 이때는 일반형을 쓴다.

원 위의 세 점이 주어진 조건
(ⅰ) 원의 방정식의 일반형에 세 점의 좌표를 대입한다.
(ⅱ) 대입한 식을 연립방정식으로 푼다.

예 좌표평면 위의 세 점 $(-2,\ 2)$, $(5,\ 1)$, $(4,\ 2)$를 지나는 원의 방정식을 구하여라.

(ⅰ) 일반형의 식 $x^2+y^2+Ax+By+C=0$에 세 점의 좌표를 대입한다.

$(-2,\ 2)$: $-2A+2B+C=-8$　⋯ ㉠

$(5,\ 1)$: $5A+B+C=-26$　⋯ ㉡

$(4,\ 2)$: $4A+2B+C=-20$　⋯ ㉢

(ⅱ) ㉠, ㉡, ㉢의 식을 연립하여 푼다.

㉢$-$㉠을 하면 $6A=-12$　$\therefore A=-2$

㉡$-$㉠을 하면 $7A-B=-18$

$-14-B=-18$　$\therefore B=4$

㉠에 $A=-2$, $B=4$를 대입하면

$4+8+C=-8$　$\therefore C=-20$

즉, $x^2+y^2-2x+4y-20=0$이므로

↓ 표준형

$$(x-1)^2+(y+2)^2=5^2$$

따라서 세 점 $(-2,\ 2)$, $(5,\ 1)$, $(4,\ 2)$를 지나는 원은 중심의 좌표가 $(1,\ -2)$, 반지름의 길이가 5인 원이다.

[1208–1213] 다음 조건에 맞는 원의 방정식을 표준형으로 나타내시오.

1208
중심의 좌표: $(5, 2)$, 반지름의 길이: 3

1209
중심의 좌표: $(-2, 1)$, 반지름의 길이: 4

1210
중심의 좌표: $(-3, -3)$, 반지름의 길이: 1

1211
중심의 좌표: $\left(\dfrac{1}{2}, -\dfrac{5}{2}\right)$, 반지름의 길이: $\sqrt{3}$

1212
중심의 좌표: $(-4, 0)$, 반지름의 길이: $\sqrt{2}$

1213
중심의 좌표: $(0, 7)$, 반지름의 길이: $2\sqrt{5}$

[1214–1218] 다음 원의 방정식을 표준형으로 바꾸고, 중심의 좌표와 반지름의 길이를 구하시오.

1214
$x^2+y^2+4x-8y+10=0$

1215
$x^2+y^2+6x+8y+5=0$

1216
$x^2+y^2-3x-5y-\dfrac{1}{2}=0$

1217
$x^2+y^2-4y+3=0$

1218
$x^2+y^2-x=0$

[1219–1221] 다음 두 점을 지름의 양 끝 점으로 하는 원의 방정식을 구하시오.

1219
$(0, 0)$, $(5, 4)$

1220
$(-3, -1)$, $(7, -3)$

1221
$(1, 0)$, $(0, -3)$

[1222–1223] 다음 세 점을 지나는 원의 방정식을 구하시오.

1222
$(-2, 2)$, $(5, 1)$, $(4, 2)$

(1) 중심의 좌표를 (a, b)로 하여 구하시오.

(2) 원의 방정식의 일반형에 대입하여 구하시오.

1223
$(-3, -9)$, $(-5, 5)$, $(3, 9)$

02 x축, y축과의 **교점 구하기**

01 원과 x축과의 교점

원이 x축과 만나는 점의 y좌표는 0이므로 원의 방정식에 $y=0$을 대입하여 이차방정식을 풀면 x축과의 교점의 x좌표를 구할 수 있다.

$$x^2+y^2+Ax+By+C=0 \xrightarrow{y=0} x^2+Ax+C=0$$

02 원과 y축과의 교점

원이 y축과 만나는 점의 x좌표는 0이므로 원의 방정식에 $x=0$을 대입하여 이차방정식을 풀면 y축과의 교점의 y좌표를 구할 수 있다.

$$x^2+y^2+Ax+By+C=0 \xrightarrow{x=0} y^2+By+C=0$$

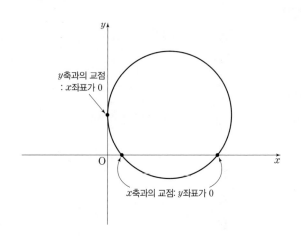

예1 $x^2+y^2-2x+2y-3=0$

(ⅰ) $y=0$을 대입하면
$$x^2-2x-3=0$$
$$(x+1)(x-3)=0$$
$$\therefore x=-1 \text{ 또는 } x=3$$
즉, 원과 x축과의 교점은
$(-1, 0), (3, 0)$

(ⅱ) $x=0$을 대입하면
$$y^2+2y-3=0$$
$$(y+3)(y-1)=0$$
$$\therefore y=-3 \text{ 또는 } y=1$$
즉, 원과 y축과의 교점은
$(0, -3), (0, 1)$

이 원은 x축과의 교점이 2개, y축과의 교점도 2개이다.
좌표평면에 그려서 확인해 보자.
$x^2+y^2-2x+2y-3=0$에서
$(x-1)^2+(y+1)^2=5$

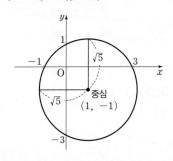

예2 $x^2+y^2-6x-4y+9=0$

(ⅰ) $y=0$을 대입하면
$$x^2-6x+9=0$$
$$(x-3)^2=0$$
$$\therefore x=3 \text{ (중근)}$$
즉, 원과 x축과의 교점은
$(3, 0)$

(ⅱ) $x=0$을 대입하면
$$y^2-4y+9=0$$
$$\frac{D}{4}=4-9=-5<0 \text{ (허근)}$$
즉, 원과 y축과의 교점은 없다.
이 원은 x축과 접하고 y축과는 만나지 않는다.
좌표평면에 그려서 확인해 보자.
$x^2+y^2-6x-4y+9=0$에서
$(x-3)^2+(y-2)^2=4$

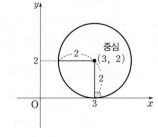

교점의 개수만 구할 경우

중심의 좌표와 반지름의 길이를 비교하는 것이 편하다.
중심의 좌표가 (a, b), 반지름의 길이가 r일 때,

(1) x축과의 교점
- $|b|<r$: 교점 2개
- $|b|=r$: 교점 1개
- $|b|>r$: 교점 없다.

(2) y축과의 교점
- $|a|<r$: 교점 2개
- $|a|=r$: 교점 1개
- $|a|>r$: 교점 없다.

예 $(x-1)^2+(y-4)^2=9$

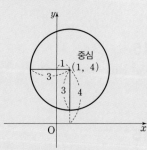

- $|4|>3$: x축과 만나지 않는다.
- $|1|<3$: y축과 두 점에서 만난다.

---

03 축과 접하는 접선의 방정식

01 x축에 접하는 원의 방정식

반지름의 길이가 r인 원이 x축과 접하는 경우는 그림과 같이 두 가지가 있다.

(1) x축 위에서 접하는 경우

원이 x축 위에 있고(제1사분면 또는 제2사분면을 지남), x축에 접하면 중심의 y좌표는 x축 위쪽으로 r만큼 떨어져 있다.

∴ (중심의 y좌표)$=r$

(2) x축 아래에서 접하는 경우

원이 x축 아래에 있고 (제3사분면 또는 제4사분면을 지남), x축에 접하면 중심의 y좌표는 x축 아래쪽으로 r만큼 떨어져 있다.

∴ (중심의 y좌표)$=-r$

예1 제1사분면을 지나고 x축에 접하는 원의 반지름의 길이가 2, 중심의 x좌표가 5일 때,
$(x-5)^2+(y-2)^2=2^2$

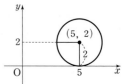

예2 제3사분면을 지나고 x축에 접하는 원의 반지름의 길이가 1, 중심의 x좌표가 -3일 때,
$(x+3)^2+(y+1)^2=1^2$

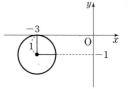

02 y축에 접하는 원의 방정식

반지름의 길이가 r인 원이 y축과 접하는 경우는 그림과 같이 두 가지가 있다.

(1) y축 오른쪽에서 접하는 경우

원이 y축 오른쪽에 있고(제1사분면 또는 제4사분면을 지남), y축에 접하면 중심의 x좌표는 y축 오른쪽으로 r만큼 떨어져 있다.

∴ (중심의 x좌표)$=r$

(2) y축 왼쪽에서 접하는 경우

원이 y축 왼쪽에 있고(제2사분면 또는 제3사분면을 지남), y축에 접하면 중심의 x좌표는 y축 왼쪽으로 r만큼 떨어져 있다.

∴ (중심의 x좌표)$=-r$

예1 제1사분면을 지나고 y축에 접하는 원의 반지름의 길이가 2, 중심의 y좌표가 4일 때,
$(x-2)^2+(y-4)^2=2^2$

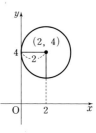

예2 y축 왼쪽에서 접하는 원의 반지름의 길이가 3, 중심의 y좌표가 -1일 때,
$(x+3)^2+(y+1)^2=3^2$

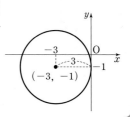

03 x축과 y축에 동시에 접하는 원의 방정식

두 개의 축에 동시에 접하는 경우는 아래 그림과 같이 네 가지 경우가 있다. 원의 반지름의 길이를 r라 할 때

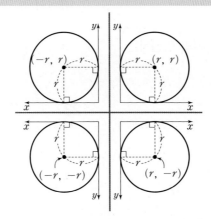

제2사분면에서 접하는 경우

중심의 좌표: $(-r, r)$

$(x+r)^2+(y-r)^2=r^2$

제1사분면에서 접하는 경우

중심의 좌표: (r, r)

$(x-r)^2+(y-r)^2=r^2$

제3사분면에서 접하는 경우

중심의 좌표: $(-r, -r)$

$(x+r)^2+(y+r)^2=r^2$

제4사분면에서 접하는 경우

중심의 좌표: $(r, -r)$

$(x-r)^2+(y+r)^2=r^2$

[1224-1229] 다음 원과 x축, y축과의 교점의 좌표를 구하시오.

1224
$x^2+y^2-2x+2y-3=0$

1225
$x^2+y^2-5x-7y+6=0$

1226
$x^2+y^2-x+3y=0$

1227
$x^2+y^2+4x-5y+4=0$

1228
$x^2+y^2-6x+4y+8=0$

1229
$x^2+y^2+2x+6y+10=0$

[1230-1237] 다음 조건을 만족시키는 원의 방정식을 구하시오.

1230
중심의 좌표가 $(-1, a)$이고, 반지름의 길이는 3인 x축에 접하는 원 (단, $a>0$)

1231
중심의 좌표가 $(-1, a)$이고, 반지름의 길이는 3인 x축에 접하는 원 (단, $a<0$)

1232
중심의 좌표가 $\left(a, \dfrac{7}{2}\right)$이고, 반지름의 길이는 2인 y축의 오른쪽에서 y축과 접하는 원

1233
중심의 좌표가 $(a, 0)$이고, 반지름의 길이가 $\sqrt{6}$인 y축에 접하는 원 (단, $a<0$)

1234

> (가) 중심이 제2사분면에 위치
> (나) 반지름의 길이 1
> (다) x축과 y축에 동시에 접한다.

1235

> (가) 중심이 제4사분면에 위치
> (나) 반지름의 길이 $\dfrac{1}{4}$
> (다) x축과 y축에 동시에 접한다.

1236
(1) 중심이 점 $(2, 3)$이고 x축에 접하는 원

(2) 중심이 점 $(2, 3)$이고 y축에 접하는 원

1237
(1) 중심이 점 $(-4, 1)$이고 x축에 접하는 원

(2) 중심이 점 $(-4, 1)$이고 y축에 접하는 원

04 원과 직선의 위치 관계 (1) : 판별식 이용하기

원과 직선의 위치 관계는 그림으로 보면 다음 세 가지 경우 중 하나에 해당된다는 것을 쉽게 알 수 있다.

원과 직선의 위치 관계를 교점의 개수로 파악한다.

1 두 점에서 만난다. ⇨ 교점 2개	2 접한다. ⇨ 교점 1개	3 만나지 않는다. ⇨ 교점 0개
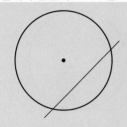	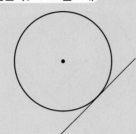	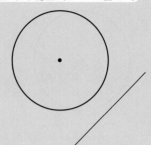

이처럼 원과 직선의 위치 관계는 교점의 개수와 관계가 있다는 것을 알 수 있다.

따라서 원과 직선이 식으로 주어졌을 때, 다음과 같이 위치 관계를 확인한다.

> (i) 원의 방정식: $(x-a)^2+(y-b)^2=r^2$, 직선의 방정식: $y=mx+n$
>
> (ii) 두 식을 연립하여 정리한다. ⇨ $(x-a)^2+(mx+n-b)^2=r^2$ (x에 대한 이차방정식)
>
> (iii) 판별식 ⇨ (실근의 개수)=(교점의 개수)

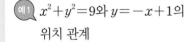 $D>0$	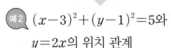 $D=0$	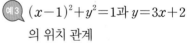 $D<0$
서로 다른 두 실근 ⇔ 교점이 2개 ⇔ 원과 직선은 두 점에서 만난다. (이런 직선을 할선이라 한다.)	중근(실근 1개) ⇔ 교점이 1개 (이 교점을 접점이라 한다.) ⇔ 원과 직선은 접한다. (이런 직선을 접선이라 한다.)	서로 다른 두 허근 ⇔ 교점이 없다. ⇔ 원과 직선은 만나지 않는다.

예1 $x^2+y^2=9$와 $y=-x+1$의 위치 관계

(i) 두 식을 연립하면
$$x^2+(-x+1)^2=9$$

(ii) 전개 및 정리하면
$$2x^2-2x-8=0$$
$$x^2-x-4=0$$

(iii) 판별식을 이용하면
$$D=1-4\cdot1\cdot(-4)>0$$
∴ 두 점에서 만난다.

예2 $(x-3)^2+(y-1)^2=5$와 $y=2x$의 위치 관계

(i) 두 식을 연립하면
$$(x-3)^2+(2x-1)^2=5$$

(ii) 전개 및 정리하면
$$5x^2-10x+5=0$$
$$x^2-2x+1=0$$

(iii) 판별식을 이용하면
$$\frac{D}{4}=(-1)^2-1\cdot1=0$$
∴ 접한다.

예3 $(x-1)^2+y^2=1$과 $y=3x+2$의 위치 관계

(i) 두 식을 연립하면
$$(x-1)^2+(3x+2)^2=1$$

(ii) 전개 및 정리하면
$$10x^2+10x+4=0$$
$$5x^2+5x+2=0$$

(iii) 판별식을 이용하면
$$D=25-4\cdot5\cdot2<0$$
∴ 만나지 않는다.

05 원과 직선의 위치 관계(2): 점과 직선 사이의 거리 이용하기

원의 중심과 직선과의 거리를 d, 원의 반지름의 길이를 r라 할 때,
원과 직선의 위치 관계에 따라 d와 r의 값을 비교해 보자.

원과 직선의 위치 관계를 d와 r의 대소로 파악한다.

1 두 점에서 만난다. $\Rightarrow d<r$	2 접한다. $\Rightarrow d=r$	3 만나지 않는다. $\Rightarrow d>r$
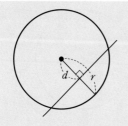	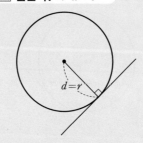	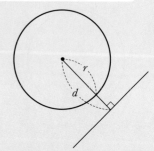

이처럼 원의 중심과 직선 사이의 거리 d가 반지름의 길이 r보다 짧거나 같거나 긴지에 따라 원과 직선의 위치 관계가 결정되는 것을 알 수 있다.

> (i) 원의 방정식: $(x-p)^2+(y-q)^2=r^2$, 직선의 방정식: $ax+by+c=0$
>
> (ii) 원의 중심 (p, q)와 직선 사이의 거리: $d=\dfrac{|ap+bq+c|}{\sqrt{a^2+b^2}}$
>
> (iii) d와 r를 비교한다.

$d<r$	$d=r$	$d>r$
원의 중심과 직선 사이의 거리가 반지름의 길이보다 짧다.	원의 중심과 직선 사이의 거리가 반지름의 길이와 같다.	원의 중심과 직선 사이의 거리가 반지름의 길이보다 길다.
$\Rightarrow$ 두 점에서 만나는 할선	$\Rightarrow$ 한 점에서 만나는 접선	$\Rightarrow$ 만나지 않는다.

예1 $x^2+y^2=9$와 $y=-x+1$의 위치 관계

(i) 반지름의 길이는 $r=3$

(ii) 중심 $(0, 0)$과 직선 $x+y-1=0$ 사이의 거리는 $d=\dfrac{1}{\sqrt{2}}$

(i), (ii)에서 $\dfrac{1}{\sqrt{2}}<3$ $(d<r)$

$\therefore$ 두 점에서 만난다.

예2 $(x-3)^2+(y-1)^2=5$와 $y=2x$의 위치 관계

(i) 반지름의 길이는 $r=\sqrt{5}$

(ii) 중심 $(3, 1)$과 직선 $2x-y=0$ 사이의 거리는 $d=\dfrac{|6-1|}{\sqrt{5}}=\dfrac{5}{\sqrt{5}}=\sqrt{5}$

(i), (ii)에서 $\sqrt{5}=\sqrt{5}$ $(d=r)$

$\therefore$ 접한다.

예3 $(x-1)^2+y^2=1$과 $y=3x+2$의 위치 관계

(i) 반지름의 길이는 $r=1$

(ii) 중심 $(1, 0)$과 직선 $3x-y+2=0$ 사이의 거리는 $d=\dfrac{|3+2|}{\sqrt{10}}=\dfrac{\sqrt{10}}{2}$

(i), (ii)에서 $\dfrac{\sqrt{10}}{2}>1$ $(d>r)$

$\therefore$ 만나지 않는다.

실전 C.O.D.I · 03 두 원의 위치 관계 : 중심거리와 반지름

두 원의 중심 사이의 거리를 중심거리라고 한다.
평면 위의 두 원의 반지름의 길이를 r, r'이라 하고 중심거리를 d라 하자.
두 원의 위치 관계와 d, r, r' 사이의 관계는 다음과 같다.

01 만나지 않는다 (1)

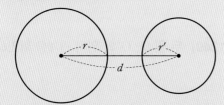

- **$d > r + r'$** ⇨ (중심거리) > (반지름의 길이의 합)
- 교점 0개

> 예 $x^2 + y^2 = 4$, $(x-5)^2 + y^2 = 1$에서
> $d = 5$, $r = 2$, $r' = 1$이므로 $5 > 2 + 1$

02 외접한다

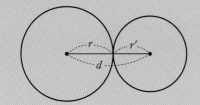

- **$d = r + r'$** ⇨ (중심거리) = (반지름의 길이의 합)
- 교점 1개

> 예 $x^2 + y^2 = 4$, $(x-3)^2 + y^2 = 1$에서
> $d = 3$, $r = 2$, $r' = 1$이므로 $3 = 2 + 1$

03 두 점에서 만난다

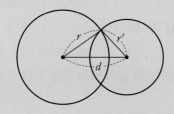

- **$r - r' < d < r + r'$**
  ⇨ (반지름의 길이의 차) < (중심거리) < (반지름의 길이의 합)
- 교점 2개

> 예 $x^2 + y^2 = 4$, $(x-2)^2 + y^2 = 1$에서
> $d = 2$, $r = 2$, $r' = 1$이므로 $2 - 1 < 2 < 2 + 1$

04 내접한다

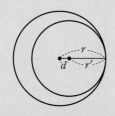

- **$d = r - r'$** ⇨ (중심거리) = (반지름의 길이의 차)
- 교점 1개

> 예 $x^2 + y^2 = 4$, $(x-1)^2 + y^2 = 1$에서
> $d = 1$, $r = 2$, $r' = 1$이므로 $1 = 2 - 1$

05 만나지 않는다 (2)

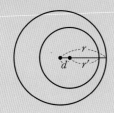

- **$d < r - r'$** ⇨ (중심거리) < (반지름의 길이의 차)
- 교점 0개

> 예 $x^2 + y^2 = 4$, $x^2 + y^2 = 1$에서
> $d = 0$, $r = 2$, $r' = 1$이므로 $0 < 2 - 1$

[1238-1240] 이차방정식의 판별식을 이용하여 원 O와 직선 l의 위치 관계를 확인하시오.

1238
$O: x^2+y^2=4$
$l: y=-x+3$

1239
$O: (x-1)^2+(y-2)^2=4$
$l: 3x+4y-1=0$

1240
$O: (x+2)^2+(y+1)^2=9$
$l: y=3x+5$

[1241-1243] 점과 직선 사이의 거리를 이용하여 원 O와 직선 l의 위치 관계를 확인하시오.

1241
$O: x^2+y^2+6x-2y+9=0$
$l: y=2x-1$

1242
$O: x^2+y^2-2x-4y+1=0$
$l: y=-\dfrac{3}{4}x+\dfrac{1}{4}$

1243
$O: x^2+y^2+4x+2y-4=0$
$l: y=3x+5$

[1244-1246] 원 $(x-2)^2+(y+2)^2=2$와 직선 $y=x+k$에 대하여 다음 물음에 답하시오.

1244
두 도형이 만나지 않을 실수 k의 조건을 구하시오.

1245
직선이 원에 접할 실수 k의 조건을 구하시오.

1246
원과 직선의 교점이 두 개가 되는 실수 k의 조건을 구하시오.

[1247-1249] 두 원 O, O'의 위치 관계를 확인하시오.

1247
$O: x^2+y^2=4$
$O': (x-3)^2+(y+4)^2=9$

1248
$O: x^2+y^2-2x-6y+9=0$
$O': x^2+y^2-8x+4y+11=0$

1249
$O: x^2+y^2+2x-1=0$
$O': x^2+y^2-4x-2y+1=0$

[1250-1254] 두 원 $O: (x+2)^2+(y+1)^2=4$, $O': (x-1)^2+(y-3)^2=k^2$에 대하여 다음 위치 관계를 만족시키는 양수 k의 값의 범위 또는 값을 구하시오.

1250
만나지 않는다. (한 원이 다른 원의 외부에 있다.)

1251
외접한다.

1252
두 점에서 만난다.

1253
내접한다.

1254
만나지 않는다. (한 원이 다른 원의 내부에 있다.)

Trendy

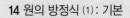

Style 01 원의 방정식의 표준형

1255

중심이 점 $(-2, 5)$이고 점 $(2, 8)$을 지나는 원의 반지름의 길이는?

① 4 　　　② $3\sqrt{2}$ 　　　③ $2\sqrt{5}$

④ $2\sqrt{6}$ 　　　⑤ 5

Level up

1256

두 점 $A(-1, 1)$, $B(2, 3)$에 대하여 $\overline{AB}$를 $2 : 1$로 외분하는 점을 중심으로 하고 점 B를 지나는 원의 방정식이 $(x-a)^2+(y-b)^2=c$일 때, $ab-c$의 값은?

(단, a, b, c는 상수)

① 12 　　　② 17 　　　③ 19

④ 23 　　　⑤ 32

1257

원 $(x-3)^2+(y+6)^2=7$과 중심이 같고 점 $(2, -3)$을 지나는 원의 넓이는?

① 9π 　　　② 10π 　　　③ 13π

④ 16π 　　　⑤ 20π

Level up

1258

이차함수 $y=-x^2+6x-5$의 그래프의 꼭짓점을 중심으로 하고 이차함수의 그래프와 x축과의 교점을 지나는 원의 방정식을 구하시오.

Style 02 중심이 직선 위에 있는 원

1259

다음은 중심이 직선 $y=-x$ 위에 있고 두 점 $(-1, 0)$, $(0, 3)$을 지나는 원의 방정식을 구하는 과정이다.

> 중심이 $y=-x$ 위에 있으므로 중심의 좌표를 $(a, -a)$, 반지름의 길이를 r라 하면 원의 방정식은
>
> $\boxed{}$ 이고 이 원이
>
> 점 $(-1, 0)$을 지나므로 $\boxed{}=r^2$
>
> 점 $(0, 3)$을 지나므로 $\boxed{}=r^2$
>
> $\boxed{}=\boxed{}$ 에서
>
> $a=\boxed{}$, $r=\boxed{}$ 이다.

(가)~(마)에 알맞은 것을 구하여 원의 방정식을 구하시오.

모의고사 기출

1260

중심이 직선 $y=2x$ 위에 있고 두 점 $(-1, 3)$, $(2, 2)$를 지나는 원의 반지름의 길이는?

① 4 　　　② 5 　　　③ 6

④ 7 　　　⑤ 8

1261

중심이 직선 $y=3x+1$ 위에 있고 두 점 $(-2, 1)$, $(4, -5)$를 지나는 원의 방정식은 $(x-a)^2+(y-b)^2=r^2$이다. abr의 값은?

(단, a, b, r는 상수이고 $r>0$)

① -60 　　　② -40 　　　③ 20

④ 40 　　　⑤ 60

1262

두 원 $(x+3)^2+(y+4)^2=1$, $(x+1)^2+(y-6)^2=4$의 중심을 이은 선분을 지름으로 하는 원의 넓이는?

① 12π ② 20π ③ 26π

④ 29π ⑤ 36π

1263

두 점 A$(4,\ 3)$, B$(2,\ 1)$에 대하여 선분 AB의 중점과 $3:1$로 외분하는 점을 지름의 양 끝 점으로 하는 원의 방정식은?

① $(x-2)^2+(y+1)^2=2$

② $(x-2)^2+(y-1)^2=2$

③ $(x-2)^2+(y-2)^2=4$

④ $x^2+(y-1)^2=2$

⑤ $(x-2)^2+(y-1)^2=4$

1264

좌표평면 위의 두 점 A$(1,\ 3)$, B$(2,\ 1)$에 대하여 선분 AB를 $3:2$로 외분하는 점을 C라 하자. 선분 BC를 지름으로 하는 원의 중심의 좌표를 $(a,\ b)$라 할 때, $a+b$의 값은?

① 1   ② 2   ③ 3

④ 4   ⑤ 5

1265

직선 $y=3x-6$과 x축, y축으로 둘러싸인 도형의 가장 긴 변을 지름으로 하는 원의 방정식을 구하시오.

1266

원 $x^2+y^2-4x-6y+2-a=0$의 반지름의 길이가 4일 때, 실수 a의 값은?

① 1   ② 2   ③ 3

④ 4   ⑤ 5

1267

원 $x^2+y^2+2ax-2(a-1)y+1=0$의 중심이 직선 $y=2x-4$ 위에 있을 때, 실수 a의 값은?

① -2 ② -1 ③ 1

④ 2   ⑤ 1

1268

원 $x^2+y^2+5x-3y-\dfrac{1}{2}=0$의 넓이를 이등분하고 기울기가 1인 직선의 y절편은?

① 1   ② 2   ③ 3

④ 4   ⑤ 5

1269

원 $x^2+y^2+ax+by=0$ 위의 두 점 $(0,\ 0)$, $(5,\ 2)$가 지름의 양 끝 점일 때, 상수 a, b의 합 $a+b$의 값을 구하시오.

Style 05 원이 성립할 조건

1270

다음은 도형의 방정식 $x^2+y^2-3x+y-a=0$이 원이 되기 위한 실수 a의 값의 범위를 구하는 과정이다.

주어진 식을 표준형으로 변형하면

$(x-\boxed{(가)})^2+(y+\boxed{(나)})^2=\boxed{(다)}$

이므로 중심의 좌표는 $(\boxed{(가)}, -\boxed{(나)})$, 반지름의 길이는 $\sqrt{\boxed{(다)}}$ 인 원으로 생각할 수 있다.

이때 이 도형이 원이 되려면 반지름의 길이가 양수가 되어야 하고, 반지름의 길이의 제곱도 양수이므로

$\boxed{(다)}>0$ $\therefore a>\boxed{(라)}$

㈎~㈑에 알맞은 것을 구하시오.

1271

x, y에 대한 방정식 $x^2+y^2-2x+4y+2k=0$이 원이 되도록 하는 자연수 k의 개수는?

① 1   ② 2   ③ 3

④ 4   ⑤ 5

1272

방정식 $x^2+y^2+2ax+2(a-1)y+6a+11=0$이 원이 되기 위한 자연수 a의 최솟값은?

① 1   ② 2   ③ 4

④ 6   ⑤ 7

Style 06 원과 x축, y축과의 교점

1273

원 $x^2+y^2+4x-5y+4=0$이 x축, y축과 만나는 점을 꼭짓점으로 하는 도형의 넓이는?

① $\dfrac{3}{2}$ ② 2   ③ $\dfrac{5}{2}$

④ 3   ⑤ $\dfrac{7}{2}$

1274

원 $x^2+y^2+ax-y+b=0$과 x축과의 교점의 좌표가 $(-2, 0)$, $(3, 0)$일 때, ab의 값은? (단, a, b는 상수)

① 2   ② 4   ③ 6

④ 8   ⑤ 12

1275

원 $x^2+y^2-4x+6y-a+2=0$이 x축과는 만나지 않고 y축과는 만나게 하는 실수 a의 값의 범위는?

① $a\geq-7$ ② $-7<a<-2$

③ $-7\leq a<-2$ ④ $2\leq a<7$

⑤ $2<a<7$

1276

원 $x^2+y^2-2(a-1)x-2ay+a^2-5a-1=0$이 x축, y축과 모두 만나지 않기 위한 실수 a의 값의 범위를 구하시오.

Style 07 세 점이 주어진 원의 방정식

1277
좌표평면 위이 세 점 A$(-1, 4)$, B$(6, 3)$, C$(5, 4)$를 꼭짓점으로 하는 $\triangle$ABC의 외심의 좌표는 (a, b)이다. $a+b$의 값은?

① -4 ② -2 ③ 2
④ 4 ⑤ 5

1278
좌표평면 위의 세 점 $(-2, 0)$, $(4, 0)$, $(4, 6)$을 지나는 원의 방정식은?

① $(x-1)^2+(y-3)^2=18$
② $(x+1)^2+(y-3)^2=16$
③ $(x-3)^2+(y-1)^2=18$
④ $x^2+(y-2)^2=18$
⑤ $x^2+(y-3)^2=18$

Level up
1279
세 직선 $y=3x-3$, $y=x-1$, $y=-x-3$으로 둘러싸인 삼각형의 외접원의 넓이는?

① π ② $\dfrac{3}{2}\pi$ ③ 2π
④ $\dfrac{5}{2}\pi$ ⑤ 3π

Style 08 축에 접하는 원의 방정식

1280
반지름의 길이가 3이고 x축과 접하며 점 $(1, 3)$을 지나는 원은 두 개이다. 이 두 원의 중심 사이의 거리는?

① 5 ② $4\sqrt{2}$ ③ 6
④ $2\sqrt{10}$ ⑤ $4\sqrt{3}$

1281
x축과의 접점이 점 $(2, 0)$이고 점 $(1, -1)$을 지나는 원의 방정식을 구하시오.

1282
중심의 y좌표가 -4이고 $(-12, -4)$를 지나는 원이 y축과 접할 때, 이 원의 중심의 좌표는 (p, q)이다. pq의 값은?

① 8 ② 16 ③ 24
④ 32 ⑤ 40

Level up
1283
다음 조건을 만족시키는 원의 방정식을 구하시오.

> ㈎ y축과 접하고, x축과는 만나지 않는다.
> ㈏ 둘레의 길이는 10π이다.
> ㈐ 점 $(2, 2)$를 지난다.

Style 09 x축과 y축에 동시에 접하는 원의 방정식

1284
원 $(x+5)^2+(y-k)^2=k^2$이 y축과 접할 때, 양수 k의 값을 구하시오.

1285
점 $(2, -1)$을 지나고 x축과 y축에 동시에 접하는 두 원의 넓이의 합은?

① 15π　　　　② 18π　　　　③ 24π

④ 25π　　　　⑤ 26π

1286
원 $x^2+y^2-6x+6y+2a+1=0$이 x축과 y축에 동시에 접할 때, 실수 a의 값은?

① 1　　　　② 2　　　　③ 3

④ 4　　　　⑤ 5

Level up
1287
원 $x^2+y^2+2(a+2)x-10y+2a^2+a+4=0$이 x축과 y축에 동시에 접할 때, 실수 a의 값은?

① 0　　　　② 1　　　　③ 2

④ 3　　　　⑤ 4

Style 10 원과 직선의 교점 구하기

1288
직선 $y=3x+k$가 원 $x^2+y^2=10$에 접할 때, 제4사분면의 접점의 좌표를 구하시오. (단, k는 상수)

Level up
1289
원 $x^2+y^2+4x-6y=0$과 직선 $2x+3y-5=0$은 두 점 A, B에서 만난다. 현 AB의 길이는?

① $2\sqrt{13}$　　　　② $5\sqrt{2}$　　　　③ $4\sqrt{3}$

④ $2\sqrt{11}$　　　　⑤ 6

Level up
1290
직선 $y=x-4$와 원 $x^2+y^2-4y-16=0$이 두 점 A, B에서 만난다. 원의 중심을 P라 할 때, $\triangle$PAB의 넓이는?

① 5　　　　② 6　　　　③ 7

④ 8　　　　⑤ 9

Style **11** 원과 직선의 위치 관계 (1)

1291

직선 $y=2x+k$와 원 $x^2+(y-2)^2=10$이 두 점에서 만나도록 하는 실수 k의 값의 범위는 $\alpha < k < \beta$이다. $\alpha+\beta$의 값은?

① 0   ② 2   ③ 4

④ 6   ⑤ 9

모의고사 기출
1292

좌표평면 위의 원 $x^2+y^2=4$와 직선 $y=ax+2\sqrt{b}$가 접하도록 하는 모든 b의 값의 합을 구하시오.

(단, a, b는 10보다 작은 자연수)

Level up
1293

원 $O: x^2+y^2+4x-6y+11=0$에 대하여 원 O와 직선 $y=-x+k+1$과의 교점의 개수를 m, 원 O와 직선 $y=-x+k-3$과의 교점의 개수를 n이라 할 때, $m+n=2$를 만족시키는 실수 k의 값의 범위는 $\alpha < k < \beta$이다. $\alpha+\beta$의 값은?

① 1   ② 2   ③ 3

④ 4   ⑤ 5

Level up
1294

직선 $3mx-3y+17m-17=0$이 원 $x^2+y^2=17$과 만나지 않도록 하는 실수 m의 값의 범위가 $m < \alpha$ 또는 $m > \beta$일 때, $\alpha\beta$의 값은?

① $\dfrac{1}{2}$ ② 1   ③ $\dfrac{9}{4}$

④ 2   ⑤ $\dfrac{9}{2}$

Style **12** 원과 직선의 위치 관계 (2)

1295

직선 $y=\dfrac{1}{2}x+2$와 원 $(x-a)^2+(y-2a)^2=5$의 교점이 없을 때, 실수 a의 값의 범위를 구하시오.

1296

직선 $y=-3x+1$이 원 $(x+2)^2+y^2=k$와 만나기 위한 자연수 k의 최솟값은?

① 5   ② 6   ③ 7

④ 8   ⑤ 9

1297

두 직선 $l: x-2y+4=0$, $m: 2x+y-3=0$에 대하여 원 $x^2+y^2=r^2$이 직선 l과는 만나지 않고 직선 m과는 만나기 위한 양수 r의 값의 범위는 $\alpha \le r < \beta$일 때, $\alpha^2+\beta^2$의 값은?

① 5   ② 6   ③ 7

④ 8   ⑤ 9

Level up
1298

두 직선 $l: x-2y+10=0$, $m: 2x+y-4=0$에 대하여 원 $(x-a)^2+(y-2a-1)^2=5$가 직선 l과는 만나고 직선 m과는 만나지 않게 하는 모든 자연수 a의 값의 합은?

① 3   ② 5   ③ 7

④ 9   ⑤ 11

Style 13 두 원의 위치 관계

1299
그림과 같이 중심이 점 $(3, 4)$이고 원 $x^2+y^2=4$와 외접하는 원을 O_1, 내접하는 원을 O_2라 하자.

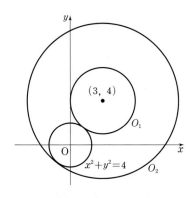

두 원 O_1, O_2의 반지름의 길이의 합은?

① 5　　　　② 10　　　　③ 15

④ 20　　　　⑤ 25

1300
두 원 $(x+2)^2+(y-4)^2=16$, $(x-6)^2+(y+2)^2=r^2$이 서로 다른 두 점에서 만나도록 하는 양수 r의 값의 범위는 $\alpha<r<\beta$이다. $\alpha+\beta$의 값은?

① 5　　　　② 10　　　　③ 15

④ 20　　　　⑤ 25

1301
두 원 $(x+1)^2+y^2=1$, $x^2+y^2-6x-6y+2=0$의 공통접선의 개수는?

① 0　　　　② 1　　　　③ 2

④ 3　　　　⑤ 4

Level up
1302
두 원 $(x-2)^2+(y-3)^2=16$과 $(x-a)^2+(y-1)^2=9$가 만나지 않게 하는 자연수 a의 최솟값은?

① 5　　　　② 7　　　　③ 9

④ 10　　　　⑤ 13

Level up
1303
두 원 $x^2+y^2=p^2$, $(x-8)^2+(y+6)^2=q^2$이 외접할 때, pq의 최댓값은? (단, $p>0$, $q>0$)

① 5　　　　② 10　　　　③ 15

④ 20　　　　⑤ 25

1304

좌표평면 위의 두 점 $(1, 1)$, $(0, 0)$을 지나고 x축 위의 점을 중심으로 하는 원의 반지름의 길이는?

① 1   ② 3   ③ 5

④ 7   ⑤ 9

1305

원 $x^2+y^2-x+(k+4)y+k^2+2k=0$의 넓이가 $\frac{5}{4}\pi$일 때, 실수 k의 값을 모두 구하시오.

1306

중심이 직선 $y=x-1$ 위에 있고 점 $(6, 2)$를 지나는 원이 y축에 접할 때, 이 중 작은 원과 x축과의 교점의 x좌표를 α, β라 하자. $\alpha+\beta$의 값은?

① 5   ② 6   ③ 7

④ 8   ⑤ 9

1307

다음 조건을 만족시키는 원의 둘레의 길이는?

> (가) x축과 y축에 동시에 접한다.
> (나) 중심이 포물선 $y=x^2$ 위에 있다.

① π ② 2π ③ 4π

④ 8π ⑤ 12π

1308

세 점 A$(2, 3)$, B$(-1, -1)$, C$(8, -5)$를 꼭짓점으로 하는 삼각형 ABC에서 각 A의 이등분선이 변 BC와 만나는 점을 D라 할 때, 두 점 A와 D를 지름의 양 끝으로 하는 원의 넓이는?

① $\frac{16}{9}\pi$ ② $\frac{25}{9}\pi$ ③ 4π

④ $\frac{49}{9}\pi$ ⑤ $\frac{64}{9}\pi$

1309

직선 $y=3x+k$와 원 $(x+4)^2+(y+3)^2=4$가 서로 다른 두 점에서 만날 때, 자연수 k의 최댓값과 최솟값을 구하시오.

1310

원 $(x-5)^2+(y+4)^2=r^2$이 x축과 만나지 않고 직선 $3x+4y-4=0$과 두 점에서 만나기 위한 양수 r의 값의 범위는 $\alpha<r<\beta$이다. $\alpha+\beta$의 값은?

① 1   ② 3   ③ 5

④ 7   ⑤ 9

1311

두 원 $(x+1)^2+(y-4)^2=r^2$, $(x-5)^2+(y+4)^2=4r^2$이 내접할 때와 외접할 때의 양수 r의 값의 차가 $\frac{q}{p}$일 때, $p+q$의 값은? (단, p, q는 서로소인 자연수)

① 8   ② 13   ③ 18

④ 23   ⑤ 33

1312

오른쪽 그림과 같은 원 위의 세 점 A, B, C에 대하여 ∠ACB=90°일 때, 원의 방정식을 구하시오.

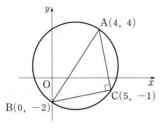

1313

오른쪽 그림과 같은 원의 방정식이 $x^2+y^2+ax+by+c=0$일 때, $a+b-c$의 값은?

(단, a, b, c는 상수)

① 1   ② 3
③ 5   ④ 7
⑤ 9

1314

직선 $y=mx-m-2$와 원 $x^2+(y-3)^2=4$의 교점의 개수를 $f(m)$이라 하자. 예를 들어 $f(1)=0$이다.
$f(0)+f(2)+f(4)+f(6)+f(8)$의 값은?

(단, m은 실수)

① 2   ② 3   ③ 4
④ 6   ⑤ 8

모의고사 기출

1315

좌표평면 위의 세 점 A(−2, 0), B(4, 0), C(1, 2)를 지나는 원이 있다. 이 원의 중심의 좌표를 (p, q)라 할 때, $p+q$의 값은?

① $-\dfrac{3}{4}$ ② $-\dfrac{5}{8}$ ③ $-\dfrac{1}{2}$

④ $-\dfrac{3}{8}$ ⑤ $-\dfrac{1}{4}$

1316

두 점 A(−5, −3), B(−1, a)를 이은 선분 AB의 수직이등분선이 원 $(x-5)^2+(y+3)^2=4$의 넓이를 이등분할 때, 양수 a의 값은?

① 2   ② 3   ③ 5
④ 6   ⑤ 8

모의고사 기출

1317

직선 $y=\sqrt{2}x+k$가 원 $x^2+y^2=4$에 접할 때, 양수 k의 값은?

① $\sqrt{2}$ ② $\sqrt{3}$ ③ $2\sqrt{2}$
④ $2\sqrt{3}$ ⑤ $3\sqrt{2}$

1318

직선 $y=2x-5$와 원 $x^2+y^2=10$의 두 교점 A, B를 지나는 원 중에서 넓이가 최소인 원의 방정식은 $(x-a)^2+(x-b)^2=R$일 때, $a+b+R$의 값은?

(단, a, b, R는 실수)

① 4   ② 6   ③ 8
④ 10   ⑤ 12

모의고사 기출

1319

두 원 $(x+2)^2+(y-1)^2=1$, $(x-2)^2+(y-5)^2=1$은 직선 l에 대하여 서로 대칭이다. 직선 l의 방정식은?

① $y=-2x+3$ ② $y=-x+2$
③ $y=x+3$ ④ $y=-x+3$
⑤ $y=2x-1$

수학은 인종이나 지리적 경계도
모르기에 수학에 있어서
문화를 지닌 세계는
모두 한 나라이다

-힐베르트-

√MATH²

C.O.D.I

15 원의 방정식 (2) : 응용

앞 단원에서 원의 방정식의 기본을 다졌으니
이제는 본격적인 응용을 할 것이다.
현, 접선 등과 연계하면 원에서 파생되는
문제의 유형은 매우 다양하다.
여기서는 다양한 유형의 원의 방정식 문제를
해결하는 원리를 배우게 된다.

1　현의 수직이등분선

(1) 원의 중심에서 현에 내린 수선은
　　그 현을 수직이등분한다.

　　➡ $\overline{OM} \perp \overline{AB}$이면 $\overline{AM} = \overline{BM}$

　　　→　$\overline{AB} = 2\overline{AM} = 2\overline{BM}$

(2) 원에서 현의 수직이등분선은 그 원
　　의 중심을 지난다.

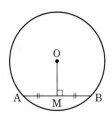

설명

① $\angle OMA = \angle OMB = 90°$
② $\overline{OA} = \overline{OB}$ (반지름)
③ $\overline{OM} =$ 공통
　→ $\triangle OAM \equiv \triangle OBM$
　 (RHS 합동)
　∴ $\overline{AM} = \overline{BM}$

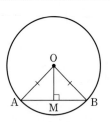

2　현의 길이

(1) 한 원의 중심으로부터 같은
　　거리에 있는 두 현의 길이는 같다.

　　➡ $\overline{OM} = \overline{ON}$이면 $\overline{AB} = \overline{CD}$

(2) 길이가 같은 두 현은 원의 중심으
　　로부터 같은 거리에 있다.

　　➡ $\overline{AB} = \overline{CD}$이면 $\overline{OM} = \overline{ON}$

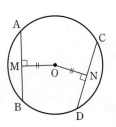

설명

① $\angle OMA = \angle OND = 90°$
② $\overline{OA} = \overline{OD}$ (반지름)
③ $\overline{OM} = \overline{ON}$
　→ $\triangle OAM \equiv \triangle ODN$
　 (RHS 합동)
　∴ $\overline{AM} = \overline{DN}$
이때 $2\overline{AM} = \overline{AB}$, $2\overline{DN} = \overline{CD}$
이므로 $\overline{AB} = \overline{CD}$

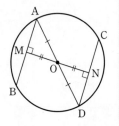

확인문제

1 다음 그림에서 x의 값을 구하시오.

(1)
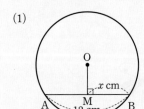

(2)
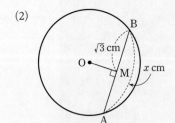

(3)
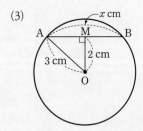

2 다음 그림에서 x의 값을 구하시오.

(1)
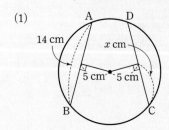

(2)
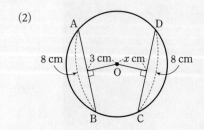

(3)
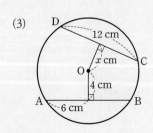

3 원의 접선의 길이

(1) 접선의 길이: 원 O 밖의 한 점 P에서 이 원에 그을 수 있는 접선은 2개이고, 접점을 각각 A, B라 할 때 $\overline{PA}$, $\overline{PB}$의 길이를 점 P에서 원 O에 그은 접선의 길이라고 한다.

(2) 원의 접선의 성질: 원 밖의 한 점에서 그 원에 그은 두 접선의 길이는 같다.

➡ $\overline{PA} = \overline{PB}$

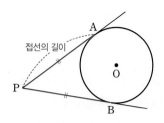

설명

① ∠PAO = ∠PBO = 90°
② $\overline{OA} = \overline{OB}$ (반지름)
③ $\overline{OP}$는 공통
→ △PAO ≡ △PBO (RHS 합동)
∴ $\overline{PA} = \overline{PB}$

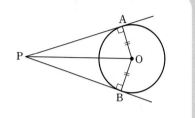

원의 접선은 그 접점을 지나는 반지름에 수직이다.

→ $\overline{OT} \perp l$

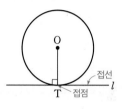

👉 확인문제

3 다음 그림에서 $\overrightarrow{PA}$, $\overrightarrow{PB}$가 원 O의 접선이고 두 점 A, B가 접점일 때, x의 값을 구하시오.

(1)
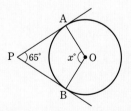

(2)
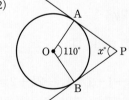

(3)
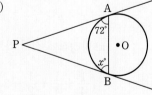

4 다음 그림에서 $\overrightarrow{PA}$, $\overrightarrow{PB}$가 원 O의 접선이고 두 점 A, B가 접점일 때, x의 값을 구하시오.

(1)
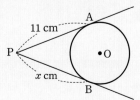

(2)
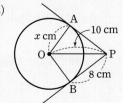

(3)
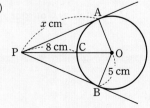

01 두 원의 교점을 지나는 도형의 방정식

두 원 O_1, O_2가 두 점에서 만날 때 이 두 교점을 지나는 도형, 그 중에서 원을 생각해 보자.

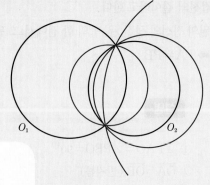

두 원 O_1, O_2의 두 교점을 지나는 원은 그림과 같이 무수히 많다.
두 원 O_1, O_2의 방정식이

$$O_1: x^2+y^2+Ax+By+C=0$$
$$O_2: x^2+y^2+A'x+B'y+C'=0$$

일 때, 교점을 지나는 도형의 방정식은 다음과 같이 나타낼 수 있다.

> **두 원 O_1, O_2의 교점을 지나는 도형의 방정식**
> $(O_1$의 식$)k+(O_2$의 식$)=0$ 또는 $(O_1$의 식$)+(O_2$의 식$)k=0$에서
> $$(x^2+y^2+Ax+By+C)k+(x^2+y^2+A'x+B'y+C')=0$$
> $$또는\ (x^2+y^2+Ax+By+C)+(x^2+y^2+A'x+B'y+C')k=0$$

13. 직선의 방정식 실전 C.O.D.I 04 「두 직선의 교점을 지나는 직선의 방정식」(249쪽)과 같은 원리이다.

$$(x^2+y^2+Ax+By+C)k+x^2+y^2+A'x+B'y+C'=0$$

이 식을 k에 대한 항등식으로 생각하면 k의 값에 관계없이 두 원 O_1, O_2의 교점을 지나는 도형의 식이다.
식을 전개하여 정리하면

$$(k+1)x^2+(k+1)y^2+(Ak+A')x+(Bk+B')y+Ck+C'=0$$

이므로 원의 방정식을 나타낸다. (단, $k \neq -1$)
이때 k의 값에 따라 다양한 원이 되는 것이다.

예 다음 두 원의 교점을 지나는 원 중에서 점 $\left(-\dfrac{1}{2}, -\dfrac{1}{2}\right)$을 지나는 원의 방정식 구하기

$$O_1: x^2+y^2-x-3=0$$
$$O_2: x^2+y^2-3x+2y+1=0$$

(ⅰ) 교점을 지나는 도형의 방정식을 세운다.

$$(x^2+y^2-x-3)k+x^2+y^2-3x+2y+1=0$$

(ⅱ) 방정식에 점의 좌표 $\left(-\dfrac{1}{2}, -\dfrac{1}{2}\right)$을 대입한다.

$$\left(\frac{1}{4}+\frac{1}{4}+\frac{1}{2}-3\right)k+\frac{1}{4}+\frac{1}{4}+\frac{3}{2}-1+1=0,\ -2k+2=0 \qquad \therefore k=1$$

(ⅲ) 교점을 지나는 도형의 방정식에 $k=1$을 대입하여 정리한다.

$$(x^2+y^2-x-3)\cdot 1+x^2+y^2-3x+2y+1=0,\ 2x^2+2y^2-4x+2y-2=0$$

$$x^2+y^2-2x+y-1=0 \qquad \therefore (x-1)^2+\left(y+\frac{1}{2}\right)^2=\frac{9}{4}$$

따라서 중심의 좌표가 $\left(1, -\dfrac{1}{2}\right)$, 반지름의 길이가 $\dfrac{3}{2}$인 원이다.

02 **공통현**의 **방정식**

우선 현과 공통현의 개념을 정리해 보자.

01 현

원 위의 두 점을 이은 선분을 현이라고 한다.
특히 원의 중심을 지나는 현은 지름이 된다.

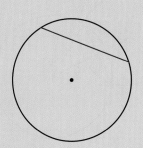

02 공통현

두 원의 교점 A, B를 이은 선분이 공통현이다.
$\overline{AB}$는 원 O_1의 현인 동시에 원 O_2의 현이므로 공통현
이라 부른다.
두 원의 중심을 지나는 직선은 공통현 $\overline{AB}$를 수직이
등분한다.

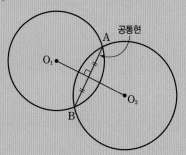

03 공통현의 방정식

공통현도 두 원의 교점을 지나는 도형이다. 따라서 **개념** C.O.D.I 01과 같은 원리로 도형의 방정식을 구하면 된다.
구하는 방법은 간단하다. 공통현은 직선의 방정식으로 나타내어야 하므로 x, y에 대한 일차식이다.
따라서 이차항(x^2, y^2)이 소거되어야 하고 $k=-1$을 대입한 경우가 공통현의 방정식이 되는 것이다.
간단히 정리하면

일반형으로 표시된 두 원을 빼면 공통현의 방정식!

$$\underbrace{(x^2+y^2+Ax+By+C)}_{\text{원 }O_1}k+\underbrace{x^2+y^2+A'x+B'y+C'}_{\text{원 }O_2}=0 \quad \text{(두 원 } O_1, O_2\text{의 교점을 지나는 도형의 식)}$$

$$\downarrow k=-1\text{을 대입}$$

$$(-A+A')x+(-B+B')y-C+C'=0 \text{ (공통현의 방정식)}$$

예 다음 두 원의 공통현의 방정식 구하기

$O_1: x^2+y^2-x-3=0$

$O_2: x^2+y^2-3x+2y+1=0$

(i) 교점을 지나는 도형의 방정식을 세운다.

$(x^2+y^2-x-3)k+x^2+y^2-3x+2y+1=0$

(ii) $k=-1$을 대입한다.

$-x^2-y^2+x+3+x^2+y^2-3x+2y+1=0$

(iii) 식을 정리한다.

$-2x+2y+4=0 \qquad \therefore y=x-2$

01 현 또는 공통현의 길이

원 위의 두 점의 좌표를 구하면 현이나 공통현의 길이를 알 수 있지만 좌표를 직접 구하는 과정은 번거롭다. 따라서 점과 직선 사이의 거리 공식과 피타고라스 정리를 활용하자.

01 현의 길이 구하기

원과 할선의 방정식이 주어진 경우 다음과 같이 현의 길이를 구할 수 있다.

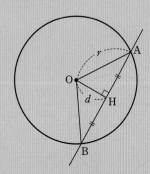

(ⅰ) 원의 중심의 좌표와 반지름의 길이를 확인한다.
(ⅱ) 할선과 원의 중심과의 거리(d)를 구한다.
(ⅲ) 피타고라스 정리를 이용하여 $\overline{AH}$ 또는 $\overline{BH}$의 길이를 구한다.
$$\overline{AH}=\overline{BH}=\sqrt{r^2-d^2}$$
(ⅳ) 현의 길이를 구한다.
$$\overline{AB}=2\overline{AH}=2\overline{BH}$$

예 원 $(x-2)^2+(y-3)^2=45$와
직선 $x-2y-1=0$이 만나서 생기는 현의 길이 구하기
(ⅰ) 중심의 좌표: $(2, 3)$, 반지름의 길이: $3\sqrt{5}$
(ⅱ) 중심과 직선 사이의 거리는
$$d=\frac{|2-6-1|}{\sqrt{5}}=\frac{5}{\sqrt{5}}=\sqrt{5}$$
(ⅲ) $\overline{AH}=\sqrt{45-5}=\sqrt{40}=2\sqrt{10}$
(ⅳ) 현의 길이는 $2\overline{AH}=4\sqrt{10}$

02 공통현의 길이 구하기

두 점에서 만나는 원 O_1, O_2의 방정식이 주어진 경우 다음과 같이 공통현의 길이를 구할 수 있다.

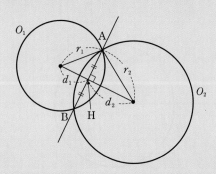

(ⅰ) 두 원 O_1, O_2의 중심의 좌표와 반지름의 길이를 확인한다.
(ⅱ) 공통현의 방정식을 구한다.
(ⅲ) 두 원의 중심 중 하나와 공통현(직선)과의 거리를 구한다.
(ⅳ) 피타고라스 정리를 이용하여 $\overline{AH}$의 길이를 구한다.
(ⅴ) 현의 길이를 구한다.
$$\overline{AB}=2\overline{AH}$$

예 다음 두 원의 공통현의 길이 구하기
$$O_1: (x+1)^2+y^2=4$$
$$O_2: (x-3)^2+(y-3)^2=16$$
(ⅰ) 원 O_1의 중심의 좌표: $(-1, 0)$,
반지름의 길이: 2
(ⅱ) 공통현의 방정식은
$$(x^2+y^2+2x-3)k+x^2+y^2-6x-6y+2=0$$
$$\downarrow k=-1$$
에서 $-8x-6y+5=0$
$$8x+6y-5=0$$
(ⅲ) 원 O_1의 중심과 공통현 사이의 거리는
$$d=\frac{|-8-5|}{10}=\frac{13}{10}$$
(ⅳ) $\overline{AH}=\sqrt{4-\frac{169}{100}}=\sqrt{\frac{231}{100}}=\frac{\sqrt{231}}{10}$
(ⅴ) 현의 길이는 $2\overline{AH}=\frac{\sqrt{231}}{5}$

02 원과 **최댓값 · 최솟값**

> 다음을 기억하자.
> 원에 그은 선분의 길이의 최댓값과 최솟값은
> 원의 중심과 관계가 있다.

01 원 밖의 점에서 그은 선분의 길이의 최대 · 최소

오른쪽 그림을 보면 원 밖에 있는 한 점에서 원 위의 점에 선분을
그었을 때 최대가 될 때와 최소가 될 때의 상황을 알 수 있다.
- 원의 반지름의 길이를 r라 하고
- 원 밖의 점과 원의 중심 사이의 거리를 d라 하면

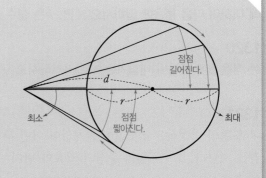

$$\text{최댓값: } d+r$$
$$\text{최솟값: } d-r$$

> **예** 점 $(-1, -2)$에서 원 $(x-3)^2+(y-1)^2=4$에 그은 선분의 길이의 최댓값과 최솟값
> (ⅰ) 원의 반지름의 길이: 2
> (ⅱ) 점 $(-1, -2)$와 원의 중심 $(3, 1)$ 사이의 거리: 5
> ∴ 최댓값: $5+2=7$, 최솟값: $5-2=3$

02 원 위의 점과 직선과의 거리의 최대 · 최소

원 위의 점과 직선 사이의 거리의 최댓값과 최솟값도 마찬가지로 생각하면 된다.
- 원의 반지름의 길이를 r라 하고
- 직선과 원의 중심 사이의 거리를 d라 하면

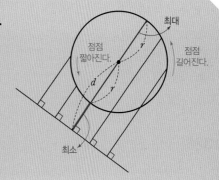

$$\text{최댓값: } d+r$$
$$\text{최솟값: } d-r$$

> **예** 원 $(x+2)^2+(y-5)^2=10$ 위의 점과 직선 $x-3y-3=0$ 사이의 거리의 최댓값과 최솟값
> (ⅰ) 원의 반지름의 길이: $\sqrt{10}$
> (ⅱ) 직선과 원의 중심 $(-2, 5)$ 사이의 거리: $\dfrac{|-2-15-3|}{\sqrt{10}}=2\sqrt{10}$
> ∴ 최댓값: $2\sqrt{10}+\sqrt{10}=3\sqrt{10}$, 최솟값: $2\sqrt{10}-\sqrt{10}=\sqrt{10}$

[1320–1323] x, y에 대한 방정식
$(k+1)x^2+(k+1)y^2+(2k+8)x-(2k-6)y-14k=0$
에 대하여 다음 물음에 답하시오. (단, k는 실수)

1320
이 식을 k에 대하여 내림차순으로 정리하시오.

1321
이 도형의 방정식은 k의 값에 관계없이 어떤 두 원의 교점을 지난다. 그 두 원의 중심의 좌표와 반지름의 길이를 구하시오.

1322
$k=1$일 때, 도형의 중심의 좌표와 반지름의 길이를 구하시오.

1323
$k=-2$일 때, 도형의 중심의 좌표와 반지름의 길이를 구하시오.

[1324–1326] 직선 l과 원 O가 만나서 생기는 현의 길이를 구하시오.

1324
$l: y=x+5$
$O: x^2+y^2=16$

1325
$l: x-2y-1=0$
$O: (x-2)^2+(y-3)^2=45$

1326
$l: y=\dfrac{1}{3}x+2$
$O: x^2+y^2-4y-5=0$

[1327–1330] 두 점에서 만나는 원 O_1, O_2의 공통현의 방정식을 구하시오.

1327
$O_1: x^2+y^2+2x-2y-14=0$
$O_2: x^2+y^2+8x+6y=0$

1328
$O_1: x^2+y^2-x-3=0$
$O_2: x^2+y^2-3x+2y+1=0$

1329
$O_1: (x+1)^2+(y-4)^2=64$
$O_2: (x-5)^2+(y+4)^2=36$

1330
$O_1: (x+2)^2+y^2=25$
$O_2: (x-1)^2+y^2=16$

[1331–1332] 점 A에서 원 O 위의 점에 그은 선분의 길이의 최댓값과 최솟값을 구하시오.

1331
$A(-1, -2)$
$O: x^2+y^2-6x-2y+6=0$

1332
$A(3, -3)$
$O: x^2+y^2+4y+3=0$

[1333–1334] 원 O 위의 점과 직선 l 사이의 거리의 최댓값과 최솟값을 구하시오.

1333
$O: x^2+y^2+4x-10y+19=0$
$l: x-3y-3=0$

1334
$O: x^2+y^2-6x-6y+2=0$
$l: y=-x$

03 접선의 방정식: 기울기가 주어진 경우

원 $x^2+y^2=r^2$의 접선 중 기울기가 m인
접선의 방정식은

$$y=mx\pm r\sqrt{m^2+1}$$

$\underbrace{\quad}_{\substack{\text{반지름의}\\ \text{길이}}} \underbrace{\quad}_{(\text{기울기})^2}$

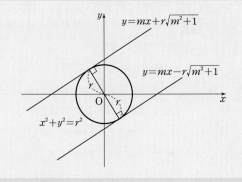

증명 기울기가 m인 직선을 $y=mx+n$으로 놓으면
이 직선은 접선이므로 원의 중심 $(0, 0)$과 직선 사
이의 거리는 반지름의 길이와 같은 r이다.

즉, $\dfrac{|n|}{\sqrt{m^2+1}}=r$에서 $n=\pm r\sqrt{m^2+1}$

$\therefore y=mx\pm r\sqrt{m^2+1}$

예 $x^2+y^2=4$의 접선 중 기울기가 -1인 접선의 방정식은
$r=2$, $m=-1$이므로
$y=-x\pm2\sqrt{(-1)^2+1}$
$\therefore y=-x+2\sqrt{2}$ 또는 $y=-x-2\sqrt{2}$

04 접선의 방정식: 접점이 주어진 경우

원 $x^2+y^2=r^2$ 위의 점 (x_1, y_1)을 접점으로 하는
접선의 방정식은

$$x_1 x+y_1 y=r^2$$

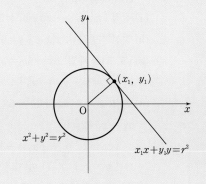

증명 원의 중심 $(0, 0)$과 점 (x_1, y_1)을 지나는 직선의
기울기는 $\dfrac{y_1}{x_1}$이고 접선은 이 직선과 수직이므로 접
선의 기울기는 $-\dfrac{x_1}{y_1}$이다.
즉, 접선의 방정식을 세우면
$y-y_1=-\dfrac{x_1}{y_1}(x-x_1)$
$y_1 y-y_1{}^2=-x_1 x+x_1{}^2$
$x_1 x+y_1 y=x_1{}^2+y_1{}^2$
이때 점 (x_1, y_1)은 원 위의 점이므로
$x_1{}^2+y_1{}^2=r^2$
$\therefore x_1 x+y_1 y=r^2$

예 $x^2+y^2=5$ 위의 점 $(2, 1)$에서의 접선의 방정식은
$2{\cdot}x+1{\cdot}y=5$ $\therefore y=-2x+5$

실전 C.O.D.I — 03 원 밖의 점에서 그은 접선의 방정식

그림과 같이 원 밖의 점 (a, b)에서 원 $x^2+y^2=r^2$에 그은 접선은 두 개이다. 정리하면 점 (a, b)를 지나는 접선의 방정식을 구하는 유형인데 앞 장의 **개념 C.O.D.I 03, 04**의 공식을 응용하면 된다.

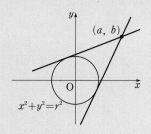

01 기울기 공식 이용하기

(ⅰ) 접선의 기울기를 m으로 둔다.

(ⅱ) 공식을 이용해 원 $x^2+y^2=r^2$의 접선의 방정식을 세운다.

$$y=mx\pm r\sqrt{m^2+1}$$

⇩

(ⅲ) 이 접선이 점 (a, b)를 지나므로 좌표값을 대입한다.

$$b=am\pm r\sqrt{m^2+1}$$

⇩

(ⅳ) 이항하여 양변을 제곱하여 m에 대한 이차방정식을 푼다.

$$\pm r\sqrt{m^2+1}=am-b$$
$$(\pm r\sqrt{m^2+1})^2=(am-b)^2$$
$$(r^2-a^2)m^2+2abm+r^2-b^2=0$$

⇩

m의 값 구하여 대입

(ⅴ) m의 값을 대입하여 접선의 방정식을 구한다.
(그림을 통해 맞는 식을 찾는다.)

> **예** 원 밖의 점 $(5, 5)$에서 원 $x^2+y^2=5$에 그은 접선의 방정식
> (ⅰ) 반지름의 길이: $\sqrt{5}$, 접선의 기울기: m
> (ⅱ) 접선의 방정식은 $y=mx\pm\sqrt{5}\sqrt{m^2+1}$
> (ⅲ) 점 $(5, 5)$의 좌표를 대입하면
> $$5=5m\pm\sqrt{5m^2+5}$$
> (ⅳ) $\pm\sqrt{5m^2+5}=5(m-1)$
> $$5m^2+5=25(m^2-2m+1)$$
> $$2m^2-5m+2=0$$
> $$\therefore m=2 \text{ 또는 } m=\frac{1}{2}$$
> ㉠ 기울기: 2,
> y절편: 음수
> $$\therefore y=2x-5$$
> ㉡ 기울기: $\frac{1}{2}$,
> y절편: 양수
> $$\therefore y=\frac{1}{2}x+\frac{5}{2}$$

02 접점 공식 이용하기

(ⅰ) 접점을 (x_1, y_1)으로 둔다. 이 점은 원 위의 점이므로 원의 방정식에 대입한다.

$$x_1^2+y_1^2=r^2$$

(ⅱ) 공식을 이용해 원 $x^2+y^2=r^2$의 접선의 방정식을 세운다.

$$x_1x+y_1y=r^2$$

⇩

(ⅲ) 이 접선이 점 (a, b)를 지나므로 좌표값을 대입한다.

$$ax_1+by_1=r^2$$

⇩

(ⅳ) (ⅰ)의 식과 (ⅲ)의 식을 연립하여 이차방정식을 풀고 접점의 좌표를 구한다.

$$y_1=-\frac{a}{b}x_1+\frac{r^2}{b}$$
$$x_1^2+\left(-\frac{a}{b}x_1+\frac{r^2}{b}\right)^2=r^2$$

⇩

x_1, y_1의 값을 구하여 대입

(ⅴ) x_1, y_1의 값을 대입하여 접선의 방정식을 구한다.

> **예** 원 밖의 점 $(5, 5)$에서 원 $x^2+y^2=5$에 그은 접선의 방정식
> (ⅰ) 접점 $(x_1, y_1) \to x_1^2+y_1^2=5$
> (ⅱ) 접선의 방정식: $x_1x+y_1y=5$
> (ⅲ) $(5, 5)$를 대입: $5x_1+5y_1=5$
> $$x_1+y_1=1 \to y_1=-x_1+1$$
> (ⅳ) 연립: $x_1^2+(-x_1+1)^2=5$
> $$x_1^2-x_1-2=0$$
> $$\therefore \begin{cases} x_1=2 \\ y_1=-1 \end{cases} \text{ 또는 } \begin{cases} x_1=-1 \\ y_1=2 \end{cases}$$
> (ⅴ) $2x-y=5 \to y=2x-5$
> $$-x+2y=5 \to y=\frac{1}{2}x+\frac{5}{2}$$

04 공통접선의 뜻과 종류

01 공통접선의 뜻

하나의 직선이 여러 개의 원에 동시에 접할 때,
이 직선을 원들의 공통접선이라고 한다.

02 공통외접선

• 원들의 바깥쪽에서 접하는 공통접선
• 접선을 기준으로 원들의 중심이 같은 방향에 있다.

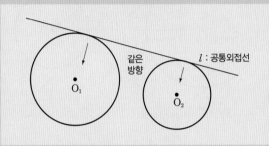

l을 기준으로 원의 중심 O_1, O_2가 같은 방향에 있다.

03 공통내접선

• 원들의 안쪽에서 접하는 직선
  (원의 사이를 가로지른다.)
• 접선을 기준으로 원들의 중심이 다른 방향에 있다.

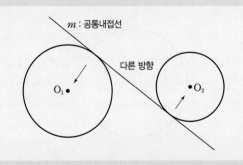

m을 기준으로 원의 중심 O_1, O_2가 다른 방향에 있다.

04 원의 위치 관계에 따른 공통접선의 종류와 개수

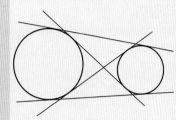

• 공통외접선: 2개
• 공통내접선: 2개
• 접선의 개수: 4개

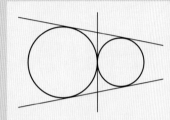

• 공통외접선: 2개
• 공통내접선: 1개
• 접선의 개수: 3개

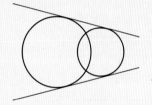

• 공통외접선: 2개
• 공통내접선: 없다
• 접선의 개수: 2개

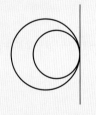

• 공통외접선: 1개
• 공통내접선: 없다
• 접선의 개수: 1개

• 공통접선이 없다.

05 공통접선의 접점 사이의 거리 : 공통접선의 길이

공통접선의 두 접점 사이의 거리(공통접선의 길이라고 부르기도 한다)를 구해 보자.
공통외접선인지 공통내접선인지를 확인하고 다음과 같이 구하면 된다.

01 공통외접선의 길이

원 O_1: 중심의 좌표는 (a_1, b_1), 반지름의 길이는 r_1
원 O_2: 중심의 좌표는 (a_2, b_2), 반지름의 길이는 r_2

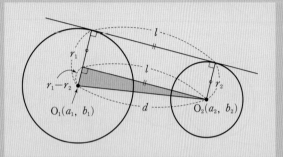

색칠한 직각삼각형에서

$$l^2 + (r_1 - r_2)^2 = d^2$$

l: 공통외접선의 길이
$r_1 - r_2$: 반지름의 길이의 차
d: 두 원의 중심거리

$$\therefore \boldsymbol{l = \sqrt{d^2 - (r_1 - r_2)^2}}$$

예 두 원 $x^2 + y^2 = 9$, $(x-4)^2 + (y-2)^2 = 1$의
공통외접선의 길이

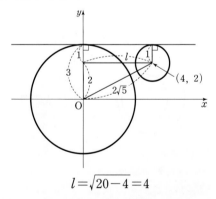

$$l = \sqrt{20 - 4} = 4$$

02 공통내접선의 길이

원 O_1: 중심의 좌표는 (a_1, b_1), 반지름의 길이는 r_1
원 O_2: 중심의 좌표는 (a_2, b_2), 반지름의 길이는 r_2

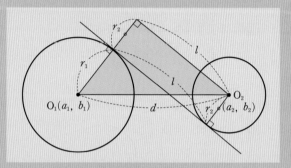

색칠한 직각삼각형에서

$$l^2 + (r_1 + r_2)^2 = d^2$$

l: 공통내접선의 길이
$r_1 + r_2$: 반지름의 길이의 합
d: 두 원의 중심거리

$$\therefore \boldsymbol{l = \sqrt{d^2 - (r_1 + r_2)^2}}$$

예 두 원 $x^2 + y^2 = 9$, $(x-4)^2 + (y-2)^2 = 1$의
공통내접선의 길이

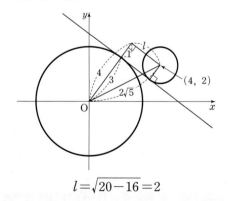

$$l = \sqrt{20 - 16} = 2$$

약간의 차이는 있지만 원리는 다음과 같다.

직각삼각형을 만들어 피타고라스 정리를 써라.

1335
원 $x^2+y^2=r^2$의 접선 중 기울기가 m인 직선의 방정식을 쓰고, 공식을 증명하시오.

1336
원 $x^2+y^2=r^2$ 위의 점 (x_1, y_1)을 접점으로 하는 접선의 방정식을 쓰고, 공식을 증명하시오.

[1337-1340] 다음 조건에 맞는 접선의 방정식을 구하시오.

1337
$x^2+y^2=5$에 접하고 기울기가 2인 직선

1338
$x^2+y^2=4$에 접하고 기울기가 $-\sqrt{5}$인 직선

1339
$x^2+y^2=25$ 위의 점 $(4, 3)$에서의 접선

1340
$x^2+y^2=4$ 위의 점 $(-\sqrt{3}, 1)$에서의 접선

1341
점 $(5, 5)$에서 원 $x^2+y^2=5$에 그은 접선의 방정식을 구하려고 한다. 다음 물음에 답하시오.
(1) 기울기를 m으로 하여 식을 세워 구하시오.
   (m의 값을 구한 뒤 상황에 맞게 그래프를 그리시오.)

(2) 접점의 좌표를 (x_1, y_1)로 놓고 식을 세워 구하시오.

[1342-1345] 두 원의 위치 관계가 다음과 같을 때, 공통접선의 개수를 구하시오.

1342
만나지 않는다.(두 원이 떨어져 있다.)

1343
외접한다.

1344
두 점에서 만난다.

1345
내접한다.

[1346-1348] 다음 두 원의 공통외접선, 공통내접선의 길이를 구하시오.

1346

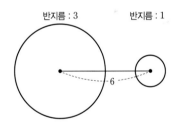

1347

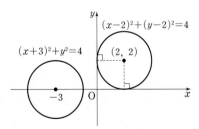

1348
$x^2+y^2=9$, $(x-4)^2+(y-2)^2=1$

Trendy

Style 01 현의 길이

1349
원 $x^2+y^2+4x-12=0$과 직선 $3x-4y-4=0$이 만나서 생기는 현의 길이는?

① $4\sqrt{3}$ ② $5\sqrt{2}$ ③ $2\sqrt{13}$

④ $2\sqrt{14}$ ⑤ 8

1350
원 $(x-1)^2+(y+2)^2=8$과 직선 $y=x+k$가 만나서 생기는 현의 길이가 $2\sqrt{6}$이 되도록 하는 모든 실수 k의 값의 곱은?

① 2   ② 3   ③ 4

④ 5   ⑤ 6

1351
원 $x^2+(y-1)^2=r^2$과 직선 $x+3y+7=0$이 만나서 생기는 현의 길이가 $2\sqrt{3}$일 때, 이 원의 넓이를 구하시오.
(단, r는 실수)

Level up
1352
중심이 직선 $y=x+1$ 위에 있고 반지름의 길이가 7인 원이 직선 $y=2x-1$과 만나서 생기는 현의 길이가 $4\sqrt{11}$이 되도록 하는 모든 원의 중심의 x좌표의 합은?

① -7 ② -4 ③ 4

④ 7   ⑤ 8

Style 02 공통현의 방정식

1353
두 원 $(x+2)^2+(y+2)^2=9$, $(x-3)^2+(y+1)^2=16$의 교점을 지나는 직선의 기울기는?

① -5 ② -3 ③ 1

④ 3   ⑤ 5

1354
두 원 $x^2+y^2+2x+ay+1=0$,
$x^2+y^2+x-(a+1)y-2=0$의 교점을 지나는 직선이 점 $(2, 5)$를 지날 때, 실수 a의 값은?

① -5 ② -3 ③ -1

④ 3   ⑤ 5

Level up
1355
원 $x^2+y^2-2x+6y+k=0$이 원 $(x-2)^2+(y-1)^2=9$의 둘레를 이등분할 때, 실수 k의 값을 구하시오.

Level up
1356
두 원 $x^2+y^2+x+y-1=0$과 $x^2+y^2-3x-y+1=0$의 교점을 지나는 가장 작은 원의 넓이를 구하시오.

Style 03 원 밖의 점에서 원에 그은 선분

1357

좌표평면 위의 점 A$(-2, 1)$과 원 $x^2+y^2+x+y=0$ 위의 점 P에 대하여 $\overline{\mathrm{AP}}$의 길이의 최댓값과 최솟값의 합은?

① $2\sqrt{2}$ ② $2\sqrt{3}$ ③ $3\sqrt{2}$

④ $3\sqrt{3}$ ⑤ $4\sqrt{2}$

1358

좌표평면 위의 점 $(3, 1)$에서 원 $(x+1)^2+(y-4)^2=r^2$ 위의 점에 그은 선분의 길이의 최댓값이 8일 때, 양수 r의 값은?

① 1   ② 2   ③ 3

④ 4   ⑤ 5

Level up

1359

y축 위의 점 P에서 원 $(x-2)^2+(y-2)^2=5$ 위의 점에 그은 선분의 길이의 최솟값이 $\sqrt{5}$일 때, 점 P의 좌표는? (정답 2개)

① $(0, -3)$ ② $(0, -2)$ ③ $(0, 4)$

④ $(0, 5)$ ⑤ $(0, 6)$

Level up

1360

방정식 $x^2+y^2-2x-1=0$을 만족시키는 실수 x, y에 대하여 $\alpha \leq \sqrt{(x-3)^2+(y-2)^2} \leq \beta$이다. $\alpha\beta$의 값은?

① 2   ② 3   ③ 4

④ 5   ⑤ 6

Style 04 원과 직선 사이의 거리

1361

원 $(x+2)^2+(y-2)^2=4$ 위의 점과 직선 $y=-\dfrac{1}{2}x-2$ 사이의 거리를 d라 하면 $\alpha \leq d \leq \beta$이다. $\alpha\beta=\dfrac{q}{p}$일 때, $p+q$의 값은? (단, p, q는 서로소인 자연수)

① 3   ② 6   ③ 9

④ 15   ⑤ 21

1362

직선 l: $2x-3y+k=0$, 원 O: $x^2+y^2-4x+6y=0$에 대하여 원 O 위의 점 P가 직선 l과 가장 가까울 때의 거리가 $\sqrt{13}$이다. 양수 k의 값을 구하시오.

Level up

1363

오른쪽 그림과 같이 직선 $y=x-2$ 위의 점 A$(1, -1)$, B$(3, 1)$과 원 $x^2+(y-3)^2=2$ 위의 점 P를 꼭짓점으로 하는 △ABP의 넓이의 최댓값과 최솟값의 차는?

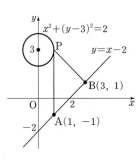

① 1   ② 2   ③ 3

④ 4   ⑤ 5

기울기가 주어진 접선의 방정식

1364

직선 $y=2x+k$가 원 $x^2+y^2=5$에 접할 때, 양수 k의 값은?

① $2\sqrt{5}$ ② 5 ③ $3\sqrt{5}$

④ 6 ⑤ $2\sqrt{10}$

모의고사기출

1365

원 $x^2+y^2=4$와 제1사분면에서 접하고 기울기가 -1인 직선이 있다. 이 직선을 y축의 방향으로 n만큼 평행이동하였더니 이 원과 제3사분면에서 접하였다. n의 값은?

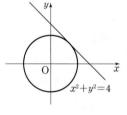

① $-4\sqrt{2}$ ② $-2\sqrt{2}$ ③ $2\sqrt{2}$

④ $4\sqrt{2}$ ⑤ 8

Level up

1366

x축의 양의 방향과 이루는 각이 $60°$이고 원 $x^2+y^2=1$에 접하는 두 직선이 y축과 만나는 점을 A, B라 하자. 원 위의 점 P에 대하여 $\triangle$ABP의 넓이의 최댓값은?

① $\dfrac{3}{2}$ ② 2 ③ $\dfrac{5}{2}$

④ 3 ⑤ $\dfrac{7}{2}$

Style 06 **접점이 주어진 접선의 방정식**

1367

원 $x^2+y^2=5$ 위의 점 $(1, 2)$에서의 접선과 점 $(-2, 1)$에서의 접선의 교점의 좌표는?

① $(1, 3)$ ② $(-1, 3)$ ③ $(2, 1)$

④ $(-2, 1)$ ⑤ $(1, -3)$

1368

원 $x^2+y^2=4$ 위의 점 $(a, 1)$에서의 접선의 기울기가 음수일 때, 이 접선의 방정식을 구하시오. (단, a는 실수)

Level up

1369

원 $O: x^2+y^2=8$ 위의 점 $(2, 2)$에서의 접선을 l이라 하자. 직선 l과 x축, y축 및 원 O로 둘러싸인 도형의 넓이는 $a+b\pi$이다. $a+b$의 값은? (단, a, b는 정수)

① 4 ② 6 ③ 10

④ 11 ⑤ 13

Level up

1370

오른쪽 그림과 같이 중심이 점 A 인 원 $(x-1)^2+(y-3)^2=5$ 위 의 점 P(3, 4)에서의 접선이 직 선 AP와 수직이다. 이를 이용하 여 접선의 방정식을 구하면?

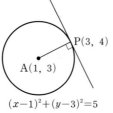

① $x-2y+3=0$ ② $x-2y+5=0$

③ $x+2y-5=0$ ④ $2x+y-5=0$

⑤ $2x+y-10=0$

Level up

1371

오른쪽 그림과 같이 원 $(x-2)^2+(y-1)^2=4$에 접하고 기 울기가 $\sqrt{3}$인 직선을 $y=\sqrt{3}x+n$이 라 하면 원의 중심인 점 (2, 1)과 이 직선과의 거리는 2이다. 이를 이용 하여 구한 두 n의 값의 차는?

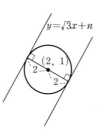

① 4   ② 6   ③ 8

④ 10   ⑤ 12

Level up

1372

원 $(x-3)^2+(y+2)^2=10$의 두 접선 l, m은 다음 조건 을 만족시킨다.

> l: 원 위의 점 (6, -1)에서 접한다.
>
> m: 기울기는 $\dfrac{1}{3}$이고 y절편은 양수이다.

두 직선 l, m의 교점의 좌표를 구하시오.

모의고사 기출

1373

점 P(4, 3)에서 원 $x^2+y^2=9$에 그은 두 접선 중 기울기 가 양수인 접선의 기울기를 $\dfrac{q}{p}$라 할 때, $p+q$의 값을 구 하시오. (단, p, q는 서로소인 자연수)

모의고사 기출

1374

오른쪽 그림과 같이 점 A(2, 1)에서 원 $x^2+y^2=1$ 에 그은 두 접선이 y축과 만 나는 점을 각각 B, C라 할 때, 삼각형 ABC의 넓이는?

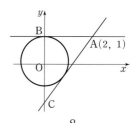

① 2   ② $\dfrac{7}{3}$ ③ $\dfrac{8}{3}$

④ 3   ⑤ $\dfrac{10}{3}$

Level up

1375

점 (1, 5)에서 원 $x^2+y^2+4x-6y+9=0$에 그은 접선 의 방정식을 구하시오.

1376

원 $x^2+y^2=16$과 직선 $y=x-2$의 두 교점을 A, B라 할 때, $\triangle OAB$의 넓이를 구하시오. (단, O는 원점)

1377

직선 $y=\dfrac{1}{2}x-1$과 수직이고 원 $x^2+y^2=20$에 접하는 직선의 x절편은 p이다. $|p|$의 값은?

① 1   ② 2   ③ 3

④ 4   ⑤ 5

1378

원 $x^2+y^2=4$ 위의 점 $A(-1, \sqrt{3})$에서의 접선을 l, 점 $B(\sqrt{3}, -1)$에서의 접선을 m이라 할 때, 두 직선 l과 m이 이루는 각의 크기는?

① 15°   ② 30°   ③ 45°

④ 60°   ⑤ 90°

1379

그림은 원 $(x+1)^2+(y-3)^2=4$와 직선 $y=mx+2$를 좌표평면 위에 나타낸 것이다.

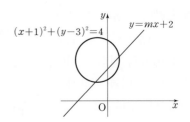

원과 직선의 두 교점을 각각 A, B라 할 때, 선분 AB의 길이가 $2\sqrt{2}$가 되도록 하는 상수 m의 값은?

① $\dfrac{\sqrt{3}}{3}$ ② $\dfrac{\sqrt{2}}{2}$ ③ 1

④ $\sqrt{2}$ ⑤ $\sqrt{3}$

1380

두 원 $x^2+y^2-2x+y-1=0$, $x^2+y^2-3x-y=0$의 교점을 지나는 직선과 원 $(x+3)^2+(y+3)^2=5$와의 거리의 최댓값과 최솟값을 구하시오.

1381

y축 위의 점 $(0, a)$에서 원 $x^2+y^2=2$에 그은 두 접선이 서로 수직일 때, 양수 a의 값은?

① 1   ② 2   ③ 3

④ 4   ⑤ 5

1382

좌표평면 위의 점 $A(-3, 2)$에서 원 $x^2+(y+1)^2=2$에 그은 접선의 접점을 P라 하자. $\overline{AP}$의 길이는?

① $2\sqrt{3}$ ② 4 ③ $3\sqrt{2}$

④ $2\sqrt{5}$ ⑤ 5

1383

두 원 $x^2+(y-4)^2=3$, $(x-4)^2+y^2=12$의 공통외접선의 길이와 공통내접선의 길이를 구하시오.

Level up

1384

두 점 $A(-1, 1)$, $B(2, 1)$에 대하여
$\overline{AP} : \overline{BP} = 2 : 1$을 만족시키는 점 P가 그리는 도형의 넓이는?

① π ② 2π ③ 3π

④ 4π ⑤ 5π

모의고사 기출

1385

좌표평면 위의 원 $x^2+y^2=4$와 직선 $y=2mx+4\sqrt{m}$이 접하도록 하는 실수 m의 값을 구하시오.

모의고사 기출

1386

좌표평면에서 원 $x^2+y^2=2$ 위를 움직이는 점 A와 직선 $y=x-4$ 위를 움직이는 두 점 B, C를 연결하여 삼각형 ABC를 만들 때, 정삼각형이 되는 삼각형 ABC의 넓이의 최솟값과 최댓값의 비는?

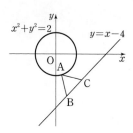

① $1 : 7$ ② $1 : 8$ ③ $1 : 9$

④ $1 : 10$ ⑤ $1 : 11$

모의고사 기출

1387

오른쪽 그림과 같이 원 $x^2+y^2=13$ 위의 두 정점 $A(-3, -2)$, $B(2, -3)$과 원 위의 동점 P를 꼭짓점으로 하는 삼각형 ABP의 넓이의 최

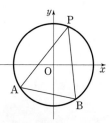

댓값은 $\dfrac{q}{p}(1+\sqrt{2})$이다. pq의 값을 구하시오.

(단, p, q는 서로소인 자연수)

모든 자연 현상은 그거 적은
수의 불변하는 법칙에서 나온
수학적인 결과일 뿐이다

-라프라스-

C.O.D.I

16 도형의 이동

고등학교 1학년 1학기 수학 과정의
마지막 단원이다.
주어진 도형의 위치를 변경하는 것이
도형의 이동이다.
지금까지 배운 도형을 총정리하고
더 깊이 이해해 보자.

개념 C.O.D.I 01 평행이동

01 평행이동의 뜻

도형을 일정한 방향으로 일정한 거리만큼 옮기는 것을 평행이동이라 한다.

좌표평면에서 도형은 좌우 방향, 상하 방향으로 이동할 수 있다.

대각선으로 이동하는 것은 좌우 방향, 상하 방향으로 동시에 움직인 것이다.

> **평행이동**
> • 도형의 크기와 모양은 그대로
> • 위치만 바뀐다.

02 x축의 방향으로 평행이동

도형을 좌우 방향(왼쪽 또는 오른쪽)으로 옮기는 것을 'x축의 방향으로 평행이동'한다고 한다.

(1) 점 P'은 점 P를 오른쪽으로 2만큼 이동
　　⇨ x축의 방향으로 $+2$만큼 평행이동
(2) 점 P''은 점 P를 왼쪽으로 1만큼 이동
　　⇨ x축의 방향으로 -1만큼 평행이동

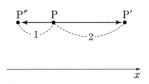

03 y축의 방향으로 평행이동

도형을 상하 방향(위쪽 또는 아래쪽)으로 옮기는 것을 'y축의 방향으로 평행이동' 한다고 한다.

(1) 점 Q'은 점 Q를 위쪽으로 1만큼 이동
　　⇨ y축의 방향으로 $+1$만큼 평행이동
(2) 점 Q''은 점 Q를 아래쪽으로 2만큼 이동
　　⇨ y축의 방향으로 -2만큼 평행이동

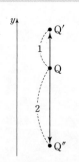

02 점의 평행이동

가장 간단한 도형인 점을 평행이동시켜 보자.

점 $P(x, y)$를 x축의 방향으로 m만큼, y축의 방향으로 n만큼
평행이동시킨 점 P'좌표는 $(x+m, y+n)$

$$P(x, y) \xrightarrow[\substack{x\text{축의 방향: } m\text{만큼} \\ y\text{축의 방향: } n\text{만큼}}]{} P'(x+m, y+n)$$

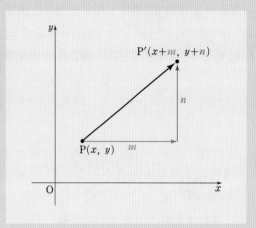

예1 점 $(1, 1)$을 x축의 방향으로 3만큼, y축의 방향으로 2만큼
평행이동한 점의 좌표

$$(1, 1) \xrightarrow[\substack{x\text{축의 방향: } 3\text{만큼} \\ y\text{축의 방향: } 2\text{만큼}}]{} (1+3, 1+2)$$

$$\therefore (4, 3)$$

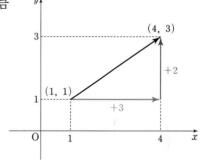

예2 점 $(2, 4)$를 x축의 방향으로 1만큼, y축의 방향으로
-4만큼 평행이동한 점의 좌표

$$(2, 4) \xrightarrow[\substack{x\text{축의 방향: } 1\text{만큼} \\ y\text{축의 방향: } -4\text{만큼}}]{} (2+1, 4-4)$$

$$\therefore (3, 0)$$

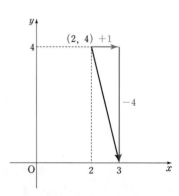

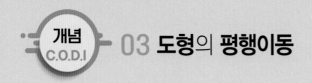

03 도형의 평행이동

직선, 원과 같은 도형을 평행이동한다는 것은 도형 위의 수많은 점을 옮기는 것이다.

이런 도형을 평행이동하면 도형의 방정식은 어떻게 바뀌는지 알아보자.

$2x-y+1=0$, $x^2+y^2-2x+4y=0$과 같이 x, y로 표현된 도형의 방정식을 $f(x, y)=0$으로 나타낸다.

$f(x, y)=0$을 x축의 방향으로 m만큼, y축의 방향으로 n만큼 평행이동한 도형의 방정식은 $f(x-m, y-n)=0$이다.

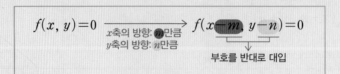

원래의 도형 $f(x, y)=0$ 위의 점을 $\mathrm{P}(x, y)$, 평행이동한 도형 위의 점을 $\mathrm{P'}(x', y')$이라 하면

$$x'=x+m \longrightarrow x=x'-m \qquad \cdots \text{㉠}$$

$$y'=y+n \longrightarrow y=y'-n \qquad \cdots \text{㉡}$$

이므로 $f(x, y)=0$에 ㉠, ㉡을 대입하면 평행이동한 도형의 방정식은

$$f(x'-m, y'-n)=0$$

이다. 도형의 방정식의 문자 x', y'는 따로 구분하지 않고 x, y로 통일하여 쓰므로

$$f(x-m, y-n)=0$$

으로 바꾼다.

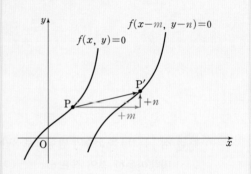

예1 직선 $y=2x+1$을 x축의 방향으로 2만큼, y축의 방향으로 -1만큼 평행이동

$$y=2x+1 \xrightarrow{\qquad\qquad\qquad} y+1=2(x-2)+1$$
$$\quad x\text{축의 방향으로 } +2\text{만큼}: x-2 \text{ 대입}$$
$$\quad y\text{축의 방향으로 } -1\text{만큼}: y+1 \text{ 대입}$$

$$\therefore y=2x-4$$

예2 이차함수 $y=x^2-3x$의 그래프를 x축의 방향으로 -1만큼, y축의 방향으로 -2만큼 평행이동

$$y=x^2-3x \xrightarrow{\qquad\qquad\qquad} y+2=(x+1)^2-3(x+1)$$
$$\quad x\text{축의 방향으로 } -1\text{만큼} : x+1 \text{ 대입}$$
$$\quad y\text{축의 방향으로 } -2\text{만큼} : y+2 \text{ 대입}$$

$$\therefore y=x^2-x-4$$

예3 원 $(x+2)^2+(y-1)^2=4$를 x축의 방향으로 4만큼, y축의 방향으로 3만큼 평행이동

$$(x+2)^2+(y-1)^2=4 \xrightarrow{\qquad\qquad\qquad} (x-4+2)^2+(y-3-1)^2=4$$
$$\qquad x\text{축의 방향으로 } +4\text{만큼} : x-4 \text{ 대입}$$
$$\qquad y\text{축의 방향으로 } +3\text{만큼} : y-3 \text{ 대입}$$

$$\therefore (x-2)^2+(y-4)^2=4$$

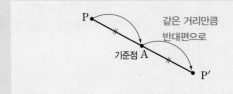

개념
C.O.D.I

04 **대칭이동**의 **뜻**과 **종류**

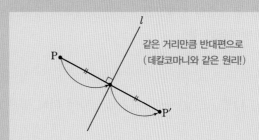

> 어떤 도형을 다른 도형을 기준으로 하여 같은 거리만큼 반대편으로 옮기는 것을 대칭이동이라 한다. 기준이 되는 도형이 점이면 점 대칭, 직선일 경우 선대칭이라고 한다.

01 점대칭이동

점 P를 점 A에 대하여 대칭이동하면
점 A는 $\overline{PP'}$의 중점이 된다.

P
같은 거리만큼
반대편으로
기준점 A
P′

02 선대칭이동

점 P를 직선 l에 대하여 대칭이동하면
$\overline{PP'}$의 중점은 직선 l 위에 있고
직선 l과 $\overline{PP'}$은 서로 수직이다.

l
같은 거리만큼 반대편으로
(데칼코마니와 같은 원리!)
P
P′

이제 중학교 때 배웠던 대칭이동을 복습해 보자.

03 x축에 대한 대칭이동

- x축을 기준으로 하는 선대칭
- x좌표는 그대로
- y좌표의 부호가 반대
  $\Rightarrow y \rightarrow -y$

점: $\text{P}(x, y) \longrightarrow \text{P}'(x, -y)$
도형: $f(x, y)=0 \longrightarrow f'(x, -y)=0$

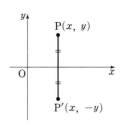

04 y축에 대한 대칭이동

- y축을 기준으로 하는 선대칭
- y좌표는 그대로
- x좌표의 부호가 반대
  $\Rightarrow x \rightarrow -x$

점: $\text{P}(x, y) \longrightarrow \text{P}'(-x, y)$
도형: $f(x, y)=0 \longrightarrow f'(-x, y)=0$

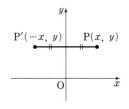

05 원점에 대한 대칭이동

- 원점을 기준으로 하는 점대칭
- x, y좌표의 부호가 반대
  $\Rightarrow x \rightarrow -x, y \rightarrow -y$

점: $\text{P}(x, y) \longrightarrow \text{P}'(-x, -y)$
도형: $f(x, y)=0 \longrightarrow f'(-x, -y)=0$

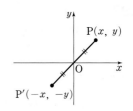

[1388–1398] 다음 조건에 맞는 점의 좌표를 구하시오.

1388
점 $(2, 1)$을 x축의 방향으로 5만큼, y축의 방향으로 3만큼 평행이동한 점

1389
점 $(3, 0)$을 x축의 방향으로 -6만큼, y축의 방향으로 1만큼 평행이동한 점

1390
점 $(-1, 4)$를 $(x, y) \rightarrow (x+2, y-5)$에 의해 평행이동한 점

1391
점 $(3, -2)$를 $(x, y) \rightarrow (x-3, y)$에 의해 평행이동한 점

1392
점 $(1, 2)$를 $(x, y) \rightarrow (x, y-1)$에 의해 평행이동한 점

1393
점 $(\sqrt{3}, 1)$을 x축에 대하여 대칭이동한 점

1394
점 $(-2, -3)$을 y축에 대하여 대칭이동한 점

1395
점 $(4, 1)$을 원점에 대하여 대칭이동한 점

1396
점 $(5, 9)$를 $(x, y) \rightarrow (x, -y)$에 의해 이동한 점

1397
점 $(-4, -3)$를 $(x, y) \rightarrow (-x, y)$에 의해 이동한 점

1398
점 $(2, -7)$을 $(x, y) \rightarrow (-x, -y)$에 의해 이동한 점

[1399–1406] 다음 조건에 맞는 도형의 방정식을 구하시오.

1399
직선 $y=3x+2$를 x축의 방향으로 2만큼, y축의 방향으로 -1만큼 평행이동한 도형

1400
포물선 $y=x^2-1$을 x축의 방향으로 -3만큼, y축의 방향으로 4만큼 평행이동한 도형

1401
원 $x^2+y^2=16$을 x축의 방향으로 -2만큼, y축의 방향으로 2만큼 평행이동한 도형

1402
직선 $3x-4y=0$을 $(x, y) \rightarrow (x-1, y-1)$에 의해 평행이동한 도형

1403
원 $x^2+y^2-2x+y+1=0$을 $(x, y) \rightarrow (x, y+1)$에 의해 평행이동한 도형

1404
직선 $2x-y+3=0$을 x축에 대하여 대칭이동한 도형

1405
포물선 $y=x^2+4x+3$을 y축에 대하여 대칭이동한 도형

1406
원 $x^2+y^2+4x+3=0$을 원점에 대하여 대칭이동한 도형

[1407–1409] 원 $(x+1)^2+(y-2)^2=9$를 다음과 같이 이동한 도형의 방정식을 구하시오.

1407
$(x, y) \rightarrow (x, -y)$

1408
$(x, y) \rightarrow (-x, y)$

1409
$(x, y) \rightarrow (-x, -y)$

05 대칭이동의 응용: $y=x$에 대한 대칭

01 점의 직선 $y=x$에 대한 대칭이동

점 $P(a, b)$를 직선 $y=x$에 대하여 대칭이동한
점 P'의 좌표는 (b, a)이다.
➡ x좌표와 y좌표가 바뀐다.

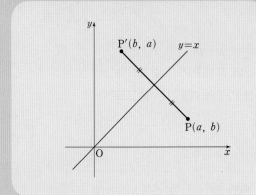

증명 점 $P(a, b)$를 직선 $y=x$에 대하여 대칭이동한 점을
$P'(x', y')$이라 하자.

(i) $\overline{PP'}$의 중점은 $y=x$ 위에 있다.

$$중점 \left(\frac{x'+a}{2}, \frac{y'+b}{2} \right) \xrightarrow{y=x} \frac{y'+b}{2} = \frac{x'+a}{2}$$

$$-x'+y'=a-b \qquad \cdots ㉠$$

(ii) $y=x$와 직선 PP'은 수직이다.

즉, 직선 PP'의 기울기는 -1이므로

$$\frac{y'-b}{x'-a}=-1, \ y'-b=-x'+a$$

$$x'+y'=a+b \qquad \cdots ㉡$$

㉠$+$㉡을 하면 $2y'=2a$에서 $y'=a$
㉠$-$㉡을 하면 $-2x'=-2b$에서 $x'=b$
$\therefore P'(b, a)$

02 도형의 직선 $y=x$에 대한 대칭이동

도형 $f(x, y)=0$을 직선 $y=x$에 대하여 대칭이
동한 도형의 방정식은 $f(y, x)=0$이다.
➡ x좌표와 y좌표가 바뀐다.

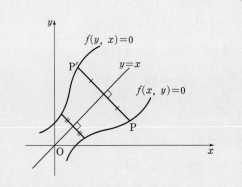

증명 도형 $f(x, y)=0$ 위의 점을 $P(x, y)$, 직선 $y=x$에 대하
여 대칭이동한 도형 위의 점을 $P'(x', y')$이라 하자.

(i) $\overline{PP'}$의 중점은 $y=x$ 위에 있다.

$$중점 \left(\frac{x+x'}{2}, \frac{y+y'}{2} \right) \xrightarrow{y=x} \frac{y+y'}{2} = \frac{x+x'}{2}$$

$$-x+y=x'-y' \qquad \cdots ㉠$$

(ii) $y=x$와 직선 PP'은 수직이다.

즉, 직선 PP'의 기울기는 -1이므로

$$\frac{y'-y}{x'-x}=-1, \ y'-y=-x'+x$$

$$x+y=x'+y' \qquad \cdots ㉡$$

㉠$+$㉡을 하면 $2y=2x'$에서 $y=x'$
㉠$-$㉡을 하면 $-2x=-2y'$에서 $x=y'$

$$f(x, y)=0 \xrightarrow[y=x \ 대칭]{} f(y', x')=0$$

$$\therefore f(y, x)=0$$

06 대칭이동의 응용: $y=-x$에 대한 대칭

01 점의 직선 $y=-x$에 대한 대칭이동

점 $P(a, b)$를 직선 $y=-x$에 대하여 대칭이동한 점 P'의 좌표는 $(-b, -a)$이다.

⇨ x좌표와 y좌표가 바뀌고 부호는 반대이다.

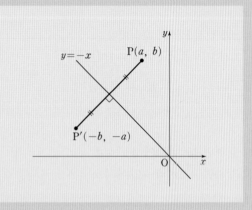

증명 점 $P(a, b)$를 직선 $y=-x$에 대하여 대칭이동한 점을 $P'(x', y')$이라 하자.

(i) $\overline{PP'}$의 중점은 $y=-x$ 위에 있다.

중점 $\left(\dfrac{x'+a}{2}, \dfrac{y'+b}{2}\right)$

$$\xrightarrow[y=-x]{} \dfrac{y'+b}{2}=-\dfrac{x'+a}{2}$$

$x'+y'=-a-b \qquad \cdots ㉠$

(ii) $y=-x$와 직선 PP'은 수직이다.

즉, 직선 PP'의 기울기는 1이므로

$\dfrac{y'-b}{x'-a}=1,\ y'-b=x'-a$

$-x'+y'=-a+b \qquad \cdots ㉡$

㉠+㉡을 하면 $2y'=-2a$에서 $y'=-a$

㉠-㉡을 하면 $2x'=-2b$에서 $x'=-b$

$\therefore P'(-b, -a)$

02 도형의 직선 $y=-x$에 대한 대칭이동

도형 $f(x, y)=0$을 직선 $y=-x$에 대하여 대칭이동한 도형의 방정식은 $f(-y, -x)=0$이다.

⇨ x좌표와 y좌표가 바뀌고 부호는 반대이다.

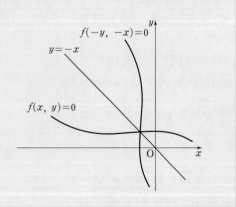

증명 도형 $f(x, y)=0$ 위의 점을 $P(x, y)$, 직선 $y=-x$에 대하여 대칭이동한 도형 위의 점을 $P'(x', y')$이라 하자.

(i) $\overline{PP'}$의 중점은 $y=-x$ 위에 있다.

중점 $\left(\dfrac{x+x'}{2}, \dfrac{y+y'}{2}\right)$

$$\xrightarrow[y=-x]{} \dfrac{y+y'}{2}=-\dfrac{x+x'}{2}$$

$x+y=-x'-y' \qquad \cdots ㉠$

(ii) $y=-x$와 직선 PP'은 수직이다.

즉, 직선 PP'의 기울기는 1이므로

$\dfrac{y'-y}{x'-x}=1,\ y'-y=x'-x$

$x-y=x'-y' \qquad \cdots ㉡$

㉠+㉡을 하면 $2x=-2y'$에서 $x=-y'$

㉠-㉡을 하면 $2y=-2x'$에서 $y=-x'$

$f(x, y)=0 \xrightarrow[y=-x\ 대칭]{} f(-y', -x')=0$

$\therefore f(-y, -x)=0$

1410

점 (a, b)를 직선 $y=x$에 대하여 대칭이동한 점의 좌표가 (b, a)임을 증명하시오.

1411

점 (a, b)를 직선 $y=-x$에 대하여 대칭이동한 점의 좌표가 $(-b, -a)$임을 증명하시오.

1412

도형 $f(x, y)=0$을 직선 $y=x$에 대하여 대칭이동한 도형의 방정식이 $f(y, x)=0$임을 증명하시오.

1413

도형 $f(x, y)=0$을 직선 $y=-x$에 대하여 대칭이동한 도형의 방정식이 $f(-y, -x)=0$임을 증명하시오.

[1414-1420] 다음을 직선 $y=x$, $y=-x$에 대하여 대칭이동한 점의 좌표나 도형의 방정식을 차례로 쓰시오.

1414

점 $(4, 1)$

1415

점 $(-3, 2)$

1416

점 $(0, -2)$

1417

점 $(5, 0)$

1418

직선 $y=\dfrac{1}{2}x-3$

1419

원 $x^2+y^2-5x=0$

1420

원 $(x+1)^2+(y-3)^2=1$

1421

점 $\mathrm{P}(1, 7)$을 점 $(3, 2)$에 대하여 대칭이동한 점 P'의 좌표를 구하시오. ($\overline{\mathrm{PP}'}$의 중점이 $(3, 2)$임을 이용하시오.)

1422

직선 $y=x+1$을 점 $(1, -1)$에 대하여 대칭이동한 도형의 방정식을 구하려고 한다. 다음 물음에 답하시오.

(1) 직선 $y=x+1$ 위의 점 $\mathrm{P}(x, y)$, 대칭이동한 점을 $\mathrm{P}'(x', y')$으로 놓고 식을 세우시오.

(2) 식을 x, y에 대하여 정리하고 도형의 방정식을 구하시오.

1423

점 $\mathrm{P}(-3, 2)$를 직선 $y=2x+1$에 대하여 대칭이동한 점 P'의 좌표를 구하려고 한다. 다음 물음에 답하시오.

(1) 점 P'의 좌표를 (a, b)로 잡고 $\overline{\mathrm{PP}'}$의 중점의 좌표를 구하시오.

(2) $\overline{\mathrm{PP}'}$의 중점의 좌표가 $y=2x+1$ 위에 있다는 성질을 이용하여 식을 구하시오.

(3) $\overline{\mathrm{PP}'}$이 직선 $y=2x+1$과 수직임을 이용하여 식을 구하시오.

(4) 두 식을 연립하여 점 P'의 좌표를 구하시오.

Style 01 점의 평행이동

1424

점 $(4, 2)$가 평행이동 $(x, y) \rightarrow (x+a, y+b)$에 의하여 점 $(7, 0)$으로 옮겨질 때, $a+b$의 값은?

① 0   ② 1   ③ 2

④ 3   ⑤ 4

1425

점 $(4, 3)$을 x축의 방향으로 a만큼, y축의 방향으로 a만큼 평행이동한 점이 x축 위의 점일 때, 실수 a의 값은?

① -3 ② -2 ③ -1

④ 2   ⑤ 3

1426

점 $(0, -1)$을 평행이동 $(x, y) \rightarrow (x+a, y+a)$에 의하여 이동한 점이 직선 $y=2x-3$ 위에 있을 때, 실수 a의 값은?

① 1   ② 2   ③ 3

④ 4   ⑤ 5

Level up
1427

점 $A(-1, -3)$을 x축의 방향으로 4만큼, y축의 방향으로 -2만큼 평행이동한 점을 B라 하자. $\overline{AB}$를 지름으로 하는 원의 방정식을 구하시오.

Style 02 도형의 평행이동: 직선, 포물선

1428

직선 $2x-y+k=0$이 평행이동
$$(x, y) \rightarrow (x+1, y-3)$$
에 의해 옮겼을 때, 원 $x^2+y^2-4x+6y+9=0$의 넓이를 이등분한다. 상수 k의 값은?

① -5 ② -4 ③ -3

④ -2 ⑤ -1

1429

직선 $y=mx+m+1$을 x축의 방향으로 -1만큼, y축의 방향으로 -2만큼 평행이동시킨 도형이 포물선 $y=x^2-4x-1$의 꼭짓점을 지날 때, 실수 m의 값은?

① -3 ② -2 ③ -1

④ 2   ⑤ 3

Level up
1430

포물선 $y=x^2$과 직선 $y=-2x+3$을 평행이동
$$(x, y) \rightarrow (x+2, y-1)$$
에 의해 옮겼을 때, 포물선과 직선의 교점의 좌표를 구하시오.

Level up
1431

직선 $y=x-3$을 x축의 방향으로 2만큼, y축의 방향으로 p만큼 평행이동하면 처음의 직선과 일치하고 직선 $y=2x+1$을 x축의 방향으로 2만큼, y축의 방향으로 q만큼 평행이동하면 처음의 직선과 포개어진다. $p+q$의 값은?

① 2   ② 4   ③ 6

④ 8   ⑤ 10

Style 03 도형의 평행이동: 원

1432

원 $(x-3)^2+(y-2)^2=4$를 평행이동

$$(x, y) \rightarrow (x+a, y+b)$$

에 의해 이동한 원의 방정식이 $(x-1)^2+(y-3)^2=c$일 때, $a+b+c$의 값은?

① 1   ② 2   ③ 3

④ 4   ⑤ 5

1433

원 $(x-1)^2+(y+4)^2=9$를 x축의 방향으로 -2만큼, y축의 방향으로 3만큼 평행이동하면 x축과 두 점에서 만날 때, 두 교점의 x좌표의 합을 구하시오.

1434

원 $x^2+y^2=1$을 x축의 방향으로 a만큼, y축의 방향으로 $2a$만큼 평행이동하면 직선 $4x-3y+1=0$과 접할 때, 모든 실수 a의 값의 합은?

① 1   ② 2   ③ 3

④ 4   ⑤ 5

Level up

1435

원 $O: x^2+y^2+4x-10y+25=0$을 x축의 방향으로 a만큼 평행이동한 원을 O'이라 할 때, 두 원 O, O'의 교점이 존재하기 위한 실수 a의 값의 범위는 $\alpha \leq a \leq \beta$이다. $\alpha\beta$의 값은?

① -4 ② -9 ③ -16

④ -25 ⑤ -36

Style 04 점의 대칭이동

1436

점 $(-3, -1)$을 원점에 대하여 대칭이동한 점을 A, 직선 $y=-x$에 대하여 대칭이동한 점을 B라 할 때, $\overline{AB}$의 길이는?

① $2\sqrt{2}$ ② 3   ③ $2\sqrt{3}$

④ 4   ⑤ $3\sqrt{2}$

모의고사 기출

1437

좌표평면에서 점 $A(1, 3)$을 x축, y축에 대하여 대칭이동한 점을 각각 B, C라 하고, 점 $D(a, b)$를 x축에 대하여 대칭이동한 점을 E라 하자. 세 점 B, C, E가 한 직선 위에 있을 때, 직선 AD의 기울기는? (단, $a \neq \pm 1$)

① -2 ② -1 ③ 1

④ 2   ⑤ 3

Level up

1438

점 $(1, 5)$를 직선 $y=x$에 대하여 대칭이동한 점과 x축의 방향으로 a만큼, y축의 방향으로 b만큼 평행이동한 점의 좌표가 일치한다. $a+b$의 값은?

① -3 ② -2 ③ -1

④ 0   ⑤ 2

Style 05 **도형의 대칭이동**

1439

직선 $y=-2x+1$을 y축에 대하여 대칭이동한 도형을 l, 직선 $y=x$에 대하여 대칭이동한 도형을 m이라 할 때, 두 도형 m과 l의 교점의 좌표를 구하시오.

1440

포물선 $y=-x^2-4x$의 꼭짓점을 A, 이 포물선을 y축에 대하여 대칭이동한 포물선의 꼭짓점을 B, 원점에 대하여 대칭이동한 포물선의 꼭짓점을 C라 하자. △ABC의 넓이는?

① 8   ② 16   ③ 24
④ 32   ⑤ 36

1441

원 $(x-4)^2+(y-2)^2=4$를 직선 $y=x$에 대하여 대칭이동한 후 y축에 대하여 대칭이동한 도형의 중심이 직선 $5x+3y+k=0$ 위에 있을 때, 상수 k의 값은?

① -5 ② -4 ③ -3
④ -2 ⑤ -1

모의고사 기출

1442

원 C_1: $x^2-2x+y^2+4y+4=0$을 직선 $y=x$에 대하여 대칭이동한 원을 C_2라 하자. 원 C_1 위의 임의의 점 P와 원 C_2 위의 임의의 점 Q에 대하여 두 점 P, Q 사이의 최소 거리는?

① $2\sqrt{3}-2$ ② $2\sqrt{3}+2$
③ $3\sqrt{2}-2$ ④ $3\sqrt{2}+2$
⑤ $3\sqrt{3}-2$

Level up
1443

직선 $2x-3y-4=0$을 원점에 대하여 대칭이동한 직선과 원 $(x-3)^2+(y+4)^2=k$를 직선 $y=x$에 대하여 대칭이동한 원이 서로 접할 때, 실수 k의 값은?

① 8   ② 13   ③ 16
④ 17   ⑤ 25

Style 06 점에 대한 대칭이동

1444

점 $(2, 7)$을 점 $\left(a, \dfrac{5}{2}\right)$에 대하여 대칭이동한 점의 좌표가 $(5, b)$일 때, ab의 값은?

① 1   ② -1 ③ -3

④ -5 ⑤ -7

1445

원 $x^2+y^2-12x-6y+44=0$을 점 $(4, 0)$에 대하여 대칭이동한 도형의 방정식을 구하시오.

Level up

1446

직선 $y=2x-3$을 점 $(-1, 2)$에 대하여 대칭이동한 도형의 방정식이 $y=mx+n$이다. $m+n$의 값은?

(단, m, n은 상수)

① 9   ② 11   ③ 13

④ 15   ⑤ 17

Level up

1447

포물선 $y=-x^2+6x-8$을 점 $(2, 2)$에 대하여 대칭이동한 도형의 방정식을 구하시오.

Style 07 직선에 대한 대칭이동

1448

점 $A(-2, -5)$를 직선 $y=-x+2$에 대하여 대칭이동한 점의 좌표는?

① $(7, 4)$ ② $(8, 5)$ ③ $(4, 7)$

④ $(2, 5)$ ⑤ $(5, 2)$

1449

원 $(x+3)^2+(y-2)^2=4$를 직선 $2x-y+1=0$에 대하여 대칭이동한 도형의 방정식은 $(x-a)^2+(y-b)^2=c$이다. 세 상수 a, b, c의 합 $a+b+c$의 값을 구하시오.

Level up

1450

직선 $y=x+1$을 직선 $x-3y+2=0$에 대하여 대칭이동한 도형의 방정식은 $x+ay+b=0$이다. $a+b$의 값은?

(단, a, b는 상수)

① 2   ② 3   ③ 4

④ 5   ⑤ 6

1451

그림의 삼각형 A′B′C′은 삼각형 ABC를 평행이동한 도형이다. 두 점 B′, C′을 지나는 직선의 방정식이 $ax+by=24$일 때, $a+b$의 값은? (단, a, b는 상수)

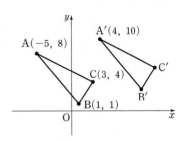

① 1 ② 2 ③ 3
④ 4 ⑤ 5

1452

좌표평면에서 점 $(1, 4)$를 점 $(-2, a)$로 옮기는 평행이동에 의하여 원 $x^2+y^2+8x-6y+21=0$은 원 $x^2+y^2+bx-18y+c=0$으로 옮겨진다. 세 실수 a, b, c의 합 $a+b+c$의 값을 구하시오.

1453

포물선 $y=x^2+4x+3$을 포물선 $y=x^2-2x-1$로 옮기는 평행이동에 의해 직선 $y=\frac{1}{2}x$가 직선 l로 옮겨질 때, 직선 l의 x절편을 구하시오.

1454

원 $(x+3)^2+(y+4)^2=4$ 위의 임의의 점을 P, 이 원을 원점에 대하여 대칭이동한 원 위의 임의의 점을 Q라 할 때, $\overline{PQ}$의 길이의 최댓값은?

① 6 ② 8 ③ 10
④ 12 ⑤ 14

1455

원 $(x-3)^2+y^2=2$를 점 $(0, 1)$에 대하여 대칭이동한 원의 중심의 좌표가 (a, b)일 때, a^2+b^2의 값은?

① 8 ② 13 ③ 16
④ 17 ⑤ 25

1456

직선 $y=2x-7$을 점 $(2, 4)$에 대하여 대칭이동한 도형의 y절편은?

① 3 ② 5 ③ 7
④ 9 ⑤ 11

Level up

1457

원 O: $(x-3)^2+(y-2)^2=4$와 원 O를 직선 $y=x$에 대하여 대칭이동한 원 O'은 두 점 A, B에서 만난다. $\overline{AB}$의 길이를 구하시오.

Level up

1458

점 $(2, 5)$를 직선 $x+2y-4=0$에 대하여 대칭이동한 점의 좌표를 구하시오.

모의고사 기출

1459

좌표평면 위의 정점 P에 대한 두 점 A, B의 대칭점은 각각 A′, B′이고, 직선 AB의 방정식은 $x-2y+4=0$이다. 점 A′의 좌표가 $(3, 1)$, 직선 A′B′의 방정식이 $y=ax+b$일 때, 두 상수 a, b의 곱 ab의 값은?

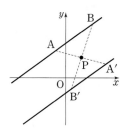

① $-\dfrac{1}{2}$ ② $-\dfrac{1}{3}$ ③ $-\dfrac{1}{4}$

④ $\dfrac{1}{4}$ ⑤ $\dfrac{1}{3}$

모의고사 기출

1460

한 개의 동전을 던져서 다음과 같은 방법으로 좌표평면 위의 점 P$(1, 1)$을 이동시키려고 한다.

> • 앞면이 나오면 x축의 방향으로 1만큼, y축의 방향으로 -1만큼 평행이동한다.
> • 뒷면이 나오면 x축의 방향으로 -1만큼, y축의 방향으로 2만큼 평행이동한다.

동전을 10회 던져서 앞면이 6회, 뒷면이 4회 나왔을 때의 평행이동된 점을 Q라 할 때, 선분 PQ의 길이는?

① $2\sqrt{2}$ ② $2\sqrt{3}$ ③ $3\sqrt{2}$

④ $3\sqrt{3}$ ⑤ $4\sqrt{2}$

모의고사 기출

1461

좌표평면에서 방정식 $f(x, y)=0$이 나타내는 도형이 오른쪽 그림과 같은 ⌐ 모양일 때, 다음 중 방정식 $f(x+1, 2-y)=0$이 좌표평면에 나타내는 도형은?

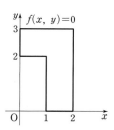

① 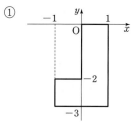   ②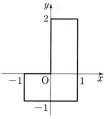

③ 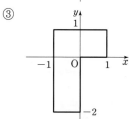   ④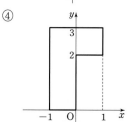

⑤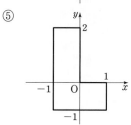

개념 C.O.D.I _{코디} 고등 수학(상)

2021. 11. 15. 초 판 1쇄 인쇄
2021. 11. 22. 초 판 1쇄 발행

지은이 | 송해선
펴낸이 | 이종춘
펴낸곳 | **BM** (주)도서출판 **성안당**
주소 | 04032 서울시 마포구 양화로 127 첨단빌딩 3층(출판기획 R&D 센터)
　　　 10881 경기도 파주시 문발로 112 파주 출판 문화도시(제작 및 물류)
전화 | 02) 3142-0036
　　　 031) 950-6300
팩스 | 031) 955-0510
등록 | 1973. 2. 1. 제406-2005-000046호
출판사 홈페이지 | **www.cyber.co.kr**
ISBN | 978-89-315-5784-8 (53410)
정가 | 23,000원

이 책을 만든 사람들
기획 | 최옥현
진행 | 오영미
편집·교정 | 고영일
검토 | 김보미, 유은비, 최우성
본문·표지 디자인 | 박수정
전산편집 | 금강에듀
홍보 | 김계향, 이보람, 유미나, 서세원
국제부 | 이선민, 조혜란, 권수경
마케팅 | 구본철, 차정욱, 나진호, 이동후, 강호묵
마케팅 지원 | 장상범, 박지연
제작 | 김유석

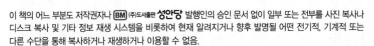

▪ **도서 A/S 안내**

성안당에서 발행하는 모든 도서는 저자와 출판사, 그리고 독자가 함께 만들어 나갑니다.
좋은 책을 펴내기 위해 많은 노력을 기울이고 있습니다. 혹시라도 내용상의 오류나 오탈자 등이 발견되면 **"좋은 책은 나라의 보배"**로서 우리 모두가 함께 만들어 간다는 마음으로 연락주시기 바랍니다. 수정 보완하여 더 나은 책이 되도록 최선을 다하겠습니다.
성안당은 늘 독자 여러분들의 소중한 의견을 기다리고 있습니다. 좋은 의견을 보내주시는 분께는 성안당 쇼핑몰의 포인트(3,000포인트)를 적립해 드립니다.

잘못 만들어진 책이나 부록 등이 파손된 경우에는 교환해 드립니다.

수학 스타일리스트

문제 **C.O.D.I** 코디

Level up
TEST

01 다항식의 연산

01 x에 대한 다항식 $(2x^2+ax+3)(x+2)^3$의 전개식에서 x^2의 계수가 -2일 때, 상수 a의 값은?

① -5　　② -4　　③ -3

④ -2　　⑤ -1

02 t에 대한 다항식 $\left(t+\dfrac{1}{t}+2\right)^2$의 전개식에서 상수항은?

① 2　　② 6　　③ 10

④ 14　　⑤ 16

03 x에 대한 다항식 $(x-1)^3(x+1)^3$을 전개하시오.

04 $(x^2-2)(x^2+\sqrt{2}x+2)(x^2-\sqrt{2}x+2)=x^m-n$을 만족시키는 자연수 m, n에 대하여 $m+n$의 값은?

① 2　　② 6　　③ 10

④ 14　　⑤ 16

05 등식 $(x-\alpha)(x-\beta)(x-\gamma)=x^3-3x^2-4x+12$가 성립할 때, $\alpha^3+\beta^3+\gamma^3$의 값은?

(단, α, β, γ는 상수)

① 3　　② 9　　③ 12

④ 18　　⑤ 27

06 두 실수 a, b에 대하여 $a-b=2\sqrt{3}$, $ab=1$일 때, $(a+b)^3$의 값은? (단, $a>0$, $b>0$)

① 1　　② 8　　③ 27

④ 64　　⑤ 125

07 $x^2 - 2\sqrt{3}x + 2 = 0$일 때, $x^3 + \dfrac{8}{x^3}$의 값은?

① $6\sqrt{2}$ 　② $6\sqrt{3}$ 　③ $12\sqrt{2}$

④ $12\sqrt{3}$ 　⑤ $15\sqrt{3}$

08 두 실수 a, b에 대하여 $a+b=3$, $a^3+b^3=45$일 때, a^2+b^2의 값은?

① 13 　② 11 　③ 9

④ 7 　⑤ 5

09 세 실수 x, y, z에 대하여 $x+y+z=4$, $xyz=-6$, $(x+y)(y+z)(z+x)=10$일 때, $x^2+y^2+z^2$의 값은?

① 2 　② 6 　③ 10

④ 14 　⑤ 16

10 세 실수 x, y, z에 대하여
$$x+y+z=5, \quad xy+yz+zx=7, \quad xyz=3$$
일 때, $x^3+y^3+z^3$의 값은?

① 29 　② 34 　③ 39

④ 44 　⑤ 49

11 세 실수 x, y, z에 대하여
$$x+y+z=5, \quad xy+yz+zx=5, \quad xyz=-3$$
일 때, $x^2y^2+y^2z^2+z^2x^2$의 값을 구하시오.

12 세 실수 a, b, c에 대하여
$$a+b+c=0, \quad a^2+b^2+c^2=6, \quad abc=-2$$
일 때, $a^4+b^4+c^4$의 값을 구하시오.

13 두 다항식 A, B, C가 다음 조건을 만족시킨다.

> (가) $A+B=x^3-3xy^2-2y^3$
> (나) $B+C=7x^2y+xy^2-y^3$
> (다) $C+A=-5x^3-5x^2y+3y^3$

다음 중 다항식 C를 x, y로 나타낸 것은?

① $x^3+x^2y+3xy^2+2y^3$

② $-3x^3+x^2y+2xy^2+2y^3$

③ $-3x^3-x^2y-3xy^2-2y^3$

④ $2x^3-x^2y+2xy^2-2y^3$

⑤ $x^3+4xy^2-y^3$

14 다음 등식 중 옳지 않은 것은?

① $(-a+2b-5c)^2=(a-2b-5c)^2$

② $\left(x+\dfrac{2}{x}\right)^3=x^3+6x+\dfrac{12}{x}+\dfrac{8}{x^3}$

③ $\left(2a-\dfrac{1}{2}b\right)^3=8a^3-6a^2b+\dfrac{3}{2}ab^2-\dfrac{1}{8}b^3$

④ $(4a-5b)^2=(4a+5b)^2-80ab$

⑤ $(9x^2+12xy+16y^2)(9x^2-12xy+16y^2)$
$\qquad\qquad =81x^4+144x^2y^2+256y^4$

15 $(1+3x+5x^2+7x^3+9x^4)^2$의 전개식에서 x^2의 계수는?

① 9 　　　② 14 　　　③ 19

④ 24 　　　⑤ 29

16 두 다항식 A, B에 대하여 연산 $<A, B>$를
$$<A, B>=A^2+AB+B^2$$
으로 정의할 때, 다항식 $<x^2+x+1, x^2+x>$의 전개식에서 x의 계수는?

① 3 　　　② 5 　　　③ 7

④ 9 　　　⑤ 11

17 다항식 $(x+1)(x+2)(x+3)(x+6)$을 전개한 식이 $x^4+12x^3+mx^2+72x+n$일 때, $m-n$의 값은?
(단, m, n은 상수)

① 3 　　　② 5 　　　③ 7

④ 9 　　　⑤ 11

18 다항식 $(3x^2-xy+4)^2$의 전개식에서 x^3y의 계수를 p, $(\sqrt{3}x+1)^3$의 전개식에 x^2의 계수를 q라 할 때, $p+q$의 값을 구하시오.

19 $x>2$인 실수 x가 $x^2-4x-2=0$을 만족시킬 때, 다음 식의 값은 $m+n\sqrt{6}$이다.

$$x^3+x^2+x+4+\frac{2}{x}+\frac{4}{x^2}+\frac{8}{x^3}$$

$m-n$의 값을 구하시오. (단, m, n은 유리수)

20 세 실수 a, b, c에 대하여
$$a+2b=1,\ 2b+c=7,\ c+a=2$$
일 때, 다음 식의 값은?

$$a^2+4b^2+c^2+2ab+2bc+ca$$

① 5　　　　② 13　　　　③ 25

④ 27　　　　⑤ 52

21 두 실수 x, y에 대하여 $x+y=2$, $xy=-2$일 때, x^5+y^5의 값을 구하시오.

22 곱셈 공식을 이용하여 수를 계산한 결과 다음 등식이 성립할 때, $m+n$의 값은? (단, m, n은 자연수)

$$(5+3)(5^2+5\times3+3^2)(5^2-5\times3+3^2)$$
$$=\frac{5^n-3^n}{m}$$

① 2　　　　② 4　　　　③ 6

④ 8　　　　⑤ 10

23 오른쪽 그림과 같이 정육면체의 내부에 직육면체 모양의 공간을 만들었다. 이 도형의 부피를 x를 이용하여 나타내시오.

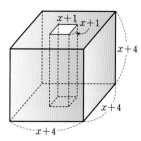

모의고사 기출

24 그림과 같이 점 O를 중심으로 하는 반원에 내접하는 직사각형 ABCD가 다음 조건을 만족시킨다.

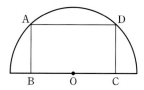

㉮ $\overline{OC}+\overline{CD}=x+y+3$
㉯ $\overline{DA}+\overline{AB}+\overline{BO}=3x+y+5$

직사각형 ABCD의 넓이를 x, y의 식으로 나타낸 것은?

① $(x-1)(y+2)$　　② $(x+1)(y+2)$

③ $2(x-1)(y+2)$　　④ $2(x+1)(y-2)$

⑤ $2(x+1)(y+2)$

02 인수분해 (1)

01 다음 중 다항식 $x^6-12x^4y^2+48x^2y^4-64y^6$을 바르게 인수분해한 것은?

① $(x+2y)^6$

② $(x-2y)^6$

③ $(x^2+4y^2)^3$

④ $(x+2y)^3(x-2y)^3$

⑤ $(x+y)^3(x-4y)^3$

02 $x^2-3x+1=0$일 때, $x^3+3x+\dfrac{3}{x}+\dfrac{1}{x^3}$의 값은?

① 8   ② 27   ③ 64

④ 81   ⑤ 125

03 등식 $9x^2-6xy+y^2-6x+2y+1=\{f(x,\ y)\}^2$이 성립할 때, 함수 $f(x,\ y)=0$의 그래프의 기울기와 y절편의 합은?

① 2   ② 3   ③ 4

④ 5   ⑤ 6

04 보기 에서 $(x^2-x-3)^2-x^2$의 인수를 모두 고른 것은?

> **보기**
>
> ㄱ. $x-1$ ㄴ. $x+1$ ㄷ. $x-3$
>
> ㄹ. $x+3$ ㅁ. x^2+1 ㅂ. x^2-3

① ㄱ, ㄷ   ② ㄴ, ㅁ

③ ㄱ, ㄴ, ㅁ   ④ ㄱ, ㄷ, ㅂ

⑤ ㄴ, ㄷ, ㅂ

05 등식 $x^3-2\sqrt{2}y^3=(x-ay)(x^2+bxy+cy^2)$이 성립할 때, abc의 값은? (단, a, b, c는 상수)

① 2   ② 3   ③ 4

④ 5   ⑤ 6

06 다항식 $(x+1)(x-1)(x-3)(x-5)+k+11$이 $\{f(x)\}^2$의 꼴로 인수분해될 때, $f(k)$의 값은?
(단, k는 상수)

① 4   ② 8   ③ 9

④ 11   ⑤ 20

07 $a^4+2a^2b^2-3b^4=(a+mb)(a-mb)(a^2+nb^2)$일 때, $m+n$의 값은? (단, m, n은 자연수)

① 2   ② 4   ③ 6

④ 8   ⑤ 10

08 x에 대한 다항식 $9x^4+2x^2+1$이 두 이차식의 곱으로 인수분해될 때, 두 이차식의 합을 $f(x)$라 하자. $f(1)$의 값은?

① 4   ② 6   ③ 8

④ 10   ⑤ 12

09 다음 다항식을 인수분해하시오.

$$(x^2-x+1)^2-10(x^2-x)+11$$

10 x, y에 대한 다항식 $x^2-2y^2-xy+2x+5y-3$이 $(x+y-a)(x-by+c)$로 인수분해될 때, $a^2+b^2+c^2$의 값은? (단, a, b, c는 자연수)

① 5   ② 14   ③ 17

④ 22   ⑤ 26

11 다항식 $(x+y)(x-2y)+4x+y+3$이 x, y에 대한 일차식 $f(x, y)$와 $g(x, y)$의 곱으로 인수분해된다. 두 직선 $f(x, y)=0$과 $g(x, y)=0$의 교점의 좌표가 (a, b)일 때, $a+b$의 값은?

① -1 ② $-\dfrac{2}{3}$ ③ $\dfrac{1}{3}$

④ 1   ⑤ $\dfrac{4}{3}$

12 $a^2-b^2+bc+ac$를 인수분해하시오.

13 다음 중 $ca^2+bc^2+ab^2-c^2a-b^2c-a^2b$를 인수분해한 식은?

① $(a-b)(b-c)(c-a)$
② $(a+b)(b+c)(c-a)$
③ $(a-b)(b+c)(a-c)$
④ $(a+b)(b+c)(c+a)$
⑤ $(a-b)(b-c)(a+c)$

14 다음 식을 인수분해하시오.

$$a^2-2b^2-2c^2+ab+5bc+ca$$

15 등식 $x^8-1=(x-1)(x^l+1)(x^m+1)(x^n+1)$이 성립할 때, $l+m+n$의 값은?
(단, l, m, n은 자연수이고, $l<m<n$)

① 5   ② 6   ③ 7
④ 8   ⑤ 9

16 $27a^3+8b^3+c^3-18abc$를 인수분해하시오.

17 $\triangle ABC$의 세 변의 길이가 $\overline{AB}=c$, $\overline{BC}=a$, $\overline{CA}=b$이고 $a^3+b^3+c^3-3abc=0$을 만족시킬 때, $\triangle ABC$는 어떤 삼각형인가?

① $a=b$인 이등변삼각형
② $b=c$인 이등변삼각형
③ $a=b=c$인 정삼각형
④ $\angle C=90°$인 직각삼각형
⑤ $\angle A=90°$인 직각삼각형

18 $\triangle ABC$의 세 변의 길이가 $\overline{AB}=c$, $\overline{BC}=a$, $\overline{CA}=b$이고 $a^3+b^3+a^2b+ab^2-c^2a-bc^2=0$을 만족시킬 때, $\triangle ABC$는 어떤 삼각형인가?

① $a=b$인 이등변삼각형
② $b=c$인 이등변삼각형
③ $a=b=c$인 정삼각형
④ $\angle C=90°$인 직각삼각형
⑤ $\angle A=90°$인 직각삼각형

19 다음 식을 간단히 하시오.

$$\frac{a^2b+ca^2+b^2c+ab^2+c^2a+bc^2+2abc}{(a+b)(b+c)(c+a)}$$

20 $5^2-7^2+9^2-11^2+13^2-15^2$의 값을 구하시오.

21 $55^3+3\times55^2\times17+3\times55\times17^2+17^3=A^3$일 때, 자연수 A의 양의 약수의 총합을 구하시오.

22 다항식의 인수분해를 이용하여 다음 식의 값을 구하시오.

$$\frac{99^4+99^2+1}{98\times99+1}$$

23 다항식의 인수분해를 이용하여 다음 식의 값을 구하시오.

$$23^3+13^3+3^3-3\times23\times13\times3$$

24 $12\times14\times16\times18+16=A^2$일 때, 자연수 A의 값을 구하시오.

01 다항식 $f(x)$를 $5x-1$로 나눈 몫이 $Q(x)$이고 나머지가 2일 때, $f(x)$를 $x-\dfrac{1}{5}$로 나눈 몫은 $kQ(x)$이고 나머지는 r이다. kr의 값은? (단, k, r는 상수)

① $\dfrac{2}{5}$　　② $\dfrac{1}{5}$　　③ 1

④ 5　　⑤ 10

04 임의의 실수 x에 대하여 등식
$$x^3-2x^2-4x+a$$
$$=b(x^3-x^2)+c(x-1)(x^2+x+5)$$
가 성립할 때, $a+bc$의 값은? (단, a, b, c는 상수)

① 1　　② 3　　③ 4

④ 6　　⑤ 7

02 $2x^4-x^3+5x^2+x-1$을 다항식 $f(x)$로 나눈 몫이 $2x+1$, 나머지가 $4x+2$일 때, $f\left(-\dfrac{1}{2}\right)$의 값은 $-\dfrac{q}{p}$이다. $p+q$의 값은? (단, p, q는 서로소인 자연수)

① 25　　② 33　　③ 41

④ 47　　⑤ 52

05 x에 대한 전개식
$$(x+1)^{10}=a_0+a_1x+a_2x^2+\cdots+a_{10}x^{10}$$
에서 $a_1+a_2+\cdots+a_{10}$의 값은?

① 0　　② 1　　③ 1023

④ 1024　　⑤ 2047

03 $(2k-1)x-(k-2)y+5k-1=5x+y+12$가 k에 대한 항등식일 때, x^2+y^2의 값은?
(단, x, y는 상수)

① 5　　② 8　　③ 10

④ 13　　⑤ 20

06 x에 대한 다항식 $3x^3+4x^2-7x+a$를 $x-1$로 나눈 몫이 $Q(x)$, 나머지가 -2일 때, $Q(x)$를 $x-a$로 나눈 나머지는? (단, a는 상수)

① $\dfrac{5}{2}$　　② 1　　③ 0

④ $-\dfrac{4}{3}$　　⑤ -2

07 두 다항식 $f(x)$, $g(x)$에 대하여 $f(x)+g(x)$를 $x-2$로 나눈 나머지가 3, $f(x)g(x)$를 $x-2$로 나눈 나머지가 2일 때, $\{f(x)\}^3+\{g(x)\}^3$을 $x-2$로 나눈 나머지는?

① 3   ② 5   ③ 7
④ 9   ⑤ 13

08 x에 대한 다항식 $-2x^3+ax^2+11x+4$를 $x-3$으로 나눈 나머지가 10일 때, 이 다항식을 x^2-5x+6으로 나머지는 $R(x)$이다. $R(a)$의 값은?

(단, a는 상수)

① 2   ② 4   ③ 6
④ 8   ⑤ 10

09 x에 대한 다항식 $\frac{1}{4}x^4+ax^3-5x+b$를 $x-2$로 나눈 나머지가 -1, $x+4$로 나눈 나머지가 53일 때, 이 다항식을 x^2+2x-8로 나눈 나머지는 $R(x)$이다. $R(1)$의 값은? (단, a, b는 상수)

① -4 ② -1 ③ 2
④ 5   ⑤ 8

10 다항식 $f(x)$에 대하여
$$f(0)=-5, f(-2)=3, f(-3)=-2$$
일 때, $f(x)$를 x^3+5x^2+6x로 나눈 나머지는?

① $3x^2+10x+5$
② $-3x^2-10x-5$
③ $-3x^2+10x-5$
④ $5x^2+10x+3$
⑤ $-5x^2-10x-3$

11 다항식 $f(x)$에 대하여 $f(-1)=1$이고 $f(x)$를 $x^2-3x-10$으로 나눈 나머지가 $x-10$일 때, $f(x)$를 $x^3-2x^2-13x-10$으로 나눈 나머지는 ax^2+bx+c이다. $a+b+c$의 값은?

(단, a, b, c는 상수)

① 10   ② 15   ③ 20
④ 25   ⑤ 30

12 다항식 $f(x)$를 $x^2+2x-15$로 나눈 나머지가 $2x+5$일 때, $f(3x+1)$을 $x+2$로 나눈 나머지는?

① -5 ② -1 ③ 1
④ 5   ⑤ 11

13 임의의 실수 x에 대하여 등식

$$\frac{ax^3+4x^2+4x+5}{x^4+3x^2+2}=\frac{2x+b}{x^2+1}+\frac{c}{x^2+2}$$

가 성립할 때, 세 상수 a, b, c의 합 $a+b+c$의 값은?

① 2   ② 4   ③ 6

④ 8   ⑤ 10

14 등식

$$2x^3-x^2+4x-7$$
$$=a(x-1)^3+b(x-1)^2+8(x-1)+c$$

가 x에 대한 항등식일 때, 세 상수 a, b, c의 합 $a+b+c$의 값은?

① 1   ② 3   ③ 5

④ 7   ⑤ 9

15 $3x-y=1$을 만족시키는 모든 실수 x, y에 대하여 $(k^2-k)x+(k-1)y=0$이 항상 성립할 때, 실수 k의 값은?

① 1   ② 2   ③ 3

④ 4   ⑤ 5

16 $(x+1)(x-3)P(x)=x^4+ax^3+x^2+bx-12$가 임의의 실수 x에 대하여 성립할 때, 다항식 $P(x)$를 $x-2$로 나눈 나머지는? (단, a, b는 상수)

① 4   ② 8   ③ 12

④ 16   ⑤ 20

17 $\dfrac{ax+by+c}{6x-8y+5}$가 x, y의 값에 관계없이 항상 일정한 값을 가질 때, $\dfrac{a^2+b^2}{c^2}$의 값을 구하시오.

(단, a, b, c는 상수)

18 x에 대한 다항식 $f(x)+3g(x)$와 $f(x)-g(x)$를 $x+2$로 나눈 나머지가 각각 2, -6일 때, $f(x)$를 $x+2$로 나눈 나머지는?

① -8 ② -4 ③ 0

④ 4   ⑤ 8

19 100^{45}을 101로 나눈 나머지를 구하시오.

22 x에 대한 다항식 $(x^2-4x-3)^6$을 전개한 식이
$a_0+a_1x+a_2x^2+\cdots+a_{11}x^{11}+a_{12}x^{12}$일 때,
$a_0-a_1+a_2-a_3+\cdots-a_{11}+a_{12}$의 값을 구하시오.

20 25^{10}을 23으로 나눈 나머지는?

① 0   ② 6   ③ 12

④ 15   ⑤ 18

23 최고차항의 계수가 1인 사차식 $P(x)$가 다음 조건을
만족시킨다.

> (가) $P(0)=-4$, $P(1)=1$
> (나) 모든 실수 x에 대하여 $P(x)=P(-x)$가
> 성립한다.

$P(x)$를 $(x-1)(x-2)$로 나눈 나머지를 구하시오.

21 $2^{24}+2^{12}$을 7로 나눈 나머지를 구하시오.

24 다항식 $f(x)$를 $x+2$로 나눈 나머지는 -5이고,
$(x-1)^2$으로 나눈 나머지가 $-3x+7$일 때, $f(x)$를
$(x-1)^2(x+2)$로 나눈 나머지를 구하시오.

04 인수정리와 인수분해 (2)

01 실수 k의 값에 관계없이 x에 대한 다항식 $x^3+(k^2-2)x^2+(k+1)x-k^2-k$의 인수가 되는 것은?

① $x+2$ ② $x+1$ ③ x
④ $x-1$ ⑤ $x-2$

02 x에 대한 다항식 $x^4+(k-1)x^3+x^2-k^2x-2$가 $(x-2)f(x)$로 인수분해될 때, $f(k)$의 값은?
(단, $k<0$)

① -2 ② -1 ③ 1
④ 3 ⑤ 6

03 x에 대한 다항식 $x^3-(2k-1)x^2+(k^2-1)x-16$이 $(x-4)^2$을 인수로 가질 때, 실수 k의 값은?

① 1 ② 2 ③ 3
④ 4 ⑤ 5

04 x에 대한 다항식 $4x^4-4x^3-x^2-5x+3$을 인수분해하면 $(x^2+x+1)f(x)g(x)$이다. $f(2)g(2)$의 값은?
(단, $f(x)$, $g(x)$는 일차식)

① 1 ② 2 ③ 3
④ 4 ⑤ 5

05 부피가 $a^3+a^2-14a-24$인 직육면체의 밑면의 가로의 길이가 $a-4$일 때, 세로의 길이와 높이의 합을 $f(a)$라 하자. $f(2)$의 값은?

① 1 ② 3 ③ 5
④ 7 ⑤ 9

06 최고차항의 계수가 1인 사차식 $P(x)$의 상수항이 0이고 $P(1)=P(-1)=P(-4)=0$일 때, $P(2)$의 값은?

① 16 ② 27 ③ 36
④ 40 ⑤ 48

07 최고차항의 계수가 1인 삼차식 $f(x)$에 대하여 $f(\alpha)=f(\beta)=f(\gamma)=0$이고 $\alpha+\beta+\gamma=-5$, $\alpha\beta+\beta\gamma+\gamma\alpha=-9$, $\alpha\beta\gamma=45$일 때, $f(x)$를 인수분해하시오.

08 사차식 $f(x)$에 대하여 $f(-2)=f(-1)=f(2)=0$이고 $f(x)$를 x, $x-1$로 나눈 나머지가 각각 8, -6일 때, $f(x)$를 인수분해하시오.

09 $g(x)$는 다음 조건을 만족시키는 삼차 다항식이다.

(가) 모든 실수 x에 대하여 $g(x)=-g(-x)$가 성립한다.
(나) $g(3)=0$
(다) 최고차항의 계수는 자연수이다.

$g(1)$의 값이 최대가 될 때의 $g(x)$의 식을 인수분해하시오.

10 다항식의 인수분해를 이용하여 다음을 계산하시오.

$$9^3+3\times9^2+2\times9$$

11 다항식의 인수분해를 이용하여 다음을 계산하시오.

$$98^3-2\times98^2-5\times98+6$$

12 다항식의 인수분해를 이용하여 다음을 계산하시오.

$$48^4+3\times48^3-6\times48^2-28\times48-24$$

01 실수 x에 대하여 $ix^2+(2i+1)x-15i+2$가 음의 실수가 되기 위한 x의 값과 순허수가 되기 위한 x의 값의 곱은?

① -15 ② -6 ③ 6

④ 10 ⑤ 15

02 $i(2-i)^3$의 실수부분과 허수부분의 합은?

① 7 ② 9 ③ 11

④ 13 ⑤ 15

03 $\dfrac{(4+i)^2}{1+3i}=\dfrac{a+bi}{10}$일 때, $a+b$의 값은?

(단, a, b는 실수)

① 2 ② 4 ③ 6

④ 8 ⑤ 10

04 $\dfrac{2i}{3+2i}+\dfrac{1+2i}{2-3i}=a+bi$일 때, 실수 a, b의 합 $a+b$의 값은?

① 1 ② 3 ③ 4

④ 6 ⑤ 7

05 복소수 $z=x+4+(x^2+3x-4)i$에 대하여 $z^2>0$을 만족시키는 실수 x의 값은?

① -4 ② -1 ③ 0

④ 1 ⑤ 4

06 복소수 $z=(1+i)x^2+(3+4i)x-4-5i$에 대하여 $z^2<0$을 만족시키는 실수 x의 값은?

① -4 ② -1 ③ 0

④ 1 ⑤ 4

07 $x=2-\sqrt{5}\,i$일 때, $(x-1)(x-3)$의 값은?

① -6 ② -4 ③ -2

④ 2 ⑤ 6

08 $x=\dfrac{3+\sqrt{3}\,i}{2}$일 때, $2x^3-4x^2$의 값은?

① -6 ② -5 ③ -4

④ -3 ⑤ -2

09 등식 $ix^2+(1-2i)x+2y^2-5y=8+15i$를 만족시키는 자연수 x, y의 값으로 알맞은 것은?

① $x=4$, $y=3$ ② $x=5$, $y=3$

③ $x=4$, $y=4$ ④ $x=3$, $y=5$

⑤ $x=2$, $y=5$

10 두 복소수 z_1, z_2에 대하여 $z_1+z_2=1-2i$, $z_1z_2=-3-i$일 때, $\overline{(2z_1+1)(2z_2+1)}=a+bi$가 성립한다. $a+b$의 값은? (단, a, b는 실수)

① -3 ② -2 ③ -1

④ 0 ⑤ 1

11 복소수 z에 대하여 $(2+i)z+i\overline{z}=2-6i$가 성립할 때, $(z-2)(\overline{z}-2)-4$의 값은?

① 5 ② 9 ③ 13

④ 17 ⑤ 21

12 $2\sqrt{-3}(\sqrt{3}-\sqrt{-3})+\dfrac{\sqrt{9}}{\sqrt{-3}}+\dfrac{\sqrt{-9}}{\sqrt{3}}$의 값은?

① $6+6i$ ② $6-2\sqrt{3}i$

③ $6-6i$ ④ $(6+2\sqrt{3})i$

⑤ $(6-2\sqrt{3})i$

13 $i+i^3+i^5+i^7+\cdots+i^{1003}$의 값은? (단, $i=\sqrt{-1}$)

① $-i$ ② i ③ 0

④ 1   ⑤ $1+i$

14 복소수 z에 대하여 $(3+2i)z+\overline{z}=6$일 때, z^{20}의 값은?

① -20^{20} ② -2^{10} ③ 1

④ 2^{10} ⑤ 2^{20}

15 복소수에 대한 다음 설명 중 옳지 않은 것은?

① $\overline{(\overline{z})}=z$

② $z^2=0$이면 $z=0$이다.

③ $z\overline{z}$의 값은 실수부분과 허수부분의 제곱의 차이다.

④ $z+\overline{z}$의 값은 항상 실수이다.

⑤ 실수는 허수부분이 0인 복소수이다.

16 $z=3-i$일 때, $\dfrac{z}{z+1}+\dfrac{\overline{z}}{\overline{z}+1}=\dfrac{p}{q}$이다. $p-q$의 값은? (단, p, q는 서로소인 자연수)

① 5   ② 9   ③ 17

④ 26   ⑤ 28

17 두 복소수 z_1, z_2에 대하여 $\overline{z_1}+\overline{z_2}=5+i$, $\overline{z_1 z_2}=8+i$일 때, $(z_1-1)(z_2-1)$의 값을 구하시오.

18 다음 두 조건을 모두 만족시키는 정수 x의 개수는?

> (가) $\sqrt{-x-3}\sqrt{x-4}=-\sqrt{-(x+3)(x-4)}$
> (나) $\dfrac{\sqrt{x+1}}{\sqrt{x-6}}=-\sqrt{\dfrac{x+1}{x-6}}$

① 5   ② 6   ③ 7

④ 8   ⑤ 9

19 $\alpha=-2+3i$, $\beta=4-5i$일 때, $\alpha\bar{\alpha}+\bar{\alpha}\beta+\alpha\bar{\beta}+\beta\bar{\beta}$의 값을 구하시오.

20 복소수 z에 대하여 등식 $\dfrac{z}{2-i}=\dfrac{4+7i}{5}$가 성립할 때, z를 구하시오.

21 복소수 z에 대하여 다음 조건이 성립한다.

$$z+\bar{z}=6,\ z\bar{z}=12$$

$z=a+bi$일 때, ab의 값을 구하시오.

(단, a, b는 양의 실수)

22 $i+2i^2+3i^3+4i^4+\cdots+99i^{99}+100i^{100}$을 간단히 하시오.

23 $\left(\dfrac{1-i}{1+i}\right)^{500}+\left(\dfrac{1+i}{1-i}\right)^{500}$을 계산하시오.

24 $z=1-\sqrt{2}i$일 때, $\dfrac{1}{z}+\dfrac{1}{\bar{z}}$의 값을 구하시오.

01 x에 대한 방정식 $(k^2+3k-10)x=k^2-7x+10$의 해가 무수히 많을 때의 실수 k의 값을 p, 해가 없을 때의 실수 k의 값을 q라 할 때, pq의 값은?

① -25　　② -10　　③ 4

④ 10　　⑤ 25

02 방정식 $[x]=-1$의 해는?

① $-3 \leq x < -2$　　② $-2 \leq x < -1$

③ $-1 \leq x < 0$　　④ $-2 \leq x < 0$

⑤ $-1 \leq x \leq 0$

03 $f(x)=[\sqrt{x^3}]$일 때, 다음 식의 값은?

$$f(2)+f(3)+f(4)+f(5)$$

① 10　　② 16　　③ 26

④ 30　　⑤ 36

04 $3<x<5$일 때, $3x=[x]+7$의 해는 $x=\dfrac{m}{n}$이다. $m-n$의 값은? (단, m, n은 서로소인 자연수)

① 7　　② 10　　③ 13

④ 20　　⑤ 30

05 방정식 $\left|\dfrac{1}{4}x-\dfrac{1}{2}\right|=3$의 모든 해의 합은?

① -6　　② -4　　③ 0

④ 4　　⑤ 0

06 x에 대한 방정식 $x-1+|2x+1|=0$의 해는?

① $x=-2$ 또는 $x=1$　　② $x=-\dfrac{1}{2}$ 또는 $x=1$

③ $x=-1$ 또는 $x=2$　　④ $x=0$ 또는 $x=1$

⑤ $x=-2$ 또는 $x=0$

07 방정식 $|x+1|+|x-4|=6$의 모든 근의 합은?

① 1   ② 2   ③ 3

④ 4   ⑤ 5

10 방정식 $||2x-1|-3|=2$의 해를 구하시오.

08 방정식 $|x+1|+|x-3|=a$의 해가 존재하지 않도록 하는 실수 a의 값의 범위를 구하시오.

11 방정식 $\sqrt{4x^2-4x+1}=x-1$의 해를 구하시오.

09 양의 실수 x에 대하여 $[x^2]=4$일 때, x의 값의 범위를 구하시오.

12 방정식 $|3x-1|-|2x+4|=0$의 해를 구하시오.

07 이차방정식

01 이차방정식 $\dfrac{x^2-2x}{2}=\dfrac{x^2-x+2}{3}$ 의 해가 $a\pm\sqrt{b}$ 일 때, $a+b$ 의 값은? (단, a, b 는 유리수)

① 2 ② 4 ③ 6
④ 8 ⑤ 10

02 x 에 대한 이차방정식 $x^2+(a-4)x-a^2-5=0$ 의 한 근이 -6 이고, $x^2-(a+1)x+2a-1=0$ 이 중근을 갖게 하는 실수 a 의 값은?

① -11 ② -5 ③ 1
④ 5 ⑤ 11

03 x 에 대한 이차방정식 $(k-2)x^2-(2k-1)x+k+5=0$ 이 실근을 갖기 위한 음이 아닌 정수 k 의 개수는?

① 1 ② 2 ③ 3
④ 4 ⑤ 5

04 x 에 대한 이차방정식 $x^2-2ax+b=0$ 의 해가 중근이 되는 10 이하의 자연수 a, b 에 대하여 순서쌍 (a, b) 의 개수는?

① 1 ② 2 ③ 3
④ 4 ⑤ 5

05 x 에 대한 이차방정식 $x^2+(2k+3)x+ak^2-(b+2c)k-b-c-\dfrac{5}{4}=0$ 이 실수 k 의 값에 관계없이 중근을 가질 때, abc 의 값은? (단, a, b, c 는 실수)

① -4 ② -2 ③ 0
④ 2 ⑤ 4

06 x 에 대한 이차식 $x^2+2kx-k+2$ 가 $\{f(x)\}^2$ 으로 인수분해된다. $f(0)<0$ 일 때, $f(5)$ 의 값은? (단, $f(x)$ 의 일차항의 계수는 양수이고, k 는 상수)

① 3 ② 5 ③ 7
④ 9 ⑤ 10

07 이차방정식 $x^2-3x+1=0$의 두 근을 α, β라 할 때, $\alpha^4+\beta^4$의 값은?

① 47   ② 61   ③ 79

④ 98   ⑤ 119

08 x에 대한 이차방정식 $3x^2-kx+1=0$의 두 근을 α, β라 할 때, $\alpha^2+\beta^2=\dfrac{19}{9}$이다. 양수 k의 값은?

① 1   ② 2   ③ 3

④ 4   ⑤ 5

09 이차방정식 $x^2-4x+2=0$의 두 근을 α, β라 할 때, $\dfrac{\alpha}{\beta^2+2}+\dfrac{\beta}{\alpha^2+2}$의 값은?

① $\dfrac{1}{2}$ ② 1   ③ $\dfrac{3}{2}$

④ 2   ⑤ $\dfrac{5}{2}$

10 x에 대한 이차방정식 $2x^2-3x+k-1=0$의 두 근의 차가 $\dfrac{1}{2}$일 때, 실수 k의 값은?

① -1 ② 0   ③ 1

④ 2   ⑤ 5

11 이차방정식 $2x^2-5x-7=0$의 두 근을 α, β라 할 때, x^2의 계수가 7이고 $\dfrac{1}{\alpha}$, $\dfrac{1}{\beta}$을 두 근으로 하는 이차방정식은 $7x^2+ax+b=0$이다. $a+b$의 값은?

(단, a, b는 상수)

① -10 ② -3 ③ 1

④ 3   ⑤ 7

12 x에 대한 이차방정식 $f(x)=0$의 두 근이 α, β이고 $\alpha+\beta=3$일 때, 이차방정식 $f(5x-6)=0$의 두 근의 합은?

① 1   ② 2   ③ 3

④ 4   ⑤ 5

13 x에 대한 이차방정식 $ax^2+bx+20=0$의 한 근이 $1+3i$일 때, 두 실수 a, b의 합 $a+b$의 값은?

① -4 ② -2 ③ 0

④ 2 ⑤ 4

14 x에 대한 이차방정식 $x^2+4x+k=0$의 한 근이 $p+\sqrt{2}$일 때, $p+k$의 값은? (단, k, p는 유리수)

① -2 ② -1 ③ 0

④ 1 ⑤ 2

15 x에 대한 이차방정식 $8x^2-2mx+1=0$의 두 양의 실근의 비가 $1:2$일 때, 실수 m의 값은?

① 3 ② 6 ③ 9

④ 12 ⑤ 15

16 이차방정식 $x^2-(a^2-a-6)x+a-2=0$의 두 실근의 절댓값이 같고 부호가 다를 때, 실수 a의 값은?

① -3 ② -2 ③ -1

④ 2 ⑤ 3

17 이차방정식 $3x^2-6x+2=0$의 두 근을 α, β라 할 때, $3\alpha^2+6\beta$의 값은?

① 2 ② 5 ③ 8

④ 10 ⑤ 12

18 x에 대한 이차방정식 $x^2+px+p-1=0$이 중근을 갖도록 하는 실수 p의 값과 그 때의 중근을 구하시오.

19 오른쪽 그림과 같이 한 변의 길이가 x인 정사각형의 가로의 길이를 2만큼 줄이고 세로의 길이를 3만큼 늘인 직사각형의 넓이가 36일 때, x의 값을 구하시오.

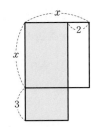

20 크기가 다른 두 정사각형이 있다. 두 정사각형의 한 변의 길이의 차는 2, 넓이의 합은 52일 때, 작은 정사각형의 한 변의 길이를 구하시오.

21 직각삼각형의 높이, 밑변, 빗변의 길이를 각각 a, b, c라 할 때, a, b, c 사이에는 다음 관계가 성립한다.

> (가) $a<b<c$
> (나) $b-a=7$
> (다) $c=b+1$

이 삼각형의 넓이를 구하시오.

22 오른쪽 그림과 같이 직선 $y=2x+1$ 위의 점을 P, 점 P에서 x축에 내린 수선의 발을 H, 직선과 y축과의 교점을 Q라 할 때, □OQPH의 넓이는 12이다. 점 P의 좌표를 구하시오.
(단, 점 P는 제1사분면의 점이고, O는 원점)

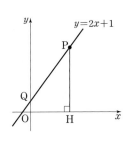

23 오른쪽 그림과 같이 이차함수 $y=x^2-3x+2$ 위의 점을 P, 점 P에서 x축, y축에 내린 수선의 발을 각각 Q, R라 할 때, $\overline{PQ}+\overline{PR}=10$을 만족시키는 제1사분면의 점 P의 좌표를 구하시오.

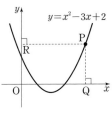

24 x에 대한 이차방정식 $x^2+ax+b=0$을 풀 때, 서연이는 상수항을 잘못 보고 근을 $x=1\pm\sqrt{5}$로 구했고 서준이는 일차항의 계수를 잘못 보고 근을 $x=-4$ 또는 $x=2$로 구하였다. 처음 이차방정식의 근을 구하시오. (단, a, b는 상수)

08 이차방정식과 이차함수

01 직선 $y=-2x-1$ 위의 점 $(a, -2a-1)$을 꼭짓점으로 하는 x^2의 계수가 1인 이차함수의 그래프가 점 $(-1, 4)$를 지날 때, 음수 a의 값은?

① -5 ② -4 ③ -3
④ -2 ⑤ -1

02 $f(-8)=f(2)$인 이차함수 $y=f(x)$의 최솟값이 0이고, 이 이차함수의 그래프의 y절편이 18일 때, $f(-1)$의 값은?

① 2   ② 8   ③ 12
④ 18   ⑤ 32

03 이차함수 $y=4x^2-8x+3$의 그래프와 x축과의 교점을 A, B, 꼭짓점을 P라 할 때, △ABP의 넓이는?

① $\dfrac{1}{2}$ ② 1   ③ $\dfrac{3}{2}$
④ 2   ⑤ $\dfrac{5}{2}$

04 이차함수 $y=(k+1)x^2+(2k-5)x+k$의 그래프가 x축과 만나기 위한 음의 정수 k의 최댓값은?

① -5 ② -4 ③ -3
④ -2 ⑤ -1

05 이차함수 $y=9x^2-12x+7$의 그래프와 직선 $y=k$가 접할 때, 실수 k의 값은?

① 1   ② 3   ③ 5
④ 7   ⑤ 9

06 이차함수 $f(x)=x^2-x-16$과 일차함수 $g(x)=x+a$의 그래프의 두 교점의 x좌표가 6, b일 때, $a+b$의 값은? (단, a, b는 실수)

① 0   ② 1   ③ 2
④ 3   ⑤ 4

07 직선 $y=2x+k$는 $f(x)=x^2+2x+2$의 그래프와 만나지 않고 $g(x)=x^2-4x+3$의 그래프와는 만날 때, 정수 k의 최댓값과 최솟값의 곱은?

① -12 ② -11 ③ -10

④ -8 ⑤ -6

08 이차함수 $y=x^2-ax-12$의 그래프가 두 점 $A(\alpha,\,0)$, $B(\beta,\,0)$을 지난다. $\overline{AB}=8$일 때, 양수 a의 값은?

① 1 ② 2 ③ 4

④ 11 ⑤ 13

09 이차함수 $y=-x^2+3x+2$의 그래프와 직선 $y=ax+3$이 접할 때, 모든 상수 a의 값의 곱은?

① -25 ② -10 ③ -5

④ 5 ⑤ 10

10 이차함수 $y=2x^2-5x+2$의 그래프와 직선 $y=mx+n$이 점 $(2,\,0)$에서 접할 때, 이 직선과 x축, y축으로 둘러싸인 도형의 넓이는?

① 6 ② 9 ③ 12

④ 15 ⑤ 18

11 오른쪽 그림은 이차함수 $y=f(x)$의 그래프이다. 방정식 $f\left(\dfrac{-x+2}{3}\right)=0$의 두 근의 곱은?

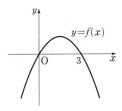

① -18 ② -14

③ -10 ④ -6

⑤ -2

12 이차함수 $y=ax^2-2ax+1$의 최솟값이 -3일 때, 상수 a의 값은?

① -4 ② -2 ③ -1

④ 2 ⑤ 4

13 $-4 \leq x \leq a$에서 이차함수 $y = -x^2 - 6x$의 최솟값이 -7일 때, 실수 a의 값은?

① -3 ② -2 ③ -1

④ 0 ⑤ 1

14 이차함수 $y = f(x)$의 그래프의 꼭짓점의 좌표가 $(2, 1)$이고 $-1 \leq x \leq 1$에서 $f(x)$의 최댓값이 19일 때, 실수 전체에서 이차함수 $y = f(x)$의 최솟값은?

① 1 ② 3 ③ 5

④ 7 ⑤ 9

15 함수 $f(x) = (x^2 - 2x + 2)^2 - 2(x^2 - 2x)$의 최솟값은?

① -1 ② 1 ③ 3

④ 5 ⑤ 7

16 $x - y = 2$를 만족시키는 두 실수 x, y에 대하여 $x^2 + y^2$은 $x = \alpha$, $y = \beta$일 때, 최솟값 p를 갖는다. $\alpha + \beta + p$의 값은?

① 2 ② 3 ③ 4

④ 6 ⑤ 8

17 이차함수 $y = 4x^2 - 2x - 1$의 그래프와 직선 $y = 2x + k$가 한 점에서 만날 때, 그 교점의 좌표를 구하시오.

18 최고차항의 계수가 1인 이차함수 $y = f(x)$의 그래프와 직선 $y = 2x + 1$의 두 교점의 y좌표가 -1, 3이다. 함수 $y = f(x)$의 최솟값을 구하시오.

19 오른쪽 그림과 같이 두 함수 $y=x^2-(4k+5)x+8$과 $y=kx-8$의 그래프는 두 점 A, B에서 만나고 점 P는 $y=kx-8$의 그래프와 y축과의 교점이다. $\overline{\mathrm{PA}}:\overline{\mathrm{PB}}=1:4$일 때, 실수 k의 값을 구하시오.

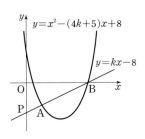

22 오른쪽 그림과 같이 가로와 세로가 각각 x축, y축과 평행하고, 이차함수 $y=4-x^2$의 그래프와 x축으로 둘러싸인 도형에 내접하는 직사각형이 있다. 이 직사각형의 둘레의 길이의 최댓값을 구하시오.

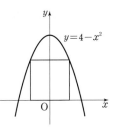

20 $2\le x\le 5$에서 이차함수 $y=x^2-6x+k$의 최댓값이 2일 때, 이 이차함수의 최솟값을 구하시오.

(단, k는 상수)

23 오른쪽 그림과 같이 가로와 세로가 각각 x축, y축과 평행하고, 이차함수 $y=-x^2+8x$의 그래프와 x축으로 둘러싸인 도형에 내접하는 직사각형이 있다. 이 직사각형의 둘레의 길이의 최댓값을 구하시오.

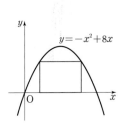

21 이차함수 $y=x^2+2x-3$의 그래프는 x축과 두 점 A, B에서 만나고, 직선 $y=2x+6$과 두 점 A, C에서 만난다. 세 점 A, B, C를 꼭짓점으로 하는 $\triangle\mathrm{ABC}$의 넓이를 구하시오.

24 어느 핫도그 가게의 핫도그 1개의 가격은 1000원이고 일일 판매량은 100개이다. 핫도그 가격을 100원 올릴 때마다 판매량이 5개씩 감소할 때, 매출이 최대가 되려면 핫도그 가격을 얼마로 정해야 하는지 구하시오.

01 삼차방정식 $x^3=8$의 두 허근의 곱은?

① 1　　　　② 2　　　　③ 4

④ 6　　　　⑤ 8

02 x에 대한 삼차방정식 $x^3-(a^2+1)x^2+ax+10=0$의 한 근이 5일 때, 나머지 두 근을 α, β라 하자. $a\alpha\beta$의 값은? (단, a는 정수)

① 1　　　　② 2　　　　③ 3

④ 4　　　　⑤ 5

03 사차방정식 $2x^4-x^3-24x^2-13x-12=0$의 모든 실근의 합은?

① 1　　　　② 2　　　　③ 3

④ 4　　　　⑤ 5

04 $(x+4)(x+2)(x-1)(x-3)-144=0$의 두 실근의 합을 p, 두 허근의 합을 q라 할 때, $p+q$의 값은?

① -1　　　② -2　　　③ -3

④ -4　　　⑤ -5

05 삼차방정식 $x^3+(k+2)x^2+(2k+9)x+18=0$의 실근이 2개가 되도록 하는 모든 실수 k의 값의 합은?

① $\dfrac{11}{2}$　　　② 6　　　③ $\dfrac{13}{2}$

④ 7　　　⑤ $\dfrac{15}{2}$

06 삼차방정식 $x^3-2x^2+x+4=0$의 세 근을 α, β, γ라 할 때, $\alpha^2\beta^2+\beta^2\gamma^2+\gamma^2\alpha^2$의 값은?

① 3　　　　② 5　　　　③ 10

④ 17　　　⑤ 26

07 삼차방정식 $x^3-7x^2+ax+b=0$의 한 근이 $2+\sqrt{3}$일 때, $a+b$의 값은? (단, a, b는 유리수)

① 1   ② 2   ③ 5

④ 10   ⑤ 15

08 삼차방정식 $x^3-ax^2-14x+b=0$의 한 근이 $3-i$일 때, ab의 값은? (단, a, b는 실수)

① 5   ② 10   ③ 20

④ 40   ⑤ 80

09 삼차방정식 $x^3-2x^2-3x-2=0$의 세 근을 α, β, γ라 할 때, x^3의 계수가 1이고 2α, 2β, 2γ를 세 근으로 하는 삼차방정식은 $x^3+ax^2+bx+c=0$이다. $a+b+c$의 값은? (단, a, b, c는 상수)

① -32 ② -16 ③ 0

④ 16   ⑤ 32

10 삼차방정식 $x^3-5x^2-3x-1=0$의 세 근을 α, β, γ라 할 때, x^3의 계수가 1이고 $\alpha+1$, $\beta+1$, $\gamma+1$을 세 근으로 하는 삼차방정식은 $f(x)=0$이다. $f(1)$의 값은?

① -2 ② -1 ③ 0

④ 1   ⑤ 2

11 삼차방정식 $x^3=1$의 두 허근을 w, $\overline{w}$라 할 때, 다음 중 옳지 않은 것은?

① $\overline{w}^3=1$

② $w^2+w+1=0$

③ $\overline{w}=w^2$

④ $1+w+w^2+\cdots+w^9=0$

⑤ $w+\overline{w}=-1$

12 삼차방정식 $x^3=-1$의 한 허근 w에 대하여 $\dfrac{1}{w-1}-\dfrac{1}{w^2+1}$의 값은?

① -1 ② 0   ③ 1

④ $\dfrac{1+\sqrt{3}i}{2}$ ⑤ $\dfrac{1-\sqrt{3}i}{2}$

13 연립이차방정식

$$\begin{cases} 2x-y=-2 \\ 2x^2+y^2-4x-2y-24=0 \end{cases}$$

의 해가 $x=\alpha$, $y=\beta$일 때, $\alpha\beta$의 값은?

(단, $\alpha>0$, $\beta>0$)

① 4　　　　② 6　　　　③ 8

④ 12　　　⑤ 16

14 x, y에 대한 연립방정식

$$\begin{cases} x+y=2 \\ x^2+y^2-4x+k=0 \end{cases}$$

이 오직 한 쌍의 해를 가질 때, 상수 k의 값은?

① 1　　　　② 2　　　　③ 3

④ 4　　　　⑤ 5

15 연립방정식

$$\begin{cases} (x-2)^2-2y=12 \\ x^2-y^2=0 \end{cases}$$

의 해 중에서 정수인 해를 모두 구하시오.

16 다음 연립방정식의 해를 구하시오.

$$\begin{cases} x^2-4xy+3y^2=0 \\ x^2+y^2-8x-4y+16=0 \end{cases}$$

17 다음 연립방정식의 실근을 구하시오.

$$\begin{cases} (x+1)(y+1)=12 \\ x^2+y^2=13 \end{cases}$$

18 두 자연수 x, y에 대하여 $xy+x-2y=5$의 해를 구하시오.

19 두 실수 x, y에 대하여 $3x^2+4y^2+6x-8y+7=0$의 해를 구하시오.

20 삼차방정식 $x^3+x^2-7x+20=0$의 두 허근을 α, $\bar{\alpha}$라 할 때, $\alpha^2+\bar{\alpha}^2$의 값을 구하시오.

21 사차방정식 $x^4-x^3-2x^2-2x+4=0$의 모든 근의 합을 구하시오.

22 삼차방정식 $x^3+2x^2+x-4=0$의 한 허근을 w라 할 때, w^2+3w의 값을 구하시오.

23 x에 대한 삼차식 $f(x)$에 대하여 방정식 $f(x)=0$의 세 근의 합이 6일 때, 방정식 $f(3x-1)=0$의 세 근의 합을 구하시오.

24 다음 연립방정식의 해를 구하시오.

$$\begin{cases} x-y+z=-1 \\ 2x+y+z=5 \\ x+y-2z=-8 \end{cases}$$

10 일차부등식

01 x에 대한 부등식 $(a^2+a-6)x<a+2$의 해가 존재하지 않기 위한 실수 a의 값은?

① -3 ② -2 ③ 0

④ 2 ⑤ 3

02 x에 대한 연립부등식

$$\begin{cases} 2(x-2)<3x-7 \\ \dfrac{x+b}{3} \geq \dfrac{x+2b-1}{2} \end{cases}$$

의 해가 $a<x\leq 11$일 때, $a+b$의 값은?

(단, a, b는 실수)

① 0 ② 1 ③ 2

④ 3 ⑤ 4

03 x에 대한 연립부등식

$$\begin{cases} x+\dfrac{3}{2} \leq 3x-\dfrac{5}{2} \\ 2x-1<a-x \end{cases}$$

의 해가 존재하지 않도록 하는 실수 a의 최댓값은?

① 1 ② 2 ③ 3

④ 4 ⑤ 5

04 x에 대한 연립부등식

$$\begin{cases} \dfrac{3x-1}{2}<x-a \\ x\geq 5 \end{cases}$$

의 해가 존재하기 위한 정수 a의 최댓값은?

① -4 ② -3 ③ -2

④ -1 ⑤ 0

05 x에 대한 연립부등식

$$x-3\leq -x+1<2x-a$$

를 만족시키는 정수 x가 3개가 되도록 하는 실수 a의 값의 범위는?

① $a\geq -1$ ② $a>-4$

③ $a<-1$ ④ $-4<a\leq -1$

⑤ $-4\leq a<-1$

06 x에 대한 부등식 $|x+1|\leq k$의 해가 $-3\leq x\leq 1$일 때, 실수 k의 값은?

① 1 ② 2 ③ 3

④ 4 ⑤ 5

07 부등식 $2|x-1|<x+4$의 해가 $\alpha<x<\beta$일 때, $\alpha\beta$의 값은?

① -5 ② -4 ③ -1

④ 2 ⑤ 4

08 부등식 $|x|+|x-2|\le3$을 만족시키는 x의 최댓값과 최솟값의 합은?

① -2 ② -1 ③ 0

④ 1 ⑤ 2

09 연립부등식
$$\begin{cases} ax>a \\ 0.5x-1>0.3x-0.4 \end{cases}$$
의 해가 존재하지 않기 위한 실수 a의 조건을 구하시오.

10 부등식 $|x-2|\ge|3x-7|$의 해를 구하시오.

11 부등식 $2\le|x-1|<4$의 해를 구하시오.

12 x에 대한 부등식 $p\le x<q$를 만족시키는 정수 x가 1, 2, 3일 때, 실수 p, q의 합 $p+q$의 최댓값을 구하시오.

11 이차부등식과 이차함수

01 이차함수 $y=f(x)$의 그래프가 오른쪽 그림과 같이 x축에 접할 때, 이차부등식 $f(x)\leq0$의 해는?

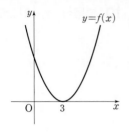

① 모든 실수
② 해가 없다.
③ $x=3$
④ $x\neq3$인 모든 실수
⑤ $0\leq x\leq3$

02 축의 방정식 $x=-2$인 이차함수 $y=f(x)$의 그래프가 오른쪽 그림과 같을 때, 이차부등식 $f(x)>0$의 해는 $x<-5$ 또는 $x>a$이다. 실수 a의 값은?

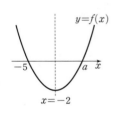

① -1 ② 0 ③ 1
④ 2 ⑤ 3

03 이차함수 $y=f(x)$의 그래프가 두 점 $(-1, 0)$, $(3, 0)$을 지나고 $f(0)>0$일 때, 이차부등식 $f(x)>0$의 해는?

① $-1<x<3$ ② $-3<x<1$
③ $-1\leq x\leq3$ ④ $x<-1$ 또는 $x>3$
⑤ $0<x<3$

04 이차부등식 $2x^2-x-36>0$을 만족시키는 10 이하의 자연수 x의 개수는?

① 4   ② 5   ③ 6
④ 7   ⑤ 8

05 부등식 $x^2+x-2\geq|x-1|$을 만족시키는 자연수 x의 최솟값과 음의 정수 x의 최댓값의 합은?

① -2 ② -1 ③ 0
④ 1 ⑤ 2

06 이차함수 $y=f(x)$의 그래프가 오른쪽 그림과 같을 때 이차부등식 $f\left(\dfrac{3x-1}{2}\right)>0$의 해는 $\alpha<x<\beta$이다. $\beta-\alpha$의 값은?

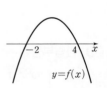

① 1   ② 2   ③ 3
④ 4   ⑤ 5

07 이차부등식 $(k-1)x^2-(3k-2)x+2k\leq0$의 해가 $x=a$일 때, ak의 값은? (단, k는 실수)

① 2   ② 4   ③ 6

④ 8   ⑤ 10

08 이차함수 $f(x)=ax^2+bx+c$가 다음 조건을 만족시킨다.

> (가) 이차부등식 $f(x)<0$의 해는 $x\neq-1$인 모든 실수이다.
> (나) $f(1)=-8$

$a+b-c$의 값은? (단, a, b, c는 상수)

① -2 ② -4 ③ -6

④ -8 ⑤ -10

09 이차부등식 $x^2-4x+k<0$을 만족시키는 해가 존재하지 않도록 하는 정수 k의 최솟값은?

① 1   ② 2   ③ 3

④ 4   ⑤ 5

10 이차부등식 $x^2+kx+1\leq0$의 해가 존재하지 않도록 하는 정수 k의 최댓값은?

① -2 ② -1 ③ 0

④ 1   ⑤ 2

11 이차부등식 $-x^2+kx-k\leq0$이 항상 성립하기 위한 정수 k의 최솟값과 최댓값을 차례로 나열한 것은?

① $-1, 2$ ② $0, 3$ ③ $1, 3$

④ $1, 4$ ⑤ $0, 4$

12 x에 대한 이차부등식 $kx^2+(2k-1)x+k+1>0$이 항상 성립하기 위한 실수 k의 값의 범위는?

① $k>\dfrac{1}{8}$ ② $k\geq\dfrac{1}{8}$

③ $k<\dfrac{1}{8}$ ④ $0<k<\dfrac{1}{8}$

⑤ $0<k\leq\dfrac{1}{8}$

13 이차함수 $y=f(x)$와 일차함수 $y=g(x)$의 그래프가 오른쪽 그림과 같을 때, 부등식 $f(x)<g(x)$의 해는?

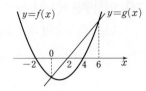

① $x<-2$ ② $-2<x<2$

③ $0<x<6$ ④ $2<x<6$

⑤ $0<x<2$

14 두 함수 $f(x)=x^2+2kx+3$, $g(x)=2x+k$에 대하여 부등식 $f(x)<g(x)$의 해가 존재하기 위한 자연수 k의 최솟값과 음의 정수 k의 최댓값의 합은?

① 1   ② 2   ③ 3

④ 4   ⑤ 5

15 이차부등식 $ax^2+bx+c>0$의 해가 $-2<x<2$일 때, $bx^2+ax+c>0$의 해는? (단, a, b, c는 상수)

① $x<2$ ② $x<4$

③ $-4<x<4$ ④ $x<-2$ 또는 $x>2$

⑤ $x>4$

16 연립부등식

$$\begin{cases} (x+1)(x-a)\leq 0 \\ x^2+x-6\geq 0 \end{cases}$$

의 해가 이차부등식 $x^2-7x+10\leq 0$의 해와 일치할 때, 상수 a의 값은?

① 1   ② 2   ③ 3

④ 4   ⑤ 5

17 연립부등식

$$\begin{cases} x(x-a)>0 \\ (x-2)(x-5)\leq 0 \end{cases}$$

을 만족하는 정수 x가 5뿐일 때, 실수 a의 값의 범위는?

① $3\leq a<4$ ② $3<a<4$

③ $4<a\leq 5$ ④ $4\leq a<5$

⑤ $3<a<5$

18 x에 대한 이차방정식 $x^2-2kx+k+6=0$이 서로 다른 두 음의 실근을 갖도록 하는 정수 k의 개수는?

① 1   ② 2   ③ 3

④ 4   ⑤ 5

19 이차방정식 $(k-1)x^2-(3k-1)x+2k+3=0$이 서로 다른 두 허근을 갖기 위한 실수 k의 값의 범위를 구하시오.

20 이차부등식 $x^2+ax+4>0$의 해가 $x<\alpha$ 또는 $x>\beta$이고 이차부등식 $x^2-5x+b<0$의 해가 $\alpha-1<x<\beta+1$일 때, 두 상수 a, b의 합 $a+b$의 값을 구하시오.

21 최고차항의 계수가 a인 이차함수 $y=f(x)$의 그래프가 오른쪽 그림과 같다. 이차부등식 $f(x)\leq 7a$의 해를 구하시오.
（단, a는 실수）

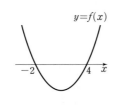

22 연립부등식
$$\begin{cases} 2x^2+x-3\leq 0 \\ 3x^2-8x-3\geq 0 \end{cases}$$
의 해와 일치하는 해를 갖는 이차부등식 중 계수가 모두 자연수이고 계수의 합이 최소인 이차부등식을 구하시오.

23 최고차항의 계수가 양수인 이차함수 $y=f(x)$의 그래프가 직선 $y=-2x+1$과 두 점에서 만나고 교점의 y좌표가 -3과 5이다. 부등식 $f(x)+2x-1<0$의 해를 구하시오.

24 부등식 $|x^2-4x|\leq 3$의 해를 구하시오.

12 평면좌표

01 좌표평면 위의 세 점 $A(-2, 4)$, $B(1, 2)$, $C(p, 0)$에 대하여 $\overline{AB} = \overline{BC}$를 만족시키는 모든 실수 p의 값은?

① $-2, 4$　　② $-2, 2$　　③ $0, 4$

④ $-1, 3$　　⑤ $-3, 1$

02 점 $(3, 1)$과 직선 $y = -2x$ 위의 점 $P(a, b)$ 사이의 거리가 $\sqrt{34}$일 때, $a^2 + b^2$의 값은?

　　　　　　　　(단, 점 P는 제2사분면 위의 점)

① 5　　② 13　　③ 20

④ 25　　⑤ 34

03 좌표평면 위의 세 점 $A(-2, 0)$, $B(4, 3)$, $P(a, 3)$에 대하여 삼각형 PAB가 $\overline{PA} = \overline{PB}$인 이등변삼각형일 때, 실수 a의 값은?

① $\dfrac{1}{3}$　　② $\dfrac{1}{4}$　　③ $\dfrac{1}{6}$

④ $\dfrac{1}{8}$　　⑤ $\dfrac{1}{12}$

04 좌표평면 위의 두 점 $A(1, 7)$, $B(p, q)$에 대하여 $\overline{AB}$를 $3 : 2$로 내분하는 점 P의 좌표가 $(7, 4)$일 때, $p - q$의 값은?

① 1　　② 3　　③ 5

④ 7　　⑤ 9

05 좌표평면 위의 두 점 $A(2, p)$, $B(4, 3)$에 대하여 선분 AB를 $1 : 3$으로 외분하는 점이 $Q(q, 0)$일 때, $p + q$의 값은?

① 1　　② 2　　③ 3

④ 4　　⑤ 5

06 두 점 $A(-1, 5)$, $B(a, b)$에 대하여 $\overline{AB}$를 $1 : 2$로 내분하는 점은 y축 위의 점이고, $\overline{AB}$를 $5 : 2$로 외분하는 점은 x축 위의 점일 때, 직선 OB의 기울기는? (단, 점 O는 원점)

① $\dfrac{1}{3}$　　② $\dfrac{1}{2}$　　③ 1

④ $\dfrac{4}{3}$　　⑤ $\dfrac{3}{2}$

07 두 점 A$(-3, 1)$, B$(3, 5)$를 지나는 직선 위의 점 P(a, b)에 대하여 $\overline{PA}=2\overline{PB}$일 때, $b-a$의 값은?

(단, $a \neq b$)

① $\dfrac{5}{3}$ ② $\dfrac{8}{3}$ ③ 3

④ $\dfrac{10}{3}$ ⑤ 4

08 좌표평면 위의 세 점 O$(0, 0)$, A$(5, 12)$, B$(9, 9)$를 꼭짓점으로 하는 삼각형 OAB에서 ∠A의 이등분선과 $\overline{OB}$의 교점을 D라 하자. $\overline{OD}=\dfrac{n}{m}\sqrt{2}$일 때, $m+n$의 값은? (단, m, n은 서로소인 자연수)

① 10   ② 13   ③ 15

④ 16   ⑤ 19

09 삼각형 ABC의 세 꼭짓점이 A$(a+2, 1)$, B$(a, -4)$, C$(-1, a)$이고 무게중심이 G$(b, 0)$일 때, ab의 값은?

① $\dfrac{17}{3}$ ② 6   ③ $\dfrac{19}{3}$

④ $\dfrac{20}{3}$ ⑤ 7

10 삼각형 ABC의 세 변 $\overline{AB}$, $\overline{BC}$, $\overline{CA}$를 $2 : 1$로 내분하는 점의 좌표가 각각 $(a, -9)$, $(a+1, b)$, $(4, b-1)$이고 무게중심의 좌표가 $\left(\dfrac{1}{3}, -\dfrac{2}{3}\right)$일 때, $a+b$의 값은?

① 2   ② 4   ③ 6

④ 8   ⑤ 10

11 좌표평면 위의 세 점 A$(-1, 3)$, B$(0, 1)$, C$(1, 7)$을 꼭짓점으로 하는 삼각형 ABC의 세 변 $\overline{AB}$, $\overline{BC}$, $\overline{CA}$의 중점을 각각 P, Q, R라 할 때, 세 점 P, Q, R의 x좌표, y좌표를 모두 더한 값은?

① 11   ② 13   ③ 15

④ 16   ⑤ 19

12 점 A$(2, 5)$를 한 꼭짓점으로 하는 삼각형 ABC의 두 변 $\overline{AB}$, $\overline{AC}$의 중점을 각각 M(x_1, y_1), N(x_2, y_2)라 하자. $x_1+x_2=4$, $y_1+y_2=5$일 때, 삼각형 ABC의 무게중심의 좌표는?

① $(1, 3)$ ② $(2, 3)$ ③ $\left(2, \dfrac{2}{3}\right)$

④ $\left(2, \dfrac{5}{3}\right)$ ⑤ $\left(\dfrac{7}{3}, \dfrac{5}{3}\right)$

13 평행사변형 ABCD의 세 꼭짓점이 A$(1, -1)$, B$(3, 0)$, D$(2, 1)$일 때, 꼭짓점 C의 좌표는 (a, b)이다. ab의 값은?

① 2　　　　② 4　　　　③ 6

④ 8　　　　⑤ 10

14 두 실수 p, q에 대하여
$$\sqrt{p^2+q^2+2q+1}+\sqrt{p^2+q^2+12p-14q+85}$$
의 최솟값은?

① 5　　　　② $2\sqrt{10}$　　　　③ $5\sqrt{3}$

④ $2\sqrt{21}$　　　　⑤ 10

15 좌표평면 위의 세 점 A$(-3, 2)$, B$(1, 1)$, P$(a, 0)$에 대하여 $\overline{AP}+\overline{BP}$의 값이 최소일 때, $\overline{AP} : \overline{BP}=m : n$이다. $m+n$의 값은?

(단, m, n은 서로소인 자연수)

① 2　　　　② 3　　　　③ 5

④ 7　　　　⑤ 9

16 제2사분면 위의 두 점 A$(-3, 1)$, B$(-2, 4)$와 x축 위의 점 P$(p, 0)$, y축 위의 점 Q$(0, q)$에 대하여 $\overline{AP}+\overline{PQ}+\overline{BQ}$의 최솟값이 $m\sqrt{2}$일 때, 자연수 m의 값은?

① 1　　　　② 2　　　　③ 3

④ 4　　　　⑤ 5

17 삼각형 ABC의 한 꼭짓점이 A$(2, 3)$이고 $\overline{BC}$의 중점 M$(1, 6)$에 대하여 $\overline{AM}=\overline{BM}$일 때, 삼각형 ABC의 외접원의 넓이는?

① 10π　　　　② 12π　　　　③ 14π

④ 16π　　　　⑤ 20π

18 좌표평면 위에 네 점 A$(-1, 4)$, B$(2, -2)$, C$(5, 1)$, P(a, b)가 있다. 점 P는 $\overline{AP}^2+\overline{BP}^2+\overline{CP}^2$의 값이 최소가 되는 점일 때, 두 실수 a, b의 값을 각각 구하시오.

19 좌표평면 위의 세 점 $A(-9, -7)$, $B(3, 9)$, $C(3, -7)$을 꼭짓점으로 하는 삼각형 ABC의 외접원의 넓이가 $a\pi$일 때, 실수 a의 값을 구하시오.

20 좌표평면 위의 세 점 $A(-1, 4)$, $B(-1, -1)$, $C(5, 3)$에 대하여 삼각형 ABC의 세 변 $\overline{AB}$, $\overline{BC}$, $\overline{CA}$의 중점을 각각 M, N, L이라 하자. 삼각형 MNL의 넓이는 $\dfrac{q}{p}$일 때, $p+q$의 값을 구하시오.

(단, p, q는 서로소인 자연수)

21 좌표평면 위의 두 점 $A(a_1, a_2)$, $B(b_1, b_2)$에 대하여 $4b_1-a_1=3$, $4b_2-a_2=-1$일 때, $\overline{AB}$를 $4:1$로 외분하는 점의 좌표를 구하시오.

22 삼각형 ABC의 한 꼭짓점 A의 좌표가 $(4, 6)$이고 무게중심 G의 좌표가 $(2, 2)$일 때, 삼각형의 한 변 $\overline{BC}$의 중점의 좌표를 구하시오.

23 삼각형 ABC가 오른쪽 그림과 같고 $\overline{BC}$의 중점을 M이라 할 때, 다음이 성립함을 증명하시오.

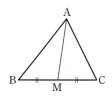

$$\overline{AB}^2 + \overline{AC}^2 = 2(\overline{AM}^2 + \overline{BM}^2)$$

24 삼각형 ABC의 세 꼭짓점이 $A(1, 5)$, $B(-4, -7)$, $C(5, 2)$이고 $\angle BAC$의 외각의 이등분선과 $\overline{BC}$의 연장선의 교점을 D라 할 때, 점 D의 좌표는 (a, b)이다. $a-b$의 값을 구하시오.

13 직선의 방정식

01 기울기가 $\dfrac{1}{2}$이고 점 $(-4, 1)$을 지나는 직선이 있다. 점 $(t, 4)$가 이 직선 위의 점일 때, 실수 t의 값은?

① -2 ② -1 ③ 0
④ 1 ⑤ 2

02 점 $(2, -1)$을 지나고, x가 3만큼 증가할 때 y가 2만큼 감소하는 직선의 방정식이 $y=ax+b$일 때, $a-b$의 값은? (단, a, b는 상수)

① -2 ② -1 ③ 0
④ 1 ⑤ 2

03 직선 $y=(m^2-4)x+m^2-5m$이 제1, 3, 4사분면을 지나도록 하는 모든 정수 m의 값의 합은?

① 3 ② 5 ③ 7
④ 9 ⑤ 12

04 직선 $ax+by+c=0$의 그래프가 오른쪽 그림과 같을 때, 직선 $cx+by+a=0$이 지나지 않는 사분면은?

(단, a, b, c는 상수)

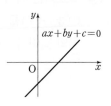

① 제1사분면   ② 제2사분면
③ 제3사분면   ④ 제4사분면
⑤ 제2, 4사분면

05 삼각형 ABC의 세 꼭짓점이 A$(3, 5)$, B$(-4, -3)$, C$(2, 1)$이고 점 A를 지나는 직선이 삼각형 ABC의 넓이를 이등분할 때, 이 직선의 기울기는 $\dfrac{q}{p}$이다. $p+q$의 값은?

(단, p, q는 서로소인 자연수)

① 3 ② 5 ③ 7
④ 9 ⑤ 12

06 삼각형 ABC의 세 꼭짓점이 A$(-5, -4)$, B$(2, 4)$, C$(1, 0)$이다. 삼각형 ABC의 넓이를 이등분하는 직선 중 점 B를 지나는 직선을 l, 점 C를 지나는 직선을 m이라 할 때, 두 직선 m과 l의 교점의 좌표는?

① $\left(-\dfrac{2}{3}, 0\right)$ ② $\left(0, -\dfrac{2}{3}\right)$
③ $\left(\dfrac{1}{3}, 1\right)$ ④ $\left(-\dfrac{1}{3}, 1\right)$
⑤ $\left(-\dfrac{2}{3}, \dfrac{1}{3}\right)$

07 세 점 A$(-1, 4)$, B$(2, 0)$, C$(5, 3)$을 꼭짓점으로 하는 삼각형 ABC에서 $\overline{\mathrm{BC}}$ 위의 점 P에 대하여 △ABC$=3$△PAB일 때, 직선 PA의 방정식은 $ax+by-13=0$이다. ab의 값은?

(단, a, b는 상수)

① 10   ② 12   ③ 14
④ 16   ⑤ 18

08 오른쪽 그림과 같이 넓이가 4인 두 정사각형의 넓이를 동시에 이등분하는 직선의 방정식이 $3x+ay+b=0$일 때, ab의 값은? (단, a, b는 상수)

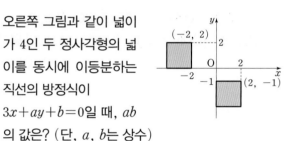

① 6   ② 12   ③ 20
④ 24   ⑤ 25

09 직선 $y=2x-5$가 직선 $(m-1)x-my+2=0$과 평행하고, 직선 $(n+1)x+(n-2)y-1=0$과 수직일 때, m^2+n^2의 값은? (단, m, n은 실수)

① 2   ② 5   ③ 13
④ 17   ⑤ 20

10 세 직선 $y=-x$, $y=3x-2$, $y=mx+1$이 삼각형을 이루지 않도록 하는 모든 상수 m의 값의 합은?

① -2 ② -1 ③ 0
④ 1 ⑤ 2

11 직선 $y=mx-2m-1$이 두 점 $(-4, 3)$, $(-1, 6)$을 이은 선분과 만나기 위한 실수 m의 값의 범위는 $\alpha \le m \le \beta$이다. $\alpha+\beta$의 값은?

① -3 ② $-\dfrac{5}{2}$ ③ -2
④ $-\dfrac{5}{3}$ ⑤ -1

12 두 직선 $y=-3x+1$, $y=-\dfrac{1}{2}x+\dfrac{1}{2}$의 교점을 지나고 기울기가 -1인 직선이 점 $\left(-\dfrac{2}{5}, k\right)$를 지날 때, 실수 k의 값은?

① -1 ② $\dfrac{1}{5}$ ③ $\dfrac{3}{5}$
④ 1 ⑤ $\dfrac{6}{5}$

13 세 점 A$(-4, 1)$, B$(-3, -2)$, C$(2, -6)$을 꼭짓점으로 하는 삼각형 ABC의 무게중심을 G라 할 때, 삼각형 GAB의 넓이는 $\dfrac{m}{n}$이다. mn의 값은?

(단, m, n은 서로소인 자연수)

① 33   ② 45   ③ 54
④ 66   ⑤ 85

14 점 $(2, 3)$과 직선 $2x-y+4=0$ 위의 점과의 거리의 최솟값은?

① $\sqrt{5}$ ② $\sqrt{7}$ ③ 3
④ $2\sqrt{3}$ ⑤ 4

15 점 A$(5, 3)$보다 아래쪽에 있고 기울기가 -1인 직선과 점 A 사이의 거리가 $3\sqrt{2}$일 때, 이 직선의 y절편은?

① -2 ② -1 ③ 0
④ 1   ⑤ 2

16 두 직선 $y=\dfrac{12}{5}x+k$, $y=\dfrac{12}{5}x-2$ 사이의 거리가 $\dfrac{15}{13}$가 되도록 하는 양수 k의 값은?

① 1   ② 2   ③ 3
④ 4   ⑤ 5

17 평행사변형 OABC의 세 꼭짓점이 A$(2, 3)$, B$(6, 5)$, C$(4, 2)$일 때, 사각형 OABC의 넓이는?

(단, O는 원점)

① 4   ② 8   ③ 12
④ 16   ⑤ 20

18 세 점 O$(0, 0)$, A$(-3, -a)$, B$(a, 6)$에 대하여 삼각형 OAB의 넓이가 7일 때, 정수 a의 값은?

(단, 점 A는 제3사분면의 점)

① -2 ② -1 ③ 1
④ 2   ⑤ 3

19 좌표평면 위의 세 점 A$(-2, -1)$, B$(-1, 4)$, C$(3, -3)$을 꼭짓점으로 하는 삼각형 ABC의 넓이를 구하시오.

20 다음 세 직선이 이루는 삼각형의 넓이를 구하시오.

$$y=2x+2, \quad y=-6x+18, \quad y=-\frac{2}{3}x+2$$

21 두 직선 $x+y+2=0$과 $x-y=0$이 이루는 각의 이등분선의 방정식을 구하시오.

22 두 점 A$(-5, -7)$, B$(-1, 1)$에 대하여 $\overline{AB}$의 수직이등분선의 방정식을 구하시오.

23 두 점 A$(-5, -7)$, B$(-1, 1)$에 대하여 두 점 A, B에 이르는 거리가 같은 점 P의 자취의 방정식을 구하시오.

24 점 $(2, 3)$에서 직선 $y=x-3$에 내린 수선의 발의 좌표를 구하시오.

14 원의 방정식 (1) : 기본

01 중심의 좌표가 $(3, 1)$이고 점 $(2, -1)$을 지나는 원의 넓이는?

① 3π　　　② $\dfrac{7}{2}\pi$　　　③ 4π

④ $\dfrac{9}{2}\pi$　　　⑤ 5π

02 중심의 좌표가 $(a+1, a)$이고 반지름의 길이가 2인 원이 점 $(2, 3)$을 지날 때, 모든 실수 a의 값의 합은?

① 0　　　② 2　　　③ 4

④ 5　　　⑤ 7

03 세 점 $A(-5, 9)$, $B(-2, 0)$, $C(1, 1)$에 대하여 삼각형 ABC의 외접원의 방정식이 $(x+a)^2+(y-b)^2=r^2$일 때, $a+b+r$의 값은?

(단, r는 양수)

① 4　　　② 8　　　③ 12

④ 16　　　⑤ 20

04 직선 $y=2x+3$이 원 $x^2+y^2-4ax+2y+2a=0$의 넓이를 이등분할 때, 실수 a의 값은?

① -2　　　② -1　　　③ 0

④ 1　　　⑤ 2

05 x, y에 대한 이차방정식 $x^2+y^2-4x+2(a+1)y+a+7=0$이 나타내는 도형이 원이 되도록 하는 자연수 a의 최솟값은?

① 1　　　② 2　　　③ 3

④ 4　　　⑤ 5

06 원 $x^2+y^2+2ax-4y+a^2+2a-4=0$과 x축, y축과의 교점이 각각 2개가 되도록 하는 실수 a의 값의 범위는 $\alpha<a<\beta$이다. $\alpha\beta$의 값은?

① -8　　　② -4　　　③ -2

④ -1　　　⑤ 4

07 세 점 $A(-3, 3)$, $B(4, 2)$, $C(3, 3)$을 지나는 원의 중심의 좌표는 (a, b)이다. a^2+b^2의 값은?

① 1　　　　② 2　　　　③ 5

④ 8　　　　⑤ 10

08 x축에 접하고 점 $(4, 4)$를 지나는 원의 넓이가 4π일 때, 이 원의 중심의 좌표는?

① $(2, 4)$　　② $(3, 3)$　　③ $(4, 2)$

④ $(0, 4)$　　⑤ $(4, 0)$

09 원 $x^2+y^2-6x+2ay-12a-27=0$이 x축과 y축에 동시에 접할 때, 실수 a의 값은?

① -5　　　② -3　　　③ -1

④ 1　　　　⑤ 3

10 원 $x^2+(y-3)^2=16$과 직선 $y=2x+1$의 두 교점의 x좌표의 합은?

① $\dfrac{4}{5}$　　　② 1　　　③ $\dfrac{8}{5}$

④ 2　　　　⑤ $\dfrac{7}{3}$

11 직선 $y=mx+m+1$이 원 $(x-1)^2+y^2=4$에 접할 때, 실수 m의 값은?

① $\dfrac{3}{4}$　　　② $\dfrac{4}{5}$　　　③ $\dfrac{5}{6}$

④ $\dfrac{6}{7}$　　　⑤ $\dfrac{7}{8}$

12 직선 $x-2y+k=0$과 원 $x^2+y^2-8y+11=0$이 만나지 않도록 하는 두 자리 자연수 k의 최솟값은?

① 12　　　② 13　　　③ 14

④ 15　　　⑤ 16

13 중심의 좌표가 $(4, 5)$인 원 중에서 원 $(x-2)^2+(y-1)^2=5$와 외접하는 원을 O_1, 내접하는 원을 O_2라 하자. 두 원 O_1, O_2의 반지름의 길이는 곱은?

① 5　　　② 10　　　③ 15

④ 20　　　⑤ 25

14 다음 중 두 원 $(x+3)^2+(y+1)^2=4$, $(x-5)^2+(y-2)^2=r^2$의 교점이 존재하지 않도록 하는 자연수 r의 값이 아닌 것은?

① 1　　　② 5　　　③ 9

④ 13　　　⑤ 17

15 중심의 좌표가 $(a, -a+1)$이고 직선 $y=3x-1$에 접하는 원의 넓이가 10π일 때 양수 a의 값은?

① 1　　　② 3　　　③ 5

④ 7　　　⑤ 9

16 두 원

$$O_1 : x^2+y^2-2y-24=0$$
$$O_2 : x^2+y^2-4x-2ay+a^2-5=0$$

이 내접할 때, 실수 a의 값은?

① 1　　　② 2　　　③ 3

④ 4　　　⑤ 5

17 x축 위의 두 점 $(1, 0)$, $(3, 0)$을 지나고 반지름의 길이가 $\sqrt{10}$인 원의 중심의 좌표는 (a, b)이다. $a+b$의 값은? (단, $b>0$)

① 2　　　② 3　　　③ 4

④ 5　　　⑤ 6

18 원 $x^2+y^2-2kx+2(k-1)y+k^2+2k+12=0$의 넓이가 10π일 때, 양수 k의 값은?

① 1　　　② 3　　　③ 5

④ 7　　　⑤ 9

19 다음 조건을 만족시키는 원의 넓이를 구하시오.

> (가) 중심의 좌표는 제1사분면 위에 있다.
> (나) 중심은 곡선 $y=(x-1)^2-5$ 위에 있다.
> (다) x축과 y축에 동시에 접한다.

20 오른쪽 그림과 같이 원 $(x+1)^2+y^2=16$을 현 AB를 접는 선으로 하여 접었을 때 x축에 접하였다. 색칠한 부분이 어떤 원의 일부일 때, 이 원의 중심의 좌표와 반지름의 길이를 구하시오.

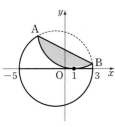

21 두 점 $A(1, -7)$, $B(a, 5)$에 대하여 $\overline{AB}$의 수직이등분선이 원 $x^2+y^2=1$의 중심을 지날 때, 양수 a의 값을 구하시오.

22 두 원 $x^2+(y+3)^2=4$, $(x-6)^2+(y-1)^2=4$는 직선 l에 대하여 대칭이다. 직선 l의 y절편을 구하시오.

23 원 $(x-2)^2+(y-2)^2=16$의 중심을 P, y축과의 교점을 A, B라 할 때, 삼각형 PAB의 넓이를 구하시오.

24 두 점 $A(-1, 0)$, $B(2, 0)$에 대하여 $\overline{PA}=2\overline{PB}$를 만족시키는 점 P의 자취의 방정식을 구하시오.

15 원의 방정식 (2) : 응용

01 직선 $y=2x$와 원 $x^2+y^2-8x-6y+16=0$의 교점을 A, B라 할 때, $\overline{AB}$의 길이는?

① 2　　　　② 4　　　　③ 6

④ 8　　　　⑤ 10

02 두 원 $x^2+y^2+2x-4y+1=0$,
$x^2+y^2+6x-2y=0$의 공통현의 기울기는?

① -4　　　② -2　　　③ -1

④ 2　　　　⑤ 4

03 점 A$(2, 0)$과 원 $(x+1)^2+(y+3)^2=r^2$ 위의 점 P에 대하여 $\overline{AP}$의 최댓값이 $4\sqrt{2}$일 때, 이 원의 넓이는?
(단, r는 상수)

① 2π　　　② 3π　　　③ 5π

④ 8π　　　⑤ 10π

04 직선 $y=-2x-3$ 위의 두 점 A$(-2, 1)$,
B$(0, -3)$과 원 $(x-3)^2+(y-1)^2=5$ 위의 점 P에 대하여 삼각형 PAB의 넓이의 최솟값은?

① 1　　　　② $\sqrt{5}$　　　③ $\dfrac{5}{2}$

④ $2\sqrt{5}$　　　⑤ 5

05 원 $x^2+y^2=9$와 접하는 기울기가 3인 두 직선 사이의 거리는?

① $\sqrt{10}$　　② 4　　　③ $2\sqrt{5}$

④ 6　　　　⑤ $2\sqrt{10}$

06 원 $x^2+y^2=4$ 위의 점 $(-\sqrt{3}, 1)$을 지나는 접선이 x축의 양의 방향과 이루는 각은?

① $0°$　　　② $30°$　　　③ $45°$

④ $60°$　　　⑤ $90°$

07 원 $x^2+(y-1)^2=25$ 위의 점 $(4, -2)$에서 접하는 직선의 x절편을 구하시오.

08 원 $x^2+y^2-4x-4y+4=0$에 접하고 기울기가 1인 접선의 방정식을 구하시오.

09 점 $(-3, 1)$에서 원 $(x-2)^2+(y-1)^2=9$에 그은 접선의 기울기 중 양수인 것을 구하시오.

10 두 원 $(x-2)^2+y^2=8$, $(x-1)^2+(y-2)^2=7$의 교점을 지나는 직선과 원 $x^2+y^2+8x+11=0$ 위의 점 사이의 거리의 최댓값을 구하시오.

11 두 원 $x^2+y^2=16$, $x^2+y^2-6x-8y=0$의 공통현의 길이를 구하시오.

12 두 원 $x^2+y^2=1$, $(x+2)^2+(y-4)^2=9$의 공통외 접선의 길이를 구하시오.

01 점 A(3, 1)을 x축의 방향으로 -4만큼, y축의 방향으로 2만큼 평행이동한 점을 B라 하자. $\overline{\mathrm{AB}}$의 수직이등분선의 방정식이 $y=mx+n$일 때, $m+n$의 값은? (단, m, n은 상수)

① 1   ② 2   ③ 3
④ 4   ⑤ 5

02 포물선 $y=x^2+2x$와 직선 $y=3x+6$을 평행이동 $(x, y) \rightarrow (x+3, y+1)$에 의해 옮겼을 때, 두 도형의 교점의 x좌표의 합은?

① 1   ② 3   ③ 5
④ 7   ⑤ 9

03 원 $x^2+y^2=8$을 x축의 방향으로 a만큼, y축의 방향으로 $-a$만큼 평행이동한 원이 처음의 원과 외접할 때, 양수 a의 값은?

① 1   ② 2   ③ 4
④ 8   ⑤ 10

04 좌표평면 위의 점 (4, 1)을 원점에 대하여 대칭이동한 점을 A, y축에 대하여 대칭이동한 점을 B, 직선 $y=x$에 대하여 대칭이동한 점을 C라 할 때, 삼각형 ABC의 넓이는?

① 1   ② 2   ③ 3
④ 4   ⑤ 5

05 원 $O_1 : (x-1)^2+(y-5)^2=16$을 직선 $y=x$에 대하여 대칭이동한 원 O_2라 할 때, 두 원 O_1, O_2의 공통현의 길이는?

① $2\sqrt{3}$ ② $3\sqrt{2}$ ③ $2\sqrt{5}$
④ $4\sqrt{2}$ ⑤ 6

06 원 $(x-2)^2+(y+4)^2=1$을 원점에 대하여 대칭이동한 원의 넓이가 직선 $ax+y+6=0$에 의하여 이등분될 때, 상수 a의 값은?

① 1   ② 3   ③ 5
④ 7   ⑤ 9

07 직선 $y=x+2$를 점 $(2, -3)$에 대하여 대칭이동한 도형의 방정식은 $y=mx+n$이다. $m-n$의 값은?

(단, m, n은 상수)

① 9　　　　② 11　　　　③ 13

④ 15　　　　⑤ 17

08 점 $(0, 0)$을 직선 $y=-2x+4$에 대하여 대칭이동한 점의 좌표를 구하시오.

09 원 $x^2+y^2-4x+3=0$을 $x^2+y^2-6y+8=0$으로 옮기는 평행이동에 의하여 직선 $y=\dfrac{1}{2}x+k$가 원점을 지나는 직선으로 옮겨질 때, 상수 k의 값을 구하시오.

10 원 $x^2+y^2+10x-2ay+a^2+21=0$을 점 $(-2, 2)$에 대하여 대칭이동한 원이 x축에 대한 대칭을 이룰 때, 실수 a의 값을 구하시오.

11 두 원 $x^2+y^2-4y=0$, $x^2+y^2-4x=0$의 공통현의 길이를 구하시오.

12 원 $O_1 : (x-3)^2+(y-1)^2=k$를 직선 $y=x$에 대하여 대칭이동한 원을 O_2라 하자. 두 원 O_1과 O_2가 외접할 때, 양수 k의 값을 구하시오.

MEMO

개념 C.O.D.I 코디

정답

및

해설

01 다항식의 연산

중학교 Review

01 (1) $-9a^3b^5$ (2) $-5x^6y^5$

   (3) $-\dfrac{a^5b^4}{9}$ (4) $243x^7$

02 (1) $3x+7$ (2) $3x^2+9x+5$

   (3) $4x^2-5xy+5y^2$ (4) $7x^2+2x-12$

03 (1) $-5y^2+8y+6$ (2) $6x^2-23x+8$

   (3) $2ab^2-a^2b-8ab$ (4) $-a^2b+3ab^2-8b+4$

04 (1) $3z-4xyz$ (2) $3x^2-xy$

   (3) $4yz^2+3y^2z$ (4) $-12x+21$

05 (1) $ac-ad+3bc-3bd$ (2) x^2+x-6

   (3) a^2+6a+9 (4) $9x^2-30x+25$

   (5) $4x^2-49$ (6) $p^2-2p-15$

06 (1) 21   (2) 42

   (3) 1   (4) 28

   (5) 2

0001 $5x^2-4x$ 0002 $5x+4y$

0003 $a^2+2ab-b^2$ 0004 $x^4y+3x^3y^2+x^2y^3$

0005 $2x^2-3y^2+5xy+2x-y$

0006 a^3+b^3

0007 $a^3+b^3+c^3+a^2b+ab^2+b^2c+bc^2+c^2a+ca^2$

0008 x^4+x^2+1 0009 $-2x^4+7x^3+x^2+3x+1$

0010 $1+3x+6x^2+x^3+2x^4+x^5$

0011 $x^5+2x^4+x^3+6x^2+3x+1$

0012 $1+3x+x^2+7x^3-2x^4$ 0013 $-2x^4+7x^3+x^2+3x+1$

0014 $-1+3xy^2-3x^2y+x^3$ 0015 $-1+x^3-3x^2y+3xy^2$

0016 $x^3-3x^2y+3xy^2-1$ 0017 $3xy^2-3x^2y+x^3-1$

0018 $a^2+b^2+c^2+2ab+2bc+2ca$

0019 $x^3+(a+b+c)x^2+(ab+bc+ca)x+abc$

0020 $a^3+3a^2b+3ab^2+b^3$ 0021 $a^3-3a^2b+3ab^2-b^3$

0022 a^3+b^3 0023 a^3-b^3

0024 $a^3+b^3+c^3-3abc$ 0025 $a^4+a^2b^2+b^4$

0026 $a^2+b^2+c^2+2ab+2bc+2ca$

0027 $x^3+(a+b+c)x^2+(ab+bc+ca)x+abc$

0028 $a^3+3a^2b+3ab^2+b^3$ 0029 $a^3-3a^2b+3ab^2-b^3$

0030 a^3+b^3 0031 a^3-b^3

0032 $a^3+b^3+c^3-3abc$ 0033 $a^4+a^2b^2+b^4$

0034 $4a^2+b^2+4c^2-4ab+4bc-8ca$

0035 $x^3-9x^2+26x-24$ 0036 $27x^3+27x^2+9x+1$

0037 $27a^3-54a^2b+36ab^2-8b^3$

0038 a^3+8b^3 0039 $8a^3-27b^3$

0040 $a^3+b^3-8c^3+6abc$ 0041 $16a^4+4a^2+1$

0042 해설 참조   0043 해설 참조

0044 해설 참조   0045 해설 참조

0046 해설 참조   0047 해설 참조

0048 $a^2+b^2+c^2=(a+b+c)^2-2(ab+bc+ca)$

0049 $a^3+b^3=(a+b)^3-3ab(a+b)$

0050 $x^3+\dfrac{1}{x^3}=\left(x+\dfrac{1}{x}\right)^3-3\left(x+\dfrac{1}{x}\right)$

0051 $a^3-b^3=(a-b)^3+3ab(a-b)$

0052 $x^3-\dfrac{1}{x^3}=\left(x-\dfrac{1}{x}\right)^3+3\left(x-\dfrac{1}{x}\right)$

0053 $a^2+b^2+c^2-ab-bc-ca$

   $=\dfrac{1}{2}\{(a-b)^2+(b-c)^2+(c-a)^2\}$

0054 $a^3+b^3+c^3$

   $=(a+b+c)(a^2+b^2+c^2-ab-bc-ca)+3abc$

0055 $a^2+b^2+c^2+ab+bc+ca$

   $=\dfrac{1}{2}\{(a+b)^2+(b+c)^2+(c+a)^2\}$

0056 $6x^2-12x+16$ 0057 x^4-9

0058 ①   0059 ②   0060 ⑤   0061 ④

0062 -11 0063 ③   0064 ③   0065 ⑤

0066 ⑤   0067 ②   0068 ③   0069 ⑤

0070 ②   0071 ④   0072 $6a^3+18a^2b+3b^3$

0073 0   0074 ②   0075 ①   0076 ①

0077 ①   0078 ①   0079 ④   0080 ①

0081 63   0082 -65 0083 ④   0084 28

0085 ①   0086 ①   0087 ⑤   0088 ③

0089 ②   0090 ③   0091 ③   0092 ①

0093 ③   0094 ②   0095 19   0096 12

0097 ②   0098 ①   0099 ②   0100 ①

0101 ②   0102 ③   0103 ④   0104 ②

0105 ③   0106 9999   0107 ⑤   0108 ⑤

0109 ②

0110 ①   0111 ⑤   0112 ②   0113 ④

0114 ②   0115 ⑤   0116 $x^4-8x^3+14x^2+8x$

0117 ⑤   0118 ④   0119 (1) -8 (2) 4

0120 $140\sqrt{2}$ 0121 ②   0122 29   0123 33

02 인수분해 (1)

중학교 Review

01 (1) x　　(2) ab　　(3) $2xy$　　(4) y

　　(5) 5　　(6) x　　(7) abc　　(8) x

02 (1) $2(x+3)$　　　　(2) $3ab(a-2)$

　　(3) $(a+1)^2$　　　　(4) $(x+3y)(x-3y)$

　　(5) $(x+4y)(x+2y)$　　(6) $(x-7y)(x+2y)$

　　(7) $(2x+3)(2x+1)$　　(8) $(5y+2)(2y-2)$

03 $(x^2-2x-6)(x^2-2x+2)$

04 $3(x-1)(x+5)$

05 (1) $(a-1)(b-1)$　　　(2) $(a-b)(a+b-5)$

　　(3) $(x+y+2)(x+y-1)$　(4) $(x-3)(x+y-2)$

0124 공통인수: a^2, $a^2(a+3b)$

0125 공통인수: $a-b$, $(a-b)(p+q)$

0126 공통인수: $a(x-y)$, $a(a-1)(x-y)$

0127 ㈎ $a+b+c$ ㈏ $a+b+c$

0128 ㈎ $a+b$ ㈏ $a^2+2ab+b^2$ ㈐ $a+b$

0129 ㈎ $-2a^2b+2ab^2$ ㈏ $a-b$ ㈐ $a-b$

0130 ㈎ $(a-b)^3+3ab(a-b)$ ㈏ a^2+ab+b^2

0131 ㈎ $(a+b)^3-3ab(a+b)$ ㈏ a^2-ab+b^2

0132 $(a+3b+c)^2$　　0133 $(x+2y-3z)^2$

0134 $(x+y+2)^2$　　0135 $(x+4)^3$

0136 $(x+2y)^2$　　0137 $(x-3)^3$

0138 $(2x-y)^3$

0139 $(5a+3b)(25a^2-15ab+9b^2)$

0140 $2(x+2)(x^2-2x+4)$

0141 $(2a-3b)(4a^2+6ab+9b^2)$

0142 $8(2x-1)(4x^2+2x+1)$

0143 $(a+b+2c)(a^2+b^2+4c^2-ab-2bc-2ca)$

0144 $(x+y-3)(x^2+y^2+9-xy+3y+3x)$

0145 치환

0146 (1) x^2+1 (2) $t^2-2t-15$ (3) $(t-5)(t+3)$

　　(4) $(x+2)(x-2)(x^2+4)$

0147 (1) $(x^2-x-2)(x^2-x-12)+24$

　　(2) $t^2-14t+48$　　(3) $(t-6)(t-8)$

　　(4) $(x-3)(x+2)(x^2-x-8)$

0148 (1) $(t-3)(t+2)$ (2) $(x^2-3)(x^2+2)$

0149 (1) $(t-1)(2t-1)$ (2) $(x+1)(x-1)(2x^2-1)$

0150 (1) $(t+2)^2-t$ (2) $(x^2+x+2)(x^2-x+2)$

0151 ㈎ a^2b^2 ㈏ $2a^2b^2$ ㈐ a^2+b^2 ㈑ ab

0152 (1) $x^2+(y-1)x-(2y^2+5y+2)$

　　(2) $(x+2y+1)(x-y-2)$

0153 ①　　0154 ④　　0155 ③　　0156 ③

0157 ①　　0158 ②　　0159 ③　　0160 ①

0161 ①　　0162 ②　　0163 ④　　0164 ②

0165 ③　　0166 ③　　0167 ④　　0168 ③

0169 ④　　0170 10　　0171 ③　　0172 ④

0173 ②　　0174 ③　　0175 ②　　0176 ①

0177 $(x^2+3x+3)(x^2-3x+3)$　　0178 ②

0179 ③　　0180 $(x-2y+3)(x+y+1)$

0181 $x=1, y=-1$　　0182 ①　　0183 ④

0184 1000　　0185 ②　　0186 100

0187 (1) x^2+3x (2) 130

0188 ③　　0189 ③

0190 $(x+1)(x-1)(x^2-x+1)(x^2+x+1)$

0191 ⑤　　0192 ②　　0193 ①, ②　　0194 ②

0195 ④　　0196 ②　　0197 $2a(a^2+3b^2)$

0198 $-(a-b)(b-c)(c-a)$

0199 ㈎ $36a^2b^2$ ㈏ $-36a^2b^2$ ㈐ $2a^2+9b^2$ ㈑ $2a^2-6ab+9b^2$

0200 ④

03 다항식의 나눗셈과 항등식, 나머지정리

0201 몫: $-2x+2$, 나머지: $3x-3$

0202 몫: $2x^2-2x+4$, 나머지: 4

0203 몫: x^2, 나머지: 1

0204 몫: x^2-4x+4, 나머지: 0

0205 $x^3-x^2-2x+1=(x+2)(x^2-3x+4)-7$

0206 $3x^3+2x^2+x-1=(x^2-2x+1)(3x+8)+14x-9$

0207 $2x^4-x^3+3x+4=(x^2+x)(2x^2-3x+3)+4$

0208 $x^4+x^2+1=(x^2-x+1)(x^2+x+1)$

0209 몫: $2x^2-7x+15$, 나머지: -28

　　관계식: $2x^3-3x^2+x+2=(x+2)(2x^2-7x+15)-28$

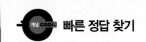

0210 몫: x^3-4x^2+2x+1, 나머지: 0

관계식: $x^4-5x^3+6x^2-x-1$
$=(x-1)(x^3-4x^2+2x+1)$

0211 몫: $x^3-3x^2+9x-24$, 나머지: 74

관계식: $x^4+3x+2=(x+3)(x^3-3x^2+9x-24)+74$

0212 몫: $8x^2-4x$, 나머지: 0

관계식: $8x^3-8x^2+2x=\left(x-\dfrac{1}{2}\right)(8x^2-4x)$

0213 $\dfrac{1}{2}$, $x-1$　　**0214** $\dfrac{1}{2}x^2+1$

0215 몫: $\dfrac{1}{2}x^2-x+3$, 나머지: -11

0216 몫: x^2+x, 나머지: 1

0217 방정식　　**0218** 항등식

0219 ×　**0220** ×　**0221** ○　**0222** ○

0223 ×　**0224** ○

0225 계수비교법, 수치대입법

0226 $a=6$, $b=-2$

0227 $a=2$, $b=3$, $c=1$

0228 $a=-2$, $b=1$, $c=3$

0229 $a=1$, $b=0$, $c=1$

0230 $a=-6$, $b=12$, $c=-4$

0231 $a=2$, $b=-3$, $c=1$

0232 $a=1$, $b=-4$, $c=0$

0233 $a=0$, $b=-1$, $c=2$

0234 $a=-5$, $b=6$

0235 $a=-6$, $b=11$, $c=-4$

0236 15　　**0237** 15　　**0238** 같다

0239 -2, p, 나머지정리　　**0240** 1　　**0241** -4

0242 15　　**0243** 0　　**0244** -2　　**0245** -2

0246 $\dfrac{1}{2}$　　**0247** -4　　**0248** $13x-10$

0249 ③　　**0250** ③　　**0251** ①　　**0252** 3

0253 ②　　**0254** (1) 12　(2) 6　　**0255** ⑤

0256 ③　　**0257** ③　　**0258** ③　　**0259** ④

0260 ③　　**0261** ①　　**0262** ③　　**0263** ③

0264 ④　　**0265** ②　　**0266** ④　　**0267** ①

0268 $a=1$, $b=2$, $c=0$

0269 (1) 125　(2) 125, 같다

0270 (개) $a_5+a_4+a_3+a_2+a_1+a_0$ (내) $-a_5+a_4-a_3+a_2-a_1+a_0$
(대) $2(a_4+a_2+a_0)$ (래) 16

0271 ⑤　　**0272** ⑤　　**0273** -4　　**0274** ③

0275 ②, ⑤　**0276** ①　**0277** ①　**0278** ②

0279 ②　　**0280** ①

0281 (개) $ax+b$ (내) $2a+b$ (대) $a+b$ (래) $26x-25$

0282 ②　　**0283** ③　　**0284** ①

0285 (개) ax^2+bx+c (내) $4a+2b+c$ (대) $a+b+c$ (래) c
(매) $8x^2-7x-4$

0286 ④　　**0287** x^2-5x+1

0288 (1) -15 (2) -15　　**0289** ③　　**0290** ①

0291 (개) $x-2$ (내) x^6 (대) $x-2$ (래) 2 (매) 64 (배) 12 (새) 4

0292 1　　**0293** 1

0294 ②　　**0295** ⑤

0296 (1) $a=5$, $b=1$, $c=3$　(2) $a=2$, $b=1$, $c=6$

0297 ③　　**0298** ④　　**0299** ①　　**0300** $x=9$

0301 ④　　**0302** ⑤　　**0303** 2　　**0304** ③

0305 ④　　**0306** ④　　**0307** ②　　**0308** 37

0309 ③

0310 (1) 0 (2) 4 (3) -2 (4) -12 (5) 0

0311 (개) -6, -3, -2, -1, 1, 2, 3, 6 (내) 1 (대) 2 (래) 3
(매) $x-1$ (배) $x-2$ (새) $x-3$
$f(x)=(x-1)(x-2)(x-3)$

0312 (개) -2 (내) $x+2$ (대) -2 (래) -1 (매) 2 (배) 3
(새) x^2-x+3

0313 (1) $(x+1)(x-1)(2x^2+1)$ (2) $(x-1)(x+1)(2x^2+1)$

0314 ②　　**0315** ②　　**0316** ⑤　　**0317** ④

0318 ⑤　　**0319** ⑤　　**0320** ①　　**0321** ③

0322 $(x-1)(x^2+2x+4)$　　**0323** ④　　**0324** ①

0325 ②　　**0326** $x(x-1)(x+1)(x+2)$

0327 $(x-1)(x+1)(x^2+2x+3)$　　**0328** ②

0329 ②　　**0330** $-5x+1$　　**0331** ⑤

0332 ④　　**0333** ①　　**0334** ③　　**0335** ②

0336 18

0337 ⑤　　**0338** $a=-3$, $b=4$　　**0339** ③

0340 ②　　**0341** $(2x+1)(3x-1)(x^2+1)$

0342 ①　　**0343** ④　　**0344** ①

05 복소수

01 (1) ± 7	(2) 0	(3) ± 12	(4) ± 0.3
(5) $\pm\dfrac{4}{9}$	(6) ± 1.1		
02 (1) $\sqrt{5}$	(2) $-\sqrt{5}$	(3) $\pm\sqrt{11}$	(4) $\sqrt{11}$
03 (1) 10	(2) 3	(3) -5	(4) -6
(5) 49	(6) -2		
04 (1) 무	(2) 유	(3) 유	(4) 유
(5) 무	(6) 무	(7) 무	(8) 무
(9) 유			
05 (1) ○	(2) ○	(3) ×	(4) ×
(5) ×	(6) ×		

0345 실수 **0346** 허수 **0347** i, $i^2=-1$

0348 복소수 **0349** 실수, 실수부분, 허수부분

0350 실수, 순허수 **0351** 켤레복소수

0352 실수 **0353** 실수 **0354** 허수 **0355** 실수

0356 허수 **0357** 실수 **0358** 실수 **0359** 실수

0360 허수 **0361** 실수부분: 7, 허수부분: 3

0362 실수부분: -4, 허수부분: 5

0363 실수부분: $\dfrac{3}{4}$, 허수부분: $-\dfrac{1}{2}$

0364 실수부분: -6, 허수부분: 0

0365 실수부분: 0, 허수부분: 0

0366 실수부분: 0, 허수부분: 3

0367 실수부분: 0, 허수부분: $-\dfrac{1}{2}$

0368 실수부분: -1, 허수부분: 0

0369 $x=1$, $y=4$ **0370** $x=\dfrac{3}{2}$, $y=-\dfrac{5}{2}$

0371 $x=-1$, $y=3$ **0372** $x=0$, $y=-5$

0373 $x=2$, $y=-2$ **0374** $2+i$

0375 $-1-\sqrt{3}\,i$ **0376** 12

0377 $-3i$ **0378** $5+6i$

0379 $1-2i$ **0380** 4

0381 $15-9i$ **0382** $3+2i$

0383 $8+9i$ **0384** $11-2i$

0385 (가) i (나) $2+i$ (다) -3 (라) $-\dfrac{2}{3}$ (마) $\dfrac{1}{3}$

0386 (가) $1+i$ (나) $2i$ (다) 2 (라) 0 (마) 1

0387 (가) $2-i$ (나) $8-9i$ (다) 5 (라) $\dfrac{8}{5}$ (마) $\dfrac{9}{5}$

0388 4 **0389** 25 **0390** $6-2i$ **0391** $6-2i$

0392 $\overline{z_1+z_2}=\overline{z_1}+\overline{z_2}$ **0393** $11-2i$ **0394** $11-2i$

0395 $\overline{z_1z_2}=\overline{z_1}\,\overline{z_2}$ **0396** 해설 참조

0397 $\sqrt{3}\,i$ **0398** $2\sqrt{5}\,i$ **0399** $\dfrac{4}{3}i$ **0400** $-\sqrt{6}\,i$

0401 $2\sqrt{3}\,i$ **0402** $\sqrt{2}\,i$ **0403** 1 **0404** -1

0405 i

0406 ④ **0407** ② **0408** ① **0409** ④

0410 ① **0411** ② **0412** 10

0413 (1) $1+i$ (2) $8-17i$ **0414** ① **0415** 53

0416 ① **0417** ⑤ **0418** ③ **0419** ①

0420 $\dfrac{4}{13}-\dfrac{7}{13}i$ **0421** ⑤ **0422** 0

0423 $-\dfrac{18}{5}+\dfrac{1}{5}i$ **0424** ⑤ **0425** ①

0426 ⑤ **0427** ② **0428** ③

0429 (가) $2x-1$ (나) -1 (다) 0 **0430** ①

0431 ② **0432** ① **0433** ③ **0434** ⑤

0435 ① **0436** $6-3i$ **0437** ④

0438 (가) $\dfrac{10}{\alpha}$ (나) $\dfrac{10}{\beta}$ (다) $\overline{\alpha}+\overline{\beta}$ **0439** ③

0440 ④ **0441** ② **0442** -12 **0443** ⑤

0444 ④ **0445** ② **0446** 16 **0447** ①

0448 ⑤ **0449** ④ **0450** -1

0451 193 **0452** ③ **0453** ① **0454** ④

0455 ④ **0456** ② **0457** ④ **0458** ④

0459 ⑤ **0460** ③ **0461** ① **0462** 3

0463 $-2a$ **0464** ① **0465** ⑤

06 일차방정식

II. 방정식
p.98 ~ p.109

중학교 Review

01 (1) $x=-4$ (2) $x=-9$

   (3) $x=0$ (4) $x=1$

   (5) $x=-\dfrac{5}{3}$ (6) 해가 없다.

   (7) $x=-\dfrac{1}{3}$ (8) $x=1$

02 해설 참조

03 (1) 7   (2) $\dfrac{4}{3}$ (3) 0.5   (4) $\dfrac{2}{9}$

   (5) 1.3   (6) 0

04 (1) 2, -2 (2) 8, -8 (3) $-\dfrac{1}{3}$ (4) 0

   (5) $-\dfrac{11}{5}$ (6) 1.7

05 (1) 5 또는 -5 (2) $\dfrac{1}{2}$ 또는 $-\dfrac{1}{2}$

   (3) 0.4 또는 -0.4 (4) 0

0466 $x=-\dfrac{b}{a}$ 0467 해가 무수히 많다.

0468 해가 없다.   0469 0   0470 0

0471 0   0472 1   0473 -1 0474 5

0475 5   0476 3   0477 해설 참조

0478 $0 \le x < 1$ 0479 $-2 \le x < -1$

0480 $x=2$ 또는 $x=-2$ 0481 $x=0$

0482 해가 없다.   0483 $x=-4$ 또는 $x=2$

0484 $x=-2$ 또는 $x=3$ 0485 $x=-\dfrac{4}{3}$ 또는 $x=0$

0486 $x=-\dfrac{1}{2}$ 0487 $-2 \le x \le 2$

0488 (1) $a \ne 1$, $x=\dfrac{a}{a-1}$ (2) 1   0489 ③

0490 해설 참조   0491 ①   0492 19

0493 ④   0494 ④   0495 $x=1$ 0496 ②

0497 (가) $x+2$ (나) 2 (다) $-x-2$ (라) -6 0498 ②

0499 $x=-3$ 또는 $x=7$ 0500 ④   0501 ⑤

0502 $x=0$ 0503 ③   0504 $-3 \le x \le 2$

0505 ④   0506 ④

0507 해설 참조   0508 ③   0509 $x=2$

0510 ②   0511 ④   0512 ③

07 이차방정식

II. 방정식
p.110~ p.127

중학교 Review

01 (1) ×   (2) ×   (3) ×   (4) ○

02 (1) ○   (2) ×   (3) ×   (4) ○

03 (1) $x=-\dfrac{3}{2}$ (2) $x=\pm 4$

   (3) $x=\dfrac{1}{2}$ 또는 $x=-\dfrac{1}{4}$ (4) $x=\dfrac{1}{2}$ 또는 $x=\dfrac{2}{3}$

04 (1) $k=25$, $x=5$

   (2) $k=\pm 24$, $x=\mp\dfrac{4}{3}$ (복부호동순)

   (3) $k=\dfrac{1}{4}$, $x=-\dfrac{1}{2}$

   (4) $k=\dfrac{9}{4}$, $x=\dfrac{3}{2}$

05 (1) $x=\pm\dfrac{\sqrt{10}}{2}$ (2) $x=\dfrac{-6\pm\sqrt{15}}{3}$

06 (1) $x=1\pm\sqrt{3}$ (2) $x=\dfrac{2\pm\sqrt{10}}{2}$

   (3) $x=\dfrac{-1\pm\sqrt{5}}{2}$ (4) $x=\dfrac{1\pm\sqrt{17}}{4}$

0513 (가) a (나) $\dfrac{b^2}{4a^2}$ (다) $x+\dfrac{b}{2a}$ (라) $\dfrac{b^2-4ac}{4a^2}$

   (마) $\dfrac{\sqrt{b^2-4ac}}{2a}$ (바) $\dfrac{-b\pm\sqrt{b^2-4ac}}{2a}$

0514 해설 참조   0515 $x=-\dfrac{1}{2}$ 또는 $x=\dfrac{3}{5}$

0516 $x=\dfrac{5\pm\sqrt{37}}{6}$ 0517 $x=\dfrac{2\pm\sqrt{10}}{2}$

0518 $x=\dfrac{3}{2}$ 0519 $x=\dfrac{-1\pm\sqrt{3}i}{2}$

0520 $x=1\pm\sqrt{2}i$ 0521 서로 다른 두 실근

0522 서로 다른 두 허근   0523 중근

0524 서로 다른 두 실근   0525 $x^2+2x-15=0$

0526 $2x^2-5x+2=0$ 0527 $-x^2-4x-4=0$

0528 $\dfrac{1}{2}x^2+\sqrt{2}x-3=0$ 0529 $x^2+1=0$

0530 $(x+\sqrt{3})(x-\sqrt{3})$

0531 $(x+\sqrt{2}i)(x-\sqrt{2}i)$

0532 $\left(x+\dfrac{1+\sqrt{13}}{2}\right)\left(x+\dfrac{1-\sqrt{13}}{2}\right)$

0533 해설 참조   0534 $-\dfrac{b}{a}$ 0535 $\dfrac{c}{a}$

0536 $\alpha+\beta=\dfrac{5}{6}$, $\alpha\beta=\dfrac{1}{6}$　　**0537** $\alpha+\beta=4$, $\alpha\beta=2$

0538 $\alpha+\beta=0$, $\alpha\beta=-\dfrac{3}{4}$　　**0539** $\alpha+\beta=5$, $\alpha\beta=0$

0540 $3+\sqrt{2}$　　　　　　　**0541** $1-2i$

0542 $x=3$　　**0543** $x=\dfrac{-3\pm\sqrt{17}}{2}$　　**0544** ⑤

0545 ③　　**0546** 24　　**0547** ④　　**0548** ①

0549 ⑤　　**0550** ②　　**0551** ④　　**0552** ①

0553 $-\dfrac{5}{4}$　　**0554** 10　　**0555** ③　　**0556** ②

0557 ①　　　**0558** $a<-1$ 또는 $-1<a<-\dfrac{1}{2}$

0559 ①　　　**0560** $3\left(x-\dfrac{1-\sqrt{7}}{3}\right)\left(x-\dfrac{1+\sqrt{7}}{3}\right)$

0561 $(x-1+2i)(x-1-2i)$

0562 ㈎ x^2-x+2　㈏ $x-\dfrac{1+\sqrt{7}i}{2}$　㈐ $x-\dfrac{1-\sqrt{7}i}{2}$

0563 ③　　**0564** ②　　**0565** 2　　**0566** 7

0567 ①　　**0568** ④　　**0569** 10　　**0570** ②

0571 1 또는 -3　　　**0572** ⑤　　**0573** ②

0574 ③　　**0575** ③　　**0576** ④

0577 $x^2-2x-9=0$

0578 두 근의 합: 1, 두 근의 곱: $\dfrac{3}{4}$

0579 두 근의 합: 4, 두 근의 곱: 12

0580 ①　　**0581** 2　　**0582** 2　　**0583** ②

0584 $m=-4$, $n=3$

0585 $x=\dfrac{\sqrt{2}\pm\sqrt{10}}{4}$　　　**0586** ④　　**0587** 4

0588 ③　　**0589** 13　　**0590** ④　　**0591** ③

0592 40　　**0593** 4　　**0594** $x=2-\sqrt{2}$ 또는 $x=4$

0595 ②　　**0596** 27　　**0597** $x=\sqrt{3}$ 또는 $x=\sqrt{5}$

0598 $2\le x<3$　　**0599** ③　　**0600** ①

---

08 이차방정식과 이차함수

Ⅱ. 방정식
p.128 ~ p.149

중학교 Review

01 ③

02 $-2<a<0$

03 (1) $y=3(x+1)^2+3$, $(-1, 3)$
　　(2) 3　　　　(3) -3

04 (1) $(2, 1)$, $x=2$　　　(2) $(-3, 9)$, $x=-3$
　　(3) $\left(-\dfrac{1}{2}, 0\right)$, $x=-\dfrac{1}{2}$　　(4) $\left(\dfrac{3}{4}, \dfrac{17}{8}\right)$, $x=\dfrac{3}{4}$

05 (1) x축: $\left(\dfrac{1}{2}, 0\right)$, $(2, 0)$, y축: $(0, -2)$
　　(2) x축: $\left(\dfrac{1}{3}, 0\right)$, y축: $(0, 1)$

06 (1) $a<0$, $b>0$, $c>0$　　(2) $a>0$, $b<0$, $c=0$

0601 $(5, 0)$, $(-2, 0)$　　**0602** $(-2, 0)$, $(2, 0)$

0603 $(0, 0)$　　　　　　　**0604** $(-7, 0)$

0605 x축과의 교점이 없다.　　**0606** $k>-2$

0607 $k=-2$　　　　　　　**0608** $k<-2$

0609 만나지 않는다.

0610 서로 다른 두 점에서 만난다.

0611 한 점에서 만난다. (접한다.)

0612 $k>\dfrac{1}{2}$　　　　　　**0613** $k=\dfrac{1}{2}$

0614 $k<\dfrac{1}{2}$　　　　　　**0615** $(1, -1)$, $(3, 1)$

0616 $(-3, 10)$

0617 서로 다른 두 점에서 만난다.

0618 만나지 않는다.

0619 한 점에서 만난다. (접한다.)

0620 $k>-\dfrac{21}{4}$　　　　　**0621** $k=-\dfrac{21}{4}$

0622 $k<-\dfrac{21}{4}$　　　　　**0623** -2

0624 -3　　**0625** 2　　**0626** $(-2, 0)$

0627 4　　**0628** 3

0629 최댓값: 없다, 최솟값: -1

0630 최댓값: 없다, 최솟값: 2

0631 최댓값: 없다, 최솟값: 0

0632 최댓값: 2, 최솟값: 없다

0633 최댓값: $-\dfrac{7}{4}$, 최솟값: 없다

0634 최댓값: 0, 최솟값: $-\dfrac{9}{4}$

0635 최댓값: 4, 최솟값: -2

0636 최댓값: 18, 최솟값: 4

0637 최댓값: 3, 최솟값: -27

0638 최댓값: 5, 최솟값: 3

0639 최댓값: 5, 최솟값: -3

0640 ②   **0641** ①   **0642** ④   **0643** ⑤

0644 (가) 1 (나) 1 (다) $f(1)$ **0645** ②   **0646** ②

0647 ③   **0648** ①   **0649** ⑤

0650 $(-2, 0)$, $(2, 0)$ **0651** ②   **0652** $k > \dfrac{5}{2}$

0653 ①   **0654** $-2 \le k < -1$ 또는 $k > -1$

0655 ②   **0656** $a < \dfrac{15}{8}$ **0657** $\dfrac{1}{2}$

0658 ⑤   **0659** ②   **0660** ②   **0661** 7

0662 24   **0663** ③   **0664** ③   **0665** ①

0666 ④   **0667** $(2, -3)$ **0668** ③

0669 ③   **0670** ③   **0671** 50   **0672** ①

0673 (가) $\dfrac{3-\alpha}{2}$ (나) $\dfrac{3-\beta}{2}$ (다) $\alpha+\beta$ (라) $\dfrac{3}{2}$ (마) $\alpha\beta$ (바) $\dfrac{1}{2}$

0674 ②   **0675** ②   **0676** 18

0677 (가) $18x+6$ (나) $9(x+1)^2-3$ (다) -1 (라) -3 (마) $(t+2)^2-3$

0678 ④   **0679** ④   **0680** ②   **0681** ①

0682 ④   **0683** ④   **0684** ②   **0685** 3

0686 (가) -2 (나) 4 (다) 4 (라) 1 (마) 23

0687 (가) -1 (나) 3 (다) 5 (라) 1

0688 ③   **0689** ②   **0690** ①   **0691** $6\sqrt{2}$

0692 (가) 2 (나) $-8x+8$ (다) 8 (라) $\dfrac{8}{3}$

0693 ②   **0694** ①

0695 6   **0696** 7   **0697** ①   **0698** ①

0699 ①   **0700** ②   **0701** ③   **0702** ①

0703 ③   **0704** ⑤   **0705** $y=2x-1$

0706 ②   **0707** 24   **0708** $-3, 3$

0709 ③

09 여러 가지 방정식

p.150 ~ p.171

중학교 Review

01 (1) $(6, -2)$ (2) $(2, 1)$ (3) $(1, 3)$ (4) $(0, -2)$

02 (1) $(2, 5)$ (2) $(2, -1)$ (3) $(9, 11)$ (4) $(-2, 2)$

03 (1) $x=2$, $y=3$ (2) $x=1$, $y=1$

     (3) $x=6$, $y=6$ (4) $x=5$, $y=-1$

04 (1) 해가 없다.   (2) 해가 무수히 많다.

     (3) 해가 없다.   (4) 해가 무수히 많다.

0710 $x=2$ 또는 $x=-1\pm\sqrt{3}i$

0711 $x=0$ 또는 $x=\pm2$

0712 $x=\dfrac{3}{2}$

0713 $x=-1$ 또는 $x=\dfrac{1\pm\sqrt{3}i}{2}$

0714 $x=-1$ 또는 $x=2$ 또는 $x=3$

0715 $x=3$ 또는 $x=\dfrac{1\pm\sqrt{13}}{2}$

0716 $x=\pm1$ 또는 $x=\dfrac{1\pm\sqrt{3}i}{2}$

0717 $x=1$ 또는 $x=-1$ 또는 $x=-2$

0718 $x=1$ 또는 $x=2$ 또는 $x=3$

0719 $x=-3$ 또는 $x=-1$ 또는 $x=2$ 또는 $x=4$

0720 $x=\pm1$ 또는 $x=\pm\sqrt{2}$

0721 $x=\dfrac{-1\pm\sqrt{3}i}{2}$ 또는 $x=\dfrac{1\pm\sqrt{3}i}{2}$

0722 $x=\dfrac{1\pm\sqrt{3}i}{2}$ 또는 $x=-2\pm\sqrt{3}$

0723 $x=\dfrac{1\pm\sqrt{3}i}{2}$ 또는 $x=\dfrac{-5\pm\sqrt{21}}{2}$

0724 2   **0725** 4   **0726** -1 **0727** -4

0728 -4 **0729** -19

0730 $x^3-x^2-9x+9=0$ **0731** $2x^3-x^2-5x-2=0$

0732 $x^3-6x^2+7x+4=0$ **0733** $x^4-x^2-2=0$

0734 $a=-5$, $b=5$, $c=-1$ **0735** $a=-4$, $b=-5$, $c=14$

0736 $a=2$, $b=-9$, $c=-4$ **0737** $a=-6$, $b=10$, $c=-8$

0738 $a=-2$, $b=5$, $c=0$

0739 $a=1$, $b=-15$, $c=25$

0740 1   **0741** 0   **0742** -1 **0743** 1

0744 1   **0745** 0

0746 $\begin{cases} x=2 \\ y=1 \end{cases}$ 또는 $\begin{cases} x=-1 \\ y=-2 \end{cases}$

0747 $\begin{cases} x=0 \\ y=5 \end{cases}$ 또는 $\begin{cases} x=4 \\ y=-3 \end{cases}$

0748 $\begin{cases} x=1 \\ y=-2 \end{cases}$ 또는 $\begin{cases} x=-1 \\ y=2 \end{cases}$ 또는 $\begin{cases} x=1 \\ y=2 \end{cases}$ 또는 $\begin{cases} x=-1 \\ y=-2 \end{cases}$

0749 $\begin{cases} x=\sqrt{6} \\ y=-\sqrt{6} \end{cases}$ 또는 $\begin{cases} x=-\sqrt{6} \\ y=\sqrt{6} \end{cases}$ 또는 $\begin{cases} x=\sqrt{2} \\ y=\sqrt{2} \end{cases}$

또는 $\begin{cases} x=-\sqrt{2} \\ y=-\sqrt{2} \end{cases}$

0750 $\begin{cases} x=\dfrac{-1+\sqrt{2}i}{3} \\ y=\dfrac{-1-2\sqrt{2}i}{3} \end{cases}$ 또는 $\begin{cases} x=\dfrac{-1-\sqrt{2}i}{3} \\ y=\dfrac{-1+2\sqrt{2}i}{3} \end{cases}$

0751 $\begin{cases} x=1 \\ y=0 \end{cases}$ 또는 $\begin{cases} x=-\dfrac{1}{2} \\ y=-\dfrac{3}{2} \end{cases}$

0752 $\begin{cases} x=3\sqrt{2} \\ y=\sqrt{2} \end{cases}$ 또는 $\begin{cases} x=-3\sqrt{2} \\ y=-\sqrt{2} \end{cases}$

0753 $x=-1,\ y=2,\ z=1$

0754 $x=2,\ y=2,\ z=1$

0755 $\begin{cases} x=3 \\ y=-2 \end{cases}$ 또는 $\begin{cases} x=-2 \\ y=3 \end{cases}$

0756 $\begin{cases} x=-1+2\sqrt{2}i \\ y=-1-2\sqrt{2}i \end{cases}$ 또는 $\begin{cases} x=-1-2\sqrt{2}i \\ y=-1+2\sqrt{2}i \end{cases}$

0757 $\begin{cases} x=2 \\ y=3 \end{cases}$ 또는 $\begin{cases} x=3 \\ y=2 \end{cases}$ 또는 $\begin{cases} x=0 \\ y=-1 \end{cases}$ 또는 $\begin{cases} x=-1 \\ y=0 \end{cases}$

0758 $\begin{cases} x=0 \\ y=8 \end{cases}$ 또는 $\begin{cases} x=10 \\ y=-2 \end{cases}$ 또는 $\begin{cases} x=-2 \\ y=-14 \end{cases}$ 또는 $\begin{cases} x=-12 \\ y=-4 \end{cases}$

0759 $x=1,\ y=-2$

0760 $x=\dfrac{2}{3},\ y=-\dfrac{1}{2}$

0761 ③   **0762** ④   **0763** ④   **0764** ⑤

0765 6   **0766** ⑤   **0767** ④   **0768** $k>1$

0769 (가) k^2-16 (나) -4 (다) 2 (라) -1 (마) -1

0770 ③   **0771** (가) $4-k\geq0$ (나) 4 (다) $\geq$

0772 21   **0773** -8 **0774** ④   **0775** ②

0776 ③   **0777** ①   **0778** ③   **0779** ①

0780 ④   **0781** (가) $1+w+w^2$ (나) 1 (다) 1

0782 ③   **0783** ③   **0784** ⑤   **0785** ⑤

0786 ②

0787 $\begin{cases} x=3 \\ y=-6 \end{cases}$ 또는 $\begin{cases} x=-1 \\ y=2 \end{cases}$

0788 ①   **0789** ②

0790 $\begin{cases} x=2 \\ y=1 \end{cases}$ 또는 $\begin{cases} x=-3 \\ y=-4 \end{cases}$

0791 ⑤

0792 $\begin{cases} x=-2 \\ y=1 \end{cases}$ 또는 $\begin{cases} x=2 \\ y=-1 \end{cases}$

0793 $\begin{cases} x=4 \\ y=-2 \end{cases}$ 또는 $\begin{cases} x=-2 \\ y=4 \end{cases}$

0794 (가) $a+b$ (나) a^2-2b (다) 1 (라) -6 (마) -3 (바) -2

$\begin{cases} x=3 \\ y=-2 \end{cases}$ 또는 $\begin{cases} x=-2 \\ y=3 \end{cases}$

또는 $\begin{cases} x=\dfrac{-3\pm\sqrt{17}}{2} \\ y=\dfrac{-3\mp\sqrt{17}}{2} \end{cases}$ (복부호동순)

0795 ④   **0796** $\begin{cases} x=2 \\ y=1 \end{cases}$ 또는 $\begin{cases} x=0 \\ y=0 \end{cases}$

0797 ④   **0798** $x=2,\ y=1$

0799 ④   **0800** ①   **0801** ④   **0802** ④

0803 ②   **0804** $k=2,\ x=1,\ y=-1$ **0805** ②

0806 ②   **0807** 15   **0808** ④   **0809** ①, ④

0810 25   **0811** 13   **0812** 21

⑩ 일차부등식

중학교 Review

01 (1) ×   (2) ○   (3) ○   (4) ×

02 (1) $<$ (2) $>$ (3) $\leq$ (4) $\leq$

(5) $\geq$

03 (1) $x+4\geq7$ (2) $x-1\geq2$

(3) $2x-5\geq1$ (4) $-\dfrac{1}{3}x+7\leq6$

04 (1) $x\leq-5$ (2) $x<-6$ (3) $x>5$ (4) $x\leq2$

(5) $x>4$ (6) $x\leq-8$ (7) $x>0$

05 (1) $x\geq3$

(2) $x<1$

(3) $x\leq3$

(4) $x<2$

0813 $a=0$, $b<0$

0814 $a=0$, $b\geq0$

0815 $a=1$, $b\geq-1$

0816 $a=1$, $b<-1$

0817 해가 없다.

0818 $-\dfrac{9}{2}\leq x\leq2$

0819 해가 없다.

0820 $1\leq x<4$

0821 $x=1$

0822 $a\geq1$

0823 $a>2$

0824 $a\leq-3$

0825 $a<0$

0826 $-1<a\leq0$

0827 $-1\leq a<0$

0828 $3\leq a<4$

0829 $2<a\leq3$

0830 $-3\leq x\leq3$

0831 $x\leq-1$ 또는 $x\geq1$

0832 $-1<x<3$

0833 $x<-3$ 또는 $x>-1$

0834 $\dfrac{1}{3}<x<1$

0835 $x\leq0$ 또는 $x\geq4$

0836 (1) $-\dfrac{1}{2}\leq x<0$　(2) $0\leq x<2$

(3) $2\leq x\leq\dfrac{5}{2}$　(4) $-\dfrac{1}{2}\leq x\leq\dfrac{5}{2}$

0837 $x<2$

0838 $x\geq-3$

0839 해설 참조

0840 해설 참조

0841 $-1<x<1$

0842 해설 참조

0843 해설 참조

0844 (1) $p\leq2$　(2) $p>2$

0845 ②

0846 8

0847 ④

0848 ②

0849 ③

0850 ②

0851 ①

0852 ⑤

0853 ③

0854 ②

0855 11

0856 ④

0857 ②

0858 ①

0859 ③

0860 ⑤

0861 $x\leq-3$ 또는 $x\geq4$

0862 ②

0863 ②

0864 ③

0865 ③

0866 ②

0867 모든 실수

0868 최댓값: 1, 최솟값: $-\dfrac{5}{3}$

0869 ③

0870 ⑤

0871 $4<a<5$

0872 $-5\leq x\leq-1$

---

11 이차부등식과 이차함수

0873 $-3\leq x\leq3$

0874 $-3<x<5$

0875 $\dfrac{1}{2}<x<2$

0876 $x\leq-3$ 또는 $x\geq1$

0877 $x\leq-\dfrac{1}{2}$ 또는 $x\geq-\dfrac{1}{3}$

0878 $-1\leq x\leq3$

0879 모든 실수

0880 $x\neq\dfrac{1}{3}$인 모든 실수

0881 $x=\dfrac{1}{2}$

0882 해가 없다.

0883 해가 없다.

0884 $a>1$

0885 $a\leq-9$

0886 $a=\pm8$

0887 $a=\pm6$

0888 $a<-\dfrac{4}{3}$

0889 $a\geq\dfrac{1}{4}$

0890 $-1\leq x\leq4$

0891 $x>1$

0892 $x=-2$, $x=3$

0893 $x<-2$ 또는 $x>3$

0894 $-2<x<3$

0895 $(x+1)(x-2)<0$ 또는 $x^2-x-2<0$

0896 $(3x+1)(3x-5)\geq0$ 또는 $9x^2-12x-5\geq0$

0897 $-x(x-4)\geq0$ 또는 $-x^2+4x\geq0$

0898 $-(x-3)^2<0$ 또는 $-x^2+6x-9<0$

0899 $(2x-1)^2\leq0$ 또는 $4x^2-4x+1\leq0$

0900 $0\leq x<4$

0901 $x>2$

0902 $-3<x<-2$ 또는 $3<x<4$

0903 $-1<x<2$

0904 $-2\leq x\leq-1$

0905 해가 없다.

0906 $x=1$

0907 해가 없다.

0908 ㈎ $k^2+k-2\geq0$ ㈏ -2 ㈐ 1 ㈑ $2k>0$ ㈒ 0
㈓ $-k+2>0$ ㈔ 2 ㈕ $1\leq k<2$

0909 ㈎ $k^2+k-2\geq0$ ㈏ -2 ㈐ 1 ㈑ $2k<0$ ㈒ 0
㈓ $-k+2>0$ ㈔ 2 ㈕ $k\leq-2$

0910 해설 참조

0911 해설 참조

0912 $-1<k\leq3$

0913 $k\geq1$

0914 $k<0$

0915 $1<k\leq\dfrac{9}{8}$

0916 $-5<k\leq4$

0917 $x<0$ 또는 $x>4$

0918 ⑤

0919 ③

0920 $a=4$, $x \leq -2$ 또는 $x \geq 4$　　**0921** ③

0922 ②　　**0923** $x \leq 2$ 또는 $x \geq 7$　　**0924** ④

0925 ③　　**0926** ②　　**0927** $-1 \leq x \leq 2$

0928 (가) $\dfrac{1}{2}$　(나) $\dfrac{3}{2}$　(다) $-\dfrac{1}{4}$　(라) $\dfrac{1}{4}$　　**0929** ⑤

0930 $\dfrac{15}{2}$　　**0931** $\dfrac{9}{4}$　　**0932** ②　　**0933** ②

0934 ⑤　　**0935** ㄹ, ㄱ　　**0936** ④　　**0937** ④

0938 ①, ②　　**0939** ②　　**0940** (1) $k \leq -1$　(2) $k < -1$

0941 ③　　**0942** ⑤　　**0943** (1) 5　(2) 4

0944 ④　　**0945** $x < -1$ 또는 $x > 2$　　**0946** ④

0947 $x < -3$ 또는 $x > 2$

0948 (1) $x \leq -\dfrac{1}{2}$ 또는 $x \geq 2$

　　　(2) $\dfrac{-2-\sqrt{7}}{3} \leq x \leq \dfrac{-2+\sqrt{7}}{3}$　(3) $x=3$

0949 해가 없다, 만나지 않는다.

0950 ⑤　　**0951** ①　　**0952** ④　　**0953** ④

0954 ②　　**0955** ③　　**0956** ⑤　　**0957** ⑤

0958 $1+\sqrt{2} < x \leq 3$　　**0959** ③　　**0960** -2

0961 1　　**0962** ③　　**0963** ②　　**0964** ④

0965 (1) $2 < k < 3$　(2) $k \leq -1$

0966 $-1 \leq x \leq 4$　　**0967** ②　　**0968** ①

0969 ④　　**0970** 42　　**0971** ③　　**0972** ①

0973 $x^2 - 4x + 3 \leq 0$　　**0974** ②

0975 $-1 \leq x \leq 4$　　**0976** 25　　**0977** ④

0978 ③　　**0979** ⑤　　**0980** ①

⑫ 평면좌표

Ⅳ. 도형의 방정식
p.214~p.237

중학교 Review

01 (1) 6	(2) 9		
02 (1) 3	(2) 20		
03 (1) 5	(2) 9	(3) 4	(4) 6
04 (1) 4	(2) 18	(3) 9	
05 (1) 6	(2) 12	(3) 8	
06 (1) 8	(2) 20	(3) 12	

0981 (가) y　(나) $\overline{AB}$　(다) x좌표　(라) $x_2 - x_1$

0982 (가) x　(나) $\overline{AB}$　(다) y좌표　(라) $y_1 - y_2$

0983 (가) x　(나) y　(다) 직각　(라) 피타고라스 정리

　　　(마) $x_2 - x_1$　(바) $y_2 - y_1$　(사) $\sqrt{(x_2-x_1)^2 + (y_2-y_1)^2}$

0984 7　　**0985** 4　　**0986** 5　　**0987** 3

0988 6　　**0989** 5　　**0990** $\sqrt{13}$　　**0991** $\sqrt{29}$

0992 $\overline{AB} = \overline{CA}$인 이등변삼각형

0993 정삼각형

0994 $\overline{AB} = \overline{BC}$이고 $\overline{BC}$가 빗변인 직각이등변삼각형

0995 삼각형은 존재하지 않는다.

0996 내분점　　　　　　　**0997** 외분점

0998 3, 2, 내분　　　　　　**0999** 2, 3, 내분

1000 $\overline{AB}$를 5 : 2로 외분하는 점

1001 $\overline{BA}$를 2 : 5로 외분하는 점

1002 $\overline{AQ}$를 3 : 2로 내분하는 점

1003 점 D　　　　　　**1004** 점 C

1005 $\left(\dfrac{mx_2+nx_1}{m+n}, \dfrac{my_2+ny_1}{m+n} \right)$

1006 $\left(\dfrac{mx_2-nx_1}{m-n}, \dfrac{my_2-ny_1}{m-n} \right)$

1007 $(4, 1)$　　　　　　**1008** $(3, 2)$

1009 $(2, 3)$　　　　　　**1010** $(3, 4)$

1011 $P(9, 17)$, $Q(-6, -13)$

1012 $\left(-\dfrac{11}{3}, \dfrac{16}{3} \right)$　　　　**1013** $(1, 3)$

1014 $\left(-\dfrac{5}{3}, -\dfrac{7}{3} \right)$　　　　**1015** $\left(-\dfrac{5}{3}, -\dfrac{7}{3} \right)$

1016 (가) $\overline{AP}$　(나) $\overline{A'P}$　(다) $\overline{A'P}$　(라) $\overline{A'B}$

　　　(마) 4　(바) 4　(사) $4\sqrt{2}$

1017 (가) $(5, -1)$　(나) $\overline{BP}$　(다) $\overline{B'P}$

　　　(라) $\overline{AP} + \overline{B'P}$　(마) $\overline{AB'}$　(바) 5

1018 (가) $(-1, 2)$　(나) $\overline{AP}$　(다) $\overline{A'P}$

　　　(라) $\overline{A'P} + \overline{BP}$　(마) $\overline{A'B}$　(바) $\sqrt{37}$

1019 (가) $(a+c)^2 + b^2$ 또는 $a^2 + b^2 + c^2 + 2ac$

　　　(나) $(a-c)^2 + b^2$ 또는 $a^2 + b^2 + c^2 - 2ac$

　　　(다) $a^2 + b^2$　(라) c^2　(마) $2a^2 + 2b^2 + 2c^2$

1020 ①　　**1021** ②　　**1022** 14　　**1023** ③

1024 ②　　**1025** $P(9, 0)$, $Q(0, 3)$　　**1026** ③

1027 (1) 1　(2) -1

1028 (가) $\sqrt{a^2+b^2+4a+4b+8}$　(나) $\sqrt{a^2+b^2-4a-4b+8}$

　　　(다) $4\sqrt{2}$　(라) $a^2 + b^2 + 4a + 4b$

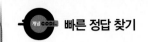

(마) $a^2+b^2-4a-4b$　(바) $-a$

(사) $(2\sqrt{3},\ -2\sqrt{3})$　(아) $(-2\sqrt{3},\ 2\sqrt{3})$

1029 ③　　**1030** ④　　**1031** ③　　**1032** ④

1033 $3\sqrt{13}$　**1034** ①　　**1035** ①　　**1036** ⑤

1037 ①　　**1038** ③　　**1039** 70　　**1040** 79

1041 (가) $\overline{OD}$　(나) $\overline{DB}$　(다) 13　(라) 5　(마) 13　(바) 5

(사) $\dfrac{13}{2}$　(아) $\dfrac{13}{2}$

1042 $\mathrm{D}\left(-1,\ \dfrac{5}{3}\right)$　　　**1043** ②　　**1044** ①

1045 ④　　**1046** ④　　**1047** ④　　**1048** 12

1049 ③

1050 (가) $\dfrac{1}{2}$　(나) 1　(다) $a+\dfrac{3}{4}$　(라) $b-\dfrac{7}{4}$　(마) $\dfrac{1}{4}$　(바) $\dfrac{15}{4}$

1051 ④

1052 (가) $\overline{PA}$　(나) $\overline{PB}$　(다) $\overline{AB}$　(라) $\overline{AB}$　(마) $\sqrt{41}$

1053 ③　　**1054** $3\sqrt{5}$　**1055** ③　　**1056** 1

1057 (가) y　(나) $(-1,\ 5)$　(다) x　(라) $(2,\ -1)$

(마) $\overline{A'Q}$　(바) $\overline{B'P}$　(사) $3\sqrt{5}$

1058 40　　**1059** 5

1060 (가) $x^2+y^2+8x+6y+25$　　(나) $x^2+y^2+2x-4y+5$

(다) $x^2+y^2-2x+10y+26$　(라) $x+\dfrac{4}{3}$

(마) $y+2$　(바) $\dfrac{116}{3}$　(사) $-\dfrac{4}{3}$　(아) -2　(자) 무게중심

1061 (가) $x^2+y^2+2x+6y+10$　　(나) x^2+y^2-4x+4

(다) $x^2+y^2-6x+2y+10$　(라) $x+y+1$

(마) $x-y-3$　(바) 1　(사) -2

1062 $\left(\dfrac{7}{6},\ \dfrac{31}{6}\right)$

1063 ④　　**1064** ①　　**1065** ②　　**1066** ⑤

1067 (1) 2, 1, 내분　(2) 3, 1, 외분

1068 16　　**1069** ③　　**1070** ④　　**1071** ②

1072 ⑤　　**1073** 13　　**1074** ④

1075 최댓값: 26, 최솟값: 10

1076 $\mathrm{D}\left(\dfrac{7}{2},\ -\dfrac{3}{2}\right)$

---

13 직선의 방정식

p.238 ~ p.265

중학교 Review

01 (1) $y=-4x+3$　　(2) $y=\dfrac{1}{3}x-2$

(3) $y=x-1$　　(4) $y=-2x+4$

02 (1) -7　　(2) -3

(3) 3　　(4) 1

03 0

04 (1) $y=\dfrac{1}{2}x+5$　　(2) $y=-3x+4$

(3) $y=4x+6$

05 (1) $y=-2x+7$　　(2) $y=\dfrac{4}{3}x-1$

(3) $y=3x-6$

1077 $y=3x-1$　　**1078** $y=-2x-5$

1079 $y=-x$　　**1080** $y=x+2$

1081 $y=-\dfrac{1}{2}x+\dfrac{11}{2}$　　**1082** $y=\dfrac{2}{3}x+2$

1083 $y=-\dfrac{3}{2}x+6$　　**1084** $\dfrac{\sqrt{3}}{3}$

1085 1　　**1086** $\dfrac{3}{4}$

1087 $m>0,\ n>0$　　**1088** $m>0,\ n<0$

1089 $m<0,\ n>0$　　**1090** $m<0,\ n<0$

1091 $2x+3y-6=0$　　**1092** $2x-5y=0$

1093 $3x-6y-2=0$　　**1094** $y=-2x+1$

1095 $y=\dfrac{5}{3}x+\dfrac{4}{3}$　　**1096** $y=-\dfrac{6}{5}x$

1097 $m\neq m'$　　**1098** $m=m',\ n\neq n'$

1099 $m=m',\ n=n'$　　**1100** $\dfrac{a}{a'}\neq\dfrac{b}{b'}$

1101 $\dfrac{a}{a'}=\dfrac{b}{b'}\neq\dfrac{c}{c'}$　　**1102** $\dfrac{a}{a'}=\dfrac{b}{b'}=\dfrac{c}{c'}$

1103 해설 참조　　**1104** $-\dfrac{1}{4}$

1105 $\dfrac{5}{7}$　　**1106** -2

1107 $-\sqrt{3}$　　**1108** $(-2,\ 3)$

1109 $\left(\dfrac{1}{2},\ -1\right)$　　**1110** $(-1,\ -2)$

1111 $(3k+1)x-(k-2)y+k=0$ 또는

$(k+3)x+(2k-1)y+1=0$ (단, $k\neq 0$)

1112 $(k+4)x+(k-2)y+k+7=0$ 또는
$(4k+1)x-(2k-1)y+7k+1=0$ (단, $k\neq0$)

1113 $y=-\dfrac{1}{2}x+\dfrac{7}{2}$　　**1114** $(1,\,3)$　**1115** $\sqrt{5}$

1116 $\dfrac{|ax_1+by_1+c|}{\sqrt{a^2+b^2}}$　　**1117** $\sqrt{5}$　　**1118** 5

1119 $6\sqrt{2}$　**1120** $\dfrac{\sqrt{10}}{5}$　**1121** 4　**1122** $\sqrt{2}$

1123 $x-y-4=0$　　**1124** $7\sqrt{2}$　**1125** 7

1126 $\dfrac{1}{2}|x_1y_2-x_2y_1|$ 또는 $\dfrac{1}{2}|x_2y_1-x_1y_2|$

1127 7　　**1128** 3　　**1129** 16

1130 $x+2y-6=0$　　**1131** $x+2y-3=0$

1132 ③　　**1133** ②　　**1134** $y=2x+9$

1135 ②　　**1136** ④　　**1137** ④　　**1138** ⑤

1139 ⑤　　**1140** 제2, 3, 4사분면

1141 $1<m<3$　　　　**1142** ①

1143 제4사분면　　　**1144** ③　　**1145** ②

1146 -13 또는 1

1147 ㈎ 중점　㈏ 2　㈐ -1　㈑ $y=-6x+11$

1148 ④　　**1149** ④　　**1150** ③　　**1151** ①

1152 $x-6y+2=0$　　**1153** ①　　**1154** ②

1155 4　　**1156** ①　　**1157** 3　　**1158** ②

1159 $3x+2y-14=0$　　**1160** ④　　**1161** 13

1162 ②　　**1163** 2　　**1164** ②

1165 $y=6x-3$　　　　**1166** ③　　**1167** $\sqrt{34}$

1168 ①　　**1169** $-\dfrac{3}{7}\le m\le\dfrac{1}{2}$　　**1170** 1

1171 ①　　**1172** ④　　**1173** $4x-y-8=0$

1174 $\dfrac{23}{2}$　**1175** ②　　**1176** ③　　**1177** $\sqrt{17}$

1178 ⑤　　**1179** ③　　**1180** ③　　**1181** ②

1182 $\dfrac{\sqrt{10}}{2}$　　　　**1183** $-3,\,5$

1184 ⑴ $(1,\,-2)$　⑵ $\sqrt{5}$　⑶ $\dfrac{5}{2}$　⑷ $\dfrac{5}{2}$

1185 ①　　**1186** ③　　**1187** 2　　**1188** 4

1189 ③　　**1190** ⑤　　**1191** 해설 참조

1192 $x+3y-7=0$ 또는 $3x-y+1=0$

1193 ③　　**1194** ④　　**1195** ④　　**1196** ①

1197 $(2,\,10)$　　　　**1198** $y=8x-5$

1199 ③　　**1200** ④　　**1201** $\left(\dfrac{2}{5},\,\dfrac{4}{5}\right)$

1202 $-\dfrac{25}{6}$　　　　**1203** $\dfrac{26}{5}$

1204 $4x+17y-11=0$ 또는 $16x+7y+3=0$

1205 ③　　**1206** ④　　**1207** ④

1208 $(x-5)^2+(y-2)^2=9$

1209 $(x+2)^2+(y-1)^2=16$

1210 $(x+3)^2+(y+3)^2=1$

1211 $\left(x-\dfrac{1}{2}\right)^2+\left(x+\dfrac{5}{2}\right)^2=3$

1212 $(x+4)^2+y^2=2$

1213 $x^2+(y-7)^2=20$

1214 중심의 좌표: $(-2,\,4)$, 반지름의 길이: $\sqrt{10}$

1215 중심의 좌표: $(-3,\,-4)$, 반지름의 길이: $2\sqrt{5}$

1216 중심의 좌표: $\left(\dfrac{3}{2},\,\dfrac{5}{2}\right)$, 반지름의 길이: 3

1217 중심의 좌표: $(0,\,2)$, 반지름의 길이: 1

1218 중심의 좌표: $\left(\dfrac{1}{2},\,0\right)$, 반지름의 길이: $\dfrac{1}{2}$

1219 $\left(x-\dfrac{5}{2}\right)^2+(y-2)^2=\dfrac{41}{4}$

1220 $(x-2)^2+(y+2)^2=26$

1221 $\left(x-\dfrac{1}{2}\right)^2+\left(y+\dfrac{3}{2}\right)^2=\dfrac{5}{2}$

1222 ⑴ $(x-1)^2+(y+2)^2=25$
⑵ $x^2+y^2-2x+4y-20=0$

1223 $x^2+y^2-6x+2y-90=0$

1224 x축과의 교점의 좌표는 $(-1,\,0)$, $(3,\,0)$
y축과의 교점의 좌표는 $(0,\,-3)$, $(0,\,1)$

1225 x축과의 교점의 좌표는 $(2,\,0)$, $(3,\,0)$
y축과의 교점의 좌표는 $(0,\,1)$, $(0,\,6)$

1226 x축과의 교점의 좌표는 $(0,\,0)$, $(1,\,0)$
y축과의 교점의 좌표는 $(0,\,0)$, $(0,\,-3)$

1227 x축과의 교점의 좌표는 $(-2,\,0)$
y축과의 교점의 좌표는 $(0,\,1)$, $(0,\,4)$

1228 x축과의 교점의 좌표는 $(2,\,0)$, $(4,\,0)$
y축과의 교점은 없다.

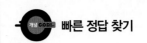

1229 x축, y축과의 교점은 없다.

1230 $(x+1)^2+(y-3)^2=9$

1231 $(x+1)^2+(y+3)^2=9$

1232 $(x-2)^2+\left(y-\dfrac{7}{2}\right)^2=4$

1233 $(x+\sqrt{6})^2+y^2=6$

1234 $(x+1)^2+(y-1)^2=1$

1235 $\left(x-\dfrac{1}{4}\right)^2+\left(y+\dfrac{1}{4}\right)^2=\dfrac{1}{16}$

1236 (1) $(x-2)^2+(y-3)^2=9$ (2) $(x-2)^2+(y-3)^2=4$

1237 (1) $(x+4)^2+(y-1)^2=1$ (2) $(x+4)^2+(y-1)^2=16$

1238 만나지 않는다.

1239 한 점에서 만난다. (접한다.)

1240 두 점에서 만난다.

1241 만나지 않는다.

1242 한 점에서 만난다. (접한다.)

1243 두 점에서 만난다.

1244 $k<-6$ 또는 $k>-2$ **1245** $k=-2$ 또는 $k=-6$

1246 $-6<k<-2$ **1247** 외접한다.

1248 만나지 않는다.   **1249** 두 점에서 만난다.

1250 $k<3$ **1251** $k=3$ **1252** $3<k<7$

1253 $k=7$ **1254** $k>7$

1255 ⑤   **1256** ①   **1257** ②

1258 $(x-3)^2+(y-4)^2=20$

1259 $(x+2)^2+(y-2)^2=5$

1260 ②   **1261** ⑤   **1262** ③   **1263** ②

1264 ②   **1265** $(x-1)^2+(y+3)^2=10$

1266 ⑤   **1267** ②   **1268** ④   **1269** -7

1270 (가) $\dfrac{3}{2}$ (나) $\dfrac{1}{2}$ (다) $a+\dfrac{5}{2}$ (라) $-\dfrac{5}{2}$

1271 ②   **1272** ④   **1273** ④   **1274** ③

1275 ③   **1276** $a<-\dfrac{2}{3}$ **1277** ③

1278 ①   **1279** ④   **1280** ③

1281 $(x-2)^2+(y+1)^2=1$ **1282** ③

1283 $(x-5)^2+(y-6)^2=25$ **1284** 5

1285 ⑤   **1286** ④   **1287** ④

1288 $(3, -1)$ **1289** ①   **1290** ②

1291 ③   **1292** 7   **1293** ④   **1294** ②

1295 $a>3$ 또는 $a<-\dfrac{1}{3}$ **1296** ①   **1297** ①

1298 ③   **1299** ②   **1300** ④   **1301** ④

1302 ③   **1303** ⑤

1304 ①   **1305** $-2, 2$ **1306** ②   **1307** ②

1308 ⑤   **1309** 최댓값: 15, 최솟값: 3 **1310** ①

1311 ④   **1312** $(x-2)^2+(y-1)^2=13$

1313 ①   **1314** ③   **1315** ⑤   **1316** ③

1317 ④   **1318** ②   **1319** ④

IV. 도형의 방정식

15 원의 방정식 (2) : 응용
p.288 ~ p.307

중학교 Review

01	(1) 6	(2) $2\sqrt{3}$	(3) $2\sqrt{5}$
02	(1) 7	(2) 3	(3) 4
03	(1) 115	(2) 70	(3) 72
04	(1) 11	(2) 6	(3) 12

1320 $(x^2+y^2+2x-2y-14)k+(x^2+y^2+8x+6y)=0$

1321 중심의 좌표: $(-1, 1)$, 반지름의 길이: 4

　　　중심의 좌표: $(-4, -3)$, 반지름의 길이: 5

1322 중심의 좌표: $\left(-\dfrac{5}{2}, -1\right)$, 반지름의 길이: $\dfrac{\sqrt{57}}{2}$

1323 중심의 좌표: $(2, 5)$, 반지름의 길이: $\sqrt{57}$

1324 $\sqrt{14}$ **1325** $4\sqrt{10}$

1326 6   **1327** $3x+4y+7=0$

1328 $x-y-2=0$ **1329** $3x-4y-13=0$

1330 $x=1$

1331 최댓값: 7, 최솟값: 3

1332 최댓값: $\sqrt{10}+1$, 최솟값: $\sqrt{10}-1$

1333 최댓값: $3\sqrt{10}$, 최솟값: $\sqrt{10}$

1334 최댓값: $3\sqrt{2}+4$, 최솟값: $3\sqrt{2}-4$

1335 $y=mx\pm r\sqrt{m^2+1}$ **1336** $x_1x+y_1y=r^2$

1337 $y=2x\pm5$ **1338** $y=-\sqrt{5}x\pm2\sqrt{6}$

1339 $4x+3y-25=0$ **1340** $\sqrt{3}x-y+4=0$

1341 $2x-y-5=0$ 또는 $x-2y+5=0$

1342 4   **1343** 3   **1344** 2   **1345** 1

1346 공통외접선의 길이: $4\sqrt{2}$, 공통내접선의 길이: $2\sqrt{5}$

1347 공통외접선의 길이: $\sqrt{29}$, 공통내접선의 길이: $\sqrt{13}$

1348 공통외접선의 길이: 4, 공통내접선의 길이: 2

1349 ①　　**1350** ④　　**1351** 13π　　**1352** ③

1353 ①　　**1354** ③　　**1355** -16　　**1356** $\dfrac{\pi}{4}$

1357 ③　　**1358** ③　　**1359** ②, ⑤

1360 ⑤　　**1361** ⑤　　**1362** 13　　**1363** ④

1364 ②　　**1365** ①　　**1366** ②　　**1367** ②

1368 $y=-\sqrt{3}x+4$　　**1369** ②　　**1370** ⑤

1371 ③　　**1372** $(5, 2)$　**1373** 31　　**1374** ③

1375 $y=5$, $12x-5y+13=0$

1376 $2\sqrt{7}$　　**1377** ⑤　　**1378** ②　　**1379** ③

1380 최댓값: $3\sqrt{5}$, 최솟값: $\sqrt{5}$

1381 ②　　**1382** ②

1383 공통외접선의 길이: $\sqrt{29}$, 공통내접선의 길이: $\sqrt{5}$

1384 ④　　**1385** $\dfrac{1}{2}$　　**1386** ③　　**1387** 26

16 도형의 이동

Ⅳ. 도형의 방정식
p.308 ~ p.323

1388 $(7, 4)$　　　　**1389** $(-3, 1)$

1390 $(1, -1)$　　　**1391** $(0, -2)$

1392 $(1, 1)$　　　　**1393** $(\sqrt{3}, -1)$

1394 $(2, -3)$　　　**1395** $(-4, -1)$

1396 $(5, -9)$　　　**1397** $(4, -3)$

1398 $(-2, 7)$　　　**1399** $y=3x-5$

1400 $y=x^2+6x+12$

1401 $(x+2)^2+(y-2)^2=16$

1402 $3x-4y-1=0$

1403 $x^2+y^2-2x-y+1=0$

1404 $2x+y+3=0$

1405 $y=x^2-4x+3$

1406 $x^2+y^2-4x+3=0$

1407 $(x+1)^2+(y+2)^2=9$

1408 $(x-1)^2+(y-2)^2=9$

1409 $(x-1)^2+(y+2)^2=9$

1410 해설 참조　　　**1411** 해설 참조

1412 해설 참조　　　　　**1413** 해설 참조

1414 $(1, 4)$, $(-1, -4)$

1415 $(2, -3)$, $(-2, 3)$

1416 $(-2, 0)$, $(2, 0)$

1417 $(0, 5)$, $(0, -5)$

1418 $y=2x+6$, $y=2x-6$

1419 $x^2+y^2-5y=0$, $x^2+y^2+5y=0$

1420 $(x-3)^2+(y+1)^2=1$, $(x+3)^2+(y-1)^2=1$

1421 $\mathrm{P}'(5, -3)$

1422 (1) $x+x'=2$, $y+y'=-2$　(2) $y=x-5$

1423 (1) $\left(\dfrac{a-3}{2}, \dfrac{b+2}{2}\right)$　(2) $2a-b=6$

　　(3) $a+2b=1$　　　　(4) $\mathrm{P}'\left(\dfrac{13}{5}, -\dfrac{4}{5}\right)$

1424 ②　　**1425** ①　　**1426** ②

1427 $(x-1)^2+(y+4)^2=5$

1428 ④　　**1429** ③　　**1430** $(3, 0)$, $(-1, 8)$

1431 ③　　**1432** ③　　**1433** -2　　**1434** ①

1435 ③　　**1436** ①　　**1437** ⑤　　**1438** ④

1439 $\left(-\dfrac{1}{5}, \dfrac{3}{5}\right)$　　**1440** ②　　**1441** ④

1442 ③　　**1443** ②　　**1444** ⑤

1445 $(x-2)^2+(y+3)^2=1$

1446 ③　　**1447** $y=(x-1)^2+3$

1448 ①　　**1449** $\dfrac{29}{5}$　　**1450** ③

1451 ①　　**1452** 150　　**1453** 5　　**1454** ⑤

1455 ②　　**1456** ③　　**1457** $\sqrt{14}$

1458 $\left(-\dfrac{6}{5}, -\dfrac{7}{5}\right)$　　**1459** ③　　**1460** ①

1461 ②

01 다항식의 연산

중학교 Review

01 (1) $-9a^3b^5$ (2) $-5x^6y^5$

(3) $-\dfrac{a^5b^4}{9}$ (4) $243x^7$

02 (1) $3x+7$ (2) $3x^2+9x+5$

(3) $4x^2-5xy+5y^2$ (4) $7x^2+2x-12$

03 (1) $-5y^2+8y+6$ (2) $6x^2-23x+8$

(3) $2ab^2-a^2b-8ab$ (4) $-a^2b+3ab^2-8b+4$

04 (1) $3z-4xyz$ (2) $3x^2-xy$

(3) $4yz^2+3y^2z$ (4) $-12x+21$

05 (1) $ac-ad+3bc-3bd$ (2) x^2+x-6

(3) a^2+6a+9 (4) $9x^2-30x+25$

(5) $4x^2-49$ (6) $p^2-2p-15$

06 (1) 21 (2) 42

(3) 1 (4) 28

(5) 2

문제 C.O.D.I Basic

0001 답 $5x^2-4x$

0002 답 $5x+4y$

$3(2x+y)-(x-y)=6x+3y-x+y=5x+4y$

0003 답 $a^2+2ab-b^2$

$a(a+b)+b(a-b)$

$=a^2+ab+ab-b^2=a^2+2ab-b^2$

0004 답 $x^4+3x^3y^2+x^2y^3$

0005 답 $2x^2-3y^2+5xy+2x-y$

$(2x-y)(x+3y+1)$

$=2x^2+6xy+2x-xy-3y^2-y$

$=2x^2-3y^2+5xy+2x-y$

0006 답 a^3+b^3

$(a+b)(a^2-ab+b^2)$

$=a^3-a^2b+ab^2+a^2b-ab^2+b^3=a^3+b^3$

0007 답 $a^3+b^3+c^3+a^2b+ab^2+b^2c+bc^2+c^2a+ca^2$

$(a+b+c)(a^2+b^2+c^2)$

$=a^3+ab^2+c^2a+a^2b+b^3+bc^2+c^2b+c^3$

$=a^3+b^3+c^3+a^2b+ab^2+b^2c+bc^2+c^2a+ca^2$

0008 답 x^4+x^2+1

$(x^2+x+1)(x^2-x+1)$

$=x^4-x^3+x^2+x^3-x^2+x+x^2-x+1$

$=x^4+x^2+1$

0009 답 $-2x^4+7x^3+x^2+3x+1$

$x^3(-x^2-2x+3)+(x^2+1)(x^3+3x+1)$

$=-x^5-2x^4+3x^3+x^5+3x^3+x^2+x^3+3x+1$

$=-2x^4+7x^3+x^2+3x+1$

0010 답 $1+3x+6x^2+x^3+2x^4+x^5$

문자 x를 기준으로 차수가 낮은 상수항부터 일차, 이차, ⋯의 순으로 쓴다.

0011 답 $x^5+2x^4+x^3+6x^2+3x+1$

문자 x를 기준으로 차수가 높은 오차항부터 사차, 삼차, ⋯의 순으로 쓴다.

0012 답 $1+3x+x^2+7x^3-2x^4$

주어진 식을 전개하여 x에 대한 오름차순으로 정렬하면

$-x^5-2x^4+3x^3+x^5+3x^3+x^2+x^3+3x+1$

$=1+3x+x^2+7x^3-2x^4$

0013 답 $-2x^4+7x^3+x^2+3x+1$

0012번의 식을 사차항부터 거꾸로 쓴다.

0014 답 $-1+3xy^2-3x^2y+x^3$

y는 계수로 생각하고 x를 기준으로 낮은 차수부터 나열한다.

0015 답 $-1+x^3-3x^2y+3xy^2$

x는 계수로 생각하고 y를 기준으로 낮은 차수부터 나열한다.

0016 답 $x^3-3x^2y+3xy^2-1$

y는 계수로 생각하고 x를 기준으로 높은 차수부터 나열한다.

0017 답 $3xy^2-3x^2y+x^3-1$

x는 계수로 생각하고 y를 기준으로 높은 차수부터 나열한다.

0018 답 $a^2+b^2+c^2+2ab+2bc+2ca$

$(a+b+c)^2$

$=(a+b+c)(a+b+c)$

$=a^2+ab+ca+ab+b^2+bc+ca+bc+c^2$

$=a^2+b^2+c^2+2ab+2bc+2ca$

다른풀이

$\{(a+b)+c\}^2=(a+b)^2+2(a+b)c+c^2$

$=a^2+2ab+b^2+2ca+2bc+c^2$

$=a^2+b^2+c^2+2ab+2bc+2ca$

0019 답 $x^3+(a+b+c)x^2+(ab+bc+ca)x+abc$

$(x+a)(x+b)(x+c)$

$=(x+a)\{x^2+(b+c)x+bc\}$

$=x^3+(b+c)x^2+bcx+ax^2+(ab+ca)x+abc$

$=x^3+(a+b+c)x^2+(ab+bc+ca)x+abc$

0020 답· $a^3+3a^2b+3ab^2+b^3$

$(a+b)^3$

$=(a+b)(a+b)^2$

$=(a+b)(a^2+2ab+b^2)$

$=a^3+2a^2b+ab^2+a^2b+2ab^2+b^3$

$=a^3+3a^2b+3ab^2+b^3$

0021 답· $a^3-3a^2b+3ab^2-b^3$

$(a-b)^3$

$=(a-b)(a-b)^2$

$=(a-b)(a^2-2ab+b^2)$

$=a^3-2a^2b+ab^2-a^2b+2ab^2-b^3$

$=a^3-3a^2b+3ab^2-b^3$

0022 답· a^3+b^3

$(a+b)(a^2-ab+b^2)$

$=a^3-a^2b+ab^2+a^2b-ab^2+b^3$

$=a^3+b^3$

0023 답· a^3-b^3

$(a-b)(a^2+ab+b^2)$

$=a^3+a^2b+ab^2-a^2b-ab^2-b^3$

$=a^3-b^3$

0024 답· $a^3+b^3+c^3-3abc$

$(a+b+c)(a^2+b^2+c^2-ab-bc-ca)$

$=a(a^2+b^2+c^2-ab-bc-ca)$

$\quad+b(a^2+b^2+c^2-ab-bc-ca)$

$\quad+c(a^2+b^2+c^2-ab-bc-ca)$

$=a^3+ab^2+ac^2-a^2b-abc-ca^2$

$\quad+a^2b+b^3+bc^2-ab^2-b^2c-abc$

$\quad+ca^2+b^2c+c^3-abc-bc^2-c^2a$

$=a^3+b^3+c^3-3abc$

0025 답· $a^4+a^2b^2+b^4$

$(a^2+ab+b^2)(a^2-ab+b^2)$

$=(a^2+b^2+ab)(a^2+b^2-ab)$

$=(a^2+b^2)^2-(ab)^2$

$=a^4+2a^2b^2+b^4-a^2b^2$

$=a^4+a^2b^2+b^4$

0026 답· $a^2+b^2+c^2+2ab+2bc+2ca$

0027 답· $x^3+(a+b+c)x^2+(ab+bc+ca)x+abc$

0028 답· $a^3+3a^2b+3ab^2+b^3$

0029 답· $a^3-3a^2b+3ab^2-b^3$

0030 답· a^3+b^3

0031 답· a^3-b^3

0032 답· $a^3+b^3+c^3-3abc$

0033 답· $a^4+a^2b^2+b^4$

0034 답· $4a^2+b^2+4c^2-4ab+4bc-8ca$

$(2a-b-2c)^2$

$=(2a)^2+(-b)^2+(-2c)^2$

$\quad+2\cdot2a\cdot(-b)+2(-b)\cdot(-2c)+2(-2c)\cdot2a$

$=4a^2+b^2+4c^2-4ab+4bc-8ca$

0035 답· $x^3-9x^2+26x-24$

$(x-2)(x-3)(x-4)$

$=x^3-(2+3+4)x^2$

$\quad+\{(-2)\cdot(-3)+(-3)\cdot(-4)+(-4)\cdot(-2)\}x$

$\quad+(-2)\cdot(-3)\cdot(-4)$

$=x^3-9x^2+26x-24$

0036 답· $27x^3+27x^2+9x+1$

$(3x+1)^3$

$=(3x)^3+3\cdot(3x)^2\cdot1+3\cdot3x\cdot1^2+1^3$

$=27x^3+27x^2+9x+1$

0037 답· $27a^3-54a^2b+36ab^2-8b^3$

$(3a-2b)^3$

$=(3a)^3-3\cdot(3a)^2\cdot(2b)+3\cdot3a\cdot(2b)^2-(2b)^3$

$=27a^3-54a^2b+36ab^2-8b^3$

0038 답· a^3+8b^3

$(a+2b)(a^2-2ab+4b^2)$

$=a^3+(2b)^3=a^3+8b^3$

0039 답· $8a^3-27b^3$

$(2a-3b)(4a^2+6ab+9b^2)$

$=(2a)^3-(3b)^3=8a^3-27b^3$

0040 답· $a^3+b^3-8c^3+6abc$

$(a+b-2c)(a^2+b^2+4c^2-ab+2bc+2ca)$

$=a^3+b^3+(-2c)^3-3ab\cdot(-2c)$

$=a^3+b^3-8c^3+6abc$

0041 답· $16a^4+4a^2+1$

$(4a^2+2a+1)(4a^2-2a+1)$

$=\{(2a)^2+2a\cdot1+1^2\}\{(2a)^2-2a\cdot1+1^2\}$

$=(2a)^4+(2a)^2\cdot1^2+1^4=16a^4+4a^2+1$

0042 답· 해설 참조

$(a+b+c)^2=a^2+b^2+c^2+2ab+2bc+2ca$

$\qquad\qquad=a^2+b^2+c^2+2(ab+bc+ca)$

$(a+b+c)^2-2(ab+bc+ca)=a^2+b^2+c^2$

0043 답· 해설 참조

$(a+b)^3=a^3+3a^2b+3ab^2+b^3$

$\qquad\quad=a^3+3ab(a+b)+b^3$

$(a+b)^3-3ab(a+b)=a^3+b^3$

0044 답·해설 참조

$(a-b)^3=a^3-3a^2b+3ab^2-b^3=a^3-3ab(a-b)-b^3$

$(a-b)^3+3ab(a-b)=a^3-b^3$

0045 답·해설 참조

$(a+b+c)(a^2+b^2+c^2-ab-bc-ca)$
$$=a^3+b^3+c^3-3abc$$

$(a+b+c)(a^2+b^2+c^2-ab-bc-ca)+3abc$
$$=a^3+b^3+c^3$$

0046 답·해설 참조

$a^2+b^2+c^2-ab-bc-ca$

$=\dfrac{1}{2}(2a^2+2b^2+2c^2-2ab-2bc-2ca)$

$=\dfrac{1}{2}\{(a^2-2ab+b^2)+(b^2-2bc+c^2)+(c^2-2ca+a^2)\}$

$=\dfrac{1}{2}\{(a-b)^2+(b-c)^2+(c-a)^2\}$

0047 답·해설 참조

$a^2+b^2+c^2+ab+bc+ca$

$=\dfrac{1}{2}(2a^2+2b^2+2c^2+2ab+2bc+2ca)$

$=\dfrac{1}{2}\{(a^2+2ab+b^2)+(b^2+2bc+c^2)+(c^2+2ca+a^2)\}$

$=\dfrac{1}{2}\{(a+b)^2+(b+c)^2+(c+a)^2\}$

0048 답·$a^2+b^2+c^2=(a+b+c)^2-2(ab+bc+ca)$

0049 답·$a^3+b^3=(a+b)^3-3ab(a+b)$

0050 답·$x^3+\dfrac{1}{x^3}=\left(x+\dfrac{1}{x}\right)^3-3\left(x+\dfrac{1}{x}\right)$

0051 답·$a^3-b^3=(a-b)^3+3ab(a-b)$

0052 답·$x^3-\dfrac{1}{x^3}=\left(x-\dfrac{1}{x}\right)^3+3\left(x-\dfrac{1}{x}\right)$

0053 답·$a^2+b^2+c^2-ab-bc-ca$
$$=\dfrac{1}{2}\{(a-b)^2+(b-c)^2+(c-a)^2\}$$

0054 답·$a^3+b^3+c^3$
$$=(a+b+c)(a^2+b^2+c^2-ab-bc-ca)+3abc$$

0055 답·$a^2+b^2+c^2+ab+bc+ca$
$$=\dfrac{1}{2}\{(a+b)^2+(b+c)^2+(c+a)^2\}$$

문제 C.O.D.I Trendy

0056 답·$6x^2-12x+16$

$3A-(2B-A)=4A-2B$이므로

$4(2x^2-x+3)-2(x^2+4x-2)$

$=8x^2-4x+12-2x^2-8x+4$

$=6x^2-12x+16$

0057 답·x^4-9

$(A+1)(B+x)$

$=\{(x^2+2)+1\}\{(x^2-x-3)+x\}$

$=(x^2+3)(x^2-3)$

$=x^4-9$

0058 답·①

$B-2\{A+C-3(A-B+C)\}$

$=B-2(A+C-3A+3B-3C)$

$=B-2(-2A+3B-2C)$

$=B+4A-6B+4C$

$=4A-5B+4C$

$=4(3a^2+ab-b^2)-5(a^2+2ab+2b^2)+4(5ab+4b^2)$

$=12a^2+4ab-4b^2-5a^2-10ab-10b^2+20ab+16b^2$

$=7a^2+14ab+2b^2$

즉, $p=7$, $q=14$, $r=2$이므로 $pr-q=0$

0059 답·②

$X+P-2Q=2P$에서 $X=P+2Q$이므로

$X=x^3+4x-1+2(2x^2-3x+2)$

$=x^3+4x-1+4x^2-6x+4$

$=x^3+4x^2-2x+3$

0060 답·⑤

$(x+2y)(x^2-xy+3y^2)$

$=x^3-x^2y+3xy^2+2x^2y-2xy^2+6y^3$

$=x^3+x^2y+xy^2+6y^3$

(ⅰ) 위 식을 x에 대한 내림차순으로 정리하면

　　$x^3+x^2y+xy^2+6y^3$

　이때 첫 번째 항은 x^3이므로 계수는 1이다.

　∴ $a=1$

(ⅱ) 위 식을 y에 대한 내림차순으로 정리하면

　　$6y^3+xy^2+x^2y+x^3$

　이때 첫 번째 항은 $6y^3$이므로 계수는 6이다.

　∴ $b=6$

∴ $b-a=5$

0061 답·④

$(5x^2-3x+2)(-x^3-2x+4)$

$=-5x^5+3x^4-12x^3+26x^2-16x+8$

이므로 $a=3$, $b=-16$

∴ $a+b=-13$

0062 답·-11

주어진 식을 분배법칙으로 전개했을 때 상수항이 되는 부분을 찾으면

$(x^2-3x+\underline{k})(2x+\underline{5})$에서

$5k=10$　　∴ $k=2$

x에 대한 일차식이 되는 부분을 찾으면

$(x^2-3x+2)(2x+5)$에서

$-15x+4x=-11x$

따라서 x의 계수는 -11이다.

0063 답·③

$(a-3b)(a^2+6ab+4b^2)$

$=a^3+3a^2b-14ab^2-12b^3$

이므로 $p=3,\ q=-14$

$\therefore p+q=-11$

0064 답·③

$(-a+b+c)^2=\{-(a-b-c)\}^2=(a-b-c)^2$

> **다른풀이**
>
> $(-a+b+c)^2$
>
> $=(-a)^2+b^2+c^2+2\cdot(-a)\cdot b+2bc+2c\cdot(-a)$
>
> $=a^2+b^2+c^2-2ab+2bc-2ca$
>
> ③ $(a-b-c)^2$
>
> $\quad =a^2+(-b)^2+(-c)^2$
>
> $\qquad +2a\cdot(-b)+2\cdot(-b)\cdot(-c)+2\cdot(-c)a$
>
> $\quad =a^2+b^2+c^2-2ab+2bc-2ca$

0065 답·⑤

$(a+pb+c)^2=a^2+p^2b^2+c^2+2pab+2pbc+2ca$

$\qquad\qquad\qquad =a^2+4b^2+c^2-4ab+qbc+2ca$

$2p=-4$에서 $p=-2$, $q=2p$에서 $q=-4$

$\therefore \dfrac{q}{p}=2$

0066 답·⑤

$(2x-y+3)^2=(2x)^2+(-y)^2+3^2+2\cdot(2x)\cdot(-y)$

$\qquad\qquad\qquad +2\cdot(-y)\cdot 3+2\cdot(2x)\cdot 3$

$\qquad\qquad\quad =4x^2+y^2-4xy+12x-6y+9$

에서 $a=4,\ b=-4,\ c=12,\ d=-6,\ e=9$

$\therefore a+b+c+d+e=15$

> **다른풀이**
>
> 주어진 식에 $x=1,\ y=1$을 대입하면
>
> $(2-1+3)^2=a+1+b+c+d+e$
>
> $\therefore a+b+c+d+e=15$
>
> 이 풀이는 항등식의 개념을 이용한 것으로 03 단원에서 배우게 된다.
>
> 항등식을 공부하고 돌아와 다시 풀어 보자.

0067 답·②

$(x^2-x+2)^2$

$=(x^2)^2+(-x)^2+2^2-2x^2\cdot x-2\cdot x\cdot 2+2\cdot 2\cdot x^2$

$=x^4-2x^3+5x^2-4x+4$

에서 $a=-2,\ b=5,\ c=-4$

$\therefore a+b+c=-1$

> **다른풀이**
>
> 주어진 등식은 항등식이므로 항등식의 성질을 이용한다. 주어진 식에 $x=1$을 대입하면
>
> $4=1+a+b+c+4$
>
> $\therefore a+b+c=-1$

0068 답·③

$a^2+b^2+c^2=(a+b+c)^2-2(ab+bc+ca)$

$\qquad\qquad\quad =16+4=20$

0069 답·⑤

둘레의 길이는 $a+b+c$이므로

$(a+b+c)^2=a^2+b^2+c^2+2(ab+bc+ca)$

$\qquad\qquad\quad =151+18=169=13^2$

따라서 변의 길이의 합은 양수이므로 13이다.

0070 답·②

$a^2+b^2+c^2=(a+b+c)^2-2(ab+bc+ca)$에서

$17=25-2(ab+bc+ca)$

$\therefore ab+bc+ca=4$

0071 답·④

$(a+b+c)^2=a^2+b^2+c^2+2(ab+bc+ca)$에서

$1=3+2(ab+bc+ca)$이므로 $ab+bc+ca=-1$

$\therefore a^3+b^3+c^3$

$\quad =(a+b+c)(a^2+b^2+c^2-ab-bc-ca)+3abc$

$\quad =1\times(3+1)-3=1$

0072 답·$6a^3+18a^2b+3b^3$

$(2a+b)^3-2(a-b)^3$

$=8a^3+12a^2b+6ab^2+b^3-2(a^3-3a^2b+3ab^2-b^3)$

$=8a^3+12a^2b+6ab^2+b^3-2a^3+6a^2b-6ab^2+2b^3$

$=6a^3+18a^2b+3b^3$

0073 답·0

$(a-b)^3+(-a+b)^3$

$=(a-b)^3+(b-a)^3$

$=a^3-3a^2b+3ab^2-b^3+b^3-3ab^2+3a^2b-a^3=0$

> **다른풀이**
>
> $(a-b)^3+(-a+b)^3$
>
> $=(a-b)^3+\{-(a-b)\}^3$
>
> $=(a-b)^3+(-1)^3(a-b)^3$
>
> $=(a-b)^3-(a-b)^3=0$

> **보충학습**
>
> 지수법칙: $(ab)^n=a^nb^n$
>
> $\{(-1)\times(a-b)\}^3=(-1)^3\times(a-b)^3$
>
> $\qquad\qquad\qquad\quad =(-1)\times(a-b)^3$

0074 답·②

$(x+2)^3=x^3+6x^2+12x+8$이므로 $a=6$, $b=12$, $c=8$

$\therefore a+b+c=26$

> **다른풀이**
>
> 주어진 등식은 항등식이므로 항등식의 성질을 이용한다. 주어진 식에 $x=1$을 대입하면
>
> $(1+2)^3=1+a+b+c$
>
> $\therefore a+b+c=26$

0075 답·①

$(3x+a)^3=27x^3+27ax^2+9a^2x+a^3$
$\qquad\qquad\quad =27x^3-54x^2+bx+c$

(i) $27a=-54$에서 $a=-2$

(ii) $b=9a^2$에서 $b=36$

(iii) $c=a^3$에서 $c=-8$

$\therefore a-b+c=-46$

0076 답·①

$a^2+b^2=(a+b)^2-2ab=4-2=2$

$\dfrac{b}{a}+\dfrac{a}{b}=\dfrac{a^2+b^2}{ab}=\dfrac{2}{1}=2$이므로 $p=2$

$a^3+b^3=(a+b)^3-3ab(a+b)=8-6=2$이므로 $q=2$

$\therefore p-q=0$

0077 답·①

$a^2+b^2=(a-b)^2+2ab=9-2=7$이므로 $p=7$

$a^3-b^3=(a-b)^3+3ab(a-b)=27-9=18$이므로 $q=18$

$\therefore q-p=11$

0078 답·①

$x^3+\dfrac{1}{x^3}=\left(x+\dfrac{1}{x}\right)^3-3\left(x+\dfrac{1}{x}\right)=27-9=18$

0079 답·④

$x^3-\dfrac{1}{x^3}=\left(x-\dfrac{1}{x}\right)^3+3\left(x-\dfrac{1}{x}\right)=8+6=14$

0080 답·①

$\left(x+\dfrac{1}{x}\right)^2=x^2+\dfrac{1}{x^2}+2=9$

이때 $x>0$이므로 $x+\dfrac{1}{x}>0$ $\quad\therefore x+\dfrac{1}{x}=3$

$\therefore x^3+\dfrac{1}{x^3}=\left(x+\dfrac{1}{x}\right)^3-3\left(x+\dfrac{1}{x}\right)=27-9=18$

0081 답·63

$(a-b)^2=(a+b)^2-4ab=9$

이때 $a>b$이므로 $a-b>0$ $\quad\therefore a-b=3$

$\therefore a^3-b^3=(a-b)^3+3ab(a-b)=27+36=63$

0082 답·-65

$(a+b)^2=(a-b)^2+4ab=25$

이때 $a<0$, $b<0$이므로 $a+b<0$ $\quad\therefore a+b=-5$

$\therefore a^3+b^3=(a+b)^3-3ab(a+b)=-65$

0083 답·④

$\left(x-\dfrac{1}{x}\right)^2=\left(x^2+\dfrac{1}{x^2}\right)-2=4$

이때 $x>1$이면 $0<\dfrac{1}{x}<1$이므로 $x-\dfrac{1}{x}>0$

$\therefore x-\dfrac{1}{x}=2$

$\therefore x^3-\dfrac{1}{x^3}=\left(x-\dfrac{1}{x}\right)^3+3\left(x-\dfrac{1}{x}\right)=14$

> **보충학습**
>
> (i) $x>1$이면 $0<\dfrac{1}{x}<1$
>
> $\Rightarrow$ 1보다 큰 수의 역수는 1보다 작다.
>
> 예 $x=2$이면 $\dfrac{1}{x}=\dfrac{1}{2}$
>
> (ii) $0<x<1$이면 $\dfrac{1}{x}>1$
>
> $\Rightarrow$ 0에서 1 사이의 수의 역수는 1보다 크다.
>
> 예 $x=\dfrac{1}{2}$이면 $\dfrac{1}{x}=2$

0084 답·28

주어진 식을 세 묶음으로 정리하면

$$\underset{\text{(i)}}{\underline{\left(x^3+\dfrac{1}{x^3}\right)}}+\underset{\text{(ii)}}{\underline{\left(x^2+\dfrac{1}{x^2}\right)}}+\underset{\text{(iii)}}{\underline{\left(x+\dfrac{1}{x}\right)}}$$

(i) $x^3+\dfrac{1}{x^3}=\left(x+\dfrac{1}{x}\right)^3-3\left(x+\dfrac{1}{x}\right)=27-9=18$

(ii) $x^2+\dfrac{1}{x^2}=\left(x+\dfrac{1}{x}\right)^2-2=9-2=7$

$\therefore$ (i)$+$(ii)$+$(iii)$=18+7+3=28$

0085 답·①

전개된 식의 구조를 잘 관찰하자.

$(x+py)\{x^2-x(py)+(py)^2\}=x^3+p^3y^3=x^3+64y^3$

에서 $p^3=64$ $\quad\therefore p=4$

$(a+pb)(a-pb)=(a+4b)(a-4b)=a^2-16b^2$

따라서 구하는 b^2의 계수는 -16이다.

0086 답·①

$(ax+by)\{(ax)^2-(ax)\cdot(by)+(by)^2\}$
$=a^3x^3+b^3y^3=216x^3-27y^3$

에서 $a^3=216$, $b^3=-27$이므로 $a=6$, $b=-3$

$\therefore \dfrac{a}{b}=\dfrac{6}{-3}=-2$

0087 답·⑤

곱셈 공식의 변형식을 이용하여 값을 구한다.

$(a+b)(a^2-ab+b^2)$
$=a^3+b^3=(a+b)^3-3ab(a+b)=27-18=9$

다른풀이

$a^2+b^2=(a+b)^2-2ab=5$이므로

$(a+b)(a^2+b^2-ab)=3\times(5-2)=9$

0088 답·③

곱셈 공식의 변형식을 이용하여 값을 구한다.

$(a-b)(a^2+ab+b^2)$

$=a^3-b^3=(a-b)^3+3ab(a-b)=8+12=20$

0089 답·②

$(a+b)(a^2-ab+b^2)=a^3+b^3=4$이고

$a^3+b^3=(a+b)^3-3ab(a+b)$이므로

$4=1-3ab$ ∴ $ab=-1$

0090 답·③

$(x+2)(x-2)(x^2+2x+4)(x^2-2x+4)$

$=\{(x+2)(x^2-2x+4)\}\{(x-2)(x^2+2x+4)\}$

$=(x^3+8)(x^3-8)=(x^3)^2-8^2$

$=x^6-64$

에서 $m=64$, $n=6$

∴ $m+n=70$

0091 답·③

$(x+2)(x+3)(x+p)$

$=x^3+(p+5)x^2+(5p+6)x+6p$

$=x^3+6x^2+ax+b$

에서 $p+5=6$, $a=5p+6$, $b=6p$

따라서 $p=1$, $a=11$, $b=6$이므로 $abp=66$

0092 답·①

$(x-1)(x+2)(x+p)=x^3+(p+1)x^2+(p-2)x-2p$

$\qquad\qquad\qquad\qquad=x^3+ax^2+bx+6$

에서 $-2p=6$, $a=p+1$, $b=p-2$

따라서 $p=-3$, $a=-2$, $b=-5$이므로

$a+b-p=-4$

0093 답·③

$(x-a)(x-b)(x-c)$

$=x^3-(a+b+c)x^2+(ab+bc+ca)x-abc$

$=x^3+2x^2+5x-3$

에서 $a+b+c=-2$, $ab+bc+ca=5$, $abc=3$이므로

$a^2+b^2+c^2=(a+b+c)^2-2(ab+bc+ca)=-6$

∴ $a^2+b^2+c^2+2abc=-6+6=0$

0094 답·②

$a+b+c=2$에서 c, a, b를 각각 우변으로 이항하면

$a+b=2-c$, $b+c=2-a$, $c+a=2-b$이므로

$(a+b)(b+c)(c+a)$

$=(2-c)(2-a)(2-b)$

$=(2-a)(2-b)(2-c)$ ⟶ $(x-a)(x-b)(x-c)$를 전개하듯

$\qquad\qquad\qquad\qquad$ ↓ 2를 문자로 생각하고 전개

$=2^3-(a+b+c)\cdot2^2+(ab+bc+ca)\cdot2-abc$

$=8-4(a+b+c)+2(ab+bc+ca)-abc$

$=8-4\times2+2\times3-(-1)=7$

0095 답·19

$a^2+b^2+c^2+ab+bc+ca$

$=\dfrac{1}{2}\{(a+b)^2+(b+c)^2+(c+a)^2\}$

$=\dfrac{1}{2}(25+4+9)=19$

0096 답·12

$a^2+b^2+c^2-ab-bc-ca$

$=\dfrac{1}{2}\{(a-b)^2+(b-c)^2+(c-a)^2\}$

$=\dfrac{1}{2}(4+4+16)=12$

0097 답·②

$a>0$, $b>0$, $c>0$이므로 $c+a>0$임을 알 수 있다.

$a^2+b^2+c^2+ab+bc+ca$

$=\dfrac{1}{2}\{(a+b)^2+(b+c)^2+(c+a)^2\}$

$=\dfrac{1}{2}\{10+(c+a)^2\}=7$

에서 $(c+a)^2=4$

∴ $c+a=2$

0098 답·①

$a^2+b^2+c^2-ab-bc-ca$

$=\dfrac{1}{2}\{(a-b)^2+(b-c)^2+(c-a)^2\}$

$=\dfrac{1}{2}\{(a-b)^2+5\}=3$

에서 $(a-b)^2=1$

∴ $a-b=-1$ ($\because a<b$)

0099 답·②

$(x-1)(x+1)(x^2+1)(x^4+1)$

$=\{(x-1)(x+1)\}(x^2+1)(x^4+1)$

$=\{(x^2-1)(x^2+1)\}(x^4+1)$

$=(x^4-1)(x^4+1)$

$=x^8-1$

이므로 $m=8$, $n=1$

∴ $mn=8$

0100 답·①

$(x-2)(x+2)(x^4+4x^2+16)$

$=\{(x-2)(x+2)\}(x^4+4x^2+16)$

$=(x^2-4)\{(x^2)^2+4\cdot x^2+4^2\}$

$=(x^2)^3-4^3=x^6-(2^2)^3$

$=x^6-2^6$

이므로 $m=6$, $n=2$

$\therefore m-n=4$

0101 답 · ②

반복되는 부분을 치환하여 전개한다.

$t=x^2+2x$로 놓으면

$(x^2+2x-1)(x^2+2x+2)$

$=(t-1)(t+2)$

$=t^2+t-2$

$=(x^2+2x)^2+(x^2+2x)-2$

$=x^4+4x^3+4x^2+x^2+2x-2$

$=x^4+4x^3+5x^2+2x-2$

따라서 x^3의 계수는 4, x의 계수는 2이므로 두 계수의 차는 2이다.

> **다른풀이**
>
> 필요한 부분만 전개하여 항을 구한다. 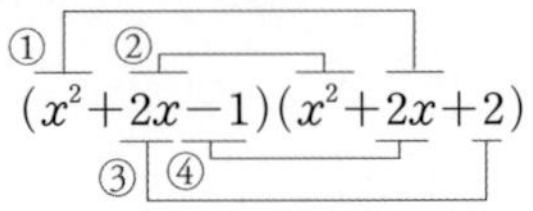
>
> $$(x^2+2x-1)(x^2+2x+2)$$
> ① ② ③ ④
>
> - x^3항: ①+②$=2x^3+2x^3=4x^3$
> - x항: ③+④$=4x-2x=2x$

0102 답 · ③

네 개의 일차식을 다음과 같이 공통부분이 생기도록 두 개씩 짝을 지어 전개한다,

$(x+1)(x+2)(x+3)(x+4)$

$=\{(x+1)(x+4)\}\{(x+2)(x+3)\}$

$=(x^2+5x+4)(x^2+5x+6)$

$=(t+4)(t+6)$ ← $t=x^2+5x$(치환)

$=t^2+10t+24$

$=(x^2+5x)^2+10(x^2+5x)+24$

$=x^4+10x^3+25x^2+10x^2+50x+24$

$=x^4+10x^3+35x^2+50x+24$

0103 답 · ④

$3=1\times3$, $x+2=1\times(x+2)$ 등과 같이 나타낼 수 있음을 이용한다.

$(2+1)(2^2+1)(2^4+1)$

$=1\times(2+1)(2^2+1)(2^4+1)$

$=(2-1)(2+1)(2^2+1)(2^4+1)$

$=(2^2-1)(2^2+1)(2^4+1)$

$=(2^4-1)(2^4+1)$

$=2^8-1$

$\therefore m=8$

0104 답 · ②

$4-3=1$을 이용한다.

$(4+3)(4^2+3^2)(4^4+3^4)$

$=1\times(4+3)(4^2+3^2)(4^4+3^4)$

$=(4-3)(4+3)(4^2+3^2)(4^4+3^4)$

$=(4^2-3^2)(4^2+3^2)(4^4+3^4)$

$=(4^4-3^4)(4^4+3^4)$

$=4^8-3^8=(2^2)^8-3^8$

$=2^{16}-3^8$

에서 $m=16$, $n=8$

$\therefore m-n=8$

0105 답 · ③

$102^3=(100+2)^3$

$=100^3+3\cdot100^2\cdot2+3\cdot100\cdot2^2+2^3$

$=1000000+60000+1200+8$

$=1061208$

따라서 각 자릿수들의 합은 $1+0+6+1+2+0+8=18$

0106 답 · 9999

각각의 수들을 10, 100 등과 같이 비교적 간단한 수를 이용하여 나타낸다.

$9=10-1$, $11=10+1$, $101=100+1$이므로

$9\times11\times101=(10-1)(10+1)(100+1)$

$=(10^2-1)(100+1)$

$=(10^2-1)(10^2+1)$

$=10^4-1=10000-1$

$=9999$

0107 답 · ⑤

모든 모서리의 길이의 합이 16이므로

$4(a+b+c)=16$에서 $a+b+c=4$

겉넓이가 6이므로 $2(ab+bc+ca)=6$

$\therefore a^2+b^2+c^2=(a+b+c)^2-2(ab+bc+ca)$

$=16-6=10$

0108 답 · ⑤

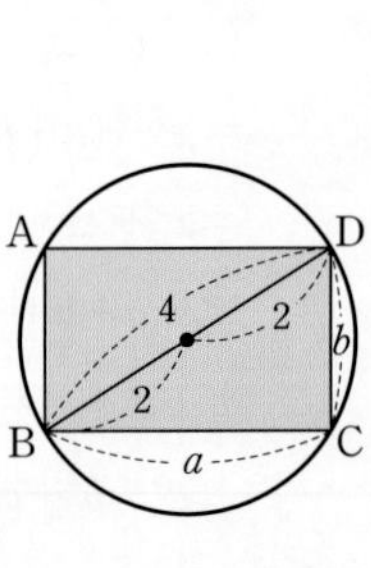

오른쪽 그림과 같이 직사각형의 가로의 길이를 a, 세로의 길이를 b라 하면 넓이는 ab이다.

직사각형의 둘레의 길이가 10이므로

$2(a+b)=10$에서 $a+b=5$

대각선의 길이는 4이므로 피타고라스 정리에 의하여

$a^2+b^2=16$

즉, $(a+b)^2=a^2+b^2+2ab$에서 $25=16+2ab$

$\therefore ab=\dfrac{9}{2}$

0109 답 · ②

세 정육면체 각각의 한 모서리의 길이를 각각 a, b, c라 하면

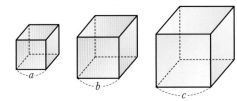

모든 모서리의 길이의 합이 36이므로

$12(a+b+c)=36$에서 $a+b+c=3$

겉넓이의 합이 42이므로

$6(a^2+b^2+c^2)=42$에서 $a^2+b^2+c^2=7$

세 정육면체 각각의 한 모서리의 길이의 곱이 2이므로

$abc=2$

$(a+b+c)^2=a^2+b^2+c^2+2(ab+bc+ca)$에서

$9=7+2(ab+bc+ca)$ ∴ $ab+bc+ca=1$

따라서 부피의 합은

$a^3+b^3+c^3$

$=(a+b+c)(a^2+b^2+c^2-ab-bc-ca)+3abc$

$=3\times(7-1)+6=24$

  Final

0110 답 · ⑤

식을 모두 전개해도 되지만 원하는 항만 전개할 수도 있다.

$(2x+3)(x^2-2x+5)+2$

이차항: ①+②$=-4x^2+3x^2=-x^2$

상수항: ③+④$=15+2=17$

따라서 전개식에서 이차항의 계수와 상수항의 합은

$-1+17=16$

0111 답 · ⑤

$(2x^2-x-3)(3x^2+2x-1)$

$=6x^4+4x^3-2x^2-3x^3-2x^2+x-9x^2-6x+3$

$=6x^4+x^3-13x^2-5x+3$

이므로 $a=1$ $b=-5$

∴ $ab=-5$

0112 답 · ②

$(x+2)^3-(x-2)^3$

$=x^3+6x^2+12x+8-(x^3-6x^2+12x-8)$

$=12x^2+16$

0113 답 · ④

$(x^2-4y^2)(x^2-2xy+4y^2)(x^2+2xy+4y^2)$

$=(x+2y)(x-2y)(x^2-2xy+4y^2)(x^2+2xy+4y^2)$

$=(x+2y)(x^2-2xy+4y^2)(x-2y)(x^2+2xy+4y^2)$

$=(x^3+8y^3)(x^3-8y^3)$

$=(x^3)^2-(8y^3)^2$

$=x^6-64y^6$

0114 답 · ②

$a+b+c=1$에서

$a+b=1-c$, $b+c=1-a$, $c+a=1-b$

$(a+b)(b+c)(c+a)$

$=(1-a)(1-b)(1-c)$

$=1^3-(a+b+c)\cdot1^2+(ab+bc+ca)\cdot1-abc$

$=3$

이므로 $1-1\times1+2\times1-abc=3$

∴ $abc=-1$

0115 답 · ⑤

$$\begin{array}{r} a+b\qquad\ =1 \\ b+c\quad=2 \\ +)\ c+a\qquad\ =3 \\ \hline 2(a+b+c)=6 \end{array}$$

∴ $a+b+c=3$

∴ $a^2+b^2+c^2=(a+b+c)^2-2(ab+bc+ca)=5$

> **다른풀이**
>
> $a^2+b^2+c^2+ab+bc+ca$
>
> $\qquad=\dfrac{1}{2}\{(a+b)^2+(b+c)^2+(c+a)^2\}$
>
> 이므로 $a^2+b^2+c^2+2=\dfrac{1}{2}(1+4+9)$
>
> ∴ $a^2+b^2+c^2=5$

0116 답 · $x^4-8x^3+14x^2+8x$

$(x+1)(x-1)(x-5)(x-3)+15$

$=\{(x+1)(x-5)\}\{(x-1)(x-3)\}+15$

$=(x^2-4x-5)(x^2-4x+3)+15$ ⌐

$=(t-5)(t+3)+15$ ← $t=x^2-4x$

$=t^2-2t$

$=(x^2-4x)^2-2(x^2-4x)$

$=x^4-8x^3+16x^2-2x^2+8x$

$=x^4-8x^3+14x^2+8x$

0117 ⑤

곱셈 공식의 구조를 생각하고 숫자를 변형하자.

$\dfrac{2005(2004^2-2003)}{2003\times2004+1}$

$=\dfrac{(2004+1)\{2004^2-(2004-1)\}}{(2004-1)\cdot2004+1}$

$=\dfrac{(2004+1)(2004^2-2004+1)}{2004^2-2004+1}$

$=2005$

0118 답 ④

$a^3+b^3+c^3-3abc=(a+b+c)(a^2+b^2+c^2-ab-bc-ca)$

에서 $a+b+c=0$이므로 $a^3+b^3+c^3=3abc$

주어진 식을 통분하면

$\dfrac{2a^2+3}{bc}+\dfrac{2b^2+3}{ca}+\dfrac{2c^2+3}{ab}$

$=\dfrac{2a^3+3a}{abc}+\dfrac{2b^3+3b}{abc}+\dfrac{2c^3+3c}{abc}$

$=\dfrac{2(a^3+b^3+c^3)+3(a+b+c)}{abc}$

$=\dfrac{6abc}{abc}=6$

0119 답 (1) -8 (2) 4

$x^2+y^2=(x+y)^2-2xy=0$

$x^3+y^3=(x+y)^3-3xy(x+y)=-4$

(1) $(x^2+y^2)(x^3+y^3)=x^5+x^2y^3+x^3y^2+y^5$

$\qquad\qquad\qquad\qquad=x^5+y^5+x^2y^2(x+y)$

에서 $0=x^5+y^5+4\cdot2$

$\therefore x^5+y^5=-8$

(2) $(x+1)^3+(y+1)^3$

$=x^3+3x^2+3x+1+y^3+3y^2+3y+1$

$=(x^3+y^3)+3(x^2+y^2)+3(x+y)+2$

$=-4+0+6+2=4$

0120 답 $140\sqrt{2}$

$\left(x^2-\dfrac{1}{x^2}\right)\left(x^2+\dfrac{1}{x^2}+1\right)\left(x^2+\dfrac{1}{x^2}-1\right)$

$=\left(x-\dfrac{1}{x}\right)\left(x+\dfrac{1}{x}\right)\left\{x^2+1+\left(\dfrac{1}{x}\right)^2\right\}\left\{x^2-1+\left(\dfrac{1}{x}\right)^2\right\}$

$=\left\{\left(x-\dfrac{1}{x}\right)\left(x^2+1+\dfrac{1}{x^2}\right)\right\}\left\{\left(x+\dfrac{1}{x}\right)\left(x^2-1+\dfrac{1}{x^2}\right)\right\}$

$=\left(x^3-\dfrac{1}{x^3}\right)\left(x^3+\dfrac{1}{x^3}\right)$

(i) $x^3-\dfrac{1}{x^3}=\left(x-\dfrac{1}{x}\right)^3+3\left(x-\dfrac{1}{x}\right)=8+3\cdot2=14$

(ii) $x^3+\dfrac{1}{x^3}=\left(x+\dfrac{1}{x}\right)^3-3\left(x+\dfrac{1}{x}\right)=16\sqrt{2}-6\sqrt{2}=10\sqrt{2}$

$\therefore$ (주어진 식) $=140\sqrt{2}$

0121 답 ②

$2x^2-3x+2=0$의 양변을 x로 나누고 정리하면

$2x-3+\dfrac{2}{x}=0$, $2\left(x+\dfrac{1}{x}\right)=3$, $x+\dfrac{1}{x}=\dfrac{3}{2}$

$x^3+\dfrac{1}{x^3}=\left(x+\dfrac{1}{x}\right)^3-3\left(x+\dfrac{1}{x}\right)=\dfrac{27}{8}-\dfrac{9}{2}=-\dfrac{9}{8}$

따라서 $p=9$, $q=8$이므로 $p-q=1$

0122 답 29

$(x+y+z)^2=x^2+y^2+z^2+2(xy+yz+zx)$에서

$0=5+2(xy+yz+zx)$ $\qquad\therefore xy+yz+zx=-\dfrac{5}{2}$

$x^2y^2+y^2z^2+z^2x^2$

$=(xy)^2+(yz)^2+(zx)^2$

$=(xy+yz+zx)^2-2(xy^2z+xyz^2+x^2yz)$

$=(xy+yz+zx)^2-2xyz(x+y+z)$

$=\dfrac{25}{4}-0=\dfrac{25}{4}$

따라서 $p=4$, $q=25$이므로 $p+q=29$

0123 답 33

$(a+b+c)^2=a^2+b^2+c^2+2(ab+bc+ca)$에서

$1=7+2(ab+bc+ca)$ $\qquad\therefore ab+bc+ca=-3$

$a^2b^2+b^2c^2+c^2a^2=(ab+bc+ca)^2-2abc(a+b+c)$

$\qquad\qquad\qquad\qquad=9-1=8$

$\therefore a^4+b^4+c^4=(a^2)^2+(b^2)^2+(c^2)^2$

$\qquad\qquad\qquad=(a^2+b^2+c^2)^2-2(a^2b^2+b^2c^2+c^2a^2)$

$\qquad\qquad\qquad=49-16=33$

02 인수분해 (1)

p.28 ~ p.43

중학교 Review

01 (1) x (2) ab (3) $2xy$ (4) y
   (5) 5 (6) x (7) abc (8) x

02 (1) $2(x+3)$ (2) $3ab(a-2)$
   (3) $(a+1)^2$ (4) $(x+3y)(x-3y)$
   (5) $(x+4y)(x+2y)$ (6) $(x-7y)(x+2y)$
   (7) $(2x+3)(2x+1)$ (8) $(5y+2)(2y-2)$

03 $(x^2-2x-6)(x^2-2x+2)$

04 $3(x-1)(x+5)$

05 (1) $(a-1)(b-1)$ (2) $(a-b)(a+b-5)$
   (3) $(x+y+2)(x+y-1)$ (4) $(x-3)(x+y-2)$

03 $x^2-2x=A$로 놓으면
$(x^2-2x)(x^2-2x-4)-12$
$=A(A-4)-12=A^2-4A-12$
$=(A-6)(A+2)=(x^2-2x-6)(x^2-2x+2)$

04 $(2x+1)^2-(x-4)^2$
$=\{(2x+1)+(x-4)\}\{(2x+1)-(x-4)\}$
$=(3x-3)(x+5)=3(x-1)(x+5)$

05 (1) $ab-a-b+1=a(b-1)-(b-1)$
$\qquad\qquad\qquad =(b-1)(a-1)$

(2) $a^2-b^2-5a+5b=(a+b)(a-b)-5(a-b)$
$\qquad\qquad\qquad\qquad =(a-b)(a+b-5)$

(3) $x^2+2xy+y^2+x+y-2$
$=\underset{A}{\underline{(x+y)^2}}+\underset{A}{\underline{x+y}}-2$ (치환)
$=A^2+A-2$
$=(A+2)(A-1)$
$=(x+y+2)(x+y-1)$

(4) $x^2+xy-5x-3y+6$
$=xy-3y+x^2-5x+6$
$=y(x-3)+(x-3)(x-2)$
$=(x-3)(x+y-2)$

문제 C.O.D.I Basic

0124 답· 공통인수: a^2, $a^2(a+3b)$

0125 답· 공통인수: $a-b$, $(a-b)(p+q)$

0126 답· 공통인수: $a(x-y)$, $a(a-1)(x-y)$

0127 답· (가) $a+b+c$ (나) $a+b+c$

0128 답· (가) $a+b$ (나) $a^2+2ab+b^2$ (다) $a+b$

0129 답· (가) $-2a^2b+2ab^2$ (나) $a-b$ (다) $a-b$

0130 답· (가) $(a-b)^3+3ab(a-b)$ (나) a^2+ab+b^2

0131 답· (가) $(a+b)^3-3ab(a+b)$ (나) a^2-ab+b^2

0132 답· $(a+3b+c)^2$

$a^2+9b^2+c^2+6ab+6bc+2ca$
$=a^2+(3b)^2+c^2+2a\cdot(3b)+2\cdot(3b)\cdot c+2ca$
$=(a+3b+c)^2$

0133 답· $(x+2y-3z)^2$

$x^2+4y^2+9z^2+4xy-12yz-6zx$
$=x^2+(2y)^2+(-3z)^2+2\cdot x\cdot(2y)+2\cdot(2y)\cdot(-3z)$
$\qquad +2\cdot(-3z)\cdot x$
$=(x+2y-3z)^2$

0134 답· $(x+y+2)^2$

$x^2+y^2+2xy+4x+4y+4$
$=x^2+y^2+2^2+2xy+2\cdot y\cdot 2+2\cdot 2\cdot x$
$=(x+y+2)^2$

다른풀이

$x^2+y^2+2xy+4x+4y+4$
$=(x^2+2xy+y^2)+4(x+y)+4$
$=(x+y)^2+4(x+y)+4$
$=(x+y+2)^2$

0135 답· $(x+4)^3$

$x^3+12x^2+48x+64$
$=x^3+3\cdot x^2\cdot 4+3\cdot x\cdot 4^2+4^3=(x+4)^3$

0136 답· $(x+2y)^3$

$x^3+6x^2y+12xy^2+8y^3$
$=x^3+3\cdot x^2\cdot(2y)+3\cdot x\cdot(2y)^2+(2y)^3=(x+2y)^3$

0137 답· $(x-3)^3$

$x^3-9x^2+27x-27$
$=x^3-3\cdot x^2\cdot 3+3\cdot x\cdot 3^2-3^3=(x-3)^3$

0138 답· $(2x-y)^3$

$8x^3-12x^2y+6xy^2-y^3$
$=(2x)^3-3\cdot(2x)^2\cdot y+3\cdot(2x)\cdot y^2-y^3=(2x-y)^3$

0139 답· $(5a+3b)(25a^2-15ab+9b^2)$

$125a^3+27b^3$
$=(5a)^3+(3b)^3$
$=(5a+3b)(25a^2-15ab+9b^2)$

0140 답· $2(x+2)(x^2-2x+4)$

$2x^3+16$
$=2(x^3+2^3)$
$=2(x+2)(x^2-2x+4)$

0141 답·$(2a-3b)(4a^2+6ab+9b^2)$

$8a^3-27b^3=(2a)^3-(3b)^3$
$\qquad\qquad=(2a-3b)(4a^2+6ab+9b^2)$

0142 답·$8(2x-1)(4x^2+2x+1)$

$64x^3-8=8\{(2x)^3-1^3\}$
$\qquad\qquad=8(2x-1)(4x^2+2x+1)$

0143 답·$(a+b+2c)(a^2+b^2+4c^2-ab-2bc-2ca)$

$a^3+b^3+8c^3-6abc$
$=a^3+b^3+(2c)^3-3\cdot ab\cdot(2c)$
$=(a+b+2c)(a^2+b^2+4c^2-ab-2bc-2ca)$

0144 답·$(x+y-3)(x^2+y^2+9-xy+3y+3x)$

$x^3+y^3+9xy-27$
$=x^3+y^3+(-3)^3-3xy\cdot(-3)$
$=(x+y-3)(x^2+y^2+9-xy+3y+3x)$

0145 답·치환

0146 답·(1) x^2+1 (2) $t^2-2t-15$ (3) $(t-5)(t+3)$

$\qquad$ (4) $(x+2)(x-2)(x^2+4)$

$\qquad$ (4) $(x^2+1-5)(x^2+1+3)=(x^2-4)(x^2+4)$
$\qquad\qquad\qquad\qquad\qquad\quad=(x+2)(x-2)(x^2+4)$

0147 답·(1) $(x^2-x-2)(x^2-x-12)+24$

$\qquad$ (2) $t^2-14t+48$

$\qquad$ (3) $(t-6)(t-8)$

$\qquad$ (4) $(x-3)(x+2)(x^2-x-8)$

$\qquad$ (1) $\{(x+1)(x-2)\}\{(x+3)(x-4)\}+24$
$\qquad\qquad=(x^2-x-2)(x^2-x-12)+24$

$\qquad$ (2) $(t-2)(t-12)+24=t^2-14t+48$

$\qquad$ (3) $t^2-14t+48=(t-6)(t-8)$

$\qquad$ (4) $(x^2-x-6)(x^2-x-8)$
$\qquad\qquad=(x-3)(x+2)(x^2-x-8)$

0148 답·(1) $(t-3)(t+2)$ (2) $(x^2-3)(x^2+2)$

$\qquad$ (1) $x^4-x^2-6=t^2-t-6=(t-3)(t+2)$

$\qquad$ (2) $(t-3)(t+2)=(x^2-3)(x^2+2)$

0149 답·(1) $(t-1)(2t-1)$ (2) $(x+1)(x-1)(2x^2-1)$

$\qquad$ (1) $2x^4-3x^2+1=2t^2-3t+1$
$\qquad\qquad\qquad\qquad=(t-1)(2t-1)$

$\qquad$ (2) $(t-1)(2t-1)=(x^2-1)(2x^2-1)$
$\qquad\qquad\qquad\qquad=(x+1)(x-1)(2x^2-1)$

0150 답·(1) $(t+2)^2-t$ (2) $(x^2+x+2)(x^2-x+2)$

$\qquad$ (1) $x^4+3x^2+4=t^2+3t+4$
$\qquad\qquad\qquad\qquad=t^2+4t+4-t$
$\qquad\qquad\qquad\qquad=(t+2)^2-t$

$\qquad$ (2) $(t+2)^2-t=(x^2+2)^2-x^2$
$\qquad\qquad\qquad\qquad=(x^2+x+2)(x^2-x+2)$

0151 답·(가) a^2b^2 (나) $2a^2b^2$ (다) a^2+b^2 (라) ab

$a^4+a^2b^2+b^4$의 일부가 완전제곱식이 되려면

(가) a^2b^2 을 더하고 빼서 식을 변형한다.

a^4+ (나) $2a^2b^2$ $+b^4-$ (가) a^2b^2

$=($ (다) a^2+b^2 $)^2-($ (라) ab $)^2$

$=(a^2+ab+b^2)(a^2-ab+b^2)$

0152 답·(1) $x^2+(y-1)x-(2y^2+5y+2)$

$\qquad$ (2) $(x+2y+1)(x-y-2)$

$\qquad$ (1) $x^2+xy-x-2y^2-5y-2$
$\qquad\qquad=x^2+(y-1)x-(2y^2+5y+2)$

$\qquad$ (2) $x^2+(y-1)x-(2y+1)(y+2)$

$\qquad$

$\qquad=(x+2y+1)(x-y-2)$

문제 C.O.D.I 6 **Trendy**

0153 답·①

$x^3+6x^2+12x+8=x^3+3\cdot x^2\cdot2+3\cdot x\cdot2^2+2^3$
$\qquad\qquad\qquad\qquad=(x+2)^3$

에서 $f(x)=x+2$

$x^3-9x^2+27x-27$
$=x^3-3\cdot x^2\cdot3+3\cdot x\cdot3^2-3^3$
$=(x-3)^3$

에서 $g(x)=x-3$

$\therefore f(1)+g(1)=3+(-2)=1$

0154 답·④

$x^6+3x^4y^2+3x^2y^4+y^6$
$=(x^2)^3+3(x^2)^2y^2+3x^2(y^2)^2+(y^2)^3$
$=(x^2+y^2)^3$

0155 답·③

$x^6-3x^4y^2+3x^2y^4-y^6$
$=(x^2)^3-3(x^2)^2y^2+3x^2(y^2)^2-(y^2)^3$
$=(x^2-y^2)^3=\{(x+y)(x-y)\}^3$
$=(x+y)^3(x-y)^3$

0156 답·③

$8x^3+36x^2y+54xy^2+27y^3$
$=(2x)^3+3\cdot(2x)^2\cdot(3y)+3\cdot(2x)\cdot(3y)^2+(3y)^3$
$=(2x+3y)^3$
$=(\sqrt{5})^3=5\sqrt{5}$

0157 답·①

$x^3+1=x^3+1^3=(x+1)(x^2-x+1)$

0158 답·②

$x^3-1=x^3-1^3=(x-1)(x^2+x+1)$

$\therefore A=x^2+x+1$

0159 답·③

a^6-b^6

$=(a^3)^2-(b^3)^2$

$=(\boxed{(가)\ a^3-b^3})(a^3+b^3)$ ← 합차 공식으로 인수분해

$=(\boxed{(나)\ a-b})(a^2+ab+b^2)(a+b)(\boxed{(다)\ a^2-ab+b^2})$

0160 답·①

우변의 식의 일부를 전개해 보면 상수항이 8이다.

$\therefore p=8$

$x^3+8=x^3+2^3=(x+2)(x^2-2x+4)$

$\qquad\qquad\quad =(x+2)(x^2+qx+4)$

이므로 $q=-2$

$\therefore p+q=6$

0161 답·①

$9x^2+4y^2+12xy+30x+20y+25$

$=9x^2+4y^2+25+12xy+20y+30x$

$=(3x)^2+\{\boxed{(가)\ 2}\ y\}^2+5^2+2\cdot(3x)\cdot\boxed{(가)\ 2}\ y$

$\qquad +2\cdot 2y\cdot\boxed{(나)\ 5}+2\cdot 3x\cdot 5$

$=(\boxed{(다)\ 3x+2y+5})^2$

0162 답·①

먼저 a, b, c의 계수의 부호를 확인한다.

a	b	c	ab	bc	ca
$+$	$+$	$-$	$+$	$-$	$-$
$+$	$-$	$+$	$-$	$-$	$+$
$-$	$+$	$+$	$-$	$+$	$-$
$+$	$-$	$-$	$-$	$+$	$-$
$\vdots$					

$a^2+b^2+4c^2-2ab-4bc+4ca$

$=a^2+(-b)^2+(2c)^2+2a\cdot(-b)+2\cdot(-b)\cdot(2c)$

$\qquad +2\cdot(2c)\cdot a$

$=(a-b+2c)^2$

이므로 $p=-1$, $q=2$

$\therefore pq=-2$

0163 답·④

$x^2+4y^2-4xy+2x-4y+1$

$=x^2+4y^2+1-4xy-4y+2x$

$=x^2+(-2y)^2+1^2+2\cdot x\cdot(-2y)+2\cdot(-2y)\cdot 1+2\cdot 1\cdot x$

$=(x-2y+1)^2$

$\therefore$ (가) $x-2y+1$

0164 답·②

$2x^2+8y^2+18z^2+8xy+24yz+12zx$

$=2(x^2+4y^2+9z^2+4xy+12yz+6zx)$

$=2(x+2y+3z)^2$

이므로 $k=2$, $a=2$, $b=3$

$\therefore k(a+b)=10$

0165 답·③

(나)의 과정은 $a^2-b^2=(a+b)(a-b)$의 인수분해를 이용한 것이다.

0166 답·③

$(x^2+x-4)^2-4$

$=(x^2+x-4)^2-2^2$

$=(x^2+x-4+2)(x^2+x-4-2)$

$=(x^2+x-2)(x^2+x-6)$

$=(x-1)(x+2)(x-2)(x+3)$

0167 답·④

$a^4+2a^3b-2ab^3-b^4$

$=(a^4-b^4)+(2a^3b-2ab^3)$

$=(a^2+b^2)(a^2-b^2)+2ab(a^2-b^2)$

$=(a^2-b^2)(a^2+b^2+2ab)$

$=(a+b)(a-b)(a+b)^2$

$=(a+b)^3(a-b)$

0168 답·③

$t=x^2-x$라 하면

$(x^2-x)^2-8(x^2-x)+12$

$=t^2-8t+12$

$=(t-2)(t-6)$

$=(x^2-x-2)(x^2-x-6)$

$=(x+1)(x-2)(x+2)(x-3)$

0169 답·④

$t=x^2-2x$라 하면

$(x^2-2x)(x^2-2x-2)-3$

$=t(t-2)-3$

$=t^2-2t-3$

$=(t+1)(t-3)$

$=(x^2-2x+1)(x^2-2x-3)$

$=(x-1)^2(x+1)(x-3)$

이므로 $a=-1$, $b=1$, $c=-3$

$\therefore abc=3$

0170 답·10

$(x+1)(x+2)(x+3)(x+4)+1$

$=\{(x+1)(x+4)\}\{(x+2)(x+3)\}+1$

$$= (x^2+5x+4)(x^2+5x+6)+1$$
$$= (t+4)(t+6)+1 \quad \xleftarrow{\quad} t=x^2+5x$$
$$= t^2+10t+25$$
$$= (t+5)^2$$
$$= (x^2+5x+5)^2$$

이므로 $a=5$, $b=5$

$\therefore a+b=10$

0171 답 · ③

$$x(x-2)(x-4)(x-6)+k$$
$$= \{x(x-6)\}\{(x-2)(x-4)\}+k$$
$$= (x^2-6x)(x^2-6x+8)+k$$
$$= t^2+8t+k \quad \xleftarrow{\quad} t=x^2-6x$$

이 식이 완전제곱식이 되려면 $k=16$

즉, $t^2+8t+16=(t+4)^2=(x^2-6x+4)^2$

이므로 $a=-6$, $b=4$

$\therefore a+b+k=14$

0172 답 · ④

$A=a+b$, $B=a-2b$로 치환하면

$$(a+b)^2+2(a+b)(a-2b)-3(a-2b)^2$$
$$= A^2+2AB-3B^2$$
$$= (A-B)(A+3B)$$
$$= (a+b-a+2b)(a+b+3a-6b)$$
$$= 3b(4a-5b)$$

따라서 두 일차식의 합은 $3b+4a-5b=4a-2b$

0173 답 · ②

$$(x-2y)^2+2(x-2y)(2x+y)+4x^2+4xy+y^2$$
$$= (x-2y)^2+2(x-2y)(2x+y)+(2x+y)^2$$

이때 $A=x-2y$, $B=2x+y$로 치환하면

$$\text{(주어진 식)}=A^2+2AB+B^2$$
$$= (A+B)^2$$
$$= (x-2y+2x+y)^2$$
$$= (3x-y)^2$$

이므로 $a=3$, $b=-1$

$\therefore a+b=2$

0174 답 · ③

$t=x^2$으로 치환하면

$$x^4-10x^2+9=t^2-10t+9$$
$$= (t-1)(t-9)$$
$$= (x^2-1)(x^2-9)$$
$$= (x-1)(x+1)(x-3)(x+3)$$

④ $(x-1)(x+1)=x^2-1$이므로 인수이다.

⑤ $(x-1)(x+3)=x^2+2x-3$이므로 인수이다.

따라서 인수가 아닌 것은 ③ x^2+1이다.

0175 답 · ②

$t=x^2$으로 치환하면

$$3x^4+x^2-4=3t^2+t-4$$
$$= (t-1)(3t+4)$$
$$= (x^2-1)(3x^2+4)$$
$$= (x-1)(x+1)(3x^2+4)$$

이므로 $a=1$, $b=-1$, $c=3$, $d=4$

$\therefore abcd=-12$

0176 답 · ①

$$x^4+5x^2+9=x^4+6x^2+9-x^2$$
$$= (x^2+3)^2-x^2$$
$$= (x^2+x+3)(x^2-x+3)$$

따라서 두 이차식의 합은

$$(x^2+x+3)+(x^2-x+3)=2x^2+6$$

0177 답 · $(x^2+3x+3)(x^2-3x+3)$

$$x^4-3x^2+9=x^4+6x^2+9-9x^2$$
$$= (x^2+3)^2-(3x)^2$$
$$= (x^2+3x+3)(x^2-3x+3)$$

0178 답 · ②

주어진 식을 x에 대하여 내림차순으로 정리한 후 인수분해한다.

$$x^2+2xy-3y^2-x-7y-2$$
$$= x^2+(2y-1)x-(3y^2+7y+2)$$
$$= x^2+(2y-1)x-(3y+1)(y+2)$$

$$= (x+3y+1)(x-y-2)$$

따라서 두 일차식의 합은

$$(x+3y+1)+(x-y-2)=2x+2y-1$$

0179 답 · ③

주어진 식을 x에 대하여 내림차순으로 정리한 후 인수분해한다.

$$x^2+3xy+2y^2-2x-5y-3$$
$$= x^2+(3y-2)x+2y^2-5y-3$$
$$= x^2+(3y-2)x+(2y+1)(y-3)$$
$$= (x+y-3)(x+2y+1)$$

이므로 $a=-3$, $b=2$

$\therefore a^2+b^2=9+4=13$

0180 답 · $(x-2y+3)(x+y+1)$

주어진 식을 x에 대하여 내림차순으로 정리한 후 인수분해한다.

$$x^2-2y^2-xy+4x+y+3$$
$$= x^2+(-y+4)x-(2y^2-y-3)$$

$$=x^2+(-y+4)x-(2y-3)(y+1)$$

$$=(x-2y+3)(x+y+1)$$

0181 답·$x=1, y=-1$

$$2x^2+7xy+3y^2+3x-y-2$$
$$=2x^2+(7y+3)x+3y^2-y-2$$
$$=2x^2+(7y+3)x+(3y+2)(y-1)$$

$$=(x+3y+2)(2x+y-1)$$

따라서 $\begin{cases} x+3y+2=0 \\ 2x+y-1=0 \end{cases}$ 을 풀면 $x=1, y=-1$

0182 답·①

세 문자 중 차수가 가장 낮은 b에 대하여 내림차순으로 정리
한 후 인수분해한다.

$$a^2+bc+ab-c^2=(a+c)b+(a^2-c^2)$$
$$=(a+c)b+(a+c)(a-c)$$
$$=(a+c)(a+b-c)$$

0183 답·④

$$a^2b+ab^2+b^2c+bc^2+c^2a+ca^2+2abc$$
$$=(b+c)a^2+(b^2+2bc+c^2)a+b^2c+bc^2$$
$$=(b+c)a^2+(b^2+2bc+c^2)a+bc(b+c)$$
$$=(b+c)a^2+(b+c)^2a+bc(b+c)$$
$$=(b+c)\{a^2+(b+c)a+bc\}$$
$$=(b+c)(a+b)(a+c)$$
$$=(a+b)(b+c)(c+a)$$

0184 답·1000

$$13^3-9\times13^2+27\times13-27$$
$$=13^3-3\times13^2\times3+3\times13\times3^2-3^3$$
$$=(13-3)^3=10^3=1000$$

0185 답·②

$$10^2-9^2=(10-9)(10+9)$$
$$8^2-7^2=(8-7)(8+7)$$
$$6^2-5^2=(6-5)(6+5)$$
$$4^2-3^2=(4-3)(4+3)$$
$$2^2-1^2=(2-1)(2+1)$$
$$\therefore (주어진 식)=1+2+3+\cdots+9+10=55$$

0186 답·100

$$\frac{101^3-1}{101\times102+1}=\frac{101^3-1^3}{101\times(101+1)+1}$$
$$=\frac{(101-1)(101^2+101+1)}{101^2+101+1}=100$$

0187 답·(1) x^2+3x (2) 130

(1) $\sqrt{10\times11\times12\times13+1}-1$ ← $x=10$
$$=\sqrt{x(x+1)(x+2)(x+3)+1}-1$$
$$=\sqrt{x(x+3)(x+1)(x+2)+1}-1$$
$$=\sqrt{(x^2+3x)(x^2+3x+2)+1}-1$$ ← $t=x^2+3x$
$$=\sqrt{t^2+2t+1}-1$$
$$=\sqrt{(t+1)^2}-1$$
$$=t+1-1$$
$$=t=x^2+3x$$

(2) $x=10$을 대입하면
$$x^2+3x=130$$

문제 C.O.D.J ⑤ Final

0188 답·③

$$27a^3-27a^2+9a-1$$
$$=(3a-1)^3$$
$$=\left(3\cdot\frac{4}{3}-1\right)^3=3^3=27$$

0189 답·③

$$4a^2+9b^2+c^2+12ab-6bc-4ca$$
$$=(2a)^2+(3b)^2+(-c)^2+2\cdot(2a)\cdot(3b)$$
$$\quad+2\cdot(3b)\cdot(-c)+2\cdot(-c)\cdot(2a)$$
$$=(2a+3b-c)^2$$
$$=0$$

이므로 $2a+3b-c=0$
즉, $c=2a+3b$이므로 $p=2, q=3$
따라서 $pq=6$이므로 구하는 자연수는 1, 2, 3, 4, 5의 5개
이다.

0190 답·$(x+1)(x-1)(x^2-x+1)(x^2+x+1)$

$$x^6-1=(x^3)^2-1^2$$
$$=(x^3+1)(x^3-1)$$
$$=(x+1)(x^2-x+1)(x-1)(x^2+x+1)$$
$$=(x+1)(x-1)(x^2-x+1)(x^2+x+1)$$

0191 답·⑤

$$(x+1)^2(x-1)(x+3)+4$$
$$(x^2+2x+1)(x^2+2x-3)+4$$ ← $t=x^2+2x$
$$=(t+1)(t-3)+4$$
$$=t^2-2t+1$$
$$=(t-1)^2$$
$$=(x^2+2x-1)^2$$

0192 답·②

$$x^4-25x^2+144=(x^2)^2-25x^2+12^2$$

$$=(x^2)^2-24x^2+12^2-x^2$$
$$=(x^2-12)^2-x^2$$
$$=(x^2-x-12)(x^2+x-12)$$
$$=(x-4)(x+3)(x-3)(x+4)$$
$$=(x-4)(x-3)(x+3)(x+4)$$

이므로 $a=-4$, $b=-3$, $c=3$, $d=4$

$\therefore ac+bd=-24$

0193 🅐·①, ②

$$4x^4+3x^2+1=(2x^2)^2+4x^2+1-x^2$$
$$=(2x^2+1)^2-x^2$$
$$=(2x^2-x+1)(2x^2+x+1)$$

(i) $A=2x^2-x+1$, $B=2x^2+x+1$이면 $A-B=-2x$

(ii) $A=2x^2+x+1$, $B=2x^2-x+1$이면 $A-B=2x$

0194 🅐·②

$$x^2+4xy+4y^2-2x-4y+1$$
$$=x^2+2(2y-1)x+(2y-1)^2$$
$$=(x+2y-1)^2$$

에서 $x+ay+b=x+2y-1$

따라서 $x+2y-1=0$의 그래프와 x축, y축으로 둘러싸인 도형의 넓이는

$$(넓이)=\frac{1}{2}\times1\times\frac{1}{2}=\frac{1}{4}$$

> **다른풀이**
>
> $$x^2+4xy+4y^2-2x-4y+1$$
> $$=(x^2+4xy+4y^2)+(-2x-4y)+1$$
> $$=(x+2y)^2-2(x+2y)+1$$ $A=x+2y$로 치환
> $$=A^2-2A+1$$
> $$=(A-1)^2$$
> $$=(x+2y-1)^2$$

0195 🅐·④

$$98^3+6\times98^2+12\times98+8$$
$$=98^3+3\times98^2\times2+3\times98\times2^2+2^3$$
$$=(98+2)^3=100^3=(10^2)^3$$
$$=10^6$$

0196 🅐·②

$$\frac{10^3+5^3}{10^2-5^2}=\frac{(10+5)(10^2-10\times5+5^2)}{(10+5)(10-5)}$$
$$=\frac{100-50+25}{5}$$
$$=\frac{75}{5}=15$$

0197 🅐·$2a(a^2+3b^2)$

$A=a+b$, $B=a-b$로 치환하면

$$(a+b)^3+(a-b)^3$$
$$=A^3+B^3$$
$$=(A+B)(A^2-AB+B^2)$$
$$=(a+b+a-b)\{(a+b)^2-(a+b)(a-b)+(a-b)^2\}$$
$$=2a(a^2+2ab+b^2-a^2+b^2+a^2-2ab+b^2)$$
$$=2a(a^2+3b^2)$$

> **다른풀이**
>
> 식을 전개하고 정리한 후 인수분해한다.
>
> $$(a+b)^3+(a-b)^3$$
> $$=a^3+3a^2b+3ab^2+b^3+a^3-3a^2b+3ab^2-b^3$$
> $$=2a^3+6ab^2$$
> $$=2a(a^2+3b^2)$$

0198 🅐·$-(a-b)(b-c)(c-a)$

주어진 식을 a에 대한 내림차순으로 정리한 후 인수분해한다.

$$a^2(b-c)+b^2(c-a)+c^2(a-b)$$
$$=(b-c)a^2+b^2c-ab^2+c^2a-bc^2$$
$$=(b-c)a^2-(b^2-c^2)a+b^2c-bc^2$$
$$=(b-c)a^2-(b-c)(b+c)a+bc(b-c)$$
$$=(b-c)\{a^2-(b+c)a+bc\}$$
$$=(b-c)(a-b)(a-c)$$
$$=-(a-b)(b-c)(c-a)$$

0199 🅐·㈎ $36a^2b^2$ ㈏ $-36a^2b^2$ ㈐ $2a^2+9b^2$

　　㈑ $2a^2-6ab+9b^2$

$$4a^4+81b^4$$
$$=(2a^2)^2+(9b^2)^2$$
$$=(2a^2)^2+\boxed{㈎\ 36a^2b^2}+(9b^2)^2+(\boxed{㈏\ -36a^2b^2})$$
$$=(\boxed{㈐\ 2a^2+9b^2})^2+(\boxed{㈏\ -36a^2b^2})$$
$$=(2a^2+6ab+9b^2)(\boxed{㈑\ 2a^2-6ab+9b^2})$$

0200 🅐·④

주어진 식의 좌변을 c에 대하여 내림차순으로 정리한 후 인수분해한다.

$$a^3-a^2b+ab^2-c^2a-b^3+bc^2$$
$$=-(a-b)c^2+a^3-a^2b+ab^2-b^3$$
$$=-(a-b)c^2+a^2(a-b)+b^2(a-b)$$
$$=(a-b)(a^2+b^2-c^2)=0$$

에서 $a-b=0$ 또는 $a^2+b^2-c^2=0$

이때 $a\neq b$이므로 $a^2+b^2=c^2$

따라서 △ABC는 ∠C가 직각인 직각삼각형이다.

03 다항식의 나눗셈과 항등식, 나머지정리

p.44 ~ p.65

 Basic

0201 답·몫: $-2x+2$, 나머지: $3x-3$

$$
\begin{array}{r}
-2x+2 \\
-x^2+2x+3 \overline{\smash{\big)}\ 2x^3-6x^2+x+3} \\
\underline{2x^3-4x^2-6x} \\
-2x^2+7x+3 \\
\underline{-2x^2+4x+6} \\
3x-3
\end{array}
$$

0202 답·몫: $2x^2-2x+4$, 나머지: 4

$$
\begin{array}{r}
2x^2-2x+4 \\
2x+1 \overline{\smash{\big)}\ 4x^3-2x^2+6x+8} \\
\underline{4x^3+2x^2} \\
-4x^2+6x \\
\underline{-4x^2-2x} \\
8x+8 \\
\underline{8x+4} \\
4
\end{array}
$$

0203 답·몫: x^2, 나머지: 1

$$
\begin{array}{r}
x^2 \\
x^2+1 \overline{\smash{\big)}\ x^4+x^2+1} \\
\underline{x^4+x^2} \\
1
\end{array}
$$

0204 답·몫: x^2-4x+4, 나머지: 0

$$
\begin{array}{r}
x^2-4x+4 \\
x-2 \overline{\smash{\big)}\ x^3-6x^2+12x-8} \\
\underline{x^3-2x^2} \\
-4x^2+12x \\
\underline{-4x^2+8x} \\
4x-8 \\
\underline{4x-8} \\
0
\end{array}
$$

0205 답· $x^3-x^2-2x+1=(x+2)(x^2-3x+4)-7$

$$
\begin{array}{r}
x^2-3x+4 \\
x+2 \overline{\smash{\big)}\ x^3-x^2-2x+1} \\
\underline{x^3+2x^2} \\
-3x^2-2x \\
\underline{-3x^2-6x} \\
4x+1 \\
\underline{4x+8} \\
-7
\end{array}
$$

0206 답· $3x^3+2x^2+x-1$
$=(x^2-2x+1)(3x+8)+14x-9$

$$
\begin{array}{r}
3x+8 \\
x^2-2x+1 \overline{\smash{\big)}\ 3x^3+2x^2+x-1} \\
\underline{3x^3-6x^2+3x} \\
8x^2-2x-1 \\
\underline{8x^2-16x+8} \\
14x-9
\end{array}
$$

0207 답· $2x^4-x^3+3x+4=(x^2+x)(2x^2-3x+3)+4$

$$
\begin{array}{r}
2x^2-3x+3 \\
x^2+x \overline{\smash{\big)}\ 2x^4-x^3+3x+4} \\
\underline{2x^4+2x^3} \\
-3x^3 \\
\underline{-3x^3-3x^2} \\
3x^2+3x \\
\underline{3x^2+3x} \\
4
\end{array}
$$

0208 답· $x^4+x^2+1=(x^2-x+1)(x^2+x+1)$

$$
\begin{array}{r}
x^2+x+1 \\
x^2-x+1 \overline{\smash{\big)}\ x^4+x^2+1} \\
\underline{x^4-x^3+x^2} \\
x^3 \\
\underline{x^3-x^2+x} \\
x^2-x+1 \\
\underline{x^2-x+1} \\
0
\end{array}
$$

0209 답·몫: $2x^2-7x+15$, 나머지: -28

관계식: $2x^3-3x^2+x+2$
$=(x+2)(2x^2-7x+15)-28$

$$
\begin{array}{r|rrrr}
-2 & 2 & -3 & 1 & 2 \\
& & -4 & 14 & -30 \\
\hline
& 2 & -7 & 15 & -28
\end{array}
$$

0210 답·몫: x^3-4x^2+2x+1, 나머지: 0

관계식: $x^4-5x^3+6x^2-x-1$
$=(x-1)(x^3-4x^2+2x+1)$

$$
\begin{array}{r|rrrrr}
1 & 1 & -5 & 6 & -1 & -1 \\
& & 1 & -4 & 2 & 1 \\
\hline
& 1 & -4 & 2 & 1 & 0
\end{array}
$$

0211 답·몫: $x^3-3x^2+9x-24$, 나머지: 74

관계식: x^4+3x+2
$=(x+3)(x^3-3x^2+9x-24)+74$

$$
\begin{array}{r|rrrrr}
-3 & 1 & 0 & 0 & 3 & 2 \\
& & -3 & 9 & -27 & 72 \\
\hline
& 1 & -3 & 9 & -24 & 74
\end{array}
$$

0212 답·몫: $8x^2-4x$, 나머지: 0

관계식: $8x^3-8x^2+2x=\left(x-\dfrac{1}{2}\right)(8x^2-4x)$

$$\begin{array}{c|cccc}
\dfrac{1}{2} & 8 & -8 & 2 & 0 \\
& & 4 & -2 & 0 \\
\hline
& 8 & -4 & 0 & \boxed{0}
\end{array}$$

0213 답·$\dfrac{1}{2}$, $x-1$

0214 답·$\dfrac{1}{2}x^2+1$

0215 답·몫: $\dfrac{1}{2}x^2-x+3$, 나머지: -11

$$\begin{array}{c|cccc}
-2 & 1 & 0 & 2 & 1 \\
& & -2 & 4 & -12 \\
\hline
& 1 & -2 & 6 & \boxed{-11}
\end{array}$$

$x+2$로 나눈 몫이 x^2-2x+6이므로

$2x+4$로 나눈 몫은 $\dfrac{x^2-2x+6}{2}=\dfrac{1}{2}x^2-x+3$이고

나머지는 동일하게 -11이다.

0216 답·몫: x^2+x, 나머지: 1

$$\begin{array}{c|cccc}
\dfrac{1}{3} & 3 & 2 & -1 & 1 \\
& & 1 & 1 & 0 \\
\hline
& 3 & 3 & 0 & \boxed{1}
\end{array}$$

$x-\dfrac{1}{3}$로 나눈 몫이 $3x^2+3x$이므로

$3x-1$로 나눈 몫은 $\dfrac{3x^2+3x}{3}=x^2+x$이고

나머지는 동일하게 1이다.

0217 답·방정식

0218 답·항등식

0219 답·×

$x=1$이면 $1=1$ (참)

$x=2$이면 $2\neq1$ (거짓)

즉, x의 값에 따라 참, 거짓이 달라진다.

0220 답·×

$x=0$이면 $-6\neq0$ (거짓)

$x=3$이면 $0=0$ (참)

즉, x의 값에 따라 참, 거짓이 달라진다.

0221 답·○

우변을 전개하면 좌변의 식과 일치하므로 항등식이다.

0222 답·○

우변을 전개하면 좌변의 식과 일치하므로 항등식이다.

0223 답·×

$x=\dfrac{2}{3}$, $y=0$이면 $3\cdot\dfrac{2}{3}+6\cdot0=2$ (참)

$x=1$, $y=-1$이면 $3\cdot1+6\cdot(-1)\neq2$ (거짓)

즉, x, y의 값에 따라 참, 거짓이 달라진다.

0224 답·○

우변을 전개하면 좌변의 식과 일치하므로 항등식이다.

0225 답·계수비교법, 수치대입법

0226 답·$a=6$, $b=-2$

0227 답·$a=2$, $b=3$, $c=1$

0228 답·$a=-2$, $b=1$, $c=3$

0229 답·$a=1$, $b=0$, $c=1$

0230 답·$a=-6$, $b=12$, $c=-4$

$x^3+ax^2+bx+c=(x-2)^3+4=x^3-6x^2+12x-4$

0231 답·$a=2$, $b=-3$, $c=1$

0232 답·$a=1$, $b=-4$, $c=0$

0233 답·$a=0$, $b=-1$, $c=2$

0234 답·$a=-5$, $b=6$

$x^2+ax+b=(x-2)(x-3)=x^2-5x+6$

0235 답·$a=-6$, $b=11$, $c=-4$

$x^3+ax^2+bx+c=(x-1)(x-2)(x-3)+2$
$$=x^3-6x^2+11x-4$$

0236 답·15

$$\begin{array}{r}
-2x^2+3x+10 \\
x-2\overline{\smash{)}\,-2x^3+7x^2+4x-5} \\
\underline{-2x^3+4x^2} \\
3x^2+4x \\
\underline{3x^2-6x} \\
10x-5 \\
\underline{10x-20} \\
15
\end{array}$$

0237 답·15

$$\begin{array}{c|cccc}
2 & -2 & 7 & 4 & -5 \\
& & -4 & 6 & 20 \\
\hline
& -2 & 3 & 10 & \boxed{15}
\end{array}$$

0238 답·같다

0239 답·-2, p, 나머지정리

0240 답·1

$3x^3+2x^2-x+1$에 $x=\dfrac{1}{3}$을 대입하면

$\dfrac{1}{9}+\dfrac{2}{9}-\dfrac{1}{3}+1=1$

0241 답·-4

x^3-4x^2+2x-1에 $x=3$을 대입하면

$27-36+6-1=-4$

0242 답·15

x^3+x^2+x+1에 $x=2$를 대입하면

$8+4+2+1=15$

0243 답· 0

$x^4+2x^3-x^2+x+6$에 $x=-2$를 대입하면

$16-16-4-2+6=0$

0244 답· -2

$$\begin{array}{r}
16x^3+8x^2-4x+2 \\
x-\dfrac{1}{2}\overline{\smash{\big)}\ 16x^4\qquad-8x^2+4x-3} \\
\underline{16x^4-8x^3\qquad\qquad} \\
8x^3-8x^2 \\
\underline{8x^3-4x^2\qquad\ } \\
-4x^2+4x \\
\underline{-4x^2+2x\ } \\
2x-3 \\
\underline{2x-1} \\
-2
\end{array}$$

0245 답· -2

$$\begin{array}{r}
8x^3+4x^2-2x+1 \\
2x-1\overline{\smash{\big)}\ 16x^4\qquad-8x^2+4x-3} \\
\underline{16x^4-8x^3\qquad\qquad} \\
8x^3-8x^2 \\
\underline{8x^3-4x^2\qquad\ } \\
-4x^2+4x \\
\underline{-4x^2+2x\ } \\
2x-3 \\
\underline{2x-1} \\
-2
\end{array}$$

0246 답· $\dfrac{1}{2}$

0247 답· -4

x^3+3x^2+2x-4를 x^2+x로 나눈 나눗셈의 몫을 $Q(x)$, 이차식으로 나누었으므로 나머지를 일차식 $ax+b$라 하고 나눗셈의 관계식을 세우면

x^3+3x^2+2x-4

$=(x^2+x)Q(x)+ax+b$

$=x(x+1)Q(x)+ax+b$

이고 이는 항등식이므로

양변에 $x=0$을 대입하면 $-4=b$

양변에 $x=-1$을 대입하면

$-1+3-2-4=-a+b$에서 $a=0$

따라서 나머지는 -4이다.

0248 답· $13x-10$

x^4-2x+4를 x^2-3x+2로 나눈 나눗셈의 몫을 $Q(x)$, 이차식으로 나누었으므로 나머지를 일차식 $ax+b$라 하고 나눗셈의 관계식을 세우면

x^4-2x+4

$=(x^2-3x+2)Q(x)+ax+b$

$=(x-2)(x-1)Q(x)+ax+b$

이고 이는 항등식이므로

양변에 $x=2$를 대입하면

$16-4+4=2a+b$에서 $2a+b=16$ ····㉠

양변에 $x=1$을 대입하면

$1-2+4=a+b$에서 $a+b=3$ ····㉡

㉠, ㉡을 연립하여 풀면 $a=13$, $b=-10$

따라서 나머지는 $13x-10$이다.

문제 C.O.D.I ② Trendy

0249 답· ③

$$\begin{array}{r}
3x-10 \\
x^2+3x+1\overline{\smash{\big)}\ 3x^3-\ x^2+\ 3x+4} \\
\underline{3x^3+9x^2+\ 3x\qquad} \\
-10x^2\qquad+4 \\
\underline{-10x^2-30x-10} \\
30x+14
\end{array}$$

즉, $Q(x)=3x-10$, $R(x)=30x+14$이므로

$Q(x)+R(x)=33x+4$

0250 답· ③

$$\begin{array}{r}
x^2+x+3 \\
x-1\overline{\smash{\big)}\ x^3\qquad+2x+3} \\
\underline{x^3-x^2\qquad\ } \\
x^2+2x+3 \\
\underline{x^2-x\qquad\ } \\
3x+3 \\
\underline{3x-3} \\
6
\end{array}$$

즉, $a=1$, $b=3$, $c=6$이므로 $abc=18$

0251 답· ①

$$\begin{array}{r}
2x-2 \\
x^2+x+1\overline{\smash{\big)}\ 2x^3\qquad-7x+1} \\
\underline{2x^3+2x^2+2x\qquad} \\
-2x^2-9x+1 \\
\underline{-2x^2-2x-2} \\
-7x+3
\end{array}$$

즉, 몫은 $2x-2$, 나머지는 $-7x+3$이므로

$a=2$, $b=-2$, $c=-7$, $d=3$

$\therefore a+b+c+d=-4$

0252 답·3

$$
\begin{array}{r}
x^3-3x^2+3 \\
x+1\ \overline{\big)\ x^4-2x^3-3x^2+3x+a} \\
\underline{x^4+x^3} \\
-3x^3-3x^2 \\
\underline{-3x^3-3x^2} \\
3x+a \\
\underline{3x+3} \\
a-3
\end{array}
$$

이때 나머지가 0이어야 하므로 $a-3=0$

$\therefore a=3$

> **다른풀이**
>
> 나머지정리를 이용해도 된다. 다항식이 $x+1$로 나누어
> 떨어지면 $x=-1$을 대입한 값이 0이 되므로
> $1+2-3-3+a=0$ $\qquad \therefore a=3$

0253 답·②

x^3-2x^2+3x+4를 x^2+3x-3으로 나눈 몫이 $Q(x)$,
나머지가 $R(x)$이므로 다항식의 나눗셈을 하여 식을 구한다.

$$
\begin{array}{r}
x-5 \\
x^2+3x-3\ \overline{\big)\ x^3-2x^2+\ 3x+4} \\
\underline{x^3+3x^2-\ 3x} \\
-5x^2+\ 6x+4 \\
\underline{-5x^2-15x+15} \\
21x-11
\end{array}
$$

이때 $Q(x)=x-5$, $R(x)=21x-11$이므로

$Q(1)=-4$, $R(1)=10$

$\therefore Q(1)+R(1)=6$

0254 답·(1) 12 (2) 6

(1)
$$
\begin{array}{r}
8x^2+4x \\
x-\tfrac{1}{2}\ \overline{\big)\ 8x^3-2x+1} \\
\underline{8x^3-4x^2} \\
4x^2-2x \\
\underline{4x^2-2x} \\
1
\end{array}
$$

즉, $Q(x)=8x^2+4x$, $a=1$이므로 $Q(1)=12$

(2)
$$
\begin{array}{r}
4x^2+2x \\
2x-1\ \overline{\big)\ 8x^3-2x+1} \\
\underline{8x^3-4x^2} \\
4x^2-2x \\
\underline{4x^2-2x} \\
1
\end{array}
$$

즉, $Q'(x)=4x^2+2x$, $a=1$이므로 $Q'(1)=6$

> **다른풀이**
>
> 개념에서 공부한 관계식을 이용할 수도 있다.
> (1)에서 나눗셈의 관계식이
> $$8x^3-2x+1=\left(x-\frac{1}{2}\right)(8x^2+4x)+1$$
> $$=\left\{2\left(x-\frac{1}{2}\right)\right\}\times\left\{\frac{1}{2}(8x^2+4x)\right\}+1$$
> $$=\underset{\underset{\text{나누는 식}}{\downarrow}}{(2x-1)}\ \underset{\underset{\text{몫}}{\downarrow}}{(4x^2+2x)}+\underset{\underset{\text{나머지}}{\downarrow}}{1}$$

0255 답·⑤

나눗셈의 관계식을 세우고 변형한다.

$$f(x)=\left(x+\frac{2}{3}\right)Q(x)+r=3\left(x+\frac{2}{3}\right)\frac{1}{3}Q(x)+r$$

$$=(3x+2)\left\{\frac{1}{3}Q(x)\right\}+r$$

따라서 $f(x)$를 $3x+2$로 나눈 몫은 $\dfrac{1}{3}Q(x)$, 나머지는 r이다.

0256 답·③

나눗셈의 관계식을 세우면

$x^3+4x^2-2x-1=(x+5)f(x)+2x-6$

우변의 나머지를 이항하면

$x^3+4x^2-4x+5=(x+5)f(x)$

이때 나머지가 없는 식이 되므로 x^3+4x^2-4x+5를
$f(x)$로 나누어도 $x+5$로 나누어도 나누어떨어지게 된다.

즉, $f(x)$를 구하기 위해 x^3+4x^2-4x+5를 $x+5$로 나누면

$$
\begin{array}{r}
x^2-x+1 \\
x+5\ \overline{\big)\ x^3+4x^2-4x+5} \\
\underline{x^3+5x^2} \\
-x^2-4x \\
\underline{-x^2-5x} \\
x+5 \\
\underline{x+5} \\
0
\end{array}
$$

$\therefore f(x)=x^2-x+1$

> **주의**
>
> $x^3+4x^2-2x-1=f(x)(x+5)+2x-6$
> $=(x+5)f(x)+2x-6$
> 으로 생각하여 다항식을 $x+5$로 나누어서 $f(x)$를 구하
> 려는 학생들이 많은데 틀린 접근이다.
> 위의 관계식은 $f(x)$로 나눌 때의 관계식이므로 $x+5$로
> 나눌 경우와 달라지게 된다.
> $50=9\times5+5$와 같이 9로 나눈 몫이 5, 나머지가 5인
> 것을 $50=5\times9+5$로 바꾸고 5로 나눈 몫이 9, 나머지
> 가 5라고 하는 것과 같다.

0257 답 · ②

$3x^3-2x^2+x$를 $x-1$로 나눈 몫을 구하면

$$
\begin{array}{r|rrrr}
1 & 3 & -2 & 1 & 0 \\
  &   & 3 & 1 & 2 \\
\hline
  & 3 & 1 & 2 & \big|\,2
\end{array}
$$

$\therefore f(x)=3x^2+x+2$

$x^4+x^3-2x^2-4x-10$을 $x-2$로 나눈 나머지를 나머지정리를 이용하여 구하면

$a=2^4+2^3-2\cdot2^2-4\cdot2-10=-2$

$\therefore f(a)=f(-2)=12$

0258 답 · ③

$5x^3-x^2-7x+3$을 $x-1$로 나눈 나머지는 이 식에 $x=1$을 대입한 값과 같으므로

$a=5-1-7+3=0$

x로 나눈 몫은 간단한 변형으로 구할 수 있다.

$5x^3-x^2-7x+3=(5x^3-x^2-7x)+3$

$\qquad\qquad\qquad\quad =x(5x^2-x-7)+3$

이므로 x로 나눈 몫은 $5x^2-x-7$

따라서 $p=5$, $q=-1$, $r=-7$이므로

$a(p+q+r)=0$

0259 답 · ④

조립제법을 쓰면서 잘 관찰해 보자.

$$
\begin{array}{r|ccccc}
2 & 1 & 2 & -a & -1 & b \\
  &   & \boxed{2} & \boxed{8} & \boxed{2} & \boxed{2} \\
\hline
  & \boxed{1} & \boxed{4} & 1 & \boxed{1} & \big|\,6
\end{array}
$$

$-a+8=1$이므로 $a=7$

$b+2=6$이므로 $b=4$

$\therefore (a-b)^2=9$

0260 답 · ③

조립제법을 쓰고 그 결과를 나눗셈의 관계식으로 써 보자.

$$
\begin{array}{r|rrrr}
\frac{1}{3} & 3 & -1 & 9 & 1 \\
  &   & 1 & 0 & 3 \\
\hline
  & 3 & 0 & 9 & \big|\,4
\end{array}
$$

$3x^3-x^2+9x+1$

$=\left(x-\dfrac{1}{3}\right)(3x^2+9)+4$

$=3\left(x-\dfrac{1}{3}\right)\times\dfrac{(3x^2+9)}{3}+4$

$=(3x-1)(x^2+3)+4$

따라서 $P(x)=3x^2+9$, $Q(x)=x^2+3$이므로

$\dfrac{P(1)}{Q(1)}=\dfrac{12}{4}=3$

다른풀이

꼭 나누어서 몫을 확인할 필요는 없다.

$3x-1$이 $x-\dfrac{1}{3}$의 3배이므로 몫은 반대로 $\dfrac{1}{3}$배가 된다. 즉, $P(x)=3Q(x)$이다.

$\therefore \dfrac{P(1)}{Q(1)}=\dfrac{3Q(1)}{Q(1)}=3$

0261 답 · ①

우변을 정리하여 동류항끼리 비교한다.

$x^2-5x+2=(x+1)^2+a(x-1)+b$

$\qquad\qquad\quad =x^2+2x+1+ax-a+b$

$\qquad\qquad\quad =x^2+(a+2)x-a+b+1$

이므로 $a=-7$, $b=-6$

$\therefore |a-b|=|-7+6|=1$

0262 답 · ③

좌변을 정리하여 동류항끼리 비교한다.

$a(x+2y)+b(x-y)+3$

$=ax+2ay+bx-by+3$

$=(a+b)x+(2a-b)y+3$

$=4x+2y+c$

이므로 $a+b=4$, $2a-b=2$에서 $a=2$, $b=2$이고 $c=3$

$\therefore a-b+c=3$

0263 답 · ③

전개하기 전에 식을 잘 관찰하면 a와 b의 값을 알아낼 수 있다.

$\quad$ <좌변> $\qquad$ <우변>

사차항: $\quad x^4 \quad = \quad x^2\cdot bx^2=bx^4 \Rightarrow b=1$

상수항: $\quad -1 \quad = \quad -a \qquad \Rightarrow a=1$

$x^4-2x^3-2x-1=(x^2+a)(bx^2+cx-1)$

$\qquad\qquad\qquad\quad =(x^2+1)(x^2+cx-1)$

$\qquad\qquad\qquad\quad =x^4+cx^3-x^2+x^2+cx-1$

$\qquad\qquad\qquad\quad =x^4+cx^3+cx-1$

이므로 $c=-2$

$\therefore a+b+c=0$

0264 답 · ④

문제를 잘 읽을 것.

k에 대한 항등식이므로 x, y는 계수, 상수로 취급하여 정리한다.

$(k+2)x+(2k-3)y-8=xk+2x+2yk-3y-8$

$\qquad\qquad\qquad\qquad\quad =(x+2y)k+2x-3y-8$

$\qquad\qquad\qquad\qquad\quad =3x+y$

에서 $(x+2y)k-x-4y-8=0$

$\begin{cases} x+2y=0 \\ x+4y=-8 \end{cases}$ 을 연립하여 풀면 $x=8$, $y=-4$

$\therefore x^2+y^2=80$

0265 답·②

$4x-10=a(x-1)+b(x-3)$의 양변에

$x=3$을 대입: $2=2a$에서 $a=1$

$x=1$을 대입: $-6=-2b$에서 $b=3$

$\therefore ab=3$

0266 답·④

$2x^2-3x+4=a(x-1)^2+b(x+2)$에서

a를 구하려면 b를 소거하면 되므로

양변에 $x=-2$를 대입하면 $18=9a$에서 $a=2$

$\therefore$ (개) -2, (내) 2

b를 구하려면 a를 소거하면 되므로

양변에 $x=1$을 대입하면 $3=3b$에서 $b=1$

$\therefore$ (대) 1, (래) 1

따라서 구하는 수들의 합은 2이다.

0267 답·①

$(x+1)^2(x-1)^2=x^4+ax^3+bx^2+c$의 양변에

$x=0$을 대입하면 $c=1$

$x=1$을 대입하면 $0=1+a+b+1$에서 $a+b=-2$ ··· ㉠

$x=-1$을 대입하면 $0=1-a+b+1$에서 $-a+b=-2$ ··· ㉡

㉠, ㉡을 연립하여 풀면 $a=0$, $b=-2$

$\therefore a+b+c=-1$

0268 답·$a=1$, $b=2$, $c=0$

$3x^2-7x+4=ax(x-1)+b(x-1)(x-2)+cx(x-2)$

의 양변에

$x=1$을 대입: $0=-c$에서 $c=0$

$x=2$를 대입: $2=2a$에서 $a=1$

$x=0$을 대입: $4=2b$에서 $b=2$

0269 답·(1) 125 (2) 125, 같다

(1) $(2x+3)^3=8x^3+36x^2+54x+27$

$\therefore a_0+a_1+a_2+a_3=8+36+54+27=125$

(2) $a_0+a_1+a_2+a_3=5^3=125$

0270 답·(개) $a_5+a_4+a_3+a_2+a_1+a_0$

(내) $-a_5+a_4-a_3+a_2-a_1+a_0$

(대) $2(a_4+a_2+a_0)$

(래) 16

0271 답·⑤

$(x^2-2x+2)^3=a_6x^6+a_5x^5+a_4x^4+\cdots+a_1x+a_0$

이 항등식이므로 양변에

$x=1$을 대입: $1=a_6+a_5+a_4+\cdots+a_1+a_0$ ··· ㉠

$x=-1$을 대입: $125=a_6-a_5+a_4-\cdots-a_1+a_0$ ··· ㉡

㉠+㉡을 하면 $126=2p$에서 $p=63$

㉠-㉡을 하면 $-124=2q$에서 $q=-62$

$\therefore p-q=125$

0272 답·⑤

나머지정리에 의하여 $f(1)=5$이므로

$2+3-1+a+3=5$에서 $a=-2$

따라서 $f(x)=2x^4+3x^3-x^2-2x+3$이므로

$f(a)=f(-2)=11$

0273 답·-4

나머지정리에 의하여 x^3+3x^2+ax+1에

$x=-2$를 대입한 값과 $x=2$를 대입한 값이 같으므로

$-8+12-2a+1=8+12+2a+1$

$4a=-16$

$\therefore a=-4$

0274 답·③

$f(x)=-x^3+ax^2+bx+7$로 놓으면 나머지정리에 의하여

$f(2)=9$, $f(-1)=9$이므로

$f(2)=-8+4a+2b+7=9$에서 $2a+b=5$ ··· ㉠

$f(-1)=1+a-b+7=9$에서 $a-b=1$ ··· ㉡

㉠, ㉡을 연립하여 풀면 $a=2$, $b=1$

$\therefore 10a+b=21$

0275 답·②, ⑤

나머지정리에 의하여 $x-3$으로 나눈 나머지는

식에 $x=3$을 대입한 것과 같으므로 $r=f(3)$

① $3f(3)$ ② $f(3)$ ③ 0

④ $-f(3)$ ⑤ $f(3)$

따라서 $x-3$으로 나눈 나머지가 r인 것은 ②, ⑤이다.

0276 답·①

x^3-5x^2+3x+a를 $x+1$로 나눈 나머지가 1이므로

$-1-5-3+a=1$에서 $a=10$

조립제법으로 $Q(x)$를 구하면

$$\begin{array}{r|rrrr} -1 & 1 & -5 & 3 & 10 \\ & & -1 & 6 & -9 \\ \hline & 1 & -6 & 9 & \big|\ 1 \end{array}$$

따라서 $Q(x)=x^2-6x+9$이므로 $Q(1)=4$

> **다른풀이**
>
> a의 값을 구한 뒤 나눗셈의 관계식에서 풀 수도 있다.
>
> $a=10$이므로
>
> $x^3-5x^2+3x+10=(x+1)Q(x)+1$
>
> $x=1$을 대입: $1-5+3+10=2Q(1)+1$
>
> $\therefore Q(1)=4$

0277 답 · ①

나머지정리에 의하여 $f(-2)=3$

$(2x+3)f(x)$를 $x+2$로 나눈 나머지는 이 식에 $x=-2$를

대입한 값과 같으므로

$(-4+3)f(-2)=-f(-2)=-3$

0278 답 · ②

나머지정리에 의하여 $f(3)=1$이고

$3f(3)+4g(3)=-5$에서 $3+4g(3)=-5$

$\therefore g(3)=-2$

따라서 $g(x)$를 $x-3$으로 나눈 나머지는 $g(3)=-2$

0279 답 · ②

나머지정리에 의하여

$f\left(\dfrac{2}{3}\right)+g\left(\dfrac{2}{3}\right)=2$ ··· ㉠

$f\left(\dfrac{2}{3}\right)-g\left(\dfrac{2}{3}\right)=8$ ··· ㉡

㉠+㉡을 하면 $2f\left(\dfrac{2}{3}\right)=10$에서 $f\left(\dfrac{2}{3}\right)=5$

따라서 $f(x)$를 $3x-2$로 나눈 나머지는 $f\left(\dfrac{2}{3}\right)=5$

0280 답 · ①

나눗셈의 관계식을 세우면

$f(x)=(x-3)Q(x)-3$

나머지정리에 의하여 $Q(2)=1$이므로

$f(2)=(2-3)Q(2)-3=-4$

따라서 $f(x)$를 $x-2$로 나눈 나머지는 $f(2)=-4$

0281 답 · ㉮ $ax+b$ ㉯ $2a+b$ ㉰ $a+b$ ㉱ $26x-25$

0282 답 · ②

나머지정리에 의하여 $f(5)=7$, $f(1)=-1$

$f(x)$를 x^2-6x+5로 나눈 몫을 $Q(x)$, 나머지를 $ax+b$라

하면

$f(x)=(x^2-6x+5)Q(x)+ax+b$

$\quad\quad =(x-1)(x-5)Q(x)+ax+b$

위 등식은 항등식이므로

양변에 $x=5$를 대입하면 $5a+b=7$ ··· ㉠

양변에 $x=1$을 대입하면 $a+b=-1$ ··· ㉡

㉠, ㉡을 연립하여 풀면 $a=2$, $b=-3$

따라서 $R(x)=2x-3$이므로 $R(2)=1$

0283 답 · ③

나눗셈의 몫을 $Q(x)$라 하면

$f(x)=x(x+1)Q(x)+ax+b$

양변에 $x=0$을 대입하면 $f(0)=b=3$

양변에 $x=-1$을 대입하면 $f(-1)=-a+b=1$에서 $a=2$

$\therefore a^2+b^2=13$

0284 답 · ①

$f(x)=x^4+px^3+qx^2+2x-5$로 놓으면

나머지정리에 의하여 $f(3)=-8$, $f(1)=-6$이므로

$f(3)=81+27p+9q+6-5=-8$에서

$\quad 3p+q=-10$ ··· ㉠

$f(1)=1+p+q+2-5=-6$에서

$\quad p+q=-4$ ··· ㉡

㉠, ㉡을 연립하여 풀면 $p=-3$, $q=-1$

$f(x)$를 $(x-3)(x-1)$로 나눈 몫을 $Q(x)$, 나머지를

$R(x)=ax+b$라 하면

$f(x)=(x-3)(x-1)Q(x)+ax+b$

$f(3)=3a+b=-8$ ··· ㉢

$f(1)=a+b=-6$ ··· ㉣

㉢, ㉣을 연립하여 풀면 $a=-1$, $b=-5$

따라서 $R(x)=-x-5$이므로

$R(p+q)=R(-4)=-1$

0285 답 · ㉮ ax^2+bx+c ㉯ $4a+2b+c$ ㉰ $a+b+c$
㉱ c ㉲ $8x^2-7x-4$

삼차식으로 나눈 나머지는 이차식으로 잡아라.

삼차식으로 나누므로 나머지를 $\boxed{㉮ \, ax^2+bx+c}$ 로

놓으면

x^5-x^4+x-4

$=x(x-1)(x-2)Q(x)+\boxed{㉮ \, ax^2+bx+c}$

가 성립하고 이 관계식은 항등식이므로

$x=2$를 대입하면 $14=\boxed{㉯ \, 4a+2b+c}$ ··· ㉠

$x=1$을 대입하면 $-3=\boxed{㉰ \, a+b+c}$ ··· ㉡

$x=0$을 대입하면 $-4=\boxed{㉱ \, c}$ ··· ㉢

㉠, ㉡, ㉢을 연립하여 풀면 $a=8$, $b=-7$, $c=-4$

따라서 나머지는 $\boxed{㉲ \, 8x^2-7x-4}$ 이다.

0286 답 · ④

나머지정리에 의하여

$f(-3)=0$, $f(1)=-12$, $f(2)=-10$

$f(x)$를 $(x+3)(x-1)(x-2)$로 나눈 몫을 $Q(x)$, 나머지

를 $R(x)=ax^2+bx+c$라 하면

$f(x)=(x+3)(x-1)(x-2)Q(x)+ax^2+bx+c$

양변에 $x=-3$을 대입: $9a-3b+c=0$ ··· ㉠

양변에 $x=2$를 대입: $4a+2b+c=-10$ ··· ㉡

양변에 $x=1$을 대입: $a+b+c=-12$ ··· ㉢

㉠-㉡을 하면 $a-b=2$

㉡-㉢을 하면 $3a+b=2$

위의 식을 연립하여 풀면 $a=1$, $b=-1$, $c=-12$

따라서 $R(x)=x^2-x-12$이므로 $R(x)=0$의 모든 근의 합은 1이다.

0287 답·x^2-5x+1

나눗셈의 관계식을 세우면

$$f(x)=(x^2-4)Q(x)-5x+5$$
$$=(x+2)(x-2)Q(x)-5x+5$$

즉, $f(2)=-5$, $f(-2)=15$이고

나머지정리에 의하여 $f(3)=-5$이므로

$f(x)=(x-3)(x^2-4)Q'(x)+ax^2+bx+c$에서

양변에 $x=3$을 대입: $9a+3b+c=-5$ ⋯㉠

양변에 $x=2$를 대입: $4a+2b+c=-5$ ⋯㉡

양변에 $x=-2$를 대입: $4a-2b+c=15$ ⋯㉢

㉡$-$㉢을 하면 $4b=-20$에서 $b=-5$

㉠$-$㉡을 하면 $5a+b=0$에서 $a=1$

$a=1$, $b=-5$를 ㉠에 대입하여 정리하면 $c=1$

따라서 나머지는 x^2-5x+1이다.

0288 답·(1) -15 (2) -15

(1) $f(-3)=5\times(-27)+11\times 9-4\times(-3)+9=-15$

(2) $f(-2x+1)$
$$=5(-2x+1)^3+11(-2x+1)^2-4(-2x+1)+9$$

에서 $x=2$를 대입하면

$$5\times(-27)+11\times 9-4\times(-3)+9=-15$$

> **참고**
>
> 변형된 식에서도 결국 $f(x)$에 $x=-3$을 대입하는 것과 같은 결과가 나오지만 굳이 식을 변형할 필요없이 다음과 같이 해결한다.
>
> $f(-2x+1)=(x-2)Q(x)+r$에서
>
> $x=2$를 대입하면 $f(-4+1)=r$

0289 답·③

나눗셈의 관계식을 세우면

$$f(x)=(x-4)(x+2)Q(x)+2x-5$$

이므로 $f(4)=3$, $f(-2)=-9$

$f(x+5)$를 $x+1$로 나눈 몫을 $Q'(x)$, 나머지를 r라 하면

$$f(x+5)=(x+1)Q'(x)+r$$

양변에 $x=-1$을 대입하면 $f(4)=r$

$$\therefore r=3$$

0290 답·①

$P(2x)=(x-1)Q(x)+4$에서 $P(2)=4$

$P(x+60)=(x+59)Q'(x)$이므로

$x=-59$를 대입하면 $P(-59+60)=P(1)=0$

$P(2)=16-16+2a+b=4$에서 $2a+b=4$ ⋯㉠

$P(1)=1-2+a+b=0$에서 $a+b=1$ ⋯㉡

㉠, ㉡을 연립하여 풀면 $a=3$, $b=-2$

$$\therefore a+b=1$$

0291 답·(가) $x-2$ (나) x^6 (다) $x-2$ (라) 2

　　(마) 64 (바) 12 (사) 4

$7=x$라 하면 $5=\boxed{\text{(가) } x-2}$로 놓을 수 있다.

수의 나눗셈의 검산식을 문자로 바꿔 보면

$7^6=5\times Q+r$ (Q는 몫, r는 나머지)

$\boxed{\text{(나) } x^6}=(\boxed{\text{(다) } x-2})\times Q(x)+r$

나머지정리에 의하여 $x=\boxed{\text{(라) } 2}$를 대입하면

$r=\boxed{\text{(마) } 64}$

이를 다시 수로 바꾸면

$7^6=5\times Q+\boxed{\text{(마) } 64}$,

$7^6=5\times(Q+\boxed{\text{(바) } 12})+\boxed{\text{(사) } 4}$

따라서 나머지는 $\boxed{\text{(사) } 4}$이다.

0292 답·1

문자로 치환하여 생각한다.

$11=x$라 하면 $10=x-1$이므로

$11^{25}=10\times Q+r$에서

$x^{25}=(x-1)Q(x)+r$

위의 식의 양변에 $x=1$을 대입하면

$1^{25}=r$, 즉 $r=1$

이를 다시 수로 바꾸면

$11^{25}=10\times Q+1$

따라서 나머지는 1이다.

0293 답·1

$13=x$라 하면 $15=x+2$이므로

$13^8=15\times Q+r$에서

$x^8=(x+2)Q(x)+r$

위의 식의 양변에 $x=-2$를 대입하면

$(-2)^8=256=r$

$13^8=15\times Q+256$

이때 나머지로 나온 256은 15보다 크므로 다시 15로 나누면

$256=15\times 17+1$

즉, $13^8=15\times Q+15\times 17+1$

$=15(Q+17)+1$

따라서 나머지는 1이다.

0294 답·②

$$f(x)=(3x-1)Q(x)+r$$
$$=3\left(x-\frac{1}{3}\right)Q(x)+r$$
$$=\left(x-\frac{1}{3}\right)\{3Q(x)\}+r$$

이므로 구하는 몫은 $3Q(x)$, 나머지는 r이다.

0295 답·⑤

나눗셈의 관계식을 세우면

$$x^3+2x-2=f(x)(x-1)+2x-1$$

나머지를 좌변으로 이항하여 정리하면

$$x^3-1=(x-1)f(x)=(x-1)(x^2+x+1)$$

따라서 $f(x)=x^2+x+1$이므로 $f(1)=3$

0296 답·(1) $a=5$, $b=1$, $c=3$ (2) $a=2$, $b=1$, $c=6$

(1) x^2의 계수가 2이므로 $b=1$

양변에 $x=0$을 대입하면 $-3=-c$에서 $c=3$

$(2x-1)(x+3)=2x^2+5x-3$에서 $a=5$

(2) $2a+b=5$, $a-b=1$에서 $a=2$, $b=1$

$c=3a=6$

0297 답·③

주어진 등식은 항등식이므로 수치대입법을 이용하여 미정계수를 구한다.

양변에 $x=3$을 대입: $2a=20$에서 $a=10$

양변에 $x=1$을 대입: $2b=6$에서 $b=3$

양변에 $x=2$를 대입: $-c=12$에서 $c=-12$

$\therefore a+b+c=1$

0298 답·④

$2x+y=3$을 y에 대하여 정리하면 $y=-2x+3$

이 식을 $ax+by-6=0$에 대입하면

$$ax+b(-2x+3)-6=0$$
$$(a-2b)x+3b-6=0$$

이 식은 x에 대한 항등식이므로 $a=4$, $b=2$

$\therefore |ab|=8$

0299 답·①

$f(x)=x^3+ax^2+bx-6$으로 놓으면

나머지정리에 의하여 $f(2)=0$, $f(-1)=-3$

$f(2)=8+4a+2b-6=0$에서 $2a+b=-1$

$f(-1)=-1+a-b-6=-3$에서 $a-b=4$

위의 두 식을 연립하여 풀면 $a=1$, $b=-3$

$\therefore a+b=-2$

0300 답· $x=9$

(나)에서 이차식으로 나누었으므로 나머지는 일차식

$R(x)=ax+b$라 하면

$$f(x)=(x-1)(x+3)Q(x)+ax+b$$

$x=1$을 대입하면 $f(1)=a+b=8$

$x=-3$을 대입하면 $f(-3)=-3a+b=12$

위의 두 식을 연립하여 풀면 $a=-1$, $b=9$

따라서 $R(x)=-x+9$이므로 $R(x)=0$의

해는 $x=9$

0301 답·④

나머지정리에 의하여 $f(0)=1$, $f(1)=2$, $f(3)=10$

$f(x)$를 $x(x-3)(x-1)$로 나눈 몫을 $Q(x)$,

나머지를 $R(x)=ax^2+bx+c$라 하면

$$f(x)=x(x-3)(x-1)Q(x)+ax^2+bx+c$$

$x=0$을 대입: $c=1$

$x=3$을 대입: $3a+b=3$

$x=1$을 대입: $a+b=1$

위의 두 식을 연립하여 풀면 $a=1$, $b=0$

$\therefore R(x)=x^2+1$

따라서 함수 $y=x^2+1$의 그래프의 꼭짓점의 좌표는 $(0, 1)$
이다.

0302 답·⑤

조건에 맞게 나눗셈의 관계식을 세우면

$$2x^3-x^2+ax+b=(2x^2+x-1)Q(x)$$
$$=(x+1)(2x-1)Q(x)$$

$x=-1$을 대입: $-2-1-a+b=0$에서

$$a-b=-3 \qquad \cdots \text{㉠}$$

$x=\frac{1}{2}$을 대입: $\frac{1}{4}-\frac{1}{4}+\frac{1}{2}a+b=0$에서

$$\frac{1}{2}a+b=0 \qquad \cdots \text{㉡}$$

㉠, ㉡을 연립하여 풀면 $a=-2$, $b=1$

$\therefore a^2+b^2=5$

0303 답· 2

주어진 식은 항등식이므로

양변에 $x=1$을 대입하면 $0=1+a+b$에서 $a+b=-1$

양변에 $x=-1$을 대입하면 $0=1-a+b$에서 $a-b=1$

위의 두 식을 연립하여 풀면 $a=0$, $b=-1$

$\therefore (x^2-1)P(x)=x^4-1=(x^2-1)(x^2+1)$

따라서 $P(x)=x^2+1$이므로 $P(1)=2$

0304 답·③

주어진 식의 일정한 값을 k라 하면

$$\frac{ax^2-8x+b}{2x^2-4x+c}=k$$에서

$$ax^2-8x+b=2kx^2-4kx+ck$$

이 식은 x에 대한 항등식이므로 계수비교법에 의하여

$-4k=-8$에서 $k=2$, $a=2k=4$, $b=2c$

$\therefore a+\dfrac{b}{c}=4+\dfrac{2c}{c}=6$

0305 답 · ④

주어진 등식의 양변에 $x=2$를 대입하면

$3^5=243=a_0+2a_1+2^2a_2+2^3a_3+2^4a_4+2^5a_5$

0306 답 · ④

나머지정리에 의하여 $P(3)=16$

나눗셈의 관계식을 세우면

$P(x)=(x^2+4x-5)Q(x)-16x+16$

$P(x)$를 $(x-3)(x^2+4x-5)$로 나눈 몫을 $Q'(x)$,

나머지를 $R(x)=ax^2+bx+c$라 하면

$P(x)=(x-3)(x^2+4x-5)Q'(x)+ax^2+bx+c$ ⋯ ①

에서

$P(x)=(x^2+4x-5)\{(x-3)Q'(x)\}+ax^2+bx+c$

이 식은 $P(x)$를 x^2+4x-5로 나눈 관계식을 뜻하게 된다.

이때 나머지가 ax^2+bx+c가 되는데 이차식으로 나눈 나머지가 이차식인 상황이므로 다시 나눠 주면

$$
\begin{array}{r}
a \\
x^2+4x-5 \overline{\smash{)}\, ax^2+bx+c} \\
\underline{ax^2+4ax-5a} \\
(b-4a)x+5a+c
\end{array}
$$

$\therefore P(x)=(x^2+4x-5)\{(x-3)Q'(x)\}$
$\qquad +a(x^2+4x-5)+(b-4a)x+5a+c$
$\quad =(x^2+4x-5)\{(x-3)Q'(x)+a\}$
$\qquad +(b-4a)x+5a+c$

즉, $(b-4a)x+5a+c=-16x+16$이므로

$4a-b=16$ ⋯ ㉠, $5a+c=16$ ⋯ ㉡

또한, $P(3)=16$이므로 ①에 $x=3$을 대입하면

$9a+3b+c=16$ ⋯ ㉢

㉠, ㉡, ㉢을 연립하여 풀면

$a=3$, $b=-4$, $c=1$

따라서 $R(x)=3x^2-4x+1$이므로

$R(x)$를 $x+1$로 나눈 나머지는 $R(-1)=3+4+1=8$

참고

나누는 식이 $(x-3)(x^2+4x-5)$,

즉 $(x-3)(x+1)(x-5)$이므로 유형 10(285~287)과 같이 나머지를 ax^2+bx+c로 두고 $x=-1$, $x=3$, $x=5$를 대입하여 연립방정식으로 풀어도 된다.

그러나 (일차식)×(이차식)으로 나누는 나머지를 구하는 문제 중 이차식 부분이 인수분해가 되지 않는 경우도 있으므로 위의 풀이를 알고 있어야 한다.

0307 답 · ②

주어진 등식은 항등식이므로 양변에 $x=3$을 대입하면

$(9-6-1)^5$
$\qquad =a_{10}(3-2)^{10}+a_9(3-2)^9+\cdots+a_1(3-2)+a_0$

$\therefore a_0+a_1+\cdots+a_9+a_{10}=2^5$

0308 답 · 37

나머지정리에 의하여

$2f(-5)+g(-5)=1$, $f(-5)g(-5)=-6$

이때 $f(-5)=a$, $g(-5)=b$라 하면

$2a+b=1$, $ab=-6$

따라서 $8\{f(x)\}^3+\{g(x)\}^3$을 $x+5$로 나눈 나머지는

$8\{f(-5)\}^3+\{g(-5)\}^3=(2a)^3+b^3$
$\qquad =(2a+b)^3-6ab(2a+b)$
$\qquad =1-6\cdot(-6)\cdot1=37$

0309 답 · ③

$f(x)=x^3+ax^2+bx+c$라 하자.

㈏의 식은 항등식이므로 양변에 $x=0$을 대입하면

$f(0)+f(0)=0$에서 $f(0)=0$

$\therefore c=0$

이때 $f(x)+f(-x)=0$이므로

$x^3+ax^2+bx-x^3+ax^2-bx=0$에서

$2ax^2=0$ $\quad \therefore a=0$

$\therefore f(x)=x^3+bx$

㈎에서 $f(2)=2$이므로 $8+2b=2$ $\quad \therefore b=-3$

$\therefore f(x)=x^3-3x$

따라서 $f(x)$를 x^2-2x-8로 나눈 나머지는 $9x+16$이고,

이 식을 다시 $x+3$으로 나눈 나머지는 -11이다.

$$
\begin{array}{r}
x+2 \\
x^2-2x-8 \overline{\smash{)}\, x^3 \qquad -3x} \\
\underline{x^3-2x^2-8x} \\
2x^2+5x \\
\underline{2x^2-4x-16} \\
9x+16
\end{array}
$$

04 인수정리와 인수분해(2)

Basic

0310 답· (1) 0 (2) 4 (3) -2 (4) -12 (5) 0

$f(x)=x^3-2x^2+x+a$라 하자.

(1) $f(1)=0$이므로 $1-2+1+a=0$ ∴ $a=0$

(2) $f(-1)=0$이므로 $-1-2-1+a=0$ ∴ $a=4$

(3) $f(2)=0$이므로 $8-8+2+a=0$ ∴ $a=-2$

(4) $f(3)=0$이므로 $27-18+3+a=0$ ∴ $a=-12$

(5) $f(0)=0$이므로 $0-0+0+a=0$ ∴ $a=0$

0311 답· (가) -6, -3, -2, -1, 1, 2, 3, 6

(나) 1 (다) 2 (라) 3 (마) $x-1$ (바) $x-2$ (사) $x-3$

$f(x)=(x-1)(x-2)(x-3)$

0312 답· (가) -2 (나) $x+2$ (다) -2 (라) -1 (마) 2 (바) 3

(사) x^2-x+3

0313 답· (1) $(x+1)(x-1)(2x^2+1)$

(2) $(x-1)(x+1)(2x^2+1)$

(1) $t=x^2$으로 치환하면

$2x^4-x^2-1=2t^2-t-1$

$=(t-1)(2t+1)$

$=(x^2-1)(2x^2+1)$

$=(x+1)(x-1)(2x^2+1)$

(2) $x=1$, $x=-1$을 대입하면 다항식이 0이 되므로

$x-1$, $x+1$이 인수이다.

1	2	0	-1	0	-1
		2	2	1	1
-1	2	2	1	1	0
		-2	0	-1	
	2	0	1	0	

Trendy

0314 답· ②

ax^2+x-1에 $x=-1$을 대입하면

$a-1-1=0$에서 $a=2$

∴ $2x^2+x-1=(x+1)(2x-1)$

0315 답· ②

x^3+2ax^2+ax+2에 $x=2$를 대입하면

$8+8a+2a+2=0$에서 $a=-1$

0316 답· ⑤

$2x^4+3x^3-2x^2+ax+4$에 $x=-2$를 대입하면

$32-24-8-2a+4=0$에서 $a=2$

0317 답· ④

상수항 -8의 약수를 대입하여 식의 값이 0이 되는 것을 찾는다.

$x=2$를 대입하면 $16+8p-8p-8-8=0$이므로 $x-2$를 인수로 갖는다.

0318 답· ⑤

$x^3+x^2-p^2x+p$에 $x=1$을 대입하면

$1+1-p^2+p=0$이므로 $p^2-p-2=0$

$(p-2)(p+1)=0$

즉, $\alpha=2$, $\beta=-1$ 또는 $\alpha=-1$, $\beta=2$

∴ $\alpha^2+\beta^2=5$

0319 답· ⑤

$f(x)=-2x^3+ax^2+bx+3$이라 하면

$f(1)=12$, $f(3)=0$이므로

$f(1)=-2+a+b+3=12$에서 $a+b=11$

$f(3)=-54+9a+3b+3=0$에서 $3a+b=17$

위의 두 식을 연립하여 풀면 $a=3$, $b=8$

∴ $b-a=5$

0320 답· ①

$x^4+x^3-3x^2+ax+b$가 x^2-4, 즉 $(x+2)(x-2)$를 인수로 가지므로

$x=2$를 대입하면

$16+8-12+2a+b=0$에서 $2a+b=-12$ ··· ㉠

$x=-2$를 대입하면

$16-8-12-2a+b=0$에서 $-2a+b=4$ ··· ㉡

㉠, ㉡을 연립하여 풀면 $a=-4$, $b=-4$

따라서 $x^4+x^3-3x^2-4x-4$를 $x-1$로 나눈 나머지는

$1+1-3-4-4=-9$

0321 답· ③

인수정리에 의하여 $P(-1)=0$, $P(3)=0$이므로

$P(-1)=-a+b-1+6=0$에서 $a-b=5$

$P(3)=27a+9b+3+6=0$에서 $3a+b=-1$

위의 두 식을 연립하여 풀면 $a=1$, $b=-4$

∴ $P(|a+b|)=P(3)=0$

0322 답· $(x-1)(x^2+2x+4)$

$f(x)=x^3+x^2+2x-4$라 하면

$f(1)=0$이므로

1	1	1	2	-4
		1	2	4
	1	2	4	0

∴ $f(x)=(x-1)(x^2+2x+4)$

0323 답·④

$g(x)=x^3-2x^2-x+2$라 하면

$g(1)=0$, $g(-1)=0$이므로

$$
\begin{array}{r|rrrr}
1 & 1 & -2 & -1 & 2 \\
  &   & 1 & -1 & -2 \\
\hline
-1 & 1 & -1 & -2 & \;0 \\
  &   & -1 & 2 & \\
\hline
  & 1 & -2 & \;0 & \\
\end{array}
$$

$\therefore g(x)=(x-1)(x+1)(x-2)$

따라서 $f(x)=(x-1)+(x+1)+(x-2)=3x-2$이므로

$f(2)=4$

0324 답·①

$f(x)=x^3+7x^2-20$이라 하면

$f(-2)=0$이므로

$$
\begin{array}{r|rrrr}
-2 & 1 & 7 & 0 & -20 \\
   &   & -2 & -10 & 20 \\
\hline
   & 1 & 5 & -10 & \;0 \\
\end{array}
$$

$\therefore f(x)=(x+2)(x^2+5x-10)$

따라서 $P(x)=x+2$, $Q(x)=x^2+5x-10$이므로

$Q(x)$를 $P(x)$로 나눈 나머지는 $Q(-2)=-16$

0325 답·②

$f(x)=x^3+x^2-5x+3$이라 하면

$f(1)=0$이므로

$$
\begin{array}{r|rrrr}
1 & 1 & 1 & -5 & 3 \\
  &   & 1 & 2 & -3 \\
\hline
  & 1 & 2 & -3 & \;0 \\
\end{array}
$$

$f(x)=(x-1)(x^2+2x-3)$

$=(x-1)(x-1)(x+3)$

$=(x-1)^2(x+3)$

따라서 $a=-1$, $b=3$이므로 $a+b=2$

0326 답·$x(x-1)(x+1)(x+2)$

$f(x)=x^4+2x^3-x^2-2x$라 하면

$f(0)=0$, $f(1)=0$이므로

$$
\begin{array}{r|rrrrr}
0 & 1 & 2 & -1 & -2 & 0 \\
  &   & 0 & 0 & 0 & 0 \\
\hline
1 & 1 & 2 & -1 & -2 & \;0 \\
  &   & 1 & 3 & 2 & \\
\hline
  & 1 & 3 & 2 & \;0 & \\
\end{array}
$$

$\therefore f(x)=x(x-1)(x^2+3x+2)$

$=x(x-1)(x+1)(x+2)$

0327 답·$(x-1)(x+1)(x^2+2x+3)$

$f(x)=x^4+2x^3+2x^2-2x-3$이라 하면

$f(1)=0$, $f(-1)=0$이므로

$$
\begin{array}{r|rrrrr}
1 & 1 & 2 & 2 & -2 & -3 \\
  &   & 1 & 3 & 5 & 3 \\
\hline
-1 & 1 & 3 & 5 & 3 & \;0 \\
  &   & -1 & -2 & -3 & \\
\hline
  & 1 & 2 & 3 & \;0 & \\
\end{array}
$$

$\therefore f(x)=(x-1)(x+1)(x^2+2x+3)$

0328 답·②

$P(x)=x^4+2x^3+ax-2$라 하면 $P(1)=0$이므로

$1+2+a-2=0$에서 $a=-1$

$\therefore P(x)=x^4+2x^3-x-2$

$P(-2)=0$이므로

$$
\begin{array}{r|rrrrr}
1 & 1 & 2 & 0 & -1 & -2 \\
  &   & 1 & 3 & 3 & 2 \\
\hline
-2 & 1 & 3 & 3 & 2 & \;0 \\
  &   & -2 & -2 & -2 & \\
\hline
  & 1 & 1 & 1 & \;0 & \\
\end{array}
$$

$P(x)=(x-1)(x+2)(x^2+x+1)$

이때 $f(x)=x+2$, $g(x)=x^2+x+1$이라 해도 일반성을 잃지 않으므로

$f(a)+g(a)=f(-1)+g(-1)=1+1=2$

0329 답·②

$x^3+px^2+qx-9=(x+3)^2Q(x)$

$=(x+3)\{(x+3)Q(x)\}$

이므로 조립제법을 이용하여 나머지가 0이 됨을 생각하자.

$$
\begin{array}{r|rrrr}
-3 & 1 & p & q & -9 \\
   &   & -3 & -3p+9 & 9p-3q-27 \\
\hline
-3 & 1 & p-3 & -3p+q+9 & 9p-3q-36=0 \\
   &   & -3 & -3p+18 & \\
\hline
   & 1 & p-6 & -6p+q+27=0 & \\
\end{array}
$$

$9p-3q-36=0$에서 $3p-q=12$ $\quad\cdots$ ㉠

$-6p+q+27=0$에서 $-6p+q=-27$ $\quad\cdots$ ㉡

㉠, ㉡을 연립하여 풀면 $p=5$, $q=3$

$\therefore |p-q|=2$

0330 답·$-5x+1$

$P(0)=0$, $P(2)=0$, $P(-3)=0$이므로

$P(x)$는 x, $x-2$, $x+3$을 인수로 갖는다.

또한 x^3의 계수가 1이므로

$P(x)=x(x-2)(x+3)=x^3+x^2-6x$

따라서 $P(x)$를 x^2-1로 나눈 나머지는 $-5x+1$이다.

$$
\begin{array}{r}
x+1 \\
x^2\quad-1\ {\overline{\smash{\big)}\,x^3+x^2-6x}} \\
\underline{x^3-x} \\
x^2-5x \\
\underline{x^2-1} \\
-5x+1
\end{array}
$$

0331 답·⑤

실전 C.O.D.I를 다시 공부하고 올 것을 권한다.

$f(x)=a(x+2)(x+1)(x-1)$이라 하면

$f(3)=80$이므로 $a\times5\times4\times2=80$에서 $a=2$

따라서 $f(x)=2(x+2)(x+1)(x-1)$이므로 상수항은

-4이다.

0332 답·④

$g(1)=0$이므로 $g(x)$는 $x-1$을 인수로 갖고,

$x^2-x-12=(x+3)(x-4)$이므로 삼차식 $g(x)$의 인수는

$x-1$, $x+3$, $x-4$이다.

따라서 $g(x)=a(x-1)(x+3)(x-4)$로 놓을 수 있고

이 식을 전개했을 때 상수항이 1이므로

$12a=1$에서 $a=\dfrac{1}{12}$

0333 답·①

나눗셈의 관계식을 세우면

$f(x)=(x+1)Q(x)+2$ ⋯ ㉠

이때 삼차식 $f(x)$를 일차식으로 나누었으므로 $Q(x)$는 이차

식이고 $f(x)$의 최고차항의 계수가 1이므로 $Q(x)$의 최고차

항의 계수도 1이 된다.

또 $f(3)=2$, $f(5)=2$이므로

㉠에 $x=3$을 대입하면

$f(3)=4Q(3)+2=2$에서 $Q(3)=0$

㉠에 $x=5$를 대입하면

$f(5)=6Q(5)+2=2$에서 $Q(5)=0$

따라서 $Q(x)=(x-3)(x-5)$이므로 $Q(2)=3$

0334 답·③

최고차항의 계수가 2이고 $f(1)=0$, $f(2)=0$이므로

$f(x)=(x-1)(x-2)(2x+k)$라 하면

$f(0)=2$이므로 $(-1)\cdot(-2)\cdot k=2$에서 $k=1$

$\therefore f(x)=(x-1)(x-2)(2x+1)$

따라서 $p=-1$, $q=-2$ 또는 $p=-2$, $q=-1$이고

$a=2$, $b=1$이므로 $pq+ab=2+2=4$

0335 답·②

최고차항의 계수가 1이고 $f(1)=f(2)=f(3)=-1$이므로

$f(x)=(x-1)(x-2)(x-3)-1$

$\therefore f(0)=(-1)\cdot(-2)\cdot(-3)-1=-7$

0336 답·18

$P(2)=P(4)=P(6)=k$ (k는 실수)라 하면

$P(x)=(x-2)(x-4)(x-6)+k$이므로

$P(3)=(3-2)\cdot(3-4)\cdot(3-6)+k=3+k$

$P(1)=(1-2)\cdot(1-4)\cdot(1-6)+k=-15+k$

$\therefore P(3)-P(1)=18$

문제 C.O.D.I ② Final

0337 답·⑤

$f(x)=x^3+(k+3)x^2+4x-4$라 하면

인수정리에 의하여 $f(-1)=0$이므로

$-1+k+3-4-4=0$에서 $k=6$

0338 답· $a=-3$, $b=4$

2	1	a	0	b
		2	$2a+4$	$4a+8$
2	1	$a+2$	$2a+4$	$4a+b+8\ =0$
		2	$2a+8$	
	1	$a+4$	$4a+12\ =0$	

두 식 $4a+b+8=0$, $4a+12=0$을 연립하여 풀면

$a=-3$, $b=4$

0339 답·③

1	1	a	b	-2	1
		1	$a+1$	$a+b+1$	$a+b-1$
1	1	$a+1$	$a+b+1$	$a+b-1$	$a+b\ =0$
		1	$a+2$	$2a+b+3$	
	1	$a+2$	$2a+b+3$	$3a+2b+2\ =0$	

$3a+2b+2=0$, $a+b=0$에서 $a=-2$, $b=2$

$\therefore a+b=0$

0340 답·②

$P(x)=x^3+x^2-9x-9$라 하면 $P(3)=0$이므로

3	1	1	-9	-9
		3	12	9
	1	4	3	0

$P(x)=(x-3)(x^2+4x+3)=(x-3)(x+1)(x+3)$

$\therefore f(x)=(x-3)+(x+1)+(x+3)=3x+1$

$Q(x)=x^4-5x+4$라 하면 $Q(1)=0$이므로

1	1	0	0	-5	4
		1	1	1	-4
	1	1	1	-4	0

$Q(x)=(x-1)(x^3+x^2+x-4)$

$\therefore g(x)=x^3+x^2+x-4$

$\therefore f(0)\times g(1)=1\times(-1)=-1$

0341 답·$(2x+1)(3x-1)(x^2+1)$

$f(x)=6x^4+x^3+5x^2+x-1$이라 하면

$f\left(-\dfrac{1}{2}\right)=0,\ f\left(\dfrac{1}{3}\right)=0$이므로

$-\dfrac{1}{2}$	6	1	5	1	-1
		-3	1	-3	1
$\dfrac{1}{3}$	6	-2	6	-2	0
		2	0	2	
	6	0	6	0	

$f(x)=\left(x+\dfrac{1}{2}\right)\left(x-\dfrac{1}{3}\right)(6x^2+6)$

$\qquad=6\left(x+\dfrac{1}{2}\right)\left(x-\dfrac{1}{3}\right)(x^2+1)$

$\qquad=2\left(x+\dfrac{1}{2}\right)\cdot 3\left(x-\dfrac{1}{3}\right)(x^2+1)$

$\qquad=(2x+1)(3x-1)(x^2+1)$

0342 답·①

㈎에서 $p(0)=p(3)=p(6)=k\ (k$는 실수$)$라 하면

$p(x)=x(x-3)(x-6)+k$

㈏에서 $q(0)=q(3)=q(6)=0$이므로

$q(x)=x(x-3)(x-6)$

㈐에서 $p(x)-q(x)=k=10$

따라서 $p(x)=x(x-3)(x-6)+10$이므로

$p(4)=4\cdot 1\cdot(-2)+10=2$

0343 답·④

$f(x)=ax^4+bx^3+cx^2+dx+e\ (a\neq 0)$라 하면

$f(x)=f(-x)$이므로

$ax^4+bx^3+cx^2+dx+e=ax^4-bx^3+cx^2-dx+e$

위 식은 항등식이므로 계수비교법에 의하여

$b=-b,\ d=-d$에서 $b=0,\ d=0$

$\therefore f(x)=ax^4+cx^2+e$

이때 $f(0)=12$이므로 $e=12$

즉, $f(x)=ax^4+cx^2+12$이고

$f(\sqrt{2})=f(-\sqrt{3})=0$이므로

$f(-\sqrt{3})=9a+3c+12=0$에서 $3a+c=-4$ $\quad\cdots\ \bigcirc$

$f(\sqrt{2})=4a+2c+12=0$에서 $2a+c=-6$ $\quad\cdots\ \bigcirc\!\!\bigcirc$

$\bigcirc,\ \bigcirc\!\!\bigcirc$을 연립하여 풀면 $a=2,\ c=-10$

따라서 $f(x)=2x^4-10x^2+12$이므로 $f(1)=4$

0344 답·①

나눗셈의 관계식을 세우면

$f(x)=(x-2)Q(x)-3$

이때 삼차식 $f(x)$를 일차식으로 나누었으므로 $Q(x)$는 이차식이고 $f(x)$의 최고차항의 계수가 1이므로 $Q(x)$의 최고차항의 계수도 1이 된다.

이차함수 $y=Q(x)$의 그래프의 꼭짓점의 좌표가 $(2,\ -4)$이므로

$Q(x)=(x-2)^2-4=x^2-4x$

$\therefore f(x)=(x-2)(x^2-4x)-3$

$\qquad=x^3-6x^2+8x-3$

이때 $f(1)=0$이므로 $f(x)$는 $x-1$을 인수로 갖는다.

$\therefore a=1$

05 복소수

중학교 Review

01	(1) ± 7	(2) 0	(3) ± 12	(4) ± 0.3

01 (5) $\pm\dfrac{4}{9}$ (6) ± 1.1

02 (1) $\sqrt{5}$ (2) $-\sqrt{5}$ (3) $\pm\sqrt{11}$ (4) $\sqrt{11}$

03 (1) 10 (2) 3 (3) -5 (4) -6

(5) 49 (6) -2

04 (1) 무 (2) 유 (3) 유 (4) 유

(5) 무 (6) 무 (7) 무 (8) 무

(9) 유

05 (1) ○ (2) ○ (3) ✕ (4) ✕

(5) ✕ (6) ✕

문제 C.O.D.I Basic

0345 탑· 실수

0346 탑· 허수

0347 탑· i, $i^2 = -1$

0348 탑· 복소수

0349 탑· 실수, 실수부분, 허수부분

0350 탑· 실수, 순허수

0351 탑· 켤레복소수

0352 탑· 실수

$\dfrac{정수}{정수}$ 꼴의 수인 $\dfrac{2}{3}$ 는 유리수이고, 유리수는 실수이다.

0353 탑· 실수

원주율 π는 순환하지 않는 무한소수, 즉 무리수이고 무리수 는 실수이다.

0354 탑· 허수

$-\sqrt{-3} = -\sqrt{3}\,i$이므로 허수이다.

0355 탑· 실수

$2-\sqrt{3}$은 무리수이고, 무리수는 실수이다.

0356 탑· 허수

x는 제곱하여 음수가 되는 수이므로 허수이다.

0357 탑· 실수

$x^2 = 9$에서 $x = \pm 3$ (실수)

0358 탑· 실수

$\dfrac{\sqrt{7}}{\sqrt{2}} = \sqrt{\dfrac{7}{2}}$ (무리수)

0359 탑· 실수

$(3i)^2 = 9i^2 = -9$ (음의 정수)

0360 탑· 허수

$\dfrac{1-i}{2} = \dfrac{1}{2} - \dfrac{1}{2}i$ (허수)

0361 탑· 실수부분: 7, 허수부분: 3

0362 탑· 실수부분: -4, 허수부분: 5

0363 탑· 실수부분: $\dfrac{3}{4}$, 허수부분: $-\dfrac{1}{2}$

$\dfrac{3-2i}{4} = \dfrac{3}{4} - \dfrac{1}{2}i$

0364 탑· 실수부분: -6, 허수부분: 0

$-6 = -6 + 0\cdot i$

0365 탑· 실수부분: 0, 허수부분: 0

$0 = 0 + 0\cdot i$

0366 탑· 실수부분: 0, 허수부분: 3

$3i = 0 + 3i$

0367 탑· 실수부분: 0, 허수부분: $-\dfrac{1}{2}$

$-\dfrac{i}{2} = 0 - \dfrac{1}{2}i$

0368 탑· 실수부분: -1, 허수부분: 0

$i^2 = -1 = -1 + 0\cdot i$

0369 탑· $x=1$, $y=4$

0370 탑· $x=\dfrac{3}{2}$, $y=-\dfrac{5}{2}$

0371 탑· $x=-1$, $y=3$

0372 탑· $x=0$, $y=-5$

0373 탑· $x=2$, $y=-2$

0374 탑· $2+i$

0375 탑· $-1-\sqrt{3}\,i$

0376 탑· 12

0377 탑· $-3i$

0378 탑· $5+6i$

0379 탑· $1-2i$

0380 탑· 4

0381 탑· $15-9i$

0382 탑· $3+2i$

0383 탑· $8+9i$

0384 탑· $11-2i$

0385 탑· (가) i (나) $2+i$ (다) -3 (라) $-\dfrac{2}{3}$ (마) $\dfrac{1}{3}$

0386 탑· (가) $1+i$ (나) $2i$ (다) 2 (라) 0 (마) 1

0387 탑· (가) $2-i$ (나) $8-9i$ (다) 5 (라) $\dfrac{8}{5}$ (마) $\dfrac{9}{5}$

0388 답· 4

$$z_1+\overline{z_1}=2-i+2+i=4$$

0389 답· 25

$$z_2\overline{z_2}=(4+3i)(4-3i)=16+9=25$$

0390 답· $6-2i$

$$\overline{z_1+z_2}=\overline{6+2i}=6-2i$$

0391 답· $6-2i$

$$\overline{z_1}+\overline{z_2}=2+i+4-3i=6-2i$$

0392 답· $\overline{z_1+z_2}=\overline{z_1}+\overline{z_2}$

0393 답· $11-2i$

$$\overline{(2-i)(4+3i)}=\overline{8+6i-4i-3i^2}=\overline{11+2i}=11-2i$$

0394 답· $11-2i$

$$\overline{z_1}\,\overline{z_2}=(2+i)(4-3i)=8-6i+4i-3i^2=11-2i$$

0395 답· $\overline{z_1 z_2}=\overline{z_1}\,\overline{z_2}$

0396 답· 해설 참조

$$\overline{\left(\frac{z_2}{z_1}\right)}=\overline{\left(\frac{4+3i}{2-i}\right)}=\overline{\left(\frac{(4+3i)(2+i)}{(2-i)(2+i)}\right)}$$
$$=\overline{\left(\frac{5+10i}{5}\right)}=\overline{1+2i}=1-2i$$

$$\frac{\overline{z_2}}{\overline{z_1}}=\frac{4-3i}{2+i}=\frac{(4-3i)(2-i)}{(2+i)(2-i)}$$
$$=\frac{5-10i}{5}=1-2i$$

$$\therefore \overline{\left(\frac{z_2}{z_1}\right)}=\frac{\overline{z_2}}{\overline{z_1}}$$

0397 답· $\sqrt{3}i$

0398 답· $2\sqrt{5}i$

0399 답· $\dfrac{4}{3}i$

$$\sqrt{-\frac{16}{9}}=\sqrt{\frac{16}{9}}\,i=\sqrt{\left(\frac{4}{3}\right)^2}\,i=\frac{4}{3}i$$

0400 답· $-\sqrt{6}i$

0401 답· $2\sqrt{3}i$

$$\sqrt{2}\sqrt{-6}=\sqrt{2}\sqrt{6}i=\sqrt{12}i=2\sqrt{3}i$$

0402 답· $\sqrt{2}i$

$$\frac{\sqrt{-6}}{\sqrt{3}}=\frac{\sqrt{6}i}{\sqrt{3}}=\sqrt{\frac{6}{3}}i=\sqrt{2}i$$

0403 답· 1

$$i^{48}=(i^4)^{12}=1$$

0404 답· -1

$$i^{102}=i^{100}\cdot i^2=(i^4)^{25}\cdot i^2=-1$$

0405 답· i

$$i^{2021}=i^{2020}\cdot i=(i^4)^{505}\cdot i=i$$

0406 답· ④

① 1은 실수이고 실수는 복소수에 포함된다. (거짓)

② $(\sqrt{2}i)^2=2i^2=-2$ (거짓)

③ 허수부분은 2이다. (거짓)

④ 순허수는 실수부분이 0, 허수부분이 0이 아닌 수를 말한다. (참)

⑤ $1+i$는 허수이다. (거짓)

0407 답· ②

실수가 되려면 허수부분이 0이어야 하므로 $b=0$

0408 답· ①

순허수의 조건

(i) 실수부분은 0이다: $a=1$

(ii) 허수부분은 0이 아니다: $b\neq -4$

0409 답· ④

$$(x^2-1)+(x^2+2x-3)i$$
$$=(x-1)(x+1)+(x-1)(x+3)i$$

에서 실수부분이 0이 되는 x의 값은 -1, 1이다.

이때 $x=1$이면 허수부분도 0이 되므로 $x=-1$

$$\therefore a=-1$$

이 값을 식에 대입하면 $-4i$이므로 $b=-4$

$$\therefore ab=4$$

0410 답· ①

$$4+i+(-2-3i)=(4-2)+(1-3)i=2-2i$$

0411 답· ②

0412 답· 10

$$z_1+z_2=5-i+5+i=10$$

0413 답· (1) $1+i$ (2) $8-17i$

(1) $z_1+z_2=2-3i-1+4i=1+i$

(2) $3z_1-2z_2=3(2-3i)-2(-1+4i)$
$$=6-9i+2-8i=8-17i$$

0414 답· ①

$$(2+i)(1+i)=2+2i+i+i^2=1+3i$$

0415 답· 53

$$(7+2i)(7-2i)=7^2-2^2i^2=49+4=53$$

0416 답· ①

$$(1+2i)^2=1+4i+4i^2=-3+4i$$

따라서 구하는 실수부분과 허수부분의 합은 $-3+4=1$

0417 답· ⑤

$$i(4-i)+(1+2i)(2+i)=4i-i^2+2+i+4i+2i^2$$
$$=1+9i$$

이므로 $a=1$, $b=9$

$\therefore a+b=10$

0418 답· ③

$$\frac{i}{1+2i}=\frac{i(1-2i)}{(1+2i)(1-2i)}=\frac{2+i}{5}=\frac{2}{5}+\frac{1}{5}i$$

이므로 $a=\dfrac{2}{5}$, $b=\dfrac{1}{5}$

$\therefore 5(a+b)=3$

0419 답· ①

$$\frac{3-i}{3+i}=\frac{(3-i)^2}{(3+i)(3-i)}=\frac{9-6i+i^2}{10}$$

$$=\frac{8-6i}{10}=\frac{4-3i}{5}$$

이므로 $a=4$, $b=-3$

$\therefore a+b=1$

0420 답· $\dfrac{4}{13}-\dfrac{7}{13}i$

$$\frac{2-i}{3+2i}=\frac{(2-i)(3-2i)}{(3+2i)(3-2i)}=\frac{4}{13}-\frac{7}{13}i$$

0421 답· ⑤

$$(1-i)^2+\frac{2}{1+i}=1-2i+i^2+\frac{2(1-i)}{(1+i)(1-i)}$$

$$=-2i+1-i=1-3i$$

0422 답· 0

$$\frac{1-i}{1+i}+\frac{1+i}{1-i}=\frac{(1-i)^2}{(1+i)(1-i)}+\frac{(1+i)^2}{(1-i)(1+i)}$$

$$=\frac{-2i}{2}+\frac{2i}{2}=0$$

0423 답· $-\dfrac{18}{5}+\dfrac{1}{5}i$

$$\frac{1+3i}{-4+2i}\div\frac{i}{5-i}=\frac{1+3i}{-4+2i}\times\frac{5-i}{i}$$

$$=\frac{(1+3i)(5-i)}{(-4+2i)i}$$

$$=\frac{5-i+15i-3i^2}{-4i+2i^2}$$

$$=\frac{8+14i}{-2-4i}=\frac{4+7i}{-1-2i}$$

$$=\frac{(4+7i)(-1+2i)}{(-1-2i)(-1+2i)}$$

$$=\frac{-4+8i-7i+14i^2}{5}$$

$$=-\frac{18}{5}+\frac{1}{5}i$$

0424 답· ⑤

$\dfrac{1}{i}=\dfrac{i}{i^2}=-i$이므로

$$(1+i)\left(1-\frac{1}{i}\right)=(1+i)\{1-(-i)\}=(1+i)^2=2i$$

0425 답· ①

$z=0$(실수)이면 $z^2=0$이고,

$z\neq0$인 실수이면 $z^2>0$ (양의 실수)이므로

z는 0이 아닌 실수이어야 한다.

따라서 $z=a+bi$에서 $a\neq0$, $b=0$이어야 한다.

0426 답· ⑤

z가 순허수일 때 z^2이 음의 실수가 된다.

즉, $z=bi$일 때 $z^2=b^2i^2=-b^2<0$

따라서 구하는 조건은 $a=0$, $b\neq0$

0427 답· ②

$z^2<0$이면 z는 순허수이므로 $x=-3$

0428 답· ③

z를 정리하여 실수부분과 허수부분으로 나누자.

$$z=(1+i)x^2-(3+5i)x+(2+6i)$$

$$=x^2+x^2i-3x-5xi+2+6i$$

$$=(x^2-3x+2)+(x^2-5x+6)i$$

$$=(x-1)(x-2)+(x-2)(x-3)i$$

이고, z^2이 양의 실수가 되려면 z는 0이 아닌 실수이어야 하므로 $x=3$

0429 답· (가) $2x-1$ (나) -1 (다) 0

$x=\dfrac{1+i}{2}$에서 $2x=1+i$이므로

$\boxed{\text{(가) } 2x-1}=i$

양변을 제곱하면 $4x^2-4x+1=i^2=\boxed{\text{(나) } -1}$

우변의 -1을 이항하면 $4x^2-4x+2=\boxed{\text{(다) } 0}$

0430 답· ①

$x=\dfrac{-1+\sqrt{3}i}{2}$에서 $2x+1=\sqrt{3}i$

양변을 제곱하면 $4x^2+4x+1=3i^2$

$4x^2+4x+4=0$, $x^2+x+1=0$, $x^2+x=-1$

$\therefore x^2+x-1=-1-1=-2$

0431 답· ②

$x=1+i$에서 $x-1=i$

양변을 제곱하면 $x^2-2x+1=i^2$

이때 $x^2-2x+2=0$이므로

$x^3-x^2+3=(x^2-2x+2)(x+1)+1$

$$=0\times(x+1)+1=1$$

$$\begin{array}{r}
x+1 \\
x^2-2x+2\overline{\smash{)}\,x^3-x^2+3} \\
\underline{x^3-2x^2+2x} \\
x^2-2x+3 \\
\underline{x^2-2x+2} \\
1
\end{array}$$

0432 답 · ①

$(2+i)x+(1-i)y=2x+xi+y-yi$

$\qquad\qquad\qquad\quad =(2x+y)+(x-y)i$

$\qquad\qquad\qquad\quad =-6-6i$

에서 $2x+y=-6$, $x-y=-6$

위의 두 식을 연립하여 풀면 $x=-4$, $y=2$

$\therefore x+y=-2$

0433 답 · ③

$\dfrac{x}{1-i}+\dfrac{y}{1+i}=\dfrac{x(1+i)+y(1-i)}{(1-i)(1+i)}$

$\qquad\qquad\qquad =\dfrac{(x+y)+(x-y)i}{2}$

$\qquad\qquad\qquad =4+5i$

에서 $x+y=8$, $x-y=10$

위의 두 식을 연립하여 풀면 $x=9$, $y=-1$

$\therefore x^2-y^2=80$

0434 답 · ⑤

$(3+2i)x^2-5(2y+i)x=3x^2+2x^2i-10xy-5xi$

$\qquad\qquad\qquad\qquad\quad =(3x^2-10xy)+(2x^2-5x)i$

$\qquad\qquad\qquad\qquad\quad =8+12i$

(i) $2x^2-5x=12$에서 $(x-4)(2x+3)=0$

$\quad \therefore x=4$ 또는 $x=-\dfrac{3}{2}$

이때 x, y는 정수이므로 $x=4$

(ii) $3x^2-10xy=8$에 $x=4$를 대입하면

$48-40y=8$ $\quad \therefore y=1$

$\therefore x+y=5$

0435 답 · ①

$(1+2i)\overline{z}=(1+2i)(2+3i)=2+3i+4i+6i^2=-4+7i$

0436 답 · $6-3i$

$\dfrac{z_1}{z_2}=\dfrac{1}{6+3i}$에서 $\dfrac{z_2}{z_1}=6+3i$이므로 $\overline{\left(\dfrac{z_2}{z_1}\right)}=\dfrac{\overline{z_2}}{\overline{z_1}}=6-3i$

0437 답 · ④

$\overline{z_1+z_2}=2-7i$에서 $z_1+z_2=2+7i$

$\overline{z_1z_2}=-11-7i$에서 $z_1z_2=-11+7i$

$\therefore (z_1-1)(z_2-1)=z_1z_2-(z_1+z_2)+1$

$\qquad\qquad\qquad\qquad =-11+7i-2-7i+1$

$\qquad\qquad\qquad\qquad =-12$

0438 답 · (가) $\dfrac{10}{\alpha}$ (나) $\dfrac{10}{\beta}$ (다) $\overline{\alpha}+\overline{\beta}$

$\alpha\overline{\alpha}=10 \xrightarrow{\text{양변}\div\alpha} \overline{\alpha}=$ (가) $\dfrac{10}{\alpha}$

$\beta\overline{\beta}=10 \xrightarrow{\text{양변}\div\beta} \overline{\beta}=$ (나) $\dfrac{10}{\beta}$

$10\left(\dfrac{1}{\alpha}+\dfrac{1}{\beta}\right)=\dfrac{10}{\alpha}+\dfrac{10}{\beta}=$ (다) $\overline{\alpha}+\overline{\beta}$

$\qquad\qquad\qquad\quad =\overline{\alpha+\beta}=\overline{4-2i}=4+2i$

0439 답 · ③

$z=a+bi$ (a, b는 실수)라 하면

$2z+\overline{z}=2(a+bi)+a-bi$

$\qquad\quad =3a+bi$

$\qquad\quad =6+i$

이므로 $a=2$, $b=1$

$\therefore z=2+i$

0440 답 · ④

$z=a+bi$ (a, b는 실수)라 하면

$iz+2\overline{z}=i(a+bi)+2(a-bi)$

$\qquad\quad =ai-b+2a-2bi$

$\qquad\quad =(2a-b)+(a-2b)i$

$\qquad\quad =-1-5i$

이므로 $2a-b=-1$, $a-2b=-5$에서 $a=1$, $b=3$

$\therefore z\overline{z}=a^2+b^2=1+9=10$

0441 답 · ②

$z=a+bi$ (a, b는 실수)라 하면

$(2+i)z+3i\overline{z}=(2+i)(a+bi)+3i(a-bi)$

$\qquad\qquad\qquad =2a-b+(a+2b)i+3ai+3b$

$\qquad\qquad\qquad =(2a+2b)+(4a+2b)i$

$\qquad\qquad\qquad =2+6i$

이므로 $a+b=1$, $2a+b=3$에서 $a=2$, $b=-1$

$\therefore z\overline{z}=a^2+b^2=4+1=5$

0442 답 · -12

$z=a+bi$ (a, b는 실수)라 하면

$z+\overline{z}=2a=4$에서 $a=2$

$z\overline{z}=a^2+b^2=7$에서 $b^2=3$이므로 $b=\pm\sqrt{3}$

$z=2+\sqrt{3}i$, $\overline{z}=2-\sqrt{3}i$이면 $(z-\overline{z})^2=(2\sqrt{3}i)^2=-12$

$z=2-\sqrt{3}i$, $\overline{z}=2+\sqrt{3}i$이면 $(z-\overline{z})^2=(-2\sqrt{3}i)^2=-12$

$\therefore (z-\overline{z})^2=-12$

0443 답·⑤

$$\sqrt{-2}\sqrt{-18}+\frac{\sqrt{12}}{\sqrt{-3}}=-\sqrt{(-2)\cdot(-18)}-\sqrt{-\frac{12}{3}}$$
$$=-\sqrt{36}-\sqrt{-4}=-6-\sqrt{4}i$$
$$=-6-2i$$

0444 답·④

$$\sqrt{2}\sqrt{-2}+\frac{\sqrt{2}}{\sqrt{-2}}=\sqrt{2\cdot(-2)}-\sqrt{\frac{2}{-2}}$$
$$=\sqrt{-4}-\sqrt{-1}=\sqrt{4}i-i$$
$$=2i-i=i$$

0445 답·②

$$i^{1003}+i^{1005}=i^{1000}\cdot i^3+i^{1004}\cdot i$$
$$=(i^4)^{250}\cdot(-i)+(i^4)^{251}\cdot i$$
$$=-i+i=0$$

> **다른풀이**
> $$i^{1003}+i^{1005}=i^{1003}+i^{1003}\cdot i^2=i^{1003}-i^{1003}=0$$

0446 답·16

$$(1+i)^8=\{(1+i)^2\}^4=(2i)^4=16i^4=16$$

0447 답·①

$i+i^2+i^3+i^4=0$ 이고 $i^4=1$

즉, i의 거듭제곱 4개, 1주기의 합이 0이므로

$$i+i^2+i^3+i^4+i^5+\cdots+i^{49}$$
$$=(i+i^2+i^3+i^4)+(i^5+i^6+i^7+i^8)+\cdots$$
$$+(i^{45}+i^{46}+i^{47}+i^{48})+i^{49}$$
$$=i^{49}=i^{48}\cdot i=i$$

0448 답·⑤

$$\frac{1}{i}+\frac{1}{i^2}+\frac{1}{i^3}+\frac{1}{i^4}=\frac{1}{i}-1-\frac{1}{i}+1=0$$

이므로

$$\frac{1}{i}+\frac{1}{i^2}+\frac{1}{i^3}+\frac{1}{i^4}+\cdots+\frac{1}{i^{2010}}$$
$$=\left(\frac{1}{i}+\cdots+\frac{1}{i^4}\right)+\left(\frac{1}{i^5}+\cdots+\frac{1}{i^8}\right)+\cdots$$
$$+\left(\frac{1}{i^{2005}}+\frac{1}{i^{2006}}+\frac{1}{i^{2007}}+\frac{1}{i^{2008}}\right)+\frac{1}{i^{2009}}+\frac{1}{i^{2010}}$$
$$=\frac{1}{i^{2009}}+\frac{1}{i^{2010}}=\frac{1}{i}+\frac{1}{i^2}$$
$$=\frac{i}{i^2}-1=-1-i$$

0449 답·④

$$(1+i)^{16}=\{(1+i)^2\}^8=(2i)^8=2^8i^8=2^8$$
$$\therefore m=8$$

0450 답·−1

$$\left(\frac{1+i}{\sqrt{2}}\right)^{100}=\left\{\left(\frac{1+i}{\sqrt{2}}\right)^2\right\}^{50}=\left(\frac{2i}{2}\right)^{50}=i^{50}=i^2=-1$$

0451 답·193

$$z=(x^2-2x-3)+(x^2-x-2)i$$
$$=(x-3)(x+1)+(x-2)(x+1)i$$

(i) $z^2>0$일 때,

z는 0이 아닌 실수이므로 $x=2$ $\quad\therefore a=2$

(ii) $z^2=0$일 때,

$z=0$이므로 $x=-1$ $\quad\therefore b=-1$

(iii) $z^2<0$일 때,

z는 순허수이므로 $x=3$ $\quad\therefore c=3$

$$\therefore 100a+10b+c=200-10+3=193$$

0452 답·③

$$-i(1-2i)+\frac{1+i}{1-i}=-i-2+\frac{(1+i)^2}{(1-i)(1+i)}$$
$$=-i-2+\frac{2i}{2}$$
$$=-i-2+i=-2$$

이므로 $a=-2$, $b=0$

$$\therefore ab=0$$

0453 답·①

i를 문자처럼 전개한다.

$$(i+2)^3=i^3+6i^2+12i+8$$
$$=-i-6+12i+8$$
$$=2+11i$$

0454 답·④

$z=a+bi$ (단, a, b는 실수)라 하면 $\overline{z}=a-bi$

ㄱ. $a+bi=a-bi$이므로 $a=a$, $b=-b$에서 $b=0$

즉, 켤레복소수가 같으면 z는 실수이다. (거짓)

ㄴ. $z\overline{z}=(a+bi)(a-bi)=a^2+b^2$는 실수이므로 모든 복
소수에 대해 성립한다. (참)

ㄷ. $z^2<0$이면 z는 순허수 $z=bi$ ($b\neq0$인 실수)

$\overline{z}=-bi$이므로 $(\overline{z})^2=(-bi)^2=-b^2<0$ (참)

따라서 옳은 것은 ㄴ, ㄷ이다.

0455 답·④

$x=-1+2i$에서 $x+1=2i$

양변을 제곱하면 $x^2+2x+1=-4$

즉, $x^2+2x+5=0$

$$\require{enclose}
\begin{array}{r}
x+1 \\
x^2+2x+5 \enclose{longdiv}{x^3+3x^2+4x+2} \\
\underline{x^3+2x^2+5x} \\
x^2-x+2 \\
\underline{x^2+2x+5} \\
-3x-3
\end{array}$$

$$x^3+3x^2+4x+2=(x^2+2x+5)(x+1)-3x-3$$
$$=-3x-3$$
$$=-3(-1+2i)-3$$
$$=3-6i-3=-6i$$

이므로 $a=0$, $b=-6$

$\therefore |a+b|=6$

0456 답 · ②

$z=4+3i$이면 $\overline{z}=4-3i$이므로

$z+\overline{z}=8$, $z\overline{z}=25$

$$\frac{z}{z+1}+\frac{\overline{z}}{\overline{z}+1}=\frac{z(\overline{z}+1)+\overline{z}(z+1)}{(z+1)(\overline{z}+1)}$$
$$=\frac{2z\overline{z}+(z+\overline{z})}{z\overline{z}+(z+\overline{z})+1}$$
$$=\frac{50+8}{25+8+1}=\frac{58}{34}=\frac{29}{17}$$

따라서 $p=29$, $q=17$이므로 $|p-q|=12$

0457 답 · ④

허수부분을 비교하면 $x-1=-2$에서 $x=-1$

이것을 실수부분에 대입하면 $|-1-y|=3$

$|y+1|=3$에서 $y+1=\pm3$

$\therefore y=2$ 또는 $y=-4$

이때 $xy<0$이므로 x, y의 부호가 다르다.

따라서 $x=-1$, $y=2$이므로 $x+y=1$

0458 답 · ④

$i^{200}+i^{202}+i^{204}+\cdots+i^{222}$
$=(i^{200}+i^{202})+(i^{204}+i^{206})+\cdots+(i^{220}+i^{222})$
$=(i^{200}+i^{200}\cdot i^2)+(i^{204}+i^{204}\cdot i^2)+\cdots+(i^{220}+i^{220}\cdot i^2)$
$=(i^{200}-i^{200})+(i^{204}-i^{204})+\cdots+(i^{220}-i^{220})$
$=0$

0459 답 · ⑤

$\alpha\overline{\beta}=1$에서 $\alpha=\dfrac{1}{\overline{\beta}}$

$\overline{(\alpha\overline{\beta})}=\overline{1}$이므로 $\overline{\alpha}\beta=1$에서 $\beta=\dfrac{1}{\overline{\alpha}}$

$\therefore \beta+\dfrac{1}{\overline{\beta}}=\dfrac{1}{\overline{\alpha}}+\alpha=2i$

0460 답 · ③

$z=a+bi$ (a, b는 실수)라 하면

$z+(1-2i)=a+bi+1-2i=(a+1)+(b-2)i$가

양의 실수이므로 $b=2$, $a>-1$

$z\overline{z}=a^2+b^2=a^2+4=7$에서 $a^2=3$

이때 $a>-1$이므로 $a=\sqrt{3}$

따라서 $z=\sqrt{3}+2i$, $\overline{z}=\sqrt{3}-2i$이므로

$\dfrac{1}{2}(z+\overline{z})=\dfrac{1}{2}\times 2\sqrt{3}=\sqrt{3}$

0461 답 · ①

$\alpha=3-7i$, $\beta=-4+5i$이므로

$\alpha+\beta=-1-2i$, $\overline{\alpha}+\overline{\beta}=-1+2i$

$\therefore \alpha\overline{\alpha}+\overline{\alpha}\beta+\alpha\overline{\beta}+\beta\overline{\beta}=\overline{\alpha}(\alpha+\beta)+\overline{\beta}(\alpha+\beta)$
$$=(\alpha+\beta)(\overline{\alpha}+\overline{\beta})$$
$$=(-1-2i)(-1+2i)$$
$$=5$$

0462 답 · 3

주어진 등식이 성립하려면

$x+2\geq 0$, $x-1<0$이어야 하므로 $-2\leq x<1$
　(분자)　　(분모)

따라서 구하는 정수는 -2, -1, 0으로 3개이다.

> **주의**
>
> $\dfrac{\sqrt{a}}{\sqrt{b}}=-\sqrt{\dfrac{a}{b}}$이면 $a>0$, $b<0$이라고 배웠는데 이 문제에서는 (분자)$=0$인 경우도 생각해야 한다.
>
> $a=0$이면 $\dfrac{\sqrt{0}}{\sqrt{b}}=0$, $-\sqrt{\dfrac{0}{b}}=0$이므로 제곱근의 의미가 없어지기 때문에 개념에서는 다루지 않았다.
>
> 하지만 '등식이 성립'하는 것에만 초점을 맞추면 「양변이 0이 되는 경우」도 생각해야 한다.

0463 답 · $-2a$

$\sqrt{a}\sqrt{b}=-\sqrt{ab}$이면 $a<0$, $b<0$이므로

$\sqrt{a^2}-\sqrt{b^2}+\sqrt{(a+b)^2}=|a|-|b|+|a+b|$
$$=-a-(-b)-(a+b)$$
$$=-a+b-a-b$$
$$=-2a$$

0464 답 · ①

$i^3+i^6+i^9+i^{12}=-i-1+i+1=0$

$i^{15}+i^{18}+i^{21}+i^{24}=-i-1+i+1=0$

$i^{27}+i^{30}+i^{33}+i^{36}=-i-1+i+1=0$

$i^{39}+i^{42}+i^{45}+i^{48}=-i-1+i+1=0$

이므로

$i^3+i^6+i^9+\cdots+i^{51}=i^{51}=i^{48}\cdot i^3=-i$

0465 답 · ⑤

$z^2=\left(\dfrac{\sqrt{2}}{1+i}\right)^2=\dfrac{2}{2i}=\dfrac{1}{i}=-i$이므로

$z^{2010}=(z^2)^{1005}=(-i)^{1005}$
$$=-i^{1005}=-i^{1004}\cdot i=-i$$

■ 중학교 **Review**

01 (1) $x=-4$ (2) $x=-9$ (3) $x=0$ (4) $x=1$

    (5) $x=-\dfrac{5}{3}$ (6) 해가 없다. (7) $x=-\dfrac{1}{3}$ (8) $x=1$

02 해설 참조

03 (1) 7 (2) $\dfrac{4}{3}$ (3) 0.5 (4) $\dfrac{2}{9}$

    (5) 1.3 (6) 0

04 (1) 2, -2 (2) 8, -8 (3) $-\dfrac{1}{3}$ (4) 0

    (5) $-\dfrac{11}{5}$ (6) 1.7

05 (1) 5 또는 -5 (2) $\dfrac{1}{2}$ 또는 $-\dfrac{1}{2}$

    (3) 0.4 또는 -0.4 (4) 0

02 $a(x-1)=2x+3$에서 $ax-a=2x+3$

    $\therefore (a-2)x=a+3$

    (i) $a\neq2$일 때, $x=\dfrac{a+3}{a-2}$

    (ii) $a=0$일 때, $0\cdot x=3$이므로 해는 없다.

■ 문제 C.O.D.I **Basic**

0466 답· $x=-\dfrac{b}{a}$

    $ax+b=0$에서 $ax=-b$ $\therefore x=-\dfrac{b}{a}$

0467 답· 해가 무수히 많다.

    $0\cdot x=0$이므로 해가 무수히 많다.

0468 답· 해가 없다.

    $0\cdot x=b(b\neq0)$이므로 해가 없다.

0469 답· 0

    $\left[\dfrac{1}{2}\right]=0$

0470 답· 0

    $\left[\dfrac{3}{4}\right]=0$

0471 답· 0

    $\left[\dfrac{1}{2}\right]+\left[\dfrac{3}{4}\right]=0+0=0$

0472 답· 1

    $\left[\dfrac{1}{2}+\dfrac{3}{4}\right]=\left[\dfrac{5}{4}\right]=1$

0473 답· -1

    $\left[\dfrac{1}{2}-\dfrac{3}{4}\right]=\left[-\dfrac{1}{4}\right]=-1$

0474 답· 5

    $\left[\dfrac{1}{2}+5\right]=\left[\dfrac{11}{2}\right]=5$

0475 답· 5

    $\left[\dfrac{1}{2}\right]+5=0+5=5$

0476 답· 3

    $3\leq x<4$일 때 $[x]=3$

0477 답· 해설 참조

    $1\leq x<2$일 때 $[x]=1$

    $2\leq x<3$일 때 $[x]=2$

    $x=3$일 때 $[x]=3$

0478 답· $0\leq x<1$

0479 답· $-2\leq x<-1$

0480 답· $x=2$ 또는 $x=-2$

0481 답· $x=0$

0482 답· 해가 없다.

    절댓값의 결과는 0 이상의 실수이므로 식을 만족시키는 해는 없다.

0483 답· $x=-4$ 또는 $x=2$

    (i) $x<-1$일 때, $-x-1=3$ $\therefore x=-4$

    (ii) $x\geq-1$일 때, $x+1=3$ $\therefore x=2$

0484 답· $x=-2$ 또는 $x=3$

    (i) $2x-1=5$일 때, $x=3$

    (ii) $2x-1=-5$일 때, $x=-2$

0485 답· $x=-\dfrac{4}{3}$ 또는 $x=0$

    (i) $x<-1$일 때,

        $-2x-2=x+2$, $-3x=4$

        $\therefore x=-\dfrac{4}{3}$

    (ii) $x\geq-1$일 때,

        $2x+2=x+2$ $\therefore x=0$

    (i), (ii) 모두 근이 범위에서 벗어나지 않으므로 적절하다.

0486 답· $x=-\dfrac{1}{2}$

    (i) $x<0$일 때, $-x=3x+2$ $\therefore x=-\dfrac{1}{2}$ (적합)

    (ii) $x\geq0$일 때, $x=3x+2$ $\therefore x=-1$ (부적합)

0487 답·$-2 \le x \le 2$

(i) $x < -2$일 때,
$-x-2-x+2=4$, $-2x=4$ $\therefore x=-2$ (부적합)

(ii) $-2 \le x < 2$일 때,
$x+2-x+2=4$, $0 \cdot x=0$ (범위 안에서 항상 성립)
$\therefore -2 \le x < 2$

(iii) $x \ge 2$일 때,
$x+2+x-2=4$ $\therefore x=2$ (적합)

(i), (ii), (iii)에서 $-2 \le x \le 2$

문제 C.O.D.I Trendy

0488 답·(1) $a \ne 1$, $x=\dfrac{a}{a-1}$ (2) 1

(1) x의 계수가 0이 아닐 때 해가 오직 하나이므로
$a \ne 1$이고 $x=\dfrac{a}{a-1}$이다.

(2) $a=1$이면 $0 \cdot x=1$이므로 방정식의 해가 없다.

0489 답·③

$(a^2-4)x-a^2-a+2=0$에서
$(a-2)(a+2)x=(a-1)(a+2)$이므로
$a=-2$이면 $0 \cdot x=0$이 되어 해가 무수히 많다. $\therefore p=-2$
$a=2$이면 $0 \cdot x=4$이므로 해가 없다. $\therefore q=2$
$\therefore p+q=0$

0490 답· 해설 참조

$(x-1)a^2-(2x-4)a-3x-3=0$의 좌변을 x에 대하여
내림차순으로 정리하면
$a^2 x-a^2-2ax+4a-3x-3=0$
$(a^2-2a-3)x-a^2+4a-3=0$
$(a^2-2a-3)x=a^2-4a+3$
$(a-3)(a+1)x=(a-3)(a-1)$

(i) $a \ne 3$, $a \ne -1$일 때, $x=\dfrac{a-1}{a+1}$

(ii) $a=3$일 때, $0 \cdot x=0$이므로 해가 무수히 많다.

(iii) $a=-1$일 때, $0 \cdot x=8$이므로 해가 없다.

0491 답·①

$5x \ge 2(x-3)$에서 $5x \ge 2x-6$ $\therefore x \ge -2$

$\dfrac{2}{3}x-1 > \dfrac{1}{2}(2x-1)$에서 $4x-6 > 6x-3$

$-2x > 3$ $\therefore x < -\dfrac{3}{2}$

따라서 연립부등식의 해는 $-2 \le x < -\dfrac{3}{2}$이므로

$[x]=-2$

0492 답·19

(i) $1 \le \sqrt{1}$, $\sqrt{2}$, $\sqrt{3} < 2$이므로
$[\sqrt{1}]+[\sqrt{2}]+[\sqrt{3}]=1+1+1=3$

(ii) $2 \le \sqrt{4}$, $\sqrt{5}$, $\sqrt{6}$, $\sqrt{7}$, $\sqrt{8} < 3$이므로
$[\sqrt{4}]+[\sqrt{5}]+[\sqrt{6}]+[\sqrt{7}]+[\sqrt{8}]$
$=2+2+2+2+2=10$

(iii) $3 \le \sqrt{9}$, $\sqrt{10} < 4$이므로
$[\sqrt{9}]+[\sqrt{10}]=3+3=6$

$\therefore$ (주어진 식)$=3+10+6=19$

0493 답·④

ㄱ. $\sqrt{5}$의 정수부분은 2이고 이는 $[\sqrt{5}]$로 나타낼 수 있으므
로 $\sqrt{5}-[\sqrt{5}]$는 $\sqrt{5}$의 소수부분이다. (거짓)

ㄴ. n이 정수일 때 $[x+n]=[x]+n$이 성립한다. (참)

ㄷ. $2 \le x < 4$이면 $1 \le \dfrac{1}{2}x < 2$이므로 $\left[\dfrac{1}{2}x\right]=1$ (참)

따라서 옳은 것은 ㄴ, ㄷ이다.

0494 답·④

$2[x-3]=[x-2]$에서
$2([x]-3)=[x]-2$
$2[x]-6=[x]-2$
$[x]=4$ $\therefore 4 \le x < 5$
따라서 $\alpha=4$, $\beta=5$이므로 $\alpha\beta=20$

0495 답· $x=1$

가우스 기호는 범위를 1씩 끊어서 생각한다.

(i) $1 \le x < 2$일 때, $[x]=1$이므로
$2x-[x]=1$에서 $2x-1=1$ $\therefore x=1$ (적합)

(ii) $2 \le x < 3$일 때, $[x]=2$이므로
$2x-[x]=1$에서 $2x-2=1$ $\therefore x=\dfrac{3}{2}$ (부적합)

(i), (ii)에서 $x=1$

0496 답·②

$[x]=4$를 만족시키려면 x의 값의 범위는 $4 \le x < 5$이어야
하고 문제에서 주어진 x의 값의 범위가 $4 \le x < 5$의 범위 내
에 존재해야 한다.

이를 수직선으로 나타내면 다음과 같다.

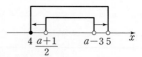

위의 그림과 같은 범위 내에 존재하기 위해서는

$4 \le \dfrac{a+1}{2}$에서 $a \ge 7$, $a-3 \le 5$에서 $a \le 8$

$\therefore 7 \le a \le 8$

따라서 a의 최댓값은 8, 최솟값은 7이므로 차는 1이다.

0497 답 · (가) $x+2$ (나) 2 (다) $-x-2$ (라) -6

(i) $x \geq -2$일 때, 　(가) $x+2$　$=4$, $x=$ 　(나) 2

(ii) $x < -2$일 때, 　(다) $-x-2$　$=4$

　　$-x=6$, $x=$ 　(라) -6

$\therefore x=$ (나) 2 　또는 $x=$ (라) -6

0498 답 · ②

$|3x-3|=6$에서 $3|x-1|=6$

$|x-1|=2$

(i) $x-1=2$에서 $x=3$

　　$\therefore a=2$, $b=3$

(ii) $x-1=-2$에서 $x=-1$

　　$\therefore c=-2$, $d=-1$

$\therefore b+d=2$

0499 답 · $x=-3$ 또는 $x=7$

$\left|\dfrac{1}{2}x-1\right|-1=\dfrac{3}{2}$에서 $\left|\dfrac{1}{2}x-1\right|=\dfrac{5}{2}$

(i) $\dfrac{1}{2}x-1=\dfrac{5}{2}$일 때, $\dfrac{1}{2}x=\dfrac{7}{2}$

　　$\therefore x=7$

(ii) $\dfrac{1}{2}x-1=-\dfrac{5}{2}$일 때, $\dfrac{1}{2}x=-\dfrac{3}{2}$

　　$\therefore x=-3$

0500 답 · ④

$|x-2|=\dfrac{1}{2}x+1$에서

(i) $x \geq 2$일 때, $x-2=\dfrac{1}{2}x+1$에서

　　　(가) $2x-4$　$=x+2$ 　$\therefore x=$ 　(나) 6

(ii) $x < 2$일 때, $-x+2=\dfrac{1}{2}x+1$에서

　　$2x-4=$ 　(다) $-x-2$ 　$\therefore x=$ 　(라) $\dfrac{2}{3}$

$\therefore x=6$ 또는 $x=\dfrac{2}{3}$

따라서 $f(x)=2x-4$, $g(x)=-x-2$, $p=6$, $q=\dfrac{2}{3}$이므로

$f(p)+g(3q)=8-4=4$

0501 답 · ⑤

$2|x-1|=x+1$에서

(i) $x \geq 1$일 때,

　　$2x-2=x+1$ 　$\therefore x=3$ (적합)

(ii) $x < 1$일 때,

　　$-2x+2=x+1$ 　$\therefore x=\dfrac{1}{3}$ (적합)

따라서 모든 근의 합은 $3+\dfrac{1}{3}=\dfrac{10}{3}$이므로 $p=3$, $q=10$

$\therefore pq=30$

0502 답 · $x=0$

$|x-2|=3x+2$에서

(i) $x \geq 2$일 때,

　　$x-2=3x+2$ 　$\therefore x=-2$ (부적합)

(ii) $x < 2$일 때,

　　$-x+2=3x+2$ 　$\therefore x=0$ (적합)

(i), (ii)에서 $x=0$

0503 답 · ③

$|x+1|+|x-1|=4$에서

(i) $x < -1$일 때,

　　$-x-1-x+1=4$, $-2x=4$

　　$\therefore x=-2$ (적합)

(ii) $-1 \leq x < 1$일 때,

　　$x+1-x+1=4$, $0 \cdot x=2$

　　$\therefore$ 해가 없다.

(iii) $x \geq 1$일 때,

　　$x+1+x-1=4$, $2x=4$

　　$\therefore x=2$ (적합)

(i), (ii), (iii)에서 $x=-2$ 또는 $x=2$

따라서 모든 근의 합은 $-2+2=0$

0504 답 · $-3 \leq x \leq 2$

$|x+3|+|x-2|=5$에서

(i) $x < -3$일 때,

　　$-x-3-x+2=5$, $-2x=6$

　　$\therefore x=-3$ (부적합)

(ii) $-3 \leq x < 2$일 때,

　　$x+3-x+2=5$, $0 \cdot x=0$ (항상 성립)

　　$\therefore -3 \leq x < 2$

(iii) $x \geq 2$일 때,

　　$x+3+x-2=5$, $2x=4$

　　$\therefore x=2$ (적합)

(i), (ii), (iii)에서 $-3 \leq x \leq 2$

0505 답 · ④

$|x-1|=|3-x|$에서 1과 3을 기준으로 범위를 설정한다.

(i) $x < 1$일 때, $x-1<0$, $3-x>0$이므로

　　$-x+1=3-x$, $0 \cdot x=2$ 　$\therefore$ 해가 없다.

(ii) $1 \leq x < 3$일 때, $x-1 \geq 0$, $3-x>0$이므로

　　$x-1=3-x$, $2x=4$ 　$\therefore x=2$ (적합)

(iii) $x \geq 3$일 때, $x-1>0$, $3-x \leq 0$이므로

　　$x-1=-3+x$, $0 \cdot x=-2$ 　$\therefore$ 해가 없다.

(ⅰ), (ⅱ), (ⅲ)에서 $x=2$

따라서 $a=1$, $b=2$이므로 $ab=2$

0506 답·④

$|x|+|x-2|=a$에서

(ⅰ) $x<0$일 때,

$\qquad -x-x+2=a$에서 $x=\dfrac{2-a}{2}$

(ⅱ) $0\leq x<2$일 때,

$\qquad x-x+2=a$에서 $0\cdot x=a-2$

(ⅲ) $x\geq 2$일 때,

$\qquad x+x-2=a$에서 $x=\dfrac{a+2}{2}$

이때 $a=2$이면 (ⅱ)에서 $0\cdot x=0$의 꼴이 되므로 해가 무수히 많다.

(ⅰ)의 해가 $x<0$의 범위 내에 있으려면 $\dfrac{2-a}{2}<0$에서 $a>2$

이고, (ⅲ)의 해가 $x\geq 2$의 범위 내에 있으려면 $\dfrac{a+2}{2}\geq 2$에서 $a\geq 2$이므로 $a>2$일 때 해는 2개가 된다.

따라서 $p=2$, $q=2$이므로 $p+q=4$

Final

0507 답· 해설 참조

$(a-b)x=a^2-b^2$에서

$(a-b)x=(a-b)(a+b)$

(ⅰ) $a\neq b$일 때, $x=a+b$

(ⅱ) $a=b$일 때, $0\cdot x=0$이므로 해가 무수히 많다.

0508 답·③

$[2x]=3$이므로 $3\leq 2x<4$

$\qquad \therefore \dfrac{3}{2}\leq x<2$

0509 답· $x=2$

(ⅰ) $1\leq x<2$이면 $[x]=1$이므로

$\qquad x[x]+x=2x+2$에서 $x+x=2x+2$

$\qquad 0\cdot x=2 \quad \therefore$ 해는 없다.

(ⅱ) $2\leq x<3$이면 $[x]=2$이므로

$\qquad x[x]+x=2x+2$에서 $2x+x=2x+2$

$\qquad \therefore x=2$ (적합)

(ⅰ), (ⅱ)에서 $x=2$

0510 답·②

$||2x-3|+1|=4$에서

(ⅰ) $|2x-3|+1=4$일 때, $|2x-3|=3$

・$2x-3=3$이면 $x=3$

・$2x-3=-3$이면 $x=0$

(ⅱ) $|2x-3|+1=-4$일 때, $|2x-3|=-5$

이를 만족시키는 x의 값은 존재하지 않는다.

(ⅰ), (ⅱ)에서 $x=0$ 또는 $x=3$

0511 답·④

$\sqrt{x^2-4x+4}=\sqrt{(x-2)^2}=|x-2|$이므로

$|x-2|=2x+5$에서

(ⅰ) $x<2$일 때,

$\qquad -x+2=2x+5 \qquad \therefore x=-1$ (적합)

(ⅱ) $x\geq 2$일 때,

$\qquad x-2=2x+5 \qquad \therefore x=-7$ (부적합)

(ⅰ), (ⅱ)에서 $x=-1$

0512 답·③

$|2x-3|-|x-4|=0$에서

(ⅰ) $x<\dfrac{3}{2}$일 때,

$\qquad -2x+3+x-4=0 \qquad \therefore x=-1$ (적합)

(ⅱ) $\dfrac{3}{2}\leq x<4$일 때,

$\qquad 2x-3+x-4=0 \qquad \therefore x=\dfrac{7}{3}$ (적합)

(ⅲ) $x\geq 4$일 때,

$\qquad 2x-3-x+4=0 \qquad \therefore x=-1$ (부적합)

(ⅰ), (ⅱ), (ⅲ)에서 $x=-1$ 또는 $x=\dfrac{7}{3}$이므로

$a=2$, $b=-1$

중학교 Review

01 (1) ×   (2) ×   (3) ×   (4) ○

02 (1) ○   (2) ×   (3) ×   (4) ○

03 (1) $x=-\dfrac{3}{2}$ (2) $x=\pm 4$

   (3) $x=\dfrac{1}{2}$ 또는 $x=-\dfrac{1}{4}$ (4) $x=\dfrac{1}{2}$ 또는 $x=\dfrac{2}{3}$

04 (1) $k=25,\ x=5$

   (2) $k=\pm 24,\ x=\mp\dfrac{4}{3}$ (복부호동순)

   (3) $k=\dfrac{1}{4}$, $x=-\dfrac{1}{2}$

   (4) $k=\dfrac{9}{4}$, $x=\dfrac{3}{2}$

05 (1) $x=\pm\dfrac{\sqrt{10}}{2}$ (2) $x=\dfrac{-6\pm\sqrt{15}}{3}$

06 (1) $x=1\pm\sqrt{3}$ (2) $x=\dfrac{2\pm\sqrt{10}}{2}$

   (3) $x=\dfrac{-1\pm\sqrt{5}}{2}$ (4) $x=\dfrac{1\pm\sqrt{17}}{4}$

문제 C.O.D.I Basic

0513 답· (가) a (나) $\dfrac{b^2}{4a^2}$ (다) $x+\dfrac{b}{2a}$ (라) $\dfrac{b^2-4ac}{4a^2}$

     (마) $\dfrac{\sqrt{b^2-4ac}}{2a}$ (바) $\dfrac{-b\pm\sqrt{b^2-4ac}}{2a}$

0514 답· 해설 참조

   (1) $ax^2+2b'x+c=0$과 같이 일차항의 계수가 짝수일 때 짝

     수 공식을 쓴다.

   (2) $ax^2+2b'x+c=0$을 근의 공식에 대입하여 정리한다.

$$x=\frac{-2b'\pm\sqrt{(2b')^2-4ac}}{2a}$$

$$=\frac{-2b'\pm\sqrt{4(b'^2-ac)}}{2a}$$

$$=\frac{-2b'\pm2\sqrt{b'^2-ac}}{2a}$$

$$=\frac{-b'\pm\sqrt{b'^2-ac}}{a}$$

0515 답· $x=-\dfrac{1}{2}$ 또는 $x=\dfrac{3}{5}$

   인수분해하여 푼다.

   $10x^2-x-3=0$에서 $(2x+1)(5x-3)=0$

   $\therefore x=-\dfrac{1}{2}$ 또는 $x=\dfrac{3}{5}$

0516 답· $x=\dfrac{5\pm\sqrt{37}}{6}$

   근의 공식을 이용한다.

$$x=\frac{-(-5)\pm\sqrt{(-5)^2-4\cdot3\cdot(-1)}}{2\cdot3}=\frac{5\pm\sqrt{37}}{6}$$

0517 답· $x=\dfrac{2\pm\sqrt{10}}{2}$

   짝수 공식을 이용한다.

$$x=\frac{-(-2)\pm\sqrt{(-2)^2-2\cdot(-3)}}{2}=\frac{2\pm\sqrt{10}}{2}$$

0518 답· $x=\dfrac{3}{2}$

   인수분해하여 푼다.

   $4x^2-12x+9=0$에서 $(2x)^2-2\cdot2x\cdot3+3^2=0$

   $(2x-3)^2=0$ $\therefore x=\dfrac{3}{2}$

다른풀이

근의 공식을 이용해도 같은 결과가 나온다.

$$x=\frac{6\pm\sqrt{36-36}}{4}=\frac{6}{4}=\frac{3}{2}$$

0519 답· $x=\dfrac{-1\pm\sqrt{3}i}{2}$

   근의 공식을 이용한다.

$$x=\frac{-1\pm\sqrt{1^2-4\cdot1\cdot1}}{2}=\frac{-1\pm\sqrt{-3}}{2}=\frac{-1\pm\sqrt{3}i}{2}$$

0520 답· $x=1\pm\sqrt{2}i$

   짝수 공식을 이용한다.

$$x=\frac{-(-1)\pm\sqrt{(-1)^2-1\cdot3}}{1}=1\pm\sqrt{-2}=1\pm\sqrt{2}i$$

0521 답· 서로 다른 두 실근

   $D=3^2-4\cdot2\cdot\dfrac{1}{2}=5>0$이므로 서로 다른 두 실근을 갖는다.

0522 답· 서로 다른 두 허근

   $\dfrac{D}{4}=(-2)^2-1\cdot6=-2$이므로 서로 다른 두 허근을 갖

   는다.

0523 답· 중근

   $D=1^2-4\cdot1\cdot\dfrac{1}{4}=0$이므로 중근을 갖는다.

다른풀이

$x^2+x+\dfrac{1}{4}=0$의 양변에 4를 곱하면

$4x^2+4x+1=0,\ (2x+1)^2=0$ $\therefore x=-\dfrac{1}{2}$ (중근)

0524 답· 서로 다른 두 실근

   $D=(-5)^2-4\cdot1\cdot5=5>0$이므로 서로 다른 두 실근을 갖

   는다.

0525 답· $x^2+2x-15=0$

$(x+5)(x-3)=0$에서 $x^2+2x-15=0$

0526 답· $2x^2-5x+2=0$

$2\left(x-\dfrac{1}{2}\right)(x-2)=0$에서

$(2x-1)(x-2)=0,\ 2x^2-5x+2=0$

0527 답· $-x^2-4x-4=0$

$-(x+2)^2=0$에서 $-x^2-4x-4=0$

0528 답· $\dfrac{1}{2}x^2+\sqrt{2}x-3=0$

$\dfrac{1}{2}(x-\sqrt{2})(x+3\sqrt{2})=0$에서

$\dfrac{1}{2}(x^2+2\sqrt{2}x-6)=0,\ \dfrac{1}{2}x^2+\sqrt{2}x-3=0$

0529 답· $x^2+1=0$

$(x+i)(x-i)=0$에서

$x^2-i^2=0,\ x^2+1=0$

0530 답· $(x+\sqrt{3})(x-\sqrt{3})$

$x^2-3=0$이라 하면 $x=\dfrac{0\pm\sqrt{12}}{2}=\pm\sqrt{3}$

$\therefore x^2-3=(x+\sqrt{3})(x-\sqrt{3})$

> **다른풀이**
> $x^2-3=x^2-\sqrt{3}^2=(x+\sqrt{3})(x-\sqrt{3})$

0531 답· $(x+\sqrt{2}i)(x-\sqrt{2}i)$

$x^2+2=0$이라 하면

$x=\dfrac{0\pm\sqrt{-8}}{2}=\pm\sqrt{2}i$

$\therefore x^2+2=(x+\sqrt{2}i)(x-\sqrt{2}i)$

0532 답· $\left(x+\dfrac{1+\sqrt{13}}{2}\right)\left(x+\dfrac{1-\sqrt{13}}{2}\right)$

$x^2+x-3=0$이라 하면

$x=\dfrac{-1\pm\sqrt{1-4\cdot1\cdot(-3)}}{2}$

$=\dfrac{-1\pm\sqrt{13}}{2}$

$\therefore x^2+x-3=\left(x-\dfrac{-1-\sqrt{13}}{2}\right)\left(x-\dfrac{-1+\sqrt{13}}{2}\right)$

$=\left(x+\dfrac{1+\sqrt{13}}{2}\right)\left(x+\dfrac{1-\sqrt{13}}{2}\right)$

0533 답· 해설 참조

근의 공식을 이용한다.

$\alpha=\dfrac{-b+\sqrt{b^2-4ac}}{2a},\ \beta=\dfrac{-b-\sqrt{b^2-4ac}}{2a}$

또는 $\alpha=\dfrac{-b-\sqrt{b^2-4ac}}{2a},\ \beta=\dfrac{-b+\sqrt{b^2-4ac}}{2a}$

0534 답· $-\dfrac{b}{a}$

$\alpha+\beta=\dfrac{-b+\sqrt{b^2-4ac}-b-\sqrt{b^2-4ac}}{2a}$

$=\dfrac{-2b}{2a}=-\dfrac{b}{a}$

0535 답· $\dfrac{c}{a}$

$\alpha\beta=\dfrac{-b+\sqrt{b^2-4ac}}{2a}\times\dfrac{-b-\sqrt{b^2-4ac}}{2a}$

$=\dfrac{b^2-(b^2-4ac)}{4a^2}$

$=\dfrac{4ac}{4a^2}=\dfrac{c}{a}$

0536 답· $\alpha+\beta-\dfrac{5}{6},\ \alpha\beta-\dfrac{1}{6}$

0537 답· $\alpha+\beta=4,\ \alpha\beta=2$

0538 답· $\alpha+\beta=0,\ \alpha\beta=-\dfrac{3}{4}$

$4x^2-3=0$에서 $4x^2+0\cdot x-3=0$이므로

$\alpha+\beta=-\dfrac{0}{4}=0,\ \alpha\beta=-\dfrac{3}{4}$

0539 답· $\alpha+\beta=5,\ \alpha\beta=0$

$-x^2+5x=0$에서 $-x^2+5x+0=0$이므로

$\alpha+\beta=-\dfrac{5}{-1}=5,\ \alpha\beta=\dfrac{0}{-1}=0$

0540 답· $3+\sqrt{2}$

0541 답· $1-2i$

Trendy

0542 답· $x=3$

$\dfrac{1}{3}x^2-2x+3=0$의 양변에 3을 곱하면

$x^2-6x+9=0,\ (x-3)^2=0$

$\therefore x=3$

> **Tip**
> 계수가 분수나 소수와 같이 복잡한 수는 계수를 정수로 만들어 보면 풀기 쉬운 경우가 많다.

0543 답· $x=\dfrac{-3\pm\sqrt{17}}{2}$

$(2x-1)(x+5)=3(x-1)+2$에서

$2x^2+9x-5=3x-1$

$2x^2+6x-4=0,\ x^2+3x-2=0$

$\therefore x=\dfrac{-3\pm\sqrt{9-4\cdot(-2)}}{2}=\dfrac{-3\pm\sqrt{17}}{2}$

0544 답·⑤

$x^2-2x=\dfrac{1}{2}(x^2-x-4)$에서

$2x^2-4x=x^2-x-4,\ x^2-3x+4=0$

$\therefore x=\dfrac{3\pm\sqrt{9-16}}{2}=\dfrac{3\pm\sqrt{7}i}{2}$

따라서 $a=3,\ b=7$이므로 $a+b=10$

0545 답·③

$y=x^2-4x+1=(x-2)^2-3$

이므로 그래프의 꼭짓점의 좌표는 $(2,\ -3)$

$\therefore a=2,\ b=-3$

즉, $2x^2+2x-3=0$이므로

$x=\dfrac{-1\pm\sqrt{1-2\cdot(-3)}}{2}=\dfrac{-1\pm\sqrt{7}}{2}$

0546 답·24

$x^2-10x+a=0$에 $x=2$를 대입하면

$4-20+a=0$에서 $a=16$

즉, $x^2-10x+16=0$이므로 $(x-2)(x-8)=0$

$\therefore x=2$ 또는 $x=8$

따라서 $a=16,\ b=8$이므로 $a+b=24$

0547 답·④

$x^2+(p-2)x-2p=0$에 $x=-4$를 대입하면

$16-4(p-2)-2p=0,\ 16-4p+8-2p=0$

$\therefore p=4$

$(k-1)x^2-3kx+k+1=0$에 $x=4$를 대입하면

$16(k-1)-12k+k+1=0$

$16k-16-12k+k+1=0$

$5k-15=0 \qquad \therefore k=3$

$\therefore p+k=7$

0548 답·①

$ax^2-2x+b=0 \qquad \cdots \bigcirc$

$\bigcirc$에 $x=-1$을 대입하면 $a+2+b=0$

$\therefore a+b=-2 \qquad \cdots ①$

$bx^2-2x+a=0 \qquad \cdots \bigcirc\!\!\!\bigcirc$

$\bigcirc\!\!\!\bigcirc$에 $x=\dfrac{1}{3}$을 대입하면 $\dfrac{1}{9}b-\dfrac{2}{3}+a=0$

양변에 9를 곱하면 $b-6+9a=0$

$\therefore 9a+b=6 \qquad \cdots ②$

①, ②를 연립하여 풀면 $a=1,\ b=-3$

$\bigcirc$, $\bigcirc\!\!\!\bigcirc$에 a, b의 값을 대입하면

$x^2-2x-3=0$에서 $(x+1)(x-3)=0 \qquad \therefore m=3$

$-3x^2-2x+1=0$에서 $3x^2+2x-1=0$

$(3x-1)(x+1)=0 \qquad \therefore n=-1$

$\therefore mn=-3$

0549 답·⑤

$x^2-(a+2)x-a^2=0$에 $x=-2$를 대입하면

$4+2(a+2)-a^2=0,\ 8+2a-a^2=0$

$a^2-2a-8=0,\ (a-4)(a+2)=0$

$\therefore a=4\ (\because a>0)$

즉, 주어진 방정식은 $x^2-6x-16=0$이므로

$(x+2)(x-8)=0 \qquad \therefore b=8$

$\therefore ab=32$

0550 답·②

$x^2+|x|-6=0$에서

(i) $x\geq0$일 때,

$\quad x^2+x-6=0,\ (x-2)(x+3)=0$

$\quad \therefore x=2\ (\because x\geq0)$

(ii) $x<0$일 때,

$\quad x^2-x-6=0,\ (x+2)(x-3)=0$

$\quad \therefore x=-2\ (\because x<0)$

따라서 두 근의 합은 $2+(-2)=0$

0551 답·④

$x^2-4x+3=|x-2|$에서

(i) $x\geq2$일 때,

$\quad x^2-4x+3=x-2,\ x^2-5x+5=0$

$\quad \therefore x=\dfrac{5\pm\sqrt{5}}{2}$

$\quad$ 이때 $x\geq2$이므로 $x=\dfrac{5+\sqrt{5}}{2}$

(ii) $x<2$일 때,

$\quad x^2-4x+3=-x+2,\ x^2-3x+1=0$

$\quad \therefore x=\dfrac{3\pm\sqrt{5}}{2}$

$\quad$ 이때 $x<2$이므로 $x=\dfrac{3-\sqrt{5}}{2}$

따라서 모든 근의 합은 $\dfrac{5+\sqrt{5}}{2}+\dfrac{3-\sqrt{5}}{2}=\dfrac{8}{2}=4$

0552 답·①

$x^2+2x-\sqrt{x^2+2x+1}=0$에서

$x^2+2x-|x+1|=0$

(i) $x\geq-1$일 때,

$\quad x^2+2x-x-1=0,\ x^2+x-1=0$

$\quad \therefore x=\dfrac{-1\pm\sqrt{5}}{2}$

$\quad$ 이때 $x\geq-1$이므로 $x=\dfrac{-1+\sqrt{5}}{2}$

(ii) $x<-1$일 때,

$\quad x^2+2x+x+1=0,\ x^2+3x+1=0$

$\quad \therefore x=\dfrac{-3\pm\sqrt{5}}{2}$

이때 $x<-1$이므로 $x=\dfrac{-3-\sqrt{5}}{2}$

따라서 모든 근의 합은

$\dfrac{-1+\sqrt{5}}{2}+\dfrac{-3-\sqrt{5}}{2}=\dfrac{-4}{2}=-2$

0553 탭 · $-\dfrac{5}{4}$

$x^2-3x+1-k=0$의 판별식 $D=9-4(1-k)=4k+5$

(i) 서로 다른 두 실근: $4k+5>0$에서 $k>-\dfrac{5}{4}$

(ii) 중근: $4k+5=0$에서 $k=-\dfrac{5}{4}$

(iii) 서로 다른 두 허근: $4k+5<0$에서 $k<-\dfrac{5}{4}$

$\therefore a=-\dfrac{5}{4}$

0554 탭 · 10

$x^2+2(k-1)x+k^2-20=0$의 판별식을 D라 하면

$\dfrac{D}{4}=(k-1)^2-k^2+20>0$에서

$-2k+21>0$　　$\therefore k<\dfrac{21}{2}$

따라서 구하는 자연수 k는 1, 2, $\cdots$, 10의 10개이다.

0555 탭 · ③

(i) $x^2+4x+k=0$이 서로 다른 두 실근을 가지려면

$\dfrac{D_1}{4}=4-k>0$에서 $k<4$

(ii) $kx^2-3x+1=0$이 서로 다른 두 허근을 가지려면

$D_2=9-4k<0$에서 $k>\dfrac{9}{4}$

(i), (ii)에서 $\dfrac{9}{4}<k<4$

따라서 $\alpha=\dfrac{9}{4}$, $\beta=4$이므로 $\alpha\beta=9$

0556 탭 · ②

$4x^2+(k+3)x+k=0$이 중근을 가지면 판별식 $D=0$이어야 하므로

$(k+3)^2-16k=0$, $k^2-10k+9=0$

$(k-1)(k-9)=0$　　$\therefore k=1$ 또는 $k=9$

0557 탭 · ①

$x^2+ax+b=0$이 서로 다른 두 실근을 가지려면 판별식 $D>0$이어야 한다.

$D=a^2-4b>0$에서 $a^2>4b$를 만족시키는 순서쌍은

$(3, 1)$, $(3, 2)$, $(4, 1)$, $(4, 2)$, $(4, 3)$의 5개이다.

0558 탭 · $a<-1$ 또는 $-1<a<-\dfrac{1}{2}$

$(a+1)x^2+2ax+a+1=0$이 x에 대한 이차방정식이므로

$a\neq-1$

또한, 이차방정식이 서로 다른 두 실근을 가지므로

$\dfrac{D}{4}=a^2-(a+1)^2>0$에서

$-2a-1>0$　　$\therefore a<-\dfrac{1}{2}$

$\therefore a<-1$ 또는 $-1<a<-\dfrac{1}{2}$

0559 탭 · ①

$4x^2+2(2k+m)x+k^2-k+n=0$이 중근을 가진다는 조건을 우선 생각하자.

$\dfrac{D}{4}=0$이므로 $(2k+m)^2-4(k^2-k+n)=0$

$4k^2+4mk+m^2-4k^2+4k-4n=0$

$4(m+1)k+m^2-4n=0$

이 식이 k의 값에 관계없이 성립하므로 k에 대한 항등식이다.

즉, $4(m+1)=0$, $m^2-4n=0$에서 $m=-1$, $n=\dfrac{1}{4}$

$\therefore m+n=-1+\dfrac{1}{4}=-\dfrac{3}{4}$

0560 탭 · $3\left(x-\dfrac{1-\sqrt{7}}{3}\right)\left(x-\dfrac{1+\sqrt{7}}{3}\right)$

$3x^2-2x-2=0$이라 하면

$x=\dfrac{1\pm\sqrt{7}}{3}$이므로

$3x^2-2x-2=3\left(x-\dfrac{1-\sqrt{7}}{3}\right)\left(x-\dfrac{1+\sqrt{7}}{3}\right)$

0561 탭 · $(x-1+2i)(x-1-2i)$

$x^2-2x+5=0$이라 하면

$x=1\pm\sqrt{-4}=1\pm2i$이므로

$x^2-2x+5=\{x-(1-2i)\}\{x-(1+2i)\}$

$\qquad\qquad=(x-1+2i)(x-1-2i)$

0562 탭 · (가) x^2-x+2 (나) $x-\dfrac{1+\sqrt{7}i}{2}$ (다) $x-\dfrac{1-\sqrt{7}i}{2}$

$f(x)=x^3+x^2+4$의 인수가 $x+2$이므로 조립제법을 이용하여 인수분해하면

$$
\begin{array}{r|rrrr}
-2 & 1 & 1 & 0 & 4 \\
   &   & -2 & 2 & -4 \\
\hline
   & 1 & -1 & 2 & \,|\,0
\end{array}
$$

$f(x)=(x+2)(x^2-x+2)$

$x^2-x+2=0$에서 $x=\dfrac{1\pm\sqrt{-7}}{2}=\dfrac{1\pm\sqrt{7}i}{2}$

$\therefore f(x)=(x+2)\left(x-\dfrac{1+\sqrt{7}i}{2}\right)\left(x-\dfrac{1-\sqrt{7}i}{2}\right)$

0563 탭 · ③

이차식이 완전제곱식으로 인수분해되면 이 식을 방정식으로 바꿨을 때 중근을 갖게 된다.

즉, $x^2+2x+k-2=0$이 중근을 가지므로 판별식을 D라 하면

$$\frac{D}{4}=1-k+2=0 \qquad \therefore k=3$$

0564 탭·②

$x^2-kx+k-1=0$의 판별식을 D라 하면

$D=k^2-4(k-1)=0$에서 $k^2-4k+4=0$

$(k-2)^2=0 \qquad \therefore k=2$

0565 탭·2

근과 계수와의 관계에 의하여

$\alpha+\beta=\dfrac{4}{3}$, $\alpha\beta=\dfrac{2}{3}$

$$\therefore \frac{1}{\alpha}+\frac{1}{\beta}=\frac{\alpha+\beta}{\alpha\beta}=\frac{\dfrac{4}{3}}{\dfrac{2}{3}}=2$$

0566 탭·7

$x^2-ax+a-3=0$의 두 근을 α, β라 하면

$\alpha+\beta=a=10$

따라서 $x^2-10x+7=0$이므로 두 근의 곱은 7이다.

0567 탭·①

근과 계수와의 관계에 의하여

$\alpha+\beta=-3$, $\alpha\beta=4$

$\therefore \alpha^2+\beta^2=(\alpha+\beta)^2-2\alpha\beta=9-8=1$

0568 탭·④

근과 계수와의 관계에 의하여

$\alpha+\beta=\dfrac{1}{2}$, $\alpha\beta=-2$

$$\therefore \frac{\beta}{\alpha}+\frac{\alpha}{\beta}=\frac{\alpha^2+\beta^2}{\alpha\beta}=\frac{(\alpha+\beta)^2-2\alpha\beta}{\alpha\beta}$$
$$=\frac{\dfrac{1}{4}+4}{-2}=-\frac{17}{8}$$

따라서 $p=17$, $q=8$이므로 $p-q=9$

0569 탭·10

근과 계수와의 관계에 의하여

$\alpha+\beta=2$, $\alpha\beta=\dfrac{k}{2}$

이때 $\alpha^3+\beta^3=(\alpha+\beta)^3-3\alpha\beta(\alpha+\beta)=7$이므로

$8-3\cdot\dfrac{k}{2}\cdot2=7$에서 $k=\dfrac{1}{3}$

$\therefore 30k=10$

0570 탭·②

근을 직접 구한 후 식에 대입하여 계산할 수도 있으나 효율적인 방법은 아니다.

α, β가 이차방정식 $x^2-2x-4=0$의 근이므로 대입하면

$\alpha^2-2\alpha-4=0$에서 $\alpha^2-2\alpha-3=1$

$\beta^2-2\beta-4=0$에서 $\beta^2-2\beta-3=1$

이때 $\dfrac{\alpha}{\alpha^2-2\alpha-3}+\dfrac{\beta}{\beta^2-2\beta-3}=\alpha+\beta$이므로

근의 계수와의 관계에 의하여 $\alpha+\beta=2$

0571 탭·1 또는 -3

$x^2+(k+1)x-3=0$의 두 근을 α, $\beta(\alpha>\beta)$라 하면

$\alpha-\beta=4$이고 $\alpha+\beta=-(k+1)$, $\alpha\beta=-3$이므로

$(\alpha-\beta)^2=(\alpha+\beta)^2-4\alpha\beta$에서

$16=(k+1)^2+12$, $16=k^2+2k+13$

$k^2+2k-3=0$, $(k+3)(k-1)=0$

$\therefore k=-3$ 또는 $k=1$

> **다른풀이**
>
> 두 근의 차가 4이므로 한 근이 다른 근보다 4만큼 크다.
> 따라서 두 근을 α, $\alpha+4$로 놓고 근과 계수와의 관계를 사용한다.
>
> (i) $\alpha+(\alpha+4)=-k-1$에서 $2\alpha+4=-k-1$
>
> $\qquad \therefore \alpha=\dfrac{-k-5}{2}$ $\qquad$ ··· ㉠
>
> (ii) $\alpha(\alpha+4)=-3$ $\qquad$ ··· ㉡
>
> ㉠을 ㉡에 대입하면 $\dfrac{-k-5}{2}\times\dfrac{-k+3}{2}=-3$
>
> $(-k-5)(-k+3)=-12$, $k^2+2k-15=-12$
>
> $k^2+2k-3=0$, $(k+3)(k-1)=0$
>
> $\therefore k=-3$ 또는 $k=1$

0572 탭·⑤

$x^2+kx+k-1=0$의 두 근을 α, $\beta(\alpha>\beta)$라 하면

$\alpha-\beta=3$이고 $\alpha+\beta=-k$, $\alpha\beta=k-1$이므로

$(\alpha-\beta)^2=(\alpha+\beta)^2-4\alpha\beta$에서

$9=k^2-4(k-1)$, $k^2-4k-5=0$

$(k-5)(k+1)=0 \qquad \therefore k=5$ 또는 $k=-1$

(i) $k=-1$일 때,

$\qquad x^2-x-2=0$, $(x-2)(x+1)=0$

$\qquad \therefore x=2$ 또는 $x=-1$ (부적합: 두 근이 음수가 아니다.)

(ii) $k=5$일 때,

$\qquad x^2+5x+4=0$, $(x+1)(x+4)=0$

$\qquad \therefore x=-1$ 또는 $x=-4$

(i), (ii)에서 $k=5$

0573 탭·②

두 근의 비가 $1:2$이므로 두 근을 α, 2α라 하면

근과 계수와의 관계에 의하여

두 근의 합: $\alpha+2\alpha=6$에서 $\alpha=2$

즉, 두 근은 $x=2$ 또는 $x=4$

두 근의 곱: $2\times4=k$에서 $k=8$

0574 답· ③

두 근의 비가 $2:3$이므로 두 근을 2α, 3α라 하면
근과 계수와의 관계에 의하여
두 근의 곱: $2\alpha \times 3\alpha = 24$에서 $\alpha^2 = 4$ $\therefore \alpha = \pm 2$
이때 근이 양수이므로 $\alpha = 2$
따라서 두 근의 합은 $2\alpha + 3\alpha = 5\alpha = 10$

0575 답· ③

근과 계수와의 관계에 의하여
$\alpha + \beta = 5$, $\alpha\beta = 3$이므로 $p = 5$, $q = 3$
$(x - 2\alpha)(x - 2\beta) = 0$을 전개하여 정리하면
$x^2 - 2(\alpha + \beta) + 4\alpha\beta = 0$에서
$x^2 - 10x + 12 = 0$ $\therefore m = -10$, $n = 12$
$\therefore p + q + m + n = 5 + 3 - 10 + 12 = 10$

0576 답· ④

근과 계수와의 관계에 의하여
$\alpha + \beta = 5$, $\alpha\beta = 3$
x^2의 계수가 3이고 $\dfrac{1}{\alpha}$, $\dfrac{1}{\beta}$을 두 근으로 갖는 이차방정식은
$3\left(x - \dfrac{1}{\alpha}\right)\left(x - \dfrac{1}{\beta}\right) = 0$, $3\left(x^2 - \dfrac{\alpha + \beta}{\alpha\beta}x + \dfrac{1}{\alpha\beta}\right) = 0$
$3\left(x^2 - \dfrac{5}{3}x + \dfrac{1}{3}\right) = 0$, $3x^2 - 5x + 1 = 0$
따라서 $a = -5$, $b = 1$이므로
$|a + b| = |-5 + 1| = 4$

0577 답· $x^2 - 2x - 9 = 0$

근과 계수와의 관계에 의하여
$\alpha + \beta = 2$, $\alpha\beta = -\dfrac{3}{2}$
x^2의 계수가 1이고 $2\alpha - 1$, $2\beta - 1$을 두 근으로 갖는 이차방정식은
$\{x - (2\alpha - 1)\}\{x - (2\beta - 1)\} = 0$
$x^2 - 2(\alpha + \beta - 1)x + (2\alpha - 1)(2\beta - 1) = 0$
$x^2 - 2(\alpha + \beta - 1)x + 4\alpha\beta - 2(\alpha + \beta) + 1 = 0$
$x^2 - 2(2 - 1)x + 4 \cdot \left(-\dfrac{3}{2}\right) - 2 \cdot 2 + 1 = 0$
$\therefore x^2 - 2x - 9 = 0$

0578 답· 두 근의 합: 1, 두 근의 곱: $\dfrac{3}{4}$

이차방정식 $f(x) = 0$의 두 근을 α, β라 하면
$f(2x) = 0$의 근은 $\dfrac{\alpha}{2}$, $\dfrac{\beta}{2}$이다.
이를 자세히 이해해 보자.
$f(\square) = 0$의 꼴로 바꾸어 보면 $\square = \alpha$ 또는 $\square = \beta$가 되어야
식이 성립하는 것이다.
즉, $f(x) = 0$이면 $x = \alpha$ 또는 $x = \beta$이고

$f(2x) = 0$이면 $2x = \alpha$ 또는 $2x = \beta$이므로
$x = \dfrac{\alpha}{2}$ 또는 $x = \dfrac{\beta}{2}$가 된다.
이때 $\alpha + \beta = 2$, $\alpha\beta = 3$이고
$f(2x) = 0$의 두 근은 $\dfrac{\alpha}{2}$, $\dfrac{\beta}{2}$이므로 $f(2x) = 0$의
두 근의 합은 $\dfrac{\alpha + \beta}{2} = 1$, 두 근의 곱은 $\dfrac{\alpha\beta}{4} = \dfrac{3}{4}$

> **다른풀이**
>
> 앞의 풀이가 어렵다면 식을 세워서 푸는 방법을 먼저 연습해 보자.
> 이차방정식 $f(x) = 0$의 두 근을 α, β라 하고
> 최고차항의 계수를 a라 하면
> $f(x) = a(x - \alpha)(x - \beta) = 0$이고
> $\alpha + \beta = 2$, $\alpha\beta = 3$이다.
> $f(2x) = a(2x - \alpha)(2x - \beta) = 0$의 근은
> $x = \dfrac{\alpha}{2}$ 또는 $x = \dfrac{\beta}{2}$이므로
> 두 근의 합은 $\dfrac{\alpha}{2} + \dfrac{\beta}{2} = \dfrac{\alpha + \beta}{2} = 1$
> 두 근의 곱은 $\dfrac{\alpha}{2} \cdot \dfrac{\beta}{2} = \dfrac{\alpha\beta}{4} = \dfrac{3}{4}$

0579 답· 두 근의 합: 4, 두 근의 곱: 12

$f(x) = 0$의 두 근을 α, β라 하면
$\alpha + \beta = 2$, $\alpha\beta = 3$
이때 $f\left(\dfrac{x}{2}\right) = 0$의 두 근은 $\dfrac{x}{2} = \alpha$ 또는 $\dfrac{x}{2} = \beta$에서
$x = 2\alpha$ 또는 $x = 2\beta$
$\therefore$ 두 근의 합: $2(\alpha + \beta) = 4$, 두 근의 곱: $4\alpha\beta = 12$

0580 답· ①

$a : b = 1 : 4$, $b : c = 2 : 1 = 4 : 2$이므로
$a : b : c = 1 : 4 : 2$
즉, $a = k$, $b = 4k$, $c = 2k$ ($k \neq 0$)
$f(x) = ax^2 + bx + c = 0$의 두 근을 α, β라 하면
$\alpha + \beta = -\dfrac{b}{a} = -\dfrac{4k}{k} = -4$, $\alpha\beta = \dfrac{c}{a} = \dfrac{2k}{k} = 2$
이때 $f(x - 1) = 0$의 두 근은 $x - 1 = \alpha$ 또는 $x - 1 = \beta$에서
$x = \alpha + 1$ 또는 $x = \beta + 1$이다.
따라서 $f(x - 1) = 0$의 두 근의 곱은
$(\alpha + 1)(\beta + 1) = \alpha\beta + \alpha + \beta + 1 = 2 - 4 + 1 = -1$

0581 답· 2

$f(2x - 1) = 0$의 두 근은 $2x - 1 = \alpha$ 또는 $2x - 1 = \beta$에서
$x = \dfrac{\alpha + 1}{2}$ 또는 $x = \dfrac{\beta + 1}{2}$
따라서 $f(2x - 1) = 0$의 두 근의 곱은

$$\frac{\alpha+1}{2} \cdot \frac{\beta+1}{2} = \frac{(\alpha+1)(\beta+1)}{4}$$
$$= \frac{\alpha\beta+\alpha+\beta+1}{4}$$
$$= \frac{6+1+1}{4} = 2$$

0582 답·2

계수가 모두 유리수인 이차방정식은 켤레근을 가지므로
나머지 한 근은 $1+\sqrt{6}$이고 근과 계수와의 관계에 의하여
두 근의 합은 $1-\sqrt{6}+1+\sqrt{6}=a$
$\therefore a=2$

0583 답·②

계수가 모두 실수인 이차방정식은 켤레근을 가지므로
다른 근은 $2-i$이고 근과 계수와의 관계에 의하여
두 근의 합: $2+i+2-i=-a$에서 $a=-4$
두 근의 곱: $(2+i)(2-i)=5=b$
$\therefore a+b=-4+5=1$

0584 답· $m=-4$, $n=3$

이차방정식의 계수가 유리수이면 무리수인 켤레근을 가지
므로 두 근은 $2+\sqrt{n}$, $2-\sqrt{n}$이고
근과 계수와의 관계에 의하여
두 근의 합: $2+\sqrt{n}+2-\sqrt{n}=-m$에서 $m=-4$
두 근의 곱: $(2+\sqrt{n})(2-\sqrt{n})=1$에서
$$4-n=1 \qquad \therefore n=3$$

문제 C.O.D.I Final

0585 답· $x=\dfrac{\sqrt{2}\pm\sqrt{10}}{4}$

$2x^2-\sqrt{2}x-1=0$에서 근의 공식을 이용하면
$$x = \frac{\sqrt{2}\pm\sqrt{2+8}}{4} = \frac{\sqrt{2}\pm\sqrt{10}}{4}$$

0586 답·④

$x^2-2x+3=0$에 $x=0$을 대입하면 식이 거짓이므로 0은 이
방정식의 근이 아니다.
$\therefore \alpha \neq 0$
$x^2-2x+3=0$에 $x=\alpha$를 대입하면
$\alpha^2-2\alpha+3=0$에서 $\alpha-2+\dfrac{3}{\alpha}=0$

$$\therefore \alpha+\frac{3}{\alpha}=2$$

0587 답·4

$|A|=1$이면 $A=1$ 또는 $A=-1$이므로
$|2x^2-4x-3|=1$에서

(i) $2x^2-4x-3=1$일 때,
　$2x^2-4x-4=0$, $x^2-2x-2=0$
　이때 $\dfrac{D}{4}=1+2=3>0$이므로 서로 다른 두 실근을 갖
　는다.

(ii) $2x^2-4x-3=-1$일 때,
　$2x^2-4x-2=0$, $x^2-2x-1=0$
　이때 $\dfrac{D}{4}=1+1=2>0$이므로 서로 다른 두 실근을 갖
　는다.

(i), (ii)에서 주어진 방정식은 네 실근을 갖는다.

0588 답·③

(i) $(k+3)x^2-2(k+1)x+k=0$에서
　$\dfrac{D}{4}=(k+1)^2-k(k+3)<0$이므로
　$-k+1<0 \qquad \therefore k>1$

(ii) $x^2-kx+\dfrac{1}{4}k^2-2k+4=0$에서
　$$D=k^2-4\left(\frac{1}{4}k^2-2k+4\right)<0$$이므로
　$8k-16<0 \qquad \therefore k<2$

(i), (ii)에서 $1<k<2$

0589 답·13

두 근을 α, $\beta(\alpha>\beta)$라 하면
$\alpha-\beta=4$, $\alpha+\beta=3m-1$, $\alpha\beta=2m^2-4m-7$
$(\alpha-\beta)^2=(\alpha+\beta)^2-4\alpha\beta$에서
$16=(3m-1)^2-4(2m^2-4m-7)$
$16=9m^2-6m+1-8m^2+16m+28$
$m^2+10m+13=0$
따라서 구하는 모든 실수 m의 값의 곱은 근과 계수와의 관계
에 의하여 13이다.

0590 답·④

$x^2-(m+2)x+m+5=0$의 판별식을 D라 하면
$D=(m+2)^2-4(m+5)=0$
$m^2+4m+4-4m-20=0$
$m^2=16 \qquad \therefore m=\pm 4$

(i) $m=-4$일 때, $x^2+2x+1=0$
　$(x+1)^2=0 \qquad \therefore x=-1$ (부적합)

(ii) $m=4$일 때, $x^2-6x+9=0$
　$(x-3)^2=0 \qquad \therefore x=3$ (양의 실근)

따라서 실수 m의 값과 중근의 합은 $4+3=7$

0591 답·③

두 근의 비가 $2:3$이므로 두 근을 2α, 3α라 하면
두 근의 합: $2\alpha+3\alpha=m+1$에서 $m=5\alpha-1$

두 근의 곱: $2\alpha \cdot 3\alpha = 6\alpha^2 = m$

즉, $5\alpha - 1 = 6\alpha^2$에서 $6\alpha^2 - 5\alpha + 1 = 0$

$(3\alpha - 1)(2\alpha - 1) = 0$　　$\therefore \alpha = \dfrac{1}{3}$ 또는 $\alpha = \dfrac{1}{2}$

(i) $\alpha = \dfrac{1}{3}$이면 $m = \dfrac{2}{3}$　　$\therefore p = 3,\ q = 2$

(ii) $\alpha = \dfrac{1}{2}$이면 $m = \dfrac{3}{2}$　　$\therefore p = 2,\ q = 3$

$\therefore p + q = 5$

0592 답· 40

이차방정식 $f(x) = 0$의 두 근이 $\alpha,\ \beta$이면

이차방정식 $f\left(\dfrac{2x+1}{3}\right) = 0$의 두 근은

$\dfrac{2x+1}{3} = \alpha$ 또는 $\dfrac{2x+1}{3} = \beta$에서

$x = \dfrac{3\alpha - 1}{2}$ 또는 $x = \dfrac{3\beta - 1}{2}$

(i) 두 근의 합: $\dfrac{3\alpha - 1}{2} + \dfrac{3\beta - 1}{2} = 5$

$\therefore \alpha + \beta = 4$

(ii) 두 근의 곱: $\dfrac{(3\alpha - 1)(3\beta - 1)}{4}$

$= \dfrac{9\alpha\beta - 3(\alpha + \beta) + 1}{4}$

$= \dfrac{9\alpha\beta - 11}{4} = \dfrac{7}{4}$

$\therefore \alpha\beta = 2$

$\therefore \alpha^3 + \beta^3 = (\alpha + \beta)^3 - 3\alpha\beta(\alpha + \beta) = 64 - 24 = 40$

0593 답· 4

두 실근의 절댓값이 같고 부호가 반대이므로 두 근을 $\alpha,\ -\alpha$라 하자.

두 근의 합: $\alpha - \alpha = -(a^2 - 3a - 4) = 0$에서

$a^2 - 3a - 4 = 0,\ (a+1)(a-4) = 0$

$\therefore a = -1$ 또는 $a = 4$

두 근의 곱: $-\alpha \cdot \alpha = -\alpha^2 (음수) = -a + 2$

• $a = -1$이면 $-a + 2 = 3$ (양수)

• $a = 4$이면 $-a + 2 = -2$ (음수)

$\therefore a = 4$

0594 답· $x = 2 - \sqrt{2}$ 또는 $x = 4$

$x^2 - 4x + 5 = |x| + |x - 3|$에서

(i) $x < 0$일 때,

$x^2 - 4x + 5 = -x - x + 3$

$x^2 - 2x + 2 = 0$　　$\therefore x = 1 \pm i$ (허근)

(ii) $0 \leq x < 3$일 때,

$x^2 - 4x + 5 = x - x + 3$

$x^2 - 4x + 2 = 0$　　$\therefore x = 2 \pm \sqrt{2}$

이때 조건에 맞는 근은 $x = 2 - \sqrt{2}$

(iii) $x \geq 3$일 때,

$x^2 - 4x + 5 = x + x - 3$

$x^2 - 6x + 8 = 0$　　$\therefore x = 2$ 또는 $x = 4$

이때 조건에 맞는 근은 $x = 4$

(i), (ii), (iii)에서 $x = 2 - \sqrt{2}$ 또는 $x = 4$

0595 답· ②

이차방정식 $ax^2 + bx + c = 0$의 계수가 모두 실수이고 한 근이 $2 + i$이므로 다른 한 근은 $2 - i$이다.

근과 계수와의 관계에 의하여

(i) 두 근의 합: $2 + i + 2 - i = 4 = -\dfrac{b}{a}$에서 $b = -4a$

(ii) 두 근의 곱: $(2 + i)(2 - i) = 5 = \dfrac{c}{a}$에서 $c = 5a$

이차방정식 $cx^2 + bx + a = 0$, 즉 $5ax^2 - 4ax + a = 0$의 두 근이 $\alpha,\ \beta$이므로

$\alpha + \beta = -\dfrac{-4a}{5a} = \dfrac{4}{5},\ \alpha\beta = \dfrac{a}{5a} = \dfrac{1}{5}$

$\therefore (\alpha + 1)(\beta + 1) = \alpha\beta + (\alpha + \beta) + 1$

$= \dfrac{1}{5} + \dfrac{4}{5} + 1 = 2$

0596 답· 27

근과 계수와의 관계에 의하여

$\alpha + \beta = -5,\ \alpha\beta = -2$

이때 $\alpha^2 + 5\alpha - 2 = 0$에서 $\alpha^2 = -5\alpha + 2$이므로

$\alpha^2 - 5\beta = -5\alpha + 2 - 5\beta$

$= -5(\alpha + \beta) + 2$

$= 25 + 2 = 27$

0597 답· $x = \sqrt{3}$ 또는 $x = \sqrt{5}$

$x^2 - 2[x] = 1$에서

(i) $1 \leq x < 2$이면 $[x] = 1$이므로

$x^2 - 2 = 1,\ x^2 = 3$　　$\therefore x = \pm\sqrt{3}$

이때 조건에 맞는 근은 $x = \sqrt{3}$

(ii) $2 \leq x < 3$이면 $[x] = 2$이므로

$x^2 - 4 = 1,\ x^2 = 5$　　$\therefore x = \pm\sqrt{5}$

이때 조건에 맞는 근은 $x = \sqrt{5}$

(i), (ii)에서 $x = \sqrt{3}$ 또는 $x = \sqrt{5}$

0598 답· $2 \leq x < 3$

$2[x]^2 - 5[x] + 2 = 0$에서 $[x] = t$라 하면

$2t^2 - 5t + 2 = 0,\ (2t - 1)(t - 2) = 0$

즉, $t = \dfrac{1}{2}$ 또는 $t = 2$에서 $[x] = \dfrac{1}{2}$ 또는 $[x] = 2$

이때 가우스의 계산 결과는 정수이므로 $[x] = 2$

$\therefore 2 \leq x < 3$

0599 답· ③

이차방정식의 계수가 유리수이고 한 근 α가 무리수이므로

나머지 근 $\dfrac{1}{\alpha}$은 α의 켤레근이다.

따라서 역수를 유리화하여 켤레가 되는 것을 찾는다.

① $\alpha=2+\sqrt{2}$, $\dfrac{1}{\alpha}=\dfrac{1}{2+\sqrt{2}}=\dfrac{2-\sqrt{2}}{2}$ (×)

② $\alpha=1+\sqrt{2}$, $\dfrac{1}{\alpha}=\dfrac{1}{1+\sqrt{2}}=-1+\sqrt{2}$ (×)

③ $\alpha=3+2\sqrt{2}$, $\dfrac{1}{\alpha}=\dfrac{1}{3+2\sqrt{2}}=3-2\sqrt{2}$ (○)

④ $\alpha=\sqrt{3}$, $\dfrac{1}{\alpha}=\dfrac{\sqrt{3}}{3}$ (×)

⑤ $\alpha=3-\sqrt{3}$, $\dfrac{1}{\alpha}=\dfrac{1}{3-\sqrt{3}}=\dfrac{3+\sqrt{3}}{6}$ (×)

0600 답· ①

㈎에서 나머지정리에 의하여 $f(1)=1$이므로

$1+p+q=1$에서 $q=-p$

$\therefore f(x)=x^2+px-p$

㈏에서 이차방정식의 계수가 모두 실수이면 켤레근을 가지므로 두 근은 $a+i$, $a-i$이다.

두 근의 합: $a+i+a-i=-p$에서 $2a=-p$

두 근의 곱: $(a+i)(a-i)=-p$에서 $a^2+1=-p$

즉, $a^2+1=2a$에서 $a^2-2a+1=0$

$(a-1)^2=0$　　$\therefore a=1$

따라서 $p=-2$, $q=2$이므로 $p+2q=2$

중학교 **Review**

01 ③

02 $-2<a<0$

03 (1) $y=3(x+1)^2+3$, $(-1, 3)$

　　(2) 3　　　　(3) -3

04 (1) $(2, 1)$, $x=2$　　　(2) $(-3, 9)$, $x=-3$

　　(3) $\left(-\dfrac{1}{2}, 0\right)$, $x=-\dfrac{1}{2}$　　(4) $\left(\dfrac{3}{4}, \dfrac{17}{8}\right)$, $x=\dfrac{3}{4}$

05 (1) x축: $\left(\dfrac{1}{2}, 0\right)$, $(2, 0)$, y축: $(0, -2)$

　　(2) x축: $\left(\dfrac{1}{3}, 0\right)$, y축: $(0, 1)$

06 (1) $a<0$, $b>0$, $c>0$　　(2) $a>0$, $b<0$, $c=0$

문제 C.O.D.I **Basic**

0601 답· $(5, 0)$, $(-2, 0)$

$x^2-3x-10=0$에서 $(x-5)(x+2)=0$

$\therefore x=5$ 또는 $x=-2$

0602 답· $(-2, 0)$, $(2, 0)$

$-\dfrac{1}{2}x^2+2=0$에서 $x^2-4=0$

$(x+2)(x-2)=0$　　$\therefore x=-2$ 또는 $x=2$

0603 답· $(0, 0)$

$\sqrt{2}x^2=0$에서 $x=0$

0604 답· $(-7, 0)$

$-x^2-14x-49=0$에서 $x^2+14x+49=0$

$(x+7)^2=0$　　$\therefore x=-7$

0605 답· x축과의 교점이 없다.

$x^2+6x+10=0$에서 $x=-3\pm i$ (허근)

즉, x축과의 교점이 존재하지 않는다.

0606 답· $k>-2$

$y=x^2+4x-2k$에 $y=0$을 대입하면

$x^2+4x-2k=0$

x축과 두 점에서 만나면 이 이차방정식은 서로 다른 두 실근

을 가지므로 $\dfrac{D}{4}=4+2k>0$에서 $k>-2$

0607 답· $k=-2$

x축과 접하면 이차방정식 $x^2+4x-2k=0$은 중근을 가지므로

$\dfrac{D}{4}=4+2k=0$에서 $k=-2$

0608 답 · $k < -2$

x축과 만나지 않으면 이차방정식 $x^2+4x-2k=0$은 서로
다른 두 허근을 가지므로

$\frac{D}{4}=4+2k<0$에서 $k<-2$

0609 답 · 만나지 않는다.

두 식을 연립하여 이차방정식을 세우고
근을 구하거나 판별식을 이용한다.

$-x^2+3x=3$에서 $x^2-3x+3=0$

$D=9-12=-3<0$이므로 만나지 않는다.

0610 답 · 서로 다른 두 점에서 만난다.

$2x^2-7x+1=2$에서 $2x^2-7x-1=0$

$D=49+8>0$이므로 서로 다른 두 점에서 만난다.

0611 답 · 한 점에서 만난다. (접한다.)

$3x^2-2x=-\frac{1}{3}$에서 $3x^2-2x+\frac{1}{3}=0$

$\frac{D}{4}=1-3\cdot\frac{1}{3}=0$이므로 한 점에서 만난다. (접한다.)

0612 답 · $k > \frac{1}{2}$

$y=2x^2-2x+1$과 $y=k$를 연립하여 이차방정식을 세우면
$2x^2-2x+1=k$에서 $2x^2-2x+1-k=0$

이때 두 점에서 만나려면 이 이차방정식이 서로 다른 두 실근
을 가져야 하므로

$\frac{D}{4}=(-1)^2-2(1-k)>0$에서 $1-2+2k>0$

$\therefore k>\frac{1}{2}$

0613 답 · $k = \frac{1}{2}$

0612번과 마찬가지로 판별식을 이용한다.
한 점에서 만나려면 이차방정식이 중근을 가져야 하므로

$\frac{D}{4}=(-1)^2-2(1-k)=0$에서 $k=\frac{1}{2}$

0614 답 · $k < \frac{1}{2}$

0612번과 마찬가지로 판별식을 이용한다.
만나지 않으려면 이차방정식이 서로 다른 두 허근을 가져야 하
므로

$\frac{D}{4}=(-1)^2-2(1-k)<0$에서 $k<\frac{1}{2}$

0615 답 · $(1, -1)$, $(3, 1)$

두 식을 연립하면 $x^2-3x+1=x-2$

$x^2-4x+3=0$, $(x-1)(x-3)=0$

$\therefore x=1$ 또는 $x=3$

$y=x-2$에

$x=1$을 대입하면 $y=-1$

$x=3$을 대입하면 $y=1$

따라서 교점의 좌표는 $(1, -1)$, $(3, 1)$이다.

0616 답 · $(-3, 10)$

두 식을 연립하면 $-x^2-8x-5=-2x+4$

$x^2+6x+9=0$, $(x+3)^2=0$ $\therefore x=-3$

$y=-2x+4$에 $x=-3$을 대입하면 $y=10$

따라서 교점의 좌표는 $(-3, 10)$이다.

0617 답 · 서로 다른 두 점에서 만난다.

두 식을 연립하면 $x^2+1=4x-1$

$x^2-4x+2=0$

$\frac{D}{4}=(-2)^2-2=2>0$이므로 서로 다른 두 점에서 만난다.

0618 답 · 만나지 않는다.

두 식을 연립하면 $x^2+x=x-5$

$x^2+5=0$

$\frac{D}{4}=0^2-4\cdot1\cdot5=-20<0$이므로 만나지 않는다.

0619 답 · 한 점에서 만난다. (접한다.)

두 식을 연립하면 $4x^2-2x+1=2x$

$4x^2-4x+1=0$, $(2x-1)^2=0$

$\therefore x=\frac{1}{2}$

즉, 방정식이 중근을 가지므로 이차함수와 직선은 한 점에서
만난다. (접한다.)

0620 답 · $k > -\frac{21}{4}$

두 식을 연립하면 $x^2-4x+1=x+k$

$x^2-5x+1-k=0$

이 이차방정식의 판별식을 D라 하면

$D=(-5)^2-4(1-k)=25-4+4k=4k+21$

이때 두 점에서 만나려면 $D>0$이어야 하므로

$4k+21>0$에서 $k>-\frac{21}{4}$

0621 답 · $k = -\frac{21}{4}$

0620번과 마찬가지로 판별식을 이용한다.
접하려면 $D=0$이어야 하므로

$4k+21=0$에서 $k=-\frac{21}{4}$

0622 답 · $k < -\frac{21}{4}$

0620번과 마찬가지로 판별식을 이용한다.
만나지 않으려면 $D<0$이어야 하므로

$4k+21<0$에서 $k<-\frac{21}{4}$

0623 답· -2

$f(x)=x^2-3x$에서 $f(2)=2^2-3\cdot2=-2$

0624 답· -3

$y=-x^2-2x$에 $x=1$을 대입하면 $y=-1^2-2\cdot1=-3$

0625 답· 2

0626 답· $(-2,\,0)$

0627 답· 4

$f(x)=-2x^2+ax$의 그래프가 점 $(2,\,0)$을 지나므로

$-2\cdot2^2+2a=0$에서 $2a=8$ ∴ $a=4$

0628 답· 3

$y=a(x-2)^2+1$의 그래프가 점 $(0,\,13)$을 지나므로

$13=a(0-2)^2+1$에서 $12=4a$

∴ $a=3$

0629 답· 최댓값: 없다, 최솟값: -1

$y=x^2-4x+3$

$=x^2-4x+4-4+3$

$=(x-2)^2-1$

이므로 그래프를 그리면 오른쪽
그림과 같다.

즉, 최댓값은 없고, 최솟값은 -1이다.

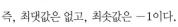

0630 답· 최댓값: 없다, 최솟값: 2

$y=x^2-4x+6$

$=x^2-4x+4+2$

$=(x-2)^2+2$

이므로 그래프를 그리면 오른쪽
그림과 같다.

즉, 최댓값은 없고, 최솟값은 2이다.

0631 답· 최댓값: 없다, 최솟값: 0

$y=2x^2-8x+8$

$=2(x^2-4x+4)$

$=2(x-2)^2$

이므로 그래프를 그리면 오른쪽
그림과 같다.

즉, 최댓값은 없고, 최솟값은 0이다.

0632 답· 최댓값: 2, 최솟값: 없다

$y=-\dfrac{1}{2}(x+2)(x-2)$

$=-\dfrac{1}{2}(x^2-4)$

$=-\dfrac{1}{2}x^2+2$

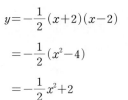

이므로 그래프를 그리면 오른쪽
그림과 같다.

즉, 최댓값은 2이고, 최솟값은 없다.

0633 답· 최댓값: $-\dfrac{7}{4}$, 최솟값: 없다

$y=-x^2-x-2$

$=-\left(x^2+x+\dfrac{1}{4}-\dfrac{1}{4}\right)-2$

$=-\left(x^2+x+\dfrac{1}{4}\right)+\dfrac{1}{4}-2$

$=-\left(x+\dfrac{1}{2}\right)^2-\dfrac{7}{4}$

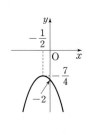

이므로 그래프를 그리면 오른쪽 그림과 같다.

즉, 최댓값은 $-\dfrac{7}{4}$이고, 최솟값은 없다.

0634 답· 최댓값: 0, 최솟값: $-\dfrac{9}{4}$

$y=x^2-3x$

$=\left(x-\dfrac{3}{2}\right)^2-\dfrac{9}{4}$

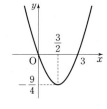

의 그래프는 오른쪽 그림과 같고
주어진 범위에서 최댓값과 최솟값
을 구하면 된다.

$1\le x\le3$에서
최댓값과 최솟값을 구하면

$x=\dfrac{3}{2}$일 때 최솟값 $-\dfrac{9}{4}$,

$x=3$일 때 최댓값 0을 갖는다.

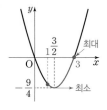

0635 답· 최댓값: 4, 최솟값: -2

0634번과 마찬가지로

$y=x^2-3x$의 그래프를 이용한다.

$2\le x\le4$에서
최댓값과 최솟값을 구하면

$x=2$일 때 최솟값 -2,

$x=4$일 때 최댓값 4를 갖는다.

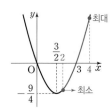

0636 답· 최댓값: 18, 최솟값: 4

0634번과 마찬가지로

$y=x^2-3x$의 그래프를 이용한다.

$-3\le x\le-1$에서
최댓값과 최솟값을 구하면

$x=-1$일 때 최솟값 4,

$x=-3$일 때 최댓값 18을 갖는다.

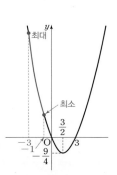

0637 답· 최댓값: 3, 최솟값: -27

$y=-2x^2-4x+3$

$=-2(x^2+2x+1-1)+3$

$=-2(x+1)^2+5$

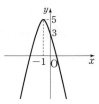

의 그래프는 오른쪽 그림과 같고 주
어진 범위에서 최댓값과 최솟값을
구하면 된다.

$0 \le x \le 3$에서

최댓값과 최솟값을 구하면

$x=0$일 때 최댓값 3,

$x=3$일 때 최솟값 -27을 갖는다.

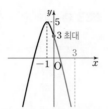

0638 답· 최댓값: 5, 최솟값: 3

0637번과 마찬가지로

$y=-2x^2-4x+3$의 그래프를

이용한다.

$-2 \le x \le 0$에서

최댓값과 최솟값을 구하면

$x=-1$일 때 최댓값 5,

$x=-2$ 또는 $x=0$일 때 최솟값 3을 긋는다.

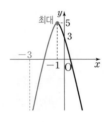

0639 최댓값: 5, 최솟값: -3

0637번과 마찬가지로

$y=-2x^2-4x+3$의 그래프를

이용한다.

$-3 \le x \le -1$에서

최댓값과 최솟값을 구하면

$x=-1$일 때 최댓값 5,

$x=-3$일 때 최솟값 -3을 갖는다.

문제 C.O.D.I **Trendy**

0640 답· ②

이차함수의 그래프의 꼭짓점의 좌표가 $(1, 2)$이므로

$f(x)=a(x-1)^2+2$ (a는 상수)

이 그래프가 점 $(0, 3)$을 지나므로

$3=a+2$ ∴ $a=1$

따라서 $f(x)=(x-1)^2+2$이므로 $f(2)=1+2=3$

0641 답· ①

$y=ax^2+bx+c$의 그래프가 $y=-x^2$의 그래프와 포개어지

려면 x^2의 계수가 같아야 한다.

∴ $a=-1$

이때 꼭짓점의 좌표가 $(2, -1)$이므로

$y=-(x-2)^2-1=-x^2+4x-5$

$=ax^2+bx+c$

따라서 $a=-1$, $b=4$, $c=-5$이므로 $a+b+c=-2$

0642 답· ④

$y=x^2-4x+k=x^2-4x+4-4+k$

$=(x-2)^2+k-4$

에서 꼭짓점의 좌표는 $(2, k-4)$이고 꼭짓점이

직선 $y=x+1$ 위에 있으므로

$k-4=3$ ∴ $k=7$

0643 답· ⑤

$y=2x^2+4x+1=2(x+1)^2-1$이므로

꼭짓점은 $A(-1, -1)$이고,

y축과의 교점은 $B(0, 1)$이다.

∴ (직선 AB의 기울기)$=\dfrac{1-(-1)}{0-(-1)}=2$

0644 답· (가) 1 (나) 1 (다) $f(1)$

그래프는 직선 $x=2$에 대하여 대

칭이므로 축을 기준으로 좌우 같

은 거리에 있는 함숫값은 같다.

∴ $f(3)=f(2+1)$

$=f(2-1)=f(1)$

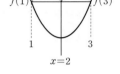

0645 답· ②

$f(x)=-x^2+2x+1$

$=-(x-1)^2+2$

이므로 이차함수 그래프의 축은 직선

$x=1$이고, $f(3)$의 값과 축에 대하여

대칭인 값을 찾는다.

$\dfrac{a+3}{2}=1$에서 $a=-1$

∴ $f(3)=f(-1)$

0646 답· ②

$x=-1$, $x=3$에서 같은 거리에 있는

값을 구하여 대칭축을 찾는다.

$\dfrac{-1+3}{2}=1$이므로 대칭축은 직선

$x=1$

이때 꼭짓점의 x좌표와 대칭축의

x좌표의 값은 같으므로 $m=1$

즉, 꼭짓점의 좌표가 $(1, -1)$이므로

$f(x)=a(x-1)^2-1$이라 하면

이 그래프가 점 $(2, 1)$을 지나므로 $1=a-1$에서 $a=2$

따라서 $f(x)=2(x-1)^2-1$이므로 $f(0)=1$

∴ $m+f(0)=2$

0647 답· ③

$y=x^2-4x+3$에 $x=0$을 대입하면 $y=3$ ∴ $C(0, 3)$

$y=x^2-4x+3$에 $y=0$을 대입하면

$x^2-4x+3=0$에서

$x=1$ 또는 $x=3$

∴ $A(1, 0)$, $B(3, 0)$

∴ $\triangle ABC=\dfrac{1}{2}\times2\times3=3$

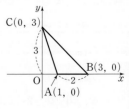

0648 답·①

x축과의 교점이 점 $(-1, 0)$, $(1, 0)$이므로

$f(x)=a(x+1)(x-1)$

이 그래프가 점 $(0, 2)$를 지나므로

$2=a \cdot (0+1)(0-1)$에서 $a=-2$

따라서 $f(x)=-2(x+1)(x-1)=-2x^2+2$이므로

$f(2)=-6$

0649 답·⑤

$f(-2)=f(1)=0$이므로

$f(x)=a(x+2)(x-1)$

이때 $f(0)=2$이므로

$2=a \cdot (0+2)(0-1)$에서 $a=-1$

$f(x)=-(x+2)(x-1)$

$\quad = -x^2-x+2$

$\quad = -\left(x+\dfrac{1}{2}\right)^2+\dfrac{9}{4}$

이므로 꼭짓점의 좌표는 $\left(-\dfrac{1}{2}, \dfrac{9}{4}\right)$이다.

따라서 $p=9$, $q=4$이므로 $p-q=5$

0650 답· $(-2, 0)$, $(2, 0)$

$y=x^2+x+1$의 그래프와 포개어지는 그래프의 이차함수는

x^2의 계수가 1이고, 축이 직선 $x=0$이므로 이차함수의 식은

$y=x^2+a$의 꼴이다.

이때 x축과의 두 교점 사이의 거리가

4인 그래프는 오른쪽 그림과 같으므

로 x축과의 교점의 좌표는

$(-2, 0)$, $(2, 0)$이다.

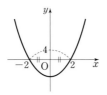

0651 답·②

$y=x^2-6x+2k+1$에서 이차방정식 $x^2-6x+2k+1=0$

의 판별식을 D라 하면 $\dfrac{D}{4}>0$일 때 이차함수의 그래프가

x축과 두 점에서 만나므로

$\dfrac{D}{4}=(-3)^2-1 \cdot (2k+1)>0$에서

$9-2k-1>0$ $\quad \therefore k<4$

0652 답· $k>\dfrac{5}{2}$

$f(x)=(k-2)x^2+(k-1)x+\dfrac{1}{4}(k+2)$에서

$(k-2)x^2+(k-1)x+\dfrac{1}{4}(k+2)=0$의 판별식을 D라 하면

$D<0$일 때 이차함수의 그래프가 x축과 만나지 않으므로

$D=(k-1)^2-4 \cdot (k-2) \cdot \dfrac{1}{4}(k+2)<0$에서

$-2k+5<0$ $\quad \therefore k>\dfrac{5}{2}$

0653 답·①

이차함수의 그래프의 꼭짓점이 x축 위에 있다는 것은 이차함

수의 그래프가 x축과 접한다는 뜻이므로

$x^2+2(2k-1)x+3k^2-k+1=0$이 중근을 갖는다.

즉, $\dfrac{D}{4}=(2k-1)^2-3k^2+k-1=0$이므로

$k^2-3k=0$ $\quad \therefore k=0$ 또는 $k=3$

(i) $k=3$일 때,

$\quad y=x^2+10x+25=(x+5)^2$이므로

$\quad$ 꼭짓점의 좌표는 $(-5, 0)$이고 x좌표가 음수이다.

(ii) $k=0$일 때,

$\quad y=x^2-2x+1=(x-1)^2$이므로

$\quad$ 꼭짓점의 좌표는 $(1, 0)$이고 x좌표는 양수이다.

0654 답· $-2 \leq k<-1$ 또는 $k>-1$

이차함수 $y=(k+1)x^2-2kx+k-2$의 그래프가 x축과 만

나려면 $(k+1)x^2-2kx+k-2=0$이 실근을 가져야 한다.

즉, $\dfrac{D}{4}=k^2-(k+1)(k-2) \geq 0$이어야 하므로

$k+2 \geq 0$ $\quad \therefore k \geq -2$

이때 주어진 함수가 이차함수가 되기 위해서는 x^2의 계수가

0이 되지 않아야 하므로 $k \neq -1$

$\therefore -2 \leq k<-1$ 또는 $k>-1$

0655 답·②

두 식을 연립하여 정리하면

$x^2+2x+a-10=0$

이 이차방정식의 근 중 하나가 -5이므로 $x=-5$를 대입하면

$25-10+a-10=0$에서 $a=-5$

즉, $x^2+2x-15=0$이므로 $(x+5)(x-3)=0$에서

나머지 한 근은 3이다. $\quad \therefore b=3$

$\therefore a+b=-2$

0656 답· $a<\dfrac{15}{8}$

두 식을 연립하여 정리하면

$2x^2-x+2-a=0$

이차함수의 그래프와 직선이 만나지 않으려면 이 이차방정식

은 허근을 가져야 하므로

$D=(-1)^2-4 \cdot 2(2-a)<0$에서

$1-16+8a<0$ $\quad \therefore a<\dfrac{15}{8}$

0657 답· $\dfrac{1}{2}$

두 식을 연립하여 정리하면

$kx^2+2kx+1-k=0$

이차함수의 그래프와 직선이 접하려면 이 이차방정식은 중근

을 가져야 하므로

$\dfrac{D}{4}=k^2-k(1-k)=0$에서

$k^2-k+k^2=0$, $k(2k-1)=0$

$\therefore k=0$ 또는 $k=\dfrac{1}{2}$

이때 주어진 함수가 이차함수가 되려면 $k\neq0$

$\therefore k=\dfrac{1}{2}$

0658 답· ⑤

두 식을 연립하여 정리하면

$x^2-4x+10-k=0$

이 이차방정식의 판별식을 D라 하면

$\dfrac{D}{4}=(-2)^2-10+k=k-6$

(i) $k<6$이면 이차함수의 그래프와 직선은 만나지 않는다.

$\therefore a_1=a_2=a_3=a_4=a_5=0$

(ii) $k=6$이면 이차함수의 그래프와 직선은 접한다.

$\therefore a_6=1$

(iii) $k>6$이면 이차함수의 그래프와 직선은 두 점에서 만난다.

$\therefore a_7=a_8=a_9=a_{10}=2$

$\therefore a_1+a_2+\cdots+a_9+a_{10}=0\times5+1+2\times4=9$

0659 답· ②

두 식을 연립하여 정리하면

$2x^2-(m+3)x+3=0$

이 이차방정식의 두 근이 3, p이므로

(i) 두 근의 곱: $3p=\dfrac{3}{2}$에서 $p=\dfrac{1}{2}$

(ii) 두 근의 합: $3+\dfrac{1}{2}=\dfrac{m+3}{2}$에서 $m=4$

$\therefore |mp|=\left|4\cdot\dfrac{1}{2}\right|=2$

0660 답· ②

$f(x)=-x^2+2x-2=-(x-1)^2-1$

이므로 꼭짓점의 좌표는 $(1,\ -1)$이다.

두 식을 연립하여 정리하면

$x^2+(m-2)x+3=0$

이 이차방정식의 한 근이 1이므로 $x=1$을 대입하면

$1+m-2+3=0$에서 $m=-2$

즉, $x^2-4x+3=0$이므로 $(x-1)(x-3)=0$에서

나머지 한 근은 $x=3$이다.

이때 꼭짓점이 아닌 다른 교점의 y좌표는 $x=3$을 대입하면

$y=-3^2+2\cdot3-2=-5$

따라서 다른 교점의 좌표는 $(3,\ -5)$이므로 $p=3$, $q=-5$

$\therefore |p+q|=2$

0661 답· 7

두 식을 연립하여 정리하면

$x^2+(a-2)x+3-b=0$

이 이차방정식의 두 근이 -2, 1이므로

근과 계수와의 관계에 의하여

(i) 두 근의 합: $-2+1=-a+2$에서 $a=3$

(ii) 두 근의 곱: $-2=3-b$에서 $b=5$

$\therefore 2b-a=10-3=7$

0662 답· 24

두 식을 연립하여 정리하면

$3x^2-12x+k-12=0$

이 이차방정식이 중근을 가져야 하므로

$\dfrac{D}{4}=(-6)^2-3(k-12)=0$에서 $k=24$

0663 답· ③

두 식을 연립하여 정리하면

$2x^2-3x+k=0$

이 이차방정식의 판별식을 D라 하면 $D\geq0$이어야 하므로

$D=(-3)^2-4\cdot2\cdot k\geq0$에서 $k\leq\dfrac{9}{8}$

따라서 실수 k의 최댓값은 $\dfrac{9}{8}$이다.

0664 답· ③

(i) $y=x^2+1$의 그래프와 직선 $y=-x+a$가 만나지 않는 경우:

$x^2+1=-x+a$에서 $x^2+x+1-a=0$

이 이차방정식의 판별식을 D_1이라 하면 $D_1<0$이어야 하므로

$D_1=1^2-4(1-a)<0$ $\therefore a<\dfrac{3}{4}$

(ii) $y=x^2-4x$의 그래프와 직선 $y=-x+a$가 두 점에서 만나는 경우

$x^2-4x=-x+a$에서 $x^2-3x-a=0$

이 이차방정식의 판별식을 D_2라 하면 $D_2>0$이어야 하므로

$D_2=(-3)^2-4\cdot(-a)>0$ $\therefore a>-\dfrac{9}{4}$

따라서 $-\dfrac{9}{4}<a<\dfrac{3}{4}$이므로 구하는 정수 a는 -2, -1, 0 의 3개이다.

0665 답· ①

이차방정식 $2x^2-3x-1=0$의 두 근이 α, β이므로

근과 계수와의 관계에 의하여

$\alpha+\beta=\dfrac{3}{2}$, $\alpha\beta=-\dfrac{1}{2}$

따라서 $p=\dfrac{3}{2}$, $q=-\dfrac{1}{2}$이므로 $p+q=1$

0666 답·④

두 식을 연립하여 정리하면

$3x^2-7x+1-k=0$

이 이차방정식의 두 근이 α, β이고

근과 계수와의 관계에 의하여

$\alpha\beta=\dfrac{1-k}{3}=-1$ $\quad\therefore k=4$

0667 답·$(2, -3)$

x^2의 계수가 1이고 두 근이 α, β인 이차방정식은

$(x-\alpha)(x-\beta)=0$이므로

$f(x)=(x-\alpha)(x-\beta)$

$\qquad=x^2-(\alpha+\beta)x+\alpha\beta$

$\qquad=x^2-4x+1$

$\qquad=x^2-4x+4-4+1$

$\qquad=(x-2)^2-3$

따라서 꼭짓점의 좌표는 $(2, -3)$이다.

0668 답·③

두 점 A, B의 x좌표를 각각 α, β라 하면 $(\alpha>\beta)$

$x^2-x-a=0$의 두 근이 α, β이고 $\alpha-\beta=5$이다.

또한 $\alpha+\beta=1$, $\alpha\beta=-a$이므로

$(\alpha-\beta)^2=(\alpha+\beta)^2-4\alpha\beta$에서

$25=1+4a$ $\quad\therefore a=6$

0669 답·③

기울기가 2인 직선을 $y=2x+k$라 하자.

이 직선과 $y=4x^2-2x+4$의 그래프가 접하므로

두 식을 연립한 이차방정식이 중근을 갖는다.

즉, $4x^2-2x+4=2x+k$에서

$4x^2-4x+4-k=0$이므로

$\dfrac{D}{4}=(-2)^2-4(4-k)=0$ $\quad\therefore k=3$

따라서 접선은 $y=2x+3$이므로 y절편은 3이다.

0670 답·③

직선 $y=mx+n$이 점 $(1, 3)$을 지나므로

$m+n=3$에서 $n=-m+3$

즉, $y=mx-m+3$이므로

$x^2+2x=mx-m+3$에서

$x^2+(2-m)x+m-3=0$

이 이차방정식의 판별식이 $D=0$이어야 하므로

$D=(m-2)^2-4(m-3)=0$

$m^2-8m+16=0$, $(m-4)^2=0$

$\therefore m=4$, $n=-1$

$\therefore m^2+n^2=16+1=17$

0671 답·50

y절편이 5인 직선의 식은 $y=mx+5$이고

이 직선이 $y=-x^2+4$의 그래프와 접하면

$mx+5=-x^2+4$, 즉 $x^2+mx+1=0$이 중근을 가져야 하므로

$D=m^2-4=0$에서 $m=\pm2$

따라서 두 접선은 $y=2x+5$

$y=-2x+5$이다. 이 두 직선과

x축으로 둘러싸인 도형은 오른쪽

그림과 같은 삼각형이 되므로

$S=\dfrac{1}{2}\times5\times5=\dfrac{25}{2}$

$\therefore 4S=50$

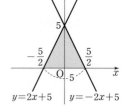

0672 답·①

(i) 직선 $y=x+n$이 $y=3x^2-5x+1$의 그래프에 접하는 경우:

$3x^2-5x+1=x+n$에서

$3x^2-6x+1-n=0$이므로

$\dfrac{D_1}{4}=(-3)^2-3+3n=0$ $\quad\therefore n=-2$

(ii) 직선 $y=mx-11$이 $y=3x^2-5x+1$의 그래프에 접하는 경우:

$3x^2-5x+1=mx-11$에서

$3x^2-(m+5)x+12=0$이므로

$\dfrac{D_2}{4}=(m+5)^2-4\cdot3\cdot12=0$, $m^2+10m-119=0$

$(m-7)(m+17)=0$

$\therefore m=7$ 또는 $m=-17$

이때 $m=-17$, $n=-2$일 때 $m+n=-19$

$\qquad m=7$, $n=-2$일 때 $m+n=5$

따라서 $m+n$의 최댓값은 5이다.

0673 답· (가) $\dfrac{3-\alpha}{2}$ (나) $\dfrac{3-\beta}{2}$ (다) $\alpha+\beta$ (라) $\dfrac{3}{2}$

(마) $\alpha\beta$ (바) $\dfrac{1}{2}$

$f(x)=0$의 두 근이 α, β이므로

$f(-2x+3)=0$의 두 근은

$-2x+3=\alpha$에서 $-2x=\alpha-3$

$\therefore x=$ (가) $\boxed{\dfrac{3-\alpha}{2}}$

$-2x+3=\beta$에서 $-2x=\beta-3$

$\therefore x=$ (나) $\boxed{\dfrac{3-\beta}{2}}$

이때 $\alpha+\beta=3$, $\alpha\beta=2$이므로

(ⅰ) 두 근의 합: $\dfrac{3-\alpha}{2}+\dfrac{3-\beta}{2}$

$$=\dfrac{6-(\alpha+\beta)}{2}$$

$$=\dfrac{6-(\boxed{\text{(다)}\ \alpha+\beta})}{2}$$

$$=\boxed{\text{(라)}\ \dfrac{3}{2}}$$

(ⅱ) 두 근의 곱: $\dfrac{3-\alpha}{2}\cdot\dfrac{3-\beta}{2}$

$$=\dfrac{(3-\alpha)(3-\beta)}{4}$$

$$=\dfrac{\boxed{\text{(마)}\ \alpha\beta}-3(\alpha+\beta)+9}{4}$$

$$=\boxed{\text{(바)}\ \dfrac{1}{2}}$$

0674 답 · ②

방정식 $f(x)=0$의 두 근이 -2, 4이므로

방정식 $f(2x-1)=0$의 두 근은

$2x-1=-2$에서 $2x=-1$ $\quad\therefore x=-\dfrac{1}{2}$

$2x-1=4$에서 $2x=5$ $\quad\therefore x=\dfrac{5}{2}$

$\therefore$ (두 근의 합)$=-\dfrac{1}{2}+\dfrac{5}{2}=2$

0675 답 · ②

$h(x)=f(x)-g(x)$라 하면 $h(x)=0$에서

$x^2-2x-8=0$ $\quad\therefore x=4$ 또는 $x=-2$

$f(2x-k)=g(2x-k)$를 이항한

$f(2x-k)-g(2x-k)$은 $h(2x-k)=0$과 같다.

이때 $h(x)=0$의 두 근이 4, -2이므로

$2x-k=4$에서 $x=\dfrac{k+4}{2}$

$2x-k=-2$에서 $x=\dfrac{k-2}{2}$

이때 $h(2x-k)=0$의 두 근의 합이 3이므로

$\dfrac{k+4+k-2}{2}=3$, $k+1=3$ $\quad\therefore k=2$

0676 답 · 18

$y=-x^2+ax+10$에 $(1, 13)$을 대입하면

$13=-1+a+10$ $\quad\therefore a=4$

즉, $y=-x^2+4x+10$

$\qquad =-(x-2)^2+14$

이므로 최댓값은 $M=14$

$\therefore a+M=18$

0677 답 · (가) $18x+6$ (나) $9(x+1)^2-3$ (다) -1 (라) -3
　　　　(마) $(t+2)^2-3$

[방법 1] 식을 정리하여 푼다.

$y=(3x+1)^2+4(3x+1)+1$

$\quad =9x^2+6x+1+12x+4+1$

$\quad =9x^2+\boxed{\text{(가)}\ 18x+6}$

$\quad =\boxed{\text{(나)}\ 9(x+1)^2-3}$

이므로 $x=\boxed{\text{(다)}\ -1}$에서 최솟값 $\boxed{\text{(라)}\ -3}$을 갖는다.

[방법 2] 치환을 이용한다.

$t=3x+1$로 치환하면

$y=(3x+1)^2+4(3x+1)+1$

$\quad =t^2+4t+1$

$\quad =\boxed{\text{(마)}\ (t+2)^2-3}$

$\quad =\boxed{\text{(나)}\ 9(x+1)^2-3}$

이므로 $x=\boxed{\text{(다)}\ -1}$에서 최솟값 $\boxed{\text{(라)}\ -3}$을 갖는다.

0678 답 · ④

$f(x)$의 최솟값을 구하기 위해 표준형으로 바꾼다.

$f(x)=x^2-2ax+2a+3=(x-a)^2-a^2+2a+3$

에서 $x=a$일 때 최솟값이 $-a^2+2a+3$이므로

$g(a)=-a^2+2a+3=-(a-1)^2+4$

따라서 $g(a)$는 $a=1$일 때 최댓값은 4이다.

0679 답 · ④

$f(x)=x^2-4x+a$

$\qquad =(x-2)^2+a-4$

이므로 이차함수 $f(x)$의 그래프의
축은 직선 $x=2$이다.

오른쪽 그림과 같이 $x=0$에서
최댓값이 12이므로 $f(0)=a=12$

따라서 $f(x)$의 최솟값은 $f(2)=8$

0680 답 · ②

$f(x)=x^2-2x+a$

$\qquad =(x-1)^2+a-1$

이므로 축은 직선 $x=1$이고 아래로
볼록한 포물선이다.

즉, 최댓값은 $f(-2)=a+8$이고
최솟값은 $f(1)=a-1$이므로

$a+8+a-1=21$ $\quad\therefore a=7$

0681 답 · ①

$f(x)=x^2+ax+b$

$\qquad =\left(x+\dfrac{a}{2}\right)^2-\dfrac{a^2}{4}+b$

이고 이차함수 $y=f(x)$의 그래프는

직선 $x=2$에 대하여 대칭이므로

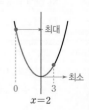

$$-\frac{a}{2}=2 \qquad \therefore a=-4$$

이때 $0\le x\le 3$에서 함수 $f(x)$의 최댓값은 $f(0)$이므로

$$f(0)=b=8$$

$$\therefore a+b=4$$

0682 답·④

주어진 범위 안에 축이 포함되지 않는 경우의 그래프는 다음
과 같다.

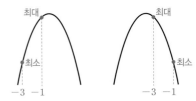

이때 $x=-3$이나 $x=-1$에서 최댓값을 갖게 된다.
즉, 주어진 범위에 축과 꼭짓점을 포함하고 있고 꼭짓점의
좌표가 $(-2, 3)$임을 알 수 있다.

$$\therefore f(x)=-(x+2)^2+3=-x^2-4x-1$$

따라서 $a=-4$, $b=-1$이므로 $|ab|=4$

0683 답·④

$$y=x^2+4x+2=(x+2)^2-2$$

이고 오른쪽 그림에서 함수의 최댓
값은 $x=a$일 때 7이므로

$$a^2+4a+2=7$$

$$a^2+4a-5=0$$

$$(a-1)(a+5)=0$$

$$\therefore a=1 \text{ 또는 } a=-5$$

이때 $-3\le x\le a$에서 $a>-3$이므로 $a=1$

0684 답·②

$$y=-2x^2+8x+1=-2(x-2)^2+9$$이고
주어진 범위 안에 축이 포함되는 경우와 포함되지 않는
경우는 다음과 같다.

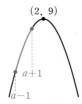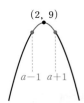

이때 범위 안에 축이 포함되지 않으면 최댓값이 9가 될 수 없
으므로 $a-1\le x\le a+1$에 2가 포함되어야 한다.

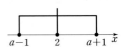

즉, $a-1\le 2$, $2\le a+1$에서 $1\le a\le 3$
따라서 $a=1$, $\beta=3$이므로 $a\beta=3$

0685 답·3

조건 ㈎, ㈏, ㈐에 맞는 그래프는 다음과 같다.

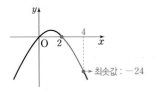

이 그래프를 식으로 나타내면

$$f(x)=ax(x-2)$$

이 식에 $(4, -24)$를 대입하면

$$-24=a\cdot 4\cdot 2 \qquad \therefore a=-3$$

따라서 $f(x)=-3x(x-2)=-3(x-1)^2+3$에서
꼭짓점의 좌표는 $(1, 3)$이므로 구하는 y좌표는 3이다.

0686 답·㈎ -2 ㈏ 4 ㈐ 4 ㈑ 1 ㈒ 23

$-1\le x\le 1$에서 $\boxed{㈎\ -2}\le 3x+1\le\boxed{㈏\ 4}$이므로
$t=3x+1$이라 하면

$$\boxed{㈎\ -2}\le t\le\boxed{㈏\ 4}$$

$y=t^2+2t-1$의 그래프를 그리면
그림과 같다.

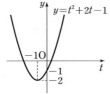

(i) $t=-1$에서 최솟값이 되고
　이때의 x의 값은

$$t=3x+1=-1에서 x=-\frac{2}{3}이고 최솟값은 -2이다.$$

(ii) $t=\boxed{㈐\ 4}$에서 최댓값이 되고 이때의 x의 값은

$$t=3x+1=\boxed{㈐\ 4}에서 x=\boxed{㈑\ 1}이고$$

　최댓값은 $\boxed{㈒\ 23}$이다.

0687 답·㈎ -1 ㈏ 3 ㈐ 5 ㈑ 1

$t=x^2-2x$라 하면
$t=(x-1)^2-1$이므로 오른쪽 그림
과 같은 그래프를 그릴 수 있다.

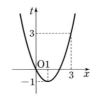

$0\le x\le 3$에서

$$\boxed{㈎\ -1}\le t\le\boxed{㈏\ 3}이므로$$

$$y=(x^2-2x)^2-(x^2-2x)+2$$

$$=t^2-2t+2$$

의 그래프를 그리면 오른쪽 그림과
같다.

따라서 최댓값은 $\boxed{㈐\ 5}$, 최솟값은

$\boxed{㈑\ 1}$이다.

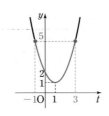

0688 답·③

$t=\dfrac{1}{2}x+1$로 치환하면 $-1\le x\le 3$에서

$\dfrac{1}{2} \le \dfrac{1}{2}x+1 \le \dfrac{5}{2}$ 이므로 $\dfrac{1}{2} \le t \le \dfrac{5}{2}$ 이고

$y = \left(\dfrac{1}{2}x+1\right)^2 - 6\left(\dfrac{1}{2}x+1\right) + 3$

$\quad = t^2 - 6t + 3$

$\quad = (t-3)^2 - 6$

즉, $t = \dfrac{1}{2}$ 일 때, 최댓값 $\left(\dfrac{1}{2}-3\right)^2 - 6 = \dfrac{1}{4}$ 을 갖고,

$\quad t = \dfrac{5}{2}$ 일 때, 최솟값 $\left(\dfrac{5}{2}-3\right)^2 - 6 = -\dfrac{23}{4}$ 을 갖는다.

따라서 최댓값과 최솟값의 차는 $\dfrac{1}{4} - \left(-\dfrac{23}{4}\right) = \dfrac{24}{4} = 6$

0689 답 · ②

$t = x^2 - 4x + 2$ 라 하면

$t = (x-2)^2 - 2$ 이므로

오른쪽 그림과 같은 그래프를

그릴 수 있다.

이때 $1 \le x \le 2$ 에서

$-2 \le t \le -1$ 이고

$y = 2(x^2-4x+2)^2 - 4(x^2-4x+2) - 1$

$\quad = 2t^2 - 4t - 1 = 2(t-1)^2 - 3$

이므로 $t = -2$ 일 때 최댓값 $m = 15$,

$\quad t = -1$ 일 때 최솟값 $n = 5$ 를 갖는다.

$\therefore \dfrac{m}{n} = 3$

0690 답 · ①

$t = x^2 + 2x + 3$, 즉 $t = (x+1)^2 + 2$ 로 치환하면

$-2 \le x \le 0$ 일 때 $2 \le t \le 3$ 이고

$y = (x^2+2x+3)^2 - 4x^2 - 8x$

$\quad = (x^2+2x+3)^2 - 4(x^2+2x+3) + 12$

$\quad = t^2 - 4t + 12$

$\quad = (t-2)^2 + 8$

이므로 $t = 3$ 일 때 최댓값은 9, $t = 2$ 일 때 최솟값은 8이다.

따라서 최댓값과 최솟값의 차는 1이다.

0691 답 · $6\sqrt{2}$

$t = x^2 - 1$ 로 치환하면

$1 \le x \le 3$ 일 때 $0 \le t \le 8$ 이고

$y = -(x^2-1)^2 + 2x^2 + 3$

$\quad = -(x^2-1)^2 + 2(x^2-1) + 5$

$\quad = -t^2 + 2t + 5$

$\quad = -(t-1)^2 + 6$

이므로 $t = 1$ 일 때 최댓값은 $b = 6$ 이다.

이때 $t = x^2 - 1 = 1$ 에서 $x^2 = 2$

즉, $x = \sqrt{2}$ 이므로 $a = \sqrt{2}$

$\therefore ab = 6\sqrt{2}$

0692 답 · (가) 2 (나) $-8x+8$ (다) 8 (라) $\dfrac{8}{3}$

$2x + y = 4$ 를 y 에 대하여 정리하면

$y = -2x + 4$

이때 $x \ge 0$, $y = -2x + 4 \ge 0$ 이므로

$0 \le x \le \boxed{\text{(가) } 2}$

$x^2 + \dfrac{1}{2}y^2 = x^2 + \dfrac{1}{2}(-2x+4)^2$

$\quad = x^2 + \dfrac{1}{2}(4x^2 - 16x + 16)$

$\quad = 3x^2 + \boxed{\text{(나) } -8x+8}$

$\quad = 3\left(x - \dfrac{4}{3}\right)^2 + \dfrac{8}{3}$

따라서 $x = 0$ 일 때 최댓값은 $\boxed{\text{(다) } 8}$, $x = \dfrac{4}{3}$ 일 때

최솟값은 $\boxed{\text{(라) } \dfrac{8}{3}}$ 을 갖는다.

0693 답 · ②

a, b 가 실수일 때, $a^2 + b^2 + 2$ 는 $a = 0$, $b = 0$ 일 때

최솟값 2를 갖는다.

이 성질을 이용할 수 있게 주어진 식을 변형하면

$2x^2 + y^2 - 4x + 6y + 10$

$= 2x^2 - 4x + 2 + y^2 + 6y + 9 + 10 - 2 - 9$

$= 2(\boxed{\text{(가) } x-1})^2 + (\boxed{\text{(나) } y+3})^2 - 1$

이므로 $x = 1$, $y = -3$ 일 때 최솟값 -1을 갖는다.

따라서 $a = 1$, $b = -3$, $f(x) = x - 1$, $g(y) = y + 3$ 이므로

$f(b) + g(a) = f(-3) + g(1) = -4 + 4 = 0$

0694 답 · ①

$x^2 + y^2 + x - 3y + \dfrac{1}{2}$

$= x^2 + x + y^2 - 3y + \dfrac{1}{2}$

$= \left(x + \dfrac{1}{2}\right)^2 + \left(y - \dfrac{3}{2}\right)^2 - 2$

이므로 $x = -\dfrac{1}{2}$, $y = \dfrac{3}{2}$ 일 때 최솟값 -2를 갖는다.

Final

0695 답 · 6

$y = x^2 - 4x + k + 2 = (x-2)^2 + k - 2$ 이므로

꼭짓점의 좌표 $(2, k-2)$ 를 $y = x^2 - 2x + 4$ 에 대입하면

$k - 2 = 4 - 4 + 4$ $\therefore k = 6$

0696 답 · 7

$-x^2 + 4x - k = 0$ 에서 $x^2 - 4x + k = 0$

이 이차방정식의 판별식을 D라 하면

$\dfrac{D}{4} = 4 - k$

(i) $4 - k > 0$, 즉 $k < 4$일 때 교점은 2개이므로

$\quad a_1 = a_2 = a_3 = 2$

(ii) $4 - k = 0$, 즉 $k = 4$일 때 교점은 1개이므로

$\quad a_4 = 1$

(iii) $4 - k < 0$, 즉 $k > 4$일 때 교점은 0개이므로

$\quad a_5 = a_6 = \cdots = a_{10} = 0$

$\therefore a_1 + a_2 + \cdots + a_9 + a_{10} = 2 \times 3 + 1 + 0 \times 6 = 7$

0697 답·①

두 식을 연립하여 정리하면

$3x^2 - x - 1 = 5x + k$에서

$3x^2 - 6x - k - 1 = 0$

이 이차방정식의 판별식을 D라 하면

$\dfrac{D}{4} = (-3)^2 - 3(-k-1) = 0$에서 $k = -4$

즉, 접점의 x좌표는 $3x^2 - 6x + 3 = 0$에서

$3(x-1)^2 = 0 \qquad \therefore x = 1$

접점의 y좌표는 $y = 3 \cdot 1^2 - 1 - 1 = 1$

따라서 접점의 좌표는 $(1, 1)$이다.

0698 답·①

두 식을 연립하여 정리하면

$2x^2 + x - 10 = mx + n$에서

$2x^2 + (-m+1)x - n - 10 = 0$

이 이차방정식의 두 근이 -2, 3이므로

근과 계수와의 관계에 의하여

(i) 두 근의 합: $1 = \dfrac{m-1}{2}$에서 $m = 3$

(ii) 두 근의 곱: $-6 = \dfrac{-n-10}{2}$에서 $n = 2$

$\therefore m + n = 5$

0699 답·①

$f(x)$의 x^2의 계수가 -1이므로 $h(x)$의 x^2의 계수도 -1이다.

또한 $h(x) = 0$의 두 근이 2, 6이므로

$\begin{aligned} h(x) &= -(x-2)(x-6) \\ &= -x^2 + 8x - 12 \\ &= -(x-4)^2 + 4 \end{aligned}$

에서 $x = 4$일 때, 최댓값 4를 갖는다.

따라서 $p = 4$, $q = 4$이므로 $p + q = 8$

0700 답·②

$y = 2x^2 + kx - 3$에 $(2, 9)$를 대입하면

$9 = 2 \cdot 2^2 + 2k - 3 \qquad \therefore k = 2$

즉, $y = 2x^2 + 2x - 3 = 2\left(x + \dfrac{1}{2}\right)^2 - \dfrac{7}{2}$이므로

$x = -\dfrac{1}{2}$일 때, 최솟값은 $-\dfrac{7}{2}$이다.

따라서 $p = 2$, $q = 7$이므로 $p + q = 9$

0701 답·③

$\begin{aligned} y &= -x^2 + 2x + 3 \\ &= -(x-1)^2 + 4 \end{aligned}$

이므로 오른쪽 그림과 같이

$x = a$일 때 최솟값 -5를 갖는다.

즉, $-a^2 + 2a + 3 = -5$에서

$a^2 - 2a - 8 = 0$

$\therefore a = -2$ 또는 $a = 4$

이때 $a > 0$이므로 $a = 4$

0702 답·①

두 식을 연립하여 정리하면

$x^2 + 2kx + k^2 - 2k = ax + a - 3$에서

$x^2 + (2k-a)x + k^2 - 2k - a + 3 = 0$

이 이차방정식의 판별식을 D라 하면

$D = (2k-a)^2 - 4(k^2 - 2k - a + 3) = 0$에서

$4k^2 - 4ak + a^2 - 4k^2 + 8k + 4a - 12 = 0$

$-4(a-2)k + a^2 + 4a - 12 = 0$

$-4(a-2)k + (a-2)(a+6) = 0$

이 식이 k의 값에 관계없이 항상 성립하기 위해서는

$a = 2$

0703 답·③

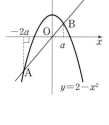

$\overline{OA} : \overline{OB} = 2 : 1$이므로 오른쪽 그림과 같이 두 점 A, B의 x좌표를 각각 $-2a$, $a\,(a > 0)$라고 할 수 있다.

$kx = 2 - x^2$에서 $x^2 + kx - 2 = 0$

이 이차방정식의 두 근이 $-2a$, a이므로 근과 계수와의 관계에 의하여

(두 근의 곱) $= -2a \cdot a = -2$에서 $a^2 = 1$

즉, $a = 1$이므로 두 근은 1, -2이다.

(두 근의 합) $= 1 + (-2) = -k$

$\therefore k = 1$

0704 답·⑤

두 식을 연립하여 정리하면

$x^2 - 3x + 1 = -x^2 + ax + b$에서

$2x^2 - (a+3)x + 1 - b = 0$

이때 이차방정식의 계수가 모두 유리수이고 한 근이 $1 - \sqrt{2}$이므로 다른 한 근은 $1 + \sqrt{2}$이다.

근과 계수와의 관계에 의하여

(i) 두 근의 합: $1-\sqrt{2}+1+\sqrt{2}=\dfrac{a+3}{2}$ $\therefore a=1$

(ii) 두 근의 곱: $(1-\sqrt{2})(1+\sqrt{2})=\dfrac{1-b}{2}$ $\therefore b=3$

$\therefore a+3b=10$

0705 답· $y=2x-1$

공통접선을 $y=mx+n$이라 하면 (단, m, n은 상수)

(i) $x^2+2x-1=mx+n$에서

$x^2+(-m+2)x-n-1=0$

이 이차방정식의 판별식을 D_1이라 하면

$D_1=(m-2)^2+4n+4=0$이므로

$m^2-4m+8=-4n$ $\cdots$ ㉠

(ii) $x^2-2x+3=mx+n$에서

$x^2-(m+2)x-n+3=0$

이 이차방정식의 판별식을 D_2라 하면

$D_2=(m+2)^2+4n-12=0$이므로

$m^2+4m-8=-4n$ $\cdots$ ㉡

㉠, ㉡을 연립하여 풀면

$m^2-4m+8=m^2+4m-8,\ 8m=16$

$\therefore m=2,\ n=-1$

따라서 공통접선의 방정식은 $y=2x-1$

0706 답· ②

$g(x)<h(x)<f(x)$가 성립하는
경우는 오른쪽 그림과 같으므로
직선 $y=h(x)$가 두 이차함수의
그래프와 만나지 않아야 한다.

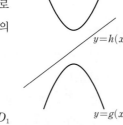

(i) $x^2+3x+3=x+k$에서

$x^2+2x+3-k=0$

이 이차방정식의 판별식을 D_1
이라 하면

$\dfrac{D_1}{4}=1^2-3+k<0$이므로 $k<2$

(ii) $x+k=-2x^2-5x-5$에서

$2x^2+6x+k+5=0$

이 이차방정식의 판별식을 D_2라 하면

$\dfrac{D_2}{4}=3^2-2k-10<0$이므로 $k>-\dfrac{1}{2}$

(i), (ii)에서 $-\dfrac{1}{2}<k<2$

따라서 $\alpha=-\dfrac{1}{2}$, $\beta=2$이므로 $\alpha\beta=-1$

0707 답· 24

(i) $x^2+ax+b=-x+4$에서

$x^2+(a+1)x+b-4=0$

이 이차방정식의 판별식을 D_1이라 하면

$D_1=(a+1)^2-4b+16=0$이므로

$a^2+2a+17=4b$ $\cdots$ ㉠

(ii) $x^2+ax+b=5x+7$에서

$x^2+(a-5)x+b-7=0$

이 이차방정식의 판별식을 D_2라 하면

$D_2=(a-5)^2-4b+28=0$이므로

$a^2-10a+53=4b$ $\cdots$ ㉡

㉠, ㉡을 연립하여 풀면

$a^2+2a+17=a^2-10a+53$

$12a=36$ $\therefore a=3,\ b=8$

$\therefore ab=24$

0708 답· -3, 3

$y=x^2-2x+2=(x-1)^2+1$이므로 최솟값이 5가 되는
경우는 다음과 같이 두 가지를 생각할 수 있다.

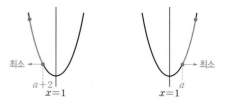

(i) $x=a+2$일 때 최소인 경우: $a+2<1$에서 $a<-1$

$(a+2)^2-2(a+2)+2=5,\ a^2+2a-3=0$

$(a-1)(a+3)=0$ $\therefore a=-3$

(ii) $x=a$일 때 최소인 경우: $a>1$

$a^2-2a+2=5,\ (a-3)(a+1)=0$

$\therefore a=3$

(i), (ii)에서 $a=-3$ 또는 $a=3$

0709 답· ③

$y=f(x)$의 그래프가 직선 $x=1$에
대하여 대칭이면 오른쪽 그림과 같다.

즉, $y=(x-1)^2+c$

$\quad =x^2-2x+1-c$

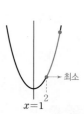

꼴이므로 $a=-2$

$2\le x\le4$에서 최솟값이 -1이므로

$y=x^2-2x+b$에 $x=2$를 대입하면

$4-4+b=-1$에서 $b=-1$

$\therefore a+b=-3$

중학교 **Review**

01 (1) $(6, -2)$ (2) $(2, 1)$ (3) $(1, 3)$ (4) $(0, -2)$

02 (1) $(2, 5)$ (2) $(2, -1)$ (3) $(9, 11)$ (4) $(-2, 2)$

03 (1) $x=2, y=3$ (2) $x=1, y=1$

   (3) $x=6, y=6$ (4) $x=5, y=-1$

04 (1) 해가 없다. (2) 해가 무수히 많다.

   (3) 해가 없다. (4) 해가 무수히 많다.

Basic

0710 답 · $x=2$ 또는 $x=-1\pm\sqrt{3}i$

$x^3-8=0$에서 $x^3-2^3=0$

$(x-2)(x^2+2x+4)=0$

(i) $x-2=0$에서 $x=2$

(ii) $x^2+2x+4=0$에서 $x=-1\pm\sqrt{3}i$

0711 답 · $x=0$ 또는 $x=\pm2$

$x^3-4x=0$에서 $x(x^2-4)=0$

$x(x+2)(x-2)=0$ ∴ $x=0$ 또는 $x=\pm2$

0712 답 · $x=\dfrac{3}{2}$

$8x^3-36x^2+54x-27=0$에서

$(2x)^3-3\cdot(2x)^2\cdot3+3\cdot(2x)\cdot3^2-3^3=0$

$(2x-3)^3=0$ ∴ $x=\dfrac{3}{2}$

0713 답 · $x=-1$ 또는 $x=\dfrac{1\pm\sqrt{3}i}{2}$

$x^3+1=0$에서 $x^3+1^3=0$

$(x+1)(x^2-x+1)=0$

(i) $x+1=0$에서 $x=-1$

(ii) $x^2-x+1=0$에서 $x=\dfrac{1\pm\sqrt{3}i}{2}$

0714 답 · $x=-1$ 또는 $x=2$ 또는 $x=3$

인수정리를 이용한다.

$f(x)=x^3-4x^2+x+6$이라 하면

$f(-1)=0, f(2)=0$이므로

$$\begin{array}{r|rrrr} -1 & 1 & -4 & 1 & 6 \\ & & -1 & 5 & -6 \\ \hline 2 & 1 & -5 & 6 & 0 \\ & & 2 & -6 & \\ \hline & 1 & -3 & 0 & \end{array}$$

$x^3-4x^2+x+6=0$에서

$(x+1)(x-2)(x-3)=0$

∴ $x=-1$ 또는 $x=2$ 또는 $x=3$

0715 답 · $x=3$ 또는 $x=\dfrac{1\pm\sqrt{13}}{2}$

인수정리를 이용한다.

$f(x)=x^3-4x^2+9$라 하면 $f(3)=0$이므로

$$\begin{array}{r|rrrr} 3 & 1 & -4 & 0 & 9 \\ & & 3 & -3 & -9 \\ \hline & 1 & -1 & -3 & 0 \end{array}$$

$x^3-4x^2+9=0$에서

$(x-3)(x^2-x-3)=0$

(i) $x-3=0$에서 $x=3$

(ii) $x^2-x-3=0$에서 $x=\dfrac{1\pm\sqrt{13}}{2}$

0716 답 · $x=\pm1$ 또는 $x=\dfrac{1\pm\sqrt{3}i}{2}$

$x^4-x^3+x-1=0$에서

$x^3(x-1)+(x-1)=0, (x-1)(x^3+1)=0$

$(x-1)(x+1)(x^2-x+1)=0$

(i) $x-1=0$에서 $x=1$

(ii) $x+1=0$에서 $x=-1$

(iii) $x^2-x+1=0$에서 $x=\dfrac{1\pm\sqrt{3}i}{2}$

0717 답 · $x=1$ 또는 $x=-1$ 또는 $x=-2$

인수정리를 이용한다.

$f(x)=x^4+x^3-3x^2-x+2$라 하면

$f(1)=0$이므로

$$\begin{array}{r|rrrrr} 1 & 1 & 1 & -3 & -1 & 2 \\ & & 1 & 2 & -1 & -2 \\ \hline 1 & 1 & 2 & -1 & -2 & 0 \\ & & 1 & 3 & 2 & \\ \hline & 1 & 3 & 2 & 0 & \end{array}$$

$x^4+x^3-3x^2-x+2=0$에서

$(x-1)^2(x^2+3x+2)=0$

$(x-1)^2(x+1)(x+2)=0$

∴ $x=1$ 또는 $x=-1$ 또는 $x=-2$

0718 답 · $x=1$ 또는 $x=2$ 또는 $x=3$

$(x-2)^3-x+2=0$에서 $(x-2)^3-(x-2)=0$

$t=x-2$로 치환하면

$t^3-t=0, t(t^2-1)=0, t(t+1)(t-1)=0$

즉, $t=0$ 또는 $t=-1$ 또는 $t=1$이므로

$x=2$ 또는 $x=1$ 또는 $x=3$

0719 답· $x=-3$ 또는 $x=-1$ 또는 $x=2$ 또는 $x=4$

$t=x^2-x+1$로 치환하면 주어진 방정식은

$t^2-16t+39=0,\ (t-3)(t-13)=0$

$\therefore t=3$ 또는 $t=13$

(ⅰ) $x^2-x+1=3$일 때,

　$x^2-x-2=0,\ (x-2)(x+1)=0$

　$\therefore x=2$ 또는 $x=-1$

(ⅱ) $x^2-x+1=13$일 때,

　$x^2-x-12=0,\ (x-4)(x+3)=0$

　$\therefore x=4$ 또는 $x=-3$

0720 답· $x=\pm1$ 또는 $x=\pm\sqrt{2}$

$x^2=t$로 치환하면 주어진 방정식은

$t^2-3t+2=0,\ (t-1)(t-2)=0$

$(x^2-1)(x^2-2)=0$

$(x+1)(x-1)(x+\sqrt{2})(x-\sqrt{2})=0$

$\therefore x=\pm1$ 또는 $x=\pm\sqrt{2}$

0721 답· $x=\dfrac{-1\pm\sqrt{3}i}{2}$ 또는 $x=\dfrac{1\pm\sqrt{3}i}{2}$

$x^2=t$로 치환하면 주어진 방정식은

$t^2+t+1=0,\ (t+1)^2-t=0$

$(x^2+1)^2-x^2=0,\ (x^2+x+1)(x^2-x+1)=0$

(ⅰ) $x^2+x+1=0$에서 $x=\dfrac{-1\pm\sqrt{3}i}{2}$

(ⅱ) $x^2-x+1=0$에서 $x=\dfrac{1\pm\sqrt{3}i}{2}$

0722 답· $x=\dfrac{1\pm\sqrt{3}i}{2}$ 또는 $x=-2\pm\sqrt{3}$

대칭형 방정식이므로 양변을 x^2으로 나눈다.

$x^4+3x^3-2x^2+3x+1=0$에서

$x^2+3x-2+\dfrac{3}{x}+\dfrac{1}{x^2}=0$

$\left(x^2+\dfrac{1}{x^2}\right)+3\left(x+\dfrac{1}{x}\right)-2=0$

$\left(x+\dfrac{1}{x}\right)^2+3\left(x+\dfrac{1}{x}\right)-4=0$

$t^2+3t-4=0$ ←———— $t=x+\dfrac{1}{x}$로 치환

$(t-1)(t+4)=0$ $\therefore t=1$ 또는 $t=-4$

(ⅰ) $t=1$, 즉 $x+\dfrac{1}{x}=1$일 때,

　$x^2+1=x,\ x^2-x+1=0$

　$\therefore x=\dfrac{1\pm\sqrt{3}i}{2}$

(ⅱ) $t=-4$, 즉 $x+\dfrac{1}{x}=-4$일 때,

　$x^2+1=-4x,\ x^2+4x+1=0$

　$\therefore x=-2\pm\sqrt{3}$

0723 답· $x=\dfrac{1\pm\sqrt{3}i}{2}$ 또는 $x=\dfrac{-5\pm\sqrt{21}}{2}$

대칭형 방정식이므로 양변을 x^2으로 나눈다.

$x^4+4x^3-3x^2+4x+1=0$에서

$x^2+4x-3+\dfrac{4}{x}+\dfrac{1}{x^2}=0$

$\left(x+\dfrac{1}{x}\right)^2+4\left(x+\dfrac{1}{x}\right)-5=0$

$t^2+4t-5=0$ ←———— $t=x+\dfrac{1}{x}$로 치환

$(t-1)(t+5)=0$

$\therefore t=1$ 또는 $t=-5$

(ⅰ) $t=1$, 즉 $x+\dfrac{1}{x}=1$일 때,

　$x^2-x+1-0$　$\therefore x-\dfrac{1\pm\sqrt{3}i}{2}$

(ⅱ) $t=-5$, 즉 $x+\dfrac{1}{x}=-5$일 때,

　$x^2+5x+1=0$　$\therefore x=\dfrac{-5\pm\sqrt{21}}{2}$

0724 답· 2

$\alpha+\beta+\gamma=-\dfrac{-2}{1}=2$

0725 답· 4

$\alpha\beta+\beta\gamma+\gamma\alpha=\dfrac{4}{1}=4$

0726 답· -1

$\alpha\beta\gamma=-\dfrac{1}{1}=-1$

0727 답· -4

$\dfrac{1}{\alpha}+\dfrac{1}{\beta}+\dfrac{1}{\gamma}=\dfrac{\alpha\beta+\beta\gamma+\gamma\alpha}{\alpha\beta\gamma}=\dfrac{4}{-1}=-4$

0728 답· -4

$\alpha^2+\beta^2+\gamma^2=(\alpha+\beta+\gamma)^2-2(\alpha\beta+\beta\gamma+\gamma\alpha)$

$\qquad\qquad=4-8=-4$

0729 답· -19

$\alpha^3+\beta^3+\gamma^3=(\alpha+\beta+\gamma)$

$\qquad\qquad\times(\alpha^2+\beta^2+\gamma^2-\alpha\beta-\beta\gamma-\gamma\alpha)+3\alpha\beta\gamma$

$\qquad\qquad=2\times(-4-4)+3\cdot(-1)=-19$

0730 답· $x^3-x^2-9x+9=0$

$1\cdot(x+3)(x-1)(x-3)=0$에서

$x^3-x^2-9x+9=0$

0731 답· $2x^3-x^2-5x-2=0$

$2\left(x+\dfrac{1}{2}\right)(x+1)(x-2)=0$에서

$(2x+1)(x+1)(x-2)=0$

$(2x+1)(x^2-x-2)=0$

$\therefore 2x^3-x^2-5x-2=0$

0732 답·$x^3-6x^2+7x+4=0$

$(x-4)\{x-(1+\sqrt{2})\}\{x-(1-\sqrt{2})\}=0$에서

$(x-4)(x^2-2x-1)=0$

$\therefore x^3-6x^2+7x+4=0$

0733 답·$x^4-x^2-2=0$

$(x+\sqrt{2})(x-\sqrt{2})(x+i)(x-i)=0$에서

$(x^2-2)(x^2+1)=0$

$\therefore x^4-x^2-2=0$

0734 답·$a=-5$, $b=5$, $c=-1$

삼차방정식의 계수가 모두 유리수이므로 켤레근을 갖는다.

즉, 나머지 한 근은 $2+\sqrt{3}$이므로

근과 계수와의 관계에 의하여

(i) $1+(2-\sqrt{3})+(2+\sqrt{3})=-a$에서 $a=-5$

(ii) $1\cdot(2-\sqrt{3})+1\cdot(2+\sqrt{3})+(2-\sqrt{3})(2+\sqrt{3})=b$

  에서 $b=5$

(iii) $1\cdot(2-\sqrt{3})(2+\sqrt{3})=-c$에서 $c=-1$

0735 답·$a=-4$, $b=-5$, $c=14$

삼차방정식의 계수가 모두 유리수이므로 켤레근을 갖는다.

즉, 나머지 한 근은 $3-\sqrt{2}$이므로

근과 계수와의 관계에 의하여

(i) $-2+(3+\sqrt{2})+(3-\sqrt{2})=-a$에서 $a=-4$

(ii) $-2(3+\sqrt{2})-2(3-\sqrt{2})+(3+\sqrt{2})(3-\sqrt{2})=b$

  에서 $b=-5$

(iii) $-2(3+\sqrt{2})(3-\sqrt{2})=-c$에서 $c=14$

0736 답·$a=2$, $b=-9$, $c=-4$

삼차방정식의 계수가 모두 유리수이므로 켤레근을 갖는다.

즉, 나머지 한 근은 $1-\sqrt{2}$이므로

근과 계수와의 관계에 의하여

(i) $-4+(1+\sqrt{2})+(1-\sqrt{2})=-a$에서 $a=2$

(ii) $-4(1+\sqrt{2})-4(1-\sqrt{2})+(1+\sqrt{2})(1-\sqrt{2})=b$

  에서 $b=-9$

(iii) $-4(1+\sqrt{2})(1-\sqrt{2})=-c$에서 $c=-4$

0737 답·$a=-6$, $b=10$, $c=-8$

삼차방정식의 계수가 모두 실수이므로 켤레근을 갖는다.

즉, 나머지 한 근은 $1-i$이므로

근과 계수와의 관계에 의하여

(i) $4+(1+i)+(1-i)=-a$에서 $a=-6$

(ii) $4(1+i)+4(1-i)+(1+i)(1-i)=b$에서 $b=10$

(iii) $4(1+i)(1-i)=-c$에서 $c=-8$

0738 답·$a=-2$, $b=5$, $c=0$

삼차방정식의 계수가 모두 실수이므로 켤레근을 갖는다.

즉, 나머지 한 근은 $1+2i$이므로

근과 계수와의 관계에 의하여

(i) $0+(1-2i)+(1+2i)=-a$에서 $a=-2$

(ii) $0\cdot(1-2i)+0\cdot(1+2i)+(1-2i)(1+2i)=b$

  에서 $b=5$

(iii) $0\cdot(1-2i)(1+2i)=-c$에서 $c=0$

0739 답·$a=1$, $b=-15$, $c=25$

삼차방정식의 계수가 모두 실수이므로 켤레근을 갖는다.

즉, 나머지 한 근은 $2-i$이므로

근과 계수와의 관계에 의하여

(i) $-5+(2+i)+(2-i)=-a$에서 $a=1$

(ii) $-5(2+i)-5(2-i)+(2+i)(2-i)=b$

  에서 $b=-15$

(iii) $-5(2+i)(2-i)=-c$에서 $c=25$

0740 답·1

허근 w는 $x^3=1$의 근이므로 대입하면 $w^3=1$

0741 답·0

$x^3=1$에서 $x^3-1=0$

$(x-1)(x^2+x+1)=0$

즉, 허근 w는 $x^2+x+1=0$의 근이므로

$w^2+w+1=0$

0742 답·-1

0741에서 $x^2+x+1=0$의 두 허근이 w, $\overline{w}$ 이므로

근과 계수와의 관계에 의하여 $w+\overline{w}=-1$

0743 답·1

0741에서 $x^2+x+1=0$의 두 허근이 w, $\overline{w}$ 이므로

근과 계수와의 관계에 의하여 $w\overline{w}=1$

0744 답·1

$w^3=1$이므로 $w^{99}=(w^3)^{99}=1$

0745 답·0

$w^3=1$, $w^6=1$, $\cdots$, $w^{3n}=1$을 이용한다.

$w^{100}+w^{101}+w^{102}=w^{99}\cdot w+w^{99}\cdot w^2+(w^3)^{34}$

$\qquad\qquad\qquad\quad =w+w^2+1=0$

0746 답·$\begin{cases} x=2 \\ y=1 \end{cases}$ 또는 $\begin{cases} x=-1 \\ y=-2 \end{cases}$

$x-y=1$에서 $y=x-1$이고,

이것을 $x^2+y^2=5$에 대입하면

$x^2+(x-1)^2=5$, $2x^2-2x-4=0$

$x^2-x-2=0$, $(x-2)(x+1)=0$

$\therefore x=2$ 또는 $x=-1$

이 값을 $y=x-1$에 대입하면 $y=1$ 또는 $y=-2$

$\therefore \begin{cases} x=2 \\ y=1 \end{cases}$ 또는 $\begin{cases} x=-1 \\ y=-2 \end{cases}$

0747 답 $\begin{cases} x=0 \\ y=5 \end{cases}$ 또는 $\begin{cases} x=4 \\ y=-3 \end{cases}$

$2x+y=5$에서 $y=-2x+5$이고,

이것을 $x^2+y^2=25$에 대입하면

$x^2+(-2x+5)^2=25$, $5x^2-20x=0$

$5x(x-4)=0$ $\therefore x=0$ 또는 $x=4$

이 값을 $y=-2x+5$에 대입하면 $y=5$ 또는 $y=-3$

$\therefore \begin{cases} x=0 \\ y=5 \end{cases}$ 또는 $\begin{cases} x=4 \\ y=-3 \end{cases}$

0748 답 $\begin{cases} x=1 \\ y=-2 \end{cases}$ 또는 $\begin{cases} x=-1 \\ y=2 \end{cases}$ 또는 $\begin{cases} x=1 \\ y=2 \end{cases}$ 또는 $\begin{cases} x=-1 \\ y=-2 \end{cases}$

상수항이 0인 방정식의 좌변을 인수분해하면

$4x^2-y^2=0$에서 $(2x+y)(2x-y)=0$

(i) $2x+y=0$에서 $y=-2x$를 $x^2+y^2=5$에 대입하면

$x^2+(-2x)^2=5$, $5x^2=5$

$x^2=1$ $\therefore x=\pm1$

이 값을 $y=-2x$에 대입하면 $y=\mp2$ (복부호동순)

(ii) $2x-y=0$에서 $y=2x$를 $x^2+y^2=5$에 대입하면

$x^2+(2x)^2=5$, $5x^2=5$

$x^2=1$ $\therefore x=\pm1$

이 값을 $y=2x$에 대입하면 $y=\pm2$ (복부호동순)

$\therefore \begin{cases} x=1 \\ y=-2 \end{cases}$ 또는 $\begin{cases} x=-1 \\ y=2 \end{cases}$ 또는 $\begin{cases} x=1 \\ y=2 \end{cases}$ 또는 $\begin{cases} x=-1 \\ y=-2 \end{cases}$

0749 답 $\begin{cases} x=\sqrt6 \\ y=-\sqrt6 \end{cases}$ 또는 $\begin{cases} x=-\sqrt6 \\ y=\sqrt6 \end{cases}$ 또는 $\begin{cases} x=\sqrt2 \\ y=\sqrt2 \end{cases}$

또는 $\begin{cases} x=-\sqrt2 \\ y=-\sqrt2 \end{cases}$

상수항이 0인 방정식의 좌변을 인수분해하면

$x^2-y^2=0$에서 $(x+y)(x-y)=0$

(i) $x+y=0$에서 $y=-x$를 $x^2+xy+y^2=6$에 대입하면

$x^2-x^2+x^2=6$, $x^2=6$ $\therefore x=\pm\sqrt6$

이 값을 $y=-x$에 대입하면 $y=\mp\sqrt6$ (복부호동순)

(ii) $x-y=0$에서 $y=x$를 $x^2+xy+y^2=6$에 대입하면

$x^2+x^2+x^2=6$, $3x^2=6$, $x^2=2$

$\therefore x=\pm\sqrt2$

이 값을 $y=x$에 대입하면 $y=\pm\sqrt2$ (복부호동순)

$\therefore \begin{cases} x=\sqrt6 \\ y=-\sqrt6 \end{cases}$ 또는 $\begin{cases} x=-\sqrt6 \\ y=\sqrt6 \end{cases}$ 또는 $\begin{cases} x=\sqrt2 \\ y=\sqrt2 \end{cases}$

또는 $\begin{cases} x=-\sqrt2 \\ y=-\sqrt2 \end{cases}$

0750 답 $\begin{cases} x=\dfrac{-1+\sqrt2 i}{3} \\ y=\dfrac{-1-2\sqrt2 i}{3} \end{cases}$ 또는 $\begin{cases} x=\dfrac{-1-\sqrt2 i}{3} \\ y=\dfrac{-1+2\sqrt2 i}{3} \end{cases}$

두 식을 빼서 이차항을 소거한다.

$\begin{cases} x^2-y^2+2x=0 & \cdots \text{㉠} \\ x^2-y^2-y=1 & \cdots \text{㉡} \end{cases}$

㉠$-$㉡을 하면 $2x+y=-1$ $\therefore y=-2x-1$

이 식을 ㉠에 대입하면 $x^2-(2x+1)^2+2x=0$

$-3x^2-2x-1=0$, $3x^2+2x+1=0$

$\therefore x=\dfrac{-1\pm\sqrt2 i}{3}$

이 값을 $y=-2x-1$에 대입하면

$y=\dfrac{-1\mp2\sqrt2 i}{3}$ (복부호동순)

$\therefore \begin{cases} x=\dfrac{-1+\sqrt2 i}{3} \\ y=\dfrac{-1-2\sqrt2 i}{3} \end{cases}$ 또는 $\begin{cases} x=\dfrac{-1-\sqrt2 i}{3} \\ y=\dfrac{-1+2\sqrt2 i}{3} \end{cases}$

0751 답 $\begin{cases} x=1 \\ y=0 \end{cases}$ 또는 $\begin{cases} x=-\dfrac{1}{2} \\ y=-\dfrac{3}{2} \end{cases}$

두 식을 빼서 이차항을 소거한다.

$\begin{cases} x^2+y^2+x=2 & \cdots \text{㉠} \\ x^2+y^2+y=1 & \cdots \text{㉡} \end{cases}$

㉠$-$㉡을 하면 $x-y=1$ $\therefore y=x-1$

이 식을 ㉠에 대입하면 $x^2+(x-1)^2+x=2$

$2x^2-x-1=0$, $(x-1)(2x+1)=0$

$\therefore x=1$ 또는 $x=-\dfrac{1}{2}$

이 값을 $y=x-1$에 대입하면 $y=0$ 또는 $y=-\dfrac{3}{2}$

$\therefore \begin{cases} x=1 \\ y=0 \end{cases}$ 또는 $\begin{cases} x=-\dfrac{1}{2} \\ y=-\dfrac{3}{2} \end{cases}$

0752 답 $\begin{cases} x=3\sqrt2 \\ y=\sqrt2 \end{cases}$ 또는 $\begin{cases} x=-3\sqrt2 \\ y=-\sqrt2 \end{cases}$

먼저 상수항을 소거한다.

$\begin{cases} x^2-xy=12 & \cdots \text{㉠} \\ xy-y^2=4 & \cdots \text{㉡} \end{cases}$

㉠$-$㉡$\times3$을 하면 $x^2-4xy+3y^2=0$

$(x-y)(x-3y)=0$ $\therefore x=y$ 또는 $x=3y$

(i) $x=y$일 때, 이 식을 ㉠에 대입하면

$0\cdot y^2=12$이므로 방정식을 만족하는 해는 없다.

(ii) $x=3y$일 때, 이 식을 ㉠에 대입하면

$6y^2=12$, $y^2=2$ $\therefore y=\pm\sqrt2$

이 값을 $x=3y$에 대입하면 $x=\pm3\sqrt2$ (복부호동순)

$\therefore \begin{cases} x=3\sqrt2 \\ y=\sqrt2 \end{cases}$ 또는 $\begin{cases} x=-3\sqrt2 \\ y=-\sqrt2 \end{cases}$

0753 답 $x=-1, y=2, z=1$

$\begin{cases} x+2y+z=4 & \cdots \text{㉠} \\ x+y-z=0 & \cdots \text{㉡} \\ 2x+y+2z=2 & \cdots \text{㉢} \end{cases}$

$\bigcirc+\bigcirc$을 하면 $2x+3y=4$ $\cdots$ ㉣

$\bigcirc\times2+\bigcirc$을 하면 $4x+3y=2$ $\cdots$ ㉤

㉣, ㉤을 연립하여 풀면 $x=-1$, $y=2$

이 값을 $\bigcirc$에 대입하면 $z=1$

0754 답· $x=2$, $y=2$, $z=1$

$$\begin{cases} x+y=4 & \cdots \bigcirc \\ y+z=3 & \cdots \bigcirc \\ z+x=3 & \cdots \bigcirc \end{cases}$$

$\bigcirc+\bigcirc+\bigcirc$을 하면 $2(x+y+z)=10$

$\therefore x+y+z=5$ $\cdots$ ㉣

㉣$-\bigcirc$을 하면 $z=1$

㉣$-\bigcirc$을 하면 $x=2$

㉣$-\bigcirc$을 하면 $y=2$

0755 답· $\begin{cases} x=3 \\ y=-2 \end{cases}$ 또는 $\begin{cases} x=-2 \\ y=3 \end{cases}$

$x+y=1$, $xy=-6$이므로 x, y의 값은 이차방정식

$t^2-t-6=0$의 두 근이다.

$(t-3)(t+2)=0$ $\therefore t=3$ 또는 $t=-2$

$\therefore \begin{cases} x=3 \\ y=-2 \end{cases}$ 또는 $\begin{cases} x=-2 \\ y=3 \end{cases}$

0756 답· $\begin{cases} x=-1+2\sqrt{2}i \\ y=-1-2\sqrt{2}i \end{cases}$ 또는 $\begin{cases} x=-1-2\sqrt{2}i \\ y=-1+2\sqrt{2}i \end{cases}$

$x+y=a$, $xy=b$라 하면

$\begin{cases} 2x+2y+xy=5 \\ x+y+xy=7 \end{cases}$에서

$\begin{cases} 2a+b=5 & \cdots \bigcirc \\ a+b=7 & \cdots \bigcirc \end{cases}$

$\bigcirc$, $\bigcirc$을 연립하여 풀면 $a=-2$, $b=9$

즉, $x+y=-2$, $xy=9$이므로 x, y는 이차방정식

$t^2+2t+9=0$의 두 근이다.

따라서 $t=-1\pm2\sqrt{2}i$이므로

$\begin{cases} x=-1+2\sqrt{2}i \\ y=-1-2\sqrt{2}i \end{cases}$ 또는 $\begin{cases} x=-1-2\sqrt{2}i \\ y=-1+2\sqrt{2}i \end{cases}$

0757 답· $\begin{cases} x=2 \\ y=3 \end{cases}$ 또는 $\begin{cases} x=3 \\ y=2 \end{cases}$ 또는 $\begin{cases} x=0 \\ y=-1 \end{cases}$ 또는 $\begin{cases} x=-1 \\ y=0 \end{cases}$

$xy-x-y-1=0$에서 $xy-x-y+1=2$

$x(y-1)-(y-1)=2$

$\therefore (x-1)(y-1)=2$

$x-1$	$y-1$		x	y
1	2		2	3
2	1	$\Rightarrow$	3	2
-1	-2		0	-1
-2	-1		-1	0

$\therefore \begin{cases} x=2 \\ y=3 \end{cases}$ 또는 $\begin{cases} x=3 \\ y=2 \end{cases}$ 또는 $\begin{cases} x=0 \\ y=-1 \end{cases}$ 또는 $\begin{cases} x=-1 \\ y=0 \end{cases}$

0758 답· $\begin{cases} x=0 \\ y=8 \end{cases}$ 또는 $\begin{cases} x=10 \\ y=-2 \end{cases}$ 또는 $\begin{cases} x=-2 \\ y=-14 \end{cases}$

또는 $\begin{cases} x=-12 \\ y=-4 \end{cases}$

$xy+3x+y-8=0$에서 $xy+3x+y+3=11$

$x(y+3)+(y+3)=11$

$\therefore (x+1)(y+3)=11$

$x+1$	$y+3$		x	y
1	11		0	8
11	1	$\Rightarrow$	10	-2
-1	-11		-2	-14
-11	-1		-12	-4

$\therefore \begin{cases} x=0 \\ y=8 \end{cases}$ 또는 $\begin{cases} x=10 \\ y=-2 \end{cases}$ 또는 $\begin{cases} x=-2 \\ y=-14 \end{cases}$ 또는 $\begin{cases} x=-12 \\ y=-4 \end{cases}$

0759 답· $x=1$, $y=-2$

$x^2+y^2-2x+4y+5=0$에서

$(x^2-2x+1)+(y^2+4y+4)=0$

$(x-1)^2+(y+2)^2=0$

$\therefore x=1$, $y=-2$

0760 답· $x=\dfrac{2}{3}$, $y=-\dfrac{1}{2}$

$9x^2+4y^2-12x+4y+5=0$에서

$(9x^2-12x+4)+(4y^2+4y+1)=0$

$(3x-2)^2+(2y+1)^2=0$

$\therefore x=\dfrac{2}{3}$, $y=-\dfrac{1}{2}$

문제 CODI Trendy

0761 답· ③

$x^3-x^2+x-1=0$의 좌변을 인수분해하면

$x^2(x-1)+(x-1)=0$

$(x-1)(x^2+1)=0$

$\therefore x=1$ 또는 $x=\pm i$

따라서 두 허근의 합은 $i-i=0$

0762 답· ④

$x^3-ax^2+ax-2=0$의 한 근이 2이므로 방정식에 대입하면

$8-4a+2a-2=0$ $\therefore a=3$

즉, $x^3-3x^2+3x-2=0$이므로 조립제법을 이용하여 좌변을 인수분해하면

$$\begin{array}{r|rrrr} 2 & 1 & -3 & 3 & -2 \\ & & 2 & -2 & 2 \\ \hline & 1 & -1 & 1 & 0 \end{array}$$

$(x-2)(x^2-x+1)=0$

이때 나머지 두 근 α, β는 $x^2-x+1=0$의 해이고

근과 계수와의 관계에 의하여 $\alpha+\beta=1$

$\therefore a+\alpha+\beta=4$

0763 답·④

$x^4-x^3+ax^2+x+6=0$의 한 근이 -2이므로

방정식에 대입하면

$16+8+4a-2+6=0$ $\therefore a=-7$

즉, $x^4-x^3-7x^2+x+6=0$이고

좌변의 식을 $f(x)$라 하면 $f(-2)=0$, $f(1)=0$이므로

$$
\begin{array}{r|rrrrr}
-2 & 1 & -1 & -7 & 1 & 6 \\
   &   & -2 & 6 & 2 & -6 \\
\hline
1 & 1 & -3 & -1 & 3 & \big|\ 0 \\
  &   & 1 & -2 & -3 & \\
\hline
  & 1 & -2 & -3 & \big|\ 0 &
\end{array}
$$

$(x+2)(x-1)(x^2-2x-3)=0$

$(x+2)(x-1)(x-3)(x+1)=0$

$\therefore x=-2$ 또는 $x=-1$ 또는 $x=1$ 또는 $x=3$

이때 가장 큰 근은 3이므로 $b=3$

$\therefore a+b=-4$

0764 답·⑤

$f(x)=x^4+x^3-6x^2-14x-12$라 하면

$f(-2)=0$, $f(3)=0$이므로

$$
\begin{array}{r|rrrrr}
-2 & 1 & 1 & -6 & -14 & -12 \\
   &   & -2 & 2 & 8 & 12 \\
\hline
3 & 1 & -1 & -4 & -6 & \big|\ 0 \\
  &   & 3 & 6 & 6 & \\
\hline
  & 1 & 2 & 2 & \big|\ 0 &
\end{array}
$$

$(x+2)(x-3)(x^2+2x+2)=0$

이때 $x^2+2x+2=0$의 두 근을 α, β라 하면 $\alpha+\beta=-2$

따라서 모든 근의 합은 $-2+3+\alpha+\beta=-1$

다른풀이

최고항의 계수가 1이고 두 근이 α, β인 이차방정식은

$(x-\alpha)(x-\beta)=0$, $x^2-(\alpha+\beta)x+\alpha\beta=0$

최고항의 계수가 1이고 세 근이 α, β, γ인 삼차방정식은

$(x-\alpha)(x-\beta)(x-\gamma)=0$,

$x^3-(\alpha+\beta+\gamma)x^2+(\alpha\beta+\beta\gamma+\gamma\alpha)x-\alpha\beta\gamma=0$

와 같이 식을 세울 수 있다.

이때 최고차항보다 한 차수 낮은 항의 계수가

$-($모든 근의 합$)$인 것을 알 수 있다.

마찬가지로 네 근이 α, β, γ, δ인 사차방정식은

$(x-\alpha)(x-\beta)(x-\gamma)(x-\delta)=0$,

$x^4-(\alpha+\beta+\gamma+\delta)x^3+\cdots+\alpha\beta\gamma\delta=0$

이므로 x^3의 계수의 부호를 반대로 바꾼 값이 모든 근의

합이 된다.

0765 답·6

$t=x^2-5x$로 치환하면 주어진 방정식은

$t(t+13)+42=0$, $t^2+13t+42=0$

$(t+6)(t+7)=0$ $\therefore t=-6$ 또는 $t=-7$

(i) $t=-6$, 즉 $x^2-5x=-6$일 때,

$x^2-5x+6=0$, $(x-2)(x-3)=0$

$\therefore x=2$ 또는 $x=3$

(ii) $t=-7$, 즉 $x^2-5x=-7$일 때,

$x^2-5x+7=0$

이 이차방정식의 판별식을 D라 하면

$D=25-28=-3<0$이므로 서로 다른 두 허근을 갖는다.

따라서 모든 실근의 곱은 $2\times3=6$

0766 답·⑤

$x(x+1)(x+2)(x+3)-8=0$에서

$\{x(x+3)\}\{(x+1)(x+2)\}-8=0$

$(x^2+3x)(x^2+3x+2)-8=0$

$t(t+2)-8=0$ $\longleftarrow$ $t=x^2+3x$로 치환

$t^2+2t-8=0$, $(t-2)(t+4)=0$

$\therefore t=2$ 또는 $t=-4$

(i) $t=2$, 즉 $x^2+3x=2$일 때,

$x^2+3x-2=0$

이 이차방정식의 판별식을 D_1이라 하면

$D_1=9+8=17>0$이므로 서로 다른 두 실근을 갖고,

두 근의 합은 -3이다.

(ii) $t=-4$, 즉 $x^2+3x=-4$일 때,

$x^2+3x+4=0$

이 이차방정식의 판별식을 D_2라 하면

$D_2=9-16=-7<0$이므로 서로 다른 두 허근을 갖는다.

따라서 모든 실근의 합은 -3이다.

0767 답·④

$f(x)=x^4+ax^2+b$라 하면 인수정리에 의하여

$f(\sqrt{2})=0$이므로 $4+2a+b=0$에서 $2a+b=-4$ $\cdots$ ㉠

$f(1)=0$이므로 $1+a+b=0$에서 $a+b=-1$ $\cdots$ ㉡

㉠, ㉡을 연립하여 풀면 $a=-3$, $b=2$

즉, $x^4-3x^2+2=0$에서 $(x^2-1)(x^2-2)=0$

$(x+1)(x-1)(x+\sqrt{2})(x-\sqrt{2})=0$

$\therefore x=\pm1$ 또는 $x=\pm\sqrt{2}$

따라서 네 근의 곱은 2이다.

0768 답· $k>1$

$(x-2)(x^2+2x+k)=0$은 다음과 같이 두 부분으로 나누어 생각할 수 있다.

    (i) $x-2=0$ (ii) $x^2+2x+k=0$

(i)에서 실근 $x=2$가 나왔으므로 삼차방정식의 실근이 한 개가 되려면 (ii)의 이차방정식이 $x=2$를 중근으로 갖거나 허근을 가져야 한다.

• $x^2+2x+k=0$이 $x=2$를 중근으로 갖는 경우:

  방정식에 $x=2$를 대입하면 $4+4+k=0$ ∴ $k=-8$

  즉, $x^2+2x-8=0$이므로 $(x+4)(x-2)=0$

  이때 $x=-4$ 또는 $x=2$이므로 중근이 될 수 없다.

• $x^2+2x+k=0$이 허근을 갖는 경우:

  $\dfrac{D}{4}=1^2-k<0$에서 $k>1$

  ∴ $k>1$

0769 답· (가) k^2-16 (나) -4 (다) 2 (라) -1 (마) -1

삼차방정식이 중근으로 갖는 경우는 다음과 같다.

• 삼중근: 세 개의 근이 모두 같은 경우

• 중근과 다른 실근 한 개: 같은 두 근과 나머지 근

$(x+1)(x^2+kx+4)=0$을 두 부분으로 보면

$x+1=0$, $x^2+kx+4=0$

이때 $x+1=0$에서 실근 $x=-1$을 갖는다.

(i) $x^2+kx+4=0$이 $x=-1$을 중근으로 가지면 삼중근일 상황이지만 불가능하다.

(ii) $x^2+kx+4=0$이 중근일 경우:

  $D=$ 〔(가) k^2-16〕 $=0$에서 $k=4$ 또는 $k=$ 〔(나) -4〕

  ㉠ $k=4$일 때,

    $x^2+4x+4=0$, $(x+2)^2=0$ ∴ $x=-2$

    삼차방정식의 근: 중근 -2와 다른 실근 -1

  ㉡ $k=$ 〔(나) -4〕 일 때,

    $x^2-4x+4=0$, $(x-2)^2=0$ ∴ $x=2$

    삼차방정식의 근: 중근 〔(다) 2〕 와 다른 실근 〔(라) -1〕

(iii) $x^2+kx+4=0$의 한 근이 -1인 경우:

  $x=-1$을 대입하여 정리하면 $k=5$

  즉, $x^2+5k+4=0$에서 $(x+1)(x+4)=0$

  삼차방정식의 근: 중근 〔(마) -1〕 과 다른 실근 -4

0770 답· ③

$f(x)=x^3-kx^2+(1+k)x-2$라 하면 $f(1)=0$이므로

$$
\begin{array}{r|rrrr}
1 & 1 & -k & 1+k & -2 \\
  &   & 1 & -k+1 & 2 \\
\hline
  & 1 & -k+1 & 2 & 0
\end{array}
$$

$(x-1)\{x^2+(1-k)x+2\}=0$

이때 삼차방정식의 실근의 개수가 2개가 되려면 중근과 다른 실근 1개가 나와야 한다.

(i) 이차방정식이 중근인 경우:

  $D=(1-k)^2-8=0$이어야 하므로

  $k^2-2k-7=0$

  근과 계수와의 관계에 의하여 k의 값의 합은 2이다.

(ii) 이차방정식의 해가 1인 경우:

  $x=1$을 대입하면 $1+1-k+2=0$ ∴ $k=4$

따라서 모든 실수 k의 값의 합은 6이다.

0771 답· (가) $4-k\geq0$ (나) 4 (다) $\geq$

복이차식은 $t=x^2$으로 치환하여 정리하는 것이 일반적인데 이때 구한 t의 값이 '0 이상의 실수'일 때 x도 실수가 된다.

$t=x^2$이라 하면 $x^4-4x^2+k=0$에서

$t^2-4t+k=0$ (t에 대한 이차방정식)

이때 t가 실수이어야 x도 실수가 되므로

$$\dfrac{D}{4}= \boxed{\text{(가) } 4-k\geq0} \text{ 에서 } k\leq \boxed{\text{(나) } 4}$$

또한 $t\geq0$이어야 한다.

예를 들어 $t=-1$이면 $x^2=-1$로 허근이 된다.

즉, $t^2-4t+k=0$의 두 근이 모두 0 이상의 실근이다.

두 근을 α, β라 하면 $\alpha\geq0$, $\beta\geq0$이므로

$\alpha+\beta\geq0$에서 $\alpha+\beta=4>0$ (성립)

$\alpha\beta$ 〔(다) $\geq$〕 0에서 $\alpha\beta=k\geq0$

∴ $0\leq k\leq$ 〔(나) 4〕

0772 답· 21

$t=x^2$으로 치환하면 주어진 방정식은

$t^2-9t+k-10=0$

이때 주어진 사차방정식의 모든 근이 실수이려면

$D=81-4(k-10)\geq0$에서 $k\leq\dfrac{121}{4}$

이때 $t\geq0$에서 $t^2-9t+k-10=0$의 두 근이 모두 0 이상의 실근이므로

(두 근의 합)$=9>0$ (성립)

(두 근의 곱)$=k-10\geq0$에서 $k\geq10$

∴ $10\leq k\leq\dfrac{121}{4}$

따라서 자연수 k는 10, 11, 12, …, 29, 30의 21개이다.

0773 답· -8

$t=x^2$으로 치환하면 주어진 방정식은

$t^2+at+16=0$

이 이차방정식의 t의 값에 따라 x의 값(사차방정식의 근)은 다음과 같이 결정한다.

① t가 서로 다른 두 허근: x도 모두 허근

② t가 서로 다른 두 양의 근: x는 서로 다른 네 개의 실근

③ t가 서로 다른 두 음의 근: x는 서로 다른 네 개의 허근

④ t가 양의 근 한 개, 음의 근 한 개: x는 실근 두 개, 허근 두 개

⑤ t가 음의 중근: x는 두 개의 허근

⑥ t가 양의 중근: x는 두 개의 실근

즉, $x^4+ax^2+16=0$의 근이 실근만 2개를 가지려면 $t^2+at+16=0$이 양의 중근을 가져야 한다.

$D=a^2-64=0$에서 $a=\pm 8$

이때 (두 근의 합)$=-a>0$에서 $a<0$

$\therefore a=-8$

0774 답·④

근과 계수와의 관계에 의하여

$\alpha+\beta+\gamma=\dfrac{3}{2}$, $\alpha\beta+\beta\gamma+\gamma\alpha=\dfrac{1}{2}$, $\alpha\beta\gamma=\dfrac{1}{2}$

이므로

$\alpha^2+\beta^2+\gamma^2=(\alpha+\beta+\gamma)^2-2(\alpha\beta+\beta\gamma+\gamma\alpha)$

$\qquad\qquad\qquad =\dfrac{9}{4}-1=\dfrac{5}{4}$

$\therefore \dfrac{1}{\alpha^2\beta^2}+\dfrac{1}{\beta^2\gamma^2}+\dfrac{1}{\gamma^2\alpha^2}=\dfrac{\alpha^2+\beta^2+\gamma^2}{\alpha^2\beta^2\gamma^2}$

$\qquad\qquad\qquad\qquad =\dfrac{\frac{5}{4}}{\frac{1}{4}}=5$

0775 답·②

$x^3+x^2+x-3=0$의 좌변을 인수분해하면

$(x-1)(x^2+2x+3)=0$

(ⅰ) 실근이 $x=1$이므로 $\gamma=1$

(ⅱ) $x^2+2x+3=0$의 두 허근이 α, β이므로

$\alpha+\beta=-2$

$\therefore \alpha+\beta+2\gamma=0$

0776 답·③

근과 계수와의 관계에 의하여

$\alpha+\beta+\gamma=0$, $\alpha\beta+\beta\gamma+\gamma\alpha=-6$, $\alpha\beta\gamma=2$

$\therefore \alpha^3+\beta^3+\gamma^3$

$=(\alpha+\beta+\gamma)(\alpha^2+\beta^2+\gamma^2-\alpha\beta-\beta\gamma-\gamma\alpha)+3\alpha\beta\gamma$

$=6$

0777 답·①

근과 계수와의 관계에 의하여

$\alpha+\beta+\gamma=3$, $\alpha\beta+\beta\gamma+\gamma\alpha=-5$, $\alpha\beta\gamma=-2$

$\therefore (1+\alpha)(1+\beta)(1+\gamma)$

$=1+(\alpha+\beta+\gamma)+(\alpha\beta+\beta\gamma+\gamma\alpha)+\alpha\beta\gamma$

$=1+3-5-2=-3$

0778 답·③

삼차방정식의 계수가 모두 유리수이므로 켤레근을 갖는다.

즉, 다른 한 근은 $-1-\sqrt{2}$이고, 나머지 근을 α라 하면

(ⅰ) $(-1+\sqrt{2})(-1-\sqrt{2})\alpha=-1$에서 $\alpha=1$

(ⅱ) $(-1+\sqrt{2})+(-1-\sqrt{2})+1=-a$에서 $a=1$

(ⅲ) $-1+\sqrt{2}-1-\sqrt{2}+(-1+\sqrt{2})(-1-\sqrt{2})=b$

에서 $b=-3$

$\therefore a+b=-2$

0779 답·①

삼차방정식의 계수가 모두 실수이므로 켤레근을 갖는다.

즉, 다른 한 근은 $1+\sqrt{3}i$이고, 나머지 근을 α라 하면

(ⅰ) $(1-\sqrt{3}i)(1+\sqrt{3}i)\alpha=8$에서 $\alpha=2$

(ⅱ) $(1-\sqrt{3}i)+(1+\sqrt{3}i)+2=-a$에서 $a=-4$

(ⅲ) $(1-\sqrt{3}i)\cdot 2+(1+\sqrt{3}i)\cdot 2+(1-\sqrt{3}i)(1+\sqrt{3}i)=b$

에서 $b=8$

$\therefore a+b=4$

0780 답·④

근과 계수와의 관계에 의하여

$\alpha+\beta+\gamma=-4$, $\alpha\beta+\beta\gamma+\gamma\alpha=8$, $\alpha\beta\gamma=16$

x^3의 계수가 1이고 $\dfrac{\alpha}{2}$, $\dfrac{\beta}{2}$, $\dfrac{\gamma}{2}$를 세 근으로 갖는

삼차방정식은

$\left(x-\dfrac{\alpha}{2}\right)\left(x-\dfrac{\beta}{2}\right)\left(x-\dfrac{\gamma}{2}\right)=0$에서

$x^3-\dfrac{\alpha+\beta+\gamma}{2}x^2+\dfrac{\alpha\beta+\beta\gamma+\gamma\alpha}{4}x-\dfrac{\alpha\beta\gamma}{8}=0$

$x^3+2x^2+2x-2=0$

이므로 $a=2$, $b=2$, $c=-2$

$\therefore a+b+c=2$

0781 답·㈎ $1+w+w^2$ ㈏ 1 ㈐ 1

$w^2+w+1=0$, $w^{3n}=1$을 이용하자.

$1+w+w^2=0$

$w^3+w^4+w^5=w^3(1+w+w^2)=$ ㈎ $1+w+w^2$ $=0$

$w^6+w^7+w^8=w^6(1+w+w^2)=$ ㈎ $1+w+w^2$ $=0$

$w^9=(w^3)^3=$ ㈏ 1

이므로

$1+w+w^2+\cdots+w^9=$ ㈐ 1

0782 답·③

$x^3=1$의 허근 w에 대하여

$w^3=1$, $w^2+w+1=0$이 성립하므로

$1+w+w^2=0$

$w^3+w^4+w^5=0$

$\qquad\qquad \vdots$

$w^{18}+w^{19}+w^{20}=0$

$\therefore 1+w+w^2+\cdots+w^{20}=0$

0783 답·③

$x^3=1$의 허근 w에 대하여 $w^3=1$, $w^2+w+1=0$이 성립한다.

$w^2+w+1=0$에서 $w+1=-w^2$, $w^2+1=-w$이므로

$$\frac{1}{w+1}=\frac{1}{-w^2}=\frac{w}{-w^3}=-w$$

$$\frac{1}{w^2+1}=\frac{1}{-w}=-\frac{w^2}{w^3}=-w^2$$

$$\therefore \frac{1}{w+1}+\frac{1}{w^2+1}+\frac{1}{w^3+1}=-w-w^2+\frac{1}{2}$$

$$=-(w^2+w+1)+\frac{3}{2}$$

$$=0+\frac{3}{2}=\frac{3}{2}$$

따라서 $p=2$, $q=3$이므로 $p+q=5$

0784 답·⑤

$$\begin{cases} y=2x+3 & \cdots \text{㉠} \\ x^2+y=2 & \cdots \text{㉡} \end{cases}$$

㉠을 ㉡에 대입하면 $x^2+2x+3=2$

$(x+1)^2=0$ $\quad \therefore x=-1$

이 값을 ㉠에 대입하면 $y=1$

따라서 $a=-1$, $b=1$이므로 $a+3b=2$

0785 답·⑤

연립방정식의 근 중 양의 근을 찾으면 된다.

$$\begin{cases} 2x-y=-3 & \cdots \text{㉠} \\ 2x^2+y^2=27 & \cdots \text{㉡} \end{cases}$$

㉠에서 $y=2x+3$을 ㉡에 대입하면

$2x^2+(2x+3)^2=27$, $6x^2+12x-18=0$

$x^2+2x-3=0$ $\quad \therefore x=1$ 또는 $x=-3$

이 값을 ㉠에 대입하면 $y=5$ 또는 $y=-3$

따라서 $\alpha=1$, $\beta=5$이므로 $\alpha\beta=5$

0786 답·②

$$\begin{cases} 2x+y=1 & \cdots \text{㉠} \\ 3x^2-y^2=k & \cdots \text{㉡} \end{cases}$$

㉠에서 $y=-2x+1$을 ㉡에 대입하면

$3x^2-(-2x+1)^2=k$, $x^2-4x+k+1=0$

이 방정식의 근이 서로 다른 두 실근이거나 허근일 경우에는 해가 두 쌍이 되므로 한 쌍의 해를 가지려면 중근이 되어야 한다.

$\dfrac{D}{4}=4-k-1=0$에서 $k=3$

즉, $x^2-4x+4=0$이므로 $(x-2)^2=0$

$\therefore x=2$, $y=-3$

따라서 $\alpha=2$, $\beta=-3$이므로 $\alpha+\beta+k=2$

0787 답· $\begin{cases} x=3 \\ y=-6 \end{cases}$ 또는 $\begin{cases} x=-1 \\ y=2 \end{cases}$

$$\begin{cases} 2x^2-xy-y^2=0 & \cdots \text{㉠} \\ x^2+y=3 & \cdots \text{㉡} \end{cases}$$

㉠의 좌변을 인수분해하면 $(x-y)(2x+y)=0$

(ⅰ) $y=x$를 ㉡에 대입하면 $x^2+x-3=0$

$\therefore x=\dfrac{-1\pm\sqrt{13}}{2}$, $y=\dfrac{-1\pm\sqrt{13}}{2}$ (복부호동순)

(ⅱ) $y=-2x$를 ㉡에 대입하면 $x^2-2x-3=0$

$(x-3)(x+1)=0$

$\therefore x=3$ 또는 $x=-1$

이 값을 $y=-2x$에 대입하면 $y=-6$ 또는 $y=2$

따라서 정수해는 $\begin{cases} x=3 \\ y=-6 \end{cases}$ 또는 $\begin{cases} x=-1 \\ y=2 \end{cases}$

0788 답·①

$$\begin{cases} x^2+y^2=40 & \cdots \text{㉠} \\ 4x^2+y^2=4xy & \cdots \text{㉡} \end{cases}$$

㉡에서 $4x^2-4xy+y^2=0$이고 좌변을 인수분해하면

$(2x-y)^2=0$ $\quad \therefore y=2x$

이 식을 ㉠에 대입하면 $x^2+4x^2=40$

$x^2=8$ $\quad \therefore x=\pm2\sqrt{2}$

이 값을 $y=2x$에 대입하면 $y=\pm4\sqrt{2}$ (복부호동순)

$\therefore \alpha\beta=16$

0789 답·②

$$\begin{cases} x^2-4xy+3y^2=0 & \cdots \text{㉠} \\ 2x^2+xy+3y^2=24 & \cdots \text{㉡} \end{cases}$$

㉠의 좌변을 인수분해하면 $(x-y)(x-3y)=0$

(ⅰ) $x=y$를 ㉡에 대입하면

$2y^2+y^2+3y^2=24$, $y^2=4$

$\therefore x=\pm2$, $y=\pm2$ (복부호동순)

(ⅱ) $x=3y$를 ㉡에 대입하면

$18y^2+3y^2+3y^2=24$, $y^2=1$

$\therefore x=\pm3$, $y=\pm1$ (복부호동순)

따라서 $\alpha_i\beta_i$의 최댓값은 4이다.

0790 답· $\begin{cases} x=2 \\ y=1 \end{cases}$ 또는 $\begin{cases} x=-3 \\ y=-4 \end{cases}$

$$\begin{cases} x^2+2x-y=7 & \cdots \text{㉠} \\ x^2+y=5 & \cdots \text{㉡} \end{cases}$$

㉠$-$㉡을 하면 $2x-2y=2$

$x-y=1$ $\quad \therefore y=x-1$

이 식을 ㉡에 대입하면 $x^2+x-1=5$

$x^2+x-6=0$, $(x-2)(x+3)=0$

$\therefore x=2$ 또는 $x=-3$

이 값을 $y=x-1$에 대입하면 $y=1$ 또는 $y=-4$

$$\therefore \begin{cases} x=2 \\ y=1 \end{cases} \text{또는} \begin{cases} x=-3 \\ y=-4 \end{cases}$$

0791 답· ⑤

$$\begin{cases} x^2+y^2+2x-y=11 & \cdots \text{㉠} \\ 2x^2+2y^2+x+y=16 & \cdots \text{㉡} \end{cases}$$

㉠×2−㉡을 하면 $3x-3y=6$

$x-y=2$ $\quad\therefore y=x-2$

이 식을 ㉠에 대입하면

$x^2+(x-2)^2+2x-(x-2)=11$

$2x^2-3x-5=0,\ (x+1)(2x-5)=0$

$$\therefore x=-1 \text{ 또는 } x=\frac{5}{2}$$

이 값을 $y=x-2$에 대입하면 $y=-3$ 또는 $y=\dfrac{1}{2}$

따라서 정수해는 $x=-1,\ y=-3$이므로 $\alpha+\beta=-4$

0792 답· $\begin{cases} x=-2 \\ y=1 \end{cases}$ 또는 $\begin{cases} x=2 \\ y=-1 \end{cases}$

$$\begin{cases} x^2-xy=6 & \cdots \text{㉠} \\ xy-y^2=-3 & \cdots \text{㉡} \end{cases}$$

㉠+㉡×2를 하면 $x^2+xy-2y^2=0$

$(x-y)(x+2y)=0$ $\quad\therefore x=y$ 또는 $x=-2y$

(i) $x=y$를 ㉠에 대입하면

$\quad 0\cdot y^2=6$이므로 이 방정식을 만족시키는 해는 없다.

(ii) $x=-2y$를 ㉡에 대입하면

$\quad -2y^2-y^2=-3,\ y^2=1$ $\quad\therefore y=\pm 1$

이 값을 $x=-2y$에 대입하면 $x=\mp 2$ (복부호동순)

$$\therefore \begin{cases} x=-2 \\ y=1 \end{cases} \text{또는} \begin{cases} x=2 \\ y=-1 \end{cases}$$

0793 답· $\begin{cases} x=4 \\ y=-2 \end{cases}$ 또는 $\begin{cases} x=-2 \\ y=4 \end{cases}$

$x+y=2$이므로 $xy+x+y=-6$에서 $xy=-8$

즉, $x,\ y$의 값은 이차방정식 $t^2-2t-8=0$의 두 근이므로

$(t-4)(t+2)=0$에서 $t=4$ 또는 $t=-2$

$$\therefore \begin{cases} x=4 \\ y=-2 \end{cases} \text{또는} \begin{cases} x=-2 \\ y=4 \end{cases}$$

다른풀이

$$\begin{cases} x+y=2 & \cdots \text{㉠} \\ xy+x+y=-6 & \cdots \text{㉡} \end{cases}$$

㉠에서 $y=-x+2$를 ㉡에 대입하면

$x(-x+2)+x-x+2=-6$

$x^2-2x-8=0,\ (x-4)(x+2)=0$

(i) $x=4$일 때, $y=-2$

(ii) $x=-2$일 때, $y=4$

0794 답· ㈎ $a+b$ ㈏ a^2-2b ㈐ 1 ㈑ -6 ㈒ -3 ㈓ -2

$$\begin{cases} x=3 \\ y=-2 \end{cases} \text{또는} \begin{cases} x=-2 \\ y=3 \end{cases}$$

$$\text{또는} \begin{cases} x=\dfrac{-3\pm\sqrt{17}}{2} \\ y=\dfrac{-3\mp\sqrt{17}}{2} \end{cases} \text{(복부호동순)}$$

주어진 방정식은 $x,\ y$를 바꿔도 식이 같은 대칭형이다.

$x+y=a,\ xy=b$라 하면 주어진 연립방정식은

$$\begin{cases} \boxed{㈎\ a+b}=-5 & \cdots \text{㉠} \\ \boxed{㈏\ a^2-2b}=13 & \cdots \text{㉡} \end{cases}$$

㉠에서 $b=-a-5$를 ㉡에 대입하면

$a^2+2a+10=13,\ a^2+2a-3=0$

$(a-1)(a+3)=0$ $\quad\therefore a=1$ 또는 $a=-3$

(i) $a=\boxed{㈐\ 1},\ b=\boxed{㈑\ -6}$ 일 때

$\quad t^2-\boxed{㈐\ 1}t+\left(\boxed{㈑\ -6}\right)=0$의 두 근이 $x,\ y$이므로

$\quad (t-3)(t+2)=0$에서

$\quad x=3,\ y=-2$ 또는 $x=-2,\ y=3$

(ii) $a=\boxed{㈒\ -3},\ b=\boxed{㈓\ -2}$ 일 때

$\quad t^2-\left(\boxed{㈒\ -3}\right)t+\left(\boxed{㈓\ -2}\right)=0$의 두 근이 $x,\ y$이므로

$\quad t^2+3t-2=0$에서

$\quad x=\dfrac{-3\pm\sqrt{17}}{2},\ y=\dfrac{-3\mp\sqrt{17}}{2}$ (복부호동순)

0795 답· ④

$xy-x-y-2=0$에서 $xy-x-y+1=3$

$x(y-1)-(y-1)=3$

$(x-1)(y-1)=3$

$x-1$	$y-1$		x	y
1	3	⇒	2	4
3	1		4	2

(i) $x=2,\ y=4$일 때 $\alpha+\beta=6$

(ii) $x=4,\ y=2$일 때 $\alpha+\beta=6$

0796 답· $\begin{cases} x=2 \\ y=1 \end{cases}$ 또는 $\begin{cases} x=0 \\ y=0 \end{cases}$

$2xy-x-2y=0$에서 $2xy-x-2y+1=1$

$x(2y-1)-(2y-1)=1$

$(x-1)(2y-1)=1$

$x-1$	$2y-1$		x	y
1	1	⇒	2	1
−1	−1		0	0

$$\therefore \begin{cases} x=2 \\ y=1 \end{cases} \text{또는} \begin{cases} x=0 \\ y=0 \end{cases}$$

0797 답 · ④

주어진 방정식의 해가 한 쌍이 나오려면

(완전제곱식)+(완전제곱식)=0 꼴이어야 한다.

$x^2+y^2-4x+4y+k=0$에서

$x^2-4x+4+y^2+4y+4=-k+8$

$(x-2)^2+(y+2)^2=-k+8$

이때 $k=8$이고 해는 $x=2$, $y=-2$이다.

$\therefore k+\alpha+\beta=8$

0798 답 · $x=2$, $y=1$

$x^2-4xy+5y^2-2y+1=0$에서

$x^2-4xy+4y^2+y^2-2y+1=0$

$(x-2y)^2+(y-1)^2=0$

이므로 $x=2y$, $y=1$

$\therefore x=2$, $y=1$

문제 C.O.D.I **Final**

0799 답 · ④

$f(x)=x^3-x^2-3x+6$이라 하면 $f(-2)=0$이므로

$$\begin{array}{r|rrrr}
-2 & 1 & -1 & -3 & 6 \\
 & & -2 & 6 & -6 \\
\hline
 & 1 & -3 & 3 & 0
\end{array}$$

$x^3-x^2-3x+6=0$에서

$(x+2)(x^2-3x+3)=0$

이때 $x^2-3x+3=0$이 허근을 가지므로 두 근이 α, $\overline{\alpha}$가 되고 근과 계수와의 관계에 의하여

$\alpha+\overline{\alpha}=3$, $\alpha\overline{\alpha}=3$

$\therefore \dfrac{\overline{\alpha}}{\alpha}+\dfrac{\alpha}{\overline{\alpha}}=\dfrac{\alpha^2+\overline{\alpha}^2}{\alpha\overline{\alpha}}=\dfrac{(\alpha+\overline{\alpha})^2-2\alpha\overline{\alpha}}{\alpha\overline{\alpha}}=\dfrac{9-6}{3}=1$

0800 답 · ①

$f(x)=x^4+x^3-4x^2+5x-3$이라 하면

$f(1)=0$, $f(-3)=0$이므로

$$\begin{array}{r|rrrrr}
1 & 1 & 1 & -4 & 5 & -3 \\
 & & 1 & 2 & -2 & 3 \\
\hline
-3 & 1 & 2 & -2 & 3 & 0 \\
 & & -3 & 3 & -3 & \\
\hline
 & 1 & -1 & 1 & 0 &
\end{array}$$

$x^4+x^3-4x^2+5x-3=0$에서

$(x-1)(x+3)(x^2-x+1)=0$

(i) 두 실근은 1, -3이므로 합은 -2이다. $\therefore a=-2$

(ii) $x^2-x+1=0$의 두 근 α, β가 허근이고 허근의 합은

$\alpha+\beta=1$ $\therefore b=1$

$\therefore b-a=3$

0801 답 · ④

복이차방정식은 $t=x^2$으로 치환하여 푸는 데 이때 t의 값이 양의 실근, 음의 실근이 되어야 x의 값이 실근 2개와 허근 2개가 된다.

$t=x^2$으로 치환하면 $x^4-6x^2+k-5=0$에서

$t^2-6t+k-5=0$

양의 근, 음의 근이 하나씩 나오려면 t에 대한 이차방정식은 서로 다른 두 실근을 가져야 하므로

$\dfrac{D}{4}=9-k+5>0$에서 $k<14$

또한 두 근의 부호가 다르므로 (두 근의 곱)<0에서

$k-5<0$ $\therefore k<5$

따라서 $k<5$이므로 자연수 k는 1, 2, 3, 4의 4개이다.

0802 답 · ④

$x^3-2x^2+x+3=0$에서 근과 계수와의 관계에 의하여

$\alpha+\beta+\gamma=2$, $\alpha\beta+\beta\gamma+\gamma\alpha=1$, $\alpha\beta\gamma=-3$

x^3의 계수가 1이고 $\alpha+1$, $\beta+1$, $\gamma+1$를 세 근으로 하는 삼차방정식은

$\{x-(\alpha+1)\}\{x-(\beta+1)\}\{x-(\gamma+1)\}=0$

$x^3-(\alpha+\beta+\gamma+3)x^2$

$\quad+\{(\alpha+1)(\beta+1)+(\beta+1)(\gamma+1)+(\gamma+1)(\alpha+1)\}x$

$\quad-(\alpha+1)(\beta+1)(\gamma+1)=0$

$x^3-(\alpha+\beta+\gamma+3)x^2$

$\quad+\{(\alpha\beta+\beta\gamma+\gamma\alpha)+2(\alpha+\beta+\gamma)+3\}x$

$\quad-\{1+(\alpha+\beta+\gamma)+(\alpha\beta+\beta\gamma+\gamma\alpha)+\alpha\beta\gamma\}=0$

$x^3-(2+3)x^2+(1+2\cdot2+3)x-(1+2+1-3)=0$

따라서 $f(x)=x^3-5x^2+8x-1$이므로 $f(1)=3$

0803 답 · ②

$x^3=1$의 허근 w에 대하여 $w^3=1$, $w^2+w+1=0$이 성립한다.

$\dfrac{1}{w}+\dfrac{1}{w^2}+\dfrac{1}{w^3}=\dfrac{w^2}{w^3}+\dfrac{w}{w^3}+\dfrac{1}{1}=w^2+w+1=0$

$\dfrac{1}{w^4}+\dfrac{1}{w^5}+\dfrac{1}{w^6}=\dfrac{1}{w}+\dfrac{1}{w^2}+\dfrac{1}{w^3}=0$

$\quad\quad\quad\quad\vdots$

$\dfrac{1}{w^{10}}+\dfrac{1}{w^{11}}+\dfrac{1}{w^{12}}=\dfrac{1}{w}+\dfrac{1}{w^2}+\dfrac{1}{w^3}=0$

$\dfrac{1}{w^{13}}+\dfrac{1}{w^{14}}=\dfrac{1}{w}+\dfrac{1}{w^2}=w^2+w$

이므로 $\dfrac{1}{w}+\dfrac{1}{w^2}+\dfrac{1}{w^3}+\cdots+\dfrac{1}{w^{13}}+\dfrac{1}{w^{14}}=w^2+w$

따라서 $w^2+w+1=0$에서 $w^2+w=-1$

0804 답 · $k=2$, $x=1$, $y=-1$

$\begin{cases} x-y=k & \cdots \text{㉠} \\ x^2+y^2=2 & \cdots \text{㉡} \end{cases}$

㉠에서 $y=x-k$를 ㉡에 대입하면

$x^2+(x-k)^2=2$, $2x^2-2kx+k^2-2=0$

이 이차방정식이 중근을 가지면 연립방정식의 해가 한 쌍이 되므로

$\dfrac{D}{4}=k^2-2(k^2-2)=0$에서 $k^2=4$

$\therefore k=2$ $(\because k>0)$

즉, $2x^2-4x+2=0$에서 $2(x-1)^2=0$

$\therefore x=1$, $y=-1$

0805 🔑 · ②

$\begin{cases} x^2-y^2=0 & \cdots \ ㉠ \\ x^2-2xy+y^2=4 & \cdots \ ㉡ \end{cases}$

㉠의 좌변을 인수분해하면 $(x-y)(x+y)=0$

$\therefore y=x$ 또는 $y=-x$

(i) $y=x$를 ㉡에 대입하면

$x^2-2x^2+x^2=4$에서 $0 \cdot x^2=4$이므로 해가 없다.

(ii) $y=-x$를 ㉡에 대입하면

$x^2+2x^2+x^2=4$, $x^2=1$ $\quad \therefore x=\pm1$

이 값을 $y=-x$에 대입하면 $y=\mp1$ (복부호동순)

$\therefore \alpha^2+\beta^2=2$

0806 🔑 · ②

$xy+x+y-2=0$에서 $xy+x+y+1=3$

$(x+1)(y+1)=3$

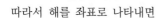

$x+1$	$y+1$		x	y	
1	3		0	2	(○)
3	1	⇒	2	0	(○)
-1	-3		-2	-4	(×)
-3	-1		-4	-2	(×)

따라서 해를 좌표로 나타내면

$(2, 0)$, $(0, 2)$이므로

$\triangle AOB=\dfrac{1}{2}\times 2\times 2=2$

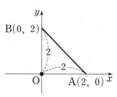

0807 🔑 · 15

$x^3=1$의 허근 w에 대하여

$w^3=1$, $w^2+w+1=0$이 성립하므로

$w^2+1=-w$, $w+1=-w^2$, $w^2+w=-1$

$\dfrac{1}{w+1}+\dfrac{1}{w^2+1}+\dfrac{1}{w^3+1}$

$=\dfrac{1}{-w^2}+\dfrac{1}{-w}+\dfrac{1}{2}=-\dfrac{w}{w^3}-\dfrac{w^2}{w^3}+\dfrac{1}{2}$

$=-w^2-w+\dfrac{1}{2}=1+\dfrac{1}{2}=\dfrac{3}{2}$

$\dfrac{1}{w^4+1}+\dfrac{1}{w^5+1}+\dfrac{1}{w^6+1}$

$=\dfrac{1}{w+1}+\dfrac{1}{w^2+1}+\dfrac{1}{w^3+1}=\dfrac{3}{2}$

$\vdots$

$\dfrac{1}{w^{28}+1}+\dfrac{1}{w^{29}+1}+\dfrac{1}{w^{30}+1}$

$=\dfrac{1}{w+1}+\dfrac{1}{w^2+1}+\dfrac{1}{w^3+1}=\dfrac{3}{2}$

$\therefore \dfrac{1}{w+1}+\dfrac{1}{w^2+1}+\dfrac{1}{w^3+1}+\cdots+\dfrac{1}{w^{30}+1}$

$=10\times\dfrac{3}{2}=15$

0808 🔑 · ④

$x^3-3x^2+2x+1=0$의 세 근이 $\dfrac{1}{\alpha}$, $\dfrac{1}{\beta}$, $\dfrac{1}{\gamma}$이므로

근과 계수와의 관계에 의하여

(i) $\dfrac{1}{\alpha} \cdot \dfrac{1}{\beta} \cdot \dfrac{1}{\gamma}=-1$에서 $\alpha\beta\gamma=-1$

(ii) $\dfrac{1}{\alpha\beta}+\dfrac{1}{\beta\gamma}+\dfrac{1}{\gamma\alpha}=2$에서 $\dfrac{\alpha+\beta+\gamma}{\alpha\beta\gamma}=\dfrac{\alpha+\beta+\gamma}{-1}=2$

$\therefore \alpha+\beta+\gamma=-2$

(iii) $\dfrac{1}{\alpha}+\dfrac{1}{\beta}+\dfrac{1}{\gamma}=3$에서

$\dfrac{\alpha\beta+\beta\gamma+\gamma\alpha}{\alpha\beta\gamma}=\dfrac{\alpha\beta+\beta\gamma+\gamma\alpha}{-1}=3$

$\therefore \alpha\beta+\beta\gamma+\gamma\alpha=-3$

이때 $x^3+ax^2+bx+c=0$의 세 근이 α, β, γ이므로

$\alpha+\beta+\gamma=-a$에서 $-2=-a$ $\quad \therefore a=2$

$\alpha\beta+\beta\gamma+\gamma\alpha=b$에서 $b=-3$

$\alpha\beta\gamma=-c$에서 $-1=-c$ $\quad \therefore c=1$

$\therefore abc=-6$

0809 🔑 · ①, ④

$\begin{cases} x^2+xy=8 & \cdots \ ㉠ \\ y^2-x+y=4 & \cdots \ ㉡ \end{cases}$

㉠$-$㉡$\times 2$를 하면 $x^2+xy-2y^2+2x-2y=0$

$(x-y)(x+2y)+2(x-y)=0$

$(x-y)(x+2y+2)=0$

이때 $x=y$인 해를 구하면 되므로

$x=y$를 ㉠에 대입하면 $2x^2=8$, $x^2=4$

$\therefore x=\pm2$, $y=\pm2$

$\therefore a=2$ 또는 $a=-2$

0810 🔑 · 25

$\begin{cases} x^2-y^2=6 & \cdots \ ㉠ \\ (x+y)^2-2(x+y)=3 & \cdots \ ㉡ \end{cases}$

㉡에서 $A=x+y$로 치환하면

$A^2-2A-3=0$, $(A+1)(A-3)=0$

$\therefore A=-1$ 또는 $A=3$

(i) $A=-1$, 즉 $x+y=-1$일 때, $\qquad \cdots ①$

㉠에서 $(x+y)(x-y)=6$이므로

$x-y=-6$ $\qquad \cdots ②$

①, ②를 연립하여 풀면 $x=-\dfrac{7}{2}$, $y=\dfrac{5}{2}$

(ii) $A=3$, 즉 $x+y=3$일 때,   … ③

   ⊙에서 $(x+y)(x-y)=6$이므로

$x-y=2$ … ④

   ③, ④를 연립하여 풀면 $x=\dfrac{5}{2}$, $y=\dfrac{1}{2}$

따라서 양수인 근은 $x=\dfrac{5}{2}$, $y=\dfrac{1}{2}$이므로 $20xy=25$

0811 답· 13

$x^2-(m+5)x-m-1=0$의 두 근을 α, β라 하면

이차방정식의 근과 계수와의 관계에 의하여

$\alpha+\beta=m+5$ … ⊙

$\alpha\beta=-m-1$ … ⓛ

⊙+ⓛ을 하면 $\alpha+\beta+\alpha\beta=4$에서

$\alpha\beta+\alpha+\beta+1=5$

∴ $(\alpha+1)(\beta+1)=5$

이때 $\alpha+1$, $\beta+1$은 정수이므로 순서쌍 $(\alpha+1,\ \beta+1)$은

$(-5,\ -1)$, $(-1,\ -5)$, $(1,\ 5)$, $(5,\ 1)$이다.

따라서 순서쌍 $(\alpha,\ \beta)$는

$(-6,\ -2)$, $(-2,\ -6)$, $(0,\ 4)$, $(4,\ 0)$이다.

∴ $m=-13$ 또는 $m=-1$ (∵ ⊙)

따라서 구하는 모든 정수 m의 값의 곱은 13이다.

0812 답· 21

$x^2+y^2-4x+8y+k=0$에서

$x^2-4x+4+y^2+8y+16=20-k$

$(x-2)^2+(y+4)^2=20-k$

이때 $20-k<0$, 즉 $k>20$이면 (실수)$^2+$(실수)$^2=$(음수)

의 꼴이 되어 식을 만족시키는 해가 존재하지 않는다.

따라서 $k>20$인 정수 k의 최솟값은 21이다.

중학교 Review

01 (1) ×   (2) ○   (3) ○   (4) ×

02 (1) <   (2) >   (3) ≤   (4) ≤

    (5) ≥

03 (1) $x+4\geq7$ (2) $x-1\geq2$

    (3) $2x-5\geq1$ (4) $-\dfrac{1}{3}x+7\leq6$

04 (1) $x\leq-5$ (2) $x<-6$ (3) $x>5$ (4) $x\leq2$

    (5) $x>4$ (6) $x\leq-8$ (7) $x>0$

05 (1) $x\geq3$

    (2) $x<1$

    (3) $x\leq3$

    (4) $x<2$

문제 C.O.D.I Basic

0813 답· $a=0$, $b<0$

0814 답· $a=0$, $b\geq0$

0815 답· $a=1$, $b\geq-1$

0816 답· $a=1$, $b<-1$

0817 답· 해가 없다.

$$\begin{cases} 2x+5\leq3x+4 & \cdots ⊙ \\ x-4<6-3(x+2) & \cdots ⓛ \end{cases}$$

⊙에서 $x\geq1$

ⓛ에서 $x-4<6-3x-6$, $4x<4$ ∴ $x<1$

∴ 해가 없다.

0818 답· $-\dfrac{9}{2}\leq x\leq2$

$$\begin{cases} 5x\leq2(x+3) & \cdots ⊙ \\ \dfrac{2}{3}x-1\leq\dfrac{1}{2}(2x+1) & \cdots ⓛ \end{cases}$$

⊙에서 $5x\leq2x+6$, $3x\leq6$ ∴ $x\leq2$

ⓛ$\times6$을 하면 $4x-6\leq6x+3$, $-2x\leq9$ ∴ $x\geq-\dfrac{9}{2}$

∴ $-\dfrac{9}{2}\leq x\leq2$

0819 답· 해가 없다.

$$\begin{cases} 9-x<6 & \cdots ⊙ \\ 2x+1\leq5 & \cdots ⓛ \end{cases}$$

⊙에서 $x>3$, ⓛ에서 $2x\leq4$이므로 $x\leq2$

∴ 해가 없다.

0820 답· $1 \le x < 4$

$$\begin{cases} 2(x+1) \ge -x+5 & \cdots \ \text{㉠} \\ \dfrac{1}{2}x-1 > 2x-7 & \cdots \ \text{㉡} \end{cases}$$

㉠에서 $2x+2 \ge -x+5$, $3x \ge 3$ $\therefore x \ge 1$

㉡$\times 2$를 하면 $x-2 > 4x-14$, $3x < 12$ $\therefore x < 4$

$\therefore 1 \le x < 4$

0821 답· $x=1$

$$\begin{cases} 3x-1 \ge x+1 & \cdots \ \text{㉠} \\ 4x \le x+3 & \cdots \ \text{㉡} \end{cases}$$

㉠에서 $2x \ge 2$ $\therefore x \ge 1$

㉡에서 $3x \le 3$ $\therefore x \le 1$

$\therefore x=1$

0822 답· $a \ge 1$

각각의 부등식의 범위를 수직선에 표시하여 판단한다.

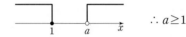

$\therefore a \ge 1$

0823 답· $a > 2$

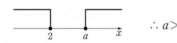

$\therefore a > 2$

0824 답· $a \le -3$

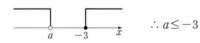

$\therefore a \le -3$

0825 답· $a < 0$

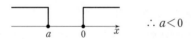

$\therefore a < 0$

0826 답· $-1 < a \le 0$

주어진 범위 안에 정수가 3개가 되도록 a의 범위를 정한다.

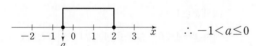

$\therefore -1 < a \le 0$

0827 답· $-1 \le a < 0$

주어진 범위 안에 정수가 3개가 되도록 a의 범위를 정한다.

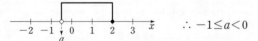

$\therefore -1 \le a < 0$

0828 답· $3 \le a < 4$

주어진 범위 안에 정수가 5개가 되도록 a의 범위를 정한다.

$\therefore 3 \le a < 4$

0829 답· $2 < a \le 3$

주어진 범위 안에 정수가 5개가 되도록 a의 범위를 정한다.

$\therefore 2 < a \le 3$

0830 답· $-3 \le x \le 3$

0831 답· $x \le -1$ 또는 $x \ge 1$

0832 답· $-1 < x < 3$

$|x-1| < 2$에서 $-2 < x-1 < 2$

$\therefore -1 < x < 3$

0833 답· $x < -3$ 또는 $x > -1$

$|x+2| > 1$에서 $x+2 < -1$ 또는 $x+2 > 1$

$\therefore x < -3$ 또는 $x > -1$

0834 답· $\dfrac{1}{3} < x < 1$

$|2x-1| < x$에서

(i) $x \ge \dfrac{1}{2}$일 때, $2x-1 < x$이므로 $x < 1$

$\quad \therefore \dfrac{1}{2} \le x < 1$

(ii) $x < \dfrac{1}{2}$일 때, $-2x+1 < x$이므로 $3x > 1$에서 $x > \dfrac{1}{3}$

$\quad \therefore \dfrac{1}{3} < x < \dfrac{1}{2}$

(i), (ii)에서 $\dfrac{1}{3} < x < 1$

0835 답· $x \le 0$ 또는 $x \ge 4$

$|x-1| \ge \dfrac{1}{2}x+1$에서

(i) $x \ge 1$일 때, $x-1 \ge \dfrac{1}{2}x+1$이므로 $x \ge 4$

$\quad \therefore x \ge 4$

(ii) $x < 1$일 때, $-x+1 \ge \dfrac{1}{2}x+1$이므로 $x \le 0$

$\quad \therefore x \le 0$

(i), (ii)에서 $x \le 0$ 또는 $x \ge 4$

0836 답· (1) $-\dfrac{1}{2} \le x < 0$ (2) $0 \le x < 2$

$\qquad$ (3) $2 \le x \le \dfrac{5}{2}$ (4) $-\dfrac{1}{2} \le x \le \dfrac{5}{2}$

$|x|+|x-2| \le 3$에서

(1) $x < 0$이므로 $-x-x+2 \le 3$에서 $x \ge -\dfrac{1}{2}$

$\quad \therefore -\dfrac{1}{2} \le x < 0$

(2) $0 \le x < 2$이므로 $x-x+2 \le 3$에서 $0 \cdot x \le 1$

$\quad \therefore 0 \le x < 2$

(3) $x \ge 2$이므로 $x+x-2 \le 3$에서 $x \le \dfrac{5}{2}$

$\quad \therefore 2 \le x \le \dfrac{5}{2}$

(4) (1), (2), (3)에서 $-\dfrac{1}{2} \le x \le \dfrac{5}{2}$

0837 답▶ $x < 2$

$f(x) = 2x - 1$, $g(x) = x + 1$
이라 하면 $f(x) < g(x)$이므로
$y = g(x)$의 그래프가 $y = f(x)$의
그래프보다 위쪽에 있는 x의 값의
범위를 구한다.

이때 $f(x) = g(x)$에서
$2x - 1 = x + 1$이므로 $x = 2$
$\therefore x < 2$

0838 답▶ $x \geq -3$

$f(x) = -x + 2$, $g(x) = 5$
라 하면 $f(x) \leq g(x)$이므로
$y = g(x)$의 그래프가 $y = f(x)$의
그래프와 만나거나 위쪽에 있는 x의
값의 범위를 구한다.

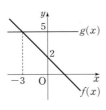

이때 $f(x) = g(x)$에서 $-x + 2 = 5$이므로 $x = -3$
$\therefore x \geq -3$

0839 답▶ 해설 참조

$y = |2x - 1|$

$= \begin{cases} 2x - 1 & \left(x \geq \dfrac{1}{2}\right) \\ -2x + 1 & \left(x < \dfrac{1}{2}\right) \end{cases}$

이므로 그래프는 오른쪽 그림과 같다.

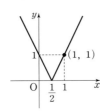

0840 답▶ 해설 참조

$y = -|x - 1|$

$= \begin{cases} -x + 1 & (x \geq 1) \\ x - 1 & (x < 1) \end{cases}$

이므로 그래프는 오른쪽 그림과
같다.

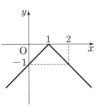

0841 답▶ $-1 < x < 1$

$f(x) = |2x - 1|$,
$g(x) = -x + 2$라 하면
$y = f(x)$, $y = g(x)$의 그래프
는 오른쪽 그림과 같다.
이때 교점 A의 x좌표는
$-2x + 1 = -x + 2$에서 $x = -1$이고,
교점 B의 x좌표는 $2x - 1 = -x + 2$에서 $x = 1$이다.
따라서 부등식의 해는 $-1 < x < 1$이다.

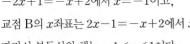

0842 답▶ 해설 참조

$ax > 2x + 1$에서 $(a - 2)x > 1$

(i) $a > 2$일 때, $x > \dfrac{1}{a - 2}$

(ii) $a < 2$일 때, $x < \dfrac{1}{a - 2}$

(iii) $a = 2$일 때, 해가 없다.

0843 답▶ 해설 참조

$(a - b)x \leq a^2 - b^2$에서 $(a - b)x \leq (a - b)(a + b)$

(i) $a > b$일 때, $x \leq a + b$

(ii) $a < b$일 때, $x \geq a + b$

(iii) $a = b$일 때, $0 \cdot x \leq 0$이므로 해는 모든 실수

0844 답▶ (1) $p \leq 2$ (2) $p > 2$

$2(x + 1) \geq 2x + p$에서 $0 \cdot x \geq p - 2$

(1) $0 \cdot x \geq 0$ 또는 $0 \cdot x \geq ($음수$)$일 때 해가 무수히 많으므로
   $p \leq 2$

(2) $0 \cdot x \geq ($양수$)$일 때 해가 없으므로 $p > 2$

0845 답▶ ②

$(a^2 - 1)x \geq a^2 - 3a + 2$에서

$(a + 1)(a - 1)x \geq (a - 1)(a - 2)$

(i) $a = -1$일 때, $0 \cdot x \geq 6$이므로 해가 없다.

(ii) $a = 1$일 때, $0 \cdot x \geq 0$이므로 해가 무수히 많다.

0846 답▶ 8

$\begin{cases} 4x > x - 9 & \cdots \text{㉠} \\ x + 2 \geq 2x - 3 & \cdots \text{㉡} \end{cases}$

㉠에서 $3x > -9$ $\therefore x > -3$

㉡에서 $-x \geq -5$ $\therefore x \leq 5$

따라서 $-3 < x \leq 5$이므로 정수 x는 $-2, -1, 0, 1, \cdots, 5$
의 8개이다.

0847 답▶ ④

$\begin{cases} 2x - 6 \leq -(x - 3) & \cdots \text{㉠} \\ -x + 2a \leq 2x - a + 1 & \cdots \text{㉡} \end{cases}$

㉠에서 $2x - 6 \leq -x + 3$, $3x \leq 9$ $\therefore x \leq 3$

㉡에서 $-3x \leq -3a + 1$ $\therefore x \geq \dfrac{3a - 1}{3}$

즉, $\dfrac{3a - 1}{3} \leq x \leq 3$이고 $1 \leq x \leq b$와 같으므로

$\dfrac{3a - 1}{3} = 1$에서 $a = \dfrac{4}{3}$, $b = 3$

$\therefore ab = 4$

0848 답▶ ②

$\begin{cases} -x + 2a < x - a - 1 & \cdots \text{㉠} \\ \dfrac{x - 1}{2} \leq -x + b & \cdots \text{㉡} \end{cases}$

㉠에서 $-2x < -3a - 1$ $\therefore x > \dfrac{3a + 1}{2}$

㉡에서 $x - 1 \leq -2x + 2b$, $3x \leq 2b + 1$ $\therefore x \leq \dfrac{2b + 1}{3}$

즉, $\dfrac{3a+1}{2}<x\leq\dfrac{2b+1}{3}$ 이고 $-4<x\leq1$과 같으므로

$\dfrac{3a+1}{2}=-4$에서 $a=-3$, $\dfrac{2b+1}{3}=1$에서 $b=1$

$\therefore |a+b|=2$

0849 답·③

$\begin{cases} -x+1\leq2x-5 & \cdots\ ㉠ \\ \dfrac{1}{2}x\leq a & \cdots\ ㉡ \end{cases}$

㉠에서 $-3x\leq-6$ $\therefore x\geq2$

㉡에서 $x\leq2a$

이때 연립부등식의 해가 한 개이
면 오른쪽 그림과 같이 $2a=2$에
서 $a=1$이고 해는 $x=2$이므로 $b=2$이다.

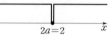

$\therefore a+b=3$

0850 답·②

$\begin{cases} 2x-1\geq x+1 & \cdots\ ㉠ \\ x-1<a & \cdots\ ㉡ \end{cases}$

㉠에서 $x\geq2$, ㉡에서 $x<a+1$

이때 연립부등식의 해가 없는 경
우는 오른쪽 그림과 같이 수직선
으로 나타낼 수 있다.

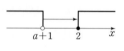

즉, $a+1\leq2$이므로 $a\leq1$

0851 답·①

$\begin{cases} 2x+1\geq a & \cdots\ ㉠ \\ -2x+1\geq x-2 & \cdots\ ㉡ \end{cases}$

㉠에서 $2x\geq a-1$ $\therefore x\geq\dfrac{a-1}{2}$

㉡에서 $-3x\geq-3$ $\therefore x\leq1$

이때 연립부등식의 해가 존재하
려면 오른쪽 그림과 같이 수직선
으로 나타낼 수 있다.

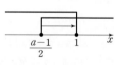

즉, $\dfrac{a-1}{2}\leq1$이므로 $a\leq3$

0852 답·⑤

$\begin{cases} -x+6\leq3x-2 & \cdots\ ㉠ \\ x<2a-1 & \cdots\ ㉡ \end{cases}$

㉠에서 $-4x\leq-8$ $\therefore x\geq2$

이때 연립부등식을 만족시키는
정수 x의 개수가 2개이려면 오
른쪽 그림과 같이 수직선으로 나타낼 수 있다.

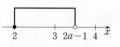

즉, $3<2a-1\leq4$이므로 $4<2a\leq5$

$\therefore 2<a\leq\dfrac{5}{2}$

따라서 $\alpha=2$, $\beta=\dfrac{5}{2}$이므로 $\alpha\beta=5$

0853 답·③

$\begin{cases} 4x>x-9 & \cdots\ ㉠ \\ \dfrac{x-1}{3}>x+a & \cdots\ ㉡ \end{cases}$

㉠에서 $3x>-9$ $\therefore x>-3$

㉡에서 $x-1>3x+3a$, $-2x>3a+1$

$\therefore x<-\dfrac{3a+1}{2}$

이때 연립부등식을 만족시키는
정수 x의 개수가 3개이려면 오
른쪽 그림과 같이 수직선으로
나타낼 수 있다.

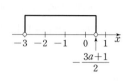

즉, $0<-\dfrac{3a+1}{2}\leq1$이므로 $-2\leq3a+1<0$

$\therefore -1\leq a<-\dfrac{1}{3}$

따라서 실수 a의 최솟값은 -1이다.

0854 답·②

$\dfrac{1}{2}(x-a+1)\leq\dfrac{1}{3}(x-a)$의 양변에 6을 곱하면

$3(x-a+1)\leq2(x-a)$, $3x-3a+3\leq2x-2a$

$\therefore x\leq a-3$

이때 부등식을 만족시키는 정수
x의 최댓값이 -1이 되는 경우
는 수직선으로 오른쪽 그림과 같
이 나타낼 수 있다.

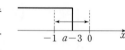

즉, $-1\leq a-3<0$이므로 $2\leq a<3$

$\therefore \sqrt{a^2-4a+4}+\sqrt{a^2-6a+9}=\sqrt{(a-2)^2}+\sqrt{(a-3)^2}$
$=|a-2|+|a-3|$
$=a-2-a+3=1$

0855 답·11

$|x-1|\leq5$에서 $-5\leq x-1\leq5$

$\therefore -4\leq x\leq6$

따라서 정수 x는 -4, -3, -2, -1, 0, 1, 2, $\cdots$, 6의
11개이다.

0856 답·④

$3|x+1|<7$에서 $|x+1|<\dfrac{7}{3}$

$-\dfrac{7}{3}<x+1<\dfrac{7}{3}$ $\therefore -\dfrac{10}{3}<x<\dfrac{4}{3}$

따라서 정수 x는 -3, -2, -1, 0, 1의 5개이다.

0857 답·②

$|x-a|<3$에서 $-3<x-a<3$

즉, $a-3<x<a+3$과 $4<x<10$이 같으므로

$a=7$

0858 답·①

$|2x-3|\geq-3x+2$에서

(i) $x \geq \dfrac{3}{2}$일 때,

$2x-3 \geq -3x+2$ $\therefore x \geq 1$

이때 조건에 맞아야 하므로 $x \geq \dfrac{3}{2}$

(ii) $x < \dfrac{3}{2}$일 때,

$-2x+3 \geq -3x+2$ $\therefore x \geq -1$

이때 조건에 맞아야 하므로 $-1 \leq x < \dfrac{3}{2}$

(i), (ii)에서 $x \geq -1$이므로 x의 최솟값은 -1이다.

> **다른풀이**
>
> 그래프를 이용하여 해를 구할 수 있다.
>
> $f(x)=|2x-3|$,
>
> $g(x)=-3x+2$라 하고
> 두 함수의 그래프를 그리면
> 오른쪽 그림과 같다.
>
> 두 함수의 그래프의 교점의
> x좌표는
>
> $-2x+3=-3x+2$에서
>
> $x=-1$
>
> 따라서 부등식의 해는 $x \geq -1$이다.

0859 답·③

$|x+1|+|x-2| \leq 3$에서

(i) $x < -1$일 때,

$-x-1-x+2 \leq 3$ $\therefore x \geq -1$

이때 조건에 맞는 해가 없다.

(ii) $-1 \leq x < 2$일 때,

$x+1-x+2 \leq 3$, $0 \cdot x \leq 0$

이때 $-1 \leq x < 2$의 모든 실수가 해가 된다.

(iii) $x \geq 2$일 때,

$x+1+x-2 \leq 3$ $\therefore x \leq 2$

이때 조건에 맞는 해는 $x=2$

(i), (ii), (iii)에서 $-1 \leq x \leq 2$

따라서 정수 x는 -1, 0, 1, 2의 4개이다.

0860 답·⑤

$|x-1|+|x-2| < 4$에서

(i) $x < 1$일 때,

$-x+1-x+2 < 4$ $\therefore x > -\dfrac{1}{2}$

이때 조건에 맞는 해는 $-\dfrac{1}{2} < x < 1$

(ii) $1 \leq x < 2$일 때,

$x-1-x+2 < 4$, $0 \cdot x < 3$

이때 $1 \leq x < 2$의 모든 실수가 해가 된다.

(iii) $x \geq 2$일 때,

$x-1+x-2 < 4$ $\therefore x < \dfrac{7}{2}$

이때 조건에 맞는 해는 $2 \leq x < \dfrac{7}{2}$

(i), (ii), (iii)에서 $-\dfrac{1}{2} < x < \dfrac{7}{2}$

따라서 정수 x의 최댓값은 3, 최솟값은 0이므로 그 합은 3이다.

0861 답·$x \leq -3$ 또는 $x \geq 4$

$|x+2|+|x-3| \geq 7$에서

(i) $x < -2$일 때,

$-x-2-x+3 \geq 7$ $\therefore x \leq -3$

이때 조건에 맞는 해는 $x \leq -3$

(ii) $-2 \leq x < 3$일 때,

$x+2-x+3 \geq 7$, $0 \cdot x \geq 2$

이때 해가 존재하지 않는다.

(iii) $x \geq 3$일 때,

$x+2+x-3 \geq 7$ $\therefore x \geq 4$

이때 조건에 맞는 해는 $x \geq 4$

(i), (ii), (iii)에서 $x \leq -3$ 또는 $x \geq 4$

> **다른풀이**
>
> 그래프를 이용하여 해를 구한다.
>
> $f(x)=|x+2|+|x-3|$, $g(x)=7$이라 하고
> 두 함수의 그래프를 그리면 다음과 같다.
>
> $f(x)=\begin{cases} -2x+1 & (x<-2) \\ 5 & (-2 \leq x < 3) \\ 2x-1 & (x \geq 3) \end{cases}$
>
>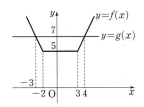
>
> 따라서 부등식 $f(x) \geq g(x)$의 해는 $x \leq -3$ 또는 $x \geq 4$

문제 C.O.D.I **Final**

0862 답·②

$(a^2+a-2)x < a^2-3a$에서

$(a-1)(a+2)x < a(a-3)$

(i) 해가 양의 실수 전체가 되려면 $x>0$이 되어야 한다.

· $a=3$일 때, $10x<0$ $\therefore x<0$ (음의 실수가 해)

· $a=0$일 때, $-2x<0$ $\therefore x>0$

(ii) $a=1$일 때, $0 \cdot x < -2$이므로 해가 존재하지 않는다.

(iii) $a=-2$일 때, $0 \cdot x < 10$이므로 해가 무수히 많다.

즉, $\alpha=0$, $\beta=1$, $\gamma=-2$이고, α, β, γ를 세 근으로 하는 삼차방정식은

$x(x-1)(x+2)=0$에서 $x^3+x^2-2x=0$

따라서 $p=1$, $q=-2$, $r=0$이므로 $p+q+r=-1$

0863 답· ②

$$\begin{cases} 3x-5<4 & \cdots \text{㉠} \\ x \geq a & \cdots \text{㉡} \end{cases}$$

㉠에서 $3x<9$ $\therefore x<3$

이때 연립부등식을 만족시키는 정수 x의 값이 2개이려면 오른쪽 그림과 같이 수직선으로 나타낼 수 있다.

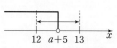

$\therefore 0<a\leq 1$

0864 답· ③

$$\begin{cases} 5x-4 \leq -x+8 & \cdots \text{㉠} \\ ax \geq a-2 & \cdots \text{㉡} \end{cases}$$

㉠에서 $6x\leq 12$ $\therefore x\leq 2$

㉡에서

(i) $a=0$일 때, $0 \cdot x \geq -2$이므로 해는 모든 실수이다.

이때 연립부등식의 해는 $x \leq 2$이므로 조건에 맞지 않는다.

(ii) $a<0$일 때, $x \leq \dfrac{a-2}{a}$이므로 연립부등식의 해는 $-1 \leq x \leq 2$가 될 수 없다.

(i), (ii)에서 $a>0$이므로 $x \geq \dfrac{a-2}{a}$

즉, $\dfrac{a-2}{a} \leq x \leq 2$와 $-1 \leq x \leq 2$가 같으므로

$\dfrac{a-2}{a}=-1$에서 $a-2=-a$

$\therefore a=1$

0865 답· ③

$|x-a|<5$에서 $-5<x-a<5$

$\therefore a-5<x<a+5$

이때 부등식을 만족시키는 정수 x의 최댓값이 12이려면 오른쪽 그림과 같이 수직선으로 나타낼 수 있다.

즉, $12<a+5\leq 13$이므로 $7<a\leq 8$

따라서 구하는 정수 a는 8이다.

0866 답· ②

$|x-a| \geq b$에서 $x-a \leq -b$ 또는 $x-a \geq b$

즉, $x \leq a-b$ 또는 $x \geq a+b$와 $x \leq -5$ 또는 $x \geq 1$이 같으므로

$a-b=-5$, $a+b=1$에서 $a=-2$, $b=3$

$\therefore ab=-6$

0867 답· 모든 실수

$|x+3|+|x|>0$에서

(i) $x<-3$일 때,

$-x-3-x>0$에서 $x<-\dfrac{3}{2}$ $\therefore x<-3$

(ii) $-3 \leq x<0$일 때,

$x+3-x>0$, $0 \cdot x>-3$ $\therefore -3 \leq x<0$

(iii) $x \geq 0$일 때,

$x+3+x>0$에서 $x>-\dfrac{3}{2}$ $\therefore x \geq 0$

(i), (ii), (iii)에서 해는 모든 실수

0868 답· 최댓값: 1, 최솟값: $-\dfrac{5}{3}$

$|3x-1| \leq 2$에서 $-2 \leq 3x-1 \leq 2$

$-1 \leq 3x \leq 3$ $\therefore -\dfrac{1}{3} \leq x \leq 1$

즉, $-\dfrac{2}{3} \leq 2x \leq 2$, $-\dfrac{5}{3} \leq 2x-1 \leq 1$이므로

$2x-1$의 최댓값은 1, 최솟값은 $-\dfrac{5}{3}$이다.

0869 답· ③

$1<|x-1|<2$에서

(i) $|x-1|>1$일 때,

$x-1<-1$ 또는 $x-1>1$ $\therefore x<0$ 또는 $x>2$

(ii) $|x-1|<2$일 때,

$-2<x-1<2$ $\therefore -1<x<3$

(i), (ii)의 해를 수직선에 나타내면 다음과 같다.

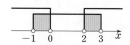

즉, 해는 $-1<x<0$ 또는 $2<x<3$이므로

$a=-1$, $b=0$, $c=2$, $d=3$

$\therefore a+b+c+d=4$

> **다른풀이**
>
> 그래프를 이용한다.
>
> $f(x)=1$, $h(x)=|x-1|$, $g(x)=2$라 하면
>
> $f(x)<h(x)<g(x)$이므로 $y=h(x)$의 그래프가 $y=f(x)$보다 위쪽, $y=g(x)$보다 아래쪽에 있는 x의 값의 범위를 찾는다.
>
>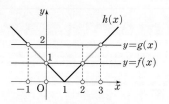
>
> $\therefore -1<x<0$ 또는 $2<x<3$

0870 답 · ⑤

$|ax-1|<b$에서 $-b<ax-1<b$

$-b+1<ax<b+1$

즉, $\dfrac{-b+1}{a}<x<\dfrac{b+1}{a}$과 $-1<x<2$가 같으므로

(이때 $a>0$이므로 부등호의 방향은 바뀌지 않는다.)

(i) $\dfrac{-b+1}{a}=-1$에서 $-b+1=-a$, $a-b=-1$ ··· ㉠

(ii) $\dfrac{b+1}{a}=2$에서 $b+1=2a$, $2a-b=1$ ··· ㉡

㉠, ㉡을 연립하여 풀면 $a=2$, $b=3$

$\therefore ab=6$

0871 답 · $4<a<5$

주어진 부등식을 만족시키는 정수 x가 3, 4, 5이려면 오른쪽 그림과 같이 수직선으로 나타낼 수 있다.

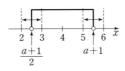

즉, $2\leq\dfrac{a+1}{2}<3$에서 $3\leq a<5$

$5<a+1\leq6$에서 $4<a\leq5$

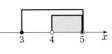

$\therefore 4<a<5$

0872 답 · $-5\leq x\leq-1$

(1) $|2x+4|\leq|x-1|$에서

  (i) $x<-2$일 때,

   $-2x-4\leq-x+1$에서 $x\geq-5$

   $\therefore -5\leq x<-2$

  (ii) $-2\leq x<1$일 때,

   $2x+4\leq-x+1$에서 $x\leq-1$

   $\therefore -2\leq x\leq-1$

  (iii) $x\geq1$일 때,

   $2x+4\leq x-1$에서 $x\leq-5$

   이때 조건에 맞는 해가 없다.

  (i), (ii), (iii)에서 $-5\leq x\leq-1$

(2) $f(x)=|2x+4|$, $g(x)=|x-1|$이라 하면

  두 함수 $y=f(x)$, $y=g(x)$의 그래프는 다음과 같다.

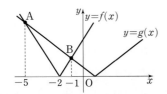

점 A의 x좌표는 $-2x-4=-x+1$에서 $x=-5$

점 B의 x좌표는 $2x+4=-x+1$에서 $x=-1$

따라서 $f(x)\leq g(x)$이므로 $y=g(x)$의 그래프가 $y=f(x)$의 그래프와 만나거나 위에 있는 x의 값의 범위는

$-5\leq x\leq-1$

---

11 이차부등식과 이차함수

 Basic

0873 답 · $-3\leq x\leq3$

$x^2-9\leq0$에서

$(x+3)(x-3)\leq0$

$\therefore -3\leq x\leq3$

0874 답 · $-3<x<5$

$x^2-2x-15<0$에서

$(x+3)(x-5)<0$

$\therefore -3<x<5$

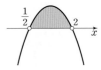

0875 답 · $\dfrac{1}{2}<x<2$

$-2x^2+5x-2>0$에서

$-(x-2)(2x-1)>0$

$\therefore \dfrac{1}{2}<x<2$

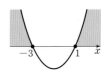

0876 답 · $x\leq-3$ 또는 $x\geq1$

$-x^2-2x+3\leq0$에서

$x^2+2x-3\geq0$

$(x-1)(x+3)\geq0$

$\therefore x\leq-3$ 또는 $x\geq1$

0877 답 · $x\leq-\dfrac{1}{2}$ 또는 $x\geq-\dfrac{1}{3}$

$x^2+\dfrac{5}{6}x+\dfrac{1}{6}\geq0$에서

$6x^2+5x+1\geq0$

$(2x+1)(3x+1)\geq0$

$\therefore x\leq-\dfrac{1}{2}$ 또는 $x\geq-\dfrac{1}{3}$

0878 답 · $-1\leq x\leq3$

$2(x-1)^2\leq8$에서

$(x-1)^2\leq4$

$x^2-2x-3\leq0$

$(x-3)(x+1)\leq0$

$\therefore -1\leq x\leq3$

0879 답 · 모든 실수

$x^2+4x+4\geq0$에서

$(x+2)^2\geq0$

$\therefore$ 해는 모든 실수

0880 답· $x \neq \dfrac{1}{3}$ 인 모든 실수

$-9x^2+6x-1<0$에서

$-(3x-1)^2<0$

$\therefore x \neq \dfrac{1}{3}$ 인 모든 실수

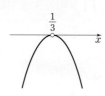

0881 답· $x=\dfrac{1}{2}$

$x^2-x+\dfrac{1}{4} \leq 0$에서

$\left(x-\dfrac{1}{2}\right)^2 \leq 0$

$\therefore x=\dfrac{1}{2}$

0882 답· 해가 없다.

$x^2+6x+10 \leq 0$

$(x+3)^2+1 \leq 0$

$\therefore$ 해가 없다.

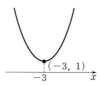

> **다른풀이**
>
> $x^2+6x+10=0$에서 $\dfrac{D}{4}=9-10<0$이므로
>
> $y=x^2+6x+10$의 그래프는 x축과 만나지 않는다.
>
> 또 x^2의 계수가 양수로 아래로 볼록한 그래프이므로
>
> x축 아랫부분은 존재하지 않는다.
>
> 따라서 해가 없다.

0883 답· 해가 없다.

$-4x^2+12x-9>0$에서

$-(2x-3)^2>0$

$\therefore$ 해가 없다.

0884 답· $a>1$

$x^2-2x+a \leq 0$의 해가 존재하지

않으려면 이차함수

$y=x^2-2x+a$의 그래프가 오른

쪽 그림과 같아야 하므로

$\dfrac{D}{4}=(-1)^2-a<0$에서 $a>1$

0885 답· $a \leq -9$

$ax^2+6x-1>0$의 해가 존재하

지 않으려면 이차함수

$y=ax^2+6x-1$의 그래프가 오

른쪽 그림과 같아야 하므로

$a<0$ (위로 볼록)

$\dfrac{D}{4}=3^2+a \leq 0$에서 $a \leq -9$

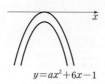

0886 답· $a=\pm 8$

$x^2+ax+16 \leq 0$의 해가 하나뿐이

면 이차함수 $y=x^2+ax+16$의 그

래프가 오른쪽 그림과 같아야 하므로

$D=a^2-64=0$에서 $a=\pm 8$

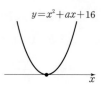

0887 답· $a=\pm 6$

$-x^2+ax-9 \geq 0$의 해가 하나뿐이

면 이차함수 $y=-x^2+ax-9$의 그

래프가 오른쪽 그림과 같아야 하므로

$D=a^2-36=0$에서 $a=\pm 6$

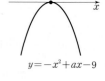

0888 답· $a<-\dfrac{4}{3}$

$-3x^2+4x+a<0$이 항상 성립하

려면 이차함수 $y=-3x^2+4x+a$

의 그래프가 오른쪽 그림과 같아야

하므로

$\dfrac{D}{4}=2^2+3a<0$에서 $a<-\dfrac{4}{3}$

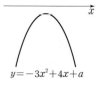

0889 답· $a \geq \dfrac{1}{4}$

$ax^2+x+1 \geq 0$이 모든 실수에 대

해 성립하려면 이차함수

$y=ax^2+x+1$의 그래프가 오른쪽

그림과 같아야 하므로

$D=1-4a \leq 0$에서 $a \geq \dfrac{1}{4}$

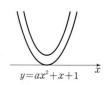

0890 답· $-1 \leq x \leq 4$

$y=f(x)$의 그래프가 x축과 만나거나 아래쪽에 있는 x의 값

의 범위를 찾는다.

0891 답· $x>1$

$y=g(x)$의 그래프가 x축보다 아래쪽에 있는 x의 값의 범위

를 찾는다.

0892 답· $x=-2$, $x=3$

$y=f(x)$, $y=g(x)$의 그래프의 교점의 x좌표를 구한다.

0893 답· $x<-2$ 또는 $x>3$

$y=f(x)$의 그래프가 $y=g(x)$의 그래프보다 위쪽에 있는 x

의 값의 범위를 구한다.

0894 답· $-2<x<3$

$y=f(x)$의 그래프가 $y=g(x)$의 그래프보다 아래쪽에 있는

x의 값의 범위를 구한다.

0895 답· $(x+1)(x-2)<0$ 또는 $x^2-x-2<0$

0896 답· $(3x+1)(3x-5) \geq 0$ 또는 $9x^2-12x-5 \geq 0$

$9\left(x+\dfrac{1}{3}\right)\left(x-\dfrac{5}{3}\right) \geq 0$에서 $(3x+1)(3x-5) \geq 0$

$\therefore 9x^2-12x-5 \geq 0$

0897 답 · $-x(x-4) \geq 0$ 또는 $-x^2+4x \geq 0$

0898 답 · $-(x-3)^2 < 0$ 또는 $-x^2+6x-9 < 0$

0899 답 · $(2x-1)^2 \leq 0$ 또는 $4x^2-4x+1 \leq 0$

$4\left(x-\dfrac{1}{2}\right)^2 \leq 0$에서 $(2x-1)^2 \leq 0$

$\therefore 4x^2-4x+1 \leq 0$

0900 답 · $0 \leq x < 4$

$\begin{cases} \dfrac{1}{2}x-1 < 1 & \cdots \text{㉠} \\ x^2-6x \leq 0 & \cdots \text{㉡} \end{cases}$

㉠에서 $\dfrac{1}{2}x < 2$ $\therefore x < 4$

㉡에서 $x(x-6) \leq 0$ $\therefore 0 \leq x \leq 6$

$\therefore 0 \leq x < 4$

0901 답 · $x > 2$

$\begin{cases} 2x-1 > 0 & \cdots \text{㉠} \\ 2x^2-3x-2 > 0 & \cdots \text{㉡} \end{cases}$

㉠에서 $2x > 1$ $\therefore x > \dfrac{1}{2}$

㉡에서 $(2x+1)(x-2) > 0$ $\therefore x < -\dfrac{1}{2}$ 또는 $x > 2$

$\therefore x > 2$

0902 답 · $-3 < x < -2$ 또는 $3 < x < 4$

$\begin{cases} x^2-x-12 < 0 & \cdots \text{㉠} \\ x^2-x-6 > 0 & \cdots \text{㉡} \end{cases}$

㉠에서 $(x+3)(x-4) < 0$ $\therefore -3 < x < 4$

㉡에서 $(x+2)(x-3) > 0$ $\therefore x < -2$ 또는 $x > 3$

$\therefore -3 < x < -2$ 또는 $3 < x < 4$

0903 답 · $-1 < x < 2$

$\begin{cases} x^2-x-2 < 0 & \cdots \text{㉠} \\ x^2+2x-15 \leq 0 & \cdots \text{㉡} \end{cases}$

㉠에서 $(x+1)(x-2) < 0$ $\therefore -1 < x < 2$

㉡에서 $(x+5)(x-3) \leq 0$ $\therefore -5 \leq x \leq 3$

$\therefore -1 < x < 2$

0904 답 · $-2 \leq x \leq -1$

$\begin{cases} x^2-4 \leq 0 & \cdots \text{㉠} \\ x^2+5x+4 \leq 0 & \cdots \text{㉡} \end{cases}$

㉠에서 $(x+2)(x-2) \leq 0$ $\therefore -2 \leq x \leq 2$

㉡에서 $(x+4)(x+1) \leq 0$ $\therefore -4 \leq x \leq -1$

$\therefore -2 \leq x \leq -1$

0905 답 · 해가 없다.

$\begin{cases} x^2-3x+3 < 0 & \cdots \text{㉠} \\ x^2+x-2 \geq 0 & \cdots \text{㉡} \end{cases}$

㉠에서 $x^2-3x+3=0$의 판별식 $D=(-3)^2-12 < 0$이므로 해가 없다.

㉠의 해가 없으므로 연립부등식의 해도 존재하지 않는다.

0906 답 · $x=1$

$\begin{cases} x^2+3x-4 \geq 0 & \cdots \text{㉠} \\ x^2-1 \leq 0 & \cdots \text{㉡} \end{cases}$

㉠에서 $(x+4)(x-1) \geq 0$ $\therefore x \leq -4$ 또는 $x \geq 1$

㉡에서 $(x+1)(x-1) \leq 0$ $\therefore -1 \leq x \leq 1$

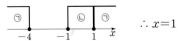

$\therefore x=1$

0907 답 · 해가 없다.

$\begin{cases} x^2-6x+8 < 0 & \cdots \text{㉠} \\ x^2+x-6 \leq 0 & \cdots \text{㉡} \end{cases}$

㉠에서 $(x-2)(x-4) < 0$ $\therefore 2 < x < 4$

㉡에서 $(x+3)(x-2) \leq 0$ $\therefore -3 \leq x \leq 2$

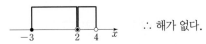

$\therefore$ 해가 없다.

0908 답 · (개) $k^2+k-2 \geq 0$ (내) -2 (대) 1 (래) $2k > 0$ (매) 0 (배) $-k+2 > 0$ (새) 2 (애) $1 \leq k < 2$

$x^2-2kx-k+2=0$의 두 실근이 모두 양수일 조건은 판별식 $D \geq 0$, $\alpha+\beta > 0$, $\alpha\beta > 0$이다.

(i) 판별식의 실근 조건:

$$\frac{D}{4} = \boxed{\text{(개)}\ k^2+k-2 \geq 0}\ \text{에서}\ (k+2)(k-1) \geq 0$$

$\therefore k \leq \boxed{\text{(내)}\ -2}$ 또는 $k \geq \boxed{\text{(대)}\ 1}$

(ii) 두 근의 합의 조건:

$\alpha+\beta > 0$에서 $\boxed{\text{(래)}\ 2k > 0}$ $\therefore k > \boxed{\text{(매)}\ 0}$

(iii) 두 근의 곱의 조건:

$\alpha\beta > 0$에서 $\boxed{\text{(배)}\ -k+2 > 0}$ $\therefore k < \boxed{\text{(새)}\ 2}$

이므로 두 실근이 양수일 실수 k의 값의 범위는

$\boxed{\text{(애)}\ 1 \leq k < 2}$

0909 답 · (개) $k^2+k-2 \geq 0$ (내) -2 (대) 1 (래) $2k < 0$ (매) 0 (배) $-k+2 > 0$ (새) 2 (애) $k \leq -2$

$x^2-2kx-k+2=0$의 두 실근이 모두 음수일 조건은 판별식 $D \geq 0$, $\alpha+\beta < 0$, $\alpha\beta > 0$이다.

(i) 판별식의 실근 조건:

$$\frac{D}{4} = \boxed{\text{(개)}\ k^2+k-2 \geq 0}\ \text{에서}\ (k+2)(k-1) \geq 0$$

$\therefore k \leq \boxed{\text{(내)}\ -2}$ 또는 $k \geq \boxed{\text{(대)}\ 1}$

(ii) 두 근의 합의 조건:

$\alpha+\beta < 0$에서 $\boxed{\text{(래)}\ 2k < 0}$ $\therefore k < \boxed{\text{(매)}\ 0}$

(iii) 두 근의 곱의 조건:

$\alpha\beta > 0$에서 $\boxed{\text{(배)}\ -k+2 > 0}$ $\therefore k < \boxed{\text{(새)}\ 2}$

이므로 두 실근이 음수일 실수 k의 값의 범위는

$\boxed{\text{(애)}\ k \leq -2}$

0910 답·해설 참조

(1)
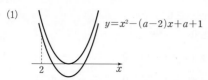
$y=x^2-(a-2)x+a+1$

(2) $D=(a-2)^2-4(a+1)\geq0$에서 $a^2-8a\geq0$

$a(a-8)\geq0$ ∴ $a\leq0$ 또는 $a\geq8$

(3) $y=x^2-(a-2)x+a+1$

$=\left(x-\dfrac{a-2}{2}\right)^2-\dfrac{(a-2)^2}{4}+a+1$

이므로 축의 방정식은 $x=\dfrac{a-2}{2}$이고

$\dfrac{a-2}{2}>2$에서 $a>6$

(4) $x=2$를 대입한 값은 0보다 크므로

$4-2(a-2)+a+1>0$에서 $a<9$

(5) (2)~(4)에서 $8\leq a<9$

0911 답·해설 참조

(1)
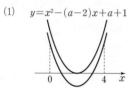
$y=x^2-(a-2)x+a+1$

(2) $D=(a-2)^2-4(a+1)\geq0$에서 $a^2-8a\geq0$

$a(a-8)\geq0$ ∴ $a\leq0$ 또는 $a\geq8$

(3) $y=x^2-(a-2)x+a+1$

$=\left(x-\dfrac{a-2}{2}\right)^2-\dfrac{(a-2)^2}{4}+a+1$

이므로 축의 방정식은 $x=\dfrac{a-2}{2}$이고

$0<\dfrac{a-2}{2}<4$에서 $2<a<10$

(4) $x=0$을 대입한 값은 0보다 크므로

$a+1>0$에서 $a>-1$

$x=4$를 대입한 값이 0보다 크므로

$16-4(a-2)+a+1>0$에서 $a<\dfrac{25}{3}$

(5) (2)~(4)에서 $8\leq a<\dfrac{25}{3}$

0912 답· $-1<k\leq3$

(i) $\dfrac{D}{4}=4-k-1\geq0$에서 $k\leq3$

(ii) $\alpha+\beta=4>0$

(iii) $\alpha\beta=k+1>0$에서 $k>-1$

(i), (ii), (iii)에서 $-1<k\leq3$

0913 답· $k\geq1$

(i) $\dfrac{D}{4}=k^2-1\geq0$에서 $k\leq-1$ 또는 $k\geq1$

(ii) $\alpha+\beta=-2k<0$에서 $k>0$

(iii) $\alpha\beta=1>0$

(i), (ii), (iii)에서 $k\geq1$

0914 답· $k<0$

$\alpha\beta=\dfrac{k}{3}<0$에서 $k<0$

0915 답· $1<k\leq\dfrac{9}{8}$

(i) $D=(-3)^2-8k\geq0$에서 $k\leq\dfrac{9}{8}$

(ii) 축: $\dfrac{3}{2}>1$

(iii) $x=1$을 대입한 값이 0보다 크므로

$1-3+2k>0$에서 $k>1$

(i), (ii), (iii)에서 $1<k\leq\dfrac{9}{8}$

0916 답· $-5<k\leq4$

(i) $\dfrac{D}{4}=4-k\geq0$에서 $k\leq4$

(ii) 축: $-2<1$

(iii) $x=1$을 대입한 값이 0보다 크므로

$1+4+k>0$에서 $k>-5$

(i), (ii), (iii)에서 $-5<k\leq4$

0917 답· $x<0$ 또는 $x>4$

이차함수의 그래프가 x축보다 위쪽에 있는 x의 값의 범위를 찾는다.

0918 답· ⑤

$f(x)\leq0$은 이차함수의 그래프가 x축과 만나거나 아래쪽에 있는 x의 값의 범위이므로 $1\leq x\leq2$

∴ $\alpha=1$, $\beta=2$

또한 x축과의 교점의 x좌표가 1, 2이므로

$f(x)=x^2-(a+1)x+a=(x-1)(x-2)=x^2-3x+2$

에서 $a=2$

∴ $a+\alpha+\beta=5$

0919 답· ③

$f(x)\leq2$에서 $f(x)-2\leq0$

이 부등식의 해는 이차함수 $y=f(x)-2$의 그래프가 x축과 만나거나 아래쪽에 있는 x의 값의 범위이므로

$-\dfrac{5}{2}\leq x\leq\dfrac{1}{2}$

따라서 구하는 x의 최댓값은 $\dfrac{1}{2}$, 최솟값은 $-\dfrac{5}{2}$이므로 차는 3이다.

0920 답· $a=4$, $x \le -2$ 또는 $x \ge 4$

이차함수의 그래프의 축이 직선

$x=1$이므로 x축과의 두 교점

$(-2, 0)$, $(a, 0)$도 직선 $x=1$에

대하여 대칭이다.

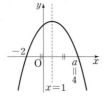

즉, $\dfrac{a-2}{2}=1$이므로 $a=4$

이때 $f(x) \le 0$는 $y=f(x)$의 그래프가 x축과 만나거나 아래

쪽에 있는 x의 값의 범위이므로

$x \le -2$ 또는 $x \ge 4$

0921 답· ③

$x^2-5x-24<0$에서 $(x+3)(x-8)<0$

$\therefore -3<x<8$

따라서 구하는 정수 x는 -2, -1, 0, 1, 2, $\cdots$, 7의 10개

이다.

0922 답· ②

$-3x^2+19x-6 \ge 0$에서 $3x^2-19x+6 \le 0$

$(3x-1)(x-6) \le 0$ $\therefore \dfrac{1}{3} \le x \le 6$

따라서 $\alpha=\dfrac{1}{3}$, $\beta=6$이므로 $\alpha\beta=2$

0923 답· $x \le 2$ 또는 $x \ge 7$

x축과의 교점이 점 $(2, 0)$, $(7, 0)$인 이차함수의 그래프는

다음 두 가지 경우가 있다.

(i) 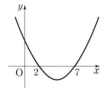   (ii)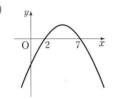

이때 제3사분면을 지나는 이차함수는 (ii)의 경우이므로

$f(x) \le 0$의 해는 $x \le 2$ 또는 $x \ge 7$

0924 답· ④

이차함수 $f(x)=x^2-2x-4$의 그래프와 x축과의 교점의

x좌표는 $x^2-2x-4=0$에서 $x=1\pm\sqrt{5}$

이때 $f(x)<0$의 해는 $1-\sqrt{5}<x<1+\sqrt{5}$, 즉

$-1.\times\times\times<x<3.\times\times\times$이므로 구하는 정수 x는

-1, 0, 1, 2, 3의 5개이다.

0925 답· ③

$x^2-|x|-6>0$에서

(i) $x \ge 0$일 때

$x^2-x-6>0$, $(x+2)(x-3)>0$

$\therefore x<-2$ 또는 $x>3$

이때 $x \ge 0$와 공통부분은 $x>3$

(ii) $x<0$일 때,

$x^2+x-6>0$, $(x+3)(x-2)>0$

$\therefore x<-3$ 또는 $x>2$

이때 $x<0$와 공통부분은 $x<-3$

(i), (ii)에서 $x<-3$ 또는 $x>3$이므로 $\alpha=-3$, $\beta=3$

$\therefore \alpha+\beta=0$

0926 답· ②

$x^2-2x-5<|x-1|$에서

(i) $x \ge 1$일 때,

$x^2-2x-5<x-1$, $x^2-3x-4<0$

$(x+1)(x-4)<0$ $\therefore -1<x<4$

이때 $x \ge 1$와 공통부분은 $1 \le x<4$

(ii) $x<1$일 때,

$x^2-2x-5<-x+1$, $x^2-x-6<0$

$(x+2)(x-3)<0$ $\therefore -2<x<3$

이때 $x<1$와 공통부분은 $-2<x<1$

(i), (ii)에서 $-2<x<4$이므로 구하는 정수 x는

-1, 0, 1, 2, 3의 5개이다.

0927 답· $-1 \le x \le 2$

$\begin{cases} 0.1x-0.2 \le 0.3x-0.6 & \cdots \text{㉠} \\ \dfrac{1}{5}x+\dfrac{3}{10} \le \dfrac{1}{10}x+\dfrac{1}{2} & \cdots \text{㉡} \end{cases}$

㉠$\times10$을 하면 $x-2 \le 3x-6$ $\therefore x \ge 2$

㉡$\times10$을 하면 $2x+3 \le x+5$ $\therefore x \le 2$

따라서 $x=2$이므로 $a=2$

즉, $x^2-2x \le |x-2|$에서

(i) $x \ge 2$일 때,

$x^2-2x \le x-2$, $x^2-3x+2 \le 0$

$(x-1)(x-2) \le 0$ $\therefore 1 \le x \le 2$

이때 $x \ge 2$와 공통부분은 $x=2$

(ii) $x<2$일 때,

$x^2-2x \le -x+2$, $x^2-x-2 \le 0$

$(x+1)(x-2) \le 0$ $\therefore -1 \le x \le 2$

이때 $x<2$와 공통부분은 $-1 \le x<2$

(i), (ii)에서 $-1 \le x \le 2$

0928 답· (가) $\dfrac{1}{2}$ (나) $\dfrac{3}{2}$ (다) $-\dfrac{1}{4}$ (라) $\dfrac{1}{4}$

$f(x)=4x^2-8x+3 \le 0$에서 $(2x-1)(2x-3) \le 0$

$\therefore \boxed{\text{(가)} \dfrac{1}{2}} \le x \le \boxed{\text{(나)} \dfrac{3}{2}}$

$f(2x+1)=4(2x+1)^2-8(2x+1)+3 \le 0$에서

$t=2x+1$이라 하면

$f(t)=4t^2-8t+3\leq0$

$\therefore$ ㉮ $\dfrac{1}{2}\leq t\leq$ ㉯ $\dfrac{3}{2}$

즉, ㉮ $\dfrac{1}{2}\leq2x+1\leq$ ㉯ $\dfrac{3}{2}$ 이므로

$-\dfrac{1}{2}\leq2x\leq\dfrac{1}{2}$

$\therefore$ ㉰ $-\dfrac{1}{4}\leq x\leq$ ㉱ $\dfrac{1}{4}$

0929 답·⑤

$f(x)<0$의 해는 $-3<x<2$이므로

$t=-x+1$이라 하면

$f(-x+1)=f(t)<0$에서 $-3<t<2$

즉, $-3<-x+1<2$이므로

$-4<-x<1$ $\therefore$ $-1<x<4$

따라서 $\alpha=-1$, $\beta=4$이므로 $\beta-\alpha=5$

> **다른풀이**
>
> x^2의 계수가 1인 이차식을 $f(x)$라 할 때
>
> $f(x)<0$의 해가 $-3<x<2$이면
>
> $f(x)=(x+3)(x-2)$이므로
>
> $f(-x+1)=(-x+1+3)(-x+1-2)$
>
> $\qquad\qquad=(-x+4)(-x-1)$
>
> $\qquad\qquad=\{-(x-4)\}\{-(x+1)\}$
>
> $\qquad\qquad=(x-4)(x+1)$
>
> 에서 $(x-4)(x+1)<0$
>
> $\therefore$ $-1<x<4$

0930 답·$\dfrac{15}{2}$

그래프를 이용하여 $f(x)>0$의 해를 구하면

$-3<x<2$

$t=\dfrac{2x-1}{3}$이라 하면 $f(t)>0$의 해는 $-3<t<2$

즉, $-3<\dfrac{2x-1}{3}<2$이므로 $-9<2x-1<6$

$-8<2x<7$ $\therefore$ $-4<x<\dfrac{7}{2}$

따라서 $\alpha=-4$, $\beta=\dfrac{7}{2}$이므로 $\beta-\alpha=\dfrac{15}{2}$

0931 답·$\dfrac{9}{4}$

이차부등식의 해가 한 개이면 $y=x^2-3x+k$의 그래프가

x축과 접해야 하므로

$D=(-3)^2-4k=0$에서 $k=\dfrac{9}{4}$

0932 답·②

이차부등식의 해가 한 개이면
$y=kx^2-4x+k$의 그래프가
오른쪽 그림과 같아야 한다.

(ⅰ) 위로 볼록하므로 $k<0$

(ⅱ) x축과 접해야 하므로

$\quad\dfrac{D}{4}=(-2)^2-k^2=0$에서 $k^2=4$ $\therefore$ $k=\pm2$

(ⅰ), (ⅱ)에서 $k=-2$

0933 답·②

$f(x)\geq0$의 해가 $x=1$이면 $y=f(x)$의 그래프가 $x=1$에서

접하므로 $f(x)=a(x-1)^2$

$y=f(x)$의 그래프가 점 $(0,-2)$를 지나므로

$a\times(0-1)^2=-2$에서 $a=-2$

따라서 $f(x)=-2(x-1)^2$이므로 $f(2)=-2$

0934 답·⑤

이차부등식의 해가 한 개이면 $(k+1)x^2-(k+1)x+k=0$

의 판별식을 D라 할 때, $D=0$이므로

$D=(k+1)^2-4k(k+1)=0$

$(k+1)\{(k+1)-4k\}=0$, $(k+1)(-3k+1)=0$

$(k+1)(3k-1)=0$ $\therefore$ $k=-1$ 또는 $k=\dfrac{1}{3}$

이때 주어진 부등식은 이차부등식이므로

$k+1\neq0$에서 $k\neq-1$

$\therefore$ $k=\dfrac{1}{3}$

0935 답·ㄹ, ㄱ

ㄱ. $(x-3)^2>0$: $x\neq3$인 모든 실수

ㄴ. $(x-3)^2\geq0$: 모든 실수

ㄷ. $(x-3)^2<0$: 해가 없다.

ㄹ. $(x-3)^2\leq0$: $x=3$

0936 답·④

이차부등식 $2x^2-3x+k>0$의 해가 하나의 실수를 제외한

모든 실수가 되려면 $y=2x^2-3x+k$의 그래프가 x축에 접

해야 하므로

$D=(-3)^2-4\cdot2\cdot k=0$ $\therefore$ $k=\dfrac{9}{8}$

즉, $2x^2-3x+\dfrac{9}{8}>0$이므로 $16x^2-24x+9>0$에서

$(4x-3)^2>0$ $\therefore$ $x\neq\dfrac{3}{4}$인 모든 실수

$\therefore$ $a=\dfrac{3}{4}$

$\therefore$ $\dfrac{k}{a}=\dfrac{\dfrac{9}{8}}{\dfrac{3}{4}}=\dfrac{9\cdot4}{8\cdot3}=\dfrac{3}{2}$

0937 답·④

(나)에서 $f(x)=a(x-2)^2$

(가)에서 $f(0)=8$이므로 $4a=8$ ∴ $a=2$

따라서 $f(x)=2(x-2)^2$이므로 $f(5)=2\cdot3^2=18$

0938 답·①, ②

① $2x-1<2x-2$, $0\cdot x<-1$ ∴ 해가 없다.

② $x^2-x+2\leq0$에서 $D=(-1)^2-8<0$ ∴ 해가 없다.

③ $x^2-6x+5<0$, $(x-1)(x-5)<0$ ∴ $1<x<5$

④ $x^2+3x+2\geq0$, $(x+2)(x+1)\geq0$

∴ $x\leq-2$ 또는 $x\geq-1$

⑤ $4x^2+4x+1\leq0$, $(2x+1)^2\leq0$ ∴ $x=-\dfrac{1}{2}$

0939 답·②

$y=f(x)$의 그래프가 오른쪽 그림
과 같아야 하므로 $f(x)=0$의 판별
식을 D라 하면

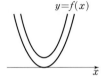

$\dfrac{D}{4}=a^2-9a\leq0$에서 $a(a-9)\leq0$ ∴ $0\leq a\leq9$

따라서 정수 a는 0, 1, 2, …, 9의 10개이다.

0940 답·(1) $k\leq-1$ (2) $k<-1$

$f(x)=0$의 판별식을 D라 하자.

(1) $y=f(x)$의 그래프가 오른쪽
그림과 같아야 하므로

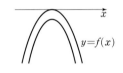

$\dfrac{D}{4}=(-1)^2+k\leq0$에서

$k\leq-1$

(2) $y=f(x)$의 그래프가 오른쪽
그림과 같아야 하므로

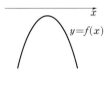

$\dfrac{D}{4}=(-1)^2+k<0$에서

$k<-1$

0941 답·③

① $x^2-2x+1>0$, $(x-1)^2>0$ ∴ $x\neq1$인 모든 실수

② $4x^2-4x+1\leq0$, $(2x-1)^2\leq0$ ∴ $x=\dfrac{1}{2}$

③ $-9x^2+6x-3<0$, $9x^2-6x+3>0$에서

$\dfrac{D}{4}=(-3)^2-27<0$ ∴ 해는 모든 실수

④ $(4x+3)(4x-3)\geq0$ ∴ $x\leq-\dfrac{3}{4}$ 또는 $x\geq\dfrac{3}{4}$

⑤ $x^2+3x+4\leq0$에서 $D=9-16<0$ ∴ 해가 없다.

0942 답·⑤

$f(x)=x^2+6x+a$라 하면 이 이차함수의 그래프가 x축과
접하거나 만나지 않을 때 $x^2+6x+a\geq0$이 항상 성립하므로

$\dfrac{D}{4}=3^2-a\leq0$에서 $a\geq9$

따라서 a의 최솟값은 9이다.

0943 답·(1) 5 (2) 4

$f(x)=0$의 판별식을 D라 하자.

(1) $x^2+4x+k>0$이 항상 성립하려면

$\dfrac{D}{4}=4-k<0$에서 $k>4$

따라서 정수 k의 최솟값은 5이다.

(2) $x^2+4x+k\geq0$이 항상 성립하려면

$\dfrac{D}{4}=4-k\leq0$에서 $k\geq4$

따라서 정수 k의 최솟값은 4이다.

0944 답·④

$y=g(x)$의 그래프가 $y=f(x)$의 그래프보다 위쪽에 있거나
만나는 x의 값의 범위를 찾으면 $-2\leq x\leq4$

0945 답·$x<-1$ 또는 $x>2$

$y=f(x)$의 그래프가 $y=g(x)$의 그래프보다 위쪽에 있는
x의 값의 범위를 찾으면 $x<-1$ 또는 $x>2$

0946 답·④

$0\leq g(x)<f(x)$에서 $\begin{cases} g(x)\geq0 & \cdots\ ㉠ \\ g(x)<f(x) & \cdots\ ㉡ \end{cases}$

㉠ 직선 $y=g(x)$가 x축과 만나거나 x축 위쪽에 있는 x의
값의 범위는 $x\geq c$

㉡ $y=f(x)$의 그래프가 $y=g(x)$의 그래프보다 위쪽에 있
는 x의 값의 범위는 $a<x<d$

∴ $c\leq x<d$

0947 답·$x<-3$ 또는 $x>2$

$-x^2+2x+2<3x-4$에서 $-x^2-x+6<0$

$x^2+x-6>0$, $(x+3)(x-2)>0$

∴ $x<-3$ 또는 $x>2$

0948 답·(1) $x\leq-\dfrac{1}{2}$ 또는 $x\geq2$

(2) $\dfrac{-2-\sqrt{7}}{3}\leq x\leq\dfrac{-2+\sqrt{7}}{3}$ (3) $x=3$

부등식 $f(x)\geq g(x)$의 해를 구한다.

(1) $2x^2-x-1\geq2x+1$에서

$2x^2-3x-2\geq0$, $(x-2)(2x+1)\geq0$

∴ $x\leq-\dfrac{1}{2}$ 또는 $x\geq2$

(2) $-3x^2-6x-1\geq-2x-2$에서

$-3x^2-4x+1\geq0$, $3x^2+4x-1\leq0$

∴ $\dfrac{-2-\sqrt{7}}{3}\leq x\leq\dfrac{-2+\sqrt{7}}{3}$

$\left(∵\ 3x^2+4x-1=0에서\ x=\dfrac{-2\pm\sqrt{7}}{3}\right)$

(3) $-x^2+8x-9\geq 2x$에서 $-x^2+6x-9\geq 0$

$x^2-6x+9\leq 0$, $(x-3)^2\leq 0$

$\therefore x=3$

0949 답 · 해가 없다, 만나지 않는다.

$f(x)<g(x)$에서 $2x^2+3x+1<x-4$

$2x^2+2x+5<0$

$\dfrac{D}{4}=1-10=-9<0$이므로 해가 존재하지 않는다.

즉, $f(x)<g(x)$를 만족시키는 x의 값의 범위가 존재하지 않는 것이고 이는 $y=f(x)$의 그래프가 $y=g(x)$의 그래프보다 아래쪽에 있는 x의 값의 범위가 존재하지 않는다는 의미이다.

또한 $D<0$이므로 두 그래프는 만나지 않으므로 오른쪽 그림과 같이 두 그래프는 만나지 않는 위치 관계가 된다.

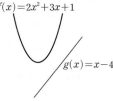

0950 답 · ⑤

(ⅰ) $x^2+4x<-2x+k$에서

$x^2+6x-k<0$의 해가 존재하므로

$\dfrac{D}{4}=3^2+k>0$　　$\therefore k>-9$

(ⅱ) $-x^2-5x+3>-2x+k$에서 $-x^2-3x+3-k>0$

즉, $x^2+3x+k-3<0$의 해가 존재하지 않으므로

$D=3^2-4(k-3)\leq 0$　　$\therefore k\geq \dfrac{21}{4}$

따라서 $k\geq \dfrac{21}{4}$이므로 정수 k의 최솟값은 6이다.

0951 답 · ①

$x^2+px+q\geq 0$의 해가 $x\leq -\dfrac{1}{2}$ 또는 $x\geq 3$이므로

$\left(x+\dfrac{1}{2}\right)(x-3)\geq 0$, $x^2-\dfrac{5}{2}x-\dfrac{3}{2}\geq 0$

따라서 $p=-\dfrac{5}{2}$, $q=-\dfrac{3}{2}$이므로 $q-p=1$

0952 답 · ④

$x^2+ax+8\leq 0$의 해가 $-4\leq x\leq b$이므로

$(x+4)(x-b)\leq 0$, $x^2+(4-b)x-4b\leq 0$

즉, $-4b=8$에서 $b=-2$, $a=4-b=6$

$\therefore a+b=4$

0953 답 · ④

이차함수의 그래프의 축과 대칭성을 이용한다.

$y=f(x)$의 그래프와 x축의 또 다른 교점의 x좌표를 a라 하면 1과 a는 $x=3$에 대하여 대칭이므로

$\dfrac{a+1}{2}=3$에서 $a=5$

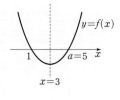

따라서 $f(x)<0$의 해는 $1<x<5$이므로 $\alpha=1$, $\beta=5$

$\therefore \alpha\beta=5$

0954 답 · ②

$ax^2+bx+c<0$의 해가 $1<x<3$이므로

$a(x-1)(x-3)<0$

$ax^2-4ax+3a<0$

이때 해가 $1<x<3$이려면 오른쪽 그림과 같이 이차함수의 그래프가 아래로 볼록이어야 하므로

$a>0$

$\therefore b=-4a$, $c=3a$

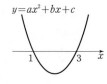

$ax^2-bx+c>0$에서

$ax^2+4ax+3a>0$, $a(x^2+4x+3)>0$

$a(x+1)(x+3)>0$, $(x+1)(x+3)>0$

$\therefore x<-3$ 또는 $x>-1$

0955 답 · ③

$\begin{cases} |2x-1|\geq 5 & \cdots ㉠ \\ x^2-5x-14\leq 0 & \cdots ㉡ \end{cases}$

㉠에서 $2x-1\leq -5$ 또는 $2x-1\geq 5$이므로

$x\leq -2$ 또는 $x\geq 3$

㉡에서 $(x+2)(x-7)\leq 0$　　$\therefore -2\leq x\leq 7$

$\therefore x=-2$ 또는 $3\leq x\leq 7$

따라서 구하는 정수 x는 $-2, 3, 4, 5, 6, 7$의 6개이다.

0956 답 · ⑤

$\begin{cases} x^2-4x-1\leq 0 & \cdots ㉠ \\ \dfrac{1}{4}x^2-\dfrac{3}{2}x+\dfrac{1}{3}>-\dfrac{1}{2}x^2+\dfrac{1}{2}x-\dfrac{2}{3} & \cdots ㉡ \end{cases}$

㉠에서 $x^2-4x-1=0$의 해를 근의 공식으로 구하면

$x=2\pm\sqrt{5}$이므로 $2-\sqrt{5}\leq x\leq 2+\sqrt{5}$

㉡$\times 12$를 하면 $3x^2-18x+4>-6x^2+6x-8$

$3x^2-8x+4>0$, $(3x-2)(x-2)>0$

$\therefore x<\dfrac{2}{3}$ 또는 $x>2$

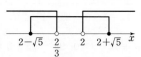

$\therefore 2-\sqrt{5}\leq x<\dfrac{2}{3}$ 또는 $2<x\leq 2+\sqrt{5}$

따라서 구하는 정수 x의 최댓값은 4이고 최솟값은 0이므로 그 합은 4이다.

0957 답 · ⑤

$\begin{cases} 3x^2-5x-2<0 & \cdots ㉠ \\ 2x^2-9x+9>0 & \cdots ㉡ \end{cases}$

㉠에서 $(3x+1)(x-2)<0$이므로 $-\dfrac{1}{3}<x<2$

ⓛ에서 $(2x-3)(x-3)>0$이므로 $x<\dfrac{3}{2}$ 또는 $x>3$

$\therefore -\dfrac{1}{3}<x<\dfrac{3}{2}$

이 해와 $6x^2-ax+b<0$의 해가 같으므로

$6\left(x+\dfrac{1}{3}\right)\left(x-\dfrac{3}{2}\right)<0,\ 6\left(x^2-\dfrac{7}{6}x-\dfrac{1}{2}\right)<0$

$6x^2-7x-3<0$

따라서 $a=7,\ b=-3$이므로 $a-b=10$

0958 답 $1+\sqrt{2}<x\leq3$

(i) $3\leq -x^2+4x$에서

$x^2-4x+3\leq0,\ (x-1)(x-3)\leq0$

$\therefore 1\leq x\leq3$

(ii) $-x^2+4x<2x-1$에서

$-x^2+2x+1<0,\ x^2-2x-1>0$

$\therefore x<1-\sqrt{2}$ 또는 $x>1+\sqrt{2}$

(i), (ii)에서 $1+\sqrt{2}<x\leq3$

0959 답 ③

$\begin{cases} x+1\leq a & \cdots\ \unicode{12685} \\ x^2-4x-21\leq0 & \cdots\ \unicode{12686} \end{cases}$

ⓗ에서 $x\leq a-1$

ⓛ에서 $(x+3)(x-7)\leq0$ $\therefore -3\leq x\leq7$

이때 연립부등식의 해는 $-3\leq x\leq a-1$이고 이 범위 안의
정수 x가 6개이므로 수직선에 나타내면 다음과 같다.

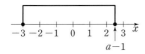

즉, $2\leq a-1<3$이므로 $3\leq a<4$

따라서 정수 a의 값은 $a=3$

0960 답 -2

$\begin{cases} x^2+ax+b\geq0 & \cdots\ \unicode{12685} \\ x^2-5x<0 & \cdots\ \unicode{12686} \end{cases}$

ⓛ에서 $x(x-5)<0$ $\therefore 0<x<5$

이때 연립부등식의 해가 $0<x\leq2$ 또는 $4\leq x<5$가 되려면
ⓗ의 해가 $x\leq2$ 또는 $x\geq4$가 되어야 하므로

$(x-2)(x-4)\geq0$에서 $x^2-6x+8\geq0$

따라서 $a=-6,\ b=8$이므로 $\dfrac{b}{a}=-\dfrac{4}{3}$

$\therefore \left[-\dfrac{b}{a}\right]=-2$

0961 답 1

$\begin{cases} |x-1|\leq k & \cdots\ \unicode{12685} \\ x^2-5x+6\leq0 & \cdots\ \unicode{12686} \end{cases}$

ⓗ에서 $-k\leq x-1\leq k$ $\therefore -k+1\leq x\leq k+1$

ⓛ에서 $(x-2)(x-3)\leq0$ $\therefore 2\leq x\leq3$

이때 해가 하나인 경우는 다음 두 가지이다.

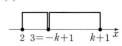

(i) $k+1=2$일 때 $k=1$

(ii) $3=-k+1$일 때 $k=-2$

이때 $k>0$이므로 $k=1$

0962 답 ③

$\begin{cases} (x-1)(x-a)\leq0 & \cdots\ \unicode{12685} \\ 2x^2-13x+11\leq0 & \cdots\ \unicode{12686} \end{cases}$

ⓛ에서 $(x-1)(2x-11)\leq0$ $\therefore 1\leq x\leq\dfrac{11}{2}$

(i) $a<1$이면 ⓗ의 해는 $a\leq x\leq1$이므로 연립부등식의 해는
$x=1$ 뿐이다.

(ii) $a>1$이면 ⓗ의 해는 $1\leq x\leq a$이므로 연립부등식의 해는
$1\leq x\leq a$이고 정수 x가 3개가 되도록 수직선에 나타내면
다음과 같다.

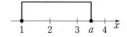

$\therefore 3\leq a<4$

0963 답 ②

$ax^2-x+a-4=0$의 두 실근의 부호가 다르므로

$\alpha\beta=\dfrac{a-4}{a}<0$에서

(i) $a>0$일 때, $a-4<0$에서 $a<4$

$\therefore 0<a<4$

(ii) $a<0$일 때, $a-4>0$에서 $a>4$

이는 $a<0$이라는 조건에 맞지 않는다.

(i), (ii)에서 $0<a<4$이므로 $p=0,\ q=4$

$\therefore pq=0$

0964 답 ④

(i) $x^2-kx+k=0$의 두 실근이 모두 양수일 조건

· $D=(-k)^2-4k\geq0$에서 $k(k-4)\geq0$

$\therefore k\leq0$ 또는 $k\geq4$

· $\alpha+\beta=k>0$

· $\alpha\beta=k>0$

$\therefore k\geq4$

(ii) $x^2+4x-k+5=0$의 두 실근이 모두 음수일 조건

· $\dfrac{D}{4}=2^2-(-k+5)\geq0$에서 $k\geq1$

· $\alpha+\beta=-4<0$

· $\alpha\beta=-k+5>0$에서 $k<5$

$\therefore 1\leq k<5$

(i), (ii)에서 $4\leq k<5$이므로 $\alpha=4$, $\beta=5$

따라서 $\alpha\beta=20$이므로 20의 약수는 1, 2, 4, 5, 10, 20의

6개이다.

0965 답 · (1) $2<k<3$ (2) $k\leq-1$

(1)

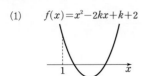

$f(x)=x^2-2kx+k+2$

(i) $\dfrac{D}{4}=(-k)^2-k-2>0$에서 $k^2-k-2>0$

$\quad\therefore k<-1$ 또는 $k>2$

(ii) 축: $k>1$

(iii) $f(1)=1-2k+k+2>0$에서 $k<3$

(i), (ii), (iii)에서 $2<k<3$

(2)

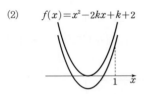

$f(x)=x^2-2kx+k+2$

(i) $\dfrac{D}{4}=(-k)^2-k-2\geq0$에서 $k^2-k-2\geq0$

$\quad\therefore k\leq-1$ 또는 $k\geq2$

(ii) 축: $k<1$

(iii) $f(1)=1-2k+k+2>0$에서 $k<3$

(i), (ii), (iii)에서 $k\leq-1$

문제 C.O.D.I Final

0966 답 · $-1\leq x\leq4$

$ax>b$에서 해가 $x<4$가 되려면 부등호의 방향이 바뀌어야

하므로 $a<0$

즉, $ax>b$에서 $x<\dfrac{b}{a}$이므로 $\dfrac{b}{a}=4$ $\quad\therefore b=4a$

$ax^2+(a-b)x-b\geq0$에서 $ax^2-3ax-4a\geq0$

$x^2-3x-4\leq0$, $(x+1)(x-4)\leq0$

$\quad\therefore -1\leq x\leq4$

0967 답 · ②

주어진 이차방정식의 판별식을 D라 하면

실근을 가질 조건은 $D\geq0$이므로

$D=(k+1)^2-4(k^2+k)\geq0$에서 $-3k^2-2k+1\geq0$

$3k^2+2k-1\leq0$, $(k+1)(3k-1)\leq0$

$\quad\therefore -1\leq k\leq\dfrac{1}{3}$

따라서 $\alpha=-1$, $\beta=\dfrac{1}{3}$이므로 $3\alpha\beta=-1$

0968 답 · ①

$x^2-2\leq|x+1|+|x-2|$에서

(i) $x<-1$일 때,

$\quad x^2-2\leq-x-1-x+2$

$\quad x^2+2x-3\leq0$, $(x+3)(x-1)\leq0$

$\quad\therefore -3\leq x\leq1$

이때 $x<-1$이므로 $-3\leq x<-1$

(ii) $-1\leq x<2$일 때,

$\quad x^2-2\leq x+1-x+2$

$\quad x^2\leq5$ $\quad\therefore -\sqrt5\leq x\leq\sqrt5$

$\quad\therefore -1\leq x<2$

(iii) $x\geq2$일 때,

$\quad x^2-2\leq x+1+x-2$

$\quad x^2-2x-1\leq0$ $\quad\therefore 1-\sqrt2\leq x\leq1+\sqrt2$

이때 $x\geq2$이므로 $2\leq x\leq1+\sqrt2$

(i), (ii), (iii)에서 $-3\leq x\leq1+\sqrt2$이므로 $a=-3$, $b=1$

$\therefore a+b=-2$

0969 답 · ④

$x^2+(a+2)x+2a<0$에서

$(x+2)(x+a)<0$

(i) $a<2$일 때, 해는 $-2<x<-a$

이때 해의 범위에서 정수 x의 최솟값이 -5가 될 수 없다.

(ii) $a>2$일 때, 해는 $-a<x<-2$

즉, $-a=-6$이므로 $a=6$

0970 답 · 42

(i) $x^2-ax+12\leq0$의 해가 $\alpha\leq x\leq\beta$이므로

$\quad(x-\alpha)(x-\beta)\leq0$

$\quad x^2-(\alpha+\beta)x+\alpha\beta\leq0$

에서 $a=\alpha+\beta$, $\alpha\beta=12$ $\quad\cdots\ \bigcirc$

(ii) $x^2-5x+b\geq0$의 해가 $x\leq\alpha-1$ 또는 $x\geq\beta-1$이므로

$\quad\{x-(\alpha-1)\}\{x-(\beta-1)\}\geq0$

$\quad x^2-(\alpha+\beta-2)x+\alpha\beta-(\alpha+\beta)+1\geq0$

에서 $\alpha+\beta-2=5$, $\alpha\beta-(\alpha+\beta)+1=b$ $\quad\cdots\ \bigcirc$

$\bigcirc$, $\bigcirc$에서 $a-2=5$ $\quad\therefore a=7$

$b=12-7+1=6$

$\quad\therefore ab=42$

0971 답 · ③

α, β가 $x=2$에 대하여 대칭이므로 $\dfrac{\alpha+\beta}{2}=2$

$\quad\therefore \alpha+\beta=4$

0972 답·①

이차함수 $f(x)=kx^2+4x+k$와 $kx^2+4x+k=0$의 판별식 D에 대하여

(i) $kx^2+4x+k\leq0$의 해가 모든 실수인 경우

　• $y=f(x)$의 그래프가 위로 볼록: $k<0$

　• $\dfrac{D}{4}=2^2-k^2\leq0$에서 $k^2-4\geq0$

　　∴ $k\leq-2$ 또는 $k\geq2$

　즉, $k\leq-2$이므로 $\alpha=-2$

(ii) $kx^2+4x+k\leq0$의 해가 한 개인 경우

　• $y=f(x)$의 그래프가 아래로 볼록: $k>0$

　• $\dfrac{D}{4}=4-k^2=0$에서 $k=\pm2$

　즉, $k=2$이므로 $\beta=2$

∴ $|\alpha+\beta|=0$

0973 답· $x^2-4x+3\leq0$

$\begin{cases} x^2-9x<0 & \cdots \text{㉠} \\ x^2-2x-4<0 & \cdots \text{㉡} \end{cases}$

㉠에서 $x(x-9)<0$　∴ $0<x<9$

㉡에서 $1-\sqrt5<x<1+\sqrt5$

∴ $0<x<1+\sqrt5$

즉, 연립부등식을 만족시키는 정수 x의 최댓값은 3, 최솟값은 1이므로 $\alpha=1$, $\beta=3$

따라서 x^2의 계수가 1이고 해가 $1\leq x\leq3$인 이차부등식은

$(x-1)(x-3)\leq0$　∴ $x^2-4x+3\leq0$

0974 답·②

$f(x)\leq0$의 해는 $-1\leq x\leq2$

$t=\dfrac{x+k}{2}$라 하면

$f\left(\dfrac{x+k}{2}\right)=f(t)\leq0$에서 $-1\leq t\leq2$

즉, $-1\leq\dfrac{x+k}{2}\leq2$이므로 $-2\leq x+k\leq4$

∴ $-k-2\leq x\leq-k+4$

이때 이 범위와 $-3\leq x\leq3$이 일치하므로

$-k+4=3$　∴ $k=1$

0975 답· $-1\leq x\leq4$

$|x^2-3x|\leq4$에서 $-4\leq x^2-3x\leq4$

(i) $-4\leq x^2-3x$일 때,

　$x^2-3x+4\geq0$

　이때 $D=9-16<0$이므로 해는 모든 실수

(ii) $x^2-3x\leq4$일 때,

　$x^2-3x-4\leq0$, $(x+1)(x-4)\leq0$

　　∴ $-1\leq x\leq4$

(i), (ii)에서 $-1\leq x\leq4$

0976 답· 25

(i) $f(x)>g(x)$에서 $x<-4$ 또는 $x>1$

(ii) $f(x)>0$에서 $x<-5$ 또는 $x>0$

(iii) $g(x)<0$에서 $x<-1$

(i), (ii), (iii)에서 $x<-5$이므로 $p=-5$

∴ $p^2=25$

0977 답·④

(i) $x^2-kx+2k=0$의 판별식을 D_1이라 하면

　$D_1=(-k)^2-8k<0$에서 $k^2-8k<0$

　　∴ $0<k<8$

(ii) $x^2+2kx+3=0$의 판별식을 D_2라 하면

　$\dfrac{D_2}{4}=k^2-3<0$에서 $-\sqrt3<k<\sqrt3$

(i), (ii)에서 $0<k<\sqrt3$

0978 답·③

$y=f(x)$의 그래프가 $y=g(x)$의 그래프와 만나거나 위쪽에 있는 x의 값의 범위를 찾으면

$b\leq x\leq e$ 또는 $x\geq h$

0979 답·⑤

$f(x)-x-1>0$에서 $f(x)>x+1$이므로 $y=f(x)$의 그래프가 직선 $y=x+1$보다 위쪽에 있는 x의 값의 범위를 구한다.

교점의 y좌표가 3이면 x좌표는

$3=x+1$에서 $x=2$

교점의 y좌표가 8이면 x좌표는

$8=x+1$에서 $x=7$

따라서 $f(x)-x-1>0$의 해는

$2<x<7$이므로 구하는 모든 정수 x의 값의 합은

$3+4+5+6=18$

0980 답·①

$x^2+(a^2-4a+3)x-a+2=0$에서

(i) 두 근의 곱은 음수이므로 $-a+2<0$

　　∴ $a>2$

(ii) 음의 근의 절댓값이 양의 근보다 더 크면 두 근의 합은 음수이므로

　　$-a^2+4a-3<0$, $a^2-4a+3>0$

　　$(a-1)(a-3)>0$　∴ $a<1$ 또는 $a>3$

(i), (ii)에서 $a>3$

중학교 Review

01 (1) 6 　　(2) 9

02 (1) 3 　　(2) 20

03 (1) 5 　　(2) 9 　　(3) 4 　　(4) 6

04 (1) 4 　　(2) 18 　　(3) 9

05 (1) 6 　　(2) 12 　　(3) 8

06 (1) 8 　　(2) 20 　　(3) 12

Basic

0981 ❶ (가) y (나) $\overline{AB}$ (다) x좌표 (라) x_2-x_1

0982 ❶ (가) x (나) $\overline{AB}$ (다) y좌표 (라) y_1-y_2

0983 ❶ (가) x (나) y (다) 직각 (라) 피타고라스 정리

　　　 (마) x_2-x_1 (바) y_2-y_1 (사) $\sqrt{(x_2-x_1)^2+(y_2-y_1)^2}$

0984 ❶ 7

$\overline{AB}=10-3=7$

0985 ❶ 4

$\overline{AB}=4-0=4$

0986 ❶ 5

$\overline{AB}=2-(-3)=5$

0987 ❶ 3

$\overline{AB}=-1-(-4)=3$

0988 ❶ 6

$\overline{AB}=3-(-3)=6$

0989 ❶ 5

$\overline{AB}=\sqrt{(4-1)^2+(4-0)^2}=\sqrt{9+16}=5$

0990 ❶ $\sqrt{13}$

$\overline{AB}=\sqrt{\{2-(-1)\}^2+(3-1)^2}=\sqrt{9+4}=\sqrt{13}$

0991 ❶ $\sqrt{29}$

$\overline{AB}=\sqrt{(3-1)^2+(-1-4)^2}=\sqrt{4+25}=\sqrt{29}$

0992 ❶ $\overline{AB}=\overline{CA}$인 이등변삼각형

$\overline{AB}=5$, $\overline{BC}=3\sqrt{10}$, $\overline{CA}=5$이므로

$\overline{AB}=\overline{CA}$인 이등변삼각형

0993 ❶ 정삼각형

$\overline{AB}=2$, $\overline{BC}=2$, $\overline{CA}=2$이므로 정삼각형

0994 ❶ $\overline{AB}=\overline{BC}$이고 $\overline{BC}$가 빗변인 직각이등변삼각형

$\overline{AB}=\sqrt{10}$, $\overline{BC}=2\sqrt{5}$, $\overline{CA}=\sqrt{10}$이므로

$\overline{AB}=\overline{CA}$이고 $\overline{BC}^2=\overline{AB}^2+\overline{CA}^2$이 성립한다.

∴ $\overline{AB}=\overline{CA}$이고 $\overline{BC}$가 빗변인 직각이등변삼각형

0995 ❶ 삼각형은 존재하지 않는다.

$\overline{AB}=2\sqrt{5}$, $\overline{BC}=4\sqrt{5}$, $\overline{CA}=2\sqrt{5}$이므로

$\overline{BC}=\overline{AB}+\overline{CA}$가 되어 삼각형을 만들 수 없다.

즉, 삼각형의 변의 길이의 조건 $\overline{BC}<\overline{AB}+\overline{CA}$을 만족하지 않는다.

(가장 긴 변이 나머지 두 변의 길이의 합보다 작다.)

0996 ❶ 내분점

0997 ❶ 외분점

0998 ❶ 3, 2, 내분

0999 ❶ 2, 3, 내분

1000 ❶ $\overline{AB}$를 5 : 2로 외분하는 점

1001 ❶ $\overline{BA}$를 2 : 5로 외분하는 점

1002 ❶ $\overline{AQ}$를 3 : 2로 내분하는 점

1003 ❶ 점 D

$m>n$이므로 외분하는 점은 점 B의 오른쪽에 있는 점이다.

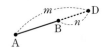

1004 ❶ 점 C

$a<b$이므로 외분하는 점은 점 A의 왼쪽에 있는 점이다.

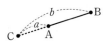

1005 ❶ $\left(\dfrac{mx_2+nx_1}{m+n},\ \dfrac{my_2+ny_1}{m+n}\right)$

1006 ❶ $\left(\dfrac{mx_2-nx_1}{m-n},\ \dfrac{my_2-ny_1}{m-n}\right)$

1007 ❶ $(4, 1)$

$\left(\dfrac{2\times5+1\times2}{2+1},\ \dfrac{2\times0+1\times3}{2+1}\right)$ 　∴ $(4, 1)$

1008 ❶ $(3, 2)$

$\left(\dfrac{1\times5+2\times2}{1+2},\ \dfrac{1\times0+2\times3}{1+2}\right)$ 　∴ $(3, 2)$

1009 ❶ $(2, 3)$

$\left(\dfrac{3\times4+2\times(-1)}{3+2},\ \dfrac{3\times7+2\times(-3)}{3+2}\right)$ 　∴ $(2, 3)$

1010 ❶ $(3, 4)$

$\left(\dfrac{5+1}{2},\ \dfrac{1+7}{2}\right)$ 　∴ $(3, 4)$

1011 ❶ $P(9, 17)$, $Q(-6, -13)$

$P\left(\dfrac{2\times4-1\times(-1)}{2-1},\ \dfrac{2\times7-1\times(-3)}{2-1}\right)$

∴ $P(9, 17)$

$Q\left(\dfrac{1\times4-2\times(-1)}{1-2},\ \dfrac{1\times7-2\times(-3)}{1-2}\right)$

∴ $Q(-6, -13)$

1012 답· $\left(-\dfrac{11}{3}, \dfrac{16}{3}\right)$

$\left(\dfrac{-8-3}{3}, \dfrac{12+4}{3}\right)$ $\therefore \left(-\dfrac{11}{3}, \dfrac{16}{3}\right)$

1013 답· $(1, 3)$

$\left(\dfrac{0+1+2}{3}, \dfrac{0-2+11}{3}\right)$ $\therefore (1, 3)$

1014 답· $\left(-\dfrac{5}{3}, -\dfrac{7}{3}\right)$

$\left(\dfrac{-4-3+2}{3}, \dfrac{1-2-6}{3}\right)$ $\therefore \left(-\dfrac{5}{3}, -\dfrac{7}{3}\right)$

1015 답· $\left(-\dfrac{5}{3}, -\dfrac{7}{3}\right)$

(△PQR의 무게중심)=(△ABC의 무게중심)이므로

$\left(\dfrac{-4-3+2}{3}, \dfrac{1-2-6}{3}\right)$ $\therefore \left(-\dfrac{5}{3}, -\dfrac{7}{3}\right)$

1016 답· (가) $\overline{AP}$ (나) $\overline{A'P}$ (다) $\overline{A'P}$ (라) $\overline{A'B}$

(마) 4 (바) 4 (사) $4\sqrt{2}$

1017 답· (가) $(5, -1)$ (나) $\overline{BP}$ (다) $\overline{B'P}$

(라) $\overline{AP}+\overline{B'P}$ (마) $\overline{AB'}$ (바) 5

1018 답· (가) $(-1, 2)$ (나) $\overline{AP}$ (다) $\overline{A'P}$

(라) $\overline{A'P}+\overline{BP}$ (마) $\overline{A'B}$ (바) $\sqrt{37}$

1019 답· (가) $(a+c)^2+b^2$ 또는 $a^2+b^2+c^2+2ac$

(나) $(a-c)^2+b^2$ 또는 $a^2+b^2+c^2-2ac$

(다) a^2+b^2 (라) c^2 (마) $2a^2+2b^2+2c^2$

Trendy

1020 답· ①

점 $A(a, 3)$은 직선 $y=2x-1$ 위의 점이므로

$3=2a-1$에서 $a=2$ $\therefore A(2, 3)$

$\therefore \overline{AB}=\sqrt{(2-3)^2+\{3-(-1)\}^2}=\sqrt{1+16}=\sqrt{17}$

1021 답· ②

$\overline{AB}=\sqrt{\{a-(-1)\}^2+(2-1)^2}=\sqrt{10}$에서

$(a+1)^2+1=10$, $a^2+2a-8=0$

$(a+4)(a-2)=0$

$\therefore a=2 \ (\because a>0)$

1022 답· 14

$\overline{AB}=\sqrt{(a-1-5)^2+(4-a+4)^2}=\sqrt{10}$에서

$(a-6)^2+(a-8)^2=10$, $2a^2-28a+90=0$

$a^2-14a+45=0$, $(a-5)(a-9)=0$

$\therefore a=5$ 또는 $a=9$

따라서 모든 실수 a의 값의 합은 $5+9=14$

1023 답· ③

직선 $y=x+1$ 위의 점의 좌표를 $(a, a+1)$로 놓으면

두 점 $(a, a+1)$과 $(-1, -4)$ 사이의 거리가 $4\sqrt{5}$이므로

$\sqrt{(a+1)^2+(a+5)^2}=4\sqrt{5}$에서

$(a+1)^2+(a+5)^2=80$, $2a^2+12a-54=0$

$a^2+6a-27=0$, $(a+9)(a-3)=0$

$\therefore a=-9$ 또는 $a=3$

따라서 조건을 만족시키는 두 점은 $(3, 4)$, $(-9, -8)$이고

이 두 점 사이의 거리는

$\sqrt{\{3-(-9)\}^2+\{4-(-8)\}^2}=\sqrt{12^2+12^2}=12\sqrt{2}$

$\therefore p=12$

1024 답· ②

$\overline{AC}=\overline{BC}$ 이므로 $\sqrt{(a+1)^2+1}=\sqrt{(a-2)^2+4}$에서

$(a+1)^2+1=(a-2)^2+4$

$a^2+2a+2=a^2-4a+8$

$\therefore a=1$

1025 답· $P(9, 0)$, $Q(0, 3)$

(i) x축 위의 점을 $P(a, 0)$이라 하면

$\overline{AP}=\overline{BP}$ 에서 $\overline{AP}^2=\overline{BP}^2$이므로

$(a-1)^2+1=(a-2)^2+16$

$a^2-2a+2=a^2-4a+20$ $\therefore a=9$

$\therefore P(9, 0)$

(ii) y축 위의 점을 $Q(0, b)$라 하면

$\overline{AQ}=\overline{BQ}$에서 $\overline{AQ}^2=\overline{BQ}^2$이므로

$1+(b-1)^2=4+(b-4)^2$

$b^2-2b+2=b^2-8b+20$ $\therefore b=3$

$\therefore Q(0, 3)$

1026 답· ③

직선 $y=x+1$ 위의 점 P를 $P(a, a+1)$이라 하면

$\overline{AP}=\overline{BP}$에서 $\overline{AP}^2=\overline{BP}^2$이므로

$(a+1)^2+(a+4)^2=(a-3)^2+(a-6)^2$

$2a^2+10a+17=2a^2-18a+45$ $\therefore a=1$

$b=a+1$이므로 $b=2$

$\therefore a^2+b^2=5$

1027 답· (1) 1 (2) -1

$\overline{OA}^2=a^2+9$,

$\overline{OB}^2=9+1=10$,

$\overline{AB}^2=(a-3)^2+4=a^2-6a+13$이고

$\overline{OA}=\overline{OB}$이면 $\overline{OA}^2=\overline{OB}^2$이므로

$a^2+9=10$, $a^2=1$ $\therefore a=\pm1$

(1) $a=1$일 때,

$\overline{OA}^2=10$, $\overline{OB}^2=10$, $\overline{AB}^2=8$이므로

△OAB는 예각삼각형이다.

(2) $a=-1$일 때,

$\overline{OA}^2=10$, $\overline{OB}^2=10$, $\overline{AB}^2=20$이므로

$\triangle OAB$는 직각이등변삼각형이다.

1028 답· (가) $\sqrt{a^2+b^2+4a+4b+8}$

(나) $\sqrt{a^2+b^2-4a-4b+8}$ (다) $4\sqrt{2}$

(라) $a^2+b^2+4a+4b$ (마) $a^2+b^2-4a-4b$

(바) $-a$ (사) $(2\sqrt{3}, -2\sqrt{3})$ (아) $(-2\sqrt{3}, 2\sqrt{3})$

$A(a, b)$라 하면

$\overline{AB}=\sqrt{(a+2)^2+(b+2)^2}$

$\qquad =$ (가) $\sqrt{a^2+b^2+4a+4b+8}$

$\overline{AC}=\sqrt{(a-2)^2+(b-2)^2}$

$\qquad =$ (나) $\sqrt{a^2+b^2-4a-4b+8}$

$\overline{BC}=\sqrt{4^2+4^2}=$ (다) $4\sqrt{2}$

이고 $\triangle ABC$는 정삼각형이므로 $\overline{AB}=\overline{AC}=\overline{BC}$

(i) $\overline{AB}=\overline{BC}$에서 $\overline{AB}^2=\overline{BC}^2$이므로 식을 정리하면

$a^2+b^2+4a+4b+8=32$

(라) $a^2+b^2+4a+4b=24$ … ㉠

(ii) $\overline{AC}=\overline{BC}$에서 $\overline{AC}^2=\overline{BC}^2$이므로 식을 정리하면

$a^2+b^2-4a-4b+8=32$

(마) $a^2+b^2-4a-4b=24$ … ㉡

㉠−㉡을 하면 $8a+8b=0$, $a+b=0$

즉, $b=$ (바) $-a$ 이고 이것을 ㉠에 대입하면

$a^2+a^2+4a-4a=24$에서 $2a^2=24$, $a^2=12$

$\therefore a=\pm 2\sqrt{3}$, $b=\mp 2\sqrt{3}$ (복부호동순)

따라서 $\triangle ABC$가 정삼각형이 되는 점 A의 좌표는

(사) $(2\sqrt{3}, -2\sqrt{3})$, (아) $(-2\sqrt{3}, 2\sqrt{3})$

의 두 개임을 알 수 있다.

1029 답· ③

$P\left(\dfrac{1\times 5+3\times(-3)}{1+3}, \dfrac{1\times(-2)+3\times 2}{1+3}\right)$

$\therefore P(-1, 1)$

$Q\left(\dfrac{3\times 5+1\times(-3)}{3+1}, \dfrac{3\times(-2)+1\times 2}{3+1}\right)$

$\therefore Q(3, -1)$

$\therefore \overline{PQ}^2=\{3-(-1)\}^2+(-1-1)^2=16+4=20$

1030 답· ④

$(a, b)=\left(\dfrac{1\times(-2)+2\times 3}{1+2}, \dfrac{1\times 8+2\times 3}{1+2}\right)$

$\qquad =\left(\dfrac{4}{3}, \dfrac{14}{3}\right)$

$\therefore a+b=\dfrac{18}{3}=6$

1031 답· ③

$\overline{AB}$를 $2:3$으로 내분하는 점이 $(1, 4)$이므로

$\left(\dfrac{2a-3}{2+3}, \dfrac{2b+6}{2+3}\right)=(1, 4)$에서

$\dfrac{2a-3}{5}=1$ $\therefore a=4$

$\dfrac{2b+6}{5}=4$ $\therefore b=7$

$\therefore b-a=3$

1032 답· ④

$\overline{AB}$를 $2:1$로 내분하는 점이 $(b, 0)$이므로

$\left(\dfrac{10-1}{2+1}, \dfrac{2a-2}{2+1}\right)=(b, 0)$에서

$\dfrac{9}{3}=b$ $\therefore b=3$

$\dfrac{2a-2}{3}=0$ $\therefore a=1$

$\therefore a+b=4$

1033 답· $3\sqrt{13}$

$C\left(\dfrac{4-(-1)}{2-1}, \dfrac{6-1}{2-1}\right)$ $\therefore C(5, 5)$

$D\left(\dfrac{2-(-2)}{1-2}, \dfrac{3-2}{1-2}\right)$ $\therefore D(-4, -1)$

$\therefore \overline{CD}=\sqrt{9^2+6^2}=\sqrt{117}=3\sqrt{13}$

1034 답· ①

$(p, q)=\left(\dfrac{6-4}{2}, \dfrac{3-3}{2}\right)=(1, 0)$

$\therefore p^2+q^2=1$

1035 답· ①

$(4, 7)=\left(\dfrac{5a+3}{5-3}, \dfrac{5b-6}{5-3}\right)$이므로

$\dfrac{5a+3}{2}=4$에서 $a=1$

$\dfrac{5b-6}{2}=7$에서 $b=4$

$\therefore \dfrac{b}{a}=4$

1036 답· ⑤

$(0, 6)=\left(\dfrac{24-3a}{4-3}, \dfrac{4b-6}{4-3}\right)$이므로

$24-3a=0$에서 $a=8$

$4b-6=6$에서 $b=3$

$\therefore a-b=5$

1037 답· ①

$\overline{AB}$를 $1:2$로 내분하는 점은

$\left(\dfrac{9+6}{1+2}, \dfrac{a+4}{1+2}\right)$, 즉 $\left(5, \dfrac{a+4}{3}\right)$

이 점은 x축 위의 점이므로 y좌표의 값이 0이다.

$\therefore a=-4$

1038 📘 ③

$\overline{AB}$를 $1:2$로 내분하는 점 P는

$P\left(\dfrac{6-6}{1+2},\ \dfrac{12+0}{1+2}\right)$, 즉 $P(0,\ 4)$

$\overline{AP}$를 $3:4$로 외분하는 점은

$\left(\dfrac{0-(-12)}{3-4},\ \dfrac{12-0}{3-4}\right)$ $\therefore\ (-12,\ -12)$

이 점이 직선 $y=mx$ 위에 있으므로

$-12=-12m$ $\therefore\ m=1$

1039 📘 70

$\overline{AB}$의 중점은 $\left(\dfrac{a+3}{2},\ \dfrac{-4+16}{2}\right)$

$\therefore\ \left(\dfrac{a+3}{2},\ 6\right)$

$\overline{CD}$를 $3:1$로 외분하는 점은 $\left(\dfrac{21-3}{3-1},\ \dfrac{3b-2}{3-1}\right)$

$\therefore\ \left(9,\ \dfrac{3b-2}{2}\right)$

이때 두 점이 일치하므로

$\dfrac{a+3}{2}=9$에서 $a=15$

$\dfrac{3b-2}{2}=6$에서 $b=\dfrac{14}{3}$

$\therefore\ ab=15\times\dfrac{14}{3}=70$

1040 📘 79

$\overline{AD}$가 $\angle A$의 이등분선이면

$\overline{AB}:\overline{AC}=\overline{BD}:\overline{DC}=5:9$이므로

$\overline{BD}=13\times\dfrac{5}{14}=\dfrac{65}{14}$

따라서 $p=14,\ q=65$이므로 $p+q=79$

1041 📘 ㈎ $\overline{OD}$ ㈏ $\overline{DB}$ ㈐ 13 ㈑ 5 ㈒ 13 ㈓ 5

㈔ $\dfrac{13}{2}$ ㈕ $\dfrac{13}{2}$

삼각형의 내각의 이등분선의 성질에 의해

$\overline{OA}:\overline{AB}=\boxed{㈎\ \overline{OD}}:\boxed{㈏\ \overline{DB}}$ 이다.

$\overline{OA}=\sqrt{5^2+12^2}=\boxed{㈐\ 13}$,

$\overline{AB}=\sqrt{4^2+3^2}=\boxed{㈑\ 5}$ 이므로

$\overline{OA}:\overline{AB}=\boxed{㈐\ 13}:\boxed{㈑\ 5}=\overline{OD}:\overline{DB}$

즉, 점 D는 $\overline{OB}$를 $\boxed{㈒\ 13}:\boxed{㈓\ 5}$ 로 내분하는 점이므로

$D\left(\dfrac{13\times9+0}{13+5},\ \dfrac{13\times9+0}{13+5}\right)$

$\therefore\ D\left(\boxed{㈔\ \dfrac{13}{2}},\ \boxed{㈕\ \dfrac{13}{2}}\right)$

1042 📘 $D\left(-1,\ \dfrac{5}{3}\right)$

$\overline{AB}=\sqrt{4^2+2^2}=2\sqrt{5},\ \overline{AC}=\sqrt{2^2+1}=\sqrt{5}$ 이고

$\overline{AB}:\overline{AC}=2:1$이므로

삼각형의 내각의 이등분선의 성질에 의해

$\overline{BD}:\overline{DC}=2:1$

즉, 점 D는 $\overline{BC}$를 $2:1$로 내분하는 점이므로

$D\left(\dfrac{2-5}{2+1},\ \dfrac{4+1}{2+1}\right)$ $\therefore\ D\left(-1,\ \dfrac{5}{3}\right)$

1043 📘 ②

$\left(\dfrac{-3-1+a}{3},\ \dfrac{2-1+b}{3}\right)=\left(\dfrac{1}{3},\ \dfrac{4}{3}\right)$이므로

$\dfrac{a-4}{3}=\dfrac{1}{3}$에서 $a=5$

$\dfrac{b+1}{3}=\dfrac{4}{3}$에서 $b=3$

$\therefore\ (a-b)^2=4$

1044 📘 ①

$\triangle ABC$의 무게중심은 삼각형의 세 중선의 교점이고

중선 $\overline{AM}$을 $2:1$로 내분하는 점이므로

$(p,\ q)=\left(\dfrac{-2+2}{2+1},\ \dfrac{-8+5}{2+1}\right)=(0,\ -1)$

$\therefore\ p^2+q^2=1$

1045 📘 ④

$\left(\dfrac{a+1+4}{3},\ \dfrac{3+b+1}{3}\right)=(1,\ 1)$이므로

$\dfrac{a+5}{3}=1$에서 $a=-2$

$\dfrac{b+4}{3}=1$에서 $b=-1$

$\therefore\ ab=2$

1046 📘 ④

$(3,\ 2)=\left(\dfrac{a+b+2+a}{3},\ \dfrac{1+1-b+a}{3}\right)$이므로

$\dfrac{2a+b+2}{3}=3$에서 $2a+b=7$ … ㉠

$\dfrac{a-b+2}{3}=2$에서 $a-b=4$ … ㉡

㉠, ㉡을 연립하여 풀면 $a=\dfrac{11}{3},\ b=-\dfrac{1}{3}$

$\therefore\ a-b=4$

1047 📘 ④

$\overline{AB},\ \overline{BC},\ \overline{CA}$를 각각 $2:3$으로 내분하는 점이 P, Q, R

이므로 $\triangle PQR$의 무게중심과 $\triangle ABC$의 무게중심은 같다.

$\left(\dfrac{1+3+6}{3},\ \dfrac{5+1+2}{3}\right)=\left(\dfrac{10}{3},\ \dfrac{8}{3}\right)=(a,\ b)$

$\therefore\ a+b=\dfrac{18}{3}=6$

1048 답·12

$\triangle$ABC의 무게중심의 좌표는 $(1, 3)$

$\triangle$PQR의 무게중심의 좌표는 $\left(\dfrac{x_1+x_2+x_3}{3}, \dfrac{y_1+y_2+y_3}{3}\right)$

이때 $\triangle$ABC의 무게중심과 $\triangle$PQR의 무게중심이 같으므로

$\dfrac{x_1+x_2+x_3}{3}=1$에서 $x_1+x_2+x_3=3$

$\dfrac{y_1+y_2+y_3}{3}=3$에서 $y_1+y_2+y_3=9$

$\therefore (x_1+y_1)+(x_2+y_2)+(x_3+y_3)$
$= (x_1+x_2+x_3)+(y_1+y_2+y_3)$
$= 3+9=12$

1049 답·③

오른쪽 그림과 같이
$\mathrm{B}(a, b)$, $\mathrm{C}(c, d)$라 하면
$\overline{\mathrm{AB}}$의 중점 M의 좌표는

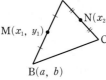

$\left(\dfrac{a+1}{2}, \dfrac{b+6}{2}\right)=(x_1, y_1)$

에서

$a=2x_1-1$ $\cdots$ ㉠

$b=2y_1-6$ $\cdots$ ㉡

$\overline{\mathrm{AC}}$의 중점 N의 좌표는 $\left(\dfrac{c+1}{2}, \dfrac{d+6}{2}\right)=(x_2, y_2)$에서

$c=2x_2-1$ $\cdots$ ㉢

$d=2y_2-6$ $\cdots$ ㉣

㉠+㉢을 하면 $a+c=2(x_1+x_2-1)=2$

㉡+㉣을 하면 $b+d=2(y_1+y_2-6)=-4$

따라서 $\triangle$ABC의 무게중심의 좌표는

$\left(\dfrac{1+a+c}{3}, \dfrac{6+b+d}{3}\right)=\left(\dfrac{1+2}{3}, \dfrac{6-4}{3}\right)=\left(1, \dfrac{2}{3}\right)$

1050 답·㈎ $\dfrac{1}{2}$ ㈏ 1 ㈐ $a+\dfrac{3}{4}$ ㈑ $b-\dfrac{7}{4}$ ㈒ $\dfrac{1}{4}$ ㈓ $\dfrac{15}{4}$

평행사변형은 두 대각선이
서로를 이등분하므로 $\overline{\mathrm{AC}}$의
중점과 $\overline{\mathrm{BC}}$의 중점이 같다.
$\overline{\mathrm{AC}}$의 중점의 좌표는

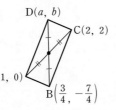

$\left(㈎\dfrac{1}{2}, ㈏1\right)$이므로

$\overline{\mathrm{BD}}$의 중점의 좌표를 구하여 비교하면

$\dfrac{㈐\,a+\dfrac{3}{4}}{2}=㈎\dfrac{1}{2}$, $\dfrac{㈑\,b-\dfrac{7}{4}}{2}=㈏1$

에서 $a=\dfrac{1}{4}$, $b=\dfrac{15}{4}$

$\therefore \mathrm{D}\left(㈒\dfrac{1}{4}, ㈓\dfrac{15}{4}\right)$

1051 답·④

마름모의 두 대각선은 서로를
수직이등분하므로 $\overline{\mathrm{AC}}$와 $\overline{\mathrm{BD}}$
의 중점이 일치한다.

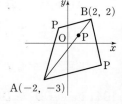

$\left(\dfrac{-1+4}{2}, \dfrac{-1+b}{2}\right)$
$=\left(\dfrac{a+2}{2}, \dfrac{c+2}{2}\right)$

에서 $a=1$, $b-1=c+2$ $\cdots$ ㉠

$\overline{\mathrm{AB}}=\sqrt{2^2+3^2}=\sqrt{13}$, $\overline{\mathrm{AD}}=\sqrt{3^2+(c+1)^2}$ 이고

$\overline{\mathrm{AB}}=\overline{\mathrm{AD}}$이므로 $\overline{\mathrm{AB}}^2=\overline{\mathrm{AD}}^2$에서

$(c+1)^2+9=13$, $c^2+2c-3=0$

$(c+3)(c-1)=0$

$\therefore c=1$ $(\because c>0)$

$c=1$을 ㉠에 대입하면 $b=4$

$\therefore a+b+c=1+4+1=6$

1052 답·㈎ $\overline{\mathrm{PA}}$ ㈏ $\overline{\mathrm{PB}}$ ㈐ $\overline{\mathrm{AB}}$ ㈑ $\overline{\mathrm{AB}}$ ㈒ $\sqrt{41}$

식을 좌표평면 위의 점으로 생각한다.

동점을 $\mathrm{P}(x, y)$, 두 정점을 $\mathrm{A}(-2, -3)$, $\mathrm{B}(2, 2)$라 하면

$\sqrt{(x+2)^2+(y+3)^2}=$ ㈎ $\overline{\mathrm{PA}}$ 의 길이,

$\sqrt{(x-2)^2+(y-2)^2}=$ ㈏ $\overline{\mathrm{PB}}$ 의 길이이고

주어진 식은 ㈎ $\overline{\mathrm{PA}}$ + ㈏ $\overline{\mathrm{PB}}$ 이므로 두 선분의 길이의

합의 최솟값을 구하면 된다.

좌표평면에 세 점을 나타내면 오
른쪽 그림과 같이 점 P가

㈐ $\overline{\mathrm{AB}}$ 위에 있을 때 최소가

되므로 ㈑ $\overline{\mathrm{AB}}$ 의 길이가 최솟

값이다.

즉, $\sqrt{(x+2)^2+(y+3)^2}+\sqrt{(x-2)^2+(y-2)^2}$의

최솟값은

$\overline{\mathrm{AB}}=\sqrt{4^2+5^2}=$ ㈒ $\sqrt{41}$

1053 답·③

$\mathrm{P}(a, b)$, $\mathrm{A}(1, -1)$, $\mathrm{B}(3, 4)$라 하면

$\overline{\mathrm{PA}}=\sqrt{(a-1)^2+(b+1)^2}$,

$\overline{\mathrm{PB}}=\sqrt{(a-3)^2+(b-4)^2}$

이므로 주어진 식은 $\overline{\mathrm{PA}}+\overline{\mathrm{PB}}$를 뜻한다.

따라서 점 P가 $\overline{\mathrm{AB}}$ 위에 있을 때 최소가 되므로 주어진 식
의 최솟값은

$\overline{\mathrm{AB}}=\sqrt{2^2+5^2}=\sqrt{29}$

1054 답· $3\sqrt{5}$

P$(a, 0)$, A$(1, -1)$, B$(7, 2)$라 하면
$\sqrt{(a-1)^2+1}+\sqrt{(a-7)^2+4}$ 의 최솟값은
$\overline{AB}=\sqrt{36+9}=\sqrt{45}=3\sqrt{5}$

> **다른풀이1**
>
> P$(a, 0)$, A$(1, 1)$, B$(7, -2)$라 해도 동일한 결과를
> 얻을 수 있다.

> **다른풀이2**
>
> P$(a, 0)$, A$(1, 1)$, B$(7, 2)$라 하고
> 이를 좌표평면에 나타내면 다음 그림과 같다.
>
>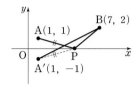
>
> 점 A를 x축에 대하여 대칭이동하면 A$'(1, -1)$이고
> $\overline{AP}=\overline{A'P}$이므로 $\overline{AP}+\overline{BP}=\overline{A'P}+\overline{BP}\geq\overline{A'B}$
> $\therefore$ (주어진 식의 최솟값)$=\overline{A'B}$의 길이

1055 답· ③

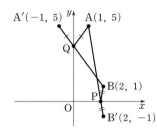

(ⅰ) 점 B를 x축에 대하여 대칭이동한 점을 B$'$이라 할 때
　　그림과 같이 점 P가 $\overline{AB'}$ 위에 있을 때 $\overline{AP}+\overline{BP}$는
　　최소가 되고 최솟값은 $\overline{AB'}$의 길이와 같으므로
　　　$\overline{AB'}=\sqrt{1^2+6^2}=\sqrt{37}$　$\therefore a=\sqrt{37}$

(ⅱ) 점 A를 y축에 대하여 대칭이동한 점을 A$'$이라 할 때
　　그림과 같이 점 Q가 $\overline{A'B}$ 위에 있을 때 $\overline{AQ}+\overline{BQ}$는
　　최소가 되고 최솟값은 $\overline{A'B}$의 길이와 같으므로
　　　$\overline{A'B}=\sqrt{3^2+4^2}=5$　$\therefore b=5$

$\therefore a^2-b^2=37-25=12$

1056 답· 1

점 A를 x축에 대하여 대칭이동한 점을 A$'$이라 할 때
오른쪽 그림과 같이 $\overline{AP}+\overline{BP}$ 의
최솟값은 $\overline{A'B}$의 길이와 같으므로
$\sqrt{(a-4)^2+8^2}=\sqrt{73}$에서
$(a-4)^2+64=73$
$a^2-8a+7=0$, $(a-1)(a-7)=0$
$\therefore a=1$ 또는 $a=7$
이때 점 A가 점 B보다 y축에 더 가까우므로 $a=1$

1057 답· ㈎ y　㈏ $(-1, 5)$　㈐ x　㈑ $(2, -1)$
　　　㈒ $\overline{A'Q}$　㈓ $\overline{B'P}$　㈔ $3\sqrt{5}$

전체적인 상황은 다음 그림과 같다.
두 점 A와 B를 적절히 대칭이동하여 곧은 선이 되도록 해
보자.

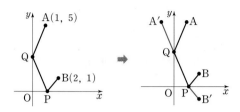

점 A를 $\boxed{\text{㈎ } y}$ 축에 대하여 대칭이동한 점를 A$'$이라 하면

A$'$ $\boxed{\text{㈏ } (-1, 5)}$

점 B를 $\boxed{\text{㈐ } x}$ 축에 대하여 대칭이동한 점을 B$'$이라 하면

B$'$ $\boxed{\text{㈑ } (2, -1)}$

$\overline{AQ}+\overline{PQ}+\overline{BP}=\boxed{\text{㈒ } \overline{A'Q}}+\overline{PQ}+\boxed{\text{㈓ } \overline{B'P}}$ 이므로

두 점 P, Q가 $\overline{A'B'}$ 위의 점일 때 최소가 된다.
따라서 $\overline{AQ}+\overline{PQ}+\overline{BP}$의 최솟값은

$\overline{A'B'}=\sqrt{3^2+6^2}=\boxed{\text{㈔ } 3\sqrt{5}}$

1058 답· 40

(ⅰ) P$(a, 0)$이라 하면
　　$\overline{AP}^2+\overline{BP}^2=(a-1)^2+2^2+(a+3)^2+4^2$
　　　　　　　　　$=2a^2+4a+30$
　　　　　　　　　$=2(a+1)^2+28$
　　이므로 $a=-1$일 때 최솟값은 28이다.
　　$\therefore p=28$

(ⅱ) Q$(0, b)$라 하면
　　$\overline{AQ}^2+\overline{BQ}^2=1^2+(b-2)^2+3^2+(b-4)^2$
　　　　　　　　　$=2b^2-12b+30$
　　　　　　　　　$=2(b-3)^2+12$
　　이므로 $b=3$일 때 최솟값은 12이다.
　　$\therefore q=12$

$\therefore p+q=40$

1059 답· 5

직선 $y=x+1$ 위의 점 P를 P$(a, a+1)$이라 하면
$\overline{AP}^2+\overline{BP}^2=(a-1)^2+(a-2)^2+(a-3)^2+a^2$
　　　　　　　　$=4a^2-12a+14$
　　　　　　　　$=4\left(a-\dfrac{3}{2}\right)^2+5$
이므로 $a=\dfrac{3}{2}$일 때 최솟값은 5이다.

1060 달· (가) $x^2+y^2+8x+6y+25$ (나) $x^2+y^2+2x-4y+5$

(다) $x^2+y^2-2x+10y+26$ (라) $x+\dfrac{4}{3}$

(마) $y+2$ (바) $\dfrac{116}{3}$ (사) $-\dfrac{4}{3}$ (아) -2 (자) 무게중심

$\overline{AP}^2=(x+4)^2+(y+3)^2$

$\qquad = \boxed{\text{(가)}\ x^2+y^2+8x+6y+25}$

$\overline{BP}^2=(x+1)^2+(y-2)^2$

$\qquad = \boxed{\text{(나)}\ x^2+y^2+2x-4y+5}$

$\overline{CP}^2=(x-1)^2+(y+5)^2$

$\qquad = \boxed{\text{(다)}\ x^2+y^2-2x+10y+26}$

이므로

$\overline{AP}^2+\overline{BP}^2+\overline{CP}^2$

$=3x^2+3y^2+8x+12y+56$

$=3\left(\boxed{\text{(라)}\ x+\dfrac{4}{3}}\right)^2+3\left(\boxed{\text{(마)}\ y+2}\right)^2+\boxed{\text{(바)}\ \dfrac{116}{3}}$

이고 $x=\boxed{\text{(사)}\ -\dfrac{4}{3}}$, $y=\boxed{\text{(아)}\ -2}$ 일 때 최소가 되므로

$P\left(\boxed{\text{(사)}\ -\dfrac{4}{3}},\ \boxed{\text{(아)}\ -2}\right)$이다.

이때 점 P는 △ABC의 $\boxed{\text{(자)}\ \text{무게중심}}$ 임을 알 수 있다.

1061 달· (가) $x^2+y^2+2x+6y+10$ (나) x^2+y^2-4x+4

(다) $x^2+y^2-6x+2y+10$ (라) $x+y+1$

(마) $x-y-3$ (바) 1 (사) -2

오른쪽 그림과 같이 △ABC의
외심을 $P(x,\ y)$라 하면
$\overline{AP}=\overline{BP}=\overline{CP}$ 이므로
$\overline{AP}^2=\overline{BP}^2=\overline{CP}^2$이 성
립한다.

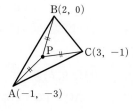
B(2, 0)
C(3, −1)
P
A(−1, −3)

$\overline{AP}^2=(x+1)^2+(y+3)^2$

$\qquad = \boxed{\text{(가)}\ x^2+y^2+2x+6y+10}$

$\overline{BP}^2=(x-2)^2+y^2$

$\qquad = \boxed{\text{(나)}\ x^2+y^2-4x+4}$

$\overline{CP}^2=(x-3)^2+(y+1)^2$

$\qquad = \boxed{\text{(다)}\ x^2+y^2-6x+2y+10}$

$\overline{AP}^2=\overline{BP}^2$에서 $\boxed{\text{(라)}\ x+y+1}=0$ … ㉠

$\overline{BP}^2=\overline{CP}^2$에서 $\boxed{\text{(마)}\ x-y-3}=0$ … ㉡

㉠, ㉡을 연립하여 풀면 $x=\boxed{\text{(바)}\ 1}$, $y=\boxed{\text{(사)}\ -2}$

$\therefore P\left(\boxed{\text{(바)}\ 1},\ \boxed{\text{(사)}\ -2}\right)$

1062 달· $\left(\dfrac{7}{6},\ \dfrac{31}{6}\right)$

△ABC의 외심의 좌표를 $P(x,\ y)$라 하면

$\overline{PA}^2=(x+3)^2+(y-2)^2=x^2+y^2+6x-4y+13$

$\overline{PB}^2=(x-2)^2+y^2=x^2+y^2-4x+4$

$\overline{PC}^2=(x+2)^2+(y-1)^2=x^2+y^2+4x-2y+5$

$\overline{PA}^2=\overline{PB}^2$에서 $10x-4y=-9$ …㉠

$\overline{PB}^2=\overline{PC}^2$에서 $8x-2y=-1$ …㉡

㉠, ㉡을 연립하여 풀면 $x=\dfrac{7}{6}$, $y=\dfrac{31}{6}$

$\therefore \left(\dfrac{7}{6},\ \dfrac{31}{6}\right)$

문제 C.O.D.I ❸ Final

1063 달· ④

직선 $y=2x-1$ 위의 점 A를 $A(a,\ 2a-1)$이라 하면

$\overline{AB}=\sqrt{13}$ 에서 $\overline{AB}^2=13$이므로

$(a-5)^2+(2a-2)^2=13,\ 5a^2-18a+16=0$

$(a-2)(5a-8)=0 \qquad \therefore a=2$ 또는 $a=\dfrac{8}{5}$

이때 점 A의 x좌표는 정수이므로 $a=2$

$\therefore A(2,\ 3)$

1064 달· ①

$\overline{PA}=\overline{PB}$이면 $\overline{PA}^2=\overline{PB}^2$이므로

$(a+4)^2+(a+1)^2=(a+1)^2+a^2$

$2a^2+10a+17=2a^2+2a+1$

$\therefore a=-2$

1065 달· ②

외심이 삼각형의 변 위에 있는 경우의 삼각형은 직각삼각형
이고, 이때 외심은 직각삼각형의 빗변의 중점이 된다.

$\therefore \overline{AB}^2+\overline{AC}^2=\overline{BC}^2$

$\qquad\qquad = (2\overline{AM})^2$

$\qquad\qquad = 4\overline{AM}^2$

$\qquad\qquad = 4(3^2+2^2)$

$\qquad\qquad = 4\times 13=52$

A(2, 1)
B
M(−1, −1)
C

1066 달· ⑤

$M\left(\dfrac{1+3}{2},\ \dfrac{-2+2}{2}\right)$에서

$M(2,\ 0)$

$N\left(\dfrac{3-3}{1-3},\ \dfrac{2+6}{1-3}\right)$에서

$N(0,\ -4)$

$\therefore \triangle OMN=\dfrac{1}{2}\times 2\times 4=4$

y
O
2
M(2, 0)
x
4
N(0, −4)

1067 답·(1) 2, 1, 내분 (2) 3, 1, 외분

세 점 A, B, C를 좌표평면에 나타내자.

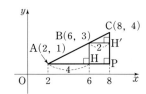

(1) $\triangle ABH \backsim \triangle BCH'$이므로

$\overline{AB}:\overline{BC}=\overline{AH}:\overline{BH'}=2:1$

즉, 점 B는 $\overline{AC}$를 2:1로 내분하는 점이다.

(2) $\triangle ACP \backsim \triangle BCH'$이므로

$\overline{AC}:\overline{BC}=\overline{AP}:\overline{BH'}=3:1$

즉, 점 C는 $\overline{AB}$를 3:1로 외분하는 점이다.

1068 답·16

$5x=3a+2c$에서 $x=\dfrac{3a+2c}{5}=\dfrac{2c+3a}{5}$

$5y=3b+2d$에서 $y=\dfrac{3b+2d}{5}=\dfrac{2d+3b}{5}$

즉, $P\left(\dfrac{2c+3a}{5},\dfrac{2d+3b}{5}\right)$이므로 점 P는 $\overline{AB}$를 2:3으

로 내분하는 점이다.

$\therefore \overline{AP}=\dfrac{2}{5}\overline{AB}=\dfrac{2}{5}\times 40=16$

1069 답·③

점 A를 x축에 대하여 대칭이동한 점을 A'이라 하면

$A'(-4,-2)$

점 B를 y축에 대하여 대칭이동한 점을 B'이라 하면

$B'(1,-3)$

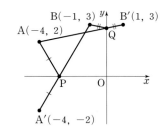

(i) $\overline{AP}+\overline{BP}$의 최솟값은 $\overline{A'B}$의 길이이므로

$p=\sqrt{3^2+5^2}=\sqrt{34}$

(ii) $\overline{AQ}+\overline{BQ}$의 최솟값은 $\overline{AB'}$의 길이이므로

$q=\sqrt{5^2+1}=\sqrt{26}$

$\therefore p^2-q^2=34-26=8$

1070 답·④

$\left(\dfrac{a+1+7}{3},\dfrac{6+b+0}{3}\right)=(2,3)$이므로

$\dfrac{a+8}{3}=2$에서 $a=-2$

$\dfrac{b+6}{3}=3$에서 $b=3$

$\therefore a+b=1$

1071 답·②

$\overline{AB}$를 2:1로 내분하는 점을 P라 하면

$P\left(\dfrac{2a+1}{3},\dfrac{2b+4}{3}\right)$

점 P는 x축 위의 점이므로 $\dfrac{2b+4}{3}=0$에서 $b=-2$

$\overline{AB}$를 1:4로 외분하는 점을 Q라 하면

$Q\left(\dfrac{a-4}{-3},\dfrac{b-16}{-3}\right)$

점 Q는 y축 위의 점이므로 $\dfrac{a-4}{-3}=0$에서 $a=4$

$\therefore a+b=2$

1072 답·⑤

점 P의 좌표를 $P(x,y)$라 하면

$\overline{OP}^2+\overline{AP}^2+\overline{BP}^2=x^2+y^2+(x-3)^2+y^2+x^2+(y-6)^2$

$=3x^2+3y^2-6x-12y+45$

$=3(x-1)^2+3(y-2)^2+30$

이므로 $x=1$, $y=2$일 때 최솟값은 30이다.

> **다른풀이**
>
> 점 P가 $\triangle OAB$의 무게중심일 때 $\overline{OP}^2+\overline{AP}^2+\overline{BP}^2$이
>
> 최소이다.
>
> $P\left(\dfrac{0+3+0}{3},\dfrac{0+0+6}{3}\right)$, 즉 $P(1,2)$이므로
>
> $\overline{OP}^2=5$, $\overline{AP}^2=8$, $\overline{BP}^2=17$
>
> $\therefore \overline{OP}^2+\overline{AP}^2+\overline{BP}^2=30$

1073 답·13

$\overline{OP}=5$, $\overline{OQ}=13$이므로 각의 이등분선의 성질에 의해 다음

그림과 같이 $\angle POQ$의 이등분선과 $\overline{PQ}$의 교점은 $\overline{PQ}$를

5:13으로 내분하는 점이다.

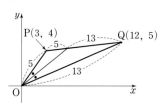

구하는 점의 x좌표는 $\dfrac{5\times 12+13\times 3}{5+13}=\dfrac{11}{2}$

따라서 $a=2$, $b=11$이므로 $a+b=13$

1074 답·④

$\sqrt{a^2+b^2+2a-4b+5}+\sqrt{a^2+b^2-6a+4b+13}$

$=\sqrt{(a+1)^2+(b-2)^2}+\sqrt{(a-3)^2+(b+2)^2}$

이므로

$P(a,b)$, $A(-1,2)$,

$B(3,-2)$라 하면 오른쪽

그림과 같다.

이때 $\overline{AP}+\overline{BP}\geq \overline{AB}$이므로

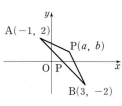

주어진 식의 최솟값은
$$\overline{AB}=\sqrt{4^2+4^2}=4\sqrt{2}$$
$$\therefore m=4$$

1075 답· 최댓값: 26, 최솟값: 10

직선 $y=x+2$ 위의 점 P를 P$(a,\ a+2)$라 하면
$$\overline{AP}^2+\overline{BP}^2=(a-3)^2+a^2+(a-4)^2+(a-1)^2$$
$$=4a^2-16a+26$$
$$=4(a-2)^2+10$$
$f(x)=4(x-2)^2+10$이라 하면
$0\le x\le 3$에서
$x=0$일 때 최댓값 26,
$x=2$일 때 최솟값 10을 갖는다.

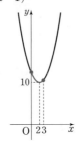

1076 답· D$\left(\dfrac{7}{2},\ -\dfrac{3}{2}\right)$

$\overline{AB}=\sqrt{5^2+12^2}=13$, $\overline{AC}=\sqrt{4^2+3^2}=5$이고
각의 이등분선의 성질에 의해
$\overline{AB}:\overline{AC}=\overline{BD}:\overline{DC}=13:5$이므로
점 D는 $\overline{BC}$ 를 13 : 5로 내분하는 점이다.
즉, D$\left(\dfrac{78-15}{13+5},\ \dfrac{13-40}{13+5}\right)$이므로 D$\left(\dfrac{63}{18},\ -\dfrac{27}{18}\right)$
$$\therefore \text{D}\left(\dfrac{7}{2},\ -\dfrac{3}{2}\right)$$

13 직선의 방정식

중학교 Review

01 (1) $y=-4x+3$ (2) $y=\dfrac{1}{3}x-2$

     (3) $y=x-1$ (4) $y=-2x+4$

02 (1) -7 (2) -3 (3) 3   (4) 1

03 0

04 (1) $y=\dfrac{1}{2}x+5$ (2) $y=-3x+4$

     (3) $y=4x+6$

05 (1) $y=-2x+7$ (2) $y=\dfrac{4}{3}x-1$

     (3) $y=3x-6$

03 (기울기)$=\dfrac{-2-k}{2-1}=\dfrac{-2-k}{1}=-2$에서
$$-2-k=-2 \quad \therefore k=0$$

문제 C.O.D.I Basic

1077 답· $y=3x-1$
$$y-2=3(x-1) \quad \therefore y=3x-1$$

1078 답· $y=-2x-5$
$$y-1=-2(x+3) \quad \therefore y=-2x-5$$

1079 답· $y=-x$
$$y+4=-(x-4) \quad \therefore y=-x$$

1080 답· $y=x+2$
$$y+0=\dfrac{0-3}{-2-1}(x+2) \quad \therefore y=x+2$$

1081 답· $y=-\dfrac{1}{2}x+\dfrac{11}{2}$
$$y-7=\dfrac{7-6}{-3-(-1)}(x+3) \quad \therefore y=-\dfrac{1}{2}x+\dfrac{11}{2}$$

1082 답· $y=\dfrac{2}{3}x+2$
$$\dfrac{x}{-3}+\dfrac{y}{2}=1 \quad \therefore y=\dfrac{2}{3}x+2$$

1083 답· $y=-\dfrac{3}{2}x+6$
$$\dfrac{x}{4}+\dfrac{y}{6}=1 \quad \therefore y=-\dfrac{3}{2}x+6$$

1084 답· $\dfrac{\sqrt{3}}{3}$
$$(\text{기울기})=\tan 30°=\dfrac{\sqrt{3}}{3}$$

1085 답· 1

(기울기)$=\tan 45°=1$

1086 답· $\dfrac{3}{4}$

(기울기)$=\tan \theta=\dfrac{3}{4}$

1087 답· $m>0$, $n>0$

조건에 맞게 그래프를 그리고 기
울기 m과 y절편 n의 부호를 확
인한다.

기울기: $m>0$

y절편: $n>0$

1088 답· $m>0$, $n<0$

기울기: $m>0$

y절편: $n<0$

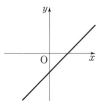

1089 답· $m<0$, $n>0$

기울기: $m<0$

y절편: $n>0$

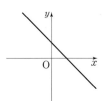

1090 답· $m<0$, $n<0$

기울기: $m<0$

y절편: $n<0$

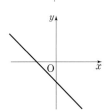

1091 답· $2x+3y-6=0$

$y=-\dfrac{2}{3}x+2$에서 $3y=-2x+6$ $\therefore 2x+3y-6=0$

1092 답· $2x-5y=0$

$y=\dfrac{2}{5}x$에서 $5y=2x$ $\therefore 2x-5y=0$

1093 답· $3x-6y-2=0$

$y=\dfrac{1}{2}x-\dfrac{1}{3}$에서 $6y=3x-2$ $\therefore 3x-6y-2=0$

1094 답· $y=-2x+1$

$2x+y-1=0$에서 $y=-2x+1$

1095 답· $y=\dfrac{5}{3}x+\dfrac{4}{3}$

$5x-3y+4=0$에서 $3y=5x+4$ $\therefore y=\dfrac{5}{3}x+\dfrac{4}{3}$

1096 답· $y=-\dfrac{6}{5}x$

$6x+5y=0$에서 $5y=-6x$ $\therefore y=-\dfrac{6}{5}x$

1097 답· $m\neq m'$

1098 답· $m=m'$, $n\neq n'$

1099 답· $m=m'$, $n=n'$

1100 답· $\dfrac{a}{a'}\neq \dfrac{b}{b'}$

1101 답· $\dfrac{a}{a'}=\dfrac{b}{b'}\neq \dfrac{c}{c'}$

1102 답· $\dfrac{a}{a'}=\dfrac{b}{b'}=\dfrac{c}{c'}$

1103 답· 해설 참조

$\overline{AB}^2=(m-m')^2=m^2-2mm'+m'^2$

$\overline{OA}^2=m^2+1$, $\overline{OB}^2=(m')^2+1$

$\triangle OAB$는 직각삼각형이므로 피타고라스 정리에 의해
$\overline{AB}^2=\overline{OA}^2+\overline{OB}^2$이 성립한다.

즉, $m^2-2mm'+m'^2=m^2+1+m'^2+1$에서

$-2mm'=2$ $\therefore mm'=-1$

1104 답· $-\dfrac{1}{4}$

1105 답· $\dfrac{5}{7}$

1106 답· -2

$x-2y-4=0$에서 $2y=x-4$, 즉 $y=\dfrac{1}{2}x-2$이므로

기울기가 $\dfrac{1}{2}$인 직선과 수직인 직선의 기울기는 -2이다.

1107 답· $-\sqrt{3}$

주어진 직선의 기울기는 $\tan 30°=\dfrac{1}{\sqrt{3}}$이므로

이 직선과 수직인 직선의 기울기는 $-\sqrt{3}$이다.

1108 답· $(-2, 3)$

$y=mx+2m+3$에서 $m(x+2)-y+3=0$

$\therefore x=-2$, $y=3$

따라서 m의 값에 관계없이 점 $(-2, 3)$을 지난다.

1109 답· $\left(\dfrac{1}{2}, -1\right)$

$y=2mx-m-1$에서 $m(2x-1)-y-1=0$

$\therefore x=\dfrac{1}{2}$, $y=-1$

따라서 m의 값에 관계없이 점 $\left(\dfrac{1}{2}, -1\right)$을 지난다.

1110 답· $(-1, -2)$

$2x+(m-1)y+2m=0$에서 $2x+my-y+2m=0$

$m(y+2)+2x-y=0$

$2x-y=0$, $y+2=0$에서 $x=-1$, $y=-2$

따라서 m의 값에 관계없이 점 $(-1, -2)$를 지난다.

1111 답· $(3k+1)x-(k-2)y+k=0$ 또는

$(k+3)x+(2k-1)y+1=0$ (단, $k\neq 0$)

(i) $(3x-y+1)k+x+2y=0$에서

$\quad (3k+1)x-(k-2)y+k=0$ (단, $k\neq0$)

(ii) $3x-y+1+(x+2y)k=0$에서

$\quad (k+3)x+(2k-1)y+1=0$ (단, $k\neq0$)

1112 달· $(k+4)x+(k-2)y+k+7=0$ 또는

$\quad (4k+1)x-(2k-1)y+7k+1=0$ (단, $k\neq0$)

(i) $(x+y+1)k+4x-2y+7=0$에서

$\quad (k+4)x+(k-2)y+k+7=0$ (단, $k\neq0$)

(ii) $x+y+1+(4x-2y+7)k=0$에서

$\quad (4k+1)x-(2k-1)y+7k+1=0$ (단, $k\neq0$)

1113 달· $y=-\dfrac{1}{2}x+\dfrac{7}{2}$

직선 l의 기울기가 2이므로 직선 m의 기울기는 $-\dfrac{1}{2}$이다.

즉, $m: y-2=-\dfrac{1}{2}(x-3)$이므로 $y=-\dfrac{1}{2}x+\dfrac{7}{2}$

1114 달· $(1,\ 3)$

$l: y=2x+1$, $m: y=-\dfrac{1}{2}x+\dfrac{7}{2}$ 을 연립하면

$2x+1=-\dfrac{1}{2}x+\dfrac{7}{2}$에서 $4x+2=-x+7$

$5x=5$ $\quad\therefore x=1,\ y=3$

따라서 두 직선 l과 m의 교점의 좌표는 $(1,\ 3)$이다.

1115 달· $\sqrt5$

직선 l과 점 A 사이의 거리는 **1114**번의 교점과 점 A 사이의 거리와 같으므로

$\sqrt{2^2+1^2}=\sqrt5$

1116 달· $\dfrac{|ax_1+by_1+c|}{\sqrt{a^2+b^2}}$

1117 달· $\sqrt5$

$\dfrac{|2\times3-2+1|}{\sqrt{2^2+1^2}}=\dfrac{5}{\sqrt5}=\sqrt5$

1118 달· 5

$\dfrac{|3\times(-1)-4\times6+2|}{\sqrt{3^2+4^2}}=\dfrac{25}{5}=5$

1119 달· $6\sqrt2$

$\dfrac{|-3-5-4|}{\sqrt{1^2+1^2}}=\dfrac{12}{\sqrt2}=6\sqrt2$

1120 달· $\dfrac{\sqrt{10}}{5}$

직선의 방정식을 일반형으로 바꾼 후 구한다.

$y=\dfrac{1}{3}x+\dfrac{2}{3}$에서 $3y=x+2$, 즉 $x-3y+2=0$이므로

$\dfrac{|2|}{\sqrt{1^2+3^2}}=\dfrac{\sqrt{10}}{5}$

1121 달· 4

$y=2$에서 $y-2=0$, 즉 $0\cdot x+y-2=0$이므로

$\dfrac{|0-2-2|}{\sqrt{0^2+1^2}}=4$

> **다른풀이**
>
> 직선 $y=2$가 x축과 평행한 직선이므로 오른쪽 그림과 같이 y좌표의 차를 이용하여 구할 수 있다.
>
> $2-(-2)=4$

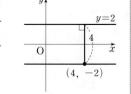

1122 달· $\sqrt2$

$\overline{AB}=\sqrt{1^2+1^2}=\sqrt2$

1123 달· $x-y-4=0$

$y-(-1)=\dfrac{-1-(-2)}{3-2}(x-3)$에서 $y=x-4$

$\therefore x-y-4=0$

1124 달· $7\sqrt2$

직선 $x-y-4=0$과 점 $(-4,\ 6)$ 사이의 거리는

$\dfrac{|-4-6-4|}{\sqrt2}=7\sqrt2$

1125 달· 7

$\triangle ABC$의 밑변이 $\overline{AB}$, 높이는 점 C와 직선 AB 사이의 거리이므로

$\triangle ABC=\dfrac{1}{2}\times\sqrt2\times7\sqrt2$

$\qquad\quad =7$

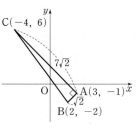

1126 달· $\dfrac{1}{2}|x_1y_2-x_2y_1|$ 또는 $\dfrac{1}{2}|x_2y_1-x_1y_2|$

1127 달· 7

$\triangle OAB=\dfrac{1}{2}\times|3\times4-(-2)\times1|=\dfrac{1}{2}\times14=7$

1128 달· 3

$\triangle OAB=\dfrac{1}{2}\times|(-4)\times(-1)-(-1)\times2|$

$\qquad\quad =\dfrac{1}{2}\times6=3$

1129 달· 16

점 A를 원점으로 옮기는 평행이동을 하여 세 점의 위치를 조정한다.

$A(1,\ 3)\longrightarrow O(0,\ 0)$

$\qquad$ (x축의 방향으로 -1만큼, y축의 방향으로 -3만큼)

$B(-6,\ 2)\longrightarrow B'(-7,\ -1)$

$C(-2,\ -2)\longrightarrow C'(-3,\ -5)$

$\therefore \triangle ABC=\triangle OB'C'=\dfrac{1}{2}|35-3|=16$

1130 답· $x+2y-6=0$

조건을 만족시키는 자취의 점을 $P(x, y)$라 하자.
$\overline{PA}=\overline{PB}$에서 $\overline{PA}^2=\overline{PB}^2$이므로
$(x-1)^2+y^2=(x-3)^2+(y-4)^2$
$x^2+y^2-2x+1=x^2+y^2-6x-8y+25$
$4x+8y-24=0$ $\quad\therefore x+2y-6=0$

1131 답· $x+2y-3=0$

조건을 만족시키는 자취의 점을 $P(x, y)$라 하자.
$\overline{PC}=\overline{PD}$에서 $\overline{PC}^2=\overline{PD}^2$이므로
$(x+2)^2+y^2=x^2+(y-4)^2$
$x^2+y^2+4x+4=x^2+y^2-8y+16$
$4x+8y-12=0$ $\quad\therefore x+2y-3=0$

다른풀이

오른쪽 그림과 같이 점 C,
D에 이르는 거리가 같은
점 P는 선분 CD의 수직
이등분선 위에 있다.
따라서 $\overline{CD}$의 중점
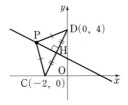
H$(-1, 2)$를 지나고 $\overline{CD}$와 수직인 직선이 점 P의 자
취이다. $\overline{CD}$의 기울기가 2이므로 수직이등분선의 기울
기는 $-\dfrac{1}{2}$이다. 즉, 자취의 방정식은
$y-2=-\dfrac{1}{2}(x+1)$, $2y-4=-x-1$
$\therefore x+2y-3=0$

문제 CODI 6 **Trendy**

1132 답· ③

직선의 방정식은 $y-6=7(x-2)$
$\therefore y=7x-8$
이 직선이 점 $(a, 13)$을 지나므로
$13=7a-8$ $\quad\therefore a=3$

1133 답· ②

$y=-\dfrac{1}{3}x+2$에 $y=0$을 대입하면
$0=-\dfrac{1}{3}x+2$ $\quad\therefore x=6$

1134 답· $y=2x+9$

$\overline{AB}$를 $1:3$으로 내분하는 점을 P라 하면
P$\left(\dfrac{1-9}{4}, \dfrac{-1+21}{4}\right)$, 즉 P$(-2, 5)$
점 P$(-2, 5)$를 지나고 기울기가 2인 직선의 방정식은
$y-5=2(x+2)$ $\quad\therefore y=2x+9$

1135 답· ②

직선의 기울기는 $\tan 60°=\sqrt{3}$이므로
$y-2=\sqrt{3}(x-\sqrt{3})$
$\therefore y=\sqrt{3}x-1$
(기울기)>0, (y절편)<0이므로
이 직선은 오른쪽 그림과 같이
제1, 3, 4사분면을 지나고 제2사분면을 지나지 않는다.

1136 답· ④

직선의 방정식은 $y+1=\dfrac{9-(-1)}{3-(-2)}(x+2)$
$\therefore y=2x+3$
이 직선이 점 $(2a, a+6)$을 지나므로
$a+6=4a+3$ $\quad\therefore a=1$

1137 답· ④

두 점 $(-5, 0)$, $(-3, 2)$를 이은 선분의 중점은
$(-4, 1)$
두 점 $(0, 0)$, $(-4, 1)$을 지나는 직선의 방정식은
$y-0=\dfrac{0-1}{0-(-4)}(x-0)$, $y=-\dfrac{1}{4}x$
즉, $x+4y=0$이므로 $a=4$, $b=0$
$\therefore a+b=4$

1138 답· ⑤

(i) 두 점 $(1, 4)$, $(3, 2)$를 지나는 직선의 방정식은
$y-4=\dfrac{4-2}{1-3}(x-1)$에서 $y=-x+5$
(ii) 두 점 $(-1, 4)$, $(2, -2)$를 지나는 직선의 방정식은
$y-4=\dfrac{4-(-2)}{-1-2}(x+1)$에서 $y=-2x+2$
두 직선의 방정식을 연립하면
$-x+5=-2x+2$에서 $x=-3$
이 값을 $y=-x+5$에 대입하면 $y=8$
즉, 교점은 $(-3, 8)$이므로 $p=-3$, $q=8$
$\therefore p+q=5$

1139 답· ⑤

직선의 방정식은 $\dfrac{x}{\frac{1}{2}}+\dfrac{y}{-3}=1$에서
$2x-\dfrac{y}{3}=1$, $6x-y=3$
$\therefore 6x-y-3=0$
따라서 $a=6$, $b=-1$이므로 $|a+b|=5$

1140 답· 제2, 3, 4사분면

$\sqrt{a}\sqrt{b}=-\sqrt{ab}$이므로
$a<0$, $b<0$
즉, 직선 $y=ax+b$의
(기울기)<0, (y절편)<0이므로
이 직선은 제2, 3, 4사분면을 지난다.

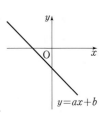

13. 직선의 방정식
IV

1141 답· $1<m<3$

직선이 제1, 2, 4사분면을 지나면

(기울기)<0, (y절편)>0이므로

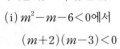

(i) $m^2-m-6<0$에서

$\quad (m+2)(m-3)<0$

$\quad \therefore -2<m<3$

(ii) $m^2+m-2>0$에서 $(m+2)(m-1)>0$

$\quad \therefore m<-2$ 또는 $m>1$

(i), (ii)에서 $1<m<3$

1142 답· ①

직선이 제1, 3사분면을 지나면

(기울기)>0, (y절편)$=0$이므로

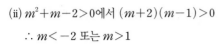

(i) $m^2-3m=0$에서

$\quad m(m-3)=0$

$\quad \therefore m=0$ 또는 $m=3$

(ii) $m^2-6m+8>0$에서 $(m-2)(m-4)>0$

$\quad \therefore m<2$ 또는 $m>4$

(i), (ii)에서 $m=0$

1143 답· 제4사분면

이차함수의 그래프를 해석하여 a, b, c의 부호를 확인한다.

(i) 아래로 볼록하므로 $a>0$

(ii) 축이 y축의 오른쪽에 있으므로 $-\dfrac{b}{2a}>0$에서 $b<0$

(iii) y절편이 양수이므로 $c>0$

이때 $ax+by+c=0$에서

$y=-\dfrac{a}{b}x-\dfrac{c}{b}$이고

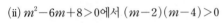

(기울기)>0, (y절편)>0이므로

이 직선은 오른쪽 그림과 같이 제1, 2, 3사분면을 지나고 제4사분면을 지나지 않는다.

1144 답· ③

세 점을 A$(0, -1)$, B$(2, 0)$, C$(p, 3)$이라 할 때, 세 점 A, B, C가 한 직선 위에 있으면

($\overline{AB}$의 기울기)$=$($\overline{BC}$의 기울기)이므로

$\dfrac{0-(-1)}{2-0}=\dfrac{3-0}{p-2}$, $\dfrac{1}{2}=\dfrac{3}{p-2}$, $p-2=6$

$\therefore p=8$

1145 답· ②

세 점을 A$(-6, 10)$, B$(2k-2, -k)$, C$(4, -5)$라 할 때, 세 점이 한 직선 위에 있을 때 삼각형을 이루지 않는다.

$\overline{AC}$의 기울기는 $\dfrac{-5-10}{4-(-6)}=-\dfrac{3}{2}$이고,

$\overline{AB}$의 기울기는 $\dfrac{-k-10}{2k-2+6}=\dfrac{-k-10}{2k+4}$이므로

$\dfrac{-k-10}{2k+4}=-\dfrac{3}{2}$에서 $6k+12=2k+20$

$\therefore k=2$

1146 답· -13 또는 1

세 점을 A$(3, -10)$, B$(2k-1, -4)$, C$(-2, k+4)$라 하면 ($\overline{AB}$의 기울기)$=$($\overline{BC}$의 기울기)이므로

$\dfrac{-4+10}{2k-1-3}=\dfrac{-4-k-4}{2k-1+2}$, $\dfrac{3}{k-2}=\dfrac{-k-8}{2k+1}$

$6k+3=-(k+8)(k-2)$, $k^2+12k-13=0$

$(k+13)(k-1)=0$ $\quad \therefore k=-13$ 또는 $k=1$

1147 답· ㈎ 중점 ㈏ 2 ㈐ -1 ㈑ $y=-6x+11$

점 A에서 $\overline{BC}$의 ㈎ 중점 을 지나는 직선을 그을 때, △ABC의 넓이가 이등분된다.

$\overline{BC}$의 ㈎ 중점 을 M이라 하면

B$(-2, -3)$, C$(6, 1)$에서 M$($ ㈏ 2 $,$ ㈐ -1 $)$

이므로 두 점 A$(1, 5)$와 점 M을 지나는 직선의 방정식은

$y+1=\dfrac{-1-5}{2-1}(x-2)$, 즉 ㈑ $y=-6x+11$ 이다.

1148 답· ④

조건을 만족시키는 직선은 $\overline{AB}$의 중점 M을 지난다.

M$\left(-\dfrac{3}{2}, 1\right)$이므로 두 점 C와 M을 지나는 직선의 기울기는

$\dfrac{-1-1}{1+\dfrac{3}{2}}=-\dfrac{4}{5}$

따라서 $p=4$, $q=5$이므로 $pq=20$

1149 답· ④

(i) 직선 l은 점 A와 $\overline{BC}$의 중점을 지나므로

$\overline{BC}$의 중점 $\left(\dfrac{9}{2}, \dfrac{3}{2}\right)$과 점 A$(1, 5)$에 대하여

$l: y-5=\dfrac{\dfrac{3}{2}-5}{\dfrac{9}{2}-1}(x-1)$ $\quad \therefore y=-x+6$

(ii) 직선 m은 점 B와 $\overline{AC}$의 중점을 지나므로

$\overline{AC}$의 중점 $\left(\dfrac{7}{2}, \dfrac{7}{2}\right)$과 점 B$(3, 1)$에 대하여

$m: y-1=\dfrac{\dfrac{7}{2}-1}{\dfrac{7}{2}-3}(x-3)$ $\quad \therefore y=5x-14$

l과 m의 식을 연립하면 $5x-14=-x+6$, $6x=20$

$\therefore x=\dfrac{10}{3}$, $y=\dfrac{8}{3}$

즉, 교점의 좌표는 $\left(\dfrac{10}{3}, \dfrac{8}{3}\right)$이므로 $a=\dfrac{10}{3}$, $b=\dfrac{8}{3}$

$\therefore a+b=6$

다른풀이

다음 두 가지를 연결하여 생각해 보자.

(i) 무게중심은 삼각형의 세 중선의 교점이다.

(ii) 각 중선은 삼각형의 넓이를 이등분한다.

이를 통해 직선 l, m은 △ABC의 중선이고 l과 m의 교점은 곧 △ABC의 무게중심이므로 직선 l, m의 식을 구하지 않고 바로 무게중심을 구하면 된다.

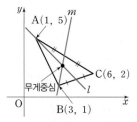

$$(l\text{과 } m\text{의 교점})=(\triangle ABC\text{의 무게중심})$$
$$=\left(\frac{1+6+3}{3}, \frac{5+2+1}{3}\right)$$
$$=\left(\frac{10}{3}, \frac{8}{3}\right)$$

1150 답 · ③

$\overline{OA}=13$, $\overline{AB}=5$이고 내각의 이등분선의 성질에 의해

$\overline{OA} : \overline{AB}=\overline{OD} : \overline{OB}=13 : 5$

즉, 점 D는 $\overline{OB}$를 13 : 5로 내분하는 점이므로

$D\left(\dfrac{13\times9+0}{13+5}, \dfrac{13\times9+0}{13+5}\right)$, 즉 $D\left(\dfrac{13}{2}, \dfrac{13}{2}\right)$

두 점 $A(5, 12)$, $D\left(\dfrac{13}{2}, \dfrac{13}{2}\right)$을 지나는 직선의 방정식은

$$y-12=\frac{12-\dfrac{13}{2}}{5-\dfrac{13}{2}}(x-5),\ y-12=-\frac{11}{3}(x-5)$$

$-3y+36=11x-55$ ∴ $11x+3y-91=0$

따라서 $a=11$, $b=3$이므로 $a-b=8$

1151 답 · ①

$\overline{AB}=\sqrt{16+4}=2\sqrt{5}$, $\overline{AC}=\sqrt{4+1}=\sqrt{5}$이고

∠A의 이등분선과 $\overline{BC}$의 교점을 D라 하면

삼각형의 내각의 이등분선의 성질에 의해

$\overline{AB} : \overline{AC}=\overline{BD} : \overline{DC}=2 : 1$

즉, 점 D는 $\overline{BC}$를 2 : 1로 내분하는 점이므로

$D\left(\dfrac{2-5}{2+1}, \dfrac{4+1}{2+1}\right)$, 즉 $D\left(-1, \dfrac{5}{3}\right)$

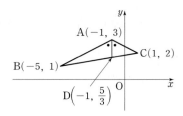

두 점 $A(-1, 3)$, $D\left(-1, \dfrac{5}{3}\right)$를 지나는 직선의 방정식은

그림과 같이 y축에 평행한 직선이 되므로 $x=-1$

즉, $x+0\cdot y+1=0$이므로 $a=0$, $b=1$

∴ $a+b=1$

1152 답 · $x-6y+2=0$

△PAC와 △PBC의 넓이의 비가 2 : 1이고 두 삼각형의 높이가 같으므로 밑변의 길이의 비는 2 : 1이 된다.

즉, $\overline{AP} : \overline{PB}=2 : 1$이므로 점 P는 $\overline{AB}$를 2 : 1로 내분하는 점이다.

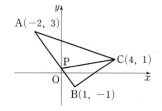

$P\left(\dfrac{2-2}{2+1}, \dfrac{-2+3}{2+1}\right)$ ∴ $P\left(0, \dfrac{1}{3}\right)$

직선 l은 두 점 C, P를 지나므로

$$y=\frac{1-\dfrac{1}{3}}{4-0}x+\frac{1}{3},\ y=\frac{1}{6}x+\frac{1}{3},\ 6y=x+2$$

∴ $x-6y+2=0$

1153 답 · ①

직사각형의 넓이를 이등분하는 경우는 다음 두 가지이다.

(i) 대각선

(ii) 대각선의 교점을 지나는 직선

점 P에서 그은 직선은 대각선이 될 수 없으므로 넓이를 이등분하려면 대각선의 교점을 지나야 한다.

$\overline{AC}$ 또는 $\overline{BC}$의 중점이 대각선의 교점이므로 이 점을 M이라 하면

$M\left(\dfrac{1+3}{2}, \dfrac{5+1}{2}\right)=M(2, 3)$

□ABCD의 넓이를 이등분한 직선은 두 점 P와 M을 지나므로

$$y-3=\frac{3-1}{2-(-1)}(x-2),\ y=\frac{2}{3}x+\frac{5}{3}$$

∴ $2x-3y+5=0$

1154 답 · ②

두 직사각형의 대각선의 교점을 각각 M, N이라 하면 두 점 M, N을 지나는 직선이 두 직사각형의 넓이를 동시에 이등분하게 된다.

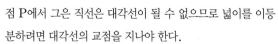

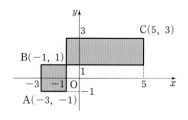

$\overline{AB}$의 중점: $M\left(\dfrac{-3-1}{2}, \dfrac{-1+1}{2}\right)=M(-2, 0)$

$\overline{BC}$의 중점: $N\left(\dfrac{-1+5}{2}, \dfrac{1+3}{2}\right)=N(2, 2)$

두 점 M, N을 지나는 직선의 방정식은

$y=\dfrac{2-0}{2-(-2)}(x+2)$ $\therefore y=\dfrac{1}{2}x+1$

즉, $\dfrac{x}{-2}+\dfrac{y}{1}=1$이므로 x절편은 -2, y절편은 1이다.

따라서 구하는 x절편과 y절편의 합은 -1이다.

1155 답·4

마름모의 넓이를 이등분하는 직선 $y=x$는 마름모의 대각선의 교점을 지난다.

(i) $\overline{AC}$의 중점의 좌표 $\left(\dfrac{3}{2}, \dfrac{p-1}{2}\right)$을 $y=x$에 대입하면

   $\dfrac{p-1}{2}=\dfrac{3}{2}$에서 $p=4$

(ii) $\overline{BD}$의 중점의 좌표 $\left(\dfrac{3}{2}, \dfrac{q+2}{2}\right)$를 $y=x$에 대입하면

   $\dfrac{q+2}{2}=\dfrac{3}{2}$에서 $q=1$

$\therefore pq=4$

1156 답·①

직선 $2x-y+1=0$과 평행하면 직선의 기울기는 2이고

이 직선이 점 $(3, 3)$을 지나므로

$y-3=2(x-3)$ $\therefore y=2x-3$

이 직선이 점 $(1, k)$를 지나므로 $k=2-3=-1$

1157 답·3

(i) $y=ax+b$와 $y=2x-3$이 평행하면 기울기가 같으므로

   $a=2$

(ii) $y=ax+b$와 $y=x+1$이 y축 위에서 만나면

   $y=ax+b$의 y절편이 1이므로 $b=1$

$\therefore a+b=3$

1158 답·②

$4x+2y-3=0$과 평행한 직선의 기울기는 -2이다.

□ABCD의 넓이를 이등분하는 직선은 대각선의 교점을 지난다.

$\overline{AC}$의 중점의 좌표는 $\left(\dfrac{-1+2}{2}, \dfrac{3-1}{2}\right)=\left(\dfrac{1}{2}, 1\right)$이므로

구하는 직선의 방정식은

$y-1=-2\left(x-\dfrac{1}{2}\right)$

$\therefore y=-2x+2$

따라서 x절편은 1, y절편은 2이므로 합은 3이다.

1159 답·$3x+2y-14=0$

$3ax+2ay-5=0$에서 $2ay=-3ax+5$

$\therefore y=-\dfrac{3}{2}x+\dfrac{5}{2a}$

이 직선과 만나지 않으면 평행한 경우이므로

기울기는 $-\dfrac{3}{2}$이다.

즉, 구하는 직선의 방정식은 $y-4=-\dfrac{3}{2}(x-2)$

$\therefore 3x+2y-14=0$

1160 답·④

$(\overline{AB}$의 기울기$)=\dfrac{1-(-5)}{-3-1}=-\dfrac{3}{2}$

$\overline{AB}$와 수직인 직선의 기울기는 $\dfrac{2}{3}$이고

$\overline{AB}$의 중점 $(-1, -2)$를 지나므로

수직이등분선의 방정식은 $y+2=\dfrac{2}{3}(x+1)$

$\therefore 2x-3y-4=0$

1161 답·13

(i) $y=mx+3$과 $nx-2y-2=0$이 수직이면

   $nx-2y-2=0$에서 $y=\dfrac{n}{2}x-1$이므로

   $m\times\dfrac{n}{2}=-1$ $\therefore mn=-2$

(ii) $y=mx+3$과 $y=(3-n)x-1$이 평행하면

   $m=3-n$ $\therefore m+n=3$

$\therefore m^2+n^2=(m+n)^2-2mn=9+4=13$

1162 답·②

직선 $(3k+2)x-y+2=0$의 y절편은

$x=0$을 대입하면 $y=2$

즉, 이 직선이 두 점 $(1, 0)$, $(0, 2)$를 지나는 직선과

수직이므로

$\left(\dfrac{0-2}{1-0}\right)\times(3k+2)=-1$ $\therefore k=-\dfrac{1}{2}$

1163 답·2

직선 $ax-y=0$의 기울기는 a이고

직선 $2x+(b-1)y+1=0$의 기울기는 $\dfrac{-2}{b-1}$이다. $(b\neq1)$

이때 두 직선이 수직이므로

$a\times\dfrac{-2}{b-1}=-1$에서 $2a-b=-1$

따라서 구하는 순서쌍은 $(1, 3)$, $(2, 5)$의 2개이다.

1164 답·②

세 직선이 한 점에서 만나면 세 직선의 교점이 일치한다.

$\begin{cases} 2x+y-6=0 & \cdots\ \bigcirc \\ x-2y+2=0 & \cdots\ \bigcirc\!\!\!\bigcirc \end{cases}$

$\bigcirc\times2+\bigcirc\!\!\!\bigcirc$을 하면 $5x-10=0$ $\therefore x=2$

이 값을 ㉠에 대입하면 $y=2$

즉, 두 직선의 교점은 $(2, 2)$이고

$ax+(a-2)y-4=0$에 $(2, 2)$를 대입하면

$2a+2a-4-4=0$ $\quad\therefore a=2$

1165 답· $y=6x-3$

세 직선이 삼각형을 이루지 않으려면

세 직선이 한 점에서 만나거나 직선끼리 평행하면 된다.

(i) 세 직선이 한 점에서 만나는 경우:

$$\begin{cases} l: 2x-y+1=0 \\ m: x+y-4=0 \end{cases}$$

위의 두 식을 연립하여 풀면 $x=1, y=3$

$\therefore \mathrm{A}(1, 3)$

직선 n도 이 점을 지나므로

$k-3-2=0$에서 $k=5$ $\quad\therefore a=5$

(ii) 직선끼리 평행한 경우:

l과 m은 기울기가 같지 않아 평행할 수 없으므로

· l과 n이 평행할 때,

l의 기울기는 2, n의 기울기는 k이므로 $k=2$

$\therefore b=2$

· m과 n이 평행할 때,

m의 기울기는 -1, n의 기울기는 k이므로 $k=-1$

$\therefore c=-1$

따라서 $a+b+c=6$이므로 기울기가 6이고 점 $(1, 3)$을 지나는 직선의 방정식은

$y-3=6(x-1)$ $\quad\therefore y=6x-3$

1166 답· ③

(i) 세 직선이 한 점에서 만나는 경우:

두 직선 $y=-2x-2, y=3x+3$의 교점의 좌표를 구하면 $(-1, 0)$

이것을 $y=mx+2m+1$에 대입하면

$0=-m+2m+1$ $\quad\therefore m=-1$

(ii) 두 직선이 평행한 경우:

$y=-2x-2$와 $y=mx+2m+1$이 평행할 때, $m=-2$

$y=3x+3$과 $y=mx+2m+1$이 평행할 때, $m=3$

따라서 모든 실수 m의 값의 합은 $-1-2+3=0$

1167 답· $\sqrt{34}$

$y=mx-3m-5$에서 $(x-3)m-5-y=0$이므로

m의 값에 관계없이 점 $(3, -5)$를 지난다.

따라서 점 $(3, -5)$와 원점과의 거리는

$\sqrt{3^2+(-5)^2}=\sqrt{34}$

1168 답· ①

$y=mx+2m-1$이 $\mathrm{A}(1, 5)$를 지날 때,

$5=m+2m-1, 3m=6$ $\quad\therefore m=2$

$y=mx+2m-1$이 $\mathrm{B}(2, 3)$을 지날 때,

$3=2m+2m-1, 4m=4$ $\quad\therefore m=1$

$\therefore 1\leq m\leq 2$

따라서 $\alpha=1, \beta=2$이므로 $\alpha\beta=2$

1169 답· $-\dfrac{3}{7}\leq m\leq\dfrac{1}{2}$

$y=mx-4m+2$에서 $(x-4)m+2-y=0$이므로

이 직선은 m의 값에 관계없이 점 $(4, 2)$를 지난다.

(i) 직선이 점 A를 지날 때,

$5=-3m-4m+2$

$\therefore m=-\dfrac{3}{7}$

(ii) 직선이 점 B를 지날 때,

$1=2m-4m+2$

$\therefore m=\dfrac{1}{2}$

(i), (ii)에서 $-\dfrac{3}{7}\leq m\leq\dfrac{1}{2}$

1170 답· 1

$y=mx+2m$에서 $(x+2)m-y=0$이므로

이 직선은 m의 값에 관계없이 점 $(-2, 0)$을 지난다.

(i) 직선이 점 $(5, 4)$를 지날 때,

$4=5m+2m$

$\therefore m=\dfrac{4}{7}$

(ii) 직선이 점 $(2, 7)$을 지날 때,

$7=2m+2m$

$\therefore m=\dfrac{7}{4}$

(i), (ii)에서 $\dfrac{4}{7}\leq m\leq\dfrac{7}{4}$

따라서 $\alpha=\dfrac{4}{7}, \beta=\dfrac{7}{4}$이므로 $\alpha\beta=1$

1171 답· ①

두 직선의 방정식을 일반형으로 바꾸면

$x+y-5=0, x-y-1=0$

두 직선의 교점을 지나는 직선의 방정식은

$(x+y-5)+(x-y-1)k=0$

이 직선의 y절편이 -3이면 점 $(0, -3)$을 지나므로

$-8+2k=0$ $\quad\therefore k=4$

즉, $(x+y-5)+4(x-y-1)=0$에서

$5x-3y-9=0$

따라서 $a=5, b=-3$이므로 $a+b=2$

1172 답·④

주어진 두 직선의 교점을 지나는 직선은

$(x-2y+2)+(2x+y-6)k=0$

이 직선이 점 $(4,\,0)$을 지나므로

$4+2+(8-6)k=0$ ∴ $k=-3$

즉, $(x-2y+2)-3(2x+y-6)=0$에서

$x+y-4=0$

따라서 이 직선의 y절편은 4이다.

1173 답·$4x-y-8=0$

주어진 두 직선의 교점을 지나는 직선은

$(3x+y-4)k+(2x+3y)=0$

$(3k+2)x+(k+3)y-4k=0$

∴ $y=-\dfrac{3k+2}{k+3}x+\dfrac{4k}{k+3}$

이때 이 직선의 기울기가 4이므로

$-\dfrac{3k+2}{k+3}=4$, $3k+2=-4k-12$

∴ $k=-2$

따라서 구하는 직선의 방정식은 $4x-y-8=0$

1174 답·$\dfrac{23}{2}$

두 직선 m, l의 교점을 지나는 직선의 방정식은

$(x-2y+2)k+x+y-5=0$

$(k+1)x-(2k-1)y+2k-5=0$

이 직선의 기울기는 $\dfrac{k+1}{2k-1}$이고 직선 m의 기울기가 $\dfrac{1}{2}$이

므로 $\dfrac{1}{2}\cdot\dfrac{k+1}{2k-1}=-1$에서 $k+1=-4k+2$

∴ $k=\dfrac{1}{5}$

즉, $(x-2y+2)\times\dfrac{1}{5}+x+y-5=0$에서

$x-2y+2+5x+5y-25=0$

∴ $6x+3y-23=0$

따라서 이 직선의 x절편은 $\dfrac{23}{6}$, y절편은 $\dfrac{23}{3}$이므로

그 합은 $\dfrac{23}{2}$이다.

1175 답·②

점 $(0,\,k)$와 직선 $x-3y+4=0$ 사이의 거리가 $\sqrt{10}$이므로

$\dfrac{|-3k+4|}{\sqrt{10}}=\sqrt{10}$에서 $|3k-4|=10$

(i) $3k-4=10$일 때, $k=\dfrac{14}{3}$

(ii) $3k-4=-10$일 때, $k=-2$

따라서 구하는 정수 k의 값은 -2이다.

1176 답·③

점 $(a,\,3)$과 직선 $2x-y-2=0$ 사이의 거리가 $\sqrt{5}$이므로

$\dfrac{|2a-5|}{\sqrt{5}}=\sqrt{5}$에서 $|2a-5|=5$

(i) $2a-5=5$일 때, $a=5$

(ii) $2a-5=-5$일 때, $a=0$

따라서 구하는 모든 실수 a의 값의 합은 5이다.

1177 답·$\sqrt{17}$

직선 $x-4y-8=0$ 위의 점의 좌표를 $(4a+8,\,a)$라 하면

이 점과 직선 $2x-y+1=0$ 사이의 거리가 $2\sqrt{5}$이므로

$\dfrac{|8a+16-a+1|}{\sqrt{5}}=2\sqrt{5}$에서 $|7a+17|=10$

(i) $7a+17=10$일 때, $a=-1$

(ii) $7a+17=-10$일 때, $a=-\dfrac{27}{7}$

이때 x좌표와 y좌표가 정수인 점 P는 $a=-1$인 경우이므로

$P(4,\,-1)$

∴ $\overline{OP}=\sqrt{4^2+(-1)^2}=\sqrt{17}$

1178 답·⑤

직선 AB의 방정식은

$y-1=\dfrac{1-(-2)}{-4-(-3)}(x+4)$에서 $3x+y+11=0$

△ABC의 무게중심의 좌표는

$\left(\dfrac{-4-3+2}{3},\,\dfrac{1-2-6}{3}\right)=\left(-\dfrac{5}{3},\,-\dfrac{7}{3}\right)$

무게중심 G와 직선 AB 사이의 거리는

$\dfrac{\left|-5-\dfrac{7}{3}+11\right|}{\sqrt{10}}=\dfrac{11}{3\sqrt{10}}=\dfrac{11\sqrt{10}}{30}$

따라서 $m=11$, $n=30$이므로 $mn=330$

1179 답·③

점 $(-2,\,3)$과 $6x+8y+k=0$ 사이의 거리가 $\dfrac{3}{2}$이므로

$\dfrac{|-12+24+k|}{10}=\dfrac{3}{2}$에서 $|k+12|=15$

∴ $k=3$ 또는 $k=-27$

이때 $k>0$이므로 $k=3$

1180 답·③

직선 $ax+by+2=0$이 점 $(1,\,1)$을 지나므로

$a+b+2=0$에서 $a+b=-2$

점 $(0,\,0)$과 $ax+by+2=0$ 사이의 거리가 $\dfrac{\sqrt{10}}{5}$이므로

$\dfrac{2}{\sqrt{a^2+b^2}}=\dfrac{\sqrt{10}}{5}$에서 $\sqrt{a^2+b^2}=\sqrt{10}$, $a^2+b^2=10$

이때 $(a+b)^2=a^2+b^2+2ab$이므로 $4=10+2ab$

∴ $ab=-3$

1181 답·②

점 $(1, 1)$을 지나고 기울기가 m인 직선의 방정식은

$y-1=m(x-1)$에서 $mx-y-m+1=0$

이고 이 직선과 점 $(3, -2)$와의 거리가 $\sqrt{13}$이므로

$\dfrac{|3m+2-m+1|}{\sqrt{m^2+1}}=\sqrt{13}$에서 $\dfrac{|2m+3|}{\sqrt{m^2+1}}=\sqrt{13}$

$\sqrt{13m^2+13}=|2m+3|$, $(\sqrt{13m^2+13})^2=|2m+3|^2$

$9m^2-12m+4=0$, $(3m-2)^2=0$

$\therefore m=\dfrac{2}{3}$

1182 답· $\dfrac{\sqrt{10}}{2}$

직선 $x-3y+4=0$ 위의 점 중 하나가 점 $(-4, 0)$이므로

이 점과 $x-3y-1=0$ 사이의 거리를 구하면

$\dfrac{|-4-0-1|}{\sqrt{10}}=\dfrac{5}{\sqrt{10}}=\dfrac{\sqrt{10}}{2}$

1183 답· $-3, 5$

직선 $3x-4y+1=0$ 위의 점 중 하나가 점 $(1, 1)$이므로

이 점과 $3x-4y+k=0$ 사이의 거리가 $\dfrac{4}{5}$이다.

즉, $\dfrac{|3-4+k|}{5}=\dfrac{4}{5}$에서 $|k-1|=4$

$\therefore k=5$ 또는 $k=-3$

1184 답· (1) $(1, -2)$ (2) $\sqrt{5}$ (3) $\dfrac{5}{2}$ (4) $\dfrac{5}{2}$

(1) $\left(\dfrac{-2+a}{3}, \dfrac{-1+b}{3}\right)=\left(-\dfrac{1}{3}, -1\right)$

이므로 $a=1$, $b=-2$

$\therefore$ B$(1, -2)$

(2) $\overline{OB}=\sqrt{1+4}=\sqrt{5}$

(3) 직선 OB의 방정식은

$y=-2x$, 즉 $2x+y=0$

이 직선과 A$(-2, -1)$

사이의 거리는

$\dfrac{|-4-1|}{\sqrt{5}}=\sqrt{5}$

$\therefore \triangle OAB=\dfrac{1}{2}\times\sqrt{5}\times\sqrt{5}=\dfrac{5}{2}$

(4) $\triangle OAB=\dfrac{1}{2}\times|(-2)\times(-2)-(-1)\times1|=\dfrac{5}{2}$

1185 답· ①

삼각형의 넓이 공식을 이용한다.

$\triangle OAB=\dfrac{1}{2}|2a-12|=|a-6|=5$

이므로 $a=11$ 또는 $a=1$

(i) $a=11$일 때,   (ii) $a=1$일 때,

　둔각삼각형　　　　　　　예각삼각형

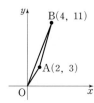   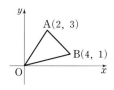

$\therefore a=1$

1186 답· ③

삼각형의 넓이 공식을 이용한다.

$\triangle OAB=\dfrac{1}{2}|7(3a-2)-3a|=|9a-7|=11$에서

$9a-7=11$일 때, $a=2$

$9a-7=-11$일 때, $a=-\dfrac{4}{9}$

이때 $a>0$이므로 $a=2$

1187 답· 2

세 직선을 그리면 오른쪽 그림과

같다.

(i) $y=3x$와 $y=-x+4$의

　교점을 구하면

　A$(1, 3)$

(ii) $y=x$와 $y=-x+4$의

　교점을 구하면

　B$(2, 2)$

$\therefore \triangle OAB=\dfrac{1}{2}|2-6|=2$

1188 답· 4

점 A를 원점 O로 옮기는 평행이동으로 세 점 A, B, C의

위치를 조정한다.

(x축의 방향으로 $+1$만큼, y축의 방향으로 -3만큼)

A$(-1, 3)$ $\longrightarrow$ A$'(0, 0)$

B$(-5, 1)$ $\longrightarrow$ B$'(-4, -2)$

C$(1, 2)$ $\longrightarrow$ C$'(2, -1)$

$\therefore \triangle ABC=\triangle A'B'C'$

$=\dfrac{1}{2}|(-4)\times(-1)-(-2)\times2|=4$

1189 답· ③

세 점 A(x_1, y_1), B(x_2, y_2), C(x_3, y_3)에서

$\overline{AB}=\sqrt{(x_2-x_1)^2+(y_2-y_1)^2}$이고

두 점 A, B를 지나는 직선의 기울기가 $\boxed{\text{(가) } \dfrac{y_2-y_1}{x_2-x_1}}$

이므로 직선의 방정식은

$y-y_1=\boxed{\text{(가) } \dfrac{y_2-y_1}{x_2-x_1}}(x-x_1)$ $\cdots$ ㉠

$(x_2-x_1)y+x_1y_1-x_2y_1=(y_2-y_1)x-x_1y_2+x_1y_1$

$(y_2-y_1)x-(x_2-x_1)y-x_1y_2+x_2y_1=0$

이때 점 C와 직선 ㉠ 사이의 거리 d는

$d=\dfrac{|(y_2-y_1)x_3-(x_2-x_1)y_3-x_1y_2+x_2y_1|}{\boxed{\text{(나)}}\sqrt{(x_2-x_1)^2+(y_2-y_1)^2}}$

$=\dfrac{|(x_1y_2+x_2y_3+x_3y_1)-(x_1y_3+x_2y_1+x_3y_2)|}{\boxed{\text{(나)}}\sqrt{(x_2-x_1)^2+(y_2-y_1)^2}}$

따라서 삼각형 ABC의 넓이 S는

$S=\dfrac{1}{2}\times\overline{AB}\times d$

$=\dfrac{1}{2}\times\sqrt{(x_2-x_1)^2+(y_2-y_1)^2}$

$\qquad\times\dfrac{|(x_1y_2+x_2y_3+x_3y_1)-(x_1y_3+x_2y_1+x_3y_2)|}{\sqrt{(x_2-x_1)^2+(y_2-y_1)^2}}$

$=\dfrac{1}{2}|(x_1y_2+x_2y_3+x_3y_1)-(x_1y_3+x_2y_1+x_3y_2)|$

> **참고**
>
> 세 점 A$(x_1,\,y_1)$, B$(x_2,\,y_2)$, C$(x_3,\,y_3)$을 꼭짓점으로 하는 △ABC의 넓이는
>
> $\dfrac{1}{2}\left|\left(\begin{smallmatrix}x_1\\y_1\end{smallmatrix}\times\begin{smallmatrix}x_2\\y_2\end{smallmatrix}\times\begin{smallmatrix}x_3\\y_3\end{smallmatrix}\right)-\left(\begin{smallmatrix}x_1\\y_1\end{smallmatrix}\times\begin{smallmatrix}x_2\\y_2\end{smallmatrix}\times\begin{smallmatrix}x_3\\y_3\end{smallmatrix}\right)\right|$
>
> $=\dfrac{1}{2}|(x_1y_2+x_2y_3+x_3y_1)-(x_1y_3+x_2y_1+x_3y_2)|$

1190 답·⑤

두 점 $(-3,\,1)$과 $(2,\,5)$를 각각 A, B라 하고, 두 점 A, B와 같은 거리에 있는 점을 P$(x,\,y)$라 하면 $\overline{PA}=\overline{PB}$에서 $\overline{PA}^2=\overline{PB}^2$이므로

$(x+3)^2+(y-1)^2=(x-2)^2+(y-5)^2$

$x^2+y^2+6x-2y+10=x^2+y^2-4x-10y+29$

$8y=-10x+19$ ∴ $y=-\dfrac{5}{4}x+\dfrac{19}{8}$

따라서 구하는 기울기는 $\dfrac{4}{5}$이므로 $p=5$, $q=4$

∴ $p+q=9$

1191 답· 해설 참조

조건을 만족시키는 자취의 점을 P$(x,\,y)$라 하면 점 P에서 주어진 두 직선 $3x-5y+1=0$, $5x+3y-2=0$까지의 거리가 같으므로

$\boxed{\text{(가)}}\dfrac{|3x-5y+1|}{\sqrt{3^2+5^2}}=\boxed{\text{(나)}}\dfrac{|5x+3y-2|}{\sqrt{5^2+3^2}}$

즉, $|\boxed{\text{(다)}}3x-5y+1|=|\boxed{\text{(라)}}5x+3y-2|$ 이므로

(i) $\boxed{\text{(다)}}3x-5y+1=\boxed{\text{(라)}}5x+3y-2$ 에서

$\boxed{\text{(마)}}2x+8y-3=0$

(ii) $\boxed{\text{(다)}}3x-5y+1=-(\boxed{\text{(라)}}5x+3y-2)$ 에서

$\boxed{\text{(바)}}8x-2y-1=0$

1192 답· $x+3y-7=0$ 또는 $3x-y+1=0$

오른쪽 그림과 같이 두 직선 $2x+y-3=0$, $x-2y+4=0$ 이 이루는 각을 이등분하는 직선 위의 점 P$(x,\,y)$에서 두 직선까지의 거리가 같으므로

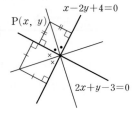

$\dfrac{|2x+y-3|}{\sqrt{5}}=\dfrac{|x-2y+4|}{\sqrt{5}}$

$|2x+y-3|=|x-2y+4|$

(i) $2x+y-3=x-2y+4$에서 $x+3y-7=0$

(ii) $2x+y-3=-x+2y-4$에서 $3x-y+1=0$

> **문제 C.O.D.I Final**

1193 답·③

조건을 만족시키는 직선의 방정식은

$y-5=\dfrac{7}{4}(x-2)$에서

$y=\dfrac{7}{4}x+\dfrac{3}{2}$

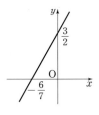

이 직선의 x절편은 $-\dfrac{6}{7}$이고

y절편은 $\dfrac{3}{2}$이므로 구하는 삼각형의 넓이는

$\dfrac{1}{2}\times\dfrac{6}{7}\times\dfrac{3}{2}=\dfrac{9}{14}$

따라서 $p=14$, $q=9$이므로 $p-q=5$

1194 답·④

$2x^2-2(m-2)x+m^2-m-2=0$이 서로 다른 두 실근을 가지므로

$\dfrac{D}{4}=(m-2)^2-2(m^2-m-2)>0$에서

$-m^2-2m+8>0$, $m^2+2m-8<0$

$(m-2)(m+4)<0$ ∴ $-4<m<2$

이때 $m-2<0$, $-m^2+16>0$이므로 직선 $y=(m-2)x-m^2+16$은 기울기는 음수, y절편은 양수이다. 따라서 직선은 오른쪽 그림과 같이 제1, 2, 4사분면을 지난다.

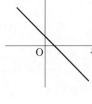

∴ ㉠, ㉡, ㉣

1195 답·④

두 점 $(-3,\,1)$, $(5,\,5)$를 지나는 직선의 방정식은

$y-1=\dfrac{5-1}{5-(-3)}(x+3)$에서 $y=\dfrac{1}{2}x+\dfrac{5}{2}$

x절편이 -2, y절편이 3인 직선의 방정식은

$\dfrac{x}{-2}+\dfrac{y}{3}=1$에서 $y=\dfrac{3}{2}x+3$

두 직선의 방정식을 연립하여 풀면

$\dfrac{3}{2}x+3=\dfrac{1}{2}x+\dfrac{5}{2}$ $\therefore x=-\dfrac{1}{2}$, $y=\dfrac{9}{4}$

따라서 구하는 x좌표와 y좌표의 합은 $\dfrac{7}{4}$이다.

1196 답·①

(i) $(k-1)x+2y+1=0$과 $2x+(k+2)y-2k=0$이
평행하면

$\dfrac{k-1}{2}=\dfrac{2}{k+2}\neq\dfrac{1}{-2k}$이므로

$(k-1)(k+2)=4$, $k^2+k-6=0$

$\therefore k=2$ 또는 $k=-3$

$k=2$일 때, $\dfrac{1}{2}=\dfrac{2}{4}\neq-\dfrac{1}{4}$ (성립)

$k=-3$일 때, $\dfrac{-4}{2}=\dfrac{2}{-1}\neq\dfrac{1}{6}$ (성립)

(ii) $(k-1)x+2y+1=0$의 기울기는 $-\dfrac{k-1}{2}$이고,

$kx-(k-1)y+3=0$의 기울기는 $\dfrac{k}{k-1}$이므로

두 직선이 수직이면 $-\dfrac{k-1}{2}\times\dfrac{k}{k-1}=-1$

$-\dfrac{k}{2}=-1$ $\therefore k=2$

(i), (ii)에서 $k=2$

1197 답·$(2,\ 10)$

$\overline{\text{AB}}$의 중점은 $(2,\ 3)$이고
오른쪽 그림과 같이 $\overline{\text{AB}}$의 수직
이등분선은 직선 $x=2$이다.

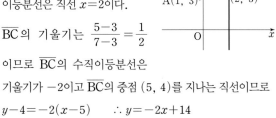

$\overline{\text{BC}}$의 기울기는 $\dfrac{5-3}{7-3}=\dfrac{1}{2}$

이므로 $\overline{\text{BC}}$의 수직이등분선은
기울기가 -2이고 $\overline{\text{BC}}$의 중점 $(5,\ 4)$를 지나는 직선이므로

$y-4=-2(x-5)$ $\therefore y=-2x+14$

따라서 직선 $x=2$와 직선 $y=-2x+14$의 교점의 좌표는
$(2,\ 10)$이다.

1198 답·$y=8x-5$

조건을 만족시키는 직선은 오른쪽
그림과 같이 점 $\text{B}(2,\ 11)$과 $\overline{\text{OA}}$의
중점 $\text{M}\left(\dfrac{1}{2},\ -1\right)$을 지나므로

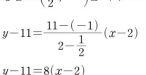

$y-11=\dfrac{11-(-1)}{2-\dfrac{1}{2}}(x-2)$

$y-11=8(x-2)$

$\therefore y=8x-5$

1199 답·③

$\dfrac{|5(-2a+1)-12(a-1)+1|}{13}=2$에서

$\dfrac{|-22a+18|}{13}=2$, $|22a-18|=26$, $|11a-9|=13$

$11a-9=13$일 때, $a=2$

$11a-9=-13$일 때, $a=-\dfrac{4}{11}$

따라서 구하는 정수 a의 값은 2이다.

1200 답·④

$\triangle\text{OAB}=\dfrac{1}{2}|9-(-1)|$
　　　　$=5$

$\triangle\text{OBC}=\dfrac{1}{2}|-3-2|$
　　　　$=\dfrac{5}{2}$

$\therefore \square\text{OABC}=\triangle\text{OAB}+\triangle\text{OBC}=\dfrac{15}{2}$

1201 답·$\left(\dfrac{2}{5},\ \dfrac{4}{5}\right)$

오른쪽 그림과 같이 수선의 발은
직선 $x-3y+2=0$과 이 직선에
수직인 직선의 교점이다.

$x-3y+2=0$에 수직인 직선의
기울기는 -3이고 점 $(2,\ -4)$를
지나므로

$y+4=-3(x-2)$ $\therefore y=-3x+2$

이 직선과 $x-3y+2=0$을 연립하여 풀면

$x=\dfrac{2}{5}$, $y=\dfrac{4}{5}$ $\therefore \text{H}\left(\dfrac{2}{5},\ \dfrac{4}{5}\right)$

1202 답·$-\dfrac{25}{6}$

$mx-y+m-3=0$에서
$(x+1)m-(y+3)=0$이므로
이 직선은 m의 값에 관계없이
점 $(-1,\ -3)$을 지난다.

이때 m은 오른쪽 그림과 같이
점 $(-3,\ 2)$를 지날 때의 값보
다 크고 점 $(2,\ 2)$를 지날 때의 값보다 작아야 한다.

(i) $(-3,\ 2)$를 대입하면

$-3m-2+m-3=0$ $\therefore m=-\dfrac{5}{2}$

(ii) $(2,\ 2)$를 대입하면

$2m-2+m-3=0$ $\therefore m=\dfrac{5}{3}$

(i), (ii)에서 $-\dfrac{5}{2}<m<\dfrac{5}{3}$이므로 $\alpha=-\dfrac{5}{2}$, $\beta=\dfrac{5}{3}$

$\therefore \alpha\beta=-\dfrac{25}{6}$

1203 답 · $\dfrac{26}{5}$

오른쪽 그림과 같이 주어진 네 직
선으로 둘러싸인 도형은 평행사
변형이다.

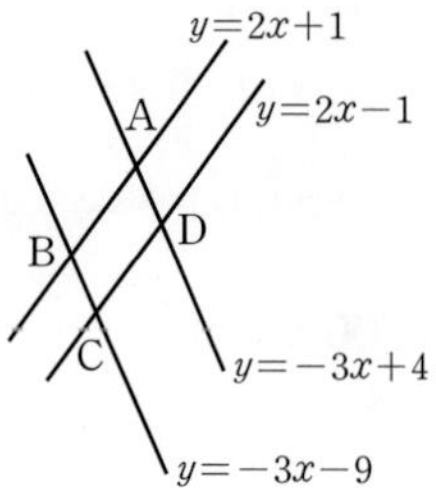

점 B의 좌표를 구하면

$2x+1=-3x-9$에서 $x=-2$

$\therefore \mathrm{B}(-2, -3)$

점 C의 좌표를 구하면

$2x-1=-3x-9$에서 $x=-\dfrac{8}{5}$

$\therefore \mathrm{C}\left(-\dfrac{8}{5}, -\dfrac{21}{5}\right)$

$\therefore \overline{\mathrm{BC}}=\sqrt{\left(-\dfrac{8}{5}+2\right)^2+\left(-\dfrac{21}{5}+3\right)^2}=\dfrac{2\sqrt{10}}{5}$

이때 $y=-3x+4$와 $y=-3x-9$ 사이의 거리가 평행사변
형의 높이이므로 점 $(0, 4)$와 $3x+y+9=0$ 사이의 거리를
구하면

$\dfrac{|0+4+9|}{\sqrt{10}}=\dfrac{13}{\sqrt{10}}$

따라서 구하는 도형의 넓이는 $\dfrac{2\sqrt{10}}{5}\times\dfrac{13}{\sqrt{10}}=\dfrac{26}{5}$

1204 답 · $4x+17y-11=0$ 또는 $16x+7y+3=0$

자취의 점을 $\mathrm{P}(x, y)$라 하자.

점 P와 직선 $6x-5y+7=0$ 사이의 거리는

$d_1=\dfrac{|6x-5y+7|}{\sqrt{36+25}}$

점 P와 직선 $5x+6y-2=0$ 사이의 거리는

$d_2=\dfrac{|5x+6y-2|}{\sqrt{36+25}}$

이때 $d_1:d_2=2:1$이므로 $2d_2=d_1$에서

$\dfrac{2|5x+6y-2|}{\sqrt{61}}=\dfrac{|6x-5y+7|}{\sqrt{61}}$

$2|5x+6y-2|=|6x-5y+7|$

(i) $10x+12y-4=6x-5y+7$일 때,

$\quad 4x+17y-11=0$

(ii) $10x+12y-4=-6x+5y-7$일 때,

$\quad 16x+7y+3=0$

1205 답 · ③

$\overline{\mathrm{BC}}$의 중점을 M이라 하면 점 M은 직선 $y=m(x-2)$의
y축과의 교점이므로 $\mathrm{M}(0, -2m)$

$\triangle\mathrm{ABC}$가 이등변삼각형이므로 점 A를 지나고 직선

$y=mx-2m$과 수직인 직선의 교점이 점 M이다.

$y-3=-\dfrac{1}{m}(x+2)$, 즉 $y=-\dfrac{1}{m}(x+2)+3$과

$y=mx-2m$의 교점의 x좌표가 0이므로

$-\dfrac{2}{m}+3=-2m$, $2m+3-\dfrac{2}{m}=0$

$2m^2+3m-2=0$, $(m+2)(2m-1)=0$

$\therefore m=-2$ 또는 $m=\dfrac{1}{2}$

이때 $m>0$이므로 $m=\dfrac{1}{2}$

1206 답 · ④

$a=2$일 때, $f(x)=x^2-4x$, $g(x)=\dfrac{1}{2}x$

직선 $g(x)=\dfrac{1}{2}x$와 수직인 직선의 기울기는 -2이므로

$y=f(x)$의 그래프와 접하는 직선 l을 $y=-2x+b$라 하자.

$y=f(x)$의 그래프와 직선 l은 접하므로 두 식을 연립하여
이차방정식을 세우면 중근을 갖게 된다.

$x^2-4x=-2x+b$에서 $x^2-2x-b=0$

$\dfrac{D}{4}=(-1)^2+b=0$이므로 $b=-1$

따라서 $l:y=-2x-1$이므로 구하는 y절편은 -1이다.

1207 답 · ④

$3x-y+2-k(x+y)=0$에서

$(3-k)x-(k+1)y+2=0$

이 직선과 점 $(0, 0)$ 사이의 거리는

$\dfrac{2}{\sqrt{(k-3)^2+(k+1)^2}}=\dfrac{2}{\sqrt{2k^2-4k+10}}$

$\qquad\qquad\qquad\qquad =\dfrac{2}{\sqrt{2(k-1)^2+8}}$

이때 거리의 최댓값은 분모가 최소일 때이므로
구하는 최댓값은 $k=1$일 때

$\dfrac{2}{\sqrt{8}}=\dfrac{2}{2\sqrt{2}}=\dfrac{\sqrt{2}}{2}$

Basic

1208 답· $(x-5)^2+(y-2)^2=9$

1209 답· $(x+2)^2+(y-1)^2=16$

1210 답· $(x+3)^2+(y+3)^2=1$

1211 답· $\left(x-\dfrac{1}{2}\right)^2+\left(x+\dfrac{5}{2}\right)^2=3$

1212 답· $(x+4)^2+y^2=2$

1213 답· $x^2+(y-7)^2=20$

1214 답· 중심의 좌표: $(-2,\ 4)$, 반지름의 길이: $\sqrt{10}$

$x^2+4x+y^2-8y=-10$에서

$(x^2+4x+4)+(y^2-8y+16)=-10+20$

∴ $(x+2)^2+(y-4)^2=10$

중심의 좌표: $(-2,\ 4)$, 반지름의 길이: $\sqrt{10}$

1215 답· 중심의 좌표: $(-3,\ -4)$, 반지름의 길이: $2\sqrt{5}$

$x^2+6x+y^2+8y=-5$에서

$(x^2+6x+9)+(y^2+8y+16)=-5+25$

∴ $(x+3)^2+(y+4)^2=20$

중심의 좌표: $(-3,\ -4)$, 반지름의 길이: $2\sqrt{5}$

1216 답· 중심의 좌표: $\left(\dfrac{3}{2},\ \dfrac{5}{2}\right)$, 반지름의 길이: 3

$x^2-3x+y^2-5y=\dfrac{1}{2}$에서

$\left(x^2-2\cdot\dfrac{3}{2}x+\dfrac{9}{4}\right)+\left(y^2-2\cdot\dfrac{5}{2}y+\dfrac{25}{4}\right)=\dfrac{1}{2}+\dfrac{17}{2}$

∴ $\left(x-\dfrac{3}{2}\right)^2+\left(y-\dfrac{5}{2}\right)^2=9$

중심의 좌표: $\left(\dfrac{3}{2},\ \dfrac{5}{2}\right)$, 반지름의 길이: 3

1217 답· 중심의 좌표: $(0,\ 2)$, 반지름의 길이: 1

$x^2+y^2-4y=-3$에서

$x^2+(y^2-4y+4)=-3+4$

∴ $x^2+(y-2)^2=1$

중심의 좌표: $(0,\ 2)$, 반지름의 길이: 1

1218 답· 중심의 좌표: $\left(\dfrac{1}{2},\ 0\right)$, 반지름의 길이: $\dfrac{1}{2}$

$x^2-x+y^2=0$에서

$\left(x^2-2\cdot\dfrac{1}{2}x+\dfrac{1}{4}\right)+y^2=\dfrac{1}{4}$

∴ $\left(x-\dfrac{1}{2}\right)^2+y^2=\dfrac{1}{4}$

중심의 좌표: $\left(\dfrac{1}{2},\ 0\right)$, 반지름의 길이: $\dfrac{1}{2}$

1219 답· $\left(x-\dfrac{5}{2}\right)^2+(y-2)^2=\dfrac{41}{4}$

중심의 좌표: $\left(\dfrac{0+5}{2},\ \dfrac{0+4}{2}\right)=\left(\dfrac{5}{2},\ 2\right)$

반지름의 길이: $\sqrt{\left(\dfrac{5}{2}\right)^2+2^2}=\sqrt{\dfrac{41}{4}}$

∴ $\left(x-\dfrac{5}{2}\right)^2+(y-2)^2=\dfrac{41}{4}$

1220 답· $(x-2)^2+(y+2)^2=26$

중심의 좌표: $\left(\dfrac{-3+7}{2},\ \dfrac{-1-3}{2}\right)=(2,\ -2)$

반지름의 길이: $\sqrt{(-3-2)^2+(-1+2)^2}=\sqrt{26}$

∴ $(x-2)^2+(y+2)^2=26$

1221 답· $\left(x-\dfrac{1}{2}\right)^2+\left(y+\dfrac{3}{2}\right)^2=\dfrac{5}{2}$

중심의 좌표: $\left(\dfrac{1+0}{2},\ \dfrac{0-3}{2}\right)=\left(\dfrac{1}{2},\ -\dfrac{3}{2}\right)$

반지름의 길이: $\sqrt{\left(1-\dfrac{1}{2}\right)^2+\left(0+\dfrac{3}{2}\right)^2}=\sqrt{\dfrac{5}{2}}$

∴ $\left(x-\dfrac{1}{2}\right)^2+\left(y+\dfrac{3}{2}\right)^2=\dfrac{5}{2}$

1222 답· (1) $(x-1)^2+(y+2)^2=25$

(2) $x^2+y^2-2x+4y-20=0$

(1) 원의 중심에서 세 점까지의 거리는 반지름의 길이로 모두 같으므로

$(a+2)^2+(b-2)^2=(a-5)^2+(b-1)^2$
$\qquad\qquad\qquad\ =(a-4)^2+(b-2)^2$

(i) $(a+2)^2+(b-2)^2=(a-5)^2+(b-1)^2$에서

$a^2+b^2+4a-4b+8=a^2+b^2-10a-2b+26$

$14a-2b=18,\ 7a-b=9$ ⋯ ㉠

(ii) $(a+2)^2+(b-2)^2=(a-4)^2+(b-2)^2$에서

$a^2+b^2+4a-4b+8=a^2+b^2-8a-4b+20$

$12a=12$ ∴ $a=1$

$a=1$을 ㉠에 대입하면 $b=-2$

즉, 중심의 좌표는 $(1,\ -2)$이다.

반지름의 길이는 두 점 $(1,\ -2)$와 $(-2,\ 2)$ 사이의 거리이므로 $\sqrt{9+16}=5$

따라서 구하는 원의 방정식은 $(x-1)^2+(y+2)^2=25$

(2) 구하는 원의 방정식을 $x^2+y^2+Ax+By+C=0$이라 하자.

원이 점 $(-2,\ 2)$를 지나므로

$4+4-2A+2B+C=0$에서

$2A-2B-C=8$ ⋯ ㉠

원이 점 $(5,\ 1)$을 지나므로

$25+1+5A+B+C=0$에서

$5A+B+C=-26$ ⋯ ㉡

원이 점 $(4, 2)$를 지나므로

$16+4+4A+2B+C=0$에서

$4A+2B+C=-20$ …ⓒ

㉠+ⓒ을 하면 $7A-B=-18$

ⓒ-ⓒ을 하면 $A-B=-6$

위의 식을 연립하여 풀면 $A=-2, B=4, C=-20$

$\therefore x^2+y^2-2x+4y-20=0$

이때 원의 방정식을 표준형으로 바꾸면

$(x-1)^2+(y+2)^2=25$로 ⑴의 결과와 같음을 알 수 있다.

1223 답· $x^2+y^2-6x+2y-90=0$

원의 방정식을 $x^2+y^2+Ax+By+C=0$이라 하자.

원이 점 $(-3, -9)$를 지나므로

$9+81-3A-9B+C=0$에서

$3A+9B-C=90$ …㉠

원이 점 $(-5, 5)$를 지나므로

$25+25-5A+5B+C=0$에서

$5A-5B-C=50$ …ⓒ

원이 점 $(3, 9)$를 지나므로

$9+81+3A+9B+C=0$에서

$3A+9B+C=-90$ …ⓒ

㉠-ⓒ을 하면 $-2C=180$ $\therefore C=-90$

$C=-90$을 ㉠, ⓒ에 대입하여 정리하면

$A+3B=0, A-B=-8$

위의 식을 연립하여 풀면 $A=-6, B=2$

$\therefore x^2+y^2-6x+2y-90=0$

1224 답· x축과의 교점의 좌표는 $(-1, 0), (3, 0)$

      y축과의 교점의 좌표는 $(0, -3), (0, 1)$

$x^2+y^2-2x+2y-3=0$에서

(i) $y=0$을 대입하면

$x^2-2x-3=0, (x+1)(x-3)=0$

$\therefore x=-1$ 또는 $x=3$

즉, x축과의 교점의 좌표는 $(-1, 0), (3, 0)$

(ii) $x=0$을 대입하면

$y^2+2y-3=0, (y+3)(y-1)=0$

$\therefore y=-3$ 또는 $y=1$

즉, y축과의 교점의 좌표는 $(0, -3), (0, 1)$

1225 답· x축과의 교점의 좌표는 $(2, 0), (3, 0)$

      y축과의 교점의 좌표는 $(0, 1), (0, 6)$

$x^2+y^2-5x-7y+6=0$에서

(i) $y=0$을 대입하면

$x^2-5x+6=0, (x-2)(x-3)=0$

$\therefore x=2$ 또는 $x=3$

즉, x축과의 교점의 좌표는 $(2, 0), (3, 0)$

(ii) $x=0$을 대입하면

$y^2-7y+6=0, (y-1)(y-6)=0$

$\therefore y=1$ 또는 $y=6$

즉, y축과의 교점의 좌표는 $(0, 1), (0, 6)$

1226 답· x축과의 교점의 좌표는 $(0, 0), (1, 0)$

      y축과의 교점의 좌표는 $(0, 0), (0, -3)$

$x^2+y^2-x+3y=0$에서

(i) $y=0$을 대입하면

$x^2-x=0, x(x-1)=0$

$\therefore x=0$ 또는 $x=1$

즉, x축과의 교점의 좌표는 $(0, 0), (1, 0)$

(ii) $x=0$을 대입하면

$y^2+3y=0, y(y+3)=0$

$\therefore y=-3$ 또는 $y=0$

즉, y축과의 교점의 좌표는 $(0, 0), (0, -3)$

1227 답· x축과의 교점의 좌표는 $(-2, 0)$

      y축과의 교점의 좌표는 $(0, 1), (0, 4)$

$x^2+y^2+4x-5y+4=0$에서

(i) $y=0$을 대입하면

$x^2+4x+4=0, (x+2)^2=0$

$\therefore x=-2$

즉, x축과의 교점의 좌표는 $(-2, 0)$

(ii) $x=0$을 대입하면

$y^2-5y+4=0, (y-1)(y-4)=0$

$\therefore y=1$ 또는 $y=4$

즉, y축과의 교점의 좌표는 $(0, 1), (0, 4)$

1228 답· x축과의 교점의 좌표는 $(2, 0), (4, 0)$

      y축과의 교점은 없다.

$x^2+y^2-6x+4y+8=0$에서

(i) $y=0$을 대입하면

$x^2-6x+8=0, (x-2)(x-4)=0$

$\therefore x=2$ 또는 $x=4$

즉, x축과의 교점의 좌표는 $(2, 0), (4, 0)$

(ii) $x=0$을 대입하면

$y^2+4y+8=0$에서 $\dfrac{D}{4}=4-8<0$

즉, y축과의 교점은 없다.

1229 답· x축, y축과의 교점은 없다.

$x^2+y^2+2x+6y+10=0$에서

(i) $y=0$을 대입하면

$x^2+2x+10=0$에서 $\dfrac{D}{4}=1-10<0$

즉, x축과의 교점은 없다.

(ii) $x=0$을 대입하면

$y^2+6y+10=0$에서 $\dfrac{D}{4}=9-10<0$

즉, y축과의 교점은 없다.

1230 답 · $(x+1)^2+(y-3)^2=9$

$a>0$이고 x축과 접하므로 $a=3$

$\therefore (x+1)^2+(y-3)^2=9$

1231 답 · $(x+1)^2+(y+3)^2=9$

$a<0$이고 x축과 접하므로 $a=-3$

$\therefore (x+1)^2+(y+3)^2=9$

1232 답 · $(x-2)^2+\left(y-\dfrac{7}{2}\right)^2=4$

y축의 오른쪽에 원이 위치하므로 중심의 x좌표는 양수이다.

즉, $a>0$이고 y축과 접하므로 $a=2$

$\therefore (x-2)^2+\left(y-\dfrac{7}{2}\right)^2=4$

1233 답 · $(x+\sqrt{6})^2+y^2=6$

$a<0$이고 y축과 접하므로 $a=-\sqrt{6}$

$\therefore (x+\sqrt{6})^2+y^2=6$

1234 답 · $(x+1)^2+(y-1)^2=1$

중심의 좌표가 $(-1,\,1)$이고

반지름의 길이가 1인 원이므로

$(x+1)^2+(y-1)^2=1$

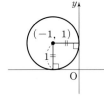

1235 답 · $\left(x-\dfrac{1}{4}\right)^2+\left(y+\dfrac{1}{4}\right)^2=\dfrac{1}{16}$

중심의 좌표가 $\left(\dfrac{1}{4},\,-\dfrac{1}{4}\right)$이고

반지름의 길이가 $\dfrac{1}{4}$인 원이므로

$\left(x-\dfrac{1}{4}\right)^2+\left(y+\dfrac{1}{4}\right)^2=\dfrac{1}{16}$

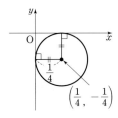

1236 답 · (1) $(x-2)^2+(y-3)^2=9$ (2) $(x-2)^2+(y-3)^2=4$

(1) x축과 접하므로 반지름의 길이는 y좌표의 절댓값과 같은 3이다.

즉, 점 $(2,\,3)$이 중심이고 반지름의 길이는 3이다.

$\therefore (x-2)^2+(y-3)^2=9$

(2) y축과 접하므로 반지름의 길이는 x좌표의 절댓값과 같은 2이다.

즉, 점 $(2,\,3)$이 중심이고 반지름의 길이는 2이다.

$\therefore (x-2)^2+(y-3)^2=4$

1237 답 · (1) $(x+4)^2+(y-1)^2=1$ (2) $(x+4)^2+(y-1)^2=16$

(1) x축과 접하므로 반지름의 길이는 y좌표의 절댓값과 같은 1이다.

즉, 점 $(-4,\,1)$이 중심이고 반지름의 길이는 1이다.

$\therefore (x+4)^2+(y-1)^2=1$

(2) y축과 접하므로 반지름의 길이는 x좌표의 절댓값과 같은 4이다.

즉, 점 $(-4,\,1)$이 중심이고 반지름의 길이는 4이다.

$\therefore (x+4)^2+(y-1)^2=16$

1238 답 · 만나지 않는다.

$y=-x+3$을 $x^2+y^2=4$에 대입하면

$x^2+(x-3)^2=4,\ 2x^2-6x+5=0$

$\dfrac{D}{4}=(-3)^2-10<0$이므로 원과 직선은 만나지 않는다.

1239 답 · 한 점에서 만난다. (접한다.)

$3x+4y-1=0$에서 $y=-\dfrac{3}{4}x+\dfrac{1}{4}$

이 식을 $(x-1)^2+(y-2)^2=4$에 대입하면

$(x-1)^2+\left(-\dfrac{3}{4}x+\dfrac{1}{4}-2\right)^2=4$

$(x-1)^2+\left(\dfrac{3x+7}{4}\right)^2=4$

$16(x-1)^2+(3x+7)^2=64$

$25x^2+10x+1=0$

$\dfrac{D}{4}=25-25=0$이므로 원과 직선은 한 점에서 만난다.

1240 답 · 두 점에서 만난다.

$y=3x+5$를 $(x+2)^2+(y+1)^2=9$에 대입하면

$(x+2)^2+(3x+6)^2=9,\ 10x^2+40x+31=0$

$\dfrac{D}{4}=400-310>0$이므로 원과 직선은 두 점에서 만난다.

1241 답 · 만나지 않는다.

$x^2+y^2+6x-2y+9=0$에서

$(x+3)^2+(y-1)^2=1$

즉, 원의 중심은 $(-3,\,1)$, 반지름의 길이는 1이다.

원의 중심 $(-3,\,1)$과 직선 $2x-y-1=0$ 사이의 거리는

$\dfrac{|-6-1-1|}{\sqrt{5}}=\dfrac{8}{\sqrt{5}}$

이때 원의 중심과 직선 사이의 거리가 반지름의 길이보다 길기 때문에 원과 직선은 만나지 않는다.

1242 답 · 한 점에서 만난다. (접한다.)

$x^2+y^2-2x-4y+1=0$에서

$(x-1)^2+(y-2)^2=4$

즉, 원의 중심은 $(1,\,2)$, 반지름의 길이는 2이다.

원의 중심 $(1,\,2)$와 직선 $y=-\dfrac{3}{4}x+\dfrac{1}{4}$,

즉 $3x+4y-1=0$ 사이의 거리는 $\dfrac{|3+8-1|}{5}=2$

이때 원의 중심과 직선 사이의 거리가 반지름의 길이와 같으므로 원과 직선은 접한다.

1243 답·두 점에서 만난다.

$x^2+y^2+4x+2y-4=0$에서

$(x+2)^2+(y+1)^2=9$

즉, 원의 중심은 $(-2, -1)$, 반지름의 길이는 3이다.

원의 중심 $(-2, -1)$과 직선 $3x-y+5=0$ 사이의 거리는

$\dfrac{|-6+1+5|}{\sqrt{10}}=0$

이때 원의 중심과 직선 사이의 거리가 반지름의 길이보다 짧기 때문에 원과 직선은 두 점에서 만난다.

1244 답·$k<-6$ 또는 $k>-2$

원의 중심 $(2, -2)$와 직선 $x-y+k=0$ 사이의 거리는

$\dfrac{|k+4|}{\sqrt{2}}$ 이고, 원의 반지름의 길이는 $\sqrt{2}$ 이다.

이때 원과 직선이 만나지 않으려면

(원의 중심과 직선 사이의 거리) > (원의 반지름의 길이)

이어야 하므로 $\dfrac{|k+4|}{\sqrt{2}}>\sqrt{2}$, $|k+4|>2$

즉, $k+4>2$일 때 $k>-2$

$k+4<-2$일 때 $k<-6$

1245 답·$k=-2$ 또는 $k=-6$

원과 직선이 접하려면

(원의 중심과 직선 사이의 거리) = (원의 반지름의 길이)

이어야 하므로 $\dfrac{|k+4|}{\sqrt{2}}=\sqrt{2}$, $|k+4|=2$

$\therefore k=-2$ 또는 $k=-6$

1246 답·$-6<k<-2$

원과 직선이 두 점에서 만나려면

(원의 중심과 직선 사이의 거리) < (원의 반지름의 길이)

이어야 하므로 $\dfrac{|k+4|}{\sqrt{2}}<\sqrt{2}$, $|k+4|<2$

$\therefore -6<k<-2$

1247 답·외접한다.

원 O의 반지름의 길이는 $r=2$

원 O'의 반지름의 길이는 $r'=3$

두 원의 중심거리는 $d=\sqrt{3^2+4^2}=5$

이때 $d=r+r'(5=2+3)$이므로 두 원은 외접한다.

1248 답·만나지 않는다.

$O: x^2+y^2-2x-6y+9=0$에서

$(x-1)^2+(y-3)^2=1$

즉, 원의 중심은 $(1, 3)$, 반지름의 길이는 $r=1$

$O': x^2+y^2-8x+4y+11=0$

$(x-4)^2+(y+2)^2=9$

즉, 원의 중심은 $(4, -2)$, 반지름의 길이는 $r'=3$

두 원의 중심거리는 $d=\sqrt{3^2+5^2}=\sqrt{34}$

이때 $d>r+r'(\sqrt{34}>4)$이므로 두 원은 만나지 않는다.

1249 답·두 점에서 만난다.

$O: x^2+y^2+2x-1=0$에서

$(x+1)^2+y^2=2$

즉, 원의 중심은 $(-1, 0)$, 반지름의 길이는 $r=\sqrt{2}$

$O': x^2+y^2-4x-2y+1=0$

$(x-2)^2+(y-1)^2=4$

즉, 원의 중심은 $(2, 1)$, 반지름의 길이는 $r'=2$

두 원의 중심거리는 $d=\sqrt{9+1}=\sqrt{10}$

이때 $r'-r<d<r+r'(2-\sqrt{2}<\sqrt{10}<2+\sqrt{2})$이므로 두 원은 두 점에서 만난다.

1250 답·$k<3$

원 O의 중심은 $(-2, -1)$, 반지름의 길이는 $r=2$

원 O'의 중심은 $(1, 3)$, 반지름의 길이는 $r'=k$

두 원의 중심거리는 $d=\sqrt{3^2+4^2}=5$

이때 두 원이 만나지 않으려면 $r+r'<d$이어야 하므로

$k+2<5$ $\therefore k<3$

1251 답·$k=3$

두 원이 외접하려면 $r+r'=d$이어야 하므로

$k+2=5$ $\therefore k=3$

1252 답·$3<k<7$

두 원이 두 점에서 만나려면 $r'-r<d<r+r'$이어야 하므로

$k-2<5<k+2$ $\therefore 3<k<7$

1253 답·$k=7$

두 원이 내접하려면 $r'-r=d$이어야 하므로

$k-2=5$ $\therefore k=7$

1254 답·$k>7$

두 원이 만나지 않으면서 한 원이 다른 원의 내부에 있으려면

$r'-r>d$이어야 하므로

$k-2>5$ $\therefore k>7$

1255 답·⑤

원의 반지름의 길이는 원의 중심 $(-2, 5)$와 원 위의 점 $(2, 8)$ 사이의 거리와 같으므로

$\sqrt{4^2+3^2}=5$

1256 답·①

원의 중심은 $\overline{AB}$를 $2:1$로 외분하는 점이므로

$\left(\dfrac{4-(-1)}{2-1}, \dfrac{6-1}{2-1}\right)=(5, 5)$

반지름의 길이는 두 점 $(5, 5)$와 $(2, 3)$ 사이의 거리이므로

$\sqrt{3^2+2^2}=\sqrt{13}$

즉, 원의 방정식은 $(x-5)^2+(y-5)^2=13$

따라서 $a=5$, $b=5$, $c=13$이므로

$ab-c=25-13=12$

1257 답·②

중심이 같은 두 원을 동심원이라고 한다.

원의 중심의 좌표가 $(3, -6)$이고 반지름의 길이를 r라 하면

$(x-3)^2+(y+6)^2=r^2$

이 원이 점 $(2, -3)$을 지나므로

$1^2+3^2=r^2$, $r^2=10$ ∴ $r=\sqrt{10}$

따라서 원의 넓이는 10π이다.

1258 답· $(x-3)^2+(y-4)^2=20$

$y=-x^2+6x-5=-(x-3)^2+4$이므로

이차함수의 그래프의 꼭짓점의 좌표는 $(3, 4)$이다.

이차함수의 그래프와 x축과의 교점의 x좌표는

$-x^2+6x-5=0$에서 $-(x-1)(x-5)=0$

∴ $x=1$ 또는 $x=5$

즉, 이차함수의 그래프와 x축과의 교점의 좌표는

$(1, 0)$, $(5, 0)$이다.

조건을 만족시키는 원의 반지름의 길이를 r라 하면

$(x-3)^2+(y-4)^2=r^2$

이 원이 점 $(1, 0)$을 지나므로

$2^2+4^2=r^2$ ∴ $r^2=20$

∴ $(x-3)^2+(y-4)^2=20$

1259 답· $(x+2)^2+(y-2)^2=5$

중심이 $y=-x$ 위에 있으므로 중심의 좌표를 $(a, -a)$,

반지름의 길이를 r라 하면 원의 방정식은

㉮ $(x-a)^2+(y+a)^2=r^2$

이 원이 점 $(-1, 0)$을 지나므로

$(-1-a)^2+(0+a)^2=r^2$, ㉯ $2a^2+2a+1$ $=r^2$

또한 점 $(0, 3)$을 지나므로

$(0-a)^2+(3+a)^2=r^2$, ㉰ $2a^2+6a+9$ $=r^2$

㉯ $2a^2+2a+1$ $=$ ㉰ $2a^2+6a+9$ 에서

$4a=-8$ ∴ $a=$ ㉱ -2

이때 $r^2=8-4+1=5$이므로 $r=$ ㉲ $\sqrt{5}$

∴ $(x+2)^2+(y-2)^2=5$

1260 답·②

중심은 $y=2x$ 위의 점이므로 $(a, 2a)$로 잡고

반지름의 길이를 r라 하면 원의 방정식은

$(x-a)^2+(y-2a)^2=r^2$

이 원이 점 $(-1, 3)$을 지나므로

$(a+1)^2+(2a-3)^2=r^2$, $5a^2-10a+10=r^2$

또한 원이 점 $(2, 2)$을 지나므로

$(a-2)^2+(2a-2)^2=r^2$, $5a^2-12a+8=r^2$

즉, $5a^2-10a+10=5a^2-12a+8$에서

$2a=-2$ ∴ $a=-1$

이때 $r^2=5+10+10=25$이므로 $r=5$

1261 답·⑤

중심은 $y=3x+1$ 위의 점이므로 $(a, 3a+1)$로 잡고

반지름의 길이를 r라 하면 원의 방정식은

$(x-a)^2+(y-3a-1)^2=r^2$

이 원이 점 $(-2, 1)$을 지나므로

$(a+2)^2+(-3a)^2=r^2$, $10a^2+4a+4=r^2$

또한 원이 점 $(4, -5)$을 지나므로

$(a-4)^2+(-3a-6)^2=r^2$, $10a^2+28a+52=r^2$

즉, $10a^2+4a+4=10a^2+28a+52$에서

$24a=-48$ ∴ $a=-2$

이때 $r^2=40-56+52=36$이므로 $r=6$

따라서 원의 방정식이 $(x+2)^2+(y+5)^2=6^2$이므로

$a=-2$, $b=-5$, $r=6$

∴ $abr=60$

1262 답·③

두 원의 중심을 A, B라 하면

$A(-3, -4)$, $B(-1, 6)$

$\overline{AB}$의 중점이 구하는 원의 중심이므로

중심의 좌표는 $(-2, 1)$

이 점과 A 또는 B와의 거리가 반지름의 길이가 된다.

즉, 반지름의 길이는 $\sqrt{1^2+5^2}=\sqrt{26}$

따라서 원의 넓이는 26π이다.

1263 답·②

$\overline{AB}$의 중점의 좌표는 $(3, 2)$

$\overline{AB}$를 $3:1$로 외분하는 점의 좌표는

$\left(\dfrac{6-4}{3-1}, \dfrac{3-3}{3-1}\right)=(1, 0)$

구하는 원의 중심은 위의 두 점을 양 끝 점으로 하는 선분의

중점이므로 중심의 좌표는 $(2, 1)$

반지름의 길이는 두 점 $(2, 1)$, $(1, 0)$ 사이의 거리이므로 $\sqrt{2}$

∴ $(x-2)^2+(y-1)^2=2$

1264 답·②

$\overline{AB}$를 $3:2$로 외분하는 점의 좌표는

$C\left(\dfrac{6-2}{3-2}, \dfrac{3-6}{3-2}\right)=C(4, -3)$

원의 중심은 $\overline{BC}$의 중점이므로

$\left(\dfrac{2+4}{2}, \dfrac{1-3}{2}\right)=(3, -1)$

따라서 $a=3$, $b=-1$이므로 $a+b=2$

1265 답· $(x-1)^2+(y+3)^2=10$

직선 $y=3x-6$을 그리면 오른쪽
그림과 같이 x축, y축과 만나 직각
삼각형이 생긴다.

이때 빗변이 지름이므로 반지름의
길이는 $\sqrt{10}$이고,

원의 중심은 빗변의 중점이므로
$(1, -3)$이다.

$\therefore (x-1)^2+(y+3)^2=10$

1266 답· ⑤

$x^2+y^2-4x-6y+2-a=0$에서

$x^2-4x+y^2-6y=a-2$

$x^2-4x+4+y^2-6y+9=a+11$

$\therefore (x-2)^2+(y-3)^2=(\sqrt{a+11}\,)^2$

이때 반지름의 길이가 4이므로 $\sqrt{a+11}=4$

$\therefore a=5$

1267 답· ②

$x^2+y^2+2ax-2(a-1)y+1=0$에서

$x^2+2ax+y^2-2(a-1)y=-1$

$x^2+2ax+a^2+y^2-2(a-1)y+(a-1)^2$
$\qquad\qquad\qquad\qquad =-1+a^2+(a-1)^2$

$\therefore (x+a)^2+\{y-(a-1)\}^2=-1+a^2+(a-1)^2$

이때 원의 중심 $(-a, a-1)$이 $y=2x-4$ 위에 있으므로

$a-1=-2a-4 \qquad \therefore a=-1$

1268 답· ④

직선이 원의 넓이를 이등분하려면 원의 중심을 지나야 한다.

$x^2+y^2+5x-3y-\dfrac{1}{2}=0$에서

$\left(x+\dfrac{5}{2}\right)^2+\left(y-\dfrac{3}{2}\right)^2=9$

이므로 원의 중심 $\left(-\dfrac{5}{2}, \dfrac{3}{2}\right)$을 지나고 기울기가 1인 직선

의 방정식은

$y-\dfrac{3}{2}=x+\dfrac{5}{2} \qquad \therefore y=x+4$

따라서 구하는 y절편은 4이다.

1269 답· -7

두 점 $(0, 0)$, $(5, 2)$가 지름의 양 끝 점이므로 원의 중심의

좌표는 $\left(\dfrac{5}{2}, 1\right)$

$x^2+y^2+ax+by=0$에서

$x^2+ax+\dfrac{a^2}{4}+y^2+by+\dfrac{b^2}{4}=\dfrac{a^2+b^2}{4}$

$\left(x+\dfrac{a}{2}\right)^2+\left(y+\dfrac{b}{2}\right)^2=\dfrac{a^2+b^2}{4}$

즉, $\left(-\dfrac{a}{2}, -\dfrac{b}{2}\right)=\left(\dfrac{5}{2}, 1\right)$이므로

$a=-5, b=-2$

$\therefore a+b=-7$

1270 답· (가) $\dfrac{3}{2}$ (나) $\dfrac{1}{2}$ (다) $a+\dfrac{5}{2}$ (라) $-\dfrac{5}{2}$

$x^2+y^2-3x+y-a=0$을 표준형으로 변형하면

$x^2-3x+\dfrac{9}{4}+y^2+y+\dfrac{1}{4}=a+\dfrac{5}{2}$

$\left(x-\boxed{\text{(가)}\ \dfrac{3}{2}}\right)^2+\left(y+\boxed{\text{(나)}\ \dfrac{1}{2}}\right)^2=\boxed{\text{(다)}\ a+\dfrac{5}{2}}$

이므로 중심의 좌표는 $\left(\boxed{\text{(가)}\ \dfrac{3}{2}}, -\boxed{\text{(나)}\ \dfrac{1}{2}}\right)$,

반지름의 길이는 $\sqrt{\boxed{\text{(다)}\ a+\dfrac{5}{2}}}$인 원으로 생각할 수 있다.

이때 이 도형이 원이 되려면 반지름의 길이가 양수가 되어야

하고, 반지름의 길이의 제곱도 양수이므로 $\boxed{\text{(다)}\ a+\dfrac{5}{2}}>0$

$\therefore a>\boxed{\text{(라)}\ -\dfrac{5}{2}}$

1271 답· ②

$x^2+y^2-2x+4y+2k=0$에서

$x^2-2x+1+y^2+4y+4=-2k+5$

$(x-1)^2+(y+2)^2=-2k+5$

이 방정식이 원이 되려면 $-2k+5>0 \qquad \therefore k<\dfrac{5}{2}$

따라서 구하는 자연수 k는 1, 2의 2개이다.

1272 답· ④

$x^2+y^2+2ax+2(a-1)y+6a+11=0$에서

$x^2+2ax+y^2+2(a-1)y=-6a-11$

$x^2+2ax+a^2+y^2+2(a-1)y+(a-1)^2$
$\qquad\qquad\qquad\qquad =a^2+(a-1)^2-6a-11$

$(x+a)^2+(y+a-1)^2=2a^2-8a-10$

이 방정식이 원이 되려면 $2a^2-8a-10>0$

$a^2-4a-5>0, (a+1)(a-5)>0$

$\therefore a<-1$ 또는 $a>5$

따라서 구하는 자연수 a의 최솟값은 6이다.

1273 답· ④

$x^2+y^2+4x-5y+4=0$에서

(i) $y=0$을 대입하면

$x^2+4x+4=0, (x+2)^2=0$

$\therefore x=-2$

즉, x축과의 교점의 좌표는 $(-2, 0)$

(ii) $x=0$을 대입하면

$y^2-5y+4=0, (y-1)(y-4)=0$

$\therefore y=1$ 또는 $y=4$

즉, y축과의 교점의 좌표는 $(0, 1)$, $(0, 4)$

이때 구한 세 점을 꼭짓점으로 하는 도
형은 오른쪽 그림과 같은 삼각형이다.

따라서 구하는 넓이는

$\dfrac{1}{2} \times 3 \times 2 = 3$

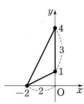

1274 답 · ③

$x^2+y^2+ax-y+b=0$에 $y=0$을 대입하면

$x^2+ax+b=0$

이 이차방정식의 두 근이 -2, 3이므로

근과 계수와의 관계에 의하여

(두 근의 합)$=-2+3=-a$에서 $a=-1$

(두 근의 곱)$=-2 \times 3=b$에서 $b=-6$

$\therefore ab=6$

1275 답 · ③

$x^2+y^2-4x+6y-a+2=0$에서

(i) $y=0$을 대입하면 $x^2-4x-a+2=0$

원이 x축과 만나지 않으려면 이 방정식은 허근을 가져야

하므로

$\dfrac{D}{4}=(-2)^2-(-a+2)<0$에서 $a<-2$

(ii) $x=0$을 대입하면 $y^2+6y-a+2=0$

원이 y축과 만나려면 이 방정식은 실근을 가져야 하므로

$\dfrac{D}{4}=3^2-(-a+2)\geq 0$에서 $a\geq -7$

(i), (ii)에서 $-7\leq a<-2$

1276 답 · $a<-\dfrac{2}{3}$

$x^2+y^2-2(a-1)x-2ay+a^2-5a-1=0$에서

(i) $y=0$을 대입하면

$x^2-2(a-1)x+a^2-5a-1=0$

원이 x축과 만나지 않으려면

$\dfrac{D}{4}=(a-1)^2-a^2+5a+1<0$이므로

$3a+2<0$　　$\therefore a<-\dfrac{2}{3}$

(ii) $x=0$을 대입하면

$y^2-2ay+a^2-5a-1=0$

원이 y축과 만나지 않으려면

$\dfrac{D}{4}=a^2-a^2+5a+1<0$이므로 $a<-\dfrac{1}{5}$

(i), (ii)에서 $a<-\dfrac{2}{3}$

1277 답 · ③

$\triangle ABC$의 외심은 세 점 A, B, C를 지나는 원의 중심이므로

$x^2+y^2+Ax+By+C=0$에서

원이 점 $(-1, 4)$를 지나므로 $A-4B-C=17$ … ㉠

원이 점 $(6, 3)$을 지나므로 $6A+3B+C=-45$ … ㉡

원이 점 $(5, 4)$를 지나므로 $5A+4B+C=-41$ … ㉢

㉠$+$㉡을 하면 $7A-B=-28$

㉡$-$㉢을 하면 $A-B=-4$

위의 두 식을 연립하여 풀면 $A=-4$, $B=0$

이 값을 ㉠, ㉡, ㉢ 중 하나에 대입하면 $C=-21$

즉, $x^2+y^2-4x-21=0$에서 $(x-2)^2+y^2=25$

따라서 중심의 좌표는 $(2, 0)$이므로 $a=2$, $b=0$

$\therefore a+b=2$

1278 답 · ①

원의 방정식을 $x^2+y^2+Ax+By+C=0$이라 하자.

원이 점 $(-2, 0)$을 지나므로 $2A-C=4$ … ㉠

원이 점 $(4, 0)$을 지나므로 $4A+C=-16$ … ㉡

원이 점 $(4, 6)$을 지나므로 $4A+6B+C=-52$ … ㉢

㉠, ㉡을 연립하여 풀면 $A=-2$, $C=-8$

이 값을 ㉢에 대입하면 $B=-6$

즉, $x^2+y^2-2x-6y-8=0$이므로

$(x-1)^2+(y-3)^2=18$

> **다른풀이**
>
> 세 점을 좌표평면 위에
> 나타내면 오른쪽 그림
> 과 같이 직각삼각형의
> 꼭짓점이 된다.
>
> 따라서 원의 중심은
> 빗변의 중점인 $(1, 3)$
> 이고 반지름의 길이는 $\sqrt{18}$이다.
>
> $\therefore (x-1)^2+(y-3)^2=18$

1279 답 · ④

세 직선의 교점을 구한다.

(i) 두 직선 $y=3x-3$과 $y=x-1$의 교점

$3x-3=x-1$에서 $x=1$, $y=0$

$\therefore (1, 0)$

(ii) 두 직선 $y=3x-3$과 $y=-x-3$의 교점

$3x-3=-x-3$에서 $x=0$, $y=-3$

$\therefore (0, -3)$

(iii) 두 직선 $y=x-1$과 $y=-x-3$의 교점

$x-1=-x-3$에서 $x=-1$, $y=-2$

$\therefore (-1, -2)$

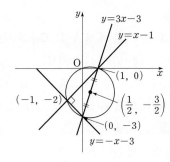

이때 두 직선 $y=x-1$, $y=-x-3$은 수직이므로 세 교점을 꼭짓점으로 하는 삼각형은 직각삼각형이고, 빗변의 중점 $\left(\dfrac{1}{2},\ -\dfrac{3}{2}\right)$이 원의 중심이고 반지름의 길이는 두 점 $\left(\dfrac{1}{2},\ -\dfrac{3}{2}\right)$과 $(1,\ 0)$ 사이의 거리인 $\dfrac{\sqrt{10}}{2}$이다.

따라서 외접원의 넓이는 $\pi\times\left(\dfrac{\sqrt{10}}{2}\right)^2=\dfrac{5}{2}\pi$

1280 답·③

원이 점 $(1,\ 3)$을 지나면서 x축과 접하므로 원의 중심은 x축보다 위에 있다.

원의 중심의 좌표를 $(a,\ 3)$이라 하면 원의 방정식은
$(x-a)^2+(y-3)^2=9$

이 원이 점 $(1,\ 3)$을 지나므로 $(a-1)^2=9$
$a^2-2a-8=0$, $(a-4)(a+2)=0$
$\therefore a=4$ 또는 $a=-2$

따라서 구하는 두 원의 중심의 좌표는 $(4,\ 3)$, $(-2,\ 3)$이므로 두 원의 중심 사이의 거리는 $\sqrt{6^2+0^2}=6$이다.

1281 답·$(x-2)^2+(y+1)^2=1$

접점이 $(2,\ 0)$이므로 원이 x축과 접한다.

이 원이 점 $(1,\ -1)$을 지나므로 원의 중심은 x축보다 아래에 있다. 이를 좌표평면에 나타내면 다음과 같다.

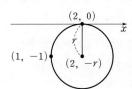

즉, 원의 방정식은 $(x-2)^2+(y+r)^2=r^2$이고
점 $(1,\ -1)$을 지나므로 $1+(r-1)^2=r^2$
$r^2-2r+2=r^2$ $\therefore r=1$
$\therefore (x-2)^2+(y+1)^2=1$

1282 답·③

조건에 맞게 원을 그리면 다음과 같다.

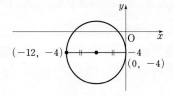

원의 중심의 y좌표가 -4이고 y축과 접하므로 접점의 좌표는 $(0,\ -4)$이다.

원이 점 $(-12,\ -4)$를 지나므로 두 점 $(0,\ -4)$와 $(-12,\ -4)$는 원의 지름의 양 끝 점이다.

이때 중심의 좌표는 $(-6,\ -4)$이므로 $p=-6$, $q=-4$
$\therefore pq=24$

1283 답·$(x-5)^2+(y-6)^2=25$

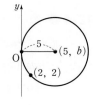

㈏에서 원의 둘레의 길이가 10π이므로 반지름의 길이는 5이다.

㈎, ㈐에서 y축과 접하면서 점 $(2,\ 2)$를 지나므로 원의 중심은 y축의 오른쪽에 있다.

즉, 원의 방정식을 $(x-5)^2+(y-b)^2=25$라 하면
이 원이 점 $(2,\ 2)$를 지나므로
$9+(b-2)^2=25$, $(b-2)^2=16$
$\therefore b=6$ 또는 $b=-2$

이때 $b=-2$이면 원과 x축과의 교점이 존재하므로 $b=6$
$\therefore (x-5)^2+(y-6)^2=25$

1284 답·5

원이 y축과 접하면 |중심의 x좌표| $=$(반지름의 길이)이므로
$k=|-5|=5$

1285 답·⑤

제4사분면의 점 $(2,\ -1)$을 지나고 x축과 y축에 모두 접하는 원의 방정식은
$(x-r)^2+(y+r)^2=r^2\ (r>0)$

이 원이 점 $(2,\ -1)$을 지나므로
$(r-2)^2+(r-1)^2=r^2$, $r^2-6r+5=0$
$(r-1)(r-5)=0$ $\therefore r=1$ 또는 $r=5$

따라서 구하는 두 원의 넓이의 합은
$\pi+25\pi=26\pi$

1286 답·④

$x^2+y^2-6x+6y+2a+1=0$에서
$(x-3)^2+(y+3)^2=17-2a$

이때 원의 중심이 $(3,\ -3)$이고 x축과 y축에 동시에 접하므로 반지름의 길이는 3이다.

즉, $17-2a=9$이므로 $a=4$

1287 답·④

$x^2+y^2+2(a+2)x-10y+2a^2+a+4=0$에서
$x^2+y^2+2(a+2)x-10y=-2a^2-a-4$
$x^2+2(a+2)x+(a+2)^2+y^2-10y+25$
$\qquad\qquad\qquad=-2a^2-a-4+(a+2)^2+25$
$(x+a+2)^2+(y-5)^2=-a^2+3a+25$

이때 중심의 좌표가 $(-a-2, 5)$이고 x축과 y축에 모두 접하므로 반지름의 길이가 5이다.

즉, $-a^2+3a+25=5^2$에서 $-a^2+3a=0$

$\therefore a=0$ 또는 $a=3$

(i) $a=0$일 때, $(x+2)^2+(y-5)^2=5^2$이므로

x축에는 접하지만 y축에는 접하지 않는다.

(ii) $a=3$일 때, $(x+5)^2+(y-5)^2=5^2$이므로

x축과 y축에 동시에 접한다.

(i), (ii)에서 $a=3$

1288 답· $(3, -1)$

오른쪽 그림과 같이 원과 직선이 접하는 경우는 두 가지이다.

이때 제4사분면에서 접점이 생기려면 $k<0$이다.

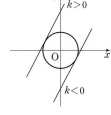

$y=3x+k$와 $x^2+y^2=10$을 연립하면

$x^2+(3x+k)^2=10$

$10x^2+6kx+k^2-10=0$

원과 직선이 접하면 이 이차방정식이 중근을 가져야 하므로

$\dfrac{D}{4}=9k^2-10(k^2-10)=0$에서 $k^2=100$

$\therefore k=-10 \ (\because k<0)$

즉, $10x^2-60x+90=0$에서 $10(x-3)^2=0$

$\therefore x=3, y=-1$

따라서 구하는 접점의 좌표는 $(3, -1)$이다.

1289 답· ①

$x^2+y^2+4x-6y=0$에서 $(x+2)^2+(y-3)^2=13$이므로

원의 중심의 좌표는 $(-2, 3)$, 반지름의 길이는 $\sqrt{13}$이다.

이때 직선 $2x+3y-5=0$이 원의 중심을 지나므로 교점 A, B는 지름의 양 끝이고 $\overline{AB}$는 원의 지름이다.

따라서 현 AB의 길이는 $2\sqrt{13}$이다.

1290 답· ②

$y=x-4$에서 $x=y+4$

이 식을 원의 방정식에 대입하면

$(y+4)^2+y^2-4y-16=0$, $2y^2+4y=0$

$\therefore y=0$ 또는 $y=-2$

이 값을 $x=y+4$에 대입하면 $x=4$ 또는 $x=2$

$\therefore A(4, 0), B(2, -2)$

$x^2+y^2-4y-16=0$에서 $x^2+(y-2)^2=20$

$\therefore P(0, 2)$

따라서 삼각형의 넓이 공식을 이용하면

$\triangle PAB=\dfrac{1}{2}|(-8+4+0)-(0+0+8)|=6$

1291 답· ③

원의 중심 $(0, 2)$와 직선 $2x-y+k=0$ 사이의 거리가 반지름의 길이 $\sqrt{10}$보다 짧으면 두 점에서 만나므로

$\dfrac{|k-2|}{\sqrt{5}}<\sqrt{10}$에서 $|k-2|<5\sqrt{2}$

$-5\sqrt{2}<k-2<5\sqrt{2}$

$\therefore 2-5\sqrt{2}<k<2+5\sqrt{2}$

따라서 $\alpha=2-5\sqrt{2}$, $\beta=2+5\sqrt{2}$ 이므로 $\alpha+\beta=4$

1292 답· 7

원의 중심 $(0, 0)$과 직선 $ax-y+2\sqrt{b}=0$ 사이의 거리가 반지름의 길이와 같은 2가 될 때 접하므로

$\dfrac{2\sqrt{b}}{\sqrt{a^2+1}}=2$에서 $\sqrt{b}=\sqrt{a^2+1}$, $b=a^2+1$

이때 a, b는 10보다 작은 자연수이므로

$a=1$일 때 $b=2$, $a=2$일 때 $b=5$, $a\geq 3$이면 $b\geq 10$

따라서 모든 b의 값의 합은 $2+5=7$

1293 답· ④

$x^2+y^2+4x-6y+11=0$에서

$(x+2)^2+(y-3)^2=2$

즉, 원의 중심은 $(-2, 3)$, 반지름의 길이는 $\sqrt{2}$

이때 $m+n=2$인 경우를 다음 세 가지로 나눠 생각한다.

(i) $m=2$, $n=0$일 때,

· $x+y-k-1=0$과 점 $(-2, 3)$의 거리를 d_1이라 하면

$d_1<\sqrt{2}$이므로 $\dfrac{|-k|}{\sqrt{2}}<\sqrt{2}$에서

$-2<k<2$

· $x+y-k+3=0$과 점 $(-2, 3)$의 거리를 d_2라 하면

$d_2>\sqrt{2}$이므로 $\dfrac{|k-4|}{\sqrt{2}}>\sqrt{2}$에서

$k<2$ 또는 $k>6$

$\therefore -2<k<2$

(ii) $m=1$, $n=1$일 때,

· $x+y-k-1=0$과 점 $(-2, 3)$의 거리를 d_1이라 하면

$d_1=\sqrt{2}$이므로 $\dfrac{|-k|}{\sqrt{2}}=\sqrt{2}$에서

$k=\pm 2$

· $x+y-k+3=0$과 점 $(-2, 3)$의 거리를 d_2라 하면

$d_2=\sqrt{2}$이므로 $\dfrac{|k-4|}{\sqrt{2}}=\sqrt{2}$에서

$k=2$ 또는 $k=6$

$\therefore k=2$

(iii) $m=0$, $n=2$일 때,

· $x+y-k-1=0$과 점 $(-2, 3)$의 거리를 d_1이라 하면

$d_1>\sqrt{2}$이므로 $\dfrac{|-k|}{\sqrt{2}}>\sqrt{2}$에서

$k<-2$ 또는 $k>2$

- $x+y-k+3=0$과 점 $(-2, 3)$의 거리를 d_2라 하면

$d_2<\sqrt{2}$이므로 $\dfrac{|k-4|}{\sqrt{2}}<\sqrt{2}$에서

$2<k<6$

$\therefore 2<k<6$

(i), (ii), (iii)에서 $-2<k<6$

따라서 $\alpha=-2$, $\beta=6$이므로 $\alpha+\beta=4$

1294 답·②

직선 $3mx-3y+17m-17=0$과 원의 중심 $(0, 0)$ 사이의

거리가 반지름의 길이 $\sqrt{17}$보다 길어야 하므로

$\dfrac{17|m-1|}{3\sqrt{m^2+1}}>\sqrt{17}$에서 $\sqrt{17}|m-1|>3\sqrt{m^2+1}$

$17(m^2-2m+1)>9(m^2+1)$

$17m^2-34m+17>9m^2+9$

$8m^2-34m+8>0$, $4m^2-17m+4>0$

$(m-4)(4m-1)>0$ $\therefore m<\dfrac{1}{4}$ 또는 $m>4$

따라서 $\alpha=\dfrac{1}{4}$, $\beta=4$이므로 $\alpha\beta=1$

1295 답· $a>3$ 또는 $a<-\dfrac{1}{3}$

직선 $y=\dfrac{1}{2}x+2$, 즉 $x-2y+4=0$과 원의 중심 $(a, 2a)$

사이의 거리가 반지름의 길이 $\sqrt{5}$보다 길어야 하므로

$\dfrac{|3a-4|}{\sqrt{5}}>\sqrt{5}$에서 $|3a-4|>5$

(i) $3a-4>5$일 때, $a>3$

(ii) $3a-4<-5$일 때, $a<-\dfrac{1}{3}$

1296 답·①

직선 $3x+y-1=0$과 원의 중심 $(-2, 0)$ 사이의 거리가

반지름의 길이 $\sqrt{k}$ 이하가 될 때 만나므로

$\dfrac{7}{\sqrt{10}}\leq\sqrt{k}$에서 $k\geq\dfrac{49}{10}$

따라서 구하는 자연수 k의 최솟값은 5이다.

1297 답·①

(i) $x-2y+4=0$과 원의 중심 $(0, 0)$ 사이의 거리를 d_1이

라 하면 $d_1>r$이므로 $\dfrac{4}{\sqrt{5}}>r$

(ii) $2x+y-3=0$과 원의 중심 $(0, 0)$ 사이의 거리를 d_2라

하면 $d_2\leq r$이므로 $\dfrac{3}{\sqrt{5}}\leq r$

(i), (ii)에서 $\dfrac{3}{\sqrt{5}}\leq r<\dfrac{4}{\sqrt{5}}$

따라서 $\alpha=\dfrac{3}{\sqrt{5}}$, $\beta=\dfrac{4}{\sqrt{5}}$이므로 $\alpha^2+\beta^2=\dfrac{9}{5}+\dfrac{16}{5}=5$

1298 답·③

(i) $x-2y+10=0$과 원의 중심 $(a, 2a+1)$ 사이의 거리를

d_1이라 하면 $d_1\leq\sqrt{5}$이므로 $\dfrac{|3a-8|}{\sqrt{5}}\leq\sqrt{5}$에서

$|3a-8|\leq5$ $\therefore 1\leq a\leq\dfrac{13}{3}$

(ii) $2x+y-4=0$과 원의 중심 $(a, 2a+1)$ 사이의 거리를

d_2라 하면 $d_2>\sqrt{5}$이므로 $\dfrac{|4a-3|}{\sqrt{5}}>\sqrt{5}$에서

$|4a-3|>5$ $\therefore a<-\dfrac{1}{2}$ 또는 $a>2$

(i), (ii)에서 $2<a\leq\dfrac{13}{3}$

따라서 구하는 모든 자연수 a의 값의 합은 $3+4=7$

1299 답·②

(i) 원 O_1의 반지름의 길이를 r라 하면

(두 원의 중심거리)=(반지름의 길이의 합)이므로

$5=r+2$에서 $r=3$

(ii) 원 O_2의 반지름의 길이를 r'이라 하면

(두 원의 중심거리)=(반지름 길이의 차)이므로

$5=r-2$에서 $r=7$

따라서 두 원 O_1, O_2의 반지름의 길이의 합은 $3+7=10$

1300 답·④

두 원이 두 점에서 만나려면

(반지름 길이의 차)<(두 원의 중심거리)<(반지름 길이의 합)

이어야 한다.

두 원의 중심 $(-2, 4)$, $(6, -2)$ 사이의 거리는

$\sqrt{64+36}=10$

즉, $r-4<10<r+4$이므로 $6<r<14$

따라서 $\alpha=6$, $\beta=14$이므로 $\alpha+\beta=20$

1301 답·④

$x^2+y^2-6x-6y+2=0$에서 $(x-3)^2+(y-3)^2=16$

두 원의 중심 $(-1, 0)$과 $(3, 3)$ 사이의 거리는

$\sqrt{4^2+3^2}=5$이고

반지름의 길이의 합은

$1+4=5$이므로

두 원은 외접한다.

따라서 두 원이 외접할 때, 오른쪽

그림과 같이 공통접선은 3개 존재

한다.

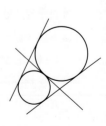

1302 답·③

두 원의 중심 $(2, 3)$과 $(a, 1)$ 사이의 거리는

$\sqrt{(a-2)^2+4}$ 이고,

반지름의 길이의 합은 $4+3=7$이므로

두 원이 만나지 않으려면 $\sqrt{(a-2)^2+4}>7$에서

$(a-2)^2>45$, $a^2-4a-41>0$

$\therefore a<2-3\sqrt{5}$ 또는 $a>2+3\sqrt{5}$

따라서 구하는 자연수 a의 최솟값은 9이다.

1303 ⑤

두 원의 중심 $(0, 0)$과 $(8, -6)$ 사이의 거리는

$\sqrt{8^2+6^2}=10$이고,

반지름의 길이의 합은 $p+q$이므로

두 원이 외접하면 $p+q=10$에서

$q=-p+10$

$\therefore pq=p(-p+10)=-p^2+10p=-(p-5)^2+25$

따라서 pq는 $p=5$일 때 최댓값 25를 갖는다.

 Final

1304 ①

원의 중심을 $(a, 0)$이라 하자.

두 점 $(a, 0)$과 $(1, 1)$ 사이의 거리는 $\sqrt{a^2-2a+2}$

두 점 $(a, 0)$과 $(0, 0)$ 사이의 거리는 $\sqrt{a^2}$

이때 $\sqrt{a^2-2a+2}=\sqrt{a^2}$이므로

$a^2-2a+2=a^2$, $2a=2$ $\therefore a=1$

따라서 반지름의 길이는 1이다.

1305 $-2, 2$

$x^2+y^2-x+(k+4)y+k^2+2k=0$에서

$x^2-x+\dfrac{1}{4}+y^2+(k+4)y+\dfrac{(k+4)^2}{4}$

$\qquad\qquad\qquad =-k^2-2k+\dfrac{1}{4}+\dfrac{(k+4)^2}{4}$

$\left(x-\dfrac{1}{2}\right)^2+\left(y+\dfrac{k+4}{2}\right)^2=\dfrac{-3k^2+17}{4}$

이때 원의 넓이가 $\dfrac{5}{4}\pi$이므로 $\dfrac{-3k^2+17}{4}\pi=\dfrac{5}{4}\pi$

$-3k^2+17=5$, $k^2=4$

$\therefore k=\pm 2$

1306 ②

원의 중심을 $(a, a-1)$이라 하면

반지름의 길이는 $|a|$이므로 $(x-a)^2+(y-a+1)^2=a^2$

이 원이 점 $(6, 2)$를 지나므로

$(a-6)^2+(a-3)^2=a^2$, $a^2-18a+45=0$

$(a-3)(a-15)=0$ $\therefore a=3$ 또는 $a=15$

이때 $a=3$일 때 작은 원이므로

이 원의 방정식은

$(x-3)^2+(y-2)^2=3^2$

이 식에 $y=0$을 대입하면

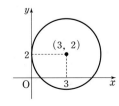

$(x-3)^2+4=9$에서

$x^2-6x+4=0$

이 이차방정식의 두 근이 α, β이므로 $\alpha+\beta=6$

1307 ②

원이 x축과 y축과 동시에 접하면

$|$중심의 x좌표$|=|$중심의 y좌표$|=|$반지름의 길이$|$

이므로 원의 중심을 (a, a^2)이라 하면

$|a^2|=|a|$에서 $a^2=a$ 또는 $a^2=-a$

$\therefore a=-1, 0, 1$

(i) $a=-1$일 때,

원의 중심은 $(-1, 1)$, 반지름의 길이는 1

(ii) $a=0$일 때,

반지름의 길이가 0이므로 원이 성립하지 않는다.

(iii) $a=1$일 때,

원의 중심은 $(1, 1)$, 반지름의 길이는 1

(i), (ii), (iii)에서 $a=\pm 1$일 때 반지름의 길이가 1인 원이므로 둘레의 길이는 2π이다.

1308 ⑤

$\overline{AB}=\sqrt{3^2+4^2}=5$

$\overline{AC}=\sqrt{6^2+8^2}=10$

각의 이등분선의 성질에 의해

점 D는 $\overline{BC}$를 $1 : 2$로 내분하는 점이므로

$D\left(\dfrac{8-2}{1+2}, \dfrac{-5-2}{1+2}\right)$에서 $D\left(2, -\dfrac{7}{3}\right)$

• 원의 중심: $\overline{AD}$의 중점이므로 $M\left(2, \dfrac{1}{3}\right)$

• 원의 반지름의 길이: $\overline{AM}$의 길이이므로 $\left|3-\dfrac{1}{3}\right|=\dfrac{8}{3}$

따라서 구하는 원의 넓이는 $\dfrac{64}{9}\pi$이다.

1309 최댓값: 15, 최솟값: 3

직선 $3x-y+k=0$과 원의 중심 $(-4, -3)$ 사이의 거리를

d라 하면 $d<2$이므로 $\dfrac{|k-9|}{\sqrt{10}}<2$

$\therefore 9-2\sqrt{10}<k<9+2\sqrt{10}$

이때 $2\sqrt{10}=6.3\cdots$이므로

자연수 k의 최댓값은 15, 최솟값은 3이다.

1310 ③

원의 중심이 $(5, -4)$이므로

x축과 만나지 않으려면

$r<4$

직선과는 두 점에서 만나면

$3x+4y-4=0$과 점 $(5, -4)$ 사이의 거리를 d라 하면

$d<r$이므로 $\dfrac{|15-16-4|}{5}=1<r$

$\therefore 1 < r < 4$

따라서 $\alpha=1$, $\beta=4$이므로 $\alpha+\beta=5$

1311 답·④

두 원의 중심은 각각 $(-1, 4)$, $(5, -4)$이고
반지름의 길이는 r, $2r$이다.

(i) 두 원이 외접할 때,

두 원의 중심 사이의 거리는
$\sqrt{6^2+8^2}=10$이고

(반지름의 길이의 합)
$=$(중심거리)

이므로 $3r=10$

$\therefore r=\dfrac{10}{3}$

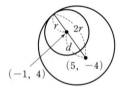

(ii) 두 원이 내접할 때,

(반지름의 길이의 차)
$=$(중심거리)

이므로 $r=10$

(i), (ii)에서 반지름의 길이의 차는

$10-\dfrac{10}{3}=\dfrac{20}{3}$

따라서 $p=3$, $q=20$이므로 $p+q=23$

1312 답·$(x-2)^2+(y-1)^2=13$

$\triangle ABC$는 원에 내접하는 직각삼각형이므로 빗변 $\overline{AB}$의 중점 M이 원의 중심, $\overline{BM}$이 반지름이다.

따라서 M$(2, 1)$, $\overline{BM}=\sqrt{2^2+3^2}=\sqrt{13}$ 이므로

$(x-2)^2+(y-1)^2=13$

1313 답·①

중심의 y좌표가 2이므로 원의 방정식을 표준형으로 바꾸면
$(x-\triangle)^2+(y-2)^2=\square$ 꼴이어야 하므로 y의 계수는 -4
이다.

$\therefore b=-4$

원과 x축과의 교점이 $(-3, 0)$, $(1, 0)$이므로
원의 방정식에 $y=0$을 대입한 $x^2+ax+c=0$의 두 근이
-3, 1이다.

근과 계수와의 관계에 의하여

(두 근의 합)$=-3+1=-a$에서 $a=2$

(두 근의 곱)$=-3\times1=c$에서 $c=-3$

$\therefore a+b-c=2-4+3=1$

1314 답·③

$mx-y-m-2=0$과 원의 중심 $(0, 3)$ 사이의 거리는

$\dfrac{|m+5|}{\sqrt{m^2+1}}$

이 거리와 반지름의 길이를 비교한다.

(i) 원과 직선이 만나지 않을 경우:

$\dfrac{|m+5|}{\sqrt{m^2+1}}>2$에서 $|m+5|>2\sqrt{m^2+1}$

$(m+5)^2>4(m^2+1)$, $3m^2-10m-21<0$

$\therefore \dfrac{5-2\sqrt{22}}{3}<m<\dfrac{5+2\sqrt{22}}{3}$

(ii) 원과 직선이 접할 경우:

$\dfrac{|m+5|}{\sqrt{m^2+1}}=2$에서

$m=\dfrac{5-2\sqrt{22}}{3}$ 또는 $m=\dfrac{5+2\sqrt{22}}{3}$

(iii) 원과 직선이 두 점에서 만나는 경우:

$\dfrac{|m+5|}{\sqrt{m^2+1}}<2$에서

$m<\dfrac{5-2\sqrt{22}}{3}$ 또는 $m>\dfrac{5+2\sqrt{22}}{3}$

이때 $9<\sqrt{88}<10$에서 $\dfrac{14}{3}<\dfrac{5+\sqrt{88}}{3}<5$이므로

$f(0)=f(1)=f(2)=f(3)=f(4)=0$

$f(5)=f(6)=\cdots=2$

$\therefore f(0)+f(2)+f(4)+f(6)+f(8)$
$=0+0+0+2+2=4$

1315 답·⑤

원의 방정식을 $x^2+y^2+ax+by+c=0$라 하자.

이 방정식에 $y=0$을 대입한 $x^2+ax+c=0$의 두 근이
-2, 4이므로 근과 계수와의 관계에 의하여

(두 근의 합)$=-2+4=-a$에서 $a=-2$

(두 근의 곱)$=-2\times4=c$에서 $c=-8$

$x^2+y^2-2x+by-8=0$이 점 $(1, 2)$를 지나므로

$1+4-2+2b-8=0$ $\therefore b=\dfrac{5}{2}$

즉, $x^2+y^2-2x+\dfrac{5}{2}y-8=0$이므로

$(x-1)^2+\left(y+\dfrac{5}{4}\right)^2=\dfrac{169}{16}$

이때 원의 중심은 $\left(1, -\dfrac{5}{4}\right)$이므로 $p=1$, $q=-\dfrac{5}{4}$

$\therefore p+q=-\dfrac{1}{4}$

1316 답·③

원의 넓이를 이등분하는 직선은 원의 중심을 지난다.

$\overline{AB}$의 기울기는 $\dfrac{a-(-3)}{-1-(-5)}=\dfrac{a+3}{4}$

$\overline{AB}$의 중점 $\left(-3, \dfrac{a-3}{2}\right)$과 원의 중심 $(5, -3)$을

지나는 직선의 기울기는 $\dfrac{\dfrac{a-3}{2}-(-3)}{-3-5}=\dfrac{a+3}{-16}$

이때 두 직선이 수직이므로 $\dfrac{(a+3)^2}{-64}=-1$

$(a+3)^2=64$ $\therefore a=5$ 또는 $a=-11$

따라서 구하는 양수 a는 5이다.

1317 답·④

직선 $\sqrt{2}x-y+k=0$과 원의 중심 $(0, 0)$ 사이의 거리는

(거리)$=2$이므로 $\dfrac{|k|}{\sqrt{3}}=2$, $|k|=2\sqrt{3}$

$\therefore k=2\sqrt{3}\ (\because k>0)$

1318 답·②

먼저 직선과 원을 연립하여 두 교점 A, B를 구한다.

$y=2x-5$를 $x^2+y^2=10$에 대입하면

$x^2+(2x-5)^2=10$, $x^2-4x+3=0$

$\therefore x=1$ 또는 $x=3$

$x=1$일 때 $y=-3$이므로 A$(1, -3)$

$x=3$일 때 $y=1$이므로 B$(3, 1)$

두 교점을 지나는 수많은 원 중에서 $\overline{AB}$가 지름인 원의 넓이가 최소이다.

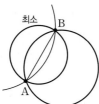

이때 원의 중심은 $\overline{AB}$의 중점 M$(2, -1)$이고 반지름의 길이는

$\overline{AM}=\sqrt{1+4}=\sqrt{5}$ 이므로

$(x-2)^2+(y+1)^2=5$

따라서 $a=2$, $b=-1$, $R=5$이므로

$a+b+R=6$

1319 답·④

오른쪽 그림과 같이 직선 l은 두 원의 중심 A, B를 연결한 선분의 수직이등분선이다.

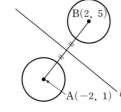

이때 $\overline{AB}$의 중점은 $(0, 3)$이고

$\overline{AB}$의 기울기는 $\dfrac{5-1}{2-(-2)}=1$

이다.

따라서 직선 l의 기울기는 -1이므로 직선 l의 방정식은

$y=-x+3$

중학교 Review

01	(1) 6	(2) $2\sqrt{3}$	(3) $2\sqrt{5}$
02	(1) 7	(2) 3	(3) 4
03	(1) 115	(2) 70	(3) 72
04	(1) 11	(2) 6	(3) 12

01 (3) $\overline{AM}^2=3^2-2^2=5$에서 $\overline{AM}=\sqrt{5}$이므로 $\overline{AB}=2\sqrt{5}$

04 (2) $\overline{AP}=8\,\text{cm}$이므로 $\overline{OA}=\sqrt{10^2-8^2}=6(\text{cm})$

   (3) $\overline{PO}=13\,\text{cm}$, $\overline{OA}=5\,\text{cm}$이므로

    $\overline{PA}=\sqrt{13^2-5^2}=12(\text{cm})$

문제 C.O.D.I Basic

1320 답· $(x^2+y^2+2x-2y-14)k+(x^2+y^2+8x+6y)=0$

$(k+1)x^2+(k+1)y^2+(2k+8)x-(2k-6)y-14k=0$

에서 $x^2k+x^2+y^2k+y^2+2xk+8x-2yk+6y-14k=0$

$(x^2+y^2+2x-2y-14)k+(x^2+y^2+8x+6y)=0$

1321 답· 중심의 좌표: $(-1, 1)$, 반지름의 길이: 4

     중심의 좌표: $(-4, -3)$, 반지름의 길이: 5

  (i) $x^2+y^2+2x-2y-14=0$에서

    $(x+1)^2+(y-1)^2=16$

    $\therefore$ 중심의 좌표: $(-1, 1)$, 반지름의 길이: 4

  (ii) $x^2+y^2+8x+6y=0$에서

    $(x+4)^2+(y+3)^2=25$

    $\therefore$ 중심의 좌표: $(-4, -3)$, 반지름의 길이: 5

1322 답· 중심의 좌표: $\left(-\dfrac{5}{2}, -1\right)$, 반지름의 길이: $\dfrac{\sqrt{57}}{2}$

$2x^2+2y^2+10x+4y-14=0$에서

$x^2+y^2+5x+2y-7=0$

$\left(x+\dfrac{5}{2}\right)^2+(y+1)^2=\dfrac{57}{4}$

$\therefore$ 중심의 좌표: $\left(-\dfrac{5}{2}, -1\right)$, 반지름의 길이: $\dfrac{\sqrt{57}}{2}$

1323 답· 중심의 좌표: $(2, 5)$, 반지름의 길이: $\sqrt{57}$

$-x^2-y^2+4x+10y+28=0$에서

$x^2+y^2-4x-10y-28=0$

$(x-2)^2+(y-5)^2=57$

$\therefore$ 중심의 좌표: $(2, 5)$, 반지름의 길이: $\sqrt{57}$

1324 답· $\sqrt{14}$

원의 중심과 직선 사이의 거리는 $\dfrac{5\sqrt{2}}{2}$이고

반지름의 길이는 4이다.

따라서 현의 길이는 $2\sqrt{16-\dfrac{25}{2}}=2\times\dfrac{\sqrt{14}}{2}=\sqrt{14}$

1325 답· $4\sqrt{10}$

원의 중심과 직선 사이의 거리는 $\sqrt{5}$이고

반지름의 길이는 $3\sqrt{5}$이다.

따라서 현의 길이는 $2\sqrt{45-5}=4\sqrt{10}$

1326 답· 6

$x^2+y^2-4y-5=0$에서 $x^2+(y-2)^2=3^2$

직선 $y=\dfrac{1}{3}x+2$이 원의 중심 $(0, 2)$를 지나므로

현의 길이는 원의 지름의 길이 6과 같다.

1327 답· $3x+4y+7=0$

$x^2+y^2+2x-2y-14-(x^2+y^2+8x+6y)=0$에서

$-6x-8y-14=0$ $\therefore 3x+4y+7=0$

1328 답· $x-y-2=0$

$x^2+y^2-x-3-(x^2+y^2-3x+2y+1)=0$에서

$2x-2y-4=0$ $\therefore x-y-2=0$

1329 답· $3x-4y-13=0$

$x^2+y^2+2x-8y-47-(x^2+y^2-10x+8y+5)=0$에서

$12x-16y-52=0$ $\therefore 3x-4y-13=0$

1330 답· $x=1$

$x^2+y^2+4x-21-(x^2+y^2-2x-15)=0$에서

$6x-6=0$ $\therefore x=1$

1331 답· 최댓값: 7, 최솟값: 3

$x^2+y^2-6x-2y+6=0$에서 $(x-3)^2+(y-1)^2=4$

$A(-1, -2)$와 원의 중심 $(3, 1)$ 사이의 거리는 5이므로

최댓값: $5+2=7$, 최솟값: $5-2=3$

1332 답· 최댓값: $\sqrt{10}+1$, 최솟값: $\sqrt{10}-1$

$x^2+y^2+4y+3=0$에서 $x^2+(y+2)^2=1$

$A(3, -3)$과 원의 중심 $(0, -2)$ 사이의 거리는 $\sqrt{10}$이므로

최댓값: $\sqrt{10}+1$, 최솟값: $\sqrt{10}-1$

1333 답· 최댓값: $3\sqrt{10}$, 최솟값: $\sqrt{10}$

$x^2+y^2+4x-10y+19=0$에서 $(x+2)^2+(y-5)^2=10$

직선 $x-3y-3=0$과 원의 중심 $(-2, 5)$ 사이의 거리는

$\dfrac{20}{\sqrt{10}}=2\sqrt{10}$이므로

최댓값: $3\sqrt{10}$, 최솟값: $\sqrt{10}$

1334 답· 최댓값: $3\sqrt{2}+4$, 최솟값: $3\sqrt{2}-4$

$x^2+y^2-6x-6y+2=0$에서 $(x-3)^2+(y-3)^2=16$

직선 $x+y=0$과 원의 중심 $(3, 3)$ 사이의 거리는

$\dfrac{6}{\sqrt{2}}=3\sqrt{2}$이므로

최댓값: $3\sqrt{2}+4$, 최솟값: $3\sqrt{2}-4$

1335 답· $y=mx\pm r\sqrt{m^2+1}$

기울기가 m인 직선을 $y=mx+n$이라 하면

이 직선은 접선이므로 원의 중심 $(0, 0)$과 직선 사이의 거리는 반지름의 길이와 같은 r이다.

즉, $\dfrac{|n|}{\sqrt{m^2+1}}=r$이므로 $n=\pm r\sqrt{m^2+1}$

$\therefore y=mx\pm r\sqrt{m^2+1}$

1336 답· $x_1x+y_1y=r^2$

원의 중심 $(0, 0)$과 점 (x_1, y_1)을 지나는 직선의 기울기는

$\dfrac{y_1}{x_1}$이고, 접선은 이 직선과 수직이므로 접선의 기울기는

$-\dfrac{x_1}{y_1}$이다.

즉, 접선의 방정식은 $y-y_1=-\dfrac{x_1}{y_1}(x-x_1)$

$y_1y-y_1^2=-x_1x+x_1^2$, $x_1x+y_1y=x_1^2+y_1^2$

이때 점 (x_1, y_1)은 원 위의 점이므로 $x_1^2+y_1^2=r^2$

$\therefore x_1x+y_1y=r^2$

1337 답· $y=2x\pm5$

$y=2x\pm\sqrt{5}\sqrt{2^2+1}$에서 $y=2x\pm5$

1338 답· $y=-\sqrt{5}x\pm2\sqrt{6}$

$y=-\sqrt{5}x\pm2\sqrt{5+1}$에서 $y=-\sqrt{5}x\pm2\sqrt{6}$

1339 답· $4x+3y-25=0$

$4x+3y=25$에서 $4x+3y-25=0$

1340 답· $\sqrt{3}x-y+4=0$

$-\sqrt{3}x+y=4$에서 $\sqrt{3}x-y+4=0$

1341 답· $2x-y-5=0$ 또는 $x-2y+5=0$

(1) 점 $(5, 5)$를 지나고 기울기가 m인 직선의 방정식은

$y-5=m(x-5)$에서 $mx-y-5m+5=0$

이 직선과 원의 중심 $(0, 0)$ 사이의 거리는 $\sqrt{5}$이므로

$\dfrac{5|m-1|}{\sqrt{m^2+1}}=\sqrt{5}$, $25(m-1)^2=5(m^2+1)$

$2m^2-5m+2=0$ $\therefore m=2$ 또는 $m=\dfrac{1}{2}$

$m=2$일 때, $y=2x-5$

$m=\dfrac{1}{2}$일 때, $y=\dfrac{1}{2}x+\dfrac{5}{2}$

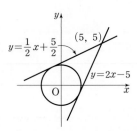

(2) 접점 (x_1, y_1)은 원 위의 점이므로 $x_1^2+y_1^2=5$ … ㉠

접선의 방정식은 $x_1x+y_1y=5$

이 직선이 점 $(5, 5)$를 지나므로 $5x_1+5y_1=5$

$x_1+y_1=1$ $\therefore y_1=-x_1+1$ $\cdots$ ㉡

㉡을 ㉠에 대입하여 정리하면 $x_1^2-x_1-2=0$

$(x_1-2)(x_1+1)=0$ $\therefore x_1=2$ 또는 $x_1=-1$

이 값을 ㉡에 대입하면 $y_1=-1$ 또는 $y_1=2$

따라서 접선의 방정식은 $2x-y-5=0$ 또는 $x-2y+5=0$

1342 답·4

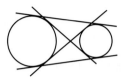

1343 답·3

1344 답·2

1345 답·1

1346 답·공통외접선의 길이: $4\sqrt{2}$, 공통내접선의 길이: $2\sqrt{5}$

(ⅰ) 오른쪽 그림에서
공통외접선 l의
길이는

$l=\sqrt{36-4}$

$=\sqrt{32}$

$=4\sqrt{2}$

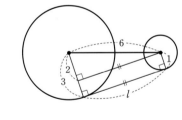

(ⅱ) 오른쪽 그림에서
공통내접선 l'의
길이는

$l'=\sqrt{36-16}$

$=\sqrt{20}$

$=2\sqrt{5}$

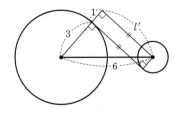

1347 답·공통외접선의 길이: $\sqrt{29}$, 공통내접선의 길이: $\sqrt{13}$

두 원의 중심이 $(-3, 0)$, $(2, 2)$이므로
중심거리는 $\sqrt{5^2+2^2}=\sqrt{29}$ 이고,
두 원의 반지름의 길이는 2이다.

다음 그림에서 공통외접선의 길이는 $l=\sqrt{29}$ 이고,

공통내접선의 길이는 $l'=\sqrt{29-16}=\sqrt{13}$ 이다.

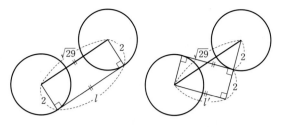

1348 답·공통외접선의 길이: 4, 공통내접선의 길이: 2

원 $x^2+y^2=9$의 중심의 좌표는 $(0, 0)$이고,
반지름의 길이는 $r_1=3$이다.

원 $(x-4)^2+(y-2)^2=1$의 중심의 좌표는 $(4, 2)$이고,
반지름의 길이는 $r_2=1$이다.

두 원의 중심거리는 $d=\sqrt{16+4}=2\sqrt{5}$

따라서 공통외접선의 길이는 $\sqrt{d^2-(r_1-r_2)^2}=\sqrt{20-4}=4$
이고, 공통내접선의 길이는 $\sqrt{d^2-(r_1+r_2)^2}=\sqrt{20-16}=2$
이다.

문제 C.O.D.i Trendy

1349 답·①

$x^2+y^2+4x-12=0$에서 $(x+2)^2+y^2=16$이므로
원의 중심의 좌표는 $(-2, 0)$, 반지름의 길이는 $r=4$이다.

원의 중심과 직선 $3x-4y-4=0$ 사이의 거리는

$d=\dfrac{|-6-4|}{5}=2$

따라서 구하는 현의 길이는 $2\sqrt{r^2-d^2}=2\sqrt{12}=4\sqrt{3}$

1350 답·④

반지름의 길이는 $r=2\sqrt{2}$

원의 중심 $(1, -2)$와 직선 $x-y+k=0$ 사이의 거리는

$d=\dfrac{|k+3|}{\sqrt{2}}$

이때 현의 길이는 $2\sqrt{6}$ 이므로 $2\sqrt{6}=2\sqrt{r^2-d^2}$

$r^2-d^2=6$, $d^2=r^2-6$

$\dfrac{(k+3)^2}{2}=2$, $(k+3)^2=4$

$\therefore k=-5$ 또는 $k=-1$

따라서 구하는 모든 실수 k의 값의 곱은 5이다.

1351 답·13π

원의 중심 $(0, 1)$과 직선 $x+3y+7=0$ 사이의 거리는

$d=\dfrac{10}{\sqrt{10}}=\sqrt{10}$ 이고, 반지름의 길이를 r라 하면

현의 길이가 $2\sqrt{3}$이므로 $2\sqrt{3}=2\sqrt{r^2-d^2}$

$r^2-d^2=3$, $r^2=13$

따라서 구하는 원의 넓이는 13π이다.

1352 답·③

원의 중심을 $(a, a+1)$이라 하면

원의 중심과 직선 $2x-y-1=0$ 사이의 거리는

$$d=\frac{|2a-a-1-1|}{\sqrt{5}}=\frac{|a-2|}{\sqrt{5}}$$

이때 반지름의 길이는 $r=7$, 현의 길이는 $4\sqrt{11}$ 이므로

$$4\sqrt{11}=2\sqrt{r^2-d^2},\ r^2-d^2=44$$

$$49-\frac{(a-2)^2}{5}=44,\ (a-2)^2=25$$

$$\therefore a=-3 \text{ 또는 } a=7$$

따라서 구하는 모든 원의 중심의 x좌표의 합은

$$-3+7=4$$

1353 답·①

$(x+2)^2+(y+2)^2=9$에서

$$x^2+y^2+4x+4y-1=0 \qquad \cdots \text{㉠}$$

$(x-3)^2+(y+1)^2=16$에서

$$x^2+y^2-6x+2y-6=0 \qquad \cdots \text{㉡}$$

공통현의 방정식은 ㉠－㉡의 식이므로

$$10x+2y+5=0 \qquad \therefore y=-5x-\frac{5}{2}$$

따라서 구하는 직선의 기울기는 -5이다.

1354 답·③

두 원의 공통현의 방정식은 $x+(2a+1)y+3=0$

이 직선이 점 $(2, 5)$를 지나므로

$$2+10a+5+3=0 \qquad \therefore a=-1$$

1355 답·-16

한 원이 다른 원의 둘레를 이등분하
면 오른쪽 그림과 같이 공통현이 이
등분되는 원의 중심을 지나야 한다.
$x^2+y^2-2x+6y+k=0$과
$x^2+y^2-4x-2y-4=0$의
공통현의 방정식은 $2x+8y+k+4=0$

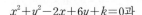

이 직선이 점 $(2, 1)$을 지나므로

$$4+8+k+4=0 \qquad \therefore k=-16$$

1356 답·$\dfrac{\pi}{4}$

오른쪽 그림과 같이 두 원의
교점을 지나는 원 중에서 가
장 작은 것은 두 교점을 지름
의 양 끝 점으로 할 때이다.

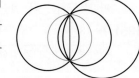

즉, (지름의 길이)=(공통현의 길이)이다.
공통현의 방정식은 $4x+2y-2=0$

$$\therefore 2x+y-1=0$$

$x^2+y^2+x+y-1=0$에서

$\left(x+\dfrac{1}{2}\right)^2+\left(y+\dfrac{1}{2}\right)^2=\dfrac{3}{2}$이므로

이 원의 중심의 좌표는 $\left(-\dfrac{1}{2}, -\dfrac{1}{2}\right)$,

반지름의 길이는 $r=\dfrac{\sqrt{3}}{\sqrt{2}}$이다.

이 원의 중심과 공통현과의 거리는

$$d=\frac{\left|-1-\frac{1}{2}-1\right|}{\sqrt{5}}=\frac{\sqrt{5}}{2}$$

공통현의 길이는 $2\sqrt{r^2-d^2}=2\sqrt{\dfrac{3}{2}-\dfrac{5}{4}}=1$

따라서 구하는 원의 지름의 길이가 1이므로 반지름의 길이는

$\dfrac{1}{2}$이고, 넓이는 $\dfrac{\pi}{4}$이다.

1357 답·③

$x^2+y^2+x+y=0$에서 $\left(x+\dfrac{1}{2}\right)^2+\left(y+\dfrac{1}{2}\right)^2=\dfrac{1}{2}$이므로

원의 중심의 좌표는 $\left(-\dfrac{1}{2}, -\dfrac{1}{2}\right)$,

반지름의 길이는 $r=\dfrac{\sqrt{2}}{2}$이다.

점 A와 원의 중심 사이의 거리는 $d=\sqrt{\dfrac{9}{4}+\dfrac{9}{4}}=\dfrac{3\sqrt{2}}{2}$

(ⅰ) $\overline{\text{AP}}$의 최댓값은 $d+r=\dfrac{3\sqrt{2}}{2}+\dfrac{\sqrt{2}}{2}=2\sqrt{2}$

(ⅱ) $\overline{\text{AP}}$의 최솟값은 $d-r=\dfrac{3\sqrt{2}}{2}-\dfrac{\sqrt{2}}{2}=\sqrt{2}$

따라서 최댓값과 최솟값의 합은 $3\sqrt{2}$이다.

1358 답·③

점 $(3, 1)$과 원의 중심 $(-1, 4)$ 사이의 거리는

$$d=\sqrt{16+9}=5$$

이때 점 $(3, 1)$에서 원 위의 점에 그은 선분의 길이의 최댓
값이 8이므로

$$d+r=5+r=8 \qquad \therefore r=3$$

1359 답·②, ⑤

점 P의 좌표를 $(0, a)$라 하면

원의 중심 $(2, 2)$와 점 P 사이의 거리는

$$d=\sqrt{4+(a-2)^2}=\sqrt{a^2-4a+8}$$

이때 점 P에서 원 위의 점에 그은 선분의 길이의 최솟값이

$\sqrt{5}$이므로

$$d-r=\sqrt{a^2-4a+8}-\sqrt{5}=\sqrt{5}$$

$$\sqrt{a^2-4a+8}=2\sqrt{5},\ a^2-4a+8=20$$

$$a^2-4a-12=0,\ (a+2)(a-6)=0$$

$$\therefore a=-2 \text{ 또는 } a=6$$

따라서 점 P의 좌표는 $(0, -2)$, $(0, 6)$이다.

1360 답·⑤

원 위의 점을 $P(x, y)$라 하면

좌표평면 위의 한 점 $A(3, 2)$에 대하여

$\sqrt{(x-3)^2+(y-2)^2}$은 원 위의 한 점과 점 $A(3, 2)$를 연결한 선분 AP의 길이를 뜻한다.

$x^2+y^2-2x-1=0$에서 $(x-1)^2+y^2=2$이므로

원의 중심의 좌표는 $(1, 0)$, 반지름의 길이는 $r=\sqrt{2}$이다.

원의 중심 $(1, 0)$과 점 $A(3, 2)$ 사이의 거리는 $d=2\sqrt{2}$

이때 $d-r \le \overline{AP} \le d+r$이므로 $\sqrt{2} \le \overline{AP} \le 3\sqrt{2}$

따라서 $\alpha=\sqrt{2}$, $\beta=3\sqrt{2}$이므로 $\alpha\beta=6$

1361 답·⑤

원의 중심 $(-2, 2)$와 직선 $x+2y+4=0$ 사이의 거리는

$$l=\frac{|-2+4+4|}{\sqrt{5}}=\frac{6}{\sqrt{5}}$$

이때 $l-r \le d \le l+r$이므로 $\frac{6}{\sqrt{5}}-2 \le d \le \frac{6}{\sqrt{5}}+2$

$\alpha=\frac{6}{\sqrt{5}}-2$, $\beta=\frac{6}{\sqrt{5}}+2$이므로

$$\alpha\beta=\left(\frac{6}{\sqrt{5}}-2\right)\left(\frac{6}{\sqrt{5}}+2\right)=\frac{36}{5}-4=\frac{16}{5}$$

따라서 $p=5$, $q=16$이므로 $p+q=21$

1362 답·13

$x^2+y^2-4x+6y=0$에서 $(x-2)^2+(y+3)^2=13$이므로

원의 중심의 좌표는 $(2, -3)$, 반지름의 길이는 $\sqrt{13}$이다.

직선 $2x-3y+k=0$과 원의 중심 $(2, -3)$ 사이의 거리는

$$d=\frac{|k+13|}{\sqrt{13}}$$

이때 원 위의 점과 직선이 가장 가까울 때의 거리가 $\sqrt{13}$이므로

$$d-r=\frac{|k+13|}{\sqrt{13}}-\sqrt{13}=\sqrt{13}$$

$$\frac{|k+13|}{\sqrt{13}}=2\sqrt{13}, \quad |k+13|=26$$

$$\therefore k=13 \ (\because k>0)$$

1363 답·④

$\triangle ABP$에서 밑변의 길이는 $\overline{AB}=\sqrt{4+4}=2\sqrt{2}$로 고정되어 있으므로 높이에 따라 넓이가 달라진다.

이때 높이는 원 위의 점 P와 직선 $x-y-2=0$ 사이의 거리이므로 이 거리의 최댓값과 최솟값을 구한다.

원의 중심 $(0, 3)$과 직선 $x-y-2=0$ 사이의 거리는

$$d=\frac{5}{\sqrt{2}}=\frac{5\sqrt{2}}{2}$$

(i) $\triangle ABP$의 최댓값은 $\frac{1}{2} \times 2\sqrt{2} \times \left(\frac{5\sqrt{2}}{2}+\sqrt{2}\right)=7$

(ii) $\triangle ABP$의 최솟값은 $\frac{1}{2} \times 2\sqrt{2} \times \left(\frac{5\sqrt{2}}{2}-\sqrt{2}\right)=3$

따라서 구하는 $\triangle ABP$의 넓이의 최댓값과 최솟값의 차는 4이다.

1364 답·②

기울기가 m인 원 $x^2+y^2=r^2$의 접선의 방정식은

$$y=mx \pm r\sqrt{m^2+1}$$

이때 $m=2$, $r=\sqrt{5}$이므로

$y=2x \pm \sqrt{5}\sqrt{4+1}$에서 $y=2x \pm 5$

$$\therefore k=5 \ (\because k>0)$$

1365 답·①

$m=-1$, $r=2$이므로 접선의 방정식은

$$y=-x \pm 2\sqrt{2}$$

이때 제1사분면에서 접하면 y절편이 양수이므로 접선은

$$y=-x+2\sqrt{2}$$

이고 원과 제3사분면에서 접하는 접선은 $y=-x-2\sqrt{2}$

따라서 $y=-x+2\sqrt{2}$를 y축의 방향으로 $-4\sqrt{2}$만큼 평행이동하면 $y=-x-2\sqrt{2}$이므로

$$n=-4\sqrt{2}$$

1366 답·②

x축의 양의 방향과 이루는 각이 $60°$인 직선의 기울기는

$\tan 60° = \sqrt{3}$

즉, $m=\sqrt{3}$, $r=1$이므로 접선의 방정식은 $y=\sqrt{3}x \pm 2$

$A(0, 2)$, $B(0, -2)$이므로

$\overline{AB}=4$

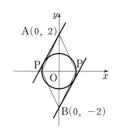

$\triangle ABP$에서 $\overline{AB}$를 밑변이라 하면 점 P와 $\overline{AB}$ 사이의 거리가 최대일 때 높이가 최대, 넓이가 최대가 된다.

이때 점 P의 좌표는 $(1, 0)$ 또는 $(-1, 0)$이므로 높이는 1이다.

따라서 $\triangle ABP$의 최댓값은 $\frac{1}{2} \times 1 \times 4=2$

1367 답·②

점 $(1, 2)$에서의 접선의 방정식은 $x+2y=5$ ⋯ ㉠

점 $(-2, 1)$에서의 접선의 방정식은 $2x-y=-5$ ⋯ ㉡

㉠, ㉡을 연립하여 풀면 $x=-1$, $y=3$

따라서 두 접선의 교점의 좌표는 $(-1, 3)$이다.

1368 답·$y=-\sqrt{3}x+4$

점 $(a, 1)$은 원 위의 점이므로

$a^2+1=4$, $a^2=3$ $\quad \therefore a=\pm\sqrt{3}$

점 $(a, 1)$에서의 접선의 방정식은

$ax+y=4$에서 $y=-ax+4$

이때 기울기 $-a$가 음수이므로 $a=\sqrt{3}$

따라서 구하는 접선의 방정식은 $y=-\sqrt{3}x+4$

1369 답·②

원 위의 점 $(2, 2)$에서의 접선의 방정식은

$l: 2x+2y=8$에서 $x+y=4$

$\therefore y=-x+4$

주어진 조건에 맞는 도형은 오른

쪽 그림과 같으므로

(넓이)=(삼각형의 넓이)

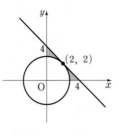

$\qquad$ $-$(사분원의 넓이)

$\qquad = \dfrac{1}{2} \times 4 \times 4 - \dfrac{1}{4} \times 8\pi$

$\qquad = 8-2\pi$

따라서 $a=8$, $b=-2$이므로 $a+b=6$

1370 답·⑤

$\overline{AP}$의 기울기는 $\dfrac{4-3}{3-1}=\dfrac{1}{2}$이므로

$\overline{AP}$와 수직인 접선의 기울기는 -2이다.

이 직선이 점 $P(3, 4)$를 지나므로 접선의 방정식은

$y-4=-2(x-3)$ $\qquad \therefore 2x+y-10=0$

1371 답·③

직선 $\sqrt{3}x-y+n=0$과 점 $(2, 1)$ 사이의 거리는 2이므로

$\dfrac{|n+2\sqrt{3}-1|}{2}=2$, $|n+2\sqrt{3}-1|=4$

(i) $n+2\sqrt{3}-1=4$일 때, $n=5-2\sqrt{3}$

(ii) $n+2\sqrt{3}-1=-4$일 때, $n=-3-2\sqrt{3}$

따라서 n의 값의 차는 $5-2\sqrt{3}-(-3-2\sqrt{3})=8$

1372 답·$(5, 2)$

(i) 직선 l의 방정식

원의 중심 $(3, -2)$와 점 $(6, -1)$을 지나는 직선의 기

울기는 $\dfrac{-1+2}{6-3}=\dfrac{1}{3}$

즉, 접선 l의 기울기는 -3이고, 접점의 좌표가

$(6, -1)$이므로

$l: y+1=-3(x-6)$ $\qquad \therefore y=-3x+17$

(ii) 직선 m의 방정식

기울기는 $\dfrac{1}{3}$이고, y절편을 n이라 하면 $y=\dfrac{1}{3}x+n$

즉, $x-3y+3n=0$과 원의 중심 $(3, -2)$ 사이의 거리

가 $\sqrt{10}$이므로

$\dfrac{|3n+9|}{\sqrt{10}}=\sqrt{10}$, $|3n+9|=10$

이때 $n>0$이므로 $n=\dfrac{1}{3}$

$\therefore y=\dfrac{1}{3}x+\dfrac{1}{3}$

(i), (ii)의 두 직선을 연립하면 $-3x+17=\dfrac{1}{3}x+\dfrac{1}{3}$

$\therefore x=5$, $y=2$

따라서 두 직선 l, m의 교점의 좌표는 $(5, 2)$이다.

1373 답·31

접선의 기울기를 m이라 하면

점 $(4, 3)$을 지나는 접선의 방정식은

$y-3=m(x-4)$에서 $mx-y-4m+3=0$

이 접선과 원의 중심 $(0, 0)$ 사이의 거리는 3이므로

$\dfrac{|4m-3|}{\sqrt{m^2+1}}=3$, $|4m-3|=3\sqrt{m^2+1}$

$(4m-3)^2=9(m^2+1)$, $7m^2-24m=0$

$\therefore m=\dfrac{24}{7}$ $(\because m>0)$

따라서 $p=7$, $q=24$이므로 $p+q=31$

1374 답·③

점 A에서 점 B에 그은 접선의 방정식은 $y=1$

$\therefore B(0, 1)$

$\overline{AC}$의 기울기를 m이라 하면 접선의 방정식은

$y-1=m(x-2)$에서 $mx-y-2m+1=0$

이 접선과 원의 중심 $(0, 0)$ 사이의 거리는 1이므로

$\dfrac{|2m-1|}{\sqrt{m^2+1}}=1$, $(2m-1)^2=m^2+1$

$3m^2-4m=0$ $\qquad \therefore m=0$ 또는 $m=\dfrac{4}{3}$

이때 기울기는 양수이므로 $m=\dfrac{4}{3}$

즉, 접선의 방정식은 $\dfrac{4}{3}x-y-\dfrac{8}{3}+1=0$이므로

$y=\dfrac{4}{3}x-\dfrac{5}{3}$

$\therefore C\left(0, -\dfrac{5}{3}\right)$

$\therefore \triangle ABC=\dfrac{1}{2} \times 2 \times \left(1+\dfrac{5}{3}\right)=\dfrac{8}{3}$

1375 답·$y=5$, $12x-5y+13=0$

$x^2+y^2+4x-6y+9=0$에서 $(x+2)^2+(y-3)^2=4$

접선의 기울기를 m이라 하면

접선이 점 $(1, 5)$를 지나므로 접선의 방정식은

$y-5=m(x-1)$에서 $mx-y-m+5=0$

이 접선과 원의 중심 $(-2, 3)$ 사이의 거리는 2이므로

$\dfrac{|-2m-3-m+5|}{\sqrt{m^2+1}}=2$, $\dfrac{|3m-2|}{\sqrt{m^2+1}}=2$

$(3m-2)^2=4(m^2+1)$, $5m^2-12m=0$

$\therefore m=0$ 또는 $m=\dfrac{12}{5}$

따라서 접선의 방정식은

(i) $m=0$일 때, $y=5$

(ii) $m=\dfrac{12}{5}$일 때, $\dfrac{12}{5}x-y-\dfrac{12}{5}+5=0$에서

$\quad 12x-5y+13=0$

1376 답 $2\sqrt{7}$

직선 $x-y-2=0$과 원의 중심

$(0, 0)$ 사이의 거리는

$d=\dfrac{2}{\sqrt{2}}=\sqrt{2}$ (△OAB의 높이)

현 AB의 길이는

$\overline{AB}=2\sqrt{r^2-d^2}=2\sqrt{16-2}=2\sqrt{14}$ (△OAB의 밑변)

$\therefore \triangle OAB=\dfrac{1}{2}\times 2\sqrt{14}\times\sqrt{2}=2\sqrt{7}$

1377 답 ⑤

$y=\dfrac{1}{2}x-1$과 수직인 직선의 기울기는 -2이다.

즉, $m=-2$, $r=2\sqrt{5}$이므로 접선의 방정식은

$y=-2x\pm 2\sqrt{5}\sqrt{5}$에서 $y=-2x\pm 10$

이때 $y=-2x+10$의 x절편은 5,

$\quad\quad y=-2x-10$의 x절편은 -5이다.

$\therefore |p|=5$

1378 답 ②

(i) 점 $A(-1, \sqrt{3})$에서의 접선의 방정식은

$l: -x+\sqrt{3}y=4$에서 $y=\dfrac{1}{\sqrt{3}}x+\dfrac{4}{\sqrt{3}}$

이때 (기울기)$=\dfrac{1}{\sqrt{3}}=\tan 30°$이므로

이 접선과 x축의 양의 방향과 이루는 각은 $30°$이다.

(ii) 점 $B(\sqrt{3}, -1)$에서의 접선의 방정식은

$m: \sqrt{3}x-y=4$에서 $y=\sqrt{3}x-4$

이때 (기울기)$=\sqrt{3}=\tan 60°$이므로

이 접선과 x축의 양의 방향과 이루는 각은 $60°$이다.

(i), (ii)에서 두 직선 l, m을 그림으

로 나타내면 오른쪽과 같다.

따라서 두 직선 l, m이 이루는 각의

크기는 $30°$이다.

1379 답 ③

원의 반지름의 길이는 $r=2$

원의 중심 $(-1, 3)$과 직선 $mx-y+2=0$ 사이의 거리는

$d=\dfrac{|m+1|}{\sqrt{m^2+1}}$

이때 $\overline{AB}=2\sqrt{2}$이므로

$2\sqrt{2}=2\sqrt{r^2-d^2}$, $r^2-d^2=2$, $d^2=r^2-2$

$\dfrac{m^2+2m+1}{m^2+1}=2$, $m^2+2m+1=2m^2+2$

$m^2-2m+1=0$, $(m-1)^2=0$

$\therefore m=1$

1380 답 최댓값: $3\sqrt{5}$, 최솟값: $\sqrt{5}$

두 원의 교점을 지나는 직선의 방정식은

$x^2+y^2-2x+y-1-(x^2+y^2-3x-y)=0$에서

$x+2y-1=0$

이 직선과 원 $(x+3)^2+(y+3)^2=5$의 중심 $(-3, -3)$

사이의 거리는

$d=\dfrac{|-3-6-1|}{\sqrt{5}}=2\sqrt{5}$

따라서 구하는 거리의 최댓값은 $2\sqrt{5}+\sqrt{5}=3\sqrt{5}$이고,

최솟값은 $2\sqrt{5}-\sqrt{5}=\sqrt{5}$이다.

1381 답 ②

접선의 기울기를 m이라 하면 접선의 방정식은

$y=mx+a$, 즉 $mx-y+a=0$

이 직선과 원의 중심 $(0, 0)$ 사이의 거리는 $\sqrt{2}$이므로

$\dfrac{|a|}{\sqrt{m^2+1}}=\sqrt{2}$, $a^2=2m^2+2$, $2m^2+2-a^2=0$

이 이차방정식의 두 근을 m_α, m_β라 하면

두 접선의 기울기가 수직이므로

$m_\alpha m_\beta=\dfrac{2-a^2}{2}=-1$에서 $a^2=4$

$\therefore a=2$ ($\because a>0$)

1382 답 ②

오른쪽 그림과 같이

점 $A(-3, 2)$와

원의 중심 $(0, -1)$

사이의 거리는

$d=\sqrt{9+9}=3\sqrt{2}$

$\therefore \overline{AP}=\sqrt{d^2-r^2}=\sqrt{18-2}=4$

1383 답 공통외접선의 길이: $\sqrt{29}$, 공통내접선의 길이: $\sqrt{5}$

원 $x^2+(y-4)^2=3$에서

중심의 좌표는 $(0, 4)$, 반지름의 길이는 $r_1=\sqrt{3}$

원 $(x-4)^2+y^2=12$에서

중심의 좌표는 $(4, 0)$, 반지름의 길이는 $r_2=2\sqrt{3}$

두 원의 중심 사이의 거리는 $d=4\sqrt{2}$

$\therefore$ (공통외접선의 길이)$=\sqrt{d^2-(r_2-r_1)^2}$

$\qquad\qquad\qquad\qquad =\sqrt{32-3}=\sqrt{29}$

(공통내접선의 길이)$=\sqrt{d^2-(r_2+r_1)^2}$

$\qquad\qquad\qquad\qquad =\sqrt{32-27}=\sqrt{5}$

1384 답 ④

점 P의 좌표를 $P(x, y)$라 하면

$\overline{AP}:\overline{BP}=2:1$에서 $2\overline{BP}=\overline{AP}$

즉, $4\overline{BP}^2=\overline{AP}^2$이므로

$4\{(x-2)^2+(y-1)^2\}=(x+1)^2+(y-1)^2$

$3x^2+3y^2-18x-6y+18=0$

$$x^2+y^2-6x-2y+6=0$$
$$(x-3)^2+(y-1)^2=4$$
따라서 구하는 도형의 넓이는 4π이다.

1385 답 · $\dfrac{1}{2}$

기울기가 $2m$인 접선의 방정식은
$$y=2mx\pm2\sqrt{4m^2+1}$$
이때 $y=2mx+2\sqrt{4m^2+1}$ 과 $y=2mx+4\sqrt{m}$ 이

일치해야 하므로
$2\sqrt{4m^2+1}=4\sqrt{m}$ 에서 $4m^2+1=4m$

$(2m-1)^2=0$ $\therefore m=\dfrac{1}{2}$

1386 답 · ③

점 A와 직선 $x-y-4=0$ 사이의 거리가 정삼각형 ABC의
높이이고 높이가 최대일 때 넓이도 최대, 높이가 최소일 때
넓이도 최소이다.

원의 반지름의 길이는 $\sqrt{2}$이고

중심 $(0,0)$과 $x-y-4=0$ 사이의 거리는 $d=2\sqrt{2}$이므로
높이의 최댓값은 $2\sqrt{2}+\sqrt{2}=3\sqrt{2}$이고,
높이의 최솟값은 $2\sqrt{2}-\sqrt{2}=\sqrt{2}$이다.

이때 두 정삼각형은 닮은 도형이므로 구하는 $\triangle$ABC의 넓이
의 최솟값과 최댓값의 비는
$(\sqrt{2})^2 : (3\sqrt{2})^2 = 1:9$

1387 답 · 26

원과 직선이 만나는 경우에도 원 위의 점과 직선 사이의 거리
의 최대, 최소를 구하는 원리는 같다.

$\overline{AB}$의 방정식은 $y+2=\dfrac{1}{-5}(x+3)$

$\therefore x+5y+13=0$

이 직선과 원의 중심 $(0,0)$ 사이의 거리는

$d=\dfrac{13}{\sqrt{26}}=\dfrac{\sqrt{26}}{2}$

이때 $\overline{AB}$와 점 P 사이의 거리(높이)의 최댓값은

$d+r=\dfrac{\sqrt{26}}{2}+\sqrt{13}=\dfrac{\sqrt{26}+2\sqrt{13}}{2}$

$\overline{AB}=\sqrt{25+1}=\sqrt{26}$이므로 $\triangle$ABP의 넓이의 최댓값은

$\triangle\text{ABP}=\dfrac{1}{2}\times\overline{AB}\times(\text{높이의 최댓값})$

$=\dfrac{1}{2}\times\sqrt{26}\times\dfrac{\sqrt{26}+2\sqrt{13}}{2}$

$=\dfrac{26+26\sqrt{2}}{4}=\dfrac{13}{2}(1+\sqrt{2})$

따라서 $p=2,\ q=13$이므로 $pq=26$

16 도형의 이동

Basic

1388 답 · $(7,4)$

1389 답 · $(-3,1)$

1390 답 · $(1,-1)$

1391 답 · $(0,-2)$

1392 답 · $(1,1)$

1393 답 · $(\sqrt{3},-1)$

1394 답 · $(2,-3)$

1395 답 · $(-4,-1)$

1396 답 · $(5,-9)$

1397 답 · $(4,-3)$

1398 답 · $(-2,7)$

1399 답 · $y=3x-5$

$y+1=3(x-2)+2$에서 $y=3x-5$

1400 답 · $y=x^2+6x+12$

$y-4=(x+3)^2-1$에서 $y=x^2+6x+12$

1401 답 · $(x+2)^2+(y-2)^2=16$

1402 답 · $3x-4y-1=0$

x축의 방향으로 -1만큼, y축의 방향으로 -1만큼 평행이
동한 것이므로
$3(x+1)-4(y+1)=0$에서 $3x-4y-1=0$

1403 답 · $x^2+y^2-2x-y+1=0$

y축의 방향으로만 1만큼 평행이동한 것이므로
$x^2+(y-1)^2-2x+(y-1)+1=0$에서
$x^2+y^2-2x-y+1=0$

1404 답 · $2x+y+3=0$

y 대신 $-y$를 대입하면
$2x-(-y)+3=0$에서 $2x+y+3=0$

1405 답 · $y=x^2-4x+3$

x 대신 $-x$를 대입하면
$y=(-x)^2+4(-x)+3$에서 $y=x^2-4x+3$

1406 답 · $x^2+y^2-4x+3=0$

x 대신 $-x$, y 대신 $-y$를 대입하면
$(-x)^2+(-y)^2+4(-x)+3=0$에서
$x^2+y^2-4x+3=0$

1407 답 · $(x+1)^2+(y+2)^2=9$

$(x+1)^2+(-y-2)^2=9$에서 $(x+1)^2+(y+2)^2=9$

1408 답· $(x-1)^2+(y-2)^2=9$

$(-x+1)^2+(y-2)^2=9$에서 $(x-1)^2+(y-2)^2=9$

1409 답· $(x-1)^2+(y+2)^2=9$

$(-x+1)^2+(-y-2)^2=9$에서 $(x-1)^2+(y+2)^2=9$

1410 답· 해설 참조

점 $(a,\,b)$를 P, 직선 $y=x$에 대하여 대칭이동한 점을 $\mathrm{P}'(x',\,y')$이라 하자.

(i) $\overline{\mathrm{PP}'}$의 중점 $\left(\dfrac{x'+a}{2},\,\dfrac{y'+b}{2}\right)$은

직선 $y=x$ 위의 점이므로 $\dfrac{y'+b}{2}=\dfrac{x'+a}{2}$에서

$-x'+y'=a-b$ $\quad\cdots$ ㉠

(ii) 직선 $y=x$와 직선 PP'은 수직이므로

$\dfrac{y'-b}{x'-a}=-1$에서 $y'-b=-x'+a$

$x'+y'=a+b$ $\quad\cdots$ ㉡

㉠+㉡을 하면 $2y'=2a$에서 $y'=a$

㉠-㉡을 하면 $-2x'=-2b$에서 $x'=b$

$\therefore \mathrm{P}'(b,\,a)$

1411 답· 해설 참조

점 $(a,\,b)$를 P, 직선 $y=-x$에 대하여 대칭이동한 점을 $\mathrm{P}'(x',\,y')$이라 하자.

(i) $\overline{\mathrm{PP}'}$의 중점 $\left(\dfrac{x'+a}{2},\,\dfrac{y'+b}{2}\right)$은

직선 $y=-x$ 위의 점이므로 $\dfrac{y'+b}{2}=-\dfrac{x'+a}{2}$에서

$x'+y'=-a-b$ $\quad\cdots$ ㉠

(ii) 직선 $y=-x$와 직선 PP'은 수직이므로

$\dfrac{y'-b}{x'-a}=1$에서 $y'-b=x'-a$

$-x'+y'=-a+b$ $\quad\cdots$ ㉡

㉠+㉡을 하면 $2y'=-2a$에서 $y'=-a$

㉠-㉡을 하면 $2x'=-2b$에서 $x'=-b$

$\therefore \mathrm{P}'(-b,\,-a)$

1412 답· 해설 참조

도형 $f(x,\,y)=0$ 위의 점을 $\mathrm{P}(x,\,y)$, 직선 $y=x$에 대하여 대칭이동한 도형 위의 점을 $\mathrm{P}'(x',\,y')$이라 하자.

(i) $\overline{\mathrm{PP}'}$의 중점 $\left(\dfrac{x+x'}{2},\,\dfrac{y+y'}{2}\right)$은

직선 $y=x$ 위의 점이므로

$\dfrac{y+y'}{2}=\dfrac{x+x'}{2}$에서

$-x+y=x'-y'$ $\quad\cdots$ ㉠

(ii) 직선 $y=x$와 직선 PP'은 수직이므로

$\dfrac{y'-y}{x'-x}=-1$에서 $y'-y=-x'+x$

$x+y=x'+y'$ $\quad\cdots$ ㉡

㉠+㉡을 하면 $2y=2x'$에서 $y=x'$

㉠-㉡을 하면 $-2x=-2y'$에서 $x=y'$

이것을 $f(x,\,y)=0$에 대입하면 $f(y',\,x')=0$

$\therefore f(y,\,x)=0$

1413 답· 해설 참조

도형 $f(x,\,y)=0$ 위의 점을 $\mathrm{P}(x,\,y)$, 직선 $y=-x$에 대하여 대칭이동한 도형 위의 점을 $\mathrm{P}'(x',\,y')$이라 하자.

(i) $\overline{\mathrm{PP}'}$의 중점 $\left(\dfrac{x+x'}{2},\,\dfrac{y+y'}{2}\right)$은

직선 $y=-x$ 위의 점이므로

$\dfrac{y+y'}{2}=-\dfrac{x+x'}{2}$에서

$x+y=-x'-y'$ $\quad\cdots$ ㉠

(ii) 직선 $y=-x$와 직선 PP'은 수직이므로

$\dfrac{y'-y}{x'-x}=1$에서 $y'-y=x'-x$

$x-y=x'-y'$ $\quad\cdots$ ㉡

㉠+㉡을 하면 $2x=-2y'$에서 $x=-y'$

㉠-㉡을 하면 $2y=-2x'$에서 $y=-x'$

이것을 $f(x,\,y)=0$에 대입하면 $f(-y',\,-x')=0$

$\therefore f(-y,\,-x)=0$

1414 답· $(1,\,4),\,(-1,\,-4)$

1415 답· $(2,\,-3),\,(-2,\,3)$

1416 답· $(-2,\,0),\,(2,\,0)$

1417 답· $(0,\,5),\,(0,\,-5)$

1418 답· $y=2x+6,\,y=2x-6$

(i) $y=x$에 대하여 대칭이동하면

$x=\dfrac{1}{2}y-3$에서 $y=2x+6$

(ii) $y=-x$에 대하여 대칭이동하면

$-x=-\dfrac{1}{2}y-3$에서 $y=2x-6$

1419 답· $x^2+y^2-5y=0,\,x^2+y^2+5y=0$

(i) $y=x$에 대하여 대칭이동하면

$y^2+x^2-5y=0$에서 $x^2+y^2-5y=0$

(ii) $y=-x$에 대하여 대칭이동하면

$(-y)^2+(-x)^2-5(-y)=0$에서 $x^2+y^2+5y=0$

1420 답· $(x-3)^2+(y+1)^2=1,\,(x+3)^2+(y-1)^2=1$

(i) $y=x$에 대하여 대칭이동하면

$(y+1)^2+(x-3)^2=1$에서 $(x-3)^2+(y+1)^2=1$

(ii) $y=-x$에 대하여 대칭이동하면

$(-y+1)^2+(-x-3)^2=1$에서

$(x+3)^2+(y-1)^2=1$

1421 답· $P'(5, -3)$

$P'(a, b)$라 하면 $\overline{PP'}$의 중점의 좌표는 $(3, 2)$이므로

$\left(\dfrac{a+1}{2}, \dfrac{b+7}{2}\right)=(3, 2)$에서 $a=5$, $b=-3$

$\therefore P'(5, -3)$

1422 답· (1) $x+x'=2$, $y+y'=-2$　(2) $y=x-5$

(1) $\overline{PP'}$의 중점이 $(1, -1)$이므로

$\left(\dfrac{x+x'}{2}, \dfrac{y+y'}{2}\right)=(1, -1)$에서

$x+x'=2$　…㉠, $y+y'=-2$　…㉡

(2) ㉠에서 $x=-x'+2$, ㉡에서 $y=-y'-2$를

$y=x+1$에 대입하면 $-y'-2=-x'+2+1$

$\therefore y=x-5$

1423 답· (1) $\left(\dfrac{a-3}{2}, \dfrac{b+2}{2}\right)$　(2) $2a-b=6$

(3) $a+2b=1$　(4) $P'\left(\dfrac{13}{5}, -\dfrac{4}{5}\right)$

(1) $P'(a, b)$라 하면 $\overline{PP'}$의 중점의 좌표는

$\left(\dfrac{a-3}{2}, \dfrac{b+2}{2}\right)$

(2) $\overline{PP'}$의 중점은 $y=2x+1$ 위의 점이므로

$\dfrac{b+2}{2}=2\cdot\dfrac{a-3}{2}+1$에서 $2a-b=6$　…㉠

(3) $\overline{PP'}$이 $y=2x+1$과 수직이므로

$\dfrac{b-2}{a+3}=-\dfrac{1}{2}$에서 $2b-4=-a-3$

$\therefore a+2b=1$　…㉡

(4) ㉠, ㉡을 연립하여 풀면 $a=\dfrac{13}{5}$, $b=-\dfrac{4}{5}$

$\therefore P'\left(\dfrac{13}{5}, -\dfrac{4}{5}\right)$

 Trendy

1424 답· ②

$(4+a, 2+b)=(7, 0)$이므로 $a=3$, $b=-2$

$\therefore a+b=1$

1425 답· ①

$A(4, 3)$이 평행이동한 점은 $(4+a, 3+a)$

이 점이 x축 위의 점이므로 $3+a=0$

$\therefore a=-3$

1426 답· ②

점 $(0, -1)$이 평행이동한 점은 $(a, a-1)$

이 점이 직선 $y=2x-3$ 위에 있으므로

$a-1=2a-3$　　$\therefore a=2$

1427 답· $(x-1)^2+(y+4)^2=5$

점 $A(-1, -3)$이 평행이동한 점은 $B(3, -5)$

원의 중심 M은 $\overline{AB}$의 중점이므로 $(1, -4)$

반지름의 길이는 $\overline{AM}=\sqrt{2^2+1^2}=\sqrt{5}$

$\therefore (x-1)^2+(y+4)^2=5$

1428 답· ④

평행이동 $(x, y) \to (x+1, y-3)$은 x축의 방향으로 1만큼, y축의 방향으로 -3만큼 평행이동한 것이므로

직선 $2x-y+k=0$을 평행이동한 직선은

$2(x-1)-(y+3)+k=0$에서 $2x-y+k-5=0$

이 직선이 원 $x^2+y^2-4x+6y+9=0$, 즉

$(x-2)^2+(y+3)^2=4$의 넓이를 이등분하면

원의 중심 $(2, -3)$을 지나므로

$4+3+k-5=0$　　$\therefore k=-2$

1429 답· ③

$y=mx+m+1$에서

x 대신 $x+1$, y 대신 $y+2$를 대입하면

$y+2=m(x+1)+m+1$

$\therefore y=mx+2m-1$

이 직선이 포물선 $y=x^2-4x-1$, 즉 $y=(x-2)^2-5$의

꼭짓점 $(2, -5)$를 지나므로

$-5=2m+2m-1$

$\therefore m=-1$

1430 답· $(3, 0)$, $(-1, 8)$

$y=x^2$, $y=-2x+3$에

x 대신 $x-2$, y 대신 $y+1$을 대입하면

$y+1=(x-2)^2$에서 $y=x^2-4x+3$

$y+1=-2(x-2)+3$에서 $y=-2x+6$

즉, 포물선 $y=x^2-4x+3$과 직선 $y=-2x+6$의

교점의 좌표를 구하면

$x^2-4x+3=-2x+6$에서 $x^2-2x-3=0$

$(x-3)(x+1)=0$　　$\therefore x=3$ 또는 $x=-1$

이 값을 $y=-2x+6$에 대입하면 $y=0$ 또는 $y=8$

따라서 구하는 교점의 좌표는 $(3, 0)$, $(-1, 8)$이다.

1431 답· ③

(i) $y=x-3$의 x 대신 $x-2$, y 대신 $y-p$를 대입하면

$y-p=(x-2)-3$에서 $y=x+p-5$

이 직선이 $y=x-3$과 일치하므로 $p=2$

(ii) $y=2x+1$의 x 대신 $x-2$, y 대신 $y-q$를 대입하면

$y-q=2(x-2)+1$에서 $y=2x+q-3$

이 직선이 $y=2x+1$과 일치하므로 $q=4$

$\therefore p+q=6$

1432 답·③

평행이동해도 도형의 모양과 크기는 변하지 않으므로
이동 전과 후의 원의 반지름은 같다.

$\therefore c=4$

$(x-3)^2+(y-2)^2=4$에

x 대신 $x-a$, y 대신 $y-b$를 대입하면

$(x-a-3)^2+(y-b-2)^2=4$

이 원과 $(x-1)^2+(y-3)^2=4$가 일치하므로

$a=-2$, $b=1$

$\therefore a+b+c=3$

1433 답·-2

주어진 원을 평행이동하면

$(x+2-1)^2+(y-3+4)^2=9$에서

$(x+1)^2+(y+1)^2=9$

이 식에 $y=0$을 대입하면 $(x+1)^2+1=9$

$x^2+2x-7=0$

따라서 구하는 두 교점의 x좌표의 합은 -2이다.

1434 답·①

주어진 원을 평행이동하면 $(x-a)^2+(y-2a)^2=1$

즉, 원의 중심의 좌표는 $(a, 2a)$, 반지름의 길이는 1이고
직선 $4x-3y+1=0$과 원의 중심 $(a, 2a)$ 사이의 거리는
1이므로

$\dfrac{|4a-6a+1|}{5}=1$, $\dfrac{|2a-1|}{5}=1$, $|2a-1|=5$

즉, $2a-1=5$일 때, $a=3$

$2a-1=-5$일 때, $a=-2$

따라서 모든 실수 a의 값의 합은 1이다.

1435 답·③

$O: x^2+y^2+4x-10y+25=0$에서

$(x+2)^2+(y-5)^2=4$이므로

원의 중심의 좌표는 $(-2, 5)$, 반지름의 길이는 $r_1=2$

원 O를 평행이동한 원 O'의 중심의 좌표는 $(a-2, 5)$,
반지름의 길이는 $r_2=2$이므로

두 원의 중심거리는 $d=\sqrt{a^2}=|a|$

이때 두 원의 교점이 존재하려면

$r_1-r_2\le d\le r_1+r_2$이므로 $0\le|a|\le4$

즉, $|a|\le4$에서 $-4\le a\le4$

따라서 $\alpha=-4$, $\beta=4$이므로 $\alpha\beta=-16$

1436 답·①

$A(3, 1)$, $B(1, 3)$이므로

$\overline{AB}=\sqrt{2^2+2^2}=2\sqrt{2}$

1437 답·⑤

$B(1, -3)$, $C(-1, 3)$, $E(a, -b)$이므로

$\overline{BC}$의 기울기는 $\dfrac{-3-3}{1-(-1)}=-3$

$\overline{EC}$의 기울기는 $\dfrac{-b-3}{a-(-1)}=\dfrac{-b-3}{a+1}$

이때 세 점이 한 직선 위에 있으려면

$\dfrac{-b-3}{a+1}=-3$에서 $3a=b$

따라서 직선 AD의 기울기는

$\dfrac{b-3}{a-1}=\dfrac{3a-3}{a-1}=\dfrac{3(a-1)}{a-1}=3$

1438 답·④

점 $(1, 5)$를

(i) $y=x$에 대하여 대칭이동한 점의 좌표는 $(5, 1)$

(ii) 평행이동한 점의 좌표는 $(a+1, b+5)$

이때 두 점의 좌표가 일치하므로

$(a+1, b+5)=(5, 1)$에서 $a=4$, $b=-4$

$\therefore a+b=0$

1439 답·$\left(-\dfrac{1}{5}, \dfrac{3}{5}\right)$

$l: y=2x+1$, $m: x=-2y+1$이므로

l과 m의 교점의 x좌표는 $x=-2(2x+1)+1$에서

$5x=-1$ $\therefore x=-\dfrac{1}{5}$

따라서 구하는 교점의 좌표는 $\left(-\dfrac{1}{5}, \dfrac{3}{5}\right)$이다.

1440 답·②

$y=-x^2-4x=-(x+2)^2+4$

$\therefore A(-2, 4)$

(i) y축에 대하여 대칭이동하면 꼭
짓점도 y축에 대하여 대칭이동
되므로

$B(2, 4)$

(ii) 원점에 대하여 대칭이동해도 마
찬가지이므로

$C(2, -4)$

$\therefore \triangle ABC=\dfrac{1}{2}\times4\times8=16$

1441 답·④

원을 $y=x$에 대하여 대칭이동하면 원의 중심도 $y=x$에 대
하여 대칭이동되므로

$(4, 2) \rightarrow (2, 4)$

이 점을 다시 y축에 대하여 대칭이동하면 $(-2, 4)$

이 점이 $5x+3y+k=0$ 위에 있으므로

$-10+12+k=0$

$\therefore k=-2$

1442 답·③

원 C_1: $(x-1)^2+(y+2)^2=1$에서

원의 중심의 좌표는 $(1, -2)$, 반지름의 길이는 $r_1=1$

원 C_1을 $y=x$에 대하여 대칭이동한 원의

중심의 좌표는 $(-2, 1)$, 반지름의 길이는 $r_2=1$

두 원 C_1, C_2의 중심거리는 $d=\sqrt{3^2+3^2}=3\sqrt{2}$

따라서 $\overline{PQ}$의 최솟값은 $d-(r_1+r_2)=3\sqrt{2}-2$

1443 답·②

$2x-3y-4=0$을 원점에 대하여 대칭이동한 직선은

$2x-3y+4=0$

$(x-3)^2+(y+4)^2=k$를 $y=x$에 대하여 대칭이동한 원은

$(x+4)^2+(y-3)^2=k$

이 원의 중심의 좌표는 $(-4, 3)$, 반지름의 길이는 $\sqrt{k}$이고

대칭이동한 직선과 원이 접하므로

(원의 중심과 직선의 거리)=(반지름의 길이)에서

$\dfrac{|-8-9+4|}{\sqrt{13}}=\sqrt{k}$, $\sqrt{13}=\sqrt{k}$

$\therefore k=13$

1444 답·⑤

두 점 $(2, 7)$과 $(5, b)$를 이은 선분의 중점은 $\left(a, \dfrac{5}{2}\right)$이다.

즉, $\left(\dfrac{7}{2}, \dfrac{7+b}{2}\right)=\left(a, \dfrac{5}{2}\right)$이므로 $a=\dfrac{7}{2}$, $b=-2$

$\therefore ab=-7$

1445 답·$(x-2)^2+(y+3)^2=1$

$x^2+y^2-12x-6y+44=0$에서 $(x-6)^2+(y-3)^2=1$

이 원을 점 $(4, 0)$에 대하여 대칭이동하면 원의 중심 $(6, 3)$

도 점 $(4, 0)$에 대하여 대칭이동되므로 대칭이동한 원의 중심의 좌표를 (a, b)라 하면

$\left(\dfrac{a+6}{2}, \dfrac{b+3}{2}\right)=(4, 0)$에서 $a=2$, $b=-3$

$\therefore (x-2)^2+(y+3)^2=1$

1446 답·③

대칭이동한 도형 위의 점을 $P(x', y')$이라 하면

점 P와 $y=2x-3$ 위의 점 (x, y)를 이은 선분의 중점이 $(-1, 2)$이므로

$\left(\dfrac{x+x'}{2}, \dfrac{y+y'}{2}\right)=(-1, 2)$에서

$x=-x'-2$, $y=-y'+4$

이 식을 $y=2x-3$에 대입하면

$-y'+4=2(-x'-2)-3$

$\therefore y=2x+11$

따라서 $m=2$, $n=11$이므로 $m+n=13$

1447 답·$y=(x-1)^2+3$

대칭이동한 도형 위의 점을 $P(x', y')$이라 하면

점 P와 $y=-x^2+6x-8$ 위의 점 (x, y)를 이은 선분의 중점이 $(2, 2)$이므로

$\left(\dfrac{x+x'}{2}, \dfrac{y+y'}{2}\right)=(2, 2)$에서

$x=-x'+4$, $y=-y'+4$

이 식을 $y=-x^2+6x-8=-(x-3)^2+1$에 대입하면

$-y'+4=-(-x'+4-3)^2+1$

$\therefore y=(x-1)^2+3$

1448 답·①

점 A를 대칭이동한 점을 $P(a, b)$이라 하면

$\overline{PA}$의 기울기는 1이므로

$\dfrac{b+5}{a+2}=1$에서 $a-b=3$ ···㉠

$\overline{PA}$의 중점 $\left(\dfrac{a-2}{2}, \dfrac{b-5}{2}\right)$이 $y=-x+2$ 위에 있으므로

$\dfrac{b-5}{2}=\dfrac{-a+2}{2}+2$에서 $a+b=11$ ···㉡

㉠, ㉡을 연립하여 풀면 $a=7$, $b=4$

$\therefore P(7, 4)$

1449 답·$\dfrac{29}{5}$

원을 대칭이동해도 반지름의 길이는 같으므로 $c=4$

원의 중심 $(-3, 2)$를 $y=2x+1$에 대하여 대칭이동한 점 (a, b)가 대칭이동한 원의 중심이 되고, 두 원의 중심을 이은 선분의 기울기는 $-\dfrac{1}{2}$이므로

$\dfrac{b-2}{a+3}=-\dfrac{1}{2}$에서 $a+2b=1$ ···㉠

두 원의 중심을 이은 선분의 중점 $\left(\dfrac{a-3}{2}, \dfrac{b+2}{2}\right)$는

$y=2x+1$ 위의 점이므로

$\dfrac{b+2}{2}=2\cdot\dfrac{a-3}{2}+1$에서 $2a-b=6$ ···㉡

㉠, ㉡을 연립하여 풀면 $a=\dfrac{13}{5}$, $b=-\dfrac{4}{5}$

$\therefore a+b+c=\dfrac{13}{5}-\dfrac{4}{5}+4=\dfrac{29}{5}$

1450 답·③

$y=x+1$ 위의 점을 $P(x, y)$, 이 직선을 $x-3y+2=0$에 대하여 대칭이동한 도형 위의 점을 $P'(x', y')$이라 하면

직선 PP'의 기울기가 -3이므로

$\dfrac{y-y'}{x-x'}=-3$에서 $3x+y=3x'+y'$ ···㉠

$\overline{PP'}$의 중점 $\left(\dfrac{x+x'}{2}, \dfrac{y+y'}{2}\right)$이

$x-3y+2=0$ 위의 점이므로

$$\frac{x+x'}{2}-3\cdot\frac{y+y'}{2}+2=0$$에서

$$x-3y=-x'+3y'-4 \qquad \cdots \text{ⓛ}$$

㉠, ㉡을 연립하여 풀면

$$x=\frac{4}{5}x'+\frac{3}{5}y'-\frac{2}{5},\ y=\frac{3}{5}x'-\frac{4}{5}y'+\frac{6}{5}$$

이 식을 $y=x+1$에 대입하면

$$\frac{3}{5}x'-\frac{4}{5}y'+\frac{6}{5}=\frac{4}{5}x'+\frac{3}{5}y'+\frac{3}{5}$$

$$3x'-4y'+6=4x'+3y'+3$$

$$\therefore x+7y-3=0$$

따라서 $a=7$, $b=-3$이므로 $a+b=4$

문제 C.O.D.I Final

1451 답·①

$A(-5, 8) \rightarrow A'(4, 10)$에서 x축의 방향으로 9만큼, y축의 방향으로 2만큼 평행이동한 것이다.

직선 BC의 방정식은

$$y-1=\frac{3}{2}(x-1)$$에서 $3x-2y-1=0$

직선 B'C'은 직선 BC를 평행이동한 직선이므로

$3(x-9)-2(y-2)-1=0$에서 $3x-2y=24$

따라서 $a=3$, $b=-2$이므로 $a+b=1$

1452 답·150

$(1, 4) \rightarrow (-2, a)$에서 x축의 방향으로 -3만큼 평행이동한 것임을 알 수 있다.

$x^2+y^2+8x-6y+21=0$에서 $(x+4)^2+(y-3)^2=4$이므로

이 원의 중심의 좌표는 $(-4, 3)$, 반지름의 길이는 2이다.

$x^2+y^2+bx-18y+c=0$에서

$$\left(x+\frac{b}{2}\right)^2+(y-9)^2=\frac{b^2}{4}-c+81$$이므로

이 원의 중심의 좌표는 $\left(-\frac{b}{2},\ 9\right)$이다.

두 원의 중심의 y좌표에서 y축의 방향으로 6만큼 평행이동하는 것임을 알 수 있다.

따라서 주어진 평행이동은 x축의 방향으로 -3만큼, y축의 방향으로 6만큼 평행이동한 것이다.

즉, $(1, 4) \rightarrow (-2, a)$에서

$$4+6=a \qquad \therefore a=10$$

$$(-4, 3) \rightarrow \left(-\frac{b}{2},\ 9\right)$$에서

$$-4-3=-\frac{b}{2} \qquad \therefore b=14$$

이때 두 원의 반지름의 길이는 같으므로

$$\frac{b^2}{4}-c+81=4$$에서 $49-c+81=4 \qquad \therefore c=126$

$$\therefore a+b+c=10+14+126=150$$

1453 답·5

두 포물선의 꼭짓점을 비교하여 평행이동을 찾는다.

$y=x^2+4x+3=(x+2)^2-1$이므로

꼭짓점의 좌표는 $(-2, -1)$

$y=x^2-2x-1=(x-1)^2-2$이므로

꼭짓점의 좌표는 $(1, -2)$

즉, $(-2, -1) \rightarrow (1, -2)$이므로 x축의 방향으로 3만큼, y축의 방향으로 -1만큼 평행이동한 것이다.

직선 $y=\frac{1}{2}x$를 평행이동한 직선은

$$l:y+1=\frac{1}{2}(x-3)$$에서 $y=\frac{1}{2}x-\frac{5}{2}$

따라서 구하는 x절편은 $y=0$일 때 $x=5$이다.

1454 답·⑤

원 $(x+3)^2+(y+4)^2=4$에서

중심의 좌표는 $(-3, -4)$, 반지름의 길이는 $r_1=2$

주어진 원을 원점에 대하여 대칭이동한 원은

$(x-3)^2+(y-4)^2=4$에서

중심의 좌표는 $(3, 4)$, 반지름의 길이는 $r_2=2$

두 원의 중심거리는 $d=\sqrt{6^2+8^2}=10$

따라서 $\overline{PQ}$의 최댓값은 $d+r_1+r_2=14$

1455 답·②

$(x-3)^2+y^2=2$에서 원의 중심의 좌표는 $(3, 0)$

이 점과 대칭이동한 원의 중심 (a, b)를 이은 선분의 중점이 $(0, 1)$이므로

$$\left(\frac{a+3}{2},\ \frac{b}{2}\right)=(0, 1)$$에서 $a=-3$, $b=2$

$$\therefore a^2+b^2=13$$

1456 답·③

직선 $y=2x-7$ 위의 점을 $P(x, y)$,

대칭이동한 도형 위의 점을 $P'(x', y')$이라 하면

선분 PP'의 중점이 $(2, 4)$이므로

$$\left(\frac{x+x'}{2},\ \frac{y+y'}{2}\right)=(2, 4)$$에서

$$x=-x'+4,\ y=-y'+8$$

이 식을 $y=2x-7$에 대입하면

$$-y'+8=-2x'+8-7$$

$$\therefore y=2x+7$$

따라서 구하는 y절편은 7이다.

1457 답·$\sqrt{14}$

두 원 O와 O'의 공통현의 길이를 구하면 된다.

$O: (x-3)^2+(y-2)^2=4$에서

$\quad x^2+y^2-6x-4y+9=0$

$O': (x-2)^2+(y-3)^2=4$에서

$\quad x^2+y^2-4x-6y+9=0$

두 원의 공통현의 방정식은 $-2x+2y=0$ $\quad \therefore y=x$

원 O의 반지름의 길이는 $r=2$

원 O의 중심 $(3, 2)$와 직선 $x-y=0$ 사이의 거리는

$d=\dfrac{1}{\sqrt{2}}$

$\therefore \overline{AB}=2\sqrt{r^2-d^2}=2\sqrt{4-\dfrac{1}{2}}=\sqrt{14}$

1458 답·$\left(-\dfrac{6}{5}, -\dfrac{7}{5}\right)$

점 $A(2, 5)$를 대칭이동한 점을 $P(a, b)$라 하면

직선 AP의 기울기는 2이므로 $\dfrac{b-5}{a-2}=2$

$b-5=2a-4$에서 $2a-b=-1$ $\qquad \cdots \bigcirc$

$\overline{AP}$의 중점 $\left(\dfrac{a+2}{2}, \dfrac{b+5}{2}\right)$가

$x+2y-4=0$ 위의 점이므로

$\dfrac{a+2}{2}+2\cdot\dfrac{b+5}{2}-4=0$에서 $a+2b=-4$ $\quad \cdots \bigcirc\!\bigcirc$

$\bigcirc$, $\bigcirc\!\bigcirc$을 연립하여 풀면 $a=-\dfrac{6}{5}$, $b=-\dfrac{7}{5}$

$\therefore P\left(-\dfrac{6}{5}, -\dfrac{7}{5}\right)$

1459 답·③

직선을 점에 대하여 대칭이
동한 도형은 직선이며 오른
쪽 그림과 같이 두 직선은
평행이다.

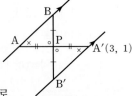

($\because \triangle PAB \equiv \triangle PA'B'$이므로

$\angle BAP=\angle B'A'P$이고 엇각이 같으므로 평행)

즉, 직선 $A'B'$의 기울기는 $\dfrac{1}{2}$이고 점 $(3, 1)$을 지나므로

$y-1=\dfrac{1}{2}(x-3)$에서 $y=\dfrac{1}{2}x-\dfrac{1}{2}$

따라서 $a=\dfrac{1}{2}$, $b=-\dfrac{1}{2}$이므로 $ab=-\dfrac{1}{4}$

1460 답·①

순서에 상관없이 앞면 6회, 뒷면 4회가 나오면 x축의 방향으
로 2만큼, y축의 방향으로 2만큼 평행이동하게 되므로

$P(1, 1) \rightarrow Q(3, 3)$

$\therefore \overline{PQ}=\sqrt{4+4}=2\sqrt{2}$

1461 답·②

(i) $f(x, y)=0$을 x축에 대하여 대칭이동하면

$\quad f(x, -y)=0$

(ii) $f(x, -y)=0$을 x축의 방향으로 -1만큼, y축의 방향으
로 2만큼 평행이동하면

$\quad f(x+1, -(y-2))=0$에서 $f(x+1, 2-y)=0$

(i), (ii)의 이동을 나타내는 도형은 다음 그림과 같다.

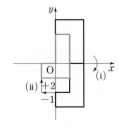

문제 C.O.D.I 코디 Level up
TEST
정답
및
해설

Ⅰ 다항식

01 다항식의 연산 　　　　Level up Test p.2 ~ p.5

01 ③	02 ②	03 $x^6-3x^4+3x^2-1$	
04 ④	05 ⑤	06 ④	07 ④
08 ①	09 ④	10 ①	11 55
12 18	13 ②	14 ①	15 ③
16 ①	17 ⑤	18 3	19 -14
20 ④	21 152	22 ④	
23 $6x^2+39x+60$		24 ⑤	

02 인수분해 (1) 　　　　Level up Test p.6 ~ p.9

01 ④	02 ②	03 ①	04 ⑤
05 ③	06 ①	07 ②	08 ③
09 $(x+1)(x-2)(x+2)(x-3)$		10 ②	
11 ①	12 $(a+b)(a-b+c)$	13 ①	
14 $(a+2b-c)(a-b+2c)$		15 ③	
16 $(3a+2b+c)(9a^2+4b^2+c^2-6ab-2bc-3ca)$			
17 ③	18 ④	19 1	20 -120
21 195	22 9901	23 11700	24 220

03 다항식의 나눗셈과 항등식, 나머지정리 　Level up Test p.10 ~ p.13

01 ⑤	02 ④	03 ①	04 ②
05 ③	06 ⑤	07 ④	08 ⑤
09 ⑤	10 ②	11 ②	12 ①
13 ③	14 ③	15 ①	16 ②
17 4	18 ②	19 100	20 ③
21 2	22 64	23 $27x-26$	
24 $-2x^2+x+5$			

04 인수정리와 인수분해 (2) 　　Level up Test p.14 ~ p.15

01 ④	02 ②	03 ⑤	04 ③
05 ⑤	06 ③	07 $(x+3)(x-3)(x+5)$	
08 $(x+2)(x+1)(x-2)(3x-2)$			
09 $x(x+3)(x-3)$		10 990	11 921500
12 5625000			

Ⅱ 방정식

05 복소수 　　　　Level up Test p.16 ~ p.19

01 ④	02 ④	03 ①	04 ①
05 ④	06 ①	07 ①	08 ①
09 ②	10 ③	11 ③	12 ①
13 ③	14 ②	15 ③	16 ①
17 4	18 ②	19 8	20 $3+2i$
21 $3\sqrt{3}$	22 $50(1-i)$	23 2	24 $\dfrac{2}{3}$

06 일차방정식 　　　　Level up Test p.20 ~ p.21

01 ②	02 ③	03 ③	04 ①
05 ④	06 ⑤	07 ③	08 $a<4$
09 $2\leq x<\sqrt{5}$			
10 $x=-2$ 또는 $x=0$ 또는 $x=1$ 또는 $x=3$			
11 해가 없다.	12 $x=-\dfrac{3}{5}$ 또는 $x=5$		

07 이차방정식 　　　　Level up Test p.22 ~ p.25

01 ⑤	02 ④	03 ②	04 ③
05 ②	06 ①	07 ①	08 ⑤
09 ③	10 ④	11 ④	12 ③
13 ②	14 ③	15 ①	16 ②
17 ④	18 $p=2,\ x=-1$		19 6
20 4	21 30	22 $(3,\ 7)$	24 $(4,\ 6)$
25 $x=-2$ 또는 $x=4$			

08 이차방정식과 이차함수 　　Level up Test p.26 ~ p.29

01 ④	02 ②	03 ①	04 ④
05 ②	06 ⑤	07 ⑤	08 ③
09 ④	10 ①	11 ②	12 ⑤
13 ⑤	14 ①	15 ③	16 ①
17 $\left(\dfrac{1}{2},\ -1\right)$	18 -1	19 1	20 -2
21 24	22 10	23 34	24 1500원

09 여러 가지 방정식
Level up Test p.30 ~ p.33

01 ③	02 ④	03 ①	04 ②
05 ③	06 ④	07 ④	08 ⑤
09 ①	10 ②	11 ④	12 ①
13 ④	14 ④		

15 $\begin{cases} x=4 \\ y=-4 \end{cases}$ 또는 $\begin{cases} x=-2 \\ y=2 \end{cases}$

16 $\begin{cases} x=2 \\ y=2 \end{cases}$ 또는 $\begin{cases} x=4 \\ y=4 \end{cases}$ 또는 $\begin{cases} x=6 \\ y=2 \end{cases}$ 또는 $\begin{cases} x=\dfrac{12}{5} \\ y=\dfrac{4}{5} \end{cases}$

17 $\begin{cases} x=2 \\ y=3 \end{cases}$ 또는 $\begin{cases} x=3 \\ y=2 \end{cases}$　18 $x=3$, $y=2$

19 $x=-1$, $y=1$　20 -1　21 1

22 -4　23 3　24 $x=-2$, $y=4$, $z=5$

Ⅲ 부등식

10 일차부등식
Level up Test p.34 ~ p.35

01 ①	02 ②	03 ⑤	04 ②
05 ⑤	06 ②	07 ②	08 ⑤

09 $a \le 0$　10 $\dfrac{9}{4} \le x \le \dfrac{5}{2}$

11 $-3 < x \le -1$ 또는 $3 \le x < 5$　12 5

11 이차부등식과 이차함수
Level up Test p.36 ~ p.39

01 ③	02 ③	03 ①	04 ③
05 ①	06 ④	07 ②	08 ②
09 ④	10 ④	11 ⑤	12 ①
13 ③	14 ①	15 ②	16 ⑤
17 ④	18 ③		

19 $5-2\sqrt{3} < k < 5+2\sqrt{3}$

20 -5　21 $-3 \le x \le 5$

22 $6x^2+11x+3 \le 0$　23 $-2 < x < 2$

24 $2-\sqrt{7} \le x \le 1$ 또는 $3 \le x \le 2+\sqrt{7}$

Ⅳ 도형의 방정식

12 평면좌표
Level up Test p.40 ~ p.43

01 ①	02 ③	03 ②	04 ⑤
05 ②	06 ③	07 ②	08 ③
09 ⑤	10 ①	11 ①	12 ④
13 ④	14 ⑤	15 ②	16 ⑤
17 ①	18 $a=2$, $b=1$		19 100

20 19　21 $\left(1, -\dfrac{1}{3}\right)$　22 $(1, 0)$

23 해설 참조　24 3

13 직선의 방정식
Level up Test p.44 ~ p.47

01 ⑤	02 ②	03 ③	04 ③
05 ②	06 ①	07 ②	08 ③
09 ④	10 ②	11 ①	12 ④
13 ④	14 ①	15 ⑤	16 ①
17 ②	18 ④	19 $\dfrac{27}{2}$	20 8

21 $x=-1$, $y=-1$　22 $y=-\dfrac{1}{2}x-\dfrac{9}{2}$

23 $x+2y+9=0$　24 $(4, 1)$

14 원의 방정식 (1) : 기본
Level up Test p.48 ~ p.51

01 ⑤	02 ③	03 ③	04 ②
05 ②	06 ①	07 ①	08 ③
09 ②	10 ③	11 ①	12 ③
13 ③	14 ③	15 ②	16 ①
17 ④	18 ④	19 16π	

20 중심의 좌표: $(1, 4)$, 반지름의 길이: 4　21 5

22 $\dfrac{7}{2}$　23 $4\sqrt{3}$　24 $x^2+y^2-6x+5=0$

15 원의 방정식 (2) : 응용
Level up Test p.52 ~ p.53

01 ②	02 ②	03 ①	04 ⑤
05 ④	06 ④	07 $\dfrac{11}{2}$	

08 $y=x \pm 2\sqrt{2}$　09 $\dfrac{3}{4}$　10 $\dfrac{8\sqrt{5}}{5}$

11 $\dfrac{8\sqrt{21}}{5}$　12 4

16 도형의 이동
Level up Test p.54 ~ p.55

01 ②	02 ④	03 ③	04 ⑤
05 ④	06 ③	07 ③	08 $\left(\dfrac{16}{5}, \dfrac{8}{5}\right)$
09 -4	10 4	11 $2\sqrt{2}$	12 2

I 다항식

01 다항식의 연산

01 ③	02 ②	03 $x^6-3x^4+3x^2-1$	
04 ④	05 ⑤	06 ④	07 ④
08 ①	09 ④	10 ①	11 55
12 18	13 ②	14 ①	15 ③
16 ①	17 ⑤	18 3	19 -14
20 ④	21 152	22 ④	
23 $6x^2+39x+60$		24 ⑤	

01 답· ③

$(2x^2+ax+3)(x+2)^3$

$=(2x^2+ax+3)(x^3+6x^2+12x+8)$

x^2항만 찾으면

$16x^2+12ax^2+18x^2=(12a+34)x^2=-2x^2$

이므로 $12a+34=-2$

$\therefore a=-3$

02 답· ②

공식을 이용해 전개한다.

$\left(t+\dfrac{1}{t}+2\right)^2$

$=t^2+\left(\dfrac{1}{t}\right)^2+2^2+2\cdot t\cdot\dfrac{1}{t}+2\cdot\dfrac{1}{t}\cdot 2+2\cdot 2\cdot t$

$=t^2+\dfrac{1}{t^2}+4+2+\dfrac{4}{t}+4t$

$=t^2+\dfrac{1}{t^2}+4t+\dfrac{4}{t}+6$

따라서 전개식에서 상수항은 6이다.

03 답· $x^6-3x^4+3x^2-1$

$(x-1)^3(x+1)^3=\{(x-1)(x+1)\}^3$

$\qquad\qquad\qquad =(x^2-1)^3$

$\qquad\qquad\qquad =(x^2)^3-3(x^2)^2+3x^2-1$

$\qquad\qquad\qquad =x^6-3x^4+3x^2-1$

04 답· ④

$(x^2-2)(x^2+\sqrt{2}x+2)(x^2-\sqrt{2}x+2)$

$=(x-\sqrt{2})(x+\sqrt{2})(x^2+\sqrt{2}x+2)(x^2-\sqrt{2}x+2)$

$=\{(x-\sqrt{2})(x^2+\sqrt{2}x+2)\}\{(x+\sqrt{2})(x^2-\sqrt{2}x+2)\}$

$=(x^3-2\sqrt{2})(x^3+2\sqrt{2})$

$=(x^3)^2-(2\sqrt{2})^2$

$=x^6-8$

이므로 $m=6$, $n=8$

$\therefore m+n=14$

05 답· ⑤

$(x-\alpha)(x-\beta)(x-\gamma)$

$=x^3-(\alpha+\beta+\gamma)x^2+(\alpha\beta+\beta\gamma+\gamma\alpha)x-\alpha\beta\gamma$

$=x^3-3x^2-4x+12$

에서

$\alpha+\beta+\gamma=3$, $\alpha\beta+\beta\gamma+\gamma\alpha=-4$, $\alpha\beta\gamma=-12$

이므로

$\alpha^2+\beta^2+\gamma^2=(\alpha+\beta+\gamma)^2-2(\alpha\beta+\beta\gamma+\gamma\alpha)=17$

$\therefore \alpha^3+\beta^3+\gamma^3$

$\quad =(\alpha+\beta+\gamma)(\alpha^2+\beta^2+\gamma^2-\alpha\beta-\beta\gamma-\gamma\alpha)+3\alpha\beta\gamma$

$\quad =3\times(17+4)+3\times(-12)$

$\quad =63-36=27$

06 답· ④

$(a+b)^2=(a-b)^2+4ab=12+4=16$

이때 $a>0$, $b>0$이므로 $a+b>0$

$\therefore a+b=4$

$\therefore (a+b)^3=4^3=64$

07 답· ④

$x^2-2\sqrt{3}x+2=0$의 양변을 x로 나누고 정리하면

$x-2\sqrt{3}+\dfrac{2}{x}=0$에서 $x+\dfrac{2}{x}=2\sqrt{3}$

$\therefore x^3+\dfrac{8}{x^3}=x^3+\left(\dfrac{2}{x}\right)^3$

$\qquad\qquad =\left(x+\dfrac{2}{x}\right)^3-3\cdot x\cdot\dfrac{2}{x}\left(x+\dfrac{2}{x}\right)$

$\qquad\qquad =\left(x+\dfrac{2}{x}\right)^3-6\left(x+\dfrac{2}{x}\right)$

$\qquad\qquad =24\sqrt{3}-12\sqrt{3}=12\sqrt{3}$

08 답· ①

$a+b=3$, $a^3+b^3=45$이므로

$a^3+b^3=(a+b)^3-3ab(a+b)$에서

$45=27-9ab$ $\qquad \therefore ab=-2$

$\therefore a^2+b^2=(a+b)^2-2ab=9+4=13$

09 답· ④

$x+y+z=4$를 다음과 같이 이항하여 변형한다.

$x+y=4-z$ $\qquad\cdots$ ㉠

$y+z=4-x$ $\qquad\cdots$ ㉡

$z+x=4-y \qquad \cdots \, \textcircled{\tiny ㄷ}$

$(x+y)(y+z)(z+x)=10$에 ㉠, ㉡, ㉢을 대입하면

$(4-x)(4-y)(4-z)=10$

$64-(x+y+z)\times16+(xy+yz+zx)\times4-xyz=10$

$\downarrow \ x+y+z=4, \ xyz=-6$ 대입

$64-64+4(xy+yz+zx)+6=10$

$\therefore xy+yz+zx=1$

$\therefore x^2+y^2+z^2=(x+y+z)^2-2(xy+yz+zx)$

$\qquad\qquad =16-2=14$

10 답· ①

$x+y+z=5, \ xy+yz+zx=7$이므로

$x^2+y^2+z^2=(x+y+z)^2-2(xy+yz+zx)=11$

$\therefore x^3+y^3+z^3$

$\quad =(x+y+z)(x^2+y^2+z^2-xy-yz-zx)+3xyz$

$\quad =5\times(11-7)+3\times3=29$

11 답· 55

$x^2y^2+y^2z^2+z^2x^2$

$=(xy)^2+(yz)^2+(zx)^2$

$=(xy+yz+zx)^2-2(xy^2z+xyz^2+x^2yz)$

$=(xy+yz+zx)^2-2xyz(x+y+z)$

$=5^2-2\times(-3)\times5=25+30=55$

12 답· 18

$(a+b+c)^2=a^2+b^2+c^2+2(ab+bc+ca)$이므로

$0=6+2(ab+bc+ca)$에서 $ab+bc+ca=-3$

$a^2b^2+b^2c^2+c^2a^2$

$=(ab+bc+ca)^2-2abc(a+b+c)$

$=9$

$\therefore a^4+b^4+c^4$

$\quad =(a^2)^2+(b^2)^2+(c^2)^2$

$\quad =(a^2+b^2+c^2)^2-2(a^2b^2+b^2c^2+c^2a^2)$

$\quad =36-18=18$

13 답· ②

㈎, ㈏, ㈐의 식을 좌변끼리, 우변끼리 더하면

$2(A+B+C)=-4x^3+2x^2y-2xy^2$이므로

$A+B+C=-2x^3+x^2y-xy^2 \qquad \cdots \, \textcircled{\tiny ㄱ}$

㈎의 식을 ㉠에 대입하면

$x^3-3xy^2-2y^3+C=-2x^3+x^2y-xy^2$

$\therefore C=-3x^3+x^2y+2xy^2+2y^3$

14 답· ①

① $(-a+2b-5c)^2=(-1)^2(a-2b+5c)^2$

$\qquad\qquad\qquad\quad =(a-2b+5c)^2$

$\qquad\qquad\qquad\quad \neq(a-2b-5c)^2$

② $\left(x+\dfrac{2}{x}\right)^3=x^3+3\cdot x^2\cdot\dfrac{2}{x}+3\cdot x\cdot\left(\dfrac{2}{x}\right)^2+\left(\dfrac{2}{x}\right)^3$

$\qquad\qquad\quad =x^3+6x+\dfrac{12}{x}+\dfrac{8}{x^3}$

③ $\left(2a-\dfrac{1}{2}b\right)^3=(2a)^3-3\cdot(2a)^2\left(\dfrac{1}{2}b\right)+3\cdot(2a)\cdot\left(\dfrac{1}{2}b\right)^2$

$\qquad\qquad\qquad -\left(\dfrac{1}{2}b\right)^3$

$\qquad\qquad\quad =8a^3-6a^2b+\dfrac{3}{2}ab^2-\dfrac{1}{8}b^3$

④ $(4a-5b)^2=(4a+5b)^2-4\cdot4a\cdot5b$

$\qquad\qquad\quad =(4a+5b)^2-80ab$

⑤ $(9x^2+12xy+16y^2)(9x^2-12xy+16y^2)$

$\quad =\{(3x)^2+3x\cdot4y+(4y)^2\}\{(3x)^2-3x\cdot4y+(4y)^2\}$

$\quad =(3x)^4+(3x)^2(4y)^2+(4y)^4$

$\quad =81x^4+144x^2y^2+256y^4$

따라서 옳지 않은 것은 ①이다.

15 답· ③

전개식에서 x^2항만 찾는다.

$(1+3x+5x^2+\cdots)(1+3x+5x^2+\cdots)$

에서 $5x^2+9x^2+5x^2=19x^2$

따라서 구하는 x^2의 계수는 19이다.

16 답· ①

연산에 따라 식을 세우면

$<x^2+x+1, \ x^2+x>$

$=\underbrace{(x^2+x+1)^2}_{(i)}+\underbrace{(x^2+x+1)(x^2+x)}_{(ii)}+\underbrace{(x^2+x)^2}_{(iii)}$

(i) $(x^2+x+1)(x^2+x+1):x+x=2x$

(ii) $(x^2+x+1)(x^2+x):x$

(iii) $(x^2+x)(x^2+x):$ 전개했을 때 x항이 없다.

따라서 전개식에서 x항은 $2x+x=3x$이므로 x의 계수는 3이다.

17 답· ⑤

보통 두 개씩 짝을 지어 전개할 때 공통부분이 이차항과 일차항이 되지만 이 문제에서는 이차항과 상수항이 공통부분이 된다.

$(x+1)(x+2)(x+3)(x+6)$
$=\{(x+1)(x+6)\}\{(x+2)(x+3)\}$
$=(x^2+7x+6)(x^2+5x+6)$
$=(x^2+6+7x)(x^2+6+5x)$ ← $A=x^2+6$으로 치환
$=(A+7x)(A+5x)$
$=A^2+12xA+35x^2$
$=(x^2+6)^2+12x(x^2+6)+35x^2$
$=x^4+12x^2+36+12x^3+72x+35x^2$
$=x^4+12x^3+47x^2+72x+36$

이므로 $m=47$, $n=36$
$\therefore m-n=11$

18 답· 3

$(3x^2-xy+4)^2$
$=(3x^2)^2+(-xy)^2+4^2+2\cdot3x^2\cdot(-xy)$
$\quad+2\cdot(-xy)\cdot4+2\cdot4\cdot3x^2$
$=9x^4+x^2y^2+16-6x^3y-8xy+24x^2$

이므로 x^3y의 계수는 -6　　$\therefore p=-6$
$(\sqrt{3}x+1)^3=(\sqrt{3}x)^3+3\cdot(\sqrt{3}x)^2+3\cdot\sqrt{3}x+1$
$\qquad\qquad\quad=3\sqrt{3}x^3+9x^2+3\sqrt{3}x+1$

이므로 x^2의 계수는 9　　$\therefore q=9$
$\therefore p+q=3$

19 답· -14

$x^2-4x-2=0$의 양변을 x로 나누고 정리하면

$x-4-\dfrac{2}{x}=0$에서 $x-\dfrac{2}{x}=4$

$\left(x+\dfrac{2}{x}\right)^2=\left(x-\dfrac{2}{x}\right)^2+4\cdot x\cdot\dfrac{2}{x}=16+8=24$

$\therefore x+\dfrac{2}{x}=\pm2\sqrt{6}$

이때 $x>2$이므로 $x+\dfrac{2}{x}=2\sqrt{6}$

$x^3+x^2+x+4+\dfrac{2}{x}+\dfrac{4}{x^2}+\dfrac{8}{x^3}$

$=\left(x^3+\dfrac{8}{x^3}\right)+\left(x^2+4+\dfrac{4}{x^2}\right)+\left(x+\dfrac{2}{x}\right)$

$=\left(x+\dfrac{2}{x}\right)^3-6\left(x+\dfrac{2}{x}\right)+\left(x+\dfrac{2}{x}\right)^2+\left(x+\dfrac{2}{x}\right)$

$=48\sqrt{6}-12\sqrt{6}+24+2\sqrt{6}$

$=24+38\sqrt{6}$

이므로 $m=24$, $n=38$
$\therefore m-n=-14$

20 답· ④

$a^2+4b^2+c^2+2ab+2bc+ca$
$\quad-\dfrac{1}{2}\{2a^2+8b^2+2c^2+4ab+4bc+2ca\}$
$=\dfrac{1}{2}\{(a^2+4ab+4b^2)+(4b^2+4bc+c^2)$
$\qquad\quad+(c^2+2ca+a^2)\}$
$=\dfrac{1}{2}\{(a+2b)^2+(2b+c)^2+(c+a)^2\}$
$=\dfrac{1}{2}(1^2+7^2+2^2)$
$=\dfrac{1}{2}\times54=27$

21 답· 152

$x^2+y^2=(x+y)^2-2xy=4+4=8$
$x^3+y^3=(x+y)^3-3xy(x+y)=8+12=20$
$\therefore x^5+y^5=(x^2+y^2)(x^3+y^3)-x^2y^2(x+y)$
$\qquad\qquad=8\times20-4\times2=152$

22 답· ④

$(5+3)(5^2+5\times3+3^2)(5^2-5\times3+3^2)$
$=\dfrac{1}{2}\times2(5+3)(5^2+5\times3+3^2)(5^2-5\times3+3^2)$
$=\dfrac{1}{2}(5-3)(5+3)(5^2+5\times3+3^2)(5^2-5\times3+3^2)$
$=\dfrac{1}{2}\{(5-3)(5^2+5\times3+3^2)\}\{(5+3)(5^2-5\times3+3^2)\}$
$=\dfrac{1}{2}(5^3-3^3)(5^3+3^3)=\dfrac{5^6-3^6}{2}$

이므로 $m=2$, $n=6$
$\therefore m+n=8$

23 답· $6x^2+39x+60$

(도형의 부피)=(정육면체의 부피)$-$(빈 공간의 부피)
(ⅰ) 정육면체의 부피는
　　$(x+4)^3=x^3+12x^2+48x+64$　　…㉠
(ⅱ) 빈 공간의 부피는
　　$(x+1)^2(x+4)=x^3+6x^2+9x+4$　　…㉡
따라서 도형의 부피는 $6x^2+39x+60$이다.

24 답· ⑤

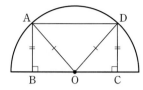

$\overline{AO}=\overline{DO}$ (원의 반지름),

$\overline{AB}=\overline{CD}$ (직사각형의 세로)이므로

$\triangle ABO\equiv\triangle DCO$ $\therefore\ \overline{BO}=\overline{OC}$

즉, $\overline{DA}=\overline{CB}=2\overline{BO}=2\overline{OC}$

(나) $\overline{DA}+\overline{AB}+\overline{BO}=2\overline{OC}+\overline{CD}+\overline{OC}$

$\qquad\qquad\qquad\quad =3\overline{OC}+\overline{CD}$

$\qquad\qquad\qquad\quad =3x+y+5$

(가) $\overline{OC}+\overline{CD}=x+y+3$

(나)$-$(가)를 하면 $2\overline{OC}=2x+2$

$\therefore\ \overline{OC}=x+1$ $\cdots\ \bigcirc$

$\bigcirc$을 (가)에 대입하면

$x+1+\overline{CD}=x+y+3$ $\therefore\ \overline{CD}=y+2$

$\therefore\ \square ABCD=2\overline{OC}\times\overline{CD}=2(x+1)(y+2)$

---

01 ④	02 ②	03 ①	04 ⑤
05 ③	06 ①	07 ②	08 ③
09 $(x+1)(x-2)(x+2)(x-3)$			10 ②
11 ①	12 $(a+b)(a-b+c)$		13 ①
14 $(a+2b-c)(a-b+2c)$			15 ③
16 $(3a+2b+c)(9a^2+4b^2+c^2-6ab-2bc-3ca)$			
17 ③	18 ④	19 1	20 -120
21 195	22 9901	23 11700	24 220

01 답· ④

$x^6-12x^4y^2+48x^2y^4-64y^6$

$=(x^2)^3-3(x^2)^2(4y^2)+3x^2(4y^2)^2-(4y^2)^3$

$=(x^2-4y^2)^3$

$=\{(x+2y)(x-2y)\}^3$

$=(x+2y)^3(x-2y)^3$

02 답· ②

$x^2-3x+1=0$의 양변을 x로 나누면

$x-3+\dfrac{1}{x}=0$에서 $x+\dfrac{1}{x}=3$

$\therefore\ x^3+3x+\dfrac{3}{x}+\dfrac{1}{x^3}$

$\quad =x^3+3\cdot x^2\cdot\dfrac{1}{x}+3x\cdot\left(\dfrac{1}{x}\right)^2+\left(\dfrac{1}{x}\right)^3$

$\quad =\left(x+\dfrac{1}{x}\right)^3=27$

03 답· ①

주어진 식의 좌변을 x에 대하여 내림차순으로 정렬하면

$9x^2-6xy+y^2-6x+2y+1$에서

$9x^2-6(y+1)x+(y+1)^2=(3x-y-1)^2$

즉, $f(x,\ y)=3x-y-1$이므로

$3x-y-1=0$에서 $y=3x-1$

따라서 구하는 기울기는 3, y절편은 -1이므로 그 합은 2이다.

04 답· ⑤

$(x^2-x-3)^2-x^2$

$=\{(x^2-x-3)-x\}\{(x^2-x-3)+x\}$

$=(x^2-2x-3)(x^2-3)$

$=(x+1)(x-3)(x^2-3)$

따라서 인수를 모두 고르면 ㄴ, ㄷ, ㅂ이다.

05 답· ③

$x^3-2\sqrt{2}y^3=x^3-(\sqrt{2}y)^3=(x-\sqrt{2}y)(x^2+\sqrt{2}xy+2y^2)$

이므로 $a=\sqrt{2}$, $b=\sqrt{2}$, $c=2$

$\therefore abc=4$

06 답· ①

공통부분으로 치환할 수 있도록 두 개씩 묶어 전개한다.

$(x+1)(x-1)(x-3)(x-5)+k+11$

$=\{(x+1)(x-5)\}\{(x-1)(x-3)\}+k+11$

$=(x^2-4x-5)(x^2-4x+3)+k+11$ ⟵ $A=x^3-4x$로 치환

$=(A-5)(A+3)+k+11$

$=A^2-2A+k-4$

이 식이 완전제곱식으로 인수분해되므로 $k=5$

즉, $A-2A+1=(A-1)^2=(x^2-4x-1)^2$이므로

$f(x)=x^2-4x-1$

$\therefore f(k)=f(5)=25-20-1=4$

07 답· ②

$a^4+2a^2b^2-3b^4=(a^2)^2+2a^2b^2-3(b^2)^2$

$=(a^2-b^2)(a^2+3b^2)$

$=(a+b)(a-b)(a^2+3b^2)$

이므로 $m=1$, $n=3$

$\therefore m+n=4$

08 답· ③

$9x^4+2x^2+1$

$=9x^4+2x^2+4x^2+1-4x^2$

$=9x^4+6x^2+1-4x^2$

$=(3x^2+1)^2-(2x)^2$

$=(3x^2-2x+1)(3x^2+2x+1)$

즉, $f(x)=(3x^2-2x+1)+(3x^2+2x+1)=6x^2+2$

이므로 $f(1)=8$

09 답· $(x+1)(x-2)(x+2)(x-3)$

$A=x^2-x+1$이라 하면 $A-1=x^2-x$이므로

$(x^2-x+1)^2-10(x^2-x)+11$

$=A^2-10(A-1)+11$

$=A^2-10A+21$

$=(A-3)(A-7)$

$=(x^2-x-2)(x^2-x-6)$

$=(x+1)(x-2)(x+2)(x-3)$

10 답· ②

주어진 식을 x에 대하여 내림차순으로 정렬하면

$x^2-2y^2-xy+2x+5y-3$

$=x^2-(y-2)x-(2y^2-5y+3)$

$=x^2-(y-2)x-(y-1)(2y-3)$

$=(x+y-1)(x-2y+3)$

이므로 $a=1$, $b=2$, $c=3$

$\therefore a^2+b^2+c^2=14$

11 답· ①

주어진 식을 전개하고 x에 대하여 내림차순으로 정렬하면

$(x+y)(x-2y)+4x+y+3$

$=x^2-xy-2y^2+4x+y+3$

$=x^2-(y-4)x-(2y^2-y-3)$

$=x^2-(y-4)x-(y+1)(2y-3)$

$=(x+y+1)(x-2y+3)$

이므로 $f(x, y)$와 $g(x, y)$는

$x+y+1=0$, $x-2y+3=0$

위의 두 식을 연립하여 풀면

$x=-\dfrac{5}{3}$, $y=\dfrac{2}{3}$

따라서 교점의 좌표는 $\left(-\dfrac{5}{3}, \dfrac{2}{3}\right)$이므로

$a+b=-\dfrac{5}{3}+\dfrac{2}{3}=-1$

12 답· $(a+b)(a-b+c)$

주어진 식을 c에 대하여 내림차순으로 정렬하고 인수분해한다.

$a^2-b^2+bc+ac$

$=(a+b)c+a^2-b^2$

$=(a+b)c+(a+b)(a-b)$

$=(a+b)(a-b+c)$

13 답· ①

주어진 식을 a에 대하여 내림차순으로 정렬하면

$ca^2+bc^2+ab^2-c^2a-b^2c-a^2b$

$=-(b-c)a^2+(b^2-c^2)a-b^2c+bc^2$

$=-(b-c)a^2+(b-c)(b+c)a-bc(b-c)$

$=-(b-c)\{a^2-(b+c)a+bc\}$

$=-(b-c)(a-b)(a-c)$

$=(a-b)(b-c)(c-a)$

14 답· $(a+2b-c)(a-b+2c)$

주어진 식을 a에 대하여 내림차순으로 정리하면
$a^2-2b^2-2c^2+ab+5bc+ca$
$=a^2+(b+c)a-(2b^2-5bc+2c^2)$
$=a^2+(b+c)a-(b-2c)(2b-c)$
$=(a+2b-c)(a-b+2c)$

15 답· ③

$x^8-1=(x^4)^2-1^2$
$\qquad=(x^4-1)(x^4+1)$
$\qquad=\{(x^2)^2-1^2\}(x^4+1)$
$\qquad=(x^2-1)(x^2+1)(x^4+1)$
$\qquad=(x-1)(x+1)(x^2+1)(x^4+1)$
이므로 $l=1,\ m=2,\ n=4$
$\therefore l+m+n=7$

16 답· $(3a+2b+c)(9a^2+4b^2+c^2-6ab-2bc-3ca)$

$27a^3+8b^3+c^3-18abc$
$=(3a)^3+(2b)^3+c^3-3\cdot(3a)\cdot(2b)\cdot c$
$=(3a+2b+c)(9a^2+4b^2+c^2-6ab-2bc-3ca)$

17 답· ③

$a^3+b^3+c^3-3abc=0$에서
$(a+b+c)(a^2+b^2+c^2-ab-bc-ca)=0$
이때 $a,\ b,\ c$는 변의 길이이므로 $a+b+c\neq0$
즉, $a^2+b^2+c^2-ab-bc-ca=0$이므로
$\dfrac{1}{2}\{(a-b)^2+(b-c)^2+(c-a)^2\}=0$
따라서 $a=b$이고 $b=c$이고 $c=a$이므로
$\triangle$ABC는 $a=b=c$인 정삼각형이다.

18 답· ④

주어진 식의 좌변을 c에 대하여 내림차순으로 정렬하면
$a^3+b^3+a^2b+ab^2-c^2a-bc^2=0$
$-(a+b)c^2+a^3+a^2b+ab^2+b^3=0$
$-(a+b)c^2+a^2(a+b)+b^2(a+b)=0$
$(a+b)(a^2+b^2-c^2)=0$
이때 $a,\ b$는 변의 길이이므로 $a+b\neq0$
따라서 $a^2+b^2-c^2=0$, 즉 $c^2=a^2+b^2$이므로
$\triangle$ABC는 $\angle$C$=90°$인 직각삼각형이다.

19 답· 1

분자의 식을 a에 대하여 내림차순으로 정렬하면
$a^2b+ca^2+b^2c+ab^2+c^2a+bc^2+2abc$
$=(b+c)a^2+(b^2+2bc+c^2)a+b^2c+bc^2$
$=(b+c)a^2+(b+c)^2a+bc(b+c)$
$=(b+c)\{a^2+(b+c)a+bc\}$
$=(b+c)(a+b)(a+c)$
$=(a+b)(b+c)(c+a)$
$\therefore \dfrac{(a+b)(b+c)(c+a)}{(a+b)(b+c)(c+a)}=1$

20 답· -120

인수분해 공식 $a^2-b^2=(a-b)(a+b)$를 이용한다.
$5^2-7^2+9^2-11^2+13^2-15^2$
$=(5-7)(5+7)+(9-11)(9+11)+(13-15)(13+15)$
$=-2(5+7)-2(9+11)-2(13+15)$
$=-2(5+7+9+11+13+15)$
$=-2\times60=-120$

21 답· 195

$a^3+3a^2b+3ab^2+b^3$의 공식으로 유추한다.
$55^3+3\times55^2\times17+3\times55\times17^2+17^3$
$=(55+17)^3=72^3$
이므로
$A=72=2^3\times3^2$
따라서 자연수 A의 약수의 총합은
$(1+2+2^2+2^3)\times(1+3+3^2)$
$=15\times13=195$

> **보충학습**
>
> **약수의 총합 구하기**
> 두 소수 $a,\ b$에 대하여 자연수 A가 $a^m\times b^n$으로 소인수분해될 때, A의 약수의 총합은
> $(1+a+\cdots+a^m)\times(1+b+\cdots+b^n)$
> 예 $3^2\times5^2$의 약수의 총합은
> $\quad(1+3+3^2)\times(1+5+5^2)$
> $\quad=403$
> 예 $2^2\times3^2\times5^2$의 약수의 총합은
> $\quad(1+2+2^2+2^3)\times(1+3+3^2)\times(1+5)$
> $\quad=1170$

22 답· 9901

$x=99$로 치환하면

$$\frac{99^4+99^2+1}{98\times99+1}=\frac{99^4+99^2+1}{(99-1)\times99+1}$$

$$=\frac{x^4+x^2+1}{(x-1)x+1}$$

$$=\frac{x^4+x^2+1}{x^2-x+1}$$

$$=\frac{(x^2-x+1)(x^2+x+1)}{x^2-x+1}$$

$$=x^2+x+1$$

$$=x(x+1)+1$$

이 식에 $x=99$를 대입하면

$99\times100+1=9901$

23 답· 11700

$a=23,\ b=13,\ c=3$으로 치환하면

$23^3+13^3+3^3-3\times23\times13\times3$

$=a^3+b^3+c^3-3abc$

$=(a+b+c)(a^2+b^2+c^2-ab-bc-ca)$

$=(a+b+c)\times\frac{1}{2}\{(a-b)^2+(b-c)^2+(c-a)^2\}$

$=(23+13+3)\times\frac{1}{2}\{(23-13)^2+(13-3)^2+(3-23)^2\}$

$=39\times\frac{1}{2}\times600=11700$

24 답· 220

$x=12$로 치환하면

$12\times14\times16\times18+16$

$=x(x+2)(x+4)(x+6)+16$

$=\{x(x+6)\}\{(x+2)(x+4)\}+16$

$=(x^2+6x)(x^2+6x+8)+16$

$=A(A+8)+16$ ← $A=x^2+6x$로 치환

$=A^2+8A+16$

$=(A+4)^2$

$=(x^2+6x+4)^2$

이 식에 $x=12$를 대입하면

$(12^2+6\times12+4)^2=220^2$

$\therefore A=220$

---

01 답· ⑤

나눗셈의 관계식을 세우고 변형하면

$$f(x)=(5x-1)Q(x)+2$$

$$=5\left(x-\frac{1}{5}\right)Q(x)+2$$

$$=\left(x-\frac{1}{5}\right)\{5Q(x)\}+2$$

즉, $f(x)$를 $x-\frac{1}{5}$로 나눈 몫은 $5Q(x)$, 나머지는 2

이므로 $k=5,\ r=2$

$\therefore kr=10$

02 답· ④

나눗셈의 관계식을 세우면

$2x^4-x^3+5x^2+x-1=f(x)(2x+1)+4x+2$

$2x^4-x^3+5x^2-3x-3=(2x+1)f(x)$

$$\begin{array}{r}x^3-x^2+3x-3\\2x+1\overline{)\,2x^4-x^3+5x^2-3x-3}\\\underline{2x^4+x^3}\qquad\qquad\qquad\\-2x^3+5x^2\qquad\qquad\\\underline{-2x^3-x^2}\qquad\qquad\\6x^2-3x\qquad\\\underline{6x^2+3x}\qquad\\-6x-3\\\underline{-6x-3}\\0\end{array}$$

$\therefore f(x)=x^3-x^2+3x-3$

$f\left(-\frac{1}{2}\right)=-\frac{1}{8}-\frac{1}{4}-\frac{3}{2}-3$

$$=-\frac{39}{8}$$ 이므로

$p=8,\ q=39$

$\therefore p+q=47$

03 답 · ①

$(2k-1)x-(k-2)y+5k-1=5x+y+12$에서

$2xk-x-yk+2y+5k-1-5x-y-12=0$

$(2x-y+5)k-6x+y-13=0$

이 식이 k에 대한 항등식이므로

$2x-y+5=0$, $-6x+y-13=0$

위의 두 식을 연립하여 풀면 $x=-2$, $y=1$

$\therefore x^2+y^2=5$

04 답 · ②

수치대입법을 이용한다.

등식의 양변에 $x=1$을 대입하면

$1-2-4+a=0$에서 $a=5$

등식의 양변에 $x=0$을 대입하면

$5=-5c$에서 $c=-1$

좌변과 우변의 x^3의 계수를 비교하면

$1=b+c$에서 $b=2$

$\therefore a+bc=5-2=3$

05 답 · ③

주어진 등식은 항등식이므로 양변에

$x=0$을 대입하면 $a_0=1$

$x=1$을 대입하면 $2^{10}=a_0+a_1+a_2+\cdots+a_{10}$

$\therefore a_1+a_2+\cdots+a_{10}=2^{10}-1=1023$

06 답 · ⑤

$3x^3+4x^2-7x+a=(x-1)Q(x)-2$이므로

양변에 $x=1$을 대입하면 $a=-2$

즉, $3x^3+4x^2-7x-2=(x-1)Q(x)-2$이므로

양변에 $x=-2$를 대입하면

$-24+16+14-2=-3Q(-2)-2$

$\therefore Q(-2)=-2$

따라서 $Q(x)$를 $x-a$, 즉 $x+2$로 나눈 나머지는 -2이다.

07 답 · ④

다항식을 $x-2$로 나눈 나머지는 다항식에 $x=2$를 대입

한 값과 같으므로

$f(2)+g(2)=3$, $f(2)g(2)=2$

따라서 $\{f(x)\}^3+\{g(x)\}^3$을 $x-2$로 나눈 나머지는

$\{f(2)\}^3+\{g(2)\}^3$

$=\{f(2)+g(2)\}^3-3f(2)g(2)\{f(2)+g(2)\}$

$=27-3\times2\times3=9$

08 답 · ⑤

$-2x^3+ax^2+11x+4=(x-3)Q_1(x)+10$이므로

양변에 $x=3$을 대입하면

$-54+9a+33+4=10$ $\therefore a=3$

즉, $-2x^3+3x^2+11x+4$를 x^2-5x+6으로 나눈 관계

식을 세우면 $R(x)$는 일차식이므로 다음과 같다.

$-2x^3+3x^2+11x+4=(x^2-5x+6)Q_2(x)+px+q$

$\qquad\qquad\qquad\quad=(x-2)(x-3)Q_2(x)+px+q$

양변에 $x=3$을 대입하면 $3p+q=10$

양변에 $x=2$를 대입하면 $2p+q=22$

위의 두 식을 연립하여 풀면 $p=-12$, $q=46$

따라서 $R(x)=-12x+46$이므로 $R(3)=10$

09 답 · ⑤

$f(x)=\dfrac{1}{4}x^4+ax^3-5x+b$라 하면

$f(x)$를 x^2+2x-8로 나눈 관계식은

$f(x)=(x^2+2x-8)Q(x)+mx+n$

$\qquad=(x-2)(x+4)Q(x)+mx+n$

$f(2)=-1$, $f(-4)=53$이므로

$x=2$를 대입하면

$-1=2m+n$ $\qquad\cdots$ ㉠

$x=-4$를 대입하면

$53=-4m+n$ $\qquad\cdots$ ㉡

㉠, ㉡을 연립하여 풀면 $m=-9$, $n=17$

따라서 $R(x)=-9x+17$이므로 $R(1)=8$

10 답 · ②

$f(x)$를 삼차식으로 나눈 나머지를 이차식으로 놓고

나눗셈의 관계식을 세우면

$f(x)=(x^3+5x^2+6x)Q(x)+ax^2+bx+c$

$\qquad=x(x+2)(x+3)Q(x)+ax^2+bx+c$

$f(0)=-5$이므로 $c=-5$

$f(-2)=3$이므로 $4a-2b-5=3$에서 $2a-b=4$

$f(-3)=-2$이므로 $9a-3b-5=-2$에서 $3a-b=1$

위의 두 식을 연립하여 풀면 $a=-3$, $b=-10$

따라서 구하는 나머지는 $-3x^2-10x-5$이다.

11 답 · ②

$f(x)$를 $x^2-3x-10$으로 나눈 관계식을 세우면

$f(x)=(x^2-3x-10)Q_1(x)+x-10$

$\qquad=(x+2)(x-5)Q_1(x)+x-10$

이 식에 $x=-2$를 대입하면 $f(-2)=-12$
$\qquad x=5$를 대입하면 $f(5)=-5$
$f(x)$를 $x^3-2x^2-13x-10$으로 나눈 나머지를
ax^2+bx+c라 하면
$$f(x)=(x^3-2x^2-13x-10)Q_2(x)+ax^2+bx+c$$
$$=(x+1)(x+2)(x-5)Q_2(x)+ax^2+bx+c$$
$f(5)=-5$이므로 $25a+5b+c=-5$ $\qquad\cdots$ ㉠
$f(-2)=-12$이므로 $4a-2b+c=-12$ $\qquad\cdots$ ㉡
$f(-1)=1$이므로 $a-b+c=1$ $\qquad\cdots$ ㉢
㉠$-$㉡을 하면 $21a+7b=7$에서 $3a+b=1$
㉡$-$㉢을 하면 $3a-b=-13$
위의 두 식을 연립하여 풀면 $a=-2$, $b=7$, $c=10$
$\therefore a+b+c=15$

12 답 · ①
$$f(x)=(x^2+2x-15)Q(x)+2x+5$$
$$=(x-3)(x+5)Q(x)+2x+5$$
에서 $f(3)=11$, $f(-5)=-5$
따라서 $f(3x+1)$을 $x+2$로 나눈 나머지는 $f(3x+1)$에
$x=-2$를 대입한 값과 같으므로
$f(-6+1)=f(-5)=-5$

13 답 · ③
등식의 우변을 통분하여 양변을 비교한다.
$$\frac{ax^3+4x^2+4x+5}{x^4+3x^2+2}=\frac{2x+b}{x^2+1}+\frac{c}{x^2+2}$$
$$\frac{ax^3+4x^2+4x+5}{x^4+3x^2+2}=\frac{(2x+b)(x^2+2)+c(x^2+1)}{(x^2+1)(x^2+2)}$$
$$\frac{ax^3+4x^2+4x+5}{(x^2+1)(x^2+2)}=\frac{2x^3+(b+c)x^2+4x+2b+c}{(x^2+1)(x^2+2)}$$
즉, $a=2$이고,
$b+c=4$, $2b+c=5$에서 $b=1$, $c=3$
$\therefore a+b+c=6$

14 답 · ③
(i) 좌변의 삼차항의 계수가 2이므로 우변의 삼차항의 계
수도 2가 되어야 한다.
$\qquad \therefore a=2$
(ii) 등식의 양변에 $x=1$을 대입하면
$\qquad 2-1+4-7=c \qquad \therefore c=-2$
(iii) 등식의 양변에 $x=0$을 대입하면
$\qquad -7=-2+b-8-2 \qquad \therefore b=5$
$\therefore a+b+c=5$

다른풀이
등식을 다음과 같이 변형하여 나눗셈으로 해석하여
푼다.
$$2x^3-x^2+4x-7$$
$$=a(x-1)^3+b(x-1)^2+8(x-1)+c$$
$$=(x-1)\underbrace{\{a(x-1)^2+b(x-1)+8\}}_{몫}+\underbrace{c}_{나머지}$$
몫을 다시 정리하면
$$2x^2+x+5=a(x-1)^2+b(x-1)+8$$
$$=(x-1)\{a(x-1)+b\}+8$$
$$2x+3=a(x-1)+b$$
$\therefore a=2$, $b=5$, $c=-2$

$$
\begin{array}{r|rrr|r}
1 & 2 & -1 & 4 & -7 \\
  &   & 2 & 1 & 5 \\
\hline
1 & 2 & 1 & 5 & \boxed{-2}=c \\
  &   & 2 & 3 & \\
\hline
1 & 2 & 3 & \boxed{8} & \\
  &   & 2 & & \\
\hline
  & 2 & \boxed{5} & & \\
\end{array}
$$

15 답 · ①
$3x-y=1$을 y에 대하여 정리하고 다른 식에 대입한다.
$y=3x-1$을 $(k^2-k)x+(k-1)y=0$에 대입하면
$$(k^2-k)x+(k-1)(3x-1)=0$$
$$(k^2-k)x+(3k-3)x-(k-1)=0$$
$$(k^2+2k-3)x-(k-1)=0$$
$$(k-1)(k+3)x-(k-1)=0$$
이 식은 x에 대한 항등식이므로
$(k-1)(k+3)=0$, $k-1=0$
$\therefore k=1$

16 답 · ②
주어진 등식이 항등식이므로 수치대입법을 이용한다.
양변에 $x=3$을 대입하면
$0=81+27a+9+3b-12$에서 $9a+b=-26$ $\qquad\cdots$ ㉠
양변에 $x=-1$을 대입하면
$0=1-a+1-b-12$에서 $a+b=-10$ $\qquad\cdots$ ㉡
㉠, ㉡을 연립하여 풀면 $a=-2$, $b=-8$
$\therefore (x+1)(x-3)P(x)=x^4-2x^3+x^2-8x-12$
이때 $P(x)$를 $x-2$로 나눈 나머지는 $P(2)$이므로
등식의 양변에 $x=2$를 대입하면
$$-3P(2)=16-16+4-16-12$$
$\therefore P(2)=8$

17 답· 4

주어진 분수식이 갖는 값을 k라 하면

$\dfrac{ax+by+c}{6x-8y+5}=k$에서

$ax+by+c=6kx-8ky+5k$

이 등식은 항등식이므로

$a=6k$, $b=-8k$, $c=5k$

$\therefore \dfrac{a^2+b^2}{c^2}=\dfrac{100k^2}{25k^2}=4$

18 답· ②

나머지정리에 의하여

$f(-2)+3g(-2)=2$ ⋯ ㉠

$f(-2)-g(-2)=-6$ ⋯ ㉡

㉠$+3\times$㉡을 하면 $4f(-2)=-16$에서 $f(-2)=-4$

따라서 $f(x)$를 $x+2$로 나눈 나머지는 -4이다.

19 답· 100

나눗셈의 관계식을 세우면

$100^{45}=101\times Q+r$

$x=101$로 치환하면

$(x-1)^{45}=x\times Q+r$

문자로 치환한 나눗셈의 관계식은 항등식이므로

양변에 $x=0$을 대입하면 $r=(-1)^{45}=-1$

$\therefore 100^{45}=101\times Q-1$

$\qquad\quad =101\times Q-101+101-1$

$\qquad\quad =101\times(Q-1)+100$

따라서 100^{45}을 101로 나눈 나머지는 100이다.

> **주의**
>
> 숫자의 나눗셈에서 나머지는 0 또는 자연수가 되므로 나머지가 음의 정수일 때는 자연수가 되도록 조정해야 한다.
>
> 나머지가 음의 정수일 때 다음과 같이 정리한다.
>
> (ⅰ) 7로 나눈 나머지가 -3 ⇨ 나머지는 4
>
> (3이 모자라다) = (4가 남는다)
>
> (ⅱ) 8로 나눈 나머지가 -2 ⇨ 나머지는 6
>
> (2가 모자라다) = (6이 남는다)
>
> (ⅲ) 101로 나눈 나머지가 -1 ⇨ 나머지는 100
>
> (1이 모자라다) = (100이 남는다)

20 답· ③

나눗셈의 관계식으로 세우면

$25^{10}=23\times Q+r$

$x=25$로 치환하면

$x^{10}=(x-2)Q+r$

문자로 치환한 나눗셈의 관계식은 항등식이므로

양변에 $x=2$를 대입하면 $r=2^{10}=1024$

$\therefore 25^{10}=23\times Q+1024$

$\qquad\quad =23\times Q+23\times 44+12$

$\qquad\quad =23(Q+44)+12$

따라서 25^{10}을 23으로 나눈 나머지는 12이다.

> **주의**
>
> 나머지가 나누는 수보다 클 경우에는 나머지를 다시 나누어 나누는 수보다 작게 만들어야 한다.
>
> 간단한 예로 확인해 보자.
>
> $30=7\times 3+9$는 30을 7로 나눈 몫이 3, 나머지가 9라는 의미가 되므로 옳지 않은 관계식이다.
>
> 9를 7로 다시 나누어
>
> $30=7\times 3+7\times 1+2=7\times 4+2$로 정리해야 제대로 나머지가 2로 나온다.

21 답· 2

2나 7을 x로 치환하면 식을 세우기 어려우므로

두 수의 관계를 관찰한다.

$2^{24}+2^{12}=7\times Q+r$에서

$(2^3)^8+(2^3)^4=(8-1)\times Q+r$

$8^8+8^4=(8-1)\times Q+r$

$x=8$로 치환하면

$x^8+x^4=(x-1)\times Q+r$

양변에 $x=1$을 대입하면 $r=2$

$\therefore 2^{24}+2^{12}=7\times Q+2$

따라서 $2^{24}+2^{12}$을 7로 나눈 나머지는 2이다.

22 답· 64

전개식은 항등식이므로 적당한 값을 대입하면 된다.

$(x^2-4x-3)^6=a_0+a_1x+a_2x+\cdots+a_{11}x^{11}+a_{12}x^{12}$

의 양변에 $x=-1$을 대입하면

$a_0-a_1+a_2-a_3+\cdots-a_{11}+a_{12}=2^6=64$

23 답· $27x-26$

$P(x)$는 최고차항의 계수가 1인 사차식이므로

$P(x)=x^4+ax^3+bx^2+cx+d$라 하자.

㈎에서 $P(0)=-4$이므로 $d=-4$

㈏에서 $P(x)=P(-x)$이므로

$x^4+ax^3+bx^2+cx-4=x^4-ax^3+bx^2-cx-4$

에서 $a=0$, $c=0$

$\therefore P(x)=x^4+bx^2-4$

㈎에서 $P(1)=1$이므로 $1+b-4=1$ $\therefore b=4$

$P(x)=x^4+4x^2-4=(x-1)(x-2)Q(x)+px+q$

양변에 $x=2$를 대입하면 $2p+q=28$

양변에 $x=1$을 대입하면 $p+q=1$

위의 두 식을 연립하여 풀면 $p=27$, $q=-26$

따라서 구하는 나머지는 $27x-26$이다.

---

24 답· $-2x^2+x+5$

나머지정리에 의하여 $f(-2)=-5$

$f(x)$를 $(x-1)^2(x+2)$로 나눈 나머지를 ax^2+bx+c라

하고 나눗셈의 관계식을 세우면

$\begin{aligned} f(x) &=(x-1)^2(x+2)Q(x)+ax^2+bx+c \\ &=(x-1)^2\{(x+2)Q(x)\} \\ &\quad +a(x-1)^2+(2a+b)x-a+c \\ &=(x-1)^2\{(x+2)Q(x)+a\}+(2a+b)x-a+c \end{aligned}$

이는 $f(x)$를 $(x-1)^2$으로 나눈 몫이 $(x+2)Q(x)+a$,

나머지가 $(2a+b)x-a+c$라고 해석할 수 있다.

이때 $f(x)$를 $(x-1)^2$으로 나눈 나머지는 $-3x+7$이므로

$(2a+b)x-a+c=-3x+7$에서

$2a+b=-3$ … ㉠

$-a+c=7$ … ㉡

또한 $f(-2)=-5$이므로

$4a-2b+c=-5$ … ㉢

㉠, ㉡, ㉢을 연립하여 풀면 $a=-2$, $b=1$, $c=5$

따라서 구하는 나머지는 $-2x^2+x+5$이다.

---

04 인수정리와 인수분해 (2)   Level up Test p.14 ~ p.15

01 ④	**02** ②	**03** ⑤	**04** ③
05 ⑤	**06** ③	**07** $(x+3)(x-3)(x+5)$	

08 $(x+2)(x+1)(x-2)(3x-2)$

09 $x(x+3)(x-3)$ **10** 990   **11** 921500

12 5625000

---

01 답· ④

다항식에 $x=1$을 대입하면

$1+k^2-2+k+1-k^2-k=0$

따라서 주어진 다항식은 항상 $x-1$을 인수로 갖는다.

---

02 답· ②

주어진 다항식이 $x-2$를 인수로 가지므로

$x=2$를 대입한 값이 0이 된다.

즉, $16+8k-8+4-2k^2-2=0$이므로

$k^2-4k-5=0$, $(k-5)(k+1)=0$

$\therefore k=-1$ ($\because k<0$)

따라서 다항식은 $x^4-2x^3+x^2-x-2$이고

조립제법을 이용하여 인수분해하면

$$
\begin{array}{r|rrrrr}
2 & 1 & -2 & 1 & -1 & -2 \\
  &   & 2 & 0 & 2 & 2 \\
\hline
  & 1 & 0 & 1 & 1 & \boxed{0}
\end{array}
$$

$x^4-2x^3+x^2-x-2=(x-2)(x^3+x+1)$

따라서 $f(x)=x^3+x+1$이므로

$f(k)=f(-1)=-1$

---

03 답· ⑤

주어진 다항식이 $(x-4)^2$을 인수로 가지므로

다항식을 $x-4$로 나눈 나머지는 0이고,

몫을 다시 $x-4$로 나눈 나머지도 0이 된다.

$$
\begin{array}{r|rrrr}
4 & 1 & -2k+1 & k^2-1 & -16 \\
  &   & 4 & -8k+20 & 4k^2-32k+76 \\
\hline
4 & 1 & -2k+5 & k^2-8k+19 & \boxed{4k^2-32k+60} \\
  &   & 4 & -8k+36 & \\
\hline
  & 1 & -2k+9 & \boxed{k^2-16k+55} &
\end{array}
$$

(ⅰ) $4k^2-32k+60=0$이므로

$k^2-8k+15=0$, $(k-3)(k-5)=0$

$\therefore k=3$ 또는 $k=5$

(ⅱ) $k^2-16k+55=0$이므로

$(k-5)(k-11)=0$ $\therefore k=5$ 또는 $k=11$

(ⅰ), (ⅱ)에서 두 식을 동시에 만족시키는 k의 값은 $k=5$

04 답· ③

$4x^4-4x^3-x^2-5x+3$을 x^2+x+1로 나누면

$$
\begin{array}{r}
4x^2-8x+3 \\
x^2+x+1\,\overline{\smash{)}\,4x^4-4x^3-x^2-5x+3} \\
\underline{4x^4+4x^3+4x^2} \\
-8x^3-5x^2-5x \\
\underline{-8x^3-8x^2-8x} \\
3x^2+3x+3 \\
\underline{3x^2+3x+3} \\
0
\end{array}
$$

$4x^4-4x^3-x^2-5x+3=(x^2+x+1)(4x^2-8x+3)$
$=(x^2+x+1)f(x)g(x)$

따라서 $f(x)g(x)=4x^2-8x+3$이므로
$f(2)g(2)=16-16+3=3$

05 답· ⑤

$a^3+a^2-14a-24$를 조립제법을 이용하여 인수분해하면

$$
\begin{array}{r|rrrr}
4 & 1 & 1 & -14 & -24 \\
  &   & 4 & 20 & 24 \\
\hline
  & 1 & 5 & 6   & \;\;0
\end{array}
$$

$a^3+a^2-14a-24=(a-4)(a^2+5a+6)$
$=(a-4)(a+2)(a+3)$

따라서 $f(a)=(a+2)+(a+3)=2a+5$이므로
$f(2)=9$

06 답· ③

$P(1)=P(-1)=P(-4)=0$이므로
$P(x)$는 $x-1$, $x+1$, $x+4$를 인수로 갖는다.
즉, $P(x)=(x-1)(x+1)(x+4)(ax+b)$라 하면
최고차항의 계수가 1이므로 $a=1$
상수항이 0이므로 $b=0$
따라서 $P(x)=x(x-1)(x+1)(x+4)$이므로
$P(2)=2\cdot1\cdot3\cdot6=36$

07 답· $(x+3)(x-3)(x+5)$

$f(\alpha)=0$, $f(\beta)=0$, $f(\gamma)=0$이므로 삼차식 $f(x)$는
$x-\alpha$, $x-\beta$, $x-\gamma$를 인수로 갖고 x^3의 계수가 1이므로
$f(x)=(x-\alpha)(x-\beta)(x-\gamma)$
$=x^3-(\alpha+\beta+\gamma)x^2+(\alpha\beta+\beta\gamma+\gamma\alpha)x-\alpha\beta\gamma$
$=x^3+5x^2-9x-45$
$=x(x^2-9)+5(x^2-9)$
$=(x^2-9)(x+5)$
$=(x+3)(x-3)(x+5)$

08 답· $(x+2)(x+1)(x-2)(3x-2)$

$f(-2)=f(-1)=f(2)=0$이므로
$f(x)$는 $x+2$, $x+1$, $x-2$를 인수로 갖는다.
즉, $f(x)=(x+2)(x+1)(x-2)(ax+b)$라 하면
나머지정리에 의하여 $f(0)=8$, $f(1)=-6$이므로
$f(0)=2\cdot1\cdot(-2)\cdot b=8$에서 $b=-2$
$f(1)=3\cdot2\cdot(-1)(a-2)=-6$에서 $a=3$
$\therefore f(x)=(x+2)(x+1)(x-2)(3x-2)$

09 답· $x(x+3)(x-3)$

$g(x)=ax^3+bx^2+cx+d$라 하면
㈎에서 $g(x)=-g(-x)$이므로
$ax^3+bx^2+cx+d=ax^3-bx^2+cx-d$에서
$a=a$, $b=-b$, $c=c$, $d=-d$
$\therefore b=0$, $d=0$
$g(x)=ax^3+cx$이고 ㈏에서 $g(3)=0$이므로
$27a+3c=0$에서 $c=-9a$
즉, $g(x)=ax^3-9ax$에서 $g(1)=-8a$이고
㈐에서 a는 자연수이므로 $-8a$가 최대가 되는 자연수
a는 1이다.
$\therefore g(x)=x^3-9x=x(x+3)(x-3)$

10 답· 990

$x=9$라 하면
$9^3+3\times9^2+2\times9=x^3+3x^2+2x$
$=x(x^2+3x+2)$
$=x(x+1)(x+2)$
$\therefore 9^3+3\times9^2+2\times9=9\times10\times11=990$

11 답· 921500

$x=98$이라 하면
$98^3-2\times98^2-5\times98+6=x^3-2x^2-5x+6$
$=(x-1)(x+2)(x-3)$
$=97\times100\times95$
$=921500$

> **참고**
>
> $f(x)=x^3-2x^2-5x+6$이라 하면
> $f(1)=0$이므로
>
> $$
> \begin{array}{r|rrrr}
> 1 & 1 & -2 & -5 & 6 \\
>   &   & 1 & -1 & -6 \\
> \hline
>   & 1 & -1 & -6 & \;\;0
> \end{array}
> $$
>
> $f(x)=(x-1)(x^2-x-6)$
> $=(x-1)(x+2)(x-3)$

12 답· 5625000

$x=48$이라 하면

$48^4+3\times48^3-6\times48^2-28\times48-24$

$=x^4+3x^3-6x^2-28x-24$

$=(x+2)^3(x-3)$

$=50^3\times45=5625000$

> **참고**
>
> $f(x)=x^4+3x^3-6x^2-28x-24$라 하면
>
> $f(3)=0$이므로
>
> $$\begin{array}{r|rrrrr} 3 & 1 & 3 & -6 & -28 & -24 \\ & & 3 & 18 & 36 & 24 \\ \hline & 1 & 6 & 12 & 8 & 0 \end{array}$$
>
> $f(x)=(x-3)(x^2+6x^2+12x+8)$
>
> $\quad\quad=(x-3)(x+2)^3$

Ⅱ 방정식

05 복소수　　　　　　　Level up Test p.16 ~ p.19

01 ④	02 ④	03 ①	04 ①
05 ④	06 ①	07 ①	08 ①
09 ②	10 ③	11 ③	12 ①
13 ③	14 ②	15 ③	16 ①
17 4	18 ②	19 8	20 $3+2i$
21 $3\sqrt{3}$	22 $50(1-i)$	23 2	24 $\dfrac{2}{3}$

01 답· ④

$ix^2+(2i+1)x-15i+2$

$=x+2+(x^2+2x-15)i$

$=(x+2)+(x-3)(x+5)i$

(i) 허수부분이 0이 되는 x의 값: 3 또는 -5

　• $x=3$이면 5(양의 실수)

　• $x=-5$이면 -3(음의 실수)

(ii) 실수부분이 0이 되는 x의 값: -2

　• $x=-2$이면 $-15i$(순허수)

따라서 구하는 두 값의 곱은 $-5\times(-2)=10$

02 답· ④

$i(2-i)^3=i(8-12i+6i^2-i^3)=i(8-12i-6+i)$

$\qquad\qquad=i(2-11i)=2i-11i^2$

$\qquad\qquad=11+2i$

따라서 실수부분은 11, 허수부분은 2이므로 그 합은 13이다.

03 답· ①

$\dfrac{(4+i)^2}{1+3i}=\dfrac{15+8i}{1+3i}=\dfrac{(15+8i)(1-3i)}{(1+3i)(1-3i)}=\dfrac{39-37i}{10}$

이므로 $a=39$, $b=-37$

$\therefore a+b=2$

04 답· ①

$\dfrac{2i}{3+2i}+\dfrac{1+2i}{2-3i}$

$=\dfrac{2i(3-2i)}{(3+2i)(3-2i)}+\dfrac{(1+2i)(2+3i)}{(2-3i)(2+3i)}$

$=\dfrac{4+6i}{13}+\dfrac{-4+7i}{13}=i=a+bi$

이므로 $a=0$, $b=1$

$\therefore a+b=1$

05 답·④

$z^2>0$이면 z는 0이 아닌 실수이므로
$z=x+4+(x^2+3x-4)i$
$\quad =x+4+(x+4)(x-1)i$
에서 $x+4\neq 0$, $(x+4)(x-1)=0$
$\therefore x=1$

06 답·①

$z=(1+i)x^2+(3+4i)x-4-5i$
$\quad =(x^2+3x-4)+(x^2+4x-5)i$
$\quad =(x+4)(x-1)+(x+5)(x-1)i$
이고 $z^2<0$이면 z는 순허수이므로
$(x+4)(x-1)=0$, $(x+5)(x-1)\neq 0$
$\therefore x=-4$

07 답·①

$x=2-\sqrt{5}\,i$에서 $x-2=-\sqrt{5}\,i$이므로
$(x-2)^2=(-\sqrt{5}\,i)^2$, $x^2-4x+4=-5$
$x^2-4x=-9$
$\therefore (x-1)(x-3)=x^2-4x+3=-9+3=-6$

08 답·①

$x=\dfrac{3+\sqrt{3}\,i}{2}$에서 $2x=3+\sqrt{3}\,i$
$2x-3=\sqrt{3}\,i$, $(2x-3)^2=(\sqrt{3}\,i)^2$
$4x^2-12x+9=-3$, $x^2-3x+3=0$
$2x^3-4x^2$을 x^2-3x+3으로 나누면

$$
\begin{array}{r}
2x+2 \\
x^2-3x+3\,\overline{)\,2x^3-4x^2} \\
\underline{2x^3-6x^2+6x} \\
2x^2-6x \\
\underline{2x^2-6x+6} \\
-6
\end{array}
$$

$\therefore 2x^3-4x^2=(x^2-3x+3)(2x+2)-6$
$\qquad\qquad\quad =0\cdot(2x+2)-6=-6$

09 답·②

등식의 좌변을 실수부분과 허수부분으로 나누어 정리하고 우변과 비교한다.
$ix^2+(1-2i)x+2y^2-5y$
$\quad =(x+2y^2-5y)+(x^2-2x)i=8+15i$
(i) $x^2-2x=15$에서 $(x-5)(x+3)=0$
$\quad \therefore x=-3$ 또는 $x=5$
이때 x는 자연수이므로 $x=5$

(ii) $x+2y^2-5y=8$에 $x=5$를 대입하면
$2y^2-5y-3=0$, $(y-3)(2y+1)=0$
$\therefore y=-\dfrac{1}{2}$ 또는 $y=3$
이때 y는 자연수이므로 $y=3$

10 답·③

$z_1+z_2=1-2i$에서 $\overline{z_1}+\overline{z_2}=1+2i$
$z_1z_2=-3-i$에서 $\overline{z_1}\,\overline{z_2}=-3+i$
$\overline{(2z_1+1)(2z_2+1)}=4\overline{z_1}\,\overline{z_2}+2(\overline{z_1}+\overline{z_2})+1$
$\qquad\qquad\qquad\qquad =4(-3+i)+2(1+2i)+1$
$\qquad\qquad\qquad\qquad =-9+8i$
$\qquad\qquad\qquad\qquad =a+bi$
이므로 $a=-9$, $b=8$
$\therefore a+b=-1$

11 답·③

$z=a+bi$라 하면 $\overline{z}=a-bi$
$(2+i)z+i\overline{z}=(2+i)(a+bi)+i(a-bi)$
$\qquad\qquad\qquad =2a-b+(a+2b)i+ai+b$
$\qquad\qquad\qquad =2a+(2a+2b)i$
$\qquad\qquad\qquad =2-6i$
이므로 $a=1$, $b=-4$
즉, $z=1-4i$, $\overline{z}=1+4i$이므로
$z+\overline{z}=2$, $z\overline{z}=17$
$\therefore (z-2)(\overline{z}-2)-4=z\overline{z}-2(z+\overline{z})$
$\qquad\qquad\qquad\qquad =17-4=13$

12 답·①

$a<0$, $b<0$일 때 $\sqrt{a}\sqrt{b}=-\sqrt{ab}$,
$a>0$, $b<0$일 때 $\dfrac{\sqrt{a}}{\sqrt{b}}=-\sqrt{\dfrac{a}{b}}$ 임을 이용한다.
$2\sqrt{-3}(\sqrt{3}-\sqrt{-3})+\dfrac{\sqrt{9}}{\sqrt{-3}}+\dfrac{\sqrt{-9}}{\sqrt{3}}$
$2\sqrt{-3}\sqrt{3}-2\sqrt{-3}\sqrt{-3}-\sqrt{-\dfrac{9}{3}}+\sqrt{-\dfrac{9}{3}}$
$=2\sqrt{-9}+2\sqrt{9}-\sqrt{-3}+\sqrt{-3}$
$=6i+6-\sqrt{3}\,i+\sqrt{3}\,i$
$=6+6i$

13 답·③

$i+i^3+\cdots+i^{1003}$은 총 502개의 항이고
$i^2=-1$을 이용한다.
$\therefore i+i^3+i^5+i^7+i^9+i^{11}+\cdots+i^{1001}+i^{1003}$
$=i-i+i^5-i^5+i^9-i^9+\cdots+i^{1001}-i^{1001}$
$=0$

14 답· ②

$z=a+bi$라 하면 $\overline{z}=a-bi$

$$(3+2i)z+\overline{z}=(3+2i)(a+bi)+a-bi$$
$$=(3a-2b)+(2a+3b)i+a-bi$$
$$=(4a-2b)+(2a+2b)i$$
$$=6$$

이므로

$4a-2b=6$에서 $2a-b=3$

$2a+2b=0$에서 $a+b=0$

위의 두 식을 연립하여 풀면 $a=1$, $b=-1$

즉, $z=1-i$

$$\therefore z^{20}=(1-i)^{20}=\{(1-i)^2\}^{10}=(-2i)^{10}$$
$$=2^{10}\cdot i^{10}=-2^{10}$$

15 답· ③

$z=a+bi$라 하자. (단, a, b는 실수)

① z의 켤레복소수의 켤레복소수는 z 자신이다. (참)

② $z^2=a^2-b^2+2abi$이고 $z^2=0$이면

$a^2=b^2$이고 $ab=0$이다.

즉, $a=0$, $b=0$이므로 $z=0$이다. (참)

③ $z\overline{z}=(a+bi)(a-bi)=a^2+b^2$이므로 실수부분과 허수부분의 제곱의 합이다. (거짓)

④ $z+\overline{z}=2a$이므로 항상 실수이다. (참)

⑤ $z=a+bi$에서 $b=0$인 복소수를 실수라 한다. (참)

16 답· ①

$z=3-i$이면 $\overline{z}=3+i$이므로

$z+\overline{z}=6$, $z\overline{z}=10$

$$\frac{z}{\overline{z}+1}+\frac{\overline{z}}{z+1}=\frac{z(z+1)}{(\overline{z}+1)(z+1)}+\frac{\overline{z}(\overline{z}+1)}{(z+1)(\overline{z}+1)}$$
$$=\frac{z^2+\overline{z}^2+z+\overline{z}}{z\overline{z}+(z+\overline{z})+1}$$
$$=\frac{(z+\overline{z})^2-2z\overline{z}+(z+\overline{z})}{z\overline{z}+(z+\overline{z})+1}$$
$$=\frac{36-20+6}{10+6+1}=\frac{22}{17}$$

이므로 $p=22$, $q=17$

$\therefore p-q=5$

17 답· 4

$\overline{z_1}+\overline{z_2}=5+i$에서 $z_1+z_2=5-i$

$\overline{z_1}\overline{z_2}=8+i$에서 $z_1z_2=8-i$

$$\therefore (z_1-1)(z_2-1)=z_1z_2-(z_1+z_2)+1$$
$$=8-i-5+i+1$$
$$=4$$

18 답· ②

(가)에서 $-x-3\leq0$이고 $x-4\leq0$이므로 $-3\leq x\leq4$

(나)에서 $x+1\geq0$이고 $x-6<0$이므로 $-1\leq x<6$

두 조건의 공통범위는 $-1\leq x\leq4$

따라서 구하는 정수 x는 -1, 0, 1, 2, 3, 4의 6개이다.

19 답· 8

$\alpha+\beta=2-2i$이므로

$$\alpha\overline{\alpha}+\overline{\alpha}\beta+\alpha\overline{\beta}+\beta\overline{\beta}=\overline{\alpha}(\alpha+\beta)+\overline{\beta}(\alpha+\beta)$$
$$=(\alpha+\beta)(\overline{\alpha}+\overline{\beta})=(2-2i)(2+2i)$$
$$=8$$

20 답· $3+2i$

$\dfrac{z}{2-i}=\dfrac{4+7i}{5}$의 양변에 $2-i$를 곱하면

$$z=\frac{(4+7i)(2-i)}{5}=\frac{15+10i}{5}=3+2i$$

21 답· $3\sqrt{3}$

$z=a+bi$, $\overline{z}=a-bi$이므로

$z+\overline{z}=2a=6$에서 $a=3$

$z\overline{z}=a^2+b^2=9+b^2=12$에서 $b=\sqrt{3}$ ($\because b>0$)

$\therefore ab=3\sqrt{3}$

22 답· $50(1-i)$

$i+2i^2+3i^3+4i^4=i-2-3i+4=2-2i$

$5i^5+6i^6+7i^7+8i^8=5i-6-7i+8=2-2i$

$$\vdots$$

즉, 4개 항씩 묶어서 계산한 결과가 $2-2i$이고 총 100개의 항이 있으므로

$$i+2i^2+3i^3+4i^4+\cdots+99i^{99}+100i^{100}$$
$$=\underbrace{(2-2i)+(2-2i)+\cdots+(2-2i)}_{25\text{개}}$$
$$=25\times(2-2i)=50(1-i)$$

23 답· 2

$$\frac{1-i}{1+i}=\frac{(1-i)^2}{(1+i)(1-i)}=\frac{-2i}{2}=-i$$

$$\frac{1+i}{1-i}=\frac{(1+i)^2}{(1-i)(1+i)}=\frac{2i}{2}=i$$

$$\therefore \left(\frac{1-i}{1+i}\right)^{500}+\left(\frac{1+i}{1-i}\right)^{500}=(-i)^{500}+i^{500}=2i^{500}$$
$$=2\cdot(i^4)^{125}=2$$

24 답· $\dfrac{2}{3}$

$z=1-\sqrt{2}i$, $\overline{z}=1+\sqrt{2}i$이므로 $z+\overline{z}=2$, $z\overline{z}=3$

$$\therefore \frac{1}{z}+\frac{1}{\overline{z}}=\frac{z+\overline{z}}{z\overline{z}}=\frac{2}{3}$$

01 ②	02 ③	03 ③	04 ①
05 ④	06 ⑤	07 ③	08 $a<4$

09 $2 \leq x < \sqrt{5}$

10 $x=-2$ 또는 $x=0$ 또는 $x=1$ 또는 $x=3$

11 해가 없다. 12 $x=-\dfrac{3}{5}$ 또는 $x=5$

---

01 답 · ②

$(k^2+3k-10)x=k^2-7x+10$에서

$(k-2)(k+5)x=(k-2)(k-5)$

(i) $k=2$일 때 $0 \cdot x=0$이므로 해가 무수히 많다.

   $\therefore p=2$

(ii) $k=-5$일 때 $0 \cdot x=70$이므로 해가 없다.

   $\therefore q=-5$

$\therefore pq=-10$

02 답 · ③

$[x]=n$이면 $n \leq x < n+1$이므로

$[x]=-1$에서 $-1 \leq x < 0$

03 답 · ③

$2<\sqrt{2^3}=\sqrt{8}<3$ $: f(2)=2$

$5<\sqrt{3^3}=\sqrt{27}<6$ $: f(3)=5$

$\sqrt{4^3}=\sqrt{64}=8$ $: f(4)=8$

$11<\sqrt{5^3}=\sqrt{125}<12$ $: f(5)=11$

$\therefore f(2)+f(3)+f(4)+f(5)=26$

04 답 · ①

$3x=[x]+7$에서

(i) $3<x<4$일 때 $[x]=3$이므로

   $3x=3+7$ $\therefore x=\dfrac{10}{3}$

(ii) $4 \leq x < 5$일 때 $[x]=4$이므로

   $3x=4+7$ $\therefore x=\dfrac{11}{3}$

   이때 주어진 범위에서 벗어나므로 적절한 해가 아니다.

(i), (ii)에서 $x=\dfrac{10}{3}$

따라서 $m=10$, $n=3$이므로 $m-n=7$

05 답 · ④

$\left|\dfrac{1}{4}x-\dfrac{1}{2}\right|=3$에서 $\dfrac{1}{4}|x-2|=3$

$|x-2|=12$

$x-2=12$일 때 $x=14$

$x-2=-12$일 때 $x=-10$

따라서 모든 해의 합은 4이다.

06 답 · ⑤

$x-1+|2x+1|=0$에서

(i) $x \geq -\dfrac{1}{2}$일 때

   $x-1+2x+1=0$ $\therefore x=0$

(ii) $x < -\dfrac{1}{2}$일 때

   $x-1-2x-1=0$ $\therefore x=-2$

(i), (ii)에서 $x=-2$ 또는 $x=0$

07 답 · ③

$|x+1|+|x-4|=6$에서

(i) $x<-1$일 때

   $-x-1-x+4=6$에서 $x=-\dfrac{3}{2}$

(ii) $-1 \leq x < 4$일 때

   $x+1-x+4=6$에서 $0 \cdot x=1$

   즉, 방정식의 해는 존재하지 않는다.

(iii) $x \geq 4$일 때

   $x+1+x-4=6$에서 $x=\dfrac{9}{2}$

(i), (ii), (iii)에서 모든 근의 합은 $-\dfrac{3}{2}+\dfrac{9}{2}=3$

08 답 · $a<4$

$|x+1|+|x-3|=a$에서

(i) $x<-1$일 때

   $-x-1-x+3=a$에서 $x=\dfrac{2-a}{2}$

   이때 해가 존재하지 않으려면 구한 값이 주어진 범위를 벗어나야 하므로

   $\dfrac{2-a}{2} \geq -1$, $2-a \geq -2$

   $\therefore a \leq 4$

(ii) $-1 \leq x < 3$일 때

   $x+1-x+3=a$에서 $0 \cdot x=a-4$

   이때 해가 존재하지 않으려면 $a-4 \neq 0$

   $\therefore a \neq 4$

(iii) $x \geq 3$일 때

   $x+1+x-3=a$에서 $x=\dfrac{a+2}{2}$

   이때 해가 존재하지 않으려면 구한 값이 3 미만이 되어야 하므로

$$\frac{a+2}{2}<3 \qquad \therefore a<4$$

(i), (ii), (iii)에서 $a<4$

09 답· $2\leq x<\sqrt{5}$

$[x^2]=4$이면 $4\leq x^2<5$

$\therefore 2\leq x<\sqrt{5} \ (\because x>0)$

10 답· $x=-2$ 또는 $x=0$ 또는 $x=1$ 또는 $x=3$

$||2x-1|-3||=2$에서

(i) $|2x-1|-3=2$일 때 $|2x-1|=5$

$2x-1=5$에서 $x=3$

$2x-1=-5$에서 $x=-2$

(ii) $|2x-1|-3=-2$일 때 $|2x-1|=1$

$2x-1=1$에서 $x=1$

$2x-1=-1$에서 $x=0$

(i), (ii)에서 $x=-2$ 또는 $x=0$ 또는 $x=1$ 또는 $x=3$

11 답· 해가 없다.

$\sqrt{4x^2-4x+1}=x-1$에서 $\sqrt{(2x-1)^2}=x-1$

$|2x-1|=x-1$

(i) $x\geq\frac{1}{2}$일 때 $2x-1=x-1$ $\qquad \therefore x=0$

이때 구한 값이 조건의 범위에 포함되지 않으므로 해가 될 수 없다.

(ii) $x<\frac{1}{2}$일 때 $-2x+1=x-1$ $\qquad \therefore x=\frac{2}{3}$

이때 구한 값이 조건의 범위에 포함되지 않으므로 이 경우도 해가 없다.

(i), (ii)에서 방정식의 해가 없다.

12 답· $x=-\frac{3}{5}$ 또는 $x=5$

$|3x-1|-|2x+4|=0$에서

(i) $x<-2$일 때

$-3x+1+2x+4=0$ $\qquad \therefore x=5$

이때 주어진 범위에서 해가 존재하지 않는다.

(ii) $-2\leq x<\frac{1}{3}$일 때

$-3x+1-2x-4=0$ $\qquad \therefore x=-\frac{3}{5}$

(iii) $x\geq\frac{1}{3}$일 때

$3x-1-2x-4=0$ $\qquad \therefore x=5$

(i), (ii), (iii)에서 $x=-\frac{3}{5}$ 또는 $x=5$

---

07 이차방정식

Level up Test p.22 ~ p.25

01 ⑤	02 ④	03 ②	04 ③
05 ②	06 ①	07 ①	08 ⑤
09 ③	10 ④	11 ④	12 ③
13 ②	14 ③	15 ①	16 ②
17 ④	18 $p=2$, $x=-1$		19 6
20 4	21 30	22 $(3, 7)$	24 $(4, 6)$
25 $x=-2$ 또는 $x=4$			

01 답· ⑤

주어진 식의 양변에 6을 곱하고 식을 정리한다.

$\frac{x^2-2x}{2}=\frac{x^2-x+2}{3}$에서

$3(x^2-2x)=2(x^2-x+2)$

$x^2-4x-4=0$ $\qquad \therefore x=2\pm\sqrt{8}$

따라서 $a=2$, $b=8$이므로 $a+b=10$

02 답· ④

(i) $x^2+(a-4)x-a^2-5=0$에 $x=-6$을 대입하면

$36-6(a-4)-a^2-5=0$

$a^2+6a-55=0$, $(a+11)(a-5)=0$

$\therefore a=-11$ 또는 $a=5$

(ii) $x^2-(a+1)x+2a-1=0$이 중근을 가지므로

$D=(a+1)^2-4(2a-1)=0$에서

$a^2-6a+5=0$, $(a-1)(a-5)=0$

$\therefore a=1$ 또는 $a=5$

(i), (ii)에서 $a=5$

03 답· ②

$(k-2)x^2-(2k-1)x+k+5=0$에서

(i) x에 대한 이차방정식이므로 x^2의 계수는 0이 아니다.

즉, $k-2\neq0$이므로 $k\neq2$

(ii) 이차방정식이 실근을 가지려면 $D\geq0$이어야 하므로

$(2k-1)^2-4(k-2)(k+5)\geq0$

$-16k+41\geq0$ $\qquad \therefore k\leq\frac{41}{16}$

(i), (ii)에서 $k<2$ 또는 $2<k\leq\frac{41}{16}$

따라서 음이 아닌 정수 k는 0, 1의 2개이다.

04 답· ③

$x^2-2ax+b=0$이 중근을 가지면 $\frac{D}{4}=0$이므로

$a^2-b=0$에서 $b=a^2$

따라서 가능한 순서쌍 (a, b)는 $(1, 1)$, $(2, 4)$, $(3, 9)$
의 3개이다.

05 🄓·②
주어진 이차방정식이 중근을 가지면 판별식 $D=0$이므로
$(2k+3)^2-4\left\{ak^2-(b+2c)k-b-c-\dfrac{5}{4}\right\}=0$에서
$4k^2+12k+9-4ak^2+(4b+8c)k+4b+4c+5=0$
$(4-4a)k^2+(4b+8c+12)k+4b+4c+14=0$
이 식은 k의 값에 관계없이 성립하므로 k에 대한 항등식
이다.
(i) $4-4a=0$에서 $a=1$
(ii) $4b+8c+12=0$에서 $b+2c=-3$ $\cdots$ ㉠
(iii) $4b+4c+14=0$에서 $2b+2c=-7$ $\cdots$ ㉡
㉠, ㉡을 연립하여 풀면, $b=-4$, $c=\dfrac{1}{2}$
$\therefore abc=-2$

06 🄓·①
$x^2+2kx-k+2$가 완전제곱식으로 인수분해되려면
$x^2+2kx-k+2=0$이 중근을 가져야 하므로
$\dfrac{D}{4}=k^2+k-2=0$에서 $(k-1)(k+2)=0$
$\therefore k=1$ 또는 $k=-2$
(i) $k=1$일 때 $x^2+2x+1=(x+1)^2$
 $f(x)=x+1$이라 하면 $f(0)=1$이므로 조건을 만족하
 지 않는다.
(ii) $k=-2$일 때 $x^2-4x+4=(x-2)^2$
 $f(x)=x-2$라 하면 $f(0)=-2<0$이므로 조건을 만족
 한다.
따라서 $f(x)=x-2$이므로 $f(5)=3$

07 🄓·①
$x^2-3x+1=0$에서 근과 계수와의 관계에 의하여
$\alpha+\beta=3$, $\alpha\beta=1$이므로
$\alpha^2+\beta^2=(\alpha+\beta)^2-2\alpha\beta=9-2=7$
$\therefore \alpha^4+\beta^4=(\alpha^2+\beta^2)^2-2\alpha^2\beta^2=49-2=47$

08 🄓·⑤
$3x^2-kx+1=0$에서 근과 계수와의 관계에 의하여
$\alpha+\beta=\dfrac{k}{3}$, $\alpha\beta=\dfrac{1}{3}$이므로
$\alpha^2+\beta^2=(\alpha+\beta)^2-2\alpha\beta=\dfrac{k^2}{9}-\dfrac{2}{3}$

즉, $\dfrac{k^2-6}{9}=\dfrac{19}{9}$이므로 $k^2=25$
$\therefore k=5$ $(\because k>0)$

09 🄓·③
α, β는 이차방정식 $x^2-4x+2=0$의 근이므로
$\alpha^2-4\alpha+2=0$에서 $\alpha^2+2=4\alpha$
$\beta^2-4\beta+2=0$에서 $\beta^2+2=4\beta$
근과 계수와의 관계에 의하여
$\alpha+\beta=4$, $\alpha\beta=2$
$\therefore \dfrac{\alpha}{\beta^2+2}+\dfrac{\beta}{\alpha^2+2}=\dfrac{\alpha}{4\beta}+\dfrac{\alpha}{4\alpha}=\dfrac{\alpha^2+\beta^2}{4\alpha\beta}$
$\qquad\qquad\qquad\qquad =\dfrac{(\alpha+\beta)^2-2\alpha\beta}{4\alpha\beta}$
$\qquad\qquad\qquad\qquad =\dfrac{12}{8}=\dfrac{3}{2}$

10 🄓·④
$2x^2-3x+k-1=0$의 두 근을 α, $\beta(\alpha>\beta)$라 하면
$\alpha-\beta=\dfrac{1}{2}$
근과 계수와의 관계에 의하여
$\alpha+\beta=\dfrac{3}{2}$, $\alpha\beta=\dfrac{k-1}{2}$
이때 $(\alpha-\beta)^2=(\alpha+\beta)^2-4\alpha\beta$이므로
$\dfrac{1}{4}=\dfrac{9}{4}-2(k-1)$ $\qquad \therefore k=2$

11 🄓·④
$2x^2-5x-7=0$의 두 근이 α, β이므로
$\alpha+\beta=\dfrac{5}{2}$, $\alpha\beta=-\dfrac{7}{2}$

x^2의 계수가 7이고 $\dfrac{1}{\alpha}$, $\dfrac{1}{\beta}$을 두 근으로 하는 이차방정식은
$7\left(x-\dfrac{1}{\alpha}\right)\left(x-\dfrac{1}{\beta}\right)=0$
$7x^2-\dfrac{7(\alpha+\beta)}{\alpha\beta}x+\dfrac{7}{\alpha\beta}=0$
$7x^2-\dfrac{7\times\dfrac{5}{2}}{-\dfrac{7}{2}}x+\dfrac{7}{-\dfrac{7}{2}}=0$
$\therefore 7x^2+5x-2=0$
따라서 $a=5$, $b=-2$이므로 $a+b=3$

12 🄓·③
$f(x)=a(x-\alpha)(x-\beta)$라 하면 ($a$는 상수)
$f(5x-6)=a(5x-6-\alpha)(5x-6-\beta)=0$

이때 $f(5x-6)=0$의 두 근은

$5x-6-\alpha=0$에서 $x=\dfrac{\alpha+6}{5}$

$5x-6-\beta=0$에서 $x=\dfrac{\beta+6}{5}$

따라서 두 근의 합은

$\dfrac{\alpha+6}{5}+\dfrac{\beta+6}{5}=\dfrac{\alpha+\beta+12}{5}=\dfrac{3+12}{5}=3$

13 답· ②

계수가 실수일 때 한 근이 허근이면 다른 근은 켤레근이므로 $ax^2+bx+20=0$의 두 근은 $1+3i$, $1-3i$이다.
근과 계수와의 관계에 의하여

두 근의 곱: $(1+3i)(1-3i)=\dfrac{20}{a}$에서 $a=2$

두 근의 합: $1+3i+1-3i=-\dfrac{b}{a}$에서 $b=-4$

$\therefore a+b=-2$

14 답· ③

계수가 유리수일 때 한 근이 무리수이면 다른 근은 켤레근이므로 $x^2+4x+k=0$의 두 근은 $p+\sqrt{2}$, $p-\sqrt{2}$이다.
근과 계수와의 관계에 의하여
두 근의 합: $p+\sqrt{2}+p-\sqrt{2}=-4$에서 $p=-2$
두 근의 곱: $(-2+\sqrt{2})(-2-\sqrt{2})=k$에서 $k=2$
$\therefore p+k=0$

15 답· ①

두 근의 비가 $1:2$이므로 두 근을 α, 2α라 하면
근과 계수와의 관계에 의하여

두 근의 곱: $\alpha\cdot(2\alpha)=\dfrac{1}{8}$에서 $\alpha=\dfrac{1}{4}$ $(\because \alpha>0)$

즉, 두 근은 $\dfrac{1}{4}$, $\dfrac{1}{2}$이므로 두 근의 합은

$\dfrac{1}{4}+\dfrac{1}{2}=\dfrac{2m}{8}$에서 $\dfrac{m}{4}=\dfrac{3}{4}$

$\therefore m=3$

16 답· ②

(i) 두 실근의 부호가 다르면 두 근의 곱은 음수이므로
　$\alpha\beta=a-2<0$에서 $a<2$
(ii) 두 실근의 부호가 다르고 절댓값이 같으면 두 근의 합은 0이므로
　$\alpha+\beta=a^2-a-6=0$에서 $(a-3)(a+2)=0$
　$\therefore a=3$ 또는 $a=-2$
(i), (ii)에서 $a=-2$

17 답· ④

α는 이차방정식의 근이므로 $3\alpha^2-6\alpha+2=0$
$\therefore 3\alpha^2=6\alpha-2$
근과 계수와의 관계에 의하여 $\alpha+\beta=2$
$\therefore 3\alpha^2+6\beta=6\alpha+6\beta-2=6(\alpha+\beta)-2$
$\qquad\qquad\quad =12-2=10$

18 답· $p=2$, $x=-1$

$x^2+px+p-1=0$이 중근을 갖기 위해서는 판별식이 0
이어야 하므로
$p^2-4(p-1)=0$에서 $p^2-4p+4=0$
$(p-2)^2=0$ $\quad\therefore p=2$
즉, $x^2+2x+1=0$에서 $(x+1)^2=0$이므로
근은 $x=-1$이다.

19 답· 6

직사각형의 가로는 $x-2$, 세로는 $x+3$이므로
$(x-2)(x+3)=36$에서 $x^2+x-42=0$
$(x-6)(x+7)=0$
$\therefore x=6$ 또는 $x=-7$
이때 변의 길이는 양수이므로 $x=6$

20 답· 4

두 정사각형의 한 변의 길이의 차가 2이므로 작은 정사각형의 한 변의 길이를 x라 하면 큰 정사각형의 한 변의 길이는 $x+2$이다.
이때 두 정사각형의 넓이의 합은 52이므로
$x^2+(x+2)^2=52$, $2x^2+4x-48=0$
$x^2+2x-24=0$, $(x+6)(x-4)=0$
$\therefore x=4$ $(\because x>0)$

21 답· 30

직각삼각형에서 가장 긴 변인 c가 빗변이 되고
피타고라스 정리에 의하여 $a^2+b^2=c^2$
이때 $b-a=7$에서 $a=b-7$이고 $c=b+1$이므로
$(b-7)^2+b^2=(b+1)^2$
$b^2-16b+48=0$, $(b-4)(b-12)=0$
$\therefore b=4$ 또는 $b=12$
(i) $b=4$이면 $a=-3$이 되어 변의 길이가 음수가 되므로
　적절하지 않다.
(ii) $b=12$이면 $a=5$, $c=13$
$\therefore$ (삼각형의 넓이)$=\dfrac{1}{2}ab=30$

22 ⊙· $(3, 7)$

점 Q는 $Q(0, 1)$이고
$P(x, 2x+1)$이라 하면
오른쪽 그림과 같이
□OQPH는 사다리꼴이고 넓이는

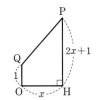

□OQPH$=\frac{1}{2}(1+2x+1)\times x=12$에서

$x(x+1)=12, x^2+x-12=0$

$(x-3)(x+4)=0$ ∴ $x=3$ 또는 $x=-4$

이때 점 P는 제1사분면 위의 점이므로 $x=3$

∴ $P(3, 7)$

23 ⊙· $(4, 6)$

점 P의 좌표를 (x, x^2-3x+2)라 하면
$\overline{PR}=x, \overline{PQ}=x^2-3x+2$이므로
$\overline{PR}+\overline{PQ}=10$에서 $x^2-2x+2=10$

$x^2-2x-8=0, (x-4)(x+2)=0$

∴ $x=-2$ 또는 $x=4$

이때 점 P는 제1사분면 위의 점이므로 $x=4$

∴ $P(4, 6)$

24 ⊙· $x=-2$ 또는 $x=4$

(ⅰ) 서연이가 구한 근 $1+\sqrt{5}, 1-\sqrt{5}$를 두 근으로 하는 이차방정식은

$x^2-(1+\sqrt{5}+1-\sqrt{5})x+(1+\sqrt{5})(1-\sqrt{5})=0$에서

$x^2-2x-4=0$

이때 서연이가 잘못 본 것은 상수항이므로 일차항의 계수는 정확하다.

∴ $a=-2$

(ⅱ) 서준이가 구한 근 $-4, 2$를 두 근으로 하는 이차방정식은

$x^2-(-4+2)x-8=0$에서

$x^2+2x-8=0$

이때 서준이가 잘못 본 것은 일차항의 계수이므로 상수항은 정확하다.

∴ $b=-8$

따라서 처음 이차방정식은 $x^2-2x-8=0$이므로

$(x-4)(x+2)=0$

∴ $x=-2$ 또는 $x=4$

01 ④	02 ②	03 ①	04 ④
05 ②	06 ⑤	07 ⑤	08 ③
09 ④	10 ①	11 ②	12 ⑤
13 ⑤	14 ①	15 ③	16 ①
17 $\left(\frac{1}{2}, -1\right)$	18 -1	19 1	20 -2
21 24	22 10	23 34	24 1500원

01 ⊙· ④

최고차항의 계수가 1이고 꼭짓점이 $(a, -2a-1)$인 그래프를 나타내는 이차함수의 식은

$y=(x-a)^2-2a-1$

이 함수의 그래프가 점 $(-1, 4)$를 지나므로

$4=(-1-a)^2-2a-1, a^2=4$

∴ $a=-2$ $(∵ a<0)$

02 ⊙· ②

(ⅰ) $f(-8)=f(2)$에서
이차함수의 축을 알 수 있다.

축: $x=\frac{-8+2}{2}=-3$

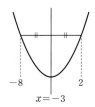

(ⅱ) 최솟값이 존재하므로 이차함수는 아래로 볼록, 즉 x^2의 계수는 양수이다.

(ⅲ) 최솟값은 꼭짓점의 y좌표가 되므로 이차함수의 그래프의 꼭짓점의 좌표는 $(-3, 0)$이다.

∴ $f(x)=a(x+3)^2$

(ⅳ) y절편이 18이므로 $(0, 18)$을 대입하면

$a(0+3)^2=18, 9a=18$

∴ $a=2$

따라서 $f(x)=2(x+3)^2$이므로 $f(-1)=8$

03 ⊙· ①

(ⅰ) x축과의 교점

$4x^2-8x+3=0$에서

$(2x-1)(2x-3)=0$이므로

$x=\frac{1}{2}$ 또는 $x=\frac{3}{2}$

∴ $A\left(\frac{1}{2}, 0\right), B\left(\frac{3}{2}, 0\right)$

(ⅱ) 꼭짓점

$y=4x^2-8x+3$

$=4(x^2-2x)+3$

$$=4(x^2-2x+1)-1$$
$$=4(x-1)^2-1$$
$$\therefore \mathrm{P}(1,\ -1)$$
$$\therefore \triangle \mathrm{ABP}=\frac{1}{2}\times 1\times 1$$
$$=\frac{1}{2}$$

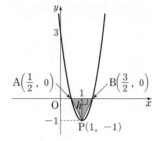

04 답· ④

$y=(k+1)x^2+(2k-5)x+k$의 그래프와 x축과의 교점을 구하기 위해 $y=0$을 대입하면

$(k+1)x^2+(2k-5)x+k=0$

x축과 만나기 위해서는 이 이차방정식이 실근을 가져야 하므로

$D=(2k-5)^2-4(k+1)k\geq 0$에서 $-24k+25\geq 0$

$$\therefore k\leq \frac{25}{24}$$

이때 이차함수의 식이 되려면 $k+1\neq 0$, 즉 $k\neq -1$이므로

$k<-1,\ -1<k\leq \dfrac{25}{24}$

따라서 음의 정수 k의 최댓값은 -2이다.

05 답· ②

두 식을 연립하면 $9x^2-12x+7=k$에서

$9x^2-12x+7-k=0$

이차함수의 그래프와 직선이 접하려면 이 이차방정식이 중근을 가져야 하므로

$$\frac{D}{4}=(-6)^2-9(7-k)=0$$

$$\therefore k=3$$

06 답· ⑤

두 함수 $y=f(x)$, $y=g(x)$의 식을 연립하면

$x^2-x-16=x+a$에서 $x^2-2x-a-16=0$

이 이차방정식의 두 근이 6, b이므로

두 근의 합: $6+b=2$에서 $b=-4$

두 근의 곱: $6\times(-4)=-a-16$에서 $a=8$

$$\therefore a+b=4$$

07 답· ⑤

(ⅰ) 직선 $y=2x+k$가 $y=f(x)$의 그래프와 만나지 않을 때,

$x^2+2x+2=2x+k$에서 $x^2+2-k=0$

이 이차방정식이 허근을 가져야 하므로

$$\frac{D}{4}=-(2-k)<0 \quad \therefore k<2$$

(ⅱ) 직선 $y=2x+k$가 $y=g(x)$와 만날 때,

$x^2-4x+3=2x+k$에서 $x^2-6x+3-k=0$

이 이차방정식이 실근을 가져야 하므로

$$\frac{D}{4}=(-3)^2-(3-k)\geq 0 \quad \therefore k\geq -6$$

(ⅰ), (ⅱ)에서 $-6\leq k<2$

따라서 정수 k의 최댓값은 1, 최솟값은 -6이므로 두 값의 곱은 -6이다.

08 답· ③

$x^2-ax-12=0$의 두 근이 α, β이므로 ($\alpha>\beta$라 하면)

$\overline{\mathrm{AB}}=8$에서 $\alpha-\beta=8$

두 근의 합: $\alpha+\beta=a$

두 근의 곱: $\alpha\beta=-12$

$(\alpha-\beta)^2=(\alpha+\beta)^2-4\alpha\beta$이므로

$64=a^2+48$, $a^2=16$

$$\therefore a=4 \ (\because a>0)$$

09 답· ④

두 식을 연립하면 $ax+3=-x^2+3x+2$

$x^2+(a-3)x+1=0$

이차함수의 그래프와 직선이 접하면 이 이차방정식이 중근을 가져야 하므로

$D=(a-3)^2-4=0$에서 $a^2-6a+5=0$

$(a-1)(a-5)=0$

$$\therefore a=1 \text{ 또는 } a=5$$

따라서 모든 상수 a의 값의 곱은 5이다.

10 답· ①

두 식을 연립하면 $2x^2-5x+2=mx+n$

$2x^2-(m+5)x+2-n=0$

이차함수의 그래프와 직선이 점 $(2,\ 0)$에서 접하므로

이 이차방정식은 $x=2$를 중근으로 갖는다.

즉, 이차방정식은 $2(x-2)^2=0$에서

$2x^2-8x+8=0$

$-(m+5)=-8$에서 $m=3$

$2-n=8$에서 $n=-6$

따라서 직선 $y=3x-6$이 오른쪽 그림과 같이 x축, x축으로 둘러싸인 삼각형의 넓이는

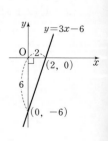

$$\frac{1}{2}\times 2\times 6=6$$

11 답·②

$y=f(x)$의 그래프와 x축의 교점의 좌표가 0, 3이므로
이차방정식 $f(x)=0$의 두 근이 $x=0$, $x=3$이다.
즉, $f\left(\dfrac{-x+2}{3}\right)=0$의 두 근을 α, β라 하면
$\dfrac{-\alpha+2}{3}=0$에서 $\alpha=2$
$\dfrac{-\beta+2}{3}=3$에서 $\beta=-7$
$\therefore \alpha\beta=-14$

12 답·⑤

이차함수의 최솟값이 존재하면 이차함수의 그래프는 아래로 볼록하다.
$\therefore a>0$
$y=ax^2-2ax+1$
$\quad=a(x^2-2x+1-1)+1$
$\quad=a(x-1)^2-a+1$
즉, $x=1$에서 최솟값이 $-a+1$이므로
$-a+1=-3 \qquad \therefore a=4$

13 답·⑤

$y=-x^2-6x$
$\quad=-(x+3)^2+9$
의 그래프는 오른쪽 그림과 같고 $x=a$에서 최솟값 -7이 된다는 것을 알 수 있다. 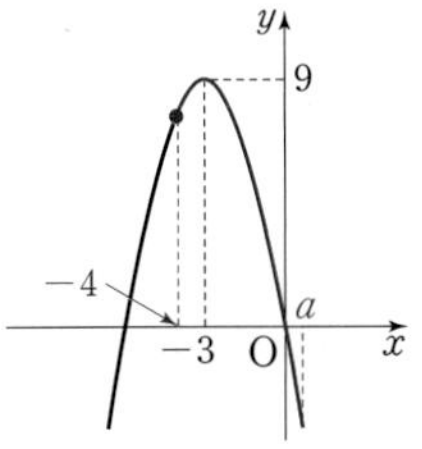
즉, $x=a$일 때 $-a^2-6a=-7$이므로
$a^2+6a-7=0$, $(a+7)(a-1)=0$
$\therefore a=1 \ (\because a>-4)$

14 답·①

꼭짓점의 좌표가 $(2, 1)$인 이차함수의 식은
$f(x)=a(x-2)^2+1$
이차함수의 최솟값이 존재하므로
$a>0$
즉, 아래로 볼록한 그래프가 된다.
오른쪽 그림과 같이 $-1\leq x\leq1$에서
$f(x)$의 최댓값은 $x=-1$일 때이므로 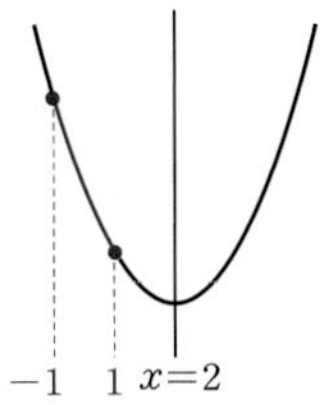
$f(-1)=19$에서 $9a+1=19$
$\therefore a=2$
따라서 $f(x)=2(x-2)^2+1$이므로
$y=f(x)$의 최솟값은 1이다.

15 답·③

$f(x)=(x^2-2x+2)^2-2(x^2-2x)$에서
$t=x^2-2x+2$라 하면
$t=(x-1)^2+1$이므로 $t\geq1$
$f(x)=(x^2-2x+2)^2-2(x^2-2x)$
$\qquad=t^2-2(t-2)$
$\qquad=t^2-2t+4$
$\qquad=(t-1)^2+3$
따라서 $t=1$일 때 최솟값은 3이다.

16 답·①

$x-y=2$에서 $y=x-2$이므로
$x^2+y^2=x^2+(x-2)^2$
$\qquad\quad=2x^2-4x+4$
$\qquad\quad=2(x-1)^2+2$
즉, $x=1$, $y=-1$일 때 최솟값은 2이므로
$\alpha=1$, $\beta=-1$, $p=2$
$\therefore \alpha+\beta+p=2$

17 답·$\left(\dfrac{1}{2}, -1\right)$

두 식을 연립하면 $4x^2-2x-1=2x+k$
$4x^2-4x-1-k=0$
이차함수의 그래프와 직선이 한 점에서 만나면 이 이차방정식은 중근을 가져야 하므로
$\dfrac{D}{4}=(-2)^2-4(-1-k)=0 \qquad \therefore k=-2$
$k=-2$를 이차방정식에 대입하면
$4x^2-4x+1=0$, $(2x-1)^2=0$
$\therefore x=\dfrac{1}{2}$, $y=-1$
따라서 교점의 좌표는 $\left(\dfrac{1}{2}, -1\right)$이다.

18 답·-1

교점의 y좌표를 이용하여 x좌표를 구한다.
$y=-1$일 때, $-1=2x+1$에서 $x=-1$
$y=3$일 때, $3=2x+1$에서 $x=1$
$y=f(x)$와 $y=2x+1$을 연립하면 $f(x)=2x+1$
$f(x)-2x-1=0$
이 이차방정식은 x^2의 계수가 1이고 해가 -1, 1이므로
$f(x)-2x-1=(x+1)(x-1)$에서
$f(x)-2x-1=x^2-1$
$f(x)=x^2+2x=(x+1)^2-1$
따라서 $y=f(x)$의 최솟값은 -1이다.

19 답·1

두 그래프의 교점 중 점 B는 x축 위의 점이고

다른 점 A에서 x축에 내린 수선의 발을 H라 하면

$\triangle$BAH $\backsim$ $\triangle$BPO이고

$\overline{PA}:\overline{PB}=1:4$

이므로

$\overline{OH}:\overline{OB}=1:4$

점 A의 x좌표를 a라 하면

점 B의 x좌표는 $4a$이다.

즉, $x^2-(4k+5)x+8=kx-8$에서

$x^2-(5k+5)x+16=0$의 두 근이 a, $4a$이므로

두 근의 곱: $a\cdot4a=16$, $a^2=4$ $\therefore$ $a=2$ ($\because$ $a>0$)

두 근의 합: $2+8=5k+5$, $5k=5$

$\therefore$ $k=1$

20 답·-2

$y=x^2-6x+k$

$\quad=(x-3)^2+k-9$

의 그래프는 오른쪽 그림과 같으므

로 $x=5$에서 최댓값 2를 갖는다.

즉, $25-30+k=2$에서 $k=7$

$\therefore$ $y=x^2-6x+7$

따라서 이 이차함수의 최솟값은 $x=3$일 때 -2이다.

21 답·24

(i) 이차함수의 그래프와 x축과의 교점 구하기

$\quad x^2+2x-3=0$에서 $(x-1)(x+3)=0$

$\quad\therefore$ $x=1$ 또는 $x=-3$

$\quad\therefore$ A$(1, 0)$, B$(-3, 0)$

(ii) 이차함수의 그래프와 직선과의 교점 구하기

$\quad x^2+2x-3=2x+6$

에서 $x^2=9$

$\quad\therefore$ $x=\pm3$

$\therefore$ B$(-3, 0)$, C$(3, 12)$

이를 그래프로 나타내면

오른쪽 그림과 같다.

$\therefore$ $\triangle$ABC$=\dfrac{1}{2}\times4\times12$

$\qquad\qquad=24$

22 답·10

$y=4-x^2$의 그래프가 y축에 대하여 대칭이므로 내접하

는 직사각형도 y축에 대하여 대칭이다.

제1사분면의 접점을 A$(x, -x^2+4)$라 하면

내접하는 직사각형의 가로는 $2x$, 세로는 $-x^2+4$

이므로 둘레의 길이를

$f(x)$라 하면

$0<x<2$이고

$f(x)=4x-2x^2+8$

$\quad=-2(x-1)^2+10$

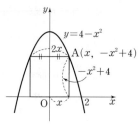

따라서 둘레의 길이는

$x=1$일 때 최댓값 10을 갖는다.

23 답·34

$y=-x^2+8x$의 그래프가 직선 $x=4$에 대하여 대칭이므

로 내접하는 직사각형도 직선 $x=4$에 대하여 대칭이다.

직사각형의 한 접점을

A$(x, -x^2+8x)$라 하면

내접하는 직사각형의

가로는 $2x-8$,

세로는 $-x^2+8x$

이므로 둘레의 길이를

$f(x)$라 하면

$4<x<8$이고

$f(x)=4x-16-2x^2+16x$

$\quad=-2x^2+20x-16$

$\quad=-2(x-5)^2+34$

따라서 둘레의 길이는 $x=5$일 때 최댓값 34를 갖는다.

24 답·1500원

(매출)$=$(가격)$\times$(판매량)으로 계산한다.

가격 상승 100원당 판매량 감소가 5개의 비율이므로

이를 식으로 다음과 같이 나타낸다.

• 가격: $1000+100x$

• 판매량: $100-5x$

매출액을 $f(x)$라 하면

$f(x)=(1000+100x)(100-5x)$

$\quad=100(10+x)\times5(20-x)$

$\quad=500(-x^2+10x+200)$

$\quad=500\{-(x-5)^2+225\}$

따라서 $x=5$일 때 매출이 최대이므로

(핫도그 가격)$=1000+500=1500$(원)

01 ③	02 ④	03 ①	04 ②
05 ③	06 ④	07 ④	08 ⑤
09 ①	10 ②	11 ④	12 ①
13 ④	14 ④	15 $\begin{cases} x=4 \\ y=-4 \end{cases}$ 또는 $\begin{cases} x=-2 \\ y=2 \end{cases}$	

16 $\begin{cases} x=2 \\ y=2 \end{cases}$ 또는 $\begin{cases} x=4 \\ y=4 \end{cases}$ 또는 $\begin{cases} x=6 \\ y=2 \end{cases}$ 또는 $\begin{cases} x=\dfrac{12}{5} \\ y=\dfrac{4}{5} \end{cases}$

17 $\begin{cases} x=2 \\ y=3 \end{cases}$ 또는 $\begin{cases} x=3 \\ y=2 \end{cases}$ 18 $x=3,\ y=2$

19 $x=-1,\ y=1$ 20 -1 21 1

22 -4 23 3   24 $x=-2,\ y=4,\ z=5$

---

01 답·③

$x^3=8$에서 $x^3-2^3=0$

$(x-2)(x^2+2x+4)=0$

이때 $x^2+2x+4=0$에서 삼차방정식의 허근이 존재하므로 근과 계수와의 관계에 의하여 두 허근의 곱은 4이다.

02 답·④

$x^3-(a^2+1)x^2+ax+10=0$의 한 근이 5이므로 대입하면

$125-25(a^2+1)+5a+10=0$

$5a^2-a-22=0,\ (a+2)(5a-11)=0$

$\therefore a=-2\ (\because a$는 정수$)$

즉, 주어진 방정식은 $x^3-5x^2-2x+10=0$에서

$(x-5)(x^2-2)=0$이므로

나머지 두 근은 $\sqrt{2},\ -\sqrt{2}$이다.

$\therefore a\alpha\beta=4$

03 답·①

인수정리를 이용하여 $2x^4-x^3-24x^2-13x-12=0$의 좌변을 인수분해한다.

$x=-3,\ x=4$를 대입하면 좌변이 0이 되므로

$$\begin{array}{r|rrrr}
-3 & 2 & -1 & -24 & -13 & -12 \\
& & -6 & 21 & 9 & 12 \\
\hline
4 & 2 & -7 & -3 & -4 & \ 0 \\
& & 8 & 4 & 4 & \\
\hline
& 2 & 1 & 1 & \ 0 &
\end{array}$$

$2x^4-x^3-24x^2-13x-12=0$에서

$(x+3)(x-4)(2x^2+x+1)=0$

이때 $2x^2+x+1=0$의 근은 허근이므로 모든 실근의 합은

$-3+4=1$

04 답·②

$(x+4)(x+2)(x-1)(x-3)-144=0$에서

$\{(x+4)(x-3)\}\{(x+2)(x-1)\}-144=0$

$(x^2+x-12)(x^2+x-2)-144=0$ ←$A=x^2+x$로 치환하면

$(A-12)(A-2)-144=0$

$A^2-14A-120=0$

$(A-20)(A+6)=0$

$(x^2+x-20)(x^2+x+6)=0$

$(x-4)(x+5)(x^2+x+6)=0$

(i) 두 실근은 4, -5이므로 실근의 합은 -1이다.

$\therefore p=-1$

(ii) $x^2+x+6=0$의 근이 허근이므로

근과 계수와의 관계에 의하여 두 허근의 합은 -1이다.

$\therefore q=-1$

$\therefore p+q=-2$

05 답·③

$x^3+(k+2)x^2+(2k+9)x+18=0$의 좌변에

$x=-2$를 대입하면

$(-2)^3+(k+2)\cdot(-2)^2+(2k+9)\cdot(-2)+18$

$=-8+4k+8-4k-18+18=0$

이므로 조립제법을 이용하여 좌변을 인수분해하면

$$\begin{array}{r|rrrr}
-2 & 1 & k+2 & 2k+9 & 18 \\
& & -2 & -2k & -18 \\
\hline
& 1 & k & 9 & \ 0
\end{array}$$

$x^3+(k+2)x^2+(2k+9)x+18=0$에서

$(x+2)(x^2+kx+9)=0$

(i) $x^2+kx+9=0$이 중근이 되는 경우:

$D=k^2-36=0$에서 $k=\pm6$

(ii) $x^2+kx+9=0$의 한 근이 -2인 경우:

$4-2k+9=0$에서 $k=\dfrac{13}{2}$

따라서 모든 실수 k의 값의 합은 $-6+6+\dfrac{13}{2}=\dfrac{13}{2}$

06 답·④

삼차방정식의 근과 계수와의 관계에 의하여

$\alpha+\beta+\gamma=2,\ \alpha\beta+\beta\gamma+\gamma\alpha=1,\ \alpha\beta\gamma=-4$

$\therefore \alpha^2\beta^2+\beta^2\gamma^2+\gamma^2\alpha^2$

$=(\alpha\beta+\beta\gamma+\gamma\alpha)^2-2\alpha\beta\gamma(\alpha+\beta+\gamma)$

$=1-2\cdot(-4)\cdot2=17$

07 답·④

계수가 모두 유리수이고 한 근이 $2+\sqrt{3}$이므로 삼차방정

식은 켤레근 $2-\sqrt{3}$ 을 갖는다.

나머지 한 근을 α라 하면

$\alpha+2+\sqrt{3}+2-\sqrt{3}=7$에서 $\alpha=3$

즉, 세 근은 3, $2+\sqrt{3}$, $2-\sqrt{3}$이므로

$3(2+\sqrt{3})+(2+\sqrt{3})(2-\sqrt{3})+3(2-\sqrt{3})=a$에서

$a=13$

$3(2+\sqrt{3})(2-\sqrt{3})=-b$에서 $b=-3$

$\therefore a+b=10$

08 답·⑤

계수가 모두 실수이고 한 근이 $3-i$이므로 삼차방정식은 켤레근 $3+i$를 갖는다.

나머지 한 근을 α라 하면

$\alpha(3-i)+(3-i)(3+i)+\alpha(3+i)=-14$에서 $\alpha=-4$

즉, 세 근은 -4, $3-i$, $3+i$이므로

$-4+3-i+3+i=a$에서 $a=2$

$-4(3-i)(3+i)=-b$에서 $b=40$

$\therefore ab=80$

09 답·①

삼차방정식의 근과 계수와의 관계에 의하여

$\alpha+\beta+\gamma=2$, $\alpha\beta+\beta\gamma+\gamma\alpha=-3$, $\alpha\beta\gamma=2$

x^3의 계수가 1이고 2α, 2β, 2γ를 세 근으로 하는 삼차방정식은 $(x-2\alpha)(x-2\beta)(x-2\gamma)=0$

$x^3-2(\alpha+\beta+\gamma)x^2+4(\alpha\beta+\beta\gamma+\gamma\alpha)x-8\alpha\beta\gamma=0$

$x^3-4x^2-12x-16=0$

따라서 $a=-4$, $b=-12$, $c=-16$이므로

$a+b+c=-32$

10 답·②

삼차방정식의 근과 계수와의 관계에 의하여

$\alpha+\beta+\gamma=5$, $\alpha\beta+\beta\gamma+\gamma\alpha=-3$, $\alpha\beta\gamma=1$

x^3의 계수가 1이고 $\alpha+1$, $\beta+1$, $\gamma+1$을 세 근으로 하는 삼차방정식은

$(x-\alpha-1)(x-\beta-1)(x-\gamma-1)=0$

$x^3-(\alpha+\beta+\gamma+3)x^2$
$\quad+\{(\alpha+1)(\beta+1)+(\beta+1)(\gamma+1)+(\gamma+1)(\alpha+1)\}x$
$\quad-(\alpha+1)(\beta+1)(\gamma+1)=0$

$x^3-(\alpha+\beta+\gamma+3)x^2$
$\quad+\{(\alpha\beta+\beta\gamma+\gamma\alpha)+2(\alpha+\beta+\gamma)+3\}x$
$\quad-\{\alpha\beta\gamma+(\alpha\beta+\beta\gamma+\gamma\alpha)+(\alpha+\beta+\gamma)+1\}=0$

$x^3-8x^2+10x-4=0$

따라서 $f(x)=x^3-8x^2+10x-4$이므로 $f(1)=-1$

11 답·④

① $x^3=1$에서 $w^3=1$, $\overline{w}^3=1$ (참)

② $x^3-1=0$에서 $(x-1)(x^2+x+1)=0$

$\quad x^2+x+1=0$에서 $w^2+w+1=0$ (참)

③, ⑤ $x^2+x+1=0$의 두 근이 w, $\overline{w}$ 이므로

$\quad w+\overline{w}=-1$ (참)

$\quad w\overline{w}=1$에서 $w^3\overline{w}=w^2$, $\overline{w}=w^2$ ($\because w^3=1$) (참)

④ $1+w+w^2=0$, $w^3+w^4+w^5=0$, $w^6+w^7+w^8=0$,

$\quad w^9=1$이므로 $1+w+w^2+\cdots+w^9=1$ (거짓)

12 답·①

$x^3=-1$에서 $w^3=-1$

$x^3+1=0$에서 $(x+1)(x^2-x+1)=0$이므로

$x^2-x+1=0$에서 $w^2-w+1=0$이 성립하고

이를 변형하면

$w^2=w-1$, $w^2+1=w$

$\therefore \dfrac{1}{w-1}-\dfrac{1}{w^2+1}=\dfrac{1}{w^2}-\dfrac{1}{w}=\dfrac{w}{w^3}-\dfrac{w^2}{w^3}$
$\qquad\qquad\qquad\qquad\quad=-w+w^2=-1$

13 답·④

$2x-y=-2$에서 $y=2x+2$

이 식을 $2x^2+y^2-4x-2y-24=0$에 대입하면

$2x^2+(2x+2)^2-4x-2(2x+2)-24=0$

$3x^2-12=0$, $x^2=4$

$\therefore x=2$, $y=6$ ($\because x>0$, $y>0$)

따라서 $\alpha=2$, $\beta=6$이므로 $\alpha\beta=12$

14 답·④

$x+y=2$에서 $y=-x+2$

이 식을 $x^2+y^2-4x+k=0$에 대입하면

$x^2+(-x+2)^2-4x+k=0$

$2x^2-8x+k+4=0$

주어진 연립방정식의 해가 한 쌍의 해를 가지면 위의 이차방정식은 중근을 가져야 하므로

$\dfrac{D}{4}=16-2(k+4)=0$ $\qquad\therefore k=4$

15 답· $\begin{cases}x=4\\y=-4\end{cases}$ 또는 $\begin{cases}x=-2\\y=2\end{cases}$

$x^2-y^2=0$에서 $(x+y)(x-y)=0$

(i) $x+y=0$, 즉 $y=-x$일 때,

$\quad (x-2)^2-2y=12$에 대입하면

$\quad (x-2)^2+2x=12$, $x^2-2x-8=0$

$(x-4)(x+2)=0$

- $x=4$일 때 $y=-4$
- $x=-2$일 때 $y=2$

(ii) $x-y=0$, 즉 $y=x$일 때,

$(x-2)^2-2y=12$에 대입하면

$(x-2)^2-2x=12$, $x^2-6x-8=0$

$\therefore x=3\pm\sqrt{17}$ (정수해가 아니다.)

(i), (ii)에서 $\begin{cases} x=4 \\ y=-4 \end{cases}$ 또는 $\begin{cases} x=-2 \\ y=2 \end{cases}$

16 답· $\begin{cases} x=2 \\ y=2 \end{cases}$ 또는 $\begin{cases} x=4 \\ y=4 \end{cases}$ 또는 $\begin{cases} x=6 \\ y=2 \end{cases}$ 또는 $\begin{cases} x=\dfrac{12}{5} \\ y=\dfrac{4}{5} \end{cases}$

$x^2-4xy+3y^2=0$에서 $(x-y)(x-3y)=0$

(i) $x-y=0$, 즉 $y=x$일 때,

$x^2+y^2-8x-4y+16=0$에 대입하면

$x^2+x^2-8x-4x+16=0$, $x^2-6x+8=0$

$(x-2)(x-4)=0$

- $x=2$일 때 $y=2$
- $x=4$일 때 $y=4$

(ii) $x-3y=0$, 즉 $x=3y$일 때,

$x^2+y^2-8x-4y+16=0$에 대입하면

$9y^2+y^2-24y-4y+16=0$, $5y^2-14y+8=0$

$(y-2)(5y-4)=0$

- $y=2$일 때 $x=6$
- $y=\dfrac{4}{5}$일 때 $x=\dfrac{12}{5}$

(i), (ii)에서

$\begin{cases} x=2 \\ y=2 \end{cases}$ 또는 $\begin{cases} x=4 \\ y=4 \end{cases}$ 또는 $\begin{cases} x=6 \\ y=2 \end{cases}$ 또는 $\begin{cases} x=\dfrac{12}{5} \\ y=\dfrac{4}{5} \end{cases}$

17 답· $\begin{cases} x=2 \\ y=3 \end{cases}$ 또는 $\begin{cases} x=3 \\ y=2 \end{cases}$

$\begin{cases} (x+1)(y+1)=12 \\ x^2+y^2=13 \end{cases}$ 에서 $\begin{cases} xy+x+y-11=0 \\ (x+y)^2-2xy-13=0 \end{cases}$

이 연립방정식이 대칭형 방정식이므로

$x+y=a$, $xy=b$라 하면

$\begin{cases} a+b-11=0 & \cdots \ \bigcirc \\ a^2-2b-13=0 & \cdots \ \bigcirc\!\!\!\!\bigcirc \end{cases}$

$\bigcirc$에서 $b=-a+11$을 $\bigcirc\!\!\!\!\bigcirc$에 대입하면

$a^2-2(-a+11)-13=0$, $a^2+2a-35=0$

$(a-5)(a+7)=0$

(i) $a=5$일 때 $b=6$, 즉 $x+y=5$, $xy=6$이므로

x, y는 이차방정식 $t^2-5t+6=0$의 두 근이다.

$(t-2)(t-3)=0$ $\quad\therefore t=2$ 또는 $t=3$

즉, $x=2$일 때 $y=3$, $x=3$일 때 $y=2$

(ii) $a=-7$일 때 $b=18$, 즉 $x+y=-7$, $xy=18$이므로

x, y는 이차방정식 $t^2+7t+18=0$의 두 근이다.

$\therefore t=\dfrac{-7\pm\sqrt{23}\,i}{2}$ (허근)

(i), (ii)에서 $\begin{cases} x=2 \\ y=3 \end{cases}$ 또는 $\begin{cases} x=3 \\ y=2 \end{cases}$

18 답· $x=3$, $y=2$

$xy+x-2y=5$에서 $xy+x-2y-2=3$

$x(y+1)-2(y+1)=3$, $(x-2)(y+1)=3$

(i) $x-2=-1$, $y+1=-3$일 때 $x=1$, $y=-4$

(ii) $x-2=-3$. $y+1=-1$일 때 $x=-1$, $y=-2$

(iii) $x-2=1$, $y+1=3$일 때 $x=3$, $y=2$

(iv) $x-2=3$, $y+1=1$일 때 $x=5$, $y=0$

$\therefore x=3$, $y=2$ ($\because x$, y는 자연수)

19 답· $x=-1$, $y=1$

$3x^2+4y^2+6x-8y+7=0$에서

$3x^2+6x+3+4y^2-8y+4=0$

$3(x+1)^2+4(y-1)^2=0$ $\quad\therefore x=-1$, $y=1$

20 답· -1

$x^3+x^2-7x+20=0$의 좌변에 $x=-4$를 대입하면

0이 되므로

$$\begin{array}{r|rrrr} -4 & 1 & 1 & -7 & 20 \\ & & -4 & 12 & -20 \\ \hline & 1 & -3 & 5 & \lfloor\ 0 \end{array}$$

$x^3+x^2-7x+20=0$에서 $(x+4)(x^2-3x+5)=0$

이때 $x^2-3x+5=0$의 두 허근이 α, $\overline{\alpha}$이므로

$\alpha+\overline{\alpha}=3$, $\alpha\overline{\alpha}=5$

$\therefore \alpha^2+\overline{\alpha}^2=(\alpha+\overline{\alpha})^2-2\alpha\overline{\alpha}=9-10=-1$

21 답· 1

$x^4-x^3-2x^2-2x+4=0$의 좌변에 $x=1$, $x=2$를

대입하면 0이므로

$$\begin{array}{r|rrrrr} 1 & 1 & -1 & -2 & -2 & 4 \\ & & 1 & 0 & -2 & -4 \\ \hline 2 & 1 & 0 & -2 & -4 & \lfloor\ 0 \\ & & 2 & 4 & 4 & \\ \hline & 1 & 2 & 2 & \lfloor\ 0 & \end{array}$$

$(x-1)(x-2)(x^2+2x+2)=0$

이때 실근은 1, 2이고

$x^2+2x+2=0$의 두 허근을 α, $\bar{\alpha}$라 하면

$\alpha+\bar{\alpha}=-2$

따라서 모든 근의 합은 $1+2+\alpha+\bar{\alpha}=1+2-2=1$

다른풀이

사차방정식의 네 근을 α, β, γ, δ라 하면

$x^4-x^3-2x^2-2x+4$

$=(x-\alpha)(x-\beta)(x-\gamma)(x-\delta)$

$=x^4-(\alpha+\beta+\gamma+\delta)x^3+\cdots$

즉, $-(\alpha+\beta+\gamma+\delta)=-1$이므로

$\alpha+\beta+\gamma+\delta=1$

따라서 모든 근의 합은 1이다.

---

22 답· -4

$x^3+2x^2+x-4=0$에서

$(x-1)(x^2+3x+4)=0$

이때 $x^2+3x+4=0$이 허근을 가지므로

$w^2+3w+4=0$

$\therefore w^2+3w=-4$

---

23 답· 3

$f(x)=0$의 세 근을 α, β, γ라 하면

$\alpha+\beta+\gamma=6$

$f(3x-1)=0$의 근을 α', β', γ'이라 하면

$3\alpha'-1=\alpha$에서 $\alpha'=\dfrac{\alpha+1}{3}$

$3\beta'-1=\beta$에서 $\beta'=\dfrac{\beta+1}{3}$

$3\gamma'-1=\gamma$에서 $\gamma'=\dfrac{\gamma+1}{3}$

$\therefore \alpha'+\beta'+\gamma'=\dfrac{\alpha+\beta+\gamma+3}{3}=\dfrac{6+3}{3}=3$

---

24 답· $x=-2$, $y=4$, $z=5$

$\begin{cases} x-y+z=-1 & \cdots \text{㉠} \\ 2x+y+z=5 & \cdots \text{㉡} \\ x+y-2z=-8 & \cdots \text{㉢} \end{cases}$

㉠$-$㉡을 하면 $-x-2y=-6$에서 $x+2y=6$

㉡$\times 2+$㉢을 하면 $5x+3y=2$

위의 두 식을 연립하여 풀면 $x=-2$, $y=4$

이 값을 ㉠에 대입하면 $z=5$

Ⅲ 부등식

10 일차부등식
Level up Test p.34 ~ p.35

01 ①	**02** ②	**03** ⑤	**04** ②
05 ⑤	**06** ②	**07** ②	**08** ⑤
09 $a\leq 0$	**10** $\dfrac{9}{4}\leq x\leq\dfrac{5}{2}$		
11 $-3<x\leq-1$ 또는 $3\leq x<5$		**12** 5	

01 답· ①

x의 계수가 0일 때 특수한 해가 나온다.

$(a^2+a-6)x<a+2$에서

$(a-2)(a+3)x<a+2$

(i) $a=2$일 때 $0\cdot x<4$이므로

부등식의 해는 모든 실수이다.

(ii) $a=-3$일 때 $0\cdot x<-1$이므로

부등식을 만족시키는 해는 없다.

따라서 해가 존재하지 않기 위한 상수 a의 값은 -3이다.

---

02 답· ②

(i) $2(x-2)<3x-7$에서 $x>3$

(ii) $\dfrac{x+b}{3}\geq\dfrac{x+2b-1}{2}$에서

$2x+2b\geq 3x+6b-3$

$\therefore x\leq-4b+3$

(i), (ii)에서 $3<x\leq-4b+3$

이 해와 $a<x\leq 11$이 일치해야 하므로 $a=3$, $b=-2$

$\therefore a+b=1$

---

03 답· ⑤

(i) $x+\dfrac{3}{2}\leq 3x-\dfrac{5}{2}$에서 $x\geq 2$

(ii) $2x-1<a-x$에서 $x<\dfrac{a+1}{3}$

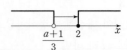

연립부등식의 해가 존재하지 않으려면 위의 그림과 같이 공통범위가 없어야 하므로

$\dfrac{a+1}{3}\leq 2$

$\therefore a\leq 5$

따라서 실수 a의 최댓값은 5이다.

04 답· ②

(i) $\dfrac{3x-1}{2}<x-a$에서 $3x-1<2x-2a$

$\therefore x<-2a+1$

(ii) $x\geq5$

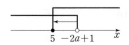

연립부등식의 해가 존재하려면 위의 그림과 같이 공통범위가 존재해야 하므로

$5<-2a+1$ $\therefore a<-2$

따라서 정수 a의 최댓값은 -3이다.

05 답· ⑤

(i) $x-3\leq-x+1$에서 $x\leq2$

(ii) $-x+1<2x-a$에서 $x>\dfrac{a+1}{3}$

(i), (ii)에서 $\dfrac{a+1}{3}<x\leq2$

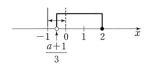

연립부등식을 만족시키는 정수 x가 3개가 되려면 위의 그림과 같아야 하므로

$-1\leq\dfrac{a+1}{3}<0,\ -3\leq a+1<0$

$\therefore -4\leq a<-1$

06 답· ②

$|x+1|\leq k$에서 $-k\leq x+1\leq k$

$\therefore -k-1\leq x\leq k-1$

이 해가 $-3\leq x\leq1$과 일치하므로 $k=2$

07 답· ②

$2|x-1|<x+4$에서

(i) $x\geq1$일 때

$2x-2<x+4$에서 $x<6$

$\therefore 1\leq x<6$

(ii) $x<1$일 때

$-2x+2<x+4$에서 $x>-\dfrac{2}{3}$

$\therefore -\dfrac{2}{3}<x<1$

(i), (ii)에서 $-\dfrac{2}{3}<x<6$

따라서 $\alpha=-\dfrac{2}{3}$, $\beta=6$이므로 $\alpha\beta=-4$

08 답· ⑤

$|x|+|x-2|\leq3$에서

(i) $x<0$일 때

$-x-x+2\leq3$에서 $x\geq-\dfrac{1}{2}$

$\therefore -\dfrac{1}{2}\leq x<0$

(ii) $0\leq x<2$일 때

$x-x+2\leq3$에서 $0\cdot x\leq1$

이 부등식은 주어진 범위에서 항상 성립한다.

$\therefore 0\leq x<2$

(iii) $x\geq2$일 때

$x+x-2\leq3$에서 $x\leq\dfrac{5}{2}$

$\therefore 2\leq x\leq\dfrac{5}{2}$

(i), (ii), (iii)에서 $-\dfrac{1}{2}\leq x\leq\dfrac{5}{2}$

따라서 x의 최솟값은 $-\dfrac{1}{2}$, 최댓값은 $\dfrac{5}{2}$이므로 합은 2이다.

09 답· $a\leq0$

(i) $0.5x-1>0.3x-0.4$에서

$5x-10>3x-4$ $\therefore x>3$ $\cdots$ ㉠

(ii) $ax>a$에서

- $a>0$이면 $x>1$이므로 ㉠과 공통범위가 생겨 해가 존재하게 된다.
- $a=0$이면 $0\cdot x>0$이므로 해가 존재하지 않고, 연립부등식의 해도 존재하지 않는다.
- $a<0$이면 $x<1$이므로 ㉠과 공통범위가 없어 해가 존재하지 않는다.

따라서 연립부등식의 해가 존재하지 않기 위한 실수 a의 조건은 $a\leq0$이다.

10 답· $\dfrac{9}{4}\leq x\leq\dfrac{5}{2}$

$|x-2|\geq|3x-7|$에서

(i) $x<2$일 때

$-x+2\geq-3x+7$에서 $x\geq\dfrac{5}{2}$

주어진 범위에서 조건에 맞는 해가 없다.

(ii) $2 \leq x < \dfrac{7}{3}$일 때

$x - 2 \geq -3x + 7$에서 $x \geq \dfrac{9}{4}$

$\therefore \dfrac{9}{4} \leq x < \dfrac{7}{3}$

(iii) $x \geq \dfrac{7}{3}$일 때

$x - 2 \geq 3x - 7$에서 $x \leq \dfrac{5}{2}$

$\therefore \dfrac{7}{3} \leq x \leq \dfrac{5}{2}$

(i), (ii), (iii)에서 $\dfrac{9}{4} \leq x \leq \dfrac{5}{2}$

11 답 · $-3 < x \leq -1$ 또는 $3 \leq x < 5$

(i) $|x-1| \geq 2$에서

$x - 1 \leq -2$ 또는 $x - 1 \geq 2$

$\therefore x \leq -1$ 또는 $x \geq 3$

(ii) $|x-1| < 4$에서

$-4 < x - 1 < 4$ $\therefore -3 < x < 5$

(i), (ii)에서 $-3 < x \leq -1$ 또는 $3 \leq x < 5$

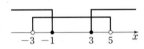

12 답 · 5

주어진 범위 안에 1, 2, 3이 포함되도록 수직선을 그리면 다음과 같다.

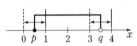

$\therefore 0 < p \leq 1, \; 3 < q \leq 4$

따라서 p와 q의 최댓값은 각각 1, 4이므로 $p+q$의 최댓값은 5이다.

---

11 이차부등식과 이차함수			Level up Test p.36 ~ p.39
01 ③	02 ③	03 ①	04 ③
05 ①	06 ④	07 ②	08 ②
09 ④	10 ④	11 ⑤	12 ①
13 ③	14 ①	15 ②	16 ⑤
17 ④	18 ③	19 $5 - 2\sqrt{3} < k < 5 + 2\sqrt{3}$	
20 -5	21 $-3 \leq x \leq 5$		
22 $6x^2 + 11x + 3 \leq 0$		23 $-2 < x < 2$	
24 $2 - \sqrt{7} \leq x \leq 1$ 또는 $3 \leq x \leq 2 + \sqrt{7}$			

01 답 · ③

$f(x) \leq 0$의 해는 $f(x) = 0$ 또는 $f(x) < 0$인 경우이므로 $y = f(x)$의 그래프가 x축과 만나거나 $y = f(x)$의 그래프가 x축 아래에 있는 x의 값 또는 범위를 뜻한다.

따라서 주어진 그래프에서 x축 아래에 있는 x의 값의 범위는 없고 x축과 만나는 값이 $x=3$이므로 부등식의 해는 $x=3$이다.

02 답 · ③

이차함수에서 $f(\alpha) = f(\beta)$인 모든 $x = \alpha$, $x = \beta$는 이차함수의 축에 대하여 대칭이 된다.

즉, $f(-5) = f(a) = 0$이면 -5와 a는 $x = -2$에 대하여 대칭인 값이므로

$\dfrac{-5 + a}{2} = -2$

$\therefore a = 1$

03 답 · ①

$y = f(x)$의 그래프가 $(-1, 0)$, $(3, 0)$을 지나고 y절편 $f(0)$이 양수가 되는 경우는 오른쪽 그림과 같다.

$f(x) > 0$이면 이 그래프가 x축 보다 위에 있는 x의 값의 범위를 뜻하므로

$-1 < x < 3$

04 답 · ③

$2x^2 - x - 36 > 0$에서 $(x+4)(2x-9) > 0$

$\therefore x < -4$ 또는 $x > \dfrac{9}{2}$

따라서 10 이하의 자연수 x는 5, 6, 7, 8, 9, 10의 6개이다.

05 답·①

$x^2+x-2\geq|x-1|$에서

(i) $x\geq1$일 때

　$x^2+x-2\geq x-1$, $x^2-1\geq0$

　$\therefore x\leq-1$ 또는 $x\geq1$

　이때 조건에 맞는 범위는 $x\geq1$

(ii) $x<1$일 때

　$x^2+x-2\geq-x+1$, $x^2+2x-3\geq0$

　$(x+3)(x-1)\geq0$

　$\therefore x\leq-3$ 또는 $x\geq1$

　이때 조건에 맞는 범위는 $x\leq-3$

(i), (ii)에서 $x\leq-3$ 또는 $x\geq1$

따라서 자연수 x의 최솟값은 1, 음의 정수 x의 최댓값은 -3이므로 두 값의 합은 -2이다.

06 답·④

그래프에서 $f(x)>0$의 해는 $-2<x<4$

즉, $f(\square)>0$의 부등식에서 f에 들어간 식이나 문자 $\square$의 범위가 $-2<\square<4$가 될 때 부등식을 만족하므로

$f\left(\dfrac{3x-1}{2}\right)>0$의 해는 $-2<\dfrac{3x-1}{2}<4$

$-4<3x-1<8$, $-3<3x<9$

$\therefore -1<x<3$

따라서 $\alpha=-1$, $\beta=3$이므로 $\beta-\alpha=4$

> **다른풀이**
>
> 그래프를 이용하여 $y=f(x)$의 식을 세울 수 있다.
>
> x^2의 계수를 a라 하면 $(a<0)$
>
> $f(x)=a(x+2)(x-4)$이고
>
> $f\left(\dfrac{3x-1}{2}\right)=a\left(\dfrac{3x-1}{2}+2\right)\left(\dfrac{3x-1}{2}-4\right)$
>
> $=a\left(\dfrac{3x+3}{2}\right)\left(\dfrac{3x-9}{2}\right)$
>
> $=\dfrac{9}{4}a(x+1)(x-3)$
>
> 따라서 $y=f\left(\dfrac{3x-1}{2}\right)$의
>
> 그래프는 오른쪽 그림과
>
> 같으므로
>
>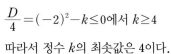
>
> $f\left(\dfrac{3x-1}{2}\right)>0$의 해는
>
> $-1<x<3$

07 답·②

주어진 부등식이 이차부등식이므로 $k-1\neq0$에서 $k\neq1$

이 이차부등식의 해가 단 하나 존재하려면

$y=(k-1)x^2-(3k-2)x+2k$

의 그래프가 오른쪽 그림과 같아야 한다.

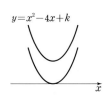

(i) 아래로 볼록하므로 $k>1$

(ii) x축과 접해야 하므로 $(k-1)x^2-(3k-2)x+2k=0$

　의 해가 중근을 갖는다.

　즉, $(3k-2)^2-4\cdot(k-1)\cdot2k=0$에서

　$k^2-4k+4=0$, $(k-2)^2=0$　$\therefore k=2$

주어진 이차부등식에 $k=2$를 대입하면

$x^2-4x+4\leq0$, $(x-2)^2\leq0$

즉, $x=2$이므로 $\alpha=2$

$\therefore \alpha k=4$

08 답·②

조건 ㈎를 만족시키려면 오른쪽 그림과 같은 그래프의 개형이 된다.

$\therefore f(x)=a(x+1)^2$

$f(1)=-8$이므로

$4a=-8$　$\therefore a=-2$

즉, $f(x)=-2(x+1)^2=-2x^2-4x-2$이므로

$a=-2$, $b=-4$, $c=-2$　$\therefore a+b-c=-4$

09 답·④

$x^2-4x+k<0$의 해가 존재하지 않으려면 오른쪽 그림과 같이 x축과 만나지 않거나 접해야 한다.

즉, $x^2-4x+k=0$의 근이 허근 또는 중근이 되므로

$\dfrac{D}{4}=(-2)^2-k\leq0$에서 $k\geq4$

따라서 정수 k의 최솟값은 4이다.

10 답·④

$x^2+kx+1\leq0$의 해가 존재하지 않으려면 오른쪽 그림과 같이 $y=x^2+kx+1$의 그래프가 x축과 만나지 않아야 한다.

즉, $x^2+kx+1=0$의 근이 허근이 되므로

$D=k^2-4<0$에서 $-2<k<2$

따라서 정수 k의 최댓값은 1이다.

11 답 · ⑤

$-x^2+kx-k\le0$이 모든 실수에 대해 성립하려면 오른쪽 그림과 같이 $y=-x^2+kx-k$의 그래프가 x축 아래에 있거나 접해야 한다.

즉, $-x^2+kx-k=0$의 근이 중근 또는 허근이 되므로 $D=k^2-4k\le0$에서 $0\le k\le4$

따라서 정수 k의 최솟값은 0, 최댓값은 4이다.

12 답 · ①

$kx^2+(2k-1)x+k+1>0$이 항상 성립하기 위해서는 오른쪽 그림과 같이 $y=kx^2+(2k-1)x+k+1$이 x축과 만나지 않아야 하므로

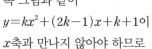
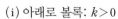

(ⅰ) 아래로 볼록: $k>0$

(ⅱ) $kx^2+(2k-1)x+k+1=0$이 허근을 가져야 하므로
$$D=(2k-1)^2-4k(k+1)<0에서$$
$$-8k+1<0 \quad \therefore k>\frac{1}{8}$$

(ⅰ), (ⅱ)에서 $k>\frac{1}{8}$

13 답 · ③

부등식 $f(x)<g(x)$의 해는 $y=g(x)$의 그래프가 $y=f(x)$의 그래프보다 위에 있는 x의 값의 범위이므로 $0<x<6$

14 답 · ①

$f(x)<g(x)$에서
$x^2+2kx+3<2x+k$
$x^2+2(k-1)x+3-k<0$

이 부등식의 해가 존재하려면 오른쪽 그림과 같이

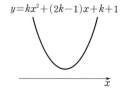

$y=x^2+2(k-1)x+3-k$의 그래프가 두 점에서 만나야 하므로
$x^2+2(k-1)x+3-k=0$이 서로 다른 두 실근을 가져야 한다.

즉, $\dfrac{D}{4}=(k-1)^2-(3-k)>0$에서

$k^2-k-2>0$, $(k+1)(k-2)>0$
$\therefore k<-1$ 또는 $k>2$

따라서 자연수 k의 최솟값은 3, 음의 정수 k의 최댓값은 -2이고 그 합은 1이다.

15 답 · ②

오른쪽 그림과 같은 이차함수의 그래프를 생각하면 된다.

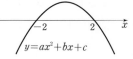

(ⅰ) 위로 볼록이므로 $a<0$

(ⅱ) ax^2+bx+c
$=a(x+2)(x-2)$
$=ax^2-4a$
에서 $b=0$, $c=-4a$

즉, $bx^2+ax+c>0$에서 $ax-4a>0$, $ax>4a$
$\therefore x<4 \ (\because a<0)$

16 답 · ⑤

$x^2-7x+10\le0$에서 $(x-2)(x-5)\le0$
$\therefore 2\le x\le5$

연립부등식의 해가 이 해와 일치하는 a의 경우를 생각하면 된다.

$$\begin{cases}(x+1)(x-a)\le0 & \cdots \ \text{㉠} \\ x^2+x-6\ge0 & \cdots \ \text{㉡}\end{cases}$$

㉡에서 $(x+3)(x-2)\ge0$ $\therefore x\le-3$ 또는 $x\ge2$

㉠의 해는 a의 값에 따라 다음 세 가지 경우로 나누어 생각할 수 있다.

(ⅰ) $a<-1$일 때 $a\le x\le-1$이므로 해가 $2\le x\le5$와 일치할 수 없다.

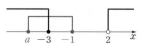

(ⅱ) $a=-1$일 때 $x=-1$이므로 연립부등식의 해는 없다.

(ⅲ) $a>-1$일 때 $-1\le x\le a$이므로 이 경우 연립부등식의 해는 $2\le x\le a$이고 해가 $2\le x\le5$와 일치하려면 $a=5$

$\therefore a=5$

17 답 · ④

$$\begin{cases}x(x-a)>0 & \cdots \ \text{㉠} \\ (x-2)(x-5)\le0 & \cdots \ \text{㉡}\end{cases}$$

a의 범위별로 연립부등식의 해를 구해 본다.

(ⅰ) $a<0$일 때

㉠에서 $x<a$ 또는 $x>0$, ㉡에서 $2\le x\le5$

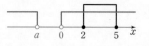

연립부등식의 해는 $2\le x\le 5$이므로 만족하는 정수가 2, 3, 4, 5가 되어 조건에 맞지 않는다.

(ii) $a=0$일 때

㉠에서 $x\ne 0$인 모든 실수,

㉡에서 $2\le x\le 5$

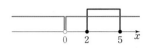

연립부등식의 해는 $2\le x\le 5$이므로 만족하는 정수가 2, 3, 4, 5가 되어 조건에 맞지 않는다.

(iii) $a>0$일 때

㉠에서 $x<0$ 또는 $x>a$,

㉡에서 $2\le x\le 5$

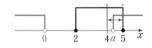

연립부등식의 해는 $a<x\le 5$이고 이 범위 안의 정수가 5뿐이라면 $4\le a<5$가 된다.

$\therefore 4\le a<5$

---

18 **답·** ③

$x^2-2kx+k+6=0$이 서로 다른 두 음의 실근을 가지려면

(i) $\dfrac{D}{4}>0$에서 $k^2-k-6>0$

$(k+2)(k-3)>0$

$\therefore k<-2$ 또는 $k>3$

(ii) $\alpha+\beta<0$에서 $2k<0$

$\therefore k<0$

(iii) $\alpha\beta>0$에서 $k+6>0$

$\therefore k>-6$

(i), (ii), (iii)에서 $-6<k<-2$

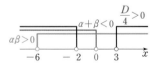

따라서 구하는 정수 k는 $-5, -4, -3$의 3개이다.

---

19 **답·** $5-2\sqrt{3}<k<5+2\sqrt{3}$

$(k-1)x^2-(3k-1)x+2k+3=0$에서

이차방정식이므로 $k-1\ne 0$에서 $k\ne 1$

이차방정식이 서로 다른 두 허근을 가지므로

$D=(3k-1)^2-4(k-1)(2k+3)<0$에서

$k^2-10k+13<0$

$\therefore 5-2\sqrt{3}<k<5+2\sqrt{3}$ ($\because 5-2\sqrt{3}>1$)

---

20 **답·** -5

$x^2+ax+4>0$의 해가 $x<\alpha$ 또는 $x<\beta$이므로

$x^2+ax+4=(x-\alpha)(x-\beta)$

$\qquad\qquad\quad =x^2-(\alpha+\beta)x+\alpha\beta$

에서 $\alpha+\beta=-a$, $\alpha\beta=4$

$x^2-5x+b<0$의 해가 $\alpha-1<x<\beta+1$이므로

$x^2-5x+b=(x-\alpha+1)(x-\beta-1)$

$\qquad\qquad\quad =x^2-(\alpha+\beta)x+\alpha\beta+\alpha-\beta-1$

에서 $\alpha+\beta=5$, $\alpha\beta+\alpha-\beta-1=b$

즉, $a=-5$, $b=\alpha-\beta+3$이고

$(\alpha-\beta)^2=(\alpha+\beta)^2-4\alpha\beta=25-16=9$에서

$\alpha-\beta=-3$ ($\because \alpha<\beta$)

이므로 $b=\alpha-\beta+3=0$

$\therefore a+b=-5$

---

21 **답·** $-3\le x\le 5$

그래프는 아래로 볼록이므로 $a>0$

$y=f(x)$의 그래프와 x축과의 교점의 x좌표가 $-2, 4$이므로

$f(x)=a(x+2)(x-4)$

$f(x)\le 7a$에서

$a(x+2)(x-4)\le 7a$, $(x+2)(x-4)\le 7$

$x^2-2x-15\le 0$, $(x+3)(x-5)\le 0$

$\therefore -3\le x\le 5$

---

22 **답·** $6x^2+11x+3\le 0$

$$\begin{cases} 2x^2+x-3\le 0 & \cdots ㉠ \\ 3x^2-8x-3\ge 0 & \cdots ㉡ \end{cases}$$

㉠에서 $(x-1)(2x+3)\le 0$ $\quad\therefore -\dfrac{3}{2}\le x\le 1$

㉡에서 $(3x+1)(x-3)\ge 0$ $\quad\therefore x\le -\dfrac{1}{3}$ 또는 $x\ge 3$

$\therefore -\dfrac{3}{2}\le x\le -\dfrac{1}{3}$

이와 같은 해를 갖고 x^2의 계수가 a인 이차부등식은

$a\left(x+\dfrac{3}{2}\right)\left(x+\dfrac{1}{3}\right)\le 0$, $a\left(x^2+\dfrac{11}{6}x+\dfrac{1}{2}\right)\le 0$

$ax^2+\dfrac{11}{6}ax+\dfrac{1}{2}a\le 0$

이때 계수가 모두 자연수가 되려면 a는 6의 배수이고, 계수의 합이 최소이면 6의 배수 중 가장 작은 6이어야 하므로 $a=6$

$\therefore 6x^2+11x+3\le 0$

11. 이차부등식과 이차함수

23 답· $-2 < x < 2$

교점의 x좌표는

$y = -3$일 때 $-3 = -2x + 1$에서 $x = 2$

$y = 5$일 때 $5 = -2x + 1$에서 $x = -2$

$y = f(x)$의 최고차항의 계수를 a라 하고 $(a > 0)$

두 식 $y = f(x)$, $y = -2x + 1$을 연립하면

$f(x) = -2x + 1$에서 $f(x) + 2x - 1 = 0$

이 이차방정식은 x^2의 계수가 a, 두 근이 -2, 2인 이차

방정식이므로

$f(x) + 2x - 1 = a(x + 2)(x - 2)$

이때 $f(x) + 2x - 1 < 0$은 $a(x + 2)(x - 2) < 0$이고

$a > 0$이므로 부등식의 해는 $-2 < x < 2$

24 답· $2 - \sqrt{7} \le x \le 1$ 또는 $3 \le x \le 2 + \sqrt{7}$

$|x^2 - 4x| \le 3$에서 $-3 \le x^2 - 4x \le 3$

(i) $-3 \le x^2 - 4x$일 때, $x^2 - 4x + 3 \ge 0$

  $(x - 1)(x - 3) \ge 0$

  $\therefore x \le 1$ 또는 $x \ge 3$

(ii) $x^2 - 4x \le 3$일 때, $x^2 - 4x - 3 \le 0$

  $\therefore 2 - \sqrt{7} \le x \le 2 + \sqrt{7}$

  $(\because x^2 - 4x - 3 = 0$에서 $x = 2 \pm \sqrt{7})$

(i), (ii)에서 $2 - \sqrt{7} \le x \le 1$ 또는 $3 \le x \le 2 + \sqrt{7}$

IV 도형의 방정식

12 평면좌표   Level up Test p.40 ~ p.43

01 ①	02 ③	03 ②	04 ⑤
05 ②	06 ③	07 ②	08 ③
09 ⑤	10 ①	11 ①	12 ④
13 ④	14 ⑤	15 ②	16 ⑤
17 ①	18 $a=2$, $b=1$		19 100
20 19	21 $\left(1, -\dfrac{1}{3}\right)$		22 $(1, 0)$
23 해설 참조	24 3		

01 답· ①

$\overline{AB} = \overline{BC}$이면 $\overline{AB}^2 = \overline{BC}^2$이므로

$\overline{AB}^2 = (-2 - 1)^2 + (4 - 2)^2 = 13$

$\overline{BC}^2 = (p - 1)^2 + 2^2 = p^2 - 2p + 5$

에서 $p^2 - 2p + 5 = 13$

$p^2 - 2p - 8 = 0$, $(p + 2)(p - 4) = 0$

$\therefore p = -2$ 또는 $p = 4$

02 답· ③

$P(a, b)$는 $y = -2x$ 위의 점이므로 $b = -2a$

즉, 점 $P(a, -2a)$와 점 $(3, 1)$ 사이의 거리가 $\sqrt{34}$이므로

$\sqrt{(a - 3)^2 + (-2a - 1)^2} = \sqrt{34}$에서

$(a - 3)^2 + (2a + 1)^2 = 34$

$5a^2 - 2a - 24 = 0$, $(a + 2)(5a - 12) = 0$

$\therefore a = -2$ 또는 $a = \dfrac{12}{5}$

이때 점 P는 제2사분면 위의 점이므로 $a < 0$

즉, $a = -2$, $b = 4$

$\therefore a^2 + b^2 = 20$

03 답· ②

$\overline{PA} = \overline{PB}$이면 $\overline{PA}^2 = \overline{PB}^2$이므로

$\overline{PA}^2 = (a + 2)^2 + 9 = a^2 + 4a + 13$

$\overline{PB}^2 = (a - 4)^2 = a^2 - 8a + 16$

에서 $a^2 + 4a + 13 = a^2 - 8a + 16$

$12a = 3$ $\therefore a = \dfrac{1}{4}$

04 답· ⑤

$\left(\dfrac{3p + 2}{3 + 2}, \dfrac{3q + 14}{3 + 2}\right) = \left(\dfrac{3p + 2}{5}, \dfrac{3q + 14}{5}\right) = (7, 4)$

이므로

$\dfrac{3p+2}{5}=7$에서 $3p+2=35$ $\quad \therefore p=11$

$\dfrac{3q+14}{5}=4$에서 $3q+14=20$ $\quad \therefore q=2$

$\therefore p-q=9$

05 답·②

$\left(\dfrac{4-6}{1-3}, \dfrac{3-3p}{1-3}\right)=\left(1, \dfrac{3-3p}{-2}\right)=(q, 0)$

이므로 $q=1$, $p=1$

$\therefore p+q=2$

06 답·③

(i) $\overline{AB}$를 $1:2$로 내분하는 점

$\left(\dfrac{a-2}{1+2}, \dfrac{b+10}{1+2}\right)=\left(\dfrac{a-2}{3}, \dfrac{b+10}{3}\right)$

이 점이 y축 위의 점이면 x좌표가 0이므로

$\dfrac{a-2}{3}=0$에서 $a=2$

(ii) $\overline{AB}$를 $5:2$로 외분하는 점

$\left(\dfrac{5a-(-2)}{5-2}, \dfrac{5b-10}{5-2}\right)=\left(\dfrac{5a+2}{3}, \dfrac{5b-10}{3}\right)$

이 점이 x축 위의 점이면 y좌표가 0이므로

$\dfrac{5b-10}{3}=0$에서 $b=2$

따라서 $B(2, 2)$이므로 직선 OB의 기울기는

$\dfrac{2-0}{2-0}=1$

07 답·②

직선 AB를 그리고 $\overline{PA}=2\overline{PB}$를 만족하는 점 P의 위치를 생각해야 한다.

$\overline{PA}:\overline{PB}=2:1$이므로 다음 두 가지 경우가 가능하다.

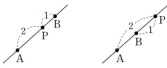

(i) 점 P는 $\overline{AB}$를 $2:1$로 내분하는 점인 경우:

$\left(\dfrac{6-3}{2+1}, \dfrac{10+1}{2+1}\right)=\left(1, \dfrac{11}{3}\right)$

$\therefore a=1$, $b=\dfrac{11}{3}$

(ii) 점 P는 $\overline{AB}$를 $2:1$로 외분하는 점인 경우:

$\left(\dfrac{6-(-3)}{2-1}, \dfrac{10-1}{2-1}\right)=(9, 9)$

$\therefore a=9$, $b=9$

이때 $a\neq b$이므로 $a=1$, $b=\dfrac{11}{3}$

$\therefore b-a=\dfrac{8}{3}$

08 답·③

오른쪽 그림과 같이 $\overline{OA}=13$, $\overline{AB}=5$이므로 삼각형의 내각의 이등분선의 성질에 의해

$\overline{OA}:\overline{AB}=\overline{OD}:\overline{DB}=13:5$

따라서 점 D는 $\overline{OB}$를 $13:5$로 내분하는 점이므로

$\overline{OD}=\dfrac{13}{18}\overline{OB}$

이때 $\overline{OB}=\sqrt{81+81}=9\sqrt{2}$이므로

$\overline{OD}=\dfrac{13}{18}\times9\sqrt{2}=\dfrac{13}{2}\sqrt{2}$

따라서 $m=2$, $n=13$이므로 $m+n=15$

09 답·⑤

$A(a+2, 1)$, $B(a, -4)$, $C(-1, a)$이므로 $\triangle ABC$의 무게중심 G의 좌표는

$\left(\dfrac{a+2+a-1}{3}, \dfrac{1-4+a}{3}\right)=(b, 0)$이므로

$\dfrac{2a+1}{3}=b$, $\dfrac{a-3}{3}=0$에서 $a=3$, $b=\dfrac{7}{3}$

$\therefore ab=7$

10 답·①

$\triangle ABC$의 세 변을 $2:1$로 내분하는 점을 꼭짓점으로 하는 삼각형의 무게중심의 좌표는

$\left(\dfrac{a+a+1+4}{3}, \dfrac{-9+b+b-1}{3}\right)=\left(\dfrac{2a+5}{3}, \dfrac{2b-10}{3}\right)$

이 무게중심은 $\triangle ABC$의 무게중심 $\left(\dfrac{1}{3}, -\dfrac{2}{3}\right)$와 같으므로

$\dfrac{2a+5}{3}=\dfrac{1}{3}$에서 $a=-2$

$\dfrac{2b-10}{3}=-\dfrac{2}{3}$에서 $b=4$

$\therefore a+b=2$

11 답·①

$\triangle ABC$의 무게중심의 좌표는

$\left(\dfrac{-1+0+1}{3}, \dfrac{3+1+7}{3}\right)=\left(0, \dfrac{11}{3}\right)$

세 점 P, Q, R의 좌표를 (x_1, y_1), (x_2, y_2), (x_3, y_3)이
라 하면 △PQR의 무게중심과 △ABC의 무게중심이 같
으므로

$\dfrac{x_1+x_2+x_3}{3}=0$에서 $x_1+x_2+x_3=0$

$\dfrac{y_1+y_2+y_3}{3}=\dfrac{11}{3}$에서 $y_1+y_2+y_3=11$

$\therefore x_1+x_2+x_3+y_1+y_2+y_3=11$

12 답· ④

두 점 B, C의 좌표를 각각 (a, b), (c, d)라 하면

$\overline{AB}$의 중점은 $M\left(\dfrac{a+2}{2}, \dfrac{b+5}{2}\right)=(x_1, y_1)$이므로

$a=2x_1-2$, $b=2y_1-5$

$\overline{AC}$의 중점은 $N\left(\dfrac{c+2}{2}, \dfrac{d+5}{2}\right)=(x_2, y_2)$이므로

$c=2x_2-2$, $d=2y_2-5$

△ABC의 무게중심의 좌표는

$\left(\dfrac{a+c+2}{3}, \dfrac{b+d+5}{3}\right)$

$=\left(\dfrac{2(x_1+x_2)-2}{3}, \dfrac{2(y_1+y_2)-5}{3}\right)$

에서 $x_1+x_2=4$, $y_1+y_2=5$이므로

$\left(\dfrac{8-2}{3}, \dfrac{10-5}{3}\right)=\left(2, \dfrac{5}{3}\right)$

13 답· ④

평행사변형의 두 대각선은 서로 이등분하므로

$\overline{AC}$의 중점의 좌표와 $\overline{BD}$의 중점의 좌표는 같으므로

$\left(\dfrac{a+1}{2}, \dfrac{b-1}{2}\right)=\left(\dfrac{3+2}{2}, \dfrac{1}{2}\right)$

에서 $a=4$, $b=2$

$\therefore ab=8$

14 답· ⑤

$\sqrt{p^2+q^2+2q+1}+\sqrt{p^2+q^2+12p-14q+85}$

$=\underbrace{\sqrt{p^2+(q+1)^2}}_{\text{㉠}}+\underbrace{\sqrt{(p+6)^2+(q-7)^2}}_{\text{㉡}}$

㉠은 두 점 (p, q)와 $(0, -1)$ 사이의 거리이고,
㉡은 두 점 (p, q)와 $(-6, 7)$ 사이의 거리이다.

오른쪽 그림과 같이 점 (p, q)
가 $(-6, 7)$과 $(0, -1)$을 이
은 선분 위에 있을 때 ㉠+㉡
의 값이 최소가 된다.

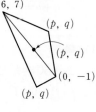

따라서 구하는 최솟값은

$\sqrt{(-6)^2+(7+1)^2}=10$

15 답· ②

점 B를 x축에 대하여 대칭이동한 점을 B′이라 할 때

$\overline{AP}+\overline{BP}=\overline{AP}+\overline{B'P}$이므로

$\overline{AP}+\overline{BP}$의 최솟값은 $\overline{AB'}$의 길이와 같다.

오른쪽 그림에서

△APH∽△B′PH′이고

$\overline{AH}:\overline{B'H'}=\overline{AP}:\overline{B'P}$

$=2:1$

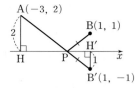

따라서 $m=2$, $n=1$이므로

$m+n=3$

16 답· ⑤

오른쪽 그림과 같이
점 A를 x축에 대하여 대칭이
동한 점은

$A'(-3, -1)$

점 B를 y축에 대하여 대칭이동
한 점은

$B'(2, 4)$

이때 $\overline{AP}=\overline{A'P}$, $\overline{BQ}=\overline{B'Q}$이므로

$\overline{AP}+\overline{PQ}+\overline{BQ}=\overline{A'P}+\overline{PQ}+\overline{B'Q}$

따라서 구하는 최솟값은 두 점 P, Q가 선분 A′B′에 있을
때 $\overline{A'B'}$의 길이가 되므로

$\sqrt{(-3-2)^2+(-1-4)^2}=\sqrt{50}=5\sqrt{2}$

$\therefore m=5$

17 답· ①

$\overline{AM}=\overline{BM}=\overline{CM}$이므로 오른쪽
그림과 같이 세 꼭짓점에 이르는
거리가 같은 점이 M이 된다.

즉, 점 M은 △ABC의 외심이고
외심이 빗변의 중점에 있을 때
△ABC는 직각삼각형이다.

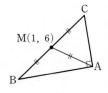

따라서 $\overline{AM}=$(외접원의 반지름)$=\sqrt{1+9}=\sqrt{10}$이므로

외접원의 넓이는 10π이다.

18 답· $a=2$, $b=1$

$\overline{AP}^2+\overline{BP}^2+\overline{CP}^2$이 최소가 되는 점 P는 △ABC의 무
게중심이므로

$\left(\dfrac{-1+2+5}{3}, \dfrac{4-2+1}{3}\right)=(2, 1)=(a, b)$

$\therefore a=2$, $b=1$

19 답·100

세 점 A, B, C를 좌표평면
위에 나타내면 △ABC는
∠C=90°인 직각삼각형이
다.

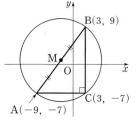

이때 빗변 AB의 중점 M이
외접원의 중심이므로

$M\left(\dfrac{3-9}{2}, \dfrac{9-7}{2}\right)$, 즉 $M(-3, 1)$

따라서 외접원의 반지름의 길이는 $\overline{BM}=\sqrt{6^2+8^2}=10$
이므로 외접원의 넓이는 100π이다.

$\therefore a=100$

> **참고**
>
> 식을 세우고 계산하기 전에 좌표평면에 도형을 그
> 리고 상황을 파악하면 쉽게 문제를 해결할 수 있다.

20 답·19

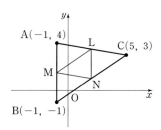

위의 그림에서 △ABC의
- 밑변: $\overline{AB}=5$
- 높이: ($\overline{AB}$와 점 C의 거리)$=5-(-1)=6$

$\therefore \triangle ABC=\dfrac{1}{2}\times 5\times 6=15$

이때 △ABC는 △AML, △BMN, △CLN과 닮음이
고 닮음비는 모두 2 : 1이므로

$\triangle AML=\triangle BMN=\triangle CLN=\dfrac{1}{4}\triangle ABC=\dfrac{15}{4}$

$\triangle MNL=\triangle ABC-(\triangle AML+\triangle BMN+\triangle CLN)$

$\qquad\quad=15-\dfrac{45}{4}=\dfrac{15}{4}$

따라서 $p=4$, $q=15$이므로 $p+q=19$

21 답·$\left(1, -\dfrac{1}{3}\right)$

$\overline{AB}$를 4 : 1로 외분하는 점의 좌표는

$\left(\dfrac{4b_1-a_1}{3}, \dfrac{4b_2-a_2}{3}\right)=\left(\dfrac{3}{3}, \dfrac{-1}{3}\right)=\left(1, -\dfrac{1}{3}\right)$

22 답·$(1, 0)$

$\overline{BC}$의 중점의 좌표를 M이라 하면
무게중심의 성질에 의해
$\overline{AG} : \overline{GM}=2 : 1$,
$\overline{AM} : \overline{GM}=3 : 1$
이므로 점 M은 $\overline{AG}$를
3 : 1로 외분하는 점이다.

따라서 $\overline{BC}$의 중점의 좌표는

$\left(\dfrac{6-4}{3-1}, \dfrac{6-6}{3-1}\right)=(1, 0)$

23 답·해설 참조

오른쪽 그림과 같이 M을 원점,
$A(a, b)$, $B(-c, 0)$,
$C(c, 0)$이라 하면

(i) $\overline{AB}^2+\overline{AC}^2$

$\quad=(a+c)^2+b^2$

$\qquad +(a-c)^2+b^2$

$\quad=2a^2+2b^2+2c^2$

(ii) $2(\overline{AM}^2+\overline{BM}^2)=2(a^2+b^2+c^2)=2a^2+2b^2+2c^2$

$\therefore \overline{AB}^2+\overline{AC}^2=2(\overline{AM}^2+\overline{BM}^2)$

24 답·3

삼각형의 외각의 이등분선의
성질에 의해
$\overline{AB} : \overline{AC}=\overline{BD} : \overline{CD}$
이때 $\overline{AB}=\sqrt{5^2+12^2}=13$,
$\overline{AC}=\sqrt{4^2+3^2}=5$이고
$\overline{AB} : \overline{AC}=\overline{BD} : \overline{CD}=13 : 5$이므로 점 D는 $\overline{BC}$를
13 : 5로 외분하는 점이다.

즉, $D\left(\dfrac{65+20}{13-5}, \dfrac{26+35}{13-5}\right)=D\left(\dfrac{85}{8}, \dfrac{61}{8}\right)$이므로

$a=\dfrac{85}{8}$, $b=\dfrac{61}{8}$

$\therefore a-b=3$

01 ⑤	02 ②	03 ③	04 ③
05 ②	06 ①	07 ②	08 ③
09 ④	10 ②	11 ①	12 ④
13 ④	14 ①	15 ⑤	16 ①
17 ②	18 ④	19 $\dfrac{27}{2}$	20 8
21 $x=-1,\ y=-1$		22 $y=-\dfrac{1}{2}x-\dfrac{9}{2}$	
23 $x+2y+9=0$		24 $(4,\ 1)$	

01 답·⑤

기울기가 $\dfrac{1}{2}$이고 점 $(-4,\ 1)$을 지나는 직선의 방정식은

$y-1=\dfrac{1}{2}(x+4)$에서 $y=\dfrac{1}{2}x+3$

이 직선이 점 $(t,\ 4)$를 지나므로

$4=\dfrac{1}{2}t+3$　∴ $t=2$

02 답·②

$\dfrac{y의\ 증가량}{x의\ 증가량}$이 기울기이므로 기울기는 $-\dfrac{2}{3}$이고

점 $(2,\ -1)$을 지나는 직선의 방정식은

$y-(-1)=-\dfrac{2}{3}(x-2)$에서 $y=-\dfrac{2}{3}x+\dfrac{1}{3}$

따라서 $a=-\dfrac{2}{3}$, $b=\dfrac{1}{3}$이므로 $a-b=-1$

03 답·③

제1, 3, 4사분면을 지나는 직선은
오른쪽 그림과 같다.
(ⅰ) 기울기가 양수이므로
　$m^2-4>0$에서
　$m<-2$ 또는 $m>2$
(ⅱ) y절편이 음수이므로
　$m^2-5m<0$에서 $0<m<5$
(ⅰ), (ⅱ)에서 $2<m<5$
따라서 모든 정수 m의 값의 합은 $3+4=7$

04 답·③

$ax+bx+c=0$을 표준형으로 바꾸면

$y=-\dfrac{a}{b}x-\dfrac{c}{b}$

이 직선의 기울기는 양수, y절편은 음수이므로

$-\dfrac{a}{b}>0$, $-\dfrac{c}{b}<0$

$cx+by+a=0$에서

$y=-\dfrac{c}{b}x-\dfrac{a}{b}$

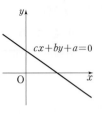

이 직선의 기울기는 음수, y절편
은 양수이므로 오른쪽 그림과 같
이 제3사분면을 지나지 않는다.

05 답·②

점 A에서 그은 직선이 $\overline{BC}$의 중점을 지날 때 $\triangle ABC$의
넓이를 이등분한다.

$\overline{BC}$의 중점을 M이라 하면 M$(-1,\ -1)$이므로

직선 AM의 기울기는 $\dfrac{5-(-1)}{3-(-1)}=\dfrac{3}{2}$

따라서 $p=2$, $q=3$이므로 $p+q=5$

06 답·①

삼각형의 중선은 삼각형의 넓이를 이등분한다.
두 직선 l과 m은 $\triangle ABC$의 중선이므로 이 직선들의 교
점은 중선의 교점이고, 중선의 교점은 곧 무게중심이다.
따라서 두 직선 m과 l의 교점의 좌표는 $\triangle ABC$의 무게
중심의 좌표와 같으므로

$\left(\dfrac{-5+2+1}{3},\ \dfrac{-4+4+0}{2}\right)=\left(-\dfrac{2}{3},\ 0\right)$

07 답·②

$\triangle ABC=3\triangle PAB$이면
오른쪽 그림과 같이
$\overline{BP}:\overline{BC}=1:3$
$\overline{BP}:\overline{PC}=1:2$
를 만족한다.

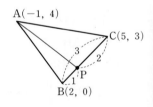

즉, 점 P는 $\overline{BC}$를 $1:2$로 내분하는 점이므로

$P\left(\dfrac{5+4}{3},\ \dfrac{3}{3}\right)=P(3,\ 1)$

두 점 $A(-1,\ 4)$, $P(3,\ 1)$을 지나는 직선의 방정식은

$y-1=\dfrac{1-4}{3-(-1)}(x-3)$에서 $y-1=-\dfrac{3}{4}(x-3)$

$4y-4=-3x+9$, $3x+4y-13=0$

따라서 $a=3$, $b=4$이므로 $ab=12$

08 답·③

평행사변형, 직사각형, 정사각형은 대각선의 중점(두 대
각선의 교점)을 지나는 직선에 의해 넓이가 이등분된다.
정사각형의 넓이가 4이면 한 변의 길이는 2이므로 이를
이용하여 마주보는 꼭짓점의 좌표를 구하면 $(-4,\ 0)$,
$(0,\ -3)$이고 대각선의 중점은 각각

$(-3, 1)$, $(1, -2)$이다.

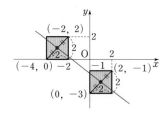

이 두 점을 지나는 직선의 방정식은

$y-1=\dfrac{-2-1}{1+3}(x+3)$에서 $y-1=-\dfrac{3}{4}(x+3)$

$4y-4=-3x-9$, $3x+4y+5=0$

따라서 $a=4$, $b=5$이므로 $ab=20$

09 답· ④

(i) $y=2x-5$와 $(m-1)x-my+2=0$이 평행하면
   기울기가 같으므로

   $\dfrac{m-1}{m}=2$에서 $m=-1$

(ii) $y=2x-5$와 $(n+1)x+(n-2)y-1=0$이 수직이면
   기울기의 곱이 -1이므로

   $2\times\left(-\dfrac{n+1}{n-2}\right)=-1$에서 $\dfrac{n+1}{n-2}=\dfrac{1}{2}$ $\therefore n=-4$

$\therefore m^2+n^2=1+16=17$

10 답· ②

세 직선이 삼각형을 이루지 않는 경우는 다음과 같다.

(i) 세 직선이 한 점에서 만나는 경우:

   $y=-x$와 $y=3x-2$의 교점은 $\left(\dfrac{1}{2}, -\dfrac{1}{2}\right)$

   세 직선이 한 점에서 만나면 $y=mx+1$도 이 점을 지
   나야 하므로

   $-\dfrac{1}{2}=\dfrac{1}{2}m+1$에서 $m=-3$

(ii) 두 직선이 평행한 경우:

   $y=-x$와 $y=mx+1$이 평행하면 $m=-1$

   $y=3x-2$와 $y=m+1$이 평행하면 $m=3$

(iii) 세 직선이 평행한 경우:

   $y=-x$와 $y=3x-2$가 평행하지 않으므로 가능하지
   않다.

따라서 모든 상수 m의 값의 합은 $-3-1+3=-1$

11 답· ①

$y=mx-2m-1$에서
$(x-2)m-1-y=0$이므
로 이 직선은 오른쪽 그림
과 같이 m의 값에 관계없
이 점 $(2, -1)$을 지난다.
이 직선이 선분과 만나기
위한 m의 값의 범위는

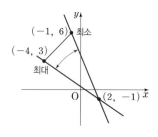

(i) 점 $(-1, 6)$을 지날 때 최소:

   $6=-m-2m-1$에서 $m=-\dfrac{7}{3}$

(ii) 점 $(-4, 3)$을 지날 때 최대:

   $3=-4m-2m-1$에서 $m=-\dfrac{2}{3}$

(i), (ii)에서 $-\dfrac{7}{3}\leq m\leq-\dfrac{2}{3}$

따라서 $\alpha=-\dfrac{7}{3}$, $\beta=-\dfrac{2}{3}$이므로

$\alpha+\beta=-3$

12 답· ④

$y=-3x+1$에서 $3x+y-1=0$

$y=-\dfrac{1}{2}x+\dfrac{1}{2}$에서 $x+2y-1=0$

두 직선의 교점을 지나는 직선의 방정식은

$(3x+y-1)+(x+2y-1)t=0$

$(t+3)x+(2t+1)y-t-1=0$

$\therefore y=-\dfrac{t+3}{2t+1}x+\dfrac{t+1}{2t+1}$

이때 기울기가 -1이므로

$-\dfrac{t+3}{2t+1}=-1$에서 $t=2$

따라서 $y=-\dfrac{5}{5}x+\dfrac{3}{5}$, 즉 $y=-x+\dfrac{3}{5}$이 점 $\left(-\dfrac{2}{5}, k\right)$
를 지나므로

$k=\dfrac{2}{5}+\dfrac{3}{5}=1$

13 답· ④

점 G가 $\triangle ABC$의 무게중심일 때

$\triangle GAB=\triangle GBC=\triangle GAC$

$\qquad=\dfrac{1}{3}\triangle ABC$

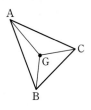

세 점 A, B, C를 x축의 방향으로
4만큼, y축의 방향으로 -1만큼 평
행이동하면

$A(-4, 1) \rightarrow O(0, 0)$
$B(-3, -2) \rightarrow B'(1, -3)$
$C(2, -6) \rightarrow C'(6, -7)$
$\triangle ABC = \triangle OB'C' = \dfrac{1}{2}|-7+18| = \dfrac{11}{2}$
$\therefore \triangle GAB = \dfrac{1}{3} \times \dfrac{11}{2} = \dfrac{11}{6}$
따라서 $m=11$, $n=6$이므로 $mn=66$

14 답· ①

점 $(2, 3)$과 직선 $2x-y+4=0$ 사이의 거리를 구하면
$$\dfrac{|4-3+4|}{\sqrt{5}} = \dfrac{5}{\sqrt{5}} = \sqrt{5}$$

15 답· ⑤

기울기가 -1인 직선은
$y=-x+k$에서
$x+y-k=0$
이 직선과 $A(5, 3)$ 사이의
거리는 $3\sqrt{2}$ 이므로

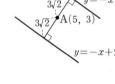

$\dfrac{|8-k|}{\sqrt{2}} = 3\sqrt{2}$, $|k-8|=6$
$\therefore k=2$ 또는 $k=14$
따라서 점 A의 아래쪽에 있는 직선의 y절편은 2이다.

16 답· ①

두 직선은 평행하므로 $y=\dfrac{12}{5}x-2$ 위의 임의의 점과 나머지 직선과의 거리를 구한다.
$y=\dfrac{12}{5}x-2$ 위의 점 $(0, -2)$와 $y=\dfrac{12}{5}x+k$,
즉 $12x-5y+5k=0$ 사이의 거리는 $\dfrac{15}{13}$이므로
$\dfrac{|5k+10|}{13} = \dfrac{15}{13}$, $|5k+10|=15$
$\therefore k=-5$ 또는 $k=1$
이때 $k>0$이므로 $k=1$

17 답· ②

$\square OABC = 2\triangle OAC$이고
$\triangle OAC = \dfrac{1}{2}|12-4| = 4$
이므로
$\square OABC = 8$

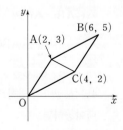

18 답· ④

$\triangle OAB = \dfrac{1}{2}|-18+a^2| = 7$에서 $|a^2-18|=14$
(i) $a^2-18=14$일 때
　$a^2=32$　　$\therefore a=\pm 4\sqrt{2}$
　이때 정수가 아니므로 적당하지 않다.
(ii) $a^2-18=-14$일 때
　$a^2=4$　　$\therefore a=\pm 2$
　이때 점 A가 제3사분면의 점이므로 $a=2$
(i), (ii)에서 $a=2$

19 답· $\dfrac{27}{2}$

세 점 A, B, C를 x축의 방향으로 2만큼, y축의 방향으로 1만큼 평행이동하면
$A(-2, -1) \rightarrow O(0, 0)$
$B(-1, 4) \rightarrow B'(1, 5)$
$C(3, -3) \rightarrow C'(5, -2)$
$\therefore \triangle ABC = \triangle OB'C' = \dfrac{1}{2}|25+2| = \dfrac{27}{2}$

20 답· 8

세 직선의 교점을 구하고 교점의 좌표를 이용해 삼각형의 넓이를 구한다.
$y=2x+2$　　　$\cdots$ ㉠
$y=-6x+18$　　$\cdots$ ㉡
$y=-\dfrac{2}{3}x+2$　$\cdots$ ㉢
(i) ㉠, ㉡의 교점:
　$2x+2=-6x+18$에서 $x=2$, $y=6$
　$\therefore A(2, 6)$
(ii) ㉠, ㉢의 교점:
　$2x+2=-\dfrac{2}{3}x+2$에서 $x=0$, $y=2$
　$\therefore B(0, 2)$
(iii) ㉡, ㉢의 교점:
　$-6x+18=-\dfrac{2}{3}x+2$에서 $x=3$, $y=0$
　$\therefore C(3, 0)$
세 점 A, B, C를 y축의 방향으로 -2만큼 평행이동하면
$A(2, 6) \rightarrow A'(2, 4)$
$B(0, 2) \rightarrow O(0, 0)$
$C(3, 0) \rightarrow C'(3, -2)$
$\therefore \triangle ABC = \triangle OA'C' = \dfrac{1}{2}|12+4| = 8$

21 답· $x=-1$, $y=-1$

오른쪽 그림과 같이 두 직선의
각의 이등분선은 두 개가 있고
각의 이등분선 위의 점에서 두
직선까지의 거리가 같다.

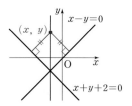

이등분선 위의 점을 (x, y)라
하면

$\dfrac{|x+y+2|}{\sqrt{2}}=\dfrac{|x-y|}{\sqrt{2}}$에서 $|x+y+2|=|x-y|$

$x+y+2=x-y$일 때, $y=-1$

$x+y+2=-x+y$일 때, $x=-1$

$\therefore x=-1$, $y=-1$

22 답· $y=-\dfrac{1}{2}x-\dfrac{9}{2}$

(i) $\overline{AB}$의 수직이등분선은
$\overline{AB}$와 수직이다.
$\overline{AB}$의 기울기는

$\dfrac{-7-1}{-5+1}=2$이므로

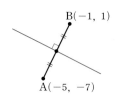

수직이등분선의 기울기는 $-\dfrac{1}{2}$이다.

(ii) $\overline{AB}$의 수직이등분선은 $\overline{AB}$의 중점을 지난다.

중점의 좌표는 $\left(\dfrac{-5-1}{2}, \dfrac{-7+1}{2}\right)=(-3, -3)$

(i), (ii)에서 수직이등분선은 기울기가 $-\dfrac{1}{2}$이고

점 $(-3, -3)$을 지나는 직선이므로

$y+3=-\dfrac{1}{2}(x+3)$ $\therefore y=-\dfrac{1}{2}x-\dfrac{9}{2}$

23 답· $x+2y+9=0$

점 P의 좌표를 $P(x, y)$라 하면

$\overline{PA}=\overline{PB}$에서 $\overline{PA}^2=\overline{PB}^2$이므로

$(x+5)^2+(y+7)^2=(x+1)^2+(y-1)^2$

$x^2+y^2+10x+14y+74=x^2+y^2+2x-2y+2$

$8x+16y+72=0$ $\therefore x+2y+9=0$

24 답· $(4, 1)$

$y=x-3$과 수직인 직선의 기울기
는 -1이므로 기울기가 -1이고 점
$(2, 3)$을 지나는 직선의 방정식은

$y-3=-(x-2)$에서 $y=-x+5$

이때 $y=x-3$과 $y=-x+5$와의 교점이 수선의 발이므로

$x-3=-x+5$에서 $x=4$, $y=1$

$\therefore (4, 1)$

---

14 원의 방정식 (1) : 기본
Level up Test p.48 ~ p.51

01 ⑤	02 ③	03 ③	04 ②
05 ②	06 ①	07 ①	08 ③
09 ②	10 ③	11 ①	12 ③
13 ③	14 ③	15 ②	16 ①
17 ④	18 ④	19 16π	

20 중심의 좌표: $(1, 4)$, 반지름의 길이: 4　　**21** 5

22 $\dfrac{7}{2}$　　**23** $4\sqrt{3}$　　**24** $x^2+y^2-6x+5=0$

01 답· ⑤

중심의 좌표가 $(3, 1)$이므로 반지름의 길이를 r라 하면
원의 방정식은

$(x-3)^2+(y-1)^2=r^2$

이 원이 점 $(2, -1)$을 지나므로

$(2-3)^2+(-1-1)^2=r^2$, $r^2=5$

따라서 원의 넓이는 5π이다.

02 답· ③

중심의 좌표가 $(a+1, a)$이고 반지름의 길이가 2인 원의
방정식은

$(x-a-1)^2+(y-a)^2=4$

이 원이 점 $(2, 3)$을 지나므로

$(-a+1)^2+(-a+3)^2=4$, $2a^2-8a+6=0$

$a^2-4a+3=0$

따라서 모든 실수 a의 값의 합은 근과 계수와의 관계에
의해 4이다.

03 답· ③

세 점 A, B, C는 원 위의 점이므로 원의 방정식

$x^2+y^2+px+qy+r=0$

에 대입하고 연립하여 미정계수를 구한다.

$A(-5, 9)$를 대입: $5p-9q-r=106$　　… ㉠

$B(-2, 0)$을 대입: $2p-r=4$　　… ㉡

$C(1, 1)$을 대입: $-p-q-r=2$　　… ㉢

㉠$-$㉡을 하면 $3p-9q=102$, $p-3q=34$　　… ㉣

㉡$-$㉢을 하면 $3p+q=2$　　… ㉤

㉣, ㉤을 연립하여 풀면 $p=4$, $q=-10$

$p=4$를 ㉡에 대입하면 $r=4$

즉, 원의 방정식은 $x^2+y^2+4x-10y+4=0$

$x^2+4x+4+y^2-10y+25=25$

$(x+2)^2+(y-5)^2=5^2$

따라서 $a=2$, $b=5$, $c=5$이므로 $a+b+c=12$

다른풀이

$\overline{AB}=\sqrt{3^2+9^2}=\sqrt{90}$, $\overline{BC}=\sqrt{3^2+1^2}=\sqrt{10}$,

$\overline{CA}=\sqrt{6^2+8^2}=\sqrt{100}$이므로

$\overline{CA}^2=\overline{AB}^2+\overline{BC}^2$이 성립한다.

따라서 $\triangle ABC$는 $\overline{CA}$가 빗변인 직각삼각형이고 외심은 빗변의 중점이다.

(외접원의 중심)$=\left(\dfrac{-5+1}{2},\ \dfrac{9+1}{2}\right)=(-2,\ 5)$

$\therefore a=-2$, $b=5$

반지름의 길이는 원의 중심에서 세 점 A, B, C까지의 거리이므로

$r=\sqrt{25}=5$

---

04 답 · ②

$x^2+y^2-4ax+2y+2a=0$에서

$x^2-4ax+y^2+2y=-2a$

$x^2-4ax+4a^2+y^2+2y+1=-2a+4a^2+1$

$(x-2a)^2+(y+1)^2=4a^2-2a+1$

직선 $y=2x+3$이 원의 넓이를 이등분하면 직선은 원의 중심 $(2a,\ -1)$을 지나므로

$-1=4a+3$　　$\therefore a=-1$

05 답 · ②

$x^2+y^2-4x+2(a+1)y+a+7=0$에서

$x^2-4x+y^2+2(a+1)y=-a-7$

$x^2-4x+4+y^2+2(a+1)y+(a+1)^2$

$\qquad\qquad\qquad =-a-7+4+(a+1)^2$

$(x-2)^2+(y+a+1)^2=a^2+a-2$

이 식이 원의 방정식이 되려면 (반지름의 길이)>0, 즉 (반지름의 길이)$^2>0$이어야 하므로

$a^2+a-2>0$에서 $(a-1)(a+2)>0$

$\therefore a<-2$ 또는 $a>1$

따라서 구하는 자연수 a의 최솟값은 2이다.

06 답 · ①

x축과의 교점의 개수가 2개, y축과의 교점의 개수도 2개가 되어야 한다.

$x^2+y^2+2ax-4y+a^2+2a-4=0$에서

(i) $y=0$을 대입하면

$x^2+2ax+a^2+2a-4=0$

이때 x가 서로 다른 두 실근을 가져야 하므로

$\dfrac{D}{4}=a^2-a^2-2a+4>0$에서 $a<2$

(ii) $x=0$을 대입하면

$y^2-4y+a^2+2a-4=0$

이때 y가 서로 다른 두 실근을 가져야 하므로

$\dfrac{D}{4}=4-a^2-2a+4>0$에서 $a^2+2a-8<0$

$(a+4)(a-2)<0$　　$\therefore -4<a<2$

(i), (ii)에서 $-4<a<2$

따라서 $\alpha=-4$, $\beta=2$이므로 $\alpha\beta=-8$

07 답 · ①

원의 중심을 $P(a,\ b)$라 하면

$\overline{PA}=\overline{PB}=\overline{PC}$에서 $\overline{PA}^2=\overline{PB}^2=\overline{PC}^2$이므로

$(a+3)^2+(b-3)^2=(a-4)^2+(b-2)^2$

$\qquad\qquad\qquad\quad =(a-3)^2+(b-3)^2$

$a^2+b^2+6a-6b+18=a^2+b^2-8a-4b+20$

$\qquad\qquad\qquad\quad =a^2+b^2-6a-6b+18$

(i) $a^2+b^2+6a-6b+18=a^2+b^2-8a-4b+20$에서

$14a-2b=2$, $7a-b=1$　　$\cdots$ ㉠

(ii) $a^2+b^2-8a-4b+20=a^2+b^2-6a-6b+18$에서

$-2a+2b=-2$, $a-b=1$　　$\cdots$ ㉡

㉠, ㉡을 연립하여 풀면 $a=0$, $b=-1$

$\therefore a^2+b^2=1$

08 답 · ③

원의 넓이가 4π이므로 반지름의 길이는 2이다.

원의 x축과 접하면서 점 $(4,\ 4)$를 지나므로 중심의 y좌표는 2이고 중심의 좌표를 $(a,\ 2)$라 하면

$(x-a)^2+(y-2)^2=4$

이 원이 점 $(4,\ 4)$를 지나므로

$(a-4)^2+4=4$, $(a-4)^2=0$　　$\therefore a=4$

따라서 중심의 좌표는 $(4,\ 2)$이다.

09 답 · ②

$x^2+y^2-6x+2ay-12a-27=0$에서

$x^2-6x+y^2+2ay=12a+27$

$x^2-6x+9+y^2+2ay+a^2=12a+27+9+a^2$

$(x-3)^2+(y+a)^2=(a+6)^2$

이 원의 중심의 좌표는 $(3,\ -a)$, 반지름의 길이는 $|a+6|$이므로 x축과 y축에 동시에 접하려면

$|3|=|-a|=|a+6|$

(i) $|-a|=3$에서 $a=\pm3$

(ii) $|-a|=|a+6|$에서 $a=-3$

(i), (ii)에서 $a=-3$

10 답·③

원과 직선의 방정식을 연립한다.

$y=2x+1$을 $x^2+(y-3)^2=16$에 대입하면

$x^2+(2x+1-3)^2=16$, $x^2+(2x-2)^2=16$

$5x^2-8x-12=0$

따라서 구하는 x좌표의 합은 근과 계수와의 관계에 의해

$\dfrac{8}{5}$이다.

11 답·①

원과 직선이 접하면 원의 중심과 직선 사이의 거리가 반지름의 길이와 같다.

즉, $mx-y+m+1=0$과 점 $(1, 0)$ 사이의 거리는 2이므로

$\dfrac{|2m+1|}{\sqrt{m^2+1}}=2$에서 $|2m+1|=2\sqrt{m^2+1}$

양변을 제곱하여 정리하면

$4m^2+4m+1=4m^2+4$ $\therefore m=\dfrac{3}{4}$

12 답·③

$x^2+y^2-8y+11=0$에서 $x^2+(y-4)^2=5$

직선 $x-2y+k=0$과 원의 중심 $(0, 4)$ 사이의 거리가 반지름의 길이 $\sqrt{5}$ 보다 커야 서로 만나지 않으므로

$\dfrac{|k-8|}{\sqrt{5}}>\sqrt{5}$에서 $|k-8|>5$

$\therefore k<3$ 또는 $k>13$

따라서 구하는 두 자리 자연수 k의 최솟값은 14이다.

13 답·③

중심의 좌표가 $(4, 5)$인 원의 반지름의 길이를 r라 하면 이 원이 원 $(x-2)^2+(y-1)^2=5$와

(i) 외접할 경우

(반지름의 길이의 합)=(중심거리)이므로

$r+\sqrt{5}=2\sqrt{5}$에서 $r=\sqrt{5}$

(ii) 내접할 경우

(반지름의 길이의 차)=(중심거리)이므로

$r-\sqrt{5}=2\sqrt{5}$에서 $r=3\sqrt{5}$

따라서 두 원 O_1, O_2의 반지름의 길이의 곱은

$\sqrt{5}\times3\sqrt{5}=15$

14 답·③

두 원이 만나지 않을 조건은 다음과 같다.

(i) (반지름의 길이의 합)<(중심거리)

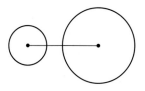

(ii) (반지름의 길이의 차)>(중심거리)

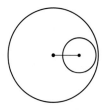

이때 중심거리 $\sqrt{8^2+3^2}=\sqrt{73}$ 이므로

(i) $r+2<\sqrt{73}$ 에서 $r<\sqrt{73}-2=6.\times\times\times$

(ii) $r-2>\sqrt{73}$ 에서 $r>\sqrt{73}+2=10.\times\times\times$

(i), (ii)에서 $r<\sqrt{73}-2$ 또는 $r>\sqrt{73}+2$

따라서 범위에 포함되지 않는 자연수는 7, 8, 9, 10이다.

15 답·②

원의 넓이가 10π이므로 반지름의 길이는 $\sqrt{10}$ 이다.

즉, 원의 중심 $(a, -a+1)$과 직선 $y=3x-1$ 사이의 거리가 $\sqrt{10}$ 이 되므로

$\dfrac{|4a-2|}{\sqrt{10}}=\sqrt{10}$ 에서 $|4a-2|=10$

$|2a-1|=5$, $2a-1=\pm5$

$\therefore a=3$ 또는 $a=-2$

이때 $a>0$이므로 $a=3$

16 답·①

O_1: $x^2+y^2-2y-24=0$에서

$x^2+(y-1)^2=5^2$

O_2: $x^2+y^2-4x-2ay+a^2-5=0$에서

$(x-2)^2+(y-a)^2=3^2$

두 원이 내접하면

(반지름의 길이의 차)=(중심거리)이고,

중심거리는 $\sqrt{4+(a-1)^2}$, 반지름의 길이의 차는 2이므로

$\sqrt{4+(a-1)^2}=2$에서 $(a-1)^2+4=4$

$(a-1)^2=0$ $\therefore a=1$

17 답·④

오른쪽 그림과 같이 원과
현의 대칭성을 이용하면
$a=\dfrac{1+3}{2}=2$
피타고라스 정리에 의하여
$b^2+1^2=10$
$b^2=9$ ∴ $b=3$ (∵ $b>0$)
∴ $a+b=5$

18 답·④

$x^2+y^2-2kx+2(k-1)y+k^2+2k+12=0$에서
$x^2-2kx+k^2+y^2+2(k-1)y+(k-1)^2$
$\qquad\qquad\qquad\qquad =-2k-12+(k-1)^2$
$(x-k)^2+(y+k-1)^2=k^2-4k-11$
이때 원의 넓이가 10π이므로 $k^2-4k-11=10$
$k^2-4k-21=0$, $(k-7)(k+3)=0$
∴ $k=7$ (∵ $k>0$)

19 답·16π

중심이 곡선 $y=(x-1)^2-5$, 즉 $y=x^2-2x-4$ 위에 있
으므로 중심의 좌표를 $(a,\ a^2-2a-4)$라 하면 ($a>0$)
조건 (대)에 의해
(중심의 x좌표)=(중심의 y좌표)=(반지름의 길이)이
므로
$a^2-2a-4=a$에서 $a^2-3a-4=0$
$(a-4)(a+1)=0$ ∴ $a=4$ (∵ $a>0$)
따라서 원의 반지름의 길이가 4이므로 넓이는 16π이다.

20 답·중심의 좌표: $(1,\ 4)$, 반지름의 길이: 4

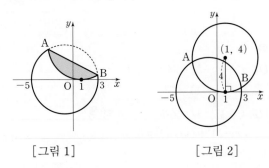

[그림 1]   [그림 2]

[그림 1]의 색칠한 부분으로 전체 원을 그려 보면
[그림 2]와 같다.
새로 그린 원은 처음 원 $(x+1)^2+y^2=4^2$과 호의 모양이
일치하므로 크기가 같은 원이며 반지름의 길이는 4이다.

또한 점 $(1,\ 0)$에서 x축에 접하므로 중심의 좌표는
$(1,\ 4)$이다.

21 답·5

$\overline{AB}$의 기울기가 $\dfrac{12}{a-1}$이므로 수직이등분선의 기울기는
$-\dfrac{a-1}{12}$이다.

이 직선이 $\overline{AB}$의 중점 $\left(\dfrac{a+1}{2},\ -1\right)$을 지나므로 수직이
등분선의 방정식은
$y+1=-\dfrac{a-1}{12}\left(x-\dfrac{a+1}{2}\right)$
이 직선이 원의 중심 $(0,\ 0)$을 지나므로
$1=\dfrac{a-1}{12}\times\dfrac{a+1}{2}$, $a^2=25$
∴ $a=5$ (∵ $a>0$)

22 답·$\dfrac{7}{2}$

오른쪽 그림과 같이 두 원이 직선
에 대하여 대칭이면 그 직선은 원
의 중심을 이은 선분의 수직이등분
선이 된다.

따라서 두 원의 중심 $(0,\ -3)$,
$(6,\ 1)$을 이은 선분의 수직이등분선을 구한다.
기울기를 m이라 하면
$\dfrac{-3-1}{0-6}\times m=-1$에서 $m=-\dfrac{3}{2}$
직선 l이 두 원의 중심을 이은 선분의 중점 $(3,\ -1)$을
지나므로
$y+1=-\dfrac{3}{2}(x-3)$
∴ $y=-\dfrac{3}{2}x+\dfrac{7}{2}$

따라서 직선 l의 y절편은 $\dfrac{7}{2}$이다.

23 답·$4\sqrt{3}$

그래프를 그려 보면 쉽게 풀 수
있다.
오른쪽 그림에서
$\dfrac{1}{2}\overline{AB}=\sqrt{16-4}=2\sqrt{3}$
이므로 $\overline{AB}=4\sqrt{3}$
∴ $\triangle PAB=\dfrac{1}{2}\times4\sqrt{3}\times2=4\sqrt{3}$

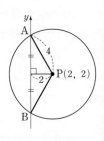

24 답· $x^2+y^2-6x+5=0$

점 P의 좌표를 (x, y)라 하면
$\overline{PA}=2\overline{PB}$에서 $\overline{PA}^2=4\overline{PB}^2$이므로
$(x+1)^2+y^2=4\{(x-2)^2+y^2\}$
$x^2+y^2+2x+1=4x^2+4y^2-16x+16$
$3x^2+3y^2-18x+15=0$
$\therefore x^2+y^2-6x+5=0$

다른풀이

$\overline{PA}=2\overline{PB}$이면 $\overline{PA}:\overline{PB}=2:1$이므로 이 비를 만족시키는 점 P를 좌표평면에 그리면 다음 그림과 같다.

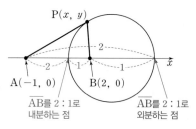

조건을 만족시키는 점 P의 자취는 그림과 같이 $\overline{AB}$를 $2:1$로 내분하는 점과 외분하는 점을 지름의 양 끝 점으로 하는 원이다.

· $\overline{AB}$를 $2:1$로 내분하는 점의 좌표는
$\left(\dfrac{4-1}{3}, 0\right)=(1, 0)$

· $\overline{AB}$를 $2:1$로 외분하는 점의 좌표는
$\left(\dfrac{4+1}{2-1}, 0\right)=(5, 0)$

원의 중심은 두 점을 이은 선분의 중점인 $(3, 0)$이고 반지름의 길이는 2이므로
$(x-3)^2+y^2=4$
$\therefore x^2+y^2-6x+5=0$

---

01 ②	**02** ②	**03** ①	**04** ⑤
05 ④	**06** ④	**07** $\dfrac{11}{2}$	
08 $y=x\pm2\sqrt{2}$		**09** $\dfrac{3}{4}$	**10** $\dfrac{8\sqrt{5}}{5}$
11 $\dfrac{8\sqrt{21}}{5}$	**12** 4		

01 답· ②

$x^2+y^2-8x-6y+16=0$에서
$(x-4)^2+(y-3)^2=3^2$
오른쪽 그림에서 원의 중심과 직선 사이의 거리는
$d=\dfrac{|5|}{\sqrt{5}}=\sqrt{5}$
피타고라스 정리에 의하여
$\dfrac{1}{2}\overline{AB}=\sqrt{9-5}=2$
$\therefore \overline{AB}=4$

02 답· ②

두 원의 교점을 지나는 도형의 방정식은
$(x^2+y^2+2x-4y+1)k+x^2+y^2+6x-2y=0$
이때 $k=-1$을 대입하면 교점을 지나는 직선, 즉 공통현의 방정식이 되므로
$4x+2y-1=0$ $\therefore y=-2x+\dfrac{1}{2}$
따라서 공통현의 기울기는 -2이다.

03 답· ①

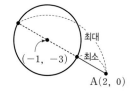

원 밖의 한 점과 원 위의 점 사이의 거리가 최대일 때는 (중심 사이의 거리)$+$(반지름의 길이)이고, 최소일 때는 (중심 사이의 거리)$-$(반지름의 길이)이다.
두 점 $(-1, -3)$과 $(2, 0)$ 사이의 거리는 $3\sqrt{2}$, 반지름의 길이는 r이고 $\overline{AP}$의 최댓값은 $4\sqrt{2}$이므로
$3\sqrt{2}+r=4\sqrt{2}$에서 $r=\sqrt{2}$
따라서 원의 넓이는 2π이다.

04 답· ⑤

$\triangle$PAB에서 $\overline{\text{AB}}$가 밑변, 원 위
의 점 P와 직선 $y=-2x-3$, 즉
$2x+y+3=0$ 사이의 거리가 높
이가 된다.

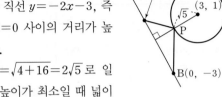

이때 $\overline{\text{AB}}=\sqrt{4+16}=2\sqrt{5}$ 로 일
정하므로 높이가 최소일 때 넓이
가 최소가 된다.

원 위의 점과 직선 사이의 거리가 최소일 경우는

(원의 중심과 직선 사이의 거리)$-$(반지름의 길이)이므로

$\dfrac{|6+1+3|}{\sqrt{5}}-\sqrt{5}=\sqrt{5}$

따라서 $\triangle$PAB의 넓이의 최솟값은

$\dfrac{1}{2}\times2\sqrt{5}\times\sqrt{5}=5$

05 답· ④

기울기는 $m=3$, 반지름의 길이는 $r=3$이므로

접선의 방정식을 구하는 공식에 의해

$y=mx\pm r\sqrt{m^2+1}$ 에서 $y=3x\pm3\sqrt{10}$

즉, 구하는 두 직선 사이의 거리는 $y=3x+3\sqrt{10}$ 위의 점

$(0,\ 3\sqrt{10})$과 $3x-y-3\sqrt{10}=0$ 사이의 거리와 같으므로

$\dfrac{|0-3\sqrt{10}-3\sqrt{10}|}{\sqrt{10}}=6$

06 답· ④

조건에 맞는 접선의 방정식은

$-\sqrt{3}x+y=4$에서 $y=\sqrt{3}x+4$

이때 $\tan60°=\sqrt{3}$이므로 이 접선과 x축의 양의 방향

이 이루는 각은 60°이다.

07 답· $\dfrac{11}{2}$

평행이동하여 주어진 원의 중심을 원점으로 옮기면

$x^2+(y-1)^2=25$에서 $x^2+y^2=25$

같은 평행이동으로 점 $(4,\ -2)$를 이동하면 점 $(4,\ -3)$

이때 원 $x^2+y^2=25$ 위의 점 $(4,\ -3)$에서의 접선의 방

정식은

$4x-3y=25$

이 직선을 y축의 방향으로 1만큼 평행이동하면

$4x-3(y-1)=25$에서 $4x-3y=22$

따라서 이 직선의 y절편은 $y=0$을 대입하면 $4x=22$

$\therefore x=\dfrac{11}{2}$

다른풀이

직선의 기울기를 m이라 하면 접선의 방정식은

$y+2=m(x-4)$에서 $mx-y-4m-2=0$

이 접선과 원의 중심 $(0,\ 1)$ 사이의 거리는 5이므로

$\dfrac{|-4m-3|}{\sqrt{m^2+1}}=5$에서 $9m^2-24m+16=0$

$(3m-4)^2=0$ $\therefore m=\dfrac{4}{3}$

즉, $\dfrac{4}{3}x-y-\dfrac{16}{3}-2=0$에서 $4x-3y-22=0$

08 답· $y=x\pm2\sqrt{2}$

$x^2+y^2-4x-4y+4=0$에서 $(x-2)^2+(y-2)^2=4$

이때 $x^2+y^2=4$에 접하는 기울기가 1인 직선의 방정식은

$y=x\pm2\sqrt{2}$

이 직선을 x축, y축의 방향으로 각각 2만큼 평행이동하면

$y=(x-2)\pm2\sqrt{2}+2$

$\therefore y=x\pm2\sqrt{2}$

09 답· $\dfrac{3}{4}$

접선의 기울기를 m이라 하면 접선의 방정식은

$y-1=m(x+3)$에서 $mx-y+3m+1=0$

이때 이 직선과 원의 중심 $(2,\ 1)$ 사이의 거리가 3이므로

$\dfrac{|2m-1+3m+1|}{\sqrt{m^2+1}}=3$

$|5m|=3\sqrt{m^2+1}$, $25m^2=9m^2+9$

$m^2=\dfrac{9}{16}$ $\therefore m=\dfrac{3}{4}$ ($\because m>0$)

10 답· $\dfrac{8\sqrt{5}}{5}$

먼저 두 원의 공통현의 방정식을 구한다.

$(x-2)^2+y^2=8$에서

$x^2+y^2-4x-4=0$ ··· ㉠

$(x-1)^2+(y-2)^2=7$에서

$x^2+y^2-2x-4y-2=0$ ··· ㉡

공통현의 방정식은 ㉡$-$㉠을 하면

$2x-4y+2=0$ $\therefore x-2y+1=0$

원 $x^2+y^2+8x+11=0$, 즉 $(x+4)^2+y^2=5$ 위의 점과

직선 사이의 거리의 최댓값은 원의 중심 $(-4,\ 0)$과 직

선 사이의 거리에 반지름의 길이 $\sqrt{5}$를 더한 값이므로

$\dfrac{|-4+1|}{\sqrt{5}}+\sqrt{5}=\dfrac{3}{5}\sqrt{5}+\sqrt{5}=\dfrac{8\sqrt{5}}{5}$

11 답· $\dfrac{8\sqrt{21}}{5}$

주어진 두 원의 공통현의 방정식은

$(x^2+y^2-16)-(x^2+y^2-6x-8y)=0$에서

$6x+8y-16=0$ $\therefore 3x+4y-8=0$

원 $x^2+y^2=16$의 중심 $(0, 0)$과 공통현 사이의 거리는

$\dfrac{|-8|}{5}=\dfrac{8}{5}$

이때 원의 반지름의 길이는 4이므로

피타고라스 정리에 의하여

(공통현의 길이)$\times\dfrac{1}{2}=\sqrt{4^2-\left(\dfrac{8}{5}\right)^2}=\dfrac{4\sqrt{21}}{5}$

따라서 공통현의 길이는 $\dfrac{8\sqrt{21}}{5}$이다.

12 답· 4

두 원의 중심 $(0, 0)$,
$(-2, 4)$ 사이의 거리는
$\sqrt{4+16}=2\sqrt5$
오른쪽 그림에서 공통외접
선의 길이는
$l=\sqrt{(2\sqrt5)^2-2^2}=\sqrt{16}=4$

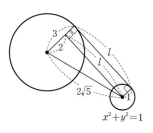

---

16 도형의 이동

Level up Test p.54 ~ p.55

01 ②	02 ④	03 ③	04 ⑤
05 ④	06 ③	07 ③	08 $\left(\dfrac{16}{5}, \dfrac{8}{5}\right)$
09 −4	10 4	11 $2\sqrt2$	12 2

01 답· ②

A$(3, 1)$을 x축의 방향으로 -4만큼, y축의 방향으로 2만큼 평행이동하면 B$(-1, 3)$

$\overline{AB}$의 기울기는 $\dfrac{1-3}{3-(-1)}=-\dfrac{1}{2}$이므로

$\overline{AB}$의 수직이등분선의 기울기는 2이다.

수직이등분선이 $\overline{AB}$의 중점 $(1, 2)$를 지나므로

$y-2=2(x-1)$ $\therefore y=2x$

따라서 $m=2$, $n=0$이므로 $m+n=2$

02 답· ④

평행이동하기 전의 교점을 구한다.

두 식을 연립하면 $x^2+2x=3x+6$

$x^2-x-6=0$, $(x+2)(x-3)=0$

$\therefore x=-2$ 또는 $x=3$

도형을 x축의 방향으로 3만큼 평행이동하였으므로 교점도 x축의 방향으로 3만큼 평행이동하면

$x=-2$ 또는 $x=3 \longrightarrow x=1$ 또는 $x=6$

따라서 구하는 x좌표의 합은 7이다.

03 답· ③

원 $x^2+y^2=8$에서 중심의 좌표는 $(0, 0)$, 반지름의 길이는 $2\sqrt2$이다.

평행이동한 원 $(x-a)^2+(y+a)^2=8$에서

중심의 좌표는 $(a, -a)$, 반지름의 길이는 $2\sqrt2$이다.

이때 두 원이 외접하면 (중심거리)=(반지름의 길이의 합)
이므로

$\sqrt{a^2+a^2}=4\sqrt2$에서 $a^2=16$

$\therefore a=4$ $(\because a>0)$

04 답· ⑤

A$(-4, -1)$, B$(-4, 1)$,
C$(1, 4)$이므로
$\triangle$ABC$=\dfrac{1}{2}\times2\times5=5$

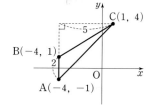

05 답· ④

원을 $y=x$에 대하여 대칭이동하면 중심의 좌표도 $y=x$에 대하여 대칭이동하게 된다.

또한 대칭이동을 해도 원의 크기는 변하지 않으므로 반지름의 길이는 처음 원과 같다.

$O_1: (x-1)^2+(y-5)^2=16$에서

$x^2+y^2-2x-10y+10=0$ $\cdots\ \bigcirc$

$O_2: (x-5)^2+(y-1)^2=16$에서

$x^2+y^2-10x-2y+10=0$ $\cdots\ \bigcirc\!\!\!\!-$

공통현의 방정식은 $\bigcirc-\bigcirc\!\!\!\!-$을 하면

$8x-8y=0$에서 $y=x$

원 O_1의 중심 $(1, 5)$와 직선

$x-y=0$ 사이의 거리는

$d=\dfrac{4}{\sqrt2}=2\sqrt2$

오른쪽 그림에서

$l=\sqrt{16-8}=2\sqrt2$

따라서 구하는 공통현의 길이는 $2l=4\sqrt2$

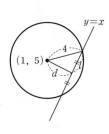

06 답· ③

주어진 원을 원점에 대하여 대칭이동하면
$(-x-2)^2+(-y+4)^2=1$에서
$(x+2)^2+(y-4)^2=1$
이때 직선 $ax+y+6=0$이 원의 중심 $(-2, 4)$를 지나므로
$-2a+4+6=0$
$\therefore a=5$

07 답· ③

직선 $y=x+2$ 위의 점을 $P(x, y)$라고 하고
섬 $(2, -3)$에 대하여 대칭이동한 노형 위의 섬을
$P'(x', y')$이라 하면
$\overline{PP'}$의 중점이 $(2, -3)$이므로
$\left(\dfrac{x+x'}{2}, \dfrac{y+y'}{2}\right)=(2, -3)$에서
$x+x'=4$　　$\therefore x=-x'+4$
$y+y'=-6$　　$\therefore y=-y'-6$
이 식을 $y=x+2$에 대입하면
$-y'-6=-x'+4+2, y'=x'-12$
$\therefore y=x-12$
따라서 $m=1, n=-12$이므로 $m-n=13$

08 답· $\left(\dfrac{16}{5}, \dfrac{8}{5}\right)$

대칭이동한 점을 $P(a, b)$라 하면
(i) 두 점 $(0, 0)$과 P를 이은 선분의 중점 $\left(\dfrac{a}{2}, \dfrac{b}{2}\right)$이
$y=-2x+4$ 위에 있으므로
$\dfrac{b}{2}=-a+4$에서 $b=-2a+8$　　$\cdots$ ㉠
(ii) 두 점 $(0, 0)$과 P를 지나는 직선이 $y=-2x+4$와 수직이므로
$\dfrac{b-0}{a-0}=\dfrac{1}{2}$에서 $a=2b$　　$\cdots$ ㉡
㉠, ㉡을 연립하여 풀면 $a=\dfrac{16}{5}, b=\dfrac{8}{5}$
$\therefore \left(\dfrac{16}{5}, \dfrac{8}{5}\right)$

09 답· -4

$O_1: x^2+y^2-4x+3=0$에서 $(x-2)^2+y^2=1$
$O_2: x^2+y^2-6y+8=0$에서 $x^2+(y-3)^2=1$
원 O_1을 원 O_2로 옮기는 평행이동은 x축의 방향으로 -2만큼, y축의 방향으로 3만큼 이동한 것이다.
직선 $y=\dfrac{1}{2}x+k$를 주어진 평행이동으로 이동하면

$y-3=\dfrac{1}{2}(x+2)+k$에서 $y=\dfrac{1}{2}x+4+k$
이때 이 직선이 원점을 지나므로 $k=-4$

10 답· 4

$x^2+y^2+10x-2ay+a^2+21=0$에서
$(x+5)^2+(y-a)^2=4$
이 원의 중심은 $(-5, a)$이다.
점 $(-2, 2)$에 대하여 대칭이동한 원의 중심의 좌표를 (x, y)라 하면
$\left(\dfrac{x-5}{2}, \dfrac{y+a}{2}\right)=(-2, 2)$이므로
$x=1, y=-a+4$
$\therefore (1, -a+4)$
옮겨진 원이 x축에 대한 대칭이 되려면 오른쪽 그림과 같이 원의 중심이 x축 위에 있어야 하므로
$-a+4=0$　　$\therefore a=4$

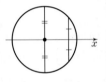

11 답· $2\sqrt{2}$

두 원이 $y=x$에 대하여 대칭이므로 공통현의 방정식이 $y=x$이다.
$x^2+y^2-4y=0$에서 $x^2+(y-2)^2=2^2$
원의 중심 $(0, 2)$와 $y=x$ 사이의 거리는 $\dfrac{2}{\sqrt{2}}=\sqrt{2}$
(공통현의 길이)$\times\dfrac{1}{2}=\sqrt{4-2}=\sqrt{2}$
따라서 공통현의 길이는 $2\sqrt{2}$이다.

12 답· 2

원 $(x-3)^2+(y-1)^2=k$를 직선 $y=x$에 대하여 대칭이동한 원은
$(x-1)^2+(y-3)^2=k$
두 원 O_1, O_2가 외접하면
(중심거리)$=$(반지름의 길이의 합)이므로
$\sqrt{2^2+2^2}=\sqrt{k}+\sqrt{k}$에서 $2\sqrt{k}=2\sqrt{2}$
$\therefore k=2$